Philippow · Grundlagen der Elektrotechnik

Grundlagen der Elektrotechnik

Prof. Dr. sc. techn. Dr. techn. h. c. Eugen Philippow

9., durchgesehene Auflage

Verlag Technik GmbH, Berlin · München

Die Deutsche Bibliothek - CIP-Einheitsaufnahme
Philippow, Eugen:
Grundlagen der Elektrotechnik / Eugen Philippow. - 9., durchges.
Aufl. - Berlin ; München : Verl. Technik, 1992
ISBN 3-341-01071-8

ISBN 3-341-01071-8

9., durchgesehene Auflage

VT 3/5595-9
Printed in Germany
Gesamtherstellung: Druckerei „G. W. Leibniz" GmbH, O - 4450 Gräfenhainichen
Einbandgestaltung: Kurt Beckert

MEINEM VATER GEWIDMET

Vorwort zur achten Auflage

Die siebente Auflage des Buches „Grundlagen der Elektrotechnik" war wie die zwei vorhergehenden in sehr kurzer Zeit vergriffen. In diesen Auflagen konnten jeweils nur kleinere Verbesserungen vorgenommen werden.
Die achte Auflage ist durch wesentliche Ergänzungen ausgebaut worden. Dies wurde nicht zuletzt wegen des durchgehenden Einzugs des Digitalrechners in alle Bereiche der täglichen Arbeit des Ingenieurs erforderlich.
Die Ziele des Buches sind dieselben geblieben. Es wird eine Einführung in die theoretischen Grundlagen der Elektrotechnik gegeben. Die drei Schwerpunkte sind die Theorie des elektromagnetischen Feldes, die theoretischen Grundlagen der Mechanismen der Stromleitung sowie die Theorie und Technik elektrischer Netzwerke.
Erweitert wurden in erster Linie die numerische Berechnung elektromagnetischer Felder und die topologischen und graphentheoretischen Methoden der Behandlung elektrischer Netzwerke.
Neuaufgenommen wurden auf dem Gebiet der Feldtheorie die Methode der finiten Elemente. Die für dieses Ansatzverfahren notwendigen theoretischen Grundlagen (die Variationsaufgabe als Modell für das elektrostatische und für das stationäre magnetische Feld) wurden in dem erforderlichen Umfang dargelegt. Weiterhin wurde neuaufgenommen die Methode der Sekundärquellen als ein Beispiel zur Anwendung der Methode der Integralgleichungen zur numerischen Berechnung elektromagnetischer Felder. Auch die hierfür notwendigen theoretischen Grundlagen wurden herausgearbeitet und dem betreffenden Abschnitt vorangestellt.
Auf dem Gebiet der Netzwerktheorie wurden, wie gesagt, die topologischen und graphentheoretischen Grundlagen der Netzwerktheorie aufgenommen. Sie eignen sich sehr gut zur systematischen Aufstellung der Gleichungssysteme bei der Behandlung großer Netzwerke und für die Übertragung ihrer Lösung auf den digitalen Rechner. In diesem Abschnitt ist auch der sehr allgemeine Satz von *Tellegen* graphentheoretisch begründet worden. Er wird immer mehr als Ausgangsbasis für die Ableitung von Netzwerktheoremen benutzt.
Das Buch wird nun in neun Abschnitte unterteilt, die systematisch aufeinander aufbauen. Es sind dies: Das elektrostatische Feld, Das stationäre elektrische Strömungsfeld, Das magnetische Feld, Das elektromagnetische Feld, Mechanismus der Stromleitung, Wechselstromtechnik, Differentialgleichungen beliebiger linearer Netzwerke, Ausgleichsvorgänge in linearen elektrischen Netzwerken und Topologische Methoden der Netzwerktheorie.
Es werden jeweils die theoretischen Grundlagen der behandelten Gebiete und die Berechnungsmethoden und Verfahren der darauf aufbauenden Technik dargestellt. Zur Weiterbildung sei auf die Bücher im Literaturverzeichnis hingewiesen, die auch bei der Stoffauswahl benutzt wurden und aus denen einige der angeführten Beispiele entnommen sind.
Ich danke Herrn Dipl.-Ing. *M. Rheinhardt* für die Unterstützung bei der Durchsicht und Korrektur des Manuskripts für diese Auflage sowie für viele Hinweise und Anregungen.

Für Hinweise und Anregungen danke ich auch den Herren Dr.-Ing. *H. Brauer*, Dr.-Ing. *W. Büntig*, Dipl.-Ing. *H. Kilias* und Dr.-Ing. *G. Scheinert*.
Weiterhin danke ich Frau *I. Schmid* für die Schreibarbeit und Frau *Chr. Heintz* für die sorgfältige Anfertigung der Bilder.
Dem Verlag Technik möchte ich für seine Bemühungen um die Gestaltung des Buches ebenfalls meinen Dank aussprechen.

E. Philippow

Inhaltsverzeichnis

1. Das elektrostatische Feld

1.1. Das elektrostatische Feld im Vakuum

1.1.1. Das Coulombsche Gesetz

1.1.1.1. Ladung

Nach den heutigen Erkenntnissen über den Aufbau der Materie bestehen die Atome aus elektrisch geladenen und elektrisch neutralen Teilchen. Ein einfaches Modell stellt das Atom durch einen positiven Kern, der aus positiv geladenen Teilchen – Protonen – und neutralen Teilchen – Neutronen – besteht, dar, um den die negativ geladenen Elektronen kreisen. Das Atom erscheint nach außen neutral, wenn die Summe der positiven Ladungen des Kerns gleich der gesamten negativen Ladung der umkreisenden Elektronen ist.
Unter Umständen kann eine Trennung solcher geladener Teilchen erfolgen, die dann als positive bzw. negative Ladungen auftreten und einen bestimmten Raum ausfüllen. Man spricht je nach dem Vorzeichen der überwiegenden Teilchenladungen von einer positiven oder negativen Gesamtladung.
Der Ladung wird als einer außerhalb der Mechanik liegenden Gegebenheit eine neue Dimension zugeschrieben. Als Einheit der Ladung könnte man die Ladung des Elementarteilchens (Elektron, Proton) wählen. Sie ist jedoch wegen ihrer Kleinheit für technische Zwecke ungeeignet. Die praktische Einheit der Ladung ist ein Coulomb (C). Die Ladung eines Elementarteilchens beträgt

$$Q_e = 1{,}602 \cdot 10^{-19}\ \mathrm{C}. \tag{1.1}$$

In der Einheit der Ladung (1 C) sind demnach $6{,}25 \cdot 10^{18}$ Elementarladungen enthalten.
Bei einer großen Zahl von Erscheinungen kann man von dem korpuskularen Aufbau der Ladungen absehen und ihre Gesamtheit – analog der Behandlung der Masse in der Mechanik – betrachten, indem man mit der Vorstellung einer über geladene Bereiche kontinuierlich verteilten Ladung arbeitet. Bedingung dafür ist, daß die Ladungen, die untersucht werden, eine außerordentlich große Zahl von Elementarladungen enthalten.
Ist in dem Raumteil ΔV die Ladung ΔQ enthalten, dann versteht man unter mittlerer räumlicher Dichte der Ladung den Ausdruck

$$\delta = \frac{\Delta Q}{\Delta V}. \tag{1.2}$$

Mit Raumladungsdichte bezeichnet man den Ausdruck

$$\varrho = \lim_{\Delta V \to 0} \frac{\Delta Q}{\Delta V}. \tag{1.3}$$

Der Übergang $\Delta V \to 0$ ist so zu verstehen, daß das betrachtete Raumelement ΔV zwar sehr klein wird, aber immer noch zu groß bleibt, daß die Ladungsverteilung als kontinuierlich angesehen werden kann.

Unter Umständen kann die Ladung auf einer sehr dünnen Schicht der Fläche A verteilt sein; dann spricht man von einer Flächenladung. Unter Flächendichte der Ladung versteht man in diesem Fall den Ausdruck

$$\sigma = \lim_{\Delta A \to 0} \frac{\Delta Q}{\Delta A}. \tag{1.4}$$

Ferner kann es vorkommen, daß die Querabmessungen des Raumes, der von der Ladung eingenommen wird, verschwindend klein im Vergleich zu den Längsabmessungen sind. Dann spricht man von einer Linienladung und definiert als Linienladungsdichte

$$\tau = \lim_{\Delta l \to 0} \frac{\Delta Q}{\Delta l}. \tag{1.5}$$

Die gesamte Ladung im Raum V ist also

$$Q = \int_V \varrho \, \mathrm{d}V. \tag{1.6}$$

Die Gesamtladung auf der Fläche A ist entsprechend

$$Q = \int_A \sigma \, \mathrm{d}A, \tag{1.7}$$

und die gesamte Ladung auf der Linie l ist

$$Q = \int_l \tau \, \mathrm{d}l. \tag{1.8}$$

1.1.1.2. Kräfte zwischen Punktladungen im Vakuum

Wenn auf einem Körper die positiven oder negativen Ladungen überwiegen, dann sagen wir, daß der Körper elektrisch positiv bzw. negativ geladen sei. Zwischen Körpern, die elektrisch geladen sind, wirken erfahrungsgemäß Kräfte. Das Coulombsche Gesetz beschreibt die Kraftwirkung zwischen zwei elektrisch geladenen Körpern, deren Abmessungen sehr klein im Vergleich zu ihrem Abstand sind. Liegen solche Verhältnisse vor, dann spricht man von Punktladungen. Im folgenden wollen wir die Kräfte zwischen Punktladungen, die sich im Vakuum befinden, untersuchen. Ein vollkommenes Vakuum ist experimentell nicht realisierbar. Die Kräfte können in diesem Fall jedoch trotzdem untersucht werden, indem man sie unter sonst unveränderten Bedingungen bei abnehmendem Luftdruck aufnimmt und ihren Grenzwert für verschwindenden Luftdruck ermittelt. Nach experimentellem Befund gilt für die dabei auftretende Kraft

$$F = K \frac{Q_1 Q_2}{r^2}. \tag{1.9}$$

Der Betrag der Kraft, mit der zwei Punktladungen aufeinander wirken, ist also proportional der Größe der Ladungen Q_1 und Q_2 und umgekehrt proportional dem Quadrat ihrer Entfernung. K ist ein dimensionsbehafteter Proportionalitätsfaktor. Sind diese Punktladungen gleichen Vorzeichens, dann stoßen sie sich ab. Im entgegengesetzten Falle ziehen sie sich an. Das Coulombsche Gesetz stellt in der Elektrizitätslehre eine der ersten Erkenntnisse dar, die es gestatten, zahlenmäßige Vergleiche zwischen den elektrischen Ladungen anzustellen.

Wenn man den Vergleich auf die Lage der ersten Ladung bezieht und nach der Kraft F fragt, die auf die zweite Ladung wirkt, so kann man das Coulombsche Gesetz folgendermaßen umschreiben:

$$\boldsymbol{F} = K\frac{Q_1Q_2}{r^3}\,\boldsymbol{r} = K\frac{Q_1Q_2}{r^2}\,\boldsymbol{r}^0. \tag{1.10}$$

Hier bedeutet $\boldsymbol{r}$ den Radiusvektor von der ersten zur zweiten Ladung, $\boldsymbol{r}^0$ den Einheitsvektor in derselben Richtung. Diese Schreibweise enthält auch die Aussage über die Richtung der Kraft. Bei gleichen Vorzeichen von Q_1 und Q_2 haben $\boldsymbol{r}$ und $\boldsymbol{F}$ gleiche Richtung, d.h., Q_2 wird von Q_1 abgestoßen. Haben dagegen Q_1 und Q_2 verschiedene Vorzeichen, dann haben $\boldsymbol{r}$ und F entgegengesetzte Richtungen, d.h. Q_2 wird von Q_1 angezogen.

1.1.2. Das elektrische Feld und seine Beschreibung

1.1.2.1. Feldbegriff

Die Feldtheorie lehnt die Möglichkeit einer Kraftwirkung aus der Ferne ab. Sie nimmt an, daß mit der Ladung die Existenz eines elektrischen Feldes verknüpft ist, das in ihrer Umgebung besteht und Träger der betrachteten Erscheinung ist. Befindet sich in der Umgebung der ersten Punktladung eine zweite Punktladung, so wird die auf sie wirkende Kraft nicht als Fernwirkung von Ladung zu Ladung, sondern als Wechselwirkung zwischen der zweiten Ladung und dem Feld der ersten Ladung aufgefaßt.

1.1.2.2. Einführung der elektrischen Feldstärke

An einer bestimmten Stelle im Feld der ersten Ladung ist die Kraft, die auf die zweite Ladung ausgeübt wird, proportional der zweiten Ladung selbst (1.10):

$$\boldsymbol{F} = \boldsymbol{E}Q_2. \tag{1.11}$$

Den Proportionalitätsfaktor $\boldsymbol{E}$ nennt man elektrische Feldstärke. Man kann ihn benutzen, um die Kraftwirkung auf Ladungen im elektrischen Feld zu beschreiben. Aus der Gegenüberstellung der zwei letzten Gleichungen folgt für die Feldstärke, die in einer Entfernung r von einer Punktladung Q_1 herrscht,

$$\boldsymbol{E} = K\frac{Q_1}{r^3}\,\boldsymbol{r} = K\frac{Q_1}{r^2}\,\boldsymbol{r}^0. \tag{1.12}$$

Das elektrische Feld der ersten Ladung, dessen Feldstärke an der betrachteten Stelle $\boldsymbol{E}$ ist, besteht auch dann, wenn keine zweite Ladung vorhanden ist.

Die Einführung des Feldbegriffs erleichtert die Behandlung der Erscheinungen. Sie mutet vorläufig sehr formal und erzwungen an. Später jedoch wird sich – besonders bei der Untersuchung des veränderlichen elektromagnetischen Feldes – zeigen, daß das eingeführte Feld eine Realität darstellt. In diesem Abschnitt wird das Feld ruhender Ladungen – das elektrostatische Feld – untersucht.

1.1.2.3. Feld der elektrischen Feldstärke

In der Mathematik bezeichnet man als Feld einen Teil des Raumes, in dem jedem Punkt durch eine skalare oder vektorielle Funktion ein bestimmter Wert einer Größe zugeordnet ist. So spricht man von einem skalaren bzw. einem vektoriellen Feld. Häufig wer-

den mathematische Felder zur Beschreibung der Eigenschaften physikalischer Felder benutzt. Ein derartiger Fall liegt bei der elektrischen Feldstärke vor. Die elektrische Feldstärke ist ein Vektor, der jedem Punkte des vom elektrischen Feld eingenommenen Raumes zugeordnet werden kann. Ihr Feld ist im mathematischen Sinn ein Vektorfeld.
Aus (1.12) erkennt man, daß das Feld der elektrischen Feldstärke einer Punktladung Kugelsymmetrie aufweist. Der Vektor der Feldstärke ist je nach dem Vorzeichen der Ladung Q_1 radial von oder zu ihr gerichtet (Bild 1.1). Auf einer Kugelfläche, in deren

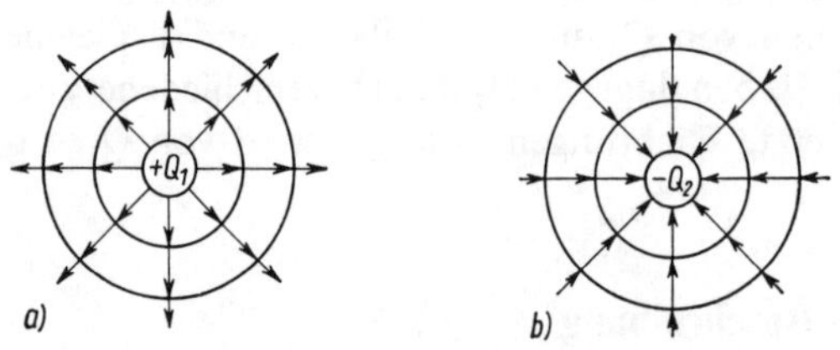

Bild 1.1

Zentrum sich die Punktladung befindet, ist sein Betrag konstant und umgekehrt proportional der Kugelfläche. Diese Erkenntnis führt auf den Gedanken, die Konstante K des Coulombschen Gesetzes aufzuspalten und die Feldstärke folgendermaßen darzustellen:

$$\boldsymbol{E} = \frac{Q_1}{4\pi\varepsilon_0 r^2}\,\boldsymbol{r}^0. \tag{1.13}$$

Hierbei ist ε_0 eine neue Konstante. Die Konstante ε_0 ist dimensionsbehaftet und trägt den Namen Influenzkonstante. Damit kann man das Coulombsche Gesetz in der Form

$$\boldsymbol{F} = \frac{1}{4\pi\varepsilon_0}\,\frac{Q_1 Q_2}{r^2}\,\boldsymbol{r}^0 \tag{1.14}$$

schreiben.

1.1.2.4. Überlagerung der Feldstärken mehrerer Punktladungen

In einem Punkte des Raumes in der Umgebung mehrerer Punktladungen addieren sich die Feldstärken der einzelnen Punktladungen erfahrungsgemäß geometrisch. Bei n Ladungen beträgt die Feldstärke ($\lambda = 1 \ldots n$)

$$\boldsymbol{E} = \sum_{\lambda} \boldsymbol{E}_{\lambda} = \frac{1}{4\pi\varepsilon_0} \sum_{\lambda} \frac{Q_{\lambda}}{r_{\lambda}^2}\,\boldsymbol{r}_{\lambda}^0. \tag{1.15}$$

1.1.2.5. Linienintegral der elektrischen Feldstärke

Wenn sich die Punktladung Q_2 im elektrostatischen Feld der Punktladung Q_1 unter Wirkung der Feldstärke um das Wegelement $\mathrm{d}\boldsymbol{l}$ bewegt (Bild 1.2), wird die Arbeit

$$\mathrm{d}W = \boldsymbol{F}\,\mathrm{d}\boldsymbol{l} = Q_2\boldsymbol{E}\,\mathrm{d}\boldsymbol{l} = \frac{Q_1 Q_2}{4\pi\varepsilon_0 r^2}\,\boldsymbol{r}^0\,\mathrm{d}\boldsymbol{l} = \frac{Q_1 Q_2}{4\pi\varepsilon_0 r^2}\,\mathrm{d}l\cos\alpha = \frac{Q_1 Q_2\,\mathrm{d}r}{4\pi\varepsilon_0 r^2} \tag{1.16}$$

verrichtet; $\mathrm{d}r$ bedeutet die Komponente des Wegelements in Richtung der Kraft, d.h. in Richtung des Radiusvektors.

Auf dem Wege zwischen den Punkten P_1 und P_2, die in einer Entfernung r_1 und r_2 von der Punktladung Q_1 liegen (Bild 1.2), beträgt die Arbeit

$$W = Q_2 \int_1^2 \boldsymbol{E}\,\mathrm{d}\boldsymbol{l} = \frac{Q_1 Q_2}{4\pi\varepsilon_0} \int_{r_1}^{r_2} \frac{\mathrm{d}r}{r^2} = \frac{Q_1 Q_2}{4\pi\varepsilon_0} \left[\frac{1}{r_1} - \frac{1}{r_2}\right]. \tag{1.17}$$

Auf einem geschlossenen Weg ($r_1 = r_2$) ist also

$$\oint \boldsymbol{E}\,\mathrm{d}\boldsymbol{l} = 0. \tag{1.18}$$

Im elektrostatischen Feld der Punktladung ist das Linienintegral der elektrischen Feldstärke auf einem geschlossenen Weg gleich Null. Diese Aussage ist gleichbedeutend mit dem Prinzip der Erhaltung der Energie. Ein Vektorfeld mit diesen Eigenschaften nennt man ein wirbelfreies Feld.

Jede beliebige räumliche Verteilung der Ladungen kann man sich aus vielen Punktladungen zusammengesetzt denken. Dabei gilt für das Feld jeder dieser Punktladungen (1.18). Sie gilt deswegen auch für das resultierende Feld:

$$\oint \boldsymbol{E}\,\mathrm{d}\boldsymbol{l} = \oint \sum_\lambda \boldsymbol{E}_\lambda\,\mathrm{d}\boldsymbol{l} = \sum_\lambda \oint \boldsymbol{E}_\lambda\,\mathrm{d}\boldsymbol{l} = 0. \tag{1.19}$$

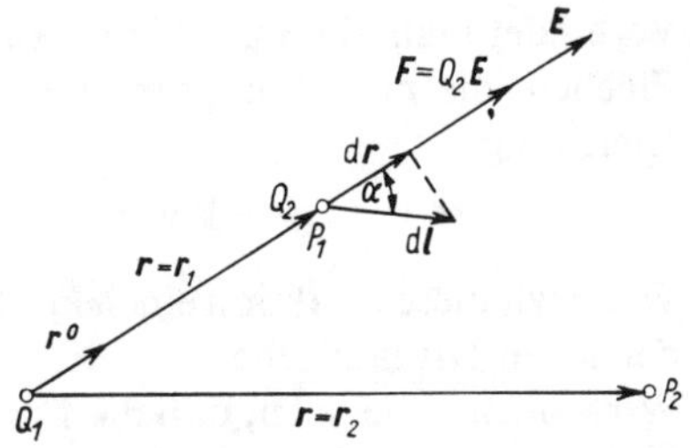

Bild 1.2

1.1.2.6. Potential und Potentialfeld

Im elektrostatischen Feld ist das Linienintegral der elektrischen Feldstärke unabhängig vom Integrationsweg; es wird nur durch die Lage der Endpunkte bestimmt. Damit kann das elektrostatische Feld außer durch die vektorielle elektrische Feldstärke $\boldsymbol{E}$ auch durch eine skalare Größe φ, die man elektrisches Potential nennt, beschrieben werden. Man ordnet dann jedem Punkt des elektrostatischen Feldes ein Potential φ zu, das gleich der Arbeit je Ladungseinheit ist, die von den Feldkräften bei der Bewegung einer positiven Ladung von dem betrachteten Punkt P bis zu einem Bezugspunkt P_0 (dessen Potential als Null angenommen wird) verrichtet wird.

Aus (1.17) folgt

$$\varphi = \frac{W}{Q} = \int_P^{P_0} \boldsymbol{E}\,\mathrm{d}\boldsymbol{l} = -\int_{P_0}^{P} \boldsymbol{E}\,\mathrm{d}\boldsymbol{l}. \tag{1.20}$$

Im elektrostatischen Feld ist nach (1.15) die Feldstärke in einem unendlich weit entfernten Punkt gleich Null. Hier verschwindet das elektrische Feld. Aus diesem Grund wählt man häufig den unendlich fernen Punkt als Bezugspunkt und schreibt ihm das Potential $\varphi = 0$ zu. Das elektrische Potential eines Punktes P ist dann

$$\varphi = -\int_\infty^P \boldsymbol{E}\,\mathrm{d}\boldsymbol{l}. \tag{1.21}$$

Den Potentialunterschied U_{12} zweier Punkte P_1 und P_2 mit den Potentialen φ_1 und φ_2, nämlich

$$U_{12} = \varphi_1 - \varphi_2 = -\int_\infty^1 \boldsymbol{E}\,\mathrm{d}\boldsymbol{l} + \int_\infty^2 \boldsymbol{E}\,\mathrm{d}\boldsymbol{l} = \int_1^\infty \boldsymbol{E}\,\mathrm{d}\boldsymbol{l} + \int_\infty^2 \boldsymbol{E}\,\mathrm{d}\boldsymbol{l} = \int_1^2 \boldsymbol{E}\,\mathrm{d}\boldsymbol{l}, \tag{1.22}$$

nennt man die elektrische Spannung zwischen den beiden Punkten.
Zwischen zwei dicht nebeneinander liegenden Punkten P_a und P_b des Feldes bestehe die Potentialdifferenz $\mathrm{d}\varphi$. Nach (1.20) bzw. (1.22) ist

$$\mathrm{d}\varphi = \varphi_a - \varphi_b = -\boldsymbol{E}\,\mathrm{d}\boldsymbol{l}. \tag{1.23}$$

In dieser Schreibweise ist das Wegelement $\mathrm{d}\boldsymbol{l}$ vom Punkt P_b mit dem Potential φ_b zum Punkt P_a mit dem Potential φ_a gerichtet. Der Winkel, den die Vektoren $\boldsymbol{E}$ und $\mathrm{d}\boldsymbol{l}$ einschließen, ist größer als $\pi/2$, wenn $\mathrm{d}\varphi > 0$, d.h. $\varphi_a > \varphi_b$ ist.

1.1.2.7. Beziehung zwischen Feldstärke und Potential

Das Potential stellt eine skalare Funktion der Koordinaten dar, die jedem Punkt des vom Feld eingenommenen Raumes zugeordnet ist, d.h., es ist

$$\varphi = \varphi(x, y, z). \tag{1.24}$$

Verbindet man alle Punkte des Raumes, die gleiches Potential haben, dann erhält man Flächen, die man Äquipotential- oder Niveauflächen nennt. Sie ergeben sich aus der Gleichung

$$\varphi(x, y, z) = \text{konst}. \tag{1.25}$$

Wenn wir diese Funktion einen konkreten Wert $\varphi = K$ erteilen, erhalten wir die Gleichung der K-ten Niveaufläche.
Wir wollen annehmen, daß die Funktion $\varphi(x, y, z)$ stetig ist. Dann entspricht einer sehr kleinen Änderung von φ eine neue Niveaufläche, die sehr nahe an der ersten liegt. Der Unterschied zwischen diesen beiden Niveauflächen beträgt

$$\mathrm{d}\varphi = \frac{\partial\varphi}{\partial x}\,\mathrm{d}x + \frac{\partial\varphi}{\partial y}\,\mathrm{d}y + \frac{\partial\varphi}{\partial z}\,\mathrm{d}z. \tag{1.26}$$

Wir können $\mathrm{d}\varphi$ als das skalare Produkt zweier Vektoren auffassen. Der eine Vektor sei

$$\boldsymbol{K} = \frac{\partial\varphi}{\partial x}\,\boldsymbol{i} + \frac{\partial\varphi}{\partial y}\,\boldsymbol{j} + \frac{\partial\varphi}{\partial z}\,\boldsymbol{k}, \tag{1.27}$$

der andere

$$\mathrm{d}\boldsymbol{l} = \boldsymbol{i}\,\mathrm{d}x + \boldsymbol{j}\,\mathrm{d}y + \boldsymbol{k}\,\mathrm{d}z, \tag{1.28}$$

so daß

$$\mathrm{d}\varphi = \boldsymbol{K}\,\mathrm{d}\boldsymbol{l} \tag{1.29}$$

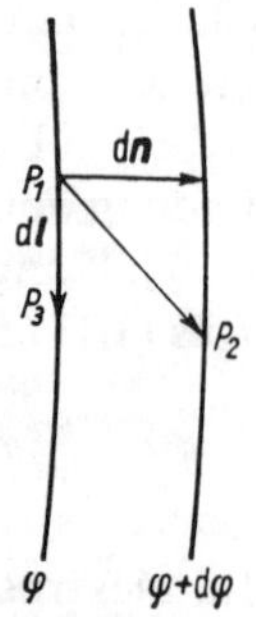

Bild 1.3

ist. Durch Änderung der Koordinaten des Punktes P_1 mit dem Potential φ um $\mathrm{d}x$, $\mathrm{d}y$ und $\mathrm{d}z$ gelangen wir zu dem Punkt P_2 mit dem Potential $\varphi + \mathrm{d}\varphi$. Der Potentialzuwachs $\mathrm{d}\varphi$ wird durch die Änderung der Koordinaten um $\mathrm{d}x$, $\mathrm{d}y$ und $\mathrm{d}z$ hervorgerufen (Bild 1.3). Wir sind imstande, $\mathrm{d}x$, $\mathrm{d}y$ und $\mathrm{d}z$ so zu wählen, daß wir trotz der Änderung der Lage im Raum zu einem Punkt P_3 gelangen, der auf derselben Niveaufläche liegt. Da in diesem Fall

$$\mathrm{d}\varphi = 0 \tag{1.30}$$

ist, ergibt das skalare Produkt von K und $\mathrm{d}\boldsymbol{l}$

$$\boldsymbol{K}\,\mathrm{d}\boldsymbol{l} = 0, \tag{1.31}$$

d.h. aber, die Vektoren $\boldsymbol{K}$ und $\mathrm{d}\boldsymbol{l}$ stehen senkrecht aufeinander. Wenn man nun den Vektor $\mathrm{d}\boldsymbol{l}$ durch eine entsprechende Wahl von $\mathrm{d}x$, $\mathrm{d}y$ und $\mathrm{d}z$ so dreht, daß er immer in der Ebene liegt, die im Punkt P_1 an die Niveaufläche tangiert, so gilt (1.31) auch für jede neue Lage von $\mathrm{d}\boldsymbol{l}$. Das heißt aber, daß $\boldsymbol{K}$ senkrecht auf der Tangentialebene im Punkt P_1, also senkrecht auf der Niveaufläche im Punkt P_1 steht ($\boldsymbol{K} \perp \mathrm{d}\boldsymbol{l}$; $\mathrm{d}\boldsymbol{l} \perp \mathrm{d}\boldsymbol{n}$). Dann ist der Betrag von $\boldsymbol{K}$ gleich

$$|\boldsymbol{K}| = \frac{\mathrm{d}\varphi}{\mathrm{d}n} \tag{1.32}$$

oder in Vektorform

$$\boldsymbol{K} = \frac{\mathrm{d}\varphi}{\mathrm{d}n}\,\boldsymbol{n}^0 = |\boldsymbol{K}|\,\boldsymbol{n}^0. \tag{1.33}$$

Hierbei ist $\boldsymbol{n}^0$ der Einheitsvektor in Richtung der Normalen zu der Niveaufläche im Punkte P_1. Den Vektor, der durch (1.33) gegeben ist, nennt man Gradient des Potentials φ:

$$\boldsymbol{K} = \operatorname{grad} \varphi. \tag{1.34}$$

Da bei festem P_1 und $\mathrm{d}\varphi$ stets $\mathrm{d}l \geqq \mathrm{d}n$ ist, gilt in jedem Fall

$$\frac{\mathrm{d}\varphi}{\mathrm{d}l} \leqq \frac{\mathrm{d}\varphi}{\mathrm{d}n}. \tag{1.35}$$

Der Betrag des Vektors grad φ der skalaren Größe φ ist gleich der Ableitung der skalaren Größe in Richtung ihres größten Anstiegs. Seine Richtung fällt mit der Richtung des größten Anstiegs zusammen. Der Vergleich von (1.23), (1.29) und (1.34) ergibt

$$\boldsymbol{E} = -\operatorname{grad} \varphi. \tag{1.36}$$

Die elektrische Feldstärke bestimmt nach Größe und Richtung den größten Potentialabfall im Feld des elektrischen Potentials. Es ist

$$\boldsymbol{E} = -\frac{\mathrm{d}\varphi}{\mathrm{d}n}\,\boldsymbol{n}^0 = -\boldsymbol{K} = -\left[\boldsymbol{i}\,\frac{\partial\varphi}{\partial x} + \boldsymbol{j}\,\frac{\partial\varphi}{\partial y} + \boldsymbol{k}\,\frac{\partial\varphi}{\partial z}\right]. \tag{1.37}$$

Wenn wir den Nabla-Operator

$$\nabla = \boldsymbol{i}\,\frac{\partial}{\partial x} + \boldsymbol{j}\,\frac{\partial}{\partial y} + \boldsymbol{k}\,\frac{\partial}{\partial z} \tag{1.38}$$

einführen, geht (1.37) in

$$\boldsymbol{E} = -\nabla\varphi \tag{1.39}$$

über.

In zylindrischen Koordinaten (r, ϑ, z) lautet der Ausdruck für den Gradienten

$$\operatorname{grad} \varphi = \nabla\varphi = \frac{\partial\varphi}{\partial r}\,\boldsymbol{e}_r + \frac{1}{r}\,\frac{\partial\varphi}{\partial\vartheta}\,\boldsymbol{e}_\vartheta + \frac{\partial\varphi}{\partial z}\,\boldsymbol{e}_z \tag{1.40}$$

und in sphärischen Koordinaten (r, ϑ, α)

$$\operatorname{grad} \varphi = \nabla\varphi = \frac{\partial\varphi}{\partial r}\,\boldsymbol{e}_r + \frac{1}{r}\,\frac{\partial\varphi}{\partial\vartheta}\,\boldsymbol{e}_\vartheta + \frac{1}{r\sin\vartheta}\,\frac{\partial\varphi}{\partial\alpha}\,\boldsymbol{e}_\alpha. \tag{1.41}$$

Hierbei ist $\boldsymbol{e}_r$ der Einheitsvektor in Richtung von r, $\boldsymbol{e}_\vartheta$ der Einheitsvektor in Richtung ϑ, $\boldsymbol{e}_\alpha$ der Einheitsvektor in Richtung α und $\boldsymbol{e}_z$ der Einheitsvektor in Richtung z. (Wird nur der Radiusvektor benutzt, dann wird für den Einheitsvektor in Richtung des Radius die Schreibweise $\boldsymbol{r}^0$ bevorzugt.) Bild 1.4 zeigt die Einheitsvektoren in kartesischen, zylindrischen und sphärischen Koordinaten.

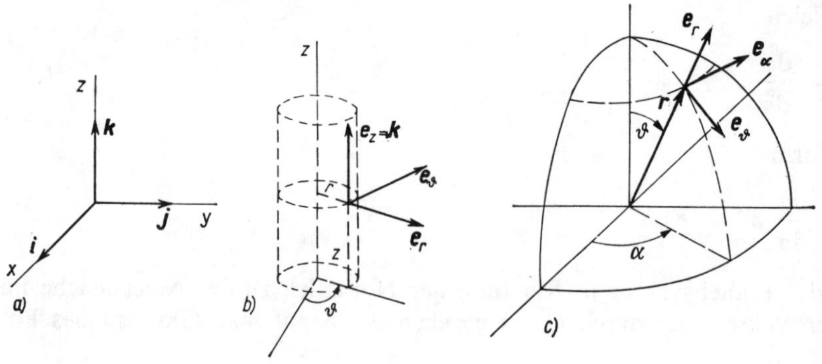

Bild 1.4

1.1.2.8. Überlagerung der Potentiale

Das Potential in einem Punkt des Feldes von n Punktladungen ist gleich der Summe der Potentiale

$$\varphi = \sum_\lambda \varphi_\lambda \tag{1.42}$$

der einzelnen Punktladungen. Dies folgt aus (1.21) und (1.15):

$$\varphi = \int_P^\infty \boldsymbol{E}\, \mathrm{d}\boldsymbol{l} = \int_P^\infty \sum_{\lambda=1}^n \boldsymbol{E}_\lambda\, \mathrm{d}\boldsymbol{l} = \sum_{\lambda=1}^n \int_P^\infty \boldsymbol{E}_\lambda\, \mathrm{d}\boldsymbol{l} = \sum_{\lambda=1}^n \varphi_\lambda = \frac{1}{4\pi\varepsilon_0} \sum_{\lambda=1}^n \frac{Q_\lambda}{r_\lambda}. \tag{1.43}$$

Sind die Ladungen kontinuierlich mit der Raumladungsdichte ϱ über das Volumen V verteilt, so ergibt die Betrachtung der geladenen Volumenelemente als Punktladungen (Bild 1.5) von der Größe $\mathrm{d}Q = \varrho\, \mathrm{d}V$ für das gesamte Potential

$$\varphi = \frac{1}{4\pi\varepsilon_0} \int_V \frac{\varrho\, \mathrm{d}V}{r}. \tag{1.44}$$

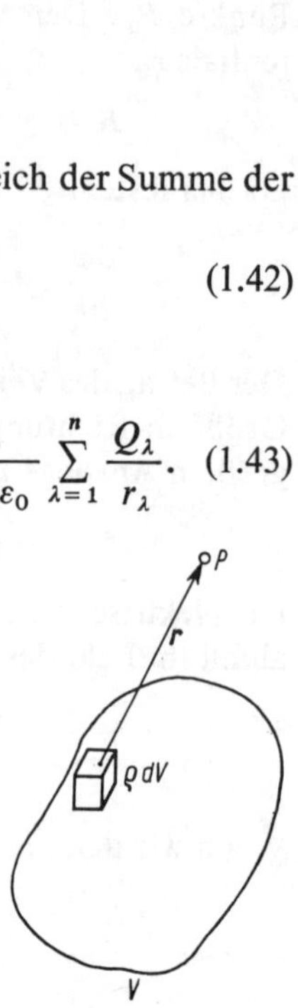

Bild 1.5

1.1.2.9. Bildliche Darstellung des elektrischen Feldes

Äquipotentiallinien

Ein wertvolles Mittel zur bildlichen Darstellung des Feldes sind die Äquipotential- oder Niveaulinien, welche Spuren der Äquipotentialflächen in der Zeichenebene darstellen. Sie ergeben ein besonders anschauliches Bild, wenn gleich große Potentialdifferenzen zwischen den benachbarten Niveaulinien bestehen. Aus der Verteilung der Niveaulinien erkennt man sofort die Stellen des Feldes, an denen die Feldstärke einen großen bzw. kleinen Wert hat. An den Stellen großer Feldstärken liegen nämlich die Äquipotentiallinien dicht nebeneinander, während sie an den Stellen kleiner Feldstärken auseinandergerückt sind. Die Gleichung der Äquipotentiallinien in der x,y-Ebene ist

$$\varphi(x, y) = \text{konst.} \tag{1.45}$$

Feldlinien

Man kann die Darstellung des Feldbildes noch weiter vervollständigen, indem man die sogenannten Feldlinien einführt. Die Feldlinien sind Linien, an die in jedem Punkt des Feldes der Feldstärkevektor tangiert. Die Feldlinien schneiden die Äquipotentiallinien orthogonal (Bild 1.6). Sie entspringen den positiven Ladungen und münden in die negativen Ladungen. DasLängenelement d$\boldsymbol{l}$ der Feldlinie hat überall die gleiche Richtung wie der Feldstärkevektor. Es gilt somit

$$\boldsymbol{E} \times \mathrm{d}\boldsymbol{l} = \boldsymbol{0}. \tag{1.46}$$

Bei gegebener Feldstärkeverteilung $\boldsymbol{E}(x, y, z) = \boldsymbol{i}E_x + \boldsymbol{j}E_y + \boldsymbol{k}E_z$ kann die Gleichung der Feldlinien aus der Beziehung

$$\frac{\mathrm{d}x}{E_x} = \frac{\mathrm{d}y}{E_y} = \frac{\mathrm{d}z}{E_z} \tag{1.47}$$

berechnet werden, die aus (1.46) folgt.

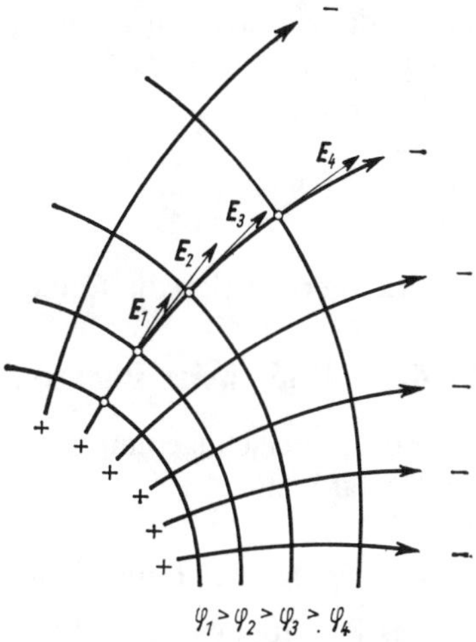

Bild 1.6

Es ist zu beachten, daß die so eingeführten Feldlinien keine Realität besitzen, sondern nur ein Hilfsmittel zur Beschreibung des Feldes darstellen; denn die Kraftwirkung im elektrostatischen Feld ist lückenlos einem jeden Punkt des Raumes zugeordnet.
Es wurde bereits festgestellt, daß der Vektor der elektrischen Feldstärke senkrecht auf der Niveaufläche steht. Dies kann man sofort auch daraus ersehen, daß längs der Niveaufläche keine Änderung des Potentials stattfindet, also in der Niveaufläche auch keine Komponente der Feldstärke bestehen kann.

1.1.3. Einheiten

Die Einheiten aller elektrischen Größen lassen sich von vier Einheiten, z.B.

Meter (m), Kilogramm (kg), Sekunde (s) und Coulomb (C),

ableiten. Die Einheit für die Kraft ist 1 Newton (1 N):

$$1\,\mathrm{N} = \frac{1\,\mathrm{W \cdot s}}{\mathrm{m}} = \frac{1\,\mathrm{m \cdot kg}}{\mathrm{s}^2}. \tag{1.48}$$

Wenn wir die Kraft in Newton (N) angeben, den Radiusvektor in Meter (m) und die Ladung in Coulomb (C), dann hat ε_0 den Wert

$$\varepsilon_0 = 8{,}855 \cdot 10^{-12}\,\frac{\mathrm{C}^2}{\mathrm{Nm}^2} = 8{,}855 \cdot 10^{-12}\,\frac{\mathrm{F}}{\mathrm{m}}. \tag{1.49}$$

Die Einheit

$$1\,\mathrm{F} = 1\,\frac{\mathrm{C}^2}{\mathrm{Nm}} \tag{1.50}$$

nennt man 1 Farad.

Zur weiteren Umrechnung wird auch die Beziehung

$$1\ \mathrm{W{\cdot}s} = 1\ \mathrm{J} \tag{1.51}$$

benutzt.

Die Einheit des Potentials und der Spannung ist 1 Volt (V). Zwischen zwei Punkten P_1 und P_2 des elektrischen Feldes liegt die Einheit der Potentialdifferenz vor, wenn bei der Bewegung der Ladungseinheit (1 C) von P_1 nach P_2 die Arbeit 1 Ws verrichtet wird (1.17) und (1.22):

$$1\ \mathrm{V} = \frac{1\ \mathrm{W{\cdot}s}}{1\ \mathrm{C}}. \tag{1.52}$$

Aus (1.23) ergibt sich die Einheit der elektrischen Feldstärke zu 1 V/m.

1.1.4. Feld zweier Punktladungen

Das Feld in der Umgebung zweier Punktladungen nimmt eine besondere Stellung in der Elektrostatik ein.

1.1.4.1. Feld zweier gleichnamiger Punktladungen

Für das Potential eines Punktes P im Feld zweier gleichnamiger Punktladungen, der in einer Entfernung r_1 von der ersten Ladung und r_2 von der zweiten Ladung liegt, erhalten wir aus (1.43)

$$\varphi = \frac{1}{4\pi\varepsilon_0}\left[\frac{Q_1}{r_1} + \frac{Q_2}{r_2}\right]. \tag{1.53}$$

Die elektrische Feldstärke ist (1.15)

$$\boldsymbol{E} = \frac{1}{4\pi\varepsilon_0}\left[\frac{Q_1}{r_1^3}\,\boldsymbol{r}_1 + \frac{Q_2}{r_2^3}\,\boldsymbol{r}_2\right]. \tag{1.54}$$

Für die Äquipotentialfläche liefert die Bedingung $\varphi =$ konst. aus (1.53) die Gleichung

$$\frac{Q_1}{r_1} + \frac{Q_2}{r_2} = K. \tag{1.55}$$

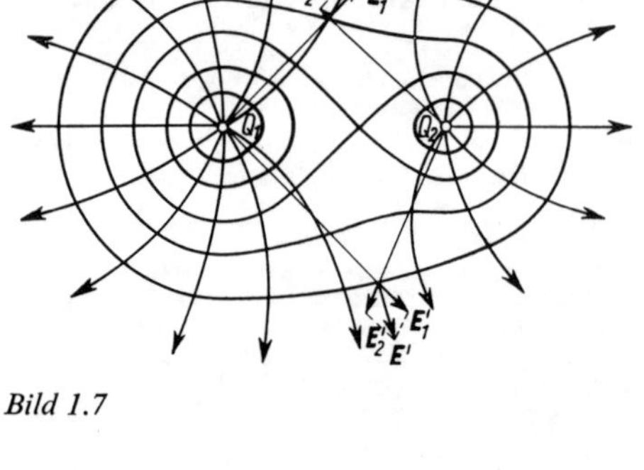

Bild 1.7

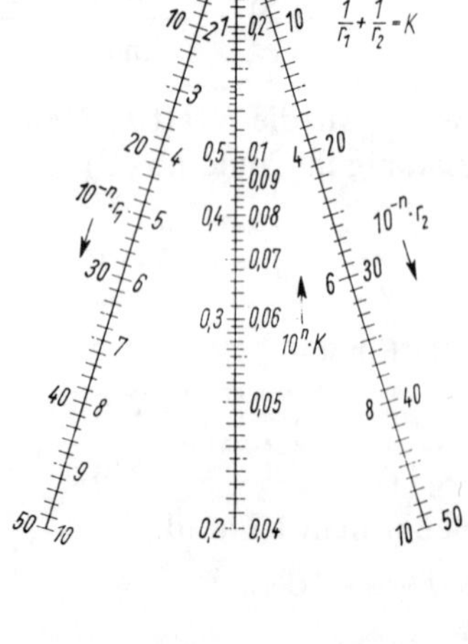

Bild 1.8

Im Bild 1.7 ist das Feld in der Umgebung zweier gleichnamiger Punktladungen für den Fall $Q_1/Q_2 = 2$ gezeichnet.
Das Nomogramm Bild 1.8 gestattet die Ermittlung des Feldbilds für den speziellen Fall $Q_1 = Q_2$.

1.1.4.2. Feld zweier ungleichnamiger Punktladungen

Im Bild 1.9 sind zwei ungleichnamige Punktladungen Q_1 und $-Q_2$ dargestellt, die in einer Entfernung d voneinander angeordnet sind. Wir wollen das Koordinatensystem so legen, daß Q_1 im Koordinatenursprung liegt und die Verbindungslinie Q_1Q_2 in die Abszisse fällt. Für die elektrische Feldstärke und das Potential erhalten wir

$$\boldsymbol{E} = \frac{1}{4\pi\varepsilon_0}\left[\frac{Q_1}{r_1^3}\boldsymbol{r}_1 - \frac{Q_2}{r_2^3}\boldsymbol{r}_2\right], \qquad \varphi = \frac{1}{4\pi\varepsilon_0}\left[\frac{Q_1}{r_1} - \frac{Q_2}{r_2}\right]. \qquad (1.56), (1.57)$$

Die Niveaulinien sind durch die Forderung $\varphi =$ konst. gegeben.
Eine besonders interessante Niveaulinie in der x,y-Ebene entspricht dem Fall $\varphi = 0$. Dafür gilt die Bedingung

$$\frac{Q_1}{Q_2} = \frac{r_1}{r_2} = m. \qquad (1.58)$$

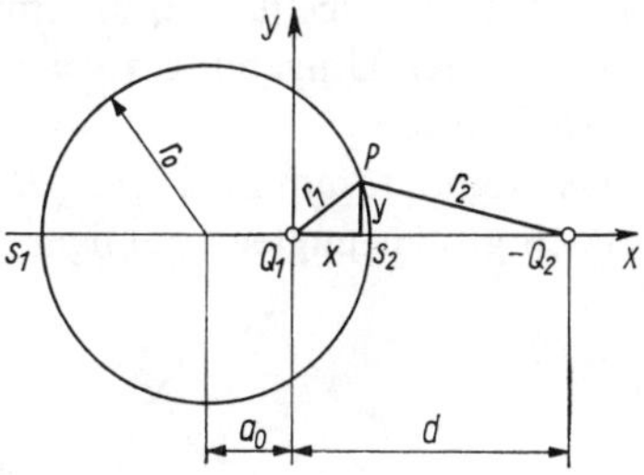

Bild 1.9

Nach dem Satz von *Apollonius* bestimmt diese Gleichung einen Kreis, der die Gerade durch Q_1 und Q_2 im Verhältnis

$$\frac{\overline{S_2Q_2}}{\overline{S_2Q_1}} = \frac{\overline{S_1Q_2}}{\overline{S_1Q_1}}$$

teilt. Aus Bild 1.9 ersieht man, daß für den Punkt P

$$r_1^2 = x^2 + y^2, \qquad r_2^2 = (d - x)^2 + y^2 \qquad (1.59)$$

gilt. Liegt P auf der Äquipotentialfläche $\varphi = 0$, dann folgt aus (1.58) und (1.59)

$$\frac{x^2 + y^2}{(d - x)^2 + y^2} = m^2 \qquad (1.60)$$

oder

$$\left(x + \frac{dm^2}{1 - m^2}\right)^2 + y^2 = \left(\frac{dm}{1 - m^2}\right)^2. \qquad (1.61)$$

Die Spur der Äquipotentialfläche $\varphi = 0$ in einer Ebene durch Q_1Q_2 ist also ein Kreis.
Die Koordinaten des Kreismittelpunktes sind offensichtlich

$$a_0 = -\frac{dm^2}{1 - m^2}, \qquad b_0 = 0. \qquad (1.62)$$

Sein Radius beträgt

$$r_0 = \left|\frac{dm}{1 - m^2}\right| = \frac{|a_0|}{m} \tag{1.63}$$

Wenn $Q_1 < Q_2$ ist, dann sind

$$m < 1, \qquad a_0 < 0, \qquad r_0 > |a_0|. \tag{1.64}$$

Hieraus folgt, daß bei $Q_1 < Q_2$ die sphärische Äquipotentialfläche mit dem Potential $\varphi = 0$, die man durch Rotation des Kreises um die x-Achse erhält, die Ladung Q_1 umschließt.

Wenn dagegen $Q_1 > Q_2$ ist, dann sind

$$m > 1, \qquad a_0 > 0, \qquad r_0 < |a_0|. \tag{1.65}$$

In diesem Fall umschließt die sphärische Äquipotentialfläche $\varphi = 0$ die Ladung Q_2. In dem Feld zweier ungleichnamiger Punktladungen ist somit die Äquipotentialfläche $\varphi = 0$ eine Kugelfläche, die immer die kleinere Ladung umschließt. Bild 1.10 zeigt das Feld in der Umgebung zweier ungleichnamiger Ladungen, die sich wie $Q_1/Q_2 = -\frac{1}{2}$ verhalten.

Das Nomogramm Bild 1.11 gestattet die Ermittlung des Feldbilds für den speziellen Fall gleich großer ungleichnamiger Punktladungen ($Q_1 = -Q_2$).

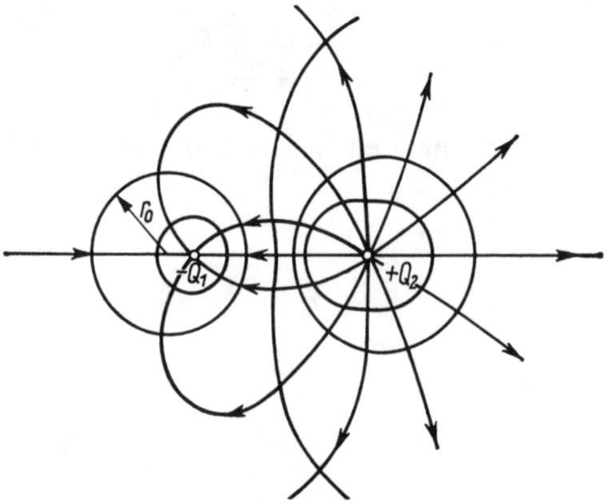

Bild 1.10

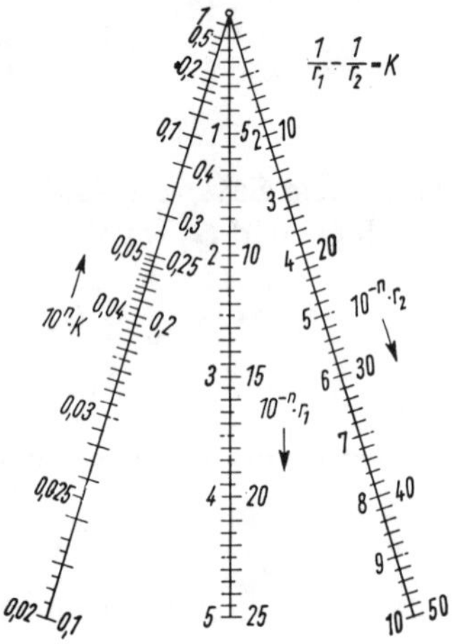

Bild 1.11

1.1.5. Das elektrische Moment

1.1.5.1. Moment eines neutralen Systems von Ladungen

Zur Beurteilung der Ladungsverteilung in einem im ganzen neutralen System von Punktladungen wird, analog der Beurteilung der Massenverteilung in der Mechanik, das elektrische Moment

$$\boldsymbol{M} = \sum_{\lambda} Q_\lambda \boldsymbol{r}_\lambda \tag{1.66}$$

benutzt. Q_λ ist eine von n Punktladungen, $\boldsymbol{r}_\lambda$ ist der Radiusvektor von einem beliebig gegewählten Bezugspunkt P zur betrachteten Ladung (Bild 1.12).

Da das System im ganzen neutral ist, gilt

$$\sum_\lambda Q_\lambda = 0. \tag{1.67}$$

Das Moment $\boldsymbol{M}$ ist unabhängig von der Wahl des Bezugspunktes. Wählt man nämlich einen neuen Bezugspunkt P', der um $\boldsymbol{a}$ von P entfernt ist, dann ist der neue Radiusvektor (Bild 1.12)

$$\boldsymbol{r}'_\lambda = \boldsymbol{r}_\lambda - \boldsymbol{a} \tag{1.68}$$

und das neue Moment

$$\boldsymbol{M}' = \sum_\lambda Q_\lambda \boldsymbol{r}'_\lambda = \sum_\lambda Q_\lambda (\boldsymbol{r}_\lambda - \boldsymbol{a}). \tag{1.69}$$

Unter Benutzung von (1.67) wird

$$\boldsymbol{M}' = \sum_\lambda Q_\lambda \boldsymbol{r}_\lambda - \boldsymbol{a} \sum_\lambda Q_\lambda = \sum_\lambda Q_\lambda \boldsymbol{r}_\lambda = \boldsymbol{M}. \tag{1.70}$$

1.1.5.2. Dipolmoment

Das einfachste neutrale System ist ein System aus nur zwei gleich großen Punktladungen entgegengesetzten Vorzeichens (Bild 1.13). Es wird als Doppelladung oder Dipol bezeichnet. Das Dipolmoment ist

$$\boldsymbol{M} = \sum_\lambda Q_\lambda \boldsymbol{r}_\lambda = Q(\boldsymbol{r}_+ - \boldsymbol{r}_-) = Q\boldsymbol{l}, \tag{1.71}$$

wobei

$$\boldsymbol{l} = \boldsymbol{r}_+ - \boldsymbol{r}_- \tag{1.72}$$

der Abstandsvektor von der negativen zur positiven Ladung ist. Demzufolge ist das Dipolmoment ein Vektor, der den Betrag Ql hat und in Richtung von der negativen zur positiven Ladung ((1.71) und Bild 1.13) zeigt.

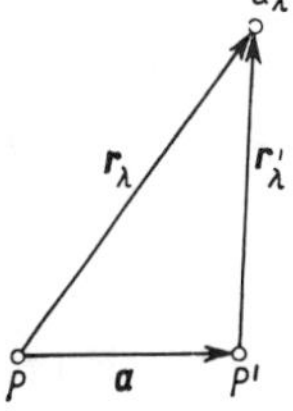

Bild 1.12

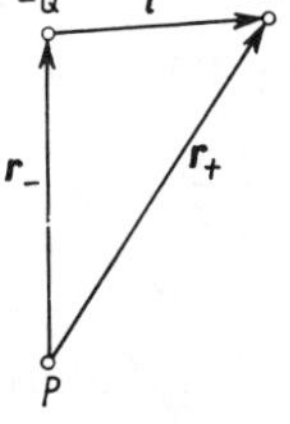

Bild 1.13

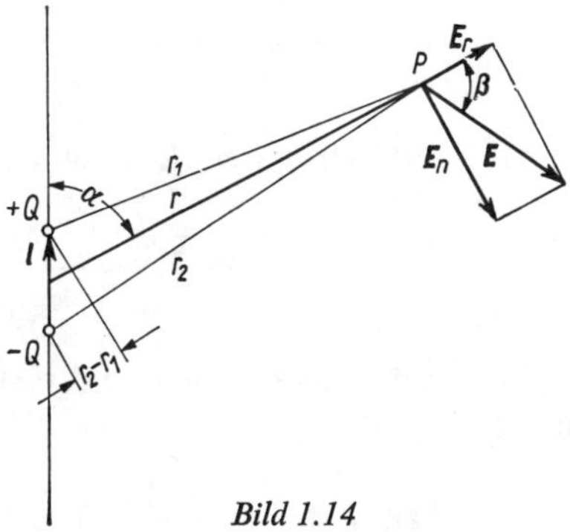

Bild 1.14

1.1.5.3. Feld des Dipols

Zur Berechnung des Feldes des Dipols wird dieser als Spezialfall zweier entgegengesetzt geladener Punktladungen betrachtet, deren Ladungen gleich groß sind. Im Feld dieser Ladungen geht die sphärische Äquipotentialfläche $\varphi = 0$ in die zu der Verbindungsgeraden Q_1Q_2 mittelsenkrechte Ebene über.

Im folgenden soll das Feld des Dipols in einer Entfernung r von seinem Mittelpunkt, die groß im Vergleich zu l ist, betrachtet werden (Bild 1.14). Das Potential in dem Punkt P ist

$$\varphi = \frac{1}{4\pi\varepsilon_0}\left[\frac{Q_1}{r_1} - \frac{Q_2}{r_2}\right] = \frac{Q}{4\pi\varepsilon_0}\,\frac{r_2 - r_1}{r_1 r_2}. \tag{1.73}$$

Ist die Entfernung r groß gegen l, so können wir angenähert setzen:

$$r_1 r_2 = r^2 \tag{1.74}$$

und

$$r_2 - r_1 = l\cos\alpha, \tag{1.75}$$

so daß

$$\varphi = \frac{Q}{4\pi\varepsilon_0}\,\frac{l\cos\alpha}{r^2} = \frac{|\boldsymbol{M}|\cos\alpha}{4\pi\varepsilon_0 r^2} \tag{1.76}$$

ist. Das Potential φ kann man als skalares Produkt der Vektoren $\boldsymbol{M}$ und $\boldsymbol{r}$ ausdrücken:

$$\varphi = \frac{1}{4\pi\varepsilon_0 r^3}\,\boldsymbol{M}\boldsymbol{r}. \tag{1.77}$$

Das Feld des Dipols wird offensichtlich durch das Dipolmoment bestimmt, d.h., bei konstanten Ladungen ist für die Gestalt des Feldes der Abstand der Ladungen maßgebend.
Aus (1.76) ergibt sich die Komponente der elektrischen Feldstärke in Richtung r zu

$$E_r = -\frac{\partial\varphi}{\partial r} = \frac{2\,|\boldsymbol{M}|\cos\alpha}{4\pi\varepsilon_0 r^3}. \tag{1.78}$$

Die Komponente der elektrischen Feldstärke in dem betrachteten Punkt P (Bild 1.14) senkrecht zu $\boldsymbol{r}$ ist

$$E_n = -\frac{\partial\varphi}{\partial n} = -\frac{\partial\varphi}{r\,\partial\alpha} = \frac{|\boldsymbol{M}|}{4\pi\varepsilon_0 r^3}\sin\alpha. \tag{1.79}$$

Der absolute Betrag der elektrischen Feldstärke im Punkt P ist dann

$$|\boldsymbol{E}| = \sqrt{E_r^2 + E_n^2} = \frac{|\boldsymbol{M}|}{4\pi\varepsilon_0 r^3}\sqrt{3\cos^2\alpha + 1}. \tag{1.80}$$

Der Vektor der elektrischen Feldstärke $\boldsymbol{E}$ ist gegen den Radiusvektor $\boldsymbol{r}$ um den Winkel β geneigt. Es gilt

$$\tan\beta = \frac{E_n}{E_r} = \frac{1}{2}\tan\alpha. \tag{1.81}$$

Die Vektoren der elektrischen Feldstärke $\boldsymbol{E}$ und des Dipolmoments $\boldsymbol{M}$ schließen miteinander den Winkel

$$\vartheta = \alpha + \beta \tag{1.82}$$

ein. Bild 1.15 zeigt den Vektor $\boldsymbol{E}$ längs eines Meridians, wobei $r \gg l$ gilt.

1.1.6. Verschiebung

1.1.6.1. Verschiebungsfluß und Verschiebungsflußdichte

Es ist zweckmäßig, zur Beschreibung des elektrischen Feldes eine weitere vektorielle Größe

$$\boldsymbol{D}_0 = \varepsilon_0 \boldsymbol{E} \tag{1.83}$$

einzuführen. Bei der Punktladung ist

$$\boldsymbol{D}_0 = \frac{Q}{4\pi r^2}\,\boldsymbol{r}^0. \tag{1.84}$$

Nun liegt es nahe, der Punktladung Q einen ihr gleich großen Fluß Ψ ($\Psi = Q$), ähnlich dem Fluß einer punktförmigen Lichtquelle, zuzuordnen, dessen Dichte in einer Entfernung $\boldsymbol{r}$ den Betrag D_0 hat. Ψ trägt den Namen Verschiebungsfluß, $\boldsymbol{D}_0$ den Namen Verschiebungsflußdichte, Verschiebungsdichte oder kurz Verschiebung.

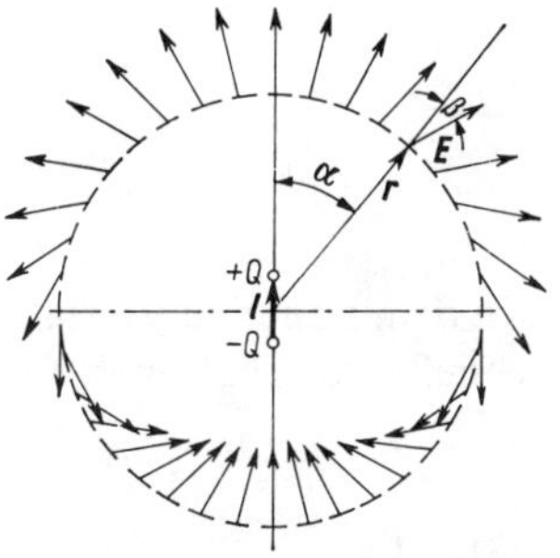

Bild 1.15

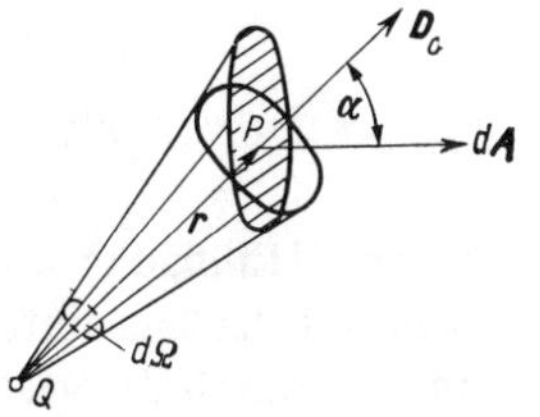

Bild 1.16

In dem Ausdruck für die Verschiebung ist ε_0 nicht enthalten. $\boldsymbol{D}_0$ hängt außer von r nur noch von Q ab.

Bei der Untersuchung der Erscheinungen im Vakuum besteht keine Notwendigkeit, den Vektor der Verschiebung einzuführen. Ihre Vorteile werden erst bei der Untersuchung des elektrischen Feldes im stofferfüllten Raum ersichtlich.

Der Fluß des Vektors $\boldsymbol{D}_0$, der ein Flächenelement dA in einer Entfernung r von der Punktladung durchsetzt, ist (Bild 1.16):

$$\boldsymbol{D}_0 \, \mathrm{d}\boldsymbol{A} = |\boldsymbol{D}_0| \, |\mathrm{d}\boldsymbol{A}| \cos\alpha = \frac{Q \, \mathrm{d}A'}{4\pi r^2}. \tag{1.85}$$

Hierbei ist α der Winkel, den d$\boldsymbol{A}$ mit $\boldsymbol{D}_0$ einschließt, und dA' die Projektion von d$\boldsymbol{A}$ auf eine Ebene durch $\boldsymbol{P}$, die senkrecht auf $\boldsymbol{r}$ steht. Somit ist dA' ein Flächenelement der Kugel mit dem Radius r, in deren Mittelpunkt Q liegt. Nun ist aber

$$\mathrm{d}\Omega = \frac{\mathrm{d}A'}{r^2} \tag{1.86}$$

der Raumwinkel, unter dem man dA von Q aus sieht. Er ist positiv bei $\alpha < \pi/2$ und negativ bei $\alpha > \pi/2$. Der Verschiebungsfluß, der eine Fläche A durchsetzt, ist

$$\int_A \boldsymbol{D}_0 \, \mathrm{d}\boldsymbol{A} = \frac{Q}{4\pi} \int_\Omega \mathrm{d}\Omega = \frac{Q}{4\pi}\,\Omega. \tag{1.87}$$

Stellt A eine geschlossene Fläche dar, dann sind zwei Fälle möglich. In dem ersten liegt die Ladung innerhalb der Hüllfläche (Bild 1.17). Über die ganze Fläche ist $\alpha < \pi/2$, so daß alle Raumwinkelelemente positiv sind. Deshalb ist $\Omega = 4\pi$ und

$$\oint_A \boldsymbol{D}_0 \, \mathrm{d}\boldsymbol{A} = Q. \tag{1.88}$$

Im zweiten Fall liegt die Ladung außerhalb der Hüllfläche (Bild 1.18). Dann ist $\Omega = 0$; denn der gesamte Raumwinkel, unter dem man die Hüllfläche sieht, besteht aus zwei gleich großen Anteilen mit verschiedenem Vorzeichen. Damit wird

$$\oint_A \boldsymbol{D}_0 \, \mathrm{d}\boldsymbol{A} = 0. \tag{1.89}$$

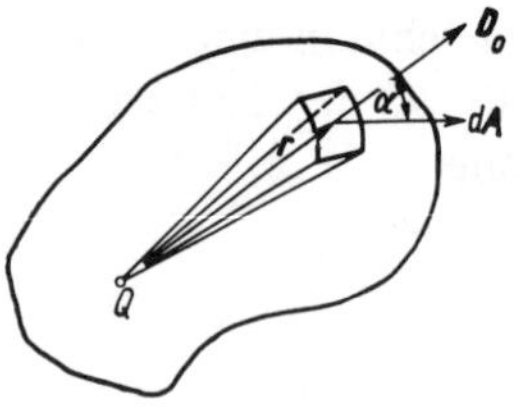

Bild 1.17

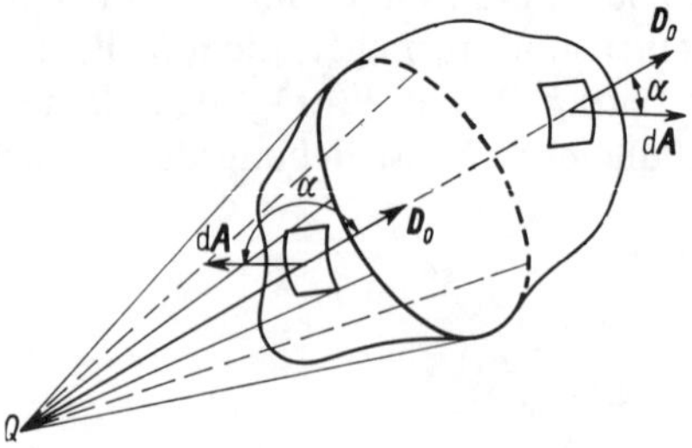

Bild 1.18

Wenn die geschlossene Hüllfläche A das Volumenelement ΔV, in dem sich eine Vielzahl von Punktladungen mit der Gesamtladung ΔQ befinden, umschließt, so erhält man für den Verschiebungsfluß durch die geschlossene Hüllfläche

$$\oint_A \boldsymbol{D}_0 \, \mathrm{d}\boldsymbol{A} = \oint_A \varepsilon_0 \boldsymbol{E} \, \mathrm{d}\boldsymbol{A} = \oint_A \varepsilon_0 \sum_\lambda \boldsymbol{E}_\lambda \, \mathrm{d}\boldsymbol{A} = \oint_A \sum_\lambda \boldsymbol{D}_{0\lambda} \, \mathrm{d}\boldsymbol{A}$$

$$= \sum_\lambda \oint_A \boldsymbol{D}_{0\lambda} \, \mathrm{d}\boldsymbol{A} = \sum_\lambda Q_\lambda = \Delta Q. \tag{1.90}$$

Wir bilden den Ausdruck

$$\lim_{\Delta V \to 0} \frac{\oint_A \boldsymbol{D}_0 \, \mathrm{d}\boldsymbol{A}}{\Delta V} = \lim_{\Delta V \to 0} \frac{\Delta Q}{\Delta V}. \tag{1.91}$$

Die linke Seite stellt die Divergenz von $\boldsymbol{D}_0$, die rechte die Raumladungsdichte dar, so daß

$$\operatorname{div} \boldsymbol{D}_0 = \varrho \tag{1.92}$$

ist.

Die Divergenz erhält man in kartesischen Koordinaten (x, y, z) durch die Bildungsvorschrift

$$\operatorname{div} \boldsymbol{D}_0 = \frac{\partial D_{0x}}{\partial x} + \frac{\partial D_{0y}}{\partial y} + \frac{\partial D_{0z}}{\partial z}. \tag{1.93}$$

D_{0x}, D_{0y} und D_{0z} sind die Komponenten von $\boldsymbol{D}_0$ in der x-, y- und z-Richtung. Die Divergenz kann man als skalares Produkt der Vektoren $\boldsymbol{D}_0$ und ∇ darstellen:

$$\operatorname{div} \boldsymbol{D}_0 = \nabla \boldsymbol{D}_0. \tag{1.94}$$

Ist $\boldsymbol{D}_0$ in zylindrischen Koordinaten (r, ϑ, z) vorgegeben, dann ist

$$\operatorname{div} \boldsymbol{D}_0 = \frac{1}{r}\left\{\frac{\partial}{\partial r}(rD_{0r}) + \frac{\partial D_{0\vartheta}}{\partial \vartheta}\right\} + \frac{\partial D_{0z}}{\partial z}. \tag{1.95}$$

Liegt $\boldsymbol{D}_0$ in sphärischen Koordinaten (r, ϑ, α) vor, dann ist

$$\operatorname{div} \boldsymbol{D}_0 = \frac{1}{r^2}\frac{\partial}{\partial r}(r^2 D_{0r}) + \frac{1}{r \sin\vartheta}\left\{\frac{\partial}{\partial \vartheta}(D_{0\vartheta}\sin\vartheta) + \frac{\partial D_{0\alpha}}{\partial \alpha}\right\}. \tag{1.96}$$

Hierbei ist D_{0r} die Komponente von $\boldsymbol{D}_0$ in Richtung von r, $D_{0\vartheta}$ die Komponente von $\boldsymbol{D}_0$ in Richtung von ϑ und $D_{0\alpha}$ die Komponente von $\boldsymbol{D}_0$ in Richtung von α.

1.1.6.2. Verschiebungslinien

Verschiebungslinien sind solche Linien, an die an jeder Stelle des Feldes der Vektor der Verschiebung tangiert. Im Vakuum fallen die Richtungen der Feld- und Verschiebungslinien zusammen (1.83). Die Verschiebungslinien entspringen ebenfalls den positiven Ladungen und münden in die negativen Ladungen ein.
Vorteilhaft ist es, wenn man jeder Ladungseinheit eine Verschiebungslinie zuordnet. Man kann dann von der Zahl der Verschiebungslinien auf die Größe der betreffenden Ladung schließen. Die Dichte der Verschiebungslinien an einer Stelle (Linien je Flächeneinheit) ist dann zahlenmäßig gleich der Verschiebungsdichte $|\boldsymbol{D}_0|$ an dieser Stelle. Hierbei soll man beachten, daß die so eingeführten Verschiebungslinien ebenfalls nur ein Hilfsmittel zur Beschreibung des Feldes darstellen.

1.2. Das elektrostatische Feld im stofferfüllten Raum

1.2.1. Einteilung der Stoffe hinsichtlich ihres Verhaltens im elektrischen Feld

Das elektrostatische Feld kann sich auch im stofferfüllten Raum ausbilden. Hinsichtlich ihres Verhaltens im elektrostatischen Feld teilt man die Stoffe grob in Leiter und Nichtleiter ein.

1.2.1.1. Leiter im elektrostatischen Feld

In einem Leiter sind – später wird darauf näher eingegangen – freie Ladungsträger vorhanden, die sich unter der Einwirkung des elektrischen Feldes fast ungehindert bewegen können. Diese Ladungsträger können Elektronen sowie positive und negative Ionen sein.

Das elektrostatische Feld in metallischen Leitern

Bei den Metallen kann sich eine bestimmte Anzahl von Elektronen (Valenzelektronen) aus dem Verband der Atome lösen und frei in dem zwischenatomaren Raum bewegen, indem sie aus dem Bereich eines Metallions in den eines anderen übergehen (s. Abschnitt 5.). Hierbei bleibt das elektrische Gleichgewicht zwischen dem positiven Ionengerüst und der umgebenden Elektronenwolke im ganzen aufrechterhalten. Diese freien negativen Ladungsträger können jeder äußeren Kraftwirkung folgen. Bringt man eine metallische Elektrode in ein elektrostatisches Feld hinein, so bewegen sich die freien Elektronen unter der Kraftwirkung in entgegengesetzter Richtung zur elektrischen Feldstärke, bis sie die Oberfläche der Elektrode erreichen. Sie können normalerweise die

Oberfläche des Leiters nicht verlassen, müssen sich jedoch längs der Oberfläche so lange bewegen, wie noch eine Komponente der elektrischen Feldstärke parallel zur Oberfläche der Elektrode besteht. Es findet demzufolge unter der Wirkung des elektrischen Feldes eine Trennung der Ladungen im Innern der Elektrode statt. Diese Trennung der Ladungen ist hier mit der Ausbildung eines elektrischen Eigenfelds verbunden, das im Innern der Elektrode die Wirkung des äußeren Feldes kompensiert. Verschwindet das äußere Feld, so wird die Verschiebung der getrennten Ladungen unter der Wirkung des Eigenfelds rückgängig gemacht. An der Oberfläche einer jeden Elektrode, die sich in einem elektrostatischen Feld befindet, besteht also nur eine Komponente der elektrischen Feldstärke senkrecht zur Oberfläche der Elektrode. Die Oberfläche der Elektrode in einem elektrostatischen Feld ist daher eine Äquipotentialfläche. Überall im Leiter ist $\boldsymbol{E} = 0$ und $\varphi = \text{konst.}$

Influenz

Die Einwirkung des äußeren Feldes auf die freien Ladungsträger in einem Leiter, der sich in einem elektrostatischen Feld befindet, nennt man elektrostatische Induktion oder Influenz. Bild 1.19 zeigt die Veränderung eines ursprünglich homogenen Feldes (a) durch die Einführung einer metallischen Kugel (b). Die Kugeloberfläche muß eine Äquipotentialfläche werden. Es tritt deshalb eine solche Umgruppierung der Ladungsträger in der Elektrode ein, daß die Tangentialkomponente der elektrischen Feldstärke an ihrer Oberfläche verschwindet. Die Feldlinien stellen sich senkrecht zur Oberfläche der Elektrode ein (b). Das Feldbild verändert sich so, als ob die Feldlinien von der metallischen Elektrode „angezogen" würden. Auf der Oberfläche der Elektrode sind durch Ladungstrennung Ladungen angehäuft. Die negativen Ladungen verteilen sich auf die Stellen, an denen die Feldlinien in die Elektrode eintreten, die positiven dagegen auf die Stellen, an denen die Feldlinien aus der Elektrode austreten. Im Innern der Elektrode ist wegen der Überlagerung des äußeren und des inneren Feldes die Feldstärke gleich Null. Es tritt also keine Veränderung ein, wenn man die Elektrode hohl ausführt. In diesem hohlen Raum ist die elektrische Feldstärke ebenfalls gleich Null. Diese Tatsache nutzt man zur Abschirmung elektrischer Felder aus, z. B. beim sogenannten Faradayschen Käfig. Ist die Elektrode vor dem Einführen in das Feld ungeladen, so ist die Summe der getrennten Ladungen auf der Elektrode auch im Feld gleich Null.

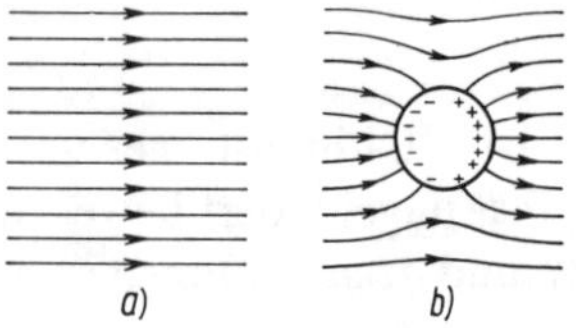

Bild 1.19

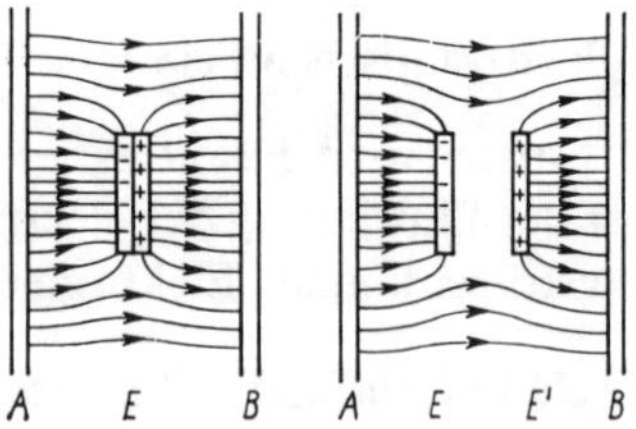

Bild 1.20

Wir wollen in ein elektrisches Feld eine Elektrode einführen, die aus zwei sich berührenden metallischen Platten besteht. Bild 1.20 zeigt das Feldbild für diesen Fall. Wenn wir die zwei Platten trennen, bevor wir sie aus dem Feld herausziehen, so bleiben sie mit gleichen Ladungen verschiedenen Vorzeichens geladen. Eine Aufladung der Elektrode erhalten wir, wenn wir die eine Ladung der Elektrode abführen, bevor wir die Elektrode aus dem Feld herausziehen.

Eine analoge Erscheinung beobachtet man bei Freileitungen, die sich in dem elektrischen Feld einer geladenen Wolke befinden. Ein Teil der infolge der elektrostatischen Induktion getrennten Ladungen auf der Freileitung fließt über die Isolationswiderstände der Freileitung mit der Zeit ab. Wenn nun die Wolke infolge eines Blitzes ihre Ladung verliert, d.h., wenn das Feld zwischen der Wolke und der Erde verschwindet, so wird die auf der Freileitung gebundene Ladung frei. Diese Ladung kann nicht sofort abfließen, da die Freileitung gegenüber der Erde isoliert ist. Das hat zur Folge, daß sich ein neues Feld ausbildet – dieses Mal zwischen Freileitung und Erde. Demzufolge erscheint die Freileitung unter Spannung gegenüber der Erde.

Wir wollen noch einmal Bild 1.20 betrachten. Wenn wir die Elektrode E' mit der Elektrode B verbinden, so erfolgt ein Ausgleich der Ladungen, und das Feld zwischen E' und B bricht zusammen. Das Aussehen des Feldes in diesem Fall zeigt Bild 1.21. Wie man sieht, ist der Raum zwischen den Elektroden E und B feldfrei, d.h., der Raum E–B ist vom Feld A–B abgeschirmt. Diese Erscheinung wird zur Abschirmung elektrischer Felder genutzt.

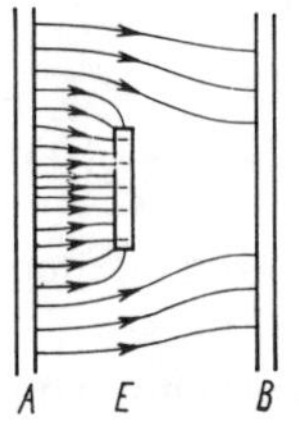

Bild 1.21

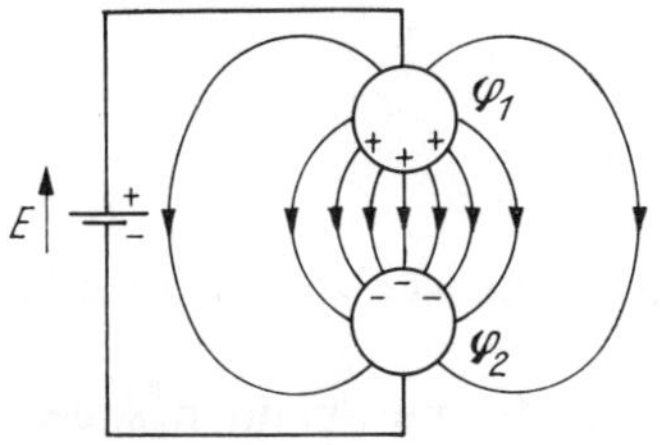

Bild 1.22

Spannungsquelle und Aufladung von Elektroden

Eine Trennung von Ladungen erfolgt durch Kräfte, die entgegengesetzt zu den Coulombschen Kräften wirken. Sie ist mit einem Energieaufwand nichtelektrischer Art verbunden. So kann z.B. die Trennung durch Kräfte mechanischer Natur (elektrostatische Generatoren), durch Kräfte chemischer Natur (galvanische Elemente), durch thermische Kräfte (Thermoelemente) usw. erfolgen. Die Trennung der Ladungen wird also unter Energieaufwand verrichtet, wobei mechanische, chemische, thermische oder Energien anderer Art in elektrische Energie umgewandelt werden. Eine Einrichtung, bei der solche Erscheinungen auftreten, nennt man eine Spannungsquelle. Man kann die Kraft, die gegen die Coulombschen Kräfte wirkt, durch eine Feldstärke nichtelektrischer Natur darstellen.

Werden zwei Elektroden 1 und 2 über metallische Leiter an eine Spannungsquelle angeschlossen (Bild 1.22), so werden sie geladen, und im leeren Zwischenelektrodenraum stellt sich ein elektrostatisches Feld ein. Die Ladungen verteilen sich auf die Oberflächen der Elektroden so, daß nur eine Komponente der Feldstärke senkrecht zu den Oberflächen vorhanden ist. Die Ladungstrennung findet so lange statt, bis an jeder Stelle im Leiter die elektrischen Feldstärken den nichtelektrischen Kräften das Gleichgewicht halten. An jeder Stelle im Leiter ist dann

$$\boldsymbol{E}_\mathrm{s} = \boldsymbol{E} + \boldsymbol{E}_\mathrm{n} = 0. \tag{1.97}$$

$\boldsymbol{E}$ ist die elektrische Feldstärke infolge der Ladung, $\boldsymbol{E}_\mathrm{n}$ die Feldstärke nichtelektrischer Natur, $\boldsymbol{E}_\mathrm{s}$ ist die resultierende Feldstärke.

Auf dem Wege von der Elektrode 1 über die Leiter und die Spannungsquelle bis zur Elektrode 2 gilt

$$\int_1^2 \boldsymbol{E}_\mathrm{s}\,\mathrm{d}\boldsymbol{l} = \int_1^2 (\boldsymbol{E} + \boldsymbol{E}_\mathrm{n})\,\mathrm{d}\boldsymbol{l} = 0, \tag{1.98}$$

d.h.

$$\int_1^2 \boldsymbol{E}\,\mathrm{d}\boldsymbol{l} = -\int_1^2 \boldsymbol{E}_\mathrm{n}\,\mathrm{d}\boldsymbol{l} = \int_2^1 \boldsymbol{E}_\mathrm{n}\,\mathrm{d}\boldsymbol{l}. \tag{1.99}$$

Die Größe

$$E = \int_2^1 \boldsymbol{E}_\mathrm{n}\,\mathrm{d}\boldsymbol{l} \tag{1.100}$$

nennt man die elektromotorische Kraft (EMK) oder Urspannung der Spannungsquelle. Die Spannung zwischen den Elektroden erhalten wir aus dem Linienintegral der Feldstärke auf jedem beliebigen Weg im Zwischenelektrodenraum

$$\int_1^2 \boldsymbol{E}_\mathrm{s}\,\mathrm{d}\boldsymbol{l} = \int_1^2 \boldsymbol{E}\,\mathrm{d}\boldsymbol{l} = U_{12}. \tag{1.101}$$

Somit ist

$$U_{12} = E. \tag{1.102}$$

Die EMK einer Spannungsquelle ist also gleich der Spannung, die man an ihren offenen Klemmen feststellt (Bild 1.22).
Schließt man zwei Elektroden an eine Spannungsquelle an, so erfolgt eine Trennung von Ladungen so lange, bis (1.98) erfüllt ist. Die Elektroden werden aufgeladen, wobei die Verteilung der Ladung so erfolgt, daß die Elektrodenoberfläche zur Äquipotentialfläche wird.

1.2.1.2. Das elektrostatische Feld in Nichtleitern – dielektrische Polarisation

Es sollen im folgenden die Vorgänge beschrieben werden, die stattfinden, wenn sich das elektrische Feld in einem Nichtleiter ausbildet. In Nichtleitern (s. Abschn. 5.) sind keine freien Ladungsträger vorhanden. Sie sind durch feste, paarweise Bindungen positiver und negativer Elementarteilchen im Bereich der Atome oder Moleküle gekennzeichnet. Unter der Wirkung einer äußeren Feldstärke kann nur eine elastische Verschiebung dieser gebundenen Ladungen stattfinden, wobei die positiven in Richtung der Feldstärke, die negativen in entgegengesetzter Richtung ausgelenkt werden. Wenn die äußere elektrische Feldstärke verschwindet, geht die Verschiebung normalerweise zurück. Die Vorgänge im einzelnen können je nach dem Aufbau des Nichtleiters verschieden sein.
Die Verschiebung elastisch gebundener Ladungen unter der Wirkung eines elektrischen Feldes nennt man Polarisation.
Als Folge der Polarisation des Dielektrikums erscheinen auf den zwei gegenüberliegenden Oberflächen des Nichtleiters in Richtung der elektrischen Feldstärke elektrische Ladungen mit entgegengesetztem Vorzeichen.

Elektronenpolarisation

Die Elektronenpolarisation tritt bei nichtpolaren Atomen oder Molekülen auf, bei denen die positiven und negativen Ladungsschwerpunkte zusammenfallen. Unter der Wirkung der Feldstärke tritt eine Trennung der Ladungsschwerpunkte ein. Bild 1.23 zeigt ein Modell dieses Falles.

Ionenpolarisation

Die Ionenpolarisation tritt bei Stoffen mit kristalliner Struktur auf, bei denen das Kristallgitter aus gegeneinander versetzten Gittern positiver bzw. negativer Ionen zusammengesetzt ist. Der Kristall kann auch ohne äußeres Feld ein Moment besitzen, das jedoch meist durch Anlagerung von Luftionen an den geladenen Oberflächen kompensiert oder infolge der endlichen Leitfähigkeit des Kristalls ausgeglichen wird. Die Polarisation besteht in diesem Fall in einer entgegengesetzten Verschiebung der beiden einfachen Ionengitter unter der Wirkung des äußeren Feldes (Bild 1.24).

Orientierungspolarisation

Dieser Fall von Polarisation tritt bei Molekülen auf, bei denen unabhängig vom äußeren Feld die Ladungsschwerpunkte (Bild 1.25) nicht zusammenfallen (polare Moleküle). Im Feld wirken auf die Moleküle Drehmomente, die sie so auszurichten versuchen, daß die Verbindungslinien der Ladungsschwerpunkte in Richtung des elektrischen Feldes liegen. Die Ausrichtung erfolgt entgegen der desorientierenden Wirkung der Temperaturbewegung, die verursacht, daß bei $\boldsymbol{E} = 0$ auch $\sum_{\lambda} \boldsymbol{M}_{\lambda} = 0$ ist.

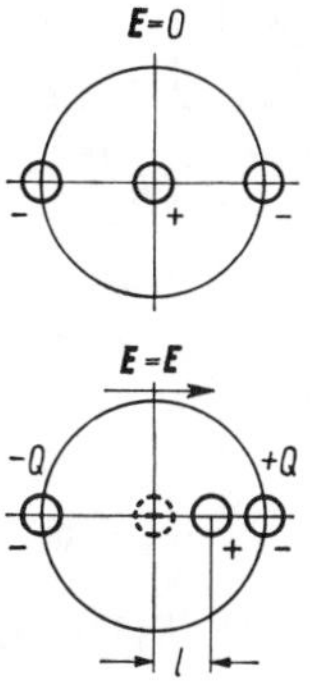

Bild 1.23

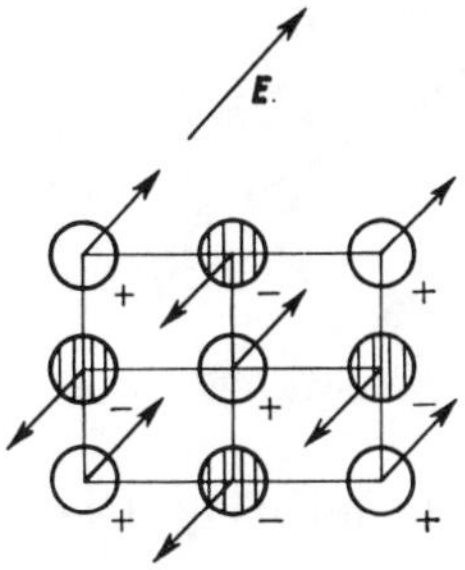

Bild 1.24

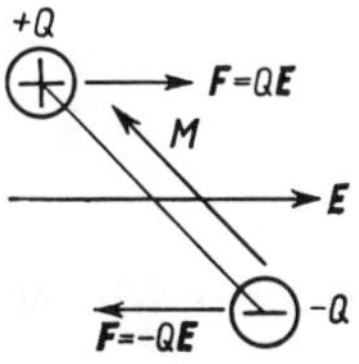

Bild 1.25

Diese drei Formen der Polarisation beobachtet man an Nichtleitern mit verhältnismäßig einfacher Struktur. Bei Körpern mit kompliziertem Aufbau treten weitere Möglichkeiten der Ladungsverschiebung auf, die jedoch meist nicht mehr elastisch vor sich gehen (Strukturpolarisation, spontane Polarisation).

Unabhängig davon, welcher Art die Polarisation im einzelnen ist, findet in jedem Fall eine resultierende Verschiebung von Ladungen im allgemeinen längs der Feldlinien statt, die so lange andauert, bis das elektrostatische Feld aufgebaut ist.

1.2.2. Mathematische Beschreibung des Feldes im Dielektrikum

1.2.2.1. Vektor der Polarisation

Bei der Polarisation des Dielektrikums stellt jedes seiner Moleküle einen Dipol mit dem Moment $\boldsymbol{M}_{\lambda}$ dar. Zur quantitativen Beurteilung der Polarisation des Dielektrikums dient der Vektor der Polarisation

$$\boldsymbol{P} = \lim_{\Delta V \to 0} \frac{\sum_{\lambda} \boldsymbol{M}_{\lambda}}{\Delta V}, \qquad (1.103)$$

kurz Polarisation genannt. Der Zähler in (1.103) stellt die geometrische Summe der Momente aller in dem Volumen ΔV enthaltenen elementaren Dipole dar. In den meisten Fällen ist die Polarisation proportional der Feldstärke. Es gilt

$$\boldsymbol{P} = \zeta \boldsymbol{E}, \tag{1.104}$$

wobei ζ ein Proportionalitätsfaktor ist.
Wenn man ein kleines prismatisches, aus homogenem Material bestehendes Teilchen mit schrägen Grundflächen in ein homogenes elektrisches Feld einführt (Bild 1.26), dann erscheinen an seinen seitlichen Grundflächen infolge der Polarisation elektrische Ladungen mit der Flächendichte σ. Der Betrag des Vektors der Polarisation ist in diesem Falle

$$|\boldsymbol{P}| = \frac{\sigma \, \mathrm{d}A \, \mathrm{d}l}{\mathrm{d}V} = \frac{\sigma}{\cos \alpha}. \tag{1.105}$$

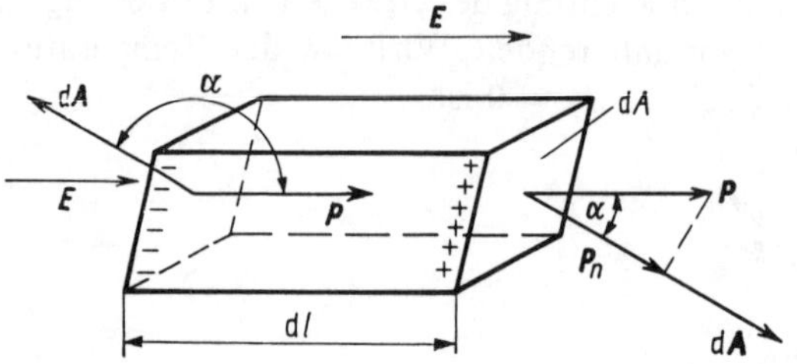

Bild 1.26

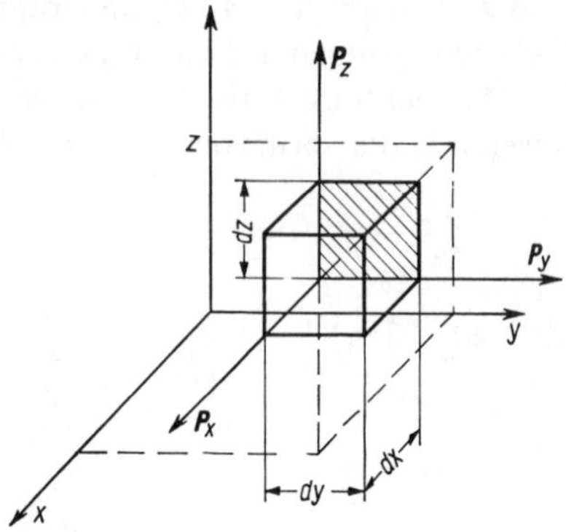

Bild 1.27

Dabei ist α der Winkel, den $\boldsymbol{P}$ mit $\mathrm{d}\boldsymbol{A}$ einschließt. Hieraus folgt

$$\sigma = |\boldsymbol{P}| \cos \alpha = P_n, \tag{1.106}$$

d.h., die Flächendichte σ der infolge der Polarisation erscheinenden Ladungen ist gleich der Normalkomponente des Vektors der Polarisation. An der Seite, an der $\cos \alpha > 0$ ist, ist σ positiv. An der Seite, an der $\cos \alpha < 0$ ist, ist σ dagegen negativ. Die Richtung des Vektors der Polarisation fällt im allgemeinen mit der Richtung der Feldstärke zusammen.

1.2.2.2. Raumladungsdichte der gebundenen Ladungen

Ist der Vektor $\boldsymbol{P}$ an verschiedenen Punkten des Raumes verschieden, dann spricht man von inhomogener Polarisation. Dabei können im Dielektrikum gebundene Raumladungen bestimmter Raumladungsdichte erscheinen. Innerhalb des polarisierten Raumes (Bild 1.27) soll ein Element

$$\mathrm{d}V = \mathrm{d}x \, \mathrm{d}y \, \mathrm{d}z \tag{1.107}$$

herausgegriffen werden. Die koordinatenabhängigen Komponenten der Polarisation seien bei x, y, z jeweils P_x, P_y und P_z. Durch die hintere schraffierte Fläche ist die Ladung

$$Q_x = P_x \, \mathrm{d}y \, \mathrm{d}z, \tag{1.108}$$

durch die vordere dagegen die Ladung

$$Q_{(x+\mathrm{d}x)} = \left(P_x + \frac{\partial P_x}{\partial x} \mathrm{d}x \right) \mathrm{d}y \, \mathrm{d}z \tag{1.109}$$

verschoben. Der Unterschied der Ladungen, die die vordere und die hintere Fläche passiert haben, ist gleich der Ladung, die infolge der inhomogenen Polarisation im Volumenelement dV verbleibt:

$$\mathrm{d}Q_{yz} = Q_x - Q_{(x+\mathrm{d}x)} = -\frac{\partial P_x}{\partial x}\,\mathrm{d}x\,\mathrm{d}y\,\mathrm{d}z = -\frac{\partial P_x}{\partial x}\,\mathrm{d}V. \tag{1.110}$$

Analog findet man die Ladungen, die infolge der Änderung der Polarisation in der y- sowie in der z-Richtung im Volumenelement verbleiben:

$$\mathrm{d}Q_{xz} = -\frac{\partial P_y}{\partial y}\,\mathrm{d}V, \qquad \mathrm{d}Q_{xy} = -\frac{\partial P_z}{\partial z}\,\mathrm{d}V. \qquad (1.111), (1.112)$$

Die gesamte in dem Volumenelement enthaltene Ladung ist demzufolge

$$\mathrm{d}Q = \mathrm{d}Q_{yz} + \mathrm{d}Q_{xz} + \mathrm{d}Q_{xy} = -\left(\frac{\partial P_x}{\partial x} + \frac{\partial P_y}{\partial y} + \frac{\partial P_z}{\partial z}\right)\mathrm{d}V. \tag{1.113}$$

Die Dichte ϱ' der entstandenen Ladungen an einer Stelle, an der die Polarisation $\boldsymbol{P}(x, y, z)$ beträgt, ist

$$\varrho' = \frac{\mathrm{d}Q}{\mathrm{d}V} = -\left(\frac{\partial P_x}{\partial x} + \frac{\partial P_y}{\partial y} + \frac{\partial P_z}{\partial z}\right) = -\operatorname{div}\boldsymbol{P}. \tag{1.114}$$

Es sei erwähnt, daß die Inhomogenität des Feldes nicht unbedingt von dem Auftreten im Raume gebundener Ladungen begleitet werden muß. Ein Beispiel dafür stellt das inhomogene Feld der Punktladung dar. Wählt man den Betrag der Feldstärke in einer Entfernung a als Vergleichsgröße, dann kann man die Feldstärke in einer Entfernung r durch

$$\boldsymbol{E}(r) = \frac{|\boldsymbol{E}(a)|\,a^2}{r^3}\,\boldsymbol{r} \tag{1.115}$$

ausdrücken. Damit wird

$$\boldsymbol{P} = \zeta\boldsymbol{E}(r) = \frac{\zeta a^2\,|\boldsymbol{E}(a)|}{r^3}\,\boldsymbol{r}. \tag{1.116}$$

Die Komponenten der Polarisation sind

$$P_x = \frac{\zeta a^2\,|\boldsymbol{E}(a)|\,x}{r^3}, \qquad P_y = \frac{\zeta a^2\,|\boldsymbol{E}(a)|\,y}{r^3}. \qquad (1.117), (1.118)$$

$$P_z = \frac{\zeta a^2\,|\boldsymbol{E}(a)|\,z}{r^3}. \tag{1.119}$$

Mit

$$r = \sqrt{x^2 + y^2 + z^2} \tag{1.120}$$

wird

$$\frac{\partial P_x}{\partial x} = \frac{\zeta a^2\,|\boldsymbol{E}(a)|\,(r^3 - 3rx^2)}{r^6}, \tag{1.121}$$

$$\frac{\partial P_y}{\partial y} = \frac{\zeta a^2\,|\boldsymbol{E}(a)|\,(r^3 - 3ry^2)}{r^6}, \tag{1.122}$$

$$\frac{\partial P_z}{\partial z} = \frac{\zeta a^2\,|\boldsymbol{E}(a)|\,(r^3 - 3rz^2)}{r^6}. \tag{1.123}$$

Damit ist trotz Inhomogenität des Feldes

$$\varrho' = -\frac{\partial P_x}{\partial x} - \frac{\partial P_y}{\partial y} - \frac{\partial P_z}{\partial z} = 0. \tag{1.124}$$

In einem homogenen Feld ($\boldsymbol{P}$ = konst.) ist stets $\varrho' = 0$. In diesem Fall sind nur die Ladungen an den Grenzflächen des Dielektrikums nicht kompensiert.

1.2.2.3. Fluß und Flußdichte im polarisierten Dielektrikum

Das elektrische Feld in einem polarisierten Dielektrikum wird sowohl durch die freien Ladungen als auch durch die gebundenen Ladungen bestimmt. Es gilt

$$\oint_A \boldsymbol{D}_0 \, \mathrm{d}\boldsymbol{A} = \int_V \varrho \, \mathrm{d}V + \int_V \varrho' \, \mathrm{d}V \tag{1.125}$$

oder

$$\operatorname{div} \boldsymbol{D}_0 = \varrho + \varrho' = \varrho - \operatorname{div} \boldsymbol{P}, \tag{1.126}$$

d.h.

$$\operatorname{div} (\boldsymbol{D}_0 + \boldsymbol{P}) = \varrho. \tag{1.127}$$

Es ist zweckmäßig, die Größe

$$\boldsymbol{D} = \boldsymbol{D}_0 + \boldsymbol{P} = (\varepsilon_0 + \zeta) \, \boldsymbol{E} = \varepsilon \boldsymbol{E} \tag{1.128}$$

einzuführen, mit deren Hilfe (1.127) in

$$\operatorname{div} \boldsymbol{D} = \varrho \tag{1.129}$$

übergeht.
Die Integralform der letzten Gleichung lautet

$$\oint_A \boldsymbol{D} \, \mathrm{d}\boldsymbol{A} = \int_V \varrho \, \mathrm{d}V = Q. \tag{1.130}$$

Die Zusammenfassung der Verschiebungsdichte $\boldsymbol{D}_0$ im Vakuum und der Polarisation $\boldsymbol{P}$ zu einer einzigen Größe $\boldsymbol{D}$, die proportional der Feldstärke ist, ermöglicht die Erfassung der Wirkung der gebundenen verschobenen Ladungen auf die Feldausbildung mittels einer Materialkonstanten ε, ohne daß sich die Beziehungen formell von dem Fall im Vakuum bei gleicher Verteilung der freien Ladungen unterscheiden.
Wird von der Hüllfläche keine freie Ladung umschlossen, dann ist

$$\oint_A \boldsymbol{D} \, \mathrm{d}\boldsymbol{A} = 0. \tag{1.131}$$

$\boldsymbol{D}$ stellt die Verschiebungsdichte oder kurz Verschiebung bei Vorhandensein eines polarisierten Stoffes dar. Der Vorteil der Einführung der Verschiebung $\boldsymbol{D}$ ist, daß bei mathematischer Behandlung von Feldern in polarisierten Medien die gebundenen Ladungen nicht gesondert erscheinen. Hierbei stimmen (1.88) mit (1.130) und (1.89) mit (1.131) formell überein. Im Vakuum geht mit $\boldsymbol{P} = 0$ (1.128) in die Gleichung

$$\boldsymbol{D} = \boldsymbol{D}_0 = \varepsilon_0 \boldsymbol{E} \tag{1.132}$$

über.

1.2.2.4. Der Gaußsche Satz der Elektrostatik

Den Gaußschen Satz der Elektrostatik in Differentialform (auch als Maxwellsches Postulat bezeichnet) stellt (1.129) dar. Er beinhaltet, daß die Ergiebigkeit des Vektors der Verschiebungsdichte in einem Punkt des elektrostatischen Feldes gleich der Raumladungsdichte in diesem Punkt ist. Die Integralform des Gaußschen Satzes (1.130) sagt aus, daß das Integral über die Verschiebungsdichte auf einer geschlossenen Fläche gleich dem Integral über die Raumladungsdichte in dem von der Hüllfläche umgebenen Raum, d.h. gleich der von der Fläche eingeschlossenen Ladung ist.

1.2.2.5. Dielektrizitätskonstante und dielektrische Suszeptibilität

Dielektrizitätskonstante

Der Proportionalitätsfaktor

$$\varepsilon = \varepsilon_0 + \zeta \tag{1.133}$$

trägt den Namen absolute Dielektrizitätskonstante. Die absolute Dielektrizitätskonstante enthält die vom Stoff abhängige Größe ζ und ist somit selbst vom Stoff abhängig, d.h., sie ist eine Materialkonstante.
Die auf die Influenzkonstante ε_0 bezogene absolute Dielektrizitätskonstante,

$$\varepsilon_r = \frac{\varepsilon}{\varepsilon_0} = 1 + \frac{\zeta}{\varepsilon_0}, \tag{1.134}$$

wird relative Dielektrizitätskonstante genannt. Sie ist für alle Stoffe größer als Eins:

$$\varepsilon_r > 1\,.$$

Dielektrische Suszeptibilität

Die Polarisation erscheint als Unterschied der Verschiebungen im Dielektrikum und im Vakuum

$$\boldsymbol{P} = \boldsymbol{D} - \boldsymbol{D}_0 = \varepsilon \boldsymbol{E} - \varepsilon_0 \boldsymbol{E} = \varepsilon_0 \boldsymbol{E}\,(\varepsilon_r - 1)\,. \tag{1.135}$$

Die Größe

$$\xi = \varepsilon_r - 1 = \frac{\varepsilon - \varepsilon_0}{\varepsilon_0} \tag{1.136}$$

trägt den Namen dielektrische Suszeptibilität.
ε_0, ε und ζ haben gleiche Dimension. ε_r und ξ sind dimensionslos.

1.2.2.6. Einfluß des Stoffes auf das Feld einer Punktladung

Befindet sich eine auf kleinem Raum konzentrierte Ladung Q, die man in größerer Entfernung als Punktladung betrachten kann, in einem Dielektrikum, so wird es unter der Wirkung der Feldstärke polarisiert. Durch eine Hüllfläche, welche die Punktladung umschließt, dringt infolge der Polarisation die Ladung

$$Q'' = \oint_A \boldsymbol{P}\,\mathrm{d}A, \tag{1.137}$$

deren Vorzeichen dem der ursprünglichen Ladung entgegengesetzt ist, so daß in der Hüllfläche ein Teil der ursprünglichen Ladung kompensiert wird. Wirksam in der Hüllfläche verbleibt die Ladung

$$Q' = Q - Q''. \tag{1.138}$$

In einer Entfernung r von der Punktladung ist daher die Feldstärke

$$|\boldsymbol{E}| = \frac{Q'}{4\pi\varepsilon_0 r^2} = \frac{Q - Q''}{4\pi\varepsilon_0 r^2}. \tag{1.139}$$

Sie ist kleiner als die Feldstärke, die die Ladung Q in der gleichen Entfernung im Vakuum hervorgerufen hätte. Betrachtet man die Änderung der Feldstärke so, als ob sie bei unveränderter Ladung auf eine Änderung der Konstante ε_0 in ε zurückzuführen wäre, dann muß

$$|\boldsymbol{E}| = \frac{Q - Q''}{4\pi\varepsilon_0 r^2} = \frac{Q}{4\pi\varepsilon r^2} \tag{1.140}$$

sein. Es ist

$$\frac{\varepsilon}{\varepsilon_0} = \varepsilon_r = \frac{Q}{Q - Q''} > 1. \tag{1.141}$$

In einem Dielektrikum mit der Dielektrizitätskonstanten ε erfahren Feldstärke, Potential und Kraft gegenüber dem Feld im Vakuum eine Veränderung. Da die Verschiebungsdichte in einer Entfernung r von der Punktladung unverändert bleibt, gilt

$$|\boldsymbol{D}| = \frac{Q}{4\pi r^2} = \varepsilon\,|\boldsymbol{E}|. \tag{1.142}$$

Die Feldstärke an derselben Stelle ist bei Anwesenheit eines Dielektrikums

$$\boldsymbol{E} = \frac{Q}{4\pi\varepsilon r^2}\,\boldsymbol{r}^0. \tag{1.143}$$

Die Kraft auf eine zweite Punktladung Q_2 beträgt

$$\boldsymbol{F} = Q_2\boldsymbol{E} = \frac{QQ_2}{4\pi\varepsilon r^2}\,\boldsymbol{r}^0, \tag{1.144}$$

das Potential

$$\varphi = \int_r^\infty \boldsymbol{E}\,\mathrm{d}\boldsymbol{l} = \frac{Q}{4\pi\varepsilon r}. \tag{1.145}$$

1.2.2.7. Beeinflussung des Potentials durch Polarisation

Im folgenden wird der Beitrag eines polarisierten Dielektrikums mit dem Volumen V und der Oberfläche A zum Potential in einem Punkt P betrachtet. Das Volumenelement $\mathrm{d}V$ des polarisierten Dielektrikums hat das Dipolmoment $\mathrm{d}\boldsymbol{M} = \boldsymbol{P}\,\mathrm{d}V$ (1.103) und liefert nach (1.77) einen Beitrag zum Potential im Punkt P, der im Abstand r vom betrachteten Volumenelement liegt, von der Größe

$$\mathrm{d}\varphi = \frac{1}{4\pi\varepsilon_0}\,\frac{\boldsymbol{P}\boldsymbol{r}^0}{r^2}\,\mathrm{d}V. \tag{1.146}$$

Berücksichtigt man die aus der Vektoranalysis bekannten Beziehungen

$$\boldsymbol{P}\frac{\boldsymbol{r}^0}{r^2} = \boldsymbol{P}\,\mathrm{grad}\,\frac{1}{r} = \mathrm{div}\left(\boldsymbol{P}\frac{1}{r}\right) - \frac{1}{r}\,\mathrm{div}\,\boldsymbol{P}, \tag{1.147}$$

wobei wegen des festen Aufpunktes P die Gradientenbildung nach den Koordinaten des Volumenelements $\mathrm{d}V$ erfolgt, dann geht (1.146) in

$$\mathrm{d}\varphi = \frac{1}{4\pi\varepsilon_0}\left[\mathrm{div}\left(\boldsymbol{P}\frac{1}{r}\right) - \frac{1}{r}\,\mathrm{div}\,\boldsymbol{P}\right]\mathrm{d}V \tag{1.148}$$

über. Der Beitrag des gesamten polarisierten Dielektrikums mit dem Volumen V zum Potential ist dann

$$\varphi = \frac{1}{4\pi\varepsilon_0}\int_V \mathrm{div}\left(\boldsymbol{P}\frac{1}{r}\right)\mathrm{d}V - \frac{1}{4\pi\varepsilon_0}\int_V \frac{1}{r}\,\mathrm{div}\,\boldsymbol{P}\,\mathrm{d}V. \tag{1.149}$$

An der Oberfläche des Dielektrikums ist der Vektor der Polarisation unstetig, was zur Ausbildung einer Flächenladung mit der Ladungsdichte σ' (1.106) führt. Das erste Integral in (1.149) läßt sich über den Gaußschen Satz in ein Flächenintegral umwandeln, das den Beitrag dieser Flächenladungsdichte an der Oberfläche des Dielektrikums zum Potential im betrachteten Punkt liefert. Mit Berücksichtigung von (1.114) wird dann aus (1.149)

$$\varphi = \frac{1}{4\pi\varepsilon_0}\oint_A \frac{\sigma'}{r}\,\mathrm{d}A + \frac{1}{4\pi\varepsilon_0}\int_V \frac{\varrho'}{r}\,\mathrm{d}V. \tag{1.150}$$

Das gesamte Potential im Punkt P ergibt sich aus der Überlagerung der Teilpotentiale, herrührend von den gebundenen Flächenladungen an den Grenzflächen unterschiedlicher Dielektrika, von den gebundenen Raumladungen in inhomogenen Dielektrika bzw. in homogenen Dielektrika mit inhomogenem Feld und von den freien Raum- und Flächenladungen.

1.2.3. Beziehungen zwischen Verschiebungsdichte und Feldstärke

1.2.3.1. Bestimmung der Dielektrizitätskonstanten

Die Beziehung

$$|\boldsymbol{D}| = f(|\boldsymbol{E}|) \tag{1.151}$$

beschreibt die Eigenschaften des Nichtleiters hinsichtlich seiner Polarisierbarkeit im elektrischen Feld. Um diese Beziehung für verschiedene Stoffe ermitteln zu können, geht man von einer homogenen, leicht zu beherrschenden Feldform aus. Die aus experimentellen Gründen für diesen Fall zweckmäßige Feldform ist das Feld, das sich zwischen zwei parallelen ebenen Elektroden ausbildet, wenn an diese eine Spannung U angelegt wird. Wenn die Abmessungen der Plattenelektroden groß gegenüber ihrem Abstand d sind, kann man das Feld zwischen den Elektroden als homogen betrachten. Man kann ferner die Verschiebungslinien, die außerhalb des Raumes zwischen den Elektroden verlaufen, vernachlässigen und annehmen, daß sich das Feld ausschließlich im Raum zwischen den Elektroden ausbildet. Es darf weiterhin vorausgesetzt werden, ohne dabei einen unzulässigen Fehler zu begehen, daß die Äquipotentialflächen parallel zu den Elektroden verlaufen.

Es sei A die Größe der gegenüberliegenden Flächen der Elektroden. Die Ladung, die sich nach dem Aufbau des Feldes auf den Elektroden befindet, sei Q. Dann ist die Oberflächendichte

$$\sigma = \frac{Q}{A}. \tag{1.152}$$

Da sich laut Voraussetzung das Feld nur zwischen den Elektroden ausbildet und homogen aufgebaut sein soll, ist die Dichte an jeder Stelle des Feldes gleich

$$|\boldsymbol{D}| = \sigma = \frac{Q}{A}. \tag{1.153}$$

Die elektrische Feldstärke beträgt in diesem Fall

$$|\boldsymbol{E}| = \frac{U}{d}. \tag{1.154}$$

Nun kann man verschiedene Dielektrika zwischen die Elektroden einführen und die Beziehung (1.151) experimentell aufnehmen. Dies geht folgendermaßen vor sich:

Durch Anlegen einer bekannten Spannung U an die Elektroden der beschriebenen Einrichtung lädt man sie mit der Elektrizitätsmenge Q auf. Nachdem der Aufbau des elektrostatischen Feldes abgeschlossen ist und die Elektroden aufgeladen sind, trennt man sie von der Spannungsquelle ab. Mit einem ballistischen Galvanometer (s. S. 275) bestimmt man die Elektrizitätsmenge Q, die auf den Elektroden gebunden ist. Aus der Spannung und der Ladung bestimmt man nach (1.153) und (1.154) bei bekannten geometrischen Abmessungen der Einrichtung die Dichte des Verschiebungsflusses, die sich bei der entsprechenden Feldstärke einstellt. Auf diese Weise kann man für verschiedene Werte der Feldstärke die zugehörigen Werte der Verschiebungsdichte bestimmen und so die Beziehung (1.151) aufnehmen. Der Versuch zeigt, daß in den weitaus meisten Fällen in einem bestimmten Bereich der Feldstärke zwischen der Verschiebungsdichte und der elektrischen Feldstärke eine Proportionalität besteht. In diesem Bereich ist die Polarisation als ein elastischer Vorgang zu betrachten. Oberhalb einer gewissen Feldstärke – der Durchschlagsfeldstärke – tritt eine Zerstörung des Dielektrikums ein. Unterhalb der Durchschlagsfeldstärke gilt jedoch weitgehend (1.128).

1.2.3.2. Dielektrizitätskonstanten technisch wichtiger Materialien

Tafel 1.1 enthält die relativen Dielektrizitätskonstanten einiger Materialien, die in der Elektrotechnik Verwendung finden.
Wie man aus der Tafel ersehen kann, schwankt der Wert der relativen Dielektrizitätskonstante bei den verschiedenen Materialien in sehr weiten Grenzen.

1.2.3.3. Stoffe mit nichtlinearer Beziehung zwischen D und E

Bei manchen Materialien weicht die Abhängigkeit der Verschiebungsdichte von der elektrischen Feldstärke beträchtlich vom linearen Verlauf ab. In solchen Fällen ist die Dielektrizitätskonstante keine Konstante mehr, sondern zeigt eine mehr oder weniger komplizierte Abhängigkeit von der Feldstärke. Bild 1.28 zeigt die Beziehung zwischen der Verschiebungsdichte und der elektrischen Feldstärke bei einem keramischen

Tafel 1.1. Dielektrizitätskonstanten wichtiger Werkstoffe

Dielektrika					
Organische		Anorganische		Sonstige	
Name	ε_r	Name	ε_r	Name	ε_r
Holz	2,5 ... 6,6	Bariumtitanat	1000–2000	Eis	2 ... 3
Papier	1,8 ... 2,6	Glas	5,0 ... 16,5	Fernsprachkabel-	
Paraffin	2,0 ... 2,3	Porzellan (hart)	5,0 ... 6,5	isolation	1,6 ... 2
Plexiglas	3,3 ... 4,5	Magnesiumhaltige		Luft	1,0006
Polyäthylen	2,2 ... 2,3	keramische Stoffe	5,5 ... 6,5	Starkstromkabel-	
Polyamide	4,2 ... 6,3	Mikalex	8	isolation	
Polyesterharze	2,7 ... 4,4	Mikanit	4,5 ... 6,0	(Papier–Öl)	3 ... 4,5
Polystyrol	2,6	Rutilhaltige		Wasser	80
Polyvinilchlorid	2,3 ... 4,00	keramische Stoffe	10,0 ... 100	Schwefelhexa-	
Trans-		Quarzglas	3,2 ... 4,2	fluorid (SF_6)	1,0026
formatorenöl	2,2 ... 2,5	Quarzkristall	4,3 ... 4,7		
		Silizium	12		

Seignette-Dielektrikum. Es ist außerdem die Abhängigkeit der Dielektrizitätskonstanten

$$\varepsilon = \frac{|\boldsymbol{D}|}{|\boldsymbol{E}|} \tag{1.155}$$

von der Feldstärke gezeigt.

Einen noch komplizierteren Verlauf der Abhängigkeit der Verschiebungsdichte von der Feldstärke beobachtet man bei einigen Stoffen, zu denen das Bariummetatitanat gehört (Bild 1.29). Bei diesen ist die genannte Beziehung (1.151) nichtlinear und mehrdeutig. In diesen Fällen ist das Auftreten einer Restpolarisation zu beobachten, d.h., es tritt auch dann eine Polarisation auf, wenn das elektrische Feld verschwunden ist.

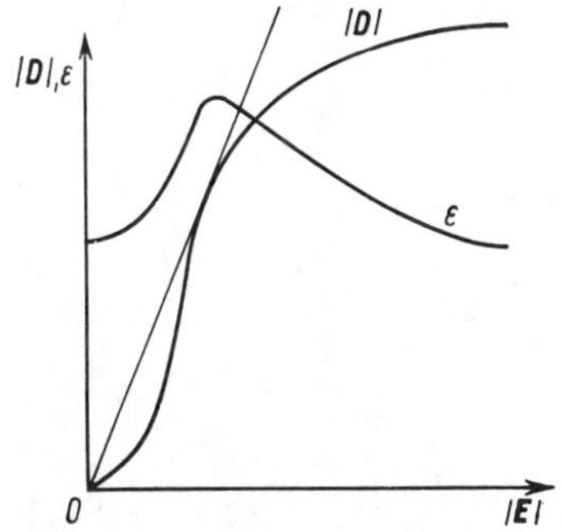

Bild 1.28

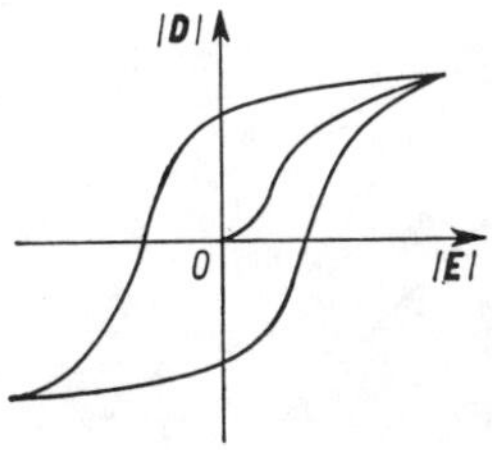

Bild 1.29

Eine Polarisation kann in manchen Fällen nicht nur unter der Wirkung eines elektrischen Feldes, sondern auch unter der Wirkung mechanischer Spannungen eintreten (piezoelektrischer Effekt). In diesen Fällen ist die Polarisation, die im elektrischen Feld eintritt, mit einer – wenn auch sehr schwachen – Deformation verbunden, die in einer Verlängerung oder Verkürzung der Abmessungen des polarisierten Körpers in Richtung der elektrischen Feldstärke ihren Ausdruck findet. Diese Erscheinung trägt den Namen Elektrostriktion. Beträchtliche Werte erreicht die Elektrostriktion bei den piezoelektrischen Kristallen.

1.2.3.4. Einteilung der Stoffe

Bei den meisten Stoffen sind die Polarisationserscheinungen richtungsunabhängig. Stoffe, deren Eigenschaften richtungsunabhängig sind, nennt man isotrope Stoffe.
Bei gewissen Kristallen ist die Polarisation jedoch nicht in allen Richtungen dieselbe. Wenn die Dielektrizitätskonstante in den Hauptrichtungen ε_x, ε_y und ε_z beträgt, so ist die gesamte Verschiebung

$$\boldsymbol{D} = \boldsymbol{i}\varepsilon_x E_x + \boldsymbol{j}\varepsilon_y E_y + \boldsymbol{k}\varepsilon_z E_z. \tag{1.156}$$

Wie (1.156) zeigt, können dann die Vektoren $\boldsymbol{D}$ und $\boldsymbol{E}$ nicht mehr in gleicher Richtung verlaufen.
Stoffe, deren Eigenschaften richtungsabhängig sind, nennt man anisotrope Stoffe. Nur bei isotropen Stoffen haben die Vektoren der Verschiebungsdichte $\boldsymbol{D}$ und der Feldstärke $\boldsymbol{E}$ gleiche Richtung.
Man unterscheidet außerdem zwischen homogenen Stoffen, deren Eigenschaften in jedem Punkte gleich sind, und inhomogenen Stoffen, deren Eigenschaften von Punkt zu Punkt verschieden sind.

1.2.4. Feldverlauf an Grenzflächen zwischen zwei Stoffen mit verschiedenen Dielektrizitätskonstanten

Im Bild 1.30 wird die Spur einer Grenzfläche, die zwei Stoffe mit verschiedenen Dielektrizitätskonstanten ε_1 und ε_2 trennt, gezeigt. Durch die Oberfläche eines kleinen Prismas, dessen Grundflächen dA unmittelbar auf beiden Seiten der Grenzflächen liegen, wird ein Volumenelement umschlossen. Ist über die Grenzfläche eine ungebundene Ladung mit der Flächendichte σ verteilt, dann ist in dem Volumenelement die Ladung $Q = \sigma\,\mathrm{d}A$ eingeschlossen. Man macht die Höhe des Prismas so klein, daß die Grundflächen dA des Prismas mit dem Flächenelement auf beiden Seiten der Grenzfläche zusammenfallen.

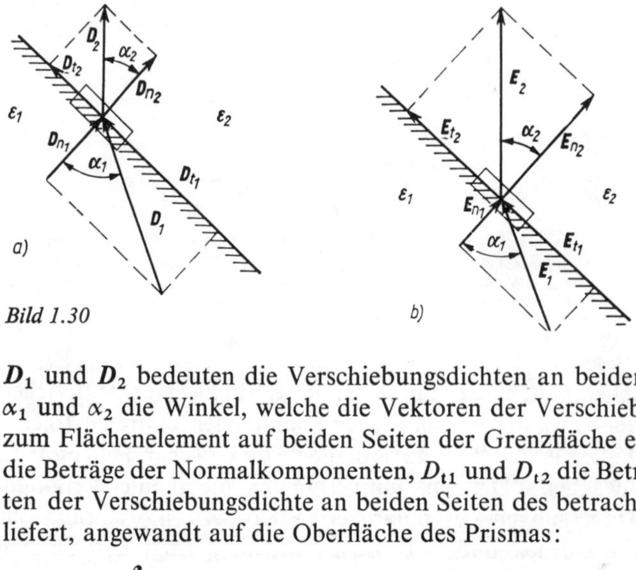

Bild 1.30

$\boldsymbol{D}_1$ und $\boldsymbol{D}_2$ bedeuten die Verschiebungsdichten an beiden Seiten des Flächenelements, α_1 und α_2 die Winkel, welche die Vektoren der Verschiebungsdichte mit der Normalen zum Flächenelement auf beiden Seiten der Grenzfläche einschließen. D_{n1} und D_{n2} sind die Beträge der Normalkomponenten, D_{t1} und D_{t2} die Beträge der Tangentialkomponenten der Verschiebungsdichte an beiden Seiten des betrachteten Flächenelements. (1.130) liefert, angewandt auf die Oberfläche des Prismas:

$$\oint_A \boldsymbol{D}\,\mathrm{d}\boldsymbol{A} = D_2\,\mathrm{d}A\cos\alpha_2 - D_1\,\mathrm{d}A\cos\alpha_1 = \sigma\,\mathrm{d}A. \tag{1.157}$$

Durch das Flächenelement dA auf der einen Seite der Grenzfläche muß demnach der gleiche Fluß eintreten, der auf der anderen Seite der Grenzfläche durch das Flächenelement dA austritt, vermehrt um die infolge der Ladungsdichte σ in dem Volumenelement enthaltene Ladung.
Aus (1.157) folgt

$$D_2 \cos \alpha_2 - D_1 \cos \alpha_1 = \sigma \tag{1.158}$$

oder

$$D_{n2} - D_{n1} = \sigma. \tag{1.159}$$

Sind auf der Oberfläche keine Ladungen vorhanden ($\sigma = 0$), dann wird

$$D_{n1} = D_{n2}. \tag{1.160}$$

Aus (1.160) und (1.128) folgt in diesem Fall

$$\frac{E_{n1}}{E_{n2}} = \frac{\varepsilon_2}{\varepsilon_1}. \tag{1.161}$$

Wir wenden nun (1.18) an, indem wir uns auf der einen Seite des Flächenelements unmittelbar an der Grenze in dem Stoff mit der Dielektrizitätskonstanten ε_1 um das Längenelement dl bewegen, dann auf die andere Seite der Grenzfläche übergehen, um unmittelbar an ihr in dem Stoff mit der Dielektrizitätskonstanten ε_2 zum Ausgangspunkt zurückzukehren. Für den so beschriebenen Weg folgt

$$E_{t1}\,\mathrm{d}l - E_{t2}\,\mathrm{d}l = 0, \tag{1.162}$$

d.h.

$$E_{t1} = E_{t2}, \tag{1.163}$$

oder unter Anwendung von (1.142)

$$\frac{D_{t1}}{D_{t2}} = \frac{\varepsilon_1}{\varepsilon_2}. \tag{1.164}$$

Offensichtlich ist

$$\frac{\tan \alpha_1}{\tan \alpha_2} = \frac{D_{t1}/D_{n1}}{D_{t2}/D_{n2}} = \frac{D_{t1}}{D_{t2}} = \frac{\varepsilon_1}{\varepsilon_2}. \tag{1.165}$$

An den Grenzflächen zwischen Stoffen mit verschiedenen Dielektrizitätskonstanten werden die Verschiebungslinien gebrochen. Beim Übergang von einem Stoff mit der Dielektrizitätskonstanten ε_1 in einen anderen mit der kleineren Dielektrizitätskonstanten ε_2 wird der Winkel zwischen der Verschiebungslinie und der Normalen zur Grenzfläche kleiner. Von einem Stoff mit einer kleinen Dielektrizitätskonstanten her treffen die Feldlinien auf einen Stoff mit einer sehr großen Dielektrizitätskonstanten fast senkrecht auf die Grenzfläche.
Die elektrischen Verschiebungslinien stehen an jeder Stelle senkrecht auf den Niveauflächen. Die Winkel, unter denen die Äquipotentialflächen auf die Grenzflächen einfallen, seien β_1 und β_2. Es gilt (Bild 1.31)

$$\frac{\tan \beta_1}{\tan \beta_2} = \frac{\tan\left(\frac{\pi}{2} - \alpha_1\right)}{\tan\left(\frac{\pi}{2} - \alpha_2\right)} = \frac{\cot \alpha_1}{\cot \alpha_2} = \frac{\tan \alpha_2}{\tan \alpha_1} = \frac{\varepsilon_2}{\varepsilon_1}. \tag{1.166}$$

(1.166) stellt das Brechungsgesetz der Äquipotentiallinien dar. Im Bild 1.32 ist das Feld zwischen zwei ebenen Elektroden dargestellt, wobei das Dielektrikum in der gezeigten Weise aus zwei Teilen zusammengesetzt ist. Die Grenzfläche zwischen beiden Dielektrika steht unter einem bestimmten Winkel zu den ebenen Elektroden. Wie aus dem Verlauf der Äquipotentiallinien, die nach den behandelten Gesetzmäßigkeiten konstruiert sind, zu erkennen ist, verzerrt die Grenzfläche das Feld so, daß an gewissen Stellen in dem Stoff mit der kleineren Dielektrizitätskonstanten die Niveaulinien näher aneinanderrücken.

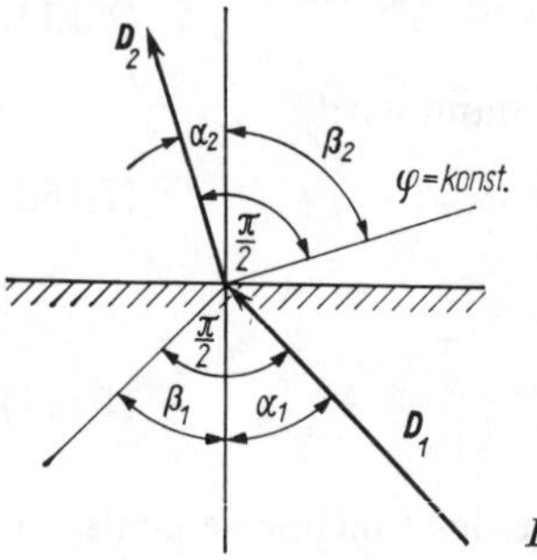

Bild 1.31

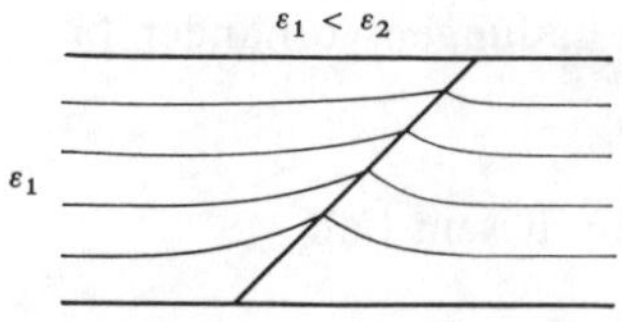

Bild 1.32

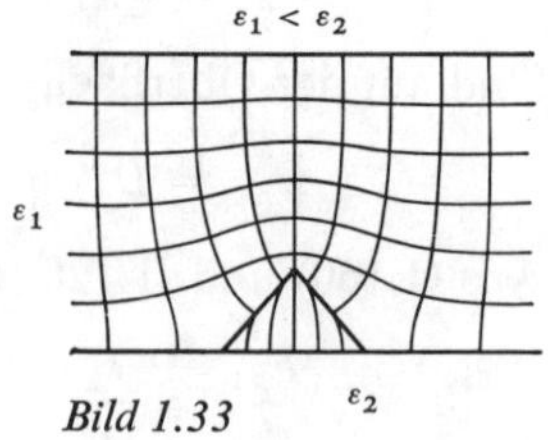

Bild 1.33

Aus diesem Grund kann an bestimmten Stellen in dem Stoff mit der kleineren Dielektrizitätskonstanten eine beträchtliche Vergrößerung der elektrischen Feldstärke eintreten. Bild 1.33 zeigt, wie ein Fremdkörper mit einer hohen Dielektrizitätskonstanten die Verzerrung eines sonst homogenen Feldes bewirkt. Offensichtlich kann ein solcher Fremdkörper zu einer bedeutenden Erhöhung der Feldstärke an gewissen Stellen des Dielektrikums führen. Deshalb können z.B. Staubteilchen auf glatten Elektroden zu einer beträchtlichen Verkleinerung der Durchschlagsspannung führen.

1.3. Die Differentialgleichungen des elektrostatischen Feldes

1.3.1. Die Gleichungen von *Laplace* und *Poisson*

Bei konstanter Dielektrizitätskonstante kann man (1.129) folgendermaßen umschreiben:

$$\operatorname{div} \boldsymbol{D} = \varepsilon \operatorname{div} \boldsymbol{E} = \varrho. \tag{1.167}$$

Wenn man nun die elektrische Feldstärke noch durch den negativen Gradienten des Potentials ausdrückt, geht die letzte Gleichung in

$$\operatorname{div} \operatorname{grad} \varphi = -\frac{\varrho}{\varepsilon} \tag{1.168}$$

über. Den Ausdruck div grad φ können wir mit Hilfe von (1.37) und (1.93) für kartesische Koordinaten folgendermaßen umschreiben:

$$\operatorname{div} \operatorname{grad} \varphi \equiv \frac{\partial^2 \varphi}{\partial x^2} + \frac{\partial^2 \varphi}{\partial y^2} + \frac{\partial^2 \varphi}{\partial z^2} \equiv \nabla \nabla \varphi \equiv \nabla^2 \varphi \equiv \Delta \varphi = -\frac{\varrho}{\varepsilon}. \tag{1.169}$$

Der darin enthaltene Operator

$$\nabla^2 \equiv \Delta \equiv \frac{\partial^2}{\partial x^2} + \frac{\partial^2}{\partial y^2} + \frac{\partial^2}{\partial z^2} \tag{1.170}$$

trägt den Namen Laplacescher Operator.
(1.169) trägt den Namen Poissonsche Gleichung. Sie beschreibt das Feld in einem Gebiet mit Raumladungen.
Für $\varrho = 0$ wird aus der Gleichung von *Poisson*

$$\operatorname{div}\operatorname{grad}\varphi \equiv \frac{\partial^2\varphi}{\partial x^2} + \frac{\partial^2\varphi}{\partial y^2} + \frac{\partial^2\varphi}{\partial z^2} \equiv \nabla^2\varphi \equiv \Delta\varphi = 0. \tag{1.171}$$

Diese Gleichung ist unter dem Namen Laplacesche Gleichung bekannt. Sie beschreibt das raumladungsfreie Feld.
In zylindrischen Koordinaten (r, α, z) lautet der Laplacesche Operator, angewandt auf φ:

$$\Delta\varphi = \nabla^2\varphi \equiv \frac{1}{r}\frac{\partial}{\partial r}\left(r\frac{\partial\varphi}{\partial r}\right) + \frac{1}{r^2}\frac{\partial^2\varphi}{\partial\alpha^2} + \frac{\partial^2\varphi}{\partial z^2}. \tag{1.172}$$

In sphärischen Koordinaten (r, ϑ, α) lautet die entsprechende Gleichung

$$\Delta\varphi = \nabla^2\varphi \equiv \frac{1}{r^2}\left[\frac{\partial}{\partial r}\left(r^2\frac{\partial\varphi}{\partial r}\right) + \frac{1}{\sin\vartheta}\frac{\partial}{\partial\vartheta}\left(\sin\vartheta\frac{\partial\varphi}{\partial\vartheta}\right) + \frac{1}{\sin^2\vartheta}\frac{\partial^2\varphi}{\partial\alpha^2}\right]. \tag{1.173}$$

Die Laplacesche und die Poissonsche Gleichung integriert man unter Berücksichtigung der jeweils bestehenden Randbedingungen. Trotz des einfachen Aufbaus dieser Differentialgleichungen ist ihre Lösung im allgemeinen mit größeren Schwierigkeiten verbunden.

1.3.2. Lösung der Feldgleichungen

1.3.2.1. Der Greensche Satz

Durch eine geschlossene Hüllfläche A sei ein Raum V begrenzt. Die bezüglich der Koordinaten des Raumes stetigen skalaren Funktionen $\varphi(x, y, z)$ und $\psi(x, y, z)$ sollen innerhalb des begrenzten Volumens V und über die Oberfläche A endliche erste und zweite Ableitungen besitzen. Unter Anwendung des Gaußschen Satzes bilden wir den Ausdruck

$$\int_V \operatorname{div}(\psi\operatorname{grad}\varphi)\,\mathrm{d}V = \oint_A (\psi\operatorname{grad}\varphi)\,\mathrm{d}\boldsymbol{A}. \tag{1.174}$$

Bekanntlich ist

$$\operatorname{div}(\psi\operatorname{grad}\varphi) = \operatorname{grad}\psi\operatorname{grad}\varphi + \psi\Delta\varphi \tag{1.175}$$

und

$$\operatorname{grad}\varphi\,\mathrm{d}\boldsymbol{A} = \frac{\partial\varphi}{\partial n}\,\mathrm{d}A. \tag{1.176}$$

Hierbei ist $\partial\varphi/\partial n$ die Ableitung von φ in Richtung von $\mathrm{d}\boldsymbol{A}$ (Normale auf $\mathrm{d}\boldsymbol{A}$). Geht man mit (1.175) und (1.176) in (1.174) ein, dann erhält man

$$\int_V \operatorname{grad}\psi\operatorname{grad}\varphi\,\mathrm{d}V + \int_V \psi\Delta\varphi\,\mathrm{d}V = \oint_A \psi\frac{\partial\varphi}{\partial n}\,\mathrm{d}A. \tag{1.177}$$

Nun bildet man in gleicher Weise den Ausdruck

$$\int_V \operatorname{div}(\varphi\operatorname{grad}\psi)\,\mathrm{d}V = \oint_A (\varphi\operatorname{grad}\psi)\,\mathrm{d}\boldsymbol{A} \tag{1.178}$$

und erhält

$$\int_V \operatorname{grad}\varphi \operatorname{grad}\psi \, \mathrm{d}V + \int_V \varphi \Delta\psi \, \mathrm{d}V = \oint_A \varphi \frac{\partial \psi}{\partial n} \, \mathrm{d}A. \tag{1.179}$$

Subtrahiert man nun (1.179) von (1.177), dann erhält man

$$\int_V (\psi \Delta\varphi - \varphi \Delta\psi) \, \mathrm{d}V = \oint_A \left(\psi \frac{\partial \varphi}{\partial n} - \varphi \frac{\partial \psi}{\partial n} \right) \mathrm{d}A. \tag{1.180}$$

Diese Gleichung stellt den bekannten zweiten Greenschen Satz dar.

1.3.2.2. Integration der Poissonschen Gleichung

Es liege eine Raumladung gegebener räumlicher Verteilung $\varrho\,(x, y, z)$ vor. Durch die Hüllfläche A werde ein Volumen V des von den Ladungen eingenommenen Raumes herausgegriffen. Es soll das Potential φ eines Punktes P innerhalb der Hüllfläche A bestimmt werden. Mit r werde der Abstand eines veränderlichen Punktes P' von dem vorgegebenen Punkt P bestimmt. Legt man den Koordinatenursprung in den Punkt P (Bild 1.34), dann ist

$$r^2 = x^2 + y^2 + z^2. \tag{1.181}$$

Als skalare Funktion ψ wählt man den Ausdruck

$$\psi = \frac{1}{r} = \frac{1}{\sqrt{x^2 + y^2 + z^2}}. \tag{1.182}$$

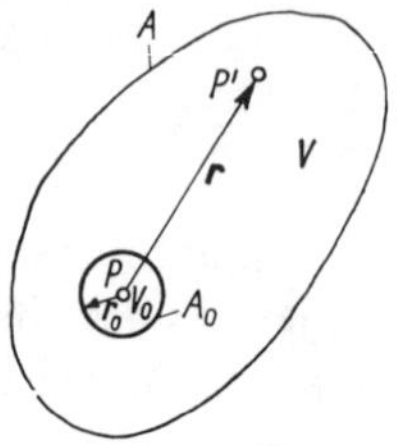

Bild 1.34

Aus (1.181) folgen

$$\frac{\partial r}{\partial x} = \frac{x}{r} \tag{1.183}$$

und

$$\frac{\partial}{\partial x}\left(\frac{1}{r}\right) = \frac{\partial}{\partial r}\left(\frac{1}{r}\right) \frac{\partial r}{\partial x} = -\frac{x}{r^3}. \tag{1.184}$$

Durch nochmaliges Differenzieren erhält man

$$\frac{\partial^2}{\partial x^2}\left(\frac{1}{r}\right) = -\frac{1}{r^3} + \frac{3x^2}{r^5}. \tag{1.185}$$

Analog ergeben sich

$$\frac{\partial}{\partial y^2}\left(\frac{1}{r}\right) = -\frac{1}{r^3} + \frac{3y^2}{r^5} \tag{1.186}$$

und

$$\frac{\partial^2}{\partial z^2}\left(\frac{1}{r}\right) = -\frac{1}{r^3} + \frac{3z^2}{r^5}. \tag{1.187}$$

Aus (1.185), (1.186) und (1.187) folgt

$$\Delta\psi = \Delta\left(\frac{1}{r}\right) = \frac{\partial^2}{\partial x^2}\left(\frac{1}{r}\right) + \frac{\partial^2}{\partial y^2}\left(\frac{1}{r}\right) + \frac{\partial^2}{\partial z^2}\left(\frac{1}{r}\right)$$

$$= -\frac{3}{r^3} + \frac{3}{r^5}(x^2 + y^2 + z^2) = 0. \tag{1.188}$$

Da der Greensche Satz nur für Raumteile, in denen ψ und φ stetige Funktionen sind, gilt, muß man den Punkt P, bei dem $r = 0$ ist, aus dem Integrationsbereich ausschließen. Zu diesem Zweck wird um P als Mittelpunkt eine Kugel mit dem Radius r_0, der Fläche A_0 und dem Volumen V_0 gelegt. Dann läßt sich der Greensche Satz für das Restvolumen V', das zwischen den Flächen A und A_0 liegt, anwenden. Geht man mit (1.182) und (1.188) in (1.180) ein, dann erhält man

$$\int_{V'} \frac{\Delta\varphi}{r}\,\mathrm{d}V = \int_{A,A_0} \left\{\frac{1}{r}\frac{\partial\varphi}{\partial n} - \varphi\frac{\partial}{\partial n}\left(\frac{1}{r}\right)\right\}\mathrm{d}A$$

$$= \int_{A} \left\{\frac{1}{r}\frac{\partial\varphi}{\partial n} - \varphi\frac{\partial}{\partial n}\left(\frac{1}{r}\right)\right\}\mathrm{d}A + \int_{A_0} \left\{\frac{1}{r}\frac{\partial\varphi}{\partial n} - \varphi\frac{\partial}{\partial n}\left(\frac{1}{r}\right)\right\}\mathrm{d}A. \tag{1.189}$$

Hierbei ist

$$V' = V - V_0. \tag{1.190}$$

Bezüglich der inneren Fläche ist die positive Normale von P' nach P, also entgegengesetzt dem Radiusvektor $\boldsymbol{r}$, gerichtet. An der Oberfläche von A_0 gilt daher

$$\left[\frac{\partial}{\partial n}\left(\frac{1}{r}\right)\right]_{r=r_0} = \left[-\frac{\partial}{\partial r}\left(\frac{1}{r}\right)\right]_{r=r_0} = \frac{1}{r_0^2}, \tag{1.191}$$

$$\frac{\partial\varphi}{\partial n} = -\frac{\partial\varphi}{\partial r}. \tag{1.192}$$

Da r_0 konstant ist, geht (1.189) mit (1.191) und (1.192) in

$$\int_{V'} \frac{\Delta\varphi}{r}\,\mathrm{d}V = \int_{A} \left\{\frac{1}{r}\frac{\partial\varphi}{\partial n} - \varphi\frac{\partial}{\partial n}\left(\frac{1}{r}\right)\right\}\mathrm{d}A$$

$$- \frac{1}{r_0}\int_{A_0} \frac{\partial\varphi}{\partial r}\,\mathrm{d}A - \frac{1}{r_0^2}\int_{A_0} \varphi\,\mathrm{d}A \tag{1.193}$$

über. Nun bezeichnet man mit φ_m und $(\partial\varphi/\partial r)_\mathrm{m}$ die Mittelwerte von φ und $\partial\varphi/\partial r$ über der Kugeloberfläche mit dem Radius r_0 und bildet

$$\lim_{r_0\to 0}\left\{\frac{1}{r_0}\,4\pi r_0^2\left(\frac{\partial\varphi}{\partial r}\right)_\mathrm{m} + \frac{4\pi r_0^2}{r_0^2}\,\varphi_\mathrm{m}\right\} = 4\pi \lim_{r_0\to 0}\varphi_\mathrm{m} = 4\pi\varphi. \tag{1.194}$$

Mit $r_0 \to 0$ geht φ_m gegen das Potential φ in dem Punkt P und $V_0 \to 0$, und es wird

$$V' = V, \tag{1.195}$$

so daß

$$\varphi = -\frac{1}{4\pi}\int_V \frac{\Delta\varphi}{r}\,\mathrm{d}V + \frac{1}{4\pi}\int_A \left\{\frac{1}{r}\frac{\partial\varphi}{\partial n} - \varphi\frac{\partial}{\partial n}\left(\frac{1}{r}\right)\right\}\mathrm{d}A \tag{1.196}$$

gilt. Geht man nun mit der Poissonschen Gleichung (1.169) in (1.196) ein, dann wird

$$\varphi = \frac{1}{4\pi\varepsilon}\int_V \frac{\varrho}{r}\,\mathrm{d}V + \frac{1}{4\pi}\int_A \left\{\frac{1}{r}\frac{\partial\varphi}{\partial n} - \varphi\frac{\partial}{\partial n}\left(\frac{1}{r}\right)\right\}\mathrm{d}A. \tag{1.197}$$

Wenn innerhalb des begrenzten Raumes $\varrho = 0$ ist, dann gilt

$$\varphi = \frac{1}{4\pi} \int_A \left\{ \frac{1}{r} \frac{\partial \varphi}{\partial n} - \varphi \frac{\partial}{\partial n} \left(\frac{1}{r} \right) \right\} \mathrm{d}A. \tag{1.198}$$

Das Oberflächenintegral gibt offensichtlich den Potentialanteil infolge der Ladungen, die sich außerhalb der Hüllfläche befinden, an.
Wenn φ und $\partial\varphi/\partial n$ über A bekannt sind, kann das Potential eines beliebigen Punktes innerhalb der Hüllfläche durch Integration nach (1.198) ermittelt werden. (1.198) kann als die Lösung der Laplaceschen Gleichung für den Bereich V aufgefaßt werden, welche die Randbedingungen erfüllt.
Wenn die Hüllfläche bis ins Unendliche ausgedehnt wird, verschwindet das zweite Integral in (1.197), und das Potential wird

$$\varphi = \frac{1}{4\pi\varepsilon} \int_V \frac{\varrho}{r} \mathrm{d}V. \tag{1.199}$$

Zum Beweis werde dazu angenommen, die äußere Berandungsfläche sei eine Kugel mit dem Radius r_a, in deren Mittelpunkt P liegt. Die Richtung der äußeren Normalen fällt mit der Richtung von r_a zusammen, d.h.

$$\frac{\partial}{\partial n} \left(\frac{1}{r_\mathrm{a}} \right) = \frac{\partial}{\partial r_\mathrm{a}} \left(\frac{1}{r_\mathrm{a}} \right) = -\frac{1}{r_\mathrm{a}^2}. \tag{1.200}$$

Ist die Verteilung der Ladungen auf einen begrenzten Raum in endlicher Entfernung von P beschränkt, dann geht mit $r_\mathrm{a} \to \infty$ das Potential φ_a an der Oberfläche mit $1/r_\mathrm{a}$ und $(\partial\varphi/\partial r_\mathrm{a})$ mit $1/r_\mathrm{a}^2$ gegen Null. Mit $r_\mathrm{a} \to \infty$ fällt die Größe unter dem Oberflächenintegral (1.197) mit $1/r_\mathrm{a}^3$ ab, während die Oberfläche der Kugel mit r_a^2 wächst. Das heißt, das Oberflächenintegral wird mit $r_\mathrm{a} \to \infty$ gleich Null, und es ergibt sich (1.199).
Dieses Ergebnis folgt auch unmittelbar aus dem Satz der Superposition der Potentiale (1.44).

1.3.2.3. Eindeutigkeit der Lösung der Randwertaufgaben

Den Beweis der Eindeutigkeit der Lösung der Randwertaufgaben für $\Delta\varphi = 0$ führt man über den Greenschen Satz.
Wir nehmen an, φ_1 und φ_2 seien zwei verschiedene Lösungen, die sowohl die Laplacesche Gleichung als auch die Grenzbedingungen erfüllen. Dann genügt auch die Funktion

$$v = \varphi_1 - \varphi_2 \tag{1.201}$$

der Laplaceschen Gleichung

$$\Delta v = 0. \tag{1.202}$$

Der Gaußsche Satz ergibt mit (1.175) für die Funktion v grad v

$$\int_V \operatorname{div} (v \operatorname{grad} v) \,\mathrm{d}V = \int_V [(\operatorname{grad} v)^2 + v \,\Delta v] \,\mathrm{d}V = \oint_A v \operatorname{grad} v \,\mathrm{d}\boldsymbol{A}. \tag{1.203}$$

Hieraus folgt mit (1.202) die spezielle Form des Greenschen Satzes

$$\int_V (\operatorname{grad} v)^2 \,\mathrm{d}V = \oint_A v \operatorname{grad} v \,\mathrm{d}\boldsymbol{A}. \tag{1.204}$$

An der Oberfläche von Elektroden muß die Grenzbedingung erfüllt sein, so daß hier $\varphi_1 = \varphi_2$ ist.
Demzufolge ist

$$\int_V (\mathrm{grad}\, v)^2 \,\mathrm{d}V = 0. \qquad (1.205)$$

Da der Ausdruck unter dem Integral nicht negativ werden kann, muß an jeder Stelle

$$\mathrm{grad}\, v = 0 \qquad (1.206)$$

gelten, d.h.

$$v = \mathrm{konst.} \qquad (1.207)$$

Der Wert der Konstanten ist derselbe wie an der Elektrodenoberfläche, d.h. gleich null. Also ist $\varphi_1 \equiv \varphi_2$.
Eine Lösung der Laplaceschen Gleichung, die die Grenzbedingungen erfüllt, ist die einzige Lösung für den betrachteten Fall.
Auf dieser Erkenntnis beruht das Prinzip des Spiegelbilds, das uns eine Lösung, und zwar die einzige, für den konkreten Fall liefert (s. Abschn. 1.5.2.).

1.4. Die Integralparameter des elektrostatischen Feldes

1.4.1. Kondensator

Wir haben bereits geklärt, wie zwei Elektroden, an denen eine elektrische Spannung liegt, eine elektrische Ladung erhalten. Bei einem Nichtleiter im Zwischenelektrodenraum bleibt die Ladung auf den Elektroden bestehen, auch wenn die Elektroden von der Spannungsquelle abgetrennt werden.
Eine solche Einrichtung, die imstande ist, eine gewisse Elektrizitätsmenge zu speichern, nennt man einen Kondensator.

1.4.2. Kapazität

Die auf den Elektroden eines Kondensators gebundene Ladung ist durch (1.130) gegeben. Sie ist proportional dem Betrag der Verschiebung. Die Verschiebung ist ihrerseits wieder proportional der elektrischen Feldstärke und ihr Betrag seinerseits proportional der Spannung zwischen den Elektroden. So erhalten wir

$$Q = CU. \qquad (1.208)$$

Den Proportionalitätsfaktor C zwischen Ladung und Spannung des Kondensators nennt man Kapazität. Die Kapazität C kennzeichnet das Vermögen des Kondensators, Elektrizitätsmengen zu speichern. Sie bestimmt die Elektrizitätsmenge, die bei der Einheit der angelegten Spannung gespeichert wird. Die Kapazität hängt von der Größe, von der geometrischen Form, vom Abstand der Elektroden und von der Dielektrizitätskonstanten des zwischen den Elektroden befindlichen Stoffes ab. Aus (1.208) folgt die Einheit der Kapazität

$$1\ \mathrm{Farad} = 1\ \mathrm{F} = 1\ \frac{\mathrm{C}}{\mathrm{V}}. \qquad (1.209)$$

Eine Kapazität von 1 Farad hat der Kondensator, der bei 1 Volt Spannung an seinen Elektroden die Ladung 1 Coulomb aufnimmt. Diese Einheit ist sehr groß. Im praktischen Gebrauch sind die Einheiten Mikrofarad (μF) und Picofarad (pF). Es gilt

$$1\ \mathrm{F} = 10^6\ \mu\mathrm{F} = 10^{12}\ \mathrm{pF}. \tag{1.210}$$

Bei einem Zweielektrodensystem ist die Ladung der Elektrode gegeben durch

$$Q = \oint_A \boldsymbol{D}\,\mathrm{d}\boldsymbol{A}. \tag{1.211}$$

Hierbei ist A eine beliebige Hüllfläche, die die Elektrode umschließt. Die Spannung zwischen den zwei Elektroden ist

$$U = \int_1^2 \boldsymbol{E}\,\mathrm{d}\boldsymbol{l}. \tag{1.212}$$

Dann ist die Kapazität

$$C = \frac{Q}{U} = \frac{\oint_A \boldsymbol{D}\,\mathrm{d}\boldsymbol{A}}{\int_1^2 \boldsymbol{E}\,\mathrm{d}\boldsymbol{l}} = \varepsilon\,\frac{\oint_A \boldsymbol{E}\,\mathrm{d}\boldsymbol{A}}{\int_1^2 \boldsymbol{E}\,\mathrm{d}\boldsymbol{l}}. \tag{1.213}$$

Die Kapazität hängt einerseits von der Dielektrizitätskonstanten, andererseits von der Konfiguration der Elektroden ab.

1.4.3. Schaltungen von Kondensatoren

1.4.3.1. Parallelschaltung von Kondensatoren

Im Bild 1.35 wird die Parallelschaltung von Kondensatoren gezeigt. Bei dieser liegen alle Kondensatoren an der gleichen Spannung U. Die Ladungen, die auf den einzelnen Kondensatoren gebunden sind, betragen im Falle n verschiedener Kondensatoren

$$Q_1 = C_1 U, \qquad Q_2 = C_2 U, \qquad Q_n = C_n U. \tag{1.214}$$

Die gesamte Ladung, die von allen parallelgeschalteten Kondensatoren aufgespeichert ist, beträgt

$$Q = \sum_{\lambda=1}^{n} Q_\lambda = U \sum_{\lambda=1}^{n} C_\lambda. \tag{1.215}$$

Hieraus ergibt sich die Gesamtkapazität der parallelgeschateten Kondensatoren zu

$$C = \frac{Q}{U} = \sum_{\lambda=1}^{n} C_\lambda. \tag{1.216}$$

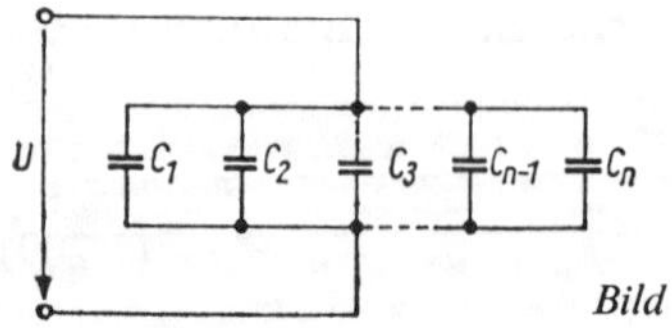

Bild 1.35

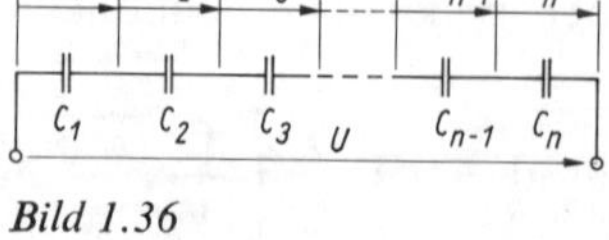

Bild 1.36

1.4.3.2. Reihenschaltung von Kondensatoren

Bild 1.36 zeigt die Reihenschaltung von Kondensatoren. In diesem Fall ist der Verschiebungsfluß der einzelnen Kondensatoren gleich. Es gilt allgemein bei n in Reihe geschalteten Kondensatoren

$$Q_1 = Q_2 = \ldots = Q_{n-1} = Q_n = Q. \tag{1.217}$$

Die Spannung verteilt sich entsprechend den Kapazitäten. Die Teilspannung an der Kapazität Q_λ ist

$$U_\lambda = \frac{Q}{C_\lambda}. \tag{1.218}$$

Die Gesamtspannung ergibt sich aus der Summe der Teilspannungen

$$U = \sum_{\lambda=1}^{n} U_\lambda = Q \sum_{\lambda=1}^{n} \frac{1}{C_\lambda}. \tag{1.219}$$

Hieraus folgt

$$\frac{1}{C} = \frac{U}{Q} = \sum_{\lambda=1}^{n} \frac{1}{C_\lambda}. \tag{1.220}$$

Für das Verhältnis zweier Teilspannungen gilt

$$\frac{U_\nu}{U_\lambda} = \frac{C_\lambda}{C_\nu}. \tag{1.221}$$

Die Teilspannungen sind umgekehrt proportional den Teilkapazitäten. Die Beziehung zwischen der Gesamtspannung und der Spannung an der Teilkapazität C_λ lautet daher

$$U_\lambda = U \frac{C}{C_\lambda}. \tag{1.222}$$

1.4.3.3. Spannungsvervielfachung mittels Kapazitäten

Eine Möglichkeit zur Erzeugung kurzer, aber sehr hoher Spannungsstöße ergibt sich mit Hilfe von Kondensatorschaltungen. Eine solche Einrichtung besteht prinzipiell aus n gleichen Kondensatoren, die parallel an eine Spannungsquelle geschaltet sind. Ein jeder von ihnen wird mit der Ladung Q aufgeladen. Die Gesamtladung ist dann nQ. Nun werden die Kondensatoren von der Spannungsquelle abgeschaltet und hintereinandergeschaltet. Diese Einrichtung aus in Reihe geschalteten Kondensatoren führt nur eine Ladung Q.

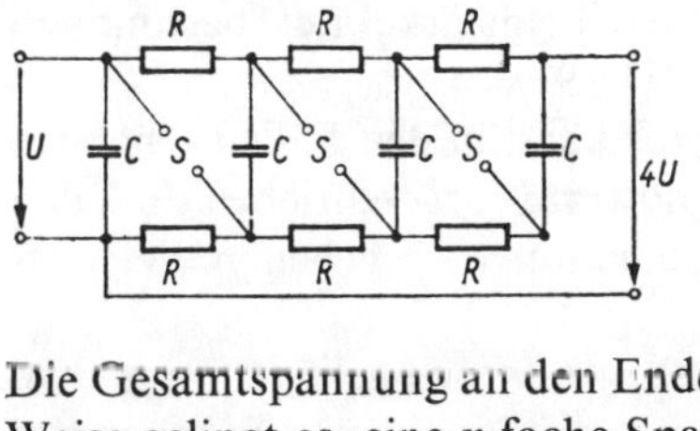

Bild 1.37

Die Gesamtspannung an den Enden dieser Kondensatorkette ist jetzt aber nU. Auf diese Weise gelingt es, eine n-fache Spannungsüberhöhung zu erzielen.

Das Prinzip der technischen Ausführung dieser Einrichtung wird im Bild 1.37 gezeigt. Über die Ladewiderstände R werden alle Kondensatoren gleicher Kapazität C durch die

Spannungsquelle auf die Spannung U aufgeladen. Die Rolle der automatischen Schalter spielen die Kugelfunkenstrecken S, die gleichzeitig ansprechen und eine Reihenschaltung der Kondensatoren bewirken. Die Spannung wird zu Beginn praktisch nicht von den in diesem Fall parallelgeschalteten Ladewiderständen beeinflußt. Zwischen den Enden der Kette erscheint die Summenspannung. In dem Beispiel Bild 1.37 ist sie $4U$. Solche Einrichtungen finden in Hochspannungsprüfanlagen Anwendung.

1.5. Methoden zur Berechnung der elektrostatischen Felder von Elektroden einfacher geometrischer Formen

1.5.1. Übersicht

Häufig besteht in der Elektrotechnik die Aufgabe, bei gegebener Ladungsverteilung oder bei gegebenen Randbedingungen (z.B. Potentiale der vorhandenen Elektroden) das elektrostatische Feld zu berechnen, um daraus die Integralparameter des Feldes, die höchsten auftretenden Feldstärken usw. zu bestimmen. Diese Aufgabe gilt als gelöst, wenn in jedem Punkt des untersuchten Raumes der Wert des Potentials oder die Größe der Feldstärke angegeben werden kann.
Einfache Felder können durch unmittelbare Verwendung des Gaußschen Satzes der Elektrostatik, durch Superposition oder durch Anwendung des Spiegelungsprinzips in einfacher Weise berechnet werden. Unter bestimmten Bedingungen lassen sich die Felder durch die direkte Integration der Differentialgleichungen des elektrostatischen Feldes unter Berücksichtigung der Randbedingungen berechnen (eindimensionales Feld, zylinder- oder kugelsymmetrisches Feld). Im zwei- und dreidimensionalen Feld läßt sich die Laplacesche Gleichung bei einfachen Randbedingungen durch Produktansatz lösen. Eine weitere Methode zur Feldberechnung beruht auf der konformen Abbildung eines zu untersuchenden Feldes auf ein homogenes Feld im Bildbereich.
Für Felder mit komplizierter Konfiguration, die sich nicht oder nur unter großem Aufwand analytisch behandeln lassen, können grafische oder numerische Verfahren sowie Modelle zur näherungsweisen Ermittlung der Felder verwendet werden. Die einzelnen Methoden werden in den folgenden Abschnitten anhand konkreter technischer Beispiele behandelt und erläutert.

1.5.2. Methode der Spiegelbilder

Im Satz von der Eindeutigkeit der Randwertaufgabe (S. 60) ist ein wertvolles Mittel zur Behandlung komplizierter Feldbilder – die Methode der Spiegelbilder – begründet.
Ein zu lösendes Feldproblem wird durch die Poissonsche bzw. Laplacesche Differentialgleichung und die Randwerte des Potentials bzw. der Feldstärke auf bestimmten Berandungsflächen mathematisch eindeutig beschrieben (1.197).
Die meist sehr komplizierte Lösung der Randwertaufgabe kann in den Fällen erheblich vereinfacht werden, wenn die Flächen, auf denen die Randwerte vorgeschrieben sind, den gesamten Raum in zwei oder mehrere getrennte Teilräume mit vorgegebenen dielektrischen Eigenschaften zerlegen.
Unter besonderen Bedingungen an die Berandungsflächen kann es gelingen, aus dem ursprünglichen Problem zwei oder mehrere einfache Ersatzanordnungen mit bekannter Ladungsanordnung zu gewinnen, die dann durch Anwendung des Superpositionsprinzips berechnet werden können.

Die Ersatzanordnungen sind so beschaffen, daß durch geeignete Einführung von Hilfsladungen die Randbedingungen der Teilräume des ursprünglichen Problems ohne die reale Existenz der die Randbedingungen erzwingenden Trennfläche realisiert werden (gesamter Raum homogen). In dem jeweils gerade betrachteten Teilraum darf dabei keine Hilfsladung angebracht werden (Störung der Poissonschen Differentialgleichung). Analog verfährt man mit den verbleibenden Teilräumen und fügt zuletzt die einzeln berechneten Teilfeldbilder zu einem zusammen.
Es gibt keine Ersatzanordnung zu dem ursprünglichen Problem, die das Feldbild im gesamten Raum richtig darstellt.
Die so ermittelte Lösung ist auf Grund des Satzes von der Eindeutigkeit die einzige Lösung der Randwertaufgabe.
Wegen der bei einigen Beispielen bestehenden Analogie zu den Brechungsgesetzen der Optik bezeichnet man die Hilfsladungen als Spiegelbilder der real existierenden Ladungen. Die Methode nennt man Methode der Spiegelbilder.

1.5.2.1. Spiegelung an einer Ebene, die zwei Dielektrika trennt

Die Ebene AA' (Bild 1.38a) trennt zwei Halbräume mit den Dielektrizitätskonstanten ε_1 und ε_2. Im ersten Halbraum befindet sich im Abstand h von der Ebene AA' die Ladung Q. Gefragt ist nach dem Feldbild im ersten und zweiten Halbraum.
An der Grenzfläche gelten die Randbedingungen

$$E_{t1} = E_{t2}, \qquad D_{n1} = D_{n2}. \tag{1.223), (1.224}$$

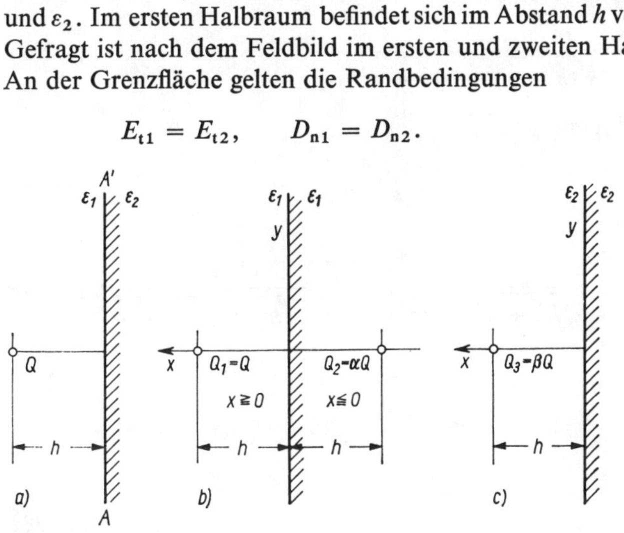

Bild 1.38

Es liegt der Gedanke nahe zu versuchen, die Schwierigkeiten, die durch die Grenzfläche entstehen, zu umgehen, indem man den Raum als homogen annimmt und die Randbedingungen durch Einführung neuer Ladungen zu erfüllen sucht. Zur Ermittlung des Feldbilds im ersten Halbraum nimmt man an, der ganze Raum sei von einem Stoff mit der Dielektrizitätskonstanten ε_1 ausgefüllt und das Feld sei hervorgerufen durch die Ladung

$$Q_1 = Q, \tag{1.225}$$

die sich an der Stelle von Q befindet, und durch die zweite Ladung

$$Q_2 = \alpha Q, \tag{1.226}$$

die der ersten gegenüber im zweiten Halbraum mit dem Abstand h von der Grenzfläche liegt (Bild 1.38b).

Weiterhin wird angenommen, das Feld im zweiten Halbraum sei durch eine Ladung

$$Q_3 = \beta Q, \tag{1.227}$$

die sich an der Stelle der Ladung Q im ersten Halbraum befindet, gebildet (Bild 1.38c), wobei der ganze Raum mit einem Stoff mit der Dielektrizitätskonstanten ε_2 ausgefüllt ist.

Das Koordinatensystem legen wir so, daß die Grenzfläche mit der y,z-Ebene zusammenfällt und die Ladung Q auf der x-Achse liegt. Der erste Halbraum ist dann bei $x \geqq 0$, der zweite bei $x \leqq 0$.

Im ersten Halbraum ($x \geqq 0$) ist das Potential

$$\varphi_1 = \frac{Q_1}{4\pi\varepsilon_1 r_1} + \frac{Q_2}{4\pi\varepsilon_1 r_2}$$

$$= \frac{Q}{4\pi\varepsilon_1}\left[\frac{1}{\sqrt{(h-x)^2+y^2+z^2}} + \frac{\alpha}{\sqrt{(h+x)^2+y^2+z^2}}\right], \tag{1.228}$$

im zweiten Halbraum ($x \leqq 0$)

$$\varphi_2 = \frac{Q_3}{4\pi\varepsilon_2 r_1} = \frac{\beta Q}{4\pi\varepsilon_2}\,\frac{1}{\sqrt{(h-x)^2+y^2+z^2}}. \tag{1.229}$$

An der Grenzfläche gilt die Bedingung

$$\varphi_1|_{x=0} = \varphi_2|_{x=0}. \tag{1.230}$$

Hieraus folgt

$$\frac{1}{\varepsilon_1}\left[\frac{1}{\sqrt{h^2+y^2+z^2}} + \frac{\alpha}{\sqrt{h^2+y^2+z^2}}\right] = \frac{\beta}{\varepsilon_2}\,\frac{1}{\sqrt{h^2+y^2+z^2}}, \tag{1.231}$$

$$1 + \alpha = \beta\,\frac{\varepsilon_1}{\varepsilon_2}. \tag{1.232}$$

(1.224) lautet für diesen Fall

$$\varepsilon_1 \left.\frac{\partial\varphi_1}{\partial x}\right|_{x=0} = \varepsilon_2 \left.\frac{\partial\varphi_2}{\partial x}\right|_{x=0}. \tag{1.233}$$

Das ergibt

$$\varepsilon_1 \frac{Q}{4\pi\varepsilon_1}\left[\frac{h-x}{\sqrt{[(h-x)^2+y^2+z^2]^3}} - \frac{\alpha\,(h+x)}{\sqrt{[(h+x)^2+y^2+z^2]^3}}\right]_{x=0}$$

$$= \varepsilon_2 \frac{\beta Q}{4\pi\varepsilon_2}\left[\frac{h-x}{\sqrt{[(h-x)^2+y^2+z^2]^3}}\right]_{x=0}, \tag{1.234}$$

$$1 - \alpha = \beta. \tag{1.235}$$

Aus (1.232) und (1.235) folgen die Bestimmungsgleichungen für α und β:

$$\alpha = \frac{\varepsilon_1 - \varepsilon_2}{\varepsilon_1 + \varepsilon_2}, \qquad \beta = \frac{2\varepsilon_2}{\varepsilon_1 + \varepsilon_2}. \qquad (1.236), (1.237)$$

Hieraus erhält man die Hilfsladungen

$$Q_1 = Q, \qquad Q_2 = \frac{\varepsilon_1 - \varepsilon_2}{\varepsilon_1 + \varepsilon_2} Q, \qquad Q_3 = \frac{2\varepsilon_2}{\varepsilon_1 + \varepsilon_2} Q. \tag{1.238}$$

Bei $\varepsilon_1 > \varepsilon_2$ ist

$$\alpha > 0. \tag{1.239}$$

Q_1 und Q_2 haben gleiche Vorzeichen.
Bei $\varepsilon_1 < \varepsilon_2$ ist

$$\alpha < 0. \tag{1.240}$$

Q_1 und Q_2 haben verschiedene Vorzeichen.
Bei $\varepsilon_1 = \varepsilon_2$ ist

$$\alpha = 0, \qquad \beta = 1. \tag{1.241}$$

Bild 1.39 zeigt das Bild der Feld- und Äquipotentiallinien für den Fall

$$\varepsilon_2 = 2\varepsilon_1. \tag{1.242}$$

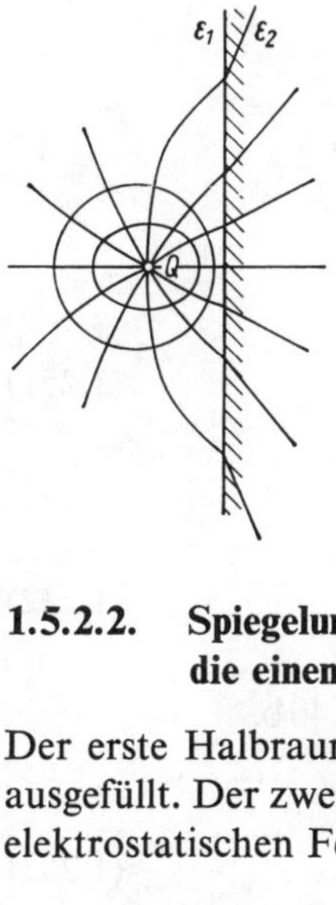

Bild 1.39

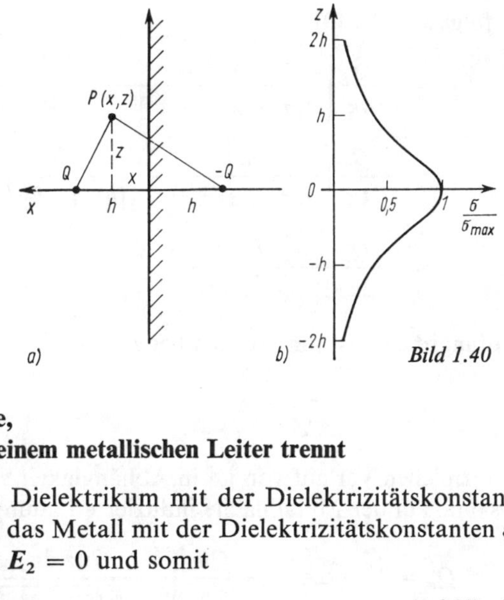

a) b) *Bild 1.40*

1.5.2.2. Spiegelung an einer Ebene, die einen Nichtleiter von einem metallischen Leiter trennt

Der erste Halbraum sei von einem Dielektrikum mit der Dielektrizitätskonstanten ε_1 ausgefüllt. Der zweite Halbraum sei das Metall mit der Dielektrizitätskonstanten ε_2. Im elektrostatischen Feld ist im Metall $\boldsymbol{E}_2 = 0$ und somit

$$E_{t2} = 0, \qquad E_{n2} = 0. \tag{1.243), (1.244}$$

Im Dielektrikum ist an der Grenzfläche

$$E_{t1} = E_{t2} = 0. \tag{1.245}$$

Somit ist

$$E_1 = E_{n1}. \tag{1.246}$$

Hieraus folgt für den Fall der Elektrostatik für die Dielektrizitätskonstante des metallischen Leiters formal

$$\varepsilon_2 = \varepsilon_1 \frac{E_{n1}}{E_{n2}} \to \infty \tag{1.247}$$

und

$$\alpha = -1. \tag{1.248}$$

Die Spiegelladung ist entgegengesetzt gleich der wirklichen Ladung.
Als Beispiel soll die Anordnung nach Bild 1.40a betrachtet werden, die eine Punktladung gegenüber einer unendlich ausgedehnten ebenen Metallfläche zeigt. Durch die Ladung Q werden auf der Metalloberfläche Ladungen induziert, deren Flächendichte wir berechnen wollen. Das Feld in dem linken Halbraum ergibt sich aus der Überlagerung der Felder der Punktladung Q und ihrer Spiegelladung $-Q$. Infolge der Symmetrie genügt es, die Flächendichte der Ladung $\sigma(z)$ längs der z-Achse zu ermitteln ($x = 0$, $y = 0$). Es gilt an der Metalloberfläche

$$\sigma = \varepsilon_1 E_n = \varepsilon_1 E_x = -\varepsilon_1 \left(\frac{\partial \varphi}{\partial x}\right)_{x=0}. \tag{1.249}$$

Das Potential im Punkte $P(x, y = 0, z)$ beträgt

$$\varphi = \frac{Q}{4\pi\varepsilon_1}\left[\frac{1}{\sqrt{(h-x)^2+z^2}} - \frac{1}{\sqrt{(h+x)^2+z^2}}\right]. \tag{1.250}$$

Damit folgt aus (1.249)

$$\sigma = -\frac{Q}{4\pi}\left[\frac{h-x}{[(h-x)^2+z^2]^{3/2}} + \frac{h+x}{[(h+x)^2+z^2]^{3/2}}\right]_{x=0}$$

$$= -\frac{Q}{4\pi}\left[\frac{h}{[h^2+z^2]^{3/2}} + \frac{h}{[h^2+z^2]^{3/2}}\right]$$

$$= -\frac{Q}{2\pi}\,\frac{h}{\sqrt{(h^2+z^2)^3}}. \tag{1.251}$$

Die Ladungsdichte ist am größten bei $z = 0$ mit

$$\sigma_{\max} = -\frac{Q}{2\pi h^2}. \tag{1.252}$$

Den prinzipiellen Verlauf von $|\sigma|$ in Abhängigkeit von z zeigt Bild 1.40b.
Die gesamte auf der Metallfläche induzierte Ladung beträgt

$$Q_\sigma = \int_A \sigma\,\mathrm{d}A = -\frac{Qh}{2\pi}\int_0^\infty \frac{2\pi z\,\mathrm{d}z}{\sqrt{(h^2+z^2)^3}}. \tag{1.253}$$

Die Integration ergibt nach einfacher Substitution

$$\int \frac{z\,\mathrm{d}z}{\sqrt{(h^2+z^2)^3}} = -\frac{1}{\sqrt{h^2+z^2}}. \tag{1.254}$$

Damit geht (1.253) über in

$$Q_\sigma = Qh\left[\frac{1}{\sqrt{h^2+z^2}}\right]_0^\infty = -Q. \tag{1.255}$$

Die gesamte auf der Metalloberfläche induzierte Ladung ist gleich der Größe der Spiegelladung.

1.5.2.3. Spiegelung an zwei sich schneidenden metallischen Ebenen

Spiegelung einer Punktladung

Das Feldbild einer Punktladung, die sich zwischen zwei metallischen Ebenen befindet, die sich unter einem Winkel α schneiden, kann leicht mit der Methode der Spiegelung bestimmt werden, wenn

$$\alpha = \frac{\pi}{n} \tag{1.256}$$

ist, wobei n eine ganze Zahl ist. Die Konstruktion der Spiegelladungen wird für $n = 6$ im Bild 1.41 gezeigt.
Da die Spiegelladungen zu den Grenzflächen jeweils symmetrisch angeordnet sind, ist gewährleistet, daß sie Äquipotentialflächen sind.
Bei n ganz und $n \geqq 2$ ergibt sich eine endliche Anzahl von Spiegelladungen, wobei keine von diesen in dem zu untersuchenden Raum auftritt. Dann ist das Potential in einem beliebigen Punkte P zwischen den beiden Ebenen

$$\varphi_P = \frac{1}{4\pi\varepsilon} \sum_{\lambda=1}^{2n} \frac{Q_\lambda}{r_\lambda} = \frac{Q}{4\pi\varepsilon} \sum_{\lambda=1}^{2n} \frac{(-1)^{\lambda-1}}{r_\lambda}. \tag{1.257}$$

r_λ ist die Entfernung vom Punkt P zu der jeweiligen Ladung. Die Ladungen mit ungeradem Index sind bei der gewählten Bezeichnungsweise positiv, die anderen negativ.

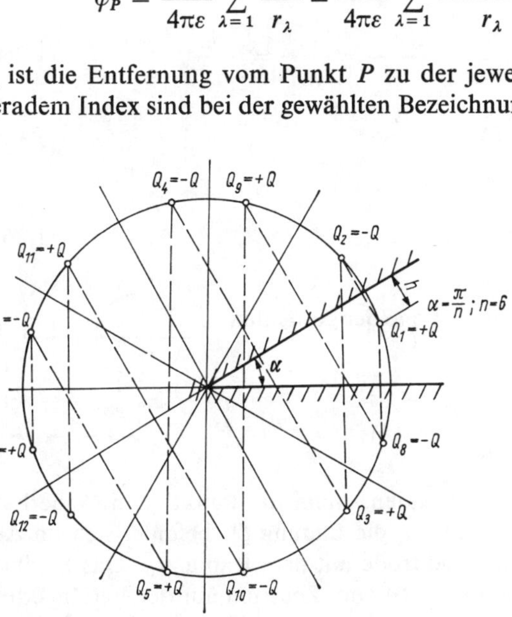

Bild 1.41

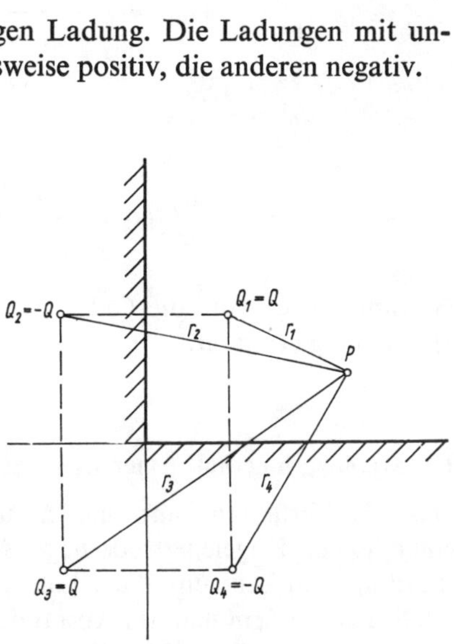

Bild 1.42

Spiegelung einer Linienladung

Analog der Berechnung eines Feldes einer Punktladung zwischen zwei sich schneidenden Ebenen kann das Feld einer Linienladung zwischen diesen Ebenen berechnet werden, die parallel zur Schnittlinie der Ebenen verläuft. Bild 1.42 zeigt einen solchen Fall für $n = 2$. Das Potential in einem Punkt P beträgt (s. Abschn. 1.5.3.7.)

$$\varphi_P = \frac{1}{2\pi\varepsilon l} \sum_{\lambda=1}^{2n} Q_\lambda \ln \frac{1}{r_\lambda} = \frac{Q}{2\pi\varepsilon l} \sum_{\lambda=1}^{2n} (-1)^{\lambda-1} \ln \frac{1}{r_\lambda}. \tag{1.258}$$

1.5.2.4. Spiegelung an einer metallischen Kugeloberfläche

Die Gesetzmäßigkeiten der Spiegelung an einer metallischen Kugeloberfläche ergeben sich aus der Betrachtung des Feldes zweier ungleichnamiger Punktladungen.

Punktladung außerhalb einer Kugelelektrode

Wir haben festgestellt, daß sich im Feld zweier ungleichnamiger Punktladungen um die kleinere Ladung eine kugelförmige Äquipotentialfläche mit dem Radius r_0 und dem Potential $\varphi = 0$ ausbildet (s. Abschn. 1.1.4.2.). Das Feld erleidet keine Änderung, wenn wir über die Äquipotentialfläche eine sehr dünne Metallfolie ziehen, die auf demselben Potential liegt. Hiermit wäre die Aufgabe gelöst, das Feld, das sich zwischen einer Punktladung Q_2 und einer Kugelelektrode mit dem Radius r_0 einstellt, zu finden (Bild 1.43). Das ist dasselbe Feld, das sich zwischen der Punktladung Q_2 und einer Hilfspunktladung Q_1 ausbildet. Hierbei liegt die Hilfspunktladung in einer Entfernung a_0 vom Zentrum Z der Kugelelektrode auf der Verbindungslinie ZQ_2 und hat das entgegengesetzte Vorzeichen von Q_2. Aus (1.58), (1.62) und (1.63) folgt

$$\frac{r_0}{|a_0|} = \frac{1}{m} = \frac{Q_2}{Q_1}, \tag{1.259}$$

$$s = d + |a_0| = d + \frac{dm^2}{1 - m^2} = \frac{d}{1 - m^2} = \frac{|a_0|}{m^2} = \frac{r_0^2}{|a_0|}, \tag{1.260}$$

$$|a_0| = \frac{r_0^2}{s}, \tag{1.261}$$

$$Q_1 = -\frac{|a_0|}{r_0} Q_2 = -\frac{r_0}{s} Q_2. \tag{1.262}$$

Hiermit sind sowohl die Größe als auch die Lage der gesuchten Hilfsladung ermittelt.

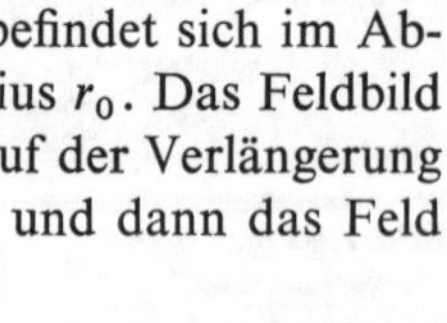

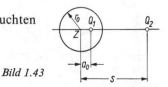

Bild 1.43

Punktladung innerhalb einer Kugelelektrode

Dasselbe Verfahren kann man natürlich anwenden, wenn die Punktladung innerhalb einer hohlen Kugelelektrode liegt. Angenommen, die Ladung Q_1 befindet sich im Abstand a_0 vom Zentrum Z der hohlen Kugelelektrode mit dem Radius r_0. Das Feldbild erhält man, indem man im Abstand s (laut (1.260)) vom Zentrum auf der Verlängerung der Verbindungslinie ZQ_1 die Ladung Q_2 gemäß (1.262) anbringt und dann das Feld konstruiert.

Gesetz der reziproken Radien

Wie man aus (1.261) ersehen kann, ist die Entfernung a_0, in der man die Hilfsladung Q_1 anbringen muß, unabhängig von der Größe der Ladungen selbst. Die Ladung Q_1 nennt man die elektrische Abbildung der Ladung Q_2 in der Kugelelektrode.
Einer jeden Punktladung außerhalb der Kugeloberfläche entspricht eine Abbildung in ihr. So wird der ganze Raum, der die Kugelelektrode umgibt, in sie hineingespiegelt.
Diese Methode ist umkehrbar. Q_1 und Q_2 vertauschen ihre Rollen, wenn wir das Feld einer Punktladung Q_1, die sich im Innern einer hohlen Kugelelektrode befindet, suchen.

(1.261) und (1.262) ermöglichen es, den äußeren Raum in das Innere der Kugel abzubilden und umgekehrt. Sie drücken das sogenannte Gesetz der reziproken Radien aus. Je weiter eine Punktladung des äußeren Raumes vom Zentrum der Kugel entfernt wird, desto näher rückt ihre Abbildung an das Zentrum der Kugel.

1.5.3. Beispiele der Behandlung von Feldern durch Überlagerung, Spiegelung, Anwendung des Gaußschen Satzes und Belegung von Äquipotentialflächen mit Metallfolien

Im folgenden wird die Berechnung der elektrostatischen Felder von Elektrodenanordnungen einfacher geometrischer Form, die sich mit elementaren Mitteln behandeln lassen, durchgeführt.

1.5.3.1. Feld einer Kugelelektrode

Wir wollen im folgenden mit Hilfe von (1.130) das Feld berechnen, das sich in der Umgebung einer Kugelelektrode mit dem Radius r_0 ausbildet. Es wird angenommen, daß die Ladung Q gleichmäßig auf ihrer Oberfläche verteilt ist. Der Verschiebungsfluß durchsetzt dann ebenfalls gleichmäßig die sphärischen Hüllflächen, die konzentrisch die Elektrode umgeben. Es liegt ein kugelsymmetrisches Feld vor, das sich mit Hilfe des Gaußschen Satzes leicht berechnen läßt. Die Verschiebungsdichte in einer Entfernung $\boldsymbol{r}$ vom Zentrum der Elektrode beträgt gemäß (1.130)

$$|\boldsymbol{D}| = \frac{Q}{4\pi r^2}. \tag{1.263}$$

Die Feldstärke an derselben Stelle ist

$$|\boldsymbol{E}| = \frac{Q}{4\pi\varepsilon r^2}. \tag{1.264}$$

Wenn wir die Symmetrie des Feldes in Betracht ziehen, können wir (1.263) und (1.264) auch in der Vektorform

$$\boldsymbol{D} = \frac{Q}{4\pi r^3}\,\boldsymbol{r}, \qquad \boldsymbol{E} = \frac{Q}{4\pi\varepsilon r^3}\,\boldsymbol{r} \qquad (1.265),\ (1.266)$$

schreiben. Das Potential in einer Entfernung r vom Zentrum der Kugelelektrode beträgt

$$\varphi = \frac{Q}{4\pi\varepsilon r}. \tag{1.267}$$

Das Potential der Oberfläche der Kugelelektrode oder die Spannung der Kugelelektrode in bezug auf einen unendlich weit entfernten Punkt ist damit

$$U_0 = \frac{Q}{4\pi\varepsilon r_0}. \tag{1.268}$$

Hieraus folgt unmittelbar die Kapazität der sphärischen Elektrode:

$$C = \frac{Q}{U_0} = 4\pi\varepsilon r_0. \tag{1.269}$$

Die Kapazität der Kugelelektrode ist also proportional ihrem Radius. Wenn wir (1.268) in (1.264) einführen, finden wir die elektrische Feldstärke an der Oberfläche der Kugelelektrode bei einer gegebenen Spannung:

$$|\boldsymbol{E}_0| = \frac{U_0}{r_0}. \tag{1.270}$$

Die elektrische Feldstärke ist also umgekehrt proportional dem Radius der Kugelelektrode. Hieraus folgt die allgemeine Aussage: Um große elektrische Feldstärken zu vermeiden, muß man bei hohen Spannungen Kanten mit kleinen Krümmungsradien vermeiden. An solchen Stellen steigt die elektrische Feldstärke so stark an, daß sie das Dielektrikum gefährden kann.

Bild 1.44 zeigt das Feld in der Umgebung einer Kugelelektrode. Die Feldlinien stellen gleichmäßig verteilte Strahlen dar.

Aus (1.267) folgt die Gleichung der Äquipotentialflächen zu

$$\frac{1}{r} = \text{konst}. \tag{1.271}$$

Diese stellen konzentrische Kugelflächen dar, die die Elektrode umschließen, wobei die Radien bei gleichen Potentialdifferenzen nach einer reziproken Reihe wachsen. Wenn wir den Radius der Kugelelektrode unendlich klein werden lassen, so geht ihr Feldbild in das der Punktladung über.

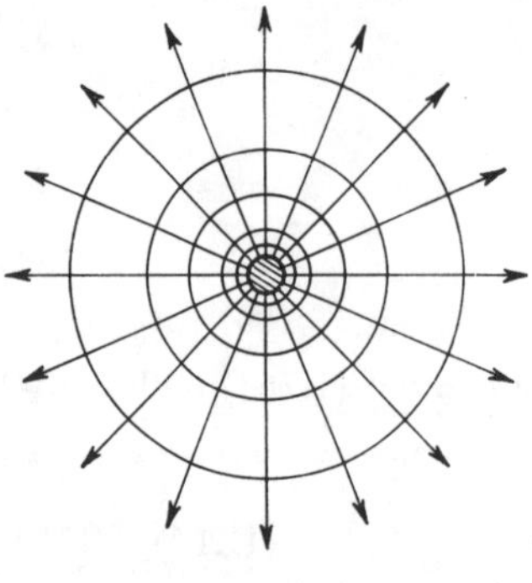

Bild 1.44

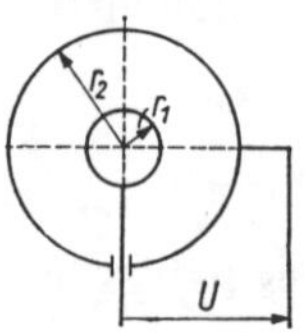

Bild 1.45

1.5.3.2. Der sphärische Kondensator

Wenn wir zwei Äquipotentialflächen in dem Feld der Kugelelektrode mit Metallfolien belegen, erhalten wir den sogenannten Kugelkondensator (Bild 1.45). In diesem Fall tritt keine Änderung des Feldbilds der Kugelelektrode ein. Wir wollen annehmen, daß die innere Kugelfläche den Radius r_1, die äußere Kugelfläche den Radius r_2 hat. Nach (1.267) folgt für das Potential der inneren Kugelelektrode

$$\varphi_1 = \frac{Q}{4\pi\varepsilon r_1}. \tag{1.272}$$

Aus derselben Gleichung folgt auch das Potential der äußeren Kugelelektrode:

$$\varphi_2 = \frac{Q}{4\pi\varepsilon r_2}. \tag{1.273}$$

Wenn beide Elektroden an den Klemmen einer Spannungsquelle mit der Spannung U angeschlossen sind, so gilt

$$U = \varphi_1 - \varphi_2 = \frac{Q}{4\pi\varepsilon}\left(\frac{1}{r_1} - \frac{1}{r_2}\right). \tag{1.274}$$

Die Kapazität des Kugelkondensators ist damit

$$C = \frac{Q}{U} = 4\pi\varepsilon r_1 \frac{r_2}{r_2 - r_1}. \tag{1.275}$$

Die Kapazität des Kugelkondensators ist also umgekehrt proportional der Entfernung zwischen den Elektroden. Bei $r_2 \to \infty$ geht (1.275) in (1.269) über. Die maximale Feldstärke im Kugelkondensator beträgt

$$|E_{\max}| = \frac{Q}{4\pi\varepsilon r_1^2} = U \frac{r_2}{r_1 (r_2 - r_1)}. \tag{1.276}$$

In Abhängigkeit vom Radius der inneren Kugelelektrode, bei festem Radius der äußeren Kugelelektrode, hat diese maximale Feldstärke ein Minimum. Das Minimum erscheint beim maximalen Wert des Ausdrucks

$$r_1 (r_2 - r_1), \tag{1.277}$$

d.h. bei

$$\frac{\mathrm{d}\,[r_1 (r_2 - r_1)]}{\mathrm{d}r_1} = r_2 - 2r_1 = 0 \tag{1.278}$$

oder

$$r_1 = \frac{r_2}{2}. \tag{1.279}$$

1.5.3.3. Feld einer geladenen Kugelelektrode und einer Punktladung

Dieser Fall wird nach der Methode der Spiegelung behandelt. Das Feld zwischen einer ungeladenen Kugelelektrode und einer Punktladung (Bild 1.43) wurde bereits untersucht. Trägt eine Kugelelektrode mit dem Radius r_0 die Ladung Q und befindet sich in ihrer Nähe die Punktladung Q_2, dann gewinnt man das Feld durch folgende Überlegung: Die Kugeloberfläche muß eine Äquipotentialfläche sein. Damit diese Bedingung erfüllt ist, bestimmen wir zuerst die Ladung, die wir im Abstand a_0 vom Zentrum Z auf der Verbindungslinie ZQ_2 anbringen müssen, damit das Potential auf der Oberfläche der Kugelelektrode $\varphi = 0$ wird (1.262). Wenn wir in das Zentrum der sphärischen Äquipotentialfläche eine neue Ladung Q_3 legen, so bleibt sie weiterhin als Äquipotentialfläche bestehen. Ihr Potential ist jedoch nicht mehr null, sondern es ist jetzt

$$\varphi = \frac{Q_3}{4\pi\varepsilon r_0}. \tag{1.280}$$

Da die ganze Ladung der Kugelelektrode Q betragen soll, muß die in das Zentrum gelegte Restladung Q_3 gleich der Differenz $Q - Q_1$ sein. Das Potential an der Oberfläche der Kugelelektrode ist damit

$$\varphi = \frac{Q - Q_1}{4\pi\varepsilon r_0}. \tag{1.281}$$

Die Ladungen Q_1, Q_2 und $Q_3 = Q - Q_1$ bestimmen das gesuchte Feld. Man kann also das Feldbild einer Kugelelektrode mit dem Radius r_0, der Ladung Q und der Punktladung Q_2 als das Feld dreier Punktladungen Q_1, Q_2 und $Q_3 = Q - Q_1$, die auf einer geraden Linie liegen, betrachten.

1.5.3.4. Feldbild zweier geladener Kugelelektroden

Zwei Kugelelektroden I und II (Bild 1.46) mit den Radien r_{01} und r_{02}, die sich im Abstand s voneinander befinden, tragen die Ladungen Q_I und Q_II. Infolge der Ladungen stellen sich die zunächst unbekannten Elektrodenpotentiale φ_I und φ_II ein. Die Feldermittlung erfolgt unter Benutzung der Sätze von den elektrischen Abbildungen. Wäre nur die Elektrode I vorhanden, so könnte man das Feld in ihrer Umgebung durch das Feld der Punktladung

$$Q_1 = 4\pi\varepsilon r_{01}\varphi_\mathrm{I}, \tag{1.282}$$

die im Zentrum dieser Elektrode liegt, beschreiben. Nun wollen wir annehmen, daß die Elektrode II das Potential null hat. Damit ihre Oberfläche eine Äquipotentialfläche mit dem Potential $\varphi = 0$ bleibt, muß im Abstand

$$a_{11} = \frac{r_{02}^2}{s} \tag{1.283}$$

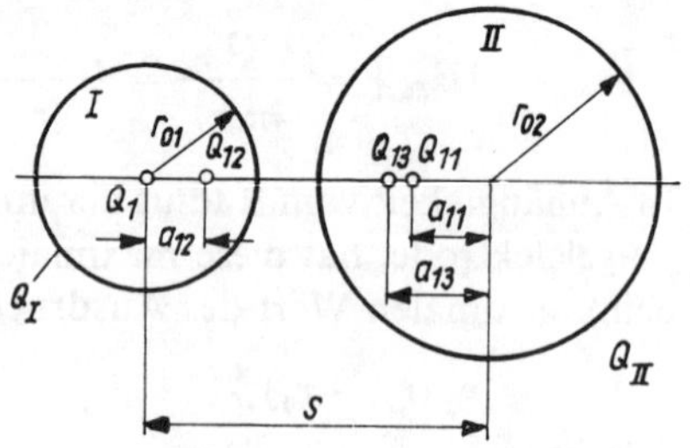

Bild 1.46

von ihrem Zentrum auf der Verbindungslinie der Mittelpunkte die elektrische Abbildung von Q_1 mit der Größe

$$Q_{11} = -\frac{r_{02}}{s} Q_1 \tag{1.284}$$

liegen. Die Einführung dieser Bildladung würde aber das Potential der ersten Elektrode ändern. Um diese Änderung zu kompensieren, muß man im Abstand

$$a_{12} = \frac{r_{01}^2}{s - a_{11}} \tag{1.285}$$

vom Zentrum der ersten Elektrode die elektrische Abbildung von Q_{11}, nämlich

$$Q_{12} = -\frac{r_{01}}{s - a_{11}} Q_{11}, \tag{1.286}$$

einführen. Die neue Ladung führt ihrerseits zu einer Änderung des Potentials der zweiten Elektrode. Damit diese Änderung kompensiert wird, muß man im Abstand

$$a_{13} = \frac{r_{02}^2}{s - a_{12}} \tag{1.287}$$

vom Zentrum der zweiten Elektrode das elektrische Bild von Q_{12}, nämlich

$$Q_{13} = -\frac{r_{02}}{s - a_{12}} Q_{12}, \tag{1.288}$$

vorsehen usw. Auf diese Weise entsteht eine unendliche Folge von elektrischen Bildladungen, die durch Q_1 und damit durch das noch unbekannte Potential φ_I bestimmt sind.

Nun wird angenommen, daß die Elektrode I das Potential null hat und daß im Zentrum der Elektrode II die Ladung

$$Q_2 = 4\pi\varepsilon r_{02}\varphi_{\text{II}} \tag{1.289}$$

liegt. Analog entsteht eine neue Folge elektrischer Bildladungen, die durch Q_2 und damit durch das noch unbekannte Potential φ_{II} bestimmt sind.
Die Größe der Bildladungen nimmt sehr schnell ab, so daß man bereits nach einigen Gliedern ohne bedeutenden Fehler die Reihe abbrechen kann.
Die Summe aller Bildladungen der Elektrode I muß gleich der Ladung Q_{I}, die Summe aller Bildladungen der Elektrode II gleich der Ladung Q_{II} sein:

$$Q_{\text{I}} = Q_1 + Q_{12} + \dots + Q_{21} + Q_{23} + \dots$$

$$= aQ_1 + bQ_2, \tag{1.290}$$

$$Q_{\text{II}} = Q_{11} + Q_{13} + \dots + Q_2 + Q_{22} + \dots$$

$$= cQ_1 + dQ_2 \tag{1.291}$$

mit

$$a = 1 + \frac{r_{01}}{s - a_{11}} \frac{r_{02}}{s} + \dots, \tag{1.292}$$

$$b = -\frac{r_{01}}{s} - \frac{r_{01}}{s - a_{22}} \frac{r_{02}}{s - a_{21}} \frac{r_{01}}{s} - \dots, \tag{1.293}$$

$$c = -\frac{r_{02}}{s} - \frac{r_{02}}{s - a_{12}} \frac{r_{01}}{s - a_{11}} \frac{r_{02}}{s} - \dots, \tag{1.294}$$

$$d = 1 + \frac{r_{02}}{s - a_{21}} \frac{r_{01}}{s} + \dots \tag{1.295}$$

Die Konstanten a, b, c, d sind durch die geometrischen Abmessungen der Anordnung bestimmt.
Aus (1.290) bis (1.295) kann man Q_1 und Q_2 bzw. φ_{I} und φ_{II} ermitteln.
Das gesamte Feld ergibt sich aus der Überlagerung der Felder aller Bildladungen.
Erzeugt man die Ladungen auf den Elektroden durch Anlegen einer Spannungsquelle an das Elektrodensystem, so ist $Q_{\text{I}} = -Q_{\text{II}} = Q$.
Die Kapazität der Anordnung ergibt sich dann aus

$$C = \frac{Q}{U} = \frac{Q}{\varphi_{\text{I}} - \varphi_{\text{II}}}. \tag{1.296}$$

1.5.3.5. Erdkapazität einer Kugelelektrode

Ist im speziellen Fall

$$Q_{\text{I}} = -Q_{\text{II}} = Q, \qquad r_{01} = r_{02} = r_0, \tag{1.297), (1.298}$$

so hat die Symmetrieebene, die senkrecht zur Verbindungslinie der Mittelpunkte der Kugelelektroden liegt, das Potential $\varphi = 0$. Für die Elektrodenpotentiale folgt $\varphi_{\text{I}} = -\varphi_{\text{II}} = U/2$. Das vorliegende Feldbild erfüllt die Randbedingungen – geladene Kugelelektrode gegen ebene Elektrode – und wird angewandt zur Berechnung der Kapazität zwischen einer Kugelelektrode I mit dem Radius r_0 und einer Ebene im Abstand $s/2$ (Bild 1.47).

Ausgehend von den bekannten Potentialen auf der Elektrode I und ihrem Spiegelbild Elektrode II, ermittelt man in bekannter Weise die das Feld bestimmenden Bildladungen. Man erhält betragsmäßig gleiche Summen von Bildladungen auf beiden Elektroden. Die Erdkapazität der Anordnung ist

$$C = \frac{Q}{U/2} = \frac{\Sigma Q_\lambda}{U/2}. \tag{1.299}$$

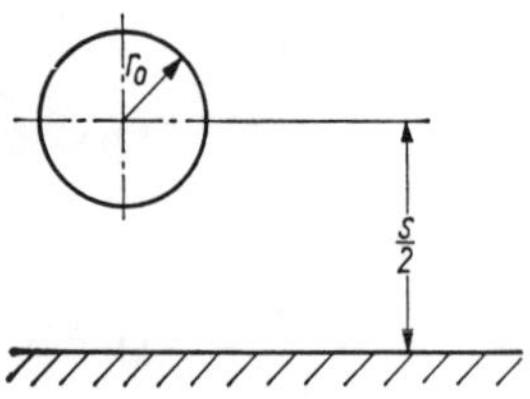

Bild 1.47

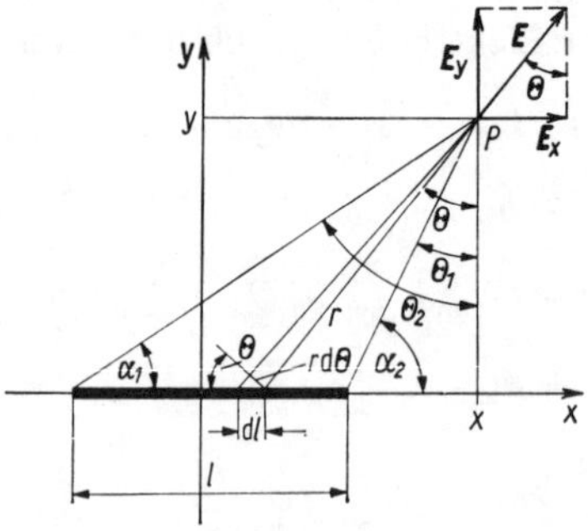

Bild 1.48

1.5.3.6. Feld der kurzen Linienladung

Das Feld von Linienladungen behandelt man zweckmäßig durch Superposition der Felder von Punktladungen. Eine Linienladung entsteht, wenn unendlich viele kleine Punktladungen unendlich dicht aneinandergereiht werden. Bild 1.48 zeigt eine gerade Linienladung der Länge l.

Da die Gesamtladung Q gleichmäßig auf die Länge verteilt ist, entfällt auf das Längenelement $\mathrm{d}l$ die Teilladung $Q\,\mathrm{d}l/l$. Die Größe

$$\tau = \frac{Q}{l} \tag{1.300}$$

ist die Liniendichte der Ladung. Das Element $\tau\,\mathrm{d}l$ kann man als eine Punktladung betrachten und Feldstärke bzw. Potential an einer beliebigen Stelle des Raumes aus der Überlagerung der Feldstärken bzw. Potentiale, die von allen Punktladungen der Linienladung herrühren, bestimmen. Die Punktladung $\tau\,\mathrm{d}l$ ruft in dem Punkt $P\,(x, y)$ (Bild 1.48) eine Teilfeldstärke mit dem Betrag

$$|\mathrm{d}\boldsymbol{E}| = \frac{\tau\,\mathrm{d}l}{4\pi\varepsilon r^2} \tag{1.301}$$

hervor. Die Komponenten dieser Teilfeldstärke in x- bzw. y-Richtung sind

$$\mathrm{d}E_x = \frac{\tau\,\mathrm{d}l}{4\pi\varepsilon r^2}\sin\Theta, \qquad \mathrm{d}E_y = \frac{\tau\,\mathrm{d}l}{4\pi\varepsilon r^2}\cos\Theta. \qquad (1.302), (1.303)$$

Nun ist

$$\mathrm{d}l = \frac{r\,\mathrm{d}\Theta}{\cos\Theta} \tag{1.304}$$

und

$$r = \frac{y}{\cos\Theta}. \tag{1.305}$$

Hiermit wird

$$dE_x = \frac{\tau}{4\pi\varepsilon y} \sin\Theta \, d\Theta, \qquad dE_y = \frac{\tau}{4\pi\varepsilon y} \cos\Theta \, d\Theta. \tag{1.306), (1.307}$$

Die gesamte Komponente der Feldstärke in x-Richtung ist dann

$$E_x = \frac{\tau}{4\pi\varepsilon y} \int_{\Theta_1}^{\Theta_2} \sin\Theta \, d\Theta = \frac{\tau}{4\pi\varepsilon y} (\cos\Theta_1 - \cos\Theta_2), \tag{1.308}$$

und die gesamte Komponente der Feldstärke in y-Richtung ist

$$E_y = \frac{\tau}{4\pi\varepsilon y} \int_{\Theta_1}^{\Theta_2} \cos\Theta \, d\Theta = \frac{\tau}{4\pi\varepsilon y} (\sin\Theta_2 - \sin\Theta_1). \tag{1.309}$$

Die Punktladung $\tau \, dl$ ruft in dem Punkt $P(x, y)$ das Teilpotential

$$d\varphi = \frac{\tau \, dl}{4\pi\varepsilon r} = \frac{\tau \, d\Theta}{4\pi\varepsilon \cos\Theta} \tag{1.310}$$

hervor. Das gesamte Potential in $P(x, y)$ ergibt sich hieraus zu

$$\begin{aligned} \varphi &= \frac{\tau}{4\pi\varepsilon} \int_{\Theta_1}^{\Theta_2} \frac{d\Theta}{\cos\Theta} = \frac{\tau}{4\pi\varepsilon} \left[\ln \sqrt{\frac{1 + \sin\Theta}{1 - \sin\Theta}} \right]_{\Theta_1}^{\Theta_2} \\ &= \frac{\tau}{8\pi\varepsilon} \left[\ln \frac{1 + \sin\Theta_2}{1 - \sin\Theta_2} - \ln \frac{1 + \sin\Theta_1}{1 - \sin\Theta_1} \right] \\ &= \frac{\tau}{8\pi\varepsilon} \ln \frac{(1 + \sin\Theta_2)(1 - \sin\Theta_1)}{(1 - \sin\Theta_2)(1 + \sin\Theta_1)}. \end{aligned} \tag{1.311}$$

Nun wollen wir zu kartesischen Koordinaten übergehen. Es gilt

$$\sin\Theta_1 = \frac{x - l/2}{\sqrt{y^2 + \left(x - \frac{l}{2}\right)^2}}, \qquad \sin\Theta_2 = \frac{x + l/2}{\sqrt{y^2 + \left(x + \frac{l}{2}\right)^2}}. \tag{1.312}$$

Wenn wir mit diesen zwei Ausdrücken in (1.311) eingehen, erhalten wir

$$\varphi = \frac{\tau}{8\pi\varepsilon} \ln \frac{\left[\left(x + \frac{l}{2}\right) + \sqrt{y^2 + \left(x + \frac{l}{2}\right)^2}\right]\left[\sqrt{y^2 + \left(x - \frac{l}{2}\right)^2} - \left(x - \frac{l}{2}\right)\right]}{\left[\left(x - \frac{l}{2}\right) + \sqrt{y^2 + \left(x - \frac{l}{2}\right)^2}\right]\left[\sqrt{y^2 + \left(x + \frac{l}{2}\right)^2} - \left(x + \frac{l}{2}\right)\right]}. \tag{1.313}$$

Da

$$\frac{\sqrt{y^2 + \left(x - \frac{l}{2}\right)^2} - \left(x - \frac{l}{2}\right)}{\sqrt{y^2 + \left(x + \frac{l}{2}\right)^2} - \left(x + \frac{l}{2}\right)} = \frac{\sqrt{y^2 + \left(x + \frac{l}{2}\right)^2} + \left(x + \frac{l}{2}\right)}{\sqrt{y^2 + \left(x - \frac{l}{2}\right)^2} + \left(x - \frac{l}{2}\right)} \tag{1.314}$$

ist, folgt

$$\varphi = \frac{\tau}{4\pi\varepsilon} \ln \frac{x + \dfrac{l}{2} + \sqrt{y^2 + \left(x + \dfrac{l}{2}\right)^2}}{x - \dfrac{l}{2} + \sqrt{y^2 + \left(x - \dfrac{l}{2}\right)^2}}. \tag{1.315}$$

Die Bedingung φ = konst. ergibt die Gleichung für die Spur der Äquipotentialfläche in der x,y-Ebene:

$$K = \frac{x + \dfrac{l}{2} + \sqrt{y^2 + \left(x + \dfrac{l}{2}\right)^2}}{x - \dfrac{l}{2} + \sqrt{y^2 + \left(x - \dfrac{l}{2}\right)^2}}. \tag{1.316}$$

Nach einer Umformung erhalten wir

$$\frac{x^2}{A^2} + \frac{y^2}{B^2} = 1 \tag{1.317}$$

mit

$$A = \frac{l}{2}\left|\frac{K+1}{K-1}\right|, \qquad B = l\,\frac{\sqrt{K}}{K-1}. \tag{1.318}$$

Die Spuren der Äquipotentialflächen in der Ebene, in der die Linienladung liegt, stellen Ellipsen mit der großen Halbachse A und der kleinen Halbachse B dar. Bild 1.49 zeigt das Feld in der Umgebung der Linienladung.

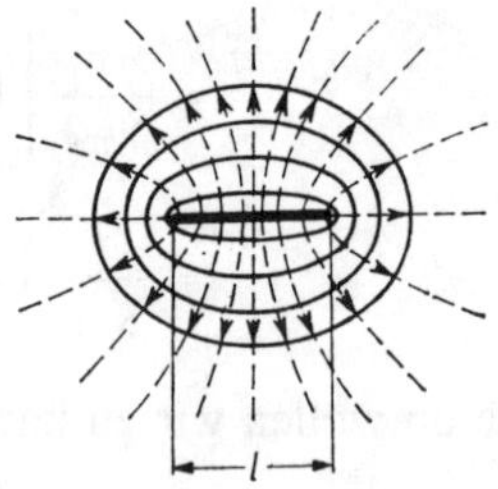

Bild 1.49

1.5.3.7. Feld der sehr langen Linienladung

Aus (1.308) und (1.309) folgen sofort mit $-\Theta_1 = \Theta_2 = \Theta$ die Komponenten der elektrischen Feldstärke längs der Symmetrieachse:

$$E_x = 0, \qquad E_y = \frac{\tau}{2\pi\varepsilon y} \sin\Theta. \tag{1.319}$$

Bei einer sehr langen Linienladung geht Θ gegen $\pi/2$. Man erhält mit $y = r$

$$E_x = 0, \qquad E_y = \frac{\tau}{2\pi\varepsilon y} = \frac{Q}{2\pi\varepsilon l r}. \tag{1.320}$$

Das Potential längs der Symmetrieachse erhalten wir aus (1.311) mit $-\Theta_1 = \Theta_2 = \Theta$ zu

$$\varphi = \frac{\tau}{8\pi\varepsilon} \ln \frac{(1 + \sin\Theta)^2}{(1 - \sin\Theta)^2} = \frac{\tau}{4\pi\varepsilon} \ln \frac{1 + \sin\Theta}{1 - \sin\Theta}. \tag{1.321}$$

Mit

$$\sin\Theta = \frac{\tan\Theta}{\sqrt{1 + \tan^2\Theta}} = \frac{l/2r}{\sqrt{1 + \left(\dfrac{l}{2r}\right)^2}} \tag{1.322}$$

folgt

$$\varphi = \frac{\tau}{4\pi\varepsilon} \ln \frac{\sqrt{1 + \left(\frac{l}{2r}\right)^2} + \frac{l}{2r}}{\sqrt{1 + \left(\frac{l}{2r}\right)^2} - \frac{l}{2r}} = \frac{\tau}{4\pi\varepsilon} \ln \frac{\sqrt{1 + \left(\frac{2r}{l}\right)^2} + 1}{\sqrt{1 + \left(\frac{2r}{l}\right)^2} - 1}. \qquad (1.323)$$

Ist nun $2r/l \ll 1$, dann gilt die Näherung

$$\sqrt{1 + \left(\frac{2r}{l}\right)^2} \approx 1 + \frac{1}{2}\left(\frac{2r}{l}\right)^2. \qquad (1.324)$$

Somit wird

$$\varphi = \frac{\tau}{4\pi\varepsilon} \ln \frac{2 + \frac{1}{2}\left(\frac{2r}{l}\right)^2}{\frac{1}{2}\left(\frac{2r}{l}\right)^2} = \frac{\tau}{4\pi\varepsilon} \ln\left[\left(\frac{l}{r}\right)^2 + 1\right]$$

$$\approx \frac{\tau}{2\pi\varepsilon} \ln \frac{l}{r} = -\frac{Q}{2\pi\varepsilon l} \ln r + K. \qquad (1.325)$$

Die Bedingung $\varphi =$ konst. ergibt für die Äquipotentialfläche die Gleichung

$$r = \text{konst.} \qquad (1.326)$$

1.5.3.8. Koaxialzylindrische Elektrodenanordnung

Bei der sehr langen Linienladung stellen die Äquipotentialflächen Kreiszylinder dar, die die Linienladung konzentrisch umgeben. Wir wollen nun zwei solche Äquipotentialflächen, die die Linienladung umschließen und sich in der Entfernung r_1 bzw. r_2 von ihr befinden, mit je einer Metallfolie belegen. Hierdurch erleidet die Potentialverteilung keine Änderung, und wir erhalten so das Feld zwischen zwei koaxialen zylindrischen Elektroden (Bild 1.50). Ein technisches Beispiel für eine solche Elektrodenanordnung stellt das Koaxialkabel dar. Der Potentialunterschied zwischen den Elektroden beträgt

$$U_{12} = \varphi_1 - \varphi_2 = \frac{\tau}{2\pi\varepsilon}\left[\ln \frac{l}{r_1} - \ln \frac{l}{r_2}\right]$$

$$= \frac{\tau}{2\pi\varepsilon} \ln \frac{r_2}{r_1} = \frac{Q}{2\pi\varepsilon l} \ln \frac{r_2}{r_1'}. \qquad (1.327)$$

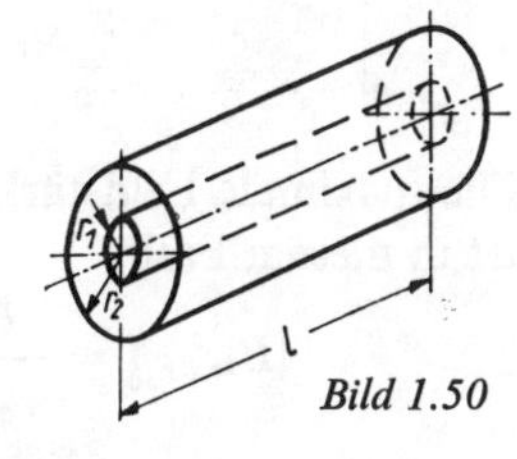

Bild 1.50

Aus der letzten Gleichung findet man die Kapazität des zylindrischen Kondensators zu

$$C = \frac{2\pi\varepsilon l}{\ln \frac{r_2}{r_1}}. \qquad (1.328)$$

Die Kapazität des zylindrischen Kondensators hängt bei gleicher Länge der Elektroden nur von dem Verhältnis des äußeren zum inneren Radius ab und wird nicht verändert, wenn beide Radien im gleichen Verhältnis vergrößert oder verkleinert werden.

Aus (1.320) und (1.327) errechnen wir die Feldstärke im Abstand r von der Achse. Sie beträgt

$$|\boldsymbol{E}| = \frac{U}{r \ln \dfrac{r_2}{r_1}}. \tag{1.329}$$

Den größten Wert erreicht die elektrische Feldstärke unmittelbar an der Oberfläche des inneren Zylinders $r = r_1$. Dieser Maximalwert beträgt

$$|\boldsymbol{E}_\mathrm{m}| = \frac{U}{r_1 \ln \dfrac{r_2}{r_1}}. \tag{1.330}$$

Der Verlauf der Feldstärke über dem Abstand zwischen den zwei Elektroden wird im Bild 1.51 gezeigt.

Die maximale Feldstärke wird einerseits von dem Radius des inneren Zylinders r_1, andererseits von dem Verhältnis r_2/r_1 bestimmt. Bei vorgegebenem Radius des äußeren Zylinders existiert ein Radius r_{10} des inneren Zylinders, bei dem die Feldstärke an der Oberfläche des inneren Zylinders einen minimalen Wert erhält. Diesen Radius bestimmen wir, indem wir die erste Ableitung von (1.330) gleich null setzen:

$$\left[\frac{\partial}{\partial r_1}\left(\frac{U}{r_1 \ln \dfrac{r_2}{r_1}}\right)\right]_{r_1 = r_{10}} = -\frac{U}{\left(r_{10} \ln \dfrac{r_2}{r_{10}}\right)^2}\left(\ln \frac{r_2}{r_{10}} - 1\right) = 0 \tag{1.331}$$

oder

$$\ln \frac{r_2}{r_{10}} = 1, \qquad \frac{r_2}{r_{10}} = \mathrm{e} = 2{,}718\ldots \tag{1.332}$$

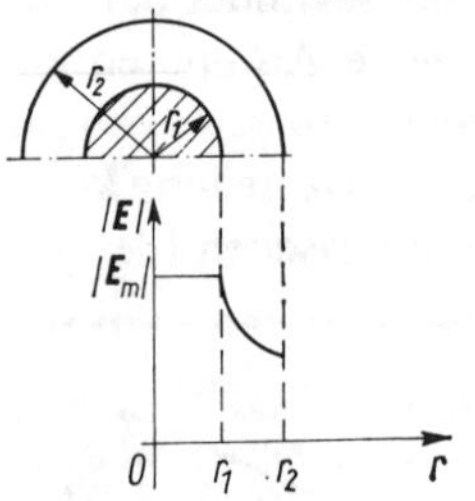

Bild 1.51

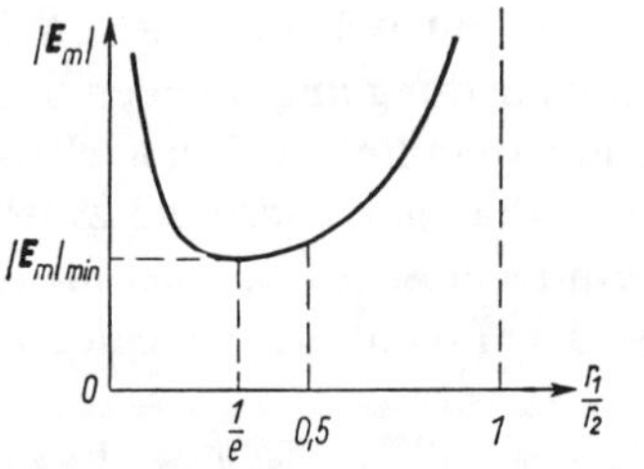

Bild 1.52

Die maximale Feldstärke, d.h. die Feldstärke an der Oberfläche des inneren Zylinders, ist in diesem Fall

$$|\boldsymbol{E}|_{r=r_{10}} = \frac{U}{r_{10}} = \frac{\mathrm{e}}{r_2}\,U. \tag{1.333}$$

Wenn der Potentialabfall gleichmäßig über die Entfernung von r verteilt gewesen wäre, so würde die elektrische Feldstärke

$$|\boldsymbol{E}| = \frac{U}{r_2 - r_{10}} = \frac{\mathrm{e}}{\mathrm{e} - 1}\,\frac{U}{r_2} \tag{1.334}$$

betragen. Die maximale elektrische Feldstärke ist somit (e − 1)-mal, d.h. ungefähr zweimal größer als die, die sich bei einer gleichmäßigen Potentialverteilung eingestellt hätte. Bild 1.52 stellt die Abhängigkeit der maximalen elektrischen Feldstärke vom Radius des inneren Zylinders dar.

Wir wollen nun noch einmal unsere Aufmerksamkeit auf (1.320) richten und fragen, was man unternehmen muß, um eine gleichmäßige Verteilung der elektrischen Feldstärke zu erzielen. Eine Möglichkeit bietet die Veränderung der Dielektrizitätskonstanten mit dem Radius in der Weise, daß

$$\varepsilon r = \text{konst.} \tag{1.335}$$

bleibt. Eine andere Möglichkeit liegt in der Veränderung der Länge l bei konstanter Dielektrizitätskonstante derart, daß

$$l r = \text{konst.} \tag{1.336}$$

bleibt.

Die erste Möglichkeit wendet man bei der Konstruktion von Kabeln an. Dabei werden die Leiter stufenweise erst mit einer Isolationsschicht, die eine große Dielektrizitätskonstante hat, dann mit Schichten mit immer kleineren Dielektrizitätskonstanten bewickelt. In diesem Fall gilt

$$U = \frac{Q}{2\pi l}\left[\frac{1}{\varepsilon_1}\int_{r_1}^{r_2}\frac{\mathrm{d}r}{r} + \frac{1}{\varepsilon_2}\int_{r_2}^{r_3}\frac{\mathrm{d}r}{r} + \ldots + \frac{1}{\varepsilon_n}\int_{r_n}^{r_{n+1}}\frac{\mathrm{d}r}{r}\right]. \tag{1.337}$$

In dieser Gleichung bedeutet r_n den inneren Radius der jeweiligen Isolationsschicht, r_{n+1} den äußeren Radius dieser Schicht.

Die Kapazität eines solchen Kabels beträgt

$$C = \frac{2\pi l}{\frac{1}{\varepsilon_1}\ln\frac{r_2}{r_1} + \frac{1}{\varepsilon_2}\ln\frac{r_3}{r_2} + \ldots + \frac{1}{\varepsilon_n}\ln\frac{r_{n+1}}{r_n}}. \tag{1.338}$$

Die zweite Möglichkeit wendet man bei Durchführungen (Bild 1.53) an. In diesem Fall wird zwar das gleiche Dielektrikum verwendet, das aber entsprechend (1.336) abgestuft ist. In den Abstufungsstellen sind über die ganze Länge dünne zylindrische Zwischenlagen aus Metall angebracht.

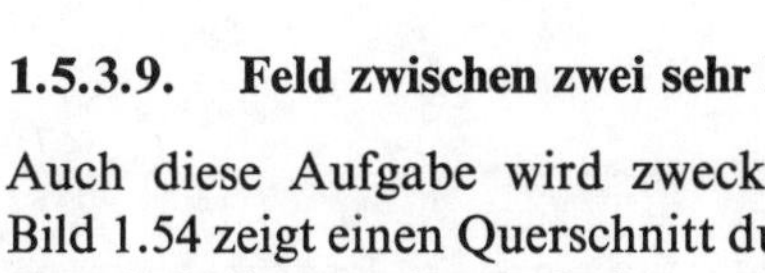

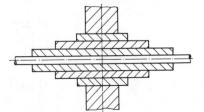

Bild 1.53

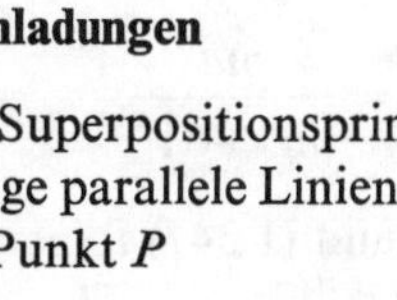

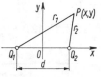

Bild 1.54

1.5.3.9. Feld zwischen zwei sehr langen parallelen Linienladungen

Auch diese Aufgabe wird zweckmäßig mit Hilfe des Superpositionsprinzips gelöst. Bild 1.54 zeigt einen Querschnitt durch zwei unendlich lange parallele Linienladungen. Von (1.325) ausgehend, findet man für das Potential im Punkt P

$$\varphi = -\frac{1}{2\pi\varepsilon l}(Q_1 \ln r_1 + Q_2 \ln r_2) + K. \tag{1.339}$$

Es wird vorausgesetzt, daß die zwei Linienladungen gleich groß sind, aber entgegengesetzte Vorzeichen haben ($Q_1 = Q$, $Q_2 = -Q$). Dann ist das Potential im Punkt P

$$\varphi = \frac{Q}{2\pi\varepsilon l} \ln \frac{r_2}{r_1} + K. \tag{1.340}$$

Alle Punkte, bei denen das Verhältnis der Abstände

$$\frac{r_2}{r_1} = 1 \tag{1.341}$$

ist, haben das Potential

$$\varphi = K. \tag{1.342}$$

Das gilt erstens für alle Punkte, die auf der Mittelsenkrechten der Verbindungslinie liegen, und zweitens für alle Punkte, die unendlich weit von den Linienladungen entfernt sind. Wenn das Potential auf einen dieser Punkte bezogen wird, findet man

$$\varphi = \frac{Q}{2\pi\varepsilon l} \ln \frac{r_2}{r_1}. \tag{1.343}$$

Die Äquipotentialflächen erhält man, wenn jeweils φ = konst. gesetzt wird. Die Bedingung für eine Äquipotentialfläche lautet

$$\frac{r_2}{r_1} = \text{konst} = \frac{1}{m}. \tag{1.344}$$

Das ist dieselbe Beziehung, die im Feld zweier Punktladungen mit entgegengesetztem Vorzeichen für die Spur der Äquipotentialfläche $\varphi = 0$ in einer Ebene, die durch die Punktladungen gelegt ist, erhalten wurde. Während aber damals (1.58) nur für den Fall $\varphi = 0$ erfüllt war, ist (1.344) jetzt für alle Werte von φ gültig. Die Spuren der Äquipotentialflächen in einer Ebene, die die Linienladungen senkrecht schneidet, sind somit Kreise. Wenn nun der Ursprung des Koordinatensystems in die Mitte der Verbindungslinie beider Ladungen gelegt wird, wie es im Bild 1.54 gezeigt wird, erhält man die Koordinaten des Mittelpunktes der kreisförmigen Äquipotentiallinien. Die Ordinate ist

$$b = 0. \tag{1.345}$$

Die Abszisse ist (s. (1.62))

$$a = -\frac{d}{2} - \frac{dm^2}{1 - m^2} = \frac{d}{2} \frac{m^2 + 1}{m^2 - 1}. \tag{1.346}$$

Der Radius des Kreises ist (s. (1.63))

$$r = \frac{md}{|m^2 - 1|}. \tag{1.347}$$

Aus (1.346) und (1.347) folgt

$$a^2 - r^2 = \left(\frac{d}{2}\right)^2 \left[\frac{(m^2 + 1)^2}{(m^2 - 1)^2} - \frac{4m^2}{(m^2 - 1)^2}\right] = \left(\frac{d}{2}\right)^2. \tag{1.348}$$

Diese Gleichung gibt die Möglichkeit, die Spur der Äquipotentialfläche in der x,y-Ebene zu bestimmen. Diese Spur geht durch einen beliebigen Punkt P, der auf einem Kreis um den Ursprung des Koordinatensystems mit $d/2$ als Radius liegt (Bild 1.55). Sie muß, wie oben festgestellt, ein Kreis sein. Wenn (1.346) nach m^2 aufgelöst wird, entsteht

$$m^2 = \frac{a + d/2}{a - d/2}. \tag{1.349}$$

Wird in diesem Ausdruck das Vorzeichen von a verändert, dann wird

$$\frac{-a + d/2}{-a - d/2} = \frac{a - d/2}{a + d/2} = \frac{1}{m^2} = m'^2. \tag{1.350}$$

Eine kreisförmige Niveaulinie mit der Mittelpunktsabszisse a habe die Potentialkonstante m. Dann muß die Niveaulinie mit der Mittelpunktsabszisse $-a$ die Potentialkonstante $m' = 1/m$ haben. Nun ist laut (1.343) und (1.344) für die erste Niveaulinie

$$\frac{1}{m} = e^{2\pi\varepsilon l \varphi_1/Q}, \tag{1.351}$$

wobei φ_1 das der ersten Niveaulinie entsprechende Potential ist. Für die zweite Niveaulinie gilt

$$\frac{1}{m'} = e^{2\pi\varepsilon l \varphi_2/Q}. \tag{1.352}$$

φ_2 ist das der zweiten Niveaulinie entsprechende Potential. Mit (1.350) erhält man

$$e^{2\pi\varepsilon l \varphi_1/Q} = \frac{1}{e^{2\pi\varepsilon l \varphi_2/Q}} = e^{-2\pi\varepsilon l \varphi_2/Q}. \tag{1.353}$$

Hieraus ergibt sich

$$\varphi_1 = -\varphi_2. \tag{1.354}$$

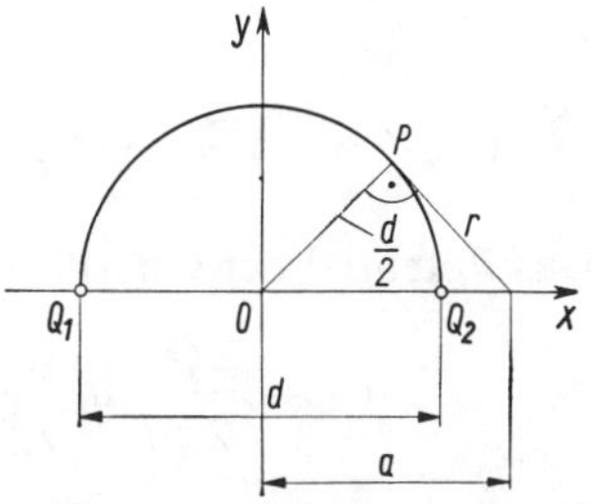

Bild 1.55

Aus den obigen Ableitungen folgt, daß im Feld zweier Linienladungen zwei Kreise mit gleichen Radien $r_{10} = r_{20}$, deren Mittelpunkte symmetrisch um den Nullpunkt liegen ($a_1 = -a_2$), die Potentiale φ_1 und φ_2 besitzen, wobei (1.354) gilt.
Der Kreis durch Q_1 und Q_2 mit dem Zentrum im Ursprung des Koordinatensystems schneidet alle Kreise, die Spuren der Äquipotentialflächen sind, unter einem rechten Winkel, d.h., daß dieser Kreis eine Verschiebungslinie bzw. eine Feldlinie darstellt.
Mit Hilfe von (1.344), (1.346), (1.347) kann man die Gleichung der Spur der Äquipotentialfläche in einer Ebene, die senkrecht zu den Linienladungen steht, aufstellen. Sie lautet

$$(x - a)^2 + y^2 = a^2 - \frac{d^2}{4}. \tag{1.355}$$

Diese Gleichung stellt bekanntlich einen Kreis dar, dessen Mittelpunkt auf der Abszisse liegt. Für jede Mittelpunktabszisse ergibt sich ein anderer Kreis mit einem anderen Radius. Durch elementare mathematische Umformung können wir hieraus die Gleichung der Kurven aufstellen, die die Kreise (1.355) überall orthogonal schneiden. Sie hat folgende Form:

$$(y - b)^2 + x^2 = b^2 + \frac{d^2}{4}. \tag{1.356}$$

Das ist die Gleichung der Feldlinien des Feldes zweier paralleler Linienladungen. Die Feldlinien stellen Kreise dar, die durch die zwei Linienladungen gehen und deren Zentren auf der Ordinate liegen. Der Verlauf der Äquipotentiallinien und der Verschiebungslinien wird im Bild 1.56 gezeigt.

1.5.3.10. Feld zwischen zwei parallelen zylindrischen Elektroden mit gleichem Radius

Aus dem Feld zweier langer Linienladungen kann leicht das Feld zweier paralleler zylindrischer Elektroden abgeleitet werden. Hierzu sind nur zwei der zylindrischen Äquipotentialflächen mit gleichem Radius, die die beiden Linienquellen umschließen, mit dünnen Metallfolien zu belegen. Dabei erleidet das äußere Feld keine Änderung. Bild 1.57 zeigt den Fall $r_{10} = r_{20} = r_0$, $a_1 = -a_2$, $Q_1 = -Q_2 = Q$.

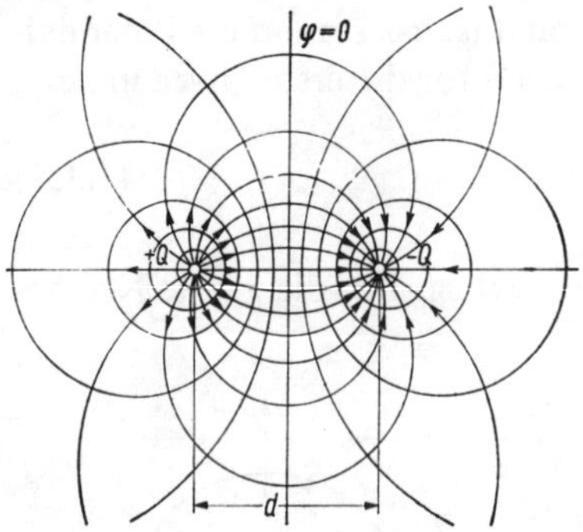

Bild 1.56

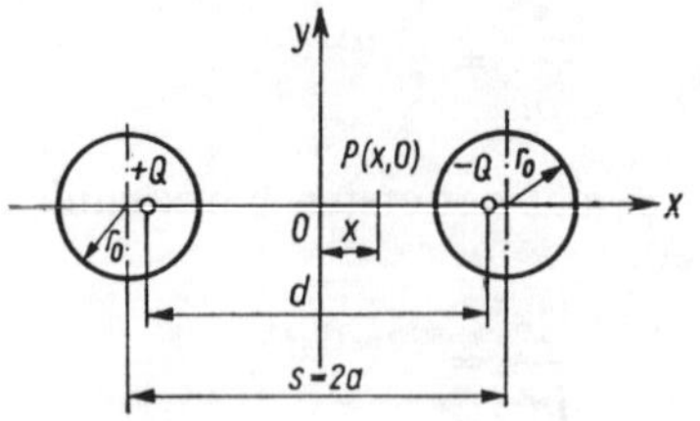

Bild 1.57

Das Potential der Oberfläche der ersten Elektrode beträgt

$$\varphi_1 = \frac{Q}{2\pi\varepsilon l} \ln \frac{(s+d)/2 - r_0}{r_0 - (s-d)/2} . \tag{1.357}$$

Das Potential der Oberfläche der zweiten Elektrode beträgt

$$\varphi_2 = \frac{-Q}{2\pi\varepsilon l} \ln \frac{(s+d)/2 - r_0}{r_0 - (s-d)/2} . \tag{1.358}$$

Die Spannung zwischen beiden Elektroden hat den Wert

$$U = \varphi_1 - \varphi_2 = \frac{Q}{\pi\varepsilon l} \ln \frac{(s+d)/2 - r_0}{r_0 - (s-d)/2} . \tag{1.359}$$

Die Kapazität der Einrichtung beträgt also

$$C = \frac{Q}{U} = \frac{\pi\varepsilon l}{\ln \dfrac{(s+d)/2 - r_0}{r_0 - (s-d)/2}} . \tag{1.360}$$

Um diesen Ausdruck umzuformen, kann (1.348) benutzt werden:

$$C = \frac{\pi\varepsilon l}{\ln\left[\dfrac{s}{2r_0} + \dfrac{d}{2r_0}\right]} = \frac{\pi\varepsilon l}{\ln\left[\dfrac{s}{2r_0} + \dfrac{1}{2r_0}\sqrt{s^2 - (2r_0)^2}\right]}$$

$$= \frac{\pi\varepsilon l}{\ln\left[\dfrac{s}{2r_0} + \sqrt{\left(\dfrac{s}{2r_0}\right)^2 - 1}\right]} . \tag{1.361}$$

Die elektrische Feldstärke ist längs der Verbindungsgeraden $+Q \dots -Q$ am größten. Dies folgt ohne weiteres aus Bild 1.56. Hier liegen nämlich die Äquipotentialflächen am dichtesten zusammen. Wenn man von der Gleichung für das Potential eines Punktes $P(x, 0)$, der auf dieser Geraden liegt, ausgeht (Bild 1.57), erhält man (1.343)

$$\varphi = \frac{Q}{2\pi\varepsilon l} \ln \frac{d/2 - x}{d/2 + x}. \tag{1.362}$$

Die elektrische Feldstärke ist

$$|\boldsymbol{E}| = \frac{Q}{2\pi\varepsilon l}\left(\frac{1}{d/2 - x} + \frac{1}{d/2 + x}\right). \tag{1.363}$$

Ihre Richtung ist gleich der Richtung der Verbindungsgeraden. Die Feldstärke erreicht ihren Maximalwert unmittelbar an der Oberfläche der Elektroden $x = s/2 - r_0$. Er beträgt

$$|\boldsymbol{E}_{\max}| = \frac{Q}{\pi\varepsilon l} \frac{d/2}{\left(\frac{d}{2}\right)^2 - \left(\frac{s}{2} - r_0\right)^2}. \tag{1.364}$$

Mit (1.361) und $r_0^2 + (d/2)^2 = (s/2)^2$ entsprechend (1.348) erhält man

$$|\boldsymbol{E}_{\max}| = U \frac{\sqrt{\left(\frac{s}{2r_0}\right)^2 - 1}}{(s - 2r_0) \ln\left[\frac{s}{2r_0} + \sqrt{\left(\frac{s}{2r_0}\right)^2 - 1}\right]}. \tag{1.365}$$

Durch diese Gleichung ist die elektrische Feldstärke in Beziehung zu dem Verhältnis s/r_0 gesetzt. In den meisten Fällen ist dieses Verhältnis sehr groß gegen 1, so daß wir für $|E_{\max}|$ folgende Näherungsformel anwenden können:

$$|\boldsymbol{E}_{\max}| \approx \frac{U}{2r_0 \ln \frac{s}{r_0}}. \tag{1.366}$$

Auf dieselbe Weise finden wir für die Kapazität (1.361) folgenden Näherungswert:

$$C \approx \frac{\pi\varepsilon l}{\ln \frac{s}{r_0}}. \tag{1.367}$$

Für die auf die Länge bezogene Kapazität erhalten wir

$$C' = \frac{C}{l} = \frac{\pi\varepsilon}{\ln \frac{s}{r_0}}. \tag{1.368}$$

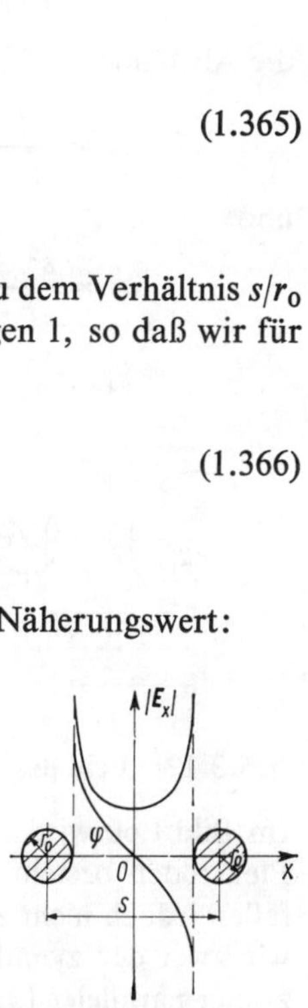

Bild 1.58

Bild 1.58 zeigt die Verteilung des Potentials und der elektrischen Feldstärke längs der Verbindungsgeraden zwischen den zylindrischen Elektroden.

1.5.3.11. Feld zwischen zwei parallelen zylindrischen Elektroden mit ungleichen Radien

Die Konstruktion des Feldes, das sich um zwei parallele zylindrische Elektroden mit ungleichen Radien ausbildet, führt man analog dem vorhergehenden Fall aus. Die Aufgabe besteht also in der Bestimmung der Lage zweier Hilfslinienladungen derart, daß zwei ihrer Äquipotentialflächen mit den Oberflächen der gegebenen Zylinderelektroden zusammenfallen. Dabei stimmt in dem gesamten Raum außerhalb der Elektroden das Feld der zylindrischen Elektroden mit dem Feld der gedachten Linienladungen überein.
Es seien der Mittelpunktabstand s und die Radien der Elektroden r_{01} und r_{02} gegeben (Bild 1.59). Gesucht sind der Koordinatenursprung und der Abstand der Hilfsladungen. Im gezeigten Fall ist

$$s > r_{01} + r_{02} \tag{1.369}$$

und

$$r_{01} \neq r_{02}. \tag{1.370}$$

(1.348) liefert

$$a_1^2 - r_{01}^2 = \left(\frac{d}{2}\right)^2, \qquad a_2^2 - r_{02}^2 = \left(\frac{d}{2}\right)^2. \qquad (1.371), (1.372)$$

Hieraus folgen mit

$$s = a_1 + a_2 \tag{1.373}$$

die Abstände

$$a_1 = \frac{s^2 + r_{01}^2 - r_{02}^2}{2s} \tag{1.374}$$

und

$$a_2 = \frac{s^2 + r_{02}^2 - r_{01}^2}{2s}. \tag{1.375}$$

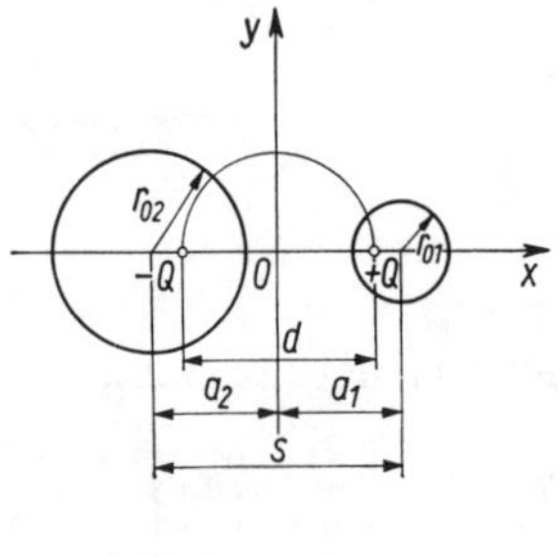

Bild 1.59

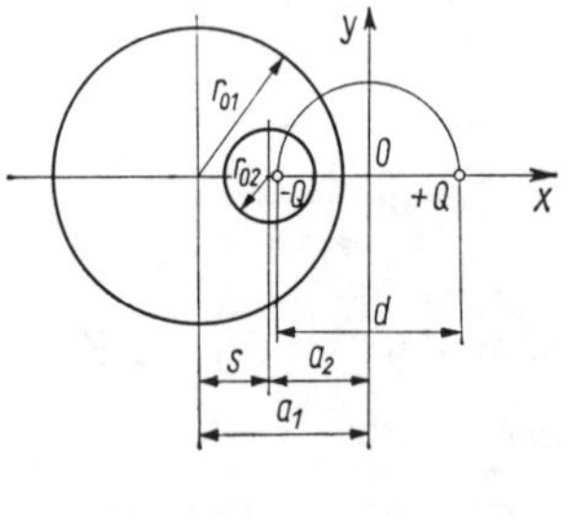

Bild 1.60

1.5.3.12. Feld des Zylinderkondensators mit exzentrischen Elektroden

Im Bild 1.60 wird eine Einrichtung, die aus zwei ineinandergeschobenen zylindrischen Elektroden besteht, gezeigt. Hierbei verlaufen die Achsen der zwei Zylinder parallel, fallen jedoch nicht zusammen. Zu dem Feldbild dieser Einrichtung gelangen wir, indem wir zwei der zylindrischen Äquipotentialflächen, die eine Linienladung in dem Feld zweier paralleler Linienladungen umschließen, mit je einer Metallfolie belegen. Das gesuchte Feldbild stimmt mit dem Feldbild der parallelen Linienladungen zwischen den betreffenden Äquipotentialflächen überein. In diesem Fall ist

$$s = a_1 - a_2. \tag{1.376}$$

Wiederum, von (1.348) ausgehend, finden wir

$$a_1^2 - r_{01}^2 = \left(\frac{d}{2}\right)^2, \qquad a_2^2 - r_{02}^2 = \left(\frac{d}{2}\right)^2. \qquad (1.377), (1.378)$$

Hieraus ergibt sich

$$a_1 = \frac{s^2 + r_{01}^2 - r_{02}^2}{2s}, \qquad -a_2 = \frac{s^2 + r_{02}^2 - r_{01}^2}{2s}. \qquad (1.379), (1.380)$$

Das Potential der äußeren Elektrode ist gemäß (1.343)

$$\varphi_1 = \frac{Q}{2\pi\varepsilon l} \ln \frac{\dfrac{d}{2} - a_1 + r_{01}}{\dfrac{d}{2} + a_1 - r_{01}} + K, \qquad (1.381)$$

und das Potential der inneren Elektrode ist

$$\varphi_2 = \frac{Q}{2\pi\varepsilon l} \ln \frac{\dfrac{d}{2} - a_2 + r_{02}}{\dfrac{d}{2} + a_2 - r_{02}} + K. \qquad (1.382)$$

Daraus folgt die Kapazität der Anordnung

$$C = \frac{Q}{|\varphi_1 - \varphi_2|} = \frac{2\pi\varepsilon l}{\ln \dfrac{\left(\dfrac{d}{2} - a_1 + r_{01}\right)\left(\dfrac{d}{2} + a_2 - r_{02}\right)}{\left(\dfrac{d}{2} + a_1 - r_{01}\right)\left(\dfrac{d}{2} - a_2 + r_{02}\right)}}. \qquad (1.383)$$

1.5.3.13. Feld einer sehr langen zylindrischen Elektrode, die parallel zu einer ebenen Elektrode verläuft

Wir wollen noch einmal auf Bild 1.56 zurückgreifen, welches das Feld in der Umgebung zweier paralleler, gerader Linienladungen gleicher Größe und entgegengesetzter Vorzeichen darstellt. Die Äquipotentialfläche $\varphi = 0$ fällt mit der zu der Verbindungslinie beider Ladungen mittelsenkrechten Ebene zusammen. Das Feldbild erleidet keine Änderung, wenn wir die Äquipotentialebene mit einer Metallfolie belegen, der wir das Potential $\varphi = 0$ geben. Auf diese Weise erhalten wir das Feld, das sich zwischen einer sehr langen Linienladung und einer ebenen Elektrode ausbildet. Wenn wir nun noch eine der zylindrischen Äquipotentialflächen um die Linienladung mit einer Metallfolie belegen und diese auf deren Potential bringen, erhalten wir das Feld, das sich zwischen einer zylindrischen und einer ebenen Elektrode ausbildet. Ein solches Feld bildet sich bei einem parallel zur Oberfläche der Erde verlegten zylindrischen Leiter aus, der unter Spannung gegenüber der Erde steht. Um die bereits gemachten Ableitungen anwenden zu können, spiegeln wir den zylindrischen Leiter an der Erdoberfläche und betrachten das so entstandene Feld zwischen zwei sehr langen zylindrischen Elektroden nach Bild 1.61.

Wenn wir von (1.361) ausgehen, finden wir die Kapazität der parallelen zylindrischen Elektroden zu

$$C = \frac{Q}{2U} = \frac{\pi \varepsilon l}{\ln\left[\frac{h}{r_0} + \sqrt{\left(\frac{h}{r_0}\right)^2 - 1}\right]}. \tag{1.384}$$

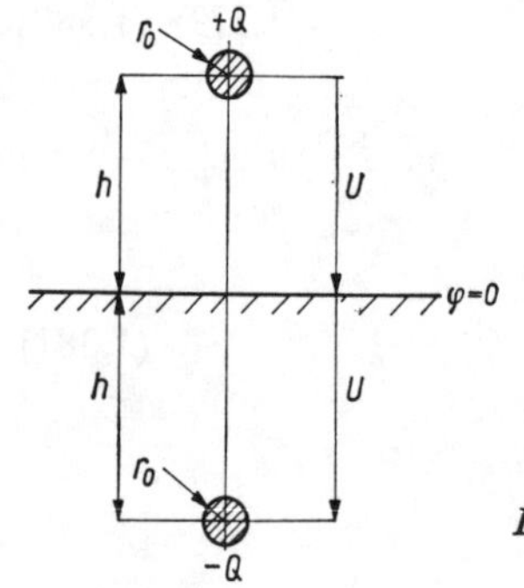

Bild 1.61

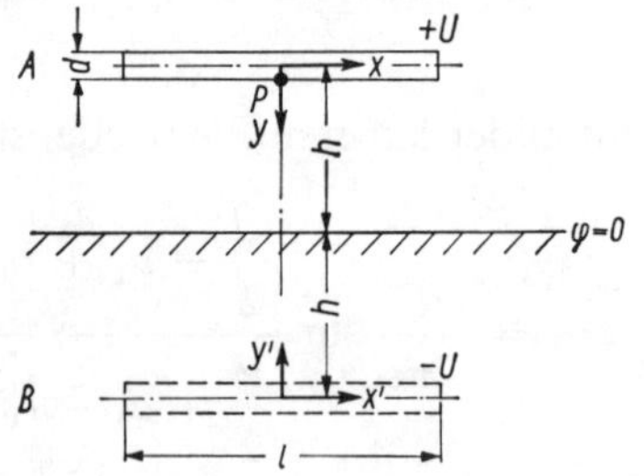

Bild 1.62

Für die Kapazität der Anordnung Zylinderelektrode – ebene Elektrode ergibt sich

$$C_0 = \frac{Q}{U} = \frac{2\pi \varepsilon l}{\ln\left[\frac{h}{r_0} + \sqrt{\left(\frac{h}{r_0}\right)^2 - 1}\right]}. \tag{1.385}$$

In den meisten technischen Fällen ist

$$\frac{h}{r_0} \gg 1. \tag{1.386}$$

Hiermit geht (1.385) in

$$C_0 = \frac{2\pi \varepsilon l}{\ln \frac{2h}{r_0}} \tag{1.387}$$

über. Die maximale Feldstärke an der Oberfläche des zylindrischen Leiters ist laut (1.366)

$$|\boldsymbol{E}_{\max}| = \frac{U}{r_0 \ln \frac{2h}{r_0}}. \tag{1.388}$$

1.5.3.14. Kapazität der horizontalen Antenne

Es soll die Kapazität zwischen einer horizontalen Antenne und der Erde (Bild 1.62) berechnet werden. Zur Antenne *A* mit dem Potential *U* wird das Spiegelbild *B* mit dem Potential $-U$ eingeführt. Dadurch wird die Randbedingung $\varphi = 0$ an der Erde erfüllt. Für $d/2 \ll h$ kann die zylindrische Antenne durch ein langgestrecktes Rotationsellipsoid angenähert werden und somit die Antennenoberfläche als Äquipotentialfläche im Feld einer kurzen Linienladung in der Mittellinie der Antenne aufgefaßt werden. Dann gilt für das Potential des Punktes P, hervorgerufen durch die kurze Linienladung A gemäß (1.315) mit $x = 0$ und $y = d/2$,

$$\varphi_{P_A} = \frac{Q}{4\pi\varepsilon l} \ln \frac{\frac{l}{2} + \sqrt{\frac{d^2}{4} + \frac{l^2}{4}}}{-\frac{l}{2} + \sqrt{\frac{d^2}{4} + \frac{l^2}{4}}}. \tag{1.389}$$

Das Potential im Punkt P, hervorgerufen durch die Spiegelladung B, ist mit $x' = 0$ und $y' = 2h - d/2$ gemäß (1.315)

$$\varphi_{P_B} = \frac{-Q}{4\pi\varepsilon l} \ln \frac{\frac{l}{2} + \sqrt{\frac{l^2}{4} + \left(2h - \frac{d}{2}\right)^2}}{-\frac{l}{2} + \sqrt{\frac{l^2}{4} + \left(2h - \frac{d}{2}\right)^2}}. \tag{1.390}$$

Durch Überlagerung beider Potentiale erhält man das Potential des Punktes P:

$$\varphi_P = U = \frac{Q}{4\pi\varepsilon l} \left[\ln \frac{l + \sqrt{d^2 + l^2}}{-l + \sqrt{d^2 + l^2}} - \ln \frac{l + \sqrt{l^2 + (4h - d)^2}}{-l + \sqrt{l^2 + (4h - d)^2}}\right]. \tag{1.391}$$

Werden die beiden logarithmischen Funktionen zusammengefaßt, so entsteht

$$U = \frac{Q}{4\pi\varepsilon l} \ln \frac{[l + \sqrt{d^2 + l^2}]\,[-l + \sqrt{l^2 + (4h - d)^2}]}{[-l + \sqrt{d^2 + l^2}]\,[l + \sqrt{l^2 + (4h - d)^2}]}. \tag{1.392}$$

Durch Erweiterung des Arguments erhält man im Zähler und Nenner Faktoren in der zweiten Potenz, so daß sich

$$U = \frac{Q}{2\pi\varepsilon l} \ln \frac{[l + \sqrt{d^2 + l^2}]\,[4h - d]}{d\,[l + \sqrt{l^2 + (4h - d)^2}]} \tag{1.393}$$

ergibt.
Damit wird die Kapazität der horizontalen Antenne

$$C = \frac{Q}{U} = \frac{2\pi\varepsilon l}{\ln \dfrac{[l + \sqrt{d^2 + l^2}]\,[4h - d]}{d\,[l + \sqrt{l^2 + (4h - d)^2}]}}. \tag{1.394}$$

Mit der oben angegebenen Näherung $h \gg d$, $l \gg d$ kann diese Beziehung weiter vereinfacht werden:

$$C = \frac{2\pi\varepsilon l}{\ln \dfrac{8lh}{d\,(l + \sqrt{l^2 + 16h^2})}}. \tag{1.395}$$

1.5.3.15. Kapazität der vertikalen Antenne

Im Bild 1.63 werden eine vertikale Antenne A und ihr Spiegelbild B gezeigt. Der Punkt P hat bezüglich des Originals die Koordinaten

$$x = 0, \qquad y = \frac{d}{2} \tag{1.396}$$

und bezüglich des Spiegelbilds

$$x' = 2h + l, \qquad y' = \frac{d}{2}. \tag{1.397}$$

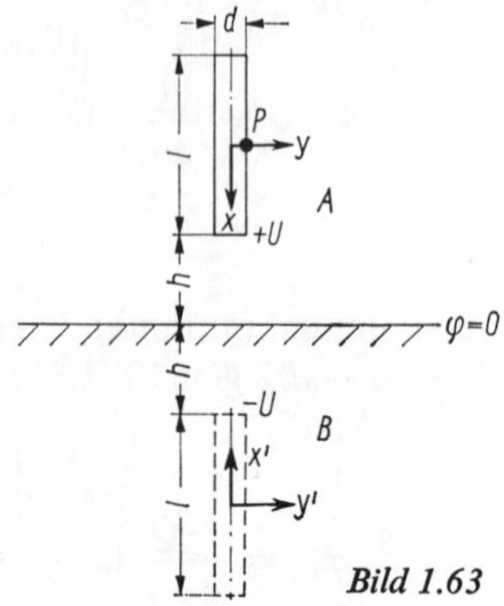

Bild 1.63

Unter den gleichen Voraussetzungen wie bei der horizontalen Antenne (Ersatz der zylindrischen Antenne durch ein langgestrecktes Rotationsellipsoid) erhält man analog für das Potential der vertikalen Antenne (1.315)

$$\varphi_P = U = \frac{Q}{4\pi\varepsilon l}\left[\ln\frac{\frac{l}{2}+\sqrt{\frac{d^2}{4}+\frac{l^2}{4}}}{-\frac{l}{2}+\sqrt{\frac{d^2}{4}+\frac{l^2}{4}}} - \ln\frac{2h+\frac{3}{2}l+\sqrt{\frac{d^2}{4}+\left(2h+\frac{3}{2}l\right)^2}}{2h+\frac{l}{2}+\sqrt{\frac{d^2}{4}+\left(2h+\frac{l}{2}\right)^2}}\right], \tag{1.398}$$

$$\varphi_P = \frac{Q}{4\pi\varepsilon l}\ln\frac{[l+\sqrt{d^2+l^2}]\,[4h+l+\sqrt{d^2+(4h+l)^2}]}{[-l+\sqrt{d^2+l^2}]\,[4h+3l+\sqrt{d^2+(4h+3l)^2}]}, \tag{1.399}$$

$$\varphi_P = \frac{Q}{2\pi\varepsilon l}\ln\left[\frac{l+\sqrt{d^2+l^2}}{d}\sqrt{\frac{4h+l+\sqrt{d^2+(4h+l)^2}}{4h+3l+\sqrt{d^2+(4h+3l)^2}}}\right]. \tag{1.400}$$

Daraus folgt für die Kapazität dieser Anordnung

$$C = \frac{2\pi\varepsilon l}{\ln\left[\frac{l+\sqrt{d^2+l^2}}{d}\sqrt{\frac{4h+l+\sqrt{d^2+(4h+l)^2}}{4h+3l+\sqrt{d^2+(4h+3l)^2}}}\right]}. \tag{1.401}$$

Mit der Näherung für $d \ll l$ gilt weiter vereinfacht

$$C = \frac{2\pi\varepsilon l}{\ln\left[\frac{2l}{d}\sqrt{\frac{4h+l}{4h+3l}}\right]}. \tag{1.402}$$

1.5.3.16. Ringförmige Linienladung

Bild 1.64 zeigt eine ringförmige Linienladung mit dem Radius r. Es sollen Potential und Feldstärke längs der Achse des Ringes ermittelt werden. Die Liniendichte der Ladung ist

$$\tau = \frac{Q}{2\pi r}. \tag{1.403}$$

Das Linienelement $\mathrm{d}l$ trägt die Ladung

$$\mathrm{d}Q = \tau\,\mathrm{d}l = \tau r\,\mathrm{d}\vartheta. \tag{1.404}$$

Ihr Beitrag zum Potential im Punkt P, der auf der Achse liegt, ist

$$d\varphi = \frac{dQ}{4\pi\varepsilon b} = \frac{\tau r\, d\vartheta}{4\pi\varepsilon b} = \frac{\tau}{4\pi\varepsilon} \sin\alpha\, d\vartheta. \tag{1.405}$$

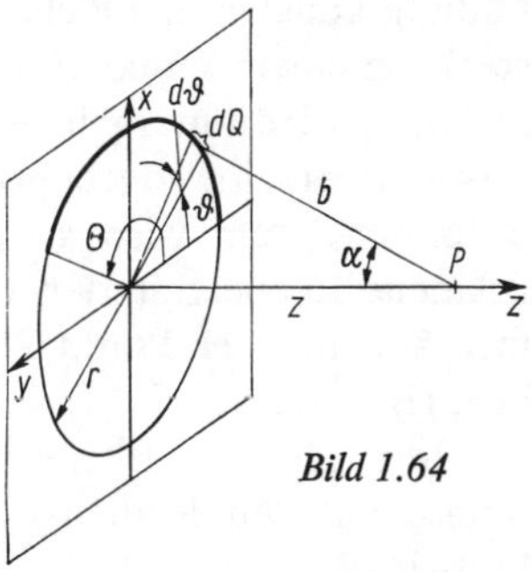

Bild 1.64

Das Gesamtpotential im Punkt P für einen Winkel Θ ist dann

$$\varphi = \frac{\tau \sin\alpha}{4\pi\varepsilon} \int_0^\Theta d\vartheta = \frac{\tau\Theta \sin\alpha}{4\pi\varepsilon}. \tag{1.406}$$

Für den ganzen Ring erhält man mit $\Theta = 2\pi$

$$\varphi = \frac{\tau}{2\varepsilon} \sin\alpha = \frac{Q}{4\pi\varepsilon r} \sin\alpha. \tag{1.407}$$

Der Betrag der Feldstärke im Punkt P, herrührend vom geladenen Linienelement dl, ist

$$|d\boldsymbol{E}| = \frac{dQ}{4\pi\varepsilon b^2} = \frac{\tau r\, d\vartheta}{4\pi\varepsilon b^2}. \tag{1.408}$$

Ihre Komponenten in x-, y- und z-Richtung sind

$$dE_x = -\frac{\tau r\, d\vartheta}{4\pi\varepsilon b^2} \sin\alpha \sin\vartheta = -\frac{\tau}{4\pi\varepsilon r} \sin^3\alpha \sin\vartheta\, d\vartheta, \tag{1.409}$$

$$dE_y = \frac{\tau r\, d\vartheta}{4\pi\varepsilon b^2} \sin\alpha \cos\vartheta = \frac{\tau}{4\pi\varepsilon r} \sin^3\alpha \cos\vartheta\, d\vartheta \tag{1.410}$$

und

$$dE_z = \frac{\tau r\, d\vartheta}{4\pi\varepsilon b^2} \cos\alpha = \frac{\tau}{4\pi\varepsilon r} \sin^2\alpha \cos\alpha\, d\vartheta. \tag{1.411}$$

Die Komponenten der Gesamtfeldstärke im Punkt P erhält man durch Integration über die gesamte Länge bzw. den ganzen Winkel:

$$E_x = -\frac{\tau}{4\pi\varepsilon r} \sin^3\alpha\,(1 - \cos\Theta), \tag{1.412}$$

$$E_y = \frac{\tau}{4\pi\varepsilon r} \sin^3\alpha \sin\Theta, \qquad E_z = \frac{\tau\Theta}{4\pi\varepsilon r} \sin^2\alpha \cos\alpha. \qquad (1.413), (1.414)$$

Im Falle des vollen Ringes erhält man mit $\Theta = 2\pi$

$$E_x = 0, \qquad E_y = 0, \qquad (1.415), (1.416)$$

$$E_z = \frac{\tau}{2\varepsilon r} \sin^2\alpha \cos\alpha = \frac{Q}{4\pi\varepsilon r} \sin^2\alpha \cos\alpha. \tag{1.417}$$

Bild 1.65 zeigt den Verlauf der Feldstärke über z/r. Bei

$$z_m = \frac{r}{\sqrt{2}} \tag{1.418}$$

hat die Feldstärke E_z ein Maximum.

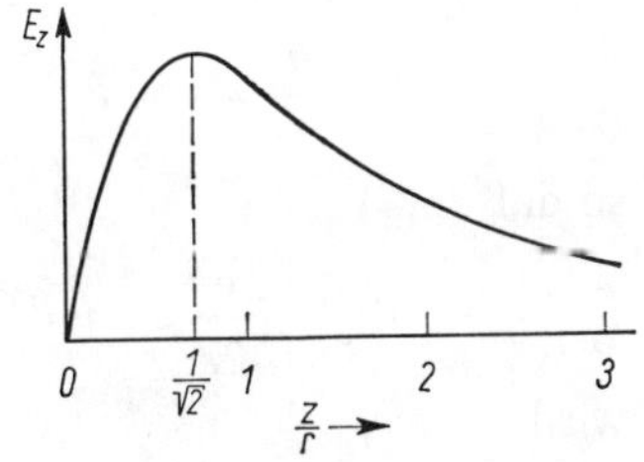

Bild 1.65

1.5.3.17. Feld einer unendlich ausgedehnten Ebene mit konstanter Flächendichte

Es soll das Feld in der Umgebung einer unendlich ausgedehnten Ebene, die mit einer Ladung konstanter Flächendichte σ belegt ist, berechnet werden. Gesucht sei die Feldstärke in einem Punkt P, der sich in einem Abstand d von der Ebene befindet. Die Berechnung wird unter Anwendung des Superpositionsprinzips durchgeführt. Das Koordinatensystem wird so gewählt, daß die geladene Ebene mit der x,y-Ebene zusammenfällt und der Punkt P auf der z-Achse liegt (Bild 1.66).

Auf der gleichen Ebene wird durch zwei Kreise mit den Radien r und $r + \mathrm{d}r$ eine kreisringförmige Fläche herausgegriffen. Jedes Flächenelement $\mathrm{d}A$ dieses Ringes trägt, wenn es klein genug ist, eine Punktladung $\sigma\,\mathrm{d}A$, die sich in einem Abstand a vom Punkt P befindet. Der Beitrag einer solchen Punktladung zur Feldstärke ist

$$\mathrm{d}\boldsymbol{E}' = \frac{\mathrm{d}Q}{4\pi\varepsilon a^2}\,\boldsymbol{e}_a = \frac{\sigma\,\mathrm{d}A}{4\pi\varepsilon a^2}\,\boldsymbol{e}_a. \tag{1.419}$$

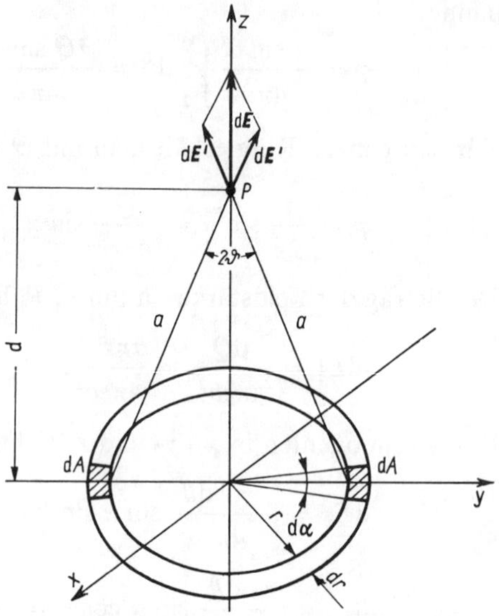

Bild 1.66

$\boldsymbol{e}_a$ ist der Einheitsvektor in Richtung der Verlängerung von a über P.

Zerlegt man diesen Feldstärkebetrag in zwei Komponenten, von denen die erste in Richtung der z-Achse, die zweite senkrecht dazu zeigt, erkennt man, daß wegen der Symmetrie die zweiten Komponenten von zwei diametral liegenden Flächenelementen des schmalen Ringes jeweils gleich groß und entgegengesetzt gerichtet sind und sich bei der Überlagerung aufheben. Die ersten Komponenten aller Flächenelemente sind gleich groß und gleich gerichtet und werden bei der Überlagerung addiert. Die Komponente der Teilfeldstärke infolge eines Flächenelements $\mathrm{d}A$ in Richtung von z ist

$$\mathrm{d}E_z = \frac{\sigma\,\mathrm{d}A}{4\pi\varepsilon a^2}\cos\vartheta, \qquad \mathrm{d}A = r\,\mathrm{d}\alpha\,\mathrm{d}r. \tag{1.420}$$

Der Beitrag der auf dem schmalen Ring verteilten Ladung zur Feldstärke im Punkt P ist

$$\mathrm{d}E = \frac{\sigma\cos\vartheta}{4\pi\varepsilon a^2}\,r\,\mathrm{d}r\int_0^{2\pi}\mathrm{d}\alpha = \frac{\sigma r\,\mathrm{d}r}{2\varepsilon a^2}\cos\vartheta. \tag{1.421}$$

Nun ist aber

$$\frac{a\,\mathrm{d}\vartheta}{\mathrm{d}r} = \cos\vartheta, \qquad \frac{r}{a} = \sin\vartheta, \qquad (1.422),\ (1.423)$$

so daß

$$\mathrm{d}E = \frac{\sigma}{2\varepsilon}\sin\vartheta\,\mathrm{d}\vartheta \tag{1.424}$$

wird.

Die Gesamtfeldstärke ergibt sich durch Summierung der Beiträge aller Ringe, d.h. durch Integration von $\vartheta = 0$ bis $\pi/2$:

$$E = \frac{\sigma}{2\varepsilon} \int_0^{\pi/2} \sin\vartheta \, d\vartheta = \frac{\sigma}{2\varepsilon}. \qquad (1.425)$$

Die Feldstärke ist unabhängig von der Entfernung des betrachteten Punktes von der ebenen Flächenladung und steht senkrecht auf ihr:

$$\boldsymbol{E} = \boldsymbol{e}_z E = \boldsymbol{e}_z \frac{\sigma}{2\varepsilon}. \qquad (1.426)$$

1.5.4. Behandlung von Feldern durch Lösung der Feldgleichungen unter Berücksichtigung der Randbedingungen

1.5.4.1. Das eindimensionale Feld

Kennzeichnend für das eindimensionale Feld ist, daß sich die Feldgrößen nur in einer Richtung ändern. Wenn wir die x-Achse in die Richtung legen, in der die Feldgrößen veränderlich sind, so geht die Laplacesche Gleichung in folgende vereinfachte Form über:

$$\frac{d^2\varphi}{dx^2} = 0. \qquad (1.427)$$

Die Lösung dieser Gleichung ergibt sich durch zweifache Integration:

$$\frac{d\varphi}{dx} = K_1, \qquad \varphi = K_1 x + K_2. \qquad (1.428), (1.429)$$

K_1 und K_2 sind Integrationskonstanten.
Für die Feldstärke gilt

$$|\boldsymbol{E}| = \frac{d\varphi}{dx} = K_1. \qquad (1.430)$$

Das behandelte Feld entspricht dem Feld eines Plattenkondensators mit sehr großen Abmessungen der Plattenelektroden, bei denen man die Randverzerrungen vernachlässigen kann.
Die Randbedingungen ergeben

$$\text{für } x = 0: \quad \varphi = \varphi_1, \qquad \varphi_1 = K_2; \qquad (1.431)$$

$$\text{für } x = d: \quad \varphi = \varphi_2, \qquad \varphi_2 = \varphi_1 + |\boldsymbol{E}|\, d$$

und damit

$$U = \varphi_2 - \varphi_1 = |\boldsymbol{E}|\, d. \qquad (1.432)$$

Unter der Annahme, daß im Dielektrikum Ladungen mit der konstanten Dichte ϱ verteilt sind (Bild 1.67), geht die Poissonsche Gleichung in

$$\frac{d^2\varphi}{dx^2} = -\frac{\varrho}{\varepsilon} \qquad (1.433)$$

über.

Hieraus findet man

$$\frac{d\varphi}{dx} = -\frac{\varrho}{\varepsilon}x + k_1 \tag{1.434}$$

und

$$\varphi = -\frac{\varrho}{2\varepsilon}x^2 + k_1x + k_2. \tag{1.435}$$

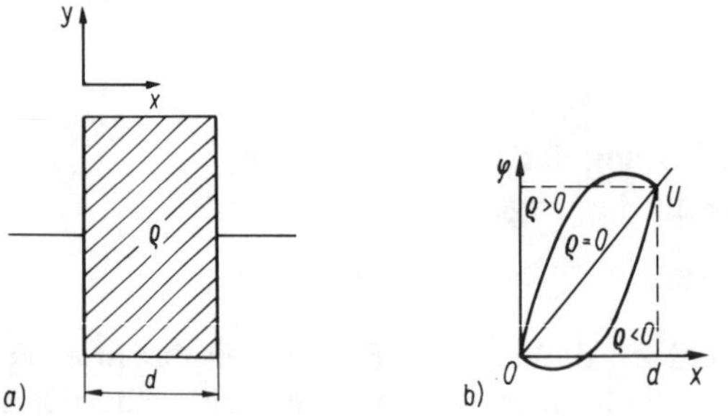

Bild 1.67

Aus den Randbedingungen $\varphi = \varphi_1$ bei $x = 0$ und $\varphi = \varphi_1 + U$ bei $x = d$ erhält man

$$\varphi = \varphi_1 + \left[\frac{U}{d} + \frac{\varrho}{2\varepsilon}d\right]x - \frac{\varrho}{2\varepsilon}x^2. \tag{1.436}$$

Im Bild 1.67b wird die Verteilung des Potentials in den drei Fällen $\varrho > 0$, $\varrho = 0$, $\varrho < 0$ gezeigt. Der Fall $\varrho = 0$ ist uns bereits bekannt. Dieser Verlauf gilt für das Feld ohne Raumladung.

Mit der Gleichung des Potentials findet man aus der ersten Ableitung nach x mit negativem Vorzeichen für die elektrische Feldstärke

$$E = -\left[\frac{U}{d} + \frac{\varrho}{2\varepsilon}d - \frac{\varrho}{\varepsilon}x\right]. \tag{1.437}$$

Das erste Glied in der Klammer ist die elektrische Feldstärke, die sich zwischen den Plattenelektroden für den Fall ohne Raumladung einstellt, während die anderen Glieder den Einfluß der Raumladung beschreiben. Aus dem Verlauf des Potentials können wir folgende Schlüsse ziehen:

Die elektrische Feldstärke wird von der Neigung der Potentialkurve bestimmt. Bei einer positiven Raumladung wird die Neigung an der Elektrode mit dem kleineren Potential größer und an der Elektrode mit dem höheren Potential kleiner. Bei einer negativen Raumladung stellt sich gerade der umgekehrte Zustand ein. Die Äquipotentiallinien verdichten sich in der Nähe der Elektrode, die das umgekehrte Zeichen der räumlichen Ladung trägt. Sie liegen weiter auseinander an der Elektrode, deren Ladung das gleiche Vorzeichen wie die Raumladung besitzt.

Weitere Raumladungsfelder werden wir im Laufe der späteren Untersuchungen kennenlernen.

1.5.4.2. Lösung der Poissonschen Gleichung für das zylindersymmetrische Feld

Für zylindersymmetrische Felder, die in Richtung der Rotationsachse konstant sind, lautet die Poissonsche Gleichung in Zylinderkoordinaten (1.172)

$$\frac{1}{r}\frac{\mathrm{d}}{\mathrm{d}r}\left(r\frac{\mathrm{d}\varphi}{\mathrm{d}r}\right) = -\frac{\varrho}{\varepsilon}. \tag{1.438}$$

Es soll ihre Lösung für den Fall, daß die Raumladung der Gleichung

$$\varrho = \varrho_0 r^n \tag{1.439}$$

genügt, gesucht werden. Dann ist

$$\frac{1}{r}\frac{\mathrm{d}}{\mathrm{d}r}\left(r\frac{\mathrm{d}\varphi}{\mathrm{d}r}\right) = -\frac{\varrho_0}{\varepsilon}r^n. \tag{1.440}$$

Die zweifache Integration der letzten Gleichung ergibt

$$r\frac{\mathrm{d}\varphi}{\mathrm{d}r} = -\frac{\varrho_0}{(n+2)\,\varepsilon}r^{n+2} + K_1, \tag{1.441}$$

$$\mathrm{d}\varphi = \left[-\frac{\varrho_0 r^{n+1}}{(n+2)\,\varepsilon} + \frac{K_1}{r}\right]\mathrm{d}r, \tag{1.442}$$

$$\varphi(r) = -\frac{\varrho_0}{(n+2)^2\,\varepsilon}r^{n+2} + K_1\ln r + K_2. \tag{1.443}$$

Die Integrationskonstanten K_1 und K_2 sind aus den Randbedingungen zu bestimmen. Die allgemeine Lösung für konstante Raumladungsverteilung erhält man mit $n = 0$ zu

$$\varphi(r) = -\frac{\varrho_0}{4\varepsilon}r^2 + K_1\ln r + K_2. \tag{1.444}$$

Die Bedingung $\varrho_0 = 0$ ergibt die allgemeine Lösung der Laplaceschen Gleichung für zylindersymmetrische Felder:

$$\varphi(r) = K_1\ln r + K_2. \tag{1.445}$$

Man erkennt hierin den Ausdruck für das Potential der langen Linienladung.

1.5.4.3. Lösung der Poissonschen Gleichung für das kugelsymmetrische Feld

In Kugelkoordinaten lautet die Poissonsche Differentialgleichung für kugelsymmetrische Felder (1.173)

$$\frac{1}{r^2}\frac{\mathrm{d}}{\mathrm{d}r}\left(r^2\frac{\mathrm{d}\varphi}{\mathrm{d}r}\right) = -\frac{\varrho}{\varepsilon}. \tag{1.446}$$

Die Raumladungsdichte möge ebenfalls der Gleichung

$$\varrho = \varrho_0 r^n \tag{1.447}$$

genügen. Dann ist

$$\frac{1}{r^2}\frac{\mathrm{d}}{\mathrm{d}r}\left(r^2\frac{\mathrm{d}\varphi}{\mathrm{d}r}\right) = -\frac{\varrho_0}{\varepsilon}r^n \tag{1.448}$$

oder

$$\frac{\mathrm{d}}{\mathrm{d}r}\left(r^2 \frac{\mathrm{d}\varphi}{\mathrm{d}r}\right) = -\frac{\varrho_0}{\varepsilon} r^{n+2}. \tag{1.449}$$

Die Integration ergibt

$$r^2 \frac{\mathrm{d}\varphi}{\mathrm{d}r} = -\frac{\varrho_0}{\varepsilon (n+3)} r^{n+3} - K_1 \tag{1.450}$$

oder

$$\frac{\mathrm{d}\varphi}{\mathrm{d}r} = -\frac{\varrho_0}{\varepsilon (n+3)} r^{n+1} - \frac{K_1}{r^2} \tag{1.451}$$

und

$$\varphi(r) = -\frac{\varrho_0}{\varepsilon (n+3)(n+2)} r^{n+2} + \frac{K_1}{r} + K_2. \tag{1.452}$$

Im Spezialfall konstanter Raumladung $\varrho = \varrho_0$ ist

$$n = 0. \tag{1.453}$$

Die allgemeine Lösung der Poissonschen Gleichung lautet dann

$$\varphi(r) = -\frac{\varrho_0}{6\varepsilon} r^2 + \frac{K_1}{r} + K_2. \tag{1.454}$$

Mit

$$\varrho_0 = 0 \tag{1.455}$$

erhält man die allgemeine Lösung der Laplaceschen Differentialgleichung für kugelsymmetrische Felder:

$$\varphi(r) = \frac{K_1}{r} + K_2. \tag{1.456}$$

In dieser Gleichung erkennt man das Feld der Punktladung.

1.5.4.4. Kegelelektroden

Es wird das Feld in der Umgebung der zwei kegelförmigen Elektroden (Bild 1.68) gesucht, deren Spitzen isoliert eng aneinander liegen. Die Öffnungswinkel sind durch ϑ_1 und ϑ_2 bestimmt. Die Potentiale der Elektroden sind φ_1 und φ_2.

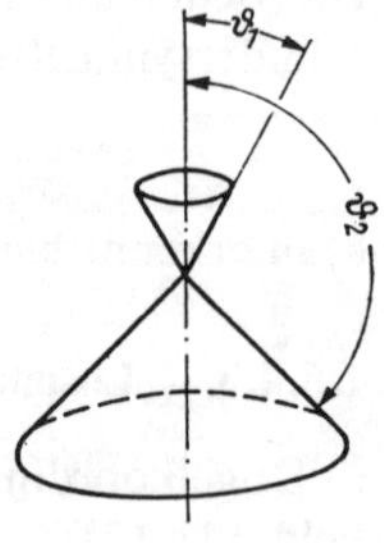

Bild 1.68

Es wird die Laplacesche Gleichung in sphärischen Koordinaten angewandt (1.173):

$$\Delta\varphi = \frac{1}{r^2}\left[\frac{\partial}{\partial r}\left(r^2 \frac{\partial\varphi}{\partial r}\right) + \frac{1}{\sin\vartheta}\frac{\partial}{\partial\vartheta}\left(\sin\vartheta \frac{\partial\varphi}{\partial\vartheta}\right) + \frac{1}{\sin^2\vartheta}\frac{\partial^2\varphi}{\partial\alpha^2}\right] = 0. \tag{1.457}$$

Wegen der Symmetrie hängt φ nur von ϑ und nicht von r und α ab. Somit geht (1.457) in

$$\frac{\mathrm{d}}{\mathrm{d}\vartheta}\left(\sin\vartheta \frac{\mathrm{d}\varphi}{\mathrm{d}\vartheta}\right) = 0 \tag{1.458}$$

über. Hieraus folgt

$$\sin\vartheta \frac{d\varphi}{d\vartheta} = C_1, \tag{1.459}$$

und das Potential wird

$$\varphi = C_1 \int \frac{d\vartheta}{\sin\vartheta} + C_2 = C_1 \ln \tan \frac{\vartheta}{2} + C_2. \tag{1.460}$$

Die Feldstärke hat nur eine Komponente in Richtung von ϑ. Sie beträgt

$$E_\vartheta = -\frac{d\varphi}{r\,d\vartheta} = -\frac{C_1}{r\sin\vartheta}. \tag{1.461}$$

Die Integrationskonstanten C_1 und C_2 ermittelt man aus den Randbedingungen. Bei $\vartheta = \vartheta_1$ ist $\varphi = \varphi_1$, und bei $\vartheta = \vartheta_2$ ist $\varphi = \varphi_2$:

$$\varphi_1 = C_1 \ln \tan \frac{\vartheta_1}{2} + C_2, \qquad \varphi_2 = C_1 \ln \tan \frac{\vartheta_2}{2} + C_2. \qquad (1.462), (1.463)$$

Das sind zwei Gleichungen für die unbekannten Integrationskonstanten C_1 und C_2. Mit $\vartheta_2 = \pi/2$ erhält man das Feld in der Umgebung der Elektrodenanordnung Kegelelektrode – ebene Platte.

1.5.5. Lösung der Laplaceschen Differentialgleichung durch Produktansatz

1.5.5.1. Lösung der Laplaceschen Differentialgleichung für zweidimensionale Felder in kartesischen Koordinaten durch Produktansatz

Die Methode der Trennung der Variablen besteht in der Darstellung der gesuchten Potentialfunktion $\varphi(x, y)$ als Produkt zweier Funktionen $f(x)$ und $g(y)$ in der Form

$$\varphi(x, y) = f(x)\, g(y). \tag{1.464}$$

Dabei ist $f(x)$ eine Funktion nur der Veränderlichen x und $g(y)$ eine Funktion nur der Veränderlichen y. Hiermit geht man in die Laplacesche Gleichung ein:

$$\frac{\partial^2\varphi}{\partial x^2} + \frac{\partial^2\varphi}{\partial y^2} = g(y)\frac{d^2 f(x)}{dx^2} + f(x)\frac{d^2 g(y)}{dy^2} = 0. \tag{1.465}$$

Daraus folgt

$$\frac{1}{f(x)}\frac{d^2 f(x)}{dx^2} = -\frac{1}{g(y)}\frac{d^2 g(y)}{dy^2}. \tag{1.466}$$

Da die rechte Seite die Variable x nicht enthält, bleibt sie bei Veränderung von x konstant. Die linke Seite ist laut Voraussetzung nur eine Funktion von x und muß somit unabhängig von y sein. Diese Bedingung erfüllt nur eine Konstante:

$$\frac{1}{f}\frac{d^2 f}{dx^2} = -\frac{1}{g}\frac{d^2 g}{dy^2} = \alpha^2. \tag{1.467}$$

Der Ansatz (1.464) erlaubt die Trennung der Variablen und den Übergang zu gewöhnlichen Differentialgleichungen:

$$\frac{d^2f}{dx^2} - \alpha^2 f = 0, \qquad \frac{d^2g}{dy^2} + \alpha^2 g = 0. \tag{1.468), (1.469}$$

Die Lösungen dieser Differentialgleichungen lauten für $\alpha^2 > 0$

$$f(x) = A \cosh \alpha x + B \sinh \alpha x, \tag{1.470}$$

$$g(y) = C \cos \alpha y + D \sin \alpha y. \tag{1.471}$$

Wählt man die Separationskonstante α^2 negativ, dann erhält man

$$f(x) = A' \cos \alpha x + B' \sin \alpha x, \tag{1.472}$$

$$g(y) = C' \cosh \alpha y + D' \sinh \alpha y. \tag{1.473}$$

Die Lösung der Laplaceschen Gleichung lautet damit

$$\varphi = f(x)\, g(y) = (A \cosh \alpha x + B \sinh \alpha x)\,(C \cos \alpha y + D \sin \alpha y) \tag{1.474}$$

oder

$$\varphi = f(x)\, g(y) = (A' \cos \alpha x + B' \sin \alpha x)\,(C' \cosh \alpha y + D' \sinh \alpha y). \tag{1.475}$$

Feld in der Umgebung eines rechtwinkligen Troges mit gekrümmter Gegenelektrode

Es soll die Elektrodenanordnung ermittelt werden, deren Potentialverteilung $\varphi(x, y)$ durch eine vorgegebene Funktion (1.474) beschrieben wird. Dazu wird aus der Lösung der Laplaceschen Gleichung für das zweidimensionale Feld (1.474) der Fall $A = C = 0$ betrachtet:

$$\varphi = BD \sinh \alpha x \sin \alpha y = K \sinh \alpha x \sin \alpha y. \tag{1.476}$$

Aus dieser Gleichung erkennt man sofort, daß das Feldbild bezüglich x achsensymmetrisch und bezüglich y mit der Periode $2\pi/\alpha$ periodisch ist. Bei $y = n\pi/\alpha = nb$ ($n = 0, 1, 2$ usw.) verschwindet das Potential unabhängig von x und bei $x = 0$ unabhängig von y. Aus der x,y-Ebene (Bild 1.69) wird der schraffierte Teil zwischen $0 \leqq y \leqq b$ und $0 \leqq x \leqq \infty$ herausgegriffen. Der schraffierte Umriß stellt die Elektrode mit dem Potential $\varphi = 0$ dar. Sie hat die Form einer rechtwinkligen Rinne. Die Gegenelektrode erhält man aus (1.476) durch Belegung der Äquipotentialfläche mit dem Potential $\varphi = U$ mit einer Metallfolie. Daraus folgt die Beziehung für die Umrandung der Gegenelektrode

$$y = \frac{1}{\alpha} \arcsin \frac{U}{K \sinh \alpha x}. \tag{1.477}$$

Offensichtlich ist

$$\frac{U}{K \sinh \alpha x} \leqq 1. \tag{1.478}$$

Wenn für $x = a$ das Gleichheitszeichen gilt, erhält man die Konstante K zu

$$K = \frac{U}{\sinh \alpha a}. \tag{1.479}$$

(1.477) ergibt das im Bild 1.69 gezeigte Feldbild der Gegenelektrode. Durch die gewählte Gleichung (1.476) wird das Feld des rechtwinkligen leitenden Troges mit unendlich langen Elektroden beschrieben. Sie beschreibt in guter Näherung auch das Feld bei endlichen Elektroden ($l > a$) derselben Form, außer in der Nähe ihrer Ränder.

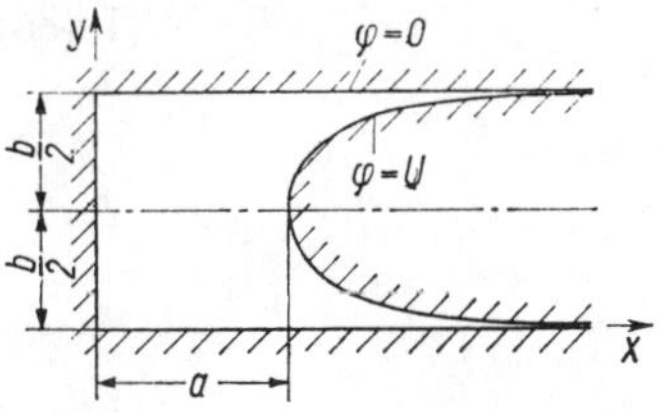

Bild 1.69

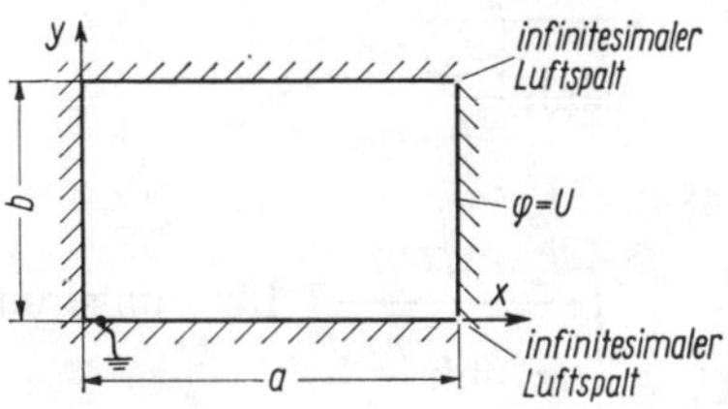

Bild 1.70

Feld des rechtwinkligen Troges mit ebener Gegenelektrode

Es soll nun ermittelt werden, welche Lösung der Laplaceschen Gleichung die Randbedingungen der im Bild 1.70 gezeigten Anordnung erfüllt. Die Lösung muß in y sinusförmig sein; denn wegen der periodischen Nullstellen der Sinusfunktionen ist bei $y = 0$ und $y = b$ das Potential $\varphi = 0$. Da bei $x = 0$ für alle Werte von y das Potential $\varphi = 0$ ist, muß die von x abhängige Funktion für $x = 0$ ebenfalls gegen Null streben. Mit $A = C = 0$ in (1.474) erreicht man, daß das Potential φ für die Geraden $x = 0$, $y = 0$ und $y = b$ Null wird, wenn $\alpha b = n\pi$ erfüllt ist. Die so entstandene Gleichung ist Lösung der Laplaceschen Differentialgleichung und erfüllt die Randbedingungen bei $x = 0$, $y = 0$ und $y = b$, aber nicht bei $x = a$ im Bereich $0 < y < b$. Die Laplacesche Differentialgleichung ist eine lineare Differentialgleichung. Sie wird deswegen auch durch die Summe

$$\varphi = \sum_{n=1}^{\infty} C_n \sinh \frac{n\pi x}{b} \sin \frac{n\pi y}{b} \tag{1.480}$$

befriedigt. Erst durch diesen Summenansatz können sowohl die Laplacesche Gleichung als auch bei zweckmäßiger Wahl der Koeffizienten C_n alle Randbedingungen erfüllt werden. Die Bestimmungsgleichung für die Koeffizienten lautet mit $\varphi = U$ bei $x = a$

$$U = \sum_{n=1}^{\infty} C_n \sinh \frac{n\pi a}{b} \sin \frac{n\pi y}{b} \tag{1.481}$$

für

$$0 < y < b. \tag{1.482}$$

Die Fourier-Entwicklung (s. Abschn. 6.7.1.) der konstanten Funktion $f(y) = U$ im Bereich $0 < y < b$ lautet

$$U = \sum_{n=1}^{\infty} A_n \sin \frac{n\pi y}{b} \tag{1.483}$$

mit

$$A_n = \begin{cases} \dfrac{4U}{n\pi} & \text{für ungerade } n, \\ 0 & \text{für gerade } n. \end{cases} \tag{1.484}$$

Ein Vergleich von (1.481) und (1.483) ergibt

$$A_n = C_n \sinh \frac{n\pi a}{b}. \tag{1.485}$$

Daraus folgt

$$C_n = \frac{A_n}{\sinh \frac{n\pi a}{b}} \tag{1.486}$$

und mit (1.484)

$$C_n = \begin{cases} \dfrac{4U}{n\pi \sinh \frac{n\pi a}{b}} & \text{für ungerade } n, \\ 0 & \text{für gerade } n. \end{cases} \tag{1.487}$$

1.5.5.2. Lösung der Laplaceschen Gleichung für dreidimensionale Felder in kartesischen Koordinaten durch Produktansatz

Es wird der Produktansatz

$$\varphi(x, y, z) = f(x)\, g(y)\, h(z) \tag{1.488}$$

gemacht, in dem $f(x)$ nur von x, $g(y)$ nur von y und $h(z)$ nur von z abhängen. Geht man mit (1.488) in die Laplacesche Gleichung ein, so erhält man

$$\frac{\partial^2 \varphi}{\partial x^2} + \frac{\partial^2 \varphi}{\partial y^2} + \frac{\partial^2 \varphi}{\partial z^2} = gh \frac{d^2 f}{dx^2} + fh \frac{d^2 g}{dy^2} + fg \frac{d^2 h}{dz^2} = 0 \tag{1.489}$$

oder

$$\frac{1}{f} \frac{d^2 f}{dx^2} + \frac{1}{g} \frac{d^2 g}{dy^2} = -\frac{1}{h} \frac{d^2 h}{dz^2}. \tag{1.490}$$

Die linke Seite ändert sich nicht mit z, somit auch die rechte Seite nicht, d.h., die rechte Seite ist eine Konstante:

$$\frac{1}{h} \frac{d^2 h}{dz^2} = -\gamma^2. \tag{1.491}$$

Dies ergibt

$$\frac{d^2 h}{dz^2} + \gamma^2 h = 0 \tag{1.492}$$

mit der Lösung ($\gamma^2 \geqq 0$)

$$h(z) = E \cos \gamma z + F \sin \gamma z. \tag{1.493}$$

Aus (1.490) und (1.491) folgt durch analoge Überlegungen

$$\frac{1}{f} \frac{d^2 f}{dx^2} = -\frac{1}{g} \frac{d^2 g}{dy^2} + \gamma^2 = \alpha^2 \tag{1.494}$$

oder

$$\frac{d^2 f}{dx^2} - \alpha^2 f = 0 \tag{1.495}$$

mit der Lösung ($\alpha^2 \geqq 0$)

$$f(x) = A \cosh \alpha x + B \sinh \alpha x \tag{1.496}$$

bzw.

$$\frac{1}{g} \frac{d^2 g}{dy^2} = \gamma^2 - \alpha^2 = \beta^2 \tag{1.497}$$

oder

$$\frac{d^2 g}{dy^2} - \beta^2 g = 0 \tag{1.498}$$

mit der Lösung ($\beta^2 \geqq 0$)

$$g(y) = C \cosh \beta y + D \sinh \beta y. \tag{1.499}$$

Damit lautet die Lösung der Laplaceschen Gleichung für diesen Fall

$$\varphi = (A \cosh \alpha x + B \sinh \alpha x)(C \cosh \beta y + D \sinh \beta y) \times (E \cos \gamma z + F \sin \gamma z). \tag{1.500}$$

Weitere Formen der Lösung erhält man, wenn man für eine oder mehrere der Konstanten α, β und γ imaginäre Größen zuläßt.

1.5.5.3. Lösung der Laplaceschen Gleichung für dreidimensionale Felder in sphärischen Koordinaten durch Produktansatz

Eine partikuläre Lösung der Laplaceschen Differentialgleichung in sphärischen Koordinaten kann in Form eines Produkts dreier Funktionen $f(r)$, $g(\vartheta)$ und $h(\alpha)$, von denen jede nur von einer der Koordinaten abhängt, angegeben werden:

$$\varphi(r, \vartheta, \alpha) = f(r)\, g(\vartheta)\, h(\alpha). \tag{1.501}$$

Geht man mit dieser Gleichung in die Laplacesche Differentialgleichung ein, dann ist (s. (1.173))

$$g(\vartheta)\, h(\alpha) \frac{1}{r^2} \frac{d}{dr}\left(r^2 \frac{d f(r)}{dr}\right) + \frac{f(r)\, h(\alpha)}{r^2 \sin \vartheta} \frac{d}{d\vartheta}\left(\sin \vartheta \frac{dg(\vartheta)}{d\vartheta}\right) + f(r)\, g(\vartheta) \frac{1}{r^2 \sin^2 \vartheta} \frac{d^2 h(\alpha)}{d\alpha^2} = 0. \tag{1.502}$$

Dividiert man nun diese Gleichung durch $f(r)\, g(\vartheta)\, h(\alpha)$ und multipliziert sie mit r^2, dann geht sie in

$$\frac{1}{f(r)} \frac{d}{dr}\left(r^2 \frac{d f(r)}{dr}\right) + \frac{1}{g(\vartheta) \sin \vartheta} \frac{d}{d\vartheta}\left(\sin \vartheta \frac{dg(\vartheta)}{d\vartheta}\right) + \frac{1}{h(\alpha) \sin^2 \vartheta} \frac{d^2 h(\alpha)}{d\alpha^2} = 0 \tag{1.503}$$

über. Der erste Ausdruck der linken Seite dieser Gleichung hängt nur von r, die zwei anderen dagegen hängen nicht von r ab. Die linke Seite der Gleichung muß unabhängig von den Werten der Veränderlichen r, ϑ und α Null sein. Das ist aber nur dann möglich, wenn sowohl der erste Ausdruck wie auch die Summe der zwei anderen Ausdrücke

Konstanten mit umgekehrten Vorzeichen darstellen, die unabhängig von den Koordinaten r, ϑ und α sind:

$$\frac{1}{f(r)} \frac{\mathrm{d}}{\mathrm{d}r} \left(r^2 \frac{\mathrm{d}f(r)}{\mathrm{d}r} \right) = a^2, \tag{1.504}$$

$$\frac{1}{g(\vartheta) \sin \vartheta} \frac{\mathrm{d}}{\mathrm{d}\vartheta} \left(\sin \vartheta \frac{\mathrm{d}g(\vartheta)}{\mathrm{d}\vartheta} \right) + \frac{1}{h(\alpha) \sin^2 \vartheta} \frac{\mathrm{d}^2 h(\alpha)}{\mathrm{d}\alpha^2} = -a^2. \tag{1.505}$$

Die letzte Gleichung kann man folgendermaßen umschreiben:

$$\frac{\sin \vartheta}{g(\vartheta)} \frac{\mathrm{d}}{\mathrm{d}\vartheta} \left(\sin \vartheta \frac{\mathrm{d}g(\vartheta)}{\mathrm{d}\vartheta} \right) + a^2 \sin^2 \vartheta + \frac{1}{h(\alpha)} \frac{\mathrm{d}^2 h(\alpha)}{\mathrm{d}\alpha^2} = 0. \tag{1.506}$$

Auch bei dieser Gleichung kann man wie im Falle (1.503) eine Trennung der zwei Ausdrücke vornehmen:

$$\frac{1}{h(\alpha)} \frac{\mathrm{d}^2 h(\alpha)}{\mathrm{d}\alpha^2} = -b^2, \tag{1.507}$$

$$\frac{\sin \vartheta}{g(\vartheta)} \frac{\mathrm{d}}{\mathrm{d}\vartheta} \left(\sin \vartheta \frac{\mathrm{d}g(\vartheta)}{\mathrm{d}\vartheta} \right) + a^2 \sin^2 \vartheta = b^2. \tag{1.508}$$

Die letzte Gleichung kann man auch folgendermaßen umschreiben:

$$\sin \vartheta \frac{\mathrm{d}}{\mathrm{d}\vartheta} \left(\sin \vartheta \frac{\mathrm{d}g(\vartheta)}{\mathrm{d}\vartheta} \right) + (a^2 \sin^2 \vartheta - b^2)\, g(\vartheta) = 0. \tag{1.509}$$

Auch hier bedeutet b eine willkürliche Konstante. Auf diese Weise sind drei gewöhnliche Differentialgleichungen zur Ermittlung der gesuchten Funktionen $f(r)$, $g(\vartheta)$ und $h(\alpha)$ aufgestellt worden.

Bei einem symmetrischen Feld, bei dem das Potential nur von r und ϑ abhängt, ist

$$\varphi(r, \vartheta) = f(r)\, g(\vartheta). \tag{1.510}$$

Die Bestimmungsgleichungen für $f(r)$ und $g(\vartheta)$ erhält man mit $b = 0$. Dann geht (1.509) in

$$\sin \vartheta \frac{\mathrm{d}}{\mathrm{d}\vartheta} \left(\sin \vartheta \frac{\mathrm{d}g(\vartheta)}{\mathrm{d}\vartheta} \right) + a^2 g(\vartheta) \sin^2 \vartheta = 0 \tag{1.511}$$

über. Führt man für a^2 den Wert

$$a^2 = n(n+1) \tag{1.512}$$

ein, wobei n eine ganze positive Zahl sei, dann kann man (1.504) und (1.511) folgendermaßen umschreiben:

$$\frac{\mathrm{d}}{\mathrm{d}r} \left(r^2 \frac{\mathrm{d}f(r)}{\mathrm{d}r} \right) - n(n+1) f(r) = 0, \tag{1.513}$$

$$\sin \vartheta \frac{\mathrm{d}}{\mathrm{d}\vartheta} \left(\sin \vartheta \frac{\mathrm{d}g(\vartheta)}{\mathrm{d}\vartheta} \right) + n(n+1)\, g(\vartheta) \sin^2 \vartheta = 0. \tag{1.514}$$

Die Lösung von (1.513) ist

$$f(r) = C_1 r^n + C_2 r^{-(n+1)}. \tag{1.515}$$

C_1 und C_2 sind Integrationskonstanten. (1.514) stellt die Legendresche Gleichung dar. Eine Lösung dieser Gleichung stellen die Legendreschen Polynome $P_n(\cos\vartheta)$ dar, die tabelliert vorliegen. Hiermit folgt aus (1.510)

$$\varphi(r, \vartheta) = [C_1 r^n + C_2 r^{-(n+1)}]\, P_n(\cos\vartheta). \tag{1.516}$$

Kugelelektrode im homogenen Feld

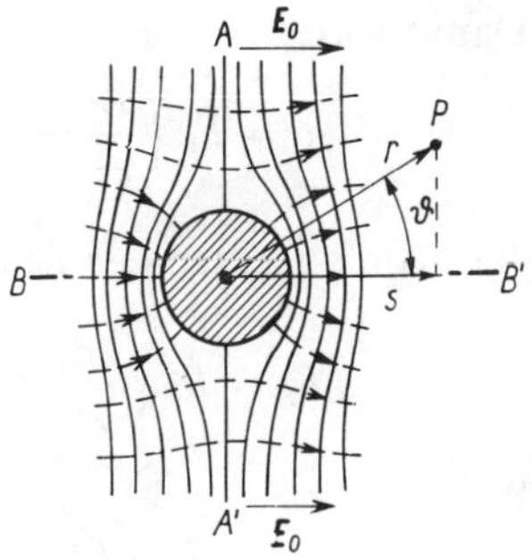

Bild 1.71

Es soll das Feld berechnet werden, das sich einstellt, wenn man in ein homogenes elektrisches Feld eine metallische Kugel einführt (Bild 1.71). Innerhalb der metallischen Kugel ist die Feldstärke Null. Das Koordinatensystem wird wie im Bild 1.71 gezeigt gewählt. Aus Symmetriegründen sind Feldstärke und Potential nur von den Koordinaten r und ϑ abhängig.
Die Ebene AA' ist eine Äquipotentialebene. Ihr Potential sei $\varphi_0 = 0$. Weit von der Kugel entfernt ist das Feld annähernd homogen. Es wird der Versuch gemacht, mit $n = 1$ die Bedingung zu erfüllen, daß bei großen Werten von r das Feld homogen wird. Bei $n = 1$ ist

$$P_1(\cos\vartheta) = \cos\vartheta \tag{1.517}$$

und

$$\varphi(r, \vartheta) = \left(C_1 r + \frac{C_2}{r^2}\right) \cos\vartheta. \tag{1.518}$$

Bei großen Werten von r ist das Feld homogen. Hier gilt

$$\varphi(r, \vartheta) = C_1 r \cos\vartheta = C_1 s, \tag{1.519}$$

d.h., das Potential ist proportional s. Für die Bestimmung der Integrationskonstanten benutzt man die Randbedingung. Die Oberfläche der Kugel ist eine Äquipotentialfläche. Für $r = r_0$ ist φ = konst. für alle Werte von ϑ.
Das ist gemäß (1.518) nur dann möglich, wenn

$$C_1 r_0 + \frac{C_2}{r_0^2} = 0, \tag{1.520}$$

d.h.

$$C_2 = -C_1 r_0^3. \tag{1.521}$$

Hiermit wird

$$\varphi = C_1 \left(r - \frac{r_0^3}{r^2}\right) \cos\vartheta. \tag{1.522}$$

C_1 bestimmt man aus der Bedingung, daß bei sehr großer Entfernung ($r \to \infty$), die Feldstärke $\boldsymbol{E}$ gegen $\boldsymbol{E}_0$ geht. Die Komponenten der Feldstärke in Richtung von r und ϑ sind

$$E_r = -\frac{\partial\varphi}{\partial r} = -C_1 \left(1 + \frac{2r_0^3}{r^3}\right) \cos\vartheta, \tag{1.523}$$

$$E_\vartheta = -\frac{1}{r}\frac{\partial\varphi}{\partial\vartheta} = C_1 \left(1 - \frac{r_0^3}{r^3}\right) \sin\vartheta. \tag{1.524}$$

Offensichtlich ist

$$E_r|_{r \to \infty} = -C_1 \cos \vartheta = E_0 \cos \vartheta \tag{1.526}$$

und

$$C_1 = -E_0. \tag{1.527}$$

Damit wird

$$\varphi = E_0 \left(\frac{r_0^3}{r^2} - r \right) \cos \vartheta. \tag{1.528}$$

Die Komponenten der Feldstärke sind

$$E_r = E_0 \left(\frac{2r_0^3}{r^3} + 1 \right) \cos \vartheta \tag{1.529}$$

und

$$E_\vartheta = E_0 \left(\frac{r_0^3}{r^3} - 1 \right) \sin \vartheta. \tag{1.530}$$

Der Betrag der Feldstärke ist

$$E = \sqrt{E_r^2 + E_\vartheta^2}. \tag{1.531}$$

Auf der Kugeloberfläche wird mit $r = r_0$

$$E = E_r = 3E_0 \cos \vartheta. \tag{1.532}$$

1.5.5.4. Lösung der Laplaceschen Gleichung für dreidimensionale Felder in zylindrischen Koordinaten durch Produktansatz

In diesem Falle setzen wir eine partikuläre Lösung der Laplaceschen Differentialgleichung in der Form

$$\varphi(r, \alpha, z) = f(r)\, g(\alpha)\, h(z) \tag{1.533}$$

an, wobei die Größen $f(r)$, $g(\alpha)$ und $h(z)$ jeweils Funktionen nur einer der Veränderlichen darstellen. Setzen wir diesen Ansatz in die Laplacesche Differentialgleichung (s. (1.172)) ein, dann erhalten wir

$$\frac{g(\alpha)\, h(z)}{r} \frac{\mathrm{d}}{\mathrm{d}r} \left[r \frac{\mathrm{d} f(r)}{\mathrm{d}r} \right] + \frac{f(r)\, h(z)}{r^2} \frac{\mathrm{d}^2 g(\alpha)}{\mathrm{d}\alpha^2} + f(r)\, g(\alpha) \frac{\mathrm{d}^2 h(z)}{\mathrm{d}z^2} = 0. \tag{1.534}$$

Wenn wir diese Gleichung durch $f(r)\, g(\alpha)\, h(z)$ dividieren, geht sie in

$$\frac{1}{r f(r)} \frac{\mathrm{d}}{\mathrm{d}r} \left[r \frac{\mathrm{d} f(r)}{\mathrm{d}r} \right] + \frac{1}{r^2 g(\alpha)} \frac{\mathrm{d}^2 g(\alpha)}{\mathrm{d}\alpha^2} + \frac{1}{h(z)} \frac{\mathrm{d}^2 h(z)}{\mathrm{d}z^2} = 0 \tag{1.535}$$

über. Diese Gleichung ist nur dann erfüllt, wenn

$$\frac{1}{h(z)} \frac{\mathrm{d}^2 h(z)}{\mathrm{d}z^2} = a^2 \tag{1.536}$$

und

$$\frac{1}{g(\alpha)} \frac{\mathrm{d}^2 g(\alpha)}{\mathrm{d}\alpha^2} = -n^2 \tag{1.537}$$

gelten, wobei a und n zwei Konstanten sind. Damit geht (1.535) in

$$\frac{1}{r\,f(r)}\,\frac{\mathrm{d}}{\mathrm{d}r}\left[r\,\frac{\mathrm{d}\,f(r)}{\mathrm{d}r}\right]-\frac{n^2}{r^2}+a^2=0 \tag{1.538}$$

über.
(1.536) und (1.537) sind zwei gewöhnliche Differentialgleichungen mit konstanten Koeffizienten, deren Lösungen

$$h(z)=A_1\,\mathrm{e}^{az}+A_2\,\mathrm{e}^{-az} \tag{1.539}$$

und

$$g(\alpha)=B_1\,\mathrm{e}^{jn\alpha}+B_2\,\mathrm{e}^{-jn\alpha} \tag{1.540}$$

sind.
Die Zahl n muß eine ganze Zahl sein. Anderenfalls müßte die Funktion $g(\alpha)$ bei α und $\alpha+2\pi$ unterschiedliche Werte haben, was eine Mehrdeutigkeit des Potentials in Abhängigkeit vom Winkel α ergeben würde.
Nach Ausführung der Differentiation kann man (1.538) folgende Form geben:

$$\frac{1}{r\,f(r)}\left[\frac{\mathrm{d}\,f(r)}{\mathrm{d}r}+r\,\frac{\mathrm{d}^2\,f(r)}{\mathrm{d}r^2}\right]-\frac{n^2}{r^2}+a^2=0, \tag{1.541}$$

$$\frac{\mathrm{d}^2\,f(r)}{\mathrm{d}r^2}\,\frac{1}{r}\,\frac{\mathrm{d}\,f(r)}{\mathrm{d}r}+\left[a^2-\frac{n^2}{r^2}\right]f(r)=0 \tag{1.542}$$

oder

$$\frac{\mathrm{d}^2\,f(r)}{\mathrm{d}\,(ar)^2}+\frac{1}{(ar)}\,\frac{\mathrm{d}\,f(r)}{\mathrm{d}\,(ar)}+\left[1-\frac{n^2}{(ar)^2}\right]f(r)=0. \tag{1.543}$$

Die letzte Gleichung stellt die Besselsche Differentialgleichung dar. Ihre Lösung bei $a \neq 0$ lautet

$$f(r)=C_1 J_n\,(ar)+C_2 Y_n\,(ar). \tag{1.544}$$

C_1 und C_2 stellen willkürliche Integrationskonstanten dar. $J_n\,(ar)$ und $Y_n\,(ar)$ sind Besselsche Funktionen erster und zweiter Gattung (Art), n-ter Ordnung.
Im Falle einer Achsensymmetrie ($n = 0$) erhält man

$$f(r)=C_1 J_0\,(ar)+C_2 Y_0\,(ar). \tag{1.545}$$

$J_0\,(ar)$ und $Y_0\,(ar)$ sind Besselsche Funktionen nullter Ordnung.
Wenn das Potential nicht von z abhängt, erhält man als Lösung von (1.542)

$$f(r)=D_1 r^n+D_2 r^{-n}. \tag{1.546}$$

Gelingt es nicht, die Grenzbedingungen mit Hilfe einer partikulären Lösung zu befriedigen, kann man, wie bereits erwähnt, als Lösung Summen mehrerer partikulärer Lösungen mit jeweils verschiedenen Werten von a und n benutzen.

1.5.6. Lösung der Laplaceschen Gleichung durch Reihenentwicklung

Die Potentialverteilung sei längs einer Achse, $\varphi = Z_0(z)$, vorgegeben und in ihrer Nähe gesucht. In diesem Falle liegt die Entwicklung der Lösung in eine Reihe nahe. Ist die Anordnung rotationssymmetrisch, so ergibt die Laplacesche Differentialgleichung (1.171) in Zylinderkoordinaten (wegen $\partial\varphi/\partial\alpha = 0$)

$$\frac{\partial^2\varphi}{\partial r^2} + \frac{1}{r}\frac{\partial\varphi}{\partial r} + \frac{\partial^2\varphi}{\partial z^2} = 0. \tag{1.547}$$

Die Lösung werde im achsennahen Bereich ($r \approx 0$) in der Form

$$\varphi\,(r, z) = Z_0(z) + rZ_1\,(z) + r^2Z_2\,(z) + r^3Z_3\,(z) + r^4Z_4\,(z) + \dots \tag{1.548}$$

angesetzt. Z_0 ist die bereits bekannte Achsenverteilung. Der Ansatz (1.548) liefert, in die Differentialgleichung (1.547) eingesetzt ($\partial^2Z/\partial z^2 = Z''$),

$$\begin{aligned} &\frac{1}{r}\,Z_1 + 2Z_2 + 3rZ_3 + 4r^2Z_4 + \dots \\ &\quad + 2Z_2 + 6rZ_3 + 12r^2Z_4 + \dots \\ &\quad + Z_0'' + rZ_1'' + r^2Z_2'' + \dots = 0. \end{aligned} \tag{1.549}$$

Ordnet man nach Potenzen von r, so ergibt sich

$$\frac{1}{r}\,Z_1 + (Z_0'' + 4Z_2) + r\,(9Z_3 + Z_1'') + r^2\,(16Z_4 + Z_2'') + \dots = 0. \tag{1.550}$$

Da die Lösung bei $r = 0$ endlich bleiben muß, ist

$$Z_1 = 0. \tag{1.551}$$

Da jedoch r beliebig ist, erhält man aus den dann notwendig verschwindenden Koeffizienten der r-Potenzen unter Verwendung von (1.550)

$$Z_2 = -\frac{Z_0''}{4}, \tag{1.552}$$

$$Z_3 = -\frac{Z_1''}{9} = 0, \tag{1.553}$$

$$Z_4 = -\frac{Z_2''}{16} = -\frac{1}{16}\left(-\frac{Z_0''''}{4}\right) = \frac{Z_0''''}{4^3}, \tag{1.554}$$

$$\vdots$$

Die Lösung ist also näherungsweise

$$\varphi\,(r, z) = Z_0(z) - \frac{r^2}{4}\,Z_0''(z) + \frac{r^4}{4^3}\,Z_0''''(z) - + \dots \tag{1.555}$$

Sie ist durch die vorgegebene Achsenverteilung $Z_0(z)$ und deren Ableitungen vollständig bestimmt.

Feld in der Nähe der Achse eines geladenen kreisförmigen Drahtringes

Die exakte Lösung führt auf ein elliptisches Integral. Für achsennahe Bereiche genügt die einfachere Reihenentwicklung.
Das Potential auf der Achse ist leicht angebbar ($r = 0$; s. Bild 1.72):

$$\varphi(h) = \frac{1}{4\pi\varepsilon}\int_s \frac{\tau}{b'}\,\mathrm{d}s = \frac{\tau}{4\pi\varepsilon}\,\frac{2\pi R}{\sqrt{R^2+h^2}} = \frac{\tau R}{2\varepsilon}\,\frac{1}{\sqrt{R^2+h^2}}. \tag{1.556}$$

Es ist also hier

$$\varphi(h) = Z_0(h) \tag{1.557}$$

und daher gemäß (1.555)

$$\varphi\,(r, h) = \frac{\tau R}{2\varepsilon}\left\{\frac{1}{\sqrt{R^2+h^2}} - \frac{r^2}{4}\left(\frac{1}{\sqrt{R^2+h^2}}\right)'' + \frac{r^4}{4^3}\left(\frac{1}{\sqrt{R^2+h^2}}\right)'''' - + \ldots\right\}, \tag{1.558}$$

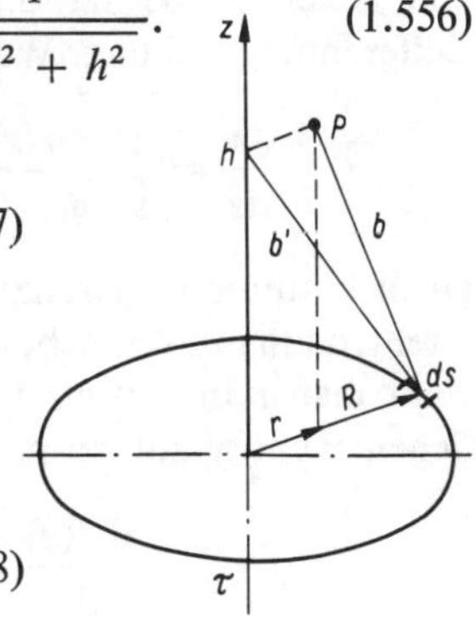

Bild 1.72

wobei

$$\left(\frac{1}{\sqrt{R^2+h^2}}\right)' = -\frac{h}{(R^2+h^2)^{3/2}}, \tag{1.559}$$

$$\left(\frac{1}{\sqrt{R^2+h^2}}\right)'' = \frac{2h^2-R^2}{(R^2+h^2)^{5/2}} \tag{1.560}$$

usw. gelten.
Für achsennahe Bereiche wird das Potential näherungsweise beschrieben durch

$$\varphi\,(r, h) = \frac{\tau R}{2\varepsilon}\left\{\frac{1}{(R^2+h^2)^{1/2}} - \frac{r^2}{4}\,\frac{2h^2-R^2}{(R^2+h^2)^{5/2}} + \ldots\right\} \tag{1.561}$$

(vgl. (1.407), wenn $r = 0$ in (1.561)).

1.5.7. Behandlung von Feldern durch konforme Abbildungen

1.5.7.1. Darstellung ebener elektrostatischer Felder durch komplexe analytische Funktionen

Im zweidimensionalen Feld sind die Feldgrößen nur in zwei Richtungen veränderlich. Daher ergeben die Äquipotentialflächen und die Feldlinien stets gleiche Spuren auf allen Ebenen, die parallel verlaufen und senkrecht auf der dritten Raumrichtung stehen. Ein solches Feld stellt sich in der Umgebung von langgestreckten Elektroden ein. Beispiele sind das Feld des langen zylindrischen Kondensators oder das Feld paralleler langer Leitungen. Die Feldgrößen ändern sich nicht, wenn man sich parallel zu den Elektroden bewegt.
Für das zweidimensionale Feld geht die Potentialgleichung in die Form

$$\Delta\varphi = \frac{\partial^2\varphi}{\partial x^2} + \frac{\partial^2\varphi}{\partial y^2} = 0 \tag{1.562}$$

über. Im folgenden soll auf eine große Gruppe von Funktionen eingegangen werden, die Lösungen dieser Differentialgleichung sind. Wenn eine Funktion der komplexen Veränderlichen $z = x + \mathrm{j}y$

$$w = f(z) = f(x + \mathrm{j}y) = u(x, y) + \mathrm{j}v(x, y) \tag{1.563}$$

eine Ableitung besitzt, dann befriedigen ihr Real- und ihr Imaginärteil die Laplacesche Differentialgleichung. Wenn nämlich

$$\frac{\mathrm{d}w}{\mathrm{d}z} = \lim_{\Delta z \to 0} \frac{f(z + \Delta z) - f(z)}{\Delta z} \tag{1.564}$$

einen bestimmten Grenzwert hat, der unabhängig ist von der Art, wie Δz gegen Null strebt, dann muß er insbesondere für $\Delta z = \Delta x$ und $\Delta z = \mathrm{j}\,\Delta y$ das gleiche Ergebnis liefern. Faßt man nun $f(z)$ als komplexwertige Funktion $\tilde{f}(x, y)$ der beiden reellen Veränderlichen x und y auf, so muß demzufolge gelten

$$f'(z) = \frac{\mathrm{d}\,f(z)}{\mathrm{d}z} = f'(x + \mathrm{j}y) = \frac{\partial \tilde{f}(x, y)}{\partial x} = \frac{1}{\mathrm{j}} \frac{\partial \tilde{f}(x, y)}{\partial y}, \tag{1.565}$$

Fordert man auch die Existenz der zweiten Ableitung $f''(z)$, so ergibt sich analog

$$f''(z) = \frac{\mathrm{d}^2 f(z)}{\mathrm{d}z^2} = \frac{\partial^2 \tilde{f}(x, y)}{\partial x^2} = \frac{1}{\mathrm{j}} \frac{\partial}{\partial y} \left(\frac{1}{\mathrm{j}} \frac{\partial \tilde{f}(x, y)}{\partial y} \right) = -\frac{\partial^2 \tilde{f}(x, y)}{\partial y^2} \tag{1.566}$$

oder

$$\frac{\partial^2 \tilde{f}(x, y)}{\partial x^2} + \frac{\partial^2 \tilde{f}(x, y)}{\partial y^2} = \Delta \tilde{f}(x, y) = 0. \tag{1.567}$$

Führen wir aber jetzt für $\tilde{f}$ den Real- und den Imaginärteil ein,

$$\tilde{f}(x, y) = u(x, y) + \mathrm{j}v(x, y), \tag{1.568}$$

so erhalten wir

$$\frac{\partial^2 u}{\partial x^2} + \mathrm{j}\frac{\partial^2 v}{\partial x^2} + \frac{\partial^2 u}{\partial y^2} + \mathrm{j}\frac{\partial^2 v}{\partial y^2} = 0 \tag{1.569}$$

oder

$$\frac{\partial^2 u}{\partial x^2} + \frac{\partial^2 u}{\partial y^2} = 0, \qquad \frac{\partial^2 v}{\partial^2 x} + \frac{\partial^2 v}{\partial y^2} = 0. \tag{1.570}$$

Wenn der Grenzwert (1.564) existiert und nicht davon abhängt, wie Δz gegen Null strebt, so ist die Funktion $w = f(z)$ differenzierbar. Ist $w = f(z)$ in jedem Punkt eines zusammenhängenden Gebietes differenzierbar, so heißt die Funktion analytisch. Wenn wir in (1.565) mit (1.568) eingehen und den Real- vom Imaginärteil trennen, erhalten wir die bekannten Cauchy-Riemannschen Bedingungen für die komplexen analytischen Funktionen:

$$\frac{\partial u}{\partial x} = \frac{\partial v}{\partial y}, \qquad \frac{\partial u}{\partial y} = -\frac{\partial v}{\partial x}. \qquad (1.571), (1.572)$$

Aus (1.570) folgt, daß die komplexwertige Funktion $\tilde{f}(x, y)$ ein Integral der zweidimensionalen Potentialgleichung darstellt; denn sowohl ihr Realteil als auch ihr Imaginärteil befriedigen jeder für sich die genannte Differentialgleichung.

Man kann zeigen – auf den Beweis soll hier verzichtet werden –, daß, wenn eine Funktion u der Laplaceschen Differentialgleichung genügt, man eine Funktion v so ansetzen kann, daß u und v die Cauchy-Riemannschen Differentialgleichungen erfüllen.
Das Potential eines zweidimensionalen Potentialfelds kann somit durch den Realteil oder durch den Imaginärteil einer komplexen analytischen Funktion beschrieben werden.

1.5.7.2. Konforme Abbildungen

Die komplexe Zahl $z = x + jy$ bestimmt einen Punkt in der z-Ebene. Die komplexe Zahl $w = u + jv$ bestimmt analog einen Punkt in der w-Ebene. Durch die Funktion $w = f(z)$ ist jedem Punkt der z-Ebene ein Punkt der w-Ebene zugeordnet. Auf diese Weise wird die z-Ebene durch die Beziehung $w = f(z)$ in die w-Ebene abgebildet. Solche Abbildungen mittels analytischer Funktionen haben besondere Eigenschaften. Für das Linienelement dz der Kurve σ_{z1} im Punkt P_z der z-Ebene (Bild 1.73) gilt

$$dz_1 = dx_1 + j\,dy_1 = dS_{z1}\,e^{j\delta_1}. \tag{1.573}$$

Hierbei ist der Winkel δ_1 der Winkel zwischen der Tangente an die Kurve σ_{z1} im Punkt P_z und der positiven Richtung der x-Achse, während dS_{z1} die Länge des Linienelements auf σ_{z1} ist.

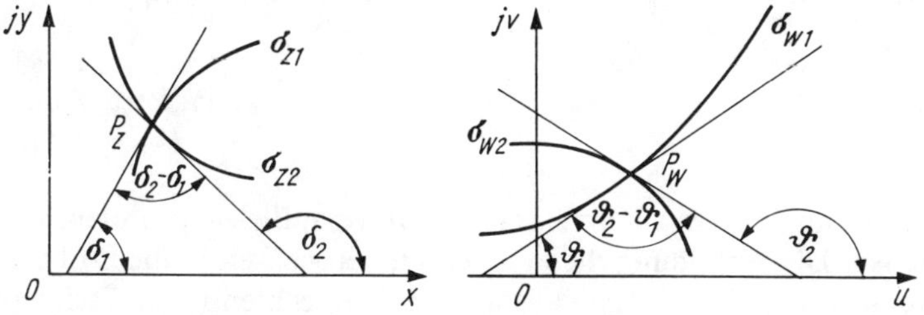

Bild 1.73

Wir wollen annehmen, daß σ_{z1} eine Kurve in der z-Ebene darstellt, auf der der Punkt P_z liegt. Außerdem nehmen wir an, daß σ_{w1} die Abbildung von σ_{z1} in die w-Ebene ist und daß der Punkt P_z der z-Ebene dem Punkt P_w der w-Ebene entspricht. ϑ_1 ist der Winkel, den die Tangente an σ_{w1} in P_w mit der positiven Richtung von u einschließt.
Das Linienelement d$_w$ der Kurve σ_{w1} finden wir aus der Gleichung

$$dw_1 = du_1 + j\,dv_1 = dS_{w1}\,e^{j\vartheta_1}. \tag{1.574}$$

Wegen

$$dw = f'(z)\,dz \tag{1.575}$$

ist

$$dS_{w1}\,e^{j\vartheta_1} = f'(z)\,dS_{z1}\,e^{j\delta_1}. \tag{1.576}$$

Wenn wir die Absolutbeträge vergleichen, erhalten wir

$$dS_{w1} = |f'(z)|\,dS_{z1}. \tag{1.577}$$

Die Größe $|f'(z)|$ gibt das Längenverhältnis der Linienelemente an, während arc $f'(z)$ die Verdrehung des Linienelements dz bei seiner Abbildung in die w-Ebene, d.h. den Winkel zwischen dw und dz, bestimmt.
Für eine andere Kurve σ_{z2}, die durch den Punkt P_z geht, finden wir

$$dS_{w2} = |f'(z)|\,dS_{z2}. \tag{1.578}$$

Da $f'(z)$ nur von P_z und nicht von der Wahl des Differentials dz abhängt, gilt

$$\frac{dS_{w2}}{dS_{w1}} = \frac{dS_{z2}}{dS_{z1}}. \tag{1.579}$$

Aus (1.576) folgt

$$\vartheta_1 = \operatorname{arc} f'(z) + \delta_1, \qquad \vartheta_2 = \operatorname{arc} f'(z) + \delta_2 \qquad (1.580), (1.581)$$

oder

$$\vartheta_1 - \vartheta_2 = \delta_1 - \delta_2. \tag{1.582}$$

(1.579) und (1.582) sagen folgendes aus: Bei einer Abbildung der z-Ebene in die w-Ebene mittels der analytischen Funktion $w = f(z)$ werden die Längenverhältnisse der Linienelemente an jeder Stelle, an der $f'(z) \neq 0$ erfüllt ist, aufrechterhalten. Außerdem bleiben die Winkel, die von den Linienelementen eingeschlossen werden, unverändert. Bei solchen Abbildungen mittels analytischer Funktionen, bei denen $f'(z) \neq 0$ ist, sprechen wir von Ähnlichkeit in kleinsten Teilen. Sie tragen den Namen „konforme Abbildungen". Wenn sich zwei Linien in der z-Ebene unter einem bestimmten Winkel schneiden, so schneiden sich ihre Abbildungen in der w-Ebene unter demselben Winkel (winkeltreue Abbildung).
Wir wollen zu (1.563) zurückkehren und annehmen, daß in der w-Ebene speziell

$$u = \text{konst.} \tag{1.583}$$

und

$$v = \text{konst.} \tag{1.584}$$

sind. Diese Gleichungen bestimmen zwei Kurvenscharen von parallelen Geraden, die senkrecht aufeinanderstehen. Die Abbildung dieser zwei Kurvenscharen in die z-Ebene ergibt zwei andere Kurvenscharen, die sich ebenfalls unter einem rechten Winkel schneiden. Nehmen wir nun an, daß $u(x, y)$ das Potential darstellt, so sind in der z-Ebene die Äquipotentiallinien durch die Kurvenschar $u(x, y) = \text{konst.}$ gegeben. In diesem Falle stellen die Linien $v(x, y) = \text{konst.}$, die die Linien $u(x, y) = \text{konst.}$ an jeder Stelle orthogonal schneiden, die Verschiebungslinien bzw. die Feldlinien dar.
Wir wollen annehmen, daß $u(x, y)$ das Potential darstellt. Dann ist die elektrische Feldstärke

$$\boldsymbol{E} = -\operatorname{grad} u = -\left(\frac{\partial u}{\partial x}\,\boldsymbol{e}_x + \frac{\partial u}{\partial y}\,\boldsymbol{e}_y\right) = E_x\boldsymbol{e}_x + E_y\boldsymbol{e}_y. \tag{1.585}$$

Man kann nun die Feldstärke durch eine komplexe Größe darstellen, deren Real- bzw. Imaginärteil gleich der x- bzw. y-Komponente des Vektors $\boldsymbol{E}$ ist:

$$E_x + \mathrm{j}E_y = -\left(\frac{\partial u}{\partial x} + \mathrm{j}\,\frac{\partial u}{\partial y}\right). \tag{1.586}$$

Mit (1.572) und (1.565) gilt nun (* konjugiert komplex)

$$-\left(\frac{\partial u}{\partial x} + \mathrm{j}\,\frac{\partial u}{\partial y}\right) = -\left(\frac{\partial u}{\partial x} - \mathrm{j}\,\frac{\partial v}{\partial x}\right) = -\left(\frac{\partial u}{\partial x} + \mathrm{j}\,\frac{\partial v}{\partial x}\right)^*$$

$$= -\left(\frac{\partial \tilde{f}(x, y)}{\partial x}\right)^* = -\left(\frac{\mathrm{d}w}{\mathrm{d}z}\right)^*. \tag{1.587}$$

Der Vergleich von (1.587) mit (1.586) ergibt

$$\boldsymbol{E} = \operatorname{Re}\left[-\left(\frac{\mathrm{d}w}{\mathrm{d}z}\right)^*\right]\boldsymbol{e}_x + \operatorname{Im}\left[-\left(\frac{\mathrm{d}w}{\mathrm{d}z}\right)^*\right]\boldsymbol{e}_y \tag{1.588}$$

bzw.

$$E = |\boldsymbol{E}| = \sqrt{E_x^2 + E_y^2} = \left|\left(\frac{\mathrm{d}w}{\mathrm{d}z}\right)^*\right| = \left|\frac{\mathrm{d}w}{\mathrm{d}z}\right|. \tag{1.589}$$

Die beiden letzten Gleichungen besagen folgendes: Der Betrag der elektrischen Feldstärke ist gleich dem Betrag der konjugiert komplexen Ableitung der Funktion w. Die Komponenten der Feldstärke in x- bzw. y-Richtung stimmen dabei mit dem Real- bzw. Imaginärteil von $(\mathrm{d}w/\mathrm{d}z)^*$ überein.
Wird durch die Beziehung $u(x, y)$ das Potential dargestellt, dann liefert $v(x, y) =$ konst. die Verschiebungslinien. Wir wollen nun von der Gleichung

$$\frac{\mathrm{d}w}{\mathrm{d}z} = \frac{\partial u}{\partial x} + \mathrm{j}\,\frac{\partial v}{\partial x} \tag{1.590}$$

ausgehen. Für die konjugiert komplexe Ableitung der Funktion $w(z)$ folgt dann mit (1.571)

$$\left(\frac{\mathrm{d}w}{\mathrm{d}z}\right)^* = \frac{\partial u}{\partial x} - \mathrm{j}\,\frac{\partial v}{\partial x} = \frac{\partial v}{\partial y} + \frac{1}{\mathrm{j}}\,\frac{\partial v}{\partial x} = \frac{1}{\mathrm{j}}\left(\frac{\partial v}{\partial x} + \mathrm{j}\,\frac{\partial v}{\partial y}\right) \tag{1.591}$$

$$\mathrm{j}\left(\frac{\mathrm{d}w}{\mathrm{d}z}\right)^* = \frac{\partial v}{\partial x} + \mathrm{j}\,\frac{\partial v}{\partial y}. \tag{1.592}$$

Nun sind aber $\partial v/\partial x$ und $\partial v/\partial y$ die Komponenten des Vektors grad v. Damit folgt aus (1.587) und (1.592)

$$|\operatorname{grad} v| = |\operatorname{grad} u| = \left|\left(\frac{\mathrm{d}w}{\mathrm{d}z}\right)^*\right| = \left|\frac{\mathrm{d}w}{\mathrm{d}z}\right| \tag{1.593}$$

oder

$$|\boldsymbol{E}| = |\operatorname{grad} v| = \left|\frac{\partial v}{\partial s}\right|. \tag{1.594}$$

$\partial v/\partial s$ ist die Ableitung von v in Richtung der Äquipotentiallinien. Den Verschiebungsfluß zwischen den Verschiebungslinien v_1 und v_2 (Bild 1.74) erhält man, indem man die Verschiebungsdichte über die Äquipotentialfläche zwischen v_1 und v_2 integriert:

$$Q = \int_A |\boldsymbol{D}|\,\mathrm{d}A = \int_A |\boldsymbol{D}|\,l\,\mathrm{d}s = l\varepsilon \int_A |\boldsymbol{E}|\,\mathrm{d}s = l\varepsilon \int_{v_1}^{v_2} \frac{\partial v}{\partial s}\,\mathrm{d}s = l\varepsilon\,(v_2 - v_1). \tag{1.595}$$

Im allgemeinen stellt die Bestimmung der Funktion $w(z)$, deren Real- oder Imaginärteil eine vorgegebene Randbedingung erfüllen soll (beispielsweise die Oberfläche von Elektroden mit vorgegebener Form muß konstantes Potential haben), eine schwierige Aufgabe dar, die nur für einige besondere Fälle lösbar ist. Hingegen ist es verhältnismäßig leicht, die Felder zu untersuchen, die verschiedenen einfachen Abbildungsfunktionen $f(z)$ bzw. $f(w)$ entsprechen. Häufig sind diese Felder von praktischem Interesse. Man geht in diesem Falle folgendermaßen vor: Man bestimmt zunächst das zweidimensionale

Feld, das von einer analytischen Funktion beschrieben wird, und versucht daraufhin, die Form und die Lage der Elektroden zu ermitteln, die diesem Feld entsprechen. Im folgenden wollen wir einige Beispiele dieser Art kennenlernen.

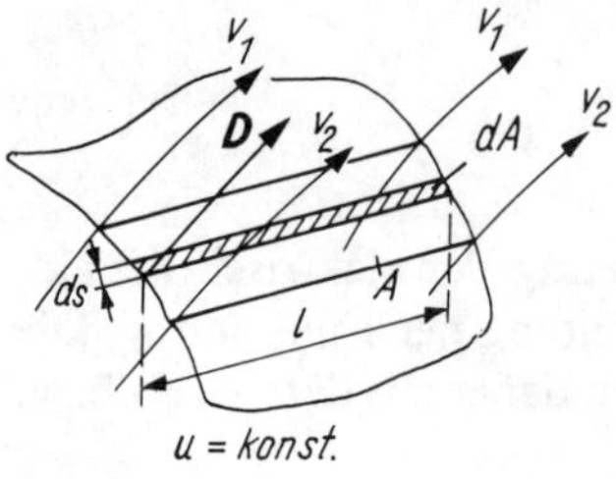

Bild 1.74

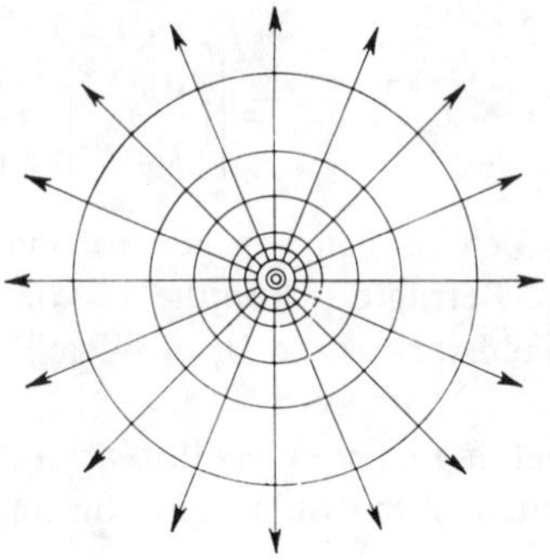

Bild 1.75

1.5.7.3. Feld einer sehr langen Linienladung

Es soll die komplexe analytische Funktion

$$w = f(z) = \ln z = \ln (x + \mathrm{j}y) \tag{1.596}$$

betrachtet werden. In diesem Falle ist es zweckmäßig, von der Polarform der komplexen Zahl auszugehen:

$$z = r\,\mathrm{e}^{\mathrm{j}\vartheta}, \tag{1.597}$$

$$r = \sqrt{x^2 + y^2}, \qquad \vartheta = \arctan \frac{y}{x}. \qquad (1.598), (1.599)$$

Dann ist

$$w = u + \mathrm{j}v = \ln r\,\mathrm{e}^{\mathrm{j}\vartheta} = \ln r + \ln \mathrm{e}^{\mathrm{j}\vartheta} = \ln r + \mathrm{j}\vartheta, \tag{1.600}$$

$$u = \ln r = \ln \sqrt{x^2 + y^2}, \qquad v = \vartheta = \arctan \frac{y}{x}. \qquad (1.601), (1.602)$$

Die Cauchy-Riemannschen Bedingungen (1.571) und (1.572) sind erfüllt; die Funktion ist analytisch.
Indem man $u(x, y)$ als Potential betrachtet, erhält man für die Spuren der Äquipotentialflächen ($u =$ konst.) die Gleichung

$$x^2 + y^2 = \mathrm{e}^{2u} = r^2. \tag{1.603}$$

Die Spuren der Äquipotentialflächen sind konzentrische Kreise mit dem Radius

$$r = \mathrm{e}^u. \tag{1.604}$$

Die Gleichung der Verschiebungslinien ist

$$y = x \tan v. \tag{1.605}$$

Diese stellen Strahlen dar, die vom Zentrum der Kreise ausgehen. Das Feldbild wird im Bild 1.75 gezeigt. Es ist leicht zu erkennen, daß (1.596) das Feld einer sehr langen Linienladung beschreibt. Hieraus ergibt sich durch Belegung von Äquipotentialflächen mit dünnen Folien auch das Feld von sehr langen zylindrischen Elektroden.

1.5.7.4. Feld eines Liniendipols

Es werde die Funktion

$$w = f(z) = \frac{a}{z} = \frac{a}{x + \mathrm{j}y} = \frac{ax}{x^2 + y^2} - \mathrm{j}\,\frac{ay}{x^2 + y^2} \tag{1.606}$$

untersucht. Nach Trennung von Real- und Imaginärteil erhält man

$$u\,(x, y) = \frac{ax}{x^2 + y^2}, \qquad v\,(x, y) = -\frac{ay}{x^2 + y^2}. \qquad (1.607), (1.608)$$

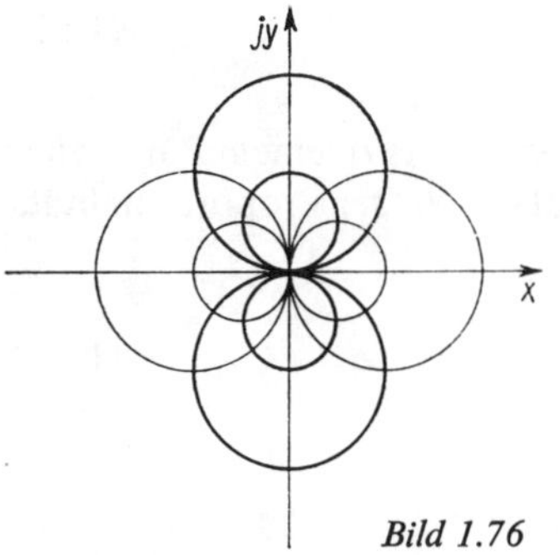

Bild 1.76

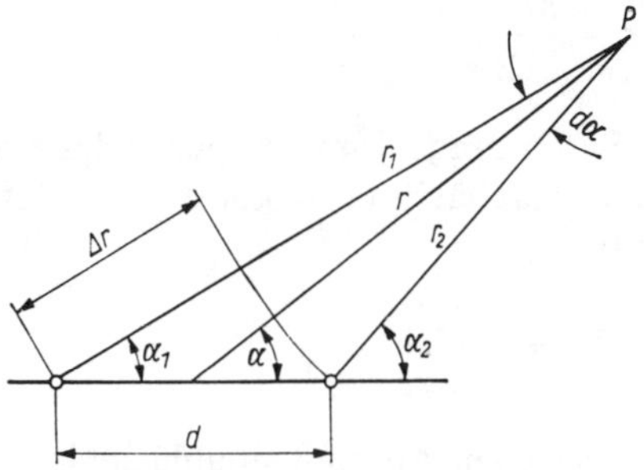

Bild 1.77

Die Cauchy-Riemannschen Bedingungen sind für $x, y \neq 0$ erfüllt; die Funktion ist analytisch. Die Kurven $u\,(x, y) =$ konst. stellen Kreise dar, die durch den Nullpunkt des Koordinatensystems gehen. Ihre Mittelpunkte liegen auf der x-Achse. Die Kurven $v\,(x, y) =$ konst. stellen ebenfalls Kreise dar, die durch den Nullpunkt des Koordinatensystems gehen. Ihre Mittelpunkte liegen auf der y-Achse (Bild 1.76). Das ist das Feld des Liniendipols in einer Entfernung, die groß im Vergleich zum Dipolabstand ist (Fernfeld). Um dies zu zeigen, geht man von (1.343) aus, die das Potential zweier sehr langer Linienladungen beschreibt. Wenn der Abstand d der Linienladungen klein ist im Vergleich zu dem Abstand r vom Dipol bis zum Punkte, dessen Potential man ermitteln will, dann ist (Bild 1.77)

$$\alpha_1 \approx \alpha, \qquad r_2 \approx r, \qquad r_1 = r_2 + \Delta r \approx r + d\cos\alpha, \tag{1.609}$$

und (1.343) geht unter Beachtung der Anordnung der Ladungen in

$$\varphi = \frac{Q}{2\pi\varepsilon l}\ln\frac{r_1}{r_2} = \frac{Q}{2\pi\varepsilon l}\ln\frac{r + d\cos\alpha}{r} = \frac{Q}{2\pi\varepsilon l}\ln\left(1 + \frac{d\cos\alpha}{r}\right) \tag{1.610}$$

über. Nun ist aber

$$\frac{d\cos\alpha}{r} \ll 1, \tag{1.611}$$

so daß man folgende Näherung anwenden kann:

$$\ln\left(1 + \frac{d\cos\alpha}{r}\right) \approx \frac{d\cos\alpha}{r}. \tag{1.612}$$

Dann ist

$$\varphi = \frac{Qd}{2\pi\varepsilon l}\,\frac{\cos\alpha}{r}. \tag{1.613}$$

Führt man die Abkürzung

$$M' = \frac{Qd}{l} \tag{1.614}$$

ein, dann geht (1.613) in

$$\varphi = \frac{M'}{2\pi\varepsilon} \frac{\cos\alpha}{r} \tag{1.615}$$

oder

$$r = \frac{M' \cos\alpha}{2\pi\varepsilon\varphi} \tag{1.616}$$

über. Die Entfernung r vom Nullpunkt des Koordinatensystems bis zu einem Punkt einer beliebigen Niveaufläche (φ = konst. = φ_k) ist proportional $\cos\alpha$. Der Proportionalitätsfaktor beträgt

$$2r_k = \frac{M'}{2\pi\varepsilon\varphi_k}. \tag{1.617}$$

Bei einer gegebenen Äquipotentialfläche ist

$$r = 2r_k \cos\alpha. \tag{1.618}$$

Offensichtlich ist dann

$$r^2 = 2r_k r \cos\alpha. \tag{1.619}$$

Wenn man nun zu kartesischen Koordinaten übergeht und

$$x^2 + y^2 = r^2, \qquad x = r\cos\alpha \qquad (1.620), (1.621)$$

einführt, erhält man

$$x^2 + y^2 = 2r_k x. \tag{1.622}$$

Die Spuren der Äquipotentialflächen sind offensichtlich Kreise, die durch den Koordinatenursprung gehen und deren Mittelpunkte auf der x-Achse, d. h. auf der Verlängerung der Verbindungslinie beider Ladungen liegen. Die Feldlinien sind ebenfalls Kreise, deren Mittelpunkte auf der Mittelsenkrechten der Verbindungslinie beider Ladungen liegen. Hierdurch wurde die Anordnung ermittelt, deren Feldbild durch die komplexe analytische Funktion (1.606) beschrieben wird.

1.5.7.5. Feld zwischen langgestreckten parallelen Linienladungen entgegengesetzter Polarität

Es soll die komplexe analytische Funktion

$$w = k \ln \frac{z + a}{z - a} \tag{1.623}$$

untersucht werden. Die komplexen Zahlen $z + a$ bzw. $z - a$ werden entsprechend Bild 1.78 durch

$$z + a = r_2 \, e^{j\alpha_2} \tag{1.624}$$

bzw.

$$z - a = r_1\, e^{j\alpha_1} \tag{1.625}$$

ersetzt.
Auf diese Weise erhält man

$$w = u + jv = k \ln \frac{r_2\, e^{j\alpha_2}}{r_1\, e^{j\alpha_1}} = k \ln \frac{r_2}{r_1} + jk\,(\alpha_2 - \alpha_1), \tag{1.626}$$

$$u = k \ln \frac{r_2}{r_1}, \qquad v = k\,(\alpha_2 - \alpha_1). \qquad (1.627), (1.628)$$

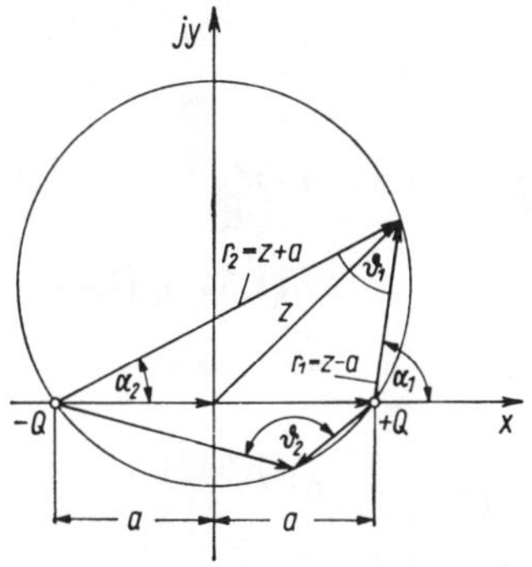

Bild 1.78

Wenn man nun u als Potential betrachtet und für k den Wert

$$k = \frac{Q_l}{2\pi\varepsilon l} \tag{1.629}$$

einführt, erhält man

$$\varphi = \frac{Q_l}{2\pi\varepsilon l} \ln \frac{r_2}{r_1}. \tag{1.630}$$

Diese Gleichung stimmt mit (1.343) überein. (1.623) beschreibt also das Feld, das sich in der Umgebung zweier langgestreckter paralleler Linienladungen ausbildet. (1.628) bestimmt in diesem Falle den Verlauf der Feldlinien. Aus der Bedingung

$$v\,(x, y) = \text{konst.} \tag{1.631}$$

folgt

$$\alpha_2 - \alpha_1 = \text{konst.} \tag{1.632}$$

Die Feldlinien sind Kreise, die durch die zwei Ladungen gehen (s. Bild 1.56).
Wenn man in (1.628) für k den Wert aus (1.629) einführt, erfährt man für den Kreisteil oberhalb der reellen Achse

$$v_1 = \frac{Q_l}{2\pi\varepsilon l}(\alpha_2 - \alpha_1) = -\frac{Q_l}{2\pi\varepsilon l}\vartheta_1 \tag{1.633}$$

mit

$$\vartheta_1 = \alpha_1 - \alpha_2. \tag{1.634}$$

Für den Kreisteil unterhalb der reellen Achse gilt

$$\vartheta_2 = \pi - \vartheta_1 \tag{1.635}$$

und

$$v_2 = \frac{Q_l}{2\pi\varepsilon l}(\pi - \vartheta_1). \tag{1.636}$$

Für den Verschiebungsfluß zwischen den Begrenzungsbögen ein und desselben Kreises erhält man laut (1.595) den Ausdruck

$$Q = l\varepsilon\,(v_2 - v_1) = \frac{Q_l l\varepsilon}{2\pi\varepsilon l}(\pi - \vartheta_1 + \vartheta_1) = \frac{Q_l}{2}. \tag{1.637}$$

Innerhalb eines Kreises, der durch die zwei Linienladungen geht, verläuft die Hälfte des gesamten Verschiebungsflusses.

1.5.7.6. Feld zwischen geladenen Kanten

Als weiteres Beispiel soll die Funktion

$$w = \operatorname{arcosh} \frac{z}{k} \tag{1.638}$$

bzw.

$$z = k \cosh w \tag{1.639}$$

untersucht werden. Mit

$$z = x + \mathrm{j}y = k \cosh (u + \mathrm{j}v) = k \cosh u \cos v + \mathrm{j}k \sinh u \sin v \tag{1.640}$$

folgt

$$x = k \cosh u \cos v, \qquad y = k \sinh u \sin v. \qquad (1.641), (1.642)$$

Daraus erhält man

$$\cos^2 v = \frac{x^2}{k^2 \cosh^2 u}, \qquad \sin^2 v = \frac{y^2}{k^2 \sinh^2 u}. \qquad (1.643), (1.644)$$

Wenn man beide Seiten der zwei letzten Gleichungen addiert, erhält man

$$\sin^2 v + \cos^2 v = 1 = \frac{x^2}{k^2 \cosh^2 u} + \frac{y^2}{k^2 \sinh^2 u}. \tag{1.645}$$

Diese Gleichung beschreibt eine Schar konfokaler Ellipsen. Aus (1.641) und (1.642) folgt ferner

$$\cosh^2 u = \frac{x^2}{k^2 \cos^2 v}, \qquad \sinh^2 u = \frac{y^2}{k^2 \sin^2 v}. \qquad (1.646), (1.647)$$

Subtrahiert man diese Gleichungen voneinander, dann erhält man

$$\cosh^2 u - \sinh^2 u = 1 = \frac{x^2}{k^2 \cos^2 v} - \frac{y^2}{k^2 \sin^2 v}. \tag{1.648}$$

Diese Gleichung stellt eine Schar konfokaler Hyperbeln dar. Die Kurven für u = konst. und v = konst. sind im Bild 1.79 wiedergegeben. Durch entsprechende Belegung mit Metallfolien kann man daraus die Felder mehrerer Elektrodenanordnungen ableiten.

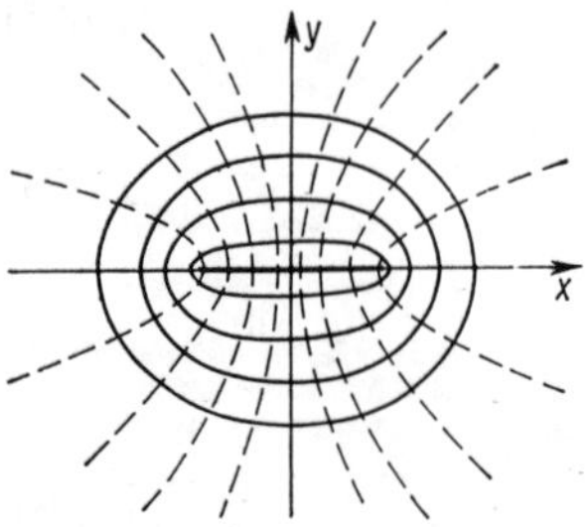

Bild 1.79

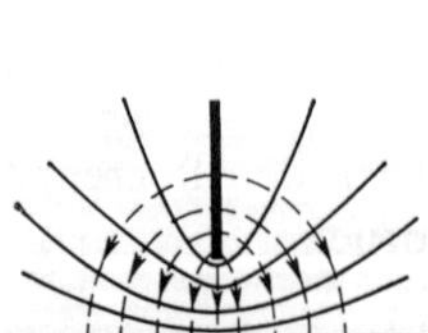

Bild 1.80

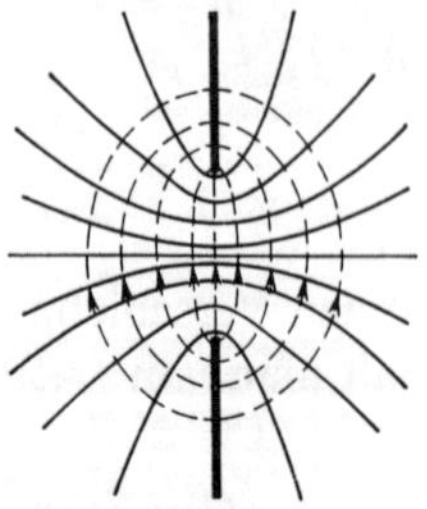

Bild 1.81

Bild 1.80 zeigt den Fall einer sehr langen Kante, die einer Ebene gegenüberliegt. Bild 1.81 zeigt das Feld in dem Spalt zwischen zwei sehr langen Kanten.
In diesem Zusammenhang soll auch die Funktion

$$w = \sqrt{z} = \sqrt{x + jy} \tag{1.649}$$

untersucht werden. Wenn man beide Seiten dieser Gleichung quadriert, erhält man

$$w^2 = (u + jv)^2 = u^2 + j2uv - v^2 = x + jy \tag{1.650}$$

oder Real- und Imaginärteil getrennt

$$x = u^2 - v^2, \qquad y = 2uv. \qquad (1.651), (1.652)$$

Hieraus erhält man, indem man jeweils u bzw. v eliminiert,

$$x = u^2 - \frac{y^2}{4u^2} \tag{1.653}$$

bzw.

$$x = \frac{y^2}{4v^2} - v^2. \tag{1.654}$$

Dies ergibt für u = konst. eine Schar konfokaler Parabeln. Der Fali v = konst. liefert eine andere Schar Parabeln, welche die erste überall senkrecht schneidet (Bild 1.82).

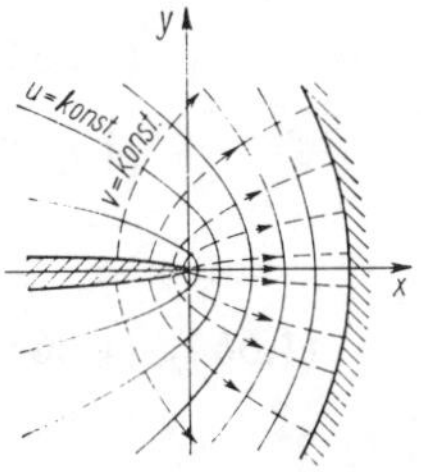

Bild 1.82

Durch Belegung einer der eng geschlossenen und einer der weit offenen parabolischen Äquipotentialflächen mit dünnen Metallfolien erhält man das Feld einer Kante, die einer parabolisch gekrümmten Elektrode senkrecht gegenübersteht.

1.5.7.7. Feld einer einspringenden Ecke

Wir wollen die komplexe analytische Funktion

$$w = f(z) = az^2 = a(x + jy)^2 = a(x^2 + j2xy - y^2) \tag{1.655}$$

untersuchen. Real- und Imaginärteil betragen

$$u = a(x^2 - y^2), \qquad v = 2axy. \qquad (1.656), (1.657)$$

Wenn man annimmt, daß $v(x, y)$ die Äquipotentiallinien beschreibt, dann stellt $u(x, y)$ die Verschiebungslinien dar. Die Gleichung der Spuren der Äquipotentialflächen ist

$$xy = \text{konst.} \tag{1.658}$$

Die Gleichung der Verschiebungslinien lautet

$$x^2 - y^2 = \text{konst.} \tag{1.659}$$

Beide Gleichungen stellen Hyperbelscharen dar. Für den ersten Quadranten werden sie im Bild 1.83 gezeigt.

Offensichtlich ist es das Feldbild, das sich in der Umgebung einer rechtwinklig einspringenden Ecke ausbildet.

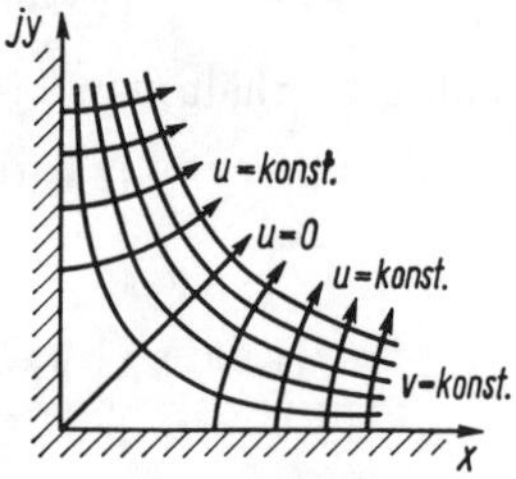

Bild 1.83

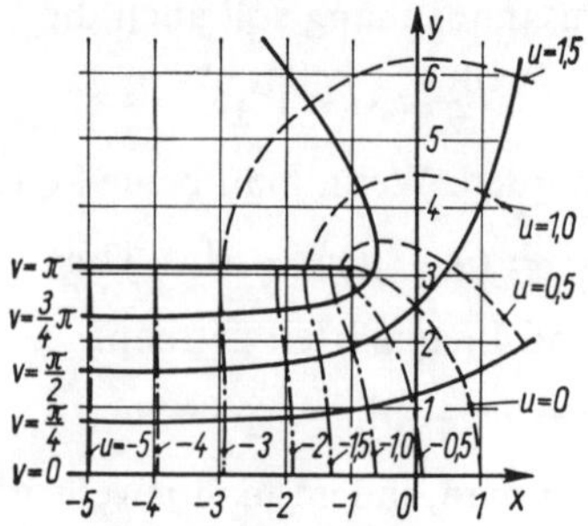

Bild 1.84

1.5.7.8. Feld am Rande eines sehr ausgedehnten Plattenkondensators

Es soll die komplexe analytische Funktion

$$z = w + e^w \tag{1.660}$$

untersucht werden. Werden für die komplexen Variablen z und w deren Real- und Imaginärteil eingeführt, so entsteht

$$x + jy = u + jv + e^{u+jv}, \tag{1.661}$$

$$x + jy = u + jv + e^u e^{jv}, \tag{1.662}$$

$$x + jy = u + jv + e^u (\cos v + j \sin v). \tag{1.663}$$

Die Trennung von Real- und Imaginärteil ergibt

$$x = u + e^u \cos v, \qquad y = v + e^u \sin v. \qquad (1.664), (1.665)$$

Bei $v = \pm\pi$ ist

$$x = u - e^u, \qquad y = \pm\pi. \qquad (1.666), (1.667)$$

Die Gerade $v = \pm\pi$ in der w-Ebene wird in die Gerade $y = \pm\pi$ für den Bereich

$$-\infty < x \leqq -1 \tag{1.668}$$

abgebildet.
Bei $v = 0$ ist

$$x = u + e^u, \qquad y = 0. \qquad (1.669), (1.670)$$

Die x-Achse ($y = 0$) ist Symmetrieachse. Bild 1.84 zeigt die obere Hälfte des Feldbilds. Es wird angenommen, daß $v =$ konst. Äquipotentiallinien und $u =$ konst. Feldlinien sind. Bild 1.84 stellt offensichtlich das Feld am Rande eines Plattenkondensators sehr großer Ausdehnung dar.

1.5.7.9. Feld in einem tiefen Schlitz in einer Elektrode ($\varphi = 0$)

Es soll die komplexe analytische Funktion

$$w = e^z \tag{1.671}$$

untersucht werden. Offensichtlich ist

$$u + jv = e^{x+jy} = e^x e^{jy} = e^x (\cos y + j \sin y). \tag{1.672}$$

Die Trennung von Real- und Imaginärteil ergibt

$$u = e^x \cos y, \qquad v = e^x \sin y. \tag{1.673), (1.674}$$

Die Kurven u = konst. sollen Äquipotentiallinien und die Kurven v = konst. Feldlinien sein. Bei $v = 0$ ist

$$x = \ln u, \qquad y = 0. \tag{1.675), (1.676}$$

Bei $u = 0$ ist

$$x = \ln v, \qquad y = \pm\pi/2. \tag{1.677), (1.678}$$

Das durch diese Funktion beschriebene Feld wird im Bild 1.85a gezeigt. Es ist näherungsweise das Feld im Inneren eines tiefen Schlitzes in einer Elektrode mit dem Potential $\varphi = 0$, der am Eingang von einer ebenen Elektrode mit dem Potential $\varphi = U$ isoliert abgedeckt ist (Bild 1.85b). Die Näherung ist befriedigend, wenn man sich genügend weit vom Boden und vom Eingang des Schlitzes befindet (genaue Lösung s. (1.480)).

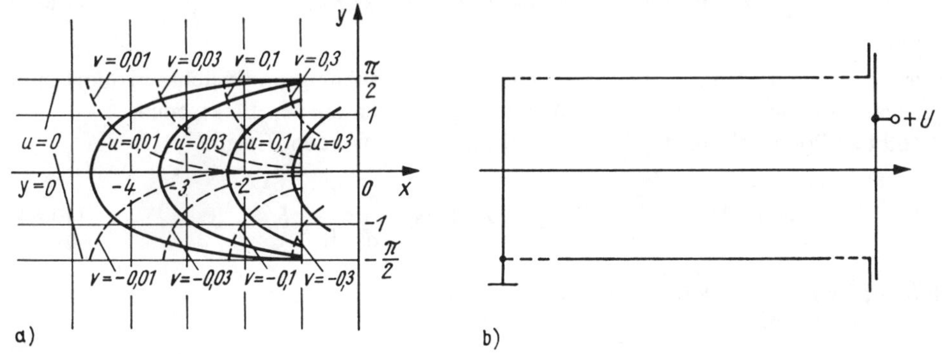

Bild 1.85

1.5.7.10. Feld in der Umgebung eines Röhrengitters

Die konforme Abbildung durch die Gleichung

$$w = \ln \sin \frac{\pi}{d} z \tag{1.679}$$

soll untersucht werden. Zunächst werden wieder Real- und Imaginärteil getrennt:

$$\begin{aligned} u + jv &= \ln \sin \left[\frac{\pi}{d}(x + jy)\right] \\ &= \ln \left[\sin \frac{\pi}{d} x \cos j \frac{\pi}{d} y + \cos \frac{\pi}{d} x \sin j \frac{\pi}{d} y\right] \\ &= \ln \left[\sin \frac{\pi}{d} x \cosh \frac{\pi}{d} y + j \sinh \frac{\pi}{d} y \cos \frac{\pi}{d} x\right] \\ &= \frac{1}{2} \ln \left[\sin^2 \frac{\pi}{d} x \cosh^2 \frac{\pi}{d} y + \sinh^2 \frac{\pi}{d} y \cos^2 \frac{\pi}{d} x\right] \\ &\quad + j \arctan \frac{\tanh (\pi/d)\, y}{\tan (\pi/d)\, x}. \end{aligned} \tag{1.680}$$

Der Realteil sei Potentialfunktion:

$$\varphi = K_1 \ln \left[\sin^2 \frac{\pi}{d} x \cosh^2 \frac{\pi}{d} y + \sinh^2 \frac{\pi}{d} y \cos^2 \frac{\pi}{d} x \right] + K_2. \tag{1.681}$$

Die Diskussion dieser Gleichung wird auf einzelne Argumentbereiche beschränkt. Im Gebiet $y \gg d/\pi$ gilt

$$\cosh^2 \frac{\pi}{d} y \approx \sinh^2 \frac{\pi}{d} y \approx \frac{1}{4} e^{2(\pi/d) y}. \tag{1.682}$$

Damit wird

$$\begin{aligned} \varphi|_{y \gg d/\pi} &\approx K_1 \ln \left[\frac{1}{4} e^{2(\pi/d) y} \left(\sin^2 \frac{\pi}{d} x + \cos^2 \frac{\pi}{d} x \right) \right] + K_2 \\ &\approx K_1 \ln \frac{1}{4} e^{2(\pi/d) y} + K_2 = K_1' \frac{\pi}{d} y + K_2'. \end{aligned} \tag{1.683}$$

Für große Werte y ist das Potential somit von x unabhängig und wächst proportional mit y. Das entspricht dem Feld zwischen zwei parallelen ebenen Elektroden.
Jetzt soll das Potential auf der Linie $y = 0$ untersucht werden. Es gilt

$$\varphi|_{y=0} = K_1 \ln \sin^2 \frac{\pi}{d} x + K_2 = K_1'' \ln \left| \sin \frac{\pi}{d} x \right| + K_2. \tag{1.684}$$

Entlang der x-Achse ändert sich das Feld periodisch:

$$\varphi(x)|_{y=0} = \varphi(x + nd)|_{y=0}. \tag{1.685}$$

Dabei kann n die Werte 0, ± 1, ± 2, ... annehmen. An den Stellen

$$x_p = nd \tag{1.686}$$

existieren Pole – das Potential wird unendlich. Das Potential in der Nähe der Pole wird unter der Bedingung

$$\sin \frac{\pi}{d} x \approx \frac{\pi}{d} x \tag{1.687}$$

näherungsweise durch

$$\varphi(x)|_{y=0} \approx K_1'' \ln \left| \frac{\pi}{d} x \right| + K_2 \tag{1.688}$$

beschrieben, und wegen (1.685) gilt

$$\varphi(x)|_{y=0} \approx K_1'' \ln \frac{\pi}{d} |x + nd| + K_2. \tag{1.689}$$

(1.688) beschreibt das Potential in der Nähe einer sehr langen Linienladung (vgl. (1.325)) an der Stelle $x_P = nd$. Die konforme Abbildung (1.568) beschreibt also in erster Näherung das Feld zweier paralleler Ebenen, zwischen denen sich, parallel zueinander und zu den

Ebenen, im Abstand d voneinander Linienladungen befinden. Das elektrostatische Feld zwischen ebener Kathode, dem Gitter und ebener Anode von Elektronenröhren wird durch diese Anordnung näherungsweise erfaßt. Im Bild 1.86 wird das Feld gezeigt.

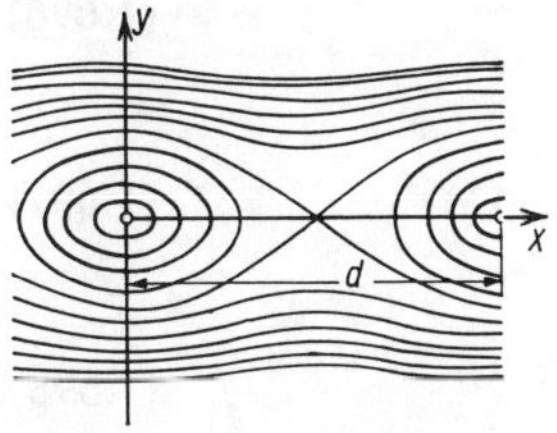

Bild 1.86

1.5.7.11. Schwarz-Christoffelscher Abbildungssatz

In den vorangehenden Abschnitten wurden zu gegebenen Abbildungsfunktionen Elektrodenformen gesucht. Die umgekehrte Aufgabe, Abbildungsfunktionen zu gegebenen Elektrodenformen zu finden, ist nicht für alle Elektrodenformen, sondern nur für solche mit polygonaler Grundkurve lösbar.

Es soll die Abbildungsfunktion

$$z = \frac{A\,(w - u_1)^{\mu+1}}{\mu + 1} + B; \qquad \mu \neq -1 \tag{1.690}$$

untersucht werden. Die Größen μ und u_1 seien reelle, A und B komplexe Konstanten. Aus (1.690) folgt

$$\mathrm{d}z = A\,(w - u_1)^{\mu}\,\mathrm{d}w. \tag{1.691}$$

Der Punkt $w = u_1$ der w-Ebene (Bild 1.87) wird in den Punkt $z_1 = B$ der z-Ebene (Bild 1.88) abgebildet. Auf der reellen Achse rechts des Punktes u_1 (Bereich 3) gilt

$$w = u, \qquad u > u_1, \qquad \mathrm{d}w = \mathrm{d}u > 0. \tag{1.692}$$

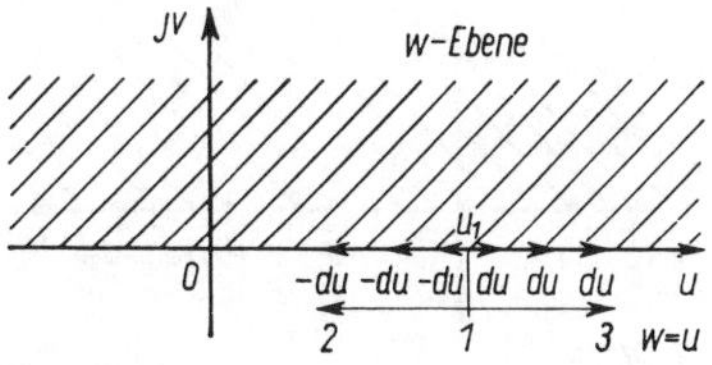

Bild 1.87

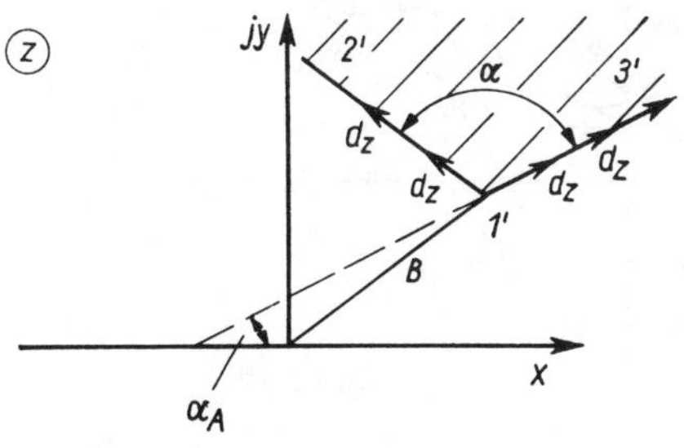

Bild 1.88

In diesem Bereich wird das Längenelement du abgebildet in

$$\mathrm{d}z = A\,(u - u_1)^{\mu}\,\mathrm{d}u = |\mathrm{d}z|\;\mathrm{e}^{\mathrm{j}\alpha_{\mathrm{dz}}}. \tag{1.693}$$

Der Betrag von dz ist

$$|\mathrm{d}z| = |A|\;|(u - u_1)|^{\mu}\,\mathrm{d}u \tag{1.694}$$

und der Winkel von A ist α_A, so daß:

$$\alpha_{\mathrm{dz}} = \alpha_A = \text{konst.}, \tag{1.695}$$

d.h., der Winkel der Abbildungen dz der Elemente du ist konstant. Die Elemente dz bilden eine Gerade unter dem Winkel α_A zur reellen Achse x der z-Ebene. Links des Punktes u_1 auf der reellen Achse der w-Ebene (Bereich 2) gilt

$$w = u, \qquad u < u_1, \qquad \mathrm{d}w = -\mathrm{d}u < 0. \tag{1.696}$$

Das Längenelement $-\mathrm{d}u$ wird abgebildet auf

$$\mathrm{d}z = A\,(u - u_1)^{\mu}\,(-\mathrm{d}u) = |A|\,\mathrm{e}^{\mathrm{j}\alpha_A}\,(-1)^{\mu}\,(u_1 - u)^{\mu}\,(-1)\,\mathrm{d}u. \tag{1.697}$$

Der Betrag von dz ist

$$|\mathrm{d}z| = |A|\,|(u_1 - u)|^{\mu}\,\mathrm{d}u. \tag{1.698}$$

Wenn man bedenkt, daß der Winkel einer reellen negativen Zahl zur positiven x-Achse π ist, erhält man für $\alpha_{\mathrm{d}z}$ den Wert

$$\alpha_{\mathrm{d}z} = \alpha_A + \mu\pi + \pi = \alpha_A + \alpha = \text{konst.} \tag{1.699}$$

mit

$$\alpha = \pi\,(\mu + 1). \tag{1.700}$$

Die Abbildungen dz der Elemente du bilden also ebenfalls eine Gerade, und zwar unter dem Winkel $\alpha_A + \alpha$ zur reellen Achse der z-Ebene (Bild 1.88).
Die reelle Achse der w-Ebene wird durch (1.690) bzw. (1.691) in eine Ecke in der z-Ebene mit dem Winkel α abgebildet. Der Eckpunkt liegt bei $z = B$. Die Abbildungsfunktion (1.690) ist analytisch. Dies sei ohne Beweis angegeben. Durch sie wird die obere Halbebene der w-Ebene in den Sektor der z-Ebene mit dem Winkel α (nicht auf den Teil mit dem Winkel $2\pi - \alpha$) abgebildet. Dies ist in dem Spezialfall $B = 0$, $u_1 = 0$, $\mu = 0$ und $A = 1$ leicht zu erkennen; denn hier wird die w-Ebene punktweise auf die z-Ebene abgebildet, d.h., es wird die u-Achse auf die x-Achse und die obere Halbebene der w-Ebene auf die obere Halbebene der z-Ebene abgebildet.

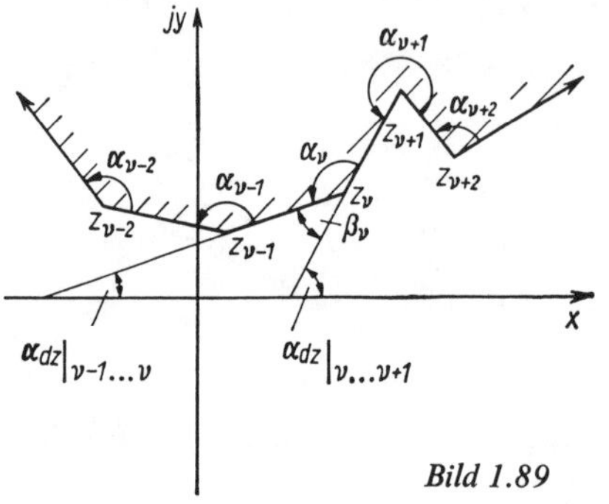

Bild 1.89

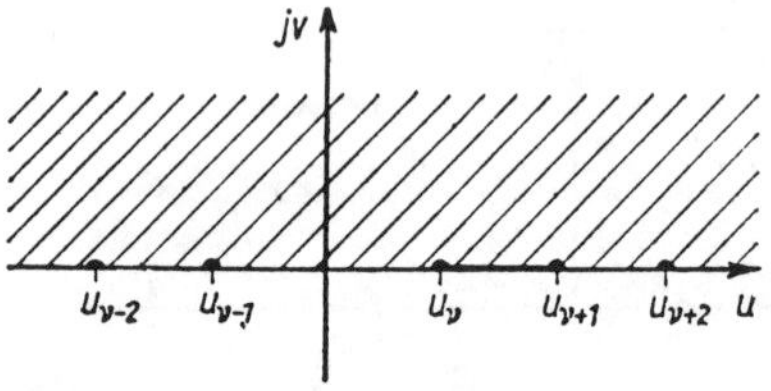

Bild 1.90

Der polygonale Bereich der z-Ebene (Bild 1.89) begrenzt durch eine endliche Zahl von endlich oder auch unendlich langen Geradenstücken, soll auf die obere Halbebene der w-Ebene abgebildet werden (Bild 1.90). Zum Eckpunkt z_ν soll der Bildpunkt u_ν gehören. Werden die Eckpunkte z_ν des polygonalen Bereiches in mathematisch positivem Sinn durchnumeriert, so muß für die Bilder u_ν der Eckpunkte gelten:

$$u_1 < u_2 < u_3 < \ldots < u_\nu \ldots < u_n. \tag{1.701}$$

Unter dieser Bedingung liefert die Abbildungsfunktion

$$z = A \int (w - u_1)^{\mu_1}\,(w - u_2)^{\mu_2} \ldots (w - u_n)^{\mu_n}\,\mathrm{d}w + B \tag{1.702}$$

bzw.

$$dz = A\,(w - u_1)^{\mu_1}\,(w - u_2)^{\mu_2} \dots (w - u_n)^{\mu_n}\,dw \tag{1.703}$$

die verlangte Abbildung, wenn zwischen den Innenwinkeln α_ν und den Größen μ_ν die Beziehung (s. (1.700))

$$\alpha_\nu = \pi\,(\mu_\nu + 1) \tag{1.704}$$

besteht.

Dies wird bewiesen, indem gezeigt wird, daß die u-Achse auf den Polygonzug abgebildet wird. Für die reelle Achse gilt (von $-\infty$ bis $+\infty$)

$$v = 0, \qquad w = u, \qquad dw = du, \qquad du > 0. \tag{1.705}$$

Damit wird aus (1.703)

$$dz = A\,(u - u_1)^{\mu_1} \dots (u - u_n)^{\mu_n}\,du. \tag{1.706}$$

Der Winkel eines Elements dz zur x-Achse ist

$$\alpha_{dz} = \alpha_A + \mu_1\alpha_{u-u_1} + \mu_2\alpha_{u-u_2} + \dots + \mu_n\alpha_{u-u_n}. \tag{1.707}$$

Es ist

$$\alpha_{u-u_\nu} = \begin{cases} 0 & \text{für} \quad u > u_\nu, \\ \pi & \text{für} \quad u < u_\nu. \end{cases} \tag{1.708}$$

Damit wird der Winkel der Elemente dz, die zu den Elementen du im Intervall $u_\nu \dots u_{\nu+1}$ gehören (Bild 1.89),

$$\alpha_{dz|\nu\dots(\nu+1)} = \alpha_A + \pi \sum_{p=\nu+1}^{n} \mu_p = \text{konst.}; \tag{1.709}$$

denn alle Winkel $\alpha_{u-u_1} \dots \alpha_{u-u_\nu}$ sind gleich Null, alle Winkel $\alpha_{u-u_{(\nu+1)}} \dots \alpha_{u-u_n}$ sind gleich π. Aus (1.709) folgt, daß die zu den Elementen du im Intervall $u_\nu \dots u_{\nu+1}$ gehörenden Elemente dz einen konstanten Winkel mit der x-Achse bilden, d.h. einen Geradenabschnitt bilden. Die Elemente $dz|_{\nu\dots(\nu+1)}$, die zu dem Intervall $u_{(\nu-1)} \dots u_\nu$ gehören, bilden ebenfalls ein Geradenstück. Dieses schließt mit dem ersten (Bild 1.89) den Winkel

$$\begin{aligned} \alpha_\nu &= \pi - \beta_\nu = \pi - \{\pi - \alpha_{dz|(\nu-1)\dots\nu} - (\pi - \alpha_{dz|\nu\dots(\nu+1)})\} \\ &= \pi + \alpha_{dz|(\nu-1)\dots\nu} - \alpha_{dz|\nu\dots(\nu+1)} \end{aligned} \tag{1.710}$$

ein. Wegen (1.707) und (1.708) ist dann

$$\alpha_\nu = \pi + (\alpha_A + 0) - (\alpha_A - \pi\mu_\nu) \tag{1.711}$$

oder

$$\alpha_\nu = \pi\,(1 + \mu_\nu). \tag{1.712}$$

Wird die Konstante μ_ν nach der Vorschrift

$$\mu_\nu = \frac{\alpha_\nu}{\pi} - 1 \tag{1.713}$$

gewählt, so kann der vorgegebene Polygonzug in die u-Achse abgebildet werden.

Es ist nun zu überprüfen, ob die in der Abbildungsfunktion enthaltenen Konstanten für die geforderte Transformation ausreichen. Dazu ist es notwendig zu wissen, daß zwischen den einzelnen Größen μ_ν ein Zusammenhang besteht. Für ein polygonales Gebiet ist die Summe der Außenwinkel gleich 2π:

$$\sum_{\nu=1}^{n} \beta_\nu = 2\pi \tag{1.714}$$

oder

$$\sum_{\nu=1}^{n} (\pi - \alpha_\nu) = \sum_{\nu=1}^{n} [\pi - \pi(1 + \mu_\nu)] = -\pi \sum_{\nu=1}^{n} \mu_\nu = 2\pi, \tag{1.715}$$

d.h.

$$\sum_{\nu=1}^{n} \mu_\nu = -2. \tag{1.716}$$

Auf Grund dieser Abhängigkeit stehen von den n Größen μ_ν nur $(n - 1)$ zur Verfügung. Außerdem sind die n Konstanten u_ν vorhanden, und die komplexen Konstanten A und B enthalten je zwei unabhängige reelle Konstanten. Das sind insgesamt $2n + 3$ Konstanten, von denen für einen polygonalen Bereich $2n$ Konstanten benötigt werden, so daß drei beliebig wählbare Konstanten verbleiben. Ohne Beweis sei bemerkt, daß die Abbildungsfunktion (1.702) analytisch ist und daß ein Eckpunkt im Unendlichen den Außenwinkel

$$\beta_\infty = \left(2 + \sum_{\nu=1}^{n} \mu_\nu\right) \pi \tag{1.717}$$

erhält, wenn im Endlichen n Eckpunkte liegen. Die Transformation des Eckpunktes $z = \infty$ in den Punkt $w = \infty$ liefert keinen Beitrag zum Schwarz-Christoffelschen Integral.

Damit ist es möglich, einen polygonalen Bereich auf die obere Halbebene abzubilden. Die Aufstellung des Integrals (1.702) bereitet auch keine Schwierigkeiten. Es ist aber in den meisten Fällen nicht in geschlossener Form lösbar.

Feld einer Ecke vor einer leitenden Wand

Als Beispiel für die Berechnung eines Feldbilds mit Hilfe des Schwarz-Christoffelschen Abbildungssatzes soll das Feld einer Ecke vor einer leitenden Wand ermittelt werden. Die im Bild 1.91a gezeigte Elektrodenanordnung wird als geschlossenes Polygon dargestellt, wobei zwei Eckpunkte im Unendlichen liegen. Die Eckpunkte werden im mathematisch positiven Sinn durchlaufen und durchnumeriert.

Es können drei Punkte w der u-Achse als Bildpunkt von drei beliebig wählbaren Polygon-

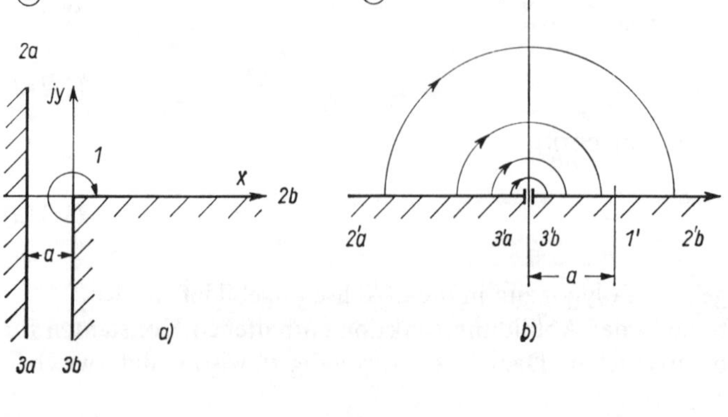

Bild 1.91

eckpunkten z bestimmt werden. Die Achse $2a-3a$ soll hierbei auf die negative u-Achse, die Seiten $3b$–$2b$ sollen auf die positive u-Achse abgebildet werden (Bild 1.91b). Aus diesen Zuordnungen erhält man für die Punkte 1 und 3 die entsprechenden Werte z_ν und w_ν, die in unten stehender Tafel angeführt sind. Aus dem mathematisch positiven Umlaufsinn ermittelt man die Innenwinkel α_ν der Ecken. Dabei ist zu beachten, daß sich im Punkt 3 die Richtung umkehrt, so daß der Außenwinkel $\beta_3 = \pi$ entsteht. Im Punkt 2 (im Unendlichen) muß sich das Polygon wieder schließen. Beginnend von $2b$, erhält man über $2a$ bei Beachtung des Umlaufsinns den Außenwinkel $\beta_2 = 3\pi/2$. Für den Punkt 1 gilt $\beta_1 = -\pi/2$. Mit (1.710) erhält man die in der Tafel angegebenen Werte α_ν der Innenwinkel. Aus (1.713) folgen dann die Exponenten μ_ν.

Punkt	z_ν	w_ν	α_ν	μ_ν
1	0,0	a,0	$3\pi/2$	1/2
2	∞	∞	$-\pi/2$	$-3/2$
3a *3b*	$-a, -\infty$ $0, -\infty$	$-0{,}0$ $+0{,}0$	0	-1

Man erkennt, daß die Bedingung $\sum_{\nu=1}^{n} \mu_\nu = -2$ erfüllt wird. Somit kann die Schwarz-Christoffelsche Formel für diesen Fall aufgeschrieben werden:

$$z = A \int (w-a)^{1/2} (w-0)^{-1} \, \mathrm{d}w + B = A \int \frac{\sqrt{w-a}}{w} \, \mathrm{d}w + B. \tag{1.718}$$

Die Transformation des Eckpunktes ∞ in den Punkt ∞ gibt keinen Beitrag zum Schwarz-Christoffelschen Integral, so daß der Punkt 2 nicht in die Abbildungsfunktion eingeht. Die Integration von (1.718) liefert die Transformationsgleichung

$$z = A \left[2\sqrt{w-a} - \frac{2a}{\sqrt{a}} \arctan \sqrt{\frac{w-a}{a}} \right] + B, \tag{1.719}$$

die den Polygonzug in der z-Ebene auf die reelle Achse der w-Ebene abbildet. Die Konstanten A und B werden so bestimmt, daß die vorgegebenen Eckpunkte auf die gewünschten Bildpunkte der u-Achse abgebildet werden.

1.5.8. Grafische Konstruktion des Feldbildes

1.5.8.1. Grafische Konstruktion im zweidimensionalen Feld

Die Methode besteht in einer gefühlsmäßigen Konstruktion der Feld- und Äquipotentiallinien und der systematischen Korrektur der so gewonnenen Bilder unter Anwendung der Grundgesetze des elektrostatischen Feldes. Benachbarte Feld- und Äquipotentiallinien schließen krummlinige Rechtecke ein. Bei Einhaltung der Randbedingungen kann man unter Beachtung einiger Grundregeln nach gewisser Übung schnell zu verhältnismäßig befriedigenden Feldbildkonstruktionen kommen. Besonders geeignet für eine solche Behandlung sind zweidimensionale und rotationssymmetrische Felder. Den Ausgangspunkt

stellen die Elektroden dar, die die Feldumrandung bilden. Im elektrostatischen Feld sind es Äquipotentiallinien. Die Feldlinien stehen senkrecht dazu. Besonders vorteilhaft ist die Verwendung von Symmetrieachsen, was die Konstruktion auf kleinere Bereiche zu beschränken erlaubt. Die Gebiete der größten Feldkonzentration (dichteste Feld- bzw. Äquipotentiallinien) sind am wenigsten von den übrigen beeinflußt. Es empfiehlt sich, hier mit der Konstruktion zu beginnen. Vorteilhaft für den Beginn der Konstruktion sind auch Gebiete, in denen man eine gewisse Homogenität des Feldes erwartet.
Zuerst werden Niveaulinien gleichen Potentialunterschieds $\Delta\varphi$ gezeichnet. Die Feldstärke ist an jeder Stelle umgekehrt proportional dem Niveaulinienabstand Δa. Den Verschiebungsfluß denkt man sich in gleiche Teile ΔQ aufgeteilt, die durch zwei benachbarte Verschiebungslinien begrenzt sind. Die Verschiebungsdichte ist an jeder Stelle umgekehrt proportional dem Abstand Δb zweier dieser Verschiebungslinien. Die Proportionalität zwischen Feldstärke und Verschiebungsdichte verlangt, daß überall Δb proportional Δa ist:

$$\Delta b = \zeta\,\Delta a. \tag{1.720}$$

Zweckmäßigerweise wählt man $\zeta = 1$, so daß $\Delta b = \Delta a$ wird. Unter ständiger Korrektur wird das ganze Feld in krummlinige Quadrate aufgeteilt.
Sind außer den Elektrodenumrandungen n Äquipotentiallinien gezeichnet, dann ist der Potentialunterschied zwischen zwei benachbarten Äquipotentiallinien

$$\Delta\varphi = \frac{U}{n+1}. \tag{1.721}$$

Hierbei ist U die Spannung, die zwischen den Elektroden liegt. Die Feldstärke an einer Stelle mit dem Niveaulinienabstand Δa_λ ist dann

$$|\boldsymbol{E}| = \frac{\Delta\varphi}{\Delta\alpha_\lambda} \tag{1.722}$$

und

$$|\boldsymbol{D}| = \varepsilon\,|\boldsymbol{E}| = \varepsilon\,\frac{\Delta\varphi}{\Delta a_\lambda}. \tag{1.723}$$

Der Verschiebungsfluß zwischen zwei Verschiebungslinien mit dem Abstand Δb_λ ist

$$\Delta Q = \Delta b_\lambda l\,|\boldsymbol{D}|. \tag{1.724}$$

Hierbei ist l die Länge (Höhe) der Elektroden. Ist die Zahl der Verschiebungslinien, die von der einen zur anderen Elektrode gehen, gleich m, dann ist der gesamte Fluß

$$Q = \Sigma\,\Delta Q = m\,\Delta b_\lambda l\,|\boldsymbol{D}| \tag{1.725}$$

oder mit (1.723) und $\zeta = 1$

$$Q = \varepsilon m\,\frac{\Delta b_\lambda}{\Delta a_\lambda}\,l\,\Delta\varphi = \varepsilon m l\,\Delta\varphi. \tag{1.726}$$

Mit (1.721) erhält man schließlich

$$Q = \frac{\varepsilon m l}{n+1}\,U. \tag{1.727}$$

Die Kapazität der Anordnung ist dann

$$C = \frac{Q}{U} = \frac{\varepsilon m}{n+1}\, l. \tag{1.728}$$

Bild 1.92 zeigt das Feldbild in der Umgebung einer ausgedehnten ebenen Elektrode, zu der parallel eine Schiene mit rechteckigem Querschnitt verläuft.

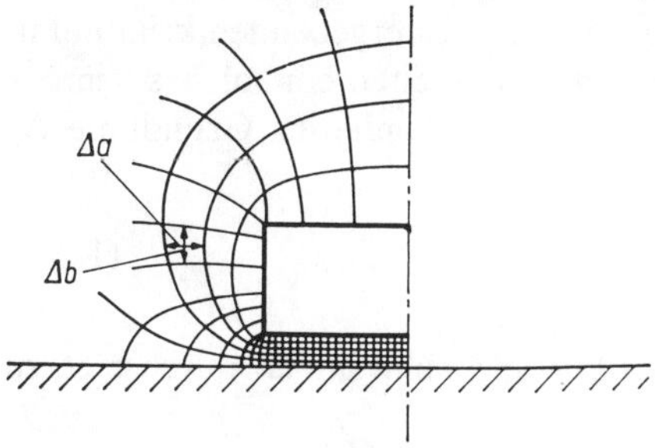

Bild 1.92

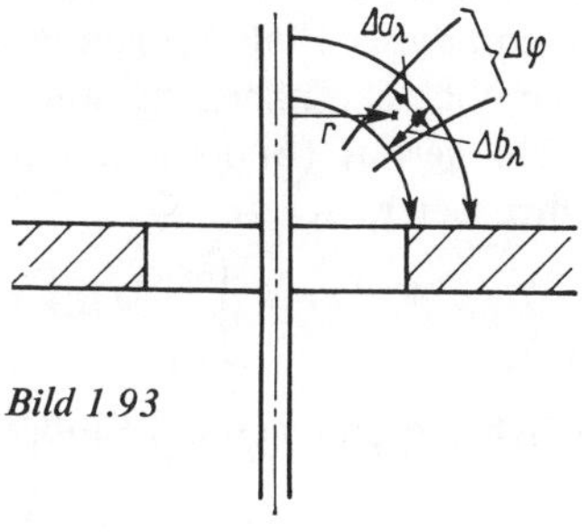

Bild 1.93

1.5.8.2. Graphische Konstruktion im rotationssymmetrischen Feld

Ähnlich wie bei ebenen Feldern führt man die Konstruktion bei rotationssymmetrischen Feldern durch. Es wird die Verschiebungsdichte an einer bestimmten Stelle (Bild 1.93) im Abstand r von der Symmetrieachse ermittelt. Benachbarte Niveaulinien haben den gleichen Potentialunterschied $\Delta\varphi$. Sie liegen an der betrachteten Stelle im Abstand Δa_λ. Die Verschiebungslinien mit dem Abstand Δb_λ schließen den Fluß ΔQ ein. Die Verschiebungsdichte ist

$$|\boldsymbol{D}| = \frac{\Delta Q}{2\pi r\, \Delta b_\lambda} \tag{1.729}$$

und die Feldstärke

$$|\boldsymbol{E}| = \frac{\Delta\varphi}{\Delta a_\lambda}. \tag{1.730}$$

Die Proportionalität zwischen Feldstärke und Verschiebungsdichte verlangt

$$\frac{\Delta Q}{2\pi r\, \Delta b_\lambda} = \varepsilon\, \frac{\Delta\varphi}{\Delta a_\lambda} \tag{1.731}$$

oder

$$r\, \frac{\Delta b_\lambda}{\Delta a_\lambda} = \frac{1}{2\pi\varepsilon}\, \frac{\Delta Q}{\Delta\varphi} = \zeta = \text{konst.} \tag{1.732}$$

Man nimmt einen geeigneten Wert für ζ an und zeichnet das Feldbild. Wenn sich dabei n Äquipotentiallinien und m Verschiebungslinien ergeben, gilt

$$Q = m\, \Delta Q = m 2\pi r\, \Delta b_\lambda\, |\boldsymbol{D}|, \tag{1.733}$$

$$U = (n+1)\, \Delta\varphi = (n+1)\, |\boldsymbol{E}|\, \Delta a_\lambda. \tag{1.734}$$

Hieraus ergibt sich die Kapazität der Anordnung zu

$$C = \frac{Q}{U} = \frac{m}{n+1}\, \frac{2\pi r\, \Delta b_\lambda\, |\boldsymbol{D}|}{|\boldsymbol{E}|\, \Delta a_\lambda} = 2\pi\varepsilon\, \frac{m}{n+1}\, \zeta. \tag{1.735}$$

1.5.8.3. Grafische Überlagerung von Feldbildern

Überlagerung der Verschiebungslinien in zweidimensionalen Feldern

Es seien die Verschiebungslinien zweier zweidimensionaler elektrostatischer Felder 1 und 2 (Bild 1.94) so gezeichnet, daß sowohl bei dem ersten als auch bei dem zweiten Feldbild zwischen je zwei benachbarten Verschiebungslinien der gleiche Verschiebungsfluß ΔQ verläuft.

Wenn dieser Fluß ΔQ genügend klein gewählt wird, sind die sich ergebenden krummlinigen Vierecke näherungsweise als geradlinig anzusehen. Wir greifen ein solches Viereck 1234 heraus (Bild 1.94). Der Fluß, der die Fläche $A_2 = \Delta_2 l$ mit der Grundlinie Δ_2 durchsetzt, ist

$$\Delta Q = \int_{A_2} \boldsymbol{D}\, \mathrm{d}\boldsymbol{A} \approx D_1\, \Delta_2 l \cos\alpha_2 . \tag{1.736}$$

Ebenso ergibt sich der Fluß, der die Fläche $A_1 = \Delta_1 l$ mit der Grundlinie Δ_1 durchsetzt, zu

$$\Delta Q = \int_{A_1} \boldsymbol{D}\, \mathrm{d}\boldsymbol{A} \approx D_2\, \Delta_1 l \cos\alpha_1 . \tag{1.737}$$

Im Bild 1.94 erkennt man, daß $\alpha_1 = \alpha_2$ ist und daß daher aus (1.736) und (1.737) für das Verhältnis der Beträge der Verschiebungsflußdichten folgt:

$$\frac{D_1}{D_2} = \frac{\Delta_1}{\Delta_2}. \tag{1.738}$$

Die Strecken Δ_1 und Δ_2 sind also ein Maß für die Betrage der Verschiebungsflußdichten; die Richtungen von $\boldsymbol{D}_1$ bzw. $\boldsymbol{D}_2$ fallen mit Δ_1 und Δ_2 zusammen. Daraus folgt, daß die Diagonale in dem Viereck 1234 nach Betrag und Richtung ein Maß für die resultierende Verschiebungsdichte

$$\boldsymbol{D} = \boldsymbol{D}_1 + \boldsymbol{D}_2 \tag{1.739}$$

ist. Man erhält also das Bild der resultierenden Verschiebungslinien, indem man überall die Diagonalen in den krummlinigen Vierecken zeichnet. Von den beiden möglichen Diagonalen sind die zu wählen, die in Richtung des resultierenden Verschiebungsflusses

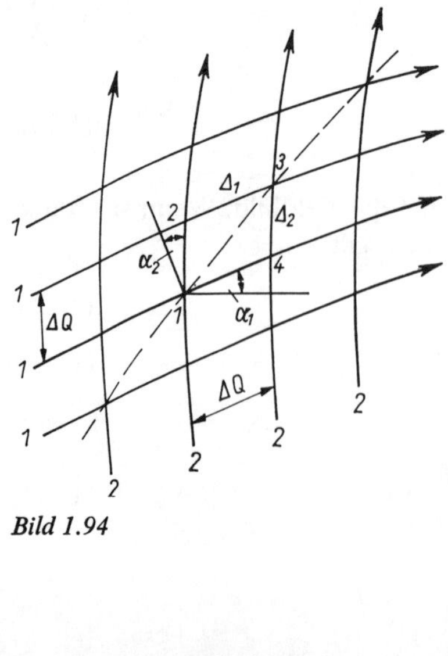

Bild 1.94

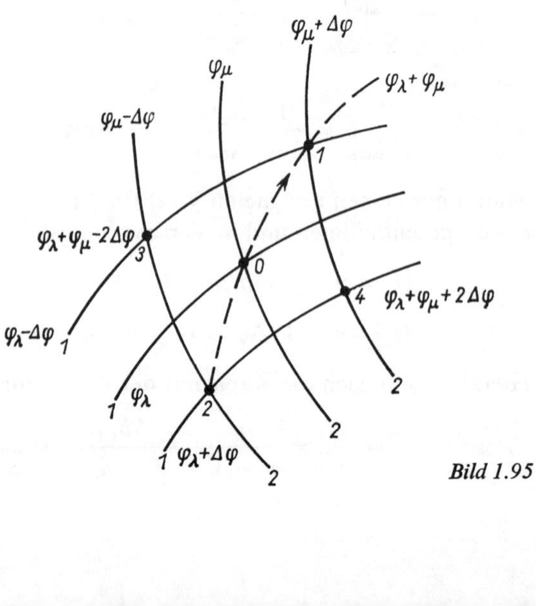

Bild 1.95

verlaufen; denn der Vektor $\boldsymbol{D}$ (1.739) muß überall an die Verschiebungslinien des resultierenden Feldes tangieren.

Überlagerung der Potentiale

Es seien die Äquipotentiallinien (Spuren der Äquipotentialflächen) zweier ebener elektrostatischer Felder 1 und 2 gegeben (Bild 1.95).
Das resultierende Potential bei Anwesenheit beider Felder ist gleich der Summe der Einzelpotentiale:

$$\varphi = \varphi_1 + \varphi_2. \tag{1.740}$$

Diese Gleichung gilt auch in den Schnittpunkten der Äquipotentiallinien beider Felder. Besteht zwischen zwei benachbarten Äquipotentiallinien jedes Feldes die Potentialdifferenz $\Delta\varphi$, so vereinfacht sich die Auffindung von Punkten gleichen Potentials des resultierenden Feldes beträchtlich. Die Äquipotentiallinien erhält man als Verbindungen der gegenüberliegenden Punkte der durch die Äquipotentiallinien der Einzelfelder gebildeten krummlinigen Vierecke, deren resultierendes Potential gleich groß ist.
Es soll z. B. im Bild 1.95 von Punkt 0 aus die durch diesen Punkt verlaufende resultierende Äquipotentiallinie gezeichnet werden. Der Punkt 0 hat das Potential $\varphi_\lambda + \varphi_\mu$, die Punkte 1 und 2 haben das gleiche Potential. Sie werden mit dem Punkt 0 zu der resultierenden Äquipotentiallinie verbunden. Der Punkt 3 hat das Potential $\varphi_\lambda + \varphi_\mu - 2\Delta\varphi$ und der Punkt 4 das Potential $\varphi_\lambda + \varphi_\mu + \Delta 2\varphi$. Die Punkte 3 und 4 gehören also nicht zu der gesuchten Äquipotentiallinie.

1.6. Numerische Verfahren zur Berechnung elektrostatischer Felder

Die Anwendung der zur Lösung der Laplaceschen bzw. Poissonschen Differentialgleichung entwickelten analytischen Verfahren (Produktenansatz, konforme Abbildungen, Reihenentwicklung usw.) ist an bestimmte Bedingungen geknüpft, die in den meisten praktisch wichtigen Fällen nicht erfüllt sind. So können z. B. mit Hilfe konformer Abbildungen nur ebene, d. h. zweidimensionale Felder behandelt werden. Die Laplacesche Gleichung ist nur für eine begrenzte Anzahl von Koordinatensystemen separierbar. Deswegen hilft ein Produktenansatz nur dann weiter, wenn die Ränder und Grenzflächen des Feldgebiets mit Koordinatenflächen derartiger Systeme zusammenfallen. Reihenentwicklungen gestatten die analytische Feldberechnung mit vertretbarem Aufwand nur, wenn bestimmte Symmetrieeigenschaften des Feldes vorliegen.
Wenn die Medien, in denen sich das Feld ausbildet, inhomogen, anisotrop oder nichtlinear sind, dann werden die Felder nicht durch die Laplacesche oder Poissonsche Differentialgleichung, sondern durch die sogenannte quasi-Poissonsche Differentialgleichung

$$\operatorname{div} \varepsilon\,(\operatorname{grad} \varphi, \boldsymbol{r}) \operatorname{grad} \varphi = -\varrho(\boldsymbol{r}) \tag{1.741}$$

beschrieben. In diesem Falle versagen analytische Verfahren. Auch Randbedingungen unterschiedlicher Art in ein und derselben Feldaufgabe (gemischte Randbedingungen) können die Anwendung analytischer Verfahren unmöglich machen. Der Bedarf an Alternativen zu analytischen Berechnungsverfahren entsteht auch dann, wenn zwar analytische Lösungen möglich, ja sogar bekannt sind, ihre Ermittlung bzw. ihre Auswertung aber sehr aufwendig ist und einen großen Rechenaufwand erfordern.
Diese Schwierigkeiten können wenigstens grundsätzlich durch die Anwendung von

numerischen Näherungsverfahren überwunden werden. Eine rasante Entwicklung der numerischen Näherungsverfahren zur Berechnung elektromagnetischer Felder ist durch die Entwicklung der elektronischen Rechner ausgelöst worden. Die Zahl der heute bekannten numerischen Lösungsverfahren ist sehr groß. Dies liegt auch daran, daß neben der Formulierung des Feldproblems als Differentialgleichung auch andere Modelle als Basis für die Ermittlung der Näherungslösung angegeben werden können.
Entsprechend den verschiedenen mathematischen Modellen des Feldproblems lassen sich drei große Gruppen von numerischen Verfahren angeben:

1. finite Differenzenverfahren,
2. Ansatzverfahren,
3. Verfahren auf der Grundlage der Integralgleichungen.

Im folgenden werden als Beispiele eines jeden dieser Verfahren

1. Differenzenverfahren
   klassischer Lösungsweg
   Monte-Carlo-Methode
   Netzwerkmodellierung mit Widerstandselementen,
2. Finite-Elemente-Methode,
3. Methode der Sekundärquellen

behandelt.
Als mathematisches Modell wird in der ersten Gruppe die Laplace-Poissonsche Differentialgleichung benutzt, deren Theorie bereits abgehandelt worden ist.
In der zweiten und dritten Gruppe werden mathematische Modelle für das Feldproblem angewandt, die bis jetzt nicht behandelt worden sind.
Die theoretische Begründung dieser Modelle wird im folgenden den jeweiligen Abschnitten vorangestellt.

1.6.1. Differenzenverfahren

Wir behandeln als wichtigsten Vertreter dieser Gruppe das Differenzenverfahren im engeren Sinne, das durch die Ersetzung der Differentialquotienten durch Differenzenquotienten in der Potentialgleichung (*Poisson* oder *Laplace*), d.h. ihre Diskretisierung, gekennzeichnet ist.
Um das Potential in einem vorgegebenen Gebiet zu berechnen, überzieht man dieses Gebiet mit einem Gitter, wobei die Schrittweiten so gewählt werden, daß die Begrenzung des Gitters gut mit dem Rand des Gebietes übereinstimmt. Anstelle der Potentialberechnung für das gesamte Gebiet werden nur die Potentiale der Schnittpunkte von Gitterlinien, der Knotenpunkte des Gitters, ermittelt (Diskretisierung).

1.6.1.1. Das zweidimensionale Feld

Die Poissonschen bzw. die Laplaceschen Differentialgleichungen lauten im zweidimensionalen Fall

$$\Delta\varphi = \frac{\partial^2\varphi}{\partial x^2} + \frac{\partial^2\varphi}{\partial y^2} = -\frac{\varrho(x, y)}{\varepsilon} = -f(x, y) \qquad (1.742)$$

bzw.

$$\Delta\varphi = \frac{\partial^2\varphi}{\partial x^2} + \frac{\partial^2\varphi}{\partial y^2} = 0.$$

Wir betrachten zuerst den Fall eines nichtäquidistanten Gitters. Bild 196 stellt einen beliebigen Punkt $P_0 (x_0, y_0)$ mit seinen vier Nachbarpunkten dar. Ein solches Gebilde wird als Differenzenstern bezeichnet.

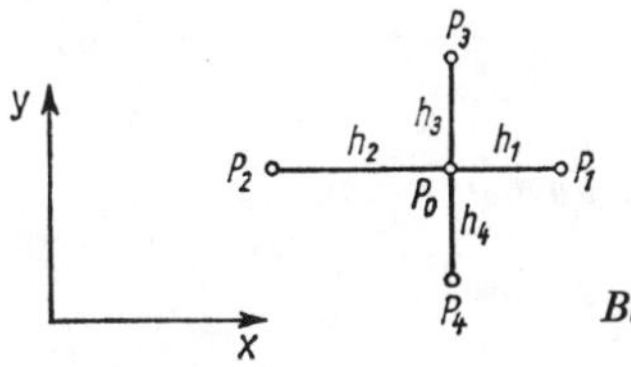

Bild 1.96

Entwickelt man die unbekannte Potentialfunktion $\varphi (x, y)$ im Punkte P_0 mit dem Potential φ_0 in eine Taylor-Reihe, so entsteht

$$\varphi (x, y) = \varphi_0 (x_0, y_0) + \frac{1}{1!} \left[(x - x_0) \frac{\partial \varphi}{\partial x} (x_0, y_0) + (y - y_0) \frac{\partial \varphi}{\partial y} (x_0, y_0) \right]$$
$$+ \frac{1}{2!} \left[(x - x_0)^2 \frac{\partial^2 \varphi}{\partial x^2} (x_0, y_0) + 2 (x - x_0) (y - y_0) \right.$$
$$\left. \times \frac{\partial^2 \varphi}{\partial x \, \partial y} (x_0, y_0) + (y - y_0) \frac{\partial^2 \varphi}{\partial y^2} (x_0, y_0) \right] + \dots \quad (1.743)$$

Entsprechend der geforderten Genauigkeit wird die Reihe nach einer bestimmten Gliedzahl abgebrochen. Einfache Differenzenformeln berücksichtigen noch Glieder zweiter Ordnung, genauere Formeln noch Glieder bis zu sechster Ordnung.
Mit den Bezeichnungen von Bild 1.96 erhält man für die Potentiale der Punkte $P_1 \dots P_4$

$$\varphi_1 = \varphi_0 + h_1 \frac{\partial \varphi}{\partial x} + \frac{1}{2} h_1^2 \frac{\partial^2 \varphi}{\partial x^2}, \quad (1.744)$$

$$\varphi_2 = \varphi_0 - h_2 \frac{\partial \varphi}{\partial x} + \frac{1}{2} h_2^2 \frac{\partial^2 \varphi}{\partial x^2}, \quad (1.745)$$

$$\varphi_3 = \varphi_0 + h_3 \frac{\partial \varphi}{\partial y} + \frac{1}{2} h_3^2 \frac{\partial^2 \varphi}{\partial y^2}, \quad (1.746)$$

$$\varphi_4 = \varphi_0 - h_4 \frac{\partial \varphi}{\partial y} + \frac{1}{2} h_4^2 \frac{\partial^2 \varphi}{\partial y^2}. \quad (1.747)$$

Wird nun angenommen, daß die Potentiale $\varphi_1 \dots \varphi_4$ bekannt sind, dann verbleibt ein Gleichungssystem von 5 Gleichungen mit den 5 Unbekannten φ_0, $\partial\varphi/\partial x$, $\partial\varphi/\partial y$, $\partial^2\varphi/\partial x^2$, $\partial^2\varphi/\partial y^2$, wobei die Poissonsche Differentialgleichung die fünfte Gleichung darstellt. Löst man das Gleichungssystem nach φ_0 auf, so ergibt sich

$$\varphi_0 = \frac{\dfrac{1}{h_1 + h_2} \left(\dfrac{\varphi_1}{h_1} + \dfrac{\varphi_2}{h_2} \right) + \dfrac{1}{h_3 + h_4} \left(\dfrac{\varphi_3}{h_3} + \dfrac{\varphi_4}{h_4} \right) + \dfrac{1}{2} f(x_0, y_0)}{\dfrac{1}{h_1 h_2} + \dfrac{1}{h_3 h_4}}. \quad (1.748)$$

Für den Spezialfall des quadratischen Gitternetzes mit $h_1 = h_2 = h_3 = h_4 = h$ ergibt sich daraus

$$\varphi_0 = \frac{1}{4}(\varphi_1 + \varphi_2 + \varphi_3 + \varphi_4) + \frac{h^2}{4} f(x_0, y_0) \tag{1.749}$$

oder

$$\varphi(x_0, y_0) = \frac{1}{4}[\varphi(x_0 + h, y_0) + \varphi(x_0 - h, y_0) + \varphi(x_0, y_0 + h) + \\ + \varphi(x_0, y_0 - h)] + \frac{h^2}{4} f(x_0, y_0). \tag{1.750}$$

Im Falle der Gültigkeit der Laplaceschen Differentialgleichung vereinfachen sich die letzten Beziehungen, da $f(x, y)$ identisch Null ist:

$$\varphi_0 = \tfrac{1}{4}(\varphi_1 + \varphi_2 + \varphi_3 + \varphi_4) \tag{1.751}$$

bzw.

$$\varphi(x_0, y_0) = \tfrac{1}{4}[\varphi(x_0 + h, y_0) + \varphi(x_0 - h, y_0) + \varphi(x_0, y_0 + h) \\ + \varphi(x_0, y_0 - h)]. \tag{1.752}$$

In diesem Falle stellt das Potential im Zentrum des Differenzensternes den Mittelwert aus den Potentialen der Sterneckpunkte dar.

1.6.1.2. Erfassung der Randbedingungen

Ist auf einem Teil des Randes oder auf dem gesamten Rand des Feldgebiets der Potentialverlauf, d. h. die Potentiale der Gitterpunkte, vorgegeben, so können diese Randbedingungen (Randbedingungen 1. Art oder Dirichletsche Randbedingungen) unmittelbar in die Differenzenformeln aufgenommen werden. Für die Potentiale dieser Gitterpunkte (Dirichletsche Randpunkte) wird einfach der vorgegebene Wert in die Differenzenformel eingetragen. In den Dirichletschen Randpunkten selbst ist keine Differenzenformel aufzustellen.

Ist auf einem Teil des Randes oder auf dem gesamten Rand des Feldgebiets die Ableitung des Potentials in Richtung der Normalen des Randes (Randbedingungen 2. Art oder Neumannsche Randbedingungen) vorgegeben, so gestaltet sich die Aufnahme der Randbedingungen in die Differenzenformel schwieriger. Es soll zuerst auf homogene Neumannsche Randbedingungen (die Normalableitung des Potentials auf dem Rande verschwindet) eingegangen werden. Dieser Fall ist praktisch wichtig, da er im elektrostatischen Feld näherungsweise an Grenzflächen zwischen Dielektrika mit großem Unterschied in den Dielektrizitätskonstanten auftritt. In dem Dielektrikum mit dem großen ε_r-Wert verlaufen die Feldlinien dann nahezu tangential an der Grenzfläche; in dem benachbarten Dielektrikum mit dem kleinen ε_r-Wert treten die Feldlinien nahezu senkrecht ein.

Ein nahezu tangentialer Verlauf der Feldlinien bedeutet aber eine nahezu verschwindende Normalkomponente der Feldstärke an der Grenzfläche und damit der Ableitung des Potentials.

Die Normalkomponenten der Feldstärke verschwinden in elektrostatischen Feldern exakt an gewissen Symmetrieflächen (Feldlinienbild ist spiegelsymmetrisch). Wegen der

Spiegelsymmetrie müssen die Komponenten der Feldstärke bezüglich der jeweils nach außen zeigenden Normalen der beiden durch die Symmetriefläche getrennten Teilgebiete gleich groß sein. Bei ladungsfreien Symmetrieflächen folgt daraus das Verschwinden der Normalkomponenten der Feldstärken.
Trennt man nun die Hälfte der Anordnung ab und fordert auf der Symmetriefläche, die jetzt ein Rand darstellt, homogene Neumannsche Randbedingungen, so sichert der Satz von der Eindeutigkeit der Lösung der Randwertaufgabe, daß das unter diesen Bedingungen für die halbe Anordnung berechnete Feld gerade dem ursprünglichen entspricht. Mittels Spiegelung an die Symmetrieebene erhält man dann das gesuchte Gesamtfeld. Dieses Vorgehen ermöglicht eine Reduzierung des Berechnungsaufwands um die Hälfte je Symmetriefläche. Will man z.B. das Feldbild der Anordnung Bild 1.71 numerisch ermitteln, so ist offensichtlich BB' die Spur einer Symmetrieebene, längs der homogene Neumannsche Randbedingungen ($\partial\varphi/\partial n = 0$), und AA' eine Symmetrieebene, längs der Dirichletsche Randbedingungen gelten. Zur numerischen Berechnung braucht demzufolge nur ein Viertel der Anordnung diskretisiert zu werden.

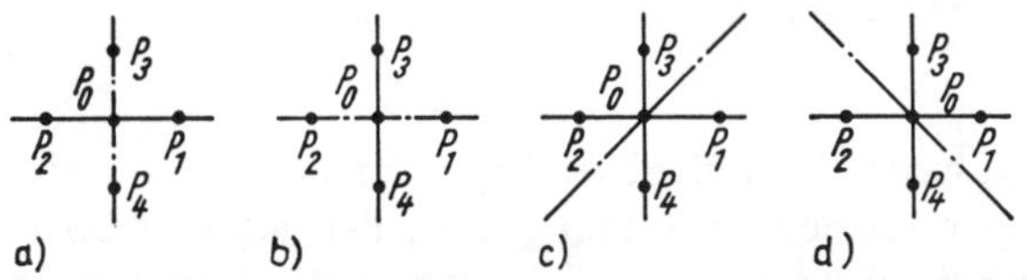

Bild 1.97

Zur Einbeziehung homogener Neumannscher Randbedingungen in die Differenzenformeln stellt man die umgekehrte Überlegung an: Hat eine Spiegelsymmetrie des Feldverlaufs das Verschwinden der Normalkomponente der Feldstärke auf der Symmetrieebene zur Folge, so verschwindet sie auf einem Rand automatisch, wenn man den Potentialverlauf spiegelsymmetrisch zu dem Rand fortsetzt. Für das Differenzenverfahren bedeutet dies für Neumannsche Randpunkte vorübergehend zusätzliche Gitterpunkte außerhalb des eigentlichen Feldgebiets einzuführen, die das gleiche Potential erhalten, wie zu ihnen symmetrisch liegenden Gitterpunkte im Innern. Je nach Lage der Symmetrieachse (Strichpunktiert gezeichnet) erhält man einen der Fälle, die im Bild 1.97 gezeigt sind. In den vier Fällen gilt

Fall 1 $$\varphi_1 = \varphi_2, \qquad \varphi_0 = \tfrac{1}{4}(2\varphi_1 + \varphi_3 + \varphi_4); \tag{1.753}$$

Fall 2 $$\varphi_3 = \varphi_4, \qquad \varphi_0 = \tfrac{1}{4}(\varphi_1 + \varphi_2 + 2\varphi_4); \tag{1.754}$$

Fall 3 $$\varphi_1 = \varphi_2, \quad \varphi_3 = \varphi_4, \qquad \varphi_0 = \tfrac{1}{2}(\varphi_2 + \varphi_3); \tag{1.755}$$

Fall 4 $$\varphi_1 = \varphi_4, \quad \varphi_2 = \varphi_3, \qquad \varphi_0 = \tfrac{1}{2}(\varphi_2 + \varphi_4). \tag{1.756}$$

Die gleichen Beziehungen erhält man, wenn man in den Ausdrücken der Taylor-Reihen-Entwicklungen (1.744) bis (1.747) die der jeweiligen Normalableitung entsprechende partielle Ableitung von φ gleich null setzt.

In der Anordnung nach Bild 1.98 treten beide Typen von Symmetrieachsen auf. Der Berechnungsaufwand verringert sich in diesem Falle auf ein Achtel.

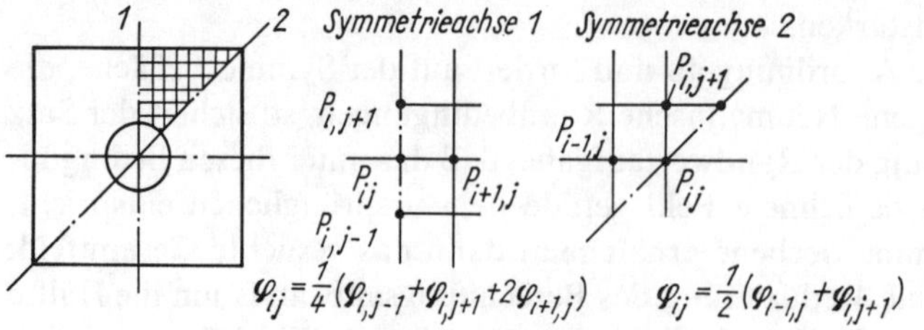

Bild 1.98

1.6.1.3. Aufstellung des Gleichungssystems

Für alle Gitterpunkte lassen sich Gleichungen der Form (1.748) bzw. (1.749) aufstellen, für alle Neumannschen Randpunkte Gleichungen der Form (1.753), (1.754), (1.755) bzw. (1.756). Für jeden Gitterpunkt mit unbekanntem Potential existiert somit eine Gleichung.

Das zylindrische Feld

Rotationssymmetrische Feldprobleme lassen sich auf den zweidimensionalen Fall zurückführen. Bild 1.99 zeigt das Beispiel einer solchen Anordnung mit einer gitternetzüberzogenen r, z-Ebene. Bei Rotationssymmetrie, d.h. $\partial\varphi/\partial z = 0$, lautet die Poissonsche Gleichung

$$\frac{\partial^2\varphi}{\partial r^2} + \frac{1}{r}\frac{\partial\varphi}{\partial r} + \frac{\partial^2\varphi}{\partial z^2} = -\frac{\varrho\,(r, z)}{\varepsilon} = -f(r, z). \tag{1.757}$$

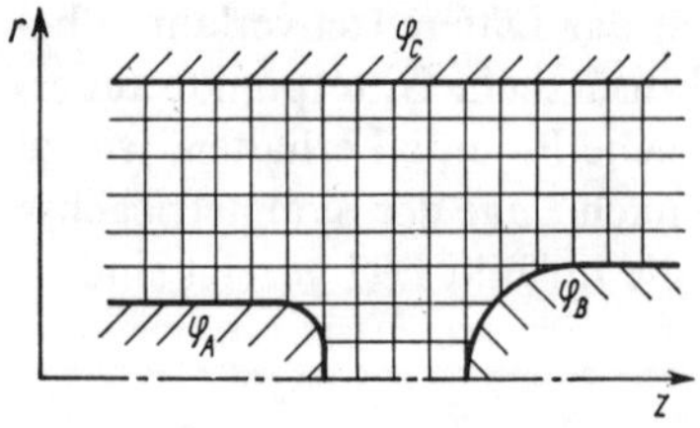

Bild 1.99

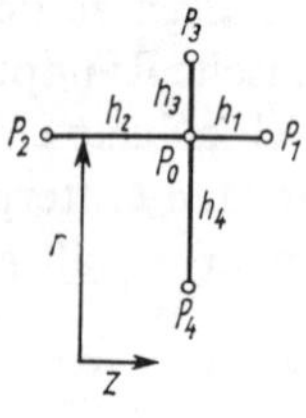

Bild 1.100

Für das Potential der Gitterpunkte nach Bild 1.100 erhält man analog zu (1.744) bis (1.747):

$$\varphi_1 = \varphi_0 + h_1\frac{\partial\varphi}{\partial z} + \frac{1}{2}h_1^2\frac{\partial^2\varphi}{\partial z^2}, \tag{1.758}$$

$$\varphi_2 = \varphi_0 - h_2\frac{\partial\varphi}{\partial z} + \frac{1}{2}h_2^2\frac{\partial^2\varphi}{\partial z^2}, \tag{1.759}$$

$$\varphi_3 = \varphi_0 + h_3\frac{\partial\varphi}{\partial r} + \frac{1}{2}h_3^2\frac{\partial^2\varphi}{\partial r^2}, \tag{1.760}$$

$$\varphi_4 = \varphi_0 - h_4\frac{\partial\varphi}{\partial r} + \frac{1}{2}h_4^2\frac{\partial^2\varphi}{\partial r^2}. \tag{1.761}$$

Aus (1.758) und (1.759) kann $\partial\varphi/\partial z$ eliminiert und $\partial^2\varphi/\partial z^2$ durch die Potentiale φ_1, φ_2 und φ_0 ausgedrückt werden. Aus (1.760) und (1.761) können $\partial\varphi/\partial r$ und $\partial^2\varphi/\partial r^2$ durch die

Potentiale φ_3, φ_4 und φ_0 ausgedrückt werden. Geht man mit diesen Ableitungen in (1.757) ein, dann erhält man eine Gleichung, die nur die Potentiale φ_0 und φ_1 bis φ_4 enthält. Löst man diese nach φ_0, dann erhält man

$$\varphi_0 = \frac{\dfrac{2r}{h_1 + h_2}\left(\dfrac{\varphi_1}{h_1} + \dfrac{\varphi_2}{h_2}\right) + \dfrac{1}{h_3 + h_4}\left[(2r + h_4)\dfrac{\varphi_3}{h_3} + (2r - h_3)\dfrac{\varphi_4}{h_4}\right] + r f(r, z)}{\dfrac{2r}{h_1 h_2} + \dfrac{2r + h_4 - h_3}{h_3 h_4}}. \tag{1.762}$$

Im raumladungsfreien Feld (Gültigkeit der Laplaceschen Gleichung) geht (1.762) in

$$\varphi_0 = \frac{\dfrac{2r}{h_1 + h_2}\left(\dfrac{\varphi_1}{h_1} + \dfrac{\varphi_2}{h_2}\right) + \dfrac{1}{h_3 + h_4}\left[(2r + h_4)\dfrac{\varphi_3}{h_3} + (2r - h_3)\dfrac{\varphi_4}{h_4}\right]}{\dfrac{2r}{h_1 h_2} + \dfrac{2r + h_4 - h_3}{h_3 h_4}} \tag{1.763}$$

über.

Für den Fall des quadratischen Gitternetzes mit $h_1 = h_2 = h_3 = h_4 = h$ vereinfachen sich diese Gleichungen zu

$$\varphi_0 = \frac{1}{4}(\varphi_1 + \varphi_2 + \varphi_3 + \varphi_4) + \frac{h}{8r}(\varphi_3 - \varphi_4) + \frac{h^2}{4} f(r, z) \tag{1.764}$$

bzw. für $\varrho(r, z) = 0$ zu

$$\varphi_0 = \frac{1}{4}(\varphi_1 + \varphi_2 + \varphi_3 + \varphi_4) + \frac{h}{8r}(\varphi_3 - \varphi_4). \tag{1.765}$$

Auf Grund der Rotationssymmetrie gelten für Gitterpunkte auf der z-Achse (Rotationsachse), die keine Dirichletschen Randpunkte sind, homogene Neumannsche Randbedingungen.

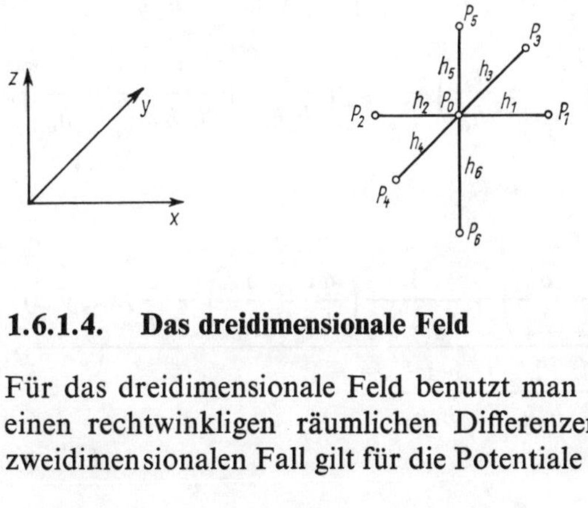

Bild 1.101

1.6.1.4. Das dreidimensionale Feld

Für das dreidimensionale Feld benutzt man bei Verwendung kartesicher Koordinaten einen rechtwinkligen räumlichen Differenzenstern nach Bild 1.101. Analog zu dem zweidimensionalen Fall gilt für die Potentiale in den Punkten P_1 bis P_6 bei Abbruch der

Taylor-Reihe nach dem zweiten Glied

$$\varphi_1 = \varphi_0 + h_1 \frac{\partial \varphi}{\partial x} + \frac{1}{2} h_1^2 \frac{\partial^2 \varphi}{\partial x^2}, \tag{1.766}$$

$$\varphi_2 = \varphi_0 - h_2 \frac{\partial \varphi}{\partial x} + \frac{1}{2} h_2^2 \frac{\partial^2 \varphi}{\partial x^2}, \tag{1.767}$$

$$\varphi_3 = \varphi_0 + h_3 \frac{\partial \varphi}{\partial y} + \frac{1}{2} h_3^2 \frac{\partial^2 \varphi}{\partial y^2}, \tag{1.768}$$

$$\varphi_4 = \varphi_0 - h_4 \frac{\partial \varphi}{\partial y} + \frac{1}{2} h_4^2 \frac{\partial^2 \varphi}{\partial y^2}, \tag{1.769}$$

$$\varphi_5 = \varphi_0 + h_5 \frac{\partial \varphi}{\partial z} + \frac{1}{2} h_5^2 \frac{\partial^2 \varphi}{\partial z^2}, \tag{1.770}$$

$$\varphi_6 = \varphi_0 - h_6 \frac{\partial \varphi}{\partial z} + \frac{1}{2} h_6^2 \frac{\partial^2 \varphi}{\partial z^2}. \tag{1.771}$$

Indem man aus je einem Paar dieser Gleichungen die ersten Ableitungen $\partial\varphi/\partial x$, $\partial\varphi/\partial y$ und $\partial\varphi/\partial z$ eliminiert und nach den zweiten Ableitungen auflöst, erhält man

$$\frac{\partial^2 \varphi}{\partial x^2} = \frac{2}{h_1 + h_2} \left[\frac{\varphi_1}{h_1} + \frac{\varphi_2}{h_2} - \frac{h_1 + h_2}{h_1 h_2} \varphi_0 \right], \tag{1.772}$$

$$\frac{\partial^2 \varphi}{\partial y^2} = \frac{2}{h_3 + h_4} \left[\frac{\varphi_3}{h_3} + \frac{\varphi_4}{h_4} - \frac{h_3 + h_4}{h_3 h_4} \varphi_0 \right], \tag{1.773}$$

$$\frac{\partial^2 \varphi}{\partial z^2} = \frac{2}{h_5 + h_6} \left[\frac{\varphi_5}{h_5} + \frac{\varphi_6}{h_6} - \frac{h_5 + h_6}{h_5 h_6} \varphi_0 \right]. \tag{1.774}$$

Setzt man diese in die Poissonsche Differentialgleichung ein, so folgt

$$-\frac{\varrho(x, y, z)}{\varepsilon} = -f(x, y, z) = \frac{2}{h_1 + h_2} \left(\frac{\varphi_1}{h_1} + \frac{\varphi_2}{h_2} \right) + \frac{2}{h_3 + h_4} \left(\frac{\varphi_3}{h_3} + \frac{\varphi_4}{h_4} \right) + \frac{2}{h_5 + h_6} \left(\frac{\varphi_5}{h_5} + \frac{\varphi_6}{h_6} \right) - 2\varphi_0 \left(\frac{1}{h_1 h_2} + \frac{1}{h_3 h_4} + \frac{1}{h_5 h_6} \right). \tag{1.775}$$

Die Auflösung nach φ_0 ergibt

$$\varphi_0 = \frac{\dfrac{1}{h_1 + h_2} \left(\dfrac{\varphi_1}{h_1} + \dfrac{\varphi_2}{h_2} \right) + \dfrac{1}{h_3 + h_4} \left(\dfrac{\varphi_3}{h_3} + \dfrac{\varphi_4}{h_4} \right) + \dfrac{1}{h_5 + h_6} \left(\dfrac{\varphi_5}{h_5} + \dfrac{\varphi_6}{h_6} \right) + \dfrac{1}{2} f(x, y, z)}{\dfrac{1}{h_1 h_2} + \dfrac{1}{h_3 h_4} + \dfrac{1}{h_5 h_6}}. \tag{1.776}$$

Für den Fall des äquidistanten Differenzensterns ($h_1 = h_2 = \ldots = h_6 = h$) erhält man aus (1.776)

$$\varphi_0 = \frac{1}{6}(\varphi_1 + \varphi_2 + \varphi_3 + \varphi_4 + \varphi_5 + \varphi_6) + \frac{h^2}{6} f(x, y, z). \tag{1.777}$$

Im raumladungsfreien Feld geht (1.777) in

$$\varphi_0 = \tfrac{1}{6}(\varphi_1 + \varphi_2 + \varphi_3 + \varphi_4 + \varphi_5 + \varphi_6) \tag{1.778}$$

über. Das Potential des Sternmittelpunktes ist in diesem Falle wiederum gleich dem arithmetischen Mittel der Potentiale der benachbarten Gitterpunkte.

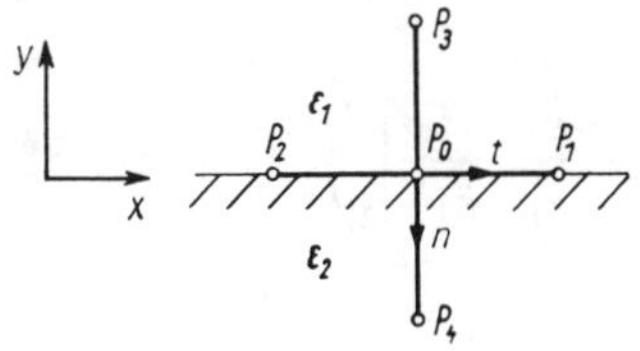

Bild 1.102

1.6.1.5. Anwendung des Verfahrens bei Vorhandensein von Grenzflächen

Bild 1.102 zeigt die Lage des Differenzensterns an der Grenzfläche zweier Dielektrika mit den Dielektrizitätskonstanten ε_1 und ε_2. Die Grenzbedingungen lauten

$$E_{t1} = E_{t2}, \qquad \frac{E_{n1}}{E_{n2}} = \frac{\varepsilon_2}{\varepsilon_1}. \tag{1.779), (1.780}$$

Für Bild 1.102 ist demzufolge

$$\left.\frac{\partial \varphi}{\partial x}\right|_1 = \left.\frac{\partial \varphi}{\partial x}\right|_2 = \frac{\partial \varphi}{\partial x} \quad \text{bzw.} \quad \left.\frac{\partial^2 \varphi}{\partial x^2}\right|_1 = \left.\frac{\partial^2 \varphi}{\partial x^2}\right|_2 = \frac{\partial^2 \varphi}{\partial x^2}, \tag{1.781}$$

$$\left.\frac{\partial \varphi}{\partial y}\right|_1 = \frac{\varepsilon_2}{\varepsilon_1} \left.\frac{\partial \varphi}{\partial y}\right|_2. \tag{1.782}$$

Für das quadratische Gitternetz in zweidimensionalen kartesischen Koordinaten bei raumladungsfreiem Feld gelten (1.744) und (1.745)

$$\varphi_1 = \varphi_0 + h \frac{\partial \varphi}{\partial x} + \frac{1}{2} h^2 \frac{\partial^2 \varphi}{\partial x^2}, \tag{1.783}$$

$$\varphi_2 = \varphi_0 - h \frac{\partial \varphi}{\partial x} + \frac{1}{2} h^2 \frac{\partial^2 \varphi}{\partial x^2} \tag{1.784}$$

und anstelle von (1.746) und (1.747)

$$\varphi_3 = \varphi_0 + h \left.\frac{\partial \varphi}{\partial y}\right|_1 + \frac{1}{2} h^2 \left.\frac{\partial^2 \varphi}{\partial y^2}\right|_1, \tag{1.785}$$

$$\varphi_4 = \varphi_0 - h \left.\frac{\partial \varphi}{\partial y}\right|_2 + \frac{1}{2} h^2 \left.\frac{\partial^2 \varphi}{\partial y^2}\right|_2. \tag{1.786}$$

Dabei bedeuten die Indizes 1 bzw. 2, daß die entsprechenden Ableitungen im Bereich 1 bzw. 2 zu nehmen sind. Zwischen den ersten Ableitungen nach y in beiden Bereichen gilt die Beziehung (1.782). Die zweiten Ableitungen müssen in beiden Bereichen der Laplaceschen Differentialgleichung genügen.

(1.781) bis (1.789) stellen zusammen mit den Laplaceschen Gleichungen für den ersten und zweiten Bereich ein System von 7 Gleichungen für die 6 unbekannten partiellen Ableitungen und das Potential φ_0 dar.

Aus (1.783) und (1.784) folgt

$$\varphi_1 + \varphi_2 = 2\varphi_0 + h^2 \frac{\partial^2 \varphi}{\partial x^2}. \tag{1.787}$$

Analog ergibt sich aus (1.785) und (1.786) mit (1.782)

$$\varphi_3 + \frac{\varepsilon_2}{\varepsilon_1} \varphi_4 = \left(1 + \frac{\varepsilon_2}{\varepsilon_1}\right) \varphi_0 + \frac{1}{2} h^2 \left(\left.\frac{\partial^2 \varphi}{\partial y^2}\right|_1 + \frac{\varepsilon_2}{\varepsilon_1} \left.\frac{\partial^2 \varphi}{\partial y^2}\right|_2 \right). \tag{1.788}$$

(1.788) geht mit der Laplaceschen Gleichung in

$$\varphi_3 + \frac{\varepsilon_2}{\varepsilon_1} \varphi_4 = \left(1 + \frac{\varepsilon_2}{\varepsilon_1}\right) \varphi_0 - \frac{1}{2} h^2 \left(1 + \frac{\varepsilon_2}{\varepsilon_1}\right) \frac{\partial^2 \varphi}{\partial x^2} \tag{1.789}$$

über.

Indem man aus (1.787) und (1.789) $\partial^2\varphi/\partial x^2$ eliminiert und nach dem gesuchten Potential φ_0 auflöst, erhält man

$$\varphi_0 = \frac{1}{4} \left(\varphi_1 + \varphi_2 + 2 \frac{\varphi_3 + \dfrac{\varepsilon_2}{\varepsilon_1} \varphi_4}{1 + \dfrac{\varepsilon_2}{\varepsilon_1}} \right). \tag{1.790}$$

1.6.1.6. Durchführung der numerischen Berechnung

Die manuelle Anwendung der erläuterten Methode ist mit vertretbarem Aufwand für einfache zweidimensionale bzw. für rotationssymmetrische Probleme geeignet. Für kompliziertere, insbesondere für dreidimensionale Probleme, die eine größere Anzahl von Gitterpunkten erfordern, ist in den meisten Fällen der Einsatz von Digitalrechnern notwendig.

Die Schritte der Feldberechnung sind:

1. Für jeden Gitterpunkt, ausgenommen Dirichletsche Randpunkte, wird die Differenzensterngleichung für das Potential aufgestellt.
2. Die Potentiale der Dirichletschen Randpunkte sind bekannt und können in die Differenzensterngleichungen der randnahen Punkte eingesetzt werden.
3. Das so erhaltene lineare Gleichungssystem wird nach den unbekannten Potentialen aufgelöst.

Die Verfahren zur Lösung linearer Gleichungssysteme lassen sich grundsätzlich in direkte (Eliminationsverfahren) und iterative unterscheiden.

Für die maschinelle Lösung großer Gleichungssysteme sind die Iterationsverfahren besonders geeignet. Als elementares Beispiel dieser Gruppe soll das Gauß-Seidel-Verfahren erläutert werden.

Den Punkten mit unbekanntem Potential werden dabei zunächst willkürliche Werte zugeordnet. Dann wird Punkt für Punkt, Zeile für Zeile die dem gewählten Differenzenstern entsprechende Berechnungsformel angewandt, um verbesserte Werte für die gesuchten Potentiale zu erhalten. Wir zeigen das Verfahren im folgenden detaillierter am Beispiel des zweidimensionalen Feldes und der diskretisierten Poissongleichung.
Werden die Werte der Potentiale nach dem n-ten Iterationsschritt mit $\varphi^{(n)}(x, y)$ bezeichnet, dann ergeben sich die verbesserten Werte im $(n + 1)$-ten Schritt nach der Iterationsvorschrift von *Jacobi*

$$\varphi^{n+1}(x, y) = \frac{1}{4}\left[\varphi^n(x + h, y) + \varphi^n(x - h, y) + \varphi^n(x, y + h) + \varphi^n(x, y - h) + \frac{h^2}{4} f(x, y)\right]. \qquad (1.791)$$

Die Reihenfolge der Auswertung dieser Beziehungen ist beliebig, da in ihnen ausschließlich die Werte des vorangegangenen Schrittes verwendet werden. Bei der Benutzung von Rechnern benötigt man viel Speicherkapazität, da sowohl alle n-ten als auch alle $(n + 1)$-ten Iterationswerte gespeichert werden müssen. Die Konvergenz des Verfahrens ist langsam.
Eine Erhöhung der Konvergenzgeschwindigkeit (etwa auf das Doppelte) und eine Reduzierung der benötigten Speicherkapazität (auf die Hälfte) erhält man dadurch, daß die zuletzt berechneten $(n + 1)$-ten Verbesserungen sofort zur Berechnung des Potentials nachfolgender Gitterpunkte eingesetzt werden (Gauß-Seidel-Verfahren). Anstelle von (1.791) tritt beim Durchlaufen des Gitters von links unten nach rechts oben:

$$\varphi^{(n+1)}(x, y) = \frac{1}{4}\left[\varphi^{(n)}(x + h, y) + \varphi^{(n+1)}(x - h, y) + \varphi^n(x, y + h) + \varphi^{(n+1)}(x, y - h) + \frac{h^2}{4} f(x, y)\right]. \qquad (1.792)$$

In diesem Falle muß eine feste Reihenfolge des Durchlaufs der Gitterpunkte eingehalten werden.
Den Algorithmus des Verfahrens zeigt Bild 1.103. Anhand dieses Flußbilds kann ein Programm zur Berechnung elektrostatischer Felder in homogenen Medien und mit Dirichletschen Randbedingungen leicht aufgestellt werden.
Der Fehler, der bei dem beschriebenen numerischen Verfahren gemacht wird, besteht aus

1. dem Diskretisierungsfehler, der durch die endliche Größe der Maschenweite entsteht (für $h = 0$ erhält man die exakte Lösung, Auflösung des Gleichungssystems ist aber nicht mehr möglich) bzw. dem Fehler des Abbruchs der Taylor-Reihe,
2. dem Fehler der numerischen Lösung des Gleichungssystems,
3. dem Fehler der numerischen Beschreibung der Funktion $f(x, y)$ und der Geometrie der Anordnung.

Um den Abbruchfehler gering zu halten, werden Glieder höherer Ordnung der Taylor-Reihe berücksichtigt, was die Einbeziehung von mehr als vier Punkten oder/und nichtquadratische Netze erforderlich macht. Im allgemeinen wird quadratischen Netzen der Vorzug gegeben.

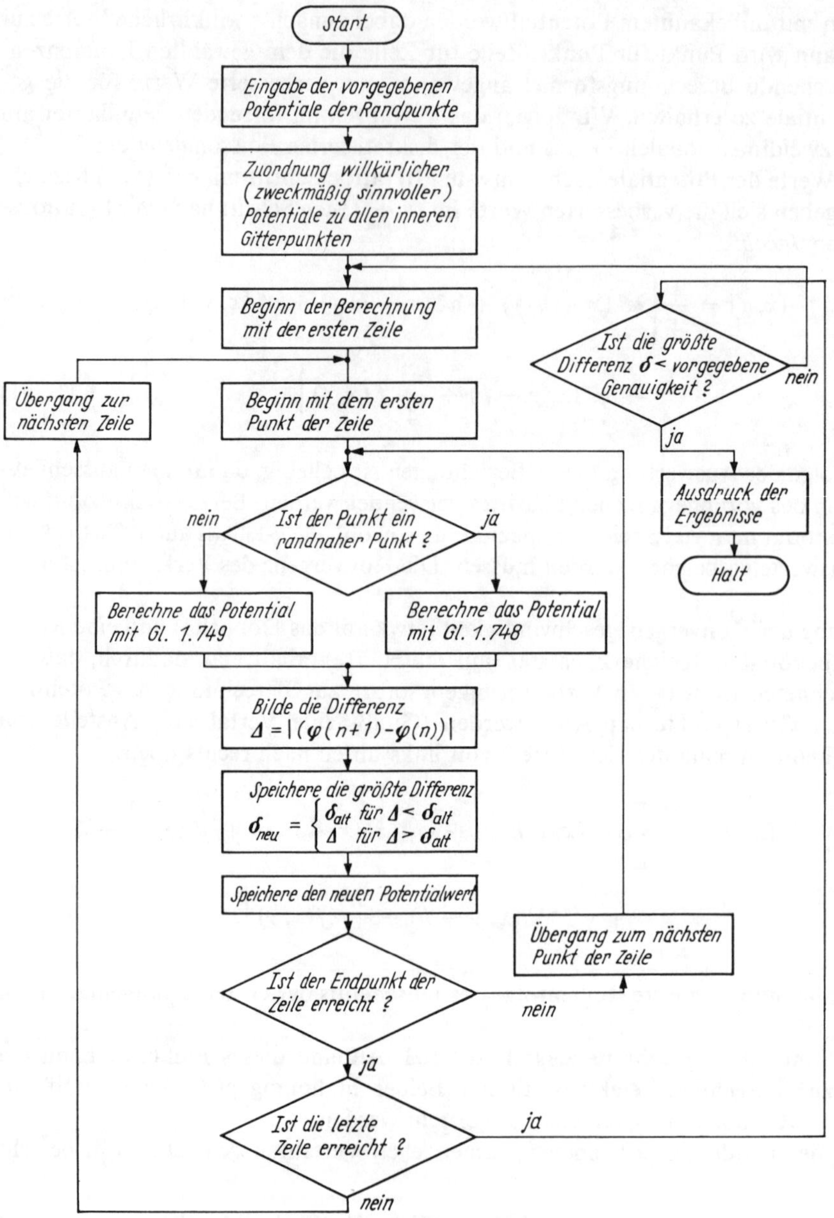

Bild 1.103

1.6.2. Ermittlung der Feldstärke

In einem beliebigen Punkt P_0 (x_0, y_0) (Bild 1.96) gilt mit $h_1 = h_2 = h_3 = h_4 = h$

$$\boldsymbol{E} = \frac{\varphi_2 - \varphi_1}{2h}\,\boldsymbol{i} + \frac{\varphi_4 - \varphi_3}{2h}\,\boldsymbol{j}. \tag{1.793}$$

Für größere Genauigkeiten müssen mehrere Punkte in die Berechnung einbezogen werden. Die entsprechenden Formeln lassen sich aus der Taylor-Reihen-Entwicklung herleiten, indem man das Gleichungssystem nach $\partial\varphi/\partial x$ und $\partial\varphi/\partial y$ auflöst.

Die Ermittlung der Feldstärke ist besonders an den Rändern des Lösungsgebietes interessant (z. B. Ermittlung der Maximalfeldstärken an Elektrodenoberflächen).
In diesem Falle kann man die Feldstärke unter Benutzung des Potentials des Randes und eines oder mehrerer Punkte in Randnähe (Bild 1.104) ermitteln:

$$|E| = \frac{\varphi_P - \varphi_{P'}}{a}. \tag{1.794}$$

Mit dieser Beziehung kann die Feldstärke an der Elektrodenoberfläche in dem Punkt P ermittelt werden, der die kürzeste Entfernung a von einem inneren Gitterpunkt P' mit dem berechneten Potential $\varphi_{P'}$ hat.

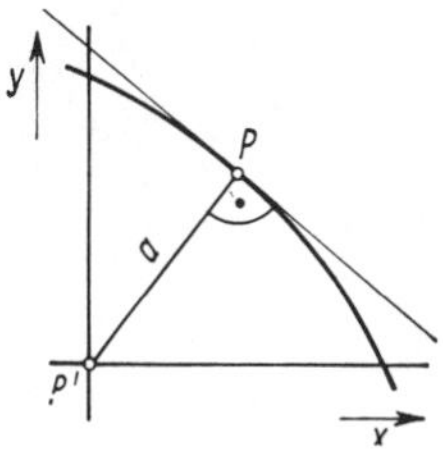

Bild 1.104

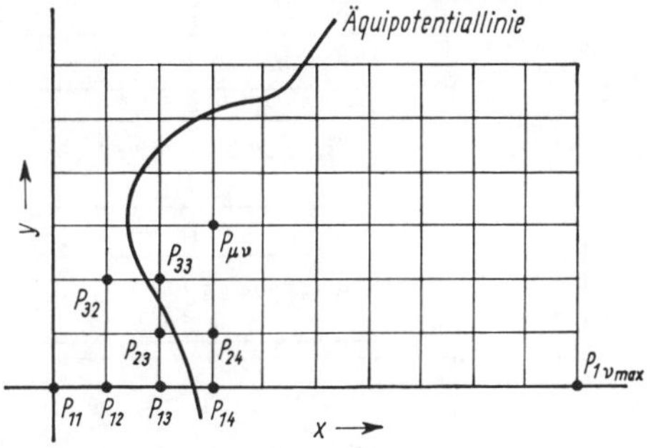

Bild 1.105

1.6.3. Ermittlung der Äquipotentiallinien bei gegebenen Potentialen in einem Koordinatengitter

Es soll der Verlauf der Äquipotentiallinie mit dem Potential φ_L ermittelt werden, wenn die Potentiale in den Punkten eines Koordinatengitters bekannt sind. Diese Aufgabe entsteht oftmals, wenn das Feldbild zuvor nach einem numerischen Verfahren berechnet worden ist. Zu ihrer Lösung verwendet man ein Suchverfahren, beginnend in einem Punkt P_{11} des Koordinatengitters. Betrachtet werden immer zwei in x-Richtung nebeneinanderliegende Punkte. Ist das Potential in einem dieser Punkte kleiner als das der Potentiallinie und im Nachbarpunkt größer, so verläuft die Äquipotentiallinie zwischen diesen beiden Punkten. Im gezeigten Beispiel (Bild 1.105) träfe das für die benachbarten Punkte P_{13}, P_{14} bzw. P_{23}, P_{24} oder P_{32}, P_{33} zu. Zwischen diesen beiden Punkten kann man linear interpolieren und findet näherungsweise jeweils einen Punkt der Äquipotentiallinie.
Bei der Durchführung des Verfahrens auf einem Rechner wird das ganze Gitter zeilenweise abgefragt. Wenn ein benachbartes Punktepaar gefunden wird, bei dem in einem Punkt das Potential größer als φ_L und im anderen kleiner ist, wird die x-Koordinate des Punktes der Äquipotentiallinie durch Interpolation berechnet und zusammen mit der y-Koordinate gespeichert. Wenn der Suchvorgang beendet ist, liegt eine Schar von Punkten der Äquipotentiallinie als Koordinatenpaare vor, die den Ausgangspunkt für die grafische Darstellung der Äquipotentiallinien mittels Plotter oder Drucker bzw. auf dem Bildschirm darstellen.
Die Genauigkeit der Annäherung an den tatsächlichen Äquipotentiallinienverlauf erhöht sich, wenn man nicht nur die Schnittpunkte der gesuchten Linie mit den waagerechten, sondern auch mit der senkrechten Gitterlinie ermittelt. Das Verfahren kann beschleunigt werden, wenn man die Gitterlinien nicht schematisch absucht, sondern den Verlauf der

Äquipotentiallinie aus einer Gitterzelle, in die sie mit Sicherheit eintritt, in eine benachbarte Zelle verfolgt.
Das Verfahren ist in ähnlicher Form auch für räumliche Gitter anwendbar. Programme für numerische Feldberechnung werden zweckmäßig mit Prozeduren ausgestattet, die die Darstellung der Äquipotentiallinienbilder unmittelbar im Anschluß an die Lösung des Feldproblems zulassen.
Das Flußbild des Verfahrens ist im Bild 1.106 dargestellt.

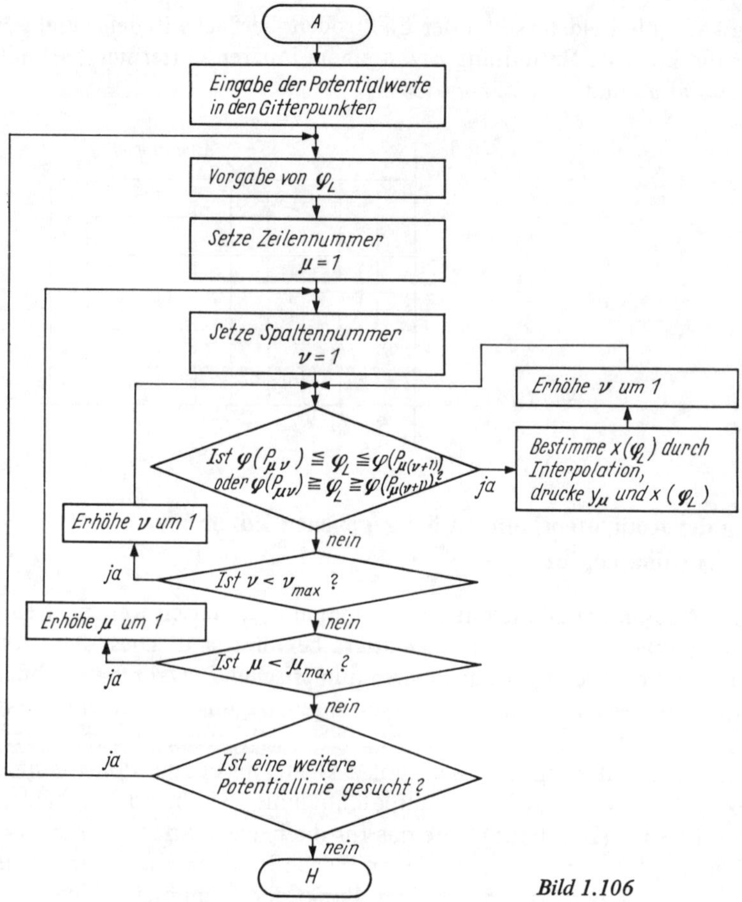

Bild 1.106

1.6.4. Numerische Ermittlung der Äquipotential- und Feldlinien bei analytisch gegebener Potentialfunktion

Wenn die Potentialfunktion $\varphi(x, y)$ eines zweidimensionalen Feldes in analytischer Form vorliegt, können die Äquipotentiallinien durch die Lösung der Gleichung

$$\varphi(x, y) - \varphi_L = 0 \qquad (1.795)$$

bestimmt werden, worin φ_L das Potential der gesuchten Äquipotentiallinie ist. Wenn die Funktion $\varphi(x, y)$ so kompliziert ist, daß sich (1.795) nicht explizit nach einer der Koordinaten auflösen läßt, wendet man mit Erfolg numerische Verfahren an.

Dazu kann man beispielsweise für x konstante Werte x_0 ansetzen und die zugehörigen y-Werte der Potentiallinie durch Lösung der Gleichung

$$f(y) = \varphi(x_0, y) - \varphi_L = 0 \tag{1.796}$$

mit einem Näherungsverfahren bestimmen.

1.6.4.1. Suchverfahren zum Auffinden von Punkten der Äquipotentiallinien

Ein weiteres Verfahren, das sich unter diesen Bedingungen für die Anwendung auf dem Digitalrechner eignet, erläutert Bild 1.107. Um den Ausgangspunkt P_0, der das vorgegebene Potential $\varphi = \varphi_L$ der gesuchten Äquipotentiallinie besitzen möge, wird ein Kreis mit dem Radius r geschlagen (Bild 1.107a). Um den Punkt P_1 auf diesem Kreis zu finden, der das gleiche Potential φ_L hat, wird nacheinander mit bestimmtem Winkelzuwachs $\Delta\alpha$ in den Punkten $P'_{11}, P'_{12}, P'_{13} \ldots$ die Potentialdifferenz $\varphi'_{11} - \varphi_L, \varphi'_{12} - \varphi_L, \varphi'_{13} - \varphi_L$ usw. berechnet. Zwischen den Punkten $P'_{1\nu}$ und $P'_{1,\nu+1'}$, zwischen denen diese Differenz ihr Vorzeichen ändert, liegt der Punkt P_1 der Äquipotentiallinie. Um ihn genauer zu bestimmen, kann man zwischen $P'_{1\nu}$ und $P'_{1,\nu+1}$ interpolieren oder ein verfeinertes Suchverfahren mit immer kleinerem $\Delta\alpha$ ansetzen, bis eine vorgegebene Genauigkeitsschranke erreicht wird.

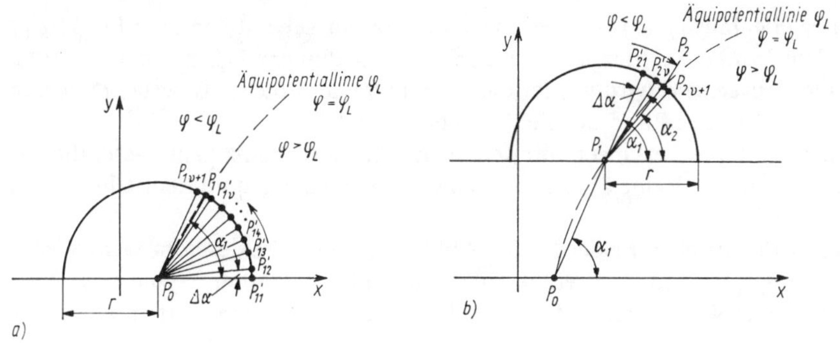

Bild 1.107

Nun kann man zur Ermittlung des nächsten Punktes P_2 übergehen. Dazu wird um P_1 wieder ein Kreis mit dem Radius r gezogen (Bild 1.107b). Da die Potentiallinie im allgemeinen glatt verläuft, ist es zweckmäßig, den Suchvorgang mit P'_{21} bei dem Winkel α_1 zu beginnen, den der vorangehende Abschnitt P_0P_1 der Potentiallinie mit der Abszisse einschließt. Je nach Vorzeichen der Potentialdifferenz $\varphi'_{21} - \varphi_L$ wird α_1 dann um $\Delta\alpha$ verkleinert (Bild 1.107b) oder vergrößert, bis sich dieses Vorzeichen zwischen zwei Punkten $P'_{2\nu}$ und $P'_{2\nu+1}$ ändert. Zwischen diesen Punkten kann dann wie bei der Bestimmung von P_1 durch verfeinerte Suche oder Interpolation P_2 ermittelt werden.

Dieses Verfahren wird fortgesetzt, bis man zu einem vorgegebenen Rand gelangt. Damit erhält man punktweise und mit gleichem Abstand der Punkte die gesuchte Äquipotentiallinie. Bei der Programmierung dieses Verfahrens ist folgendes zu berücksichtigen:

1. Unter Umständen sind besondere Algorithmen zur Auffindung des Anfangspunktes P_0 der Potentiallinie vorzusehen.
2. An evtl. vorhandenen Kreuzungsstellen von Potentiallinien (vgl. beispielsweise Bild 1.7) kann das Programm zu Fehlern führen, falls keine besonderen logischen Entscheidungen zur Erfassung dieser Fälle vorgesehen sind.
3. Die Begrenzungen des zu bestimmenden Feldbilds müssen in geeigneter Form ein-

gegeben werden, damit die Maschine nach deren Erreichen zur nächsten Potentiallinie übergehen kann.

4. An Elektrodenoberflächen muß durch höhere Genauigkeit (r und $\Delta\alpha$ klein) ein Eindringen von Äquipotentiallinien in die Elektroden vermieden werden.

1.6.4.2. Suchverfahren zur Bestimmung der Feldlinien

Die hier vorgestellte Methode zur Suche der Feldlinien beruht auf der Orthogonalität der Feldlinien und Potentiallinien. Zunächst wird wieder um den Anfangspunkt P_0 ein Kreis mit dem Radius r geschlagen (Bild 1.108). Damit die Strecke $\overline{P_0P_1}$ näherungsweise Teil der gesuchten Feldlinie ist, muß das Kreisbogenstück im Punkt P_1 Teil einer Äquipotentiallinie sein, d.h., hier muß $\partial\varphi/\partial\alpha = 0$ gelten. In Abhängigkeit von α besitzt also das Potential auf dem Kreisbogen ein Minimum oder Maximum, durch das der Punkt P_1 festgelegt ist.

Um P_1 zu finden, wird nacheinander das Potential in den Punkten P'_{11}, P'_{12} usw. berechnet. Solange sich das Potential dabei verkleinert (bzw. vergrößert), ist P_1 noch nicht erreicht. Nimmt das Potential zwischen $P'_{1\nu}$ und $P'_{1,\nu+1}$ erstmalig zu (bzw. ab), dann liegt zwischen diesen Punkten das Extremum des Potentials. Man kann nun interpolieren bzw. die Suche mit feinerer Schrittweite $\Delta\alpha$ fortsetzen und erhält so den gesuchten Feldlinienpunkt P_1.

Da die Feldlinien ebenfalls glatt verlaufen, beginnt man, ausgehend von dem Punkt P_1, die Suche mit dem Winkel α_1, den das vorangehende Feldlinienstück mit der Abszisse einschließt. Davon ausgehend wird wieder das Extremum des Potentials gesucht und der Vorgang wiederholt, bis der Rand des Feldgebiets erreicht ist.

Die Programmierung dieses Verfahrens für den Digitalrechner bereitet keine wesentlichen Schwierigkeiten, wenn eine Reihe ähnlicher Aspekte wie bei den Äquipotentiallinien berücksichtigt werden.

Da bei rotationssymmetrischen Feldern keine Abhängigkeit des Feldes vom Winkel vorliegt darf der Anfangspunkt für die Feldlinienbestimmung nicht auf der Symmetrieachse liegen. In diesem Falle würde sich auf der Suchkreisperipherie kein Extremum finden lassen.

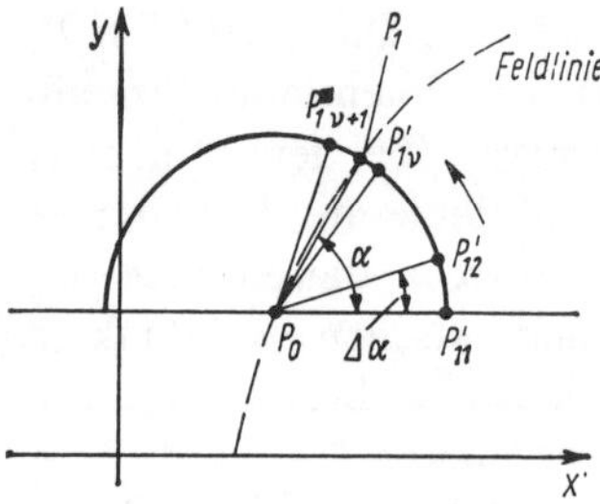

Bild 1.108

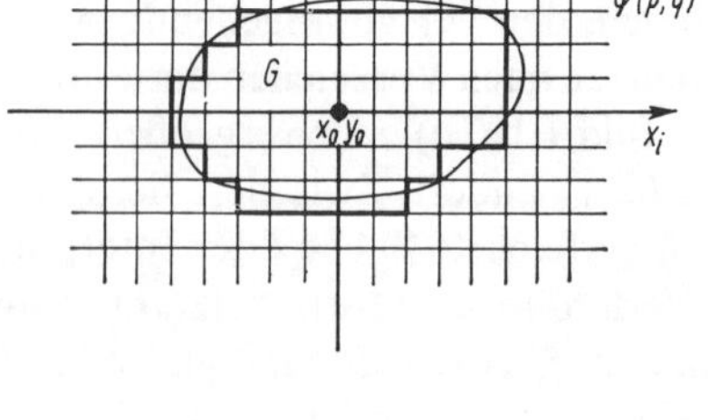

Bild 1.109

1.6.5. Lösung der Dirichletschen Randwertaufgabe mit Hilfe der Monte-Carlo-Methode

Zur Lösung der Laplaceschen Differentialgleichung mit Dirichletschen Randbedingungen wird in der x,y-Ebene ein abgeschlossenes Gebiet G betrachtet. Über dieses Gebiet wird ein quadratisches Gitter mit der Schrittweite h gelegt (Bild 1.109). Das Gitter enthält innere Knoten und Randknoten, die den Rand des betrachteten Gebietes mit der Genauigkeit der Schrittweite h approximieren. Für die Gitterpunkte gilt

$$x_j = x_0 + ih, \qquad i, j = 0, \pm 1 \ldots \tag{1.797}$$

$$y_j = y_0 + jh; \tag{1.798}$$

In den Randpunkten $P\,(i = p, j = q)$ sei das Potential φ_{pq} bekannt. Zur Bestimmung des Potentials in einem inneren Knotenpunkt $P\,(x_i, y_j) = P\,(i, j)$, $(i, j) \neq (p, q)$ kann die Monte-Carlo-Methode angewandt werden. Dazu geht man, ausgehend von $P\,(i, j)$, durch zufällige Entscheidung zum rechten, linken, oberen oder unteren Nachbarpunkt über. Von diesem geht man in der gleichen Weise zum nächsten Nachbarpunkt über usw., bis man erstmalig einen Randpunkt $P\,(p, q)$ erreicht. Einen Randpunkt erreicht man auf einem Irrweg mit Sicherheit nach einer endlichen Anzahl von Schritten. Diesen Vorgang wiederholt man genügend oft, um die Wahrscheinlichkeit $n\,(i, j; p, q)$ dafür zu bestimmen, daß man, ausgehend vom inneren Punkt $P\,(i, j)$, zum Randpunkt $P\,(p, q)$ gelangt. Wenn im ganzen N Irrwege von $P\,(i, j)$ zum Rand durchlaufen worden sind, wobei N_1-mal der Randknotenpunkt P_1, N_2-mal der Randknotenpunkt P_2 usw. bis N_ν-mal der Randknotenpunkt P_ν erreicht wurde, dann ist

$$N_1 + N_2 + N_3 + \ldots + N_\nu = N, \tag{1.799}$$

$$\frac{N_1}{N} + \frac{N_2}{N} + \frac{N_3}{N} + \ldots + \frac{N_\nu}{N} = 1. \tag{1.800}$$

Ist N hinreichend groß, so gibt

$$n\,(i, j; p_\lambda, q_\lambda) = \frac{N_\lambda}{N} \tag{1.801}$$

die Wahrscheinlichkeit dafür an, daß der irrende Punkt von $P\,(i, j)$ zu dem Randknotenpunkt $P_\lambda = P\,(p_\lambda, q_\lambda)$ gelangt $(\lambda = 1, 2, \ldots, \nu)$.
Gemäß (1.800) gilt dann

$$\sum_{p,q} n\,(i, j; p, q) = 1. \tag{1.802}$$

Ist der Ausgangspunkt bereits ein Randpunkt, dann ist kein weiterer Schritt durchzuführen. Es gilt

$$n\,(p', q'; p, q) = \begin{cases} 1 & \text{bei} \quad p' = p,\ q' = q, \\ 0 & \text{bei} \quad |p' - p| + |q' - q| \neq 0, \end{cases} \tag{1.803}$$

d.h., die Wahrscheinlichkeit für das Erreichen des Punktes $P\,(p, q)$ ist eins, wenn der Ausgangspunkt mit diesem Punkt zusammenfällt, und null, wenn die Punkte nicht übereinstimmen. Ist die Begrenzungsfunktion $\varphi\,(x, y)$, dann stellt

$$v_{ij} = \sum_{p,q} n\,(i, j; p, q)\, \varphi_{pq} \tag{1.804}$$

den Erwartungswert für den Potentialwert am Endpunkt für einen vom Punkt $P\,(i, j)$ ausgehenden Irrweg dar.
Ausgehend von $P\,(i, j)$, gelangt man mit der Wahrscheinlichkeit 1/4 zu einem der be-

nachbarten Punkte. Die Irrwege, die in $P(i,j)$ beginnen, zerfallen somit in vier Kategorien neuer zufälliger Irrwege:

$$\left.\begin{array}{ll} 1. & P(i,j) - P(i-1,j) \\ 2. & P(i,j) - P(i+1,j) \\ 3. & P(i,j) - P(i,j+1) \\ 4. & P(i,j) - P(i,j-1) \end{array}\right\} \text{ und dann weiter bis zum Rand.} \tag{1.805}$$

Die Wahrscheinlichkeit $n(i,j;p,q)$ kann als Summe

$$n(i,j;p,q) = \tfrac{1}{4}n(i-1,j;p,q) + \tfrac{1}{4}n(i+1,j;p,q) + \tfrac{1}{4}n(i,j-1;p,q) + \tfrac{1}{4}n(i,j+1;p,q) \tag{1.806}$$

ausgedrückt werden.
Multipliziert man beide Seiten dieser Gleichung mit φ_{pq} und summiert über alle (p,q), dann erhält man

$$\sum_{p,q} n(i,j;p,q)\,\varphi_{pq} = \tfrac{1}{4}\sum_{p,q} n(i-1,j;p,q)\,\varphi_{pq} + \tfrac{1}{4}\sum_{p,q} n(i+1,j;p,q)\,\varphi_{pq} + \tfrac{1}{4}\sum_{p,q} n(i,j-1;p,q)\,\varphi_{pq} + \tfrac{1}{4}\sum_{p,q} n(i,j+1;p,q)\,\varphi_{pq} \tag{1.807}$$

oder

$$v_{ij} = \tfrac{1}{4}\left[v_{i-1,j} + v_{i+1,j} + v_{i,j-1} + v_{i,j+1}\right]. \tag{1.808}$$

Das Potential der Gitterpunkte ist aber entsprechend der Laplaceschen Differentialgleichung in Differenzenform (vgl. (1.752))

$$\varphi_{ij} = \tfrac{1}{4}\left[\varphi_{i-1,j} + \varphi_{i+1,j} + \varphi_{i,j-1} + \varphi_{i,j+1}\right]. \tag{1.809}$$

Der Vergleich von (1.808) mit (1.809) zeigt, daß die Funktion v_{ij} der diskretisierten Laplaceschen Gleichung genügt. Für Randpunkte gilt mit (1.803)

$$v_{pq} = \varphi_{pq} \tag{1.810}$$

d.h., die Randwerte der Funktion v_{ij} sind gleich den vorgegebenen Potentialen in den Randpunkten. Nach dem Satz von der Eindeutigkeit der Lösung der Randwertaufgabe (vgl. S. 60) stellt v_{ij} dann eine näherungsweise Lösung für sie dar, und es gilt

$$\varphi(x_i, y_j) = v_{ij}. \tag{1.811}$$

Das Potential in dem inneren Punkt $P(i,j)$ ist damit nach (1.804) die Summe der mit den Randpotentialen φ_{pq} multiplizierten Wahrscheinlichkeiten dafür, daß ein in $P(i,j)$ beginnender Irrweg in $P(p,q)$ endet:

$$\varphi(x_i, y_j) = \sum_{p,q} n(i,j;p,q)\,\varphi_{pq} = \sum_{\lambda=1}^{\nu} \frac{N_\lambda}{N}\,\varphi_{p_\lambda q_\lambda} = \frac{1}{N}\sum_{\lambda=1}^{\nu} N_\lambda \varphi_{p_\lambda q_\lambda}. \tag{1.812}$$

Es entspricht dem linearen Mittelwert aller Randpunktpotentiale, die bei N Irrwegen am zufällig erreichten Randpunkt vorliegen. Das Verfahren läßt sich sehr einfach durchführen, wenn mit einem Zufallsgenerator gleichwahrscheinliche ganze Zufallszahlen zwischen 1 und 4 erzeugt werden, denen die Fortschreitungsrichtungen rechts, links, oben und unten zugeordnet sind. Der Rechenvorgang verläuft nach dem Flußbild Bild 1.110 und sollte vor allem bei feinerer Gitterunterteilung zweckmäßig dem Digitalrechner übertragen werden.

Der Vorteil der Methode besteht darin, daß mit ihr das Potential in einem einzelnen Punkt des Feldes bestimmt werden kann, ohne die Potentiale der anderen Gitter kennen oder gleichzeitig berechnen zu müssen, wie dies beim Differenzenverfahren erforderlich ist.

Die Wirksamkeit der Methode soll am Beispiel des Feldbilds in einer leitenden Ecke gezeigt werden, für das eine analytische Lösung der Potentialgleichung

$$\varphi(x, y) = xy \tag{1.813}$$

vorliegt (vgl. S. 117). Als Lösungsgebiet wird das durch Schraffur begrenzte Rechteck im Bild 1.111 betrachtet. Das Potential auf dem linken und dem unteren Rand ist $\varphi = 0$. In den übrigen Randpunkten P_1 bis P_ν ergibt sich das Potential aus (1.813). Diese Werte wurden als Randwerte vorgegeben.

Nach dem Flußbild Bild 1.110 wurde das Potential in einigen inneren Punkten des Gebietes mit dem Rechner ermittelt, wobei eine Trefferzahl von 150 vorgegeben wurde. Die Ergebnisse zeigt die folgende Gegenüberstellung:

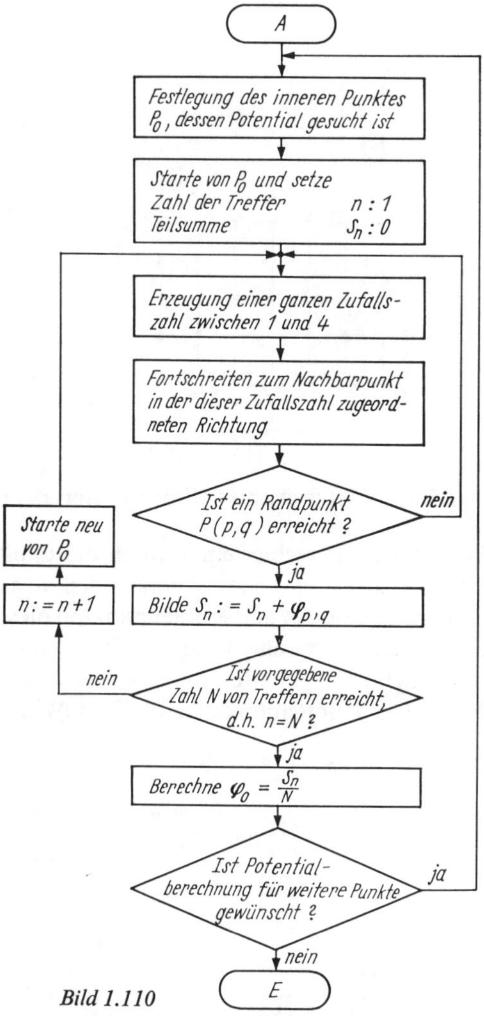

Bild 1.110

P_0 x y	$\varphi_0 = xy$ exakt	φ_0 Monte Carlo	Fehler %	Trefferzahlen*) P_1	P_2	P_3	P_4	P_5	P_7	P_8	P_9
1 3	3	3,160	+5,35	40	10	5	4	1	3	3	0
2 3	6	5,747	−4,22	22	60	7	7	4	0	1	1
3 3	9	8,920	−0,89	6	19	62	7	6	7	5	0
4 3	12	12,227	+1,89	5	6	25	54	10	12	14	3

*) P_6 keine Treffer, da entweder P_5 oder P_7 erreicht wird. Übrige Treffer bis 150 entfallen, da auf linkem und unterem Rand $\varphi = 0$.

Bild 1.112 zeigt als Beispiel einen Irrweg, der nach 16 Schritten zum oberen Rand endet.

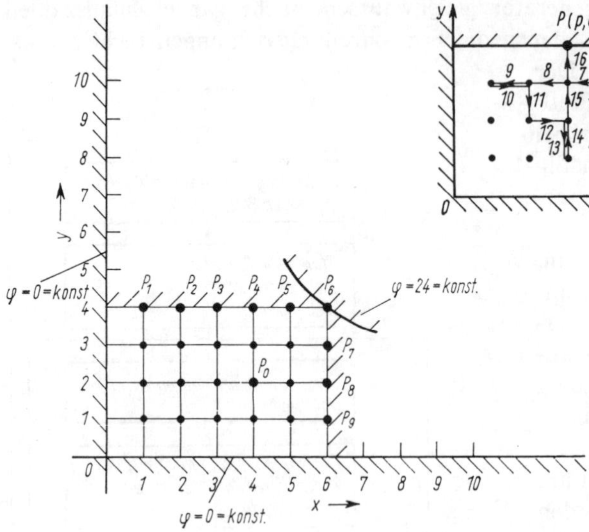

Bild 1.111

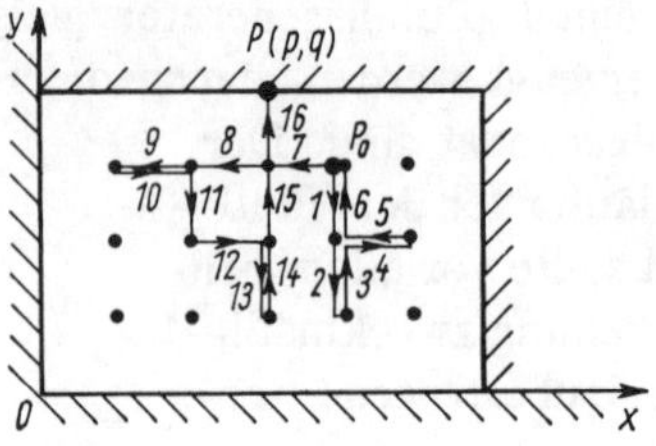

Bild 1.112

1.6.6. Netzwerkmodell der Differenzengleichung

Wird über das Gebiet eines durch die Laplacesche Differentialgleichung beschriebenen Feldes ein aus gleichen Widerständen R aufgebautes Netzwerk gespannt (Bild 1.113), dann stellen sich in den Knotenpunkten dieses Netzwerks die Potentiale der entsprechenden Gitterpunkte ein, wenn die Randpunkte durch Spannungsquellen auf den Randwertpotentialen gehalten werden.

Nach dem Knotenpunktsatz (s. (2.240)) gilt für den Punkt P_0 mit dem Potential φ_0

$$I_1 + I_2 + I_3 + I_4 = 0, \tag{1.814}$$

$$\frac{\varphi_1 - \varphi_0}{R} + \frac{\varphi_2 - \varphi_0}{R} + \frac{\varphi_3 - \varphi_0}{R} + \frac{\varphi_4 - \varphi_0}{R} = 0 \tag{1.815}$$

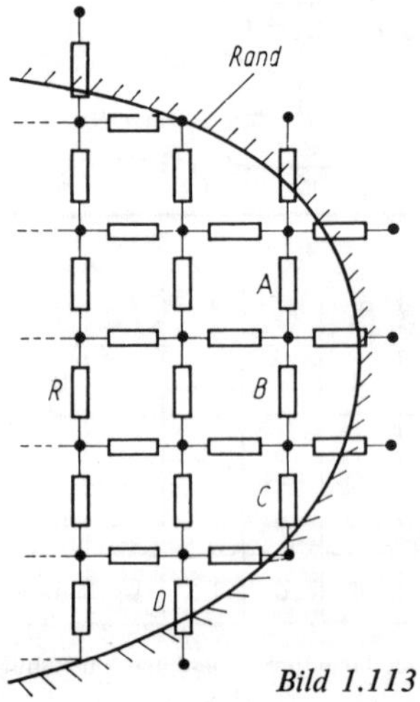

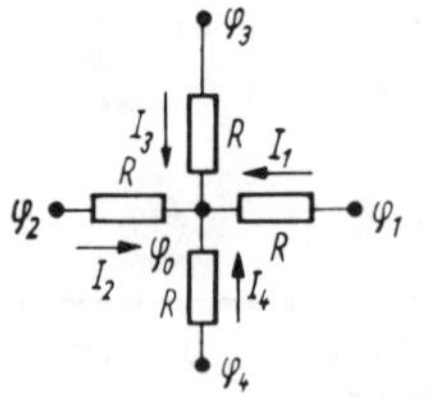

Bild 1.113

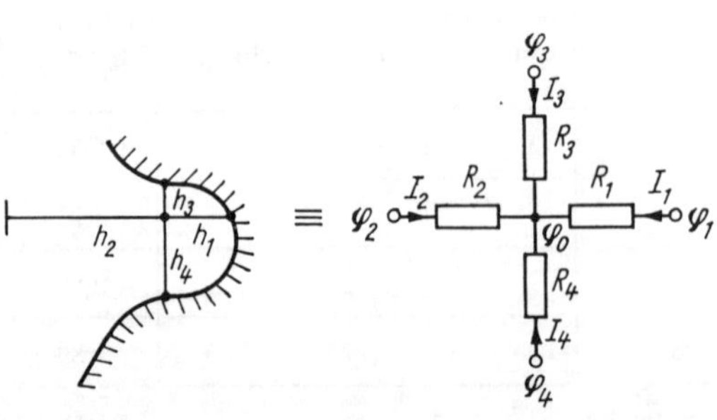

Bild 1.114

und damit

$$\varphi_0 = \tfrac{1}{4}(\varphi_1 + \varphi_2 + \varphi_3 + \varphi_4). \tag{1.816}$$

Wenn die Randpunkte nicht genau mit den Knoten des Widerstandsnetzwerks zusammenfallen, muß der Widerstandsstern (Bild 1.113) verändert werden (Bild 1.114). Nach dem Ersten Kirchhoffschen Satz ist jetzt

$$\frac{\varphi_1 - \varphi_0}{R_1} + \frac{\varphi_2 - \varphi_0}{R_2} + \frac{\varphi_3 - \varphi_0}{R_3} + \frac{\varphi_4 - \varphi_0}{R_4} = 0. \tag{1.817}$$

Für φ_0 ergibt sich daraus

$$\varphi_0 = \frac{R_2R_3R_4\varphi_1 + R_1R_3R_4\varphi_2 + R_1R_2R_4\varphi_3 + R_1R_2R_3\varphi_4}{R_2R_3R_4 + R_1R_3R_4 + R_1R_2R_4 + R_1R_2R_3}. \tag{1.818}$$

Aus (1.748) folgt für den ungleicharmigen Gitterstern für $f(x_0, y_0) = 0$

$$\varphi_0 = \frac{h_2h_3h_4\varphi_1 + h_1h_3h_4\varphi_2}{(h_1 + h_2)(h_1h_2 + h_3h_4)} + \frac{h_1h_2h_4\varphi_3 + h_1h_2h_3\varphi_4}{(h_3 + h_4)(h_1h_2 + h_3h_4)}. \tag{1.819}$$

Der Vergleich der Koeffizienten von φ_1 bis φ_4 in (1.818) und (1.819) ergibt

$$\frac{R_2R_3R_4}{N} = \frac{h_2h_3h_4}{(h_1 + h_2)(h_1h_2 + h_3h_4)}, \tag{1.820}$$

$$\frac{R_1R_3R_4}{N} = \frac{h_1h_3h_4}{(h_1 + h_2)(h_1h_2 + h_3h_4)}, \tag{1.821}$$

$$\frac{R_1R_2R_4}{N} = \frac{h_1h_2h_4}{(h_3 + h_4)(h_1h_2 + h_3h_4)}, \tag{1.822}$$

$$\frac{R_1R_2R_3}{N} = \frac{h_1h_2h_3}{(h_3 + h_4)(h_1h_2 + h_3h_4)} \tag{1.823}$$

mit

$$N = R_2R_3R_4 + R_1R_3R_4 + R_1R_2R_4 + R_1R_2R_3. \tag{1.824}$$

Aus (1.820) und (1.821) bzw. aus (1.822) und (1.823) folgt

$$\frac{R_1}{R_2} = \frac{h_1}{h_2} \quad \text{bzw.} \quad \frac{R_3}{R_4} = \frac{h_3}{h_4} \tag{1.825}$$

oder

$$\begin{aligned} R_1 &= K_1h_1 \quad \text{bzw.} \quad R_3 = K_2h_3, \\ R_2 &= K_1h_2 \qquad\qquad R_4 = K_2h_4, \end{aligned} \tag{1.826}$$

wobei K_1 und K_2 positive Konstante darstellen. Setzt man das Ergebnis aus (1.826) in (1.820) ein, dann erhält man nach kurzer Umformung

$$\frac{K_2}{K_2(h_1 + h_2)h_3h_4 + K_1(h_3 + h_4)h_1h_2} = \frac{1}{(h_1 + h_2)h_1h_2 + (h_1 + h_2)h_3h_4}. \tag{1.827}$$

Hieraus folgt

$$\frac{K_1}{K_2} = \frac{h_1 + h_2}{h_3 + h_4} \tag{1.828}$$

oder auch

$$K_1 = K_0 (h_1 + h_2), \qquad K_2 = K_0 (h_3 + h_4). \tag{1.829}$$

K_0 ist eine positive Konstante. Damit erhalten wir mit (1.826)

$$\begin{aligned} R_1 &= K_0 h_1 (h_1 + h_2), & R_3 &= K_0 h_3 (h_3 + h_4), \\ R_2 &= K_0 h_2 (h_1 + h_2), & R_4 &= K_0 h_4 (h_3 + h_4). \end{aligned} \tag{1.830}$$

Sind alle vier Schrittweiten verschieden, ist die Dimensionierung des Widerstandssterns problemlos.

Wenn nur einer der Arme des Sternes kürzer ausfällt, während die anderen Widerstände und Schrittweiten für das Innere des Netzwerks einheitliche Werte behalten, gilt

$$R_2 = R_3 = R_4 = R, \qquad h_2 = h_3 = h_4 = h. \tag{1.831}$$

Daraus folgt aus (1.830)

$$h_1 = h, \qquad R_1 = R. \tag{1.832}$$

Dieser Fall ist somit nicht zulässig.

Werden zwei benachbarte Arme verkürzt, z.B.

$$R_2 = R_4 = R, \qquad h_2 = h_4 = h, \tag{1.833}$$

dann folgt aus (1.830)

$$h_1 + h = h_3 + h, \tag{1.834}$$

d.h.

$$h_1 = h_3 = h',$$

$$K_0 = \frac{R}{h (h + h')}, \qquad R_1 = R_2 = R \frac{h'}{h}. \tag{1.835), (1.836}$$

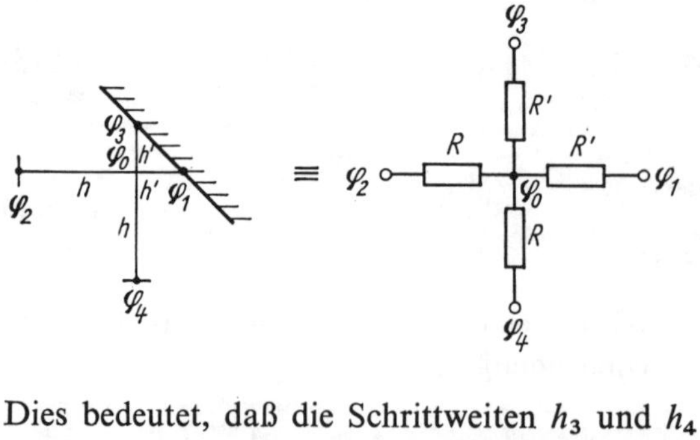

Bild 1.115

Dies bedeutet, daß die Schrittweiten h_3 und h_4 gleichzeitig im selben Maße verkürzt werden dürfen, also nur im Winkel von 45° schneidende Randlinien zulässig sind (Bild 1.115). Die Widerstände des Sternes sind in diesem Falle proportional den Schrittweiten.

Ein äquidistantes Gitternetz kann nur in seltenen Fällen so über ein Feldgebiet gespannt werden, daß alle Randknoten auf der Feldberandungslinie liegen. Meistens werden Knotenpunkte des Gitternetzes außerhalb der Berandung des Feldes fallen (Bild 1.113). Dies führt zur ungenauen Approximation der Berandungslinie. Unter Umständen kann man die Möglichkeiten, die die Anwendung nichtäquidistanter Sterne (Bild 1.114 bzw. Bild 1.115) bietet, benutzen, um lokale Verbesserungen der Approximation der Berandung zu erreichen. So kann z.B. der äquidistante Stern im Punkt A von Bild 1.113 durch einen nichtäquidistanten nach Bild 1.114 ersetzt werden, mit dem man die zwei benachbarten Sternpunkte, die außerhalb des Feldgebiets liegen, auf die Randlinie verlegt.
Wenn zwei der Arme eines nichtäquidistanten Sternes verschieden lang sind (Punkt D im Bild 1.113) und somit Bedingung Bild 1.115 nicht erfüllt ist, kann man erfahrungsgemäß eine befriedigende Randapproximation erhalten, indem man die zugehörigen Sternwiderstände entsprechend dem Verhältnis der Armlängen einstellt. Die Randapproximation ist in diesem Falle besser, als wenn man an diese Stelle einen äquidistanten Stern ansetzen würde.

1.6.7. Variationsprobleme und Randwertaufgaben

Die Formulierung eines statischen oder stationären Feldproblems als partielle Differentialgleichung mit Randbedingungen 1., 2. oder 3. Art (Randwertaufgabe) ist nicht seine einzige Darstellungsform. In den meisten technisch wichtigen Fällen existiert ein Variationsproblem, d.h. eine Extremalaufgabe für ein Variationsfunktional u.U. mit Restriktionen, dessen Lösung der Randwertaufgabe äquivalent ist.
Zunächst soll anhand eines konkreten Variationsproblems gezeigt werden, daß seine Lösung tatsächlich der Lösung einer Randwertaufgabe (Lösung der Poissonschen bzw. Laplaceschen Differentialgleichung mit Randbedingungen 1. Art) äquivalent ist.

1.6.7.1. Herleitung eines äquivalenten Randwertproblems aus einem Variationsproblem

Gesucht wird eine skalare Funktion $v\,(x, y, z)$, die in dem Volumen V stetig ist und stetige erste und zweite Ableitungen besitzt, auf der Grenzfläche A des Volumens die vorgegebenen Randbedingungen 1. Art erfüllt und das Integral

$$I = \int_V \left\{\frac{1}{2}\left[\left(\frac{\partial v}{\partial x}\right)^2 + \left(\frac{\partial v}{\partial y}\right)^2 + \left(\frac{\partial v}{\partial z}\right)^2\right] + f(x, y, z)\, v\right\} \mathrm{d}V \tag{1.837}$$

minimiert. Der Wert des Integrals hängt von der Wahl der Funktion v ab. I ist somit ein Funktional, d.h. eine Vorschrift, die einer Funktion eine reelle Zahl zuordnet.
Es wird nun angenommen, daß $v_0\,(x, y, z)$ das Funktional I minimiert und die Randbedingungen 1. Art erfüllt, d.h. das Variationsproblem löst. In der Funktion

$$v\,(x, y, z) = v_0\,(x, y, z) + \alpha v_1\,(x, y, z) \tag{1.838}$$

sei α eine reelle Zahl, $v_1\,(x, y, z)$ eine im Volumen V zweimal stetig partiell differenzierbare Funktion, die an der Grenzfläche A den Wert Null annimmt $[v_1\,(x, y, z)|_A = 0]$. Da $v_0\,(x, y, z)$ eine Lösung der Variationsaufgabe ist, d.h. auch die Randbedingungen erfüllt, genügt für alle α auch v diesen Bedingungen.
Für alle $\alpha \in R$ und alle Funktionen $v_1\,(x, y, z)$ gilt

$$I\,(v_0 + \alpha v_1) \geqq I(v_0). \tag{1.839}$$

Ist $v_1\,(x, y, z)$ eine konkrete Funktion, so wird aus dem Funktional $I(v) = I\,(v_0 + \alpha v_1)$ die Funktion $g(\alpha)$ der reellen Veränderlichen α, die wegen (1.839) für jedes beliebige v_1 an der Stelle $\alpha = 0$ ein globales Minimum annimmt.

$$\left.\frac{\mathrm{d}g\,(\alpha)}{\mathrm{d}\alpha}\right|_{\alpha=0} = \left.\frac{\mathrm{d}I\,(v_0 + \alpha v_1)}{\mathrm{d}\alpha}\right|_{\alpha=0} = 0. \tag{1.840}$$

Wenn man mit (1.838) in (1.837) eingeht, erhält man

$$I = \int_V \left\{\frac{1}{2}\left[\frac{\partial}{\partial x}(v_0 + \alpha v_1)\right]^2 + \frac{1}{2}\left[\frac{\partial}{\partial y}(v_0 + \alpha v_1)\right]^2 + \frac{1}{2}\left[\frac{\partial}{\partial x}(v_0 + \alpha v_1)\right]^2 + f(v_0 + \alpha v_1)\right\}\mathrm{d}V. \tag{1.841}$$

Die Differentiation von (1.841) nach α ergibt

$$\frac{\partial I}{\partial \alpha} = \int_V \left\{\left[\frac{\partial}{\partial x}\,v_0 + \alpha\,\frac{\partial v_1}{\partial x}\right]\frac{\partial v_1}{\partial x} + \left[\frac{\partial}{\partial y}\,v_0 + \alpha\,\frac{\partial v_1}{\partial y}\right]\frac{\partial v_1}{\partial y} + \left[\frac{\partial v_0}{\partial z} + \alpha\,\frac{\partial v_1}{\partial z}\right]\frac{\partial v_1}{\partial z} + f v_1\right\}\mathrm{d}V = 0. \tag{1.842}$$

Für $\alpha = 0$ folgt

$$\left.\frac{\partial I}{\partial \alpha}\right|_{\alpha=0} = \int_V \left\{\frac{\partial v_0}{\partial x}\,\frac{\partial v_1}{\partial x} + \frac{\partial v_0}{\partial y}\,\frac{\partial v_1}{\partial y} + \frac{\partial v_0}{\partial z}\,\frac{\partial v_1}{\partial z} + f v_1\right\}\mathrm{d}V = 0. \tag{1.843}$$

Wenn man zu (1.843) den verschwindenden Ausdruck

$$\int_V v_1\left[\frac{\partial^2 v_0}{\partial x^2} + \frac{\partial^2 v_0}{\partial y^2} + \frac{\partial^2 v_0}{\partial x^2}\right]\mathrm{d}V - \int_V v_1\left[\frac{\partial^2 v_0}{\partial x^2} + \frac{\partial^2 v_0}{\partial y^2} + \frac{\partial^2 v_0}{\partial z^2}\right]\mathrm{d}V = 0 \tag{1.844}$$

addiert und die einzelnen Glieder ordnet, erhält man

$$\int_V \left\{\left(\frac{\partial v_1}{\partial x}\,\frac{\partial v_0}{\partial x} + v_1\,\frac{\partial^2 v_0}{\partial x^2}\right) + \left(\frac{\partial v_1}{\partial y}\,\frac{\partial v_0}{\partial y} + v_1\,\frac{\partial^2 v_0}{\partial y^2}\right) + \left(\frac{\partial v_1}{\partial z}\,\frac{\partial v_0}{\partial z} + v_1\,\frac{\partial^2 v_0}{\partial z^2}\right)\right\}\mathrm{d}V - \int_V v_1\left\{\frac{\partial^2 v_0}{\partial x^2} + \frac{\partial^2 v_0}{\partial y^2} + \frac{\partial^2 v_0}{\partial z^2} - f\right\}\mathrm{d}V = 0 \tag{1.845}$$

oder

$$\int_V \left[\frac{\partial}{\partial x}\left(v_1\,\frac{\partial v_0}{\partial x}\right) + \frac{\partial}{\partial y}\left(v_1\,\frac{\partial v_0}{\partial y}\right) + \frac{\partial}{\partial z}\left(v_1\,\frac{\partial v_0}{\partial z}\right)\right]\mathrm{d}V - \int_V v_1\left[\frac{\partial^2 v_0}{\partial x^2} + \frac{\partial^2 v_0}{\partial y^2} + \frac{\partial^2 v_0}{\partial z^2} - f\right]\mathrm{d}V = 0. \tag{1.847}$$

(1.847) kann auch folgendermaßen geschrieben werden:

$$\int_V \mathrm{div}\,(v_1\,\mathrm{grad}\,v_0)\,\mathrm{d}V - \int_V v_1\,[\Delta v_0 - f]\,\mathrm{d}V = 0. \tag{1.848}$$

Der erste Term kann mit dem Satz von *Gauß* umgeformt werden. Dann erhält man

$$\oint_A v_1 \operatorname{grad} v_0 \, dA - \int_V v_1 [\Delta v_0 - f] \, dV = 0. \tag{1.849}$$

Der erste Term dieser Gleichung ist Null, da überall auf der Berandungsfläche $v_1 = 0$ ist (Randbedingungen für v_1). Somit wird

$$\int_V v_1 [\Delta v_0 - f] \, dV = 0. \tag{1.850}$$

Da dieses Ergebnis unabhängig von v_1 gelten muß, folgt

$$\Delta v_0 - f = 0. \tag{1.851}$$

Dies ist die Poissonsche Differentialgleichung für v_0. Die Lösung der Variationsaufgabe ist somit äquivalent der Lösung der Poissonschen Differentialgleichung mit Randbedingungen 1. Art. Für $f(x, y, z) = 0$ geht das Integral (1.837) in das Dirichletsche Integral

$$I = \frac{1}{2} \int_V \left[\left(\frac{\partial v}{\partial x} \right)^2 + \left(\frac{\partial v}{\partial y} \right)^2 + \left(\frac{\partial v}{\partial z} \right)^2 \right] dV \tag{1.852}$$

über.
Aus (1.851) folgt in diesem Falle die Laplacesche Differentialgleichung für v_0

$$\Delta v_0 = 0. \tag{1.853}$$

Die Minimierung des Dirichletschen Integrals mit den Randbedingungen 1. Art ist somit äquivalent der Lösung der Laplaceschen Differentialgleichung mit diesen Randbedingungen.

1.6.7.2. Variationsproblem für die allgemeine Randwertaufgabe des elektrostatischen Feldes in beliebigen isotropen hysteresefreien Medien

Im nächsten Schritt soll nun für ein komplizierteres Feldproblem gezeigt werden, wie aus der Randwertaufgabe ein äquivalentes Variationsproblem abgeleitet werden kann.
Die feldbeschreibenden Differentialgleichungen lauten:

$$\boldsymbol{E} = -\operatorname{grad} \varphi, \tag{1.854}$$

$$\operatorname{div} \boldsymbol{D} = \varrho \quad \text{für} \quad \boldsymbol{r} \in V. \tag{1.855}$$

Die Materialbeziehungen haben im isotropen Fall die Form

$$\boldsymbol{D} = \boldsymbol{D}(E, \boldsymbol{r}) = \varepsilon(E, \boldsymbol{r}) \, \boldsymbol{E}. \tag{1.856}$$

Die Randbedingungen 1., 2. und 3. Art auf dem Rande $A = A_1 \cup A_2 \cup A_3$ des Feldgebiets V lauten

$$\varphi = g_1(\boldsymbol{r}) \qquad \text{für} \quad \boldsymbol{r} \in A_1, \tag{1.857}$$

$$-\varepsilon(E, \boldsymbol{r}) \frac{\partial \varphi}{\partial n} = D_n = g_2(\boldsymbol{r}) \qquad \text{für} \quad \boldsymbol{r} \in A_2, \tag{1.858}$$

$$-\varepsilon(E, \boldsymbol{r}) \frac{\partial \varphi}{\partial n} = D_n = g_3(\varphi, \boldsymbol{r}) \quad \text{für} \quad \boldsymbol{r} \in A_3. \tag{1.859}$$

Aus (1.854), (1.855) und (1.856) folgt

$$\begin{aligned} -\operatorname{div}\,[\varepsilon\,(E, \boldsymbol{r})\,\operatorname{grad}\,\varphi] &= \varrho, \\ -\operatorname{div}\,[\varepsilon\,(|\operatorname{grad}\,\varphi|, \boldsymbol{r})\,\operatorname{grad}\,\varphi] &= \varrho. \end{aligned} \tag{1.860}$$

Aus der Variationsrechnung ist bekannt, daß im Falle der Existenz eines zu dem Randwertproblem (1.857) bis (1.860) äquivalenten Variationsproblems der Integrand des Variationsfunktionals Ableitungen der gesuchten Funktion höchstens 1. Ordnung enthalten kann. Wir nehmen deshalb für das gesuchte Variationsfunktional die Form

$$I(\varphi) = \int_V F\,(\operatorname{grad}\,\varphi, \varphi, \boldsymbol{r})\,\mathrm{d}V + \int_A G\,(\varphi, \boldsymbol{r})\,\mathrm{d}A \tag{1.861}$$

mit den zunächst noch unbekannten Funktionen F und G an.
Es wird sich im Laufe der Ableitung noch zeigen, daß das Oberflächenintegral in (1.861) Randbedingungen 2. und 3. Art im Funktional mit aufzunehmen erlaubt.
Analog zu dem Vorgehen bei der Herleitung eines dem Variationsproblem äquivalenten Randwertproblems kann gezeigt werden, daß für die Minimierung des Funktionals (1.861) mit den Randbedingungen 1. Art auf A die Erfüllung der sogenannten Eulerschen Differentialgleichung des Funktionals (1.861)

$$\left.\begin{aligned} &\frac{\partial F}{\partial \varphi} - \operatorname{div}\left\{\frac{\partial F}{\partial\left(\dfrac{\partial \varphi}{\partial x}\right)}\boldsymbol{i} + \frac{\partial F}{\partial\left(\dfrac{\partial \varphi}{\partial y}\right)}\boldsymbol{j} + \frac{\partial F}{\partial\left(\dfrac{\partial \varphi}{\partial z}\right)}\boldsymbol{k}\right\} = 0 \\ &\text{bzw.} \\ &\frac{\partial F}{\partial \varphi} + \operatorname{div}\left\{\frac{\partial F}{\partial E_x}\boldsymbol{i} + \frac{\partial F}{\partial E_y}\boldsymbol{j} + \frac{\partial F}{\partial E_z}\boldsymbol{k}\right\} = 0 \\ &\text{bzw.} \\ &\frac{\partial F}{\partial \varphi} + \operatorname{div}\,\boldsymbol{r}\,[\operatorname{grad}_E F] = 0 \end{aligned}\right\} \text{für } \boldsymbol{r} \in V \tag{1.862}$$

und der zusätzlichen Randbedingung

$$\left.\begin{aligned} &\frac{\partial G}{\partial \varphi} + \left[\frac{\partial F}{\partial\left(\dfrac{\partial \varphi}{\partial x}\right)}\boldsymbol{i} + \frac{\partial F}{\partial\left(\dfrac{\partial \varphi}{\partial y}\right)}\boldsymbol{j} + \frac{\partial F}{\partial\left(\dfrac{\partial \varphi}{\partial z}\right)}\boldsymbol{k}\right]\boldsymbol{n} = 0 \\ &\text{bzw.} \\ &\frac{\partial G}{\partial \varphi} - \left[\frac{\partial F}{\partial E_x}\boldsymbol{i} + \frac{\partial F}{\partial E_y}\boldsymbol{j} + \frac{\partial F}{\partial E_z}\boldsymbol{k}\right]\boldsymbol{n} = 0 \\ &\text{bzw.} \\ &\frac{\partial G}{\partial \varphi} - (\operatorname{grad}_E F)\,\boldsymbol{n} = 0 \end{aligned}\right\} \text{für } \boldsymbol{r} \in A_2 \cup A_3 \tag{1.863}$$

notwendig ist.
$\boldsymbol{n}$ ist der nach außen zeigende Normaleinheitsvektor im Punkte $\boldsymbol{r}$ der Berandung A von V.
Gelingt es nun, die Funktionen F und G so zu bestimmen, daß (1.862) bzw. (1.863) identisch mit (1.859) bzw. (1.860) wird, so ist das Variationsfunktional bestimmt und die Aufgabe gelöst.

Aus dem Vergleich von (1.860) und (1.862) erscheint die Zuordnung

$$\frac{\partial F}{\partial \varphi} = -\varrho, \qquad \operatorname{grad}_E F = \varepsilon\,(E, \boldsymbol{r})\,\boldsymbol{E} \tag{1.864), (1.865}$$

naheliegend. (1.864) ist sofort integrierbar und ergibt

$$F = -\varrho\varphi + f_1(\operatorname{grad}\varphi, \boldsymbol{r}). \tag{1.866}$$

(1.865) kann in dem betrachteten Fall ebenfalls integriert werden und ergibt

$$F = \int_0^{-\operatorname{grad}\varphi} \varepsilon\,(E, \boldsymbol{r})\,\boldsymbol{E}\,\mathrm{d}\boldsymbol{E} - \varrho\varphi = \int_0^{|\operatorname{grad}\varphi|} \varepsilon\,(E, \boldsymbol{r})\,E\,\mathrm{d}E - \varrho\varphi$$

$$= \int_0^{|\operatorname{grad}\varphi|} D\,(E, \boldsymbol{r})\,\mathrm{d}E - \varrho\varphi. \tag{1.867}$$

Das Einsetzen von (1.865) in (1.863) ergibt

$$\frac{\partial G}{\partial \varphi} - \varepsilon\,(E, \boldsymbol{r})\,\boldsymbol{E}\boldsymbol{n} = \frac{\partial G}{\partial \varphi} - D_{\mathrm{n}} = 0 \quad \text{für} \quad \boldsymbol{r} \in A_2 \cup A_3. \tag{1.868}$$

Der Vergleich mit (1.859) ergibt

$$\frac{\partial G}{\partial \varphi} = g_2(\boldsymbol{r}) \quad \text{für} \quad \boldsymbol{r} \in A_2 \tag{1.869}$$

und

$$\frac{\partial G}{\partial \varphi} = g_3\,(\varphi, \boldsymbol{r}) \quad \text{für} \quad \boldsymbol{r} \in A_3, \tag{1.870}$$

d.h.

$$G = \begin{cases} g_2(\boldsymbol{r})\,\varphi & \text{für} \quad \boldsymbol{r} \in A_2, \\ \displaystyle\int_0^{\varphi} g_3\,(\tilde{\varphi}, \boldsymbol{r})\,\mathrm{d}\tilde{\varphi} & \text{für} \quad \boldsymbol{r} \in A_3. \end{cases} \tag{1.871}$$

Das resultierende Gesamtfunktional lautet damit

$$I = \int_V \left[\int_0^{|\operatorname{grad}\varphi|} D\,(E, \boldsymbol{r})\,\mathrm{d}E - \varrho\varphi\right] \mathrm{d}V + \int_{A_2} g_2(\boldsymbol{r})\,\varphi\,\mathrm{d}A$$

$$+ \int_{A_3} \left[\int_0^{\varphi} g_3\,(\tilde{\varphi}, \boldsymbol{r})\,\mathrm{d}\tilde{\varphi}\right] \mathrm{d}A. \tag{1.872}$$

Für lineare isotrope Medien mit Randbedingungen 1. Art lautet das Funktional

$$I = \int_V \left[\int_0^{|\operatorname{grad}\varphi|} \varepsilon(\boldsymbol{r})\,E\,\mathrm{d}E - \varrho\varphi\right] \mathrm{d}V = \int_V \left[\frac{\varepsilon(\boldsymbol{r})}{2}\operatorname{grad}^2\varphi - \varrho\varphi\right] \mathrm{d}V. \tag{1.873}$$

1.6.7.3. Näherungslösungen für Variationsprobleme. Das Verfahren von *Ritz*

In vielen Fällen kann die Funktion, die das Funktional minimiert, leichter näherungsweise bestimmt werden als die Näherungslösung der Felddifferentialgleichung. Deshalb werden viele numerische Feldberechnungsverfahren als Variationsproblem formuliert.

Unter den Näherungsverfahren zur Lösung von Variationsaufgaben besitzt das von *W. Ritz* geschaffene besondere Bedeutung, da es schließlich nur noch die Lösung eines linearen Gleichungssystems erfordert.
Angenommen, $v_0(x, y, z)$ sei eine Lösung der Variationsaufgabe. Dabei sei $I(v_0) = I_0$ das Minimum des entsprechenden Funktionals. Wenn sich eine Funktion $w(x, y, z)$ finden läßt, die die Randbedingungen erfüllt und für die außerdem

$$I(w) \approx I_0 \tag{1.874}$$

ist, dann ist die Annahme begründet, daß w eine Näherung für v_0 darstellt. Ist $\{w_n\}$ eine Folge von Funktionen, die den Randbedingungen genügen, wobei

$$\lim_{n \to \infty} I(w_n) = I_0 \tag{1.875}$$

gilt, so ist zu erwarten, daß $\{w_n\}$ gleichmäßig gegen v_0 konvergiert.
Bei dem Ansatzverfahren von *Ritz* wird als Folge $\{w_n\}$ die Folge der von den Parametern a_i $(i = 1, 2, \ldots, n)$ abhängigen Funktionen

$$w_n = H(x, y, z; a_1, a_2, \ldots, a_n) \tag{1.876}$$

verwendet. Wenn man mit w_n in das Funktional (1.837) eingeht und die Integration ausführt, erhält man als Ergebnis eine Funktion der Parameter a_i $(i = 1, 2, \ldots, n)$:

$$I = g(a_1, a_2, \ldots, a_n). \tag{1.877}$$

Die Minimierung von I erfolgt durch Nullsetzen der Ableitungen des Funktionals nach den Parametern a_i. Daraus ergibt sich das Gleichungssystem

$$\frac{\partial g(a_1, a_2, \ldots, a_n)}{\partial a_i} = 0 \qquad (i = 1, 2, \ldots, n). \tag{1.878}$$

Als spezieller Ansatz dient die in den Parametern lineare Funktion

$$w_n = w_r(x, y, z) + \sum_{i=1}^{n} a_i \tilde{w}_i(x, y, z). \tag{1.879}$$

Die Funktionen w_r und $\tilde{w}_i$ sind konkret gewählte, zweimal stetig partiell differenzierbare Funktionen. w_n erfüllt die Randbedingungen unabhängig von den Werten der Parameter a_i, wenn w_r die Randbedingungen erfüllt und die $\tilde{w}_i$ am Rande verschwinden.
Geht man nun mit (1.879) in (1.837) ein, dann erhält man

$$I(w_n) = \int_V \left\{ \frac{1}{2} \left[\left(\frac{\partial w_n}{\partial x} \right)^2 + \left(\frac{\partial w_n}{\partial y} \right)^2 + \left(\frac{\partial w_n}{\partial z} \right)^2 \right] + f(x, y, z)\, w_n \right\} \mathrm{d}V, \tag{1.880}$$

$$\frac{\partial I(w_n)}{\partial a_i} = \int_V \left\{ \left(\frac{\partial w_n}{\partial x} \frac{\partial}{\partial a_i} \frac{\partial w_n}{\partial x} + \frac{\partial w_n}{\partial y} \frac{\partial}{\partial a_i} \frac{\partial w_n}{\partial y} + \frac{\partial w_n}{\partial z} \frac{\partial}{a_i} \frac{\partial w_n}{\partial z} + f \frac{\partial w_n}{\partial a_i} \right) \right\} \mathrm{d}V. \tag{1.881}$$

Mit

$$\left.\begin{aligned} \frac{\partial}{\partial a_i}\frac{\partial w_n}{\partial x} &= \frac{\partial}{\partial x}\frac{\partial w_n}{\partial a_i} = \frac{\partial \tilde{w}_i(x, y, z)}{\partial x} \\ \frac{\partial}{\partial a_i}\frac{\partial w_n}{\partial y} &= \frac{\partial}{\partial y}\frac{\partial w_n}{\partial a_i} = \frac{\partial \tilde{w}_i(x, y, z)}{\partial y} \\ \frac{\partial}{\partial a_i}\frac{\partial w_n}{\partial z} &= \frac{\partial}{\partial z}\frac{\partial w_n}{\partial a_i} = \frac{\partial \tilde{w}_i(x, y, z)}{\partial z} \end{aligned}\right\} \quad \text{für} \quad i = 1, 2, \ldots, n \tag{1.882}$$

erhalten wir

$$\frac{\partial I(w_n)}{\partial a_i} = \int_V \left\{\frac{\partial w_n}{\partial x}\frac{\partial \tilde{w}_i}{\partial x} + \frac{\partial w_n}{\partial y}\frac{\partial \tilde{w}_i}{\partial y} + \frac{\partial w_n}{\partial z}\frac{\partial \tilde{w}_i}{\partial z} + f\tilde{w}_i\right\} \mathrm{d}V = 0 \tag{1.883}$$

für $i = 1, 2, \ldots, n$.

Setzt man w_n aus (1.879) in (1.883) ein, dann erhält man ein lineares Gleichungssystem für die Bestimmung der n unbekannten Koeffizienten a_i.

1.6.8. Methode der finiten Elemente

Die Methode der finiten Elemente ist ein Ansatzverfahren zur Lösung von Randwertaufgaben in abgeschlossenen räumlichen Bereichen. Eine Näherungslösung, die durch ein Ansatzverfahren ermittelt worden ist, ist im allgemeinen um so genauer, je mehr freie Parameter der gewählte Ansatz enthält. Mit zunehmender Größe des räumlichen Bereiches, für den die Lösung einer partiellen Differentialgleichung gesucht wird, wird die Anzahl der für eine gewünschte Genauigkeit benötigten Parameter größer. Damit wird der Typ der Ansatzfunktionen komplizierter. Dies kann umgangen werden, indem man das Feldgebiet in viele relative kleine Bereiche, die sogenannten finiten Elemente, unterteilt, für die als Lösung einfachere Funktionen mit wenigen Parametern angesetzt werden können. Für jeden dieser Bereiche wird ein anderer Parametersatz verwendet. Auf diese Weise ist eine insgesamt große Anzahl von Parametern erreichbar.
Die Bestimmungsgleichungen für die Parameter gewinnt man durch Anwendung des Ritzschen Verfahrens auf das der Randwertaufgabe äquivalente Variationsproblem.
Die Methode der finiten Elemente wird im folgenden anhand der zweidimensionalen Poissonschen Differentialgleichung für lineare, isotrope inhomogene Stoffe erläutert. In diesem Falle gilt

$$\operatorname{div}\left[\varepsilon(x, y) \operatorname{grad} \varphi(x, y)\right] = -\varrho(x, y). \tag{1.884}$$

Die Lösung dieser feldbeschreibenden Differentialgleichung unter Berücksichtigung der Randbedingungen 1. Art ist äquivalent der Ermittlung der Funktion $\varphi(x, y)$, die die Randbedingungen erfüllt und das Funktional (1.880)

$$\begin{aligned} I &= \int_A \left\{\frac{\varepsilon(x, y)}{2}\left[\left(\frac{\partial \varphi}{\partial x}\right)^2 + \left(\frac{\partial \varphi}{\partial y}\right)^2\right] - \varrho(x, y)\,\varphi\right\} \mathrm{d}A \\ &= \int_A \left[\frac{\varepsilon(x, y)}{2} \operatorname{grad}^2 \varphi - \varrho(x, y)\,\varphi\right] \mathrm{d}A \end{aligned} \tag{1.885}$$

minimiert. A ist die berandete Fläche, über der der Potentialverlauf ermittelt werden soll. Man unterteilt A in n Teilbereiche (finite Elemente A_j), für die einzeln ein einfacher Ansatz, meist als Potenzpolynom, wie folgt gemacht wird:

$$\tilde{\varphi}_j(x, y) = \begin{cases} P_j^r(x, y) & \text{für} \quad (x, y) \in A_j \\ 0 & \text{sonst.} \end{cases} \tag{1.886}$$

Hier bedeutet P_j^r ein Polynom r-ten Grades in x und y. Für den gesamten Lösungsbereich ist dann

$$\varphi(x, y) = \sum_{j=1}^{n} \tilde{\varphi}_j(x, y). \tag{1.887}$$

Geht man mit (1.887) in (1.885) ein, dann erhält man

$$I = \int_A \left\{ \frac{\varepsilon(x, y)}{2} \operatorname{grad}^2 \left[\sum_{j=1}^{n} \tilde{\varphi}_j(x, y) \right] - \varrho(x, y) \sum_{j=1}^{n} \tilde{\varphi}_j(x, y) \right\} \mathrm{d}A. \tag{1.888}$$

Das Integral über A wird dargestellt als Summe der Integrale über die n Teilbereiche

$$I = \sum_{i=1}^{n} \int_{A_i} \left\{ \frac{\varepsilon(x, y)}{2} \operatorname{grad}^2 \left[\sum_{j=1}^{n} \tilde{\varphi}_j(x, y) \right] - \varrho(x, y) \sum_{j=1}^{n} \tilde{\varphi}_j(x, y) \right\} \mathrm{d}A. \tag{1.889}$$

Wegen der Festlegung (1.886) geht (1.889) über in

$$I = \sum_{j=1}^{n} \int_{A_j} \left[\frac{\varepsilon(x, y)}{2} \operatorname{grad}^2 \tilde{\varphi}_j(x, y) - \varrho(x, y)\, \tilde{\varphi}_j(x, y) \right] \mathrm{d}A = \sum_{j=1}^{n} I_j. \tag{1.890}$$

Hierbei ist A_j der Bereich des j-ten finiten Elements und $\tilde{\varphi}_j$ der Lösungsansatz für das Potential in diesem Element. Für die finiten Elemente werden einfache geometrische Formen gewählt. Im zweidimensionalen Fall sind es meistens Dreiecke oder Rechtecke, im dreidimensionalen Fall Tetraeder oder Prismen mit ebenen, u. U. auch gekrümmten Berandungen (dann meist isoparametrische Elemente).

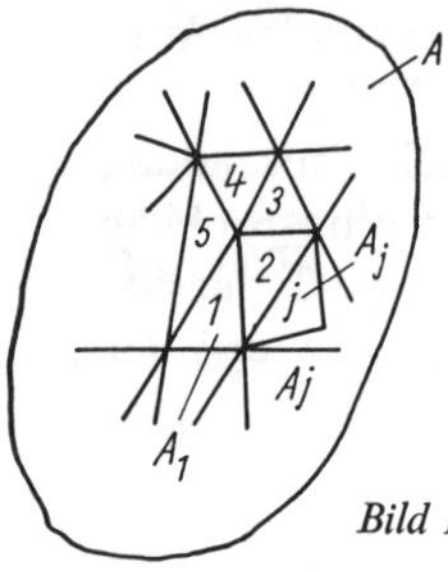

Bild 1.116

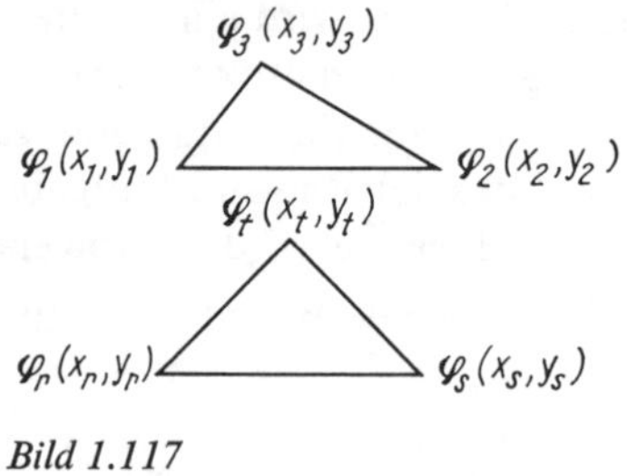

Bild 1.117

Auf dem Rand eines jeden Elements werden Knotenpunkte festgelegt, deren Anzahl gleich der Anzahl der Koeffizienten der Ansatzfunktion ist. Diese Koeffizienten werden durch die Werte der Ansatzfunktion in den Knotenpunkten, die sogenannten Knotenvariablen, ausgedrückt. Die Stoffeigenschaften (allgemein ε, $\varkappa$, μ) und die felderzeugenden Größen (allgemein ϱ, G_x) werden innerhalb eines Elements als konstant angesehen. In Gebieten mit starken Änderungen der Stoffeigenschaften und der Feldgrößen muß deshalb eine feinere Unterteilung in finite Elemente gewählt werden.

Im Bild 1.116 ist das Feldgebiet A in Dreiecke unterteilt. Wir betrachten zunächst nur das Element A_1 und verzichten auf die Indizierung mit j.

Bei den häufig benutzten dreieckigen Elementen 1. Ordnung (Bild 1.117) wird der lineare Ansatz

$$\varphi = a + bx + cy \tag{1.891}$$

verwendet. Hierbei werden die Eckpunkte des Dreiecks als Knoten gewählt. Damit wird die Stetigkeit der Ansatzfunktion in den Knotenpunkten des Dreiecksnetzes gesichert. Es läßt sich zeigen, daß die Ansatzfunktion dann sogar auf den Rändern der finiten Elemente und damit im gesamten Lösungsgebiet stetig ist. Es gilt

$$\varphi_1 = a + bx_1 + cy_1, \qquad \varphi_2 = a + bx_2 + cy_2,$$
$$\varphi_3 = a + bx_3 + cy_3. \tag{1.892}$$

Die Auflösung dieses Gleichungssystems nach den Koeffizienten ergibt

$$a = \frac{\begin{vmatrix} \varphi_1 & x_1 & y_1 \\ \varphi_2 & x_2 & y_2 \\ \varphi_3 & x_3 & y_3 \end{vmatrix}}{\begin{vmatrix} 1 & x_1 & y_1 \\ 1 & x_2 & y_2 \\ 1 & x_3 & y_3 \end{vmatrix}}, \quad b = \frac{\begin{vmatrix} 1 & \varphi_1 & y_1 \\ 1 & \varphi_2 & y_2 \\ 1 & \varphi_3 & y_3 \end{vmatrix}}{\begin{vmatrix} 1 & x_1 & y_1 \\ 1 & x_2 & y_2 \\ 1 & x_3 & y_3 \end{vmatrix}}, \quad c = \frac{\begin{vmatrix} 1 & x_1 & \varphi_1 \\ 1 & x_2 & \varphi_2 \\ 1 & x_3 & \varphi_3 \end{vmatrix}}{\begin{vmatrix} 1 & x_1 & y_1 \\ 1 & x_2 & y_2 \\ 1 & x_3 & y_3 \end{vmatrix}}, \tag{1.893}$$

$$a = \frac{1}{\Delta}\left[\varphi_1 (x_2 y_3 - x_3 y_2) + \varphi_2 (x_3 y_1 - x_1 y_3) + \varphi_3 (x_1 y_2 - x_2 y_1)\right],$$

$$b = \frac{1}{\Delta}\left[\varphi_1 (y_2 - y_3) + \varphi_2 (y_3 - y_1) + \varphi_3 (y_1 - y_2)\right],$$

$$c = \frac{1}{\Delta}\left[\varphi_1 (x_3 - x_2) + \varphi_2 (x_1 - x_3) + \varphi_3 (x_2 - x_1)\right], \tag{1.894}$$

$$\Delta = \begin{vmatrix} 1 & x_1 & y_1 \\ 1 & x_2 & y_2 \\ 1 & x_3 & y_3 \end{vmatrix}, \qquad |\Delta| = 2A. \tag{1.895), (1.896}$$

A ist hierbei die Fläche des Dreiecks.

Geht man mit den Koeffizienten a, b und c (1.894) in den Ansatz (1.891) ein, dann erhält man

$$\varphi(x, y) = \varphi_1 \left\{\frac{1}{\Delta}\left[(x_2 y_3 - x_3 y_2) + (y_2 - y_3)\, x + (x_3 - x_2)\, y\right]\right\}$$
$$+ \varphi_2 \left\{\frac{1}{\Delta}\left[(x_3 y_1 - x_1 y_3) + (y_3 - y_1)\, x + (x_1 - x_3)\, y\right]\right\}$$
$$+ \varphi_3 \left\{\frac{1}{\Delta}\left[(x_1 y_2 - x_2 y_1) + (y_1 - y_2)\, x + (x_2 - x_1)\, y\right]\right\} \tag{1.897}$$

oder

$$\varphi(x, y) = \varphi_1 N_1(x, y) + \varphi_2 N_2(x, y) + \varphi_3 N_3(x, y). \tag{1.898}$$

Die Funktionen $N_1(x, y)$, $N_2(x, y)$ und $N_3(x, y)$ sind rein geometrischer Art. Sie werden deswegen Formfunktionen genannt. Die Ansatzfunktion (1.898) ist eine Linearkombination von Formfunktionen mit den Knotenvariablen als Koeffizienten. Die Formfunktionen hängen von den Knotenkoordinaten des jeweiligen finiten Elements ab. Sie sind für jedes Element verschiedene lineare Funktionen der Ortskoordinaten x und y.
Wenn man zur Verallgemeinerung die Eckpunkte des j-ten dreieckigen finiten Elements mit den Nummern r, s, t (Bild 1.117b) bezeichnet und zur Vereinfachung der Notierung $r\ s\ t$ wählt, erhält man für die Ansatzfunktion für das j-te finite Element

$$\tilde{\varphi}_j(x, y) = \varphi_r \left\{\frac{1}{\Delta}[(x_s y_t - x_t y_s) + (y_s - y_t)x - (x_t - x_s)y]\right\} + \varphi_s \left\{\frac{1}{\Delta}[(x_t y_r - x_r y_t) + (y_t - y_r)x + (x_r - x_t)y]\right\} + \varphi_t \left\{\frac{1}{\Delta}[(x_r y_s - x_s y_r) + (y_r - y_s)x + (x_s - x_r)y]\right\}. \tag{1.899}$$

Hierbei ist

$$\Delta = \begin{vmatrix} 1 & x_r & y_r \\ 1 & x_s & y_s \\ 1 & x_t & y_t \end{vmatrix}. \tag{1.900}$$

Wenn man die Abkürzungen

$$\begin{aligned} \alpha_{jr} &= x_s y_t - x_t y_s, & \beta_{jr} &= y_s - y_t, & \gamma_{jr} &= x_t - x_s, \\ \alpha_{js} &= x_t y_r - x_r y_t, & \beta_{js} &= y_t - y_r, & \gamma_{js} &= x_r - x_t, \\ \alpha_{jt} &= x_r y_s - x_s y_r, & \beta_{jt} &= y_r - y_s, & \gamma_{jt} &= x_s - x_r \end{aligned} \tag{1.901}$$

einführt, dann vereinfacht sich die Schreibweise:

$$\tilde{\varphi}_j(x, y) = \varphi_r \left\{\frac{1}{\Delta}(\alpha_{jr} + \beta_{jr}x + \gamma_{jr}y)\right\} + \varphi_s \left\{\frac{1}{\Delta}(\alpha_{js} + \beta_{js}x + \gamma_{js}y)\right\} + \varphi_t \left\{\frac{1}{\Delta}(\alpha_{jt} + \beta_{jt}x + \gamma_{jt}y)\right\} \tag{1.902}$$

bzw.

$$\tilde{\varphi}_j(x, y) = \varphi_r N_{jr}(x, y) + \varphi_s N_{js}(x, y) + \varphi_t N_{jt}(x, y). \tag{1.903}$$

Die Funktion N_{ji} $(i = r, s, t)$ nimmt im Punkt $P_i(x_i, y_i)$ den Wert eins an und verschwindet in den anderen Knotenpunkten des Elements:

$$N_{ji}(x_p, y_p) = \begin{cases} 1 & \text{für } p = i \\ 0 & \text{für } p \neq i \end{cases} \qquad i, p \in \{r, s, t\}. \tag{1.904}$$

Im Lösungsgebiet werden nun alle Knotenpunkte von 1 bis m durchnumeriert. Die l Randpunkte tragen dabei die letzten l Nummern. (1.887) erhält dann die Form

$$\varphi(x, y) = \sum_{k=1}^{m} \varphi_k N_k^*(x, y). \tag{1.905}$$

$N_k^*(x, y)$ bedeutet hierbei die Summe der Formfunktionen jener finiten Elemente, die den Knoten k gemeinsam haben:

$$N_k^*(x, y) = \sum_{j \in G(k)} N_{jk}(x, y). \tag{1.906}$$

$G(k) \subseteq \{1 \ldots, n\}$ ist eine Indexmenge, die die Nummern all der finiten Elemente enthält, die den Punkt k enthalten.
Da die N_{jk} nur innerhalb des Elements j von null verschiedene Werte annehmen, verschwinden auch die N_k^* außerhalb der Elemente, die den Knoten k enthalten. (1.905) stellt einen Ritz-Ansatz dar. Hierbei sind die Ansatzparameter unmittelbar die gesuchten Knotenvariablen φ_k. Im Unterschied zum konventionellen Ritz-Verfahren sind die Ansatzfunktionen bei den finiten Elementen nur lokal definiert. Dies ist ein für die Methode der finiten Elemente wesentliches Kennzeichen.
In den Ansatz (1.905) können Randbedingungen 1. Art durch Vorgabe von Werten für die Knotenpotentiale der Randpunkte leicht eingebaut werden.
Geht man nun mit dem Ansatz (1.905) in das Funktional (1.885) ein, dann erhält man

$$I = \int_A \left\{ \frac{\varepsilon(x, y)}{2} \operatorname{grad}^2 \left[\sum_{k=1}^{m} \varphi_k N_k^*(x, y) \right] - \varrho(x, y) \sum_{k=1}^{m} \varphi_k N_k^*(x, y) \right\} \mathrm{d}A. \tag{1.907}$$

Nach Differentiation nach den Knotenpotentialen φ_k und Nullsetzen erhält man die nötigen Gleichungen zu deren Bestimmung.

1.6.9. Methode der Sekundärquellen

Grundlagen

Bei der Methode der Sekundärquellen wird die Berechnung des Feldes in bereichsweise homogenen Medien auf die Berechnung eines äquivalenten Feldes in einem ganz mit homogenem Medium ausgefüllten Raum übergeführt. Ihre theoretische Rechtfertigung liegt in der Eindeutigkeit der Lösung der Randwertaufgabe. Zu diesem Zweck werden zusätzliche (sekundäre) Quellen eingeführt. Sie werden so auf den Grenzflächen, die Gebiete unterschiedlicher Materialeigenschaften trennen, positioniert, daß das Feld, das sich in dem jetzt ganz mit einem homogenen Medium ausgefüllten Raum einstellt und durch die ursprünglichen (primären) und die neu eingeführten (sekundären) Quellen hervorgerufen wird, mit dem Feld in dem ursprünglich bereichsweise homogenen Medium übereinstimmt.
Die Methode der sekundären Quellen ist ihrem Wesen nach der Methode der Spiegelbilder verwandt. In beiden Fällen wird ein bereichsweise homogenes Gebiet in ein im ganzen homogenes Gebiet durch Einführung von zusätzlichen Ladungen, die die Einhaltung der ursprünglichen Grenzbedingungen sichern, umgewandelt.
Bei der Methode der Spiegelbilder beim Vorliegen einer Grenzfläche werden zusätzliche Ladungen (Spiegelladungen) zuerst in dem ersten Bereich eingeführt und das Feld in dem zweiten Bereich ermittelt, in dem keine zusätzlichen Ladungen eingeführt werden. Dann werden zusätzliche Ladungen in dem zweiten Bereich eingeführt und das Feld in dem ersten ermittelt. Die Feldberechnung in den zwei benachbarten Bereichen erfolgt also unter der Annahme verschiedener Ladungen.
Bei der Methode der Sekundärquellen dagegen werden die zusätzlichen Ladungen auf

den Grenzflächen beider Bereiche positioniert. Die Berechnung der äquivalenten Felder in beiden Bereichen erfolgt mit der gleichen Ladungsverteilung.

Im folgenden werden die Gleichungen zur Berechnung des Feldes von Primärquellen abgeleitet, die in einem bereichsweise homogenen Raum mit einer Grenzfläche in mehreren Volumenbereichen (V_{aj}, V_{ij}), die auf beide Seiten der Grenzfläche A (Bild 1.118) verteilt sind, vorliegen.

Das Medium im Inneren der Grenzfläche habe die Dielektrizitätskonstante ε_i, das außen liegende die Dielektrizitätskonstante ε_a.

Es wird nun angenommen, daß der ganze Raum mit einem homogenen Medium mit der Dielektrizitätskonstante ε_a ausgefüllt ist.

Wegen der unterschiedlichen Grenzbedingungen des $\boldsymbol{E}$- bzw. des $\boldsymbol{D}$-Feldes resultieren unterschiedliche Formen der Verteilung der sekundären Ladungen auf der Grenzfläche in Abhängigkeit davon, ob das $\boldsymbol{E}$- oder das $\boldsymbol{D}$-Feld unverändert bleiben soll, wenn das bereichsweise homogene Medium durch ein im ganzen homogenes Medium ersetzt wird.

Im Falle, daß das $\boldsymbol{E}$-Feld unverändert bleiben soll, müssen anstelle der Grenzfläche einfache Schichten positionierter Ladungen mit der Flächendichte σ eingeführt werden. Die Verteilung der Ladungen muß dabei so beschaffen sein, daß an jeder Stelle der Grenzfläche ein ebenso großer Sprung der Normalkomponente der Feldstärke wie an der realen Grenzfläche des bereichsweise homogenen Mediums auftritt.

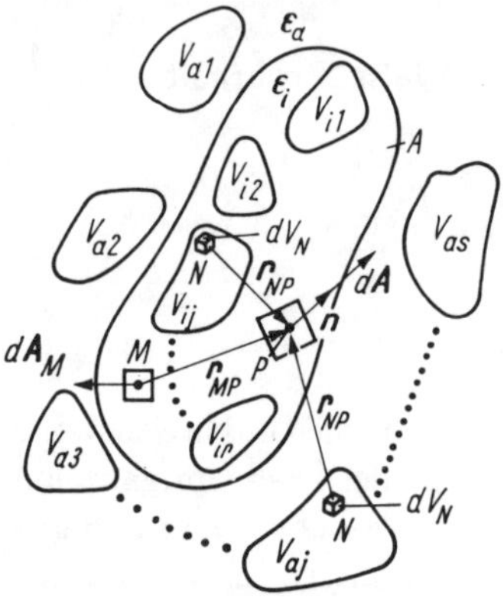

Bild 1.118

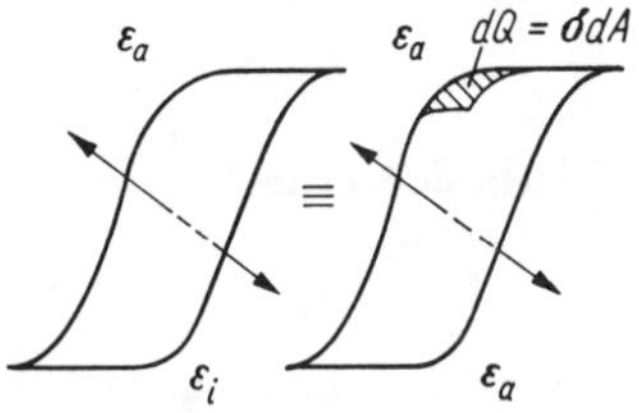

Bild 1.119

Wenn die Dielektrizitätskonstante des einen Mediums ε_i und die des anderen ε_a beträgt, muß

$$\frac{E_{na}}{E_{ni}} = \frac{\varepsilon_i}{\varepsilon_a} \tag{1.908}$$

gelten.

Wenn das $\boldsymbol{D}$-Feld unverändert bleiben soll, muß an der Grenzfläche eine Doppelschicht von Ladungen mit der Dipoldichte σ angebracht werden, so daß an jeder Stelle der Grenzfläche ein Sprung der Tangentialkomponente der Verschiebungsdichte erfolgt, wie es an der realen Grenzfläche des bereichsweise homogenen Mediums der Fall ist.

$$\frac{D_{ta}}{D_{ti}} = \frac{\varepsilon_a}{\varepsilon_i} \tag{1.909}$$

Im folgenden wird das äquivalente $\boldsymbol{E}$-Feld ermittelt.

Die Grenzfläche wird dann, wie gesagt, mit einer einfachen Schicht von Flächenladungen mit der Flächendichte σ belegt und der gesamte Raum mit einem Medium mit der Dielektrizitätskonstante ε_a ausgefüllt angenommen.

Bild 1.119 zeigt einen Teil dieser Grenzschicht und ihre äquivalente einfache Ladungsschicht. Für die Grenzfläche zweier Dielektrika gilt

$$E_{ta} = E_{ti}, \qquad E_{na} - \frac{\varepsilon_i}{\varepsilon_a} E_{ni} = 0. \tag{1.910}$$

Für die einfache Ladungsschicht im homogenen Medium ($\varepsilon = \varepsilon_a$) gilt

$$E_{ta} = E_{ti}, \qquad E_{na} - E_{ni} = \frac{\sigma}{\varepsilon_a}. \tag{1.911}$$

Für das äquivalente Feld muß σ so bestimmt werden, daß beide Gleichungen (1.910) und (1.911) identisch werden. Man führt zweckmäßigerweise eine Hilfsgröße

$$E_n = \frac{1}{2}(E_{ni} + E_{na}) = \frac{1}{2}\left(1 + \frac{\varepsilon_i}{\varepsilon_a}\right) E_{ni} \tag{1.912}$$

auf der Grenzfläche ein. Sie stellt den Mittelwert der beiderseitigen Normalkomponenten der Feldstärke dar. Beim Verschwinden der Flächenladung in einem Punkte der Grenzfläche wird sie gleich der (jetzt eindeutigen) Normalkomponente der Feldstärke; denn es gilt in diesem Falle

$$E_{ni} = E_{na} = E_n. \tag{1.913}$$

E_n ist somit die Normalkomponente der von allen übrigen (primären und sekundären) Quellen hervorgerufene Feldstärke im betrachteten Punkt.
Dann folgt

$$E_{na} - E_{ni} = \left(\frac{\varepsilon_i}{\varepsilon_a} - 1\right) E_{ni} = 2\,\frac{\left(\frac{\varepsilon_i}{\varepsilon_a} - 1\right)}{\left(\frac{\varepsilon_i}{\varepsilon_a} + 1\right)} E_n = \frac{\sigma}{\varepsilon_a}, \tag{1.914}$$

d.h.

$$\sigma = 2\varepsilon_a \frac{\varepsilon_i - \varepsilon_a}{\varepsilon_i + \varepsilon_a} E_n = 2\varepsilon_a \lambda E_n \tag{1.915}$$

mit

$$\lambda = \frac{\varepsilon_i - \varepsilon_a}{\varepsilon_i + \varepsilon_a}. \tag{1.916}$$

(1.915) ist die Beziehung zwischen der Flächendichte der sekundären Ladungen σ und der Normalkomponente der Feldstärke im Punkte P der Grenzfläche.
Ausgegangen wird von der Anordnung (Bild 1.118). Es soll die Flächendichte der sekundären Ladungen $\sigma(P)$ in dem Feldpunkt P auf der Grenzfläche A ermittelt werden. $\sigma(M)$ sei die Flächendichte der sekundären Ladungen in einem Quellpunkt M auf der Grenzfläche A.
$\boldsymbol{r}_{MP}$ ist der Radiusvektor vom Quellpunkt M zum Feldpunkt P.
$\boldsymbol{r}_{NP}$ ist der Radiusvektor von dem Quellpunkt N in einem der von Raumladungen belegten Volumenbereiche V_{ij} bzw. V_{aj} zum Feldpunkt P.
Die Normalkomponente $E_n(P)$ der Feldstärke im Punkt P auf der Grenzfläche errechnet

sich durch Superposition der Teilfeldstärken infolge der sekundären Flächenladungen und der primären Raumladungen

$$E_n(P) = \frac{1}{4\pi\varepsilon_a} \oint_A \sigma(M) \frac{\boldsymbol{r}_{MP}\boldsymbol{n}_P}{r_{MP}^3} \,\mathrm{d}A_M + \frac{1}{4\pi\varepsilon_a} \sum_{j=1}^{s} \int_{V_{aj}} \varrho_j(N) \frac{\boldsymbol{r}_{NP}\boldsymbol{n}_P}{r_{NP}^3} \,\mathrm{d}V_N$$

$$+ \frac{1}{4\pi\varepsilon_a} \sum_{j=1}^{r} \int_{V_{ij}} \varrho_j'(N) \frac{\boldsymbol{r}_{NP}\boldsymbol{n}_P}{r_{NP}^3} \,\mathrm{d}V_N. \tag{1.917}$$

$\varrho_j'(N)$ ist die Raumladungsdichte der freien Ladungen in den Bereichen V_{ij} innerhalb der Grenzfläche ($\varepsilon = \varepsilon_i$) umgerechnet auf die Dielektrizitätskonstante im homogenen Raum ε_a

$$\varrho_j'(N) = \frac{\varepsilon_a}{\varepsilon_i} \varrho_j(N). \tag{1.918}$$

Wenn wir (1.917) mit $2\varepsilon_a\lambda$ multiplizieren und (1.915) benutzen, erhalten wir

$$\sigma(P) - \lambda \oint_A \sigma(M) \frac{\boldsymbol{r}_{MP}\boldsymbol{n}_P}{2\pi r_{MP}^3} \,\mathrm{d}A_M = \lambda \sum_{j=1}^{s} \int_{V_{aj}} \varrho_j(N) \frac{\boldsymbol{r}_{NP}\boldsymbol{n}_P}{2\pi r_{NP}^3} \,\mathrm{d}V_N$$

$$+ \lambda \sum_{j=1}^{r} \int_{V_{ij}} \varrho_j'(N) \frac{\boldsymbol{r}_{NP}\boldsymbol{n}_P}{2\pi r_{NP}^3} \,\mathrm{d}V_N. \tag{1.919}$$

(1.919) ist eine Fredholmsche Integralgleichung zweiter Art, da die unbekannte Funktion σ in diesem Falle sowohl in dem Integral als auch außerhalb auftritt. Ist die Sekundärquellenverteilung bekannt, kann man das Potential in einem beliebigen Punkt Q des Raumes dann aus

$$\varphi(Q) = \frac{1}{4\pi\varepsilon_a} \left[\oint_A \frac{\sigma(M)}{r_{MQ}} \,\mathrm{d}A_M + \sum_{j=1}^{s} \int_{V_{aj}} \frac{\varrho_j(N)}{r_{NQ}} \,\mathrm{d}V_N + \sum_{j=1}^{r} \int_{V_{ij}} \frac{\varrho_1'(N)}{r_{NQ}} \mathrm{d}V_N \right]$$

bestimmen. (1.920)

Die Feldstärke berechnet sich dann zu

$$\boldsymbol{E}(Q) = \frac{1}{4\pi\varepsilon_a} \left[\oint_A \sigma(M) \frac{\boldsymbol{r}_{MQ}}{r_{MQ}^3} \,\mathrm{d}A_M + \sum_{j=1}^{s} \int_{V_{aj}} \varrho_j(N) \frac{\boldsymbol{r}_{NQ}}{r_{NQ}^3} \,\mathrm{d}V_N \right.$$

$$\left. + \sum_{j=1}^{r} \int_{V_{ij}} \varrho_j'(N) \frac{\boldsymbol{r}_{NQ}}{r_{NQ}^3} \,\mathrm{d}V_N \right]. \tag{1.921}$$

$\boldsymbol{r}_{MQ}$ ist der Radiusvektor vom Quellpunkt M der Flächenladung auf der Grenzfläche bis zum Feldpunkt Q.

$\boldsymbol{r}_{NQ}$ ist der Radiusvektor vom Quellpunkt N der Raumladungen in den Gebieten mit Raumladungen bis zum Feldpunkt Q.

Die Lösung der Randwertaufgabe ist somit im wesentlichen auf die Ermittlung der Flächendichte der sekundären Quellen auf der Grenzfläche A durch die Lösung der Integralgleichung (1.919) zurückgeführt. Da die Bestimmung der Sekundärquellen nur auf Flächen beschränkt ist, ist der Rechenaufwand im allgemeinen tragbar. Die Ermittlung von φ und $\boldsymbol{E}$ in jedem beliebigen Punkt des Raumes erfolgt über die Lösung der Integrale (1.920) und (1.921).

Numerische Auswertung

Die numerische Auswertung der Fredholmschen Integralgleichung (1.919) erfolgt durch eine Diskretisierung der Grenzfläche A. Die kontinuierliche Integralgleichung wird dabei durch ein diskretes Analogon genähert.

Die Grenzfläche A wird in n Teilflächen ΔA_i $(i = 1 \ldots n)$ zerlegt (Bild 1.120). Die Flächendichte σ_i auf jedem der Flächenelemente wird als konstant angenommen.

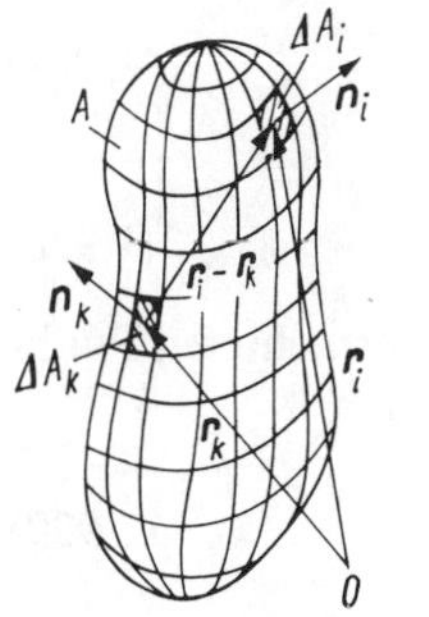

Bild 1.120

Die Fredholmsche Integralgleichung wird dann in eine für die numerische Berechnung übersichtliche Form umgeschrieben. Für die Flächendichte der Ladung des i-ten Elements folgt

$$\sigma_i - \lambda \sum_{k=1}^{n} \sigma_k \int_{\Delta A_k} K(i, k)\, \mathrm{d}A_k = f_i \tag{1.922}$$

mit

$$K(i, k) = \frac{1}{2\pi} \frac{(\boldsymbol{r}_i - \boldsymbol{r}_k)}{|\boldsymbol{r}_i - \boldsymbol{r}_k|^3}\, \boldsymbol{n}_i, \tag{1.923}$$

$$\boldsymbol{r}_{MP} = \boldsymbol{r}_{ik} = \boldsymbol{r}_i - \boldsymbol{r}_k. \tag{1.924}$$

Die rechte Seite f_i der Integralgleichung erfaßt den Beitrag der Primärquellen. Sie enthält nur bekannte Größen und kann problemlos in jedem Punkt ermittelt werden.

Läuft i von 1 bis n, so erhält man ein lineares Gleichungssystem mit n Gleichungen für die n unbekannten Flächendichten der sekundären Ladungen σ_i. In Matrixform lautet dieses System von Gleichungen

$$\|C\|\,\|\sigma\| = \|f\|. \tag{1.925}$$

Die Elemente der Matrix $\|C\|$ können durch analytische oder numerische Auswertung der Integrale

$$\int_{\Delta A_k} K(i, k)\, \mathrm{d}A_k = \int_{\Delta A_k} \frac{1}{2\pi} \frac{(\boldsymbol{r}_i - \boldsymbol{r}_k)\, \boldsymbol{n}_i}{|\boldsymbol{r}_i - \boldsymbol{r}_k|^3}\, \mathrm{d}A_k, \tag{1.926}$$

die nur geometrische Größen enthalten, bestimmt werden.

Numerische Probleme entstehen, wenn Feld- und Quellpunkt zusammenfallen d.h. $\boldsymbol{r}_i = \boldsymbol{r}_k$ (Singularität). Das singuläre Integral muß in diesem Falle durch besondere Maßnahmen ermittelt werden. Wenn ΔA_k klein genug gewählt wird, so steht der Radiusvektor $\boldsymbol{r}_i - \boldsymbol{r}_k$ vom Quellpunkt $\mathrm{d}A_k$ der Teilfläche ΔA_k senkrecht auf dem Normalvektor $\boldsymbol{n}_i$ in dem betrachteten Feldpunkt i. Das skalare Produkt $(\boldsymbol{r}_i - \boldsymbol{r}_k)\, \boldsymbol{n}_i$ wird Null. Somit ist das Integral (1.926) über $\Delta A_k = \Delta A_i$ Null.

Weitere numerische Probleme entstehen im Fall $\lambda \approx 1$. Die Gleichungen zur Ermittlung der Flächendichten σ_i sind dann schlecht konditioniert. Die Lösung erfordert erhöhten Aufwand.

1.7. Mehrleitersysteme

1.7.1. Potentialkoeffizienten

Bisher wurde das Feld behandelt, das sich in der Umgebung von einer bzw. von zwei geladenen Elektroden ausbildet. Häufig trifft man jedoch Fälle an, bei denen mehrere Leiter auf verschiedene Potentiale gebracht sind und verschiedene Ladungen tragen. Hierbei ist jedoch im allgemeinen gegenüber den früheren Betrachtungen die Aufgabe bedeutend eingeschränkt. Es wird nämlich nicht nach dem Feldbild selbst gefragt, sondern es sind entweder die Ladungen der einzelnen Elektroden gegeben und ihre Potentiale gesucht oder umgekehrt.

Das Potential eines beliebigen Punktes P in der Umgebung mehrerer geladener Leiter kann man als Summe der Teilpotentiale der einzelnen Ladungen darstellen. Es gilt

$$\varphi_P = \varphi_{P1} + \varphi_{P2} + \ldots + \varphi_{Pn}. \tag{1.927}$$

Das Potential ist nun aber der entsprechenden Ladung proportional:

$$\varphi_{P\lambda} = \alpha_{P\lambda} Q_\lambda. \tag{1.928}$$

Der Teilproportionalitätsfaktor $\alpha_{P\lambda}$ hängt einerseits von der Lage des betrachteten Punktes, andererseits von der Elektrodenkonfiguration ab. Bei n Elektroden gilt

$$\varphi_P = \sum_{\lambda=1}^{n} \alpha_{P\lambda} Q_\lambda. \tag{1.929}$$

Der Punkt P kann auch auf den Oberflächen der einzelnen Elektroden liegen. Wenn man ihn der Reihe nach auf die Oberfläche aller Elektroden legt, erhält man die Potentiale der einzelnen Elektroden:

$$\begin{aligned}
\varphi_1 &= \alpha_{11} Q_1 + \alpha_{12} Q_2 + \ldots + \alpha_{1\lambda} Q_\lambda + \ldots + \alpha_{1n} Q_n, \\
\varphi_2 &= \alpha_{21} Q_1 + \alpha_{22} Q_2 + \ldots + \alpha_{2\lambda} Q_\lambda + \ldots + \alpha_{2n} Q_n, \\
&\vdots \\
\varphi_\lambda &= \alpha_{\lambda 1} Q_1 + \alpha_{\lambda 2} Q_2 + \ldots + \alpha_{\lambda\lambda} Q_\lambda + \ldots + \alpha_{\lambda n} Q_n, \\
&\vdots \\
\varphi_n &= \alpha_{n1} Q_1 + \alpha_{n2} Q_2 + \ldots + \alpha_{n\lambda} Q_\lambda + \ldots + \alpha_{nn} Q_n.
\end{aligned} \tag{1.930}$$

Dieses Gleichungssystem setzt uns in die Lage, die Potentialverteilung bei einer gegebenen Elektrodenanordnung und bei bekannten Ladungen zu bestimmen. Das Potential der ersten Elektrode bei Anwesenheit einer Ladung nur auf der zweiten Elektrode muß gleich dem Potential der zweiten Elektrode sein, wenn sich dieselbe Ladung auf der ersten Elektrode befindet. Verallgemeinert gilt also

$$\alpha_{\lambda\nu} = \alpha_{\nu\lambda}. \tag{1.931}$$

Die Koeffizienten $\alpha_{\lambda\nu}$ nennt man Potentialkoeffizienten. Im folgenden sollen die Potentialkoeffizienten von drei parallelen zylindrischen Leitern mit den Radien r_1, r_2 und r_3, die in den Höhen h_1, h_2 und h_3 über der Erde verlegt sind, bestimmt werden (Bild 1.121). Um den Einfluß der Erde zu berücksichtigen, werden die Spiegelbilder der Elektroden eingeführt. Das Potential der ersten Elektrode, bedingt durch ihre eigene Ladung, ist ($2h_1 \gg r_1$)

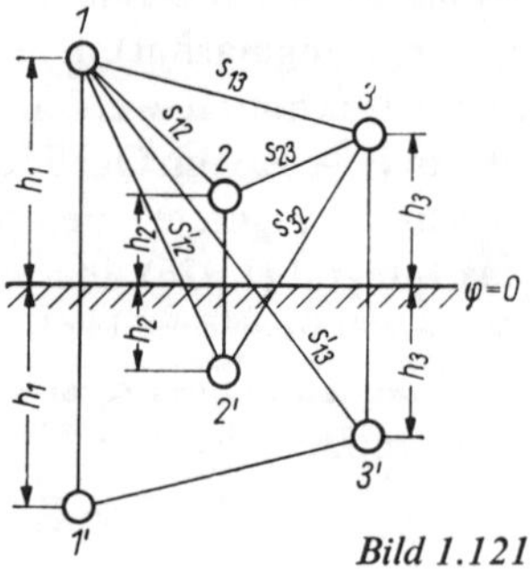

Bild 1.121

$$\varphi_{11} = \frac{Q_1}{2\pi\varepsilon l} \ln \frac{2h_1}{r_1}. \tag{1.932}$$

Das Potential der ersten Elektrode, bedingt durch die Ladung der zweiten Elektrode, ist

$$\varphi_{12} = \frac{Q_2}{2\pi\varepsilon l} \ln \frac{s'_{12}}{s_{12}}. \tag{1.933}$$

Das Potential der ersten Elektrode, bedingt durch die Ladung der dritten Elektrode, ist

$$\varphi_{13} = \frac{Q_3}{2\pi\varepsilon l} \ln \frac{s'_{13}}{s_{13}}. \tag{1.934}$$

Das Gesamtpotential der ersten Elektrode beträgt also

$$\varphi_1 = \varphi_{11} + \varphi_{12} + \varphi_{13}, \tag{1.935}$$

$$\varphi_1 = \frac{1}{2\pi\varepsilon l} \ln \frac{2h_1}{r_1} Q_1 + \frac{1}{2\pi\varepsilon l} \ln \frac{s'_{12}}{s_{12}} Q_2 + \frac{1}{2\pi\varepsilon l} \ln \frac{s'_{13}}{s_{13}} Q_3. \tag{1.936}$$

Aus der Gegenüberstellung von (1.930) und (1.936) folgt

$$\alpha_{11} = \frac{1}{2\pi\varepsilon l} \ln \frac{2h_1}{r_1}, \qquad \alpha_{12} = \frac{1}{2\pi\varepsilon l} \ln \frac{s'_{12}}{s_{12}}, \qquad \alpha_{13} = \frac{1}{2\pi\varepsilon l} \ln \frac{s'_{13}}{s_{13}}.$$

(1.937) ... (1.939)

Vollkommen analog ergeben sich die Potentialkoeffizienten des zweiten Leiters

$$\alpha_{21} = \frac{1}{2\pi\varepsilon l} \ln \frac{s'_{21}}{s_{21}}, \qquad \alpha_{22} = \frac{1}{2\pi\varepsilon l} \ln \frac{2h_2}{r_2}, \qquad \alpha_{23} = \frac{1}{2\pi\varepsilon l} \ln \frac{s'_{23}}{s_{23}}$$

(1.940) ... (1.942)

und die Potentialkoeffizienten des dritten Leiters

$$\alpha_{31} = \frac{1}{2\pi\varepsilon l} \ln \frac{s'_{31}}{s_{31}}, \qquad \alpha_{32} = \frac{1}{2\pi\varepsilon l} \ln \frac{s'_{32}}{s_{32}}, \qquad \alpha_{33} = \frac{1}{2\pi\varepsilon l} \ln \frac{2h_3}{r_3}.$$

(1.943) ... (1.945)

Da nun

$$s_{12} = s_{21}, \qquad s_{13} = s_{31}, \qquad s_{23} = s_{32}, \tag{1.946}$$

$$s'_{12} = s'_{21}, \qquad s'_{13} = s'_{31}, \qquad s'_{23} = s'_{32} \tag{1.947}$$

sind, so folgt in Übereinstimmung mit (1.931)

$$\alpha_{12} = \alpha_{21}, \qquad \alpha_{13} = \alpha_{31}, \qquad \alpha_{23} = \alpha_{32}. \tag{1.948}$$

1.7.2. Kapazitätskoeffizienten

Sehr häufig liegt jedoch die umgekehrte Aufgabe vor, nämlich bei gegebenen Potentialen aller Elektroden deren Ladungen zu bestimmen. Die Lösung findet man durch Auflösen des Gleichungssystems (1.930) nach den einzelnen Ladungen:

$$\begin{aligned}
Q_1 &= \beta_{11}\varphi_1 + \beta_{12}\varphi_2 + \dots + \beta_{1\lambda}\varphi_\lambda + \dots + \beta_{1n}\varphi_n,\\
Q_2 &= \beta_{21}\varphi_1 + \beta_{22}\varphi_2 + \dots + \beta_{2\lambda}\varphi_\lambda + \dots + \beta_{2n}\varphi_n,\\
&\vdots\\
Q_\lambda &= \beta_{\lambda 1}\varphi_1 + \beta_{\lambda 2}\varphi_2 + \dots + \beta_{\lambda\lambda}\varphi_\lambda + \dots + \beta_{\lambda n}\varphi_n,\\
&\vdots\\
Q_n &= \beta_{n1}\varphi_1 + \beta_{n2}\varphi_2 + \dots + \beta_{n\lambda}\varphi_\lambda + \dots + \beta_{nn}\varphi_n.
\end{aligned} \tag{1.949}$$

Es gilt

$$\beta_{\lambda\nu} = \frac{\Delta_{\lambda\nu}}{D}. \tag{1.950}$$

Darin bedeuten D die Koeffizientendeterminante und $\Delta_{\lambda\nu}$ die Unterdeterminante des Gleichungssystems (1.930). Die Koeffizienten β nennt man Kapazitätskoeffizienten. Wegen (1.931) ist

$$\Delta_{\lambda\nu} = \Delta_{\nu\lambda}, \tag{1.951}$$

d.h.

$$\beta_{\lambda\nu} = \beta_{\nu\lambda}. \tag{1.952}$$

1.7.3. Teilkapazitäten

Zu einer jeden Gleichung des Gleichungssystems (1.949) wird nun

$$0 = \sum_{\lambda=1}^{n} \beta_{\nu\lambda}\varphi_\nu - \sum_{\lambda=1}^{n} \beta_{\nu\lambda}\varphi_\nu \tag{1.953}$$

addiert. Hierbei fällt jeweils das Glied $\lambda = \nu$ aus. Das ergibt z.B. für die erste Gleichung des Gleichungssystems, wenn man die entsprechenden Glieder zusammenfaßt:

$$\begin{aligned} Q_1 = {} & (\varphi_1 - 0)(\beta_{11} + \beta_{12} + \ldots + \beta_{1n}) - \beta_{12}(\varphi_1 - \varphi_2) \\ & - \beta_{13}(\varphi_1 - \varphi_3) - \ldots - \beta_{1n}(\varphi_1 - \varphi_n). \end{aligned} \tag{1.954}$$

Daher kann man das Gleichungssystem (1.949) folgendermaßen umschreiben:

$$\begin{aligned} Q_1 &= C_{10}U_{10} + C_{12}U_{12} + \ldots + C_{1\lambda}U_{1\lambda} + \ldots + C_{1n}U_{1n}, \\ Q_2 &= C_{21}U_{21} + C_{20}U_{20} + \ldots + C_{2\lambda}U_{2\lambda} + \ldots + C_{2n}U_{2n}, \\ &\vdots \\ Q_\lambda &= C_{\lambda1}U_{\lambda1} + C_{\lambda2}U_{\lambda2} + \ldots + C_{\lambda0}U_{\lambda0} + \ldots + C_{\lambda n}U_{\lambda n}, \\ &\vdots \\ Q_n &= C_{n1}U_{n1} + C_{n2}U_{n2} + \ldots + C_{n\lambda}U_{n\lambda} + \ldots + C_{n0}U_{n0}. \end{aligned} \tag{1.955}$$

Hierbei ist

$$C_{\lambda0} = \beta_{\lambda1} + \beta_{\lambda2} + \beta_{\lambda3} + \ldots + \beta_{\lambda n}, \tag{1.956}$$

$$C_{\lambda\nu} = -\beta_{\lambda\nu}, \qquad C_{\nu\lambda} = -\beta_{\nu\lambda}, \qquad (1.957), (1.958)$$

wobei

$$\lambda \neq \nu \tag{1.959}$$

ist. Aus den zwei vorletzten Gleichungen folgt mit (1.952)

$$C_{\lambda\nu} = C_{\nu\lambda}. \tag{1.960}$$

Die Gleichungen (1.955) ermöglichen es, die Ladungen jeder der n Elektroden und den Verschiebungsfluß, der von jeder Elektrode ausgeht, durch n Teilladungen bzw. n Teilflüsse, die zu den übrigen Leitern und zur Erde führen, darzustellen.

Die Teilladungen sind proportional den Potentialunterschieden zwischen den Elektroden. Die Proportionalitätskonstanten $C_{\lambda\nu}$ nennt man die Teilkapazitäten.
Die Zerlegung des Verschiebungsflusses, der von einer Elektrode ausgeht, in Teilflüsse zu den anderen Elektroden hat nur einen formal-mathematischen Charakter. Die wirkliche Verteilung der Verschiebungslinien braucht nicht jener aus den Teilkapazitäten berechneten zu entsprechen.

1.7.3.1. Teilkapazitäten der Doppelleitung

Im folgenden sollen die Teilkapazitäten einer Doppelleitung, die parallel zur Erdoberfläche verläuft, bestimmt werden (Bild 1.122). Der erste Leiter verlaufe in einer Höhe h_1, der zweite in einer Höhe h_2 über der Erdoberfläche. Ihr gegenseitiger Abstand sei s.

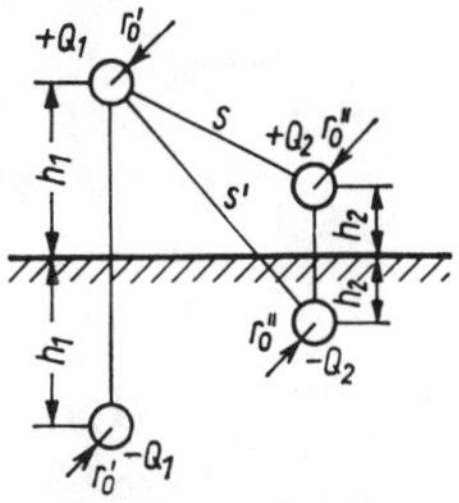

Bild 1.122

Die Wirkung der Erde wird berücksichtigt, indem wir die Spiegelbilder beider Elektroden einführen. Der Abstand des einen Leiters von dem Spiegelbild des anderen Leiters beträgt dann

$$s' = s\sqrt{1 + \frac{4h_1h_2}{s^2}}. \tag{1.961}$$

Die Radien der zylindrischen Leiter seien r_0' bzw. r_0''. Die Potentiale der Elektroden betragen

$$\varphi_1 = \frac{Q_1}{2\pi\varepsilon l}\ln\frac{2h_1}{r_0'} + \frac{Q_2}{2\pi\varepsilon l}\ln\sqrt{1 + \frac{4h_1h_2}{s^2}}, \tag{1.962}$$

$$\varphi_2 = \frac{Q_1}{2\pi\varepsilon l}\ln\sqrt{1 + \frac{4h_1h_2}{s^2}} + \frac{Q_2}{2\pi\varepsilon l}\ln\frac{2h_2}{r_0''}. \tag{1.963}$$

Die Potentialkoeffizienten sind also

$$\alpha_{11} = \frac{1}{2\pi\varepsilon l}\ln\frac{2h_1}{r_0'}, \tag{1.964}$$

$$\alpha_{12} = \frac{1}{2\pi\varepsilon l}\ln\sqrt{1 + \frac{4h_1h_2}{s^2}}, \tag{1.965}$$

$$\alpha_{21} = \frac{1}{2\pi\varepsilon l}\ln\sqrt{1 + \frac{4h_1h_2}{s^2}}, \tag{1.966}$$

$$\alpha_{22} = \frac{1}{2\pi\varepsilon l}\ln\frac{2h_2}{r_0''}. \tag{1.967}$$

Für die Kapazitätskoeffizienten erhalten wir

$$\beta_{11} = \frac{\alpha_{22}}{\alpha_{11}\alpha_{22} - \alpha_{12}\alpha_{21}}, \tag{1.968}$$

$$\beta_{12} = -\frac{\alpha_{21}}{\alpha_{11}\alpha_{22} - \alpha_{12}\alpha_{21}}, \tag{1.969}$$

$$\beta_{21} = -\frac{\alpha_{12}}{\alpha_{11}\alpha_{22} - \alpha_{12}\alpha_{21}}, \tag{1.970}$$

$$\beta_{22} = \frac{\alpha_{11}}{\alpha_{11}\alpha_{22} - \alpha_{12}\alpha_{21}}. \tag{1.971}$$

Da nun

$$\alpha_{12} = \alpha_{21} \tag{1.972}$$

ist, erhält man in Übereinstimmung mit (1.952)

$$\beta_{12} = \beta_{21}. \tag{1.973}$$

Aus (1.956) bis (1.958) folgt schließlich

$$C_{10} = \beta_{11} + \beta_{12} = \frac{\alpha_{22} - \alpha_{21}}{\alpha_{11}\alpha_{22} - \alpha_{12}\alpha_{21}}, \tag{1.974}$$

$$C_{10} = 2\pi\varepsilon l \frac{\ln \dfrac{2h_2}{r_0''} - \ln \sqrt{1 + \dfrac{4h_1h_2}{s^2}}}{\ln \dfrac{2h_1}{r_0'} \ln \dfrac{2h_2}{r_0''} - \ln^2 \sqrt{1 + \dfrac{4h_1h_2}{s^2}}}, \tag{1.975}$$

$$C_{20} = \beta_{21} + \beta_{22} = \frac{\alpha_{11} - \alpha_{12}}{\alpha_{11}\alpha_{22} - \alpha_{12}\alpha_{21}}, \tag{1.976}$$

$$C_{20} = 2\pi\varepsilon l \frac{\ln \dfrac{2h_1}{r_0'} - \ln \sqrt{1 + \dfrac{4h_1h_2}{s^2}}}{\ln \dfrac{2h_1}{r_0'} \ln \dfrac{2h_2}{r_0''} - \ln^2 \sqrt{1 + \dfrac{4h_1h_2}{s^2}}}, \tag{1.977}$$

$$C_{12} = C_{21} = -\beta_{12} = -\beta_{21} = \frac{\alpha_{12}}{\alpha_{11}\alpha_{22} - \alpha_{12}\alpha_{21}}, \tag{1.978}$$

$$C_{12} = C_{21} = 2\pi\varepsilon l \frac{\ln \sqrt{1 + \dfrac{4h_1h_2}{s^2}}}{\ln \dfrac{2h_1}{r_0'} \ln \dfrac{2h_2}{r_0''} - \ln^2 \sqrt{1 + \dfrac{4h_1h_2}{s^2}}}. \tag{1.979}$$

Die Bestimmung der Teilkapazitäten ermöglicht die Aufstellung des Ersatzschaltbilds für den betrachteten Fall (Bild 1.123).

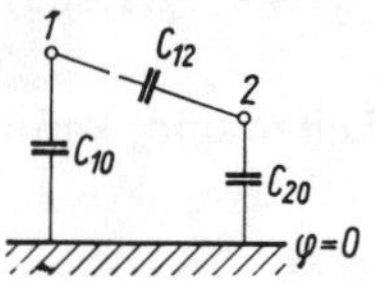

Bild 1.123

Bei gleichen Leiterradien $r_0' = r_0'' = r_0$ und bei gleichen Höhen über der Erde, $h_1 = h_2 = h$, erhalten wir, indem wir Zähler und Nenner von (1.975) und (1.977) durch $\ln (2h/r_0) - \ln \sqrt{1 + 4h^2/s^2}$ dividieren:

$$C_{10} = C_{20} = \frac{2\pi\varepsilon l}{\ln \frac{2h}{r_0} + \ln \sqrt{1 + \frac{4h^2}{s^2}}} = \frac{2\pi\varepsilon l}{\ln \left(\frac{2h}{r_0} \sqrt{1 + \frac{4h^2}{s^2}} \right)}. \tag{1.980}$$

Für die Kapazität C_{12} ergibt sich unter denselben Voraussetzungen

$$C_{12} = 2\pi\varepsilon l \frac{\ln \sqrt{1 + \frac{4h^2}{s^2}}}{\ln^2 \frac{2h}{r_0} - \ln^2 \sqrt{1 + \frac{4h^2}{s^2}}}$$

$$= 2\pi\varepsilon l \frac{\ln \sqrt{1 + \frac{4h^2}{s^2}}}{\ln \left(\frac{2h}{r_0} \sqrt{1 + \frac{4h^2}{s^2}} \right) \ln \frac{2h}{r_0 \sqrt{1 + \frac{4h^2}{s^2}}}}. \tag{1.981}$$

Unter Betriebskapazität versteht man die Kapazität, die an den Klemmen der Spannungsquelle, welche an die Leiter 1 und 2 angeschlossen ist, erscheint. Für den betrachteten Fall (Bild 1.123) beträgt die Betriebskapazität

$$C_0 = C_{12} + \frac{C_{10} C_{20}}{C_{10} + C_{20}}. \tag{1.982}$$

Für den Fall, daß die Leiter gleiche Radien haben und in gleicher Höhe über der Erde verlegt sind, beträgt die Betriebskapazität

$$C_0 = \frac{\pi\varepsilon l}{\ln \frac{s}{r_0 \sqrt{1 + \frac{s^2}{4h^2}}}}. \tag{1.983}$$

Wenn die Höhe der Leiter über der Erde im Verhältnis zu ihrem Abstand groß ist, d.h., wenn $s^2/4h^2 \ll 1$ ist, dann geht (1.983) in

$$C_0 = \frac{\pi\varepsilon l}{\ln (s/r_0)} \tag{1.984}$$

über. Ist dagegen $s^2/4h^2 \gg 1$, d.h. $s \gg h$, so wird

$$C_0 = \frac{\pi\varepsilon l}{\ln(2h/r_0)}. \tag{1.985}$$

Wenn die Höhen h_1 und h_2 sehr klein im Vergleich zum Abstand der Leiter sind, kann man die Näherungen

$$\sqrt{1 + \frac{4h_1h_2}{s^2}} \approx 1 + \frac{2h_1h_2}{s^2}, \qquad \ln\left(1 + \frac{2h_1h_2}{s^2}\right) \approx \frac{2h_1h_2}{s^2} \quad (1.986), (1.987)$$

einführen. Da ferner $\sqrt{1 + 4h_1h_2/s^2} \approx 1$ ist, kann man auch $\ln\sqrt{1 + 4h_1h_2/s^2}$ vernachlässigen. Hiermit geht (1.979) für die Teilkapazität C_{12} in

$$C_{12} = 4\pi\varepsilon l \frac{h_1h_2}{s^2 \ln\dfrac{2h_1}{r_0'} \ln\dfrac{2h_2}{r_0''}} \tag{1.988}$$

über. Die Teilkapazität C_{12} zwischen den Leitern 1 und 2 nimmt umgekehrt proportional mit dem Quadrat ihrer Entfernung ab.

Es wird nun speziell angenommen, daß die Elektrode 1 der Leiter einer Starkstromleitung ist. Seine Spannung gegen Erde sei U_1. Ferner wollen wir annehmen, daß die Elektrode 2 ein Leiter einer Schwachstromleitung ist. Infolge der kapazitiven Spannungsteilung erhält der Schwachstromleiter eine Spannung gegen Erde. Diese beträgt

$$U_2 = U_1 \frac{C_{12}}{C_{12} + C_{20}}. \tag{1.989}$$

Verwendet man für C_{20} und C_{12} (1.977) und (1.988) mit den angeführten Näherungen, so erhält man

$$U_2 = U_1 \frac{2h_1h_2}{s^2 \ln\dfrac{2h_1}{r_0'}}. \tag{1.990}$$

Wenn die Schwachstromleitung eine Doppelleitung ist, dann erhalten entsprechend dieser Gleichung beide Leiter eine Spannung gegenüber Erde. Zwischen den zwei Leitern der Schwachstromleitung entsteht eine Spannung, die gleich der Differenz der Spannung der einzelnen Leiter gegen Erde ist. Die so entstehende Spannungsdifferenz ist zwar sehr klein, kann jedoch zu beträchtlichen Störungen im Betrieb der Schwachstromleitungen führen.

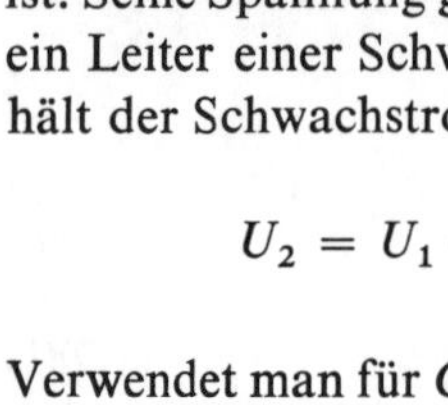

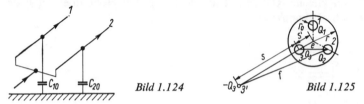

Bild 1.124

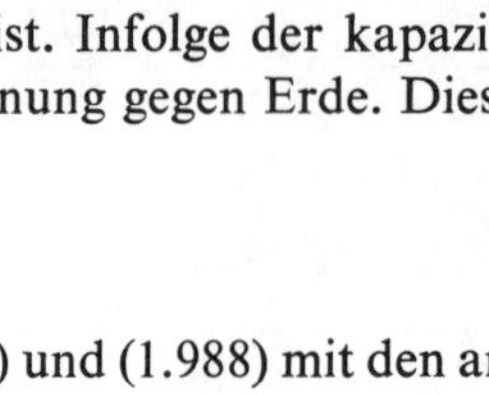

Bild 1.125

Bei der Simultanschaltung stehen beide Leiter der Schwachstromleitung auf gleichem Potential (Bild 1.124). Verlaufen die Leiter 1 und 2 in diesem Fall in gleicher Höhe über Erde, so ist $C_{10} = C_{20}$.

Die Betriebskapazität ist im Falle der Simultanschaltung

$$C_{sim} = 2C_{10} = 2C_{20}. \tag{1.991}$$

1.7.3.2. Teilkapazitäten beim Dreileiterkabel

Bild 1.125 zeigt einen Querschnitt durch ein Dreileiterkabel. Die drei Leiter befinden sich in einer Metallzylinderhülle. Die drei geladenen zylindrischen Elektroden werden durch Linienquellen ersetzt, die längs ihrer Achse verlaufen. Hierbei begeht man einen Fehler, der um so kleiner ist, je kleiner der Durchmesser der Leiter ist. Die Metallhülle des Kabels ist eine Äquipotentialfläche. Die Wirkung der Metallhülle auf die Potentialverteilung berücksichtigt man durch die Einführung der Spiegelbilder der Ladungen Q_1, Q_2 und Q_3. Auf diese Weise erhält man sechs Elektroden, die in einem homogenen Dielektrikum eingebettet sind.
Die Entfernung der Spiegelbilder der Linienladungen vom Zentrum des Kabels ist (s. (1.376), (1.377) und (1.378))

$$s + s' = \frac{r^2}{s'}. \tag{1.992}$$

Die Spuren der Äquipotentialflächen, die die Linienquellen umgeben, sind in der unmittelbaren Nähe der Linienladungen annähernd Kreise. Ihre Form weicht um so mehr von der Kreisform ab, je mehr sie sich dem Mantel nähern.
Für die Potentiale an den Oberflächen der drei Leiter erhalten wir angenähert

$$\varphi_1 = \frac{Q_1}{2\pi\varepsilon l} \ln \frac{s}{r_0} + \frac{Q_2}{2\pi\varepsilon l} \ln \frac{f}{e} + \frac{Q_3}{2\pi\varepsilon l} \ln \frac{f}{e}, \tag{1.993}$$

$$\varphi_2 = \frac{Q_1}{2\pi\varepsilon l} \ln \frac{f}{e} + \frac{Q_2}{2\pi\varepsilon l} \ln \frac{s}{r_0} + \frac{Q_3}{2\pi\varepsilon l} \ln \frac{f}{e}, \tag{1.994}$$

$$\varphi_3 = \frac{Q_1}{2\pi\varepsilon l} \ln \frac{f}{e} + \frac{Q_2}{2\pi\varepsilon l} \ln \frac{f}{e} + \frac{Q_3}{2\pi\varepsilon l} \ln \frac{s}{r_0}. \tag{1.995}$$

Die Potentialkoeffizienten betragen

$$\alpha_{11} = \frac{1}{2\pi\varepsilon l} \ln \frac{s}{r_0}, \qquad \alpha_{21} = \frac{1}{2\pi\varepsilon l} \ln \frac{f}{e}, \qquad \alpha_{31} = \frac{1}{2\pi\varepsilon l} \ln \frac{f}{e}, \tag{1.996}$$

$$\alpha_{12} = \frac{1}{2\pi\varepsilon l} \ln \frac{f}{e}, \qquad \alpha_{22} = \frac{1}{2\pi\varepsilon l} \ln \frac{s}{r_0}, \qquad \alpha_{32} = \frac{1}{2\pi\varepsilon l} \ln \frac{f}{e}, \tag{1.997}$$

$$\alpha_{13} = \frac{1}{2\pi\varepsilon l} \ln \frac{f}{e}, \qquad \alpha_{23} = \frac{1}{2\pi\varepsilon l} \ln \frac{f}{e}, \qquad \alpha_{33} = \frac{1}{2\pi\varepsilon l} \ln \frac{s}{r_0}. \tag{1.998}$$

In diesem Falle gilt also

$$\alpha_{11} = \alpha_{22} = \alpha_{33} = a = \frac{1}{2\pi\varepsilon l} \ln \frac{s}{r_0}, \tag{1.999}$$

$$\alpha_{12} = \alpha_{13} = \alpha_{21} = \alpha_{23} = \alpha_{31} = \alpha_{32} = b = \frac{1}{2\pi\varepsilon l} \ln \frac{f}{e}. \tag{1.1000}$$

Hiermit bestimmen wir die Kapazitätskoeffizienten

$$\beta_{11} = \beta_{22} = \beta_{33} = \frac{a^2 - b^2}{D} = \frac{a^2 - b^2}{a^3 - 3ab^2 + 2b^3} = \frac{a + b}{a(a + b) - 2b^2}, \tag{1.1001}$$

$$\beta_{12} = \beta_{21} = \beta_{13} = \beta_{31} = \beta_{23} = \beta_{32} = \frac{b}{2b^2 - a(a + b)}. \tag{1.1002}$$

Aus den Kapazitätskoeffizienten folgen die Teilkapazitäten:

$$C_{10} = C_{20} = C_{30} = C_0 = \beta_{11} + \beta_{12} + \beta_{13} = \frac{a - b}{a(a + b) - 2b^2} = \frac{1}{a + 2b}, \tag{1.1003}$$

$$C_0 = \frac{2\pi\varepsilon l}{\ln\left(\dfrac{s}{r_0}\dfrac{f^2}{e^2}\right)}, \tag{1.1004}$$

$$C_{12} = C_{13} = C_{14} = C = -\beta_{12} = \frac{b}{a(a + b) - 2b^2} = \frac{b}{(a - b)(a + 2b)}, \tag{1.1005}$$

$$C = \frac{2\pi\varepsilon l \ln(f/e)}{\ln\left(\dfrac{s}{r_0}\dfrac{e}{f}\right)\ln\left(\dfrac{s}{r_0}\dfrac{f^2}{e^2}\right)}. \tag{1.1006}$$

Werden in (1.1004) und (1.1006) die Ausdrücke

$$e = s'\sqrt{3} \tag{1.1007}$$

und

$$f = \sqrt{(s + s')^2 + s'^2 + s'(s + s')} = \sqrt{\left(\frac{r^2}{s'}\right)^2 + s'^2 + r^2} \tag{1.1008}$$

eingeführt, so erhält man

$$C_0 = \frac{2\pi\varepsilon l}{\ln\left[\dfrac{r^2 - s'^2}{s' r_0}\,\dfrac{\left(\dfrac{r^2}{s'}\right)^2 + s'^2 + r^2}{3s'^2}\right]}, \tag{1.1009}$$

$$C = \frac{2\pi\varepsilon l \ln\sqrt{\dfrac{\left(\dfrac{r^2}{s'}\right)^2 + s'^2 + r^2}{3s'^2}}}{\ln\left[\dfrac{r^2 - s'^2}{r_0 s'}\,\dfrac{\left(\dfrac{r^2}{s'}\right)^2 + s'^2 + r^2}{3s'^2}\right]\ln\left[\dfrac{r^2 - s'^2}{r_0 s'}\sqrt{\dfrac{3s'^2}{\left(\dfrac{r^2}{s'}\right)^2 + s'^2 + r^2}}\right]}. \tag{1.1010}$$

1.7.4. Methode der mittleren Potentiale bei Leitern endlicher Länge

Bei Leitern endlicher Länge ist die Ladungsverteilung über die Leiterlänge, d.h. die Linienladungsdichte τ, nicht konstant. Dadurch kompliziert sich die Berechnung der Potentiale bzw. der Kapazitäten. In diesen Fällen kann die Methode der mittleren Potentiale angewandt werden.

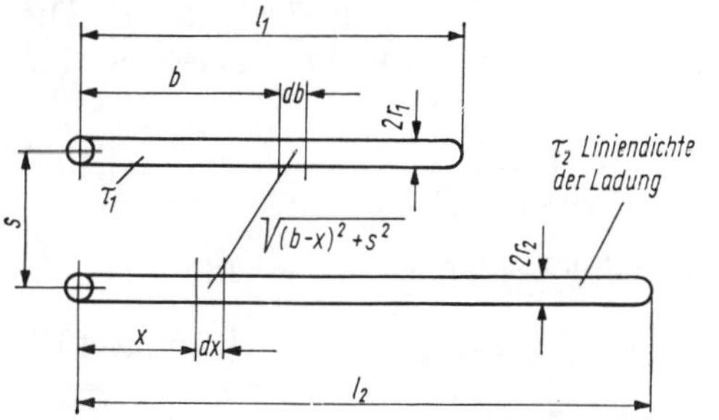

Bild 1.126

Als Beispiel betrachten wir die Kapazität zweier gerader paralleler zylindrischer Leiter endlicher Länge (Bild 1.126). Die Oberfläche der Leiter sind Äquipotentialflächen. Zur Bestimmung der Potentiale der Leiter wird angenommen, daß die Ladung gleichmäßig über die Leiterlänge verteilt ist. Diese Näherung ist um so brauchbarer, je größer die Leiterlänge gegenüber dem Leiterabstand ist, da die ungleichmäßige Verteilung vorwiegend an den Randbereichen der Leiter auftritt.

Das Potential des Leiters 1, das von der Ladung auf dem Leiter 2 verursacht wird, erhält man durch Überlagerung der Potentialbeiträge

$$d\varphi_1 = \frac{\tau_2\,dx}{4\pi\varepsilon\sqrt{(b-x)^2+s^2}} \tag{1.1011}$$

von den Punktladungen $\tau_2\,dx$. Das volle Potential bei der Leiterlänge b von dem unteren Leiter beträgt

$$\varphi_1 = \frac{\tau_2}{4\pi\varepsilon}\int_0^{l_2}\frac{dx}{\sqrt{(b-x)^2+s^2}} = \frac{\tau_2}{4\pi\varepsilon}\left(\operatorname{Arsinh}\frac{b}{s} + \operatorname{Arsinh}\frac{l_2-b}{s}\right). \tag{1.1012}$$

Dieses Potential ist längs des oberen Leiters nicht konstant, sondern von b abhängig. Das mittlere Potential ist

$$\begin{aligned}\varphi_{1\mathrm{mitt}} &= \frac{1}{l_1}\int_0^{l_1}\varphi_1(b)\,db\\ &= \frac{\tau_2}{4\pi\varepsilon}\left\{\operatorname{Arsinh}\frac{l_1}{s} + \frac{l_2}{l_1}\operatorname{Arsinh}\frac{l_2}{s} - \left(\frac{l_2}{l_1}-1\right)\operatorname{Arsinh}\frac{l_2-l_1}{s} + \frac{s}{l_1}\right.\\ &\quad + \sqrt{\left(\frac{l_2}{l_1}-1\right)^2+\left(\frac{s}{l_1}\right)^2} - \sqrt{1+\left(\frac{s}{l_1}\right)^2}\\ &\quad \left. - \sqrt{\left(\frac{l_2}{l_1}\right)^2+\left(\frac{s}{l_1}\right)^2}\right\} = \frac{\tau_2}{4\pi\varepsilon}N.\end{aligned} \tag{1.1013}$$

Damit beträgt der Potentialkoeffizient

$$\alpha_{12} = \frac{\varphi_{1\mathrm{mitt}}}{\tau_2 l_2} = \frac{N}{4\pi\varepsilon l_2}. \tag{1.1014}$$

Der Koeffizient α_{22} beschreibt die Beziehung zwischen dem Potential des unteren Leiters und seiner Ladung. Man berechnet ihn, indem man die Ladung längs der Leiterachse gleichmäßig verteilt annimmt und das mittlere Potential der Oberfläche bestimmt. Dies erfolgt analog zu (1.1011) und (1.1012), wobei l_1 und s durch l_2 und r_2 zu ersetzen sind:

$$\alpha_{22} = \frac{1}{2\pi\varepsilon l_2}\left\{\operatorname{Arsinh}\frac{l_2}{r_2} + \frac{r_2}{l_2} - \sqrt{1 - \left(\frac{r_2}{l_2}\right)^2}\right\}. \tag{1.1015}$$

Die übrigen Potentialkoeffizienten kann man analog bestimmen und erhält

$$\varphi_1 = \alpha_{11}\tau_1 l_1 + \alpha_{12}\tau_2 l_2, \qquad \varphi_2 = \alpha_{12}\tau_1 l_1 + \alpha_{22}\tau_2 l_2. \qquad (1.1016), (1.1017)$$

Die Kapazität der Anordnung beträgt mit $\tau_1 l_1 = -\tau_2 l_2$

$$C = \frac{Q}{\varphi_1 - \varphi_2} = \frac{\tau_1 l_1}{\varphi_1 - \varphi_2} = \frac{\tau_2 l_2}{\varphi_2 - \varphi_1} = \frac{1}{\alpha_{11} + \alpha_{22} - 2\alpha_{12}}. \tag{1.1018}$$

Für den Spezialfall $r_1 = r_2 = r_0$, $l_1 = l_2 = l$, wobei $l \gg s$ ist, gilt

$$\operatorname{Arsinh}\frac{l}{s} = \ln\left[\frac{l}{s} + \sqrt{\left(\frac{l}{s}\right)^2 + 1}\right] \approx \ln\frac{2l}{s} \tag{1.1019}$$

und damit

$$\alpha_{12} \approx \frac{1}{2\pi\varepsilon l}\left[\ln\frac{2l}{s} - 1\right], \qquad \alpha_{11} = \alpha_{22} \approx \frac{1}{2\pi\varepsilon l}\left[\ln\frac{2l}{r_0} - 1\right].$$

(1.1020), (1.1021)

Damit wird

$$C \approx \frac{\pi\varepsilon l}{\ln\frac{2l}{r_0} - \ln\frac{2l}{s}} = \frac{\pi\varepsilon l}{\ln\frac{s}{r_0}}. \tag{1.1022}$$

Dieses Ergebnis entspricht der früher erhaltenen Näherungsformel für lange Leiter (1.367).

1.8. Energie und Kräfte im elektrostatischen Feld

1.8.1. Energie eines Systems von Ladungen

In einem elektrostatischen Feld wirken auf Ladungen Feldkräfte, die sie in Richtung der Feldstärke bei $Q > 0$ und in entgegengesetzter Richtung bei $Q < 0$ zu bewegen suchen. Tritt eine derartige Bewegung ein, dann wird von den Feldkräften Arbeit verrichtet. Eine Gruppe von Ladungen einer bestimmten Verteilung hat die Fähigkeit, Arbeit zu verrichten, d.h., sie enthält eine Energie. Diese Energie kann durch die Ermittlung der Arbeit, die man aufwenden muß, um die bestehende Ladungsverteilung zu vollbringen, bestimmt werden.

Es soll im folgenden die Arbeit ermittelt werden, die man aufwenden muß, um unter der

Annahme, daß nur vollkommen umkehrbare Vorgänge stattfinden, eine bestimmte Verteilung der Ladung mit der räumlichen Dichte $\varrho\,(x, y, z)$ im Dielektrikum bzw. der Flächendichte $\sigma\,(x, y, z)$ an der Oberfläche metallischer Leiter zu erreichen. Damit ist die vollführte mechanische Arbeit W_m gleich der Energie W_e des Systems von Ladungen. Entsprechend dem Prinzip der Erhaltung der Energie ist die Reihenfolge, wie man die Ladungen aus einem unendlich entfernten Punkt (Bezugspunkt) zu ihrem Standort in dem betrachteten System bringt, belanglos. So kann man ohne Einschränkung der Allgemeingültigkeit annehmen, daß beim Aufbau des Ladungssystems alle Ladungsdichten proportional wachsen und die Augenblickswerte ϱ_a und σ_a als Teile der Endwerte ϱ und σ erscheinen:

$$\varrho_a\,(x, y, z) = \lambda\varrho\,(x, y, z), \qquad \sigma_a\,(x, y, z) = \lambda\sigma\,(x, y, z). \qquad (1.1023), (1.1024)$$

Während des Aufbaus des Ladungssystems wächst λ von 0 bis 1. Nun ist aber in einem Punkt $P\,(x, y, z)$ das Potential φ während des Feldaufbaus

$$\varphi_a = \frac{1}{4\pi\varepsilon}\int_V \frac{\varrho_a}{r}\,\mathrm{d}V + \frac{1}{4\pi\varepsilon}\int_A \frac{\sigma_a}{r}\,\mathrm{d}A$$

$$= \lambda\left[\frac{1}{4\pi\varepsilon}\int_V \frac{\varrho}{r}\,\mathrm{d}V + \frac{1}{4\pi\varepsilon}\int_A \frac{\sigma}{r}\,\mathrm{d}A\right] = \lambda\varphi. \qquad (1.1025)$$

Erhöht sich ϱ_a um $\mathrm{d}\varrho_a$, dann wächst in dem Volumenelement $\mathrm{d}V$ die Ladung um $\mathrm{d}q = \mathrm{d}\varrho_a\,\mathrm{d}V$.
Hierbei ist

$$\mathrm{d}\varrho_a = \varrho\,\mathrm{d}\lambda. \qquad (1.1026)$$

Dabei wird die Arbeit

$$\mathrm{d}W_1' = \varphi_a\,\mathrm{d}q = \varphi_a\,\mathrm{d}\varrho_a\,\mathrm{d}V = \varphi_a\varrho\,\mathrm{d}\lambda\,\mathrm{d}V = \varphi\varrho\lambda\,\mathrm{d}\lambda\,\mathrm{d}V \qquad (1.1027)$$

ausgeführt.
Entsprechend erhält man bei flächenhaft verteilten Ladungen bei einer Erhöhung von σ_a um $\mathrm{d}\sigma_a$:

$$\mathrm{d}\sigma_a = \sigma\,\mathrm{d}\lambda, \qquad \mathrm{d}q = \mathrm{d}\sigma_a\,\mathrm{d}A = \sigma\,\mathrm{d}\lambda\,\mathrm{d}A \qquad (1.1028), (1.1029)$$

und

$$\mathrm{d}W_2' = \varphi_a\,\mathrm{d}q = \varphi_a\,\mathrm{d}\sigma_a\,\mathrm{d}A = \varphi_a\sigma\,\mathrm{d}\lambda\,\mathrm{d}A = \varphi\sigma\lambda\,\mathrm{d}\lambda\,\mathrm{d}A. \qquad (1.1030)$$

Die Änderung von λ um $\mathrm{d}\lambda$ führt zu einer Erhöhung der Energie des Systems um

$$\mathrm{d}W = \int_V \mathrm{d}W_1' + \int_A \mathrm{d}W_2' = \left[\int_V \varphi\varrho\,\mathrm{d}V + \int_A \varphi\sigma\,\mathrm{d}A\right]\lambda\,\mathrm{d}\lambda. \qquad (1.1031)$$

Während λ von 0 bis 1 anwächst, d.h. während des Aufbaus des Ladungssystems, wird die Arbeit

$$W = \int \mathrm{d}W = \left[\int_V \varphi\varrho\,\mathrm{d}V + \int_A \varphi\sigma\,\mathrm{d}A\right]\int_0^1 \lambda\,\mathrm{d}\lambda, \qquad (1.1032)$$

$$W = \frac{1}{2}\int_V \varphi\varrho\,\mathrm{d}V + \frac{1}{2}\int_A \varphi\sigma\,\mathrm{d}A \qquad (1.1033)$$

verrichtet.

Die Oberflächenintegration (das zweite Integral) erstreckt sich über die Oberfläche aller geladenen Leiter. Sind n solche Leiter vorhanden, dann ist

$$\frac{1}{2}\int_A \varphi\sigma\,\mathrm{d}A = \frac{1}{2}\sum_{\nu=1}^{n}\int_{A_\nu}\varphi\sigma\,\mathrm{d}A. \tag{1.1034}$$

A_ν ist die Oberfläche des ν-ten Leiters. Das Potential einer jeden Elektrode ist auf ihrer Oberfläche konstant, $\varphi = \varphi_\nu$, so daß

$$\frac{1}{2}\sum_{\nu=1}^{n}\int_{A_\nu}\varphi\sigma\,\mathrm{d}A = \frac{1}{2}\sum_{\nu=1}^{n}\varphi_\nu\int_{A_\nu}\sigma\,\mathrm{d}A = \frac{1}{2}\sum_{\nu=1}^{n}\varphi_\nu Q_\nu \tag{1.1035}$$

ist; denn es gilt

$$Q_\nu = \int_{A_\nu}\sigma\,\mathrm{d}A. \tag{1.1036}$$

Damit wird aus (1.1033)

$$W = \frac{1}{2}\int_V \varphi\varrho\,\mathrm{d}V + \frac{1}{2}\sum_{\nu=1}^{n}\varphi_\nu Q_\nu. \tag{1.1037}$$

Wenn im Dielektrikum keine Raumladungen vorhanden sind, d.h., wenn sich die Ladungen nur auf den Elektroden befinden, geht (1.1033) bzw. (1.1037) mit $\varrho = 0$ in

$$W = \frac{1}{2}\int_A \varphi\sigma\,\mathrm{d}A = \frac{1}{2}\sum_{\nu=1}^{n}\int_{A_\nu}\varphi_\nu\sigma\,\mathrm{d}A = \frac{1}{2}\sum_{\nu=1}^{n}\varphi_\nu Q_\nu \tag{1.1038}$$

über.

1.8.2. Feldenergie

In vielen Fällen ist es zweckmäßig, die Energie mit den Feldgrößen in Verbindung zu bringen und sie dem elektrischen Feld zuzuordnen. Wir betrachten einen Raumteil V', der durch die Fläche A' umschlossen ist, in dem sich n Elektroden (A_1 bis A_n), befinden, auf denen sich Ladungen mit der Ladungsdichte $\sigma\,(x, y, z)$ befinden (Bild 1.127). Außerdem sollen im umschlossenen Dielektrikum Raumladungen mit der Dichte $\varrho\,(x, y, z)$ verteilt sein.

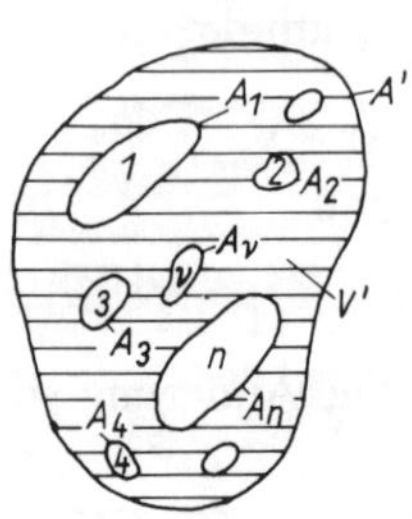

Bild 1.127

Wenn man die Divergenz des Produkts aus Potential und Verschiebungsdichte bildet und über den von den Elektrodenoberflächen und der äußeren Hüllfläche umgrenzten Raum V' integriert, erhält man

$$\int_{V'}\operatorname{div}(\varphi\boldsymbol{D})\,\mathrm{d}V = \int_{V'}(\varphi\operatorname{div}\boldsymbol{D} + \boldsymbol{D}\operatorname{grad}\varphi)\,\mathrm{d}V. \tag{1.1039}$$

Diesen Ausdruck kann man mit Hilfe des Gaußschen Satzes folgendermaßen umformen:

$$\int_{V'}\operatorname{div}(\varphi\boldsymbol{D})\,\mathrm{d}V = \int_{V'}\varphi\operatorname{div}\boldsymbol{D}\,\mathrm{d}V + \int_{V'}\boldsymbol{D}\operatorname{grad}\varphi\,\mathrm{d}V = \oint_{A'}\varphi\boldsymbol{D}\,\mathrm{d}\boldsymbol{A}$$
$$+ \sum_{\nu=1}^{n}\varphi_\nu\oint_{A_\nu}\boldsymbol{D}\,\mathrm{d}\boldsymbol{A}. \tag{1.1040}$$

Das Feld einer beliebigen Anordnung von geladenen Elektroden und einer beliebigen Verteilung der Raumladungsdichte erstreckt sich von den Oberflächen der Elektroden (φ = konst.) bis ins Unendliche ($\boldsymbol{E} = 0$). Es soll die Hüllfläche A' aus diesem Grund immer mehr ausgeweitet werden. Sie rückt dadurch ständig weiter von dem Ladungssystem ab. Dabei sinkt das Potential φ an der Oberfläche A' umgekehrt proportional mit der Entfernung, die Verschiebungsdichte $\boldsymbol{D}$ umgekehrt proportional mit der zweiten Potenz der Entfernung. Das Produkt $\varphi\boldsymbol{D}$ fällt dann mit der dritten Potenz der Entfernung, während die Oberfläche A' mit dem Quadrat der Entfernung wächst. Wenn die Hüllfläche bis in die Unendlichkeit ausgedehnt wird, wird das Oberflächenintegral des Produkts $\varphi\boldsymbol{D}$ über die Oberfläche A' (1.1040) offensichtlich gleich Null. Damit geht (1.1040) in

$$\sum_{\nu=1}^{n} \varphi_\nu \oint_{A_\nu} \boldsymbol{D}\,\mathrm{d}\boldsymbol{A} = \sum_{\nu=1}^{n} \varphi_\nu \oint_{A_\nu} D\,\mathrm{d}A \cos(\boldsymbol{D}, \mathrm{d}\boldsymbol{A})$$

$$= -\sum_{\nu=1}^{n} \varphi_\nu \oint_{A_\nu} D\,\mathrm{d}A\,|\cos(\boldsymbol{D}, \mathrm{d}\boldsymbol{A})| = -\sum_{\nu=1}^{n} \varphi_\nu Q_\nu \quad (1.1041)$$

über. Das Minuszeichen tritt auf, weil an der Oberfläche der Elektrode die positive Richtung des Flächenvektors vom Dielektrikum nach außen zeigt, so daß bei positiver Ladung der Elektrode

$$\boldsymbol{D}\,\mathrm{d}\boldsymbol{A} = -D\,\mathrm{d}A = -\sigma\,\mathrm{d}A \quad (1.1042)$$

ist. Aus (1.1040) und (1.1041) folgt, wenn man bedenkt, daß bei $A' \to \infty$ das Volumen $V' \to V$ geht, wobei V den ganzen vom Feld ausgefüllten Raum darstellt,

$$-\sum_{\nu=1}^{n} \varphi_\nu Q_\nu = \int_V \varphi \operatorname{div} \boldsymbol{D}\,\mathrm{d}V + \int_V \boldsymbol{D} \operatorname{grad} \varphi\,\mathrm{d}V. \quad (1.1043)$$

Mit (1.129) und (1.36) ergibt sich aus (1.1043)

$$-\sum_{\nu=1}^{n} \varphi_\nu Q_\nu = \int_V \varphi\varrho\,\mathrm{d}V - \int_V \boldsymbol{DE}\,\mathrm{d}V \quad (1.1044)$$

oder mit (1.1037)

$$\frac{1}{2}\int_V \boldsymbol{DE}\,\mathrm{d}V = \frac{1}{2}\int_V \varphi\varrho\,\mathrm{d}V + \frac{1}{2}\sum_{\nu=1}^{n} \varphi_\nu Q_\nu = W. \quad (1.1045)$$

Die Energie je Volumeneinheit ist

$$W' = \frac{\mathrm{d}W}{\mathrm{d}V} = \frac{1}{2}\boldsymbol{ED} = \frac{1}{2}\varepsilon \boldsymbol{E}^2 = \frac{\boldsymbol{D}^2}{2\varepsilon}. \quad (1.1046)$$

1.8.3. Energie eines geladenen Kondensators

1.8.3.1. Energie eines Zweielektrodensystems

Die Energie, die in dem elektrischen Feld eines geladenen Kondensators aufgespeichert ist, kann man aus (1.1038) mit $n = 2$, $Q_1 = Q$, $Q_2 = -Q$ berechnen:

$$W = \frac{1}{2} Q(\varphi_1 - \varphi_2), \qquad W = \frac{1}{2} QU = \frac{1}{2} CU^2 = \frac{Q^2}{2C}. \quad (1.1047), (1.1048)$$

1.8.3.2. Prinzip der Influenzmaschine

Wenn man die Kapazität eines mit der Ladung Q geladenen Kondensators auf $1/n$ ihres Anfangsbetrags verkleinert, indem man die Elektroden gegen die Wirkung der Feldkräfte auseinanderzieht, seine Ladung jedoch beibehält, so steigt seine Energie auf

$$W = n \frac{Q^2}{2C}. \tag{1.1049}$$

Der Energiezuwachs beträgt also

$$\Delta W = \frac{(n-1)\,Q^2}{2C}. \tag{1.1050}$$

Auf dieser Erkenntnis beruht das Prinzip der sogenannten Influenzmaschine. Sie stellt eine elektrische Energiequelle für kleine Ströme (selten über 10^{-5} A), aber verhältnismäßig hoher Spannungen (häufig über 10^5 V) dar.

1.8.4. Kräfte im Zweielektrodensystem

1.8.4.1. Flächendruck

Ein prismatisches Volumenelement des Dielektrikums, das an der Oberfläche der einen Elektrode anliegt, sei so klein, daß in seinem Bereich das Feld als homogen angesehen werden kann. Seine Grundfläche sei ΔA; die Länge seiner Kanten, die parallel zu den Feldlinien verlaufen, sei Δl. Die Energie, die in ihm aufgespeichert ist, beträgt

$$\Delta W_e = \frac{|\boldsymbol{E}|\,|\boldsymbol{D}|\,\Delta A\,\Delta l}{2}. \tag{1.1051}$$

Bewegt man die Elektrode entgegen der Wirkung der Feldkräfte um das Wegelement $\mathrm{d}l$ (die Grundfläche verschiebt sich parallel um $\mathrm{d}l$), dann vergrößert sich auf Kosten der verrichteten mechanischen Arbeit die Energie des Volumenelements um

$$\mathrm{d}W = \frac{|\boldsymbol{E}|\,|\boldsymbol{D}|}{2}\,\Delta A\,\mathrm{d}l. \tag{1.1052}$$

Die mechanische Kraft ΔF, die auf das Flächenelement ΔA ausgeübt wird, ist somit

$$\Delta F = \frac{\mathrm{d}W}{\mathrm{d}l} = \frac{|\boldsymbol{E}|\,|\boldsymbol{D}|}{2}\,\Delta A \tag{1.1053}$$

und die Kraft, die je Flächeneinheit der Elektrode wirkt,

$$p = \frac{\Delta F}{\Delta A} = \frac{|\boldsymbol{E}|\,|\boldsymbol{D}|}{2} = \frac{1}{2}\,\varepsilon\,|\boldsymbol{E}|^2 = \frac{1}{2}\,\frac{|\boldsymbol{D}|^2}{\varepsilon}. \tag{1.1054}$$

Sie ist zahlenmäßig gleich der Energie je Volumeneinheit an dieser Stelle.

1.8.4.2. Gesamtkraft auf die Elektroden eines Kondensators

Es sei ein Elektrodensystem mit der Ladung $+Q$ bzw. $-Q$ aufgeladen und nach der Aufladung die Verbindung zur Spannungsquelle unterbrochen worden. Ist die eine Elektrode beweglich angeordnet, so kann sie unter der Wirkung der Feldkräfte eine Arbeit leisten.

Die mechanische Arbeit beträgt allgemein

$$\mathrm{d}W_\mathrm{m} = F\,\mathrm{d}l \tag{1.1055}$$

und im speziellen Fall einer Drehbewegung

$$\mathrm{d}W_\mathrm{m} = M_\mathrm{d}\,\mathrm{d}\alpha. \tag{1.1056}$$

M_d ist das Drehmoment, α der Drehwinkel. Die abgegebene mechanische Arbeit führt zu einer Verkleinerung der im Feld aufgespeicherten Energie:

$$F\,\mathrm{d}l = -\mathrm{d}W, \qquad M_\mathrm{d}\,\mathrm{d}\alpha = -\mathrm{d}W. \qquad (1.1057), (1.1058)$$

Hieraus erhält man für die Kraft bzw. für das Drehmoment

$$F = -\frac{\mathrm{d}W}{\mathrm{d}l}, \qquad M_\mathrm{d} = -\frac{\mathrm{d}W}{\mathrm{d}\alpha}. \qquad (1.1059), (1.1060)$$

Mit (1.1048) findet man

$$F = -\frac{\mathrm{d}W}{\mathrm{d}l} = -\frac{\mathrm{d}W}{\mathrm{d}C}\,\frac{\mathrm{d}C}{\mathrm{d}l} = \frac{Q^2}{2C^2}\,\frac{\mathrm{d}C}{\mathrm{d}l}, \tag{1.1061}$$

$$M_\mathrm{d} = -\frac{\mathrm{d}W}{\mathrm{d}\alpha} = -\frac{\mathrm{d}W}{\mathrm{d}C}\,\frac{\mathrm{d}C}{\mathrm{d}\alpha} = \frac{Q^2}{2C^2}\,\frac{\mathrm{d}C}{\mathrm{d}\alpha}. \tag{1.1062}$$

Die Kraft bzw. das Moment sind so gerichtet, daß bei der dadurch veranlaßten Bewegung der Elektrode die Energie verkleinert wird, d.h., daß die Kapazität bei der Bewegung der Elektrode in Richtung der wirkenden Kraft wächst. Bei der als konstant vorausgesetzten Ladung ändert sich dann entsprechend der Beziehung $Q = CU$ mit der Lage der Elektroden die Spannung.
Nun soll die Bewegung der Elektroden bei konstanter Spannung zwischen den Elektroden erfolgen. Die Energie, die vom Feld aufgenommen wird, wurde bereits ermittelt. Ausgehend von (1.1048) erhalten wir

$$\mathrm{d}W = \tfrac{1}{2}U^2\,\mathrm{d}C. \tag{1.1063}$$

Die Energie, die von der Spannungsquelle bei konstanter Spannung geliefert wird, ist

$$\mathrm{d}W_\mathrm{s} = U\,\mathrm{d}Q = U\,\mathrm{d}\,(CU) = U^2\,\mathrm{d}C. \tag{1.1064}$$

Offensichtlich müssen die mechanische Arbeit und die vermehrte Energie des Feldes zusammen gleich der Energie sein, die von der Quelle geliefert wird:

$$\mathrm{d}W_\mathrm{m} + \mathrm{d}W = \mathrm{d}W_\mathrm{s}. \tag{1.1065}$$

Hieraus folgt für die mechanische Arbeit

$$\mathrm{d}W_\mathrm{m} = \mathrm{d}W_\mathrm{s} - \mathrm{d}W = \tfrac{1}{2}U^2\,\mathrm{d}C \tag{1.1066}$$

oder

$$F = \frac{1}{2}\,U^2\,\frac{\mathrm{d}C}{\mathrm{d}l} \tag{1.1067}$$

bzw.

$$M_\mathrm{d} = \frac{1}{2}\,U^2\,\frac{\mathrm{d}C}{\mathrm{d}\alpha}. \tag{1.1068}$$

Wächst bei einem drehbar gelagerten System die Kapazität proportional mit dem Winkel, so ist

$$M_d = K_1 U^2. \tag{1.1069}$$

Ist das Rückstellmoment M_r proportional dem Ablenkwinkel α, dann folgt aus dem Momentengleichgewicht

$$M_d = M_r \tag{1.1070}$$

für den Ablenkwinkel

$$\alpha = K_2 U^2. \tag{1.1071}$$

Auf (1.1067) bzw. (1.1068) beruht das Prinzip der elektrostatischen Meßgeräte.

1.8.5. Kräfte in Dielektrika und an Grenzflächen

1.8.5.1. Längs- und Querspannungen

Man denke sich in einem inhomogenen Feld ein Volumenelement von der Form eines sehr kleinen Kegelstumpfes, dessen Grundflächen dA_1 und dA_2 auf zwei dicht benachbarten Äquipotentialflächen mit dem Abstand dh liegen und dessen Mantelfläche dA_s durch Verschiebungslinien gebildet wird (Bild 1.128).

Auf die gebundenen Ladungen des Dielektrikums und damit auf das Dielektrikum selbst werden im elektrischen Feld Kräfte ausgeübt. Das Feld und damit auch die Kräfte erleiden keine Veränderungen, wenn man Äquipotentiallinien mit Metallfolien belegt. Man kann somit die Kräfte berechnen, indem man die Grundflächen des Kegelstumpfes mit Metallfolien belegt und die Kräfte auf die Grundflächen mit Hilfe von (1.1053) und (1.128) bestimmt:

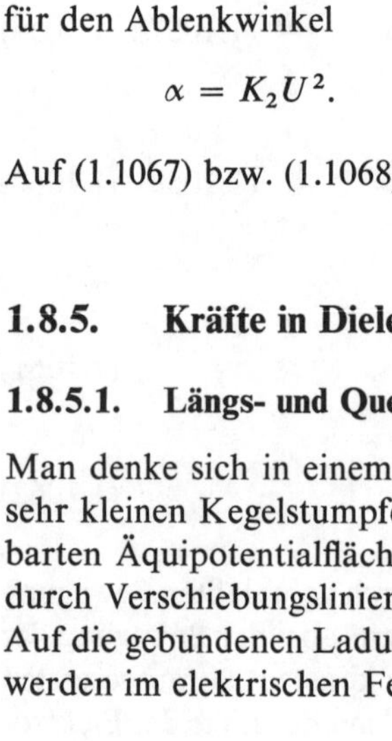

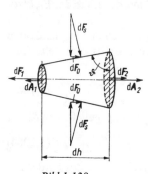

Bild 1.128

$$dF_1 = \frac{|\boldsymbol{D}_1|^2}{2\varepsilon} dA_1, \qquad dF_2 = \frac{|\boldsymbol{D}_2|^2}{2\varepsilon} dA_2. \tag{1.1072), (1.1073}$$

Hierbei ist der Verschiebungsfluß

$$dQ = |\boldsymbol{D}_1| \, dA_1 = |\boldsymbol{D}_2| \, dA_2. \tag{1.1074}$$

Da $dA_1 < dA_2$ ist, ist $|\boldsymbol{D}_1| > |\boldsymbol{D}_2|$ und $dF_1 > dF_2$. Die Differenz der Kräfte dF_1 und dF_2 muß von der Axialkomponente dF_0 einer Kraft dF_s aufgenommen werden, die senkrecht auf die Mantelfläche wirkt. Hieraus folgt unter Berücksichtigung der letzten drei Beziehungen

$$\begin{aligned} dF_0 &= dF \cos\vartheta \\ &= dF_1 - dF_2 = \frac{|\boldsymbol{D}_1|^2 \, dA_1 - |\boldsymbol{D}_2|^2 \, dA_2}{2\varepsilon} = \frac{|\boldsymbol{D}_1| \, |\boldsymbol{D}_2| \, (dA_2 - dA_1)}{2\varepsilon}. \end{aligned} \tag{1.1075}$$

Nun ist aber

$$dA_2 - dA_1 = dA_s \cos\vartheta. \tag{1.1076}$$

Folglich wird

$$dF_0 = \frac{|\boldsymbol{D}_1|\,|\boldsymbol{D}_2|}{2\varepsilon}\,dA_s \cos\vartheta = dF_s \cos\vartheta \tag{1.1077}$$

mit

$$dF_s = \frac{|\boldsymbol{D}_1|\,|\boldsymbol{D}_2|}{2\varepsilon}\,dA_s\,. \tag{1.1078}$$

Der Flächendruck auf der Mantelfläche ist

$$dp_s = \frac{dF_s}{dA_s} = \frac{|\boldsymbol{D}_1|\,|\boldsymbol{D}_2|}{2\varepsilon}. \tag{1.1079}$$

Wenn das Volumenelement immer kleiner wird ($dh \to 0$), so wird $\boldsymbol{D}_1 \to \boldsymbol{D}_2 \to \boldsymbol{D}$ und

$$dp_s = \frac{|\boldsymbol{D}|^2}{2\varepsilon} = \frac{|\boldsymbol{D}|\,|\boldsymbol{E}|}{2} = \frac{\varepsilon\,|\boldsymbol{E}|^2}{2}. \tag{1.1080}$$

Der Druck dp_s wirkt senkrecht zur Feldrichtung.

1.8.5.2. Kraft an der Grenzfläche zweier Dielektrika

Bild 1.129 zeigt die Verhältnisse an der Grenzfläche zweier Dielektrika. In einem Punkt der Grenzfläche denke man sich ein Flächenelement dA.
Die elektrische Feldstärke $\boldsymbol{E}_1$ in dem Bereich ε_1 schließt mit der Flächennormalen den Winkel α_1 ein. Die Komponenten des Vektors des Flächenelements dA_1 im Bereich 1 in Richtung der Feldstärke und senkrecht dazu sind

$$dA_{1l} = |d\boldsymbol{A}_1| \cos\alpha_1 = dA \cos\alpha_1\,, \tag{1.1081}$$

$$dA_{1q} = |d\boldsymbol{A}_1| \sin\alpha_1 = dA \sin\alpha_1\,. \tag{1.1082}$$

Die Kraft, die in dem Bereich 1 auf das Flächenelement $d\boldsymbol{A}_1$ wirkt, hat eine Komponente dF_{1l} in Richtung der Feldstärke und eine Komponente dF_{1q} senkrecht dazu. Mit (1.1053) bzw. (1.1080) gilt

$$dF_{1l} = \tfrac{1}{2}\varepsilon_1\,|\boldsymbol{E}_1|^2\,dA\cos\alpha_1 \qquad dF_{1q} = \tfrac{1}{2}\varepsilon_1\,|\boldsymbol{E}_1|^2\,dA\sin\alpha_1\,. \tag{1.1083),(1.1084}$$

Die zur Feldstärke parallele Komponente der Kraft fällt dabei mit der positiven Richtung der zugehörigen Komponente $d\boldsymbol{A}_{1l}$ des nach außen gerichteten Flächenvektors überein, die Kraftkomponente senkrecht zur Feldlinienrichtung wirkt entgegen der entsprechenden Komponente dA_{1q} des Flächenvektors (vgl. Bild 1.129).

Die Gesamtkraft hat den Betrag

$$dF_1 = \sqrt{dF_{1l}^2 + dF_{1q}^2} = \tfrac{1}{2}\varepsilon_1\,|E_1|^2\,dA\,. \tag{1.1085}$$

Der Vektor $d\boldsymbol{F}_1$ schließt mit $\boldsymbol{E}_1$ den Winkel

$$\tan\beta_1 = \frac{dF_{1q}}{dF_{1l}} = \frac{\sin\alpha_1}{\cos\alpha_1} = \tan\alpha_1\,, \tag{1.1086}$$

$$\beta_1 = \alpha_1 \tag{1.1087}$$

ein.

Dieselben Überlegungen kann man für den zweiten Bereich mit ε_2 anstellen. Die resultierende Kraft $\mathrm{d}\boldsymbol{F}_2$ hat die im Bild 1.129 dargestellte Richtung und schließt mit der Feldstärke $\boldsymbol{E}_2$ den Winkel α_2 ein. Ihr Betrag ist

$$\mathrm{d}F_2 = \tfrac{1}{2}\varepsilon_2\,|\boldsymbol{E}_2|^2\,\mathrm{d}A. \tag{1.1088}$$

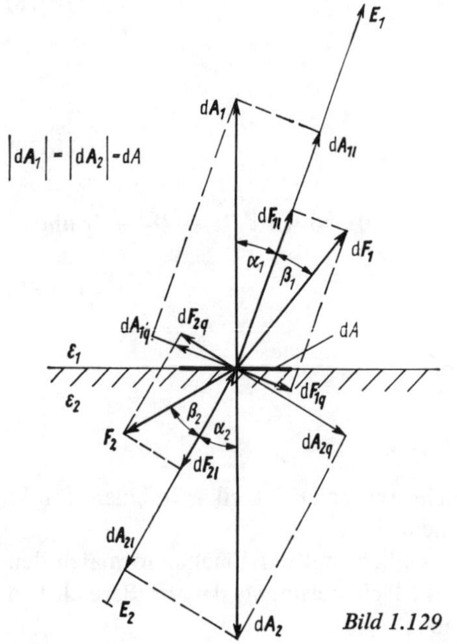

Bild 1.129

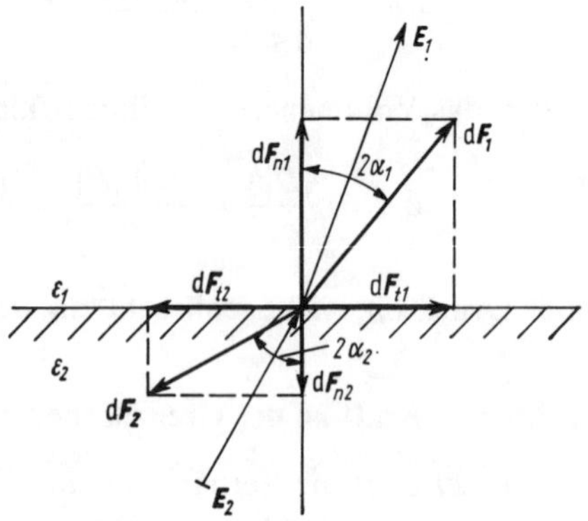

Bild 1.130

Im homogenen Feld ist $\varepsilon_1 = \varepsilon_2$, $\boldsymbol{E}_1 = \boldsymbol{E}_2$ und $\alpha_1 = \alpha_2$. Damit sind beide Kräfte $\mathrm{d}\boldsymbol{F}_1$ und $\mathrm{d}\boldsymbol{F}_2$ dem Betrage nach gleich, aber in der Richtung entgegengesetzt, so daß die gesamte Kraftwirkung auf das Flächenelement im homogenen Dielektrikum aufgehoben ist. In einem beliebigen Punkt eines homogenen Feldes kompensieren sich also die Kräfte infolge der Wechselwirkung zwischen den gebundenen Ladungen des Dielektrikums und dem elektrischen Feld.

An der Grenzfläche zweier Dielektrika kompensieren sich die Kräftewirkungen nicht. Die resultierende Kraft ergibt sich aus der Überlagerung der beiden Kräfte $\mathrm{d}\boldsymbol{F}_1$ und $\mathrm{d}\boldsymbol{F}_2$. Die Tangentialkomponente der resultierenden Kraft ist (Bild 1.130)

$$\begin{aligned}\mathrm{d}F_\mathrm{t} &= \mathrm{d}F_{\mathrm{t}1} - \mathrm{d}F_{\mathrm{t}2} = \mathrm{d}F_1 \sin 2\alpha_1 - \mathrm{d}F_2 \sin 2\alpha_2\\ &= \tfrac{1}{2}\varepsilon_1\,|\boldsymbol{E}_1|^2\,2\sin\alpha_1\cos\alpha_1\,\mathrm{d}A - \tfrac{1}{2}\varepsilon_2\,|\boldsymbol{E}_2|^2\,2\sin\alpha_2\cos\alpha_2\,\mathrm{d}A.\end{aligned} \tag{1.1089}$$

Mit

$$E_{\mathrm{t}1} = |\boldsymbol{E}_1|\sin\alpha_1 \quad \text{und} \quad E_{\mathrm{n}1} = |\boldsymbol{E}_1|\cos\alpha_1 \qquad (1.1090),\ (1.1091)$$

geht (1.1089) über in

$$\mathrm{d}F_\mathrm{t} = (\varepsilon_1 E_{\mathrm{t}1}E_{\mathrm{n}1} - \varepsilon_2 E_{\mathrm{t}2}E_{\mathrm{n}2})\,\mathrm{d}A = (E_{\mathrm{t}1}D_{\mathrm{n}1} - E_{\mathrm{t}2}D_{\mathrm{n}2})\,\mathrm{d}A = 0. \tag{1.1092}$$

Wegen der Grenzbedingungen $E_{\mathrm{t}1} = E_{\mathrm{t}2}$ und $D_{\mathrm{n}1} = D_{\mathrm{n}2}$ verschwindet die Tangentialkomponente der resultierenden Kraft.

Die Normalkomponente der resultierenden Kraft beträgt

$$\mathrm{d}F_\mathrm{n} = \mathrm{d}F_{\mathrm{n}1} - \mathrm{d}F_{\mathrm{n}2} = \mathrm{d}F_1 \cos 2\alpha_1 - \mathrm{d}F_2 \cos 2\alpha_2$$
$$= \tfrac{1}{2}\varepsilon_1 |\boldsymbol{E}_1|^2 (\cos^2 \alpha_1 - \sin^2 \alpha_1)\, \mathrm{d}A - \tfrac{1}{2}\varepsilon_2 |\boldsymbol{E}_2|^2 (\cos^2 \alpha_2 - \sin^2 \alpha_2)\, \mathrm{d}A. \tag{1.1093}$$

Mit (1.1090) und (1.1091) geht diese Beziehung in

$$\mathrm{d}F_\mathrm{n} = \tfrac{1}{2} (\varepsilon_1 E_{\mathrm{n}1}^2 - \varepsilon_1 E_{\mathrm{t}1}^2 - \varepsilon_2 E_{\mathrm{n}2}^2 + \varepsilon_2 E_{\mathrm{t}2}^2)\, \mathrm{d}A \tag{1.1094}$$

über. Mit den Grenzbedingungen $E_{\mathrm{t}1} = E_{\mathrm{t}2}$ bzw. $D_{\mathrm{n}1} = D_{\mathrm{n}2}$ folgt

$$\mathrm{d}F_\mathrm{n} = \frac{1}{2}\left(\varepsilon_1 E_{\mathrm{n}1}^2 - \varepsilon_1 E_{\mathrm{t}1}^2 - \frac{\varepsilon_1^2}{\varepsilon_2} E_{\mathrm{n}1}^2 + \varepsilon_2 E_{\mathrm{t}1}^2\right) \mathrm{d}A$$
$$= \frac{1}{2} (\varepsilon_2 - \varepsilon_1) \left(E_{\mathrm{t}1}^2 + \frac{\varepsilon_1}{\varepsilon_2} E_{\mathrm{n}1}^2\right) \mathrm{d}A. \tag{1.1095}$$

Die Kraft je Flächeneinheit ist

$$p = \tfrac{1}{2} (\varepsilon_2 - \varepsilon_1) (E_{\mathrm{t}1} E_{\mathrm{t}2} + E_{\mathrm{n}1} E_{\mathrm{n}2}) = \tfrac{1}{2} (\varepsilon_2 - \varepsilon_1)\, \boldsymbol{E}_1 \boldsymbol{E}_2. \tag{1.1096}$$

Sie ist unabhängig von der Richtung der Feldstärke und positiv, d.h. zum Bereich 1 gerichtet, wenn $\varepsilon_2 > \varepsilon_1$ ist. An Grenzflächen wirken also Kräfte, die senkrecht auf der Grenzfläche stehen und zum Dielektrikum mit der kleineren Dielektrizitätskonstanten gerichtet sind.

2. Das stationäre elektrische Strömungsfeld

2.1. Grundbegriffe

Im Abschnitt 1. wurde das elektrische Feld im Vakuum und in Nichtleitern untersucht. In diesem Abschnitt wird das elektrische Feld in Leitern behandelt.
Leiter sind Stoffe, die sich durch die Eigenschaft auszeichnen, daß bei einer in ihnen vorhandenen elektrischen Feldstärke eine gerichtete Bewegung von Ladungen stattfindet.

2.1.1. Wesen des stationären elektrischen Strömungsfeldes

Stationäre Strömungsfelder sind Felder, bei denen unter Wirkung der Feldkräfte ständig eine Bewegung von Ladungen stattfindet, ohne daß sich dabei die Feldgrößen zeitlich ändern. Das setzt voraus, daß die Ladungen, die sich in Bewegung befinden, zwar ständig ihre Lage ändern, jedoch die örtliche Verteilung der Raumladungsdichte $\varrho\,(x, y, z)$ unverändert bleibt. An die Stelle einer sich fortbewegenden Ladung muß somit sofort eine gleich große nachrücken. Wäre das nämlich nicht der Fall, dann müßte eine Änderung der Feldstärke erfolgen, was aber im stationären Feld laut Voraussetzung nicht eintreten darf. Wenn aber die Verteilung der Raumladungsdichte stationär ist, muß das Feld dasselbe sein wie das elektrostatische Feld, das sich bei der entsprechenden Verteilung der Ladungen ergibt. Infolge des elektrischen Stromes werden zwar ständig an jeder Stelle des Raumes Ladungen durch andere ersetzt, die Raumladungsdichte bleibt hierbei aber an jeder Stelle des Feldes konstant. Die so verteilten Raumladungen ergeben ein Potentialfeld, das durch das Potential

$$\varphi = \varphi\,(x, y, z) \tag{2.1}$$

beschrieben werden kann. Aus dem Potential leitet sich die elektrische Feldstärke zu

$$\boldsymbol{E}_e = -\operatorname{grad} \varphi \tag{2.2}$$

ab.

Elektrostatische Feldkräfte können keine ständige unveränderliche (stationäre) Strömung von Ladungen aufrechterhalten. Bei der Bewegung der Ladungen wird Arbeit verrichtet, die, wie später gezeigt wird, in Wärme umgesetzt wird. Würde sie auf Kosten der Feldenergie eines elektrostatischen Feldes erfolgen, dann nähme die Energie des Feldes allmählich ab, und die Feldstärke würde kleiner werden. Im stationären Strömungsfeld muß sie aber laut Voraussetzung konstant bleiben.
Um ein stationäres Strömungsfeld aufrechtzuerhalten, muß ihm laufend Energie nachgeliefert werden. Dies wird von Energiequellen besorgt, in denen Energien von Feldern nichtelektrischer Natur in elektrische Energie umgeformt werden. Zur Aufrechterhaltung eines stationären Stromes ist es also notwendig, daß in gewissen Bereichen Felder nichtelektrischer Natur wirken. In Punkten, in denen solche Felder auftreten, ist die Feldstärke

gleich der vektoriellen Summe der Feldstärke $\boldsymbol{E}$ infolge der stationären Raumladungsverteilung und der Feldstärke $\boldsymbol{E}_n$ infolge des Feldes nichtelektrischer Natur:

$$\boldsymbol{E}_s = \boldsymbol{E} + \boldsymbol{E}_n. \tag{2.3}$$

Die Anwesenheit von Feldern nichtelektrischer Natur (Spannungsquelle) ist mit dem Auftreten von elektromotorischen Kräften, die durch (1.100) gegeben sind, verbunden. Auf einem geschlossenen Weg über Leiter, in denen $\boldsymbol{E}_n$ einen endlichen Wert hat, ist

$$\oint \boldsymbol{E}_n \, d\boldsymbol{l} = E. \tag{2.4}$$

E ist dann die elektromotorische Kraft, die längs des geschlossenen Weges wirkt. Auf einem geschlossenen Weg ist das Linienintegral der Feldstärke infolge der stationären Raumladungsverteilung

$$\oint \boldsymbol{E} \, d\boldsymbol{l} = 0. \tag{2.5}$$

Bildet man das Linienintegral der gesamten Feldstärke (2.3) auf einem geschlossenen Weg, dann erhält man

$$\oint \boldsymbol{E}_s \, d\boldsymbol{l} = \oint \boldsymbol{E} \, d\boldsymbol{l} + \oint \boldsymbol{E}_n \, d\boldsymbol{l} = \oint \boldsymbol{E}_n \, d\boldsymbol{l} = E. \tag{2.6}$$

Es sei erwähnt, daß

$$\oint \boldsymbol{E}_s \, d\boldsymbol{l} = E \neq 0 \tag{2.7}$$

nur dann erfüllt ist, wenn der Integrationsweg durch Gebiete verläuft, in denen

$$\boldsymbol{E}_n \neq 0 \tag{2.8}$$

ist. Normalerweise sind die Orte, in denen (2.8) erfüllt ist, auf sehr kleine Bereiche (Berührungsstellen der Paare von Thermoelementen) oder dünne Schichten (Oberflächen der Elektroden bei galvanischen Elementen) beschränkt, außerhalb derer

$$\boldsymbol{E}_n = 0 \tag{2.9}$$

und demzufolge

$$\oint \boldsymbol{E}_n \, d\boldsymbol{l} = 0 \tag{2.10}$$

gelten. Das elektrische Strömungsfeld ist in solchen Bereichen ein Potentialfeld. Auch hier gilt die Spannung zwischen zwei Punkten 1 und 2 mit den Potentialen φ_1 und φ_2

$$U_{12} = \varphi_1 - \varphi_2 = \int_1^2 \boldsymbol{E} \, d\boldsymbol{l} \tag{2.11}$$

und

$$\oint \boldsymbol{E} \, d\boldsymbol{l} = 0. \tag{2.12}$$

Stationäre elektrische Strömungsfelder bilden sich speziell dann aus, wenn zwischen verschiedenen Punkten eines leitenden Körpers konstante Spannungen aufrechterhalten werden. Zum Beispiel liegen stationäre elektrische Strömungsfelder vor, wenn man Elektroden, die in einem leitenden Medium eingebettet sind, an Spannungsquellen mit zeitlich konstanten elektromotorischen Kräften anschließt.

2.1.2. Kenngrößen des stationären elektrischen Strömungsfeldes

2.1.2.1. Stromstärke

Eine gerichtete Bewegung von Ladungen wird im engeren Sinne ein elektrischer Strom genannt. Ein Maß für den elektrischen Strom, der eine Fläche im Strömungsfeld durchsetzt, ist die Stromstärke. Sie entspricht der Elektrizitätsmenge, die in der Zeiteinheit durch diese Fläche hindurchströmt:

$$I = \frac{\mathrm{d}Q}{\mathrm{d}t}. \tag{2.13}$$

In einem stationären elektrischen Strömungsfeld ist die Stromstärke konstant:

$$I = \text{konst.} \tag{2.14}$$

Die Einheit der Stromstärke ist 1 Ampere (1 A). Sie liegt dann vor, wenn durch die betrachtete Fläche in der Zeiteinheit die Ladungseinheit fließt:

$$1\,\mathrm{A} = \frac{1\,\mathrm{C}}{1\,\mathrm{s}}. \tag{2.15}$$

Für die Ladungseinheit 1 C (Coulomb) ergibt sich damit die Beziehung

$$1\,\mathrm{C} = 1\,\mathrm{A} \cdot 1\,\mathrm{s} = 1\,\mathrm{A} \cdot \mathrm{s}. \tag{2.16}$$

2.1.2.2. Stromdichte

Bild 2.1 zeigt ein prismatisches Volumenelement, das aus einem Strömungsfeld herausgegriffen ist. Die Grundfläche sei $\mathrm{d}A$, die Länge $\mathrm{d}l$. Die Ladungsträger bewegen sich mit der Geschwindigkeit $\boldsymbol{v}$. Der Vektor der Geschwindigkeit $\boldsymbol{v}$ und der Vektor des Flächenelements $\mathrm{d}\boldsymbol{A}$ schließen den Winkel α ein. Die Ladung in dem Volumenelement $\mathrm{d}V$ sei $\mathrm{d}Q$. Wenn die Raumladungsdichte an dieser Stelle ϱ beträgt, dann ist

$$\mathrm{d}Q = \varrho\,\mathrm{d}V = \varrho\,\mathrm{d}A\,\mathrm{d}l\cos\alpha. \tag{2.17}$$

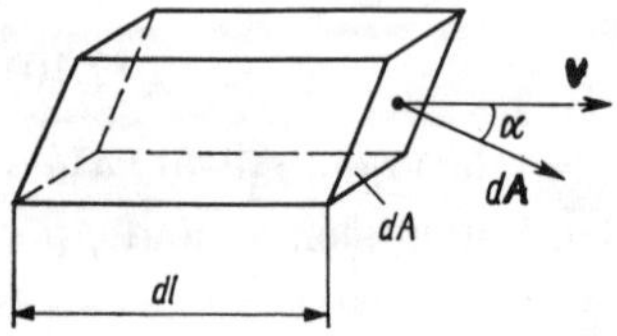

Bild 2.1

Da sie sich mit der Geschwindigkeit $\boldsymbol{v}$ bewegt, benötigt die Ladung die Zeit

$$\mathrm{d}t = \frac{\mathrm{d}l}{v}, \tag{2.18}$$

um die Grundflächen $\mathrm{d}A$ zu passieren. Der Strom, der durch die Grundfläche $\mathrm{d}A$ fließt, ist somit

$$\mathrm{d}I = \frac{\mathrm{d}Q}{\mathrm{d}t} = \frac{\varrho\,\mathrm{d}V}{\mathrm{d}l}\,v = \varrho v\,\mathrm{d}A\cos\alpha = \varrho\boldsymbol{v}\,\mathrm{d}\boldsymbol{A}. \tag{2.19}$$

Es soll nun der Vektor

$$\boldsymbol{G} = \varrho\boldsymbol{v} = \varrho v\boldsymbol{e}_v \tag{2.20}$$

eingeführt werden ($\boldsymbol{e}_v$ ist der Einheitsvektor in Richtung von $\boldsymbol{v}$). Sein Betrag ist gleich dem Produkt aus Raumladungsdichte und Geschwindigkeit. Seine Richtung fällt mit der Richtung der Geschwindigkeit zusammen. Damit wird (2.19)

$$\mathrm{d}I = \boldsymbol{G}\,\mathrm{d}\boldsymbol{A} = G\,\mathrm{d}A\cos\alpha = G\,\mathrm{d}A_\mathrm{n}. \tag{2.21}$$

Aus

$$G = \frac{\mathrm{d}I}{\mathrm{d}A_\mathrm{n}} \tag{2.22}$$

erkennt man, daß der Vektor $\boldsymbol{G}$ die Dichte des Stromes an der betreffenden Stelle angibt. Er wird Vektor der Stromdichte oder nur Stromdichte genannt. $\mathrm{d}A_\mathrm{n}$ ist die Projektion von $\mathrm{d}\boldsymbol{A}$ auf eine zu $\boldsymbol{G}$ senkrechte Ebene.

Für diskrete Ladungen im Volumenelement $\mathrm{d}V$ erhält die Stromdichte die Form

$$\boldsymbol{G} = \lim_{\Delta V \to 0} \frac{\sum\limits_{\Delta V} Q_\mathrm{n}\boldsymbol{v}_\mathrm{n}}{\Delta V}. \tag{2.23}$$

Der Übergang von (2.23) in (2.20) bei unveränderlicher kontinuierlicher Ladungsverteilung ist offensichtlich.

Die Dimension der Stromdichte (2.22) ist

$$[G] = \frac{[I]}{[A]}. \tag{2.24}$$

Die Einheit der Stromdichte ist $1\ \mathrm{A/m^2}$.

Im allgemeinen sind an der Ausbildung des elektrischen Stromes sowohl positive als auch negative Ladungsträger beteiligt. Angenommen, in einem Volumenelement mit der Grundfläche $\mathrm{d}A$ und der Länge $\mathrm{d}l$ seien positive und negative Ladungen mit den Raumladungsdichten ϱ_p und ϱ_n verteilt. Das Volumenelement liege so, daß die Feldstärke senkrecht auf $\mathrm{d}A$ einwirkt. Unter ihrer Wirkung setzen sich die positiven Ladungen in Richtung der Feldstärke und die negativen in die entgegengesetzte Richtung in Bewegung. Ihre Geschwindigkeiten betragen v_p und v_n. Die positive Ladung $\mathrm{d}Q_\mathrm{p}$, die sich in dem Volumenelement befindet, wird die Grundflächen $\mathrm{d}A$ in der Zeit

$$\mathrm{d}t_\mathrm{p} = \frac{\mathrm{d}l}{v_\mathrm{p}}, \tag{2.25}$$

die negative Ladung $\mathrm{d}Q_\mathrm{n}$ die Grundflächen entgegengesetzt in der Zeit

$$\mathrm{d}t_\mathrm{n} = \frac{\mathrm{d}l}{v_\mathrm{n}} \tag{2.26}$$

passieren.

Die bewegten positiven Ladungen ergeben den Stromanteil

$$\mathrm{d}I_\mathrm{p} = \frac{\mathrm{d}Q_\mathrm{p}}{\mathrm{d}t_\mathrm{p}} = \frac{\varrho_\mathrm{p}v_\mathrm{p}\,\mathrm{d}V}{\mathrm{d}l} = \varrho_\mathrm{p}v_\mathrm{p}\,\mathrm{d}A, \tag{2.27}$$

die bewegten negativen Ladungen den Stromanteil

$$\mathrm{d}I_\mathrm{n} = \frac{\mathrm{d}Q_\mathrm{n}}{\mathrm{d}t_\mathrm{n}} = \frac{\varrho_\mathrm{n}v_\mathrm{n}\,\mathrm{d}V}{\mathrm{d}l} = \varrho_\mathrm{n}v_\mathrm{n}\,\mathrm{d}A. \tag{2.28}$$

Die Stromdichte beträgt dann (die Vorzeichenänderung von ϱ wird von einer Umkehr der Geschwindigkeit begleitet)

$$|G| = \frac{dI}{dA} = \frac{dI_p + dI_n}{dA} = \varrho_p v_p + \varrho_n v_n . \tag{2.29}$$

2.1.2.3. Stromrichtung

Man hat willkürlich die positive Stromrichtung als die Richtung festgelegt, in der sich die positiven Ladungen unter der Wirkung der Feldkräfte bewegen. Sie zeigt an jeder Stelle in Richtung der Feldstärke. Der Strom fließt von Punkten höheren Potentials zu Punkten niedrigeren Potentials. Die Stromdichte behält ihre Richtung unabhängig vom Vorzeichen der bewegten Ladung, denn ϱ und $\boldsymbol{v}$ ändern ihr Vorzeichen gleichzeitig (s. (2.20) bzw. (2.29)).

2.2. Grundgesetze des stationären elektrischen Strömungsfeldes

2.2.1. Das Ohmsche Gesetz

Die Bewegung eines Ladungsträgers unter der Wirkung der Feldkräfte erfolgt nicht ungehindert. Er trifft auf andere Teilchen auf, wird gebremst und überträgt ihnen einen Teil seiner Energie. Die resultierende Bewegung ist nicht beschleunigt, sondern erfolgt ähnlich der eines Masseteilchens in zähen Medien. Bei einer großen Anzahl von Leitern kann man deswegen annehmen, daß zwischen Geschwindigkeit und Kraft eine Proportionalität besteht

$$\boldsymbol{v} \sim \boldsymbol{F}. \tag{2.30}$$

Hieraus folgt

$$\boldsymbol{G} \sim \boldsymbol{v} \sim \boldsymbol{F} \sim \boldsymbol{E}. \tag{2.31}$$

Diese Proportionalität kann man in die Form

$$\boldsymbol{G} = \varkappa \boldsymbol{E} \tag{2.32}$$

bringen. Diese Gleichung stellt das Ohmsche Gesetz in Differentialform dar, wie es in stationären Feldern unter den gemachten Annahmen gilt. Die Stromdichte ist proportional der Feldstärke. Die Proportionalitätskonstante $\varkappa$ ist eine Materialkonstante, die man als spezifische Leitfähigkeit bezeichnet. Die Dimension der Leitfähigkeit erhält man aus (2.32):

$$[\varkappa] = \frac{[\boldsymbol{G}]}{[\boldsymbol{E}]}. \tag{2.33}$$

Die Einheit der Leitfähigkeit erhält man, wenn man in (2.33) die Einheiten für $\boldsymbol{G}$ und $\boldsymbol{E}$ einführt. Sie ist

$$1\,\frac{\mathrm{A}}{\mathrm{V\cdot m}} = 1\,(\Omega\cdot\mathrm{m})^{-1} = 1\,\frac{\mathrm{S}}{\mathrm{m}} \tag{2.34}$$

mit 1 Ω (Ohm) = 1 V/A und 1 S (Siemens) = 1 A/V.

2.2.2. Gesetz von Joule

Das Ohmsche Gesetz setzt eine Proportionalität zwischen Geschwindigkeit der bewegten Ladungen und der Kraft bzw. der Feldstärke voraus. Der Grund dazu liegt, wie gesagt, in der Wechselwirkung zwischen der bewegten Ladung und anderen Teilchen aus dem Bestand des Leiterstoffs. Bei dieser Wechselwirkung überträgt die bewegte Ladung dem getroffenen Teilchen ganz oder teilweise die Energie, die ihr vom Feld erteilt worden ist. Diese übertragene Energie erhöht die Wärmebewegung im Leiter – er wird erwärmt (Joulesche Wärme). Hierbei wird die bewegte Ladung gehemmt. Auf ihrer Bahn wird sie durch die Kraftwirkung, im großen gesehen, nicht beschleunigt, sondern die mittlere Geschwindigkeit bleibt proportional der Kraft.
Bei den metallischen Leitern sind freie Elektronen die bewegten Ladungen, die den Strom darstellen. Bei ihrer Bewegung übertragen sie die erhaltene Energie auf das Ionengitter der Kristalle und erhöhen so den Wärmeinhalt des Metalls.
Ein kleines prismatisches Volumenelement mit der Grundfläche $\mathrm{d}A$ und der Höhe $\mathrm{d}l$ wird so aus dem Strömungsfeld herausgegriffen, daß seine Grundflächen $\mathrm{d}A$ auf je zwei benachbarten Niveauflächen mit der Potentialdifferenz $\mathrm{d}\varphi$ liegen, während die Länge $\mathrm{d}l$ senkrecht zu ihnen steht. Ist die Stromdichte an der Grundfläche gleich $\boldsymbol{G}$, dann fließt durch das Prisma der Strom

$$\mathrm{d}I = |\boldsymbol{G}|\,\mathrm{d}A. \tag{2.35}$$

Die Geschwindigkeit der Ladungen sei $\boldsymbol{v}$. Die Ladung $\mathrm{d}Q$, die sich im Prisma befindet, braucht dann die Zeit

$$\mathrm{d}t = \frac{\mathrm{d}l}{v}, \tag{2.36}$$

um durch die Grenzfläche auszuströmen. Die Ladung durchläuft die zwischen den Grundflächen bestehende Potentialdifferenz

$$\mathrm{d}\varphi = |\boldsymbol{E}|\,\mathrm{d}l. \tag{2.37}$$

In dem Prisma wird die elektrische Leistung

$$\mathrm{d}P = \frac{\mathrm{d}W}{\mathrm{d}t} = \frac{\mathrm{d}Q\,\mathrm{d}\varphi}{\mathrm{d}t} = |\boldsymbol{G}|\,|\boldsymbol{E}|\,\mathrm{d}A\,\mathrm{d}l = |\boldsymbol{G}|\,|\boldsymbol{E}|\,\mathrm{d}V \tag{2.38}$$

in Wärme umgesetzt. Die Leistung, die je Volumeneinheit in Wärme verwandelt wird, beträgt demnach

$$P' = \frac{\mathrm{d}P}{\mathrm{d}V} = |\boldsymbol{G}|\,|\boldsymbol{E}| = \varkappa\,|\boldsymbol{E}|^2 = \frac{|\boldsymbol{G}|^2}{\varkappa}. \tag{2.39}$$

Im Gegensatz zum elektrostatischen Feld, in dem wegen der ruhenden Ladungen keinerlei Energieumformung stattfindet, tritt in den üblichen Strömungsfeldern ständig eine Umformung elektrischer Energie in Wärme auf.

2.2.3. Die Kirchhoffschen Sätze

2.2.3.1. Der 1. Kirchhoffsche Satz

Der Strom, der durch eine beliebige Fläche A (Bild 2.2) fließt, ist

$$I = \int_A \boldsymbol{G}\,\mathrm{d}\boldsymbol{A} = \int_A G_\mathrm{n}\,\mathrm{d}A, \tag{2.40}$$

wobei

$$G_\mathrm{n} = |\boldsymbol{G}| \cos \alpha \tag{2.41}$$

die Komponente der Stromdichte in Richtung der Normalen zu dA im betrachteten Punkt ist. Der Strom, der in eine geschlossene Hüllfläche hineinfließt, muß in einem stationären Strömungsfeld Null sein:

$$\oint_A \boldsymbol{G}\,\mathrm{d}\boldsymbol{A} = 0. \tag{2.42}$$

Wäre das nämlich nicht der Fall, dann müßte eine ständige Anhäufung von Ladungen in dem von der Hüllfläche umschlossenen Volumen stattfinden, was aber zu einer Änderung der Raumladungsdichte und somit der Feldstärke führen würde. Eine Änderung der Feldgrößen darf aber bei stationären Feldern nicht auftreten.

(2.42) stellt die Integralform des 1. Kirchhoffschen Satzes für stationäre Strömungsfelder dar. Wenn man mit der Hüllfläche A ein kleines Volumenelement ΔV herausgreift, (2.42) durch ΔV dividiert und den Grenzübergang $\Delta V \to 0$ durchführt, erhält man

$$\lim_{\Delta V \to 0} \frac{\oint_A \boldsymbol{G}\,\mathrm{d}\boldsymbol{A}}{\Delta V} = \operatorname{div} \boldsymbol{G} = 0. \tag{2.43}$$

Die letzte Gleichung stellt die Differentialform des 1. Kirchhoffschen Satzes für stationäre Strömungsfelder dar.

2.2.3.2. Der 2. Kirchhoffsche Satz oder das verallgemeinerte Ohmsche Gesetz

In Gebieten, in denen sowohl elektrostatische Feldstärken als auch Feldstärken nichtelektrischer Natur auftreten, ist die Stromdichte

$$\boldsymbol{G} = \varkappa \boldsymbol{E}_\mathrm{s} = \varkappa (\boldsymbol{E} + \boldsymbol{E}_\mathrm{n}). \tag{2.44}$$

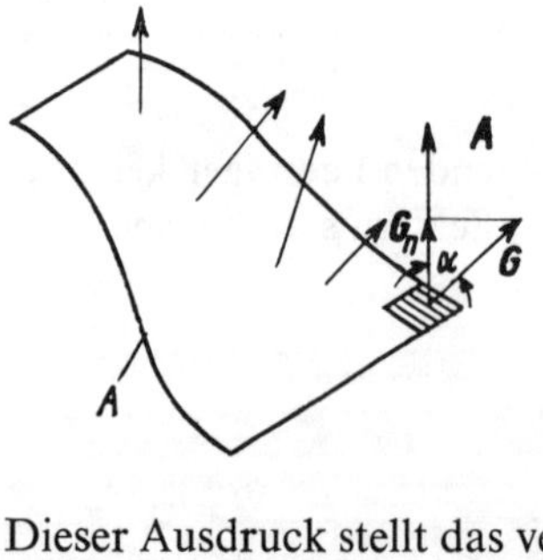

Bild 2.2

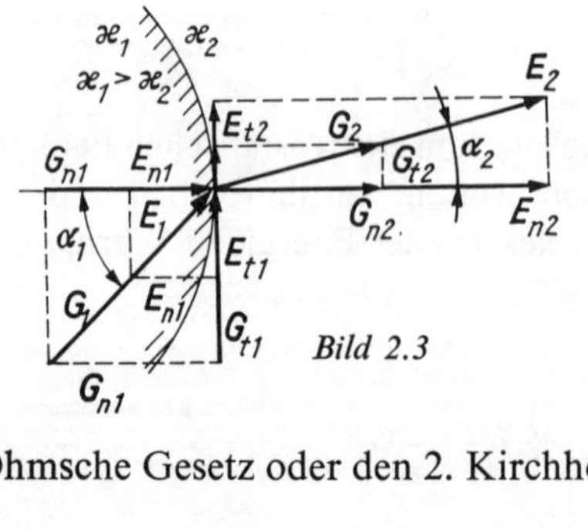

Bild 2.3

Dieser Ausdruck stellt das verallgemeinerte Ohmsche Gesetz oder den 2. Kirchhoffschen Satz in Differentialform dar.

2.2.4. Bildliche Darstellung des elektrischen Strömungsfeldes

Zur bildlichen Darstellung des elektrischen Strömungsfelds sind wie beim elektrostatischen Feld die Feldlinien und die Äquipotentiallinien geeignet. Die Äquipotentiallinien werden überall senkrecht von den Feldlinien geschnitten. Die Bewegung der Ladungen erfolgt in Richtung des Vektors der Stromdichte. Von besonderem Interesse sind die Strömungslinien. Die Strömungslinien sind Linien, an die überall der Vektor der Stromdichte tangiert. In isotropen Medien, d.h. in Stoffen, bei denen die Leitfähigkeit überall richtungsunabhängig ist, sind die Vektoren der Stromdichte und der Feldstärke gleich gerichtet, so daß Strömungslinien und Feldlinien zusammenfallen.

2.2.5. Stromdurchgang durch Grenzflächen von Stoffen mit verschiedener Leitfähigkeit

Im folgenden soll das Strömungsfeld an der Grenzfläche zweier Körper verschiedener Leitfähigkeiten $\varkappa_1$ und $\varkappa_2$ betrachtet werden. Auch an der Grenzfläche gelten natürlich die Grundgesetze des stationären Strömungsfeldes. Bild 2.3 zeigt die Spur einer solchen Grenzfläche, die die Gebiete mit den Leitfähigkeiten $\varkappa_1$ und $\varkappa_2$ voneinander trennt. Die Feldgrößen auf beiden Seiten der Trennfläche werden mit den Indizes 1 bzw. 2 gekennzeichnet. Um einen Punkt der Grenzfläche wird eine Hüllfläche in Form der Oberfläche eines Prismas gelegt, so daß die Grundflächen dA unmittelbar auf beiden Seiten der Grenzfläche liegen (die Höhe sei vernachlässigbar klein). Aus (2.42) folgt, daß der Strom, der auf der einen Seite eines Flächenelements der Grenzfläche eintritt, gleich dem Strom sein muß, der auf der anderen Seite dieses Flächenelements austritt:

$$\mathrm{d}I = |\boldsymbol{G}_1| \cos \alpha_1 \, \mathrm{d}A = |\boldsymbol{G}_2| \cos \alpha_2 \, \mathrm{d}A. \tag{2.45}$$

Hieraus folgt

$$G_{n1} = G_{n2}. \tag{2.46}$$

Die Richtung der elektrischen Feldstärke fällt bei isotropen Medien auf beiden Seiten der Grenzfläche mit der Richtung der entsprechenden Stromdichte zusammen. Die Feldstärke auf beiden Seiten der Grenzfläche werde in ihre Normal- bzw. Tangentialkomponente zerlegt. Wenn man nun von einem Punkt der Grenzfläche ausgeht und sich längs der Grenzfläche im Körper mit der Leitfähigkeit $\varkappa_1$ um dl bewegt, dann auf die andere Seite der Grenzfläche übergeht und im Körper mit der Leitfähigkeit $\varkappa_2$ längs der Grenzfläche bis zum Ausgangspunkt zurückkehrt, beschreibt man eine geschlossene Bahn. Unter Anwendung von (2.5) erhält man

$$\oint \boldsymbol{E} \, \mathrm{d}\boldsymbol{l} = E_{t_1} \mathrm{d}l - E_{t_2} \mathrm{d}l = 0, \qquad E_{t_1} = E_{t_2}. \qquad (2.47), (2.48)$$

In einem stationären Strömungsfeld gilt also:

a) Die Normalkomponenten der Stromdichten auf beiden Seiten der Grenzfläche sind gleich groß.
b) Die Tangentialkomponenten der elektrischen Feldstärke auf beiden Seiten der Grenzfläche sind gleich groß.

Nun ist aber

$$G_n = \varkappa E_n, \qquad G_t = \varkappa E_t, \qquad (2.49), (2.50)$$

so daß

$$\varkappa_1 E_{n1} = \varkappa_2 E_{n2}, \tag{2.51}$$

$$\frac{E_{n1}}{E_{n2}} = \frac{\varkappa_2}{\varkappa_1} \tag{2.52}$$

und

$$\frac{G_{t1}}{\varkappa_1} = \frac{G_{t2}}{\varkappa_2}, \quad \frac{G_{t1}}{G_{t2}} = \frac{\varkappa_1}{\varkappa_2} \tag{2.53), (2.54}$$

bzw.

$$\frac{\tan \alpha_1}{\tan \alpha_2} = \frac{E_{t1}}{E_{n1}} \frac{E_{n2}}{E_{t2}} = \frac{\varkappa_1}{\varkappa_2} \tag{2.55}$$

gelten.
Beim Übergang von einem Stoff mit einer großen Leitfähigkeit in einen anderen Stoff mit einer kleinen Leitfähigkeit wird also der Strom beim schrägen Einfall zur Normalen der Grenzfläche hin abgelenkt. Bei einer sehr großen Leitfähigkeit des ersten Stoffes und einer sehr kleinen Leitfähigkeit des zweiten Stoffes fließt der Strom fast parallel zur Grenzfläche in dem Stoff mit der großen Leitfähigkeit und verläßt sie faßt senkrecht (Bild 2.4). An der Grenzfläche eines guten Leiters und eines Isolators ist die Normalkomponente der Stromdichte null. Der Strom fließt im Leiter parallel zur Grenzfläche, ohne ihn zu verlassen.

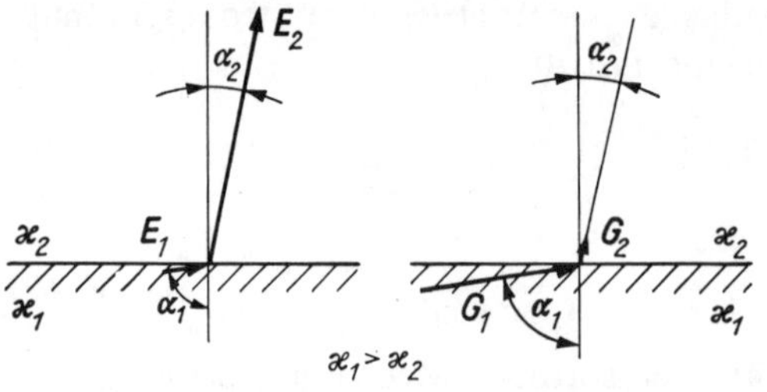

Bild 2.4

2.2.6. Integralparameter des elektrischen Strömungsfeldes

2.2.6.1. Das Ohmsche Gesetz in Integralform

Es werde das Strömungsfeld zwischen zwei Elektroden betrachtet, die in einem Medium mit endlicher Leitfähigkeit eingebettet sind. Der Strom, der von der einen Elektrode zur anderen fließt, ist

$$I = \oint_A \boldsymbol{G} \, \mathrm{d}\boldsymbol{A}. \tag{2.56}$$

A ist eine Hüllfläche, die eine Elektrode umschließt.
Die Spannung, die zwischen den Elektroden liegt, ist

$$U = \int_1^2 \boldsymbol{E} \, \mathrm{d}\boldsymbol{l}. \tag{2.57}$$

Das Linienintegral erstreckt sich von der einen bis zur anderen Elektrode.

Das Verhältnis beider

$$R = \frac{U}{I} = \frac{\int_1^2 \boldsymbol{E}\,\mathrm{d}\boldsymbol{l}}{\oint_A \boldsymbol{G}\,\mathrm{d}\boldsymbol{A}} \tag{2.58}$$

stellt einen integralen Parameter der Einrichtung dar. Man nennt ihn den Widerstand der Anordnung. Sein reziproker Wert

$$G = \frac{1}{R} = \frac{I}{U} = \frac{\oint_A \boldsymbol{G}\,\mathrm{d}\boldsymbol{A}}{\int_1^2 \boldsymbol{E}\,\mathrm{d}\boldsymbol{l}} \tag{2.59}$$

heißt Leitwert der Anordnung. Ist die Leitfähigkeit von der Feldstärke unabhängig, so ist der Widerstand eine Konstante, die von den Abmessungen der Einrichtung und von der geometrischen Konfiguration der Elektroden abhängt. Dasselbe gilt für den Leitwert. In diesem Fall besteht zwischen Strom und Spannung eine Proportionalität. Die zwei letzten Gleichungen stellen das Ohmsche Gesetz in seiner Integralform dar. Die Dimension des Widerstands ist

$$[R] = \frac{[U]}{[I]}. \tag{2.60}$$

Die Einheit des Widerstands ist 1 Ω (Ohm). Die Einheit des Leitwerts ist 1 S (Siemens) (s. Abschn. 2.2.1.).

2.2.6.2. Beziehungen zwischen den Integralparametern des elektrischen Feldes

Es werde dieselbe Elektrodenanordnung einmal im elektrostatischen Feld und einmal im elektrischen Strömungsfeld betrachtet. Das Potential und die elektrische Feldstärke sind Größen, die jedem Punkt des elektrischen Feldes zugeordnet sind. Jedem Punkt des elektrischen Strömungsfelds ist eine Stromdichte, jedem Punkt des elektrostatischen Feldes eine Verschiebungsdichte zugeordnet. Allgemein gilt für die Spannung zwischen den Elektroden

$$U_{12} = \int_1^2 \boldsymbol{E}\,\mathrm{d}\boldsymbol{l}. \tag{2.61}$$

Der Strom durch eine Hüllfläche A, die eine Elektrode umschließt, ist durch den Ausdruck

$$I = \oint_A \boldsymbol{G}\,\mathrm{d}\boldsymbol{A} = \varkappa \oint_A \boldsymbol{E}\,\mathrm{d}\boldsymbol{A}, \tag{2.62}$$

der Verschiebungsfluß durch die Hüllfläche $\boldsymbol{A}$ durch den Ausdruck

$$Q = \oint_A \boldsymbol{D}\,\mathrm{d}\boldsymbol{A} = \varepsilon \oint_A \boldsymbol{E}\,\mathrm{d}\boldsymbol{A} \tag{2.63}$$

gegeben. Die Spannung, der Strom und der Verschiebungsfluß sind integrale Parameter; sie stellen die äußeren Kenngrößen des Feldes dar. Von ihnen leiten sich weiter der Widerstand

$$R = \frac{U}{I} = \frac{\int_1^2 \boldsymbol{E}\,\mathrm{d}\boldsymbol{l}}{\varkappa \oint_A \boldsymbol{E}\,\mathrm{d}\boldsymbol{A}} \tag{2.64}$$

und die Kapazität

$$C = \frac{Q}{U} = \frac{\varepsilon \oint_A \boldsymbol{E}\,\mathrm{d}\boldsymbol{A}}{\int_1^2 \boldsymbol{E}\,\mathrm{d}\boldsymbol{l}} \tag{2.65}$$

ab.
Bei gleicher Konfiguration der Elektroden ergibt sich für das Produkt aus Kapazität und Widerstand der Ausdruck

$$RC = \frac{\varepsilon}{\varkappa}. \tag{2.66}$$

Eine Bestätigung dieses Ausdrucks folgt beispielsweise aus der Gegenüberstellung von (1.275) und (2.82) für das Feld der konzentrischen Kugelelektrodenanordnung bzw. aus der Gegenüberstellung von (1.328) und (2.105) für das Feld der koaxialen Zylinderelektrodenanordnung.

2.3. Berechnung elektrischer Strömungsfelder

2.3.1. Allgemeines

Die Behandlung elektrischer Strömungsfelder als Potentialfelder erfolgt mittels ähnlicher Verfahren, wie sie im Falle der elektrostatischen Felder entwickelt wurden. Eine einfache Berechnung gelingt jedoch nur in seltenen Fällen. Bei bestimmten Elektrodenformen bzw. Anordnungen, bei denen axiale oder sphärische Symmetrie vorliegt, führt die Anwendung des 1. Kirchhoffschen Satzes zum Ziel, analog der Anwendung des Gaußschen Satzes in der Elektrostatik.
Die allgemeinste Methode stellt die Integration der differentiellen Feldgleichungen unter Berücksichtigung der Randbedingungen dar.
Neue Feldformen erhält man aus bereits bekannten durch Belegung von Äquipotentialflächen mit dünnen metallischen Folien.
Die linearen Feldgleichungen ermöglichen auch hier die Anwendung des Superpositionsprinzips. Die Eindeutigkeit der Lösung der Randwertaufgabe erlaubt die Benutzung des Prinzips des Spiegelbilds.
Auch hier können grafische Konstruktionen zur Ermittlung der Feldbilder benutzt werden.
Im folgenden wird die Anwendung der genannten Methoden anhand einfacher Beispiele erläutert.

2.3.2. Beispiele

2.3.2.1. Kugelsymmetrische Strömungsfelder

Strömungsfeld in der Umgebung einer Kugelelektrode

Es werde eine sehr gut leitende metallische Kugelelektrode mit dem Radius r_0 betrachtet, die sich in einem unendlich weit ausgedehnten Raum mit endlicher Leitfähigkeit $\varkappa$ befindet (Bild 2.5). Dieses Beispiel entspricht angenähert einem kugelförmigen Erder, der sehr tief unter der Erdoberfläche eingebettet ist. Durch die Elektrode fließe der Strom I in das umliegende Medium. Man könnte diesen Fall praktisch dadurch verwirklichen, daß man zwischen der Kugelelektrode und einer sehr weit entfernten Gegenelektrode eine konstante Spannung aufrechterhält. Wegen der vorausgesetzten großen Leitfähigkeit der Elektrode gegenüber dem umliegenden Medium müssen entsprechend dem Brechungsgesetz die Strömungslinien praktisch senkrecht auf der Oberfläche der Elektrode stehen, d.h. radial nach außen gerichtet sein. Die Anordnung kann man als kugelsymmetrisch ansehen. Die Niveauflächen sind konzentrische Kugeln; die Elektrodenoberfläche ist praktisch ebenfalls eine Niveaufläche. Aus Symmetriegründen ist der Strom gleichmäßig auf einer sphärischen Hüllfläche mit dem Radius r, die die Kugelelektrode konzentrisch umschließt, verteilt. In einer Entfernung r vom Zentrum der Kugelelektrode beträgt die Stromdichte somit

$$\boldsymbol{G} = \frac{I}{4\pi r^2}\,\boldsymbol{e}_r. \tag{2.67}$$

Die elektrische Feldstärke ist dann

$$\boldsymbol{E} = \frac{1}{\varkappa}\,\boldsymbol{G} = \frac{I}{4\pi\varkappa r^2}\,\boldsymbol{e}_r. \tag{2.68}$$

Das Potential φ eines Punktes im Abstand r vom Mittelpunkt der Kugelelektrode, bezogen auf einen unendlich weit entfernten Punkt, ist

$$\varphi = \int_r^\infty \boldsymbol{E}\,\mathrm{d}\boldsymbol{l} = \frac{I}{4\pi\varkappa}\int_r^\infty \frac{\mathrm{d}r}{r^2} = \frac{I}{4\pi\varkappa r}. \tag{2.69}$$

Die Spannung zwischen der Elektrodenoberfläche und irgendeinem Punkt P im Raum, der in einer Entfernung r vom Zentrum der Elektrode liegt, ist

$$U_{0P} = \int_{r_0}^r \boldsymbol{E}\,\mathrm{d}\boldsymbol{l} = \frac{I}{4\pi\varkappa}\int_{r_0}^r \frac{\mathrm{d}r}{r^2} = \frac{I}{4\pi\varkappa}\left(\frac{1}{r_0} - \frac{1}{r}\right). \tag{2.70}$$

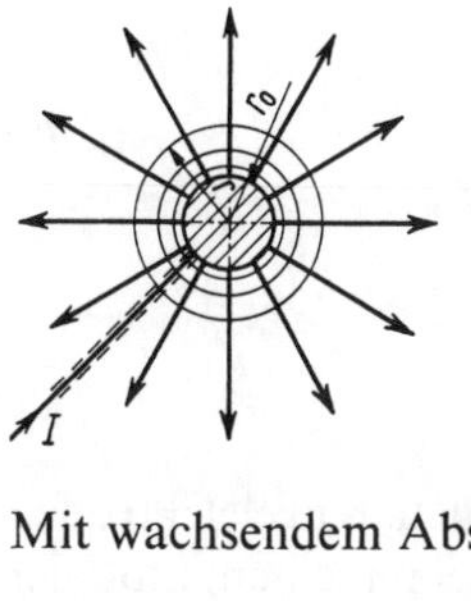

Bild 2.5

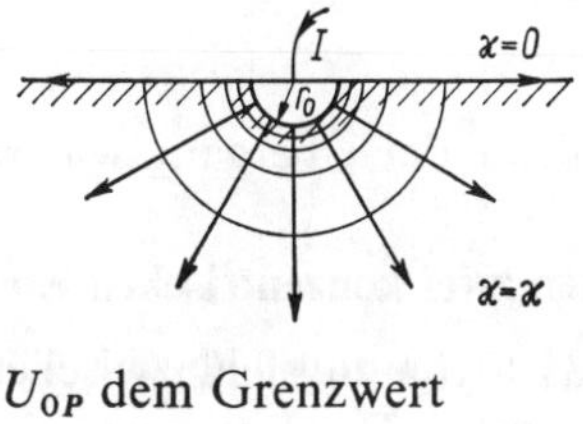

Bild 2.6

Mit wachsendem Abstand r nähert sich U_{0P} dem Grenzwert

$$U_{0\infty} = \frac{I}{4\pi\varkappa r_0}. \tag{2.71}$$

Das Verhältnis

$$R_ü = \frac{U_{0\infty}}{I} = \frac{1}{4\pi\varkappa r_0} \tag{2.72}$$

nennt man den Übergangswiderstand.

Strömungsfeld einer Halbkugelelektrode

Wir wollen annehmen, daß eine sehr gut leitende Halbkugelelektrode an der Grenzfläche eines weit ausgedehnten Raumes mit der Leitfähigkeit $\varkappa$ und eines nichtleitenden Raumes in der im Bild 2.6 gezeigten Weise eingebettet ist. Aus Symmetriegründen kann angenommen werden, daß sich der Strom gleichmäßig auf die Oberfläche der Elektrode verteilt. In einer Entfernung r vom Zentrum der Elektrode ist die Stromdichte

$$\boldsymbol{G} = \frac{I}{2\pi r^2}\,\boldsymbol{e}_r. \tag{2.73}$$

Die elektrische Feldstärke $\boldsymbol{E}$ ist dann

$$\boldsymbol{E} = \frac{1}{\varkappa}\boldsymbol{G} = \frac{I}{2\pi\varkappa r^2}\,\boldsymbol{e}_r. \tag{2.74}$$

Wenn man einen unendlich weit entfernten Punkt als Bezugspunkt wählt, so ist das Potential eines Punktes, der in einer Entfernung r vom Zentrum der Halbkugelelektrode liegt,

$$\varphi = \int_r^\infty \boldsymbol{E}\,\mathrm{d}\boldsymbol{l} = \frac{I}{2\pi\varkappa}\int_r^\infty \frac{\mathrm{d}r}{r^2} = \frac{I}{2\pi\varkappa r}. \tag{2.75}$$

Die Spannung zwischen diesem Punkt und der Oberfläche der Elektrode ist

$$U_{0P} = \frac{I}{2\pi\varkappa}\left(\frac{1}{r_0} - \frac{1}{r}\right). \tag{2.76}$$

Die Spannung zwischen der Elektrode und einem unendlich weit entfernten Bezugspunkt ist

$$U_{0\infty} = \frac{I}{2\pi\varkappa r_0}. \tag{2.77}$$

Der Übergangswiderstand beträgt in diesem Falle

$$R_ü = \frac{1}{2\pi\varkappa r_0}. \tag{2.78}$$

Er ist doppelt so groß wie der Übergangswiderstand der Vollkugelelektrode.

Strömungsfeld zwischen zwei konzentrischen Kugelelektroden

Im folgenden soll das Strömungsfeld zwischen zwei konzentrischen Kugelelektroden (Bild 2.7) untersucht werden. Der Raum zwischen den Elektroden sei mit einem Stoff der Leitfähigkeit $\varkappa$ ausgefüllt. Zwischen den Elektroden bestehe die Spannung U. Das Feld der zwei konzentrischen Kugelelektroden erhält man, indem man vom Feld einer Kugelelektrode in einem unendlich ausgedehnten Raum mit einem Stoff der Leitfähigkeit $\varkappa$ ausgeht. In diesem Fall sind die Äquipotentialflächen konzentrische Kugeln. Belegt man die Äquipotentialfläche, die im Abstand r_2 vom Mittelpunkt der Kugelelektrode liegt, mit einer Metallfolie, so erfährt das Feld keine Änderung, da auf der Metallfolie keine Potentialdifferenzen bestehen und demzufolge keine Ströme fließen können. Auf diese Weise erhält man das Feld zwischen zwei konzentrischen Kugelelektroden.

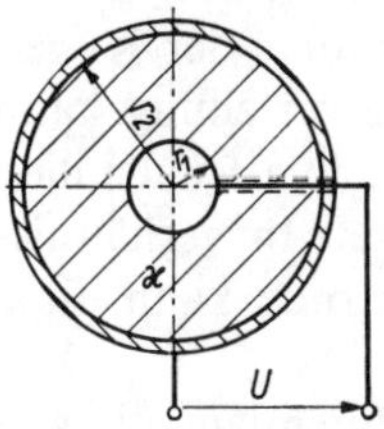

Bild 2.7

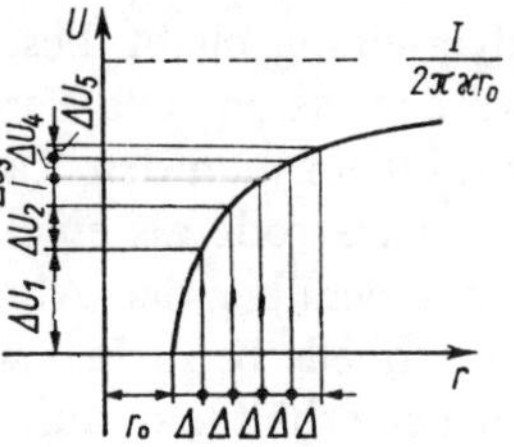

Bild 2.8

Das Potential der äußeren Elektrode ist

$$\varphi_2 = \frac{I}{4\pi\varkappa r_2} \tag{2.79}$$

und das der inneren Elektrode

$$\varphi_1 = \frac{I}{4\pi\varkappa r_1}. \tag{2.80}$$

Die Spannung zwischen den Elektroden ist demnach

$$U = \varphi_1 - \varphi_2 = \frac{I}{4\pi\varkappa}\left(\frac{1}{r_1} - \frac{1}{r_2}\right) = \frac{I}{4\pi\varkappa}\,\frac{r_2 - r_1}{r_1 r_2}. \tag{2.81}$$

Der Widerstand der Einrichtung beträgt also

$$R = \frac{U}{I} = \frac{1}{4\pi\varkappa}\,\frac{r_2 - r_1}{r_1 r_2}. \tag{2.82}$$

Spannungsverteilung in der Umgebung einer Halbkugelelektrode

Der Potentialverlauf in der Umgebung einer Halbkugelelektrode in Abhängigkeit von dem Abstand r vom Mittelpunkt wird durch (2.75) bestimmt. Er ist im Bild 2.8 dargestellt. Das größte Potentialgefälle tritt offensichtlich in der unmittelbaren Nähe der Elektrode auf. Läßt man die Kurve (Bild 2.8) um die U-Achse rotieren, dann erhält man die Potentialverteilung in der Umgebung der Elektrode (Potentialtrichter). Infolge dieses Potentialtrichters erscheint zwischen zwei Punkten in der Umgebung der Halbkugelelektrode, die in radialer Richtung versetzt sind, ein Potentialunterschied, der um so größer ist, je näher sich der eine Punkt an der Oberfläche der Elektrode befindet und je größer der radiale Abstand beider Punkte ist.

Als Schrittspannung bezeichnet man die Spannung, die über der Schrittlänge von Lebewesen abgegriffen werden kann, wenn die Halbkugel als Erder in dem Erdreich eingebettet ist. Diese Spannung gefährdet Lebewesen, die sich in der Umgebung einer Elektrode, die als Erder benutzt wird, befinden.

Der Potentialabfall hängt vom Übergangswiderstand ab. Hiervon wird also auch die größte Schrittspannung beeinflußt. Um den Übergangswiderstand zu verkleinern, ist es notwendig, den Radius des Erders zu vergrößern oder die Leitfähigkeit des Mediums in der unmittelbaren Nähe der Elektrode zu vergrößern (Salze, Grundwasser).

Punktelektrode oder Punktquelle

Die Potentialverteilung in der Umgebung einer Kugelelektrode, die in einem unendlich weit ausgedehnten Medium eingebettet ist, ist bei gegebenem Strom unabhängig vom Kugelradius. Die Potentialverteilung bleibt dieselbe, wenn wir den Radius der Kugelelektrode immer kleiner werden lassen. Die Berechnung der Potentialverteilung kann man also auch durchführen, indem man den Radius der Kugelelektrode als unendlich klein annimmt und die Kugelelektrode als eine Punktquelle betrachtet. In verhältnismäßig großen Entfernungen gegenüber den Abmessungen einer Elektrode kann diese als Punktelektrode bzw. Punktquelle betrachtet werden.
Das Feld mehrerer Punktquellen erhält man durch Überlagerung der Potentiale, die von den einzelnen Punktquellen stammen.

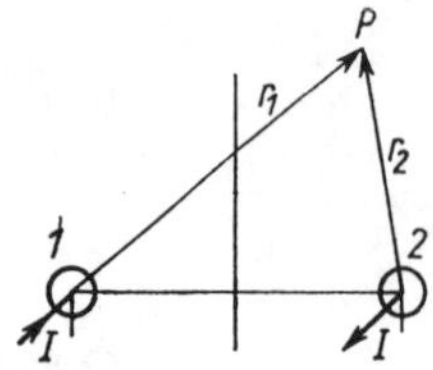

Bild 2.9

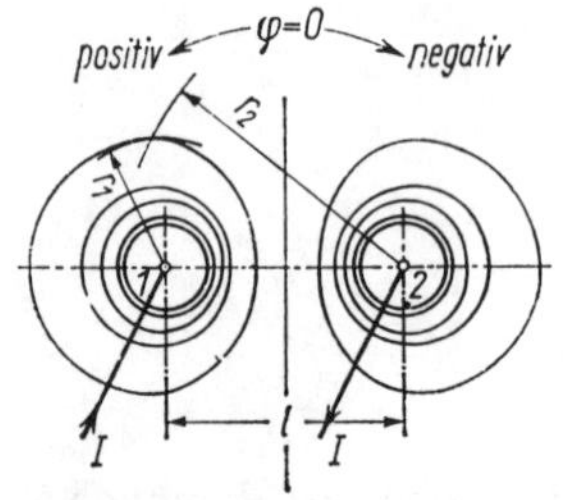

Bild 2.10

2.3.2.2. Strömungsfeld zweier Punktquellen, die gleiche Ströme entgegengesetzten Vorzeichens führen

Zwei Punktquellen (Bild 2.9) seien in einem unendlich weit ausgedehnten Raum, der mit einem Stoff der Leitfähigkeit $\varkappa$ ausgefüllt ist, eingebettet. Das Potential eines Punktes P, der in den Entfernungen r_1 von der ersten und r_2 von der zweiten Punktquelle liegt, erhält man aus der Superposition der zwei Potentiale, die von den einzelnen Punktquellen herrühren. Die Teilpotentiale sind

$$\varphi_1 = \frac{I}{4\pi\varkappa r_1}, \qquad \varphi_2 = -\frac{I}{4\pi\varkappa r_2}. \qquad (2.83), (2.84)$$

Das Gesamtpotential ist also

$$\varphi = \varphi_1 + \varphi_2 = \frac{I}{4\pi\varkappa}\left(\frac{1}{r_1} - \frac{1}{r_2}\right). \qquad (2.85)$$

Um die Niveaufläche K zu ermitteln, setzt man $\varphi = K$ und erhält

$$\frac{1}{r_1} - \frac{1}{r_2} = \text{konst.} = K'. \qquad (2.86)$$

Mit dieser Bedingung kann der Verlauf der Niveaufläche bestimmt werden. Zur Ermittlung der zugehörigen Radien r_1 und r_2 bei vorgegebenem Wert der Konstante K kann das bereits genannte Nomogramm (s. Bild 1.11) benutzt werden. Die Spuren der Niveauflächen in einer Ebene durch die beiden Punktquellen werden im Bild 2.10 gezeigt.

2.3.2.3. Strömungsfeld zweier Punktquellen, die gleiche Ströme gleichen Vorzeichens führen

Auch in diesem Falle erhält man das Potential eines Punktes im Raume durch Überlagerung der Teilpotentiale, die von den zwei Punktquellen herrühren. Das Potential in der Umgebung zweier Punktquellen, die gleichen Strom gleichen Vorzeichens führen, ist

$$\varphi = \varphi_1 + \varphi_2 = \frac{I}{4\pi\varkappa}\left(\frac{1}{r_1} + \frac{1}{r_2}\right). \tag{2.87}$$

Um die Niveaufläche K zu ermitteln, setzt man $\varphi = K$ und erhält

$$\frac{1}{r_1} + \frac{1}{r_2} = \text{konst.} = K'. \tag{2.88}$$

Mit dieser Bedingung kann der Verlauf der Niveauflächen bestimmt werden. Zur Auswertung dient das Nomogramm Bild 1.8, das zu einem vorgegebenen Wert von K die zugehörigen Radien r_1 und r_2 zu ermitteln gestattet. Die Spuren der Niveauflächen in einer Ebene, die durch beide Punktquellen geht, werden im Bild 2.11 gezeigt. Dort ist auch der Verlauf der elektrischen Stromlinien eingezeichnet. Die elektrische Feldstärke in einem Punkt des Raumes ergibt sich aus der geometrischen Summe der Teilfeldstärken, die von beiden Punktquellen herrühren. In der zur Verbindungslinie beider Punktquellen mittelsenkrechten Ebene hat der Vektor der elektrischen Feldstärke aus Symmetriegründen die Richtung der Normalen zur Verbindungslinie. Die Stromlinien tangieren diese Symmetrieebene, und die Äquipotentialflächen stehen auf ihr senkrecht.

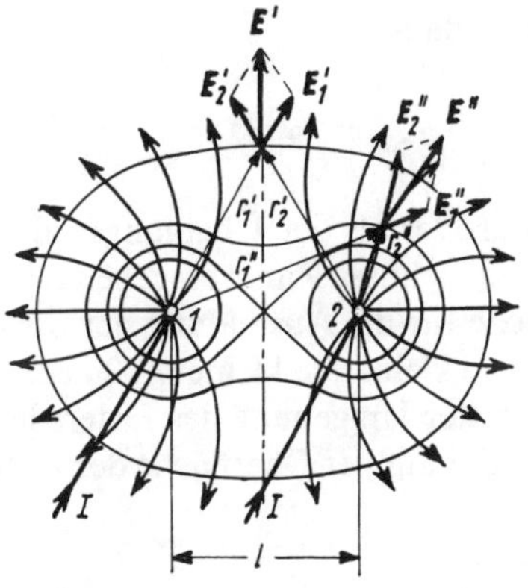

Bild 2.11

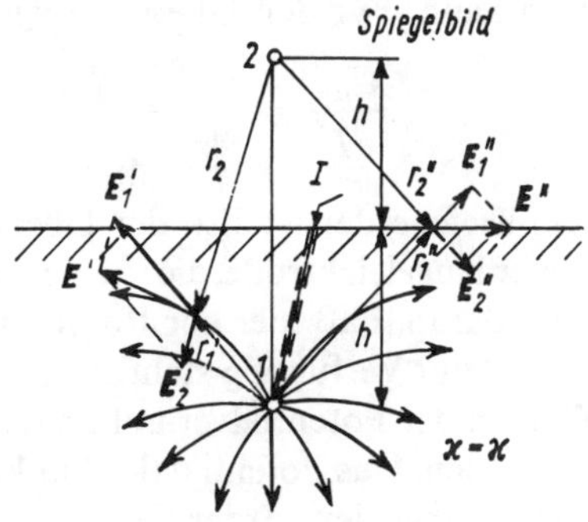

Bild 2.12

Spiegelbild

An der Symmetrieebene im Feld zweier Punktquellen, die gleich große Ströme gleichen Vorzeichens führen, sind die Grenzbedingungen erfüllt, die an der Berührungsebene eines sehr gut leitenden und eines nichtleitenden Stoffes herrschen. Daher hat man die Möglichkeit, das Feld einer Punktquelle, die in der Nähe der Grenzebene zwischen einem leitenden und einem nichtleitenden Stoff in dem leitenden Stoff eingebettet ist, nach dem Prinzip der Spiegelung zu bestimmen (Bild 2.12). An der Grenzfläche spiegeln wir den ganzen leitenden Halbraum mit der in ihm eingebetteten Punktquelle. Auf diese Weise erhält man einen unendlich ausgedehnten Raum, ausgefüllt mit einem Stoff der Leitfähigkeit $\varkappa$, in dem sich zwei Punktquellen im Abstand $2h$ befinden, die gleichen Strom gleichen Vorzeichens führen. Das Potential in einem Punkt dieses Raumes ergibt sich durch Überlagerung der Teilpotentiale beider Punktquellen. Das Feldbild auf der einen Seite der Spiegelebene ist das gesuchte Feld.

Tiefenerder

Das Feld eines kugelförmigen Tiefenerders mit dem Radius r_0 wird mit Hilfe der Methode des Spiegelbilds ermittelt (Bild 2.12). Die Punktquelle, die in einer Tiefe h unter der Erdoberfläche eingebettet ist, wird an der Grenzfläche des Erdreichs mit der Leitfähigkeit $\varkappa$ gespiegelt, wobei man dem ganzen Raum die Leitfähigkeit $\varkappa$ zuordnet. Für das Potential in einem Punkt seiner Umgebung erhält man durch Anwendung des Superpositionsprinzips

$$\varphi = \varphi_1 + \varphi_2 = \frac{I}{4\pi\varkappa}\left(\frac{1}{r_1} + \frac{1}{r_2}\right). \tag{2.89}$$

Die Spannung $U_{0\infty}$ zwischen dem Tiefenerder und einem unendlich weit entfernten Punkt beträgt mit $r_1 = r_0$ und $r_2 = 2h - r_0$

$$U_{0\infty} = \frac{I}{4\pi\varkappa}\left(\frac{1}{r_0} + \frac{1}{2h - r_0}\right). \tag{2.90}$$

Nun ist aber

$$r_0 \ll 2h, \tag{2.91}$$

so daß man näherungsweise

$$U_{0\infty} \approx \frac{I}{4\pi\varkappa}\left(\frac{1}{r_0} + \frac{1}{2h}\right) \tag{2.92}$$

schreiben kann. Für den Übergangswiderstand ergibt sich dann

$$R_{\ddot{u}} = \frac{U_{0\infty}}{I} = \frac{1}{4\pi\varkappa r_0}\left(1 + \frac{r_0}{2h}\right). \tag{2.93}$$

Bei dem Tiefenerder ist also der Übergangswiderstand größer als der Übergangswiderstand einer Kugelelektrode, die in einem unendlich weit ausgedehnten Raum eingebettet ist. Das liegt daran, daß hier der Raum über der Grenzfläche für die Ausbildung der Strömung nicht zur Verfügung steht. Der Unterschied ist um so kleiner, je kleiner $r_0/2h$ ist.
Es soll noch der Potentialverlauf an der Erdoberfläche in der Umgebung des Erders bestimmt werden. Das Potential des Punktes P_0 (Bild 2.13), der auf der Oberfläche der Erde unmittelbar über dem Erder liegt, ist

$$\varphi_0 = \frac{I}{4\pi\varkappa}\left(\frac{1}{h} + \frac{1}{h}\right) = \frac{I}{2\pi\varkappa h}. \tag{2.94}$$

Das Potential an der Oberfläche der Erde im Abstand x vom Punkt P_0 ist

$$\varphi_x = \frac{I}{4\pi\varkappa}\left(\frac{1}{\sqrt{h^2 + x^2}} + \frac{1}{\sqrt{h^2 + x^2}}\right) = \frac{I}{2\pi\varkappa\sqrt{h^2 + x^2}}. \tag{2.95}$$

Der Potentialunterschied der Punkte P_x und P_0 ist

$$U_{x0} = \varphi_0 - \varphi_x = \frac{I}{2\pi\varkappa h}\left(1 - \frac{1}{\sqrt{1 + \left(\frac{x}{h}\right)^2}}\right) = \varphi_0 f\left(\frac{x}{h}\right). \tag{2.96}$$

Im Bild 2.13 ist der Verlauf der Kurve

$$f\left(\frac{x}{h}\right) = \frac{\varphi_0 - \varphi_x}{\varphi_0} = 1 - \frac{1}{\sqrt{1 + \left(\frac{x}{h}\right)^2}} \tag{2.97}$$

dargestellt. Den größten Potentialabfall auf der Strecke P_0P_x findet man, wenn man die zweite Ableitung von (2.97) nach x Null werden läßt. Er liegt bei

$$\frac{x}{h} = \frac{1}{\sqrt{2}}. \tag{2.98}$$

Bei diesem Wert von x/h stellt sich die größte Schrittspannung ein.

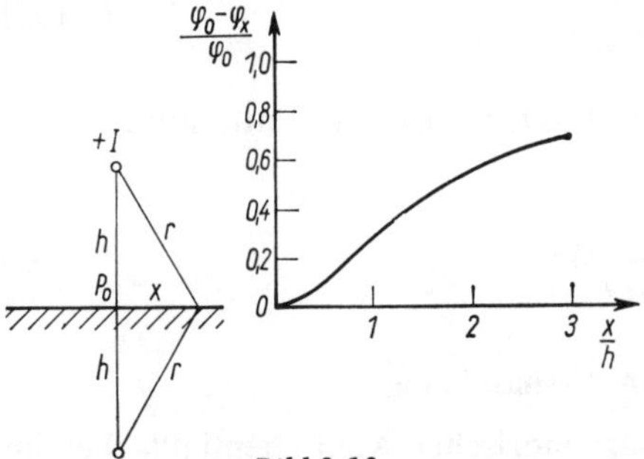

Bild 2.13

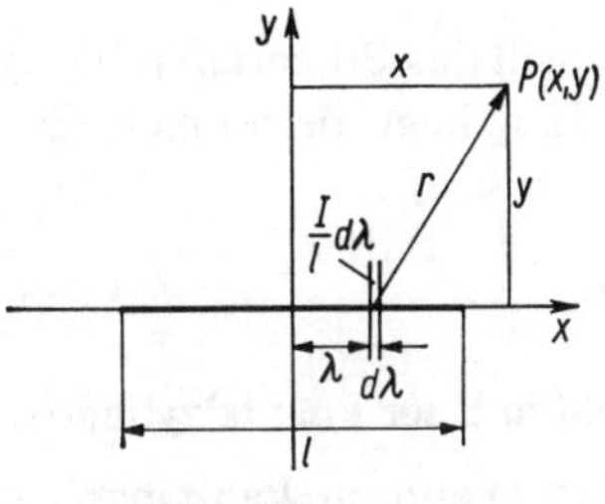

Bild 2.14

2.3.2.4. Strömungsfeld einer Linienquelle

Eine Linienquelle erhält man, indem man längs einer Linie unendlich viele hinreichend schwache gleiche Punktquellen nebeneinanderreiht. Bild 2.14 zeigt eine gerade Linienquelle.

Wenn von der gesamten Länge l der Linienquelle der Strom I fließt, entfällt auf den kleinen Abschnitt $d\lambda$ das Stromelement $(I/l)\,d\lambda$. Dieses Stromelement kann als Punktquelle aufgefaßt werden. Das Teilpotential in dem Punkt P, das infolge dieser Punktquelle entsteht, beträgt

$$d\varphi = \frac{1}{4\pi\varkappa r}\,\frac{I}{l}\,d\lambda. \tag{2.99}$$

Diese Gleichung ist formal wie (1.310) aufgebaut. Das Potential φ in dem betrachteten Punkt P erhalten wir, indem wir die Wirkungen aller Linienelemente von $-l/2$ bis $+l/2$ summieren:

$$\varphi = \frac{I}{4\pi\varkappa l}\int_{-(l/2)}^{+(l/2)} \frac{d\lambda}{r} = \frac{I}{4\pi\varkappa l}\int_{-(l/2)}^{+(l/2)} \frac{d\lambda}{\sqrt{y^2 + (x-\lambda)^2}}$$

$$= \frac{I}{4\pi\varkappa l}\ln\frac{x + \frac{l}{2} + \sqrt{y^2 + \left(x + \frac{l}{2}\right)^2}}{x - \frac{l}{2} + \sqrt{y^2 + \left(x - \frac{l}{2}\right)^2}}. \tag{2.100}$$

Das Feldbild ist dasselbe wie das der Linienladung, das im Bild 1.49, S. 78, dargestellt ist (vgl. (1.315)).

Wenn die Länge der Linienquelle sehr groß ist, kann man auch in diesem Falle die Niveauflächen als koaxiale Zylinder, deren Achse mit der Linienquelle zusammenfällt, betrachten und die Deformationen des Feldes an den Enden der Linienquelle vernachlässigen. Der Strom tritt in diesem Falle radial von der Linienquelle aus und ist gleichmäßig über die zylindrischen Äquipotentialflächen verteilt. So ist in einer Entfernung r von der Linienquelle die Stromdichte

$$\boldsymbol{G} = \frac{I}{2\pi r l}\,\boldsymbol{e}_r. \tag{2.101}$$

Die elektrische Feldstärke beträgt dann an dieser Stelle

$$\boldsymbol{E} = \frac{I}{2\pi \varkappa r l}\,\boldsymbol{e}_r. \tag{2.102}$$

Hieraus läßt sich das Potential in bezug auf einen Punkt, der in einer Entfernung r_b von der Linienladung liegt, bestimmen. Es ist

$$\varphi = \int_r^{r_b} \boldsymbol{E}\,\mathrm{d}\boldsymbol{l} = \frac{I}{2\pi\varkappa l}\int_r^{r_b}\frac{\mathrm{d}r}{r} = -\frac{I}{2\pi\varkappa l}\ln r + k. \tag{2.103}$$

Strömungsfeld in einer koaxialzylindrischen Elektrodenanordnung

Ohne das Feld zu ändern, kann man zwei von den zylindrischen Äquipotentialflächen im Feld einer sehr langen Linienquelle mit dünnen Metallfolien belegen. Auf diese Weise erhält man das Feld der koaxialzylindrischen Elektrodenanordnung (s. Bild 1.47), wie es z. B. bei dem einadrigen Koaxialkabel vorliegt. Die Spannung zwischen den Elektroden beträgt

$$U = \varphi_1 - \varphi_2 = -\frac{I}{2\pi\varkappa l}(\ln r_1 - \ln r_2) = \frac{I}{2\pi\varkappa l}\ln\frac{r_2}{r_1}. \tag{2.104}$$

Der Widerstand der Einrichtung ist dann

$$R = \frac{U}{I} = \frac{1}{2\pi\varkappa l}\ln\frac{r_2}{r_1}. \tag{2.105}$$

2.3.2.5. Leitender Zylinder im homogenen Strömungsfeld

In einem Medium mit der Leitfähigkeit $\varkappa_2$ ist ein homogenes elektrisches Strömungsfeld mit der konstanten elektrischen Feldstärke $\boldsymbol{E}_\mathrm{h}$ ausgebildet. Es ist gefragt, wie sich das Feldbild ändert, wenn in diesem Medium senkrecht zu der elektrischen Feldstärke ein sehr langer gerader zylindrischer Leiter mit dem Radius r_0 und der Leitfähigkeit $\varkappa_1$ eingebettet wird (Bild 2.15). Das Koordinatensystem wird so gewählt, daß die z-Achse mit der Achse des zylindrischen Leiters zusammenfällt und die x-Achse in die Richtung der elektrischen Feldstärke $\boldsymbol{E}_\mathrm{h}$ fällt. Das so entstehende Feld ist zweidimensional. Die Laplacesche Differentialgleichung in zylindrischen Koordinaten lautet in diesem Falle

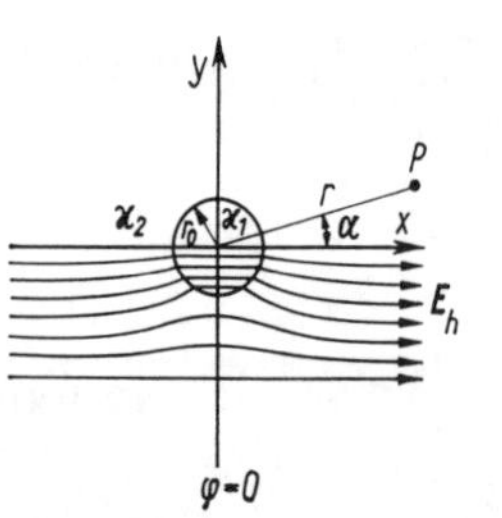

Bild 2.15

$$\frac{1}{r}\frac{\partial}{\partial r}\left(r\frac{\partial\varphi}{\partial r}\right) + \frac{1}{r^2}\frac{\partial^2\varphi}{\partial\alpha^2} = 0. \tag{2.106}$$

Geht man mit dem Produktansatz

$$\varphi(r, \alpha) = f(r)\, g(\alpha) \tag{2.107}$$

in diese Gleichung ein, dann wird

$$\frac{g(\alpha)}{r} \frac{\mathrm{d}}{\mathrm{d}r}\left(r \frac{\mathrm{d} f(r)}{\mathrm{d}r}\right) + \frac{f(r)}{r^2} \frac{\mathrm{d}^2 g(\alpha)}{\mathrm{d}\alpha^2} = 0. \tag{2.108}$$

Indem man diese Gleichung nun mit r^2 multipliziert und durch $f(r)\, g(\alpha)$ dividiert, erhält man

$$\frac{r}{f(r)} \frac{\mathrm{d}}{\mathrm{d}r}\left[r \frac{\mathrm{d} f(r)}{\mathrm{d}r}\right] + \frac{1}{g(\alpha)} \frac{\mathrm{d}^2 g(\alpha)}{\mathrm{d}\alpha^2} = 0. \tag{2.109}$$

Diese Gleichung zerfällt in zwei gewöhnliche Differentialgleichungen der Art

$$\frac{1}{g(\alpha)} \frac{\mathrm{d}^2 g(\alpha)}{\mathrm{d}\alpha^2} = -\nu^2, \tag{2.110}$$

$$\frac{r}{f(r)} \frac{\mathrm{d}}{\mathrm{d}r}\left(r \frac{\mathrm{d} f(r)}{\mathrm{d}r}\right) = \nu^2. \tag{2.111}$$

Die Lösung der ersten Differentialgleichung ist

$$g(\alpha) = A \cos \nu\alpha + B \sin \nu\alpha. \tag{2.112}$$

Wegen der Symmetrie des Feldbilds bezüglich der x-Achse,

$$\varphi(r, \alpha) = \varphi(r, -\alpha), \tag{2.113}$$

muß $g(\alpha)$ eine gerade Funktion sein. Hieraus folgt

$$B = 0. \tag{2.114}$$

Die y,z-Ebene ist eine Äquipotentialebene, der das Potential $\varphi = 0$ zugeordnet wird. Mit

$$\varphi\left(r, \pm\frac{\pi}{2}\right) = 0 \tag{2.115}$$

folgt

$$g\left(\pm\frac{\pi}{2}\right) = 0. \tag{2.116}$$

Das bedeutet, daß $\nu = 1$ sein muß; denn bei jedem anderen Wert würde die Äquipotentiallinie $\varphi = 0$ unter dem Winkel $\pm\pi/2\nu$ gegenüber der x-Achse geneigt sein, was dem Feldbild widerspricht. Für negative x-Werte ist $\varphi > 0$, für positive x-Werte ist $\varphi < 0$. Aus diesen Überlegungen folgt

$$g(\alpha) = A \cos \alpha. \tag{2.117}$$

Mit $\nu = 1$ geht (2.111) in

$$\frac{\mathrm{d}^2 f(r)}{\mathrm{d}r^2} + \frac{1}{r} \frac{\mathrm{d} f(r)}{\mathrm{d}r} - \frac{f(r)}{r^2} = 0 \tag{2.118}$$

über. Als Lösungsansatz für diese Gleichung kann man das Potenzpolynom

$$f(r) = \sum_{n=-\infty}^{+\infty} C_n r^n \tag{2.119}$$

verwenden. Geht man damit in (2.118) ein, erhält man

$$\sum_{n=-\infty}^{n=+\infty} (n^2 - 1)\, C_n r^{n-2} = 0. \tag{2.120}$$

Hieraus kann man

$$n = \pm 1 \tag{2.121}$$

ermitteln. Damit wird

$$f(r) = C_1 r + \frac{C_2}{r} \tag{2.122}$$

und

$$\varphi\,(r, \alpha) = A\left(C_1 r + \frac{C_2}{r}\right) \cos\alpha, \tag{2.123}$$

$$\varphi\,(r, \alpha) = \left(A_1 r + \frac{A_2}{r}\right) \cos\alpha. \tag{2.124}$$

Diese Gleichung gilt für den gesamten vom Feld erfaßten Raum. Die Konstanten A_1 und A_2 müssen jedoch innerhalb und außerhalb des Zylinders verschiedene Werte haben. Innerhalb des Zylinders gilt

$$\varphi_1\,(r, \alpha) = \left(A_1' r + \frac{A_2'}{r}\right) \cos\alpha \tag{2.125}$$

und außerhalb des Zylinders

$$\varphi_2\,(r, \alpha) = \left(A_1'' r + \frac{A_2''}{r}\right) \cos\alpha. \tag{2.126}$$

Die Konstanten A_2' und A_1'' ergeben sich aus den Grenzbedingungen bei $r = 0$ und $r = \infty$. Aus der Bedingung, daß bei $r = 0$ das Potential $\varphi_1\,(0, \alpha) = 0$ ist, folgt

$$A_2' = 0. \tag{2.127}$$

Aus der Bedingung, daß bei $r \to \infty$ das Potential $\varphi_2 = -E_\mathrm{h} x$ (homogenes Feld) sein muß, d.h.

$$\varphi_2 = -E_\mathrm{h} x = -E_\mathrm{h} r \cos\alpha, \tag{2.128}$$

folgt

$$A_1'' = -E_\mathrm{h}. \tag{2.129}$$

Die Konstanten A_1' und A_2'' ergeben sich aus den Grenzbedingungen an der Oberfläche des Zylinders. An dieser Stelle ($r = r_0$) gilt $E_{t1} = E_{t2}$ und $G_{n1} = G_{n2}$,

$$E_\mathrm{t} = E_\alpha = -\frac{1}{r}\frac{\partial\varphi}{\partial\alpha}, \qquad G_\mathrm{n} = \varkappa E_r = -\varkappa \frac{\partial\varphi}{\partial r}. \qquad (2.130), (2.131)$$

Hieraus folgt

$$E_{t1}(r_0) = A'_1 \sin\alpha = E_{t2}(r_0) = \left(-E_h + \frac{A''_2}{r_0^2}\right)\sin\alpha, \tag{2.132}$$

$$A'_1 = -E_h + \frac{A''_2}{r_0^2} \tag{2.133}$$

und

$$G_{n1} = -\varkappa_1 A'_1 \cos\alpha = G_{n2} = \varkappa_2\left(E_h + \frac{A''_2}{r_0^2}\right)\cos\alpha \tag{2.134}$$

oder

$$-\varkappa_1 A'_1 = \varkappa_2\left(E_h + \frac{A''_2}{r_0^2}\right). \tag{2.135}$$

Daher ist

$$A'_1 = -\frac{2\varkappa_2}{\varkappa_1 + \varkappa_2} E_h, \qquad A''_2 = E_h \frac{\varkappa_1 - \varkappa_2}{\varkappa_1 + \varkappa_2} r_0^2. \qquad (2.136), (2.137)$$

Somit erhält man für das Potential

$$\varphi_1 = -\frac{2\varkappa_2}{\varkappa_1 + \varkappa_2} E_h r\cos\alpha = -\frac{2\varkappa_2}{\varkappa_1 + \varkappa_2} E_h x \quad \text{für} \quad 0 \leqq r \leqq r_0 \tag{2.138}$$

und

$$\varphi_2 = E_h\left(\frac{\varkappa_1 - \varkappa_2}{\varkappa_1 + \varkappa_2}\frac{r_0^2}{r} - r\right)\cos\alpha \quad \text{für} \quad r_0 \leqq r \leqq \infty. \tag{2.139}$$

Die Komponenten der Feldstärke innerhalb des Zylinders sind

$$E_{ix} = -\frac{\partial\varphi_1}{\partial x} = \frac{2\varkappa_2}{\varkappa_1 + \varkappa_2} E_h, \qquad E_{iy} = -\frac{\partial\varphi_1}{\partial y} = 0. \qquad (2.140), (2.141)$$

Analog findet man die Komponenten der Feldstärke außerhalb des Zylinders. Es ist interessant zu erwähnen, daß in allen Punkten des Zylinders die Feldstärke denselben Wert $E_i < E_h$ besitzt, wenn hierbei $\varkappa_2 < \varkappa_1$ ist, und umgekehrt.

2.3.2.6. Numerische Lösung der Differentialgleichung mit dem Differenzenverfahren

Da das stationäre elektrische Strömungsfeld ebenfalls durch die Laplacesche Differentialgleichung beschrieben wird, kann das im Abschnitt 1.6.1. beschriebene Differenzenverfahren in gleicher Weise benutzt werden.

Als Beispiel betrachten wir einen Fall, bei dem auf dem Rand nicht das Potential, sondern seine Ableitung in Normalenrichtung gegeben ist (Neumannsche Randwertaufgabe). Der Leiter längs *AA'* (Bild 2.16) liege auf dem Potential 0 und der Leiter längs *BB'* auf dem Potential *U*. Das Medium außerhalb *ACB* bzw. *A'C'B'* sei nichtleitend. Dann fließt durch die zuletzt genannten Randlinien kein Strom, d.h., die Ableitung des Potentials in Richtung der Normalen zu *AC*, *CB*, *A'C'* und *C'D'* muß deswegen null sein.

Die Berechnung erfolgt mit Hilfe von gedachten Punkten in dem angrenzenden Medium, die auf gleichem Potential gehalten werden wie der nächstliegende Punkt auf der anderen Seite der Grenzlinie. Damit kann die Berechnung wie im Beispiel des Abschnitts 1.6.1.6. durchgeführt werden, wobei jedoch nicht nur die Potentiale der inneren Punkte des Bereiches, sondern auch die Potentiale auf der Grenzlinie berechnet werden.

Durch diese Anordnung der Hilfspunkte wird jedoch ein Widerspruch hervorgerufen. Der Hilfspunkt D' erzwingt gleiches Potential der inneren Punkte E' und F'. Dies widerspricht der Tatsache, daß auf Grund des Stromflusses von BB' nach AA' F' auf höherem Potential als E' liegt. Den Widerspruch kann man programmtechnisch auflösen, indem man D' die beiden verschiedenen Potentialwerte $\varphi_{E'}$ und $\varphi_{F'}$ zuordnet, wobei $\varphi_{E'}$ für den oberhalb D' und $\varphi_{F'}$ für den rechts von D' liegenden Differenzenstern einzusetzen ist.
Auf die Einführung der Hilfspunkte kann auch verzichtet werden, wenn man in den Gitterpunkten auf dem Neumannschen Rand anstatt (1.751) die speziellen Differenzenformeln (1.753), (1.754) anwendet. Dadurch umgeht man die Widersprüche, die der Hilfspunkt D' mit sich bringt.

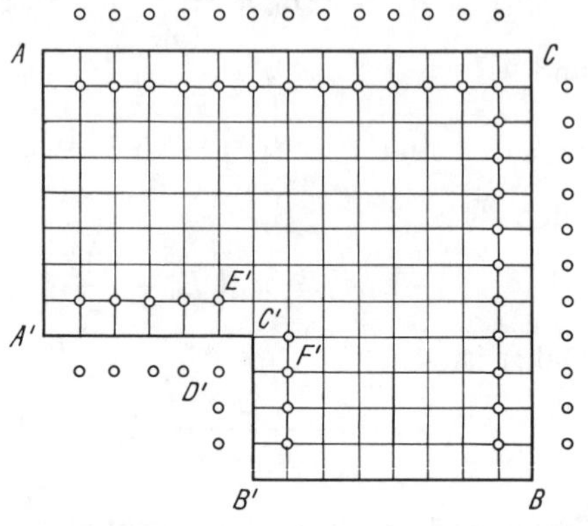

Bild 2.16

2.4. Das unvollkommene Dielektrikum

2.4.1. Vorgänge an der Grenzfläche zweier unvollkommener Dielektrika

Wegen der endlichen Leitfähigkeit der realen dielektrischen Stoffe sind die Felder, die sich bei zeitlich konstanten Feldgrößen ausbilden, immer elektrische Strömungsfelder. Strömungsfeld und elektrostatisches Feld unterscheiden sich normalerweise wegen ihrer verschiedenen Grenzbedingungen voneinander. Im Strömungsfeld verhalten sich die Normalkomponenten der elektrischen Feldstärken umgekehrt proportional zu den spezifischen Leitfähigkeiten:

$$\frac{E_{n1}}{E_{n2}} = \frac{\varkappa_2}{\varkappa_1}. \tag{2.142}$$

Wenn wir beide Seiten dieser Gleichung mit $\varepsilon_1/\varepsilon_2$ multiplizieren, erhalten wir das Verhältnis der Normalkomponenten der Verschiebungsdichten auf beiden Seiten der Grenzfläche zweier unvollkommener Dielektrika:

$$\frac{D_{n1}}{D_{n2}} = \frac{\varepsilon_1/\varkappa_1}{\varepsilon_2/\varkappa_2}. \tag{2.143}$$

Die Normalkomponenten der Verschiebungsdichten auf beiden Seiten der Grenzfläche unterscheiden sich also voneinander. Das besagt, daß sich an der Grenzfläche Ladungen angesammelt haben müssen. Die Differenz der Normalkomponenten der Verschiebungsdichten ergibt die Flächendichte dieser Ladung:

$$\sigma = D_{n1} - D_{n2} = \left(1 - \frac{\varepsilon_2}{\varkappa_2}\frac{\varkappa_1}{\varepsilon_1}\right) D_{n1}. \tag{2.144}$$

Die Normalkomponenten der Verschiebungsdichten gehen an der Grenzfläche gemäß (2.143) stetig ineinander über, wenn

$$\frac{\varepsilon_1}{\varkappa_1} = \frac{\varepsilon_2}{\varkappa_2} \tag{2.145}$$

gilt. Ist das erfüllt, so sind die Grenzbedingungen für das elektrische Strömungsfeld und für das elektrostatische Feld gleich.

In einem veränderlichen elektrischen Feld ändert sich die Flächenladung an der Grenzfläche. Die zeitliche Änderung der Flächenladung, die an der Grenzfläche die Ladungsdichte σ hat, muß gleich der Differenz der Normalkomponenten der Stromdichten infolge der endlichen Leitfähigkeiten der Dielektrika sein:

$$\varkappa_1 E_{n1} - \varkappa_2 E_{n2} = \frac{\partial \sigma}{\partial t}. \tag{2.146}$$

Mit (2.144) folgt daraus

$$\varkappa_1 E_{n1} - \varkappa_2 E_{n2} = \frac{\partial}{\partial t} (\varepsilon_2 E_{n2} - \varepsilon_1 E_{n1}) \tag{2.147}$$

oder

$$\varkappa_1 E_{n1} + \varepsilon_1 \frac{\partial E_{n1}}{\partial t} = \varkappa_2 E_{n2} + \varepsilon_2 \frac{\partial E_{n2}}{\partial t}. \tag{2.148}$$

In dieser Gleichung stellen die ersten Glieder auf beiden Seiten die Stromdichten infolge der Leitfähigkeiten $\varkappa_1$ und $\varkappa_2$ dar (Leitungsstromdichten). Die zweiten Anteile sind die zeitlichen Änderungen der Verschiebungsdichten und stellen ebenfalls Stromdichten dar, die, wie später begründet wird, als Verschiebungsstromdichten bezeichnet werden. Wenn die Verschiebungsstromdichten in (2.148) bedeutend größer als die Leitungsstromdichten sind – und das ist bereits bei verhältnismäßig langsamen zeitlichen Änderungen der Feldstärke der Fall –, kann man die Leitungsstromdichten vernachlässigen. Unter dieser Voraussetzung erhält (2.148) die Form

$$G_{\varepsilon n1} = \varepsilon_1 \frac{\partial E_{n1}}{\partial t} = \varepsilon_2 \frac{\partial E_{n2}}{\partial t} = G_{\varepsilon n2}, \tag{2.149}$$

wenn $G_{\varepsilon n}$ die Normalkomponente der Verschiebungsstromdichte $\boldsymbol{G}_v$ bezeichnet. (2.149) kann man auch folgendermaßen schreiben:

$$\frac{\dfrac{\partial E_{n1}}{\partial t}}{\dfrac{\partial E_{n2}}{\partial t}} = \frac{\varepsilon_2}{\varepsilon_1}. \tag{2.150}$$

In einem veränderlichen elektrischen Feld gelten also bereits bei zeitlich langsam veränderlichen Vorgängen die Grenzbedingungen des elektrostatischen Feldes. Die Linien der Verschiebungsstromdichte in veränderlichen Feldern sind dieselben wie die Linien der Verschiebungsflußdichte in den entsprechenden elektrostatischen Feldern.

2.4.2. Umladungsvorgänge bei unvollkommenen inhomogenen Dielektrika

Es soll ein unvollkommenes Dielektrikum betrachtet werden, das sowohl eine endliche Dielektrizitätskonstante als auch eine von Null verschiedene Leitfähigkeit hat. Dieses Dielektrikum soll aber außerdem inhomogen sein, d.h., sowohl die Dielektrizitätskonstante als auch die Leitfähigkeit sollen ortsabhängig sein:

$$\varkappa = \varkappa(x, y, z) \neq 0, \qquad \varepsilon = \varepsilon(x, y, z). \tag{2.151}$$

Betrachtet man eine Ladung Q in einem Volumen V eines Mediums endlicher Leitfähigkeit, in dem die Ladung abfließen kann, so ist der Strom, der durch eine geschlossene Hüllfläche um dieses Volumen tritt, nicht mehr gleich Null, sondern gleich der zeitlichen Änderung der umfaßten Ladung. Es gilt dann

$$I = \oint_A \boldsymbol{G}\,\mathrm{d}\boldsymbol{A} = -\frac{\partial Q}{\partial t} = -\frac{\partial}{\partial t}\int_V \varrho\,\mathrm{d}V. \tag{2.152}$$

Daraus folgt

$$\operatorname{div}\boldsymbol{G} = \lim_{\Delta V\to 0}\frac{\oint_A \boldsymbol{G}\,\mathrm{d}\boldsymbol{A}}{\Delta V} = -\lim_{\Delta V\to 0}\frac{\frac{\partial}{\partial t}\int_{\Delta V}\varrho\,\mathrm{d}V}{\Delta V} = -\frac{\partial\varrho}{\partial t}. \tag{2.153}$$

Diese Gleichung wird als Satz von der Erhaltung der Ladung oder als Kontinuitätsgleichung bezeichnet. (Man erkennt, daß im stationären Strömungsfeld mit $\partial\varrho/\partial t = 0$ die letzte Gleichung in (2.43) übergeht.)
(2.153) kann man jetzt folgendermaßen umschreiben:

$$\operatorname{div}\boldsymbol{G} = \operatorname{div}\varkappa\boldsymbol{E} = \varkappa\operatorname{div}\boldsymbol{E} + \boldsymbol{E}\operatorname{grad}\varkappa = -\frac{\partial\varrho}{\partial t}. \tag{2.154}$$

Ferner gilt

$$\operatorname{div}\boldsymbol{D} = \operatorname{div}\varepsilon\boldsymbol{E} = \varepsilon\operatorname{div}\boldsymbol{E} + \boldsymbol{E}\operatorname{grad}\varepsilon = \varrho. \tag{2.155}$$

Aus den zwei letzten Gleichungen folgt

$$\operatorname{div}\boldsymbol{E} = -\frac{1}{\varkappa}\left(\frac{\partial\varrho}{\partial t} + \boldsymbol{E}\operatorname{grad}\varkappa\right) = \frac{1}{\varepsilon}(\varrho - \boldsymbol{E}\operatorname{grad}\varepsilon) \tag{2.156}$$

oder

$$\frac{\varkappa}{\varepsilon}\boldsymbol{E}\left(\frac{1}{\varkappa}\operatorname{grad}\varepsilon - \frac{\varepsilon}{\varkappa^2}\operatorname{grad}\varkappa\right) = \frac{\varrho}{\varepsilon} + \frac{1}{\varkappa}\frac{\partial\varrho}{\partial t}. \tag{2.157}$$

Wenn man bedenkt, daß

$$\operatorname{grad}\varphi\psi = \varphi\operatorname{grad}\psi + \psi\operatorname{grad}\varphi \tag{2.158}$$

und

$$\operatorname{grad}\varphi(\psi) = \frac{\mathrm{d}\varphi}{\mathrm{d}\psi}\operatorname{grad}\psi \tag{2.159}$$

ist, folgt aus (2.157)

$$\frac{\varkappa}{\varepsilon}\boldsymbol{E}\operatorname{grad}\frac{\varepsilon}{\varkappa} = \frac{\varrho}{\varepsilon} + \frac{1}{\varkappa}\frac{\partial\varrho}{\partial t}. \tag{2.160}$$

Bei endlichen Werten von $\varkappa$ und $\boldsymbol{E}$ ist auch $\partial\varrho/\partial t$ eine endliche Größe (2.154). Die Raumladungsdichte stellt sich deshalb mit einer endlichen Geschwindigkeit ein. Wir wollen annehmen, daß wir im Zeitpunkt $t = 0$ an die Elektroden die konstante Spannung U anlegen. Unmittelbar danach muß die Raumladung wie vorher null betragen, da sie sich nicht sprunghaft ändern kann. Die Anfangsbedingung für (2.160) lautet somit:

$$\varrho(x, y, z, 0) = 0, \qquad \frac{\partial\varrho(x, y, z, 0)}{\partial t} \neq 0. \tag{2.161}$$

Da die Spannung an den Elektroden konstant ist, muß sich ein stationäres Feld ausbilden, in dem

$$\frac{\partial \varrho}{\partial t} = 0 \tag{2.162}$$

ist.
Die Gegenüberstellung von (2.161) und (2.162) zeigt, daß die Feldbilder im Einschaltzeitpunkt und im stationären Endzustand verschieden sein können. Die Änderung des Feldbildes ist mit einer Umgruppierung von Ladungen verbunden, die in einer bestimmten Zeit vor sich geht. Aus (2.160) ersieht man, daß ϱ und $\partial\varrho/\partial t$ immer nur dann gleichzeitig null sein können, wenn $\varepsilon/\varkappa = \text{konst.}$ ist.
Diese Umladungsvorgänge, die unter Umständen lange Zeit beanspruchen können, erklären beispielsweise, warum gegebenenfalls an den Klemmen eines Kondensators mit inhomogenem Dielektrikum, der über dicke Leiter entladen worden ist, zuerst keine Spannung festzustellen ist, nach einer gewissen Zeit aber wieder eine Spannung auftreten kann.
In dem Falle, daß ε und $\varkappa$ konstant, d.h. nicht von den Koordinaten des Raumes abhängig sind, erhält man aus (2.160) für die Raumladungsdichte $\varrho(x, y, z, t)$ die Differentialgleichung

$$\varrho(x, y, z, t) = -\frac{\varepsilon}{\varkappa}\frac{\partial \varrho}{\partial t}. \tag{2.163}$$

Sie hat die Lösung

$$\varrho(x, y, z, t) = \varrho_0\, e^{(-\varkappa/\varepsilon)t}, \qquad \varrho_0 = \varrho(x, y, z, 0). \tag{2.164}$$

Ist also z.B. in einem unendlich ausgedehnten Raum mit von Null verschiedener Leitfähigkeit zur Zeit $t = 0$ eine Raumladungsverteilung $\varrho_0 = \varrho(x, y, z, 0)$ gegeben, so erzeugt diese ein elektrisches Feld, das die Ladungen in Bewegung setzt. Die Ladungen fließen ab. Nach (2.164) sinkt dabei die Ladungsdichte in jedem Punkt exponentiell mit der Zeitkonstanten

$$\tau = \frac{\varepsilon}{\varkappa}. \tag{2.165}$$

Bei Metallen liegt τ in der Größenordnung von 10^{-15} s, d.h., die Zeitkonstante ist so klein, daß in diesem Falle praktisch keine räumliche Ladungsverteilung bestehen kann.

2.5. Eigenschaften technischer Leitermaterialien

2.5.1. Leiterwerkstoffe

Im folgenden werden die Eigenschaften einiger wichtiger technischer Leitermaterialien besprochen, die für die Bemessung technischer Einrichtungen von Bedeutung sind.
Zu diesen Werkstoffen gehören in erster Linie Kupfer und Aluminium, in manchen Fällen auch Eisen. Kupfer zeichnet sich durch hohe elektrische und thermische Leitfähigkeit, gute Kalt- und Warmformbarkeit, hohe Korrosionsbeständigkeit und gute Legierbarkeit mit anderen Metallen aus. In der Leitfähigkeit wird es nur vom Silber übertroffen, dessen Anwendung wegen des Preises auf Sonderfälle (z.B. Oberflächenveredlung) beschränkt ist. Der Hauptvorteil des Aluminiums ist seine niedrige Dichte. Dem stehen

die niedrigere Leitfähigkeit und die geringere Festigkeit gegenüber. Durch Legierungssätze und geeignete Wärmebehandlungen lassen sich seine mechanischen Gütewerte steigern. Eine Legierung mit noch guter Leitfähigkeit und erhöhter mechanischer Festigkeit ($\sigma_Z = 300 \dots 350$ N/mm²) ist E-AlMgSi (Aldrey).
In Tafel 2.1 sind die sich aus den unterschiedlichen Leitfähigkeiten ergebenden Volumina, Oberflächen und Massen für Leiter gleichen Widerstands bei gleicher Länge, bezogen auf einen Kupferleiter, zusammengestellt.

	Reinaluminium $\varkappa_{20} = 35\,\mathrm{m/\Omega{\cdot}mm^2}$	Aldrey $\varkappa_{20} = 30\,\mathrm{m/\Omega{\cdot}mm^2}$
Querschnitt, Volumen	1,6	1,86
Durchmesser, Oberfläche	1,27	1,36
Masse	0,5	0,57

Kupfer: $\chi_{20} = 54 \cdot 10^4\,\mathrm{S \cdot cm^{-1}}$

Tafel 2.1 Verhältnisse der Abmessungen und Massen für Leiter mit gleich großem Widerstand

Wie daraus ersichtlich ist, benötigen Wicklungen aus Aluminium in elektrischen Maschinen und Apparaten einen größeren Wickelraum. Auch steigen die Isolationskosten. Beides schränkt den Einsatz ein.
Eine Übersicht über einige Eigenschaften metallischer Leiterwerkstoffe gibt Tafel 2.2.

2.5.2. Metallische Widerstandswerkstoffe

Widerstandswerkstoffe werden häufig durch den spezifischen Widerstand

$$\varrho = \frac{1}{\varkappa} \tag{2.166}$$

charakterisiert.
Die Leitfähigkeit eines Metalls hängt sehr stark von seinem Reinheitsgrad ab. Durch eine geeignete Legierung kann der spezifische Widerstand eines Werkstoffs erheblich gesteigert werden. Er ist stets größer als der der Ausgangskomponenten.
Entsprechend den hauptsächlichen Verwendungen gibt es Legierungen für

a) Meß- und Normalwiderstände,
b) Vorschalt- und Stellwiderstände,
c) Heizwiderstände.

Legierungen für Präzisionswiderstände haben eine extreme zeitliche Konstanz ihrer Eigenschaften und sind weitgehend unabhängig gegenüber äußeren Einflüssen. So ist der Temperaturkoeffizient (s. Tafel 2.2) des spezifischen Widerstands $|\alpha_{\varrho_{20}}| < 3 \cdot 10^{-5}$/K; der des Kupfers übertrifft ihn um mehr als zwei Zehnerpotenzen ($\alpha_{\varrho \mathrm{Cu}_{20}} \approx 4 \cdot 10^{-3}$/K).
Die bekanntesten Legierungen sind Manganin und Konstantan (s. Tafel 2.2b).
Die maximale Einsatztemperatur des Konstantans (400 °C) liegt oberhalb der des Manganins (200 °C), jedoch ist auch seine Thermospannung gegenüber Kupfer (-40 µV/K) beträchtlich größer als die des Manganins ($+1$ µV/K).
Die sich bei der Erwärmung an der Oberfläche des Konstantans bildende Oxidschicht hat Isolationseigenschaften, so daß ohne zusätzliche Isolation gewickelt werden kann. Die Spannung zwischen zwei benachbarten Windungen soll jedoch 1 V nicht überschreiten.
Neben den genannten Legierungen gibt es noch Silber- und Gold-Chrom-Legierungen mit vergleichbaren Eigenschaften für Normalwiderstände.

Tafel 2.2. Spezifischer Widerstand, Leitfähigkeit und Temperaturkoeffizient des spezifischen Wi

Material	ϱ $\frac{\Omega \cdot mm^2}{m}$	$\varkappa$ $10^4 \frac{S}{cm}$	α_{20} $\times 10^{-2}\ K^{-1}$	Bemerkungen
a) *Metalle*				
Kupfer, rein	0,0169	59	0,39	
Kupfer für Leitungen	0,0178	56	0,39	
Aluminium	0,0295	34	0,37	
Gold	0,022	45,5		
Silber	0,01622	62	0,36	
Platin	0,107	9,35	0,392	
Eisen, rein	0,1	10	0,6	
Eisen, Guß	0,5 … 1,6	2 … 0,62	0,6	
Wolfram	0,055	18	0,48	
Zinn	0,11	9,1		
Quecksilber	0,958	1,04		
Nickel	0,07	14		
b) *Legierungen*				
Manganin	0,48	2,1	0,001	86% Cu, 12% Mn, 2% Ni für Präz.-Widerstände
Widerstandswerkstoff 306	0,32	3,13	0,0005	Cu, Mn, Sn
Gold-Chrom	0,33	3,03	±0,0001	97,95% Au, 2,05% Cr für techn. Widerstände
Konstantan	0,5	2	−0,003	54% Cu, 45% Ni, 1% Mn
Isabellin	0,5	2	−0,0002	84% Cu, 13% Mn, 3% Al
Nickelin	0,4	2,5	0,02	
Chromnickel	1,15	0,91		Heizgeräte
Messing	0,075	13	0,13 … 0,19	
Novokonstant	0,45	2,22	±0,0002	81,5% Cu, 12% Mn, 4% Al, 1,5% Fe
c) *Isolatoren*				
Schiefer	10^8	10^{-4}		
Glas	$5 \cdot 10^{13}$	$0{,}2 \cdot 10^{-9}$		
Quarz (*x*-Achse)	10^{14}	10^{-10}		
Quarz (*y*-Achse)	$3 \cdot 10^{16}$	$0{,}33 \cdot 10^{-12}$		
Glimmer	$5 \cdot 10^{16}$	$0{,}2 \cdot 10^{-12}$		
Quarzglas	$5 \cdot 10^{18}$	$0{,}2 \cdot 10^{-14}$		
Hartgummi	$2 \cdot 10^{15}$	$0{,}5 \cdot 10^{-11}$		
Porzellan	10^{14}	10^{-10}		
d) *Sonstiges*				
Bogenlampenkohle	60 … 80	170 … 120	−0,06 … −0,08	
Glanzkohle	30	330	−0,02 … −0,1	für Schichtwiderstände
Graphit	12 … 100	800 … 100	−0,5	
Germanium, rein	60 … 10^4	$1{,}67 \cdot 10^{-2}$		bei Zusatz von Akzeptoren oder Donatoren sinkt Widerstand sehr
Silizium, rein	$63{,}6 \cdot 10^7$	$1{,}57 \cdot 10^{-5}$		
Seewasser	$3 \cdot 10^5$	0,03		
Flußwasser	$10^7 \ldots 10^8$	$10^{-4} \ldots 10^{-3}$		
destill. Wasser	$1 \ldots 4 \cdot 10^{10}$	$0{,}2 \ldots 1 \cdot 10^{-6}$		
Erde	$10^8 \ldots 10^{10}$	$10^{-6} \ldots 10^{-4}$		

Für Anlaß- und Stellwiderstände werden gleichfalls Kupferlegierungen benutzt, jedoch handelt es sich meist um Mehrstofflegierungen, bei denen aus Preisgründen der Ni-Gehalt klein ist. Heizleiterlegierungen sind Chrom-Nickel- und Chrom-Aluminium-Eisenlegierungen, die hohe Betriebstemperaturen (1000 bis 1250 °C) zulassen.

2.5.3. Temperaturabhängigkeit des spezifischen Widerstands

Der spezifische Widerstand ist eine temperaturabhängige Größe. Zur Beschreibung des Temperaturverhaltens des spezifischen Widerstands entwickelt man die Funktion $\varrho = \varrho(\vartheta)$ bei einer Bezugstemperatur ϑ_0 in eine Taylor-Reihe:

$$\varrho(\vartheta) = \varrho(\vartheta_0) + \left.\frac{d\varrho}{d\vartheta}\right|_{\vartheta_0} \frac{\vartheta - \vartheta_0}{1!} + \left.\frac{d^2\varrho}{d\vartheta^2}\right|_{\vartheta_0} \frac{(\vartheta - \vartheta_0)^2}{2!} + \dots \tag{2.167}$$

Bei kleinen Temperaturintervallen kann man sich auf das lineare Glied beschränken. Für metallische Leiter ist etwa ein $|\Delta\vartheta| = 80$ K zulässig.

$$\varrho(\vartheta) = \varrho(\vartheta_0) + \left.\frac{d\varrho}{d\vartheta}\right|_{\vartheta_0} (\vartheta - \vartheta_0) = \varrho(\vartheta_0) \left[1 + \frac{1}{\varrho(\vartheta_0)} \left.\frac{d\varrho}{d\vartheta}\right|_{\vartheta_0} \Delta\vartheta\right]$$

$$= \varrho(\vartheta_0)\,[1 + \alpha_\varrho\,\Delta\vartheta] \tag{2.168}$$

Hierin ist

$$\alpha_\varrho = \frac{1}{\varrho(\vartheta_0)} \left.\frac{d\varrho}{d\vartheta}\right|_{\vartheta_0} \tag{2.169}$$

der lineare Temperaturkoeffizient des spezifischen Widerstands. Er ist gemäß seiner Definition von der Bezugstemperatur abhängig.
Will man ein größeres Intervall erfassen (etwa von der Raumtemperatur bis zum Schmelzpunkt), dann genügt gewöhnlich die Hinzunahme des quadratischen Gliedes.
Erst beim absoluten Nullpunkt $\vartheta = 0$ K müßte der spezifische Widerstand eines idealen Metallkristalls verschwinden; seine Leitfähigkeit wäre dort unendlich. Einige Metalle und viele Legierungen gehen jedoch schon bei einigen Grad Kelvin über dem absoluten Nullpunkt sprungartig von einer endlichen zur unendlichen Leitfähigkeit über. Man nennt diese Erscheinung Supraleitfähigkeit und nutzt sie in zunehmendem Maße technisch aus.
Eine zweite Sprungstelle im Temperaturverlauf findet man bei den meisten Metallen am Schmelzpunkt. Mit der Annäherung an den Schmelzpunkt nimmt der spezifische Widerstand rasch zu, springt dort auf einen größeren Wert und verläuft in der flüssigen Phase wieder angenähert linear.

2.6. Der elektrische Strom in unverzweigten linearen Stromkreisen

2.6.1. Der stationäre Strom in linienhaften Leitern

2.6.1.1. Der linienhafte Leiter. Der geschlossene Stromkreis

Ein linienhafter Leiter ist ein Leiter, dessen Querabmessungen sehr klein im Vergleich zu seinen Längsabmessungen sind. Wenn über bestimmte Bereiche eines isolierten geschlossenen linienhaften Leiters konstante Feldkräfte nichtelektrischer Natur wirken, dann stellt sich in ihm ein stationäres elektrisches Strömungsfeld ein. Entsprechend den Grenzbedingungen verläuft die Strömung parallel zu den Berandungsflächen des Leiters. Die

Vektoren der Feldstärke und der Stromdichte verlaufen parallel zur Achse des linienhaften Leiters. Es soll der Bereich zwischen zwei Punkten λ und ν eines linienhaften stromdurchflossenen Leiters betrachtet werden (Bild 2.17). Der Querschnitt des Leiters kann dabei von Ort zu Ort verschieden sein. (2.6) liefert in diesem Falle

$$\int_\lambda^\nu E_s \, dl = \int_\lambda^\nu \boldsymbol{E} \, d\boldsymbol{l} + \int_\lambda^\nu E_n \, dl. \tag{2.170}$$

Daraus folgt

$$\int_\lambda^\nu \frac{\boldsymbol{G}}{\varkappa} \, d\boldsymbol{l} = \int_\lambda^\nu \boldsymbol{E} \, d\boldsymbol{l} + \int_\lambda^\nu \boldsymbol{E}_n \, d\boldsymbol{l} \tag{2.171}$$

oder

$$I \int_\lambda^\nu \frac{1}{\varkappa A(l)} \, dl = \varphi_\lambda - \varphi_\nu + E_{\lambda\nu} \tag{2.172}$$

bzw.

$$IR_{\lambda\nu} = U + E_{\lambda\nu} \tag{2.173}$$

mit dem Widerstand

$$R_{\lambda\nu} = \int_\lambda^\nu \frac{dl}{\varkappa A(l)}. \tag{2.174}$$

$E_{\lambda\nu}$ stellt die EMK dar, die in dem Bereich $\lambda\nu$ wirkt; U ist die Spannung zwischen den Punkten λ und ν.

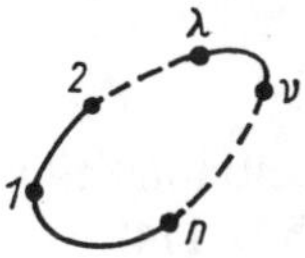

Bild 2.17

2.6.1.2. Festlegung der positiven Richtung von Strom, Spannung und EMK

Ströme, Spannungen und elektromotorische Kräfte sind skalare Größen. Sie haben keine Richtung, können jedoch positiv oder negativ sein. Eine Aussage darüber kann man mit der Angabe einer Pfeilrichtung (Zählpfeil) vornehmen.

Der Strom I, der ein Flächenelement dA durchsetzt, ist positiv, wenn der Winkel α, den die Stromdichte $\boldsymbol{G}$ und der Vektor des Flächenelements $d\boldsymbol{A}$ einschließen, kleiner als $\pi/2$ ist:

$$\alpha < \frac{\pi}{2}. \tag{2.175}$$

Man kann ein Flächenelement des Leiterquerschnitts mit einer angenommenen positiven Richtung festlegen. Der Vektor der Stromdichte steht bei linienhaften Leitern senkrecht zu dem Leiterquerschnitt. Der Strom ist positiv, wenn der Vektor der Stromdichte mit der als positiv angenommenen Richtung des Flächenvektors zusammenfällt,

$$dI - \boldsymbol{G} \, d\boldsymbol{A}, \tag{2.176}$$

und umgekehrt. Man kann den Strom durch einen Pfeil kennzeichnen. Der Pfeil für den Strom zeigt an, welche Richtung für die positive Normale der Fläche angenommen wurde. Wenn ein Strom I positiv ist, bedeutet es, daß er in Pfeilrichtung fließt. Wenn er dagegen negativ ist, fließt er in entgegengesetzter Richtung. Analog verfährt man auch mit der EMK und mit der Spannung, indem man eine positive Richtung für das Wegelement festlegt (Umlaufrichtung):

$$\mathrm{d}E = \boldsymbol{E}_\mathrm{n}\,\mathrm{d}\boldsymbol{l}. \tag{2.177}$$

Die elektromotorische Kraft E in einem bestimmten Bereich des Stromkreises ist positiv, wenn die Feldstärke nichtelektrischer Natur in Richtung des als positiv gewählten Linienelements $\mathrm{d}l$ wirkt. Hierbei wächst das Potential des entstehenden elektrischen Feldes in Richtung von E. Der Pfeil für die EMK zeigt an, welche Richtung als positiv für $\mathrm{d}l$ gewählt worden ist (Umlaufrichtung). Wenn E positiv ist, wirken die Feldkräfte nichtelektrischer Natur in Richtung des Pfeiles, und in dieser Richtung erfolgt das Anwachsen des Potentials.
Die Spannung ergibt sich aus dem Linienintegral der Feldstärke. Damit sie positiv wird, müssen Feldstärke und Wegelement gleiche Richtung haben:

$$\mathrm{d}U = \boldsymbol{E}\,\mathrm{d}\boldsymbol{l}. \tag{2.178}$$

2.6.1.3. Leistungsbilanz in einem Stromkreisabschnitt

Multipliziert man beide Seiten von (2.173) mit I, dann erhält man

$$I^2 R_{\lambda\nu} = IU + IE_{\lambda\nu}. \tag{2.179}$$

Die Energie, die in dem Abschnitt $\lambda\nu$ in Wärme umgesetzt wird, stammt einerseits von der Quelle in dem Abschnitt $\lambda\nu$ (zweiter Anteil), andererseits von den Quellen außerhalb dieses Abschnitts (erster Anteil).

2.6.1.4. Widerstand linienhafter Leiter und seine Temperaturabhängigkeit

Ein homogener gleichmäßiger linienhafter Leiter liegt vor, wenn überall die Leitfähigkeit $\varkappa$ und der Querschnitt A unverändert bleiben. Der Widerstand ist dann nach (2.174)

$$R = \frac{1}{\varkappa A}\int_l \mathrm{d}l = \varrho\,\frac{l}{A}. \tag{2.180}$$

Der Widerstand ist temperaturabhängig, da sich nicht nur der spezifische Widerstand ϱ, sondern auch Länge und Querschnitt des Leiters mit der Temperatur ändern.
Aus

$$R = \varrho(\vartheta)\,\frac{l(\vartheta)}{A(\vartheta)} \tag{2.181}$$

findet man

$$\begin{aligned}\frac{\mathrm{d}R}{\mathrm{d}\vartheta} &= \frac{\partial R}{\partial\varrho}\frac{\mathrm{d}\varrho}{\mathrm{d}\vartheta} + \frac{\partial R}{\partial l}\frac{\mathrm{d}l}{\mathrm{d}\vartheta} + \frac{\partial R}{\partial A}\frac{\mathrm{d}A}{\mathrm{d}\vartheta}\\ &= \left.\frac{\varrho l}{A}\right|_{\vartheta_0}\left[\frac{1}{\varrho}\frac{\mathrm{d}\varrho}{\mathrm{d}\vartheta} + \frac{1}{l}\frac{\mathrm{d}l}{\mathrm{d}\vartheta} - \frac{1}{A}\frac{\mathrm{d}A}{\mathrm{d}\vartheta}\right]\Bigg|_{\vartheta_0} = \left.\frac{\varrho l}{A}\right|_{\vartheta_0}(\alpha_\varrho + \alpha_l - \alpha_A).\end{aligned} \tag{2.182}$$

Mit (2.168) und

$$l = l(\vartheta_0)\,[1 + \alpha_l\,(\vartheta - \vartheta_0)], \tag{2.183}$$

$$A = A(\vartheta_0)\,[1 + \alpha_A\,(\vartheta - \vartheta_0)] = A(\vartheta_0)\,[1 + \alpha_l\,(\vartheta - \vartheta_0)]^2 \tag{2.184}$$

ergibt sich

$$R(\vartheta) = R(\vartheta_0)\,[1 + \alpha_R\,(\vartheta - \vartheta_0)]$$
$$= \varrho(\vartheta_0)\,[1 + \alpha_\varrho\,(\vartheta - \vartheta_0)]\,\frac{l(\vartheta_0)\,[1 + \alpha_l\,(\vartheta - \vartheta_0)]}{A(\vartheta_0)\,[1 + \alpha_l\,(\vartheta - \vartheta_0)]^2}. \qquad (2.185)$$

Wegen

$$R(\vartheta_0) = \varrho(\vartheta_0)\,\frac{l(\vartheta_0)}{A(\vartheta_0)} \qquad (2.186)$$

erhält man aus (2.185)

$$1 + \alpha_R\,(\vartheta - \vartheta_0) = \frac{1 + \alpha_\varrho\,(\vartheta - \vartheta_0)}{1 + \alpha_l\,(\vartheta - \vartheta_0)} \qquad (2.187)$$

bzw.

$$\alpha_R = \frac{\alpha_\varrho - \alpha_l}{1 + \alpha_l\,(\vartheta - \vartheta_0)}, \qquad \alpha_R \approx \alpha_\varrho. \qquad (2.188), (2.189)$$

Die Näherung (2.189) ist gewöhnlich zulässig, wie man aus den Zahlenwerten in Tafel 2.3 erkennt.

Tafel 2.3. Eigenschaften von Leitermaterialien

Eigenschaft	Zeichen	Einheit	Kupfer, techn.	Aluminium	Stahl	Aldrey
Dichte	γ	kg/dm³	8,9	2,7	7,8	2,7
Dehnungstemperaturkoeffizient	α_l	1/K	$17 \cdot 10^{-6}$	$24 \cdot 10^{-6}$	$12 \cdot 10^{-6}$	$23 \cdot 10^{-6}$
Spezifische Wärme	c	kJ/Kkg	0,4124	0,896	0,461	–
Schmelztemperatur	ϑ_s	°C	1083	657	1400	–
Schmelzwärme	c_s	kJ/kg	211,85	322,38	29,31	–
Zerreißfestigkeit	σ	N/mm²	350 ... 380	150 ... 170	{680 ... 735 1170 ... 1470}	35
Spezifischer Widerstand	ϱ	Ωmm²/m	0,0172	0,0295	0,1	0,0317
Temperaturkoeffizient des spezifischen Widerstands	α_ϱ	1/K	0,004	0,0042	0,057	0,0036

2.6.1.5. Erwärmung stromdurchflossener Leiter

Fließt durch einen Leiter ein Strom, so wird die elektrische Leistung (2.39)

$$P_{\text{el}} = \frac{|G|^2}{\varkappa}\,V = \frac{I^2}{A^2}\,\frac{1}{\varkappa}\,Al = I^2 R \qquad (2.190)$$

vollständig in Wärme (Joulesche Wärme) umgesetzt. Diese Erscheinung ist nur bei der Wärmeerzeugung erwünscht. In jedem Fall besteht aber die Aufgabe, die auftretende Wärme abzuführen. Zwischen der Leistung und der in der Zeitspanne Δt erfolgten Temperaturzunahme $\Delta\vartheta$ besteht der Zusammenhang

$$P_{\text{erw}} = mc\,\frac{\Delta\vartheta}{\Delta t}. \qquad (2.191)$$

Hierin bedeuten m die Masse und c die spezifische Wärme des Leiters. Die Wärmeabgabe erfolgt durch Wärmeleitung, Konvektion und Strahlung. Bei Raumtemperatur ist der durch Strahlung abgeführte Anteil unbedeutend. Bei der Wärmeleitung besteht Proportionalität zwischen der abgeführten Leistung und der Übertemperatur:

$$P_1 = k_1 A_1 \vartheta_ü . \tag{2.192}$$

In (2.192) ist A_1 der Querschnitt der Wärmeströmung. Ein analoger Zusammenhang gilt für die Wärmeabgabe durch Konvektion:

$$P_k = k_k A \vartheta_ü . \tag{2.193}$$

Hierin bedeutet A die Leiteroberfläche, k_1 und k_k sind Konstanten. Werden nun diese beiden Anteile berücksichtigt, dann gilt für die abgeführte Wärmeleistung

$$P_{ab} = kA\vartheta_ü . \tag{2.194}$$

Ein Teil (P_{erw}) der aufgenommenen elektrischen Leistung P_{el} erwärmt den Leiter; der andere Teil ist die vom Leiter an die Umgebung abgegebene Wärmeleistung P_{ab}:

$$P_{el} = P_{erw} + P_{ab} . \tag{2.195}$$

Nach einer gewissen Aufheizzeit stellt sich eine konstant bleibende Übertemperatur ein, bei der die abgegebene Wärmeleistung gleich der aufgenommenen elektrischen Leistung ist:

$$P_{erw} = 0, \qquad P_{el} = P_{ab}, \qquad \vartheta_ü = \frac{P_{el}}{kA} = \frac{I^2 R}{kA} . \qquad (2.196), (2.197)$$

2.6.2. Die Elemente des unverzweigten Grundstromkreises

2.6.2.1. Verbraucher

Der einfache Verbraucher

Wenn in dem Bereich zwischen den Punkten λ und ν keine Feldkräfte nichtelektrischer Natur wirken, ist $E_{\lambda\nu} = 0$ (Bild 2.18).
(2.173) geht dann in

$$IR_{\lambda\nu} = \varphi_\lambda - \varphi_\nu = U \tag{2.198}$$

über. Diese Gleichung stellt das bekannte Ohmsche Gesetz dar. Die Spannung, die über dem Abschnitt $\lambda\nu$ liegt, ist dann durch das elektrische Feld, das von den Feldstärken nichtelektrischer Natur in anderen Bereichen des Kreises erzeugt wird, bedingt. Der Strom fließt von dem Punkte φ_λ höheren Potentials zu dem Punkte φ_ν tieferen Potentials.

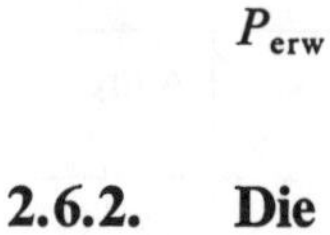

Bild 2.18

Die Energie, die in dem Abschnitt $\lambda\nu$ umgesetzt wird, ist

$$W = QU . \tag{2.199}$$

Da bei einem stationären Strom

$$Q = It \tag{2.200}$$

ist, ist die Energie

$$W = UIt . \tag{2.201}$$

Die elektrische Leistung, die in dem Abschnitt $\lambda\nu$ in Wärme umgesetzt wird, ist

$$P = \frac{\mathrm{d}W}{\mathrm{d}t} = UI = I^2 R_{\lambda\nu} = \frac{U^2}{R_{\lambda\nu}}. \tag{2.202}$$

Einen derartigen Abschnitt eines Stromkreises nennt man einen einfachen Verbraucher. Die Leistung P wird von den übrigen Teilen des Kreises geliefert und in dem betrachteten Abschnitt in Wärme umgesetzt.
Ein Abschnitt eines Stromkreises, in dem zu bestimmten technischen Zwecken eine Umsetzung von elektrischer Energie in nichtelektrische stattfindet, wird Verbraucher genannt.

Strom-Spannungs-Kennlinie

Wird der Verbraucher R (Bild 2.19) an eine Spannungsquelle (punktiert umrandet) angeschlossen, so beginnt ein elektrischer Strom zu fließen, und an seinen Anschlußklemmen stellt sich die Spannung U ein. Die grafische Darstellung der Beziehung $U = f(I)$ nennt man die Strom-Spannungs-Kennlinie des Verbrauchers. Für eine große Anzahl von Verbrauchern ist die Bedingung für das Ohmsche Gesetz in genügendem Maße erfüllt (2.198). Die Strom-Spannungs-Kennlinie ist dann eine Gerade durch den Ursprung oder kann mit gewissen Einschränkungen als solche angesehen werden.

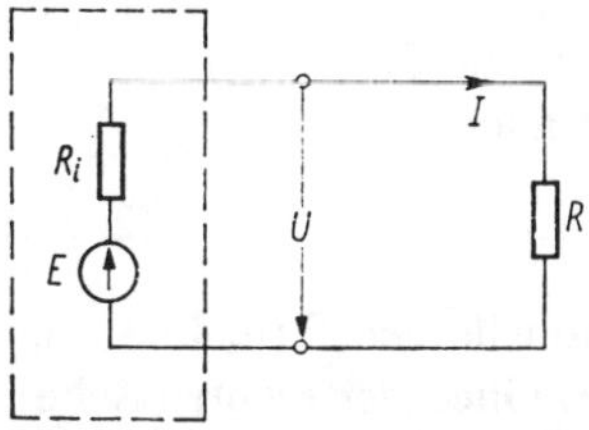

Bild 2.19

Die Beziehung zwischen dem Strom I und der Spannung U kann jedoch bei technischen Anordnungen sehr mannigfaltig sein. Im allgemeinen ist die Strom-Spannungs-Kennlinie nichtlinear. Ausgeprägte nichtlineare Strom-Spannungs-Kennlinien beobachtet man bei Metallfadenlampen, Kohlefadenlampen, Halbleitergleichrichtern, Hochvakuumdioden usw.
Aufgabe dieses Abschnitts ist die Untersuchung linearer Netzwerke, d.h. solcher Netzwerke, die aus Elementen mit linearen Kennlinien aufgebaut sind. In linearen Netzen stellt der Widerstand R den Proportionalitätsfaktor zwischen Strom und Spannung dar. Sein reziproker Wert ist der Leitwert G.

Der allgemeine Verbraucher

Wenn in dem Abschnitt $\lambda\nu$ eine EMK in Richtung von ν nach λ wirkt, der Strom aber infolge von elektromotorischen Kräften, die in den übrigen Abschnitten wirken, von λ nach ν fließt, dann liegt der Fall eines allgemeinen Verbrauchers vor (Bild 2.20).
Entsprechend (2.173) ergibt sich

$$IR_{\lambda\nu} = U + E, \qquad U = IR_{\lambda\nu} - E. \qquad (2.203), (2.204)$$

Wenn man nun beide Seiten dieser Gleichung mit I multipliziert, erhält man

$$IU = I^2 R_{\lambda\nu} + IE. \tag{2.205}$$

Diese Leistungsbilanz besagt, daß die Leistung (IU), die von den Quellen der übrigen Abschnitte des Kreises geliefert wird, in dem Abschnitt $\lambda\nu$ teils in Wärme (erstes Glied der rechten Seite), teils infolge der auftretenden EMK E in andere Energieformen (zweites Glied der rechten Seite) umgesetzt wird.

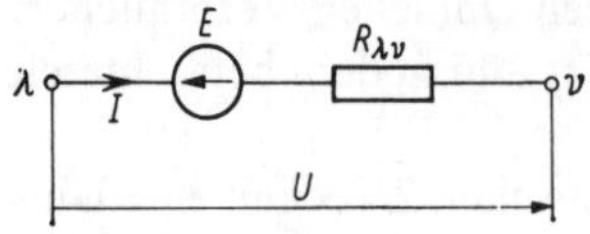

Bild 2.20

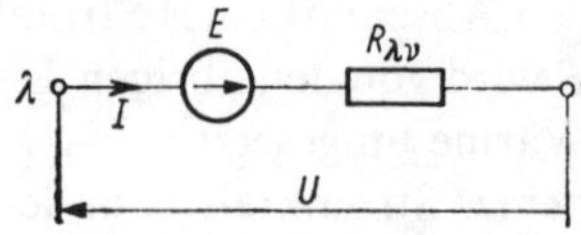

Bild 2.21

2.6.2.2. Spannungsquelle

Ein Abschnitt, in dem Feldkräfte nichtelektrischer Natur wirken, enthält, wie gesagt, eine Spannungsquelle. Angenommen, der Abschnitt $\lambda\nu$ enthalte eine Spannungsquelle. Hierbei möge die EMK E in Richtung von λ nach ν wirken (Bild 2.21). In den Abschnitten außerhalb $\lambda\nu$ sollen dabei keine EMKs bestehen. Offensichtlich ist dann $\varphi_\nu > \varphi_\lambda$.
Das elektrische Feld ist dem Feld nichtelektrischer Natur entgegengerichtet. (2.172) geht in

$$IR_{\lambda\nu} = (\varphi_\lambda - \varphi_\nu) + E = -(\varphi_\nu - \varphi_\lambda) + E = -U + E \tag{2.206}$$

über. Mit $R_{\lambda\nu} = R_i$ wird

$$E = U + IR_i. \tag{2.207}$$

E ist die EMK der Quelle, R_i wird ihr innerer Widerstand genannt. (Bild 2.19).
Wenn man beide Seiten von (2.207) mit I multipliziert, erhält man

$$IE = I^2R_i + IU. \tag{2.208}$$

Die linke Seite dieser Gleichung ist die von der Spannungsquelle gelieferte Leistung. Sie wird teils im Innenwiderstand der Quelle in Wärme (erstes Glied der rechten Seite), teils in dem äußeren Stromkreis in andere Energieformen umgesetzt (zweites Glied der rechten Seite).

Strom-Spannungs-Kennlinie der Quelle

Die Spannung an den Klemmen der Spannungsquelle ist (Bild 2.19)

$$U = IR = E - IR_i. \tag{2.209}$$

Sie hängt vom Belastungsstrom linear ab. Im Leerlauf der Spannungsquelle ($I = 0$) ist

$$U = E. \tag{2.210}$$

Den größten Wert kann der Strom im Kurzschluß (Verbraucher $R = 0$) erreichen. Er beträgt

$$I_k = \frac{E}{R_i}. \tag{2.211}$$

(2.209) stellt eine Gerade mit den Achsenabschnitten E und I_k dar. R ist hierbei der Widerstand der Abschnitte außerhalb des Bereiches $\lambda\nu$. Die grafische Darstellung der Spannung U in Abhängigkeit vom Strom I nennt man die äußere Strom-Spannungs-Kennlinie der Quelle.
Die wahre Strom-Spannungs-Kennlinie der Quelle weicht mehr oder weniger von diesem

Verlauf ab. Bild 2.22 stellt den typischen Fall einer äußeren Strom-Spannungs-Kennlinie dar. Bis zu einem bestimmten Stromwert I_a fällt die Klemmenspannung angenähert linear mit der Belastung der Spannungsquelle ab. Bei einer weiteren Erhöhung des Belastungsstroms (über I_a hinaus) wird die Proportionalität gestört, was im Abfall der EMK bzw. im Wachsen des inneren Widerstands oder im gleichzeitigen Auftreten beider Erscheinungen begründet ist.
Den weiteren Betrachtungen wird der lineare Bereich der äußeren Kennlinie zugrunde gelegt, der eine Gerade nach (2.209) darstellt.

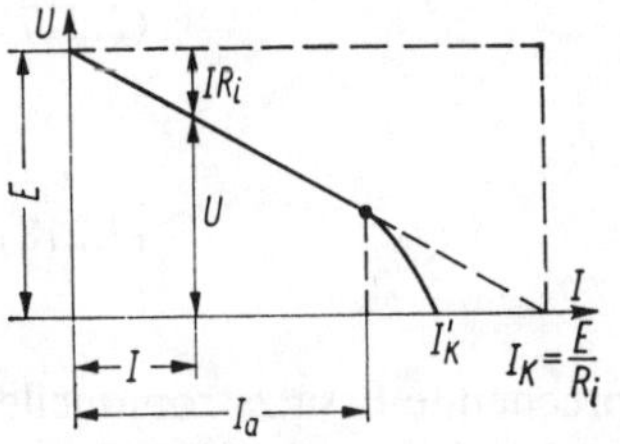

Bild 2.22

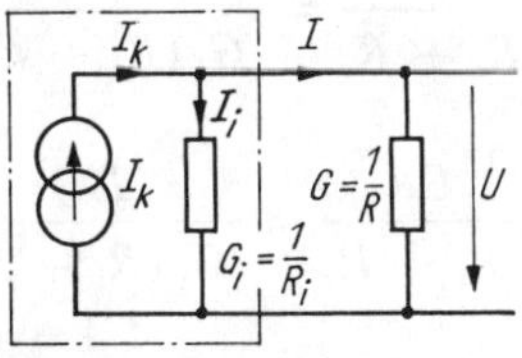

Bild 2.23

Ersatzschaltbild der Spannungsquelle

Unter einem elektrischen Ersatzschaltbild versteht man ein aus einfachen Elementen aufgestelltes Berechnungsmodell einer wirklichen elektrischen Einrichtung. Unter gewissen Bedingungen hat es dieselben elektrischen Eigenschaften wie die wirkliche Einrichtung und erlaubt, analytisch ihr Verhalten zu untersuchen. (2.209) beschreibt die Verhältnisse bei der Reihenschaltung eines Widerstands R_i, eines Widerstands R und einer EMK E (Bild 2.19). Der abgegrenzte Teil dieser Schaltung enthält die Parameter E und R_i, die die elektrische Energiequelle beschreiben. Dieser Teil stellt unter den gemachten Voraussetzungen (E = konst., R_i = konst.) das elektrische Ersatzschaltbild der Quelle dar. Dieses Ersatzschaltbild nennt man Ersatzspannungsquelle. Seine Einführung ist deshalb vorteilhaft, weil man in den weiteren Betrachtungen mit der konstanten oder nahezu konstanten EMK E arbeiten kann. Die Quelle läßt sich auch durch ein weiteres Ersatzschaltbild darstellen. Zu diesem gelangt man, indem man 2.207 durch R_i dividert. Dann erhält man

$$\frac{E}{R_i} = \frac{U}{R_i} + I. \tag{2.212}$$

Mit

$$I_k = \frac{E}{R_i} \tag{2.213}$$

und

$$I_i = \frac{U}{R_i} \tag{2.214}$$

erhält man

$$I_k = I_i + I. \tag{2.215}$$

Die Größe I_k nennt man den Kurzschlußstrom der Quelle. I ist der Strom durch den Verbraucher und I_i ein Strom, der durch Division der Klemmenspannung durch den inneren Widerstand gebildet wird. Die angeführten Gleichungen entsprechen einer Parallelschaltung zweier Widerstände (R_i und R) und werden durch das Ersatzschaltbild, das im Bild 2.23 dargestellt ist, befriedigt. Dieses Ersatzschaltbild der Quelle nennt man

Ersatzstromquelle. Eine Ersatzspannungsquelle und eine Ersatzstromquelle sind offensichtlich äquivalent, wenn

$$R_i G_i = 1 \tag{2.216}$$

gilt. Ist das der Fall, so erhält man beim Anschließen eines Verbrauchers mit dem Widerstand $R = 1/G$ an die Klemmen beider Ersatzquellen den gleichen Verbraucherstrom und die gleiche Klemmenspannung:

$$I = \frac{E}{R_i + R} = \frac{I_k}{G_i (R_i + R)} = \frac{I_k G}{G_i + G} \tag{2.217}$$

bzw.

$$U = \frac{ER}{R_i + R} = \frac{I_k R}{G_i (R_i + R)} = \frac{I_k}{G_i + G}. \tag{2.218}$$

Man kann also jede Ersatzspannungsquelle durch eine entsprechende Ersatzstromquelle darstellen und umgekehrt. Diese Feststellung vereinfacht in vielen Fällen die Lösung der gestellten Aufgabe bedeutend.

Normalelement

Als Spannungsnormal bei Präzisionsmessungen dient das Weston-Element, dessen Aufbau im Bild 2.24 gezeigt wird. Es hat Kadmiumamalgam und Quecksilber als Elektrodenmaterialien und eine gesättigte Kadmiumsulfatlösung als Elektrolyt. Normalelemente dürfen nur sehr gering belastet werden. Sie werden in Kompensationsschaltungen (s. S. 248) verwendet. Ihre Leerlaufspannung ist meist temperaturabhängig. Sie beträgt bei dem Weston-Element

bei $\vartheta = 20\,°C$ $E = 1{,}01830$ V, bei $\vartheta = 10\,°C$ $E = 1{,}01861$ V.

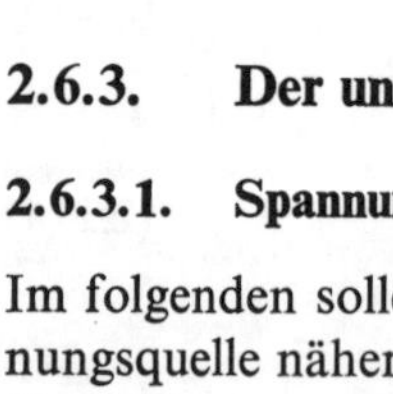

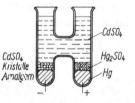

Bild 2.24

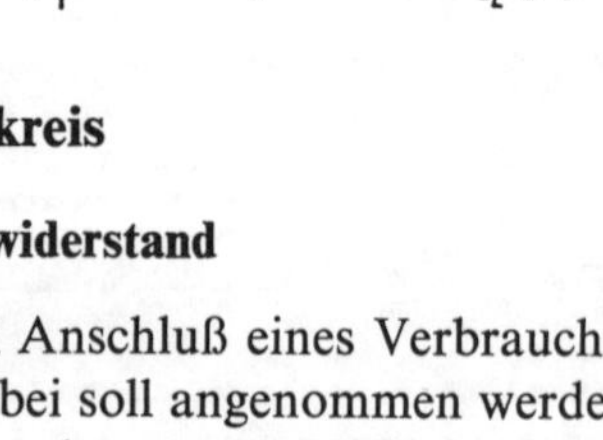

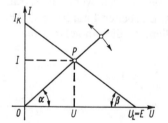

Bild 2.25

2.6.3. Der unverzweigte Grundstromkreis

2.6.3.1. Spannungsquelle und Belastungswiderstand

Im folgenden sollen die Verhältnisse beim Anschluß eines Verbrauchers an eine Spannungsquelle näher betrachtet werden. Hierbei soll angenommen werden, daß die äußere Strom-Spannungs-Kennlinie der Quelle über den ganzen Bereich vom Leerlauf bis Kurzschluß einen linearen Verlauf hat, d.h., es werden über den ganzen Bereich sowohl die EMK als auch der innere Widerstand als konstant betrachtet. Ferner wird angenommen, daß auch der Verbraucher eine lineare Strom-Spannungs-Kennlinie besitzt, d.h., daß sein Widerstand konstant ist. Diese beiden Kennlinien sind im Bild 2.25 dargestellt. Die Spannung, die sich an den Klemmen der Spannungsquelle bzw. an den Klemmen des Belastungswiderstands einstellt, und der Strom, der durch den so gebildeten Stromkreis fließt, sind aus den Koordinaten des Schnittpunktes P beider Geraden zu entnehmen. Hierbei gilt

$$\tan \alpha = \frac{m_i I}{m_u U} = \frac{K}{R}, \qquad \tan \beta = \frac{m_i I_k}{m_u E} = \frac{K}{R_i}. \tag{2.219}$$

m_i ist der Maßstab des Stromes (z. B. cm/A), m_u der Maßstab der Spannung (z. B. cm/V). Eine Änderung des Belastungswiderstands bedeutet ein Schwenken der Widerstandsgeraden um den Nullpunkt. Bei einer gegebenen Spannungsquelle kann man offensichtlich nicht alle Wertepaare von Strom und Spannung erhalten. Der größte Strom ist der Kurzschlußstrom, die größte Spannung die Leerlaufspannung.
Ist ein Belastungswiderstand R an eine Spannungsquelle mit dem inneren Widerstand R_i und der EMK E angeschlossen, so stellt sich an seinen Klemmen die Spannung

$$U = \frac{ER}{R_i + R} \tag{2.220}$$

ein. Der Strom durch den Verbraucher beträgt

$$I = \frac{E}{R_i + R}. \tag{2.221}$$

Die Leistung, die vom Belastungswiderstand aufgenommen wird, ist

$$P = \frac{E^2 R}{(R + R_i)^2}. \tag{2.222}$$

Es wird nach der größten Leistung in Abhängigkeit vom Belastungswiderstand und nach dem Wert des Belastungswiderstands, der dieser größten Leistung entspricht, gefragt. Wenn die erste Ableitung der Leistung nach dem Belastungswiderstand gleich Null gesetzt wird, erhält man

$$\frac{dP}{dR} = \frac{E^2 \left[(R + R_i)^2 - 2R\,(R + R_i)\right]}{(R + R_i)^4} = 0 \tag{2.223}$$

und daraus

$$R_i = R. \tag{2.224}$$

Der maximale Wert der Leistung am Verbraucher beträgt hiermit

$$P_{max} = \frac{E^2}{4R_i}. \tag{2.225}$$

Wenn die Bedingung (2.224) erfüllt ist, spricht man von Anpassung des Belastungswiderstands an die Spannungsquelle. Im Falle der Anpassung beträgt die Spannung am Belastungswiderstand $U = E/2$.
Der Wirkungsgrad wird als Verhältnis der vom Belastungswiderstand aufgenommenen Leistung zu der gesamten Leistung definiert:

$$\eta = \frac{P}{P_g} = \frac{I^2 R}{I^2\,(R + R_i)} = \frac{1}{1 + R_i/R}. \tag{2.226}$$

Im Anpassungsfall beträgt er $\eta = 0{,}5$. Größere Wirkungsgrade erhält man bei $R > R_i$. Bild 2.26 zeigt die Abhängigkeit vom P_g, P und E von dem Verhältnis R/R_i (R_i sei vorgegeben).

Bei der Übertragung der elektrischen Energie in der Starkstromtechnik erstrebt man einen möglichst großen Wirkungsgrad. Dies führt zu der Bedingung $R \gg R_i$. Hierbei werden die Energiequellen der Starkstromtechnik nur so weit belastet, daß der Spannungsabfall an dem inneren Widerstand des Generators und die von ihm aufgenommene Leistung gewisse Grenzen nicht überschreiten. In diesem Falle ist der Zustand weit vom Anpassungsfall entfernt.

Der Anpassungsfall spielt eine große Rolle in der Schwachstromtechnik. Hier ist man bestrebt, eine maximale Leistungsabgabe an den Belastungswiderstand zu erzielen.

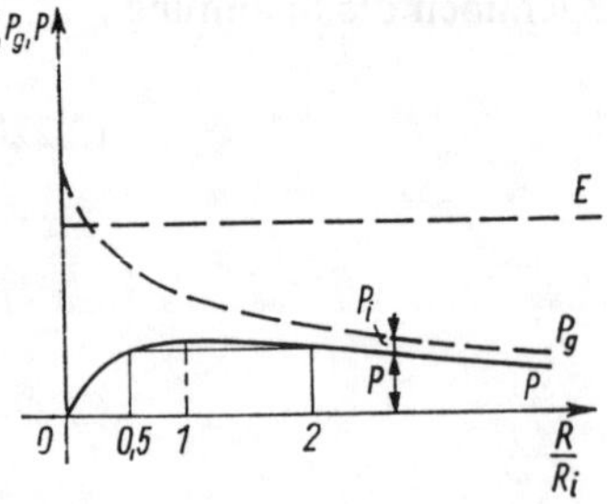

Bild 2.26

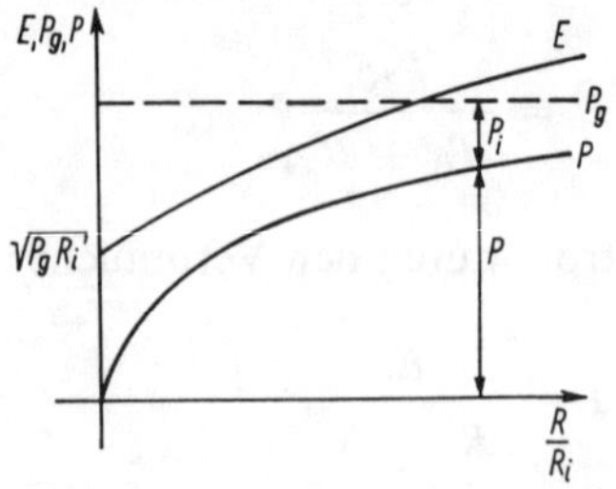

Bild 2.27

Nun soll der Verlauf der Nutzleistung in Abhängigkeit von dem Verhältnis R/R_i bei konstanter Generatorleistung P_g ermittelt werden. Aus (2.226) folgt

$$P = \frac{P_g}{1 + R_i/R}. \tag{2.227}$$

In der Quelle entsteht die Verlustleistung

$$P_i = P_g - P. \tag{2.228}$$

Unter Verwendung von (2.222) ergibt sich aus (2.227)

$$E = \sqrt{P_g(R_i + R)} = K\sqrt{1 + \frac{R}{R_i}}. \tag{2.229}$$

Der Verlauf von P, P_g und E in Abhängigkeit von dem Verhältnis R/R_i wird im Bild 2.27 gezeigt.

Das Maximum in der Beziehung $P = f(R/R_i)$, die im Bild 2.26 dargestellt ist, verläuft sehr flach. Bei einer Abweichung von der Anpassungsbedingung auf $R/R_i = 2$ bzw. $R/R_i = 1/2$ beträgt der Leistungsabfall gegenüber dem Anpassungsfall nur 12%.

2.6.3.2. Potentialverteilung längs eines einfachen Stromkreises mit mehreren EMKs und mehreren Widerständen

Die Potentialverteilung längs eines unverzweigten Stromkreises allgemeiner Art wollen wir anhand von Bild 2.28 betrachten. Dieser Stromkreis hat vier Abschnitte, die von den Punkten a, b, c und d begrenzt werden. Die Potentiale dieser Punkte seien φ_a, φ_b, φ_c und φ_d. Man kann a als Bezugspunkt wählen und sein Potential $\varphi_a = 0$ ansetzen. Es soll nun dieser Stromkreis, angefangen vom Punkt a, in der Stromrichtung durchlaufen werden. Die Stromrichtung bestimmt die Richtung des Potentialgefälles; denn der Strom fließt vom Punkte höheren Potentials zum Punkte niederen Potentials. Wenn der Strom auf seinem Weg auf eine Spannungsquelle trifft, die er vom Pluspol zum Minuspol durchläuft, so liegt die Spannung der Quelle in gleicher Richtung wie der Spannungsabfall längs des durchlaufenen Weges. Wird die Spannungsquelle vom Minuspol zum Pluspol durchlaufen, so liegt die Spannung der Quelle entgegengesetzt dem Spannungsabfall über dem durchlaufenen Weg. Beim Durchlaufen einer Quelle vom Minus- zum Pluspol wird das Energieniveau einer jeden Ladungseinheit, d.h. das Potential, um die EMK E der Quelle gehoben, im anderen Falle wird es um E gesenkt.

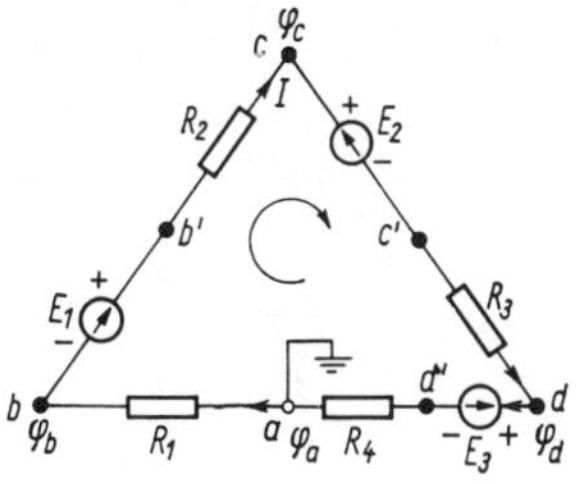

Bild 2.28

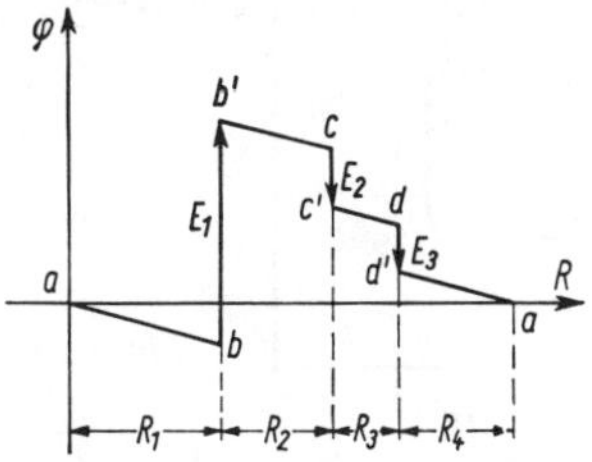

Bild 2.29

Es gilt

$$\varphi_b = \varphi_a - IR_1 = 0 - IR_1, \tag{2.230}$$

$$\varphi_c = \varphi_b + E_1 - IR_2 = E_1 - IR_1 - IR_2, \tag{2.231}$$

$$\varphi_d = \varphi_c - E_2 - IR_3 = E_1 - E_2 - IR_1 - IR_2 - IR_3, \tag{2.232}$$

$$\varphi_a = \varphi_d - E_3 - IR_4$$

$$= E_1 - E_2 - E_3 - I(R_1 + R_2 + R_3 + R_4) = 0, \tag{2.233}$$

$$E_1 - E_2 - E_3 = I(R_1 + R_2 + R_3 + R_4). \tag{2.234}$$

Der letzte Ausdruck entspricht dem Ohmschen Gesetz. Der Potentialverlauf bei diesem Stromkreis wird im Bild 2.29 gezeigt.

2.7. Das verzweigte lineare elektrische Netzwerk

2.7.1. Grundgesetze

2.7.1.1. Knotenpunkt und Zweig

Man versteht unter einem Netz einen zusammengesetzten verzweigten Stromkreis, der Energiequellen, Verbraucher und die sie verbindenden Leitungen enthält. Netze, bei denen zwischen den Strömen und den Spannungen lineare Beziehungen bestehen, nennt man lineare Netze. Netze, bei denen die Ströme und Spannungen unabhängig von der Zeit sind, nennt man Gleichstromnetze. Die weiteren Betrachtungen werden sich vorläufig auf lineare Gleichstromnetze beschränken. Bild 2.30 zeigt ein solches Netz.
Eine bedeutende Rolle bei der Behandlung linearer Netze spielt die Zahl der Zweige und die Zahl der Knotenpunkte. Unter einem Zweig des Netzes versteht man einen solchen Abschnitt, der nur aus in Reihe geschalteten Spannungsquellen und Widerständen besteht und nur zwei Klemmen zum Anschluß an andere Abschnitte des Netzes besitzt. Es kann vorkommen, daß manche Zweige nur Widerstände und keine Spannungsquellen enthalten (z.B. Zweig 1–4); andere Zweige können Widerstände enthalten, die gleich

Null sind (Zweig 1–3). Unter einem Knotenpunkt des Netzes versteht man einen Punkt, in dem nicht weniger als drei Zweige verbunden sind.

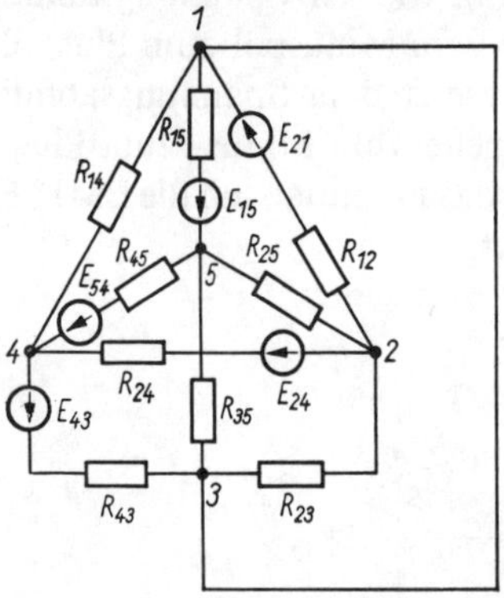

Bild 2.30

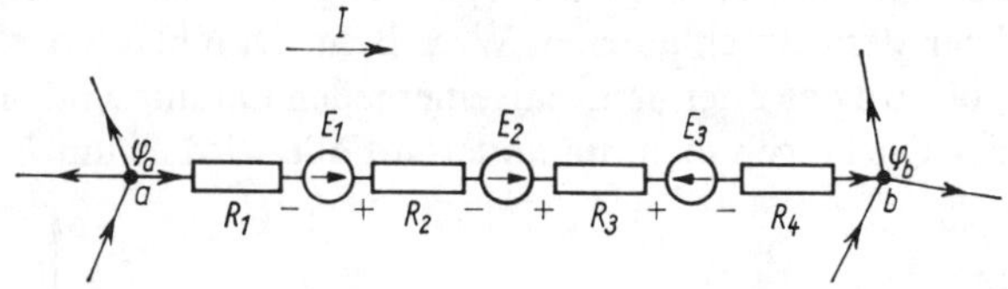

Bild 2.31

2.7.1.2. Das Ohmsche Gesetz in einem Stromzweig

Es soll ein Zweig, der im Bild 2.31 dargestellt ist, untersucht werden. Dieser Zweig liegt zwischen den Punkten *a* mit dem Potential φ_a und *b* mit dem Potential φ_b eines linearen Netzes. Der Strom *I* in diesem Zweig möge in der eingezeichneten Richtung fließen. Es ist offensichtlich

$$\varphi_b = \varphi_a - IR_1 + E_1 - IR_2 + E_2 - IR_3 - E_3 - IR_4 \tag{2.235}$$

oder

$$I = \frac{\varphi_a - \varphi_b + E_1 + E_2 - E_3}{R_1 + R_2 + R_3 + R_4} = \frac{U_{ab} + \sum\limits_{\lambda} E_\lambda}{\sum\limits_{\nu} R_\nu}. \tag{2.236}$$

Hierin ist

$$\sum_{\nu} R_\nu = R_1 + R_2 + R_3 + R_4 \tag{2.237}$$

der Gesamtwiderstand des Abschnitts *ab*, U_{ab} die Spannung zwischen den Punkten *a* und *b* und

$$\sum_{\lambda} E_\lambda = E_1 + E_2 - E_3 \tag{2.238}$$

die algebraische Summe der elektromotorischen Kräfte in dem Zweig *a–b*. Jede EMK, die mit der angenommenen Stromrichtung zusammenfällt, wird mit positivem Vorzeichen, im entgegengesetzten Fall mit negativem Vorzeichen angesetzt.

2.7.1.3. Leistungsbilanz in einem Zweig

Wenn man (2.236) mit *I* multipliziert und entsprechend umschreibt, erhält man

$$U_{ab}I + \sum_{\lambda} E_\lambda I = I^2 \sum_{\nu} R_\nu. \tag{2.239}$$

Dieser Ausdruck stellt die Leistungsbilanz in dem Zweig dar. Er drückt das Energieprinzip aus. Auf der linken Seite stehen die Leistung, die von außen in den Stromzweig durch die Klemmen *a* und *b* eingeführt wird, und die Leistungen, die von den in ihm enthaltenen Energiequellen geliefert werden. Auf der rechten Seite steht die Summe der Leistungen, die in dem Stromkreis in Wärme umgewandelt werden.

2.7.1.4. Die Kirchhoffschen Sätze für Netzwerke

Die linearen Netze werden durch die beiden Kirchhoffschen Sätze beschrieben.

Der 1. Kirchhoffsche Satz

Der 1. Kirchhoffsche Satz besagt, daß in einem stationären Strömungsfeld der Strom, der eine Hüllfläche durchsetzt, Null ist. Bei der Behandlung linienhafter Leiter ist eine andere Form des 1. Kirchhoffschen Satzes zweckmäßig. Bild 2.32 zeigt einen Punkt, in dem mehrere stromdurchflossene linienhafte Leiter zusammenlaufen. Einen solchen Punkt nennt man Knotenpunkt. Legt man um den Knotenpunkt eine Hüllfläche, so muß entsprechend dem 1. Kirchhoffschen Satz der Gesamtstrom I durch diese Hüllfläche Null sein, d.h.

$$I = \sum_{\lambda} I_{\lambda} = 0. \qquad (2.240)$$

Bei der Summenbildung müssen die Ströme, die zu dem Knotenpunkt hinfließen, das entgegengesetzte Vorzeichen erhalten wie die Ströme, die von dem Knotenpunkt wegfließen.
Bei der Anwendung des 1. Kirchhoffschen Satzes auf einen Knotenpunkt sollen im folgenden die Ströme, die von dem Knotenpunkt abfließen, mit positivem Vorzeichen und die Ströme, die zu dem Knotenpunkt hinfließen, mit negativem Vorzeichen angesetzt werden. Da der Stromkreis geschlossen ist, muß der Strom jede geschlossene Hüllfläche, in die er hineinfließt, auch wieder verlassen. Aus (2.240) folgt auch, daß der Strom an jeder Stelle eines Stromzweigs denselben Wert haben muß.

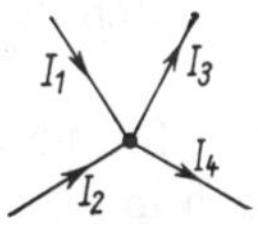

Bild 2.32

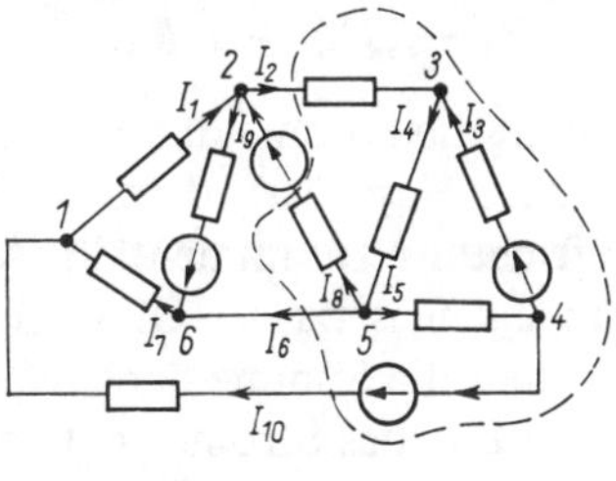

Bild 2.33

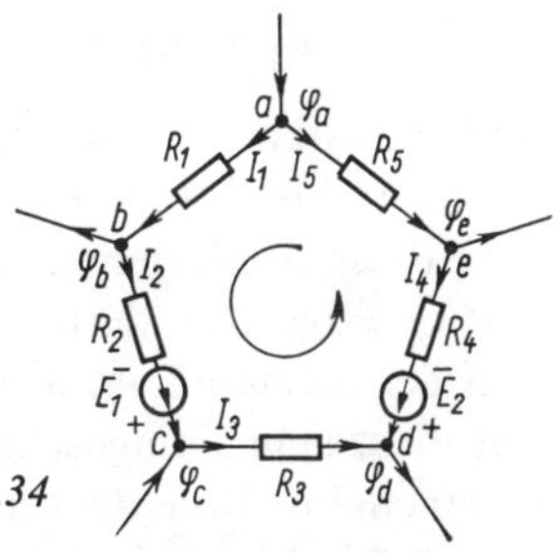

Bild 2.34

Bei einem Netz ist die Gültigkeit des 1. Kirchhoffschen Satzes nicht nur auf die Knotenpunkte beschränkt. Er gilt selbstverständlich auch für ganze Abschnitte des Netzes, die wir durch eine geschlossene Fläche abtrennen. Ein solcher Fall wird im Bild 2.33 in der Ebene gezeigt. Die Hüllfläche ist durch ihre Spur angedeutet. Es ist

$$-I_2 + I_8 + I_6 + I_{10} = 0. \qquad (2.241)$$

Der 2. Kirchhoffsche Satz

Wenn man von einem Knotenpunkt ausgeht und dem Leiter folgt, dann kann man, ohne zweimal eine Strecke zu durchlaufen, mindestens auf einem Wege zu dem Ausgangspunkt gelangen. Einen solchen geschlossenen Weg nennt man eine Masche. Im Bild 2.34 ist eine solche Masche dargestellt. Offensichtlich ist

$$U_{ab} = \varphi_a - \varphi_b, \quad U_{bc} = \varphi_b - \varphi_c, \quad U_{cd} = \varphi_c - \varphi_d,$$

$$U_{de} = \varphi_d - \varphi_e, \quad U_{ea} = \varphi_e - \varphi_a \tag{2.242}$$

und

$$U_{ab} + U_{bc} + U_{cd} + U_{de} + U_{ea} = 0 \tag{2.243}$$

oder ganz allgemein

$$\sum_\nu U_\nu = 0. \tag{2.244}$$

Die Umlaufspannung einer Masche ist Null. Es soll nun die Masche (Bild 2.34) in Richtung *abcdea* durchlaufen und die Stromrichtung in der Umlaufrichtung als positiv angenommen werden. So findet man mit *a* als Bezugspunkt:

$$\varphi_a = 0, \tag{2.245}$$

$$\varphi_b = \varphi_a - I_1 R_1 = -I_1 R_1, \tag{2.246}$$

$$\varphi_c = \varphi_b - I_2 R_2 + E_1 = -I_1 R_1 - I_2 R_2 + E_1, \tag{2.247}$$

$$\varphi_d = \varphi_c - I_3 R_3 = -I_1 R_1 - I_2 R_2 + E_1 - I_3 R_3, \tag{2.248}$$

$$\varphi_e = \varphi_d - E_2 + I_4 R_4 = -I_1 R_1 - I_2 R_2 + E_1 - I_3 R_3 - E_2 + I_4 R_4, \tag{2.249}$$

$$\varphi_a = \varphi_e + I_5 R_5 = E_1 - E_2 - I_1 R_1 - I_2 R_2 - I_3 R_3 + I_4 R_4 + I_5 R_5 = 0. \tag{2.250}$$

Aus (2.250) ergibt sich

$$E_1 - E_2 = I_1 R_1 + I_2 R_2 + I_3 R_3 - I_4 R_4 - I_5 R_5. \tag{2.251}$$

Auf der linken Seite dieser Gleichung steht die Summe der EMKs in der durchlaufenen Masche. Als positiv wurde diejenige EMK eingesetzt, deren Richtung vom Minuspol zum Pluspol mit der gewählten Umlaufrichtung zusammenfällt. Als negativ wurden die EMKs eingesetzt, deren Richtungen entgegengesetzt der Umlaufrichtung sind.
Auf der rechten Seite dieser Gleichung steht die Summe der Spannungsabfälle. Sie sind mit Pluszeichen eingesetzt, wenn die Richtung des Stromes mit der Umlaufrichtung zusammenfällt. Im entgegengesetzten Fall werden sie mit Minuszeichen eingesetzt.
Der 2. Kirchhoffsche Satz kann allgemein folgendermaßen formuliert werden:

$$\sum_\lambda E_\lambda = \sum_\nu I_\nu R_\nu. \tag{2.252}$$

Hieraus ersieht man sofort, daß er eine Verallgemeinerung des Ohmschen Gesetzes darstellt. Für einen Stromkreis ohne Verzweigungen erhalten wir

$$I = \frac{\sum_\lambda E_\lambda}{\sum_\nu R_\nu}. \tag{2.253}$$

In einer Masche ohne EMK ist offensichtlich

$$\sum_\nu I_\nu R_\nu = 0. \tag{2.254}$$

Bei der Anwendung der Kirchhoffschen Sätze sind die Vorzeichenregeln von grundlegender Bedeutung. Wenn sie nicht beachtet werden, verlieren die Kirchhoffschen Sätze ihren Sinn.

Anzahl der Gleichungen

Es soll nun festgestellt werden, ob mit Hilfe der Kirchhoffschen Sätze eine genügende Zahl von unabhängigen Gleichungen aufgestellt werden kann, um alle Ströme in allen Zweigen und die Potentiale aller Knotenpunkte bestimmen zu können. Wir wollen annehmen, daß ein Netz vorliegt, das m Knoten und n Zweige enthält. Auf Grund des 1. Kirchhoffschen Satzes kann man m Gleichungen von der Form

$$\begin{aligned}
&I_{12} + I_{13} + I_{14} + \ldots + I_{1\lambda} + \ldots + I_{1m} = 0,\\
&I_{21} + I_{23} + I_{24} + \ldots + I_{2\lambda} + \ldots + I_{2m} = 0,\\
&\vdots\\
&I_{\lambda 1} + I_{\lambda 2} + I_{\lambda 3} + \qquad\quad \ldots + I_{\lambda m} = 0,\\
&\vdots\\
&I_{m1} + I_{m2} + I_{m3} + \ldots + I_{m\lambda} + \ldots + I_{mm} = 0
\end{aligned} \tag{2.255}$$

aufstellen. Dabei bedeutet $I_{\lambda\nu}$ den Strom vom Knotenpunkt λ zum Knotenpunkt ν. Der Strom jedes Zweiges erscheint nun in zwei Knotenpunkten. Jeder Strom tritt also in den oben angeführten Gleichungen zweimal, allgemein als $I_{\lambda\nu}$ und $I_{\nu\lambda}$, auf, wobei

$$I_{\lambda\nu} = -I_{\nu\lambda} \tag{2.256}$$

ist. Es ist offensichtlich, daß die Summe der linken Seite des Gleichungssystems null ergeben muß, d.h., eine von den Gleichungen des Systems muß in den übrigen $m - 1$ Gleichungen enthalten sein.

Die Zahl der unabhängigen Gleichungen, die auf Grund des Ersten Kirchhoffschen Satzes aufgestellt werden können, ist somit

$$k_1 = m - 1. \tag{2.257}$$

Es wurde angenommen, daß die Zahl der Zweige n ist. Auf Grund des Ohmschen Gesetzes kann man für diese n Zweige n Gleichungen von der Form

$$\varphi_\lambda - \varphi_\nu = I_{\lambda\nu} R_{\lambda\nu} - \Sigma\, E_{\lambda\nu} \tag{2.258}$$

aufstellen.

Darin sind φ_λ und φ_ν die Potentiale der Knotenpunkte λ bzw. ν; $R_{\lambda\nu}$ ist der Widerstand in diesem Zweig. $\Sigma\, E_{\lambda\nu}$ ist die Summe der elektromotorischen Kräfte. Sie wirkt in dem Zweig $\lambda - \nu$ in Richtung von λ nach ν. In diesem Gleichungssystem ist die Zahl der unbekannten Ströme n und die Zahl der unbekannten Potentiale m. Die Zahl der Unbekannten ist also $m + n$.

Da das Gleichungssystem nur Potentialdifferenzen enthält, kann man eines der Potentiale gleich Null setzen. Wenn wir aus dem System von n Gleichungen die unbekannten $m - 1$ Potentiale eliminieren, erhalten wir $n - (m - 1)$ Gleichungen, die nur die EMKs, die Ströme und die Widerstände enthalten. Das ist nun die größtmögliche Zahl der unabhängigen Gleichungen, die wir auf Grund des 2. Kirchhoffschen Satzes erhalten können. Es ist also

$$k_2 = n - m + 1 \tag{2.259}$$

die Zahl der unabhängigen Gleichungen, die wir auf Grund des 2. Kirchhoffschen Satzes aufstellen können.
Zur Bestimmung der n unbekannten Ströme in den n Zweigen stehen also

$$k = k_1 + k_2 = m - 1 + n - m + 1 = n \tag{2.260}$$

unabhängige Gleichungen zur Verfügung. Jede Aufgabe über lineare Netze läßt sich also mit Hilfe der beiden Kirchhoffschen Sätze lösen.

2.7.1.5. Reihen- und Parallelschaltung von Widerständen

Liegen zwischen den Punkten a und b, die an die Spannung U angeschlossen sind, n in Reihe geschaltete Widerstände (Bild 2.35), dann ergibt (2.244)

$$U = \sum_{\lambda=1}^{n} U_\lambda = \sum_{\lambda=1}^{n} IR_\lambda = I \sum_{\lambda=1}^{n} R_\lambda. \tag{2.261}$$

Der Widerstand zwischen den Punkten a und b ist dann

$$R = \frac{U}{I} = \sum_{\lambda=1}^{n} R_\lambda. \tag{2.262}$$

Der Gesamtwiderstand von in Reihe geschalteten Widerständen ist gleich der Summe der Einzelwiderstände.

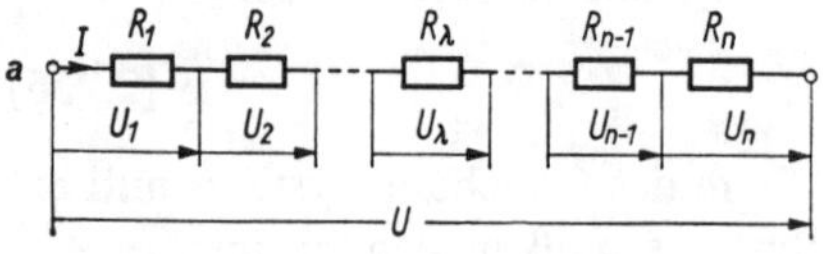

Bild 2.35

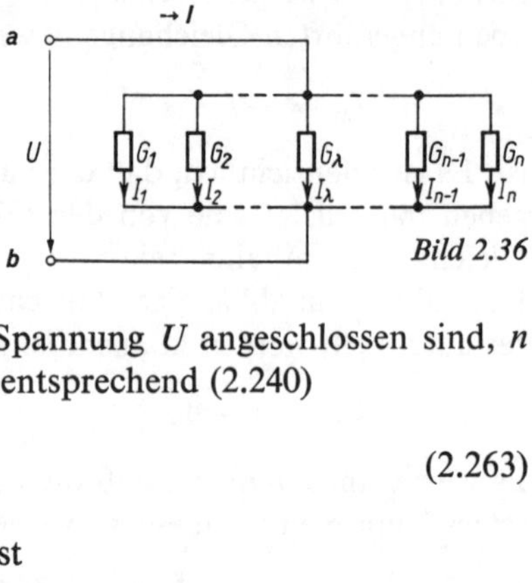

Bild 2.36

Liegen zwischen den Punkten a und b, die an die Spannung U angeschlossen sind, n parallelgeschaltete Widerstände (Bild 2.36), dann ist entsprechend (2.240)

$$I = \sum_{\lambda=1}^{n} I_\lambda = \sum_{\lambda=1}^{n} UG_\lambda = U \sum_{\lambda=1}^{n} G_\lambda. \tag{2.263}$$

Der Gesamtleitwert zwischen den Punkten a und b ist

$$G = \frac{I}{U} = \sum_{\lambda=1}^{n} G_\lambda. \tag{2.264}$$

Der Gesamtleitwert von mehreren parallelgeschalteten Leitwerten ist gleich der Summe der einzelnen Leitwerte.
Für zwei Widerstände in Reihenschaltung gilt nach (2.262)

$$R = R_1 + R_2 \tag{2.265}$$

und deshalb

$$\frac{1}{G} = \frac{1}{G_1} + \frac{1}{G_2}, \qquad G = \frac{G_1 G_2}{G_1 + G_2}. \qquad (2.266), (2.267)$$

Für die Parallelschaltung zweier Widerstände ist der Gesamtleitwert

$$G = G_1 + G_2. \tag{2.268}$$

Den Gesamtwiderstand erhält man aus

$$\frac{1}{R} = \frac{1}{R_1} + \frac{1}{R_2} \tag{2.269}$$

zu

$$R = \frac{R_1 R_2}{R_1 + R_2}. \tag{2.270}$$

2.7.2. Hilfssätze zur Berechnung von linearen verzweigten Netzen

In manchen Fällen kann man die Rechenarbeit, die bei der Aufstellung und Lösung der Gleichungen ausgeführt werden muß, bedeutend verkürzen, indem man vereinfachte Methoden anwendet, die aus den Kirchhoffschen Sätzen und dem Ohmschen Gesetz abgeleitet werden können. Im folgenden wollen wir einige solcher Methoden kennenlernen.

2.7.2.1. Methode der Knotenpotentiale

Wir wollen ein Netz mit m Knoten und n Zweigen betrachten. Für dieses können wir auf Grund des 1. Kirchhoffschen Satzes $m - 1$ unabhängige Gleichungen für die Ströme in den Knotenpunkten aufstellen. Ferner können wir auf Grund des Ohmschen Gesetzes jeden Strom durch eine Gleichung der Art

$$I_{\lambda\nu} = \frac{(\varphi_\lambda - \varphi_\nu) + \Sigma E_{\lambda\nu}}{\Sigma R_{\lambda\nu}} \tag{2.271}$$

darstellen. Wenn wir einen der Knotenpunkte als Bezugspunkt wählen und sein Potential gleich Null setzen, vermindert sich die Zahl der unbekannten Knotenpotentiale auf $m - 1$. Wenn wir nun die Werte der Ströme nach (2.271) in die $m - 1$ Gleichungen, die wir auf Grund des 1. Kirchhoffschen Satzes aufgestellt haben, einführen, erhalten wir $m - 1$ Gleichungen, die die $m - 1$ unbekannten Knotenpotentiale enthalten. Hieraus kann man die einzelnen Knotenpunktpotentiale berechnen und dann mit Hilfe des Ohmschen Gesetzes die Ströme in den jeweiligen Zweigen bestimmen.

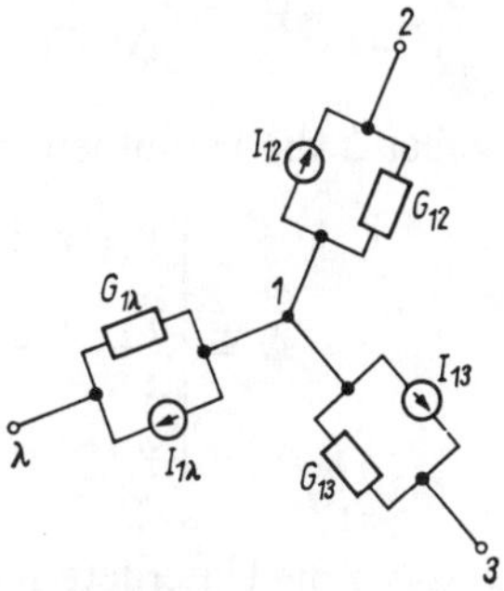

Bild 2.37

Die allgemeine Berechnung der benötigten Potentiale ergibt sich aus folgender Überlegung. Angenommen, der m-te Knotenpunkt habe das Potential $\varphi_m = 0$. Nun können alle EMKs und alle Widerstände eines jeden Zweiges zusammengefaßt werden, ihre Reihenschaltung als Spannungsquelle mit der EMK $E_{\lambda\nu}$ und dem Innenwiderstand $R_{\lambda\nu}$ betrachtet und dann in eine Stromquelle mit der Ergiebigkeit $I_{\lambda\nu}$ und dem Innenleitwert $G_{\lambda\nu}$ umgewandelt werden. Bild 2.37 zeigt dann das Teilbild des ersten Knotenpunktes des Netzes. Die Summe der Ströme im Knotenpunkt 1 ist

$$I_{12} + \ldots + I_{1(m-1)} + I_{1m} - G_{12}(\varphi_1 - \varphi_2) - \ldots$$
$$- G_{1(m-1)}(\varphi_1 - \varphi_{(m-1)}) - G_{1m}(\varphi_1 - \varphi_m) = 0, \tag{2.272}$$

und die Summe der Quellenströme vom ersten Knotenpunkt ist

$$\begin{aligned} I_1 &= \sum_{\lambda=2}^{m} I_{1\lambda} = G_{1m}\varphi_1 + G_{12}(\varphi_1 - \varphi_2) + \ldots + G_{1(m-1)}(\varphi_1 - \varphi_{(m-1)}) \\ &= \varphi_1(G_{12} + \ldots + G_{1m}) - \varphi_2 G_{12} - \ldots - \varphi_{(m-1)}G_{1(m-1)} \\ &= \varphi_1 G_{11} - \varphi_2 G_{12} - \ldots - \varphi_{(m-1)}G_{1(m-1)} \end{aligned} \quad (2.273)$$

oder

$$I_1 = \sum_{\lambda=2}^{m} I_{1\lambda} = \varphi_1 Y_{11} + \varphi_2 Y_{12} + \ldots + \varphi_{(m-1)} Y_{1(m-1)} \quad (2.274)$$

mit

$$Y_{11} = \sum_{\lambda=2}^{m} G_{1\lambda}, \qquad Y_{1\lambda} = -G_{1\lambda}, \quad (2.275), (2.276)$$

wobei $\lambda = 2, 3, \ldots, m$ ist.

Für alle anderen $m - 1$ Knoten lassen sich Ausdrücke desselben Typs aufschreiben, so daß sich folgendes Gleichungssystem ergibt:

$$\begin{aligned} I_1 &= Y_{11}\varphi_1 + Y_{12}\varphi_2 + \ldots + Y_{1(m-1)}\varphi_{(m-1)}, \\ I_2 &= Y_{21}\varphi_1 + Y_{22}\varphi_2 + \ldots + Y_{2(m-1)}\varphi_{(m-1)}, \\ &\vdots \\ I_{m-1} &= Y_{(m-1)1}\varphi_1 + Y_{(m-1)2}\varphi_2 + \ldots + Y_{(m-1)}\varphi_{(m-1)} \end{aligned} \quad (2.277)$$

mit

$$Y_{\nu\nu} = \sum_{\lambda=1}^{m} G_{\nu\lambda} \qquad (\lambda = 1, 2, \ldots, m; \neq \nu), \quad (2.278)$$

$$Y_{\nu\lambda} = -G_{\nu\lambda} \qquad (\lambda = 1, 2, \ldots, m; \neq \nu). \quad (2.279)$$

Hieraus berechnet sich das Potential φ_λ zu

$$\varphi_\lambda = \frac{1}{\Delta} \sum_{\nu=1}^{m-1} I_\nu \Delta_{\nu\lambda} (-1)^{\lambda+\nu}, \quad (2.280)$$

wobei Δ die Hauptdeterminante

$$\Delta = \begin{vmatrix} Y_{11} \; Y_{12} \ldots\ldots\ldots\ldots & Y_{1(m-1)} \\ Y_{21} \; Y_{22} \ldots\ldots\ldots\ldots & Y_{2(m-1)} \\ \vdots & \vdots \\ Y_{(m-1)1} \; Y_{(m-1)2} \ldots & Y_{(m-1)(m-1)} \end{vmatrix} \quad (2.281)$$

und $\Delta_{\nu\lambda}$ die Unterdeterminante ist, die man erhält, wenn man die ν-te Zeile und die λ-te Spalte von Δ streicht.

2.7.2.2. Methode der Maschenströme

Es wurde bereits festgestellt, daß auf Grund des 2. Kirchhoffschen Satzes $n - m + 1$ unabhängige Gleichungen aufgestellt werden können. Die Gleichungen sind auf Grund der $n - m + 1$ selbständigen Maschen, die ein Netz mit m Knotenpunkten und n Zweigen enthält, entstanden. Unter einer selbständigen Masche wollen wir eine solche Masche

verstehen, die einen Zweig enthält, der in einer anderen selbständigen Masche nicht vorkommt.
Selbständige Zweige, die in einer Masche liegen, aber gleiche Ströme führen, sind als ein Zweig zu zählen.
Für ein solches Netz gilt

1. Zahl der Knotenpunkte: m,
2. Zahl der Zweige: n,
3. Zahl der selbständigen Zweige: $n - m + 1$,
4. Zahl der selbständigen Maschen: $n - m + 1$,
5. Zahl der gemeinsamen Zweige: $n - (n - m + 1) = m - 1$,
6. Zahl der gemeinsamen Ströme: $m - 1$,
7. Zahl der Ströme in den selbständigen Zweigen: $n - m + 1$.

Aus den $m - 1$ Gleichungen, die man auf Grund des 1. Kirchhoffschen Satzes erhält, kann man offensichtlich die $m - 1$ Ströme, die durch die gemeinsamen Zweige fließen, durch die Ströme in den selbständigen Zweigen ausdrücken und in die $n - m + 1$ unabhängigen Maschengleichungen einsetzen. Auf diese Weise erhält man $n - m + 1$ Gleichungen, die die bekannten EMKs, Widerstände und die $n - m + 1$ unbekannten Ströme in den selbständigen Maschen enthalten. Aus diesen Gleichungen kann man die unbekannten Ströme berechnen.
Diese Methode soll anhand eines Beispiels näher erläutert werden. Im Bild 2.38 ist ein Netz dargestellt, das sechs Zweige und vier Knotenpunkte enthält. Die angenommenen Strom- und Umlaufrichtungen in den selbständigen Maschen werden ebenfalls in dem Bild gezeigt.

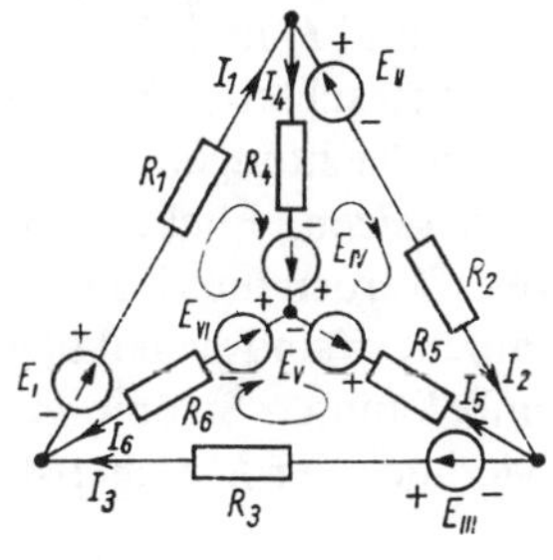

Bild 2.38

Auf Grund des 1. Kirchhoffschen Satzes gilt

$$-I_1 + I_2 + I_4 = 0, \qquad -I_2 + I_5 + I_3 = 0, \qquad -I_3 - I_6 + I_1 = 0. \tag{2.282}$$

Auf Grund des 2. Kirchhoffschen Satzes gilt für die selbständigen Maschen:

$$\begin{aligned} E_I + E_{IV} - E_{VI} &= I_1R_1 + I_4R_4 + I_6R_6, \\ -E_{II} - E_V - E_{IV} &= I_2R_2 + I_5R_5 - I_4R_4, \\ E_{III} + E_{VI} + E_V &= I_3R_3 - I_6R_6 - I_5R_5. \end{aligned} \tag{2.283}$$

Indem man von (2.282) ausgeht, bestimmt man die Ströme in den gemeinsamen Zweigen und drückt sie durch die Ströme in den selbständigen Zweigen aus:

$$I_4 = I_1 - I_2, \qquad I_5 = I_2 - I_3, \qquad I_6 = I_1 - I_3. \tag{2.284}$$

Die gefundenen Werte setzen wir in (2.283) ein und erhalten

$$\begin{aligned} E_I + E_{IV} - E_{VI} = \Sigma E_1 &= I_1R_1 + R_4(I_1 - I_2) + R_6(I_1 - I_3) \\ &= I_1(R_1 + R_4 + R_6) - I_2R_4 - I_3R_6, \\ -E_{II} - E_V - E_{IV} = \Sigma E_2 &= I_2R_2 + R_5(I_2 - I_3) - R_4(I_1 - I_2) \\ &= I_2(R_2 + R_5 + R_4) - I_3R_5 - I_1R_4, \\ E_{III} + E_{VI} + E_V = \Sigma E_3 &= I_3R_3 - R_6(I_1 - I_3) - R_5(I_2 - I_3) \\ &= I_3(R_3 + R_6 + R_5) - I_1R_6 - I_2R_5. \end{aligned} \tag{2.285}$$

Allgemein erhält man bei einem Netz mit $k = n - m + 1$ selbständigen Maschen k Gleichungen dieser Art, also

$$\begin{aligned} R_{11}I_1 + R_{12}I_2 + \ldots + R_{1\lambda}I_\lambda + \ldots + R_{1k}I_k &= \Sigma E_1, \\ R_{21}I_1 + R_{22}I_2 + \ldots + R_{2\lambda}I_\lambda + \ldots + R_{2k}I_k &= \Sigma E_2, \\ &\vdots \\ R_{\lambda 1}I_1 + R_{\lambda 2}I_2 + \ldots + R_{\lambda\lambda}I_\lambda + \ldots + R_{\lambda k}I_k &= \Sigma E_\lambda, \\ &\vdots \\ R_{k1}I_1 + R_{k2}I_2 + \ldots + R_{k\lambda}I_\lambda + \ldots + R_{kk}I_k &= \Sigma E_k. \end{aligned} \tag{2.286}$$

Hierbei bedeuten $R_{\lambda\lambda}$ den Gesamtwiderstand der Masche λ und $R_{\lambda k} = R_{k\lambda}$ den gemeinsamen Widerstand der Maschen λ und k. Der rechte Teil dieser Gleichungen stellt die Summe der EMKs, die in der Masche λ wirken, dar.

Bei willkürlich gewählter Richtung der selbständigen Maschenströme (beispielsweise I_1, I_2 und I_3 im Bild 2.38) sind in (2.286) diejenigen von ihnen, die in der Umlaufrichtung der betrachteten Masche fließen, bzw. diejenigen EMKs in der betrachteten Masche, deren Richtungen mit der Umlaufrichtung zusammenfallen, mit positivem Vorzeichen einzusetzen. Fließen die selbständigen Maschenströme in entgegengesetzter Richtung oder werden die EMKs in der betrachteten Masche in entgegengesetzter Richtung durchlaufen, so sind sie mit negativem Vorzeichen einzusetzen. Hieraus kann man die $n - m + 1$ unbekannten Ströme in den selbständigen Zweigen bestimmen. Es ist zweckmäßig, die Methode der Maschenströme dann anzuwenden, wenn

$$k < (m - 1) \tag{2.287}$$

gilt.

Die Methode der Knotenpotentiale wendet man hingegen dann mit Vorteil an, wenn

$$k > (m - 1). \tag{2.288}$$

2.7.2.3. Superpositionsprinzip (*Helmholtz*, 1853)

Wenn das Gleichungssystem (2.286) nach einem beliebigen Strom aufgelöst wird, erhält man einen Ausdruck von der Form

$$I_\lambda \begin{vmatrix} R_{11} & R_{12} \ldots R_{1k} \\ R_{21} & R_{22} \ldots R_{2k} \\ \vdots & \\ R_{k1} & R_{k2} \ldots R_{kk} \end{vmatrix} = \begin{vmatrix} R_{11} & R_{12} \ldots \Sigma E_1 \ldots R_{1k} \\ R_{21} & R_{22} \ldots \Sigma E_2 \ldots R_{2k} \\ \vdots & \\ R_{k1} & R_{k2} \ldots \Sigma E_k \ldots R_{kk} \end{vmatrix}, \tag{2.289}$$

$$I_\lambda = \frac{\Delta_\lambda}{D}. \tag{2.290}$$

In diesem Ausdruck ist D die Koeffizientendeterminante. Δ_λ ist eine Determinante, in der die Spalte λ der Koeffizientendeterminante durch die rechtsstehenden Glieder $\Sigma E_1, \Sigma E_2, \ldots, \Sigma E_k$ des Gleichungssystems ersetzt wurde. Nun ist aber bekanntlich

$$\Delta_\lambda = \Sigma E_1 \Delta_{1\lambda} + \Sigma E_2 \Delta_{2\lambda} + \ldots + \Sigma E_k \Delta_{k\lambda}. \tag{2.291}$$

$\Delta_{\nu\lambda}$ ist die Unterdeterminante, die man erhält, wenn man in der Hauptdeterminante die Reihe ν und die Spalte λ streicht und das Ergebnis mit $(-1)^{\lambda+\nu}$ multipliziert. Also ist

$$I_\lambda = \Sigma E_1 \frac{\Delta_{1\lambda}}{D} + \Sigma E_2 \frac{\Delta_{2\lambda}}{D} + \ldots + \Sigma E_\nu \frac{\Delta_{\nu\lambda}}{D} + \ldots + \Sigma E_k \frac{\Delta_{k\lambda}}{D}. \tag{2.292}$$

Wenn wir nun für die Ausdrücke ΣE_ν die algebraische Summe der EMKs aller Energiequellen in der Masche ν einsetzen und nach den EMKs der einzelnen Spannungsquellen ordnen, erhalten wir I_λ in Komponenten zerlegt, die Produkte der einzelnen EMKs des Netzwerks mit Netzwerkkonstanten darstellen:

$$I_\lambda = AE_{\text{I}} + BE_{\text{II}} + CE_{\text{III}} + DE_{\text{IV}} + \ldots \tag{2.293}$$

Hieraus folgt, daß die Ströme in den selbständigen Zweigen aus der Summe der Teilströme, die in dem betreffenden Stromzweig von jeder einzelnen EMK verursacht werden, gebildet sind.
Diese wichtige Feststellung über die Unabhängigkeit der Wirkungen der einzelnen EMKs stellt das Superpositionsprinzip dar.
Das Superpositionsprinzip gilt nicht für die Leistungen der Teilströme; denn Leistungen und Ströme stehen in quadratischer Beziehung.
Man muß noch erwähnen, daß das Superpositionsprinzip nicht nur in bezug auf die Ströme in den selbständigen Zweigen, sondern auch für jeden beliebigen Strom in jedem beliebigen Zweig gilt. Dies ersieht man sofort, wenn man beachtet, daß jeder beliebige Zweig durch eine entsprechende Wahl des Maschenverlaufs als selbständiger Zweig der Masche ausgebildet werden kann.
Bei der Anwendung des Superpositionsprinzips berechnet man die Teilströme in jedem Zweig, indem man jeweils nur eine der EMKs wirken läßt, während man alle übrigen in Gedanken kurzschließt. Hierbei müssen die inneren Widerstände der kurzgeschlossenen Spannungsquellen in die Widerstände der betreffenden Zweige eingeschlossen werden.

2.7.2.4. Austauschprinzip (*Maxwell*, 1831–1879)

Zur Ableitung des Austauschprinzips wird angenommen, daß in einem beliebig zusammengesetzten Netz nur eine EMK E_ν in dem Zweig ν wirkt. Dann ist nach (2.292) der Strom in dem Zweig λ

$$I_\lambda = E_\nu \frac{\Delta_{\nu\lambda}}{D}. \tag{2.294}$$

Es wird jetzt angenommen, daß in demselben Netz nur eine EMK E_λ in dem Zweig λ wirkt. Dann ist nach derselben Gleichung der Strom in dem Zweig ν

$$I_\nu = E_\lambda \frac{\Delta_{\lambda\nu}}{D}. \tag{2.295}$$

Nun ist aber

$$\Delta_{\lambda\nu} = \Delta_{\nu\lambda}; \tag{2.296}$$

denn $\Delta_{\lambda\nu}$ erhält man, indem man in der Hauptdeterminante die Reihe λ und die Spalte ν streicht. $\Delta_{\nu\lambda}$ dagegen erhält man, wenn man die Reihe ν und die Spalte λ streicht. Nun ist aber $R_{12} = R_{21}$, und man erhält zwei Determinanten, bei denen die Glieder der Rei-

hen der einen gleich den Gliedern der Spalten der anderen sind. Bekanntlich sind aber zwei derartige Determinanten einander gleich.
Wir wollen nun annehmen, daß

$$E_\nu = E_\lambda \tag{2.297}$$

ist. Dann gilt

$$I_\lambda = I_\nu. \tag{2.298}$$

Hieraus leitet sich das Austauschprinzip ab. Es lautet: Wenn in einem beliebigen Netz nur in einem Zweig eine EMK wirkt, die in einem anderen Zweig den Strom I verursacht, so würde in dem ersten Zweig derselbe Strom fließen, wenn man die EMK in dem zweiten Zweig wirken läßt.

2.7.2.5. Satz von der Ersatzquelle

Es sei der Strom I durch den Widerstand R, der zwischen den Punkten λ und ν eines linearen Netzes angeschlossen ist, gesucht. Der Fall ist im Bild 2.39 dargestellt. Hierbei ist das ganze übrige Netz durch ein Kästchen, das eine Vielzahl von Widerständen und EMKs enthalten kann, und zwei Klemmen λ und ν, an die der Widerstand angeschlossen ist, gekennzeichnet. Eine derartige Einrichtung nennt man einen aktiven linearen Zweipol. Man kann nun in den Zweig von R eine EMK E', die entgegengesetzt dem Strom wirkt, einführen und so lange verändern, bis sie den Wert $E' = E$ erreicht, bei dem $I = 0$ wird (Bild 2.40). Dies entspricht dem Leerlauffall. Zwischen den Klemmen λ und ν stellt sich dann die Leerlaufspannung $U_{\lambda\nu 0}$ des aktiven linearen Zweipols ein. Offensichtlich ist

$$U_{\lambda\nu 0} = E' = E. \tag{2.299}$$

Unter der gemeinsamen Wirkung aller im aktiven linearen Zweipol enthaltenen EMKs und der EMK E' ist der Strom durch den Widerstand R gleich Null. Die Wirkung von E' kann man rückgängig machen, indem man in den Zweig von R eine weitere $E'' = E' = E$ in entgegengesetzter Richtung von E' einschaltet (Bild 2.41). Da das gesamte Netzwerk linear ist, kann man das Superpositionsprinzip anwenden und den Strom als Summe von Teilströmen, die von den einzelnen EMKs herrühren, darstellen. Da aber E' und alle im aktiven Zweipol enthaltenen EMKs den Strom Null ergeben, kann man sie bei der Berechnung des Stromes kurzschließen. So erhält man das im Bild 2.42 dargestellte Schaltbild, das die Reihenschaltung eines passiven linearen Zweipols (EMK in dem übrigen Netz kurzgeschlossen), einer EMK $E'' = E$ und des Widerstands R enthält. Der passive Zweipol kann durch den Widerstand R_i zwischen den Punkten λ und ν ersetzt werden. Der gestrichelt abgegrenzte Teil, der die EMK E und den Widerstand R_i enthält, stellt das Ersatzschaltbild des aktiven linearen Zweipols dar.

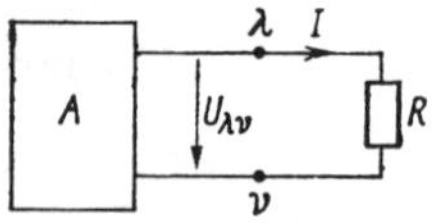

Bild 2.39

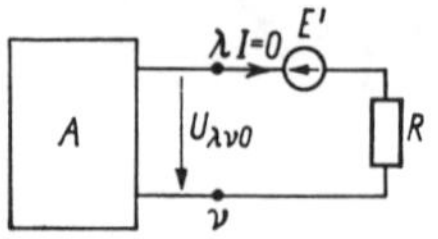

Bild 2.40

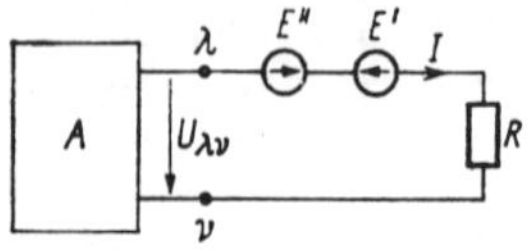

Bild 2.41

Der aktive lineare Zweipol kann als eine Spannungsquelle mit der EMK $E'' = E = U_{\lambda\nu 0}$ und dem Innenwiderstand $R_\mathrm{i} = R_{\lambda\nu}$ dargestellt werden. Die EMK der Ersatzspannungsquelle ist die Leerlaufspannung zwischen den Punkten λ und ν. Der Ersatzinnenwiderstand R_i ist der Widerstand zwischen den Punkten λ und ν bei kurzgeschlossenen elektromotorischen Kräften des Netzes und herausgetrenntem Widerstand R. Man kann ihn aus der Leerlaufspannung und dem Kurzschlußstrom I_k zwischen den Punkten λ und ν bestimmen:

$$R_i = \frac{U_{\lambda\nu 0}}{I_k}. \tag{2.300}$$

Schließt man an zwei beliebige Punkte eines linearen Netzes, das eine beliebige Anzahl von elektromotorischen Kräften enthält, einen Widerstand an, so kann man zur Berechnung des Stromes durch diesen Widerstand das ganze Netz durch eine Spannungsquelle mit der EMK $E = U_{\lambda\nu 0}$ und dem inneren Widerstand R_i ersetzen.

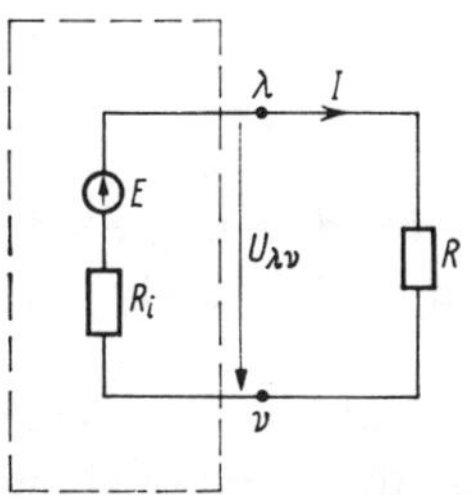

Bild 2.42

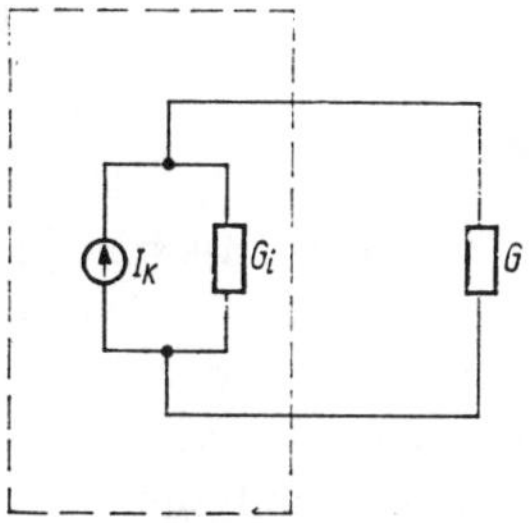

Bild 2.43

Die Ersatzspannungsquelle (Bild 2.42) kann in jedem Fall gemäß der Vorschrift (2.300) in eine Stromquelle mit dem Ersatzkurzschlußstrom I_k umgewandelt werden (Bild 2.43). Damit ist es möglich, jeden aktiven linearen Zweipol durch Ersatzstromquelle und Ersatzinnenleitwert G_i darzustellen. Den Ersatzkurzschlußstrom I_k kann man direkt als Kurzschlußstrom zwischen den Punkten λ und ν ermitteln. G_i erhält man wieder nach (2.300)

$$G_i = \frac{I_k}{U_{\lambda\nu 0}}. \tag{2.301}$$

Der Strom I durch den Widerstand R bzw. Leitwert G ist in diesem Fall

$$I = I_k \frac{G}{G_i + G}. \tag{2.302}$$

Schließt man an zwei beliebige Punkte eines linearen Netzes, das eine beliebige Anzahl von elektromotorischen Kräften enthält, einen linearen Widerstand an, so kann man zur Berechnung des Stromes durch diesen Widerstand das ganze Netz durch eine Stromquelle mit dem Kurzschlußstrom I_k und dem inneren Leitwert G_i ersetzen.

Bei der Umwandlung einer Spannungsquelle in eine Stromquelle und umgekehrt ist zu beachten, daß dabei nur die Verhältnisse für das an das aktive Element angeschlossene Netz erhalten bleiben, nicht aber für die im Innenwiderstand R_i umgesetzte Leistung.

2.7.2.6. Satz von der Kompensation

Wir wollen aus einem Netz ein Widerstandselement R_1, das von dem Strom I_1 durchflossen wird, herausgreifen (Bild 2.44a). Offensichtlich kann man in dem Zweig zwei gleiche, aber entgegengerichtete elektromotorische Kräfte einführen, wie es im Bild 2.44b gezeigt ist, ohne den Zustand in dem übrigen Teil des Netzes zu ändern.

Nun wollen wir weiter die Größe der neu eingeführten EMKs so wählen, daß

$$E = U_1 = R_1 I_1 \tag{2.303}$$

ist.
Bei dem Übergang von Punkt c zu Punkt d erhöht sich das Potential um den Wert E, während beim Übergang vom Punkt d zum Punkt b sich das Potential um dieselbe Größe verringert.

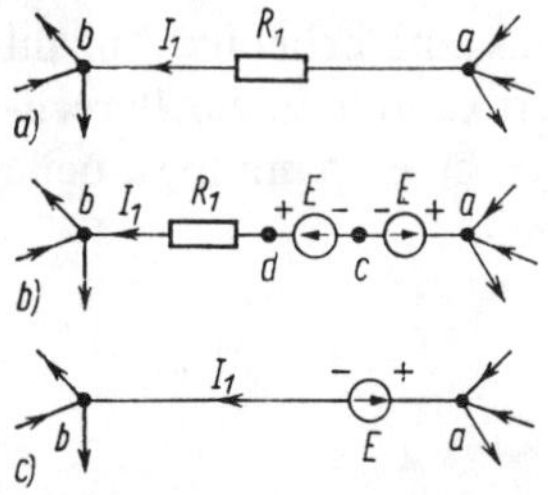

Bild 2.44

Die Punkte c und b liegen offensichtlich auf demselben Potential. Aus diesem Grunde kann man die beiden Punkte kurzschließen und erhält den Fall, der im Bild 2.44c dargestellt ist. Hieraus folgt unmittelbar der Satz von der Kompensation. Er lautet: In einem beliebigen Netzwerk kann man ein Widerstandselement durch eine EMK ersetzen, die der Größe nach gleich dem Spannungsabfall an dem Widerstand und der Stromrichtung entgegengesetzt ist, ohne hierdurch den Zustand in dem übrigen Teil des Netzes zu beeinflussen.

2.7.3. Umwandlung elektrischer Netze

2.7.3.1. Gegenseitige Umwandlung von Strom- und Spannungsquellen

Aus (2.216) folgt: Die direkte Umwandlung einer Spannungsquelle in eine Stromquelle ist nicht möglich, wenn sich die Spannungsquelle in einem Zweig ohne Widerstand befindet ($R_i = 0$). Die direkte Umwandlung einer Stromquelle in eine Spannungsquelle ist nicht möglich, wenn parallel zu dieser Stromquelle kein Zweig mit einem Widerstand existiert ($G_i = 0$). Im folgenden werden an zwei Beispielen Möglichkeiten gezeigt, trotz dieser Verhältnisse Strom- in Spannungsquellen und umgekehrt umzuwandeln.
Die zur Berechnung des Stromes durch den Widerstand R_5 (Bild 2.45a) mit Hilfe des Satzes von der Ersatzspannungsquelle zu bestimmende Ersatz-EMK und der Ersatzinnenwiderstand sollen durch sukzessive Netzumwandlung ermittelt werden. Die EMK befindet sich in einem Zweig ohne Widerstand. Deshalb ist die Umwandlung der Spannungsquelle E in eine Stromquelle I_k nicht direkt durchführbar. Die Maschen- und Knotengleichungen für dieses Netzwerk bleiben aber unverändert, wenn zu der bestehenden EMK eine zweite EMK gleicher Größe parallelgeschaltet wird (Bild 2.45a, b). Die Punkte 1 und 2 haben hierin gleiches Potential. Zwischen ihnen fließt kein Strom. Ihre galvanische Verbindung kann getrennt werden (Bild 2.45b). Jetzt können beide Spannungsquellen in Stromquellen

$$I_{k1} = \frac{E}{R_1} \tag{2.304}$$

und

$$I_{k2} = \frac{E}{R_2} \tag{2.305}$$

umgewandelt werden (Bild 2.45c). Die Parallelschaltung von R_2 und R_4 ergibt (Bild 2.45d):

$$R_6 = \frac{R_2 R_4}{R_2 + R_4}. \tag{2.306}$$

I_{k2} läßt sich durch die Spannungsquelle $E_3 = I_{k2} R_6$ ersetzen (Bild 2.45e). Nachdem R_3 und R_6 zu $R_8 = R_6 + R_3$ zusammengefaßt sind, wird E_3 umgewandelt (Bild 2.45f) in die Stromquelle

$$I_{k3} = \frac{E_3}{R_8}. \tag{2.307}$$

Der Ersatzkurzschlußstrom ist dann

$$I_{k4} = I_{k1} + I_{k3} \tag{2.308}$$

und der Ersatzinnenwiderstand (Bild 2.45g)

$$R_9 = \frac{R_1 R_8}{R_1 + R_8}. \tag{2.309}$$

Die Ersatz-EMK ist (Bild 2.45h)

$$E_4 = I_{k3} R_9. \tag{2.310}$$

Damit ist die gestellte Aufgabe gelöst.

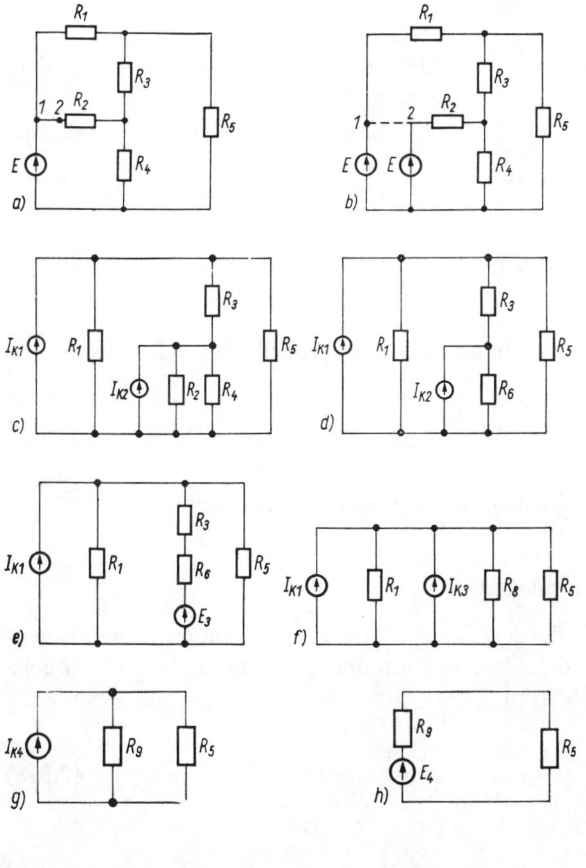

Bild 2.45

Im Netzwerk Bild 2.46a existiert parallel zu der Stromquelle I kein Zweig mit einem Widerstand. Deshalb ist in diesem Fall eine direkte Umwandlung der Stromquelle in eine Spannungsquelle unmöglich. Man kann aber, ohne die Kirchhoffschen Gleichungen zu verändern, eine zweite, gleich große Stromquelle I zu der vorhandenen in Reihe schalten und die Punkte 1 und 2 galvanisch verbinden, denn in der Verbindung 1 – 2 fließt entsprechend dem 1. Kirchhoffschen Satz für den Knotenpunkt 1 kein Strom (Bild 2.46b).

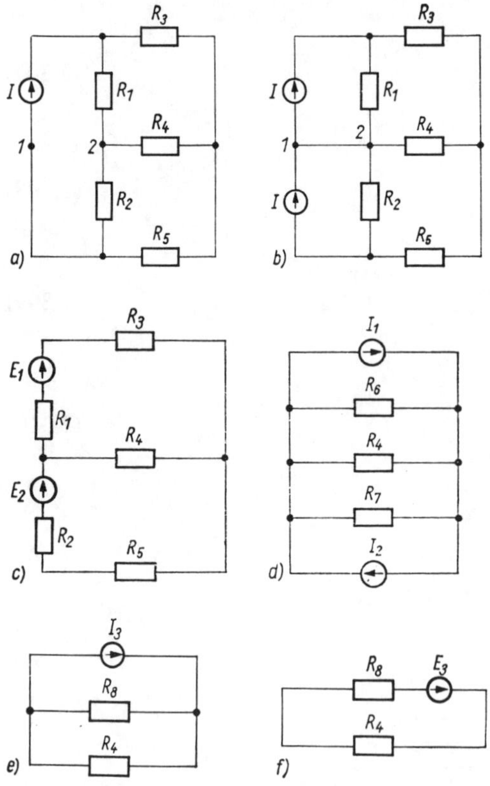

Bild 2.46

Die Stromquellen werden in Spannungsquellen $E_1 = IR_1$ nnd $E_2 = IR_2$ umgewandelt (Bild 2.46c).
Mit den Innenwiderständen

$$R_6 = R_1 + R_3 \tag{2.311}$$

und

$$R_7 = R_2 + R_5 \tag{2.312}$$

werden E_1 und E_2 durch die Stromquellen

$$I_1 = \frac{E_1}{R_6} \tag{2.313}$$

und

$$I_2 = \frac{E_2}{R_7} \tag{2.314}$$

ersetzt (Bild 2.46d).
Die Ströme I_1 und I_2 werden zu dem Strom

$$I_3 = I_1 + I_2, \tag{2.315}$$

die Widerstände R_6 und R_7 zu

$$R_8 = \frac{R_6 R_7}{R_6 + R_7} \tag{2.316}$$

zusammengefaßt (Bild 2.46e) und darauf in eine Spannungsquelle mit der EMK

$$E_3 = I_3 R_8 \tag{2.317}$$

umgewandelt (Bild 2.46f).
Damit ist das gegebene Netzwerk auf einen Grundstromkreis reduziert.

2.7.3.2. Netzwerke mit zwei Knotenpunkten

Sind mehrere Spannungsquellen mit der jeweiligen EMK E_ν und dem jeweiligen Innenwiderstand R_ν parallelgeschaltet (Bild 2.47a), so kann man jede durch eine Stromquelle mit dem entsprechenden Kurzschlußstrom

$$I_\nu = \frac{E_\nu}{R_\nu} \tag{2.318}$$

ersetzen (Bild 2.47b) und diese Stromquellen zu einer resultierenden

$$I = \sum_\nu I_\nu = \sum_\nu \frac{E_\nu}{R_\nu} \tag{2.319}$$

zusammenfassen (Bild 2.47c). Der Leitwert G_I ergibt sich aus

$$G_\mathrm{i} = \frac{1}{R_\mathrm{i}} = \sum_\nu \frac{1}{R_\nu}. \tag{2.320}$$

Nachdem nun die Stromquelle durch eine Spannungsquelle mit der EMK

$$E = \frac{I}{G_\mathrm{i}} = \frac{\sum\limits_\nu \frac{E_\nu}{R_\nu}}{\sum\limits_\nu \frac{1}{R_\nu}} \tag{2.321}$$

ersetzt worden ist, erhält man einen unverzweigten Stromkreis (Bild 2.47d), in dem die Berechnung des Stromes einfach ist.

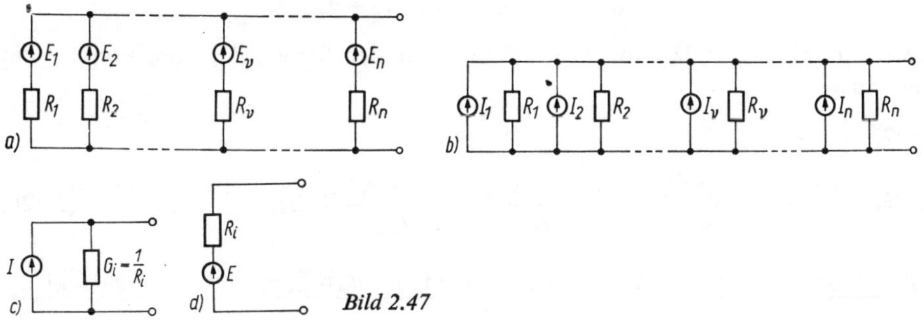

Bild 2.47

2.7.3.3. Stern-Polygon-Umwandlung

Eine bedeutende Vereinfachung bei der Behandlung elektrischer Netze kann man durch die sukzessive Umwandlung von Teilen des Netzes erzielen. Hierzu gehört die Umwandlung einer Sternschaltung von Widerständen in ein äquivalentes Polygon von Widerständen. Im folgenden wollen wir zeigen, daß man aus einem beliebigen Netz ein Teilnetz, das aus n in Stern geschalteten Widerständen besteht, herausgreifen und diesen

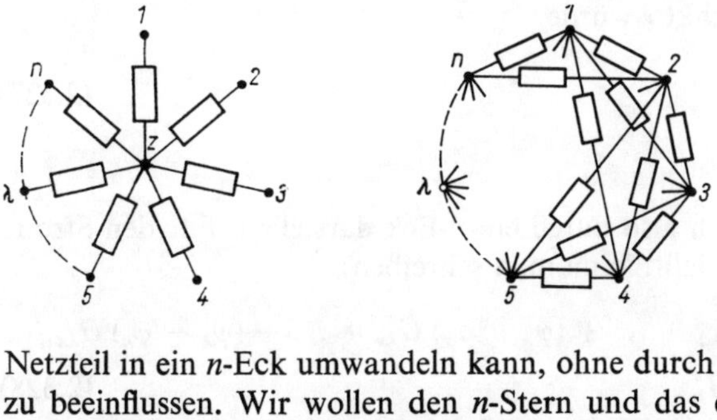

Bild 2.48

Netzteil in ein n-Eck umwandeln kann, ohne durch diese Umwandlung das übrige Netz zu beeinflussen. Wir wollen den n-Stern und das entsprechende n-Eck (Bild 2.48) betrachten und die Bedingungen feststellen, unter denen die Umwandlung durchzuführen ist.

Die Potentiale der Knotenpunkte 1, 2, 3, 4, ..., n, die zu dem übrigen Netz gehören, seien $\varphi_1, \varphi_2, \varphi_3, \varphi_4, \ldots, \varphi_n$. Das Potential des Sternpunktes z sei φ_z. Der Strom, der vom Punkt λ des n-Sternes abfließt, ist

$$I'_\lambda = \frac{\varphi_\lambda - \varphi_z}{R_{\lambda z}} = (\varphi_\lambda - \varphi_z)\, G_{\lambda z}. \tag{2.322}$$

$R_{\lambda z}$ ist der Widerstand, der zwischen dem Punkt λ und dem Sternpunkt z liegt, $G_{\lambda z}$ ist sein Leitwert. Für den Sternpunkt z gilt der 1. Kirchhoffsche Satz:

$$\sum_{\lambda=1}^{n} I'_\lambda = 0. \tag{2.323}$$

Dieser ergibt

$$(\varphi_1 - \varphi_z)\, G_{1z} + (\varphi_2 - \varphi_z)\, G_{2z} + \ldots + (\varphi_\lambda - \varphi_z)\, G_{\lambda z} + \ldots$$
$$+ (\varphi_n - \varphi_z)\, G_{nz} = 0. \tag{2.324}$$

Hieraus ergibt sich das Potential des Sternpunktes:

$$\varphi_z = \frac{\varphi_1 G_{1z} + \varphi_2 G_{2z} + \ldots + \varphi_\lambda G_{\lambda z} + \ldots + \varphi_n G_{nz}}{G_{1z} + G_{2z} + G_{3z} + \ldots + G_{\lambda z} + \ldots + G_{nz}}. \tag{2.325}$$

Wenn wir hiermit in (2.322) eingehen, erhalten wir den Strom, der vom Punkt λ des n-Sternes ausgeht:

$$\begin{aligned} I'_\lambda &= \varphi_\lambda G_{\lambda z} - \varphi_z G_{\lambda z} \\ &= \varphi_\lambda G_{\lambda z} - \frac{\varphi_1 G_{1z} + \varphi_2 G_{2z} + \ldots + \varphi_\lambda G_{\lambda z} + \ldots + \varphi_n G_{nz}}{G_{1z} + G_{2z} + \ldots + G_{\lambda z} + \ldots + G_{nz}}\, G_{\lambda z} \qquad (2.326) \\ &= \frac{(\varphi_\lambda - \varphi_1)\, G_{1z} G_{\lambda z} + (\varphi_\lambda - \varphi_2)\, G_{2z} G_{\lambda z} + \ldots + (\varphi_\lambda - \varphi_\lambda) G_{\lambda z}^2 + \ldots + (\varphi_\lambda - \varphi_n)\, G_{nz} G_{\lambda z}}{\sum\limits_{\mu=1}^{n} G_z}. \end{aligned}$$

Im Zähler erscheinen $n - 1$ Summanden; denn das λ-te Glied ist null. Aus dieser Gleichung ersieht man also, daß man den Strom von irgendeinem der n-Sternpunkte des Sterns als Summe von $n - 1$ Teilströmen, die den Potentialunterschieden zwischen den betreffenden Knotenpunkten proportional sind, darstellen kann.

Auf diese Weise ist es uns gelungen, den Strom I'_λ als Summe von Teilströmen, die vom Punkt λ zu den übrigen $n - 1$ Sternpunkten des n-Sternes fließen, darzustellen.

Der Teilstrom vom Punkt λ zum Punkt ν würde

$$I'_{\lambda\nu} = \frac{(\varphi_\lambda - \varphi_\nu)\, G_{\nu z} G_{\lambda z}}{\sum\limits_{\mu=1}^{n} G_{\mu z}} \tag{2.327}$$

sein. Der n-Stern (Bild 2.48) läßt sich also durch ein n-Eck darstellen. Für den Strom, der aus dem Punkt λ des n-Ecks abfließt, kann man schreiben:

$$\begin{aligned} I''_\lambda &= (\varphi_\lambda - \varphi_1)\, G_{\lambda 1} + (\varphi_\lambda - \varphi_2)\, G_{\lambda 2} + \ldots + (\varphi_\lambda - \varphi_\nu)\, G_{\lambda \nu} + \ldots + (\varphi_\lambda - \varphi_n)\, G_{\lambda n} \\ &= I''_{\lambda 1} + I''_{\lambda 2} + \ldots + I''_{\lambda \nu} + \ldots + I''_{\lambda n}, \qquad (2.328) \end{aligned}$$

$$I''_{\lambda\nu} = (\varphi_\lambda - \varphi_\nu)\, G_{\lambda\nu}. \tag{2.329}$$

Damit I'_λ gleich I''_λ wird, muß Gleichheit der entsprechenden Teilströme in (2.327) und (2.329) bestehen:

$$I''_{\lambda\nu} = I'_{\lambda\nu}, \tag{2.330}$$

also

$$G_{\lambda\nu} = \frac{G_{\nu z} G_{\lambda z}}{\sum\limits_{\mu=1}^{n} G_{\mu z}}. \tag{2.331}$$

Jeder n-Stern kann also in ein gleichwertiges n-Eck umgewandelt werden, wobei die Bedingung (2.331) zu erfüllen ist.
Die Zahl der Eckpunkte des n-Ecks ist n. Die Teilströme zu den Eckpunkten, d.h. die Zahl der Zweige, die von jedem Eckpunkt ausgehen, ist $n - 1$. Ein jeder Zweig verbindet aber zwei Eckpunkte, d.h., die Zahl der Zweige beträgt

$$z = \frac{n}{2}(n - 1). \tag{2.332}$$

Der umgekehrte Vorgang, d.h. die Umwandlung eines n-Ecks in einen n-Stern, ist im allgemeinen nicht möglich, denn die Bedingung ergäbe $n(n-1)/2$ Gleichungen des n-Ecks für die n Unbekannten des n-Sternes. Nur in dem Fall

$$n = \frac{n}{2}(n - 1), \qquad n = 3 \tag{2.333}$$

kann man ein Dreieck in einen Dreistern umwandeln. Mit den Beziehungen von Bild 2.48 erhält man die folgenden Umwandlungsgleichungen:

$$R_{1z} = \frac{R_{12}R_{13}}{R_{12} + R_{13} + R_{23}}, \qquad R_{2z} = \frac{R_{12}R_{23}}{R_{12} + R_{13} + R_{23}},$$

$$R_{3z} = \frac{R_{13}R_{23}}{R_{12} + R_{13} + R_{23}}. \tag{2.334}$$

Für die umgekehrte Umwandlung gilt

$$G_{12} = \frac{1}{R_{12}} = \frac{G_{1z}G_{2z}}{G_{1z} + G_{2z} + G_{3z}},$$

$$G_{13} = \frac{1}{R_{13}} = \frac{G_{1z}G_{2z}}{G_{1z} + G_{2z} + G_{3z}}, \tag{2.335}$$

$$G_{23} = \frac{1}{R_{23}} = \frac{G_{2z}G_{3z}}{G_{1z} + G_{2z} + G_{3z}}.$$

Hierbei bedeuten

$$G_{1z} = \frac{1}{R_{1z}}, \qquad G_{2z} = \frac{1}{R_{2z}}, \qquad G_{3z} = \frac{1}{R_{3z}}. \tag{2.336}$$

2.7.4. Duale Beziehungen

Bild 2.49 zeigt die Widerstände R_1 und R_2, die einmal in Reihe und einmal parallelgeschaltet sind.
Für den ersten Fall gilt

$$U = IR_1 + IR_2 = I(R_1 + R_2). \tag{2.337}$$

Der Gesamtwiderstand beträgt

$$R = \frac{U}{I} = R_1 + R_2. \tag{2.338}$$

Der Gesamtleitwert beträgt

$$G = \frac{I}{U} = \frac{1}{R_1 + R_2} = \frac{1}{\frac{1}{G_1} + \frac{1}{G_2}} = \frac{G_1 G_2}{G_1 + G_2}. \tag{2.339}$$

In dem zweiten Fall ist

$$I = I_1 + I_2 = G_1 U + G_2 U = U(G_1 + G_2). \tag{2.340}$$

Für den Gesamtleitwert gilt

$$G = \frac{I}{U} = G_1 + G_2. \tag{2.341}$$

Für den Gesamtwiderstand gilt

$$R = \frac{U}{I} = \frac{1}{G_1 + G_2} = \frac{1}{\frac{1}{R_1} + \frac{1}{R_2}} = \frac{R_1 R_2}{R_1 + R_2}. \tag{2.342}$$

Aus den obenstehenden Gleichungen ersieht man, daß man formal die Gleichungen für die Parallelschaltung ableiten kann, indem man überall in den Gleichungen für die Reihenschaltung Strom statt Spannung und Widerstand statt Leitwert schreibt bzw. umgekehrt.

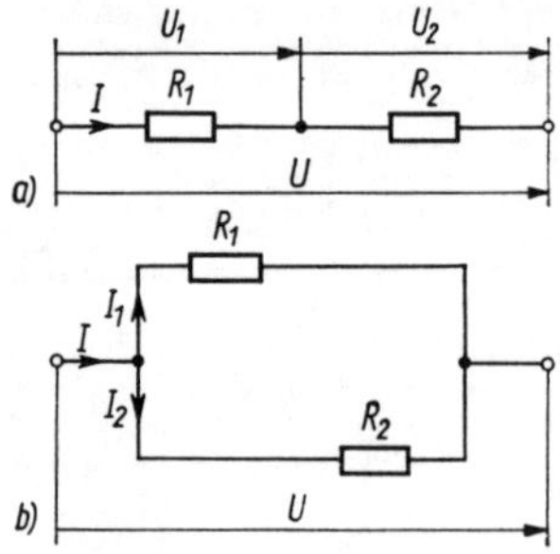

Bild 2.49

Beziehungen, bei denen ein solches Vertauschen möglich ist, nennt man duale Beziehungen. Duale Größen sind

Spannung und Strom,
Widerstand und Leitwert,
Parallelschaltung und Reihenschaltung.

Duale Schaltungen sind auch die Ersatzspannungsquelle (Bild 2.42) und die Ersatzstromquelle (Bild 2.43). Tatsächlich ist

$$U = E - IR_i, \qquad I = \frac{E}{R_i + R},$$

$$I = I_k - UG_i, \qquad U = \frac{I_k}{G_i + G}. \tag{2.343}$$

Der Grund für die Dualität der oben angeführten Beziehungen liegt in der Dualität der Kirchhoffschen Sätze.

2.8. Schaltungen zum Vergleich und zur Kompensation elektrischer Größen

2.8.1. Brückenschaltung

2.8.1.1. Unabhängigkeit der Diagonalzweige

Bild 2.50 zeigt den allgemeinsten Fall einer linearen Brückenschaltung, die in jedem Zweig eine EMK und einen Widerstand enthält. Bei der Behandlung dieses Netzwerks wollen wir nach der Bedingung fragen, bei der der Strom in dem einen Brückenzweig unabhängig ist von dem Zustand in dem anderen Brückenzweig (Öffnen und Schließen des Schalters S_6). Das Öffnen des Schalters S_6 ist gleichwertig mit der Einführung einer EMK E_6' mit einem Wert, bei dem I_6 gleich Null ist.

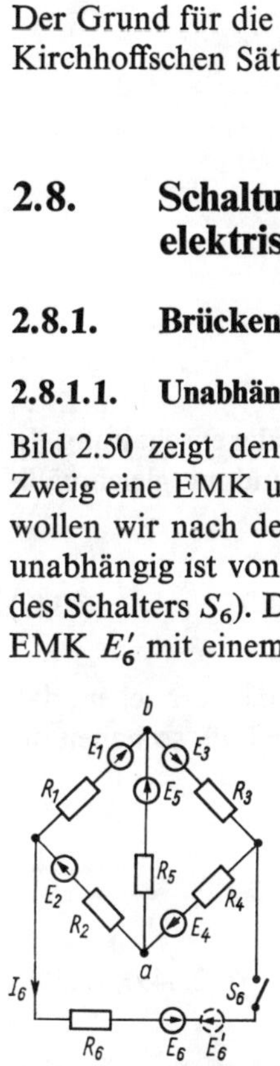

Bild 2.50

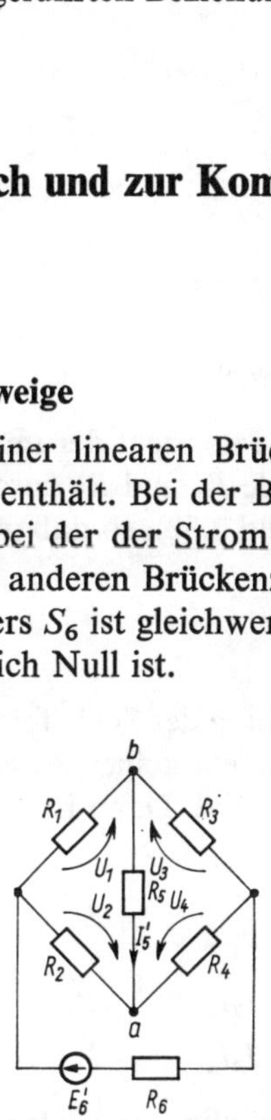

Bild 2.51

Weil das Superpositionsprinzip gilt, kann der Strom I_5 aus Teilströmen infolge der Wirkung der Spannungsquellen E_1 bis E_6 und E_6' zusammengesetzt werden. Der Strom I_5 ist unabhängig von den Verhältnissen im Zweig 6, wenn der Teilstrom I_5' infolge der EMK E_6' verschwindet. Es braucht also nur die Bedingung ermittelt zu werden, unter der im Zweig 5 kein Strom fließt, wenn sich nur im Zweig 6 eine EMK befindet (Bild 2.51). Der Strom I_5' ist dann gleich Null, wenn die Punkte a und b gleiches Potential haben. Es muß also gelten

$$U_1 = U_2, \qquad U_3 = U_4, \tag{2.344}$$

d.h.

$$\frac{U_1}{U_3} = \frac{U_2}{U_4} = \frac{I_1 R_1}{I_1 R_3} = \frac{I_2 R_2}{I_2 R_4} \tag{2.345}$$

bzw.

$$\frac{R_1}{R_3} = \frac{R_2}{R_4}. \tag{2.346}$$

Dies ist die gesuchte Bedingung für die Unabhängigkeit der Diagonalzweige. Sie wird als Abgleichbedingung der Brücke bezeichnet.
Unter diesen Bedingungen fließt bei einer Brücke, die nur eine EMK in nur einem der Diagonalzweige enthält, in dem anderen Diagonalzweig kein Strom.

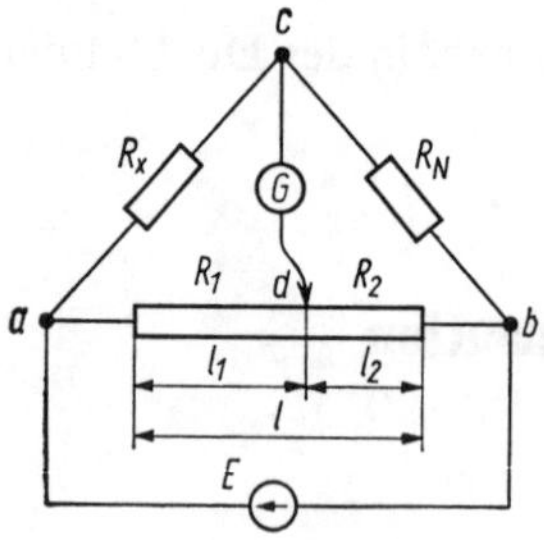

Bild 2.52

2.8.1.2. Wheatstonesche Brücke

Die Wheatstonesche Brücke entspricht der im Bild 2.51 gezeigten Brückenschaltung. In dieser werden die Widerstände R_1 und R_2 durch einen Drahtwiderstand mit gleichmäßigem Querschnitt gebildet (Bild 2.52), so daß gilt:

$$\frac{R_1}{R_2} = \frac{l_1}{l_2}. \tag{2.347}$$

Durch eine geeignete Einstellung des Schleifers auf dem Draht kann man erreichen, daß das eingeschaltete Meßinstrument keinen Ausschlag zeigt. Ist das der Fall, so haben die Punkte c und d gleiches Potential. Dann ist

$$\frac{U_{ac}}{U_{cb}} = \frac{U_{ad}}{U_{db}}, \tag{2.348}$$

$$\frac{I_1 R_x}{I_1 R_\mathrm{N}} = \frac{I_2 R_1}{I_2 R_2} = \frac{I_2 l_1}{I_2 l_2}, \qquad \frac{R_x}{R_\mathrm{N}} = \frac{R_1}{R_2} = \frac{l_1}{l_2}. \qquad (2.349), (2.350)$$

Diese Schaltung wird sehr häufig zur Widerstandsmessung benutzt. Ist R_x der unbekannte zu messende Widerstand und R_N ein bekannter Widerstand, so gilt

$$R_x = R_\mathrm{N} \frac{l_1}{l_2} = R_\mathrm{N} \frac{l_1}{l - l_1}. \tag{2.351}$$

Auf diese Weise ist die Widerstandsmessung auf eine Längenmessung zurückgeführt. Man könnte theoretisch mit einem einzigen bekannten Widerstand R_N alle beliebigen Widerstandswerte messen. Die Brückenmethode liefert aber nur in dem mittleren Bereich des veränderbaren Spannungsteilers genaue Werte. Der zu messende Widerstand muß also ungefähr gleich dem Vergleichswiderstand sein. Je mehr man an die Drahtenden heranrückt, desto unangenehmer machen sich kleine Einstellungsungenauigkeiten Δl auf das Ergebnis bemerkbar.
Technische Ausführungen von Meßbrücken enthalten umschaltbare Normalsätze von

Widerständen, die um Zehnerfaktoren veränderbar sind. Hierbei trägt die Schieberskala direkt das Verhältnis $l_1/(l - l_1)$. Der abgelesene Wert wird dann mit dem dekadischen Wert von R_N multipliziert.

2.8.1.3. Verstimmte Brücke

Berechnung des Brückenstroms mit Hilfe des Satzes von der Kompensation

Die im Bild 2.53a gezeigte Brücke sei abgeglichen. Zum Beispiel durch eine Temperaturänderung $\Delta\vartheta$ möge sich der Widerstand R_1 um ΔR_1 ändern. Die Brücke ist dann nicht mehr abgeglichen. Durch den Indikator fließt der Strom I_0. Der Ausschlag α des Instruments ist eine Funktion der Widerstandsänderung.
Nach dem Satz von der Kompensation kann die Widerstandsänderung ΔR_1 durch eine EMK

$$E_1 = -I_1 \, \Delta R_1 \tag{2.352}$$

ersetzt werden (Bild 2.53b). Nun ist die Brücke wieder abgeglichen; die Bedingung für die Unabhängigkeit der Brückendiagonalen (2.346) ist erfüllt, und der Diagonalzweig *a–b* kann weggelassen werden, da er keinen Einfluß auf I_0 hat.

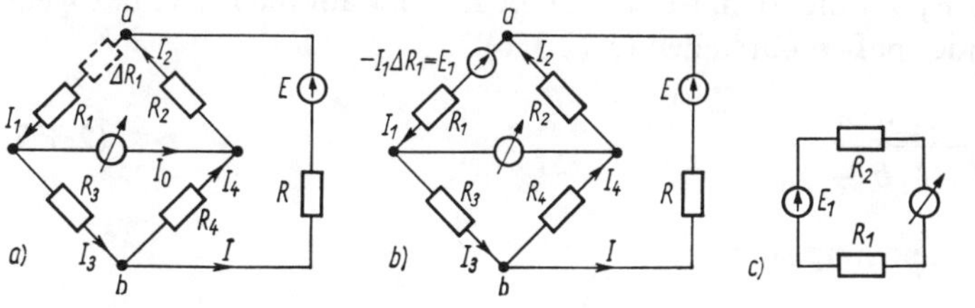

Bild 2.53

Wenn der Innenwiderstand des Instruments gegenüber $R_3 + R_4$ vernachlässigbar ist, geht die Schaltung in den leicht zu berechnenden unverzweigten Stromkreis in Bild 2.53c über.

Berechnung des Brückenstroms nach dem Satz von der Ersatzspannungsquelle

Nach dem Satz von der Ersatzspannungsquelle wird der Strom I_5 (Bild 2.54) aus der Spannung U_e und dem Widerstand R_i zwischen den Punkten *a* und *b* bei herausgetrenntem Zweig *a–b* bestimmt:

$$I_5 = \frac{U_e}{R_i + R_5}. \tag{2.353}$$

Die Leerlaufspannung U_e zwischen den Punkten *a* und *b* ist die Differenz der Teilspannungen an den beiden Spannungsteilern R_2, R_4 und R_1, R_3:

$$U_e = E\frac{R_1}{R_1 + R_3} - E\frac{R_2}{R_2 + R_4} = E\frac{R_1R_4 - R_2R_3}{(R_1 + R_3)(R_2 + R_4)}. \tag{2.354}$$

Wenn die EMK keinen Innenwiderstand hat, ist der Ersatzinnenwiderstand R_I die Reihenschaltung der Parallelschaltungen von R_1, R_3 und R_2, R_4:

$$R_i = \frac{R_1R_3}{R_1 + R_3} + \frac{R_2R_4}{R_2 + R_4}. \tag{2.355}$$

Damit erhält man den Brückenstrom

$$I_5 = \frac{E\,(R_1R_4 - R_2R_3)}{R_5\,(R_1 + R_3)\,(R_2 + R_4) + R_1R_3\,(R_2 + R_4) + R_2R_4\,(R_1 + R_3)}. \tag{2.356}$$

Man erkennt sofort wieder die Abgleichbedingung (2.346) bei $I_5 = 0$.

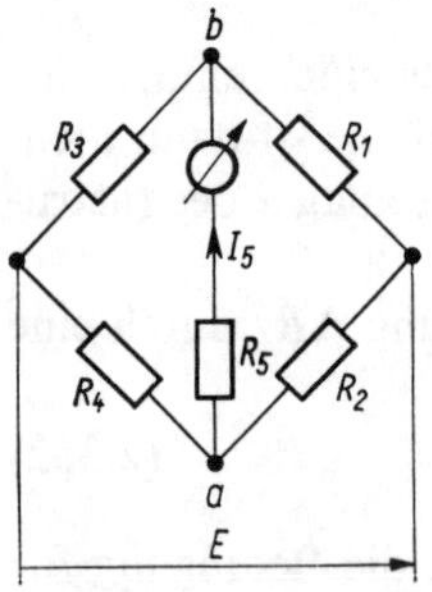

Bild 2.54

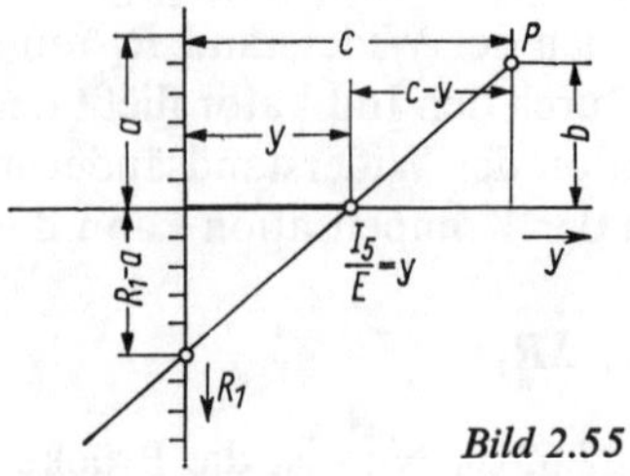

Bild 2.55

Grafische Ermittlung des Brückenstroms bei Änderung eines Zweigwiderstands

Wenn nur der Widerstand R_1 veränderlich ist, dann läßt sich der auf die EMK bezogene Brückenstrom I_5/E folgendermaßen darstellen (s. (2.356)):

$$\frac{I_5}{E} = y = c\,\frac{R_1 - a}{R_1 + b - a}. \tag{2.357}$$

Die Konstanten in dieser Gleichung sind

$$a = \frac{R_2R_3}{R_4}, \tag{2.358}$$

$$b - a = \frac{(R_2R_4 + R_2R_5 + R_4R_5)\,R_3}{R_2R_3 + R_2R_4 + R_2R_5 + R_3R_4 + R_4R_5}, \tag{2.359}$$

$$c = \frac{R_4}{R_2R_3 + R_2R_4 + R_2R_5 + R_3R_4 + R_4R_5}. \tag{2.360}$$

(2.357) gestattet in der Form

$$\frac{b}{R_1 - a} = \frac{c - y}{y} \tag{2.361}$$

die grafische Ermittlung des Brückenstroms nach Bild 2.55. Für $R_1 = a$ ist $I_5/E = 0$. In (2.358) erkennt man für $R_1 = a$ die Abgleichbedingung wieder.

2.8.2. Spannungskompensation

Bei den Spannungskompensatoren schaltet man einer Spannung U eine regelbare Kompensationsspannung U_k entgegen (Bild 2.56). Offensichtlich ist

$$\Delta U = U - U_k. \tag{2.362}$$

Diesen Unterschied kann man mit einem sehr empfindlichen Instrument (Nullinstrument) messen. Durch Veränderung von U_k kann die Kompensation, d.h.

$$\Delta U = 0, \tag{2.363}$$

erzielt werden. Ist die Kompensation erreicht, so fließt im Zweig *a–c* kein Strom, und es ist

$$U_k = U = E. \tag{2.364}$$

Hiermit kann man Spannungen mit der Spannung eines Normalelements vergleichen. Dabei arbeitet das Normalelement im Leerlauf.

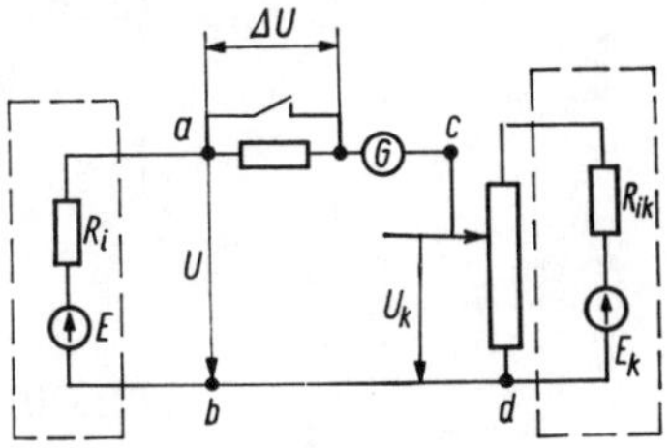

Bild 2.56

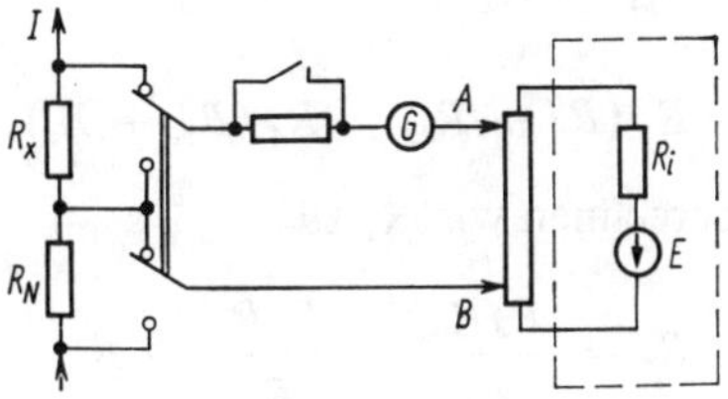

Bild 2.57

2.8.2.1. Kompensationsmethode zur Widerstandsmessung

Auf der Kompensationsmethode beruht eine sehr genaue Methode zur Messung von Widerständen (Bild 2.57). Man schaltet den unbekannten Widerstand R_x in Reihe mit einem bekannten Normalwiderstand R_N und läßt durch beide denselben Strom *I* fließen. Darauf kompensiert man die Einrichtung der Reihe nach an den Klemmen von R_x und von R_N. Bei der Kompensation an den Klemmen von R_x sei der Widerstand zwischen den Punkten *A* und *B* gleich *R'*, während er bei der Kompensation an den Klemmen von R_N gleich *R''* betragen möge.

Wenn über den Kompensationszweig kein Strom fließt, ist die Spannung zwischen den Punkten *A* und *B* proportional dem Widerstand zwischen *A* und *B*. Es gilt also

$$\frac{R_x}{R_N} = \frac{R'}{R''}. \tag{2.365}$$

Der Vorteil der Kompensationsmethode gegenüber der Brückenmethode ist der, daß der Widerstand der Leiter, mit denen der gesuchte Widerstand an die Apparatur angeschlossen ist, das Meßergebnis nicht fälscht. Diese Methode ist imstande, genaue Ergebnisse sogar bei kleinsten Widerstandswerten sicherzustellen.

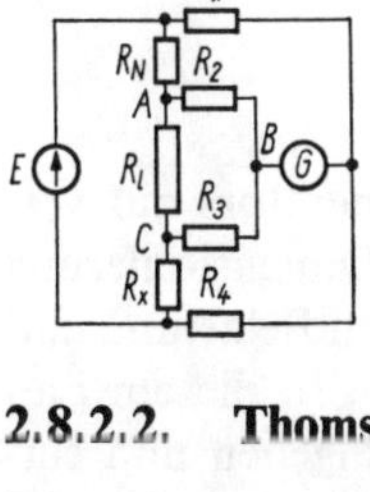

Bild 2.58

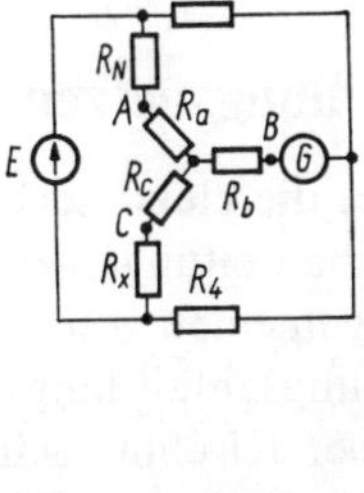

Bild 2.59

2.8.2.2. Thomsonsche Brücke

Die Thomsonsche Brücke (Bild 2.58) vereinigt die Kompensationsmethode mit der Brückenmethode. Hierbei bedeuten R_N den Vergleichsnormalwiderstand, R_x den gesuchten Widerstand und R_l den Widerstand der Verbindungsleiter.

Um die Abgleichbedingungen für die Thomsonsche Brücke zu finden, wollen wir das Widerstandsdreieck *ABC* in einen Widerstandsstern umwandeln. Auf diese Weise erhalten wir das Schaltbild Bild 2.59. Hierbei sind

$$R_a = \frac{R_l R_2}{R_l + R_2 + R_3}, \qquad R_c = \frac{R_l R_3}{R_l + R_2 + R_3}. \qquad (2.366), (2.367)$$

Durch diese Umwandlung ist es uns gelungen, die Thomsonsche Brücke auf die bereits bekannte Wheatstonesche Brücke zurückzuführen. Die Abgleichbedingungen lauten in diesem Fall

$$\frac{R_1}{R_4} = \frac{R_N + R_a}{R_x + R_c} \qquad (2.368)$$

oder

$$R_1 (R_x + R_c) = R_4 (R_N + R_a). \qquad (2.369)$$

Hieraus berechnen wir R_x zu

$$R_x = \frac{R_4 R_N}{R_1} + \frac{R_4 R_a}{R_1} - R_c \qquad (2.370)$$

oder

$$R_x = \frac{R_4 R_N}{R_1} + \frac{R_4}{R_1} \frac{R_l R_2}{R_l + R_2 + R_3} - \frac{R_l R_3}{R_l + R_2 + R_3}, \qquad (2.371)$$

$$R_x = \frac{R_4 R_N}{R_1} + \frac{R_l R_2}{R_l + R_2 + R_3} \left(\frac{R_4}{R_1} - \frac{R_3}{R_2} \right). \qquad (2.372)$$

Nun kann man durch technische Maßnahmen (Doppelkurbeln) das Verhältnis

$$\frac{R_4}{R_1} = \frac{R_3}{R_2} \qquad (2.373)$$

immer aufrechterhalten. Dann bleibt

$$R_x = R_N \frac{R_4}{R_1}. \qquad (2.374)$$

Diese Gleichung stellt die Abgleichbedingung für die gewöhnliche Wheatstonesche Brücke dar. Offensichtlich ist das Ergebnis nicht von dem Widerstand R_l der Verbindungsleiter abhängig.

2.9. Behandlung von Verteilungsnetzen

Verteilungsnetze haben die Aufgabe, die elektrische Energie eines Generators auf verschiedene Verbraucher über elektrische Leitungen zu verteilen. Bei der Dimensionierung der Verteilungsnetze geht man im allgemeinen von einer vorgeschriebenen Belastung und von dem maximal zulässigen Spannungsabfall längs der Leitungen aus. In diesem Fall kann man die direkte Anwendung der Kirchhoffschen Gleichungen umgehen und einfachere Ausdrücke zur Bemessung der Leitungen schaffen.

Unter offenen Verteilungsnetzen werden wir solche Verteilungsnetze verstehen, bei denen die Speisung nur von einer Seite erfolgt.

Ein Abschnitt eines derartigen Netzes wird im Bild 2.60 gezeigt. Er besteht aus zwei Leitern, woran in bestimmten Abständen Verbraucher angeschlossen sind, so daß an diesen Stellen Ströme entnommen werden. Den Widerstand dieser Doppelleitung denken wir uns in einem Leiter konzentriert. Der Spannungsabfall zwischen den Punkten A und B ist

$$\Delta U = (I_1 + I_2 + I_3) R_1 + (I_2 + I_3) R_2 + I_3 R_3$$
$$= I_1 R_1 + I_2 (R_1 + R_2) + I_3 (R_1 + R_2 + R_3). \qquad (2.375)$$

Wegen der formalen Ähnlichkeit des Ausdrucks

$$M_i = I_n (R_1 + R_2 + R_3 + \ldots + R_n) \qquad (2.376)$$

mit dem Ausdruck für das mechanische Moment nennt man ihn Strommoment. Der Spannungsabfall vom Anfang der Leitung bis zu der letzten Stromabnahmestelle ist gleich der Summe der Strommomente.

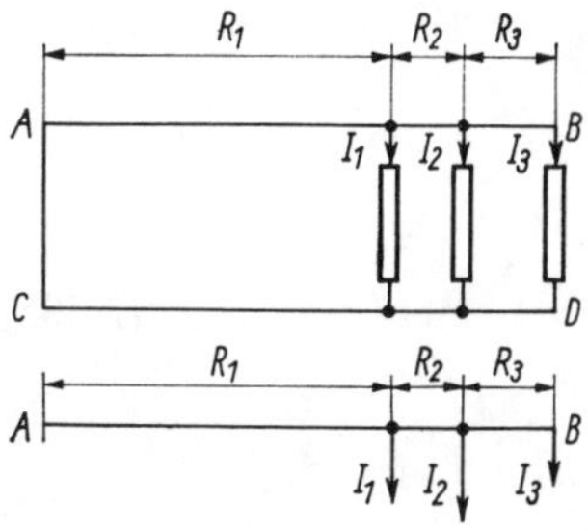

Bild 2.60

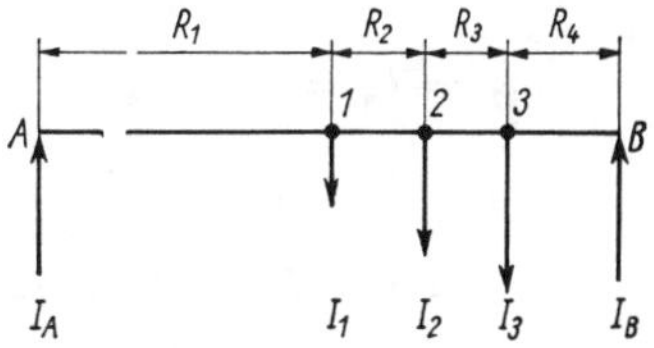

Bild 2.61

Es existieren auch Verteilungsleitungen, bei denen die Speisung doppelseitig erfolgt (von den Punkten A und B im Bild 2.61). Mit ΔU_{AB} wollen wir die Spannung zwischen den Punkten A und B bezeichnen.
Es gilt

$$\Delta U_{AB} = I_A R_1 + (I_A - I_1) R_2 + (I_A - I_1 - I_2) R_3 + (I_A - I_1 - I_2 - I_3) R_4. \qquad (2.377)$$

Hieraus bestimmen wir I_A zu

$$I_A = \frac{I_1 (R_2 + R_3 + R_4)}{R_1 + R_2 + R_3 + R_4} + \frac{I_2 (R_3 + R_4)}{R_1 + R_2 + R_3 + R_4}$$
$$+ \frac{I_3 R_4}{R_1 + R_2 + R_3 + R_4} + \frac{\Delta U_{AB}}{R_1 + R_2 + R_3 + R_4}. \qquad (2.378)$$

Auf dieselbe Art finden wir

$$I_B = \frac{I_3 (R_1 + R_2 + R_3)}{R_1 + R_2 + R_3 + R_4} + \frac{I_2 (R_1 + R_2)}{R_1 + R_2 + R_3 + R_4}$$
$$+ \frac{I_1 R_1}{R_1 + R_2 + R_3 + R_4} - \frac{\Delta U_{AB}}{R_1 + R_2 + R_3 + R_4}. \qquad (2.379)$$

Wenn zwischen den Stromzuführungspunkten kein Potentialunterschied besteht, ist

$$\Delta U_{AB} = 0 \qquad (2.380)$$

oder

$$I_A = \frac{I_1 (R_2 + R_3 + R_4)}{\Sigma R} + \frac{I_2 (R_3 + R_4)}{\Sigma R} + \frac{I_3 R_4}{\Sigma R}, \tag{2.381}$$

$$I_B = \frac{I_3 (R_1 + R_2 + R_3)}{\Sigma R} + \frac{I_2 (R_1 + R_2)}{\Sigma R} + \frac{I_1 R_1}{\Sigma R}. \tag{2.382}$$

Mit I soll die Summe der Ströme, die von der Leitung abfließen, bezeichnet werden:

$$I = I_1 + I_2 + I_3 + \dots + I_n. \tag{2.383}$$

In diesem Falle ist

$$I = I_A + I_B. \tag{2.384}$$

Hieraus folgt für die Ströme in den Abschnitten

$$\begin{aligned} I_{A1} &= I_A = I - I_B, \\ I_{12} &= I - I_B - I_1, \\ I_{23} &= I - I_B - (I_1 + I_2), \\ &\vdots \\ I_{(n-1)n} &= I - I_B - (I_1 + I_2 + \dots + I_{n-1}), \\ I_{nB} &= I - I_B - (I_1 + I_2 + \dots + I_{n-1} + I_n) = -I_B. \end{aligned} \tag{2.385}$$

Die Spannungsabfälle längs der Abschnitte sind dann

$$\begin{aligned} U_{A1} &= (I - I_B) R_1, \\ U_{12} &= (I - I_B - I_1) R_2 = (I - I_B) R_2 - I_1 R_2, \\ U_{A2} &= U_{A1} + U_{12} = (I - I_B)(R_1 + R_2) - I_1 R_2, \\ U_{23} &= [I - I_B - (I_1 + I_2)] R_3, \\ U_{A3} &= (I - I_B)(R_1 + R_2 + R_3) - I_1 (R_2 + R_3) - I_2 R_3, \\ U_{An} &= (I - I_B)(R_1 + R_2 + R_3 + \dots + R_n) - I_1 (R_2 + R_3 + \dots + R_n) \\ &\quad - I_2 (R_3 + R_4 + \dots + R_n) - \dots - I_{(n-1)} R_n, \\ U_{AB} &= 0. \end{aligned} \tag{2.386}$$

Wenn zwischen den Punkten A und B eine Potentialdifferenz besteht, so ist

$$\Delta U_{AB} \neq 0. \tag{2.387}$$

In diesem Fall fließt zwischen den Punkten A und B ein Ausgleichsstrom, dessen Größe

$$\Delta I = \frac{\Delta U_{AB}}{R_1 + R_2 + \dots + R_n} \tag{2.388}$$

beträgt. Dann ist

$$\begin{aligned} I'_A &= I_A + \Delta I, \\ I'_{12} &= I_{12} + \Delta I, \\ &\vdots \\ I'_B &= I_B - \Delta I \end{aligned} \tag{2.389}$$

und

$$\begin{aligned} U'_{A1} &= U_{A1} + \Delta I\, R_1, \\ U'_{A2} &= U_{A2} + \Delta I\,(R_1 + R_2), \\ &\vdots \\ U'_{An} &= U_{An} + \Delta I\,(R_1 + R_2 + \ldots + R_n), \\ &\vdots \\ U'_{AB} &= \Delta U_{AB}. \end{aligned} \tag{2.390}$$

Es wird nun angenommen, daß zwischen den zwei Endpunkten A und B der Leitung (Bild 2.62) kein Potentialunterschied besteht. In dem Punkt C wird ein Strom I entnommen. Der Widerstand in dem Abschnitt AC ist R_1, der Widerstand des Abschnitts BC ist R_2. Der Strom I ist zusammengesetzt aus I_A und I_B. Hierbei sind

$$I_A = \frac{IR_2}{R_1 + R_2}, \qquad I_B = \frac{IR_1}{R_1 + R_2}. \tag{2.391), (2.392}$$

Die Spannung zwischen A und einem Punkt x, dem ein Widerstand R_x zwischen A und x entspricht, ist im Bereich AC

$$\Delta U_x = I_A R_x = \frac{IR_2}{R_1 + R_2} R_x \tag{2.393}$$

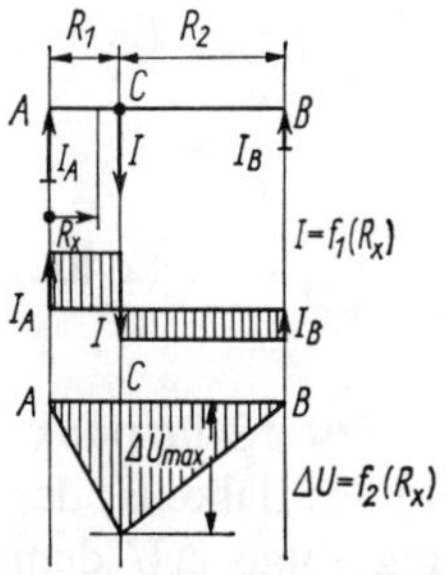

Bild 2.62

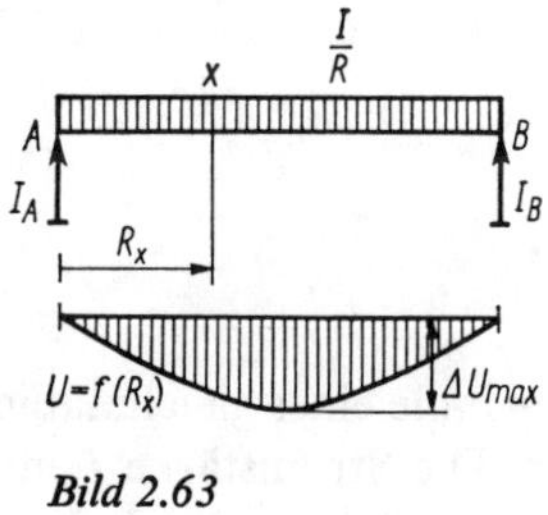

Bild 2.63

und zwischen B und x im Bereich CB

$$\Delta U_x = I_B (R_1 + R_2 - R_x) = \frac{IR_1}{R_1 + R_2} (R_1 + R_2 - R_x). \tag{2.394}$$

Der größte Spannungsabfall stellt sich im Punkt C ein. Er beträgt

$$\Delta U_{x\,\max} = U_{AC} = U_{BC} = \frac{IR_1 R_2}{R_1 + R_2}. \tag{2.395}$$

Die oben abgeleiteten Gleichungen sind formal dieselben wie die Momentengleichungen einer Kraft I, die auf einen zweifach gestützten Balken wirkt, wobei die Länge des Balkens $(R_1 + R_2)$ beträgt.
Wenn man aus der oben angeführten Leitung in gleichen Abschnitten gleiche Ströme entnimmt, so ist bei gleichmäßiger Verteilung des Widerstands (Bild 2.63)

$$I_A = I_B = \frac{I}{2}, \quad \text{wobei} \quad I = I_1 + I_2 + I_3 + \ldots + I_n \quad \text{ist.} \tag{2.396}$$

Auf einen Abschnitt dR des Widerstands entfällt eine Abnahme des Stromes längs der Leitung von der Größe

$$\mathrm{d}I = \frac{I}{R}\,\mathrm{d}R\,. \tag{2.397}$$

Der Strom durch den Leiter in einem Abstand x vom Punkte A, dem ein Widerstand R_x entspricht, ist

$$I_x = \frac{I}{2} - \frac{I}{R}\,R_x. \tag{2.398}$$

Der Spannungsabfall längs des Widerstandselements dR_x ist

$$\mathrm{d}U = \left(\frac{I}{2} - \frac{I}{R}\,R_x\right)\mathrm{d}R_x \tag{2.399}$$

oder

$$\Delta U = \int_0^{R_x} \left(\frac{I}{2} - \frac{I}{R}\,R_x\right)\mathrm{d}R_x = \frac{I}{2}\,R_x\left(1 - \frac{R_x}{R}\right). \tag{2.400}$$

Der maximale Spannungsabfall ΔU_{max} stellt sich bei

$$R_x = \frac{R}{2} \tag{2.401}$$

ein. Er beträgt

$$\Delta U_{max} = \frac{IR}{8}. \tag{2.402}$$

Das obige Beispiel ist dem Falle eines gleichmäßig belasteten Balkens auf zwei Stützpunkten aus der Statik analog. Die Stromstärke I entspricht der Belastung des Balkens; der Widerstand R entspricht der Länge des Balkens und der Spannungsabfall ΔU dem mechanischen Moment. Die oben gemachten Ableitungen gelten auch für Ringleitungen. Bei diesen liegen die Punkte A und B aufeinander. Bei der Projektierung von Verteilernetzen, bei denen die Belastung von vornherein nicht ganz genau bestimmt ist, wendet man häufig (2.402) an.
Wenn man von der Analogie ausgeht, die zwischen (2.375) und der Momentengleichung aus der Mechanik besteht, läßt sich die grafische Methode zur Bestimmung der Momente über die Länge des Balkens aus der Statik anwenden. Die Verteilung der Momente entspricht dem Spannungsabfall längs der Leitung (Bild 2.64).
Die Analogie zwischen den Gleichungen für die Momente bei einem Balken, der mit

mehreren Kräften belastet ist, und dem Spannungsabfall längs der Leitung erlaubt uns, bei doppelseitiger Speisung der Leitung ($\Delta U = 0$) zu der aus der Statik bekannten Konstruktion mittels des Kräftepolygons zu greifen (Bild 2.65).

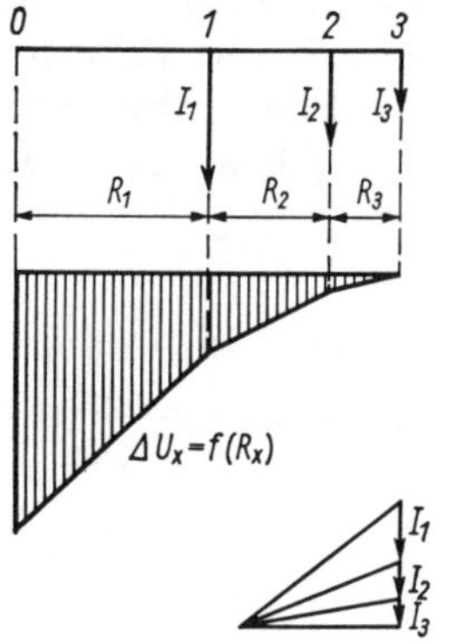

Bild 2.64

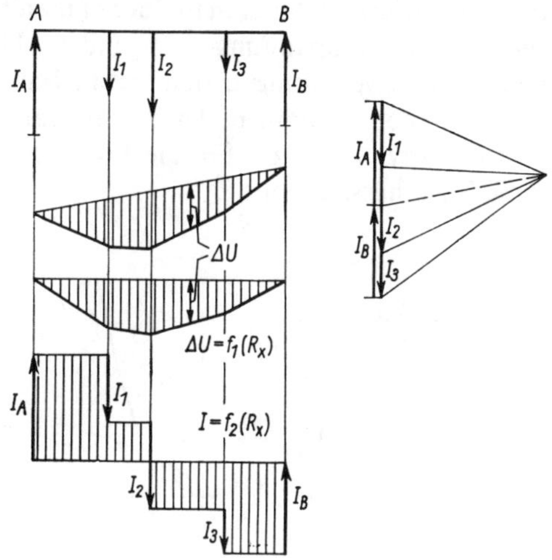

Bild 2.65

2.10. Stromkreise mit nichtlinearen Elementen

2.10.1. Grafische Behandlung von Stromkreisen mit nichtlinearen Elementen

Bisher wurden lineare Stromkreise und lineare Netze behandelt. Ferner wurde bereits erwähnt, daß die linearen Elemente einen Sonderfall darstellen. Im folgenden sollen kurz Stromkreise, die nichtlineare Elemente enthalten, untersucht werden.

Die Strom-Spannungs-Kennlinie der linearen Elemente ist bekanntlich eine Gerade, die je nach der Größe des stromunabhängigen Widerstands unter einem bestimmten Winkel zur Abszisse verläuft und durch den Nullpunkt geht. Die Strom-Spannungs-Kennlinien von nichtlinearen Elementen können von Fall zu Fall sehr verschieden sein. Hier sollen nicht die nichtlinearen Kennlinien selbst erklärt oder gedeutet werden, sondern es wird angenommen, daß diese in grafischer oder analytischer Darstellung vorliegen. Im folgenden interessiert speziell die Auswirkung der nichtlinearen Kennlinien auf die Ströme und auf die Spannungen in einem Stromkreis. Je nachdem, ob die nichtlineare Strom-Spannungs-Kennlinie durch eine grafische Darstellung oder einen analytischen Ausdruck gegeben ist, wendet man grafische oder analytische Verfahren an. Die grafischen Verfahren sind sehr gebräuchlich, und sie sollen Gegenstand der folgenden Untersuchungen sein.

2.10.1.1. Reihenschaltung von nichtlinearen Elementen

Bild 2.66 zeigt die Reihenschaltung zweier nichtlinearer Elemente, die an eine Spannung angeschlossen sind. An den Klemmen der nichtlinearen Elemente stellen sich die Spannungen U_1 und U_2 ein.

Bild 2.67 zeigt den Verlauf der Strom-Spannungs-Kennlinien beider Elemente. Es gilt

$$I_1 = I_2 = I, \tag{2.403}$$

$$U = U_1 + U_2. \tag{2.404}$$

Auf demselben Diagramm ist auch die Kurve

$$I = f(U_1 + U_2) = f(U) \tag{2.405}$$

dargestellt. Hierzu gelangt man, indem man für jeden Wert des Stromes I die Summe der zwei zugehörigen Spannungen U_1 und U_2 bildet. Aus diesem Diagramm kann man für jede angelegte Spannung U den Strom I ablesen, der sich dann einstellt. Die Teilspannungen an den Klemmen der nichtlinearen Elemente erscheinen als die Abschnitte $U_1 = U_1'$ bzw. $U_2 = U_2'$ für die Eingangsspannung U' und $U_1 = U_1''$ bzw. $U_2 = U_2''$ für die Eingangsspannung U''.

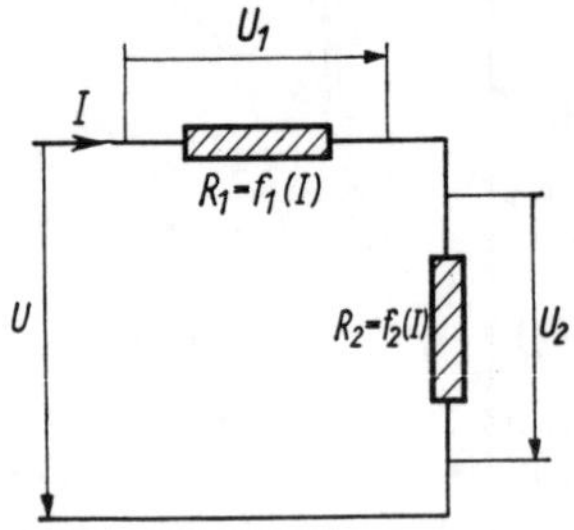

Bild 2.66

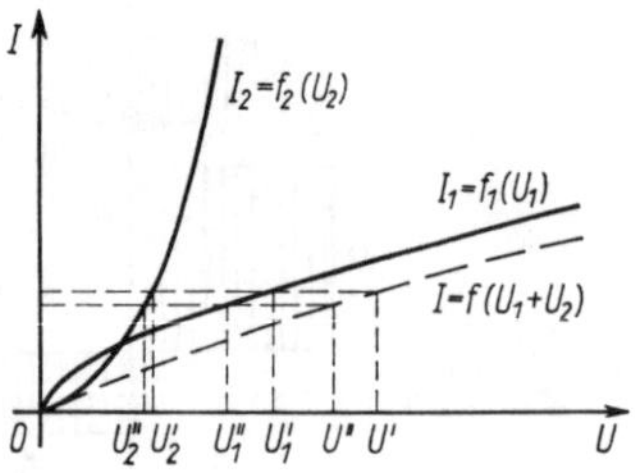

Bild 2.67

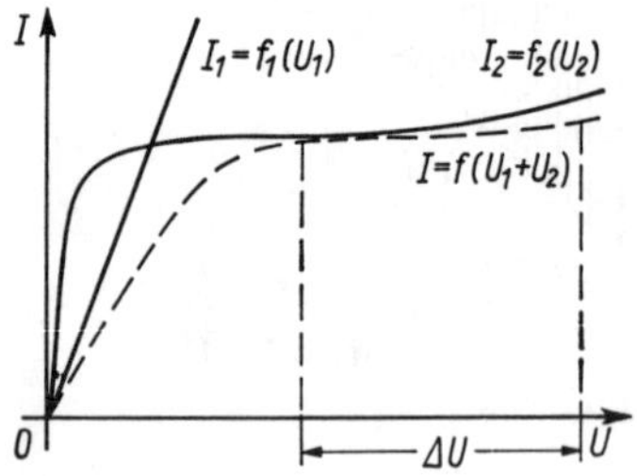

Bild 2.68

Bild 2.68 zeigt den Fall, in dem ein linearer und ein nichtlinearer Widerstand in Reihe geschaltet sind. Er kann z. B. die Reihenschaltung eines linearen Widerstands und eines in Wasserstoffatmosphäre eingeschlossenen Eisendrahts sein (Eisenwasserstoffwiderstand). Die Temperaturabhängigkeit des spezifischen Widerstands des Eisendrahts hat zur Folge, daß die Strom-Spannungs-Kennlinie des Eisenwasserstoffwiderstands einen Verlauf hat, wie er in Bild 2.68 gezeigt wird. Wie man aus der Kurve ersehen kann, bleibt in diesem Falle der Strom über einen weiten Spannungsbereich ΔU fast konstant. Offensichtlich kann man eine solche Schaltung zur Stabilisation des Stromes in einem Stromkreis bei schwankender Netzspannung anwenden.
In entsprechender Weise kann man auch eine Reihenschaltung von mehreren nichtlinearen Widerständen behandeln.

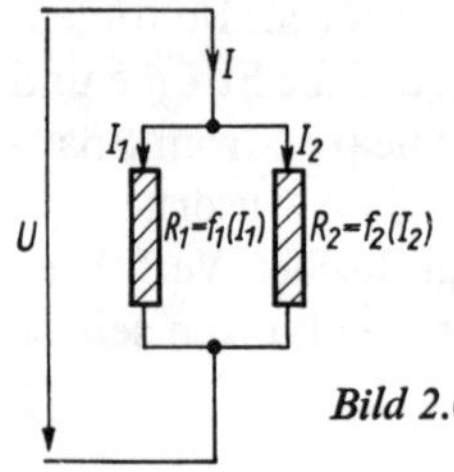

Bild 2.69

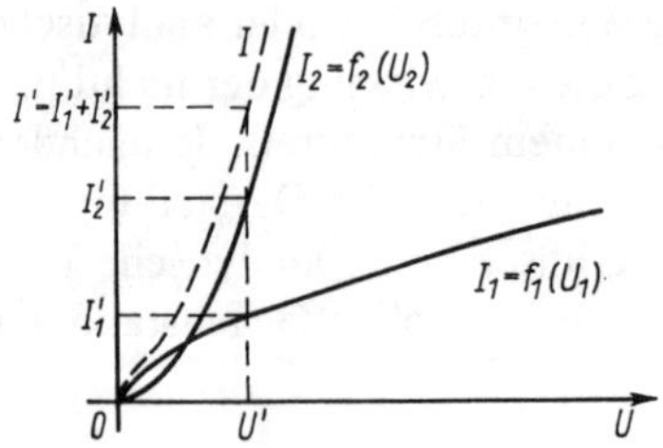

Bild 2.70

2.10.1.2. Parallelschaltung von nichtlinearen Elementen

Die Parallelschaltung von zwei nichtlinearen Widerständen wird im Bild 2.69 gezeigt. Die Einrichtung ist an die Spannung U angeschlossen. Im Bild 2.70 ist der Verlauf der beiden Strom-Spannungs-Kennlinien dargestellt. In diesem Fall gilt

$$U_1 = U_2 = U, \tag{2.406}$$

$$I = I_1 + I_2. \tag{2.407}$$

Für jede Spannung U wird die Summe der entsprechenden Ströme gebildet. Der Wert $I = I_1 + I_2$ als Funktion der Spannung wird in derselben Abbildung gezeigt. Nun können aus diesem Diagramm für jede gegebene Spannung U der Gesamtstrom I und die Teilströme I_1 und I_2 abgelesen werden.

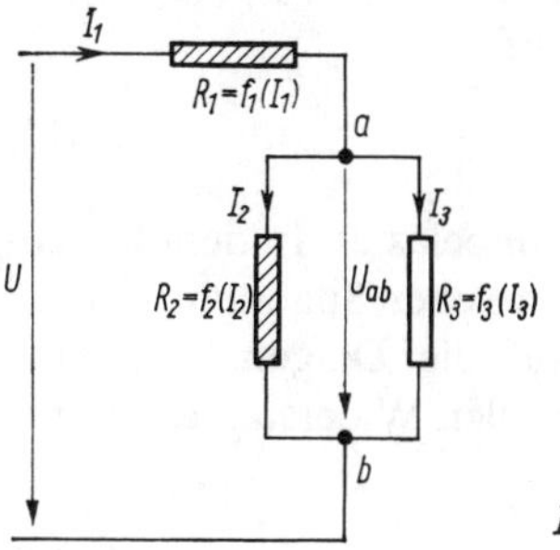

Bild 2.71

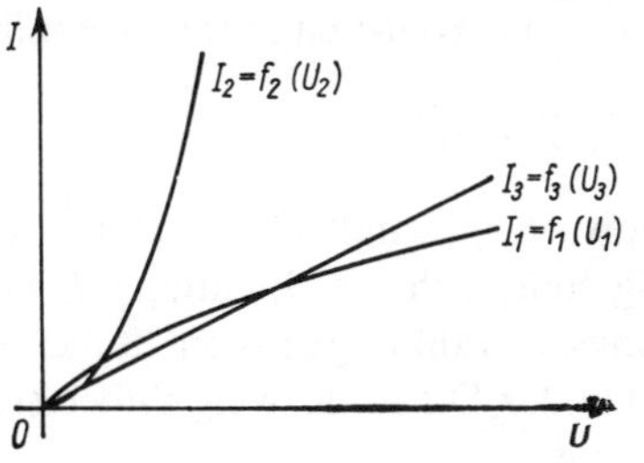

Bild 2.72

2.10.1.3. Reihen-Parallel-Schaltung dreier Elemente mit beliebigen Strom-Spannungs-Kennlinien

Bild 2.71 zeigt die Reihen-Parallel-Schaltung dreier Elemente. Wir wollen annehmen, daß die Elemente 1 und 2 nichtlineare Strom-Spannungs-Kennlinien aufweisen, während das Element 3 einen linearen Verlauf der Strom-Spannungs-Kennlinie hat. Die drei Kennlinien werden im Bild 2.72 gezeigt. Zuerst werden die parallelgeschalteten Elemente zwischen den Punkten a und b betrachtet.
Es gilt

$$U_2 = U_3 = U_{ab}, \tag{2.408}$$

$$I_2 + I_3 = I_{ab}. \tag{2.409}$$

Für jeden Wert von U_{ab} bildet man die Summe $I_{ab} = I_2 + I_3$ und erhält damit den Verlauf von $I_{ab} = f(U_{ab})$. Das wird im Bild 2.73 gezeigt. Auf diese Weise ist es gelungen, die Parallelschaltung in einen Ersatzwiderstand mit der nichtlinearen Kennlinie $I_{ab} = f(U_{ab})$ umzuwandeln. Nun behandelt man die Reihenschaltung beider nichtlinearer Widerstände in bekannter Art. In diesem Fall gilt

$$I_1 = I_{ab} = I, \tag{2.410}$$

$$U_1 + U_{ab} = U. \tag{2.411}$$

Für jeden Stromwert bildet man die Summe der entsprechenden Spannungen und erhält so die Beziehung $I = f(U_1 + U_{ab}) = f(U)$. Diese Konstruktion wird für den betrachteten Fall ebenfalls im Bild 2.73 gezeigt. Bei einer gegebenen Spannung U bestimmt man aus Bild 2.73 die Teilspannungen U_1 und U_{ab}. Mit U_{ab} geht man in Bild 2.72 zurück und bestimmt hieraus die Teilströme I_1 und I_3.
Im Bild 2.73 werden die Kurven $I_{ab} = f(U_{ab})$ und $I = I_{ab} = f(U_1 + U_{ab}) = f(U)$ gezeigt. Bei einer Schwankung von U um ΔU schwankt in dem Bereich von U' bis U'' der Strom um $\Delta I = I'' - I'$. Hierzu gehört eine viel kleinere Schwankung ΔU_{ab} von U_{ab}. Eine solche Schaltung kann man als Spannungsstabilisatorschaltung bei Schwankungen der Netzspannung anwenden. An dem stromunabhängigen Widerstand ist die Spannung bei großen Schwankungen der Eingangsspannung verhältnismäßig konstant.

2.10.2. Beispiel einer analytischen Behandlung eines nichtlinearen Netzes

Es wird die Brückenschaltung Bild 2.74 betrachtet. In zwei entgegengesetzten Stromzweigen dieser Brücke sind zwei gleich große stromunabhängige Widerstände R eingeschaltet. In den zwei anderen Brückenzweigen sind zwei gleiche nichtlineare Widerstände, deren Strom-Spannungs-Kennlinie durch die Gleichung

$$U = KI^n \tag{2.412}$$

gegeben ist, eingeschaltet. Der Diagonalzweig der Brücke ist unbelastet. In dem Diagonalzweig stellt sich die Spannung U ein. Es ist gefragt, bei welcher Spannung U_0 die Spannungsschwankungen von U_0 den kleinsten Einfluß auf die Diagonalspannung haben. Da der Diagonalzweig unbelastet ist, ist der Strom in allen Widerständen gleich groß. Es gilt

$$U_0 = IR + KI^n. \tag{2.413}$$

Die Spannung in dem Diagonalzweig ist

$$U = U_0 - 2IR. \tag{2.414}$$

Hieraus findet man

$$\frac{dU}{dU_0} = 1 - 2R\frac{dI}{dU_0}. \tag{2.415}$$

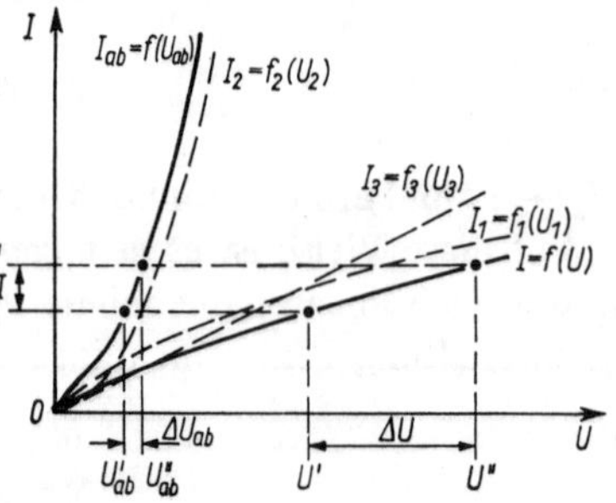

Bild 2.73

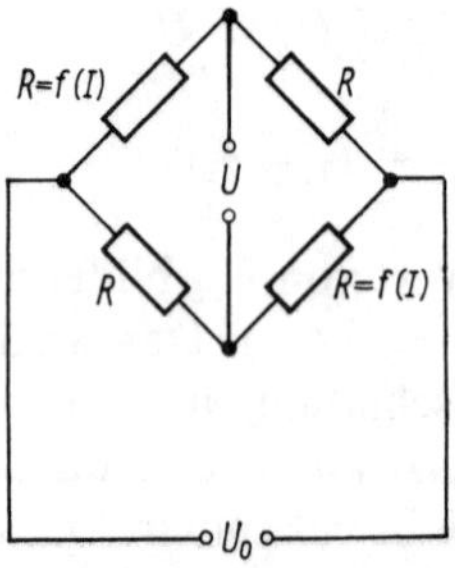

Bild 2.74

Damit sich die Schwankungen von U_0 nicht auf U auswirken können, muß

$$\frac{dU}{dU_0} = 0 \tag{2.416}$$

sein, also

$$\frac{dU_0}{dI} = 2R. \tag{2.417}$$

Aus (2.413) erhält man

$$\frac{dU_0}{dI} = R + nKI^{n-1} \tag{2.418}$$

oder

$$2R = R + nKI^{n-1}, \tag{2.419}$$

$$I = \left(\frac{R}{nK}\right)^{1/n-1}. \tag{2.420}$$

Die gesuchte Spannung, bei der die Schaltung die Eigenschaften eines Spannungsstabilisators hat, findet man, indem man den Stromwert aus (2.420) in (2.413) einsetzt und hieraus U_0 bestimmt.

3. Das magnetische Feld

3.1. Grundlagen

3.1.1. Ausbildung des magnetischen Feldes und Kraftwirkung im magnetischen Feld

3.1.1.1. Die magnetischen Feldlinien

Wenn ein elektrischer Strom fließt oder elektrische Ladung bewegt wird, entsteht immer und unter allen Umständen ein magnetisches Feld. Das magnetische Feld ist durch gewisse Eigenschaften, die jedem Punkt des von ihm eingenommenen Raumes zugeordnet sind, charakterisiert. Hierzu gehören die Orientierung einer Magnetnadel in eine bestimmte Lage, das Auftreten mechanischer Kraftwirkungen auf stromdurchflossene Leiter und das Auftreten von elektromotorischen Kräften in Leitern, die man in dem Feld bewegt.

Die ersten magnetischen Erscheinungen sind bei natürlichen Dauermagneten beobachtet worden. Die Elektronentheorie erklärt diese magnetischen Felder, wie später gezeigt wird, ebenfalls als eine Folge molekularer Ströme.

Der Raum, in dem sich das magnetische Feld ausbildet, wird durch mechanische Kraftwirkungen gekennzeichnet. Diese Kraftwirkungen können mittels einer frei aufgehängten kleinen magnetischen Nadel untersucht werden. Wird eine solche magnetische Nadel in das Feld eingebracht, so wird auf sie ein Drehmoment ausgeübt, und sie stellt sich in dem Raum in eine ganz bestimmte Lage ein, die wir für die betreffende Stelle beispielsweise durch die Richtung kennzeichnen können, in die der Nordpol der Magnetnadel zeigt. Bei der Durchführung des Versuchs müssen die Abmessungen der Nadel sehr klein sein, damit sie durch ihre Anwesenheit das ursprüngliche Feld nicht verzerrt. Wenn wir nun die Nadel um ein kleines Wegelement in ihrer Längsrichtung verschieben, kann sich an dem neuen Ort ihre Richtung ändern. Verschiebt man nun wieder die Nadel in der neuen Richtung um ein kleines Wegelement weiter, so kann erneut eine Änderung ihrer Richtung erfolgen. Setzt man den Vorgang fort, so wird eine im allgemeinen in sich geschlossene Kurve beschrieben, und man kehrt zum Ausgangspunkt zurück. Führt man den Versuch von einem anderen Ausgangspunkt durch, so wird gewöhnlich wiederum eine in sich geschlossene Kurve beschrieben und der Ausgangspunkt erreicht. Die bei diesem Versuch beschriebene Kurve nennen wir eine magnetische Feld- oder Kraftlinie. Ein Gesamtbild von dem Verlauf der magnetischen Kraftlinien in einem ebenen Schnitt durch das Feld erhalten wir durch den bekannten Versuch mit Eisenspänen, die wir auf diese Ebene streuen. Die Eisenspäne verhalten sich dann wie kleine Magnetnadeln, ordnen

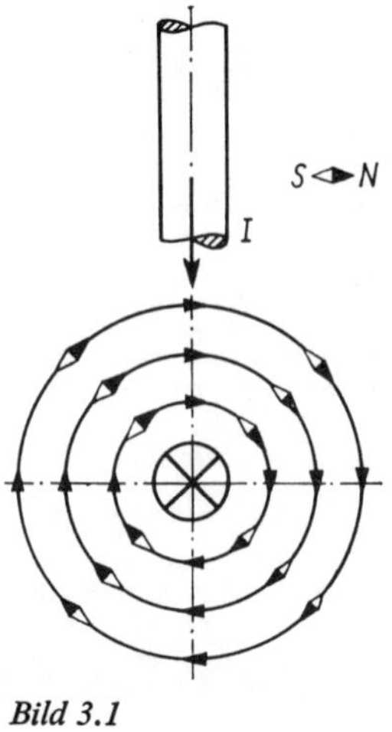

Bild 3.1

sich längs der Kraftlinien und ergeben auf diese Weise ein Bild von dem Verlauf des Feldes.

Die Kraftwirkung in einem magnetischen Feld ist lückenlos allen Punkten des Raumes zugeordnet. Die Kraftlinien, die wir soeben eingeführt haben, sind also keine Realität, sondern nur eine Hilfsvorstellung, die wir zur Beschreibung des magnetischen Feldes verwenden. Wir wollen weiterhin willkürlich die Richtung der Kraftlinien durch die Festsetzung bestimmen, daß sie mit der Richtung des Nordpols einer im Feld befindlichen Magnetnadel zusammenfällt.

Fließt ein elektrischer Strom, so bildet sich sofort in seiner Umgebung ein Magnetfeld aus, und zwar so, daß die Kraftlinien dieses Feldes den elektrischen Strom umfassen (Bild 3.1). Wir sagen, sie sind mit dem stromführenden Leiter verkettet. Die eben festgesetzte Richtung der Kraftlinien fällt mit der Drehrichtung der Rechtsschraube, die in Richtung des Stromes eingeschraubt wird, zusammen.

3.1.1.2. Kraftwirkung auf bewegte elektrische Ladungen im magnetischen Feld. Induktion (Magnetflußdichte)

Zur Untersuchung und Beschreibung des magnetischen Feldes benutzt man ein zweckmäßig ausgebildetes Koordinatensystem, in dem man Punkt für Punkt die Größen, die das Feld kennzeichnen, z.B. die Kräfte, angeben kann. In diesem Koordinatensystem kann auch der Verlauf der zur bildlichen Darstellung eingeführten magnetischen Feldlinie grafisch oder analytisch angegeben werden.

Im folgenden werden die Erscheinungen bei der Bewegung einer Ladung im Magnetfeld, d.h. in dem Koordinatensystem, in dem das magnetische Feld aufgenommen ist, untersucht.

Wird in einem magnetischen Feld in diesem Sinne eine elektrische Ladung Q mit der Geschwindigkeit $\boldsymbol{v}$ unter dem Winkel α zu der Feldlinienrichtung bewegt, so wird auf die Ladung eine Kraft F ausgeübt. Der Versuch zeigt, daß in dem betrachteten Punkt des Feldes die Kraft F proportional der Größe der Ladung Q, der Geschwindigkeit v und dem Sinus des Winkels α ist:

$$F = BQv \sin \alpha . \tag{3.1}$$

Der Proportionalitätsfaktor B kennzeichnet die Wirkung des Feldes. Er trägt den Namen magnetische Induktion oder kurz Induktion. Man kann die magnetische Induktion als Maß für die Stärke des Feldes benutzen.

Die Einheit der magnetischen Induktion erhält man unter Benutzung von (3.1). Ein magnetisches Feld besitzt an der betrachteten Stelle die Einheit der magnetischen Induktion, wenn auf die Ladungseinheit 1 A·s, die sich an dieser Stelle mit der Geschwindigkeit 1 m/s senkrecht zu den Feldlinien bewegt, die Krafteinheit 1 N ausgeübt wird. Sie trägt den Namen 1 Tesla (T):

$$1\,\mathrm{T} = 1\,\frac{\mathrm{N}}{\mathrm{A \cdot s \cdot m/s}} = 1\,\frac{\mathrm{N}}{\mathrm{A \cdot m}} \tag{3.2}$$

$$= 1\,\frac{\mathrm{N \cdot m}}{\mathrm{A \cdot m^2}} = 1\,\frac{\mathrm{W \cdot s}}{\mathrm{A \cdot m^2}} = 1\,\frac{\mathrm{V \cdot s}}{\mathrm{m^2}}. \tag{3.3}$$

Der magnetischen Induktion schreiben wir die Eigenschaften eines Vektors $\boldsymbol{B}$ zu. Sein Betrag ist in der oben beschriebenen Weise bestimmt. Seine Richtung fällt mit der Richtung der Kraftlinien an der betreffenden Stelle zusammen. Der Vektor der magnetischen

Induktion tangiert in jedem Punkt des Raumes an die magnetische Feldlinie, die durch diesen Punkt verläuft (Bild 3.2).
Die Richtung der Kraft steht senkrecht auf der Richtung der Geschwindigkeit und der Richtung der Induktion. Geschwindigkeit $\boldsymbol{v}$, Induktion $\boldsymbol{B}$ und Kraft $\boldsymbol{F}$ bilden ein Rechtssystem (Bild 3.3).
So können wir (3.1) als Vektorgleichung angeben:

$$\boldsymbol{F} = Q\,(\boldsymbol{v} \times \boldsymbol{B}). \tag{3.4}$$

Die Kraft, die in einem magnetischen Feld auf eine bewegte Ladung ausgeübt wird, hängt von der Größe der Ladung, von der Geschwindigkeit, von der Induktion und von der Bewegungsrichtung ab. Sie wird Lorentz-Kraft genannt. Auf ruhende Ladungen werden in einem magnetischen Feld keine Kräfte ausgeübt.

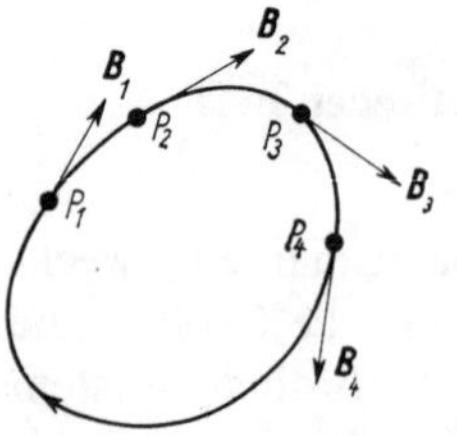

Bild 3.2

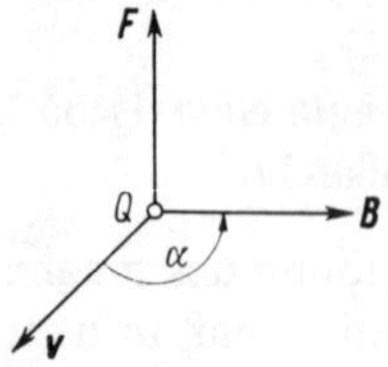

Bild 3.3

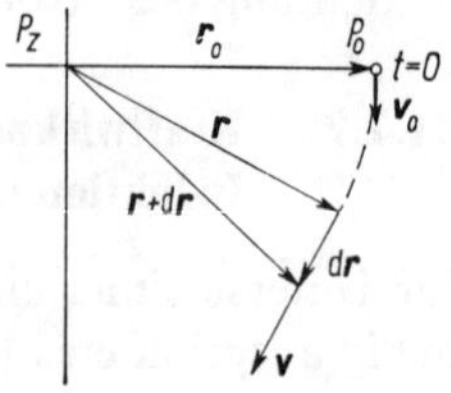

Bild 3.4

3.1.1.3. Die Bahn bewegter Ladungen im magnetischen Feld

Im folgenden wollen wir die Bahn einer in ein magnetisches Feld hineinfliegenden Ladung Q betrachten (Bild 3.4).
Wir wollen annehmen, daß die magnetischen Kraftlinien des homogenen Feldes mit der Induktion $\boldsymbol{B}$ senkrecht zu der Zeichenebene stehen. Ferner wollen wir annehmen, daß sich im Zeitpunkt $t = 0$ die Ladung im Punkte P_0 mit der Geschwindigkeit $\boldsymbol{v}_0$ senkrecht zu den Feldlinien bewegt. Wir wählen einen Punkt P_z in der Zeichenebene aus und beziehen unsere Betrachtungen auf ihn. Den Radiusvektor vom Bezugspunkt P_z zu dem Punkt, der die momentane Lage der Ladung angibt, bezeichnen wir mit $\boldsymbol{r}$. Zu dem Zeitpunkt $t = 0$ ist der Radiusvektor $\boldsymbol{r} = \boldsymbol{r}_0$:

$$\boldsymbol{r}_0 \perp \boldsymbol{v}_0,$$

$$\boldsymbol{r}_0 \perp \boldsymbol{B}. \tag{3.5}$$

Zu einem beliebigen Zeitpunkt t ist der Radiusvektor $\boldsymbol{r}$; zum Zeitpunkt $t + \mathrm{d}t$ ist er $\boldsymbol{r} + \mathrm{d}\boldsymbol{r}$.
Da in der Zeit $\mathrm{d}t$ der Weg $\mathrm{d}\boldsymbol{r}$ zurückgelegt wurde, ist die Geschwindigkeit, mit der sich die Ladung bewegt hat,

$$\boldsymbol{v} = \frac{\mathrm{d}\boldsymbol{r}}{\mathrm{d}t} \tag{3.6}$$

und die Beschleunigung

$$\boldsymbol{b} = \frac{\mathrm{d}\boldsymbol{v}}{\mathrm{d}t}. \tag{3.7}$$

Die Kraft, die auf die Ladung wirkt, ist

$$\boldsymbol{F} = m\boldsymbol{b}, \tag{3.8}$$

wobei m die Masse des Ladungsträgers ist. Es gilt

$$\boldsymbol{F} = m\boldsymbol{b} = Q\,(\boldsymbol{v} \times \boldsymbol{B}), \tag{3.9}$$

$$\frac{m}{Q}\frac{\mathrm{d}\boldsymbol{v}}{\mathrm{d}t} = \boldsymbol{v} \times \boldsymbol{B} = \frac{\mathrm{d}\boldsymbol{r}}{\mathrm{d}t} \times \boldsymbol{B}. \tag{3.10}$$

Wenn man über die Zeit integriert, erhält man

$$\frac{m}{Q}\int_0^t \frac{\mathrm{d}\boldsymbol{v}}{\mathrm{d}t}\,\mathrm{d}t = \int_0^t \left(\frac{\mathrm{d}\boldsymbol{r}}{\mathrm{d}t}\,\mathrm{d}t \times \boldsymbol{B}\right), \tag{3.11}$$

$$\frac{m}{Q}(\boldsymbol{v} - \boldsymbol{v}_0) = (\boldsymbol{r} - \boldsymbol{r}_0) \times \boldsymbol{B}, \tag{3.12}$$

$$\frac{m}{Q}\boldsymbol{v} = \boldsymbol{r} \times \boldsymbol{B} + \frac{m}{Q}\boldsymbol{v}_0 - \boldsymbol{r}_0 \times \boldsymbol{B}. \tag{3.13}$$

Wenn man den Bezugspunkt P_z so wählt, daß seine Entfernung von P_0

$$\overline{P_z P_0} = r_0 = \frac{m}{Q}\frac{v_0}{B} \tag{3.14}$$

beträgt, dann fallen die zwei letzten Glieder von (3.13) heraus, und die Bewegungsgleichung der Ladung geht in

$$\frac{m}{Q}\boldsymbol{v} = \frac{m}{Q}\frac{\mathrm{d}\boldsymbol{r}}{\mathrm{d}t} = \boldsymbol{r} \times \boldsymbol{B} \tag{3.15}$$

über. Alle drei Vektoren $\boldsymbol{v}$, $\boldsymbol{r}$ und $\boldsymbol{B}$ stehen senkrecht aufeinander, d.h., in jedem Augenblick steht $\mathrm{d}\boldsymbol{r}$ senkrecht auf $\boldsymbol{r}$. Das besagt aber, daß die Bahnkurve der Ladung einen Kreis darstellt. Der Radius des Kreises ist durch (3.14) gegeben. Da $|\boldsymbol{r}| = |\boldsymbol{r}_0|$ sich nicht ändert, bleibt auch $|\boldsymbol{v}| = |\boldsymbol{v}_0|$ konstant.

Nun soll angenommen werden, daß $\boldsymbol{B}$ und $\boldsymbol{v}_0$ nicht senkrecht aufeinander stehen, sondern einen beliebigen Winkel α miteinander einschließen. In diesem Falle können wir die Geschwindigkeit in ihre Komponenten in Richtung der magnetischen Induktion,

$$v_t = v_0 \cos\alpha, \tag{3.16}$$

und senkrecht zu ihr,

$$v_n = v_0 \sin\alpha, \tag{3.17}$$

zerlegen. Die senkrechte Komponente hat eine Rotationsbewegung der Ladung in der beschriebenen Art zur Folge. Dieser Rotationsbewegung überlagert sich eine davon unbeeinflußte Translation in Richtung von $\boldsymbol{B}$, der ein Weg

$$l = v_0 t \cos\alpha \tag{3.18}$$

entspricht.

Als Ergebnis erhalten wir eine Schraubenlinienbahn des Ladungsträgers (Bild 3.5). Der Radius der Schraubenlinie beträgt

$$r_0 = \frac{m v_n}{QB}. \tag{3.19}$$

Die Dauer eines Umlaufs ergibt sich zu

$$T = \frac{l_k}{v_n} = \frac{2\pi r_0}{v_n} = \frac{2\pi m v_n}{QBv_n} = \frac{2\pi m}{QB}. \tag{3.20}$$

Sie ist unabhängig von der Einfluggeschwindigkeit. Die Ganghöhe der Schraubenlinie beträgt

$$h = v_t T = \frac{2\pi m}{QB} v_t. \tag{3.21}$$

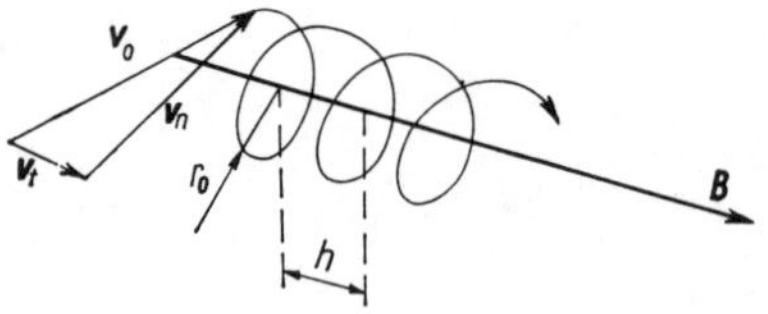

Bild 3.5

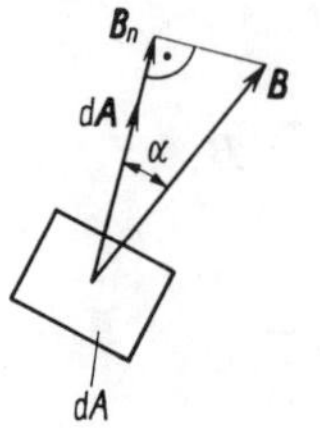

Bild 3.6

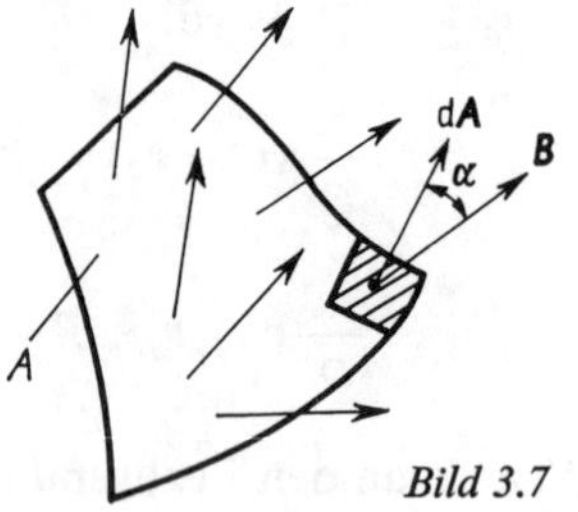

Bild 3.7

3.1.2. Fluß der magnetischen Induktion

Wenn wir in einem magnetischen Feld ein kleines Flächenelement dA (Bild 3.6) herausgreifen, wobei die Normale zum Flächenelement mit dem Vektor der magnetischen Induktion $\boldsymbol{B}$ an dieser Stelle den Winkel α einschließt und das Flächenelement so klein ist, daß überall auf ihm die Induktion als konstant angesehen werden kann, dann ist der Fluß des Vektors $\boldsymbol{B}$, der das Flächenelement durchsetzt,

$$\mathrm{d}\Phi = B_n \,\mathrm{d}A = |\boldsymbol{B}| \cos\alpha \,\mathrm{d}A. \tag{3.22}$$

Hier bedeutet B_n die Normalkomponente der Induktion durch das Flächenelement. Das Flächenelement stellen wir als einen Vektor d$\boldsymbol{A}$ mit dem Betrag dA und der Richtung der Normalen auf dA dar, die mit $\boldsymbol{B}$ den Winkel α einschließt. Dadurch kann man den Fluß, der das Flächenelement durchsetzt, als skalares Produkt der Vektoren d$\boldsymbol{A}$ und $\boldsymbol{B}$ ausdrücken:

$$\mathrm{d}\Phi = \boldsymbol{B}\,\mathrm{d}\boldsymbol{A}. \tag{3.23}$$

Der magnetische Fluß, der eine beliebige, im magnetischen Feld liegende Fläche A (Bild 3.7) durchsetzt, ist

$$\Phi = \int_A \boldsymbol{B}\,\mathrm{d}\boldsymbol{A}. \tag{3.24}$$

Die Dimension des magnetischen Induktionsflusses ergibt sich aus (3.23):

$$[\Phi] = [B]\,[A]. \tag{3.25}$$

Seine Einheit 1 Weber (Wb) erhalten wir, indem wir in (3.25) die Einheiten der Induktion und der Fläche einsetzen:

$$1\ \mathrm{Wb} = 1\ \mathrm{T}\cdot 1\ \mathrm{m}^2, \tag{3.26}$$

$$1\ \mathrm{Wb} = 1\ \mathrm{V}\cdot\mathrm{s}. \tag{3.27}$$

3.1.2.1. Quellenfreiheit des magnetischen Induktionsflusses

Die magnetischen Feldlinien treten in drei Formen auf:

a) als geschlossene Linien ohne Anfang und Ende,
b) als Linien, die nach beiden Seiten ins Unendliche laufen,
c) als Linien ohne Anfang und Ende, die unendlich dicht eine Fläche ausfüllen.

Ein Beispiel für den ersten Fall haben wir bei dem Feld des geradlinigen stromdurchflossenen Leiters kennengelernt (Bild 3.1). Hier stellen die Feldlinien Kreise dar, die den stromdurchflossenen Leiter konzentrisch umschließen. Bild 3.8 zeigt das Feld in der Umgebung eines stromdurchflossenen Ringleiters. Hier sind die Feldlinien ebenfalls in sich geschlossen. Eine Ausnahme macht die Feldlinie, die längs der Achse des Ringes verläuft. Sie stellt eine Gerade dar, die ins Unendliche läuft.

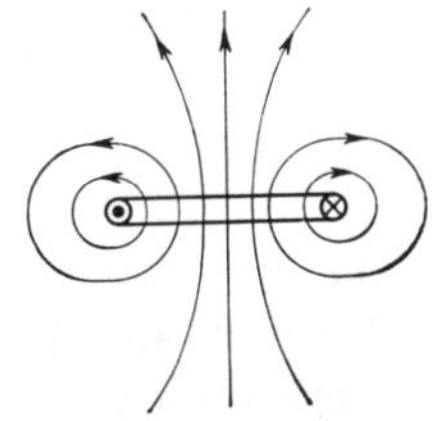

Bild 3.8

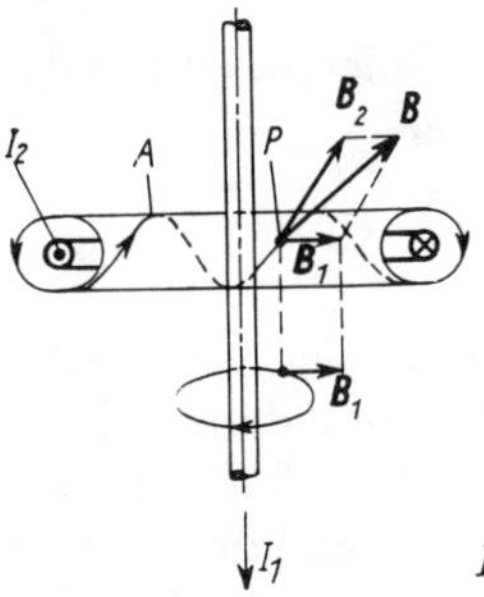

Bild 3.9

Den dritten Fall kann man aus den beiden ersten konstruieren. Bild 3.9 zeigt einen stromführenden Leiter (I_1), der in der Achse eines stromführenden Ringleiters (I_2) liegt. In diesem Bild wird eine Feldlinie des Stromrings gezeigt. Die Gesamtheit der ihr gleichen Feldlinien bildet um den Ringleiter herum ein Toroid aus. Die Feldlinien des geradlinigen Stromes stellen konzentrische Kreise dar. Der Vektor der magnetischen Induktion tangiert an jeder Stelle des Feldes an die entsprechende Feldlinie. Sowohl der Vektor der Induktion $\boldsymbol{B}_1$ infolge des geradlinigen, stromdurchflossenen Leiters als auch der Vektor der Induktion $\boldsymbol{B}_2$ infolge des stromdurchflossenen Ringes tangieren überall an der Oberfläche des Toroids (z.B. an A im Bild 3.9). Der Vektor der resultierenden Induktion muß deswegen ebenfalls an der Oberfläche des Toroids tangieren (s. Punkt P). Die resultierende Feldlinie verläuft offensichtlich wendelartig auf der Oberfläche des Toroids. Ihre Ganghöhe hängt von dem Verhältnis der Induktion B_1 und B_2 sowie von der Lage und der Form des Toroids ab. Nur bei Erfüllung ganz bestimmter Bedingungen wird sich diese Feldlinie schließen. Normalerweise wird sie sich aber ineinanderschrauben, ohne dabei einen Punkt der Oberfläche zweimal zu durchlaufen. Sie wird die Oberfläche unendlich dicht ausfüllen, ohne sich jedoch jemals zu schließen. Eine solche Feldlinie hat also keinen Anfang und kein Ende.

Man kann der Anschaulichkeit halber die willkürliche Vereinbarung treffen, daß an einer Stelle des Feldes, an der die Induktion $\boldsymbol{B}$ herrscht, B Feldlinien je Flächeneinheit durch eine zu den Feldlinien senkrechte Fläche hindurchtreten. Dann gibt die Induktion die Dichte der Feldlinien an der betreffenden Stelle an. Der magnetische Induktionsfluß, der eine Fläche durchsetzt, entspricht dann der Zahl der Feldlinien, die durch die Fläche gehen. Hiermit wird eine Verbindung zwischen den Begriffen der Feldlinien, des Induktionsflusses Φ und der Induktion $\boldsymbol{B}$, die als Dichte des Induktionsflusses oder der Feldlinien erscheint, geschaffen. Aus der Erfahrungstatsache, daß die Feldlinien entweder als in sich geschlossene Kurven oder als Kurven ohne Anfang und Ende verlaufen, folgt für den Fluß, der eine geschlossene Fläche durchsetzt,

$$\Phi = \oint_A \boldsymbol{B}\,\mathrm{d}\boldsymbol{A} = 0. \tag{3.28}$$

Dieser Ausdruck stellt die Integralform des Satzes von der Quellenfreiheit des magnetischen Induktionsflusses dar.
Schließt die Hüllfläche A das Volumen ΔV ein, dann kann man

$$\lim_{\Delta V \to 0} \frac{\oint_A \boldsymbol{B}\,\mathrm{d}\boldsymbol{A}}{\Delta V} = \operatorname{div} \boldsymbol{B} = 0 \tag{3.29}$$

bilden. Diese Gleichung stellt die Differentialform des Satzes von der Quellenfreiheit des magnetischen Induktionsflusses dar.

3.1.2.2. Der verkettete Fluß

Die magnetischen Feldlinien sind in sich geschlossen. Jede Feldlinie, die die Fläche A (Bild 3.7) durchsetzt, ist mit der Umrandung l der Fläche verkettet. Der Fluß, der die Fläche durchsetzt, ist somit gleich dem Fluß, der mit der Umrandung l verkettet ist. Die Fläche A und die Umrandung l können kompliziert sein. Die Umrandung kann so verlaufen (Bild 3.10), daß gleiche magnetische Feldlinien mehrfach die Fläche A durchsetzen und somit mehrfach mit der Umrandung verkettet sind. Dann ist der Fluß

$$\Psi = \int_A \boldsymbol{B}\,\mathrm{d}\boldsymbol{A}, \tag{3.30}$$

der die Fläche A durchsetzt, größer als der physikalische magnetische Fluß Φ. Man nennt ihn den verketteten magnetischen Fluß.

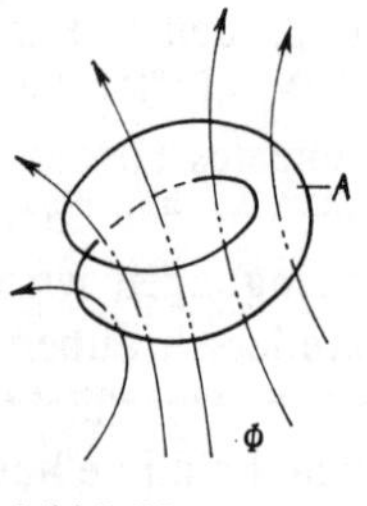

Bild 3.10

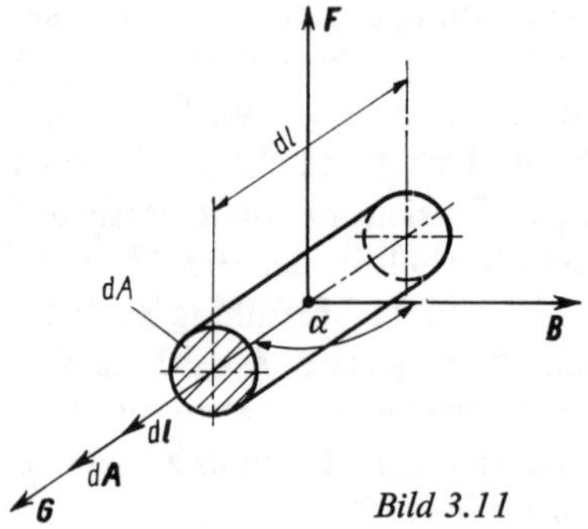

Bild 3.11

3.1.3. Kraftwirkung auf stromdurchflossene Leiter im magnetischen Feld

Aus (3.1) kann man die Kraft bestimmen, die auf ein sehr kleines stromdurchflossenes Leiterelement mit dem Querschnitt dA und der Länge dl wirkt, das sich in einem magnetischen Feld an einer Stelle mit der Induktion $\boldsymbol{B}$ (Bild 3.11) befindet. Das Volumenelement ist so gewählt, daß der Vektor der Stromdichte senkrecht auf dA steht und parallel zu dl verläuft. Die Grundfläche dA des Volumenelements wird durch den Vektor d$\boldsymbol{A}$

dargestellt. Der Vektor d$\boldsymbol{A}$ hat den Betrag dA. Er zeigt in Richtung der Normalen, die mit der Stromrichtung zusammenfällt. Das Längenelement wird ebenfalls durch einen Vektor d$\boldsymbol{l}$, dessen Betrag dl ist und dessen Richtung mit der Stromrichtung zusammenfällt, dargestellt. Das Volumen des Elements ist

$$\mathrm{d}V = \mathrm{d}\boldsymbol{A}\,\mathrm{d}\boldsymbol{l}. \tag{3.31}$$

Es gilt

$$\boldsymbol{G} = \varrho \boldsymbol{v} = \frac{\mathrm{d}Q}{\mathrm{d}V}\,\boldsymbol{v}, \tag{3.32}$$

$$\mathrm{d}Q\,\boldsymbol{v} = \boldsymbol{G}\,\mathrm{d}V. \tag{3.33}$$

Die Kraft auf die Ladung dQ, die sich im Volumenelement dV befindet, ist

$$\mathrm{d}\boldsymbol{F} = \mathrm{d}Q\,(\boldsymbol{v} \times \boldsymbol{B}) = (\mathrm{d}Q\,\boldsymbol{v}) \times \boldsymbol{B} = (\boldsymbol{G}\,\mathrm{d}V) \times \boldsymbol{B} = (\boldsymbol{G} \times \boldsymbol{B})\,\mathrm{d}V. \tag{3.34}$$

Die Kraft auf die Ladung je Volumeneinheit ist dann

$$\boldsymbol{F}' = \frac{\mathrm{d}\boldsymbol{F}}{\mathrm{d}V} = \boldsymbol{G} \times \boldsymbol{B}. \tag{3.35}$$

$\boldsymbol{G}$, $\boldsymbol{B}$ und $\boldsymbol{F}'$ bilden ein Rechtssystem (Bild 3.12).

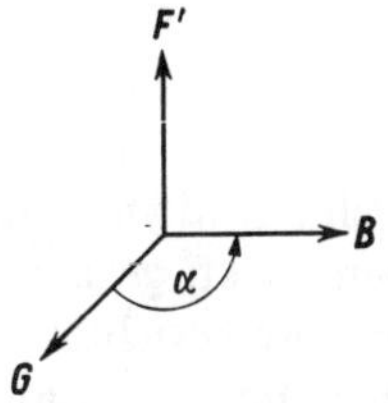

Bild 3.12

Der Betrag der Kraft auf die Ladung in der Volumeneinheit dV ist

$$|\mathrm{d}\boldsymbol{F}| = \mathrm{d}F = |\boldsymbol{G}|\,|\boldsymbol{B}|\,\mathrm{d}V \sin\alpha = BG\,\mathrm{d}A\,\mathrm{d}l \sin\alpha = BI\,\mathrm{d}l \sin\alpha, \tag{3.36}$$

wobei α der Winkel ist, den $\boldsymbol{G}$ und $\boldsymbol{B}$ bzw. d$\boldsymbol{l}$ und $\boldsymbol{B}$ einschließen (Bild 3.11).
Durch die Wirkung der Kraft werden die den Strom darstellenden Ladungen (freie Elektronen) innerhalb des Leiters senkrecht zur Stromrichtung abgelenkt, und es tritt eine Trennung der Schwerpunkte des negativen Elektronengases und des positiven Ionengerüstes des Metalls ein. So bildet sich ein elektrisches Feld aus, dessen Anziehungskräfte die Kraftwirkung des magnetischen Feldes von dem bewegten Elektronengas auf das Ionengerüst des Metalls und somit auf den Leiter selbst übertragen. Die gesamte Kraft, die auf einen Leiter ausgeübt wird, erhält man durch Integration der Teilkräfte nach (3.34) über das Volumen. Wenn das Feld homogen ist, d.h., wenn die magnetische Induktion an jeder Stelle dem Betrag und der Richtung nach gleich groß ist, und wenn der Leiter geradlinig ist, so daß an jeder Stelle der Winkel α gleich groß ist, dann ist die Gesamtkraft auf den Leiter

$$F = |\boldsymbol{G}|\,|\boldsymbol{B}|\,Al \sin\alpha = BIl \sin\alpha. \tag{3.37}$$

Den größten Wert erreicht die Kraft bei $\alpha = 90°$.
Das Prinzip des Elektromotors beruht auf der Kraftwirkung auf stromdurchflossene Leiter im Magnetfeld.

3.1.4. Elektromagnetische Induktion

Im folgenden werden zunächst Erscheinungen untersucht, die bei der Bewegung eines Leiters in einem Magnetfeld beobachtet werden. Unter Bewegung des Leiters im Magnetfeld versteht man, wie gesagt, die Bewegung des Leiters in dem Koordinatensystem, in dem die Induktion $\boldsymbol{B}$ angegeben ist. Die Bewegung selbst wird durch Angabe der Geschwindigkeit des Leiters in diesem Koordinatensystem beschrieben.
Wird so ein Leiter in einem magnetischen Feld bewegt, dann bewegt sich das positive Ionengerüst des Metalls und mit ihm die freien Elektronen, die als Elektronengas die Gitterzwischenräume ausfüllen. Der chaotischen Wärmebewegung der freien Elektronen überlagert sich die Bewegung des Leiters. Auf die bewegten positiven und negativen Ladungen werden, wie bereits erläutert, in dem magnetischen Feld Kräfte ausgeübt. Die Kraft, die auf die Ladung wirkt, ist (3.4)

$$\boldsymbol{F} = Q\,(\boldsymbol{v} \times \boldsymbol{B}). \tag{3.38}$$

Bild 3.13 zeigt einen geraden Leiter, der senkrecht zu den Feldlinien eines magnetischen Feldes steht und mit der Geschwindigkeit $\boldsymbol{v}$ parallel verschoben wird.

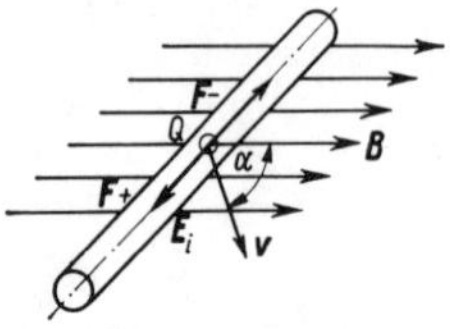

Bild 3.13

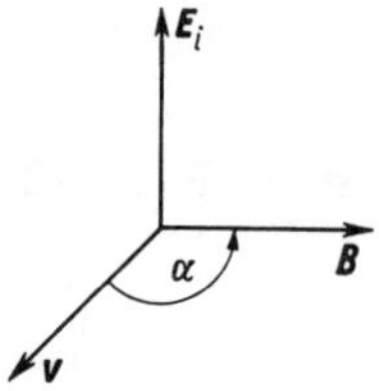

Bild 3.14

Die Geschwindigkeit $\boldsymbol{v}$ und die Induktion $\boldsymbol{B}$ schließen den Winkel α ein. In dem Bild wird auch die Kraft, die auf die positiven bzw. die negativen Ladungen wirkt, gezeigt. Sie steht senkrecht zu $\boldsymbol{v}$ und $\boldsymbol{B}$, ist also in diesem Fall parallel zur Leiterachse gerichtet.
Unter der Wirkung dieser Kraft werden die Ladungsschwerpunkte im Leiter getrennt. Das Vorhandensein einer Kraft, die auf die Ladungen wirkt, läßt auf das Bestehen eines elektrischen Feldes schließen. Dieses elektrische Feld nennen wir das induzierte elektrische Feld. Ihm entspricht eine induzierte elektrische Feldstärke $\boldsymbol{E}_\mathrm{i}$, die mit der Kraft $\boldsymbol{F}$ durch die Beziehung

$$\boldsymbol{F} = Q\boldsymbol{E}_\mathrm{i} \tag{3.39}$$

verknüpft ist. Die Richtung der induzierten elektrischen Feldstärke fällt mit der Richtung der Kraft, die auf die positive Ladung wirkt, zusammen. Die Gegenüberstellung von (3.38) und (3.39) ergibt

$$Q\boldsymbol{E}_\mathrm{i} = Q\,(\boldsymbol{v} \times \boldsymbol{B}), \tag{3.40}$$

$$\boldsymbol{E}_\mathrm{i} = \boldsymbol{v} \times \boldsymbol{B}. \tag{3.41}$$

(3.41) stellt die erste Form des Grundgesetzes der elektromagnetischen Induktion dar. Die Geschwindigkeit, die Induktion und die induzierte elektrische Feldstärke bilden ein Rechtssystem (Bild 3.14).
Die Feldstärke des induzierten elektrischen Feldes hängt nicht von den Eigenschaften (z.B. Widerstand) und dem Zustand (z.B. Temperatur) des bewegten Leiters ab. In einem Dielektrikum, das in einem magnetischen Feld bewegt wird, tritt aus demselben Grund eine Polarisation auf. Der Leiter bzw. die Ladungen, die in dem magnetischen Feld bewegt werden, spielen dabei die sekundäre Rolle eines Indikators des elektrischen

Feldes (ähnlich der Probeladung im elektrostatischen Feld), das auch dann besteht, wenn der Leiter nicht vorhanden ist.

Unter Umständen ist es zweckmäßig, zur Beurteilung der Erscheinungen Bezugssysteme zu verwenden, die relativ zueinander gleichmäßig bewegt sind. In dem Bezugssystem S sei im Punkt $P(x, y, z)$ die magnetische Induktion $\boldsymbol{B}$ vorhanden. Das System S' bewegt sich relativ zu S mit der Geschwindigkeit $\boldsymbol{v}$. Eine Ladung Q, die sich ebenfalls mit der Geschwindigkeit $\boldsymbol{v}$ bewegt, ist gegenüber dem System S' als ruhend zu betrachten. Die Kraftwirkung auf die im System S' ruhende Ladung Q ist auf das Bestehen einer elektrischen Feldstärke $\boldsymbol{E}$ im Punkte $P(x', y', z')$ des bewegten Bezugssystems S' zurückzuführen.

Den Potentialunterschied zwischen den Punkten a und b eines beliebig gestalteten Leiters, der in einem beliebigen magnetischen Feld bewegt wird (Bild 3.15), erhält man mit der Gleichung

$$e_{ab} = \int_a^b \boldsymbol{E}_{\mathrm{i}}\, \mathrm{d}\boldsymbol{l} = \int_a^b (\boldsymbol{v} \times \boldsymbol{B})\, \mathrm{d}\boldsymbol{l}. \tag{3.42}$$

Dieser Ausdruck gibt die induzierte elektromotorische Kraft an. Wenn man einen geraden Leiter von der Länge l in einem homogenen magnetischen Feld bewegt, wobei die Geschwindigkeit $\boldsymbol{v}$ an jeder Stelle des Leiters gleich groß ist, ist die induzierte elektromotorische Kraft

$$e = (\boldsymbol{v} \times \boldsymbol{B})\, \boldsymbol{e}_l\, l. \tag{3.43}$$

(3.38) und (3.42) liefern die Grundlage der mechanisch-elektrischen Energieumwandlung.

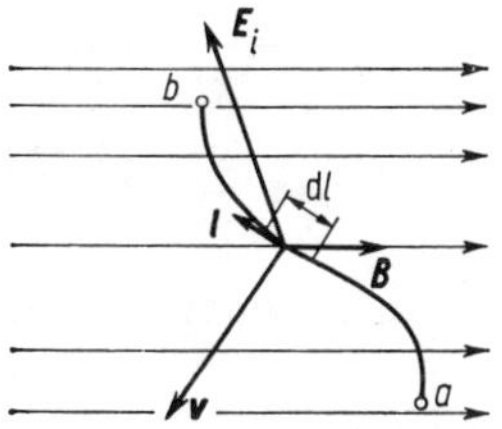

Bild 3.15

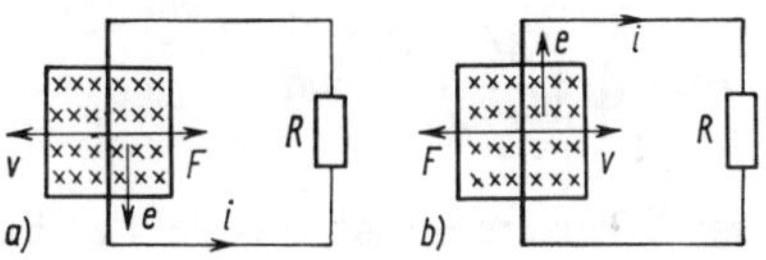

Bild 3.16

Die umrandete Fläche im Bild 3.16 zeigt schematisch einen magnetischen Fluß, der senkrecht von oben nach unten die Zeichenebene durchsetzt. In diesem magnetischen Feld verläuft ein Leiter senkrecht zu den Feldlinien. Dieser Leiter ist nach außen zu einer Schleife mit dem Widerstand R geschlossen. Bild 3.16a und Bild 3.16b zeigen die Richtungen der induzierten EMKs und der dadurch bedingten Ströme in der Schleife, konstruiert nach den obenstehenden Gleichungen für die Fälle, daß der Leiter senkrecht zu den Feldlinien (*a*) nach links bzw. (*b*) nach rechts mit der Geschwindigkeit v bewegt wird. In dem ersten Falle wird infolge der Bewegung des Leiters der von der Leiterschleife umschlossene Fluß vergrößert, in dem zweiten Falle verkleinert. Der magnetische Fluß des induzierten Stromes ist in dem ersten Falle innerhalb der Schleife von unten nach oben, d.h. entgegengesetzt dem äußeren Fluß gerichtet. In dem zweiten Falle ist er innerhalb der Schleife von oben nach unten, also wie der äußere Fluß gerichtet. In beiden Fällen der Bewegung des Leiters ist somit der magnetische Fluß des induzierten Stromes so gerichtet, daß er die durch die Bewegung des Leiters eintretende Flußänderung aufzuheben versucht. Auf den gleichen Bildern sind die Richtungen der jeweiligen Kräfte eingezeichnet, die infolge der gegenseitigen Wirkung zwischen den induzierten Strömen und

dem magnetischen Feld entstehen. Die mechanischen Kräfte sind in beiden Fällen so gerichtet, daß sie die Bewegung zu hemmen suchen.
Bei jeder Änderung des magnetischen Flusses, der eine geschlossene Leiterschleife durchsetzt, wobei die Flußänderung durch eine Änderung des Umrisses der Schleife erfolgt, werden Ströme induziert, deren Flüsse die Änderungen aufzuheben bestrebt sind. Gleichzeitig greifen an der Schleife mechanische Kräfte an, die ebenfalls bestrebt sind, die Änderung zu hemmen.
Diese Feststellung ist eine Folge des Prinzips der Erhaltung der Energie. Bei der Bewegung des Leiters entsteht eine EMK, die in der Schleife einen elektrischen Strom zur Folge hat, der mit dem Umsatz einer elektrischen Energie verbunden ist. Diese elektrische Energie muß durch mechanische Arbeit bei der Überwindung der entgegengesetzt gerichteten Kräfte aufgebracht werden.
Wir wollen im folgenden eine geschlossene Schleife betrachten, die im magnetischen Feld bewegt wird (Bild 3.17).

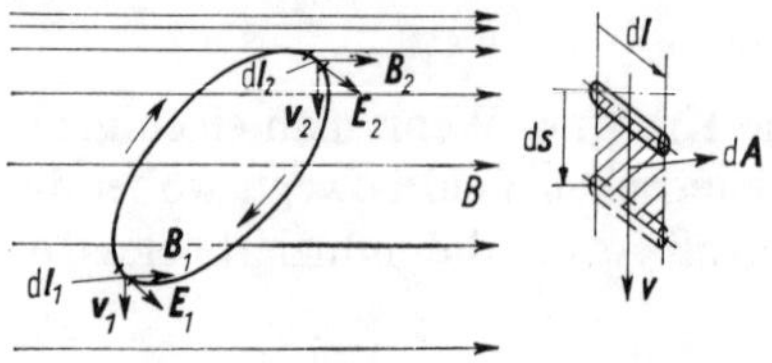

Bild 3.17

Anfangs umfaßt die Schleife den Fluß Φ. Bei der geschlossenen Schleife kann man (3.42) folgendermaßen umschreiben:

$$e = \oint (\boldsymbol{v} \times \boldsymbol{B})\, \mathrm{d}\boldsymbol{l} = \oint (\mathrm{d}\boldsymbol{l} \times \boldsymbol{v})\, \boldsymbol{B} \tag{3.44}$$

oder mit $\boldsymbol{v} = \mathrm{d}\boldsymbol{s}/\mathrm{d}t$

$$e = \oint \left(\frac{\mathrm{d}\boldsymbol{l} \times \mathrm{d}\boldsymbol{s}}{\mathrm{d}t}\right) \boldsymbol{B}, \tag{3.45}$$

wobei $\mathrm{d}\boldsymbol{s}$ das Wegelement ist, das bei der Bewegung der Schleife von dem Leiterelement $\mathrm{d}\boldsymbol{l}$ in der Zeit $\mathrm{d}t$ zurückgelegt wird. Nun ist aber

$$\mathrm{d}\boldsymbol{l} \times \mathrm{d}\boldsymbol{s} = \mathrm{d}\boldsymbol{A} \tag{3.46}$$

gleich der Fläche, die von dem Leiterelement bei der Bewegung bestrichen wird, so daß für den Betrag der induzierten EMK

$$e = \oint \frac{\boldsymbol{B}\, \mathrm{d}\boldsymbol{A}}{\mathrm{d}t} = \oint \frac{\mathrm{d}\Phi'}{\mathrm{d}t} \tag{3.47}$$

gilt. Unter dem Integralzeichen steht die Flußänderung in der Schleife infolge der Bewegung des Leiterelements $\mathrm{d}\boldsymbol{l}$. Das Integral gibt die gesamte Änderung $\mathrm{d}\Phi$ des mit der Schleife verketteten magnetischen Flusses bei der Bewegung der Schleife in dem magnetischen Feld an. Es gilt also

$$|e| = \frac{\mathrm{d}\Phi}{\mathrm{d}t}. \tag{3.48}$$

Dieser Ausdruck gibt den Zusammenhang zwischen der induzierten elektromotorischen Kraft und der Änderungsgeschwindigkeit des mit der Schleife verketteten Flusses an. Er enthält aber noch keine Aussage über die Richtung der induzierten EMK. Wir wollen jene EMK als positiv ansehen, die einen Strom erzeugt, dessen Feld im Innern der Schleife dieselbe Richtung wie das äußere Feld hat (Pfeilrichtung des Innenbereichs Bild 3.17).

Es wurde bereits gezeigt, daß beim Anwachsen des mit der Schleife verketteten Flusses die induzierte EMK einen Strom zur Folge hat, dessen Feld im Inneren der Schleife dem äußeren Feld entgegengesetzt gerichtet ist. Beim Anwachsen des mit der Schleife verketteten Flusses ist $\mathrm{d}\Phi/\mathrm{d}t$ positiv und entspricht einer induzierten EMK, die nach den getroffenen Vereinbarungen über die Richtung negativ ist. Bei einer Verkleinerung des die Schleife durchsetzenden Flusses ist $\mathrm{d}\Phi/\mathrm{d}t$ negativ, während die induzierte EMK positiv ist. Es gilt also

$$e = -\frac{\mathrm{d}\Phi}{\mathrm{d}t}. \tag{3.49}$$

(3.49) stellt die zweite Form des Grundgesetzes der elektromagnetischen Induktion dar. Bei der Ableitung von (3.49) war die Induktion $\boldsymbol{B}$ in dem Bezugssystem, in dem die Flächenänderung der Schleife (3.47) festgestellt wird, zeitlich konstant. Das Experiment zeigt, daß auch in einer ruhenden Schleife mit unveränderter Form, die von einem zeitlich veränderlichen Magnetfeld (Betrags- oder Richtungsänderung der Induktion oder beides) durchsetzt wird, eine EMK induziert wird, die ebenfalls durch (3.49) gegeben ist.

Wenn die Schleife aus w Windungen besteht, die mit verschiedenen Flüssen verkettet sind, so ist die induzierte EMK

$$e = -\sum_{\lambda=1}^{w} \frac{\mathrm{d}\Phi_\lambda}{\mathrm{d}t} = -\frac{\mathrm{d}}{\mathrm{d}t} \sum_{\lambda=1}^{w} \Phi_\lambda = -\frac{\mathrm{d}\Psi}{\mathrm{d}t}, \tag{3.50}$$

wobei $\mathrm{d}\Psi$ den mit den Windungen verketteten Fluß darstellt. Wenn alle Windungen mit demselben Fluß verkettet sind, so ist die induzierte EMK

$$e = -w\frac{\mathrm{d}\Phi}{\mathrm{d}t} = -\frac{\mathrm{d}(w\Phi)}{\mathrm{d}t} = -\frac{\mathrm{d}\Psi}{\mathrm{d}t}. \tag{3.51}$$

Der verkettete Fluß ist dann

$$\Psi = w\Phi. \tag{3.52}$$

(3.51) gibt das Gesetz der elektromagnetischen Induktion in seiner allgemeinsten Form an. Hierbei ist die induzierte EMK durch die Änderungsgeschwindigkeit des mit der Schleife verketteten Flusses dargestellt, und zwar ohne eine Aussage darüber, ob die Änderung des verketteten Flusses infolge einer Bewegung der Schleife im magnetischen Feld oder infolge einer zeitlichen Änderung des magnetischen Feldes selbst stattfindet. Beide Arten der Änderung des verketteten Flusses sind für die induzierte EMK gleichwertig.

In der Leiterschleife wird eine EMK induziert:

1. wenn sich Leiterteile im magnetischen Feld ($\boldsymbol{B} \neq 0$) bewegen:

$$e = \oint_l (\boldsymbol{v} \times \boldsymbol{B})\,\mathrm{d}\boldsymbol{l}, \tag{3.53}$$

2. wenn Flächenelemente der Leiterschleife von einer zeitlich veränderlichen magnetischen Induktion durchsetzt werden:

$$e = -\int_A \frac{\partial \boldsymbol{B}}{\partial t}\,\mathrm{d}\boldsymbol{A}, \tag{3.54}$$

3. wenn beide Vorgänge gleichzeitig stattfinden. In diesem Falle bedeutet die Differentiation von Φ nach der Zeit die Änderung des Gesamtflusses:

$$e = -\int_A \frac{\partial \boldsymbol{B}}{\partial t} \,\mathrm{d}\boldsymbol{A} + \oint_l (\boldsymbol{v} \times \boldsymbol{B}) \,\mathrm{d}\boldsymbol{l}. \qquad (3.55)$$

Beide Induktionserscheinungen treten in (3.55) getrennt auf. Ihr Einzelbeitrag zur induzierten EMK ändert sich aber beim Wechsel des Bezugssystems, in dem die induzierte EMK gemessen wird, während Betrag und Richtung der induzierten EMK unabhängig vom Bezugssystem sind. Die Induktion durch veränderliche Magnetfelder und die Induktion in bewegten Leitern als Folge der Lorentz-Kräfte sind daher nicht wesensverschiedene Erscheinungen.

Nun wird die Einrichtung Bild 3.18 betrachtet. Sie besteht aus einem Magneten von dem gezeigten Querschnitt, der von einer Leiterschleife umschlossen ist.

Die Kraftlinien verlaufen senkrecht zu der Zeichenebene von oben nach unten. Wenn man die Leiterschleife aus dem Magnetfeld senkrecht zu der Feldlinienrichtung herauszieht, so gleiten die Kontakte K_1 und K_2 auf den metallischen Seitenflächen des Magneten, und die Schleife bleibt während der ganzen Zeit geschlossen. Während des Herausziehens der Schleife wird der mit ihr verkettete Fluß verändert, und man könnte erwarten, daß entsprechend (3.51) in der Schleife eine EMK induziert und das angeschlossene Meßgerät einen Ausschlag anzeigen würde. Das kann offensichtlich aber nicht eintreten, denn es fehlen die Voraussetzungen hierzu. Wir wählen ein Bezugssystem, in dem das Eisenjoch ruht. Relativ zum Bezugssystem bewegt sich im Magnetfeld ($\boldsymbol{B} \neq 0$) kein Leiter. Weiterhin ist kein Flächenelement der Schleife von einer sich zeitlich ändernden Induktion durchsetzt. Obwohl (3.51) formal erfüllt ist, wird in der Schleife keine EMK induziert.

Ändert man dagegen das magnetische Feld zeitlich, so wird eine EMK induziert, deren Größe von der Stellung der Kontakte K_1 und K_2 abhängt.

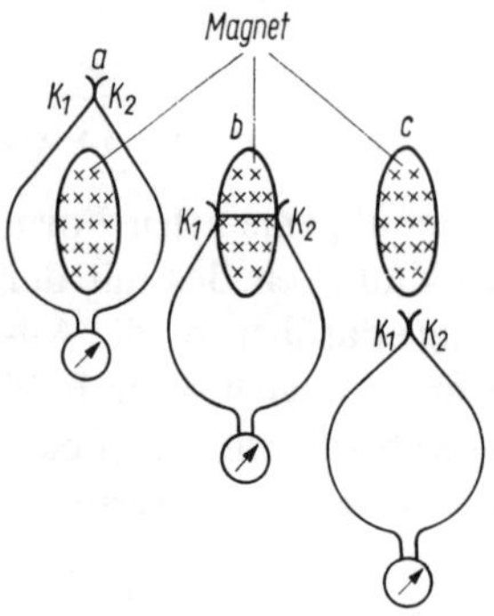

Bild 3.18

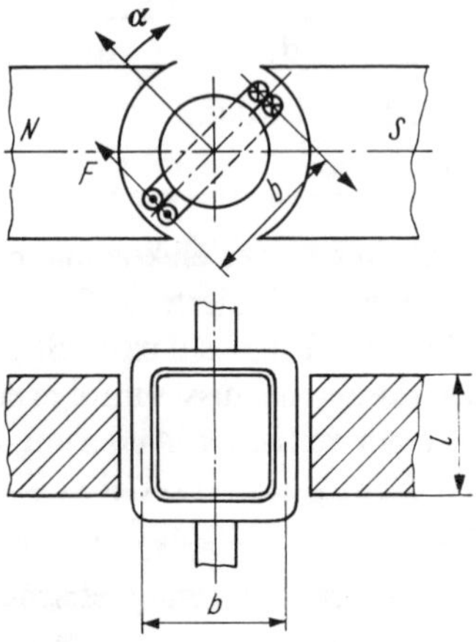

Bild 3.19

3.1.5. Beispiele für die Anwendung der Grundgesetze

3.1.5.1. Drehspulinstrument

Bild 3.19 zeigt den prinzipiellen Aufbau eines Drehspulinstruments. Das Prinzip des Meßgeräts beruht auf der Kraftwirkung, die auf einen stromdurchflossenen Leiter im magnetischen Feld ausgeübt wird.

Eine Spule, die von dem zu messenden Strom durchflossen wird, sei in dem homogenen Feld eines starken Dauermagneten in der gezeigten Weise drehbar gelagert. Die Stromrichtung steht senkrecht zu der Richtung der magnetischen Feldlinien. Auf jeden Leiter, der sich in dem Feld befindet, wirkt dann die Kraft

$$F = BIl. \tag{3.56}$$

Dabei ist l die Länge des Leiterteils, der in dem Feld liegt. Wenn die Spule w Windungen hat, so wirkt auf jede Seite der Spule, die sich im Magnetfeld befindet, die Kraft

$$F = BIlw. \tag{3.57}$$

Die Ablenkkraft ist also proportional dem Strom. Ist nun die Breite der Spule b, dann ist das Drehmoment

$$M_d = 2BIlw\frac{b}{2} = wBIlb = wABI, \tag{3.58}$$

wobei

$$A = lb \tag{3.59}$$

gleich dem Querschnitt der Spule ist. Das Drehmoment ist ebenfalls proportional dem Strom:

$$M_d = K_1 I. \tag{3.60}$$

Das Rückstellmoment wird durch eine Feder erzeugt. Es ist proportional dem Ablenkwinkel:

$$M_r = K_2 \alpha. \tag{3.61}$$

Es stellt sich der Winkel ein, bei dem beide Momente gleich sind:

$$K_2 \alpha = K_1 I \tag{3.62}$$

oder

$$\alpha = \frac{K_1}{K_2} I = KI. \tag{3.63}$$

Der Ablenkwinkel ist proportional der Stromstärke.

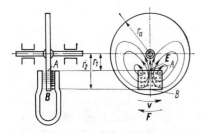

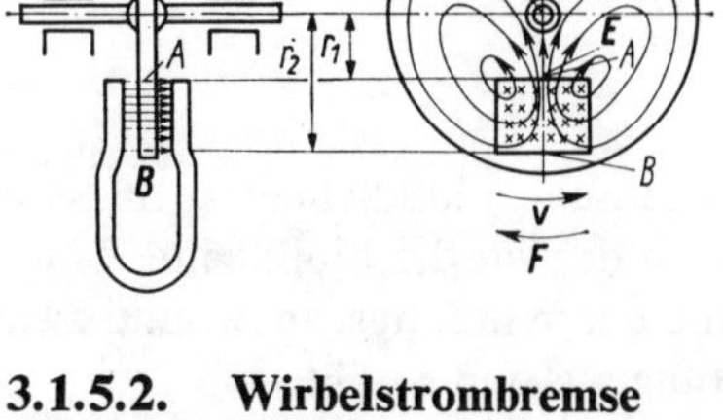

Bild 3.20

3.1.5.2. Wirbelstrombremse

Der prinzipielle Aufbau der Wirbelstrombremse wird im Bild 3.20 gezeigt. Die Wirbelstrombremse besteht aus einer Metallscheibe, die sich zwischen den Polen eines Dauermagneten drehen kann. Die freien Elektronen der rotierenden Scheibe erfahren in dem Magnetfeld eine Ablenkung in radialer Richtung. Infolgedessen erscheint zwischen dem

Rand der Scheibe und ihrer Achse eine Spannung. Diese Spannung kann man mit Hilfe von (3.43) berechnen, die man folgendermaßen umschreibt:

$$de = vB\,dr = 2\pi nBr\,dr. \tag{3.64}$$

n bedeutet die Umdrehungszahl der Scheibe je Sekunde. Ist das magnetische Feld homogen, so tritt zwischen den Punkten A und B eine Spannung von der Größe

$$U = 2\pi nB \int_{r_1}^{r_2} r\,dr = \pi nB\,(r_2^2 - r_1^2) \tag{3.65}$$

auf. Diese Spannung hat Ströme zur Folge, deren Bahnen ebenfalls auf der Abbildung angedeutet sind. Die gegenseitige Wirkung zwischen diesen Wirbelströmen und dem magnetischen Feld hat eine Kraft zur Folge, die die rotierende Scheibe zu bremsen sucht.

3.1.5.3. Unipolarmaschine

Bild 3.21 zeigt den prinzipiellen Aufbau der Unipolarmaschine. Die Einrichtung ist ähnlich der Wirbelstrombremse aufgebaut. Der Unterschied besteht darin, daß in diesem Falle die drehbare Scheibe ganz in ein homogenes magnetisches Feld eingebracht ist, so daß sich wegen des Fehlens einer Rückflußmöglichkeit keine Ströme ausbilden können. Zwischen Scheibenrand und Achse kann in diesem Falle eine Gleichspannung abgenommen werden. Die induzierte EMK beträgt für $r_i \ll r_a$

$$E = 2\pi nB \int_{r=0}^{r=r_a} r\,dr = \pi nBr_a^2. \tag{3.66}$$

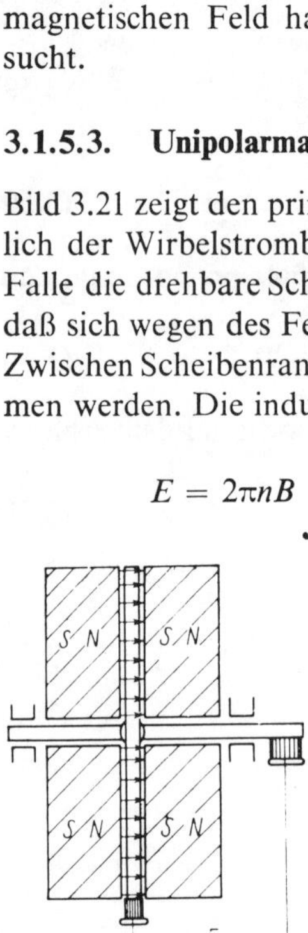

Bild 3.21

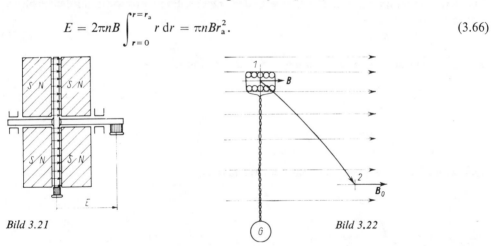

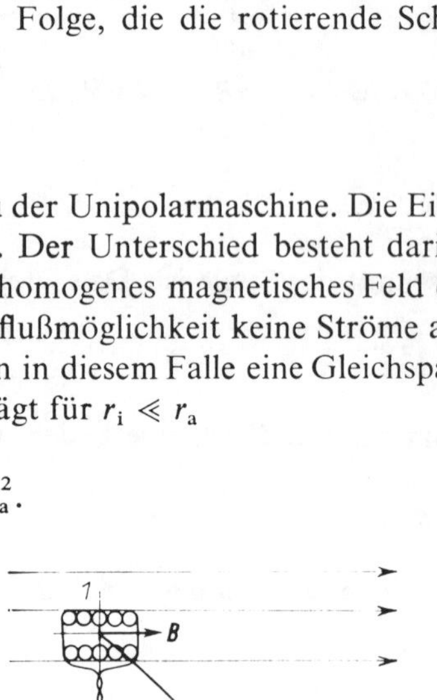

Bild 3.22

3.1.5.4. Messung der magnetischen Flußdichte

Das Induktionsgesetz gibt uns eine Möglichkeit, magnetische Flußdichten zu messen. Zu diesem Zweck bringen wir an die Stelle des Feldes, an der wir die Flußdichte B messen wollen, eine kleine Spule mit dem Querschnitt A und der Windungszahl w, und zwar so, daß die Achse dieser Spule mit der Feldlinienrichtung zusammenfällt.

Wenn wir nun die Spule an eine andere Stelle mit der Induktion B_0 versetzen (Bild 3.22), so wird in ihr nach (3.51) die EMK

$$e = -wA\,\frac{dB}{dt} \tag{3.67}$$

induziert. Wir wollen annehmen, daß die Anschlüsse der Spule mit einem Stromkreis mit dem Gesamtwiderstand R verbunden sind. Dann ist

$$\int_{B_0}^{B} \mathrm{d}B = \frac{1}{wA} \int e \,\mathrm{d}t = \frac{R}{wA} \int i \,\mathrm{d}t = \frac{R}{wA} Q = B - B_0. \tag{3.68}$$

Wenn die Spule ganz aus dem Feld herausgezogen wird, ist $B_0 = 0$. Die Induktion an der zu untersuchenden Stelle des Feldes beträgt dann

$$B = \frac{R}{wA} Q. \tag{3.69}$$

Der Stromimpuls

$$Q = \int i \,\mathrm{d}t \tag{3.70}$$

ist gleich der Elektrizitätsmenge, die während des Induktionsvorgangs durch den Kreis geflossen ist. Durch die Messung der Elektrizitätsmenge ist der Meßvorgang unabhängig von der Geschwindigkeit, mit der man die Spule aus dem Feld herauszieht. Bei einer größeren Geschwindigkeit ist die induzierte Spannung größer; im gleichen Verhältnis ist aber die Integrationszeit kleiner, so daß das Integral unverändert bleibt.
Bei der Durchführung des Versuchs muß man darauf achten, daß die Abmessungen der Probespule klein sind, damit das Feld in dem Spulenquerschnitt als homogen angesehen werden kann. Schließt die Achse der Probespule mit der Feldrichtung den Winkel α ein, so erhält man den Wert B der wahren Induktion aus der gemessenen Induktion B_α mit Hilfe der Gleichung

$$B = \frac{B_\alpha}{\cos\alpha}. \tag{3.71}$$

Die Elektrizitätsmenge in (3.70) mißt man mit einem ballistischen Galvanometer. Der Maximalausschlag α eines linearen Schwingungssystems ist proportional dem auf ihn wirkenden Impuls, wenn die Schwingungsdauer des betrachteten Systems groß gegenüber der Impulsdauer ist:

$$\alpha_{\max} = k_1 \int f \,\mathrm{d}t. \tag{3.72}$$

Bei Drehspulinstrumenten ist aber die Kraft f proportional dem Strom, d.h.

$$\alpha_{\max} = k \int i \,\mathrm{d}t = KQ. \tag{3.73}$$

Der Maximalausschlag $\alpha_{\max}$ ist bei einem Stromstoß proportional der Elektrizitätsmenge Q. Die zur Messung der Stromimpulse verwendeten ballistischen Galvanometer sind empfindliche Drehspulmeßwerke mit langer Schwingungsdauer, so daß der Stromstoß, der gemessen wird, schon lange abgeklungen ist, bevor das Galvanometer seinen Endausschlag erreicht hat.

3.1.5.5. Messung des Linienintegrals der magnetischen Induktion

Im folgenden wollen wir ein Gerät beschreiben, das uns erlaubt, das Linienintegral der magnetischen Induktion zwischen zwei Punkten eines Feldes zu bestimmen und quantitativ den Zusammenhang zwischen dem Strom als Ursache und dem magnetischen Feld

als Begleiterscheinung zu untersuchen. Es ist unter dem Namen Rogowski-Spule bekannt und besteht aus einer langen biegsamen Spule, bei der die Längsabmessungen groß im Vergleich zu den Querabmessungen sind (Bild 3.23).
Damit man der Rogowski-Spule jede gewünschte Form geben kann, wickelt man sie auf einen biegsamen unmagnetischen Tragkörper, beispielsweise einen dünnen Lederriemen, einen Gummi- oder Kunststoffschlauch, so daß das magnetische Feld, das untersucht werden soll, nicht durch ihn beeinflußt wird. Die Spule ist doppellagig gewickelt. Durch die zweite Lage wird erreicht, daß der Anfang und das Ende der Spule nebeneinander herausgeführt werden können, ohne daß eine Schleife gebildet wird, in der eine zusätzliche Spannung induziert werden kann.

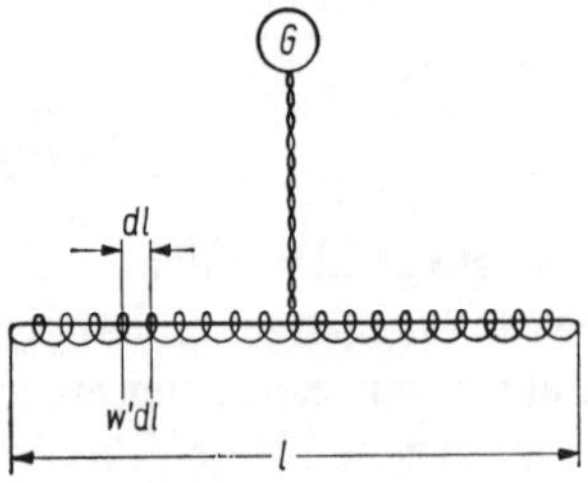

Bild 3.23

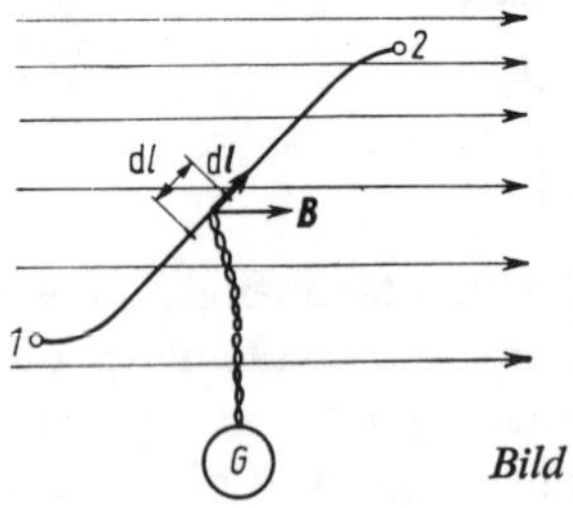

Bild 3.24

Die Spule wird in das zu untersuchende magnetische Feld, das auch inhomogen sein kann, gebracht (Bild 3.24). Die Induktion wird an jedem Abschnitt $\mathrm{d}\boldsymbol{l}$ der Spule der Richtung und dem Betrag nach verschieden sein. Der Querschnitt der Spule A ist sehr klein, so daß man an der betrachteten Stelle die Induktion über ihrem Querschnitt als konstant ansehen kann.
Wir wollen annehmen, daß auf die Längeneinheit der Rogowski-Spule w' Windungen entfallen. Ein kurzes Teilstück der Spule von der Länge $\mathrm{d}l$ enthält dann $w'\,\mathrm{d}l$ Windungen. Der Induktionsfluß, der mit diesen Windungen verkettet ist, ist

$$\mathrm{d}\Psi = w'A\boldsymbol{B}\,\mathrm{d}\boldsymbol{l}. \tag{3.74}$$

Der gesamte Induktionsfluß, der mit der Spule verkettet ist, beträgt

$$\Psi = w'A\int_1^2 \boldsymbol{B}\,\mathrm{d}\boldsymbol{l}. \tag{3.75}$$

Dieser Fluß kann mit dem ballistischen Galvanometer, das wir oben beschrieben haben, bestimmt werden:

$$\Psi = \int e\,\mathrm{d}t = w'A\int_1^2 \boldsymbol{B}\,\mathrm{d}\boldsymbol{l}, \tag{3.76}$$

$$Q = \int i\,\mathrm{d}t = \frac{w'A}{R}\int_1^2 \boldsymbol{B}\,\mathrm{d}\boldsymbol{l}, \tag{3.77}$$

$$\alpha = K_1 Q = K\int_1^2 \boldsymbol{B}\,\mathrm{d}\boldsymbol{l}. \tag{3.78}$$

Die Rogowski-Spule ermöglicht uns also, in einem magnetischen Feld den Wert des Linienintegrals der magnetischen Induktion zu bestimmen.

3.2. Gleichungen des manetgischen Feldes

3.2.1. Magnetische Feldstärke und das Durchflutungsgesetz

Wenn wir nun mit einer Rogowski-Spule der beschriebenen Art ein magnetisches Feld untersuchen, so können wir folgende Feststellung machen:

1. Der Wert des Linienintegrals der magnetischen Induktion ist in stromfreien Bereichen unabhängig von dem Verlauf des Weges. Er hängt nur von der Lage der Endpunkte der Rogowski-Spule ab:

$$\int_1^2 \boldsymbol{B}\,\mathrm{d}\boldsymbol{l} = \text{konst.} \tag{3.79}$$

   Wie auch die Rogowski-Spule zwischen den Punkten 1 und 2 im magnetischen Feld verlaufen mag, immer ist der Ausschlag am ballistischen Galvanometer beim Herausziehen der Spule gleich, solange zwischen den gewählten Wegen keine stromführenden Leiter verlaufen.
2. Fallen die beiden Endpunkte der Rogowski-Spule zusammen, so findet man, daß

$$\oint \boldsymbol{B}\,\mathrm{d}\boldsymbol{l} = 0 \tag{3.80}$$

   ist, wenn die geschlossene Schleife, die die Rogowski-Spule bildet, nicht mit stromführenden Leitern verkettet ist. Auch dieses Ergebnis ist unabhängig von dem Verlauf und der Lage der Spule in dem magnetischen Feld.
3. Der Versuch zeigt, daß, wenn die zwei Enden der Rogowski-Spule aufeinanderliegen und die so gebildete Schleife mit einem oder mehreren stromführenden Leitern verkettet ist, sich ein ganz bestimmter Wert des Linienintegrals der magnetischen Induktion einstellt.

Unter diesen Voraussetzungen mißt man für das Linienintegral der Induktion über den geschlossenen Weg den Wert

$$\oint \boldsymbol{B}\,\mathrm{d}\boldsymbol{l} = \mu_0 \sum_\lambda \boldsymbol{I}_\lambda. \tag{3.81}$$

Dieses einfache Gesetz beschreibt den Zusammenhang zwischen dem entstehenden magnetischen Feld und dem es verursachenden Strom. Es besagt, daß das Linienintegral der magnetischen Induktion auf einem geschlossenen Wege proportional dem mit dem Wege verketteten Strom ist. Der Proportionalitätsfaktor ist μ_0. Die Bildung der Summe der λ Ströme ist unter Berücksichtigung der Richtung auszuführen. Die positive Stromrichtung zeigt in die Einschraubrichtung einer Rechtsschraube, die in der Umlaufrichtung des Linienintegrals gedreht wird (Bild 3.25). Die Größe

$$\Theta = \sum_\lambda \boldsymbol{I}_\lambda \tag{3.82}$$

wird die Durchflutung des geschlossenen Integrationswegs genannt. Es gilt also

$$\oint \boldsymbol{B}\,\mathrm{d}\boldsymbol{l} = \mu_0 \Theta. \tag{3.83}$$

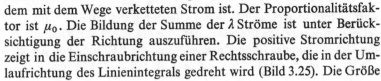

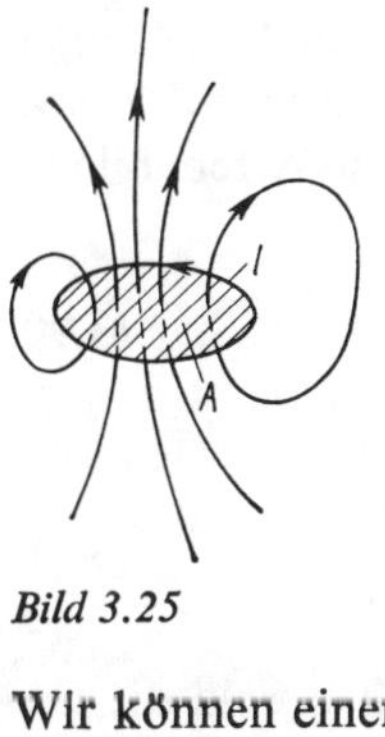

Bild 3.25

Wir können einen neuen Vektor

$$\boldsymbol{H} = \frac{\boldsymbol{B}}{\mu_0} \tag{3.84}$$

einführen, so daß

$$\boldsymbol{B} = \mu_0 \boldsymbol{H} \tag{3.85}$$

ist. Diesen neuen Vektor nennen wir die magnetische Feldstärke. Durch die Festsetzung, daß die magnetische Flußdichte proportional einer magnetischen Feldstärke ist, wird eine Analogie zum elektrischen Feld erreicht.

Die Zweckmäßigkeit der Einführung des neuen Begriffs der magnetischen Feldstärke, die an dieser Stelle formal erscheinen mag, zeigt sich deutlich erst bei der Betrachtung des Verhaltens der Materie im magnetischen Feld. Führt man die magnetische Feldstärke (3.84) in (3.83) ein, so erhält man

$$\oint \boldsymbol{H}\, \mathrm{d}\boldsymbol{l} = \Theta. \tag{3.86}$$

Das Linienintegral der magnetischen Feldstärke auf einem geschlossenen Weg ist gleich dem mit diesem Weg verketteten Strom. (3.86) ist unter dem Namen Durchflutungsgesetz bekannt.

Die Dimension der magnetischen Feldstärke ergibt sich aus (3.86) und (3.82):

$$[\boldsymbol{H}] = \frac{[I]}{[l]}. \tag{3.87}$$

Die Einheit der magnetischen Feldstärke erhalten wir aus der letzten Gleichung, wenn wir hier die Einheiten für die Stromstärke bzw. für die Länge einführen. Sie beträgt 1 A/m oder 1 A/cm.

Der Proportionalitätsfaktor μ_0 trägt den Namen Induktionskonstante oder absolute magnetische Permeabilität des Vakuums. Seine Dimension ist

$$[\mu_0] = \frac{[\boldsymbol{B}]}{[\boldsymbol{H}]} = \frac{\mathrm{V \cdot s \cdot m}}{\mathrm{m^2 \cdot A}} = \frac{\mathrm{V \cdot s}}{\mathrm{A \cdot m}} = \frac{\Omega \cdot \mathrm{s}}{\mathrm{m}} = \frac{\mathrm{H}}{\mathrm{m}} \tag{3.88}$$

mit der Festlegung 1 H = 1 Ω·s (1 H = 1 Henry).

Wir wollen (3.86) auf eine sehr kleine, von dem Integrationsweg umschlossene, stromdurchflossene Fläche ΔA anwenden und die Operation

$$\lim_{\Delta A \to 0} \frac{\oint \boldsymbol{H}\, \mathrm{d}\boldsymbol{l}}{\Delta A} = \frac{\mathrm{d}I}{\mathrm{d}A} \tag{3.89}$$

ausführen. Die rechte Seite dieser Gleichung stellt die Stromdichte dar, die linke bedeutet die Projektion der Rotation des Vektors $\boldsymbol{H}$ auf die Richtung des Vektors d$\boldsymbol{A}$, wobei der Umlaufsinn des Integrationswegs und die Richtung von d$\boldsymbol{A}$ ein Rechtssystem bilden. Da diese Gleichung für jedes d$\boldsymbol{A}$ zutrifft, gilt auch allgemein

$$\operatorname{rot} \boldsymbol{H} = \boldsymbol{G}. \tag{3.90}$$

Den Ausdruck

$$\int_a^b \boldsymbol{H}\, \mathrm{d}\boldsymbol{l} = U_\mathrm{m} \tag{3.91}$$

nennt man in Analogie zu dem entsprechenden Ausdruck im elektrischen Feld die magnetische Spannung zwischen den Punkten a und b. Da die Rogowski-Spule die Messung des Linienintegrals der magnetischen Feldstärke ermöglicht, nennt man sie auch magnetischer Spannungsmesser.

3.2.2. Das magnetische Feld in stromfreien Gebieten. Potential des magnetischen Feldes

Ein magnetisches Feld kann sich in stromfreien und in stromführenden Gebieten ausbilden. In stromfreien Gebieten, d.h. in Gebieten, in denen der Integrationsweg keine Stromfäden umschließt, ist das Linienintegral der magnetischen Feldstärke auf einem geschlossenen Wege stets null. Zwischen zwei beliebigen Punkten a und b ist dann das Linienintegral der Feldstärke unabhängig vom Weg und liefert auf verschiedenen Wegen denselben Wert.
Der Wert des Linienintegrals hängt nur von der Lage der Endpunkte des Integrationswegs ab.
Liegt ein solcher Fall vor, so können wir den Begriff des magnetischen Potentials ψ einführen, indem wir

$$\int_a^b \boldsymbol{H} \, \mathrm{d}\boldsymbol{l} = \psi_a - \psi_b \tag{3.92}$$

definieren. Durch die Einführung des magnetischen Potentials sind wir in der Lage, analog zum elektrischen Feld die magnetische Feldstärke als Gradient des magnetischen Potentials auszudrücken:

$$\boldsymbol{H} = -\operatorname{grad} \psi. \tag{3.93}$$

Wir können den Satz von der Quellenfreiheit des magnetischen Induktionsflusses (3.29) benutzen und wegen

$$\mu_0 = \text{konst.} \tag{3.94}$$

auch

$$\operatorname{div} \boldsymbol{H} = 0 \tag{3.95}$$

schreiben. Mit (3.93) und (3.95) folgt

$$\operatorname{div} \operatorname{grad} \psi = 0. \tag{3.96}$$

Nun ist

$$\operatorname{grad} \psi = \boldsymbol{i} \frac{\partial \psi}{\partial x} + \boldsymbol{j} \frac{\partial \psi}{\partial y} + \boldsymbol{k} \frac{\partial \psi}{\partial z} \equiv \nabla \psi, \tag{3.97}$$

so daß

$$\operatorname{div} \operatorname{grad} \psi = \operatorname{div} \nabla \psi = \nabla \nabla \psi = \Delta \psi = 0 \tag{3.98}$$

ist.
Dieser Ausdruck stellt die bekannte Laplacesche Gleichung dar. Außerhalb von stromdurchflossenen Leitern, also überall dort, wo die Stromdichte Null und daher laut (3.90)

$$\operatorname{rot} \boldsymbol{H} = 0, \tag{3.99}$$

d.h. das Feld wirbelfrei ist, ist die Potentialgleichung in Kraft. Das magnetische Potential ψ kann das Feld in stromfreien Gebieten beschreiben.

.. Das magnetische Feld in stromführenden Gebieten. Vektorpotential

.2.3.1. Einführung des Vektorpotentials

Wenn der geschlossene Integrationsweg mit Strömen verkettet ist, was insbesondere innerhalb stromdurchflossener Leiter der Fall ist, gilt bekanntlich (3.90). Mit (3.85) geht sie in

$$\operatorname{rot} \boldsymbol{B} = \mu_0 \boldsymbol{G} \tag{3.100}$$

über. Die Rotation des Vektors $\boldsymbol{B}$ ist ein Vektor, der senkrecht auf $\boldsymbol{B}$ steht. Seine Komponenten in x-, y- und z-Richtung sind

$$\operatorname{rot}_x \boldsymbol{B} = \left(\frac{\partial B_z}{\partial y} - \frac{\partial B_y}{\partial z}\right), \tag{3.101}$$

$$\operatorname{rot}_y \boldsymbol{B} = \left(\frac{\partial B_x}{\partial z} - \frac{\partial B_z}{\partial x}\right), \tag{3.102}$$

$$\operatorname{rot}_z \boldsymbol{B} = \left(\frac{\partial B_y}{\partial x} - \frac{\partial B_x}{\partial y}\right). \tag{3.103}$$

Die Bildung der Rotation ist mit Hilfe der Determinante

$$\operatorname{rot} \boldsymbol{B} = \begin{vmatrix} \boldsymbol{i} & \boldsymbol{j} & \boldsymbol{k} \\ \dfrac{\partial}{\partial x} & \dfrac{\partial}{\partial y} & \dfrac{\partial}{\partial z} \\ B_x & B_y & B_z \end{vmatrix} \tag{3.104}$$

möglich. Mit einer analogen Determinante wird auch das Vektorprodukt angegeben. Wenn wir den Operator ∇ (s. (1.42)) einführen, können wir die Rotation des Vektors $\boldsymbol{B}$ formal als Vektorprodukt von ∇ und $\boldsymbol{B}$ darstellen:

$$\operatorname{rot} \boldsymbol{B} = \nabla \times \boldsymbol{B}. \tag{3.105}$$

Wir wollen noch die Operationen

$$\operatorname{rot} \operatorname{grad} \xi \equiv \nabla \times (\nabla \xi) \equiv \operatorname{rot} \left(\boldsymbol{i} \frac{\partial \xi}{\partial x} + \boldsymbol{j} \frac{\partial \xi}{\partial y} + \boldsymbol{k} \frac{\partial \xi}{\partial z}\right), \tag{3.106}$$

$$\operatorname{rot} \operatorname{grad} \xi \equiv \begin{vmatrix} \boldsymbol{i} & \boldsymbol{j} & \boldsymbol{k} \\ \dfrac{\partial}{\partial x} & \dfrac{\partial}{\partial y} & \dfrac{\partial}{\partial z} \\ \dfrac{\partial \xi}{\partial x} & \dfrac{\partial \xi}{\partial y} & \dfrac{\partial \xi}{\partial z} \end{vmatrix} \equiv 0, \tag{3.107}$$

$$\operatorname{rot} \operatorname{rot} \boldsymbol{W} \equiv \nabla \times (\nabla \times \boldsymbol{W}) \equiv \nabla \nabla \boldsymbol{W} - \nabla^2 \boldsymbol{W} \equiv \operatorname{grad} \operatorname{div} \boldsymbol{W} - \Delta \boldsymbol{W}, \tag{3.108}$$

$$\operatorname{div} \operatorname{rot} \boldsymbol{V} \equiv \begin{vmatrix} \dfrac{\partial}{\partial x} & \dfrac{\partial}{\partial y} & \dfrac{\partial}{\partial z} \\ \dfrac{\partial}{\partial x} & \dfrac{\partial}{\partial y} & \dfrac{\partial}{\partial z} \\ V_x & V_y & V_z \end{vmatrix} \equiv 0 \tag{3.109}$$

angeben, die wir im folgenden verwenden werden.

Auch im Falle stromführender Gebiete hat der Satz von der Quellenfreiheit des magnetischen Flusses (3.29) Gültigkeit. Die Tatsache, daß die Divergenz der magnetischen Induktion Null ist, versetzt uns in die Lage, laut (3.109) die magnetische Induktion als Rotation eines Vektors $\boldsymbol{V}$ darzustellen:

$$\boldsymbol{B} = \operatorname{rot} \boldsymbol{V}. \tag{3.110}$$

Da ferner gemäß (3.107) für eine beliebige differenzierbare Skalarfunktion

$$\xi = \xi\,(x, y, z), \tag{3.111}$$

$$\operatorname{rot} \operatorname{grad} \xi = 0 \tag{3.112}$$

ist, können wir, ohne (3.110) zu verändern, anstelle des Vektors $\boldsymbol{V}$ die Summe

$$\boldsymbol{W} = \boldsymbol{V} + \operatorname{grad} \xi \tag{3.113}$$

einführen. Dann erhalten wir laut (3.110)

$$\operatorname{rot} \boldsymbol{W} = \operatorname{rot} (\boldsymbol{V} + \operatorname{grad} \xi) = \operatorname{rot} \boldsymbol{V} = \boldsymbol{B}. \tag{3.114}$$

Wir können von der Freiheit bezüglich der Wahl von ξ Gebrauch machen und dem Vektor $\boldsymbol{W}$ die zusätzliche Eigenschaft

$$\operatorname{div} \boldsymbol{W} = 0 \tag{3.115}$$

auferlegen. Nun ist

$$\operatorname{rot} \boldsymbol{B} = \operatorname{rot} \operatorname{rot} \boldsymbol{W} = \mu_0 \boldsymbol{G}. \tag{3.116}$$

Den letzten Ausdruck kann man mit (3.108) folgendermaßen umschreiben:

$$\operatorname{rot} \operatorname{rot} \boldsymbol{W} = \operatorname{grad} \operatorname{div} \boldsymbol{W} - \Delta \boldsymbol{W} = \mu_0 \boldsymbol{G} \tag{3.117}$$

oder wegen (3.115)

$$\Delta \boldsymbol{W} = -\mu_0 \boldsymbol{G}. \tag{3.118}$$

Zwei Vektoren sind gleich, wenn ihre Komponenten in den Achsenrichtungen gleich sind, d.h., wenn gilt

$$\Delta W_x = -\mu_0 G_x, \tag{3.119}$$

$$\Delta W_y = -\mu_0 G_y, \tag{3.120}$$

$$\Delta W_z = -\mu_0 G_z. \tag{3.121}$$

Diese Gleichungen sind wie die Poissonsche Gleichung, die das Raumladungsfeld beschreibt, aufgebaut, für die bei beliebig verteilten Ladungen (1.199) eine allgemeine Lösung ergab. Analog zu dieser Gleichung ergeben sich aus den Gleichungen (3.119) bis (3.121)

$$W_x = \frac{\mu_0}{4\pi} \int \frac{G_x}{r}\, \mathrm{d}V, \tag{3.122}$$

$$W_y = \frac{\mu_0}{4\pi} \int \frac{G_y}{r}\, \mathrm{d}V, \tag{3.123}$$

$$W_z = \frac{\mu_0}{4\pi} \int \frac{G_z}{r}\, \mathrm{d}V. \tag{3.124}$$

Faßt man diese Komponentengleichungen zusammen, so kann man in dem behandelten Falle die entsprechende Lösung

$$\boldsymbol{W} = \frac{\mu_0}{4\pi} \int_V \boldsymbol{G} \frac{\mathrm{d}V}{r} \tag{3.125}$$

angeben. Die Größe $\boldsymbol{W}$ nennt man das Vektorpotential des magnetischen Feldes.

3.2.3.2. Beziehung zwischen Vektorpotential und magnetischem Fluß

Der magnetische Induktionsfluß, der eine Fläche A von beliebiger Form durchsetzt, ist

$$\Psi = \int_A \boldsymbol{B}\, \mathrm{d}\boldsymbol{A}. \tag{3.126}$$

Geht man mit (3.114) in diese Gleichung ein, dann erhält man

$$\Psi = \int_A \operatorname{rot} \boldsymbol{W}\, \mathrm{d}\boldsymbol{A}. \tag{3.127}$$

Unter Anwendung des Stokesschen Satzes kann man diese Gleichung folgendermaßen umformen:

$$\Psi = \int_A \operatorname{rot} \boldsymbol{W}\, \mathrm{d}\boldsymbol{A} = \oint_l \boldsymbol{W}\, \mathrm{d}\boldsymbol{l}. \tag{3.128}$$

Die Integration der rechten Seite dieser Gleichung ist über die Umrandung l der Fläche A durchzuführen.

3.2.4. Das skalare Potential des geschlossenen Stromkreises

Wir wollen (3.125) in eine für die Behandlung linienhafter Stromkreise geeignetere Form umwandeln. Zu diesem Zweck multiplizieren wir diese Gleichung mit einem Hilfsvektor $\boldsymbol{C}$, dem wir bestimmte Eigenschaften zuordnen. Dieser Hilfsvektor fällt später wieder aus der Rechnung heraus. Mit

$$\boldsymbol{G}\, \mathrm{d}V = I\, \mathrm{d}\boldsymbol{l} \tag{3.129}$$

ergibt sich aus (3.125)

$$\boldsymbol{W}\boldsymbol{C} = \frac{\mu_0 I}{4\pi} \oint_l \frac{\boldsymbol{C}\, \mathrm{d}\boldsymbol{l}}{r}. \tag{3.130}$$

Unter Anwendung des Stokesschen Satzes geht dieser Ausdruck in

$$\boldsymbol{W}\boldsymbol{C} = \frac{\mu_0 I}{4\pi} \int_A \operatorname{rot} \left(\frac{\boldsymbol{C}}{r}\right) \mathrm{d}\boldsymbol{A} \tag{3.131}$$

über. Nun ist aber

$$\operatorname{rot} \left(\frac{1}{r} \boldsymbol{C}\right) = \frac{1}{r} \operatorname{rot} \boldsymbol{C} - \left(\boldsymbol{C} \times \operatorname{grad} \frac{1}{r}\right). \tag{3.132}$$

Der Hilfsvektor $\boldsymbol{C}$, den man frei wählen kann, soll folgende Eigenschaften haben: Er soll konstant sein und nicht parallel zu $\mathrm{d}\boldsymbol{A}$ verlaufen. Dann gilt

$$\operatorname{rot} \boldsymbol{C} = 0. \tag{3.133}$$

Ferner ist

$$\operatorname{grad}\left(\frac{1}{r}\right) = -\frac{\boldsymbol{r}}{r^3}, \tag{3.134}$$

wobei der Radiusvektor $\boldsymbol{r}$ vom Element $\mathrm{d}\boldsymbol{A}$ der vom Stromkreis eingeschlossenen Fläche A auf den Punkt P zeigt, von dem das Potential bestimmt werden soll.
Für (3.131) erhält man damit

$$\boldsymbol{W}\boldsymbol{C} = \frac{\mu_0 I}{4\pi} \int_A \left(\boldsymbol{C} \times \frac{\boldsymbol{r}}{r^3}\right) \mathrm{d}\boldsymbol{A} = \frac{\mu_0 I \boldsymbol{C}}{4\pi} \int_A \left(\frac{\boldsymbol{r}}{r^3} \times \mathrm{d}\boldsymbol{A}\right) \tag{3.135}$$

oder

$$\boldsymbol{W} = \frac{\mu_0 I}{4\pi} \int_A \left(\frac{\boldsymbol{r}}{r^3} \times \mathrm{d}\boldsymbol{A}\right). \tag{3.136}$$

Wendet man diesen Ausdruck auf die kleine Stromschleife im Bild 3.26 an, dann ergibt sich für das Vektorpotential im Punkt P

$$\boldsymbol{W} = \frac{\mu_0 I}{4\pi} \left(\frac{\boldsymbol{r}}{r^3} \times \mathrm{d}\boldsymbol{A}\right). \tag{3.137}$$

Mit (3.114) und (3.137) folgt

$$\boldsymbol{H} = \frac{1}{\mu_0} \operatorname{rot} \boldsymbol{W} = \frac{I}{4\pi} \operatorname{rot}\left(\frac{\boldsymbol{r}}{r^3} \times \mathrm{d}\boldsymbol{A}\right) = -\operatorname{grad} \psi. \tag{3.138}$$

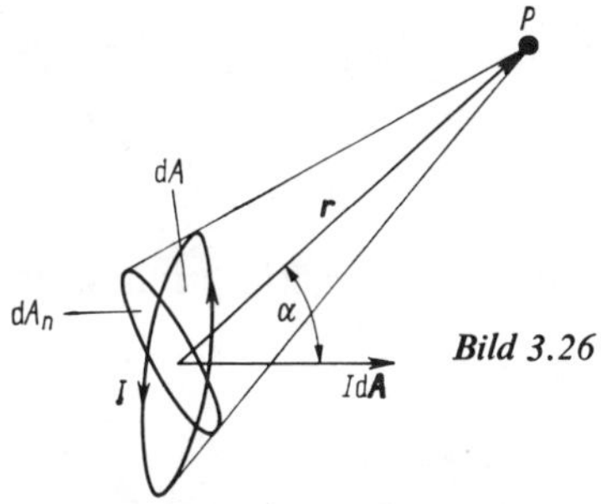

Bild 3.26

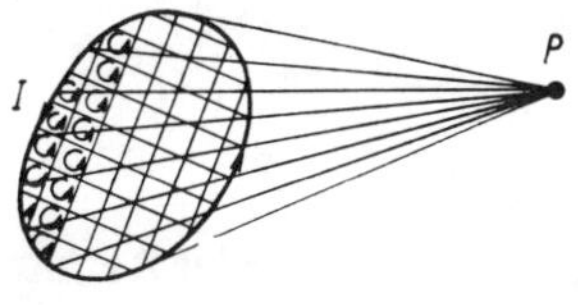

Bild 3.27

Nun ist aber

$$I \operatorname{rot}\left(\frac{\boldsymbol{r}}{r^3} \times \mathrm{d}\boldsymbol{A}\right) = -\operatorname{grad}\left(\frac{\boldsymbol{r}}{r^3} I \,\mathrm{d}\boldsymbol{A}\right), \tag{3.139}$$

wovon man sich leicht durch beiderseitige Differentiation überzeugt. Durch Vergleich von (3.138) und (3.139) ergibt sich bis auf eine Integrationskonstante, die durch entsprechende Wahl des Bezugspotentials Null gesetzt werden kann,

$$\psi = \frac{I}{4\pi} \frac{\boldsymbol{r}\,\mathrm{d}\boldsymbol{A}}{r^3} = \frac{I}{4\pi} \frac{\mathrm{d}A \cos\alpha}{r^2} = \frac{I}{4\pi} \frac{\mathrm{d}A_\mathrm{n}}{r^2} = \frac{I}{4\pi} \mathrm{d}\Omega \tag{3.140}$$

mit

$$\mathrm{d}\Omega = \frac{\mathrm{d}A_\mathrm{n}}{r^2}. \tag{3.141}$$

$d\Omega$ ist der Raumwinkel, unter dem man dA von P aus sieht. Das skalare magnetische Potential in dem Punkte P in der Umgebung eines beliebigen Stromkreises erhält man, indem man sich den Stromkreis in Elementarkreise (Bild 3.27) zerlegt denkt, für die (3.140) gilt, und das magnetische Potential aus der Superposition aller Teilpotentiale berechnet:

$$\psi = \sum_\lambda \psi_\lambda = \frac{I}{4\pi} \sum_\lambda d\Omega_\lambda = \frac{I}{4\pi}\,\Omega. \tag{3.142}$$

Hierbei ist Ω der Raumwinkel, unter dem man den ganzen Kreis von P aus sieht.
Wir wollen die letzte Beziehung zur Untersuchung des magnetischen Feldes eines Ringstroms (Bild 3.28) anwenden. Das Feld ist achsensymmetrisch.

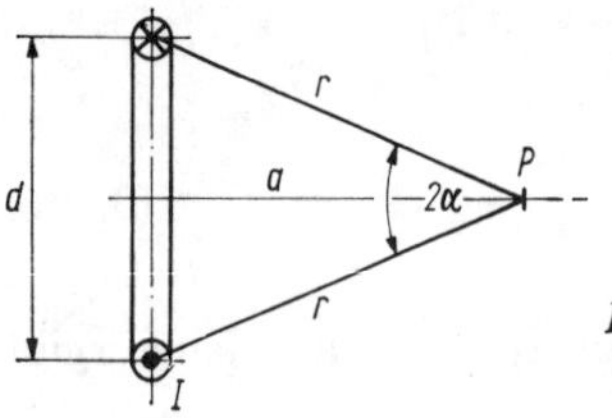

Bild 3.28

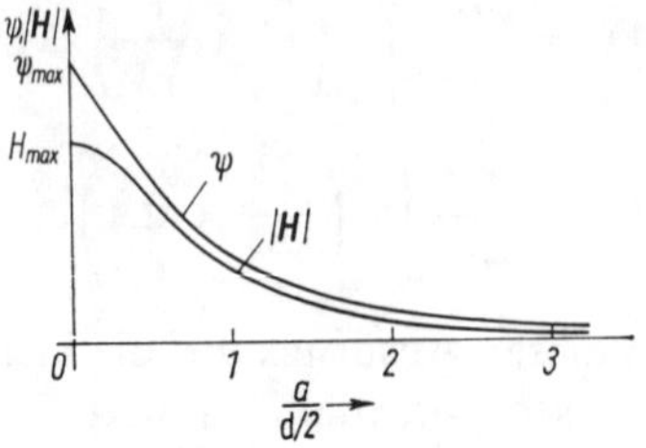

Bild 3.29

Für das skalare Potential in der Ebene, in der der Ringstrom liegt, stellen sich zwei Werte ein. In jedem Punkt dieser Ebene außerhalb des Ringes ist

$$\Omega = 0 \tag{3.143}$$

und

$$\psi = 0. \tag{3.144}$$

In jedem Punkt der Ebene innerhalb des Ringes ist

$$\Omega = 2\pi \tag{3.145}$$

und

$$\psi = \frac{I}{4\pi}\,\Omega = \frac{I}{2}. \tag{3.146}$$

Für einen Punkt P auf der Achse ist der Raumwinkel, unter dem man den Ringstrom sieht,

$$\Omega = 2\pi(1 - \cos\alpha). \tag{3.147}$$

In diesem Punkt ist dann das skalare Potential

$$\psi = \frac{I}{2}(1 - \cos\alpha) = \frac{I}{2}\left(1 - \frac{a}{r}\right) = \frac{I}{2}\left(1 - \frac{a}{\sqrt{a^2 + \left(\frac{d}{2}\right)^2}}\right). \tag{3.148}$$

Die magnetische Feldstärke hat auf der Achse nur eine Komponente in Richtung der Achse des Ringstroms mit dem Betrag

$$|\boldsymbol{H}| = |\mathrm{grad}\,\psi| = \left|\frac{\partial\psi}{\partial a}\right| = \frac{I}{2}\,\frac{\left(\frac{d}{2}\right)^2}{\left(\sqrt{a^2 + \left(\frac{d}{2}\right)^2}\right)^3} = \frac{Id^2}{8r^3}. \tag{3.149}$$

Der Verlauf von ψ und $|\boldsymbol{H}|$ entlang der Achse ist im Bild 3.29 dargestellt.

3.2.5. Gesetz von *Biot–Savart*

3.2.5.1. Zusammenhang zwischen magnetischer Feldstärke und räumlicher Stromdichteverteilung

Wenn wir die magnetische Induktion als Rotation des Vektors $\boldsymbol{W}$ ausdrücken und für $\boldsymbol{W}$ den Ausdruck aus (3.125) einführen, erhalten wir

$$\boldsymbol{B} = \operatorname{rot} \boldsymbol{W} = \frac{\mu_0}{4\pi} \int_V \operatorname{rot} \left(\boldsymbol{G} \frac{\mathrm{d}V}{r} \right) \tag{3.150}$$

oder

$$\boldsymbol{H} = \frac{1}{\mu_0} \operatorname{rot} \boldsymbol{W} = \frac{1}{4\pi} \int_V \operatorname{rot} \left(\boldsymbol{G} \frac{\mathrm{d}V}{r} \right). \tag{3.151}$$

In Differentialform lauten diese zwei Ausdrücke

$$\mathrm{d}\boldsymbol{B} = \frac{\mu_0}{4\pi} \operatorname{rot} \left(\boldsymbol{G} \frac{\mathrm{d}V}{r} \right), \tag{3.152}$$

$$\mathrm{d}\boldsymbol{H} = \frac{1}{4\pi} \operatorname{rot} \left(\boldsymbol{G} \frac{\mathrm{d}V}{r} \right). \tag{3.153}$$

Die magnetische Feldstärke ist also eine Größe, die nur von der Stromdichte und ihrer räumlichen Verteilung abhängt. Sie ist somit eine elektrische Größe.

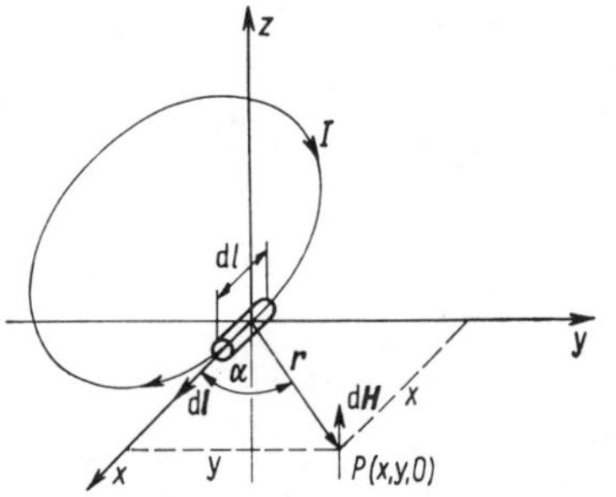

Bild 3.30

3.2.5.2. Das magnetische Feld in der Umgebung eines Linienstroms

Im folgenden wollen wir das magnetische Feld in der Umgebung eines Linienstroms untersuchen. Linienströme nennen wir die Ströme, die durch Linienleiter, d.h. Leiter, bei denen die Querabmessungen sehr klein im Vergleich zu den Längsabmessungen des Leiters bzw. zu dem Abstand des betrachteten Punktes sind, fließen. Ein solcher Linienstrom wird im Bild 3.30 gezeigt.

Aus dem Linienleiter wollen wir ein Längenelement $\mathrm{d}l$ herausgreifen und das Koordinatensystem so legen, daß das betrachtete Längenelement im Koordinatenursprung längs der x-Achse verläuft.

Wir wollen die magnetische Feldstärke bestimmen, die von diesem stromdurchflossenen Leiterelement in einem Punkt P der x,y-Ebene hervorgerufen wird. Das Volumenelement des Leiters beträgt

$$\mathrm{d}V = \mathrm{d}A\, \mathrm{d}\boldsymbol{l}. \tag{3.154}$$

$\boldsymbol{G}$, d$\boldsymbol{l}$ und dA haben gleiche Richtung. Es gilt

$$\boldsymbol{G}\,\mathrm{d}V = \boldsymbol{G}\,\mathrm{d}A\,\mathrm{d}\boldsymbol{l} = I\,\mathrm{d}\boldsymbol{l}. \tag{3.155}$$

Damit erhält man für (3.152)

$$\mathrm{d}\boldsymbol{B} = \frac{\mu_0 I}{4\pi}\,\mathrm{rot}\,\frac{\mathrm{d}\boldsymbol{l}}{r}. \tag{3.156}$$

Nun ist

$$\mathrm{rot}\left(\frac{\mathrm{d}\boldsymbol{l}}{r}\right) = \begin{vmatrix} \boldsymbol{i} & \boldsymbol{j} & \boldsymbol{k} \\ \dfrac{\partial}{\partial x} & \dfrac{\partial}{\partial y} & \dfrac{\partial}{\partial z} \\ \dfrac{\mathrm{d}l}{r} & 0 & 0 \end{vmatrix} = \boldsymbol{j}\,\frac{\partial}{\partial z}\,\frac{\mathrm{d}l}{r} - \boldsymbol{k}\,\frac{\partial}{\partial y}\,\frac{\mathrm{d}l}{r}$$

$$= \boldsymbol{j}\,\frac{\partial}{\partial z}\,\frac{\mathrm{d}l}{\sqrt{x^2+y^2}} - \boldsymbol{k}\,\frac{\partial}{\partial y}\,\frac{\mathrm{d}l}{\sqrt{x^2+y^2}}. \tag{3.157}$$

Das erste Glied auf der rechten Seite ist stets Null. Somit wird

$$\mathrm{rot}\left(\frac{\mathrm{d}\boldsymbol{l}}{r}\right) = -\boldsymbol{k}\,\frac{\partial}{\partial y}\,\frac{\mathrm{d}l}{\sqrt{x^2+y^2}} = \boldsymbol{k}\,\frac{y\,\mathrm{d}l}{\left(\sqrt{x^2+y^2}\right)^3} = \boldsymbol{k}\,\frac{y\,\mathrm{d}l}{r^3}. \tag{3.158}$$

Da aber

$$\frac{y}{r} = \sin\alpha \tag{3.159}$$

ist, wird

$$\mathrm{rot}\left(\frac{\mathrm{d}\boldsymbol{l}}{r}\right) = \boldsymbol{k}\,\frac{\mathrm{d}l\sin\alpha}{r^2} = \frac{\mathrm{d}\boldsymbol{l}\times\boldsymbol{r}}{r^3}. \tag{3.160}$$

Führt man dieses Ergebnis in (3.156) ein, so erhält man

$$\mathrm{d}\boldsymbol{B} = \frac{\mu_0 I\,(\mathrm{d}\boldsymbol{l}\times\boldsymbol{r})}{4\pi r^3} \tag{3.161}$$

bzw.

$$\mathrm{d}\boldsymbol{H} = \frac{I}{4\pi}\,\frac{(\mathrm{d}\boldsymbol{l}\times\boldsymbol{r})}{r^3}. \tag{3.162}$$

Das ist das sogenannte Biot-Savartsche Gesetz. Jedes Linienelement liefert einen Beitrag zur magnetischen Feldstärke im betrachteten Punkt, der durch (3.162) gegeben ist. Die Beiträge der einzelnen Leiterelemente addieren sich geometrisch zur magnetischen Gesamtfeldstärke an der betrachteten Stelle.

(3.162) zeigt, daß die magnetische Feldstärke nur von der Stromstärke und der geometrischen Anordnung des Leiters bestimmt wird.

3.2.5.3. Das magnetische Moment des elementaren Ringstroms

Feld eines Ringstroms

Bild 3.31 zeigt einen Ringstrom mit dem Durchmesser $d = 2r_1$. Ein Koordinatensystem ist so gelegt, daß er in der x,y-Ebene liegt, wobei seine Achse mit der z-Achse zusammenfällt. Mit Hilfe des Biot-Savartschen Gesetzes sollen zuerst die Induktion und die Feldstärke längs der Ringachse ermittelt werden. Der Beitrag eines Linienelements $\mathrm{d}l$ zur magnetischen Induktion in einem Punkt P auf der Achse, der in einer Entfernung r vom Ringzentrum liegt, beträgt nach (3.161)

$$|\mathrm{d}\boldsymbol{B}| = \frac{\mu_0 I}{4\pi}\,\frac{\mathrm{d}l}{r_2^2}. \tag{3.163}$$

Der Vektor der Teilinduktion $\mathrm{d}\boldsymbol{B}$ steht dabei senkrecht auf $\mathrm{d}\boldsymbol{l}$ und $\boldsymbol{r}_2$.
Die gesamte magnetische Induktion im Punkte P ergibt sich aus der geometrischen Summe der Teilinduktion der einzelnen Leiterelemente $\mathrm{d}l$.

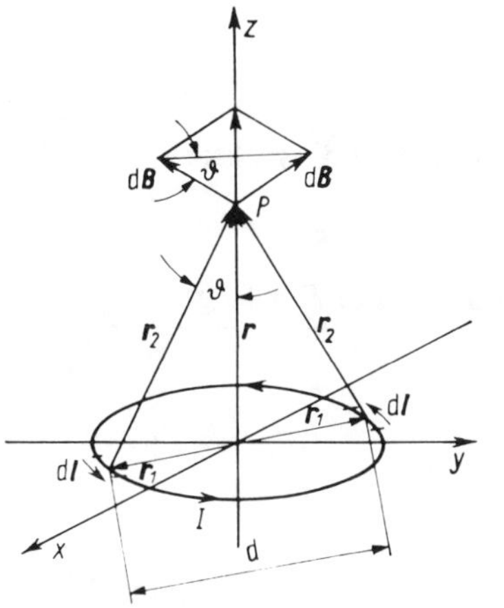

Bild 3.31

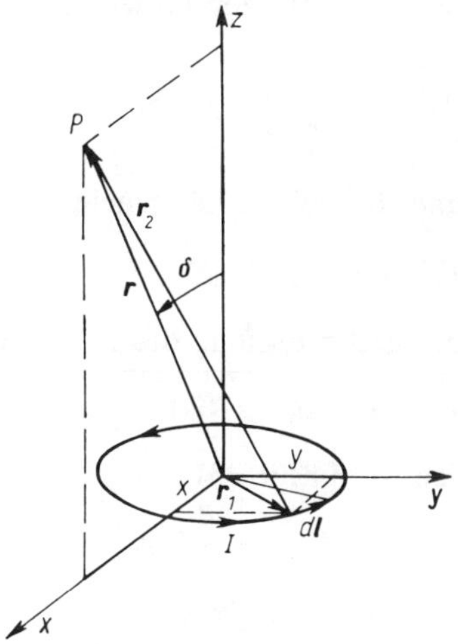

Bild 3.32

Bei der Summenbildung heben sich die zur Achse senkrechten Komponenten von je zwei diametral gelegenen Leiterelementen auf. Es bleiben nur die Komponenten der Teilinduktion in Achsenrichtung übrig. Ihre Summe ergibt

$$|\boldsymbol{B}| = \int |\mathrm{d}\boldsymbol{B}| \sin\vartheta = \frac{\mu_0 I}{4\pi} \int \frac{\mathrm{d}l}{r_2^2} \sin\vartheta. \tag{3.164}$$

Mit

$$\sin\vartheta = \frac{r_1}{r_2} = \frac{d}{2r_2} \tag{3.165}$$

geht (3.164) in

$$|\boldsymbol{B}| = \frac{\mu_0 I d}{8\pi r_2^3} \int \mathrm{d}l = \frac{\mu_0 I d^2}{8 r_2^3} \tag{3.166}$$

über. Dieses Ergebnis ist identisch mit (3.149).

Im Zentrum des Ringes ($r_2 = d/2$) ist

$$|\boldsymbol{B}| = \frac{\mu_0 I}{d}, \tag{3.167}$$

$$|\boldsymbol{H}| = \frac{I}{d}. \tag{3.168}$$

Bedeutend komplizierter liegen die Verhältnisse, wenn die Induktion nicht längs der Achse, sondern in einem Punkt P beliebiger Lage (Bild 3.32) gesucht wird. Wir wählen nun das Koordinatensystem so, daß der Punkt P in der x,z-Ebene liegt. Dann gilt für den Radiusvektor vom Nullpunkt bis zum Punkt P

$$\boldsymbol{r} = \boldsymbol{i}r \sin \delta + \boldsymbol{k}r \cos \delta \tag{3.169}$$

mit

$$|\boldsymbol{r}| = r. \tag{3.170}$$

Nach dem Biot-Savartschen Gesetz ist

$$\mathrm{d}\boldsymbol{B} = \frac{\mu_0 I}{4\pi r_2^3} (\mathrm{d}\boldsymbol{l} \times \boldsymbol{r}_2). \tag{3.171}$$

Die Lage eines beliebigen Längenelements $\mathrm{d}\boldsymbol{l}$ wird durch den Radiusvektor

$$\boldsymbol{r}_1 = \boldsymbol{i}x + \boldsymbol{j}y \tag{3.172}$$

beschrieben. Die Entfernung des Längenelements $\mathrm{d}\boldsymbol{l}$ vom Punkte P beträgt

$$\boldsymbol{r}_2 = \boldsymbol{r} - \boldsymbol{r}_1. \tag{3.173}$$

Offensichtlich ist mit (3.173)

$$\begin{aligned} r_2^2 &= \boldsymbol{r}_2\boldsymbol{r}_2 = \boldsymbol{r}\boldsymbol{r} - 2\boldsymbol{r}\boldsymbol{r}_1 + \boldsymbol{r}_1\boldsymbol{r}_1 \\ &= r^2 - 2\boldsymbol{r}(\boldsymbol{i}x + \boldsymbol{j}y) + r_1^2 \\ &= r^2 - 2rx \sin \delta + r_1^2. \end{aligned} \tag{3.174}$$

In großen Entfernungen von dem Ringstrom, d.h. $r \gg r_1$, gilt angenähert

$$r_2^2 = r^2 - 2rx \sin \delta = r^2 \left(1 - \frac{2x}{r} \sin \delta\right) \tag{3.175}$$

bzw.

$$r_2 = r \sqrt{1 - \frac{2x}{r} \sin \delta}. \tag{3.176}$$

Unter denselben Voraussetzungen ist auch $r \gg x$, so daß die Näherung

$$\frac{1}{r_2^3} = \frac{1}{r^3 \sqrt{\left(1 - 2\dfrac{x}{r} \sin \delta\right)^3}} \approx \frac{1 + 3\dfrac{x}{r} \sin \delta}{r^3} \tag{3.177}$$

zulässig ist. Geht man mit diesen Ausdrücken in (3.171) ein, so erhält man

$$\mathrm{d}\boldsymbol{B} = \frac{\mu_0 I}{4\pi r^3}\left(1 + 3\,\frac{x}{r}\sin\delta\right)\{(\mathrm{d}\boldsymbol{l} \times \boldsymbol{r}) - (\mathrm{d}\boldsymbol{l} \times \boldsymbol{r}_1)\}. \tag{3.178}$$

Indem man über die Ringschleife integriert, erhält man die gesamte Induktion:

$$\boldsymbol{B} = \frac{\mu_0 I}{4\pi r^3}\Bigg\{-\left(\boldsymbol{r} \times \oint \mathrm{d}\boldsymbol{l}\right) + \oint (\boldsymbol{r}_1 \times \mathrm{d}\boldsymbol{l}) - 3\sin\delta\left(\frac{\boldsymbol{r}}{r} \times \oint x\,\mathrm{d}\boldsymbol{l}\right) + \frac{3\sin\delta}{r}\oint x\,(\boldsymbol{r}_1 \times \mathrm{d}\boldsymbol{l}).\Bigg\} \tag{3.179}$$

Nun ist aber offensichtlich

$$(\boldsymbol{r} \times \oint \mathrm{d}\boldsymbol{l}) = 0, \tag{3.180}$$

da die Gesamtheit der Vektoren der Längenelemente eine geschlossene Linie ergeben, und

$$\oint (\boldsymbol{r}_1 \times \mathrm{d}\boldsymbol{l}) = \boldsymbol{k} \oint r_1\,\mathrm{d}l = \boldsymbol{k} r_1 \oint \mathrm{d}l = \boldsymbol{k} 2\pi r_1^2 = \boldsymbol{k} 2\,\Delta A, \tag{3.181}$$

wobei ΔA die vom Strom umschlossene Ringfläche ist. Die Abmessungen der vom Ringstrom umfaßten Fläche sind als klein gegen $\boldsymbol{r}$ zu betrachten.
Weiterhin ist

$$\oint x\,\mathrm{d}\boldsymbol{l} = \oint x\,(\boldsymbol{i}\,\mathrm{d}x + \boldsymbol{j}\,\mathrm{d}y) = \boldsymbol{i}\oint x\,\mathrm{d}x + \boldsymbol{j}\oint x\,\mathrm{d}y = \boldsymbol{i}\int_x^x x\,\mathrm{d}x + \boldsymbol{j}\,\Delta A \tag{3.182}$$

bzw.

$$\oint x\,\mathrm{d}\boldsymbol{l} = \boldsymbol{j}\,\Delta A. \tag{3.183}$$

Das Integral

$$\frac{3\sin\delta}{r}\oint x\,(\boldsymbol{r}_1 \times \mathrm{d}\boldsymbol{l}) = 3\sin\delta\oint \frac{x}{r}\,(\boldsymbol{r}_1 \times \mathrm{d}\boldsymbol{l}) \tag{3.184}$$

ist wegen der gemachten Voraussetzung $r \gg x$ vernachlässigbar klein gegenüber den ersten drei Integralen. Damit wird

$$\boldsymbol{B} = \frac{\mu_0 I\,\Delta A}{4\pi r^3}\left[2\boldsymbol{k} + \frac{3\sin\delta}{r}\,(\boldsymbol{j} \times \boldsymbol{r})\right]. \tag{3.185}$$

Nun ist aber

$$\boldsymbol{k} = \boldsymbol{e}_r \cos\delta - \boldsymbol{e}_\delta \sin\delta \tag{3.186}$$

und

$$(\boldsymbol{j} \times \boldsymbol{r}) = r\boldsymbol{e}_\delta. \tag{3.187}$$

Damit wird

$$\boldsymbol{B} = \frac{\mu_0 I\,\Delta A}{4\pi r^3}\left(\boldsymbol{e}_r 2\cos\delta - \boldsymbol{e}_\delta 2\sin\delta + \frac{r\boldsymbol{e}_\delta}{r}\,3\sin\delta\right), \tag{3.188}$$

$$\boldsymbol{B} = \frac{\mu_0 I\,\Delta A}{4\pi r^3}\,(\boldsymbol{e}_r 2\cos\delta + \boldsymbol{e}_\delta \sin\delta). \tag{3.189}$$

Das magnetische Moment

Die Komponenten der Induktion sind

$$B_r = \frac{\mu_0 I \, \Delta A}{4\pi r^3} \, 2 \cos \delta = \frac{\mu_0 \, |M|}{2\pi r^3} \cos \delta, \tag{3.190}$$

$$B_\delta = \frac{\mu_0 I \, \Delta A}{4\pi r^3} \sin \delta = \frac{\mu_0 \, |M|}{4\pi r^3} \sin \delta \tag{3.191}$$

mit

$$|M| = I \, \Delta A . \tag{3.192}$$

Vergleicht man (3.190) und (3.191) mit den Komponenten der elektrischen Feldstärke des Dipols in großer Entfernung (1.78) und (1.79), dann findet man prinzipielle Übereinstimmung. Die Größe

$$\boldsymbol{M} = I \, \Delta \boldsymbol{A} \tag{3.193}$$

nennt man deshalb das magnetische Moment des Ringstroms.

3.3. Materie im magnetischen Feld

3.3.1. Einfluß der Materie im magnetischen Feld

Der Einfluß der Materie im magnetischen Feld ist dem bei der dielektrischen Polarisation im elektrischen Feld analog. Die Anwesenheit von Materie im magnetischen Feld beeinflußt in charakteristischer Weise die Ausbildung des magnetischen Flusses.
Der Einfluß des Mediums auf die Ausbildung des magnetischen Feldes ist auf die Wirkung von Elektronenringströmen im Inneren der Atome zurückzuführen, die einerseits infolge der Bewegung der Elektronen um die Atomkerne und andererseits durch die Rotation der Elektronen um ihre eigenen Achsen auftreten. Jede dieser Bewegungen der Elektronen kann als ein elektrischer Ringstrom gedeutet werden, der die Ausbildung eines Magnetfelds mit einem bestimmten magnetischen Moment zur Folge hat.

3.3.1.1. Elementarströme

Elektronenbewegung um den Atomkern. Das Bahnmoment

Zur Erklärung der magnetischen Erscheinungen kann man mit genügender Näherung annehmen, daß die Elektronen um den Atomkern auf kreisförmigen Bahnen rotieren, wobei sich jedes Elektron auf seiner eigenen Bahn bewegt. Die einzelnen Bahnen liegen in verschiedenen Ebenen. Die auf geschlossenen Bahnen rotierenden Elektronen stellen geschlossene elektrische Ströme dar. Ist die Elementarladung Q_e und macht das Elektron n Umläufe in der Zeiteinheit, dann beträgt dieser Strom

$$I = n Q_e . \tag{3.194}$$

Ist nun die Fläche der Elektronenbahn ΔA, dann ist das magnetische Moment des Elementarstroms

$$|M_m| = I \, \Delta A = n Q_e \, \Delta A . \tag{3.195}$$

Die Richtung des magnetischen Moments fällt mit der Achse des Ringstroms zusammen und bildet mit der Stromrichtung ein Rechtssystem. Das Elektron hat die Masse m. Das rotierende Elektron besitzt demzufolge ein Impulsmoment

$$|\boldsymbol{M}_\mathrm{i}| = mvr = m\omega r^2 = 2\pi nmr^2 = 2nm\,\Delta A. \tag{3.196}$$

Das Impulsmoment liegt in der Achse der Ringbahn und bildet mit der Geschwindigkeit ein Rechtssystem (Bild 3.33). $\boldsymbol{M}_\mathrm{m}$ und $\boldsymbol{M}_\mathrm{i}$ sind entgegengesetzt gerichtet. Ihr Verhältnis ist

$$\zeta = \frac{|\boldsymbol{M}_\mathrm{m}|}{|\boldsymbol{M}_\mathrm{i}|} = \frac{1}{2}\,\frac{Q_\mathrm{e}}{m}. \tag{3.197}$$

Auf den geschlossenen Ringstrom wirkt in einem magnetischen Feld ein Kräftepaar (Bild 3.34). Es ist offensichtlich so gerichtet, daß es den Vektor $\boldsymbol{M}_\mathrm{m}$ in Richtung der Induktion $\boldsymbol{B}_0$ zu orientieren sucht. Das Feld des Ringstroms verstärkt das äußere Feld (paramagnetischer Effekt).

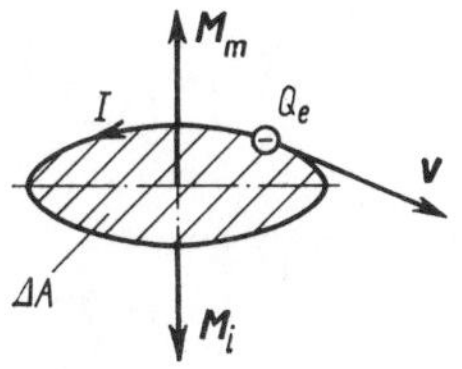

Bild 3.33

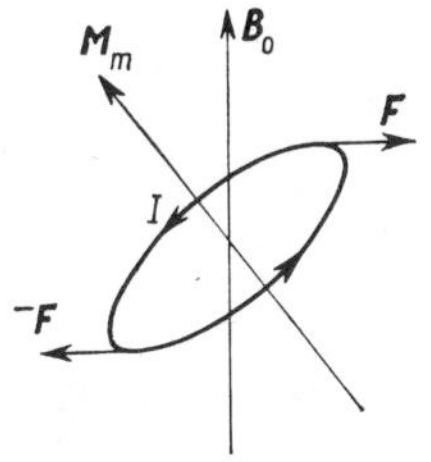

Bild 3.34

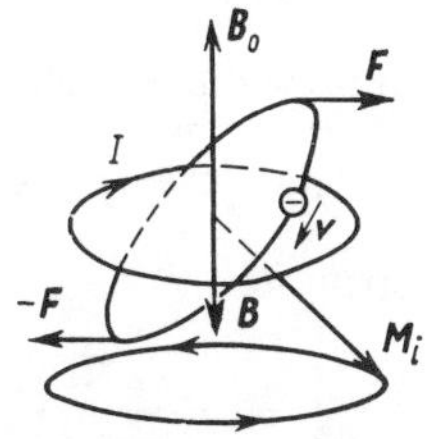

Bild 3.35

Das rotierende Elektron verhält sich wie ein Kreisel. Unter der Wirkung des Kräftepaars vollführt der Kreisel eine Präzessionsbewegung (Bild 3.35). Hierbei beschreibt $\boldsymbol{M}_\mathrm{i}$ einen Kegel in der im Bild 3.35 gezeigten Weise. Das Elektron beschreibt um $\boldsymbol{B}_0$ eine zusätzliche rechtsläufige Kreisbewegung. Wegen der negativen Elektronenladung entspricht das einem Strom, der linksläufig den Vektor $\boldsymbol{B}_0$ umkreist und eine Induktion $\boldsymbol{B}$ zur Folge hat, die $\boldsymbol{B}_0$ entgegengesetzt gerichtet ist. Das äußere Feld wird geschwächt (diamagnetischer Effekt).

Elektronenspin

Das Elektron vollführt weiterhin eine Rotationsbewegung um seine eigene Achse (Spin). Diese Rotationsbewegung entspricht ebenfalls einem elementaren Ringstrom mit einem magnetischen Moment.

3.3.1.2. Magnetisierung. Permeabilität und Suszeptibilität

Beim Fehlen eines äußeren magnetischen Feldes sind die Momente der molekularen Ringströme chaotisch orientiert, und ihre Summe ergibt Null. Fas äußere Feld bewirkt eine zusätzliche Präzessionsbewegung der Ringströme, die eine Schwächung des äußeren Feldes nach sich ziehen kann (diamagnetischer Effekt), oder eine teilweise Ausrichtung der Momente, die eine Verstärkung des äußeren Feldes zur Folge hat (paramagnetischer Effekt).

In einem Volumenelement ΔV sei die Summe der magnetischen Momente der Ringströme

$$\Delta \boldsymbol{M} = \sum_\lambda \boldsymbol{M}_{\mathrm{m}\lambda}. \tag{3.198}$$

Unter dem Vektor der Magnetisierung in einem Punkt des vom Stoff erfüllten Raumes versteht man den Ausdruck

$$\boldsymbol{J} = \lim_{\Delta V \to 0} \frac{\Delta \boldsymbol{M}}{\Delta V}. \tag{3.199}$$

Die Dimension der Magnetisierung

$$[\boldsymbol{J}] = \frac{[\boldsymbol{M}]}{[V]} \tag{3.200}$$

ist dieselbe wie die der magnetischen Feldstärke. Bild 3.36 zeigt die Projektion eines der Ringströme I_λ auf eine Ebene, die senkrecht auf dem Vektor $\boldsymbol{J}$ steht. Es sei nun angenommen, daß derselbe Ringstrom I_λ längs der Umrandung der Projektion, die die Fläche $\Delta A_{\lambda n}$ umfaßt, fließt. Es ist

$$\Delta A_{\lambda n} = \Delta A_\lambda \cos \alpha_\lambda. \tag{3.201}$$

Das Moment dieses neuen Ringstroms ist

$$\boldsymbol{M}_{m\lambda j} = I_\lambda \, \Delta \boldsymbol{A}_{\lambda n}. \tag{3.202}$$

Sein Betrag ist

$$|\boldsymbol{M}_{m\lambda j}| = I_\lambda \, \Delta A_{\lambda n} = I_\lambda \, \Delta A_\lambda \cos \alpha_\lambda = |\boldsymbol{M}_\lambda| \cos \alpha_\lambda. \tag{3.203}$$

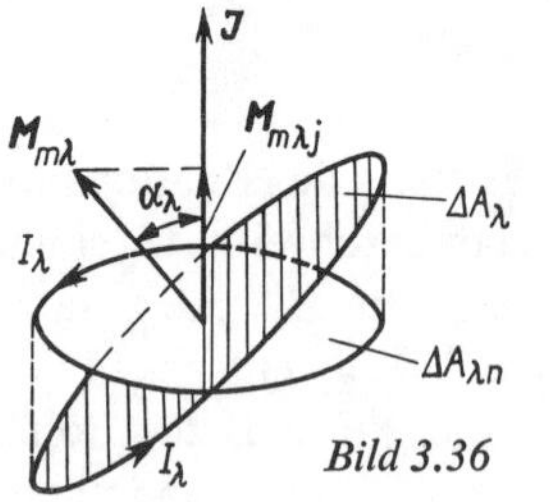

Bild 3.36

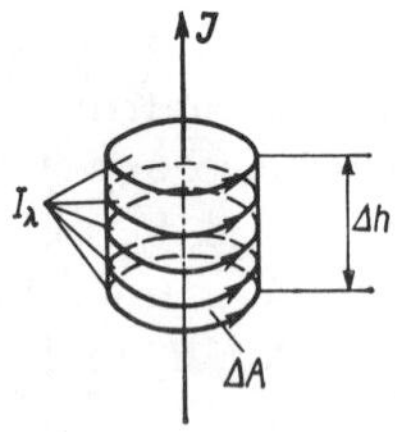

Bild 3.37

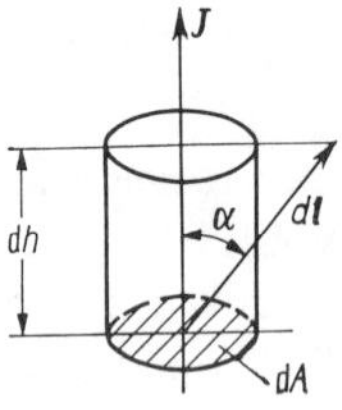

Bild 3.38

Das Moment des neuen Ringstroms ist gleich der Projektion des Moments des ursprünglichen Ringstroms auf die Richtung von $\boldsymbol{J}$.
Offensichtlich ist in dem Volumen ΔV

$$\Delta \boldsymbol{M} = \sum_\lambda \boldsymbol{M}_{m\lambda j}. \tag{3.204}$$

Dem Volumenelement ΔV geben wir nun die Form eines Zylinders, dessen Achse mit $\boldsymbol{J}$ zusammenfällt. Alle Ringströme werden in der gezeigten Weise auf Ebenen, die senkrecht auf $\boldsymbol{J}$ stehen (Bild 3.37), projiziert und zu einem Strom $\Delta I'$ zusammengefaßt, so daß

$$\Delta I' \, \Delta A = |\Delta \boldsymbol{M}| \tag{3.205}$$

gilt, wobei ΔA die Grundfläche des zylindrischen Volumenelements ist. Damit wird

$$\frac{|\Delta \boldsymbol{M}|}{\Delta V} = \frac{\Delta I' \, \Delta A}{\Delta V} = \frac{\Delta I'}{\Delta h} \tag{3.206}$$

oder

$$|\boldsymbol{J}| = \lim_{\Delta V \to 0} \frac{|\Delta \boldsymbol{M}|}{\Delta V} = \lim_{\Delta V \to 0} \frac{\Delta I'}{\Delta h} = \frac{\mathrm{d}I'}{\mathrm{d}h}. \tag{3.207}$$

Hierbei ist dh die Höhe des Volumenelements. Wie man aus Bild 3.38 erkennt, gilt bei beliebiger Längenänderung dl

$$\mathrm{d}h = \mathrm{d}l \cos \alpha . \tag{3.208}$$

Aus (3.207) und (3.208) folgt

$$\mathrm{d}I' = |\boldsymbol{J}| \, \mathrm{d}h = |\boldsymbol{J}| \, \mathrm{d}l \cos \alpha = \boldsymbol{J} \, \mathrm{d}\boldsymbol{l} . \tag{3.209}$$

Bildet sich das magnetische Feld in Materie aus, dann wird die Induktion einerseits von den äußeren Strömen, andererseits von den Molekularströmen bestimmt. Sind mit einem Integrationsweg l die äußeren Ströme mit der Summe I und die elementaren Ringströme mit der Summe I' verkettet, dann ist

$$\oint_l \boldsymbol{B} \, \mathrm{d}\boldsymbol{l} = \mu_0 (I + I') \tag{3.210}$$

oder

$$\oint_l \frac{\boldsymbol{B}}{\mu_0} \, \mathrm{d}\boldsymbol{l} = I + I' . \tag{3.211}$$

Der Strom I' (Gesamtheit der mit dem geschlossenen Integrationsweg verketteten elementaren Ringströme) beträgt

$$I' = \oint_l \mathrm{d}I' = \oint_l \boldsymbol{J} \, \mathrm{d}\boldsymbol{l} . \tag{3.212}$$

Damit geht (3.211) in

$$\oint_l \left(\frac{\boldsymbol{B}}{\mu_0} - \boldsymbol{J} \right) \mathrm{d}\boldsymbol{l} = I \tag{3.213}$$

über. Setzt man nun die Abkürzung

$$\boldsymbol{H} = \frac{\boldsymbol{B}}{\mu_0} - \boldsymbol{J} \tag{3.214}$$

ein, dann ist

$$\oint \boldsymbol{H} \, \mathrm{d}\boldsymbol{l} = I . \tag{3.215}$$

Dieser Ausdruck ist genau wie das Durchflutungsgesetz für das Vakuum aufgebaut. Der Vektor $\boldsymbol{H}$ wird nur von den äußeren Strömen bestimmt. Die Induktion im materieerfüllten Raum ist laut (3.214)

$$\boldsymbol{B} = \mu_0 (\boldsymbol{H} + \boldsymbol{J}) . \tag{3.216}$$

Durch die Einführung des Vektors $\boldsymbol{J}$ ist die Notwendigkeit der Berücksichtigung der molekularen Ströme umgangen worden. Der Vektor der Magnetisierung spielt hier dieselbe Rolle wie der Vektor der Polarisation im elektrostatischen Feld. Wenn man von einigen besonderen Fällen absieht, kann man bei der Vielzahl von Stoffen die Magnetisierung als proportional der Feldstärke ansetzen:

$$\boldsymbol{J} = \chi \boldsymbol{H} . \tag{3.217}$$

χ ist eine Proportionalitätskonstante. Dann ist

$$\boldsymbol{B} = \mu_0 (1 + \chi) \boldsymbol{H} = \mu \boldsymbol{H} \tag{3.218}$$

mit

$$\mu = \mu_0 (1 + \chi). \tag{3.219}$$

χ nennt man die magnetische Suszeptibilität, μ die absolute magnetische Permeabilität (kurz: Permeabilität). Durch diese Einführung ist es gelungen, die im einzelnen nicht erfaßbaren Molekularströme in ihrer Wirkung unter formeller Beibehaltung aller Ableitungen durch eine Materialkonstante μ zu erfassen. Die Größe

$$\mu_r = \frac{\mu}{\mu_0} = 1 + \chi \tag{3.220}$$

nennt man die relative Permeabilität.

3.3.1.3. Bestimmung der Permeabilität

Die Bestimmung der Permeabilität eines Stoffes geht folgendermaßen vor sich. Man fertigt aus dem Stoff, dessen Permeabilität man ermitteln will, einen Ring. Zweckmäßigerweise macht man den Ringquerschnitt rechteckig. Auf dem Ring werden zwei Wicklungen angebracht. Die eine ist gleichmäßig über die Ringlänge gewickelt und wird durch einen Gleichstrom erregt, der mit einem Strommesser gemessen wird (Bild 3.39). Die Ringform des Probestücks wird gewählt, um eine Achsensymmetrie der magnetischen Feldstärke zu erreichen, die die Bestimmung der Feldstärke erleichtert. Aus der Stromstärke und der Windungszahl kann man die Durchflutung ermitteln, die gleich dem Linienintegral der Feldstärke ist. Macht man den Querschnitt des Kerns sehr klein, dann kann man mit einer mittleren Feldstärke, die über einen kreisförmigen Weg mit dem mittleren Radius r_0 wirkt, rechnen. Die zweite Spule ist an ein ballistisches Galvanometer angeschlossen. Da der Querschnitt der Spule verhältnismäßig klein ist, kann man mit einer mittleren Flußdichte rechnen. Sie beträgt

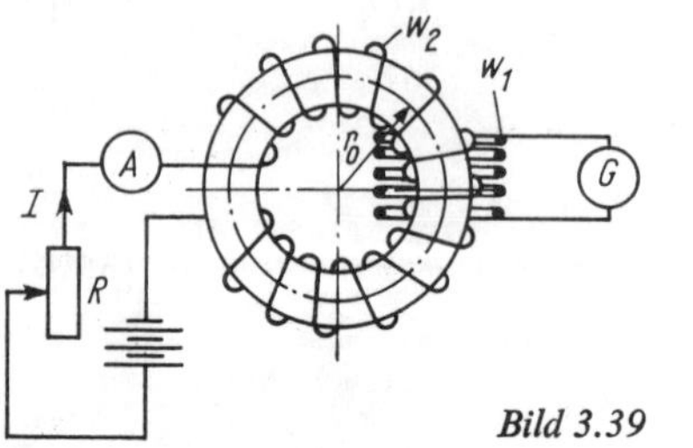

Bild 3.39

$$B = \frac{\Phi}{A}. \tag{3.221}$$

Hierin sind Φ der Fluß und A der Ringquerschnitt. Wird der Stromkreis plötzlich geschlossen oder unterbrochen, so ergibt sich in dem Galvanometer nach dem Induktionsgesetz ein Stromstoß, der nach (3.69),

$$B = \frac{R}{w_1 A} Q, \tag{3.222}$$

die magnetische Induktion zu bestimmen erlaubt. Dabei bedeuten w_1 die Windungszahl der am Galvanometer angeschlossenen Wicklung und R den Widerstand in dem Kreis des Galvanometers.

Die magnetische Feldstärke berechnet man mit der Gleichung

$$\oint \boldsymbol{H}\, d\boldsymbol{l} = \Theta = I w_2. \tag{3.223}$$

Aus Symmetriegründen ist $|\boldsymbol{H}|$ längs des ganzen Integrationswegs konstant. Die Vektoren $\boldsymbol{H}$ und $\mathrm{d}\boldsymbol{l}$ sind überall gleich gerichtet. Deshalb gilt

$$\oint \boldsymbol{H}\,\mathrm{d}\boldsymbol{l} = H \oint \mathrm{d}l = 2\pi r_0 H = I w_2, \qquad (3.224)$$

$$H = \frac{I w_2}{2\pi r_0}. \qquad (3.225)$$

w_2 bedeutet die Windungszahl der Erregerwicklung, während r_0 der mittlere Radius des kreisförmigen Integrationswegs ist. Mit Hilfe von (3.222) und (3.225) kann man nun die absolute Permeabilität bestimmen:

$$\mu = \frac{B}{H} = \frac{2\pi r_0 R Q}{w_1 w_2 A I}. \qquad (3.226)$$

Die Induktionskonstante μ_0 ist die Permeabilität des Vakuums. Sie hat den Wert

$$\mu_0 = 0{,}4\pi \cdot 10^{-6}\,\frac{\mathrm{H}}{\mathrm{m}}. \qquad (3.227)$$

Dieser Zahlenwert ist durch die Wahl der Maßeinheiten, die man im Laufe der Entwicklung der Elektrotechnik getroffen hat, begründet.
Die magnetische Suszeptibilität χ ist bei diamagnetischen Stoffen negativ, bei paramagnetischen positiv (vgl. Tafel 3.1).

Tafel 3.1. Magnetische Suszeptibilität einiger Stoffe

Diamagnetische Stoffe	χ	Paramagnetische Stoffe	χ
Gold	$-35 \cdot 10^{-6}$	Aluminium	$+22 \cdot 10^{-6}$
Kupfer	$-10 \cdot 10^{-6}$	Luft	$+0{,}4 \cdot 10^{-6}$
Quecksilber	$-19 \cdot 10^{-6}$	Palladium	$+690 \cdot 10^{-6}$
Silber	$-25 \cdot 10^{-6}$	Platin	$+330 \cdot 10^{-6}$
Wasser	$-9 \cdot 10^{-6}$	Sauerstoff	$+1{,}8 \cdot 10^{-6}$
Wismut	$-170 \cdot 10^{-6}$		
Zink	$-12 \cdot 10^{-6}$		

3.3.2. Klassifizierung der Stoffe

3.3.2.1. Allgemeines

Bei ein und derselben Feldstärke stellt sich je nach den Eigenschaften der Materie, in der sich das magnetische Feld ausbildet, eine andere Flußdichte als im Vakuum ein. Nach ihrem Verhalten im magnetischen Feld unterscheidet man drei Gruppen von Stoffen:
Die Anwesenheit eines Stoffes der ersten Gruppe im magnetischen Feld hat eine magnetische Induktion zur Folge, die kleiner ist als die magnetische Induktion, die sich bei derselben Feldstärke im Vakuum ausbildet. Bei solchen Stoffen gilt also

$$\boldsymbol{B} < \mu_0 \boldsymbol{H}. \qquad (3.228)$$

Diese Stoffe werden diamagnetische Stoffe genannt.
Bei einem Stoff der zweiten Gruppe ist die magnetische Induktion bei gleicher Feldstärke größer als im luftleeren Raum:

$$\boldsymbol{B} > \mu_0 \boldsymbol{H}. \qquad (3.229)$$

Die Vertreter dieser Gruppe werden paramagnetische Stoffe genannt. In beiden Fällen sind die Unterschiede der Induktion gegenüber der im Vakuum sehr gering und betragen nur Bruchteile eines Promilles.
Die Vertreter der dritten Gruppe verhalten sich im magnetischen Feld ähnlich den paramagnetischen Stoffen, mit dem Unterschied aber, daß in diesem Fall der Effekt um mehrere Größenordnungen stärker ist:

$$\boldsymbol{B} \gg \mu_0 \boldsymbol{H}. \tag{3.230}$$

Sie werden unter dem Sammelbegriff ferromagnetische Stoffe geführt.

3.3.2.2. Diamagnetische Stoffe

Der diamagnetische Effekt tritt ausnahmslos bei allen Körpern auf. Seine Ursache ist, wie bereits gezeigt, in der Ausbildung zusätzlicher, auf Präzessionsbewegungen beruhender Elementarströme innerhalb des Bereichs des Atoms durch ein äußeres Feld zu suchen. Bei den Stoffen mit paramagnetischem Verhalten besteht zwar der diamagnetische Effekt auch, wird aber von dem stärkeren paramagnetischen überdeckt. Ungestört kann der diamagnetische Effekt bei solchen Atomen, Ionen oder Molekülen beobachtet werden, bei denen die magnetischen Wirkungen der Ringströme innerhalb der Teilchen kompensiert sind. Zur Erläuterung des Vorgangs wollen wir uns des vereinfachten Modells (Bild 3.40) bedienen, das zwei entgegengesetzte Ringströme enthält, deren magnetische Wirkungen ($\boldsymbol{B}_e$) nach außen aufgehoben sind. Das Teilchen erscheint nach außen unmagnetisch. Die rotierenden Elektronenpaare stellen kleine Kreisel dar. In ein magnetisches Feld eingebracht, werden sie einer Kraftwirkung ausgesetzt. Das ganze System führt eine Präzessionsbewegung in der auf dem Bilde gezeigten Weise um eine Achse parallel zur Feldrichtung ($\boldsymbol{H}_0$, $\boldsymbol{B}_0$) aus.
Man erkennt unter Anwendung der Rechtsschraubenregel, indem man die negative Ladung der Elektronen berücksichtigt, daß diese zusätzliche Kreisbewegung mit der Ausbildung eines Feldes ($\boldsymbol{B}_p$) verbunden ist, das dem äußeren Feld entgegengesetzt gerichtet ist. Die Dichte des magnetischen Induktionsflusses ist in diamagnetischen Stoffen somit bei gleicher Feldstärke kleiner als die Dichte des Flusses im Vakuum.
Interessant ist in diesem Zusammenhang die Rückwirkung eines im magnetischen Feld bewegten Elektrons auf das Feld. Es wurde gezeigt, daß ein Elektron, das in ein magnetisches Feld mit einer Geschwindigkeitskomponente, die senkrecht zur Feldrichtung steht, einfliegt, eine rechtsläufige Kreisbahn um die Feldrichtung beschreibt. Sein magnetisches Feld in der Kreisbahn ist dem ursprünglichen Feld entgegengesetzt gerichtet, d.h., das ursprüngliche Feld wird geschwächt. Die Elektronen, die sich im magnetischen Feld mit einer Geschwindigkeitskomponente senkrecht zu dem Feld bewegen, verhalten sich somit diamagnetisch. Ähnlich liegt der Fall bei der Bewegung der freien Elektronen, die das Elektronengas metallischer Leiter bilden.

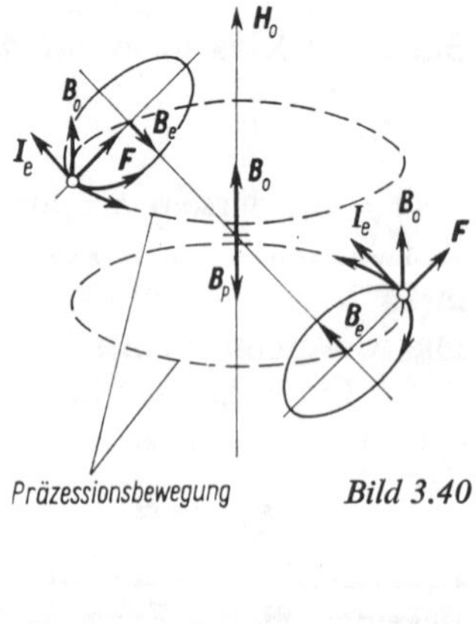

Bild 3.40

3.3.2.3. Paramagnetische Stoffe

Die Bedingung für das paramagnetische Verhalten eines Stoffes ist, daß seinen Atomen eigene konstante Magnetmomente zugeordnet sind. In diesem Fall ist die Wirkung der Elementarströme innerhalb der Atome nicht kompensiert. Deswegen erscheinen sie nach

außen hin als kleine Magnete. Ohne die Einwirkung des äußeren Feldes liegen die Achsen dieser kleinen Magnete regellos durcheinander, und ihre Wirkung nach außen ist über größere Bereiche des paramagnetischen Werkstoffs im ganzen aufgehoben. Bringt man einen solchen Körper in ein äußeres magnetisches Feld hinein, so suchen sich die Achsen der atomaren Magnete unter der Wirkung des äußeren magnetischen Feldes auszurichten. Die äußere Feldstärke wird dadurch unterstützt, und es stellt sich eine größere Induktion als im Vakuum ein. Die Wirkung ist von der Stärke der atomaren Magnete abhängig. Der ordnenden Wirkung des äußeren Feldes wirkt die Temperaturbewegung im Körper entgegen. Die Moleküle (besonders bei Gasen) befinden sich in einer dauernden Temperaturbewegung, die sowohl einen translatorischen als auch einen Rotationscharakter haben kann. Aus diesem Grunde nehmen die einzelnen Moleküle nicht mit ihrer vollen magnetischen Wirkung an der Verstärkung des äußeren Feldes teil. Der Grad der Orientierung der molekularen Magnete hängt von der äußeren Feldstärke ab und folgt elastisch ihren Änderungen.
Aus diesem Grunde folgt die Induktion linear den Änderungen der Feldstärke des äußeren Feldes. Sogar die höchsten heute zur Verfügung stehenden magnetischen Feldstärken vermögen nicht, eine vollkommene Ausrichtung der atomaren Magnetfelder paramagnetischer Stoffe herbeizuführen. Das ist die Ursache dafür, daß bei den paramagnetischen Stoffen keine Sättigungserscheinungen zu beobachten sind und daß die Permeabilität als eine vom Feld unabhängige Größe erscheint. Tafel 3.1 zeigt die magnetische Suszeptibilität von einigen diamagnetischen und paramagnetischen Stoffen.

3.3.2.4. Ferromagnetische Stoffe

Eigenschaften ferromagnetischer Stoffe

Wir haben die Induktion und die magnetische Feldstärke durch die eindeutige Beziehung, die durch (3.218) gegeben ist, in Zusammenhang gebracht. Diese Beziehung gilt tatsächlich bei den oben besprochenen diamagnetischen und paramagnetischen Stoffen. Die Messungen zeigen aber, daß bei einer Reihe von Stoffen, zu denen in erster Linie Eisen, Kobalt und Nickel gehören, das ganz und gar nicht der Fall ist. Bei diesen Stoffen besteht erstens keine Linearität zwischen der magnetischen Induktion $\boldsymbol{B}$ und der magnetischen Feldstärke $\boldsymbol{H}$, und zweitens steht der Wert der magnetischen Induktion nicht eindeutig im Zusammenhang mit der magnetischen Feldstärke. Vielmehr hängt der Wert der magnetischen Induktion von der Art und Weise ab, in der der entsprechende Wert der magnetischen Feldstärke erreicht worden ist, d.h. von der Vorgeschichte des Vorgangs. Stoffe, die diese Erscheinungen zeigen, heißen ferromagnetische Stoffe, genannt nach dem wichtigsten Vertreter dieser Gruppe, dem Eisen.
Den Zusammenhang zwischen der magnetischen Induktion $\boldsymbol{B}$ und der magnetischen Feldstärke $\boldsymbol{H}$ gibt man in diesen Fällen durch die Magnetisierungskurve, die die Beziehung

$$|\boldsymbol{B}| = f(|\boldsymbol{H}|) \tag{3.231}$$

veranschaulicht, an. Die Magnetisierungskurve können wir aufnehmen, indem wir das bereits besprochene Verfahren mit dem ballistischen Galvanometer anwenden. Vergrößert man die magnetische Feldstärke stufenweise, indem man jeweils den Strom in dem Erregerkreis um einen bestimmten Betrag erhöht, so findet man die zugehörige Induktion durch Summierung der einzelnen Beträge, die zu den einzelnen Stromsprüngen gehören und aus den ballistischen Ausschlägen des Galvanometers berechnet werden können. War z.B. die zu untersuchende Eisenprobe vorher nicht magnetisiert, so erhält man auf diese Weise die sogenannte Neukurve $0A$ (Bild 3.41).

Verkleinert man nun die magnetische Feldstärke stufenweise, so nimmt auch die magnetische Induktion stufenweise ab. Die Durchführung der Messung ergibt die Kurve AD, die über der Kurve $0A$ liegt. Selbst wenn der Strom verschwindet und die magnetische Feldstärke Null wird, enthält der Ring, der aus dem zu untersuchenden Stoff anzufertigen ist, noch eine restliche Induktion B_r. Das Nachhinken von B hinter H nennt man die Hysterese, den Rest an magnetischem Fluß Remanenz. Die restliche Induktion B_r nennt man die Remanenzinduktion. Um die Remanenzinduktion zum Verschwinden zu bringen, muß man eine magnetische Feldstärke von der Größe H_k in entgegengesetzter Richtung aufwenden. Die Feldstärke H_k nennt man die Koerzitivfeldstärke. Geht man jetzt mit der magnetischen Feldstärke in derselben Richtung bis $-H_m$ weiter, so erhält man den Zweig $-H_kA'$. Erfolgt nun eine Vergrößerung der magnetischen Feldstärke in entgegengesetzter Richtung, so bleibt die Induktion B wieder hinter der Feldstärke H zurück, so daß man den Zweig $A' - B_rC$ erhält. Steigt die Feldstärke bis H_m, so erhält man eine Schleife, die Hysteresisschleife genannt wird.

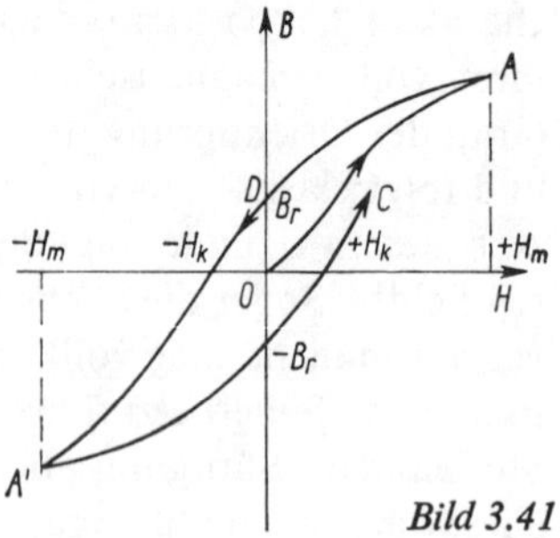

Bild 3.41

Das beschriebene Verhalten der ferromagnetischen Werkstoffe und insbesondere einige weitere Eigenschaften, wozu die Existenz von Vorzugsrichtungen der Magnetisierung, das Auftreten der ferromagnetischen Eigenschaften nur im festen Zustand des betreffenden Körpers, einige Besonderheiten der Temperaturabhängigkeit usw. gehören, weisen darauf hin, daß der Ferromagnetismus nicht eine Eigenschaft bestimmter Atome, sondern eine Eigenschaft eines bestimmten strukturellen Aufbaus ist.

Wir haben bereits gesagt, daß zwei Ursachen für die Ausbildung des magnetischen Feldes im Atom bestehen. Die eine ist die Bewegung der Elektronen um den Kern und die zweite ihre Eigenrotation (Spin). Bei den ferromagnetischen Stoffen treten die magnetischen Wirkungen der Elektronenbahnströme nicht mehr in Erscheinung, dagegen sind die magnetischen Wirkungen der Eigenrotation der Elektronen stark ausgeprägt.

Die magnetischen Wirkungen der Eigenrotation sind in den vollbesetzten Schalen des Atoms kompensiert. In den nicht vollbesetzten Schalen ist dagegen diese Kompensation nur unvollkommen. Die nichtkompensierten Elektronen wirken im Atom wie Magnete, die nach allen Richtungen drehbar sind.

Bei den Metallen sind die Elektronen der äußeren Schalen nicht fest an das Atom gebunden und können sich als Leitungselektronen frei machen, so daß das Kristallgefüge aus positiven Atomrümpfen, die von dem Elektronengas umgeben sind, besteht (vgl. Abschn. 5.2.). Atomare Elementarmagnete dieser Art können daher nur dann erscheinen, wenn nicht voll besetzte innere Schalen bestehen. Zu den Elementarmagneten gehören also nicht alle Elektronen des betrachteten Atoms, sondern nur ein kleiner Teil davon. Alle Stoffe, die nicht voll besetzte Elektronenschalen haben, zeigen in der Regel einen besonders stark ausgeprägten paramagnetischen Effekt, nur einige von diesen aber den ferromagnetischen Effekt. Daraus folgt, daß das Vorhandensein nicht voll besetzter Schalen im Atom für das Auftreten des ferromagnetischen Effekts zwar eine notwendige, aber noch keine hinreichende Bedingung ist.

Der Ferromagnetismus ist dadurch gekennzeichnet, daß bereits in schwachen magnetischen Feldern eine vollkommene Ausrichtung der Elementarmagnete (Sättigung) erreicht

werden kann. Um das zu erklären, muß man annehmen, daß zwischen den Elementarmagneten eines ferromagnetischen Stoffes Ausrichtungskräfte wirken, die die Orientierung entgegengesetzt der Wirkung der Wärmebewegung unterstützen. Ohne diese Ausrichtungskräfte wäre es mit den stärksten heute zur Verfügung stehenden Feldern nicht möglich, entgegengesetzt der Wirkung der Wärmebewegung die vollkommene Ausrichtung zu erreichen, und der Stoff könnte nur paramagnetisches Verhalten zeigen.
Weiß nahm an, daß im ferromagnetischen Stoff bereits ohne äußeres Feld infolge des Bestehens innerer Ausrichtungskräfte eine parallele Orientierung der Elementarfelder eintritt. Diese eigene Parallelorientierung nennt man spontane Magnetisierung.
Die Wesensart der inneren Ausrichtungskräfte kann nicht einfach durch magnatische Wechselwirkungen der Elementarmagnete erklärt werden. Demgegenüber sind die Energien der Wärmebewegung viel zu groß. Besteht jedoch zwischen den Elektronen eine elektrostatische Wechselwirkung, so ist das Elektronensystem dann im energetisch günstigsten Zustand, wenn die Elementarmagnete gleichsinnig orientiert sind, d.h., wenn eine spontane Magnetisierung vorliegt.
Das Auftreten des Ferromagnetismus hat also zur Voraussetzung:

1. das Vorhandensein nicht voll besetzter Elektronenschalen;
2. das Vorhandensein elektrischer Wechselwirkungen quantenmechanischer Natur zwischen den Spins benachbarter Atome.

Weißsche Bezirke und Bloch-Wände

Die Erfahrung zeigt, daß ohne die Wirkung eines äußeren magnetischen Feldes der energetisch günstigste Zustand eines ferromagnetischen Stoffes derjenige ist, bei dem er räumlich in kleine Bezirke spontaner Magnetisierung (Weißsche Bezirke) aufgeteilt ist. Die erwähnten elektrischen Wechselwirkungskräfte vermögen nur im Rahmen dieser kleinen Bezirke die parallele Ausrichtung der Spins zu gewährleisten. Der gesamte Körper ist so in eine große Anzahl winziger Bezirke aufgeteilt, wobei ein jeder in einer bestimmten Richtung bis zur Sättigung magnetisiert ist. Die Magnetisierungsrichtungen sind bei den benachbarten Bezirken verschieden. Die Wirkungen der einzelnen Bezirke sind im ganzen kompensiert, und der ferromagnetische Körper erscheint ohne Anwesenheit eines äußeren Feldes nach außen hin unmagnetisch.
Nun wollen wir die Grenze zweier benachbarter Bezirke spontaner Magnetisierung betrachten. Hierbei wollen wir annehmen, daß in dem betrachteten Fall die Richtungen der spontanen Magnetisierung in den benachbarten Bezirken entgegengesetzt sind. Die Wechselwirkungskräfte lassen den schroffen Übergang nicht zu, so daß sich eine Grenzschicht endlicher Dicke zwischen den Bezirken ausbilden muß, worin der Übergang von der einen Magnetisierungsrichtung in die andere stetig vor sich geht (Bild 3.42). Diese Grenzschicht, die zwei Bezirke verschiedener Richtungen der spontanen Magnetisierungen trennt, wird Bloch-Wand genannt.
Für das Vorhandensein spontan magnetisierter Bezirke innerhalb eines ferromagnetischen Stoffes bestehen direkte Beweise. Hierzu gehört in erster Linie die Unstetigkeit des Verlaufs der Magnetisierungskurve in dem Bereich schwacher und mittlerer magnetischer Feldstärken (besonders in dem Bereich des steilsten Verlaufs der Magnetisierungskurve; Bild 3.41). Diese Unstetigkeit ist durch das Umklappen von Weißschen Bezirken, deren Richtung zu Beginn des Magnetisierungsvorgangs nicht mit der Richtung des äußeren Feldes übereingestimmt hat, zu erklären. Es besteht ein sehr einfaches Verfahren (Bild 3.43), das Umklappen der Weißschen Bezirke hörbar zu machen. Das bei der Näherung des Magneten einsetzende Umklappen der Bezirke in der Eisenprobe führt zu einer

unstetigen Änderung der Induktion in der Spule. Die induzierten Spannungen können verstärkt und in einem Lautsprecher hörbar gemacht werden (Barkhausen-Effekt).

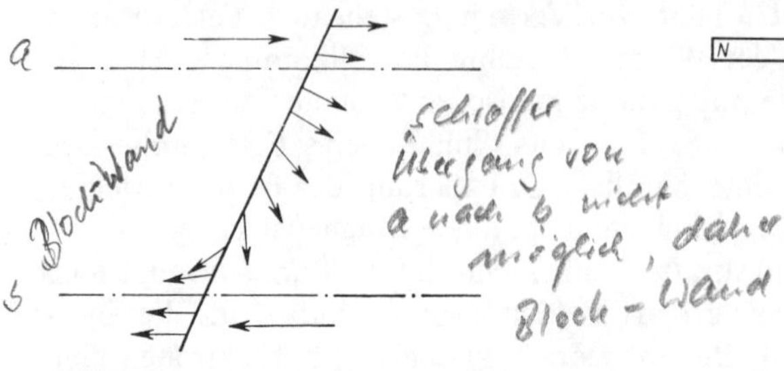

Bild 3.42

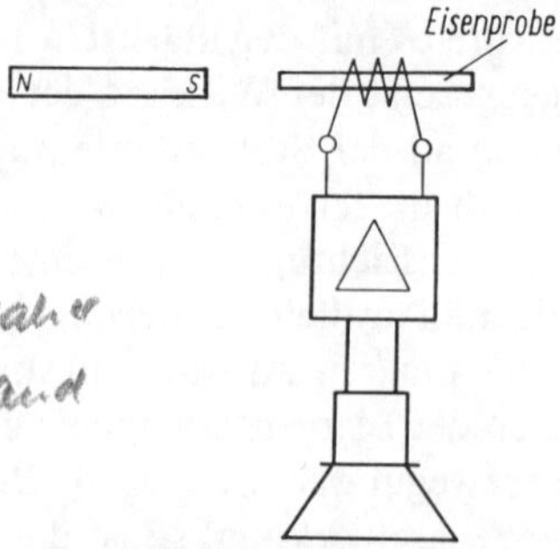

Bild 3.43

Als einen weiteren experimentellen Beweis für die Existenz der Bezirke spontaner Magnetisierung kann man die Bitterschen Streifen anführen. Auf der polierten Oberfläche eines ferromagnetischen Körpers aufgetragene kolloidale ferromagnetische Teilchen ordnen sich längs bestimmter Linien und bilden regelmäßige Figuren. Die Bildung dieser Figuren ist auf die Existenz von magnetischen Streufeldern, die an den Grenzen der Bezirke spontaner Magnetisierung auftreten, zurückzuführen (Bild 3.44). Diese Erscheinung beobachtet man nur bei ferromagnetischen Stoffen, und zwar auch dann, wenn der Körper nicht magnetisiert worden ist.

Magnetische Anisotropie

Die Untersuchungen über ferromagnetische Einkristalle haben ergeben, daß sie sich anisotrop verhalten, d.h., sie verhalten sich in den einzelnen Richtungen verschieden und weisen bestimmte magnetische Vorzugsrichtungen auf.
Das Eisen hat einen kubisch-kristallinen Aufbau. Die Ecken und der Mittelpunkt der Gitterzellen sind dabei mit je einem Eisenatom besetzt (Bild 3.45). In diesem Fall ist die Richtung der leichten Magnetisierbarkeit die Richtung der Kubuskanten. Dagegen geht die Magnetisierung in Richtung der Diagonalen schwer vor sich. Diese Tatsache hat ihre Begründung darin, daß infolge der magnetischen Wechselwirkungen der Atome die Einstellung der Bereiche spontaner Magnetisierung in die Vorzugsrichtungen begünstigt ist.

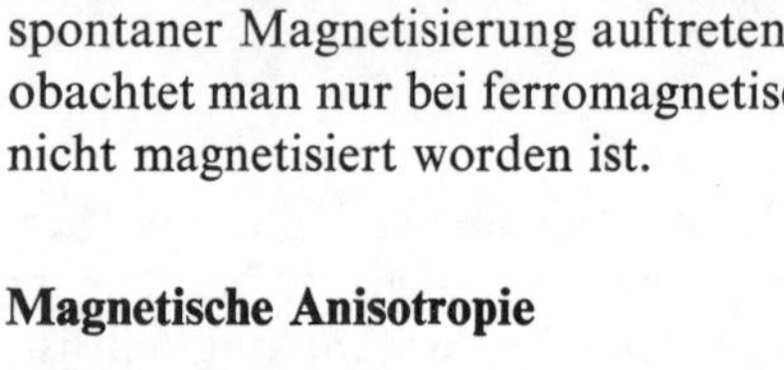

Bild 3.44

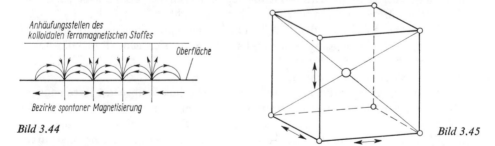

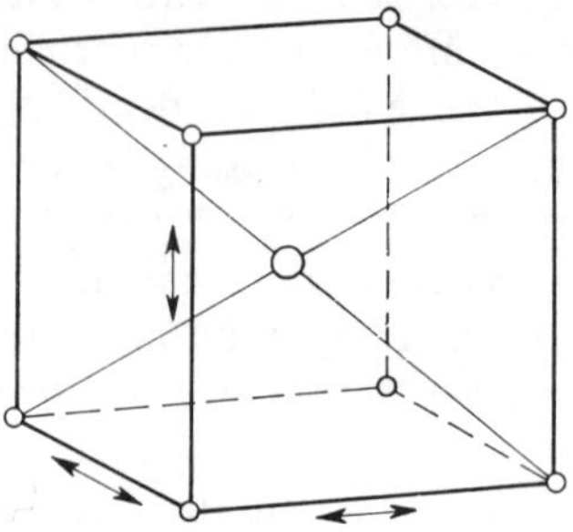

Bild 3.45

Die technischen ferromagnetischen Materialien bestehen, wenn keine besonderen Maßnahmen bei der Herstellung getroffen werden, aus einer Vielzahl kleinster Kristalle mit zufälliger räumlicher Achsenorientierung. Aus diesem Grunde kann in solchen Fällen die magnetische Anisotropie nicht in Erscheinung treten.

Erklärung des Verlaufs der Magnetisierungskurve

Im folgenden wollen wir versuchen, mit Hilfe der gewonnenen Vorstellungen über den Aufbau der ferromagnetischen Stoffe den Verlauf der Magnetisierungskennlinie zu erklären. Zu diesem Zweck wird die Neukurve $0A$ (Bild 3.41) im Bild 3.46 noch einmal gezeigt.

Schon die oberflächliche Betrachtung des Verlaufs führt zu der Aufteilung der Kurve in drei Gebiete:

a) Gebiet geringer und mittlerer Feldstärken

$$0 < \boldsymbol{H} < \boldsymbol{H}_d, \tag{3.232}$$

b) Gebiet hoher Feldstärken

$$\boldsymbol{H}_d < \boldsymbol{H} < \boldsymbol{H}_s, \tag{3.233}$$

c) Gebiet sehr hoher Feldstärken

$$\boldsymbol{H} > \boldsymbol{H}_s. \tag{3.234}$$

Im unmagnetisierten Zustand ist, wie gesagt, das Volumen des ferromagnetischen Körpers in eine große Anzahl Bezirke spontaner Magnetisierung aufgeteilt. Setzt man nun den ferromagnetischen Körper der Wirkung schwacher und mittlerer magnetischer Feldstärken aus, so findet ein Umklappen der Richtungen der einzelnen Bezirke spontaner Magnetisierung in die Richtung der leichtesten Magnetisierbarkeit, die am nächsten zu der Richtung des äußeren Feldes liegt, statt.

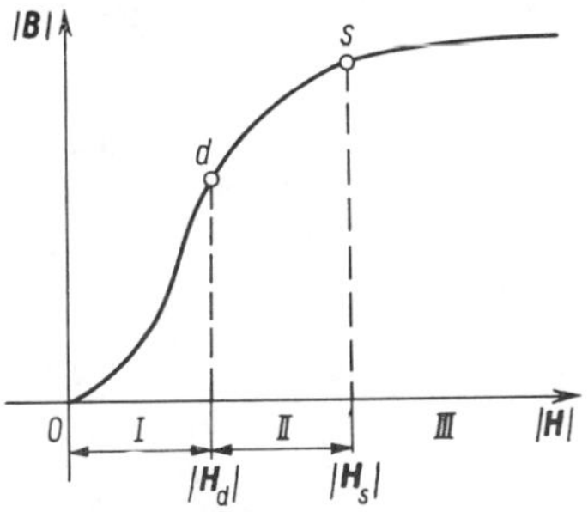

Bild 3.46

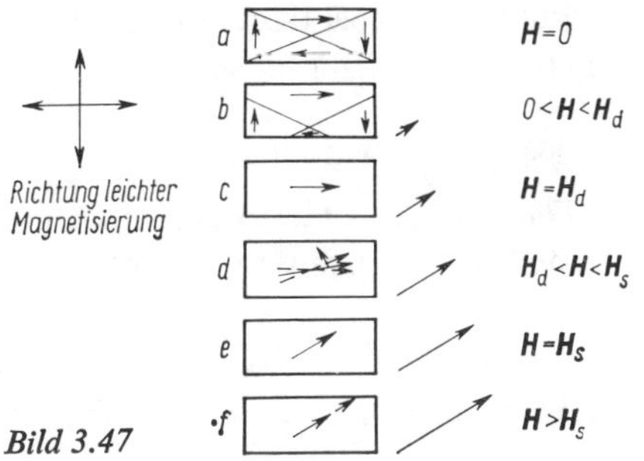

Bild 3.47

Der Vorgang vollzieht sich als eine Verschiebung der Grenzen der Bereiche spontaner Magnetisierung in der Weise, daß das Volumen der Bezirke, deren Richtung derjenigen des äußeren Feldes am nächsten liegt, auf Kosten der anderen Bezirke wächst. Vorgänge dieser Art sind als Grenzverschiebungen zu bezeichnen.

Im Bereich hoher Feldstärken ist der Grenzverschiebungsvorgang als abgeschlossen zu betrachten. Bei einer weiteren Erhöhung der magnetischen Feldstärke erfolgt eine Drehung der Richtung des Bezirkes spontaner Magnetisierung in die Richtung des äußeren Feldes. Bei einem bestimmten Wert der magnetischen Feldstärke ist der Drehvorgang vollendet und die vollkommene Ausrichtung, der sogenannte Sättigungszustand, erreicht.

In dem Bereich der sehr starken magnetischen Felder spielen sich paramagnetische Prozesse ab. Hier findet eine Ausrichtung der Spins der einzelnen Elektronen im Rahmen der Bereiche spontaner Magnetisierung statt. Diesem Vorgang wirkt die Wärmebewegung entgegen.

Die schematische Darstellung des Magnetisierungsvorgangs wird im Bild 3.47 gezeigt.

Bild 3.47*a* zeigt den Zustand vor Beginn des Magnetisierungsvorgangs. Die Richtung der spontanen Magnetisierung in den einzelnen Bereichen stimmt mit der Richtung der Achsen leichtester Magnetisierbarkeit überein. Die Bereiche formen sich zu geschlossenen Gebilden, was einem energetischen Optimum entspricht.
Bild 3.47*b* zeigt den Zustand, in dem der ferromagnetische Körper der Wirkung einer äußeren magnetischen Feldstärke mit der Größe zwischen 0 und $\boldsymbol{H}_d$ ausgesetzt ist. Teile der Bereiche, deren Magnetisierungsrichtung ungünstig zu der Richtung des äußeren Feldes liegt, klappen in die günstigste Richtung leichter Magnetisierbarkeit um. Auf diese Weise wird der Bereich mit der günstigsten Magnetisierungsrichtung (der oberste im Bild 3.47*b*) auf Kosten der anderen vergrößert.
Bild 3.47*c* zeigt den Zustand, in dem die magnetische Feldstärke den Wert $\boldsymbol{H}_d$ erreicht hat. Nun besteht der ganze Kristall aus einem einzigen Bereich spontaner Magnetisierung, dessen Magnetisierungsrichtung in die Richtung leichtester Magnetisierbarkeit zeigt, die am günstigsten zu der Richtung des äußeren Feldes steht.
Bild 3.47*d* zeigt den Zustand bei Feldstärken, die größer als $\boldsymbol{H}_d$ sind. Wächst die Feldstärke über $\boldsymbol{H}_d$, so erfolgt eine Drehung der Magnetisierungsrichtung aus der bestehenden Richtung leichtester Magnetisierbarkeit in die Richtung der äußeren Feldstärke. Dieser Vorgang vollzieht sich schwer, bis endlich die vollkommene Ausrichtung mit dem äußeren Feld erreicht ist (Bild 3.47*e*). Eine weitere Vergrößerung der Feldstärke führt nur zu einer sehr geringen Vergrößerung der Induktion infolge paramagnetischer Vorgänge.
Die Suszeptibilität eines ferromagnetischen Körpers erscheint als Folge von zwei verschiedenen Vorgängen, und zwar der Wandverschiebung einerseits (χ_v) und der Drehung andererseits (χ_d). Der summarische Effekt beider Vorgänge bestimmt die gesamte Suszeptibilität. Hierbei treten die zwei Erscheinungen nicht etwa getrennt auf, sondern vollziehen sich gleichzeitig, so daß

$$\chi = \chi_v + \chi_d \tag{3.235}$$

ist. Die Anteile beider Vorgänge sind jedoch bei verschiedenen Feldstärken nicht von gleicher Größenordnung; vielmehr gilt in dem Bereich $0 < \boldsymbol{H} < \boldsymbol{H}_d$

$$\chi_v \gg \chi_d \tag{3.236}$$

und in dem Bereich $\boldsymbol{H}_d < \boldsymbol{H} < \boldsymbol{H}_9$

$$\chi_v \ll \chi_d . \tag{3.237}$$

Reversible und irreversible Vorgänge

Beide Vorgänge, die bei der Magnetisierung ferromagnetischer Körper auftreten, können ihrerseits reversibel oder irreversibel, d.h. umkehrbar oder nichtumkehrbar sein. Davon hängt der Verlauf der Hysteresisschleife ab.
Beim Anlegen sehr schwacher Felder erfolgen die Wandverschiebungen umkehrbar. Wenn man in diesem Bereich die äußere Feldstärke verschwinden läßt, geht der Verschiebungsvorgang zurück. Überschreitet aber die Feldstärke einen bestimmten kritischen Wert, so ist der Vorgang nicht mehr durch Aufheben der Wirkung des äußeren Feldes rückgängig zu machen.
Die Unstetigkeit des Verlaufs der Magnetisierungskurve in ihrem steilen Gebiet zeigt, daß die Verschiebung erst beim Erreichen eines bestimmten kritischen Wertes sprungartig vor sich geht. In jedem magnetischen Zustand besteht ein bestimmter Verlauf der

Bloch-Wände. Sie sind gewissermaßen zwischen Fremdeinschlüsse oder andere Inhomogenitätsstellen gespannt, und ihre Lage entspricht einem gewissen Energieminimum. Infolge der Wirkung des äußeren Feldes werden die Wände unter Anwachsen ihrer potentiellen Energie „gespannt". Bei einem kritischen Wert der äußeren Feldstärke werden sie von ihren Haftpunkten abgerissen und gehen sprunghaft in eine andere Lage über, wobei sie sich über andere Haftpunkte mit einem anderen Energieminimum spannen. Bei diesen Sprüngen geht magnetische Energie in Wärmeenergie über. Der Vorgang entspricht einer nichtumkehrbaren Energieumformung, d.h., er ist irreversibel. Diese Energieumformung bewirkt die sogenannten Hysteresisverluste. Die kritische Feldstärke ist die Koerzitivkraft, die dem betreffenden Bereich spontaner Magnetisierung entspricht.

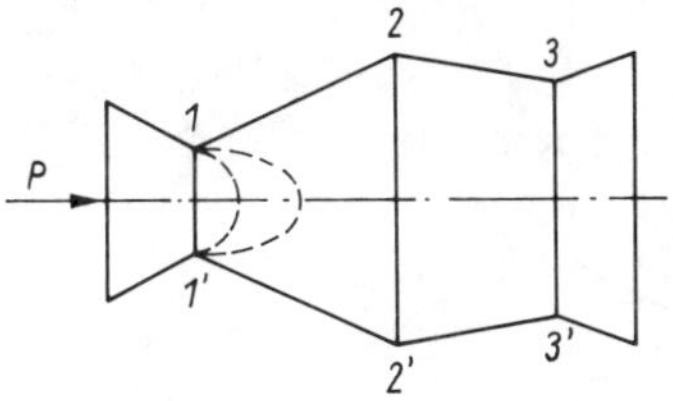

Bild 3.48

Es besteht eine weitgehende Analogie zwischen den beschriebenen Vorgängen und den Vorgängen, die sich bei einer über die Öffnung eines Rohres mit veränderlichem Querschnitt gespannten Seifenlamelle abspielen (Bild 3.48). Die elastische Seifenlamelle bleibt an einer Stelle kleinsten Querschnittes $(1-1')$ haften. Wenn man nun auf sie einen Druck in der eingezeichneten Richtung ausübt, weicht sie aus, wobei sie sich spannt und ihre Oberfläche vergrößert. Dadurch wird das Volumen des Bereichs auf der Druckseite der Lamelle vergrößert, während das Volumen des Bereichs auf der anderen Seite verkleinert wird. Diese Ausweichung ist zunächst umkehrbar, d.h., sie geht zurück, wenn der Druck nachläßt. Die Umkehrbarkeit ist auf kleinere Drücke (Analogie der Feldstärke) beschränkt. Die Bewegung erfolgt nämlich unter der Druckwirkung, bis eine Stelle maximalen Querschnitts $(2-2')$ erreicht und überschritten wird. Nun springt sie selbständig zur nächsten Stelle minimalen Querschnitts (3–3′) über, wobei sie sich zusammenzieht. In ihrer neuen Lage bleibt jetzt die Lamelle haften und kann in die Ausgangsstellung (1–1′) nur unter Anwendung eines entgegengesetzt gerichteten Druckes gebracht werden.

Grenzverschiebungen zwischen Bereichen mit nichtparalleler Ausrichtung erfolgen größtenteils ohne Wärmeumwandlung und sind vorwiegend umkehrbar. Solche Vorgänge finden in der Hauptsache in dem Anfangsbereich der Magnetisierungskennlinie statt.

Curie-Punkt

Die Wärmebewegung wirkt der orientierenden Wirkung der Ausrichtungskräfte entgegen. Mit steigender Temperatur wird ein Zustand erreicht, bei dem die orientierende Wirkung der Ausrichtungskräfte durch die Wärmebewegung überwunden wird. Der Körper verliert dann seine ferromagnetischen Eigenschaften. Den Punkt auf der Temperaturskala, bei dem dieser Zustand eintritt, nennt man Curie-Punkt. Bei Eisen tritt diese Erscheinung oberhalb 760°C, bei Nickel oberhalb 360°C auf.

Hysteresisschleife

Die Hysteresisschleife, die im Bild 3.41 dargestellt ist, stellt sich nicht sofort bei dem erstmaligen Durchlaufen der betreffenden Feldstärkewerte ein. Wiederholt man einigemal den Zyklus von $-H_m$ bis $+H_m$ und umgekehrt, so wird die Schleife verschoben,

und erst nach mehrmaliger Wiederholung des Magnetisierungsvorgangs wird eine endgültige Schleife erreicht (Bild 3.49).
Die endgültige Form und die Größe der Hysteresisschleife hängen von der Größe der maximalen Feldstärke ab, die während des Magnetisierungszyklus erreicht worden ist. Bild 3.50 zeigt die Form und die Größe einer Anzahl Hysteresisschleifen, die bei verschiedenen Werten der maximalen Feldstärke aufgenommen worden sind.

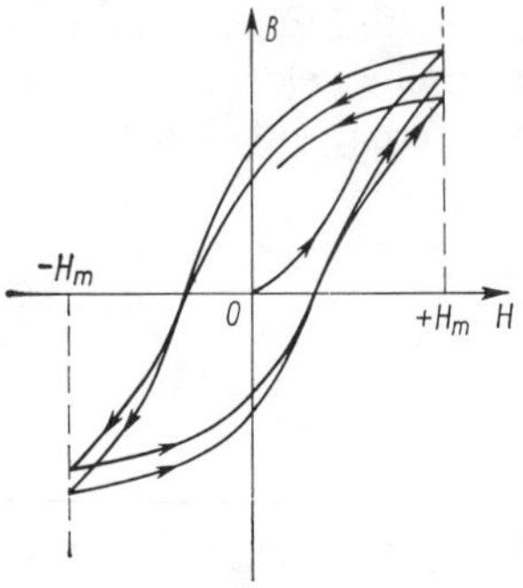

Bild 3.49

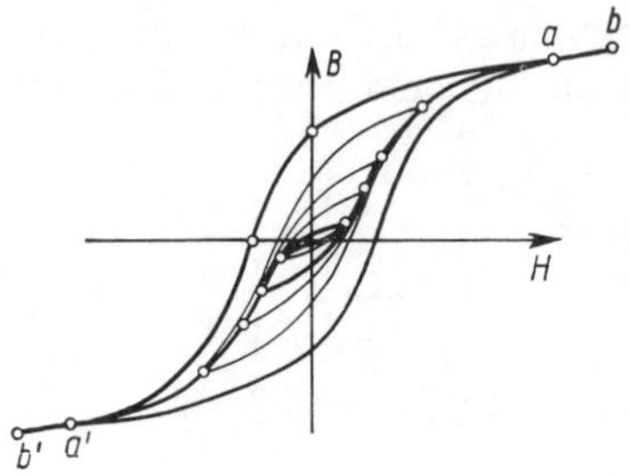

Bild 3.50

Die Hysteresisschleife, die man erhält, wenn man die Feldstärke bis zur Sättigung steigert, nennt man die Grenzkurve. Das ist diejenige Hysteresisschleife, die den größten Flächeninhalt hat. Bei einer weiteren Vergrößerung der Feldstärke ändern sich die Form und die Fläche der Hysteresisschleife nicht mehr, sondern man bewegt sich auf dem hystereselosen Teil der Kurve, der den paramagnetischen Vorgängen entspricht: *a–b* bzw. *a′–b′* (Bild 3.50). Bei einem ferromagnetischen Körper können nur solche Zustände erreicht werden, die innerhalb oder auf der Grenzkurve liegen.

Kommutierungskurve

Als Kommutierungskurve bezeichnet man die Linie, die die Umkehrpunkte aller Hysteresisschleifen verbindet, die man durch Variation der maximalen Feldstärke (Umkehrfeldstärke) erzielen kann (Bild 3.50).

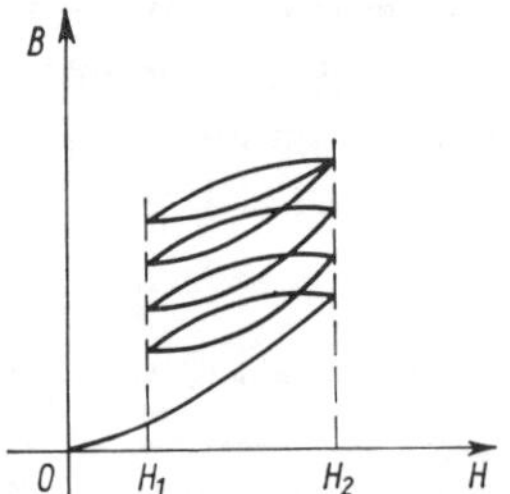

Bild 3.51

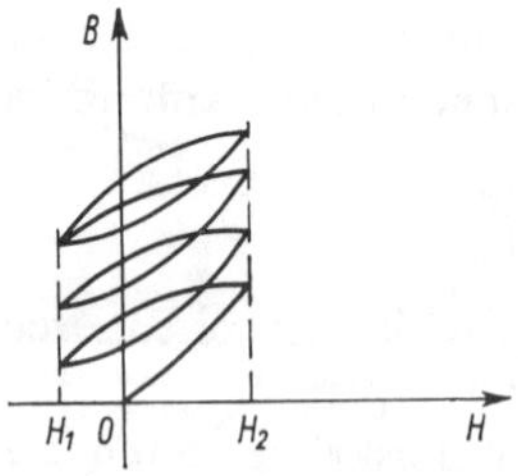

Bild 3.52

Partielle Hysteresisschleifen

Im Bild 3.50 wird eine Reihe von Hysteresisschleifen gezeigt. Diese Hysteresisschleifen, mit Ausnahme der Grenzkurve, tragen den Namen partielle Hysteresisschleifen. In diesem speziellen Fall sprechen wir von symmetrischen partiellen Hysteresisschleifen. Neben den symmetrischen partiellen Hysteresisschleifen können aber auch unsymmetrische bestehen. Unsymmetrische partielle Hysteresisschleifen erhält man zum einen, wenn die magnetische Feldstärke zwischen zwei Grenzwerten ein und desselben Vorzeichens schwankt, oder zum anderen, wenn die magnetische Feldstärke zwischen zwei Grenzwerten mit verschiedenen Vorzeichen, aber ungleichem Betrag schwankt. Bild 3.51 zeigt den partiellen Zyklus für den ersten Fall. Die unsymmetrischen partiellen Hysteresisschleifen stellen sich ebenfalls nicht sofort ein, sondern erst nach mehrmaligem Bestreichen des Bereichs zwischen den Grenzwerten der Feldstärke. Bild 3.52 zeigt den partiellen Zyklus für den zweiten Fall.

Permeabilität des Eisens

Die Permeabilität haben wir als Proportionalitätsfaktor zwischen der Induktion B und der magnetischen Feldstärke H definiert. Bekanntlich besteht bei den ferromagnetischen Stoffen jedoch keine Proportionalität zwischen der Feldstärke und der magnetischen Induktion. In diesem Falle ist die Permeabilität μ nicht mehr konstant, sondern selbst eine Funktion der Feldstärke.

Wir wollen von der Kommutierungskurve ausgehen und für jeden Wert der Feldstärke den Ausdruck

$$\mu = \frac{B}{H} \tag{3.238}$$

bilden. Auf diese Weise erhalten wir die Beziehung $\mu = f(H)$, die im Bild 3.53 gezeigt wird. Bei sehr schwachen Feldstärken ($H \approx 0$) ist die Permeabilität konstant. Die Permeabilität in diesem Bereich ($\mu = \mu_a$) nennt man die Anfangspermeabilität. Die Anfangspermeabilität ist also durch den Ausdruck

$$\mu_a = \lim_{H \to 0} \frac{B}{H} \tag{3.239}$$

bestimmt.

Der nach (3.238) bestimmte Verlauf der Permeabilität weist ein Maximum auf. Es liegt an der Stelle, an der die Gerade durch den Nullpunkt an der Kommutierungskurve tangiert. Es gilt

$$\tan \alpha = \frac{m_b B_t}{m_h H_t} \tag{3.240}$$

oder

$$\mu_{max} = \frac{B_t}{H_t} = \frac{m_h}{m_b} \tan \alpha = K \tan \alpha . \tag{3.241}$$

Darin sind m_b und m_h die Maßstäbe von B und H (Bild 3.53).

Sehr häufig interessieren uns die Vorgänge bei kleinen Schwankungen der Feldstärke um einen festen Wert. In diesem Fall kann man die Permeabilität als Proportionalitätsfaktor zwischen der Änderung der Induktion ΔB und der Änderung der Feldstärke ΔH definieren:

$$\mu_\Delta = \frac{\Delta B}{\Delta H} \tag{3.242}$$

Im Bild 3.54 ist ein solcher Fall dargestellt. Hier bedeutet H_f den festen Wert der magnetischen Feldstärke und ΔH die Änderung der Feldstärke, die klein gegenüber H_f ist. ΔB bedeutet die entsprechende Änderung der Induktion. Bei (3.242) ist offensichtlich die entsprechende Änderung der Induktion ΔB verschieden, je nachdem, ob ΔH ein positives oder ein negatives Vorzeichen hat. Auf diese Weise erhalten wir zwei Werte für μ_Δ in Abhängigkeit davon, ob ΔH einen Anstieg oder einen Abfall der magnetischen Feldstärke darstellt.

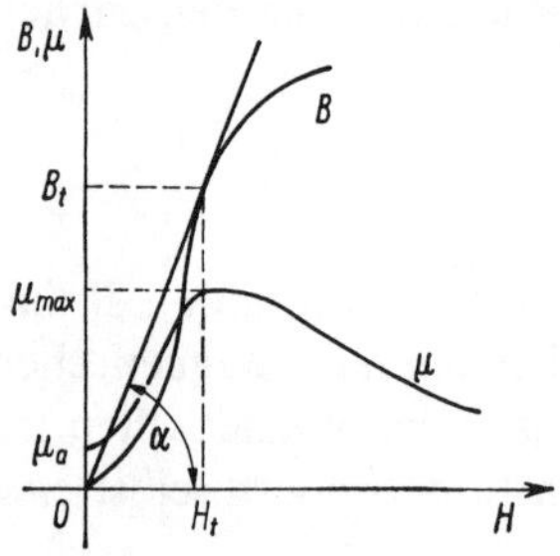

Bild 3.53

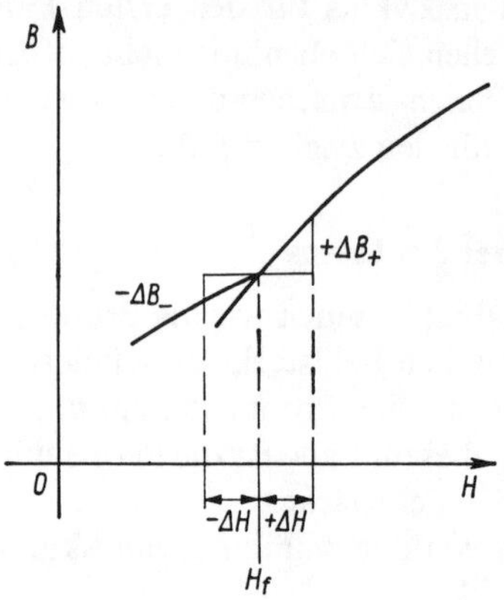

Bild 3.54

Hierzu gehören die zwei Werte der Permeabilität:

$$\text{Anstieg} \quad \mu_{\Delta+} = \frac{+\Delta B_+}{+\Delta H}$$

$$\text{Abfall} \quad \mu_{\Delta-} = \frac{-\Delta B_-}{-\Delta H}, \tag{3.243}$$

Wenn wir ΔH immer kleiner und kleiner werden lassen, dann erhalten wir die sogenannte differentielle Permeabilität. Die differentielle Permeabilität μ_d ist im Falle eines Zuwachses der Feldstärke durch folgende Beziehung mit der Permeabilität verbunden:

$$\mu_d = \frac{dB}{dH} = \frac{d(\mu H)}{dH} = \mu + H\frac{d\mu}{dH}. \tag{3.244}$$

Um das Verhalten des ferromagnetischen Körpers unter der gleichzeitigen Wirkung einer konstanten magnetischen Feldstärke und einer viel kleineren, im Vorzeichen wechselnden Feldstärke darzustellen, führt man einen weiteren Begriff der Permeabilität ein. Zur Erklärung dieses neuen Begriffes soll uns Bild 3.55 dienen. Wenn wir vom Punkt *a* ausgehen und die Feldstärke um ΔH wachsen lassen, gelangen wir zu dem Punkt *b*. Kehren wir nun das Vorzeichen von ΔH um, so ändert sich der magnetische Zustand nach einer partiellen Schleife, und wir gelangen zu dem Punkt *c*. Wenn die Feldstärkeänderung sehr klein ($\Delta H \ll H_a$) ist, so ist der Vorgang reversibel, und wir gelangen bei Umkehr des Vorzeichens der Feldstärke wieder zu dem Punkt *b* zurück. Die Größe

$$\mu_u = \lim_{\Delta H \to 0} \frac{\Delta B}{2\,\Delta H} \tag{3.245}$$

nennt man die reversible oder umkehrbare Permeabilität. Aus dem Vergleich von Bild 3.54 und Bild 3.55 ersieht man, daß die reversible Permeabilität der Natur nach gleich der differentiellen Permeabilität bei Abfall der Feldstärke ist. In beiden Fällen erfolgt die Änderung des magnetischen Zustandes nach einer sehr kleinen, unsymmetrischen partiellen Schleife.

Das Experiment zeigt, daß die reversible Permeabilität nicht von der magnetischen Feldstärke, sondern nur von der Induktion abhängt. Über die ganze Länge einer zur Abszisse

H parallelen Geraden innerhalb der Grenzkurve ist der Wert der reversiblen Permeabilität konstant.
Die reversible Permeabilität hat ihren größten Wert bei $B = 0$. Hier ist sie gleich der Anfangspermeabilität. Mit wachsender Induktion nimmt die reversible Permeabilität ab.

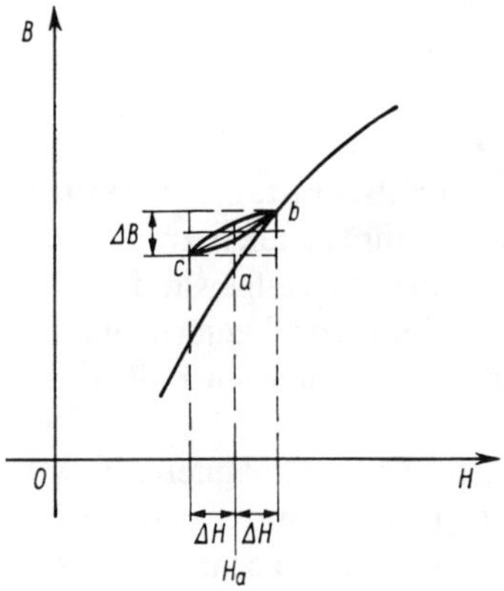

Bild 3.55

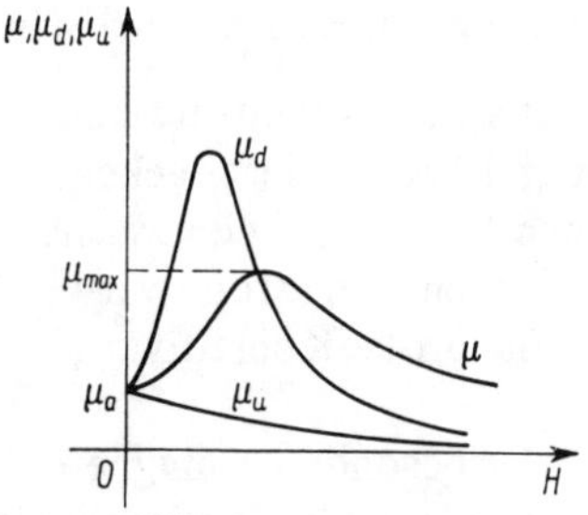

Bild 3.56

Im Bild 3.56 wird der Verlauf $\mu = f_1(H)$, $\mu_d = f_2(H)$ und $\mu_u = f_3(H)$ gezeigt. Hierbei ist im Falle $\mu_u = f_3(H)$ zu jedem Wert von μ_u derjenige Wert von H eingetragen, der dem μ_u entsprechenden Wert von B nach der Kommutierungskurve zugeordnet ist. Auf dieser Abbildung sind einige markante Punkte zu erkennen. Im Anfangsbereich der Kommutierungskurve fehlt die Hysteresiserscheinung. Die Anfangspermeabilität, die differentielle Permeabilität und die reversible Permeabilität sind hier gleich. An der Stelle des Maximums der absoluten Permeabilität μ (3.238) besteht Gleichheit mit der differentiellen Permeabilität μ_d; denn bei $\mu = \mu_{max}$ ist

$$\frac{d\mu}{dH} = 0 \tag{3.246}$$

und demzufolge gemäß (3.244)

$$\mu_d = \mu. \tag{3.247}$$

Man kann selbstverständlich die absolute Permeabilität, die differentielle Permeabilität und die reversible Permeabilität auf die Induktionskonstante beziehen. Dann erhält man ihre relativen Werte:

$$\mu_r = \frac{1}{\mu_0} \frac{B}{H}, \tag{3.248}$$

$$\mu_{dr} = \frac{1}{\mu_0} \frac{dB}{dH}, \tag{3.249}$$

$$\mu_{ur} = \frac{1}{\mu_0} \lim_{\Delta H \to 0} \frac{\Delta B}{2\,\Delta H}. \tag{3.250}$$

3.3.3. Eigenschaften ferromagnetischer Werkstoffe

In der Elektrotechnik findet eine große Anzahl von verschiedenen ferromagnetischen Werkstoffen Verwendung. Diese Werkstoffe kann man in drei große Gruppen einteilen:

1. weichmagnetische Werkstoffe,
2. hartmagnetische Werkstoffe,
3. Werkstoffe mit besonderen magnetischen Eigenschaften.

Die weichmagnetischen Werkstoffe sind durch ihre kleine Koerzitivkraft, die in den meisten Fällen unter 10 A/cm liegt, gekennzeichnet. Sie werden hauptsächlich zur Leitung des magnetischen Flusses bei elektrischen Maschinen und Apparaten angewandt.
Die hartmagnetischen Werkstoffe verwendet man zur Herstellung von Dauermagneten. Sie sind durch eine große Koerzitivkraft gekennzeichnet, die in den meisten Fällen über 50 A/cm liegt.
Zu der Gruppe der besonderen magnetischen Werkstoffe gehören ferromagnetische Materialien, die besondere physikalische Eigenschaften besitzen. Das sind beispielsweise Werkstoffe mit starker Temperaturabhängigkeit der magnetischen Eigenschaften, Werkstoffe mit ausgeprägter Magnetostriktion usw.

3.3.3.1. Weichmagnetische Werkstoffe

Zu den weichmagnetischen Werkstoffen gehören in erster Linie das technisch reine Eisen, die Eisen-Silizium-Legierungen und die Legierungen der Gruppe Permalloy, die sich durch ihre außerordentlich große Permeabilität auszeichnen. Das technisch reine Eisen wird zur Leitung von zeitlich konstanten magnetischen Flüssen bei elektrischen Maschinen, Elektromagneten, Relais sowie zur magnetischen Abschirmung angewandt. Seine weite technische Verwendung verdankt das reine Eisen in erster Linie seiner großen Permeabilität, seiner hohen Sättigungsinduktion und seinem niedrigen Preis.
Die magnetischen Eigenschaften des technischen Eisens hängen stark von der chemischen Zusammensetzung und den thermischen und mechanischen Bearbeitungen, denen es unterworfen ist, ab. Die Anwesenheit von Kohlenstoff verschlechtert in starkem Maße die weichmagnetischen Eigenschaften des reinen Eisens. Die Korngröße und die kristalline Ausrichtung (Textur) wirken sich ebenfalls stark auf seine Eigenschaften aus. Je größer die Korngröße ist, desto höher sind bei gleichen anderen Bedingungen die weichmagnetischen Eigenschaften des Eisens. Das äußert sich in einer Verkleinerung der Hysteresisschleife und der Koerzitivkraft und in einer Erhöhung der magnetischen Permeabilität. Der Einfluß der Korngröße ist um so stärker, je kleiner der Kohlenstoffgehalt des Eisens ist.
Die wichtigsten weichmagnetischen Werkstoffe in der Elektrotechnik sind die Eisen-Silizium-Legierungen mit 0,5 bis 5% Silizium, die, in Form von Blechen gewalzt, für elektrische Maschinen, Transformatoren, Drosselspulen usw. benutzt werden und unter dem Namen Dynamobleche bekannt sind.
Die Magnetisierungskennlinien von Dynamoblech IV, das 4% Silizium enthält, und von anderen magnetischen Werkstoffen werden im Bild 3.57 gezeigt.
Der Einkristall des Siliziumeisens zeigt, wie der des Eisens selbst, eine magnetische Anisotropie. Die magnetischen Eigenschaften sind richtungsabhängig, und ihre höchsten Werte liegen in bestimmten Vorzugsrichtungen. Durch eine entsprechende technologische Bearbeitung kann man Werkstoffe herstellen, bei denen die Kristalle mit einer ihrer kristallografischen Achsen in bestimmter Richtung orientiert sind. Auf diese Weise erreicht

man, daß in gewissen Richtungen des Werkstoffs extrem gute weichmagnetische Eigenschaften erzielt werden können.
Die Anwesenheit des Siliziums erhöht den elektrischen Widerstand und verkleinert damit, wie wir später sehen werden, die Wirbelströme. Das Silizium verkleinert ferner die Koerzitivkraft und Hysteresisverluste und erhöht die Permeabilität. Der Prozentgehalt des Siliziums in elektrotechnischen Blechen ist auf 4,5 bis höchstens 5% beschränkt. Ein größerer Siliziumgehalt macht das Material spröde und sehr schwer bearbeitbar.

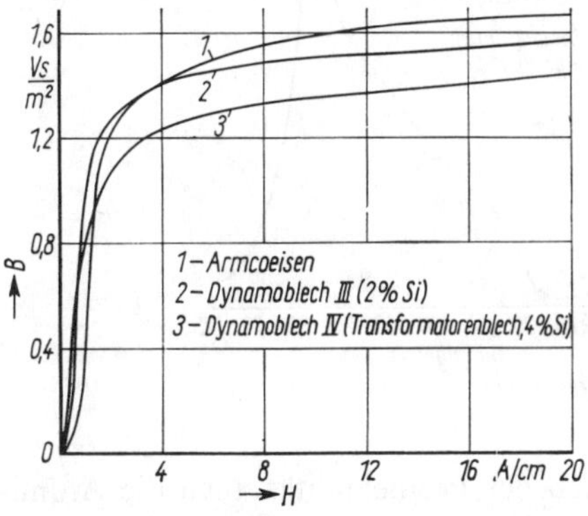

Bild 3.57

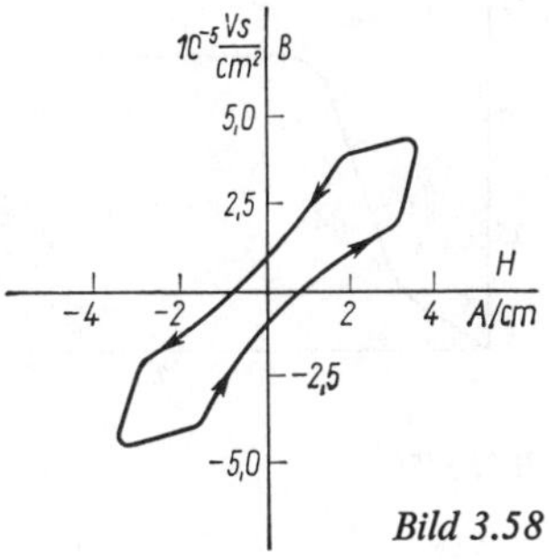

Bild 3.58

Einen großen Einfluß auf die magnetischen Eigenschaften des Eisen-Silizium-Bleches übt die mechanische Bearbeitung aus. Die Verschlechterungen der Eigenschaften, die infolge einer plastischen Deformation bei der Bearbeitung eingetreten sind, können jedoch weitgehend durch entsprechende Temperaturbehandlungen (Glühprozesse) rückgängig gemacht werden.
Eine besondere Stellung innerhalb der weichmagnetischen Werkstoffe nehmen die Werkstoffe mit großer Permeabilität ein. Dazu gehören in erster Linie die Eisen-Nickel-Legierungen, die 36 bis 80% Nickel und unter Umständen einige weitere Elemente enthalten. Diese Legierungen sind unter dem Sammelnamen Permalloy bekannt. Um den spezifischen elektrischen Widerstand von Eisen-Nickel-Legierungen zu erhöhen, fügt man noch Molybdän, Chrom, Kupfer, Mangan und andere Elemente bei. Auf diese Weise kann der elektrische Widerstand auf das Drei- bis Vierfache erhöht werden.
An dieser Stelle sei darauf hingewiesen, daß bei manchen Legierungen die Hysteresisschleife sehr von der Form, die wir vom Eisen her gewöhnt sind, abweichen kann. Als Beispiel hierzu soll die Legierung Perminvar angeführt werden. Das ist eine Nickel-Kobalt-Eisen-Legierung (45% Nickel, 30% Eisen, 25% Kobalt), die eine gute Konstanz der Permeabilität in Abhängigkeit von der Feldstärke zeigt. Die Hysteresisschleife dieser Legierung ist im Bild 3.58 zu sehen.
Von besonderem Interesse ist die Texturlegierung mit 50% Nickel und 50% Eisen. Diese Legierung hat eine fast rechtwinklige Hysteresisschleife und eine Magnetisierungskennlinie, die einen scharf ausgeprägten Knick aufweist (Bild 3.59).
Die hohen Werte der Permeabilität bei den Legierungen der Gruppe Permalloy treten nur bei ganz bestimmten Zusammensetzungen auf. Bild 3.60 zeigt den Verlauf der Anfangspermeabilität bei Permalloy in Abhängigkeit von dem Nickelgehalt.
Die hohen Werte der Anfangspermeabilität bei Permalloy erhält man nur, wenn man es nach einem Schlußglühen bei einer Temperatur von über 600 °C einer Abschreckung unterzieht. Bei einer langsamen Abkühlung sinken die Werte der Anfangspermeabilität beträchtlich. Die Verbesserung der Eigenschaften durch den Abschreckvorgang erstreckt

sich nicht nur auf die Anfangspermeabilität, sondern auf alle weichmagnetischen Eigenschaften des Permalloys. Diese Erscheinung ist unter dem Namen Permalloyeffekt bekannt. Er unterscheidet das Permalloy von den anderen weichmagnetischen Werkstoffen, bei denen eine Abschreckung nach der Schlußglühung die weichmagnetischen Eigenschaften stark verschlechtert.

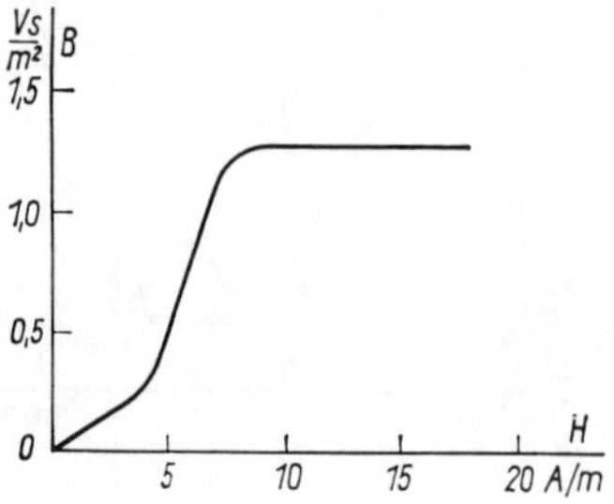

Bild 3.59

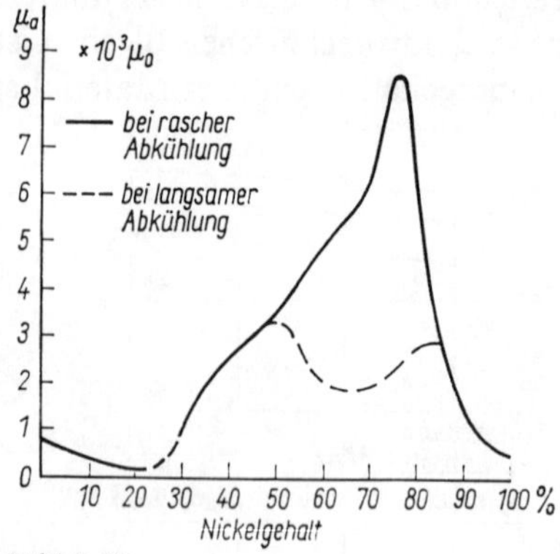

Bild 3.60

Dem Permalloytyp analog verhält sich hinsichtlich der Permeabilität auch die Aluminium-Silizium-Eisen-Legierung mit der optimalen Zusammensetzung: 9,6% Silizium, 5,4% Aluminium und 85% Eisen. Zum Unterschied von den Eisen-Nickel-Legierungen sind die Aluminium-Silizium-Eisen-Legierungen spröde und lassen sich weder durch Pressen noch durch Schneiden bearbeiten. Für fertige Gußteile findet diese Legierung nur selten Anwendung.

3.3.3.2. Hartmagnetische Werkstoffe

Die hartmagnetischen Werkstoffe kann man in folgende Gruppen aufteilen:

Martensitstähle,
Eisen-Nickel-Aluminium-Legierungen,
Legierungen auf Edelmetallbasis,
schmiedbare Legierungen.

Die hartmagnetischen Werkstoffe dienen zur Herstellung von Dauermagneten. Die kennzeichnenden Größen bei den hartmagnetischen Werkstoffen sind die Remanenz, die Koerzitivkraft und die maximale magnetische Energie.

Martensitstähle

Kohlenstoffstahl: Die Bedeutung des Kohlenstoffstahls als Werkstoff für Dauermagnete ist heutzutage klein. Das ist in den relativ geringen hartmagnetischen Eigenschaften und ihrer nicht genügenden Stabilität begründet. Zur Erzeugung von Dauermagneten auf dieser Basis verwendet man Stahl mit einem Kohlenstoffgehalt von ungefähr 1%.

Wolframstahl: Der Wolframstahl hat eine größere Restinduktion und eine höhere Koerzitivkraft als der Kohlenstoffstahl. Er enthält 0,6 bis 0,7% Kohlenstoff, 0,3 bis 0,5% Chrom und 5,5 bis 6,5% Wolfram. Der Wolframstahl ist in struktureller und magnetischer Hinsicht bedeutend stabiler als der Kohlenstoffstahl. Die strukturelle Alterung senkt die Koerzitivkraft um ungefähr 10% in 5 bis 10 Jahren.

Chromstahl: Der Chromstahl stellt einen wichtigen Ersatz für den hartmagnetischen Wolframstahl dar. Die Stabilität ist bei beiden gleich.

Kobaltstahl: Die Einführung der Kobaltstähle stellt einen wichtigen Schritt in der Entwicklung der Dauermagnetkunde dar. Mit der Erhöhung des Kobaltgehalts wächst proportional die Koerzitivkraft bei praktisch unveränderter Remanenz. Stähle mit 30% Kobalt sind sehr alterungsbeständig.

Eisen-Nickel-Aluminium-Legierungen

Diese Legierungen zeichnen sich durch sehr gute hartmagnetische Eigenschaften aus. Die hartmagnetischen Eigenschaften sind in diesem Falle auf Ausscheidungshärtungsvorgänge zurückzuführen. Durch die Änderung des Nickel- bzw. des Aluminiumgehalts kann man die magnetischen Eigenschaften in weiten Grenzen verändern. Praktische Bedeutung besitzen heutzutage Legierungen, die 20 bis 34% Nickel und 11 bis 17% Aluminium enthalten.

Die optimale Zusammensetzung der Legierung hängt nicht nur von den verlangten magnetischen Eigenschaften, sondern auch von den Abmessungen und von den Formen der Magnete ab. Auf die Eigenschaften der Eisen-Nickel-Aluminium-Legierungen hat nämlich die Abkühlungsgeschwindigkeit nach einer Erhitzung bis zu einer bestimmten kritischen Temperatur einen beträchtlichen Einfluß.

Die Erhöhung des Aluminiumgehalts auf 12 bis 14% ruft eine Erhöhung der Koerzitivkraft hervor, wobei die Restinduktion wenig beeinflußt wird. Bei einem größeren Aluminiumgehalt der Legierung fallen sowohl die Koerzitivkraft als auch die Restinduktion beträchtlich ab. Die Einführung von Nickel in die Legierung erhöht die Koerzitivkraft und ruft ein Absinken der Restinduktion hervor. Die Erhöhung des Nickelgehalts verlangt andererseits eine Erhöhung der Temperatur bei der thermischen Behandlung und eine Erhöhung der kritischen Abkühlungsgeschwindigkeit. Bei Anwesenheit von Aluminium erniedrigen sich sowohl die Temperatur der thermischen Behandlung als auch die kritische Abkühlungsgeschwindigkeit. Aus diesem Grunde haben große Magnete, die nicht schnell genug abgekühlt werden können, einen kleineren Nickelgehalt und einen höheren Aluminiumgehalt.

Reine Aluminium-Nickel-Eisen-Legierungen verwendet man heute nur selten. Meistens fügt man noch Kupfer, Silizium, Kobalt oder andere Komponenten zu. Diese wirken sich stark auf die thermische Behandlung der Magnete aus und werden je nach Größe und Bestimmung des Dauermagneten angewandt. Aluminium-Nickel-Eisen-Legierungen haben eine hohe Koerzitivkraft und eine verhältnismäßig kleine Restinduktion. Das einzige Element, das als Beimengung zu der Eisen-Nickel-Aluminium-Legierung die Restinduktion erhöht, ist Kobalt. Die Einführung des Kobalts auf Kosten des Eisengehalts erhöht auch hier stark die Koerzitivkraft (praktisch proportional dem Kobaltgehalt) bei fast unveränderter Restinduktion.

Einen großen Fortschritt in der Entwicklung der Dauermagnetwerkstoffe brachte die Verarbeitung der Aluminium-Nickel-Kobalt-Legierungen unter der Wirkung eines magnetischen Feldes. Bei der Abkühlung in einem Magnetfeld von einer Temperatur, die höher als der Curie-Punkt liegt, entsteht im Werkstoff eine Vorzugsrichtung, in der die magnetischen Eigenschaften in starkem Maße verbessert werden. Besonders die Restinduktion erhält in der Vorzugsrichtung bedeutend höhere Werte als in den anderen Richtungen.

Legierungen auf Edelmetallbasis

Die Eisen-Platin- und die Kobalt-Platin-Legierungen, die aus 50% Platin und 50% Eisen bzw. Kobalt bestehen, haben eine Koerzitivkraft, die die Koerzitivkraft der übrigen hartmagnetischen Werkstoffe weit übertrifft. Diese Legierungen lassen sich leicht verformen und können im kalten Zustand gezogen oder gewalzt werden. Eine weitere Edelmetalllegierung ist die Silber-Mangan-Aluminium-Legierung.

Schmiedbare Legierungen

Zu den Legierungen mit hoher Koerzitivkraft, die plastisch verformt werden können, gehören die Kupfer-Nickel-Eisen-, Kupfer-Nickel-Kobalt- und Eisen-Kobalt-Vanadium-Legierungen.

Das System Kupfer–Nickel–Eisen kann je nach dem Gehalt entweder als hart- oder als weichmagnetischer Werkstoff erscheinen. Die Kupfer-Nickel-Eisen-Legierung hat als hartmagnetischer Werkstoff Eigenschaften, die an die Eigenschaften der Aluminium-Eisen-Nickel-Legierungen heranreichen. Diese Legierungen lassen sich gut mechanisch bearbeiten, obwohl bei ihnen eine Ausscheidungshärtung stattfindet.

3.3.3.3. Antiferromagnetische Stoffe (Ferrite)

Eine neue Gruppe von Stoffen hat z.Z. eine weite technische Anwendung gefunden. Das sind die Stoffe, die unter dem Sammelnamen Ferrite bekannt sind.

Die Ferrite gehören nicht zu den ferromagnetischen Stoffen. Bei ihnen ist nämlich die Ausrichtung der Spins antiparallel, wobei die magnetische Wirkung der antiparallel gerichteten Spins ungleich ist. Stoffe mit antiparallel gerichteten Spins sind unter dem Namen antiferromagnetische Stoffe bekannt. Die magnetischen Eigenschaften der Ferrite sind eine Folge der Differenz der magnetischen Wirkungen von je zwei entgegengesetzt gerichteten Spins.

Unter Ferriten versteht man jene Stoffe, die die gemeinsame chemische Formel $MO \cdot Fe_2O_3$ haben. In dieser Formel bedeutet M ein zweiwertiges Metallion.

Eine gewisse Anzahl von Ferriten, besonders die Ferrite der zweiwertigen Ionen des Magnesiums, des Zinks, des Kupfers, des Nickels, des Eisens, des Kobalts und des Mangans, haben eine kubische Struktur und können beliebig gemischt werden. Alle oben aufgezählten Metallionen haben ungefähr die gleiche Größe. Größere Ionen, wie die Ionen

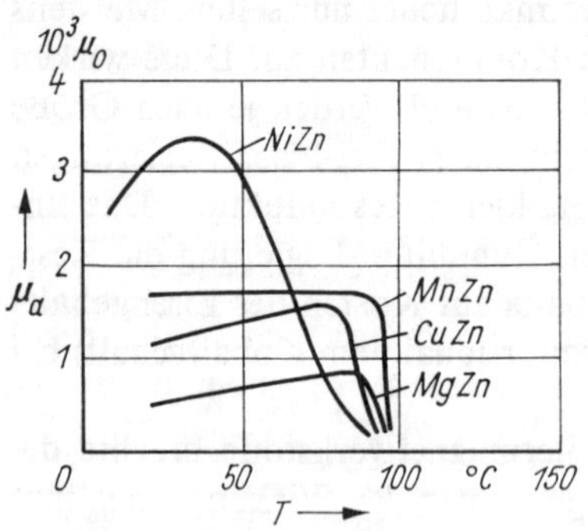

Bild 3.61

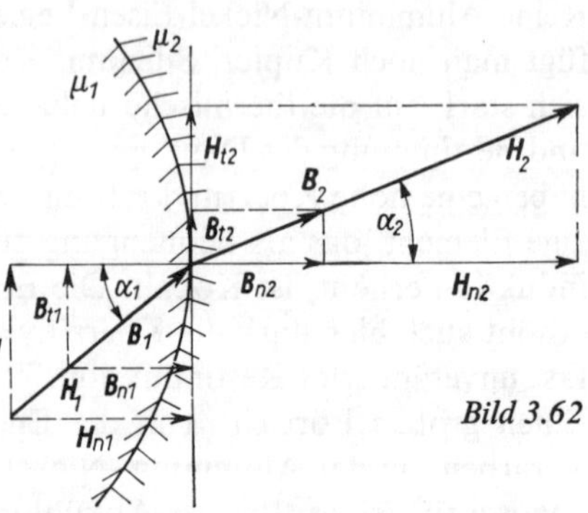

Bild 3.62

des Bleis, des Kadmiums usw., führen zu einer hexagonalen Kristallstruktur. In Polykristallen mit nichtkubischem Gitter treten bei der Abkühlung innere Spannungen auf. Niedrige Hysteresisverluste setzen aber das Fehlen innerer Spannungen voraus. Je nach der Zusammensetzung der Ferrite kann man also diese oder jene Eigenschaft hervorheben. Als weichmagnetische Werkstoffe sind von praktischem Interesse nur die Ferrite des Zinks, des Kupfers, des Nickels, des Mangans und des Magnesiums.

Die Untersuchungen zeigen, daß die Mischferrite, die unter anderem noch Zinkferrit enthalten, eine höhere Permeabilität besitzen als die übrigen. Auf den ersten Blick erscheint das sonderbar, zumal das Zinkferrit als einziges Ferrit unmagnetisch ist. Die Anwesenheit des Zinkferrits erniedrigt die Temperatur, bei der der Curie-Punkt liegt. Beim Curie-Punkt weist aber die Permeabilität in Abhängigkeit von der Temperatur ein Maximum auf. Durch das Zinkferrit wird also das Maximum der Permeabilität in das Gebiet der tieferen Temperaturen (bis Raumtemperatur) verlegt. Bild 3.61 zeigt die Temperaturabhängigkeit der Permeabilität einiger Mischferrite.

Eine besonders wertvolle Eigenschaft der Ferrite als weichmagnetische Werkstoffe ist das gleichzeitige Auftreten der hohen Permeabilität, der niedrigen Hysteresisverluste und des hohen spezifischen Widerstands, der sehr niedrige Wirbelstromverluste zur Folge hat.

3.4. Verhalten des magnetischen Flusses an der Grenzfläche zweier Stoffe mit verschiedenen Permeabilitäten

Im folgenden wollen wir den Zustand untersuchen, der sich in einem magnetischen Feld an der Grenzfläche zweier Stoffe mit verschiedenen Permeabilitäten einstellt. Im Bild 3.62 wird eine solche Grenzfläche gezeigt. Die Permeabilitäten der Stoffe seien μ_1 und μ_2. Laut (3.28) muß der magnetische Fluß, der auf der einen Seite eines Flächenelements der Grenzfläche einfällt, gleich dem Fluß sein, der aus der anderen Seite des Flächenelements austritt:

$$|\boldsymbol{B}_1| \cos \alpha_1 \, \mathrm{d}A = |\boldsymbol{B}_2| \cos \alpha_2 \, \mathrm{d}A, \tag{3.251}$$

d.h.

$$B_{\mathrm{n}1} = B_{\mathrm{n}2}. \tag{3.252}$$

Die Normalkomponenten der magnetischen Induktion sind auf beiden Seiten der Grenzfläche gleich groß.

Wenn längs der Grenzfläche Ströme fließen, so ergibt das Durchflutungsgesetz, angewandt auf einen kurzen, geschlossenen Integrationsweg, der in dem betrachteten Querschnitt zunächst unmittelbar an der Grenzfläche im ersten Stoff verläuft, danach die Grenzfläche durchtritt und auf ihrer anderen Seite zum Ausgangspunkt zurückkehrt,

$$H_{\mathrm{t}1} \, \mathrm{d}l - H_{\mathrm{t}2} \, \mathrm{d}l = \mathrm{d}I \tag{3.253}$$

oder

$$H_{\mathrm{t}1} - H_{\mathrm{t}2} = \tau \tag{3.254}$$

mit

$$\tau = \frac{\mathrm{d}I}{\mathrm{d}l}. \tag{3.255}$$

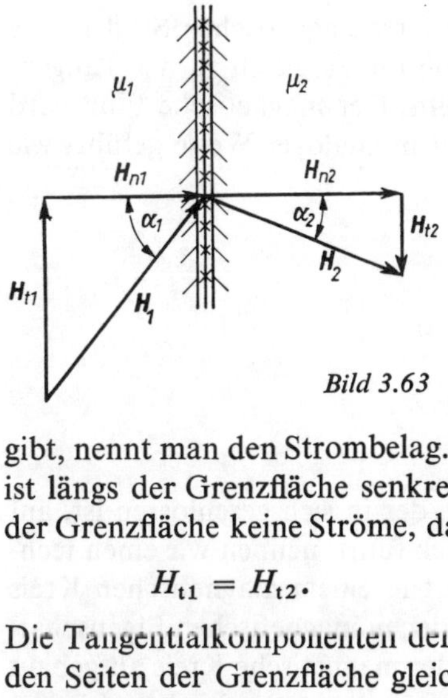

Bild 3.63

Die Größe τ, die den Strom je Längeneinheit der Spur der Grenzfläche in dem betrachteten Punkt angibt, nennt man den Strombelag. Bild 3.63 zeigt einen derartigen Fall. Die Stromrichtung ist längs der Grenzfläche senkrecht zur Zeichenebene, wobei $\tau > H_{\mathrm{t}1}$ ist. Fließen längs der Grenzfläche keine Ströme, dann ist mit $\tau = 0$

$$H_{\mathrm{t}1} = H_{\mathrm{t}2}. \tag{3.256}$$

Die Tangentialkomponenten der magnetischen Feldstärken sind in diesem Fall auf beiden Seiten der Grenzfläche gleich groß. An der Grenzfläche gehen die Normalkomponenten der Induktion und die Tangentialkomponenten der Feldstärke stetig ineinander über.

Aus (3.252) folgt

$$\mu_1 H_{n1} = \mu_2 H_{n2}, \tag{3.257}$$

$$\frac{H_{n1}}{H_{n2}} = \frac{\mu_2}{\mu_1}. \tag{3.258}$$

Aus (3.256) folgt

$$\frac{B_{t1}}{\mu_1} = \frac{B_{t2}}{\mu_2}, \tag{3.259}$$

$$\frac{B_{t1}}{B_{t2}} = \frac{\mu_1}{\mu_2}. \tag{3.260}$$

Nun ist

$$\frac{H_{t1}}{H_{n1}} = \tan \alpha_1, \tag{3.261}$$

$$\frac{H_{t2}}{H_{n2}} = \tan \alpha_2, \tag{3.262}$$

d.h.

$$\frac{\tan \alpha_1}{\tan \alpha_2} = \frac{H_{n2}}{H_{n1}} = \frac{\mu_1}{\mu_2}. \tag{3.263}$$

An der Grenzfläche zwischen Stoffen mit verschiedenen Permeabilitäten werden die Feldlinien gebrochen (Bild 3.62). Ist die Permeabilität des ersten Stoffes größer als die Permeabilität des zweiten Stoffes, so werden die Feldlinien zur Normalen an der betreffenden Stelle gebrochen. Bei dem Übergang von einem Stoff mit einer sehr großen Permeabilität in einen anderen Stoff mit einer sehr kleinen Permeabilität verlassen die Feldlinien den Stoff mit der großen Permeabilität fast senkrecht zu seiner Oberfläche. In ferromagnetischen Stoffen, die an Luft grenzen, verläuft der Fluß fast parallel zur Grenzfläche und verläßt sie fast senkrecht zur Grenzfläche. In dem ferromagnetischen Stoff ist die Tangentialkomponente der magnetischen Induktion groß im Vergleich zu der Tangentialkomponente der Induktion in dem anliegenden Raum. Der magnetische Fluß wird aus diesem Grund in dem Stoff mit großer Permeabilität in analoger Weise geführt wie der elektrische Strom in Stoffen großer Leitfähigkeit.

3.5. Der magnetische Kreis

3.5.1. Berechnung magnetischer Kreise

3.5.1.1. Nutzfluß und Streufluß

Eine Einrichtung, die den magnetischen Induktionsfluß, der in sich geschlossen ist, auf einem vorgeschriebenen Weg zu einem bestimmten Zweck führt, nennen wir einen technischen magnetischen Kreis. Ganz allgemein durchquert in einem magnetischen Kreis der Induktionsfluß eine Anzahl Materialien mit verschiedenen magnetischen Eigenschaften und eine Anzahl Luftstrecken. Die Teile, aus denen der magnetische Kreis aufgebaut ist, haben außer verschiedenen magnetischen Eigenschaften noch verschiedene Längen und Querschnitte. Durch die Anwendung von ferromagnetischen Materialien, am häufigsten Eisen, ist man bestrebt, den magnetischen Induktionsfluß in eine gewünschte Bahn zu leiten. Das magnetische Feld erstreckt sich aber nicht nur über die Gebiete mit der hohen Permeabilität, sondern umfaßt teilweise das angrenzende Medium – meist Luft. Aus diesem Grunde begegnet man außer den magnetischen Feldlinien, die auf dem gewünschten Weg durch das Eisen verlaufen, auch solchen, die sich auf Nebenwegen über die Luft schließen.

Bild 3.64 zeigt schematisch den magnetischen Kreis eines Elektromagneten. Der Strom durch die Spule ist mit einem magnetischen Fluß verkettet, dessen Feldlinien größtenteils den Weg über den ferromagnetischen Kern nehmen. In dem Bild werden ferner noch einige Kraftlinien gezeigt, die von dem durch den ferromagnetischen Kern bestimmten Weg abweichen und über die angrenzende Luft verlaufen. Solche Feldlinien treten in verstärktem Maße an den Stellen auf, an denen der ferromagnetische Weg durch Luftspalte unterbrochen ist.

Hinsichtlich des Verlaufs der magnetischen Kraftlinien unterscheidet man einen Nutzfluß und einen Streufluß.

Die technischen magnetischen Kreise haben eine bestimmte Aufgabe zu erfüllen. Bei dem Beispiel des Elektromagneten besteht die Aufgabe in der Ausübung einer Kraftwirkung auf den beweglichen Anker, die irgendwie nutzbar gemacht wird. An der Ausführung der gestellten Aufgabe nehmen in diesem Falle alle Kraftlinien teil, die sowohl durch den Kern des Elektromagneten als auch durch den beweglichen Anker verlaufen. Hierzu gehört in einem bestimmten Maße offensichtlich auch ein Teil derjenigen Kraftlinien, die von dem gewünschten, durch den ferromagnetischen Kern vorgeschriebene Weg abweichen. Welche von den magnetischen Linien zum Nutzfluß gehören, wird also bestimmt, indem man außer dem gewünschten Verlauf des Flusses noch die gestellte Aufgabe in Betracht zieht.

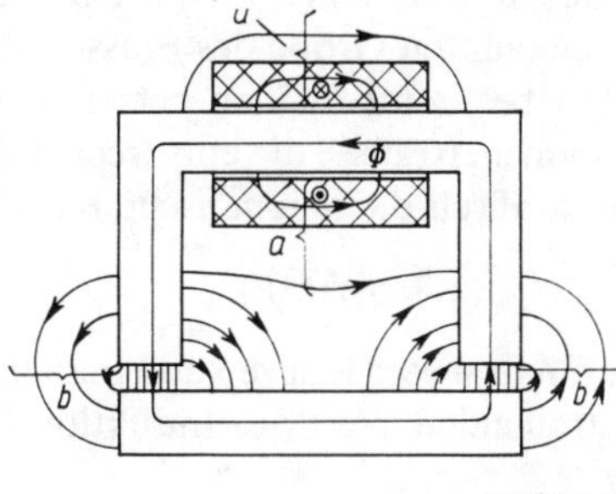

Bild 3.64

3.5.1.2. Berechnungsgrundlagen

Der gesamte Fluß eines magnetischen Kreises setzt sich aus dem Streu- und aus dem Nutzfluß zusammen:

$$\Phi = \Phi_\sigma + \Phi_n. \tag{3.264}$$

Wir haben bereits gesagt, daß wegen der großen Permeabilität des Eisens die Dichte der magnetischen Kraftlinien in ihm viel größer ist als die Dichte der magnetischen Kraftlinien in der angrenzenden Luft. In den meisten Fällen ist deshalb der Streufluß viel kleiner als der Nutzfluß,

$$\Phi_\sigma \ll \Phi_n, \tag{3.265}$$

so daß man ihn vernachlässigen und annehmen kann, daß der gesamte Fluß gleich dem Nutzfluß ist:

$$\Phi \approx \Phi_n. \tag{3.266}$$

Dieser magnetische Fluß soll nun längs des magnetischen Kreises durch verschiedene Teilabschnitte mit verschiedenen Längen und Querschnitten verlaufen. Für jeden Teilabschnitt λ des Weges gilt

$$B_\lambda = \frac{\Phi}{A_\lambda}. \tag{3.267}$$

Aus der Induktion B_λ und der Magnetisierungskennlinie des betreffenden Materials, aus dem die Teilstrecke besteht, kann man die entsprechende Feldstärke H_λ bestimmen. Für einen Luftspalt gilt

$$H_1 = \frac{B_1}{\mu_0}. \tag{3.268}$$

Das Linienintegral der Feldstärke können wir angenähert durch die Summe

$$\oint H \, dl \approx \Sigma \, H_\lambda l_\lambda \tag{3.269}$$

ausdrücken. Dabei bedeutet l_λ die mittlere Länge der Kraftlinien im Abschnitt λ. Das Linienintegral der Feldstärke ergibt die Durchflutung, die notwendig ist, um einen bestimmten Fluß Φ in dem magnetischen Kreis zu erhalten.
Die umgekehrte Aufgabe, und zwar den Induktionsfluß zu finden, der sich einstellen würde, wenn wir durch die w Windungen einer Spule zwecks Erregung eines magnetischen Kreises einen Strom I fließen lassen, ist nicht direkt lösbar, da μ selbst von der unbekannten Größe des Flusses abhängt. In diesem Fall geht man folgendermaßen vor: Man bestimmt für den betreffenden magnetischen Kreis für eine Reihe beliebig angenommener Flüsse die entsprechenden Durchflutungen und stellt mit den erhaltenen Werten grafisch die magnetische Kennlinie des Kreises

$$\Phi = f(\Theta) \tag{3.270}$$

auf. Aus dieser Kurve kann man dann für jeden beliebigen Wert der Durchflutung Θ den betreffenden Wert des Induktionsflusses Φ ablesen.

3.5.1.3. Das Hopkinsonsche Gesetz. Der magnetische Widerstand

Wir gehen von (3.218) aus, die die magnetische Feldstärke als Ursache und die Dichte des magnetischen Induktionsflusses als Folge verbindet. Für einen einfachen magnetischen Kreis, bei dem die Feldstärke auf dem ganzen Weg als konstant angesehen werden kann, läßt sich diese Gleichung folgendermaßen umschreiben:

$$\frac{1}{\mu} \frac{\Phi}{A} l = Hl = \Theta, \tag{3.271}$$

$$\Theta = \frac{1}{\mu} \frac{l}{A} \Phi = R_M \Phi. \tag{3.272}$$

Diese Gleichung ähnelt formal dem Ohmschen Gesetz. Man nennt sie das Ohmsche Gesetz für magnetische Kreise oder auch das Hopkinsonsche Gesetz. Die Größe

$$R_M = \frac{1}{\mu} \frac{l}{A} \tag{3.273}$$

nennt man den Widerstand des magnetischen Kreises. Analog nennt man die Größe

$$G_M = \frac{\mu A}{l} \tag{3.274}$$

die Leitfähigkeit des magnetischen Kreises.
Für einen zusammengesetzten magnetischen Kreis, der mehrere hintereinandergeschaltete Abschnitte enthält, erhält das Hopkinsonsche Gesetz folgende Form:

$$\Theta = \sum_\lambda H_\lambda l_\lambda = \sum_\lambda \frac{B_\lambda}{\mu_\lambda} l_\lambda = \Phi \sum_\lambda \frac{1}{\mu_\lambda} \frac{l_\lambda}{A_\lambda}, \tag{3.275}$$

$$\Theta = \Phi \sum_\lambda R_{M\lambda}. \tag{3.276}$$

3.5.1.4. Kernfeldstärke und Kernpermeabilität

Den Begriff der Kernfeldstärke und der Kernpermeabilität wollen wir anhand eines zusammengesetzten magnetischen Kreises mit zwei Abschnitten erklären. Hierbei soll der eine Abschnitt eine Luftstrecke sein, deren Länge klein ist gegenüber der Länge des anderen Abschnitts, der aus Eisen bestehen soll. In diesem Falle kann man den Querschnitt A_l des Luftabschnitts gleich dem Querschnitt A_e des Eisenabschnitts ansetzen:

$$A_l = A_e = A. \tag{3.277}$$

Ferner wollen wir annehmen, daß der gesamte Fluß auf dem vorgeschriebenen Weg verläuft. Dann ist

$$B_l = B_e = B. \tag{3.278}$$

Es gilt

$$H_e l_e + H_l l_l = \Theta, \tag{3.279}$$

$$B\left(\frac{1}{\mu} l_e + \frac{1}{\mu_0} l_l\right) = \Theta \tag{3.280}$$

oder

$$B\left(\frac{1}{\mu}\frac{l_e}{l} + \frac{1}{\mu_0}\frac{l_l}{l}\right) = \frac{\Theta}{l}. \tag{3.281}$$

Hierbei bedeutet l die gesamte Länge des magnetischen Kreises. Nun ist aber laut Voraussetzung

$$l_e \gg l_l, \tag{3.282}$$

$$l_e \approx l, \tag{3.283}$$

so daß

$$\frac{1}{\mu} B \left(1 + \frac{\mu}{\mu_0}\frac{l_l}{l}\right) = \frac{\Theta}{l}, \tag{3.284}$$

$$B = \mu_k H_k \tag{3.285}$$

ist. Die Größe H_k nennt man die Kernfeldstärke; die Größe

$$\mu_k = \frac{\mu}{1 + \dfrac{\mu l_l}{\mu_0 l}} \tag{3.286}$$

nennt man die Kernpermeabilität.

Die Kernpermeabilität ist die Permeabilität, die man dem Kernmaterial zuschreiben würde, wenn man nicht wüßte, daß der Kern einen Luftspalt enthält. Wenn die relative Permeabilität des ferromagnetischen Teiles des Kreises sehr groß gegen Eins ist, kann man für die Kernpermeabilität den Ausdruck

$$\mu_k = \mu_0 \frac{l}{l_l} \tag{3.287}$$

angeben. Aus dem letzten Ausdruck ersieht man, daß in diesem Falle die Kernpermeabilität unabhängig von der Permeabilität des ferromagnetischen Stoffes ist, der im Kreis enthalten ist. Somit ist die Kernpermeabilität auch unabhängig von den Veränderungen der Permeabilität des ferromagnetischen Stoffes, wie sie auch bedingt sein mögen.

3.5.1.5. Wirkung des Luftspalts auf die Magnetisierungskennlinie

Wir wollen annehmen, daß ein geschlossener Eisenring die Magnetisierungskennlinie, die im Bild 3.65 gezeigt wird, besitzt. B und H sind ihre Koordinaten. Wenn wir nun an irgendeiner Stelle des Ringes einen sehr schmalen Luftspalt anbringen, so wird die Dichte des magnetischen Induktionsflusses bei gleicher Durchflutung sinken; denn die Leitfähigkeit der Luft ist viel kleiner als die des Eisens. Den neuen Wert der magnetischen Induktion wollen wir mit B' bezeichnen. In dem Eisen stellt sich dann eine neue magnetische Feldstärke ein, die wir mit H' bezeichnen. Die äußere Erregung ist dieselbe. Es muß also

$$\Theta = Hl = H'l_e + H_l'l_l \tag{3.288}$$

sein. Die Indizes e und l beziehen sich auf Eisen bzw. Luft. Hieraus finden wir

$$H = H' \frac{l_e}{l} + H_l' \frac{l_l}{l}. \tag{3.289}$$

Wenn

$$l_l \ll l_e \tag{3.290}$$

ist, dann ist

$$l_e \approx l, \tag{3.291}$$

und (3.289) geht in

$$H = H' + H_l' \frac{l_l}{l}, \tag{3.292}$$

$$H = H' + \frac{B_l'}{\mu_0} \frac{l_l}{l} = H' + \frac{B'}{\mu_0} \frac{l_l}{l} = H' + \Delta \tag{3.293}$$

über, denn $B_l' = B'$.

H' und B' beziehen sich auf das Eisen und stehen durch dieselbe Magnetisierungskurve in Verbindung. Jedem Wert der magnetischen Feldstärke H' ist eine Induktion B' entsprechend der Magnetisierungskennlinie des ferromagnetischen Stoffes zugeordnet. Nun wollen wir B' in Abhängigkeit von der magnetischen Feldstärke H darstellen, die sich bei der Durchflutung eingestellt hätte, wenn der Luftspalt nicht existieren würde. Zu diesem Zweck müssen wir bei jedem Werte von B' zu dem entsprechenden Wert H' aus der Magnetisierungskennlinie entsprechend (3.293) die Größe

$$\Delta = \frac{B'}{\mu_0} \frac{l_1}{l} \tag{3.294}$$

zufügen. $\Delta = f(B')$ stellt eine Gerade dar. Diese Konstruktion ist ebenfalls im Bild 3.65 durchgeführt. Die erhaltene Kurve ist gestrichelt eingezeichnet. Aus dieser Konstruktion ersieht man den Einfluß des Luftspalts. Die Magnetisierungskurve wird durch ihn linearisiert.

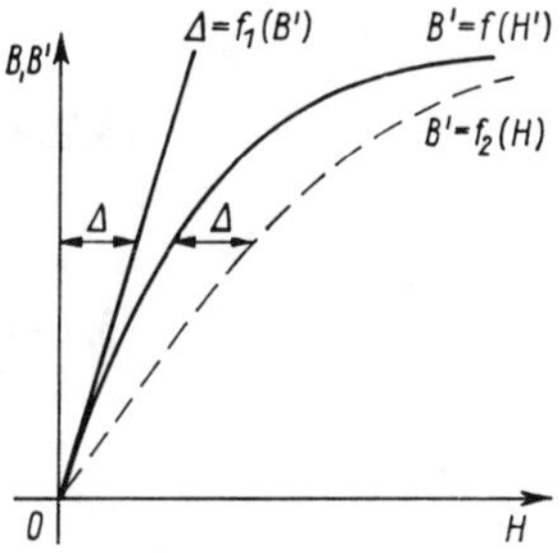

Bild 3.65

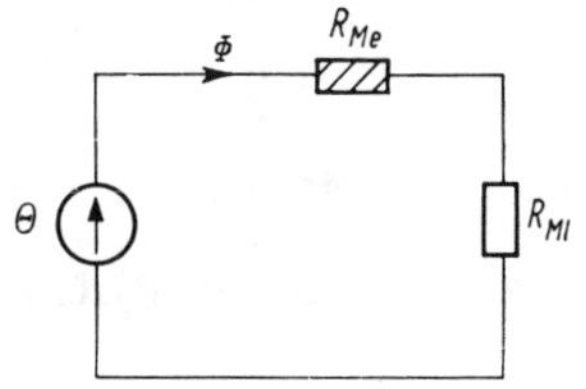

Bild 3.66

3.5.1.6. Analogien zum elektrischen Stromkreis

Aus der formalen Analogie zwischen den Beziehungen, die das elektrische und das magnetische Feld kennzeichnen, ergeben sich eine Reihe von Analogien zwischen dem magnetischen und dem elektrischen Kreis.

Ersatzschaltbild des unverzweigten magnetischen Kreises

(3.276) erlaubt uns, den unverzweigten magnetischen Kreis analog dem unverzweigten elektrischen Kreis durch ein Ersatzschaltbild darzustellen. In diesen Ersatzschaltbildern werden die magnetischen Widerstände ferromagnetischer Abschnitte mit einem schraffierten Widerstand, die der nichtferromagnetischen Abschnitte durch nichtschraffierte Widerstände gekennzeichnet (Bild 3.66).

Die analogen Größen sind Durchflutung und EMK, magnetischer Fluß und elektrischer Strom sowie magnetischer Widerstand und elektrischer Widerstand. Der gesamte Widerstand des magnetischen Kreises ist

$$R_{M\text{ges}} = \sum_{\lambda} \frac{1}{\mu_\lambda} \frac{l_\lambda}{A_\lambda}. \tag{3.295}$$

Analogien zu den Kirchhoffschen Sätzen

Analog den elektrischen Netzen kann man magnetische Netze aufbauen. In solchen magnetischen Netzen treten Knotenpunkte auf, in denen magnetische Flüsse zu- und abgeführt werden. Ein Ausschnitt aus einem magnetischen Netzwerk wird im Bild 3.67 gezeigt. Auf einen eingeschlossenen Knotenpunkt angewandt, liefert (3.28)

$$\sum_{\lambda} \Phi_\lambda = 0. \tag{3.296}$$

Die Summe der magnetischen Flüsse in einem Knotenpunkt ist gleich Null. Das ist ein Satz, der dem 1. Kirchhoffschen Satz entspricht.

In komplizierten Einrichtungen kann man Gebilde herausgreifen, die man analog den Maschen eines elektrischen Netzwerks behandeln kann. Auf einen solchen geschlossenen Weg angewandt, ergibt das Durchflutungsgesetz

$$\sum_{\mathrm{n}} \Theta_{\mathrm{n}} = \sum_{\lambda} H_\lambda l_\lambda = \sum_{\lambda} \Phi_\lambda \frac{l_\lambda}{\mu_\lambda A_\lambda} = \sum_{\lambda} \Phi_\lambda R_{\mathrm{M}\lambda}. \tag{3.297}$$

Die Summe der Durchflutungen der geschlossenen Masche ist gleich der Summe der magnetischen Spannungsabfälle entlang der Masche. (3.297) ist ein Ausdruck, der dem 2. Kirchhoffschen Satz entspricht. Hierbei müssen die Vorzeichenregeln beachtet werden. Auf den im Bild 3.67 dargestellten Teil eines magnetischen Netzwerks angewandt, folgt aus (3.296) und (3.297) beispielsweise für den Knoten 2

$$\Phi_1 + \Phi_3 - \Phi_6 = 0 \tag{3.298}$$

und für die gekennzeichnete Masche

$$\Theta_1 - \Theta_2 = \Phi_1 R_{\mathrm{M1}} - \Phi_3 R_{\mathrm{M3}} - \Phi_4 R_{\mathrm{M4}}. \tag{3.299}$$

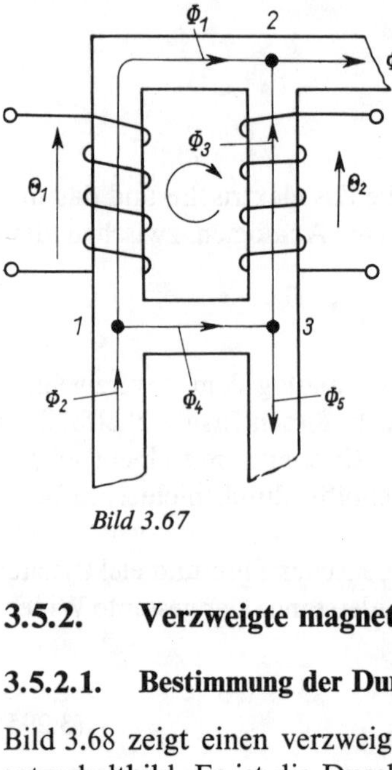

Bild 3.67

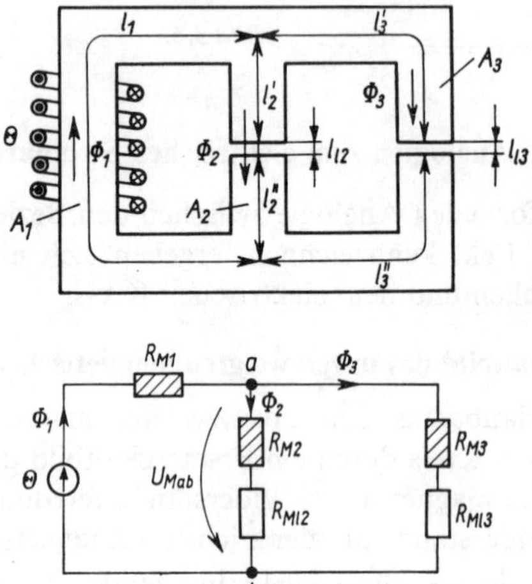

Bild 3.68

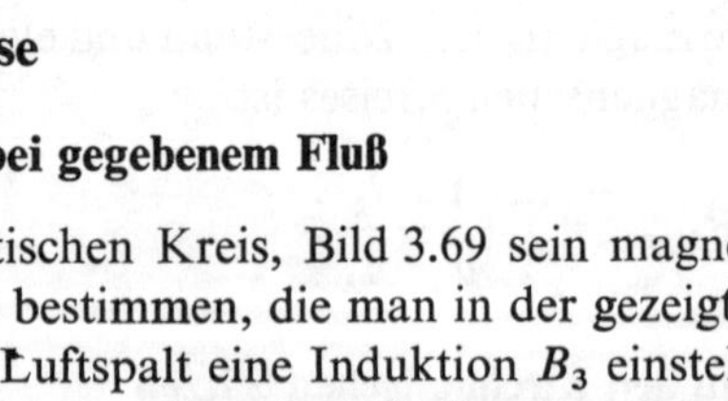

Bild 3.69

3.5.2. Verzweigte magnetische Kreise

3.5.2.1. Bestimmung der Durchflutung bei gegebenem Fluß

Bild 3.68 zeigt einen verzweigten magnetischen Kreis, Bild 3.69 sein magnetisches Ersatzschaltbild. Es ist die Durchflutung zu bestimmen, die man in der gezeigten Art aufbringen muß, damit sich in dem rechten Luftspalt eine Induktion B_3 einstellt. Die Abmessungen des Kreises sind aus dem Bild zu ersehen. Der Luftspalt soll in beiden Abschnitten sehr klein sein. Dann ist für den rechten Luftspalt

$$A_{13} = A_3, \tag{3.300}$$

$$\Phi_{13} = \Phi_3, \tag{3.301}$$

$$B_{13} = B_3, \tag{3.302}$$

$$H_{13} = \frac{B_3}{\mu_0}. \tag{3.303}$$

Analoge Beziehungen sollen auch für den zweiten Abschnitt gültig sein. Aus der Magnetisierungskurve des dritten Abschnitts kann man mit B_3 die Feldstärke H_3 im Eisen bestimmen.
Die magnetische Spannung zwischen den Knotenpunkten a und b ist dann

$$U_{Mab} = \int_a^b H \, dl \approx \sum_{\lambda [a,b]} H_\lambda l_\lambda = H_3 (l_3' + l_3'') + H_{13} l_{13}. \tag{3.304}$$

Parallel zum dritten Abschnitt liegt der zweite Abschnitt, so daß

$$U_{Mab} = H_2 (l_2' + l_2'') + H_{12} l_{12} = U_{M2}(\Phi_2) + U_{M12}(\Phi_2) \tag{3.305}$$

gelten muß. Aus der letzten Beziehung muß der Fluß Φ_2 im zweiten Abschnitt bestimmt werden. Dazu werden die Kurven $U_{M2}(\Phi_2)$, die man durch Maßstabsänderung aus der Magnetisierungskurve des zweiten Abschnitts erhält, und

$$U_{M12}(\Phi_2) = H_{12} l_{12} = \frac{l_{12}}{\mu_0} B_{12} = \frac{l_{12}}{\varkappa_0 A_2} \Phi_2, \tag{3.306}$$

die Luftspaltgerade, in einem gemeinsamen Diagramm dargestellt (Bild 3.70). Durch Addition der magnetischen Spannungen U_{M2} und U_{M12} bei gleichem Fluß Φ_2 erhält man die magnetische Spannung U_{Mab} des zweiten Abschnitts als Funktion des Flusses Φ_2.

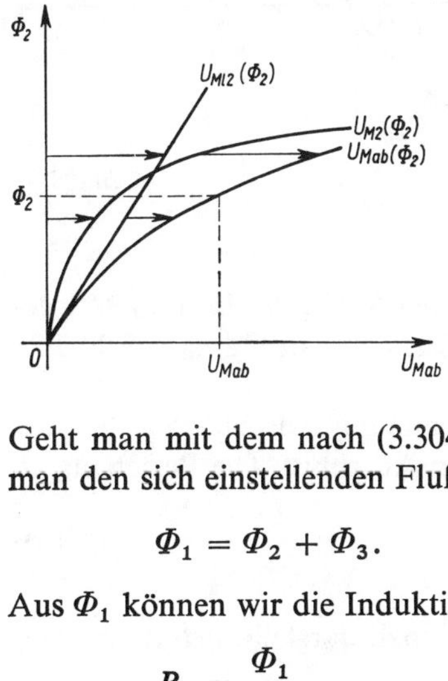

Bild 3.70

Geht man mit dem nach (3.304) erhaltenen Wert U_{Mab} in dieses Diagramm ein, kann man den sich einstellenden Fluß Φ_2 ablesen. Nach (3.296) ist

$$\Phi_1 = \Phi_2 + \Phi_3. \tag{3.307}$$

Aus Φ_1 können wir die Induktion

$$B_1 = \frac{\Phi_1}{A_1} \tag{3.308}$$

ermitteln und mit ihr aus der magnetischen Kennlinie des ersten Abschnitts H_1 ablesen. Die erforderliche Durchflutung kann nun nach (3.297) zu

$$\Theta = H_1 l_1 + U_{Mab} = H_1 l_1 + H_3 (l_3' + l_3'') + H_{13} l_{13} \tag{3.309}$$

berechnet werden.

3.5.2.2. Bestimmung der Flüsse bei gegebener Durchflutung

Für den Fall, daß kein Abschnitt eines magnetischen Kreises bis in die Sättigung ausgesteuert wird, d.h. alle magnetischen Widerstände als annähernd konstant betrachtet werden können, kann man die gesuchten Flüsse durch Aufstellen der Kirchhoffschen

Gleichungen (3.296) und (3.297) für die magnetische Ersatzschaltung bestimmen. Das zu lösende Gleichungssystem ist dann linear.
Erfolgt die Aussteuerung der ferromagnetischen Abschnitte des magnetischen Kreises soweit, daß die lineare Näherung nicht mehr zulässig ist, so muß man wegen der nichtkonstanten Permeabilität grafische Methoden zur Bestimmung der Flüsse in den einzelnen Abschnitten bei gegebenen Durchflutungen anwenden.

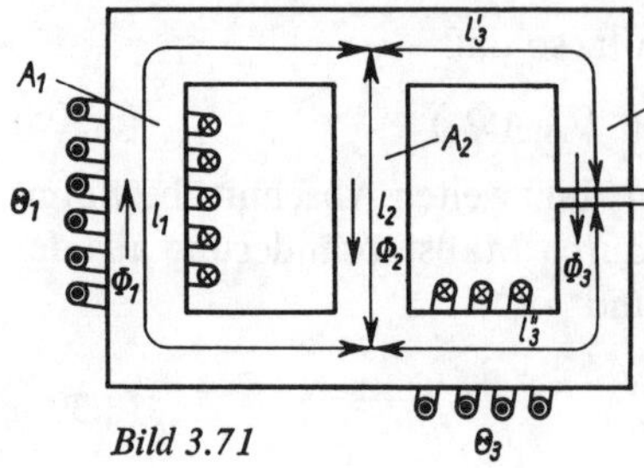

Bild 3.71

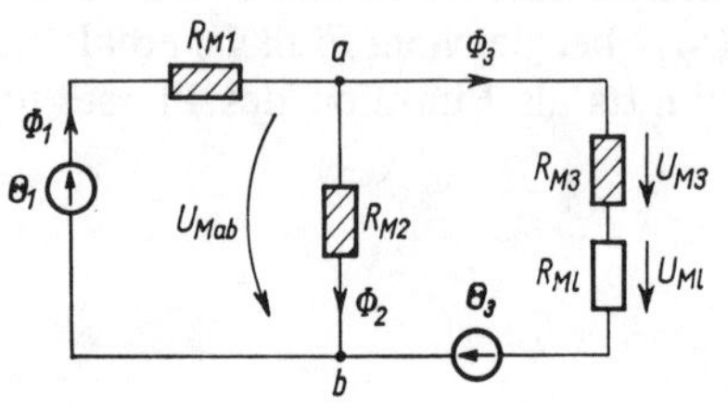

Bild 3.72

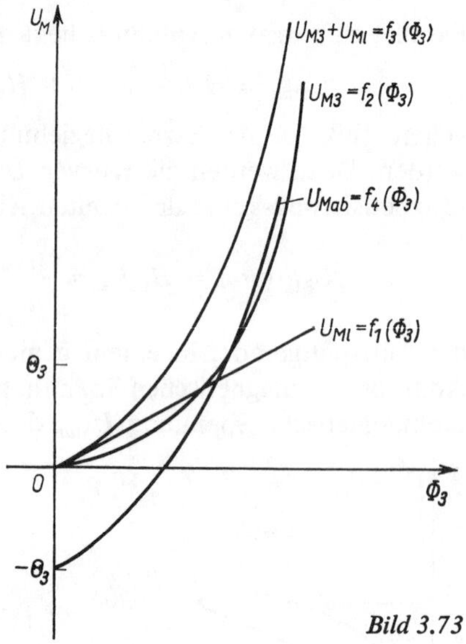

Bild 3.73

Beispiel 1

Als erstes Beispiel wollen wir den verzweigten magnetischen Kreis, der im Bild 3.71 gezeigt wird, betrachten. Für diesen Kreis können wir das Ersatzschaltbild nach Bild 3.72 aufstellen.
Wir konstruieren zuerst den Verlauf der magnetischen Spannung zwischen den Punkten a und b in Abhängigkeit von dem Fluß Φ_3 in dem dritten Abschnitt. Die Beziehung

$$U_{Ml} = H_l l_l = \frac{B_l l_l}{\mu_0} = \frac{l_l}{\mu_0 A_3}\,\Phi_3 = f_1(\Phi_3), \tag{3.310}$$

die den Verlauf der magnetischen Spannung an dem Luftspalt darstellt, liefert eine Gerade (Bild 3.73). In demselben Bild ist auch die Beziehung

$$U_{M3} = H_3\,(l_3' + l_3'') = H_3 l_3 = f_2(\Phi_3), \tag{3.311}$$

die man aus der Magnetisierungskennlinie des ferromagnetischen Stoffes erhält, dargestellt. Wenn wir für gegebene Werte des Flusses Φ_3 die jeweiligen Ordinaten beider Kurven addieren, erhalten wir den gesamten magnetischen Spannungsabfall im Zweig 3 in Abhängigkeit von Φ_3:

$$U_{M3} + U_{Ml} = H_3 l_3 + H_l l_l = f_3(\Phi_3). \tag{3.312}$$

Zwischen der Durchflutung Θ_3, dem magnetischen Spannungsabfall im dritten Zweig und der magnetischen Spannung zwischen den Punkten a und b besteht die Beziehung

$$\Theta_3 = U_{M3} + U_{Ml} - U_{Mab}. \tag{3.313}$$

Daraus kann bei gegebener Durchflutung Θ_3 die Beziehung

$$U_{Mab} = -\Theta_3 + (U_{M3} + U_{Ml}) = f_4(\Phi_3) \tag{3.314}$$

konstruiert werden (Bild 3.73). Diese Kurve ist im Bild 3.74 noch einmal gezeichnet $[\Phi_3 = f_5(U_{Mab})]$.
In demselben Diagramm ist auch die Beziehung

$$\Phi_2 = f_6(H_2 l_2) = f_6(U_{Mab}) \tag{3.315}$$

dargestellt, die man aus der Magnetisierungskennlinie des zweiten Abschnitts erhält. Wenn wir nun für bestimmte Werte der magnetischen Spannung U_{Mab} die entsprechenden Flüsse addieren, erhalten wir die Beziehung

$$\Phi_1 = \Phi_2 + \Phi_3 = f_7(U_{Mab}), \tag{3.316}$$

die den Fluß Φ_1 in Abhängigkeit von der magnetischen Spannung U_{Mab} darstellt. Nun gilt für den Zweig 1 eine analoge Beziehung zu (3.313):

$$\Theta_1 = H_1 l_1 + U_{Mab}. \tag{3.317}$$

Daraus können wir mit Hilfe der Magnetisierungskennlinie des ersten Abschnitts die Beziehung

$$\Phi_1 = f_8(U_{Mab}) \tag{3.318}$$

konstruieren und in demselben Koordinatensystem darstellen. Der Schnittpunkt der Kurven, die durch (3.316) und (3.318) gegeben sind, ergibt den Fluß Φ_1, der sich in diesem Falle einstellt. Der Schnittpunkt der Parallelen zu der Ordinate durch den Punkt P mit den Kurven $\Phi_2 = f_6(U_{Mab})$ bzw. $\Phi_3 = f_5(U_{Mab})$ ergibt die Flüsse, die sich im zweiten und dritten Abschnitt einstellen.

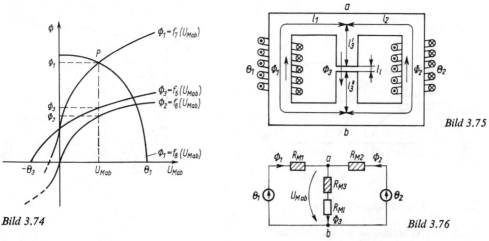

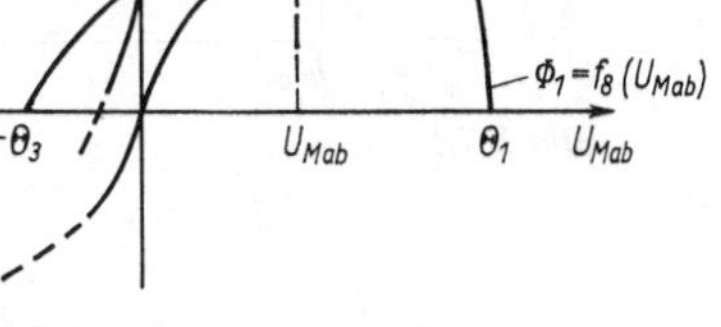

Bild 3.74

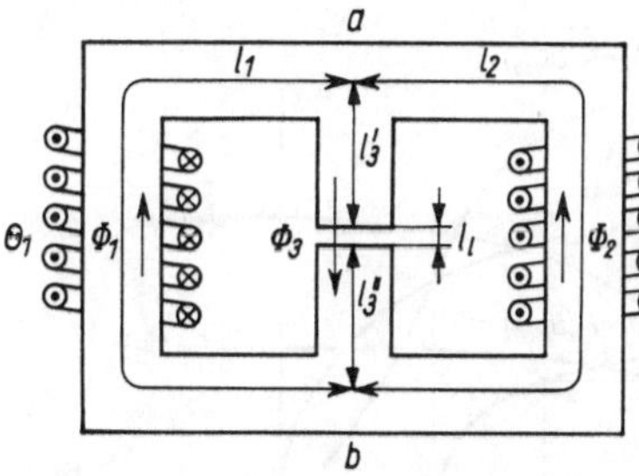

Bild 3.75

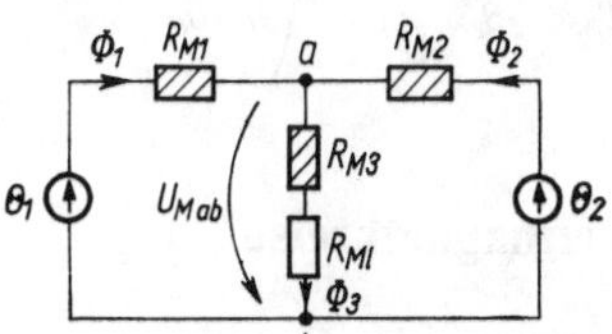

Bild 3.76

Beispiel 2

Als zweites Beispiel wollen wir die Flüsse in dem magnetischen Netzwerk nach Bild 3.75 bestimmen. Das entsprechende Ersatzschaltbild ist im Bild 3.76 dargestellt. Ähnlich der Behandlung des Beispiels 1 müssen wir auch hier zunächst die Abhängigkeit der Flüsse in den drei Abschnitten von der magnetischen Spannung U_{Mab} zwischen den Knotenpunkten a und b konstruieren.

Für den ersten Abschnitt gilt

$$\Theta_1 = H_1 l_1 + U_{Mab}, \tag{3.319}$$

$$U_{Mab} = \Theta_1 - H_1 l_1 = \Theta_1 - U_{M1}(\Phi_1) = U_{Mab}(\Phi_1). \tag{3.320}$$

Im Bild 3.77 ist die Beziehung $U_{M1}(\Phi_1)$, die wieder aus der Magnetisierungskennlinie durch Maßstabsänderung folgt, dargestellt. Daraus erhält man nach (3.320) die Beziehung $U_{Mab}(\Phi_1)$, die in das gleiche Diagramm eingetragen ist $[\Phi_1 = f_1(U_{Mab})]$.
In gleicher Weise können wir die Kurve $\Phi_2 = f_2(U_{Mab})$ für den zweiten Abschnitt aus Θ_2 und $U_{M2}(\Phi_2)$ konstruieren, die im gleichen Diagramm dargestellt ist.
Für den Knoten a gilt nun nach (3.296)

$$\Phi_3 = \Phi_1 + \Phi_2 = f_1(U_{Mab}) + f_2(U_{Mab}) = f_3(U_{Mab}). \tag{3.321}$$

Wir können also durch Addition der Flüsse Φ_1 und Φ_2 bei gleicher magnetischer Spannung U_{Mab} sehr leicht die Abhängigkeit $\Phi_3 = f_3(U_{Mab})$ ermitteln (Bild 3.77). Andererseits kann man die Beziehung $\Phi_3(U_{Mab})$ auch aus der Magnetisierungskurve des dritten Abschnitts und dem magnetischen Widerstand des Luftspalts konstruieren. Es gilt

$$U_{Mab} = H_3 (l_3' + l_3'') + H_1 l_1 = U_{M3}(\Phi_3) + U_{M1}(\Phi_3). \tag{3.322}$$

Die Konstruktion ist im Bild 3.78 durchgeführt. Aus den Kurven $U_{M3}(\Phi_3)$ und $U_{M1}(\Phi_3)$ erhalten wir durch Addition der Spannungen bei gleichem Fluß Φ_3 die gewünschte Beziehung $U_{Mab}(\Phi_3)$ bzw. $\Phi_3 = f_4(U_{Mab})$. Offensichtlich muß der Fluß Φ_3 sowohl dieser Kurve als auch (3.321) genügen, d.h., der Schnittpunkt der Kurven $f_4(U_{Mab})$ und $f_3(U_{Mab})$ ergibt den sich einstellenden Fluß Φ_3 und die magnetische Spannung U_{Mab}. Mit letzterer können nun aus Bild 3.77 die Flüsse Φ_1 und Φ_2 abgelesen werden.

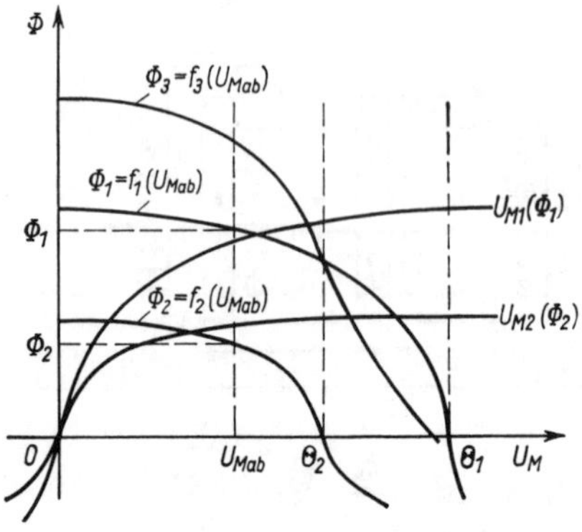

Bild 3.77

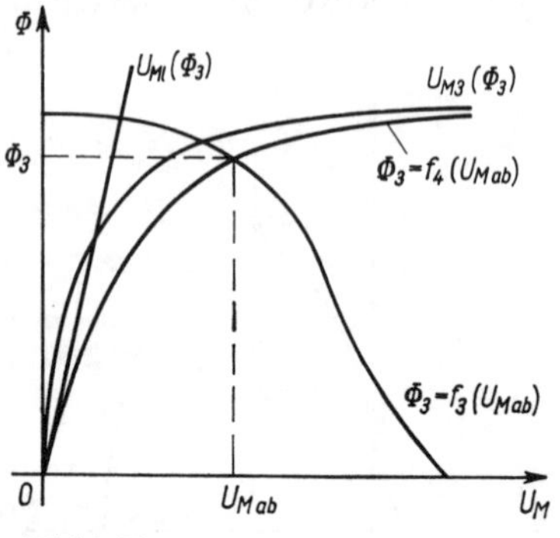

Bild 3.78

3.5.3. Dauermagnetkreise

3.5.3.1. Näherungsweise Berechnung

Ein Beispiel eines einfachen Dauermagnetkreises wird im Bild 3.79 gezeigt. Er besteht aus dem Abschnitt 1, der aus einem hartmagnetischen Werkstoff ausgeführt ist, den Abschnitten 2′ und 2″, die aus einem weichmagnetischen Werkstoff ausgeführt sind, und dem Abschnitt 3, der eine Luftstrecke darstellt, in der der Fluß später irgendwie nutzbar gemacht wird.
Die Aufgabe besteht in solchen Fällen im allgemeinen darin, bei bekannter Magnetisie-

rungskennlinie der hartmagnetischen Werkstoffe und bei bekannten geometrischen Abmessungen des Kreises die Induktion zu bestimmen, die sich in dem Luftspalt einstellt, nachdem der Dauermagnetkern bis zur Sättigung magnetisiert worden ist. Bei der näherungsweisen Berechnung kann man den magnetischen Widerstand der weichmagnetischen Abschnitte vernachlässigen und nur Luftspalt und Dauermagnetkern berücksichtigen.

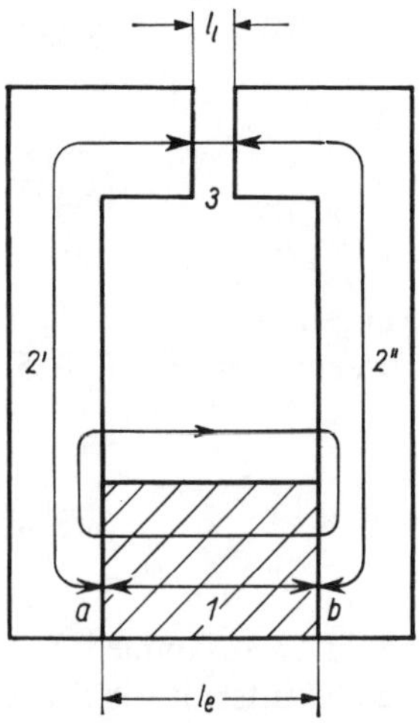

Bild 3.79

Die Magnetisierung geht folgendermaßen vor sich: Der Luftspalt wird mit einem passenden, eingeschobenen weichmagnetischen Zwischenstück, ebenfalls mit verschwindend kleinem magnetischem Widerstand, überbrückt. Der auf diese Weise geschlossene Magnetkreis wird durch einen Strom kurzzeitig bis zur Sättigung magnetisiert.

Nach der Magnetisierung stellt sich entsprechend dem oberen Ast der Grenzschleife der Punkt $B = B_r$ und $H = 0$ ein.

Wenn man nun das Überbrückungsstück aus dem Luftspalt herauszieht, stellen sich in diesem Luftspalt ein magnetischer Fluß Φ_1 und eine Induktion B_1 ein. Die Bestimmung der Induktion geht folgendermaßen vor sich: Da die Durchflutung des Kreises null ist, gilt

$$\oint H \, dl = 0. \tag{3.323}$$

Wir vernachlässigen vorläufig, wie gesagt, die Wirkung der weichmagnetischen Abschnitte.

Die mittlere Länge des Dauermagnetkerns sei l_e, die Länge des Luftspalts l_1. Die magnetische Feldstärke längs der Mittellinie des hartmagnetischen Kerns soll H, die des Luftspalts H_1 betragen. Aus (3.323) folgt

$$Hl_e + H_1 l_1 = 0. \tag{3.324}$$

Hieraus ergibt sich

$$H = -H_1 \frac{l_1}{l_e}. \tag{3.325}$$

Infolge der Streuung ist der Fluß Φ_1 in dem Luftspalt kleiner als der Fluß Φ in dem Kern. Wir führen den Streufaktor ein:

$$\sigma = \frac{\Phi_1}{\Phi}, \tag{3.326}$$

$$0 < \sigma < 1. \tag{3.327}$$

Es gilt also

$$B_1 A_1 = \sigma B A_e, \tag{3.328}$$

$$B_1 = \sigma B \frac{A_e}{A_1}, \tag{3.329}$$

$$H_1 = \frac{1}{\mu_0} \sigma B \frac{A_e}{A_1}. \tag{3.330}$$

Setzen wir dies in (3.325) ein, dann erhalten wir

$$H = -\frac{1}{\mu_0} \sigma B \frac{A_e}{A_l} \frac{l_l}{l_e}, \tag{3.331}$$

$$B = -\mu_0 \frac{1}{\sigma} \frac{l_e}{l_l} \frac{A_l}{A_e} H = -\frac{\mu_0}{N} H \tag{3.332}$$

mit

$$N = \sigma \frac{l_l}{l_e} \frac{A_e}{A_l}. \tag{3.333}$$

(3.332) stellt eine Gerade dar. N nennt man den Entmagnetisierungsfaktor.
Obwohl keine Durchflutung besteht, hat die Feldstärke H im Kern entsprechend (3.325) einen endlichen Wert. Im Luftspalt gilt

$$H_l = \frac{B_l}{\mu_0} = \frac{1}{\mu_0} \frac{\Phi_l}{A_l}. \tag{3.334}$$

Dabei fällt die Richtung der Feldstärke mit der Richtung der Induktion zusammen. Die Feldstärke im Kern ist laut (3.325) entgegengesetzt der Feldstärke im Luftspalt gerichtet, d.h., im Kern sind Feldstärke und Induktion entgegengesetzt gerichtet. Eine negative Feldstärke entspricht einer positiven Induktion auf dem Ast der Hysteresisschleife, der im zweiten Quadranten verläuft. Der magnetische Zustand, der sich einstellt, entspricht also einem Punkt auf dem Ast der Hysteresisschleife im zweiten Quadranten. Wegen des negativen Wertes der Feldstärke im Kern ist die Induktion kleiner als die Restinduktion B_r. Den magnetischen Zustand, der sich einstellt, ermittelt man aus dem Schnittpunkt P_1 des Entmagnetisierungsastes der Hysteresisschleife mit der Geraden nach (3.332) (Bild 3.80). Die Koordinaten von P_1 sind H_1 und B_1.
Verkleinert man die Länge des Luftspalts, indem man ein magnetisch hochleitendes Stück hineinschiebt, so steigt die Neigung der Geraden (3.332). Hierdurch wird der Betrag der Feldstärke verkleinert. Die Magnetisierung erfolgt nach einer partiellen Hysteresisschleife, und es stellt sich ein Zustand ein, der dem Punkt P_2 mit den Koordinaten H_2 und B_2 entspricht. Wäre das magnetisch hochleitende Zwischenstückchen dagegen während der Magnetisierung des Kreises bis zur Sättigung in dem Luftspalt gewesen, so würde sich der Arbeitspunkt P_3 mit den Koordinaten H_3 und B_3 einstellen. Dabei ist

$$B_3 > B_2. \tag{3.335}$$

Hieraus ersieht man, daß man die Magnetisierung einer Dauermagneteinrichtung nur im fertig zusammengebauten Zustand vornehmen soll. Bei einer Magnetisierung der Einzelteile des magnetischen Kreises mit darauffolgendem Zusammenbau würde sich auf jeden Fall eine niedrigere Induktion einstellen.

3.5.3.2. Wirksamkeit eines Dauermagnetmaterials

Der Betrag der Induktion in dem Luftspalt ist nach (3.325)

$$B_l = \mu_0 H_l = \mu_0 H \frac{l_e}{l_l}. \tag{3.336}$$

Multipliziert man diesen Wert mit dem Wert aus (3.329), so erhält man

$$B_l^2 = \sigma \mu_0 BH \frac{l_e}{l_l} \frac{A_e}{A_l} = \sigma \mu_0 BH \frac{V_e}{V_l} \tag{3.337}$$

und

$$B_l = \sqrt{\frac{\sigma \mu_0 BHV_e}{V_l}} \tag{3.338}$$

bzw.

$$V_e = \frac{B_l^2 V_l}{\sigma \mu_0 BH} = \frac{\mu_0 H_l^2 V_l}{\sigma BH}. \tag{3.339}$$

Der Ausdruck im Zähler dieser Gleichung ist durch die Abmessung des Luftspalts und durch die gewünschte Induktion bzw. Feldstärke im Luftspalt bestimmt. Der Nenner ist durch den Streufaktor und durch das Produkt aus Feldstärke und Induktion im Dauermagnetwerkstoff gegeben. Das Volumen des Dauermagnetwerkstoffs wird am kleinsten, wenn das Produkt BH den maximal möglichen Wert erreicht.

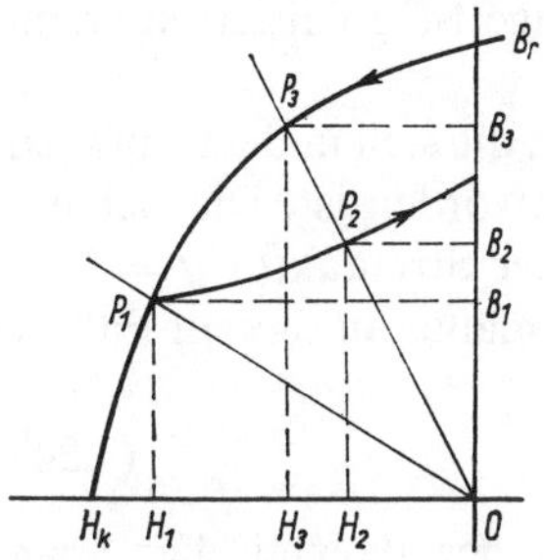

Bild 3.80

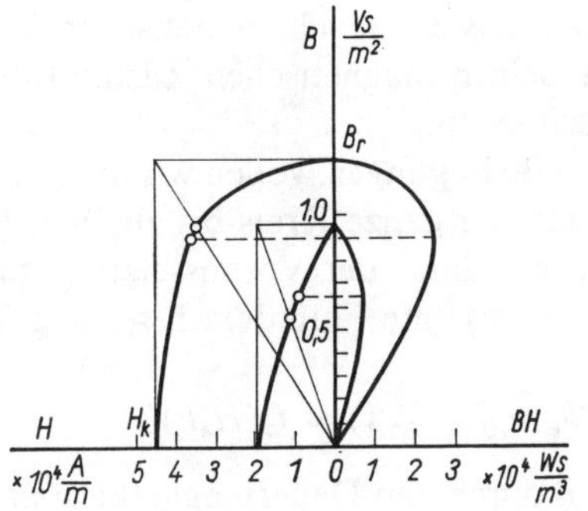

Bild 3.81

Die Induktion B im Dauermagnetwerkstoff und die Feldstärke H sind gemäß dem abfallenden Ast der Grenzschleife voneinander abhängig. Man kann für jeden Punkt der Grenzschleife im zweiten Quadranten das Produkt BH bilden und über B auftragen. Der Verlauf $BH = f(B)$ wird im Bild 3.81 gezeigt. Das Maximum des Produkts BH liegt angenähert bei dem Schnittpunkt der Diagonalen des Rechtecks mit B_r und H_k als Seiten und des abfallenden Astes der Grenzkurve des betreffenden Stoffes. Die Einheit des Produkts BH ist

$$1 \frac{\mathrm{V \cdot s}}{\mathrm{m^2}} \frac{\mathrm{A}}{\mathrm{m}} = 1 \frac{\mathrm{W \cdot s}}{\mathrm{m^3}}. \tag{3.340}$$

Es stellt eine Energie je Volumeneinheit dar. Dieses Produkt ist eine Größe, die man zur Beurteilung der Eigenschaften von Dauermagnetwerkstoffen weitgehend verwendet. Wenn man in (3.338) den Wert $(BH)_{max}$ einführt, erhält man den maximalen Wert der Luftspaltinduktion bei gegebenem Volumen des Dauermagnetwerkstoffs.
Aus (3.336) folgt die Länge des Dauermagnetabschnitts:

$$l_e = \frac{B_l l_l}{\mu_0 H}. \tag{3.341}$$

(3.329) ergibt den Querschnitt des Dauermagnetabschnitts:

$$A_e = \frac{B_1 A_1}{\sigma B}. \tag{3.342}$$

Wenn man mit (3.338) in (3.342) eingeht, erhält man

$$A_e = \sqrt{\frac{\sigma \mu_0 B H V_e}{V_1}} \frac{A_1}{\sigma B} = \sqrt{\frac{\mu_0 H V_e A_1}{\sigma l_1 B}}. \tag{3.343}$$

Den günstigsten Querschnitt erhält man bei einem vorgegebenen Fall, wenn man in (3.343) die Werte für B und H einsetzt, die dem Maximum des Produkts BH entsprechen.

Der Wert des Streufaktors σ wird abgeschätzt oder mit empirischen Formeln berechnet.

3.5.3.3. Berücksichtigung der weichmagnetischen Abschnitte des Kreises

Wir wollen denselben Dauermagnetkreis (Bild 3.79) unter Berücksichtigung der weichmagnetischen Abschnitte behandeln. Die Länge des gesamten weichmagnetischen Abschnitts möge $l_2 = l_2' + l_2''$, sein Querschnitt A_2 betragen. Wir wollen ferner annehmen, daß die Hysteresis des weichmagnetischen Stoffes vernachlässigt werden kann, so daß es möglich ist, seinen magnetischen Zustand durch eine eindeutige Magnetisierungskennlinie zu beschreiben.

Unter diesen Bedingungen wollen wir die Induktion bestimmen, die sich in dem Luftspalt einstellt, wenn der ganze Kreis bis zur Sättigung magnetisiert worden ist. Die Behandlung wollen wir unter der Voraussetzung durchführen, daß der Streufaktor $\sigma = 1$ beträgt, d.h. der gesamte Fluß dem Eisenweg folgt. Es ist zweckmäßig, in diesem Fall die Beziehung

$$\Phi_e = f_1(U_{Mab}) = f_1(H_e l_e), \tag{3.344}$$

die den Fluß durch den Dauermagnetkern in Abhängigkeit von der magnetischen Spannung an seinen Flanken darstellt, und die Beziehung

$$\Phi_p = f_2(U_{Mab}) = f_2(H_2 l_2 + H_1 l_1), \tag{3.345}$$

die den Fluß in dem weichmagnetischen Abschnitt und in dem Luftspalt in Abhängigkeit von der darüberliegenden magnetischen Spannung darstellt, zu konstruieren. Die erste Beziehung erhalten wir, indem wir im zweiten Quadranten der Hysteresisschleife des hartmagnetischen Werkstoffs die Abszissenwerte jeweils mit l_e und die Ordinatenwerte jeweils mit A_e multiplizieren. Die zweite Beziehung erhalten wir, indem wir für bestimmte Werte des Flusses Φ_p die Induktion im weichmagnetischen Material und in dem Luftspalt bestimmen, daraus die Feldstärke im Luftspalt berechnen bzw. die Feldstärke im weichmagnetischen Abschnitt aus seiner Magnetisierungskennlinie entnehmen und mit diesen Werten die magnetische Spannung

$$U_{Mab} = H_2 l_2 + H_1 l_1, \tag{3.346}$$

die zu dem betreffenden Fluß Φ_p gehört, ermitteln.

Trägt man beide Kurven in einem Diagramm (Bild 3.82) auf, so liefert ihr Schnittpunkt den Fluß, der sich einstellt. Hieraus kann die Induktion im Luftspalt berechnet werden.

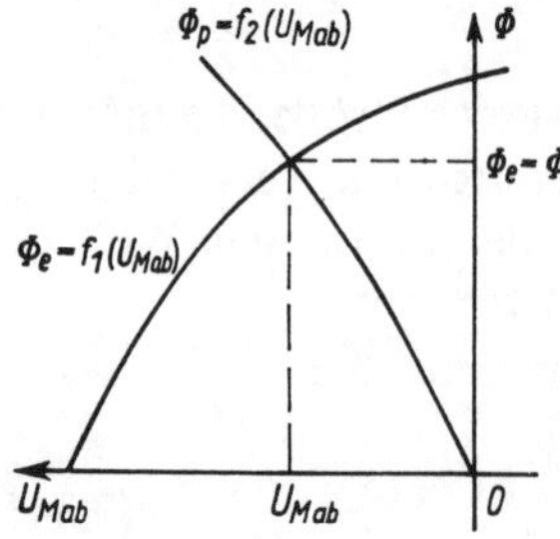

Bild 3.82

3.6. Berechnung magnetischer Felder

3.6.1. Allgemeines

Das skalare magnetische Potential gehorcht der Laplaceschen Differentialgleichung, das Vektorpotential der Poissonschen Differentialgleichung. Die Aufgabe der Berechnung magnetischer Felder besteht daher in der Lösung dieser Gleichungen unter Berücksichtigung der im konkreten Fall vorgegebenen Randbedingungen.
Ähnlich der Berechnung elektrischer Felder ist eine Lösung der Randwertaufgaben unter Umständen mit vereinfachten Methoden möglich.
Zu den wichtigsten Verfahren zur Berechnung magnetischer Felder gehören:

1. die unmittelbare Anwendung des Durchflutungsgesetzes sowie des Satzes von der Quellenfreiheit des magnetischen Induktionsflusses (das entspricht der Anwendung des Gaußschen Satzes in der Elektrostatik),
2. die unmittelbare Anwendung des Biot-Savartschen Gesetzes,
3. die unmittelbare Integration der Laplaceschen Differentialgleichung unter Berücksichtigung der Randbedingungen,
4. das Superpositionsprinzip,
5. das Verfahren der Spiegelbilder,
6. konforme Abbildungen,
7. die Ermittlung der integralen und differentiellen Feldgrößen über das skalare magnetische Potential bzw. das Vektorpotential.

Diese Verfahren werden im folgenden benutzt. Es ist zu erwähnen, daß das Vektorpotential und das skalare Potential des magnetischen Feldes nicht den physikalisch einleuchtenden Sinn haben wie das Potential im elektrostatischen Feld. Sie stellen vielmehr rechnerische Hilfsgrößen dar, deren Bestimmung bei gegebener Stromverteilung unter Umständen leichter sein kann als die unmittelbare Bestimmung der magnetischen Feldstärke, der Induktion oder des Flusses.

3.6.2. Beispiele der Berechnung magnetischer Felder

3.6.2.1. Das magnetische Feld eines unendlich langen geraden stromdurchflossenen Leiters

Bild 3.83 zeigt den Querschnitt durch einen unendlich langen zylindrischen, stromdurchflossenen Leiter mit dem Radius r_0. Ein zylindrisches Koordinatensystem wird so gewählt, daß die Achse des Leiters mit der z-Achse des Koordinatensystems zusammenfällt. Die Stromdichte $\boldsymbol{G}$ ist über den ganzen Leiterquerschnitt gleich groß. Der Vektor der Stromdichte zeigt in Richtung der z-Achse. Es gilt

$$\boldsymbol{G} = \frac{I}{\pi r_0^2}\, \boldsymbol{e}_z. \tag{3.347}$$

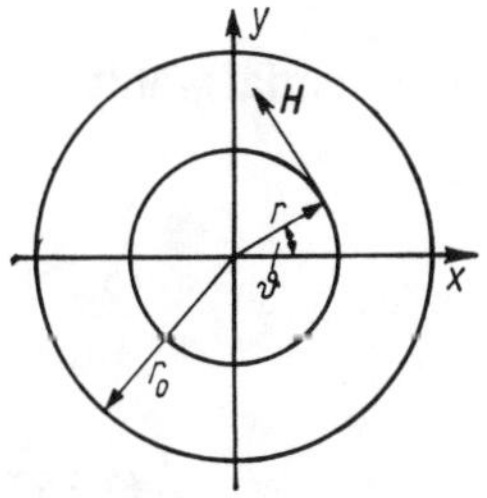

Bild 3.83

Das magnetische Feld innerhalb des stromdurchflossenen Leiters

Das Durchflutungsgesetz liefert für einen kreisförmigen Integrationsweg um den Mittelpunkt des Leiterquerschnitts

$$\oint_l \boldsymbol{H}\, \mathrm{d}\boldsymbol{l} = \Theta = \int_A \boldsymbol{G}\, \mathrm{d}\boldsymbol{A}. \tag{3.348}$$

Wegen der Symmetrie ist $\boldsymbol{H}$ über den ganzen Integrationsweg gleich groß. Es gilt deswegen

$$\oint_l H\boldsymbol{e}_\vartheta \, \mathrm{d}l\boldsymbol{e}_\vartheta = H \oint_l \mathrm{d}l = \int_A G\boldsymbol{e}_z \, \mathrm{d}A\boldsymbol{e}_z = G \int_A \mathrm{d}A, \tag{3.349}$$

$$2\pi r H = \frac{I}{\pi r_0^2} \pi r^2 \tag{3.350}$$

oder

$$H = \frac{I}{2\pi r_0^2} r, \tag{3.351}$$

$$\boldsymbol{H} = \frac{I}{2\pi r_0^2} r\boldsymbol{e}_\vartheta = \frac{G}{2} r\boldsymbol{e}_\vartheta. \tag{3.352}$$

Der Betrag der magnetischen Feldstärke wächst linear mit der Entfernung vom Leiterzentrum an. Ihren größten Wert erreicht sie an der Oberfläche des Leiters. Er beträgt

$$\boldsymbol{H}_{\max} = \boldsymbol{H}|_{r=r_0} = \frac{I}{2\pi r_0} \boldsymbol{e}_\vartheta = \frac{G}{2} r_0 \boldsymbol{e}_\vartheta. \tag{3.353}$$

Das magnetische Feld innerhalb des Leiters ist ein Wirbelfeld. Das Vektorpotential zeigt in Richtung des Vektors der Stromdichte (3.347) und hat nur eine Komponente in Richtung von z. Es gilt in zylindrischen Koordinaten

$$\boldsymbol{B} = \operatorname{rot} \boldsymbol{W} = \begin{vmatrix} \frac{\boldsymbol{e}_r}{r} & \boldsymbol{e}_\vartheta & \frac{\boldsymbol{e}_z}{r} \\ \frac{\partial}{\partial r} & \frac{\partial}{\partial \vartheta} & \frac{\partial}{\partial z} \\ W_r & rW_\vartheta & W_z \end{vmatrix}. \tag{3.354}$$

Mit (3.352) wird für den unendlich langen Leiter ($\partial/\partial z = \partial/\partial\vartheta = 0$)

$$\boldsymbol{B} = \mu\boldsymbol{H} = -\frac{\partial W_z}{\partial r} \boldsymbol{e}_\vartheta = \mu \frac{G}{2} r\boldsymbol{e}_\vartheta \tag{3.355}$$

oder

$$\frac{\partial W_z}{\partial r} = -\mu \frac{G}{2} r, \tag{3.356}$$

$$W_z = -\frac{\mu G r^2}{4} + K. \tag{3.357}$$

Wenn man das Vektorpotential längs der Leiteroberfläche als Bezugspotential wählt und gleich Null setzt, ermittelt man die Integrationskonstante K zu

$$K = \frac{\mu G r_0^2}{4}. \tag{3.358}$$

Damit wird

$$W_z = \frac{\mu G}{4} (r_0^2 - r^2) = \frac{\mu I}{4\pi} \left(1 - \frac{r^2}{r_0^2}\right). \tag{3.359}$$

Das magnetische Feld außerhalb des stromdurchflossenen Leiters

Das Durchflutungsgesetz außerhalb des Leiters ergibt

$$\oint \boldsymbol{H}\,\mathrm{d}\boldsymbol{l} = I. \tag{3.360}$$

Aus Symmetriegründen ist die Feldstärke in allen Punkten gleichen Abstands vom Leitermittelpunkt gleich groß:

$$\oint H\boldsymbol{e}_\vartheta\,\mathrm{d}l\boldsymbol{e}_\vartheta = H \oint \mathrm{d}l = 2\pi r H = I \tag{3.361}$$

oder

$$H = \frac{I}{2\pi r}, \tag{3.362}$$

$$\boldsymbol{H} = H\boldsymbol{e}_\vartheta = \frac{I}{2\pi r}\,\boldsymbol{e}_\vartheta. \tag{3.363}$$

Der größte Wert der Feldstärke ist

$$H_{\max} = H|_{r=r_0} = \frac{I}{2\pi r_0}. \tag{3.364}$$

Die magnetische Induktion ergibt sich aus (3.363) zu

$$\boldsymbol{B} = B\boldsymbol{e}_\vartheta = \frac{\mu_0 I}{2\pi r}\,\boldsymbol{e}_\vartheta. \tag{3.365}$$

Da außerhalb des stromdurchflossenen Leiters neben

$$\operatorname{div} \boldsymbol{B} = 0 \tag{3.366}$$

auch

$$\operatorname{rot} \boldsymbol{B} = 0 \tag{3.367}$$

ist, hat das magnetische Feld außerhalb des Leiters sowohl ein skalares als auch ein Vektorpotential. Aus

$$\boldsymbol{H} = -\operatorname{grad}\psi = -\left(\frac{\partial\psi}{\partial r}\,\boldsymbol{e}_r + \frac{1}{r}\,\frac{\partial\psi}{\partial\vartheta}\,\boldsymbol{e}_\vartheta + \frac{\partial\psi}{\partial z}\,\boldsymbol{e}_z\right) = H\boldsymbol{e}_\vartheta \tag{3.368}$$

erhält man

$$-\frac{1}{r}\,\frac{\partial\psi}{\partial\vartheta} = H = \frac{I}{2\pi r}, \tag{3.369}$$

$$\frac{\partial\psi}{\partial\vartheta} = -\frac{I}{2\pi}, \tag{3.370}$$

$$\psi = -\frac{I}{2\pi}\,\vartheta + K. \tag{3.371}$$

Die Äquipotentiallinien

$$\psi = \text{konst.} \tag{3.372}$$

ergeben

$$\vartheta = \text{konst.} \tag{3.373}$$

Wählt man die Äquipotentiallinie bei $\vartheta = 0$ als Bezugslinie mit $\psi = 0$, dann ist

$$\psi = -\frac{I}{2\pi}\,\vartheta. \tag{3.374}$$

Die Äquipotentiallinien sind Strahlen durch den Mittelpunkt des Leiters.
Das Vektorpotential ist auch in diesem Fall

$$\boldsymbol{W} = W_z \boldsymbol{e}_z. \tag{3.375}$$

Es gilt

$$-\frac{\partial W_z}{\partial r} = B = \frac{\mu_0 I}{2\pi r} \tag{3.376}$$

oder

$$W_z = -\frac{\mu_0 I}{2\pi} \ln r + K. \tag{3.377}$$

Es wurde angenommen, daß bei $r = r_0$ das Vektorpotential $W_z = 0$ ist. Hieraus folgt

$$K = \frac{\mu_0 I}{2\pi} \ln r_0 \tag{3.378}$$

oder

$$W_z = -\frac{\mu_0 I}{2\pi} \ln \frac{r}{r_0}. \tag{3.379}$$

Gesamtbild des magnetischen Feldes eines stromdurchflossenen Leiters

Bild 3.84 zeigt den Verlauf des Betrages der magnetischen Feldstärke in dem Bereich $0 \leqq r < \infty$. Die magnetische Feldstärke wächst innerhalb des Leiters linear mit dem Radius. $H(r)$ ist eine Gerade, die durch den Mittelpunkt des Leiters verläuft. Den größten Wert erreicht die Feldstärke an der Oberfläche des Leiters (3.353). Außerhalb des Leiters fällt die Feldstärke umgekehrt proportional dem Abstand vom Leitermittelpunkt (3.362). In diesem Bereich stellt $H(r)$ eine Hyperbel dar. Der größte Wert der Feldstärke des Außenfelds stellt sich an der Oberfläche des Leiters ein (3.364). Hier haben die Feldstärke des Feldes innerhalb des Leiters und die Feldstärke des Feldes außerhalb des Leiters denselben Wert.

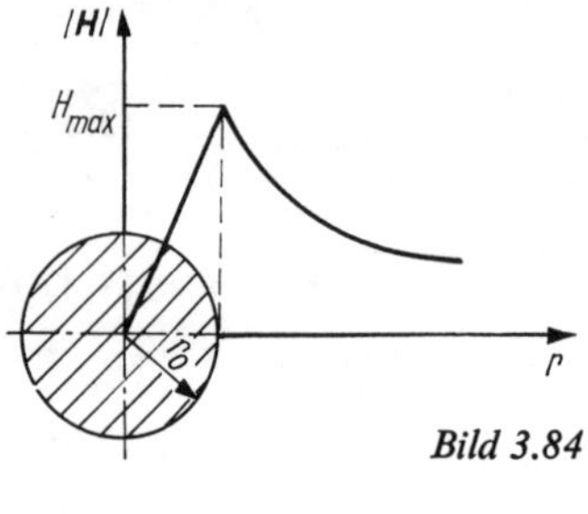

Bild 3.84

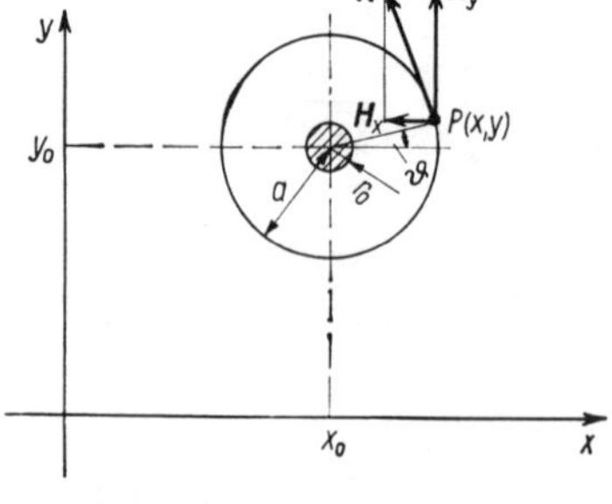

Bild 3.85

3.6.2.2. Feld mehrerer paralleler stromdurchflossener Leiter

Es sollen zuerst die Komponenten der magnetischen Feldstärke in x- und y-Richtung in einem beliebigen Punkt in der Umgebung eines sehr langen stromdurchflossenen Leiters mit dem Radius r_0, der in einem kartesischen Koordinatensystem durch den Punkt

$P(x_0, y_0)$ parallel zur z-Achse verläuft (Bild 3.85), ermittelt werden. Die Kompon… der magnetischen Feldstärke in Richtung der x-Achse beträgt in diesem Punkt

$$H_x = -|\boldsymbol{H}| \sin \vartheta = -\frac{I}{2\pi a} \sin \vartheta . \tag{3.380}$$

Die Komponente der magnetischen Feldstärke an derselben Stelle in y-Richtung beträgt

$$H_y = |\boldsymbol{H}| \cos \vartheta = \frac{I}{2\pi a} \cos \vartheta . \tag{3.381}$$

Für den Feldstärkevektor gilt dann

$$\boldsymbol{H} = \boldsymbol{i} H_x + \boldsymbol{j} H_y = -\boldsymbol{i} \frac{I}{2\pi a} \sin \vartheta + \boldsymbol{j} \frac{I}{2\pi a} \cos \vartheta . \tag{3.382}$$

Im Bild 3.86 werden n gerade parallele stromdurchflossene Leiter gezeigt. Das Koordinatensystem ist so gewählt, daß sie parallel zu der z-Achse verlaufen.
Die Potentialgleichung ist eine lineare Gleichung. Unter der Voraussetzung, daß sich das magnetische Feld in einem Stoff mit einer von der Feldstärke unabhängigen Permeabilität ausbildet, addieren sich daher in einem beliebigen Punkt die Teilpotentiale, die von den einzelnen Leitern herrühren, zum Gesamtpotential in diesem Punkt:

$$\psi = \sum_n \psi_n = -\sum_n \frac{I_n \vartheta_n}{2\pi} . \tag{3.383}$$

Die Teilfeldstärken addieren sich geometrisch. Mit Hilfe von (3.380) und (3.381) finden wir die Komponenten der magnetischen Feldstärke in Richtung der x- bzw. y-Achse:

$$H_x = -\frac{1}{2\pi} \sum_n \frac{I_n \sin \vartheta_n}{a_n} , \tag{3.384}$$

$$H_y = \frac{1}{2\pi} \sum_n \frac{I_n \cos \vartheta_n}{a_n} . \tag{3.385}$$

Die Komponenten der magnetischen Induktion betragen

$$B_x = -\frac{\mu}{2\pi} \sum_n \frac{I_n \sin \vartheta_n}{a_n} , \tag{3.386}$$

$$B_y = \frac{\mu}{2\pi} \sum_n \frac{I_n \cos \vartheta_n}{a_n} . \tag{3.387}$$

Die gesamte Feldstärke im Punkt $P(x, y)$ ist

$$\boldsymbol{H} = \frac{1}{2\pi} \left(-\boldsymbol{i} \sum_n \frac{I_n \sin \vartheta_n}{a_n} + \boldsymbol{j} \sum_n \frac{I_n \cos \vartheta_n}{a_n} \right) \tag{3.388}$$

und entsprechend die Induktion

$$\boldsymbol{B} = \frac{\mu}{2\pi} \left(-\boldsymbol{i} \sum_n \frac{I_n \sin \vartheta_n}{a_n} + \boldsymbol{j} \sum_n \frac{I_n \cos \vartheta_n}{a_n} \right) . \tag{3.389}$$

Wenn der betrachtete Punkt $P(x, y)$ sehr weit von der Leitergruppe entfernt liegt, sind die Winkel ϑ_n und die Abstände a_n annähernd gleich groß, und wir erhalten

$$|\boldsymbol{H}| = \sqrt{H_x^2 + H_y^2} = \frac{1}{2\pi a} \sum_n I_n. \tag{3.390}$$

Weit von der Leitergruppe entfernt ist das Feld dasselbe wie bei einem einzigen Leiter, durch den die Summe der Teilströme fließt.

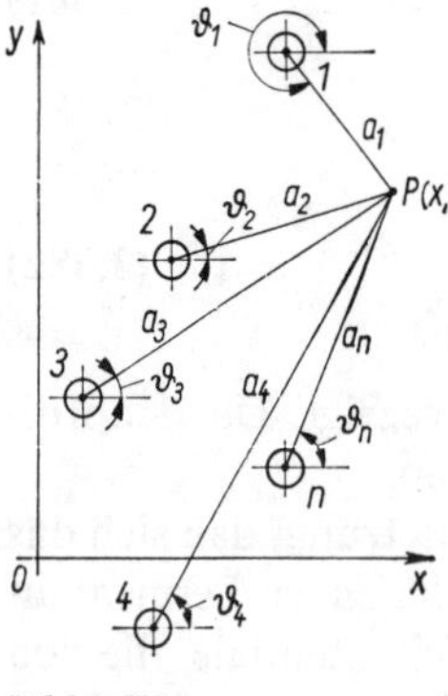

Bild 3.86

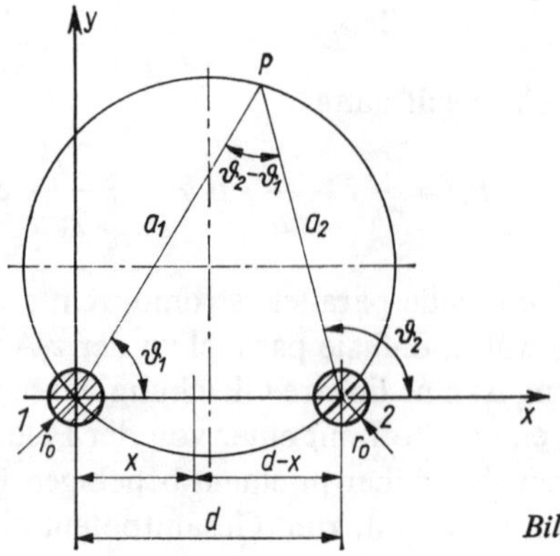

Bild 3.87

3.6.2.3. Feld zweier paralleler stromdurchflossener Leiter

Einen sehr häufigen Fall stellt das Feld von zwei parallelen, geradlinigen Leitern dar, durch die gleich große Ströme mit entgegengesetzten Richtungen fließen. Dabei ist das Potential in einem beliebigen Punkt nach (3.383)

$$\psi = -\frac{I}{2\pi} (\vartheta_1 - \vartheta_2). \tag{3.391}$$

Dieser Fall wird im Bild 3.87 gezeigt. Beide Leiter haben gleich große Radien. Die Bedingung $\psi =$ konst. ergibt für die Äquipotentiallinien die Bedingung

$$\vartheta_2 - \vartheta_1 = \text{konst.} \tag{3.392}$$

Wie man aus Bild 3.87 ersieht (Umfangswinkel konstant), sind die Äquipotentiallinien Kreise, die durch die Mittelpunkte beider Leiter gehen.

Die magnetischen Feldlinien schneiden an jeder Stelle die Äquipotentiallinien orthogonal. Sie stellen ebenfalls Kreise dar, deren Konstruktion analog dem Fall im elektrostatischen Feld durchgeführt wird. Mit Hilfe von (3.384) und (3.385) finden wir die magnetische Feldstärke längs der Verbindungslinie beider Leiter:

$$H_x = 0, \tag{3.393}$$

$$H_y = \frac{I}{2\pi} \left(\frac{\cos \vartheta_1}{a_1} - \frac{\cos \vartheta_2}{a_2} \right) = \frac{I}{2\pi} \left(\frac{1}{x} + \frac{1}{d - x} \right). \tag{3.394}$$

Die Komponenten der magnetischen Induktion sind

$$B_x = 0 \tag{3.395}$$

und

$$B_y = \frac{\mu I}{2\pi}\left(\frac{1}{x} + \frac{1}{d - x}\right). \tag{3.396}$$

3.6.2.4. Teilfeld eines geradlinigen Leiterabschnitts

Es soll das magnetische Feld in der Umgebung eines geraden stromdurchflossenen Leiterabschnitts untersucht werden (Bild 3.88). Der Leiterabschnitt habe die Länge l_0; die Stromstärke möge I betragen. Das magnetische Feld ist rotationssymmetrisch. Es soll in einem Punkt P, der in einem Abstand a vom Leiter entfernt liegt, die magnetische Feldstärke bestimmt werden.

Nach dem Biot-Savartschen Gesetz (3.162) ist der Beitrag des Linienelements dl des stromdurchflossenen Leiters zur magnetischen Feldstärke im Punkt P

$$|d\boldsymbol{H}| = \frac{I}{4\pi r^2}\, dl \sin\alpha. \tag{3.397}$$

Der Vektor dieser Teilfeldstärke steht an dieser Stelle senkrecht auf der Zeichenebene und zeigt in sie hinein. Die Teilfeldstärken aller übrigen Leiterelemente haben an der betreffenden Stelle die gleiche Richtung. Den gesamten Betrag der magnetischen Feldstärke im Punkt P erhält man durch Summieren der Teilbeträge aller Längenelemente des Leiters. Aus dem Bild sind folgende Beziehungen abzulesen

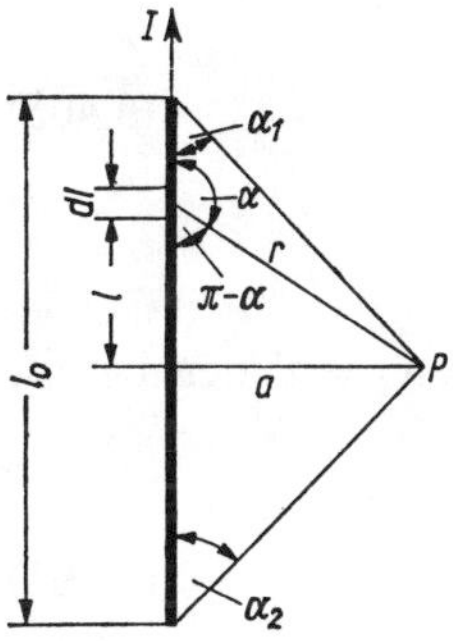

Bild 3.88

$$l = a\cot(\pi - \alpha) = -a\cot\alpha, \tag{3.398}$$

$$a = r\sin(\pi - \alpha) = r\sin\alpha. \tag{3.399}$$

Hieraus folgt

$$\frac{dl}{d\alpha} = \frac{a}{\sin^2\alpha}, \tag{3.400}$$

$$r^2 = \frac{a^2}{\sin^2\alpha}. \tag{3.401}$$

Hiermit kann (3.397) folgendermaßen geschrieben werden:

$$|d\boldsymbol{H}| = \frac{I}{4\pi a}\sin\alpha\, d\alpha \tag{3.402}$$

oder

$$|\boldsymbol{H}| = \frac{I}{4\pi a}\int_{\alpha_2}^{\pi-\alpha_1}\sin\alpha\, d\alpha = \frac{I}{4\pi a}(\cos\alpha_1 + \cos\alpha_2). \tag{3.403}$$

Diese Beziehung kann benutzt werden, um die resultierende Feldstärke in der Umgebung eines beliebig komplizierten stromdurchflossenen Leiters zu berechnen, wenn dieser in mehrere geradlinige Abschnitte unterteilt werden kann. Der Beitrag zur Feldstärke in einem Punkt von jedem Leiterabschnitt ergibt sich nach (3.403), und ihre Superposition ergibt die Gesamtfeldstärke.

Liegen alle Leiterabschnitte und der Punkt P in einer Ebene (Bild 3.89), so ist die Richtung aller Teilfeldstärken bis auf das Vorzeichen gleich (senkrecht zu dieser Ebene), und die Überlagerung ergibt sich durch einfache Addition. Ist dies nicht der Fall, müssen die

Teilfeldstärken geometrisch addiert werden, indem man ihre Komponenten in einem vorgegebenen Koordinatensystem bestimmt und diese addiert. Ein Beispiel hierfür wird im Bild 3.90 gezeigt.

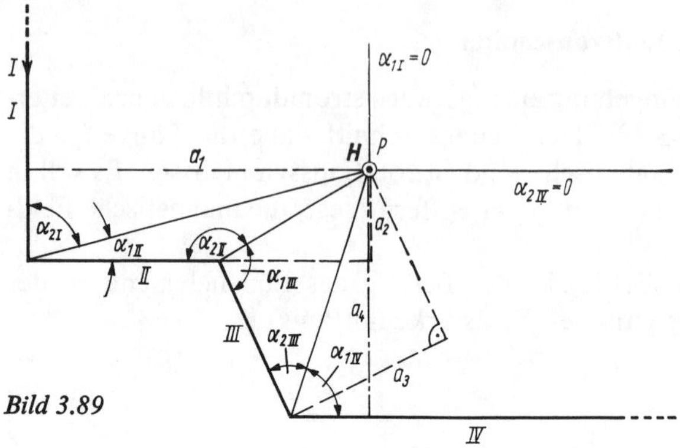

Bild 3.89

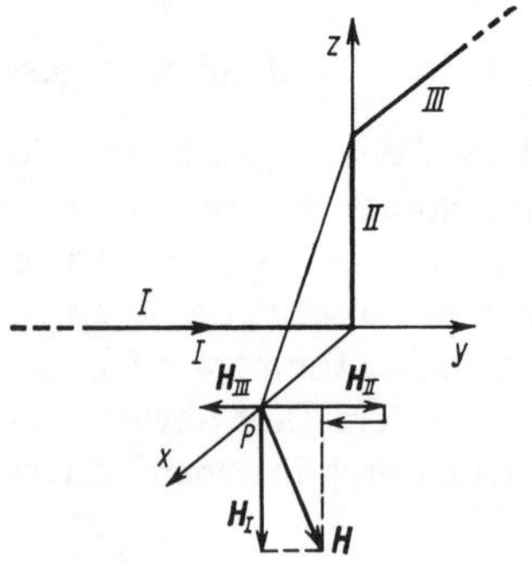

Bild 3.90

Für einen Punkt, der gleich weit von den Enden des Leiterabschnitts entfernt liegt, ist

$$\alpha_1 = \alpha_2 \tag{3.404}$$

und daher

$$|\boldsymbol{H}| = \frac{I}{2\pi a} \cos \alpha_1 = \frac{I}{2\pi a} \frac{l_0/2}{\sqrt{a^2 + \left(\frac{l_0}{2}\right)^2}}. \tag{3.405}$$

Für den Fall eines unendlich langen Leiters erhalten wir mit $\alpha_1 = \alpha_2 = 0$ den bereits bekannten Ausdruck (3.362)

$$|\boldsymbol{H}| = \frac{I}{2\pi a}. \tag{3.406}$$

3.6.2.5. Das magnetische Feld eines räumlichen Strömungsfeldes

Das magnetische Feld eines räumlichen Strömungsfelds kann man in einfacher Weise mit Hilfe der Integralform des Durchflutungsgesetzes lösen, wenn eine Symmetriebedingung erfüllt ist. Als Beispiel wird das Feld eines Halbkugelerders nach Bild 3.91 betrachtet, bei dem Rotationssymmetrie vorliegt.

Für Punkte oberhalb der Erde mit dem Abstand a vom Leiter gilt

$$\oint_L \boldsymbol{H}\, d\boldsymbol{l} = H\, 2\pi a = I \tag{3.407}$$

und damit

$$H = \frac{I}{2\pi a}. \tag{3.408}$$

Die Feldstärke im oberen Halbraum ist so groß, als ob der Leiter unendlich lang wäre und sich der Strom im unteren Halbraum nicht räumlich verteilt.

Für Punkte im unteren Halbraum ist die Durchflutung durch eine zur Leiterachse symmetrische kreisförmige Umrandung

$$\oint_L \boldsymbol{H}\, \mathrm{d}\boldsymbol{l} = H\, 2\pi a = I \frac{\Omega}{\Omega_\mathrm{H}}. \tag{3.409}$$

Darin ist auf der rechten Seite

$$\Omega = 2\pi\,(1 - \cos\Theta) \tag{3.410}$$

der Raumwinkel des Integrationswegs und $\Omega_\mathrm{H} = 2\pi$ der Raumwinkel der Halbkugel, über die sich der gesamte Strom I verteilt. Mit (3.410) folgt aus (3.409)

$$H = \frac{I}{2\pi a}\,(1 - \cos\Theta). \tag{3.411}$$

Wenn man für Θ den Winkel $\beta = \pi - \Theta$ einführt, erhält man mit

$$\cos\Theta = \cos(\pi - \beta) = -\cos\beta \tag{3.412}$$

aus (3.411) die Beziehung

$$H = \frac{I}{2\pi a}\,(1 + \cos\beta). \tag{3.413}$$

Die Feldstärke im unteren Raum entspricht damit der Feldstärke, die man hier mit (3.403) berechnen würde ($\alpha_1 = 0$, $\alpha_2 = \beta$), wenn nur in dem linienhaften Leiter über der Erde der Strom $2I$ fließen würde.

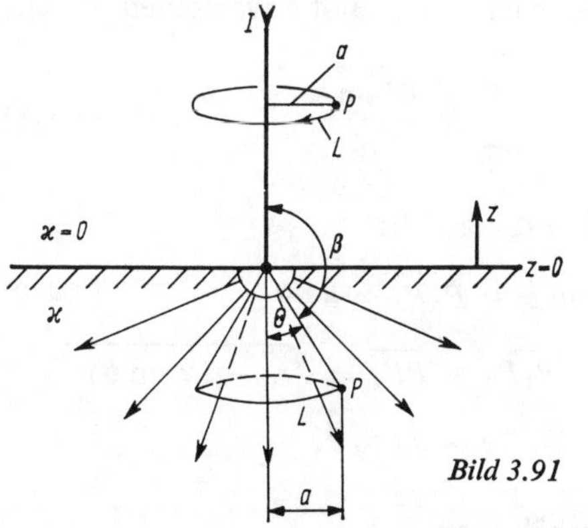

Bild 3.91

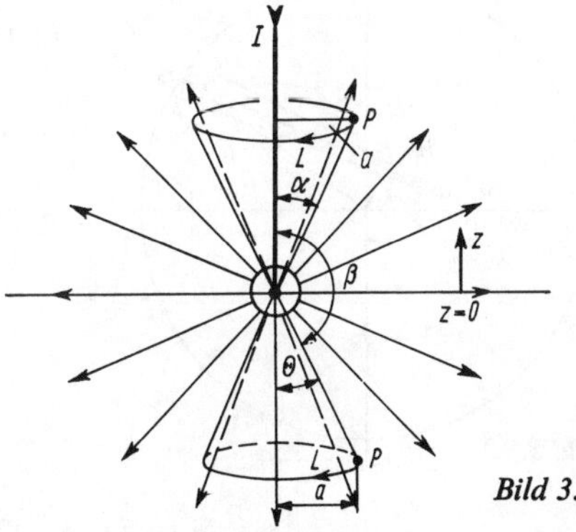

Bild 3.92

Als weiteres Beispiel betrachten wir eine kugelförmige Punktquelle im Raum (Bild 3.92), der in einem linienhaften Leiter der Strom I zugeführt wird (z. B. Tiefenerder). Für Punkte unterhalb der Mittellinie gilt jetzt anstelle von (3.409)

$$\oint_L H\, \mathrm{d}l = H\, 2\pi a = I \frac{\Omega}{\Omega_\mathrm{K}} = I \frac{2\pi\,(1 - \cos\Theta)}{4\pi}, \tag{3.414}$$

da der Strom über die volle Kugeloberfläche mit dem Raumwinkel $\Omega_K = 4\pi$ abfließt. Daraus folgt

$$H = \frac{I}{4\pi a}(1 - \cos\Theta) = \frac{I}{4\pi a}(1 + \cos\beta). \tag{3.415}$$

Für Punkte oberhalb der Mittelebene setzt sich die Durchflutung aus dem linienhaften Strom I und dem in umgekehrter Richtung abfließenden räumlichen Stromanteil zusammen:

$$\oint_L H\,dl = H\,2\pi a = I - I\frac{\Omega}{4\pi} = I - I\frac{1 - \cos\alpha}{2}. \tag{3.416}$$

Daraus folgt

$$H = \frac{I}{2\pi a}\left(1 - \frac{1}{2} + \frac{1}{2}\cos\alpha\right) = \frac{I}{4\pi a}(1 + \cos\alpha). \tag{3.417}$$

Vergleicht man (3.415) und (3.417) mit (3.403), so erkennt man, daß das magnetische Feld im gesamten Raum so groß ist, als ob nur in dem linienhaften Leiter von $z = +\infty$ bis $z = 0$ der Strom I fließt und kein räumliches Strömungsfeld vorhanden wäre.

3.6.2.6. Magnetische Feldstärke in der Ebene eines linienhaften Ringstroms

Wir haben bereits früher (s. S. 284 und S. 287) die magnetische Feldstärke eines Ringstroms in Punkten auf der Achse des Ringes und in Punkten großer Entfernung vom Ringstrom berechnet. Wir wollen jetzt die magnetische Feldstärke in einem beliebigen Punkt P in der Ebene berechnen, in der der Ringstrom fließt. Der Punkt P liegt im Abstand x vom Zentrum innerhalb des Ringstroms (Bild 3.93). Die Feldstärke $\boldsymbol{H}$ hat nur eine Komponente, die senkrecht auf der Ebene steht. Es gilt nach dem Biot-Savartschen Gesetz (3.162)

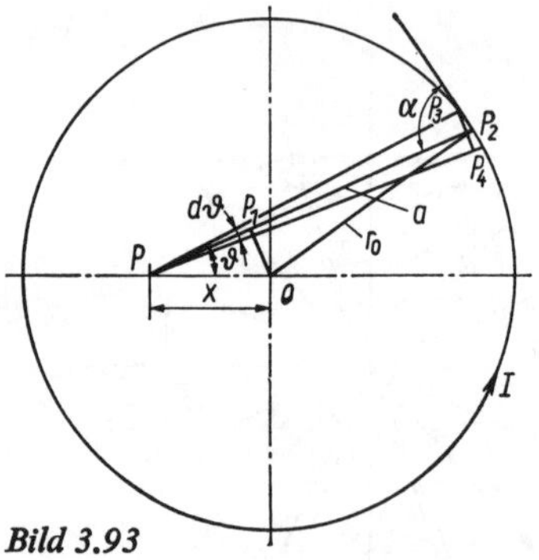

Bild 3.93

$$|\boldsymbol{H}| = \frac{I}{4\pi}\oint\frac{dl\sin\alpha}{a^2}. \tag{3.418}$$

Aus Bild 3.93 liest man ab:

$$dl\sin\alpha \approx \overline{P_3P_4} \approx a\,d\vartheta, \tag{3.419}$$

$$a = \overline{P_1P_2} + \overline{PP_1} = \sqrt{r_0^2 - (x\sin\vartheta)^2} + x\cos\vartheta.$$

Geht man nun mit (3.419) in (3.418) ein, dann erhält man

$$|\boldsymbol{H}| = \frac{I}{4\pi r_0}\oint_0^{2\pi}\frac{d\vartheta}{\sqrt{1 - \lambda^2\sin^2\vartheta} + \lambda\cos\vartheta} \tag{3.420}$$

mit

$$\lambda = \frac{x}{r_0}. \tag{3.421}$$

Der Bruch unter dem Integral wird wie folgt erweitert:

$$|\boldsymbol{H}| = \frac{I}{4\pi r_0 (1-\lambda^2)} \int_0^{2\pi} \frac{(1-\lambda^2)\,\mathrm{d}\vartheta}{\sqrt{1-\lambda^2\sin^2\vartheta}+\lambda\cos\vartheta}\,\frac{\sqrt{1-\lambda^2\sin^2\vartheta}-\lambda\cos\vartheta}{\sqrt{1-\lambda^2\sin^2\vartheta}-\lambda\cos\vartheta}$$

$$= \frac{I}{4\pi r_0 (1-\lambda^2)} \int_0^{2\pi} \frac{(1-\lambda^2)\,[\sqrt{1-\lambda^2\sin^2\vartheta}-\lambda\cos\vartheta]\,\mathrm{d}\vartheta}{1-\lambda^2(\sin^2\vartheta+\cos^2\vartheta)}$$

$$= \frac{I}{4\pi r_0 (1-\lambda^2)}\left[\int_0^{2\pi}\sqrt{1-\lambda^2\sin^2\vartheta}\,\mathrm{d}\vartheta - \lambda\int_0^{2\pi}\cos\vartheta\,\mathrm{d}\vartheta\right]. \tag{3.422}$$

Das zweite Integral in dem letzten Ausdruck ist gleich null, so daß

$$|\boldsymbol{H}| = \frac{I}{4\pi r_0 (1-\lambda^2)} \int_0^{2\pi}\sqrt{1-\lambda^2\sin^2\vartheta}\,\mathrm{d}\vartheta$$

$$= \frac{I}{\pi r_0 (1-\lambda^2)} \int_0^{\pi/2}\sqrt{1-\lambda^2\sin^2\vartheta}\,\mathrm{d}\vartheta \tag{3.423}$$

wird. Das letzte Integral ist ein vollständiges elliptisches Integral zweiter Gattung $E(\lambda)$ und liegt tabelliert vor. Damit wird

$$|\boldsymbol{H}| = \frac{I}{\pi r_0 (1-\lambda^2)}\,E(\lambda). \tag{3.424}$$

Die Funktion $E(\lambda)$ wird im Bild 3.94 gezeigt.

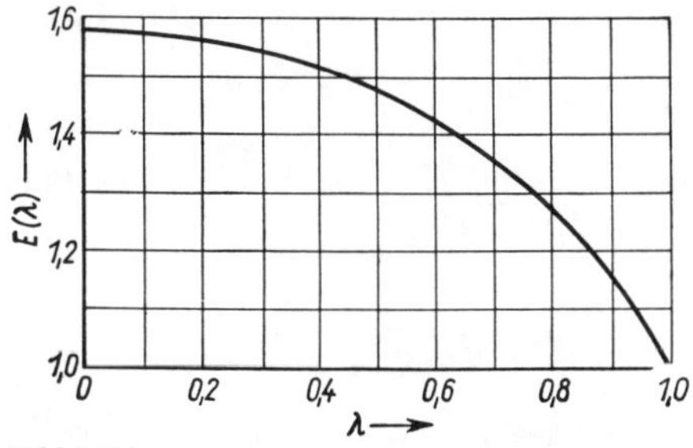

Bild 3.94

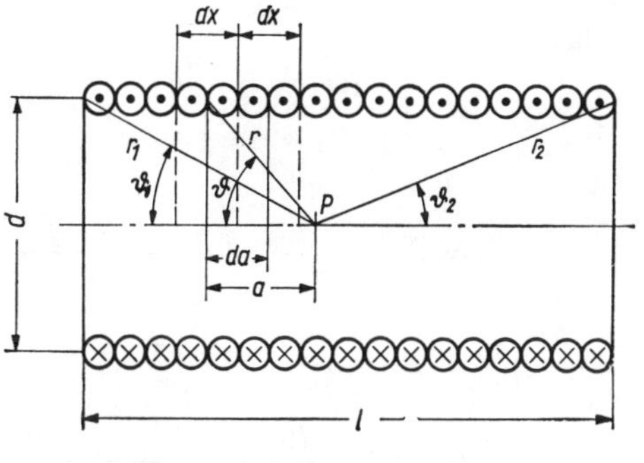

Bild 3.95

3.6.2.7. Feld im Inneren einer zylindrischen Spule

Bild 3.95 zeigt eine zylindrische Spule mit der Länge l und dem Durchmesser d. Über die Länge der Spule sollen w Windungen gleichmäßig angebracht sein, so daß auf das Längenelement $\mathrm{d}x$ gerade $w\,\mathrm{d}x/l$ Windungen entfallen.

Wenn durch die Spule der Strom I fließt, so entfällt auf den Ring mit der Breite $\mathrm{d}x$ der Strom

$$I' = \frac{Iw}{l}\,\mathrm{d}x. \tag{3.425}$$

Infolge dieses Ringstroms stellt sich in dem Punkt P auf der Achse der Spule eine Teilfeldstärke ein. Ihr Betrag ist nach (3.149)

$$|\mathrm{d}\boldsymbol{H}| = \frac{I'd^2}{8r^3} = \frac{Iwd^2}{8lr^3}\,\mathrm{d}x = \frac{Iw}{ld}\sin^3\vartheta\,dx. \tag{3.426}$$

Die Entfernung des Punktes P vom Mittelpunkt des Stromrings ist

$$a = \frac{d}{2} \cot \vartheta. \tag{3.427}$$

Die Entfernung des nächstfolgenden Stromrings der Breite dx von P ist um dx kleiner. Es gilt

$$\frac{\mathrm{d}a}{\mathrm{d}\vartheta} = \frac{\mathrm{d}x}{\mathrm{d}\vartheta} = -\frac{d}{2\sin^2\vartheta}, \tag{3.428}$$

$$\mathrm{d}x = -\frac{d}{2\sin^2\vartheta}\,\mathrm{d}\vartheta. \tag{3.429}$$

In (3.426) eingeführt, ergibt dies

$$|\mathrm{d}\boldsymbol{H}| = -\frac{Iw}{2l} \sin\vartheta\,\mathrm{d}\vartheta, \tag{3.430}$$

$$|\boldsymbol{H}| = -\frac{Iw}{2l} \int_{\pi-\vartheta_2}^{\vartheta_1} \sin\vartheta\,\mathrm{d}\vartheta = \frac{Iw}{2l}(\cos\vartheta_1 + \cos\vartheta_2). \tag{3.431}$$

In der Mitte der Spule ist

$$\vartheta_1 = \vartheta_2, \tag{3.432}$$

so daß

$$|\boldsymbol{H}| = \frac{Iw}{l} \cos\vartheta_1. \tag{3.433}$$

Mit

$$\cos\vartheta_1 = \frac{l}{2r_1} = \frac{l}{2\sqrt{\left(\frac{d}{2}\right)^2 + \left(\frac{l}{2}\right)^2}} = \frac{l}{\sqrt{d^2 + l^2}} \tag{3.434}$$

folgt

$$|\boldsymbol{H}| = \frac{Iw}{\sqrt{d^2 + l^2}} = \frac{Iw}{l\sqrt{1 + \left(\frac{d}{l}\right)^2}}. \tag{3.435}$$

Am linken Rand der Spule ist

$$\cos\vartheta_1 = 0, \tag{3.436}$$

$$\cos\vartheta_2 = \frac{l}{\sqrt{l^2 + \left(\frac{d}{2}\right)^2}}, \tag{3.437}$$

so daß hier die magnetische Feldstärke

$$|\boldsymbol{H}| = \frac{Iw}{\sqrt{d^2 + 4l^2}} \tag{3.438}$$

beträgt.

Für eine sehr lange Spule ($d/l \ll 1$) ergibt (3.435) für den Betrag der magnetischen Feldstärke in der Mitte der Spule

$$|\boldsymbol{H}_0| = \frac{Iw}{l}. \tag{3.439}$$

Das Verhältnis der Werte der magnetischen Feldstärke in der Spulenmitte nach (3.435) und (3.439) beträgt

$$K = \frac{|\boldsymbol{H}|}{|\boldsymbol{H}_0|} = \frac{1}{\sqrt{1 + \frac{d^2}{l^2}}} = \frac{l}{\sqrt{l^2 + d^2}} = \cos \vartheta_1. \tag{3.440}$$

Wenn

$$\frac{d}{l} < \frac{1}{10} \tag{3.441}$$

ist, dann ist

$$\cos \vartheta_1 > 0{,}992, \tag{3.442}$$

d. h., der Wert der Feldstärke in der Spulenmitte nach (3.439) weicht von dem Wert der magnetischen Feldstärke nach (3.435) um weniger als 1 % ab.

3.6.2.8. Das magnetische Feld in einem zylindrischen, exzentrisch hohlen Leiter

Bild 3.96 zeigt einen stromdurchflossenen zylindrischen Leiter mit dem Radius R_0, der einen exzentrisch liegenden zylindrischen Hohlraum mit dem Radius r_0 enthält, dessen Achse im Abstand $\boldsymbol{a}$ parallel zur Leiterachse verläuft. Die Stromdichte ist überall über den Leiterquerschnitt gleich $\boldsymbol{G}$. Zunächst ist die Feldstärke in einem Punkt P_1 (r_1, ϑ) innerhalb des Hohlraums zu ermitteln. Dazu wird in der gezeigten Weise ein Koordinatensystem eingeführt, dessen z-Achse mit der Leiterachse zusammenfällt. Die Richtung der Stromdichte fällt mit der Richtung der negativen z-Achse zusammen. Die Permeabilität des Leiters und des Hohlraums seien mit μ_0 angenommen.

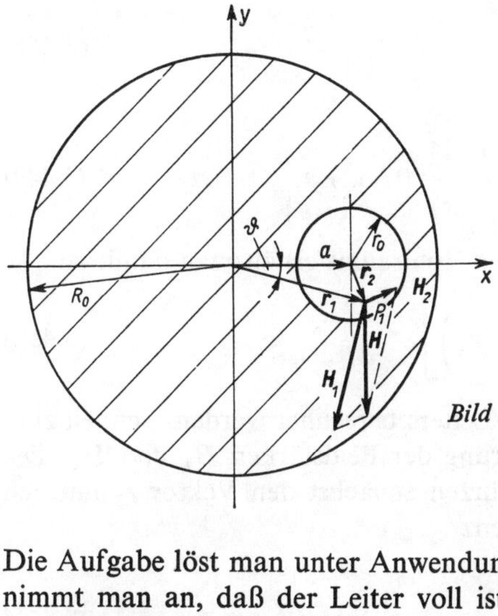

Bild 3.96

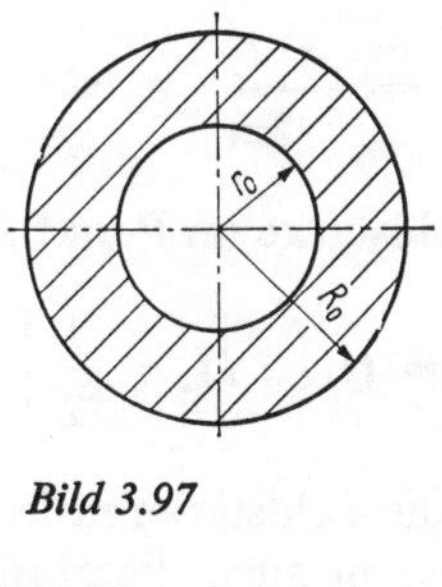

Bild 3.97

Die Aufgabe löst man unter Anwendung des Superpositionsprinzips. Zu diesem Zweck nimmt man an, daß der Leiter voll ist und überall die Stromdichte $\boldsymbol{G}$ herrscht. Den stromlosen Bereich erhält man, indem man hier einen gleich großen, aber entgegengesetz-

ten Strom annimmt. Das magnetische Feld ergibt sich aus der Überlagerung der Felder beider Ströme.
Im Punkt P_1 innerhalb des Hohlraums ist die Feldstärke infolge des ersten Stromes

$$\boldsymbol{H}_1 = \frac{|\boldsymbol{G}|\,\pi r_1^2}{2\pi r_1}\,\boldsymbol{e}_\vartheta = \frac{|\boldsymbol{G}|\,r_1}{2}\,\boldsymbol{e}_\vartheta = \frac{1}{2}\,(\boldsymbol{G} \times \boldsymbol{r}_1). \tag{3.443}$$

Die Feldstärke in dem Punkt P_1 infolge des zweiten Stromes ist entsprechend

$$\boldsymbol{H}_2 = -\frac{1}{2}\,(\boldsymbol{G} \times \boldsymbol{r}_2). \tag{3.444}$$

Damit erhält man die Gesamtfeldstärke in demselben Punkt P_1 zu

$$\boldsymbol{H} = \boldsymbol{H}_1 + \boldsymbol{H}_2 = -\frac{|\boldsymbol{G}|}{2}\,(\boldsymbol{k} \times (\boldsymbol{r}_1 - \boldsymbol{r}_2)) = -\frac{|\boldsymbol{G}|}{2}\,(\boldsymbol{k} \times \boldsymbol{a})$$

$$= \frac{|\boldsymbol{G}|\,a}{2}\,(\boldsymbol{i} \times \boldsymbol{k}) = -\frac{|\boldsymbol{G}|\,a}{2}\,\boldsymbol{j} = \text{konst.} \tag{3.445}$$

Innerhalb des Hohlraums ist also das magnetische Feld homogen und die Feldstärke parallel zur negativen y-Achse gerichtet. Ihr Betrag ist

$$|\boldsymbol{H}| = \frac{|\boldsymbol{G}|\,a}{2} = \frac{aI}{2\pi\,(R_0^2 - r_0^2)}. \tag{3.446}$$

Mit $a = 0$ erhalten wir das Feld im Inneren eines stromdurchflossenen konzentrischen hohlen Zylinders (Bild 3.97) zu

$$\boldsymbol{H} = \boldsymbol{0}. \tag{3.447}$$

In einem Punkt P_2 im Leiter außerhalb des Hohlraums erfolgt die Berechnung der Feldstärke ebenso durch Überlagerung der Felder beider Ströme. Im Punkt P_2 ist die Feldstärke vom ersten Strom wie in (3.443)

$$\boldsymbol{H}_1 = \tfrac{1}{2}\,(\boldsymbol{G} \times \boldsymbol{r}_1), \tag{3.448}$$

die vom zweiten Strom jedoch jetzt

$$\boldsymbol{H}_2 = -\frac{I_2}{2\pi r_2}\,\boldsymbol{e}_\vartheta = -\frac{|\boldsymbol{G}|\,r_0^2}{2r_2}\,\boldsymbol{e}_\vartheta = -\frac{1}{2}\,\frac{r_0^2}{r_2^2}\,(\boldsymbol{G} \times \boldsymbol{r}_2). \tag{3.449}$$

Die Gesamtfeldstärke im Punkt P_2 außerhalb des Hohlraums erhält man damit zu

$$\boldsymbol{H} = \boldsymbol{H}_1 + \boldsymbol{H}_2 = \frac{1}{2}\left[\boldsymbol{G} \times \left(\boldsymbol{r}_1 - \frac{r_0^2}{r_2^2}\,\boldsymbol{r}_2\right)\right]. \tag{3.450}$$

Damit kann die Feldstärke in jedem Punkt des Leiters berechnet werden. Schnell zum Ziele führen kann auch die grafische Überlagerung der Feldstärken $\boldsymbol{H}_1$ und $\boldsymbol{H}_2$. Die Konstruktion wird im Bild 3.98 gezeigt. Wir kürzen zunächst den Vektor $\boldsymbol{r}_2$ um den Faktor $(r_0/r_2)^2$ und bilden die vektorielle Differenz

$$\boldsymbol{r} = \boldsymbol{r}_1 - \left(\frac{r_0}{r_2}\right)^2 \boldsymbol{r}_2. \tag{3.451}$$

Die Richtung der Feldstärke ergibt sich damit laut (3.450) senkrecht zu $\boldsymbol{r}$ und hat den Betrag

$$H = \tfrac{1}{2}\,|\boldsymbol{G}|\,|\boldsymbol{r}|. \tag{3.452}$$

Ein so konstruiertes Feldbild wird im Bild 3.99 gezeigt. In ähnlicher Weise wirkt sich ein Materialfehler in Form eines langgestreckten Lufteinschlusses im Leiter als Verzerrung des magnetischen Feldes aus.

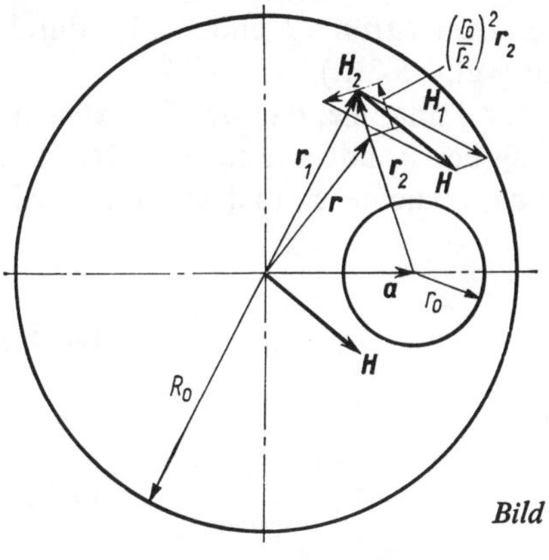

Bild 3.98

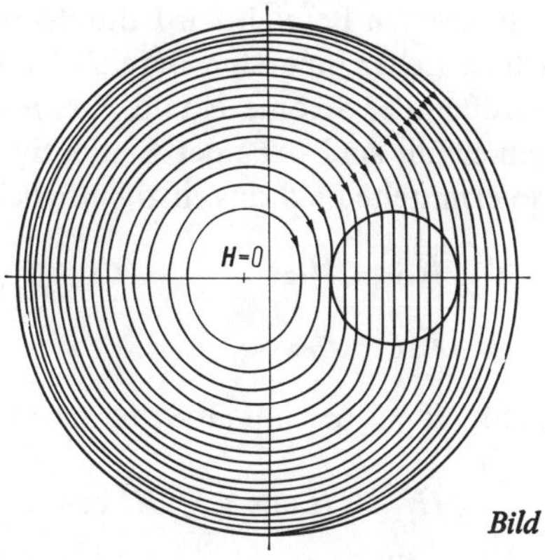

Bild 3.99

Sehr leicht kann aus (3.450) der Feldstärkeverlauf längs der x-Achse berechnet werden. Der Vektor $\boldsymbol{H}$ hat hier nur eine Komponente in y-Richtung mit dem Betrag H_y. Mit $r_1 = x$, $r_2 = x - a$ folgt aus (3.450) für Punkte außerhalb des Hohlraums

$$H_y = \frac{1}{2}\,|\boldsymbol{G}|\left(x - \frac{r_0^2}{x - a}\right). \tag{3.453}$$

Der nach (3.453) und (3.446) berechnete Betrag der Feldstärke entlang der x-Achse ist im Bild 3.100 dargestellt. Zum Vergleich ist der Feldstärkeverlauf im homogenen Leiter ohne Hohlraum bei gleicher Stromdichte gestrichelt im gleichen Diagramm aufgezeichnet. Man erkennt, daß links vom Hohlraum die Feldstärke größer ($\boldsymbol{H}_1$ und $\boldsymbol{H}_2$ gleiche Richtung), rechts dagegen kleiner ist ($\boldsymbol{H}_1$ und $\boldsymbol{H}_2$ entgegengesetzt gerichtet) als im Leiter ohne Hohlraum.

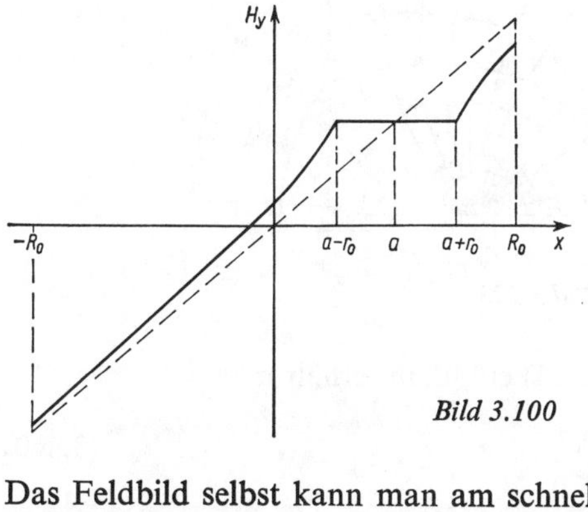

Bild 3.100

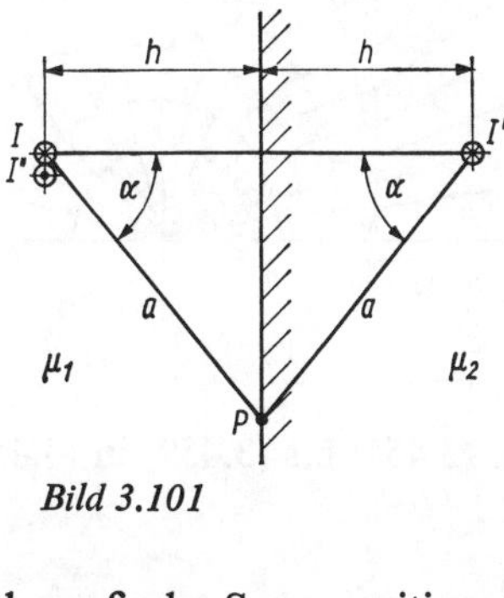

Bild 3.101

Das Feldbild selbst kann man am schnellsten durch grafische Superposition der Feldbilder beider Ströme konstruieren. Diese Methode wird im Abschnitt 3.6.4. erläutert.

3.6.3. Methode der Spiegelbilder. Das magnetische Feld eines Stromes, der parallel zu einer Grenzfläche verläuft

Bild 3.101 zeigt einen geradlinigen Leiter, der den Strom I führt und in einem Stoff mit der Permeabilität μ_1 parallel einer Grenzebene zum Bereich μ_2 verläuft.
Das magnetische Feld im ersten Bereich betrachtet man als Summe der Felder des wahren Stromes I und des Bildstroms I'. I und I' sind ungleich groß und gleich gerichtet. Das Feld im zweiten Bereich wird durch die entgegengesetzten Ströme I und I'', die durch denselben Leiter im ersten Bereich fließen, bestimmt (vgl. 1.5.2.1.).
Die Größen der Ströme I' und I'' ergeben sich aus der Annahme, daß die Grenzbedingungen erfüllt sind. Aus der Eindeutigkeit der Lösung der Randwertaufgabe folgt, daß das so ermittelte Feld das einzig mögliche und somit das gesuchte ist. In dem Punkt P gilt

$$H_{t1} = H_{t2}, \tag{3.454}$$

$$B_{n1} = B_{n2}. \tag{3.455}$$

Im Punkt P auf der linken Seite der Grenzfläche ist

$$H_{t1} = H\cos\alpha - H'\cos\alpha = \frac{I - I'}{2\pi a}\cos\alpha, \tag{3.456}$$

$$B_{n1} = \mu_1 H\sin\alpha + \mu_1 H'\sin\alpha = \mu_1\frac{I + I'}{2\pi a}\sin\alpha \tag{3.457}$$

und auf der rechten Seite der Grenzfläche

$$H_{t2} = H\cos\alpha - H''\cos\alpha = \frac{I - I''}{2\pi a}\cos\alpha, \tag{3.458}$$

$$B_{n2} = \mu_2 H\sin\alpha - \mu_2 H''\sin\alpha = \mu_2\frac{I - I''}{2\pi a}\sin\alpha. \tag{3.459}$$

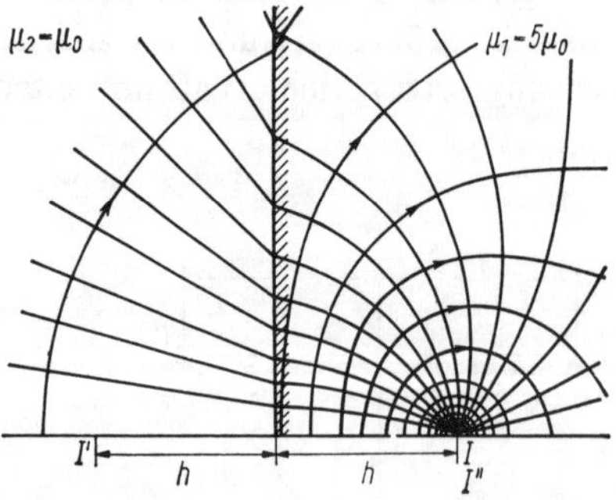

Bild 3.102

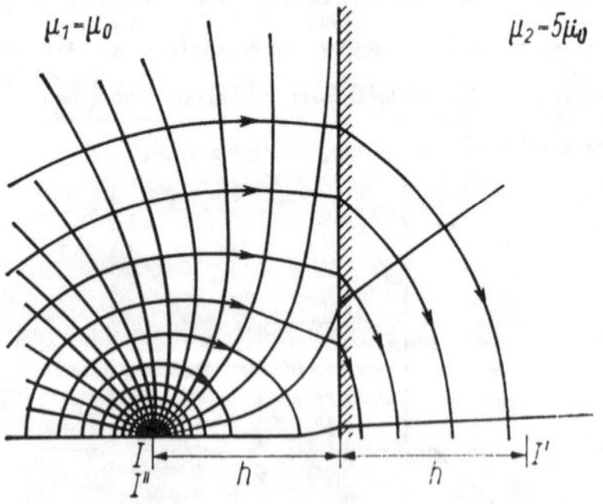

Bild 3.103

Setzt man (3.456) bis (3.459) in (3.454) und (3.455) ein, dann erhält man

$$I' = I'' \tag{3.460}$$

und

$$I' = I'' = \frac{I(\mu_2 - \mu_1)}{\mu_2 + \mu_1}. \tag{3.461}$$

Im Bild 3.102 und Bild 3.103 sind zwei nach dem beschriebenen Verfahren ermittelte Feldbilder dargestellt. Bild 3.102 zeigt das magnetische Feld für den Fall, daß der Leiter im Bereich der größeren magnetischen Leitfähigkeit verläuft, Bild 3.103 dasjenige für den Fall, daß der Leiter im Bereich der kleineren Leitfähigkeit verläuft.

3.6.4. Grafische Superposition von Feldbildern

Die Konstruktion des Verlaufs magnetischer Felder unter Anwendung der grafischen Superposition soll anhand der Ermittlung des Feldes, das sich in der Umgebung von zwei parallelen, geraden und stromdurchflossenen Leitern ausbildet, die gleiche Ströme in gleicher Richtung führen, gezeigt werden.

3.6.4.1. Konstruktion der Äquipotentiallinien

Angenommen, der Strom in den Leitern sei I. Wäre nur einer der beiden Leiter vorhanden, dann wäre das Potential nach (3.374)

$$\psi = -\frac{I}{2\pi}\vartheta. \tag{3.462}$$

Die Äquipotentiallinien wären Strahlen, die durch den Leitermittelpunkt verlaufen. Es sollen nun für beide Leiter unter der Annahme, daß jeweils nur der betreffende Leiter vorhanden ist, von $\psi = 0$ beginnend, Äquipotentiallinien gleicher Potentialdifferenz, beispielsweise

$$\Delta\psi = \frac{I}{2\pi}\,\frac{2\pi}{m} = \frac{I}{m} \tag{3.463}$$

eingezeichnet werden. Die n-te Äquipotentiallinie hätte dann das Potential

$$\psi_n = n\,\Delta\psi. \tag{3.464}$$

Normiert man das Potential der n-ten Äquipotentiallinie auf den Potentialunterschied $\Delta\psi$, dann erhält man

$$\psi_n' = \frac{\psi_n}{\Delta\psi} = n. \tag{3.465}$$

Die n-te Äquipotentiallinie des ersten Leiters sei mit n', die n-te Äquipotentiallinie des zweiten Leiters mit n'' bezeichnet. Bei der Konstruktion ist in diesem Falle $n = 40$ gewählt worden (Bild 3.104). Das gesamte Potential in einem beliebigen Punkt ist gleich der algebraischen Summe der Teilpotentiale in diesem Punkt. Im Punkt P_1 schneiden sich die Strahlen mit den Potentialen $8'$ und $5''$. Sein normiertes Potential ist dann offensichtlich 13. Sucht man alle Schnittpunkte der Strahlen, deren Summe 13 ergibt (P_1, P_2, P_3, P_4 und P_5), und verbindet diese Punkte, so erhält man die Äquipotentiallinie mit dem normierten Potential $\psi_n' = 13$.
In der unmittelbaren Umgebung des ersten Leiters ist das Potential, das sich infolge des zweiten Leiters einstellt, gleich Null. Aus diesem Grund muß die Äquipotentiallinie $\psi_n' = n$ von dem rechten Leiter mit der Neigung des Strahles, der das Potential $\psi_n' = n$ trägt, ausgehen. Von dem ersten Leiter gehen in den oberen Bereich die Äquipotentiallinien $\psi_n' = 0$ bis $\psi_n' = 20$ aus. In der Umgebung des zweiten Leiters ist das Teilpotential, das sich infolge des ersten Leiters einstellt, $\psi_n' = 20$. Von dem linken Leiter gehen in den

oberen Bereich die Äquipotentiallinien für $\psi_n' > 20$ aus. Hierbei geht jede von ihnen von dem Leiter mit der Neigung des Strahles mit der Bezifferung $n - 20$ aus.
In großer Entfernung von dem betrachteten Leitersystem fällt das Feld mit dem Feld eines einzelnen Leiters, der sich im Schwerpunkt des Systems (im Mittelpunkt der Strecke 1–2) befindet und den doppelten Strom führt, zusammen. Die Äquipotentiallinie $\psi_n' = n$ wird sich an die Gerade, die unter dem Winkel $\alpha = 2n$ durch den Nullpunkt verläuft, asymptotisch nähern. Die Äquipotentiallinie $n = 20$ ist die Symmetrielinie des Systems und stellt einen T-förmigen Geradenzug dar, der auf der Verbindungslinie 1–2 verläuft und in der Mitte in der Symmetrieebene liegt.

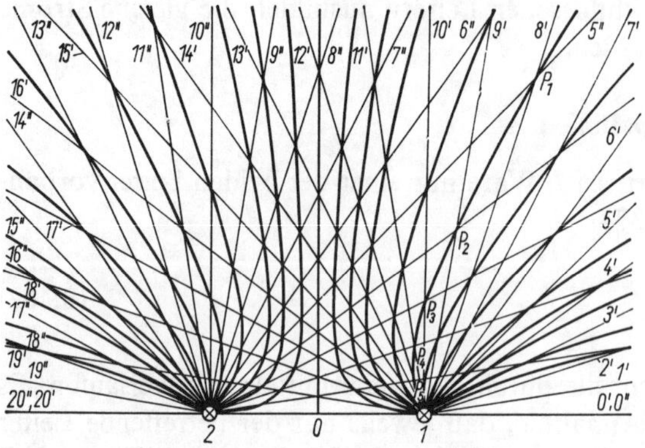

Bild 3.104

3.6.4.2. Überlagerung der Feldstärken

Am gleichen Beispiel wird die grafische Superposition der Feldstärken durchgeführt. Zunächst werden die Feldlinien der einzelnen Leiter unter der Annahme, daß jeweils nur der eine Leiter vorhanden ist, gezeichnet. Die Feldlinien stellen Kreise dar, deren Zentren im Mittelpunkt der einzelnen Leiter liegen. Die Feldlinien werden so gezogen, daß die Flüsse, die zwischen zwei aufeinanderfolgenden Feldlinien verlaufen, gleich groß sind. Der Fluß zwischen den Radien r_n und r_{n+1} ist

$$\Delta\Phi = \frac{\mu_0 Il}{2\pi}\int_{r_n}^{r_{n+1}}\frac{\mathrm{d}r}{r} = \frac{\mu_0 Il}{2\pi}\ln\frac{r_{n+1}}{r_n} = \text{konst.}, \tag{3.466}$$

d.h.

$$\frac{r_{n+1}}{r_n} = \text{konst.} = \zeta. \tag{3.467}$$

Die so konstruierten Feldlinien werden im Bild 3.105 gezeigt. Es wird das krummlinige Parallelogramm a, b, c, d, das durch zwei aufeinanderfolgende Feldlinienpaare gebildet wird, betrachtet. Bei nicht allzu großem Abstand der Feldlinien (ζ ist klein) kann man das Parallelogramm als geradlinig ansehen und annehmen, daß

$$ab = dc = \Delta_1, \tag{3.468}$$

$$ad = bc = \Delta_2, \tag{3.469}$$

$$\sphericalangle\, abc = \sphericalangle\, adc = \alpha \tag{3.470}$$

ist. Der Fluß zwischen den Feldlinienpaaren ist laut Konstruktion gleich:

$$\boldsymbol{B}_1\,\mathrm{d}\boldsymbol{A}_1 = \boldsymbol{B}_2\,\mathrm{d}\boldsymbol{A}_2, \tag{3.471}$$

$$B_1\Delta_1 l\sin\alpha = B_2\Delta_2 l\sin\alpha \tag{3.472}$$

oder

$$\frac{B_1}{B_2} = \frac{\Delta_2}{\Delta_1}. \tag{3.473}$$

Hier bedeuten $\boldsymbol{B}_1$ und $\boldsymbol{B}_2$ die mittleren magnetischen Induktionen an der betreffenden Stelle, die von dem ersten bzw. zweiten Strom herrühren, und l die Länge der Leiter. Aus der letzten Gleichung erkennt man, daß die Strecke Δ_2 ein Maß für $\boldsymbol{B}_1$ und die Strecke Δ_1 ein Maß für $\boldsymbol{B}_2$ ist. Ferner tangiert $\boldsymbol{B}_1$ im Punkt d an den Kreis, dessen Bogenabschnitt Δ_2 ist ($\boldsymbol{B}_1$ liegt angenähert auf Δ_2), und $\boldsymbol{B}_2$ tangiert im Punkt d an den Kreis, dessen Bogenabschnitt Δ_1 darstellt. Die Diagonale db ist dann offensichtlich ein Maß für die resultierende magnetische Induktion. Die magnetische Feldlinie muß deshalb mit der Diagonalen zusammenfallen. Auf diese Weise können die magnetischen Feldlinien durch die Diagonalen der krummlinigen Parallelogramme genähert werden.

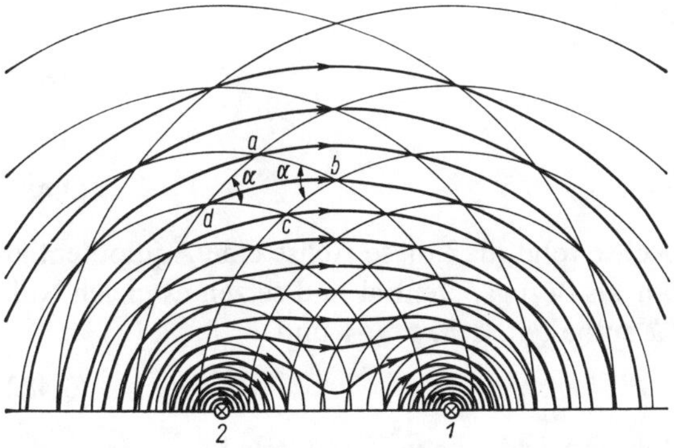

Bild 3.105

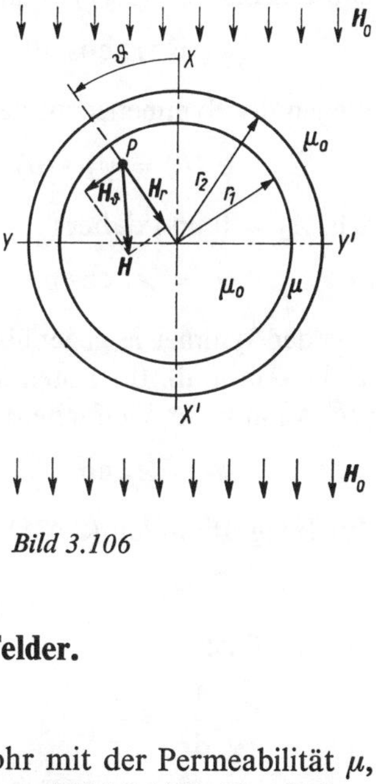

Bild 3.106

3.6.5. Produktansatz zur Behandlung magnetischer Felder. Magnetische Abschirmung

In einem magnetischen Feld ist durch ein zylindrisches Rohr mit der Permeabilität μ, das senkrecht zu den Feldlinien steht, ein Raum abgeschirmt (Bild 3.106). Der äußere Radius des Rohres sei r_2, der innere r_1. Vor der Einführung des Rohres ist das Feld homogen. Die Feldstärke sei $\boldsymbol{H}_0$. Nach der Einführung des Rohres ist die Homogenität in seiner Umgebung gestört, in größerer Entfernung bleibt es jedoch homogen.
Die z-Achse des gewählten zylindrischen Koordinatensystems fällt mit der Achse des Zylinders zusammen. Wir unterscheiden drei Bereiche: den Innenraum des Zylinders (Permeabilität μ_0), den Zylinder selbst (Permeabilität μ) und den Raum außerhalb des Zylinders (Permeabilität μ_0).
Für alle drei Bereiche gilt

$$\Delta\psi = \frac{1}{r}\frac{\partial}{\partial r}\left(r\,\frac{\partial\psi}{\partial r}\right) + \frac{1}{r^2}\frac{\partial^2\psi}{\partial\vartheta^2} = 0. \tag{3.474}$$

Die Lösung finden wir mit dem Ansatz

$$\psi = \psi_1(r)\,\psi_2(\vartheta), \tag{3.475}$$

wobei ψ_1 nur von r und ψ_2 nur von ϑ abhängt. Gehen wir mit (3.475) in (3.474) ein, dann erhalten wir

$$\frac{r}{\psi_1}\frac{\mathrm{d}}{\mathrm{d}r}\left(r\frac{\mathrm{d}\psi_1}{\mathrm{d}r}\right) = -\frac{1}{\psi_2}\frac{\mathrm{d}^2\psi_2}{\mathrm{d}\vartheta^2}. \tag{3.476}$$

Da diese Gleichung für alle endlichen Werte von r und ϑ gelten muß, kann man schreiben

$$\frac{1}{\psi_2}\frac{\mathrm{d}^2\psi_2}{\mathrm{d}\vartheta^2} = -p^2, \tag{3.477}$$

$$\frac{r}{\psi_1}\frac{\mathrm{d}}{\mathrm{d}r}\left(r\frac{\mathrm{d}\psi_1}{\mathrm{d}r}\right) = p^2. \tag{3.478}$$

Die Lösung von (3.477) lautet

$$\psi_2 = A_1 \cos p\vartheta + A_2 \sin p\vartheta. \tag{3.479}$$

Wegen der Symmetrie zu der Achse xx' gilt

$$\psi_2(\vartheta) = \psi_2(-\vartheta), \tag{3.480}$$

d.h. $A_2 = 0$ und daher

$$\psi_2 = A_1 \cos p\vartheta. \tag{3.481}$$

Aus der Symmetrie gegenüber der yy'-Achse folgt, daß diese Achse eine Äquipotentialfläche sein muß. Ihr Potential wählen wir als Bezugspotential und setzen es gleich Null. $\psi(\vartheta)$ kann nicht Vielfache des Winkels ϑ enthalten, d.h. $p = 1$ und

$$\psi_2 = A_1 \cos \vartheta. \tag{3.482}$$

Zur Integration von (3.478) bei $p = 1$ führen wir die neue Veränderliche

$$v = \ln r \tag{3.483}$$

ein. Dann ist

$$\frac{\mathrm{d}v}{\mathrm{d}r} = \frac{1}{r}, \tag{3.484}$$

$$\frac{\mathrm{d}\psi_1}{\mathrm{d}r} = \frac{\mathrm{d}\psi_1}{\mathrm{d}v}\frac{\mathrm{d}v}{\mathrm{d}r} = \frac{1}{r}\frac{\mathrm{d}\psi_1}{\mathrm{d}v}. \tag{3.485}$$

Damit folgt aus (3.478)

$$\frac{r}{\psi_1}\frac{\mathrm{d}}{\mathrm{d}r}\left(r\frac{1}{r}\frac{\mathrm{d}\psi_1}{\mathrm{d}v}\right) = 1, \tag{3.486}$$

$$r\frac{\mathrm{d}}{\mathrm{d}r}\left(\frac{\mathrm{d}\psi_1}{\mathrm{d}v}\right) = \psi_1, \tag{3.487}$$

$$r\frac{\mathrm{d}}{\mathrm{d}v}\left(\frac{\mathrm{d}\psi_1}{\mathrm{d}v}\right)\frac{\mathrm{d}v}{\mathrm{d}r} = \psi_1, \tag{3.488}$$

$$\frac{\mathrm{d}^2\psi_1}{\mathrm{d}v^2} = \psi_1. \tag{3.489}$$

Das Integral der letzten Gleichung ist

$$\psi_1 = C_1 e^{v} + C_2 e^{-v} = C_1 r + \frac{C_2}{r}. \tag{3.490}$$

Geht man mit (3.490) und (3.482) in (3.475) ein, erhält man

$$\psi = \left(C_1 r + \frac{C_2}{r}\right) A_1 \cos\vartheta$$

$$= \left(C_1 A_1 r + \frac{A_1 C_2}{r}\right) \cos\vartheta = \left(K_1 r + \frac{K_2}{r}\right) \cos\vartheta. \tag{3.491}$$

K_1 und K_2 sind zwei neue Integrationskonstanten.
Die Gleichungen für das Potential lauten

a) in dem Bereich innerhalb des Zylinders:

$$\psi_i = \left(K_{11} r + \frac{K_{21}}{r}\right) \cos\vartheta, \tag{3.492}$$

b) in dem Bereich der Zylinderwand:

$$\psi_m = \left(K_{12} r + \frac{K_{22}}{r}\right) \cos\vartheta, \tag{3.493}$$

c) in dem Bereich außerhalb des Zylinders:

$$\psi_a = \left(K_{13} r + \frac{K_{23}}{r}\right) \cos\vartheta. \tag{3.494}$$

Die magnetische Feldstärke berechnet sich aus

$$\boldsymbol{H} = -\operatorname{grad}\psi. \tag{3.495}$$

Hieraus folgt für die drei genannten Bereiche:

$$\boldsymbol{H}_i = -\left(K_{11} - \frac{K_{21}}{r^2}\right) \cos\vartheta \boldsymbol{e}_r + \left(K_{11} + \frac{K_{21}}{r^2}\right) \sin\vartheta \boldsymbol{e}_\vartheta, \tag{3.496}$$

$$\boldsymbol{H}_m = -\left(K_{12} - \frac{K_{22}}{r^2}\right) \cos\vartheta \boldsymbol{e}_r + \left(K_{12} + \frac{K_{22}}{r^2}\right) \sin\vartheta \boldsymbol{e}_\vartheta, \tag{3.497}$$

$$\boldsymbol{H}_a = -\left(K_{13} - \frac{K_{23}}{r^2}\right) \cos\vartheta \boldsymbol{e}_r + \left(K_{13} + \frac{K_{23}}{r^2}\right) \sin\vartheta \boldsymbol{e}_\vartheta. \tag{3.498}$$

Da weit von dem Rohr entfernt das Feld homogen ist, muß für $\vartheta = 0$ und $r \to \infty$

$$\boldsymbol{H}_{a\infty} = -\boldsymbol{H}_0 = -H_0 \boldsymbol{e}_r \tag{3.499}$$

sein. Mit (3.498) folgt damit

$$K_{13} = H_0. \tag{3.500}$$

In dem Innenbereich muß überall $\boldsymbol{H}_i$ einen endlichen Wert haben, auch bei $r = 0$. Daraus folgt

$$K_{21} = 0. \tag{3.501}$$

An den Grenzflächen $r = r_1$ und $r = r_2$ müssen die Grenzbedingungen erfüllt sein, d.h.

$$K_{11} = K_{12} + \frac{K_{22}}{r_1^2}, \tag{3.502}$$

$$\mu_0 K_{11} = \mu \left(K_{12} - \frac{K_{22}}{r_1^2} \right), \tag{3.503}$$

$$K_{12} + \frac{K_{22}}{r_2^2} = H_0 + \frac{K_{23}}{r_2^2}, \tag{3.504}$$

$$\mu \left(K_{12} - \frac{K_{22}}{r_2^2} \right) = \mu_0 \left(H_0 - \frac{K_{23}}{r_2^2} \right). \tag{3.505}$$

Hieraus folgt

$$K_{11} = 4H_0 \frac{\dfrac{\mu_0}{\mu}}{\left(1 + \dfrac{\mu_0}{\mu}\right)^2 - \left(\dfrac{r_1}{r_2}\right)^2 \left(1 - \dfrac{\mu_0}{\mu}\right)^2}, \tag{3.506}$$

$$K_{12} = 4H_0 \frac{\dfrac{\mu_0}{\mu}}{\left(1 + \dfrac{\mu_0}{\mu}\right)^2 - \left(\dfrac{r_1}{r_2}\right)^2 \left(1 - \dfrac{\mu_0}{\mu}\right)^2} \, \frac{1 + \dfrac{\mu_0}{\mu}}{2}, \tag{3.507}$$

$$K_{22} = 4H_0 \frac{\dfrac{\mu_0}{\mu}}{\left(1 + \dfrac{\mu_0}{\mu}\right)^2 - \left(\dfrac{r_1}{r_2}\right)^2 \left(1 - \dfrac{\mu_0}{\mu}\right)^2} \, \frac{r_1^2 \left(1 - \dfrac{\mu_0}{\mu}\right)}{2}, \tag{3.508}$$

$$K_{23} = -4H_0 \frac{\dfrac{\mu_0}{\mu}}{\left(1 + \dfrac{\mu_0}{\mu}\right)^2 - \left(\dfrac{r_1}{r_2}\right)^2 \left(1 - \dfrac{\mu_0}{\mu}\right)^2} \, r_2^2 \left[1 - \left(\frac{r_1}{r_2}\right)^2\right] \times$$

$$\times \frac{1 - \left(\dfrac{\mu_0}{\mu}\right)^2}{4 \dfrac{\mu_0}{\mu}}. \tag{3.509}$$

Das Feld in dem abgeschirmten Bereich ist

$$\boldsymbol{H}_i = -K_{11} \cos\vartheta \boldsymbol{e}_r + K_{11} \sin\vartheta \boldsymbol{e}_\vartheta = K_{11} \left[-\cos\vartheta \boldsymbol{e}_r + \sin\vartheta \boldsymbol{e}_\vartheta\right]. \tag{3.510}$$

Überall ist

$$|\boldsymbol{H}_i| = K_{11}. \tag{3.511}$$

$\boldsymbol{H}_i$ ist immer parallel zur Achse xx' gerichtet. Unter dem Abschirmungsfaktor versteht man die Größe

$$\zeta = \frac{H_0}{K_{11}} = \frac{\left(1 + \frac{\mu_0}{\mu}\right)^2 - \left(\frac{r_1}{r_2}\right)^2 \left(1 - \frac{\mu_0}{\mu}\right)^2}{4\,\frac{\mu_0}{\mu}}. \tag{3.512}$$

Im Bild 3.107 ist der Abschirmungsfaktor in Abhängigkeit von dem Verhältnis r_1 zu r_2 dargestellt.

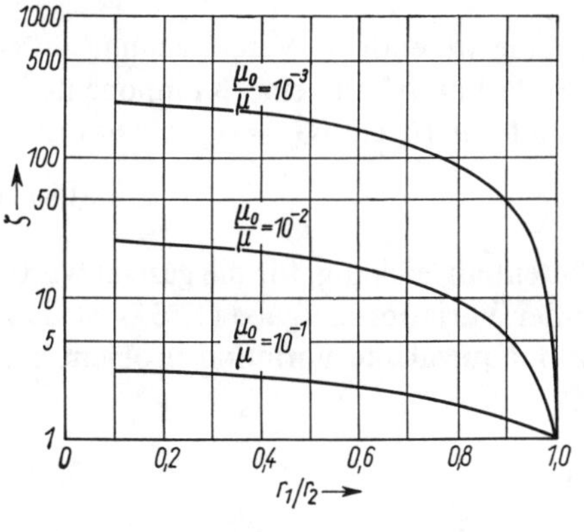

Bild 3.107

3.7. Numerische Verfahren zur Berechnung magnetischer Felder

Magnetische Felder können grundsätzlich mit allen numerischen Verfahren berechnet werden, die für elektrostatische Felder im Abschnitt 1.6. angegeben wurden.
Im folgenden wollen wir nur auf die Methode der finiten Elemente und auf die Methode der Sekundärquellen eingehen.

3.7.1. Methode der finiten Elemente

Aus (3.90), (3.114) und (3.218) folgt

$$\operatorname{rot}\left(\frac{1}{\mu}\operatorname{rot}\boldsymbol{W}\right) = \operatorname{grad}\left(\frac{1}{\mu}\right) \times \operatorname{rot}\boldsymbol{W} + \frac{1}{\mu}\operatorname{rot}\operatorname{rot}\boldsymbol{W}$$

$$= \operatorname{grad}\left(\frac{1}{\mu}\right) \times \operatorname{rot}\boldsymbol{W} + \frac{1}{\mu}\operatorname{grad}\operatorname{div}\boldsymbol{W} - \frac{1}{\mu}\Delta\boldsymbol{W} = \boldsymbol{G}_\varkappa. \tag{3.513}$$

Für μ = konst. (Materialeigenschaften werden über ein finites Element als konstant angenommen), und unter Heranziehung von (3.115) erhalten wir:

$$\Delta\boldsymbol{W} = -\mu\boldsymbol{G}_\varkappa. \tag{3.514}$$

Diese Gleichung kann in kartesischen Koordinaten (und nur in diesen) komponentenweise, also jeweils für die x-, y- bzw. z-Komponente, geschrieben werden:

$$\begin{aligned} \Delta W_x &= -\mu G_{\varkappa x}, \\ \Delta W_y &= -\mu G_{\varkappa y}, \\ \Delta W_z &= -\mu G_{\varkappa z}. \end{aligned} \tag{3.515}$$

Diese drei Gleichungen sind aber nicht unabhängig voneinander lösbar; denn nach (3.115) muß noch

$$\frac{\partial W_x}{\partial x} + \frac{\partial W_y}{\partial y} + \frac{\partial W_z}{\partial z} = 0 \tag{3.516}$$

gesichert werden.
Für ebene und rotationssymmetrische Felder ist eine wesentliche Vereinfachung möglich, die (3.516) überflüssig macht. Im ebenen Falle hat $\boldsymbol{W}$ nur eine Komponente in Richtung von z ($\boldsymbol{W} = W_z \boldsymbol{e}_z = W \boldsymbol{e}_z$). Wenn dies auch für $\boldsymbol{G}_\varkappa$ gilt ($\boldsymbol{G}_\varkappa = G_\varkappa \boldsymbol{e}_z$), dann ist

$$W = -\mu G_\varkappa. \tag{3.517}$$

Diese Gleichung entspricht der Poissonschen Differentialgleichung, für die gezeigt wurde (1.853), daß ihre Lösung äquivalent der Lösung der Variationsaufgabe (1.837) ist. Das (3.517) mit Dirichletschen Randbedingungen für W äquivalente Variationsproblem lautet somit:

$$I = \int_V [\tfrac{1}{2}(\operatorname{grad} W)^2 - \mu G_\varkappa W] \, \mathrm{d}V \to \text{Min!} \tag{3.518}$$

Die Anwendung der Methode der finiten Elemente zur numerischen Ermittlung des Vektorpotentials erfolgt dann völlig analog dem Vorgehen im Abschnitt 1.6.8. Allgemein lautet das äquivalente Variationsproblem

$$I = \int_V \left[\int_0^{|\operatorname{rot} \boldsymbol{W}|} \frac{B}{\mu(\boldsymbol{r}, B)} \mathrm{d}B - \boldsymbol{G}_\varkappa \boldsymbol{W} \right] \mathrm{d}V - \int_{A_n} \boldsymbol{\tau} \boldsymbol{W} \, \mathrm{d}A + \\ + \frac{1}{2\mu_0} \int_V (\operatorname{div} \boldsymbol{W})^2 \, \mathrm{d}V \to \text{Min!}, \tag{3.519}$$

wenn auf dem Randabschnitt A_n der Strombelag $\boldsymbol{\tau}$ (entspricht Neumannschen Randbedingungen für $\boldsymbol{W}$) und auf den übrigen Randabschnitten des Volumens V Dirichletsche Randbedingungen für $\boldsymbol{W}$ vorgegeben sind.

3.7.2. Anwendung der Methode der Sekundärquellen zur Berechnung stationärer magnetischer Felder

Magnetische Kreise enthalten im allgemeinen ferromagnetische Bereiche mit der Permeabilität μ_e und Luftbereiche mit der Permeabilität μ_0. Wenn man weit von der Sättigung entfernt ist und die Hystereseeigenschaften der ferromagnetischen Stoffe vernachlässigt, kann man μ_e = konst. annehmen und das Medium als bereichsweise homogen und linear betrachten.

Die Berechnung solcher Felder kann man mit der Methode der Sekundärquellen auf Felder, die sich ganz im homogenen Medium mit der Permeabilität μ_0 ausbilden, zurückführen.

Durch Einführung von Grenzflächenströmen kann man die Inhomogenität des Mediums beseitigen, ohne daß man dabei das Feld der Induktion $\boldsymbol{B}$ verändert (äquivalentes $\boldsymbol{B}$-Feld). Dies kann man durch eine einfache Schicht von Flächenströmen mit der Liniendichte $\boldsymbol{\tau}$ erreichen, die man an der ehemaligen Grenzfläche im ganzen homogenen Medium ($\mu = \mu_0$) so positioniert, daß die Grenzbedingungen hinsichtlich $\boldsymbol{B}$ erfüllt bleiben. Bild 3.108 zeigt einen Ausschnitt der Grenzschicht zwischen den Medien mit den Permeabilitäten μ_e und μ_0 und die äquivalente Schicht mit einem Strombelag mit der Liniendichte $\boldsymbol{\tau}$.

Für die Grenzschicht zweier Medien (μ_e, μ_0) gilt

$$B_{ne} = B_{n0},$$

$$B_{te} - \frac{\mu_e}{\mu_0} B_{t0} = 0. \tag{3.520}$$

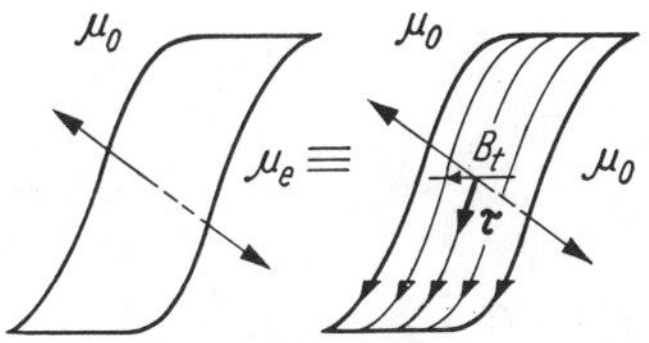

Bild 3.108

Für die Schicht mit dem Strombelag $\boldsymbol{\tau}$ im homogenen Medium ($\mu = \mu_0$) gilt

$$B_{ne} = B_{n0},$$

$$B_{te} - B_{t0} = \mu_0 \tau. \tag{3.521}$$

Für das äquivalente $\boldsymbol{B}$-Feld muß $\boldsymbol{\tau}$ so bestimmt werden, daß (3.520) und (3.521) identisch werden. Es wird die Hilfsgröße

$$B_t = \frac{1}{2}(B_{te} + B_{t0}) = \frac{1}{2}\left(\frac{\mu_e}{\mu_0} + 1\right) B_{t0} \tag{3.522}$$

eingeführt. Beim Verschwinden des Strombelags in einem Punkte der Grenzfläche wird

$$B_t = B_{te} = B_{t0}. \tag{3.523}$$

Hieraus erkennt man, daß die Hilfsgröße B_t gleich der Tangentialkomponente der Induktion des in diesem Punkte von allen übrigen (primären und sekundären) Strömen hervorgerufenen Magnetfeldes ist. Es folgt

$$B_{te} - B_{t0} = \left(\frac{\mu_e}{\mu_0} - 1\right) B_{t0} = \frac{2(\mu_e - \mu_0)}{\mu_e + \mu_0} B_t = \mu_0 \tau. \tag{3.524}$$

Somit ist

$$\tau = \frac{2(\mu_e - \mu_0)}{\mu_0(\mu_e + \mu_0)} B_t = \frac{2\lambda}{\mu_0} B_t \tag{3.525}$$

mit

$$\lambda = \frac{\mu_e - \mu_0}{\mu_e + \mu_0}. \tag{3.526}$$

Die Grenzbedingung für die Normalkomponente der Induktion bleibt dabei erfüllt, da die Normalkomponente der Induktion beim Durchgang durch eine einfache Stromschicht keinen Sprung erfährt. (3.525) kann benutzt werden, um an jeder Stelle der Grenzfläche die Linienstromdichte $\boldsymbol{\tau}$ der sekundären Ströme zu ermitteln.
Die Beziehung zwischen dem Vektor des Strombelags $\boldsymbol{\tau}$ und dem Vektor der Induktion $\boldsymbol{B}$ an dem betrachteten Punkt P ist aus Bild 3.109 ersichtlich. Die Ebene ist die Tangentialebene im P. Es ist

$$\boldsymbol{B}_t = \boldsymbol{n} \times (\boldsymbol{B} \times \boldsymbol{n}), \tag{3.527}$$

$$\boldsymbol{\tau} \perp \boldsymbol{B}_t, \tag{3.528}$$

$$\boldsymbol{\tau} = \frac{2\lambda}{\mu_0} \boldsymbol{B} \times \boldsymbol{n}. \tag{3.529}$$

Die Induktion $\boldsymbol{B}$ wird dabei durch alle Ströme, die das magnetische Feld hervorrufen, einschließlich der eingeführten Flächenströme mit der Liniendichte τ bestimmt.

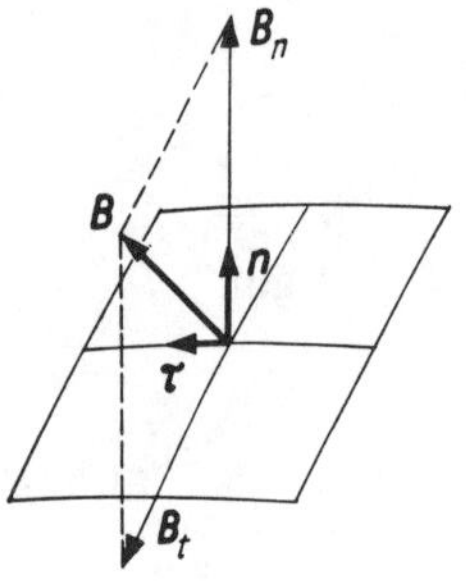

Bild 3.109

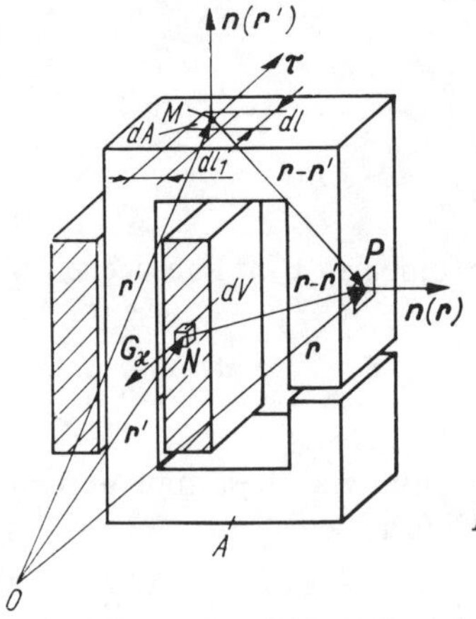

Bild 3.110

Das Verfahren wird am Beispiel eines einfachen magnetischen Kreises (Bild 3.110) erklärt.
Die Teilinduktion, die im Feldpunkt P von dem stromdurchflossenen Flächenelement in dem Quellpunkt M der Grenzfläche A hervorgerufen wird, ist

$$\mathrm{d}\boldsymbol{B}(\boldsymbol{r})_\tau = \frac{\mu_0 \delta i_\tau \, \mathrm{d}\boldsymbol{l} \times (\boldsymbol{r} - \boldsymbol{r}')}{4\pi \, |\boldsymbol{r} - \boldsymbol{r}'|^3}. \tag{3.530}$$

Für das Stromelement im Punkt M gilt folgende Überlegung: Der auf eine Breite $\mathrm{d}l_1$ (senkrecht zu $\boldsymbol{\tau}$) fließende Strom ist $\delta i_\tau = \tau \, \mathrm{d}l_1$. Das Stromelement $\delta i_\tau \, \mathrm{d}\boldsymbol{l}$ ($\mathrm{d}\boldsymbol{l}$ tangential zu $\boldsymbol{\tau}$) erhält man dann zu $\boldsymbol{\tau} \, \mathrm{d}l_1 \, \mathrm{d}l$. Da $\mathrm{d}\boldsymbol{l}$ senkrecht zu $\mathrm{d}\boldsymbol{l}_1$ ist, entspricht $\mathrm{d}l_1 \, \mathrm{d}l$ dem Flächenelement $\mathrm{d}A$. Das Stromelement ist somit

$$\delta i_\tau \, \mathrm{d}\boldsymbol{l} = \boldsymbol{\tau} \, \mathrm{d}l_1 \, \mathrm{d}l = \boldsymbol{\tau} \, \mathrm{d}A, \tag{3.531}$$

$$\delta i_\tau \, \mathrm{d}\boldsymbol{l} = \frac{2\lambda}{\mu_0} \boldsymbol{B}(\boldsymbol{r}') \times \boldsymbol{n}(\boldsymbol{r}') \, \mathrm{d}A. \tag{3.532}$$

Geht man mit (3.532) in (3.530) ein, dann erhält man

$$\mathrm{d}\boldsymbol{B}(\boldsymbol{r})_\tau = \frac{\lambda\,[\boldsymbol{B}(\boldsymbol{r}') \times \boldsymbol{n}(\boldsymbol{r}')] \times (\boldsymbol{r} - \boldsymbol{r}')\,\mathrm{d}A}{2\pi\,|\boldsymbol{r} - \boldsymbol{r}'|^3}. \tag{3.533}$$

Der gesamte Beitrag der Grenzflächenströme zur Induktion im Feldpunkt P ist dann

$$\boldsymbol{B}(\boldsymbol{r})_\tau = \frac{\lambda}{2\pi} \int_A \frac{[\boldsymbol{B}(\boldsymbol{r}') \times \boldsymbol{n}(\boldsymbol{r}')] \times (\boldsymbol{r} - \boldsymbol{r}')\,\mathrm{d}A}{|\boldsymbol{r} - \boldsymbol{r}'|^3}. \tag{3.534}$$

Die Teilinduktion, die im Feldpunkt P von einem stromdurchflossenen Leiterelement im Quellpunkt N der Erregerwicklung hervorgerufen wird, ist

$$\mathrm{d}\boldsymbol{B}(\boldsymbol{r})_i = \frac{\mu_0}{4\pi} \operatorname{rot}\left(\frac{\boldsymbol{G}_\varkappa\,\mathrm{d}V}{|\boldsymbol{r} - \boldsymbol{r}'|}\right). \tag{3.535}$$

Der gesamte Beitrag des Stromes der Erregerwicklung zur Induktion in dem Feldpunkt P ist dann

$$\boldsymbol{B}(\boldsymbol{r})_i = \frac{\mu_0}{4\pi} \int_V \operatorname{rot}\left(\frac{\boldsymbol{G}_\varkappa(\boldsymbol{r}')\,\mathrm{d}V}{|\boldsymbol{r} - \boldsymbol{r}'|}\right). \tag{3.536}$$

Die Gesamtinduktion im Feldpunkt P ist dann

$$\boldsymbol{B}(\boldsymbol{r}) = \boldsymbol{B}(\boldsymbol{r})_\tau + \boldsymbol{B}(\boldsymbol{r})_i. \tag{3.537}$$

Mit (3.534) und (3.536) ergibt (3.537) eine lineare Integralgleichung für die Induktion $\boldsymbol{B}$

$$\begin{aligned}\boldsymbol{B}(\boldsymbol{r}) - \frac{\lambda}{2\pi} \int_A \frac{[\boldsymbol{B}(\boldsymbol{r}') \times \boldsymbol{n}(\boldsymbol{r}')] \times (\boldsymbol{r} - \boldsymbol{r}')}{|\boldsymbol{r} - \boldsymbol{r}'|^3}\,\mathrm{d}A &= \frac{\mu_0}{4\pi} \int_V \operatorname{rot}\left(\frac{\boldsymbol{G}_\varkappa(\boldsymbol{r}')}{|\boldsymbol{r} - \boldsymbol{r}'|}\,\mathrm{d}V\right)\\ &= \frac{\mu_0}{4\pi} \int_V \frac{\boldsymbol{G}_\varkappa(\boldsymbol{r}') \times (\boldsymbol{r} - \boldsymbol{r}')}{|\boldsymbol{r} - \boldsymbol{r}'|^3}\,\mathrm{d}V,\end{aligned} \tag{3.538}$$

die man numerisch auswerten kann. Die Diskretisierung ergibt

$$\begin{aligned}&\boldsymbol{B}(\boldsymbol{r}_i) - \frac{\lambda}{2\pi} \sum_{j=1}^{n} \int_{A_j} [\boldsymbol{B}(\boldsymbol{r}_j) \times \boldsymbol{n}(\boldsymbol{r}')] \times \frac{(\boldsymbol{r}_i - \boldsymbol{r}')}{|\boldsymbol{r}_i - \boldsymbol{r}'|^3}\,\mathrm{d}A\\ &\quad = \frac{\mu_0}{4\pi} \int_V \frac{\boldsymbol{G}_\varkappa(\boldsymbol{r}') \times (\boldsymbol{r}_i - \boldsymbol{r}')}{|\boldsymbol{r}_i - \boldsymbol{r}'|^3}\,\mathrm{d}V; \qquad i = 1, \ldots, n.\end{aligned} \tag{3.539}$$

Damit liegen n Vektorgleichungen für die n unbekannten Induktionen $\boldsymbol{B}(\boldsymbol{r}_i)$ in den Mittelpunkten der Diskretisierungselemente A_i vor. Sie zu ermitteln, ist die Lösung eines linearen Gleichungssystems der Dimension 3 n erforderlich.
Ein Gleichungssystem mit der reduzierten Dimension $2n$ erhält man, wenn man statt der Induktion die Liniendichte der Oberflächenströme (Sekundärquellen) τ als Unbekannte verwendet. Mit (3.529) und (3.531) erhält man

$$\boldsymbol{B}(\boldsymbol{r})_\tau = \frac{\mu_0}{4\pi} \int_A \frac{\boldsymbol{\tau}(\boldsymbol{r}') \times (\boldsymbol{r} - \boldsymbol{r}')}{|\boldsymbol{r} - \boldsymbol{r}'|^3}\,\mathrm{d}A. \tag{3.540}$$

Nach Einsetzen von (3.540) in (3.538) und vektoriellem Durchmultiplizieren mit $2\lambda\,\boldsymbol{n}(\boldsymbol{r})/\mu_0$ erhält man

$$\boldsymbol{\tau}(\boldsymbol{r}) - \frac{\lambda}{2\pi}\int_A \frac{[\boldsymbol{\tau}(\boldsymbol{r}') \times (\boldsymbol{r} - \boldsymbol{r}')] \times \boldsymbol{n}(\boldsymbol{r})}{|\boldsymbol{r} - \boldsymbol{r}'|^3}\,\mathrm{d}A$$

$$= \frac{\lambda}{2\pi}\int_V \frac{\boldsymbol{G}_\varkappa(\boldsymbol{r}') \times (\boldsymbol{r} - \boldsymbol{r}')}{|\boldsymbol{r} - \boldsymbol{r}'|^3} \times \boldsymbol{n}(\boldsymbol{r})\,\mathrm{d}V. \tag{3.541}$$

Wenn man diese Gleichung diskretisiert, erhält man schließlich die lineare Integralgleichung in der Form

$$\boldsymbol{\tau}(\boldsymbol{r}_i) - \frac{\lambda}{2\pi}\sum_{j=1}^{n}\int_{A_j} \frac{[\boldsymbol{\tau}(\boldsymbol{r}_j) \times (\boldsymbol{r}_i - \boldsymbol{r}')] \times \boldsymbol{n}(\boldsymbol{r}_i)}{|\boldsymbol{r}_i - \boldsymbol{r}'|^3}\,\mathrm{d}A$$

$$= \frac{\lambda}{2\pi}\int_V \frac{[\boldsymbol{G}_\varkappa(\boldsymbol{r}') \times (\boldsymbol{r}_i - \boldsymbol{r}')]}{|\boldsymbol{r}_i - \boldsymbol{r}'|^3} \times \boldsymbol{n}(\boldsymbol{r}_i)\,\mathrm{d}V; \qquad i = 1, \dots, n. \tag{3.542}$$

Durch Lösung des Gleichungssystems (3.542) kann man die räumliche Verteilung der Flächendichte der Sekundärströme ermitteln. Aus ihr und der bekannten Stromdichte im Volumen der Erregerwicklung kann nunmehr die Induktion für jeden Punkt des Feldes ermittelt werden.

3.8. Integralparameter des magnetischen Feldes

3.8.1. Induktivität

3.8.1.1. Berechnung der Induktivität

Wenn wir einen beliebigen Stromkreis betrachten, so folgt aus dem Biot-Savartschen Gesetz (3.162), daß bei unveränderter Geometrie der betrachteten Anordnung zwischen der magnetischen Feldstärke an jeder beliebigen Stelle des Raumes und der Stromstärke im Kreis eine lineare Beziehung besteht. Bildet sich außerdem das magnetische Feld in einem Stoff aus, dessen Permeabilität konstant und unabhängig von der Feldstärke ist, dann ist die Induktion, die sich in jedem Punkte des Raumes einstellt, und somit auch der gesamte magnetische Fluß ebenfalls proportional der Stromstärke:

$$\Psi = LI. \tag{3.543}$$

Der Proportionalitätsfaktor L hängt von der geometrischen Form und den Abmessungen der Einrichtungen und von der Permeabilität des Stoffes, worin sich das magnetische Feld ausbildet, ab. Er wird als Induktionskoeffizient oder kurz als Induktivität des Stromkreises bezeichnet. Die Induktivität stellt somit einen integralen Parameter der betrachteten elektromagnetischen Einrichtung dar. Ihre Dimension ergibt sich aus (3.543) zu

$$[L] = \frac{[\Psi]}{[I]}. \tag{3.544}$$

Ihre Einheit beträgt

$$1\ \text{Henry (H)} = 1\,\frac{\text{V}\cdot\text{s}}{\text{A}} = 1\,\Omega\cdot\text{s}. \tag{3.545}$$

Einen allgemeinen Ausdruck für die Induktivität eines Stromkreises (Bild 3.111) kann man aus folgender Überlegung ableiten: Der magnetische Induktionsfluß, der eine Fläche durchsetzt, ist laut (3.127)

$$\Psi = \int_A \boldsymbol{B}\,\mathrm{d}\boldsymbol{A} = \int_A \operatorname{rot} \boldsymbol{W}\,\mathrm{d}\boldsymbol{A}. \tag{3.546}$$

Unter Anwendung des Stokesschen Satzes kann man den letzten Ausdruck folgendermaßen umformen:

$$\Psi = \oint_{l_1} \boldsymbol{W}\,\mathrm{d}\boldsymbol{l}_1. \tag{3.547}$$

Der Fluß, der eine beliebige Fläche A durchsetzt, ist also gleich dem Linienintegral des Vektorpotentials über die Umrandungslinie l_1 dieser Fläche. Führt man für das Vektorpotential den Ausdruck aus (3.125) ein, so erhält man bei einem Linienstrom mit

$$\boldsymbol{G}\,\mathrm{d}V = \boldsymbol{G}\,\mathrm{d}A\,\mathrm{d}\boldsymbol{l}_2 = I\,\mathrm{d}\boldsymbol{l}_2 \tag{3.548}$$

und

$$\boldsymbol{W} = \frac{\mu}{4\pi}\int_V \frac{\boldsymbol{G}\,\mathrm{d}V}{r} = \frac{\mu I}{4\pi}\oint_{l_2} \frac{\mathrm{d}\boldsymbol{l}_2}{r_{12}} \tag{3.549}$$

für den verketteten Fluß aus (3.547)

$$\Psi = \frac{\mu I}{4\pi}\oint_{l_1} \mathrm{d}\boldsymbol{l}_1 \oint_{l_2} \frac{\mathrm{d}\boldsymbol{l}_2}{r_{12}} = \frac{\mu I}{4\pi}\oint_{l_1}\oint_{l_2} \frac{\mathrm{d}\boldsymbol{l}_2\,\mathrm{d}\boldsymbol{l}_1}{r_{12}}. \tag{3.550}$$

Die Induktivität dieses Gebildes ist dann

$$L = \frac{\Psi}{I} = \frac{\mu}{4\pi}\oint_{l_1}\oint_{l_2} \frac{\mathrm{d}\boldsymbol{l}_1\,\mathrm{d}\boldsymbol{l}_2}{r_{12}}. \tag{3.551}$$

Die Ausführung der zweifachen Integration geht folgendermaßen vor sich: Für ein bestimmtes Leiterelement $\mathrm{d}l_1$ integriert man über alle Linienelemente $\mathrm{d}l_2$. Dieselbe Integration führt man der Reihe nach für alle Linienelemente $\mathrm{d}l_1$ des Stromkreises durch. Die Summe dieser Integrale ergibt das Doppelintegral in (3.551). Für kleine Querabmessungen des Leiters fallen die Umrandungen l_1 und l_2 nahezu zusammen. Die Umrandung l_1 darf jedoch nicht mit in die Achse des Leiters gelegt werden, da der Integrand in (3.551) dann eine Singularität enthält.

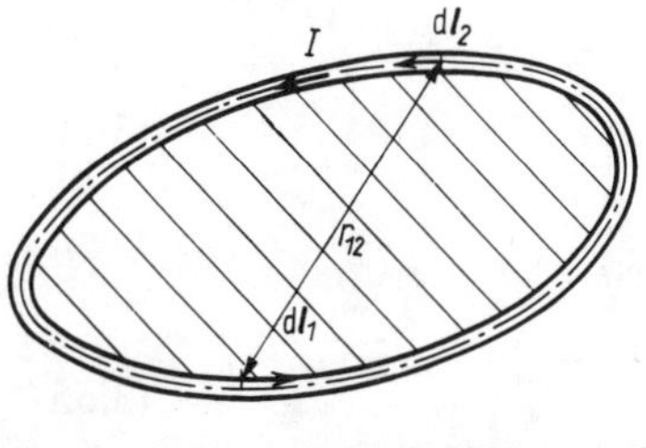

Bild 3.111

Da der Fluß nach (3.550) nur den Fluß außerhalb des Leiters darstellt und der sich im Innern des Leiters ausbildende Fluß vernachlässigt wurde, ergibt (3.551) nur die „äußere“ Induktivität. Im allgemeinen ist jedoch der Anteil der „inneren“ Induktivität vernachlässigbar. Eine Methode zur Berechnung der inneren Induktivität wird später erläutert (s. Abschn. 3.10.1.5.).

(3.551) zeigt, daß die Induktivität nur von der Permeabilität und der geometrischen Konfiguration abhängt. Obwohl diese Beziehung sehr übersichtlich ist, stößt die praktische Auswertung bereits bei den einfachsten Fällen auf größte Schwierigkeiten. Die Ermittlung der Induktivität ist im allgemeinen sehr kompliziert. Bei einigen einfachen Fällen läßt sich jedoch leicht eine Beziehung zwischen dem Fluß und dem Strom aufstellen und aus ihr die Induktivität berechnen.
Besonders einfach ist die Ermittlung der Induktivität bei elektromagnetischen Kreisen mit bekanntem magnetischem Widerstand. Hier gilt

$$\Phi = \frac{\Theta}{R_M} = \frac{wI}{R_M}, \tag{3.552}$$

$$\Psi = w\Phi = \frac{w^2 I}{R_M}, \tag{3.553}$$

d.h.

$$L = \frac{\Psi}{I} = \frac{w^2}{R_M}. \tag{3.554}$$

3.8.1.2. Einfache Beispiele für die Ermittlung der Induktivität

Induktivität der Ringspule

Die Induktivität einer Ringspule (Bild 3.112) wollen wir nach (3.554) bestimmen, die wir folgendermaßen umschreiben:

$$L = w^2 G_M. \tag{3.555}$$

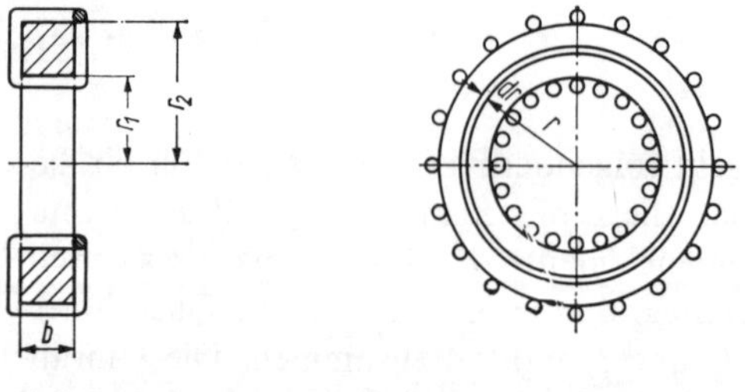

Bild 3.112

G_M bedeutet dabei der magnetische Leitwert des Kreises. Der magnetische Leitwert eines ringförmigen Ausschnitts aus dem Kern mit dem Radius r, der Wandstärke dr und der Breite b ist

$$dG_M = \frac{\mu b \, dr}{2\pi r}. \tag{3.556}$$

Hiermit finden wir für die Leitfähigkeit des ganzen Kerns:

$$G_M = \frac{\mu b}{2\pi} \int_{r_1}^{r_2} \frac{dr}{r} = \frac{\mu b}{2\pi} \ln \frac{r_2}{r_1}. \tag{3.557}$$

Die Induktivität beträgt dann laut (3.555)

$$L = \frac{\mu w^2 b}{2\pi} \ln \frac{r_2}{r_1}. \tag{3.558}$$

Wenn wir Zähler und Nenner dieser Gleichung mit $(r_2 - r_1)$ multiplizieren, erhalten wir

$$L = \frac{\mu w^2 b\,(r_2 - r_1)}{2\pi \dfrac{(r_2 - r_1)}{\ln r_2/r_1}} = \frac{\mu w^2 A}{2\pi r_m}. \tag{3.559}$$

In dieser Gleichung ist A der Querschnitt des Kerns und

$$r_m = \frac{r_2 - r_1}{\ln r_2/r_1} \tag{3.560}$$

ein mittlerer Radius des Ringkerns, der vom arithmetischen Mittelwert der Radien

$$r_a = \frac{r_2 + r_1}{2} \tag{3.561}$$

abweicht. Die Abweichung ist um so größer, je unterschiedlicher r_1 und r_2 sind.

Induktivität der langen Spule

Die Induktivität einer Spule, deren Länge groß im Vergleich zu ihrem Durchmesser ist, bestimmt man näherungsweise über den magnetischen Widerstand. Außerhalb der Spule ist der Querschnitt, der zur Ausbildung des Flusses zur Verfügung steht, sehr groß, so daß man den Widerstand des Außenraums vernachlässigen kann. Der magnetische Widerstand beträgt unter diesen Voraussetzungen angenähert

$$R_M \approx \frac{1}{\mu}\frac{l}{A}. \tag{3.562}$$

Dabei bedeuten A den Querschnitt und l die Länge der Spule. Die Induktivität ist dann

$$L \approx \frac{\mu w^2 A}{l}. \tag{3.563}$$

Induktivität des koaxialen Kabels

Im folgenden wollen wir die Induktivität eines koaxialen Kabels (Bild 3.113) bestimmen. Die Länge des Kabels sei l. Der Strom wird durch die Kabelader hingeführt und durch den Kabelmantel zurückgeleitet. Hierbei wollen wir das magnetische Feld im Leiter selbst vernachlässigen und die Induktivität angenähert als das Verhältnis des magnetischen Flusses im Leiterzwischenraum zum Strom angeben.
Das magnetische Feld ist in diesem Fall rotationssymmetrisch. Nach dem Durchflutungsgesetz ist im Abstand r vom Zentrum des Kabels die magnetische Feldstärke

$$|\boldsymbol{H}| = \frac{I}{2\pi r}. \tag{3.564}$$

Wenn die Permeabilität des isolierenden Zwischenraums μ beträgt, so ist die Dichte des magnetischen Induktionsflusses an der betrachteten Stelle

$$|\boldsymbol{B}| = \frac{\mu I}{2\pi r}. \tag{3.565}$$

Der magnetische Induktionsfluß in dem Raum zwischen r und $r + \mathrm{d}r$ längs des Kabels ist

$$\mathrm{d}\Phi = |\boldsymbol{B}|\,\mathrm{d}A = |\boldsymbol{B}|\,l\,\mathrm{d}r = \frac{\mu I l}{2\pi r}\,\mathrm{d}r \tag{3.566}$$

und der magnetische Induktionsfluß in dem Leiterzwischenraum

$$\Phi = \frac{\mu I l}{2\pi}\int_{r_1}^{r_2}\frac{\mathrm{d}r}{r} = \frac{\mu I l}{2\pi}\ln\frac{r_2}{r_1}. \tag{3.567}$$

Die Induktivität beträgt daher

$$L = \frac{\Phi}{I} = \frac{\mu l}{2\pi}\ln\frac{r_2}{r_1}. \tag{3.568}$$

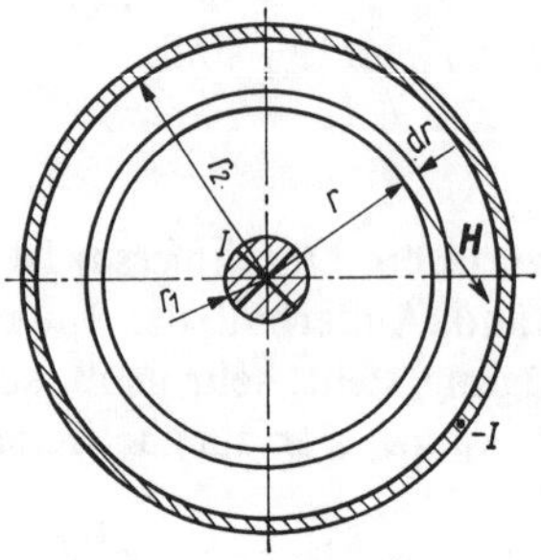

Bild 3.113

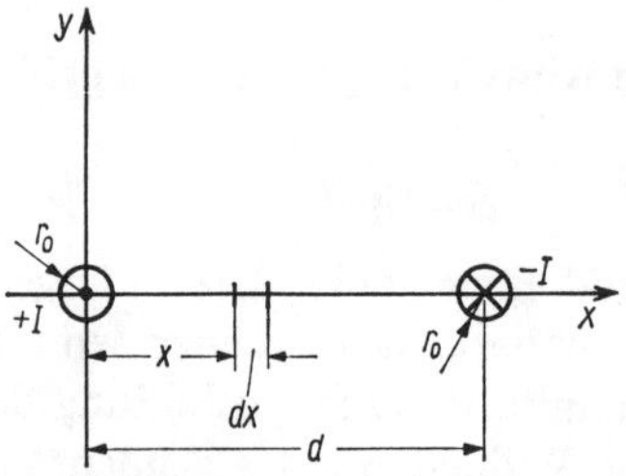

Bild 3.114

Induktivität der Doppelleitung

Bild 3.114 stellt eine Doppelleitung dar. Die magnetische Feldstärke an einer Stelle x längs der Verbindungslinie der beiden parallelen Leiter ist durch (3.396) gegeben. Die Induktion an dieser Stelle beträgt

$$|\boldsymbol{B}| = \frac{\mu I}{2\pi}\left(\frac{1}{x} + \frac{1}{d - x}\right). \tag{3.569}$$

Der magnetische Induktionsfluß in einem dünnen Streifen von der Breite $\mathrm{d}x$ und der Länge l, der in der betrachteten Ebene parallel zu den Leitern verläuft, ist

$$\mathrm{d}\Phi = |\boldsymbol{B}|\,l\,\mathrm{d}x = \frac{\mu I l}{2\pi}\left(\frac{1}{x} + \frac{1}{d - x}\right)\mathrm{d}x. \tag{3.570}$$

Der Fluß zwischen den Leitern ist

$$\Phi = \frac{\mu I l}{2\pi}\int_{r_0}^{d-r_0}\left(\frac{1}{x} + \frac{1}{d - x}\right)\mathrm{d}x = \frac{\mu I l}{\pi}\ln\frac{d - r_0}{r_0}. \tag{3.571}$$

Unter Vernachlässigung des Flusses, der sich in den Leitern selbst ausbildet, ist die Induktivität

$$L = \frac{\Phi}{I} = \frac{\mu l}{\pi}\ln\frac{d - r_0}{r_0}. \tag{3.572}$$

Bei Freileitungen ist $r_0 \ll d$, so daß mit genügender Genauigkeit

$$L = \frac{\Phi}{I} = \frac{\mu l}{\pi} \ln \frac{d}{r_0} \tag{3.573}$$

gilt.

3.8.2. Gegeninduktivität

3.8.2.1. Berechnung der Gegeninduktivität

Im Bild 3.115 werden zwei Stromkreise komplizierten Verlaufs gezeigt, die ihre gegenseitige Anordnung unverändert beibehalten sollen. Der erste Kreis sei stromdurchflossen, der zweite nicht. Es entsteht ein magnetischer Fluß Φ_1, dessen Größe proportional dem Strom I_1 ist. Ein Teil Φ_{12} dieses Flusses durchsetzt den zweiten Stromkreis. Dieser Teilfluß ist ebenfalls proportional dem Strom I_1. Hieraus ergibt sich ein mit dem zweiten Stromkreis verketteter Fluß Ψ_{12}, der sich aus den Teilflüssen zusammensetzt, die mit den einzelnen Windungen des zweiten Stromkreises verkettet sind. Zwischen dem verketteten Fluß Ψ_{12} und dem Strom I_1 besteht ebenfalls Proportionalität. Es gilt

$$\Psi_{12} = M_{12} I_1. \tag{3.574}$$

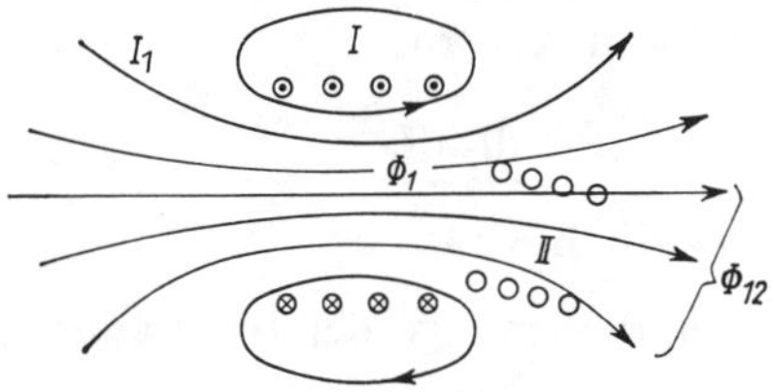

Bild 3.115

Den Proportionalitätsfaktor M_{12} nennt man die Gegeninduktivität zwischen den Kreisen 1 und 2. Man kann nun die Rollen der Kreise vertauschen und die Beziehung

$$\Psi_{21} = M_{21} I_2 \tag{3.575}$$

aufstellen. M_{21} nennt man die Gegeninduktivität zwischen den Kreisen 2 und 1. Die Dimension der Gegeninduktivität ergibt sich aus (3.574) bzw. (3.575) zu

$$[M] = \frac{[\Psi]}{[I]}. \tag{3.576}$$

Die Einheit der Gegeninduktivität ist

$$1 \text{ Henry (H)} = 1 \frac{\text{V}\cdot\text{s}}{\text{A}} = 1\,\Omega\cdot\text{s}. \tag{3.577}$$

Der Fluß, der von dem ersten (stromdurchflossenen) Leiter erzeugt wird und mit dem zweiten (stromlosen) Leiter verkettet ist, beträgt entsprechend (3.517)

$$\Psi_{12} = \oint_{l_2} \boldsymbol{W}\, \mathrm{d}\boldsymbol{l}_2. \tag{3.578}$$

Das Linienintegral wird längs des zweiten Leiters gebildet. Wenn wir bedenken, daß das Vektorpotential durch den Strom in dem ersten Leiter bedingt wird, können wir das Vektorpotential durch den Ausdruck

$$W = \frac{\mu I_1}{4\pi} \oint_{l_1} \frac{dl_1}{r_{12}} \tag{3.579}$$

angeben. Durch Einsetzen in (3.578) erhalten wir

$$\Psi_{12} = \frac{\mu I_1}{4\pi} \oint_{l_2} \oint_{l_1} \frac{dl_1\, dl_2}{r_{12}}. \tag{3.580}$$

Hieraus können wir die Gegeninduktivität in allgemeiner Form angeben:

$$M_{12} = \frac{\Psi_{12}}{I_1} = \frac{\mu}{4\pi} \oint_{l_1} \oint_{l_2} \frac{dl_1\, dl_2}{r_{12}}. \tag{3.581}$$

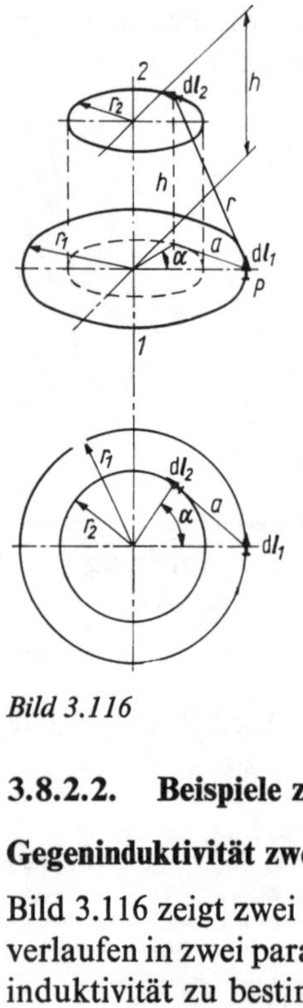

Bild 3.116

Dieser Ausdruck hängt nur von der Permeabilität des Stoffes, in dem sich das magnetische Feld ausbildet, und von der geometrischen Konfiguration der Einrichtung ab. Da sich die Integrationswege l_1 und l_2 auf zwei verschiedene Stromkreise beziehen, können sie hier in die Achsen der Leiter gelegt werden.
Für M_{21} erhalten wir einen analogen Ausdruck:

$$M_{21} = \frac{\Psi_{21}}{I_2} = \frac{\mu}{4\pi} \oint_{l_2} \oint_{l_1} \frac{dl_2\, dl_1}{r_{21}}. \tag{3.582}$$

Wegen der Vertauschbarkeit der Reihenfolge der Integrationen gilt

$$M_{12} = M_{21} = M. \tag{3.583}$$

(3.581) bzw. (3.582) ist unter dem Namen Neumannsche Gleichung bekannt. Die Neumannsche Gleichung gilt nur unter der Voraussetzung einer von der Feldstärke unabhängigen Permeabilität.

3.8.2.2. Beispiele zur Berechnung von Gegeninduktivitäten

Gegeninduktivität zweier koaxialer linienhafter Ringstromkreise

Bild 3.116 zeigt zwei koaxiale linienhafte Ringstromkreise mit den Radien r_1 und r_2. Sie verlaufen in zwei parallelen Ebenen, die im Abstand h voneinander liegen. Um die Gegeninduktivität zu bestimmen, geht man von der Neumannschen Gleichung aus:

$$M = \frac{\mu_0}{4\pi} \oint_{l_1} \oint_{l_2} \frac{dl_1\, dl_2}{r} = \frac{\mu_0}{4\pi} \oint_{l_1} \oint_{l_2} \frac{dl_1\, dl_2 \cos\alpha}{r}. \tag{3.584}$$

Hierbei bedeutet α den Winkel, den dl_1 und dl_2 miteinander einschließen. Zuerst wird bei festem dl_1 (z.B. im Punkt P) über dl_2 integriert:

$$M = \frac{\mu_0}{4\pi} \oint_{l_1} \oint_{l_2} \frac{\cos\alpha\, dl_2}{r}\, dl_1. \tag{3.585}$$

Für jedes dl_1 hat das Integral über l_2 denselben Wert. Daher kann man schreiben

$$M = \frac{\mu_0}{4\pi} \oint_{l_2} \frac{\cos\alpha \, dl_2}{r} \oint_{l_1} dl_1 = \frac{\mu_0 r_1}{2} \oint_{l_2} \frac{\cos\alpha \, dl_2}{r}. \tag{3.586}$$

Nun ist aber

$$dl_2 = r_2 \, d\alpha, \tag{3.587}$$

$$r = \sqrt{h^2 + a^2}, \tag{3.588}$$

$$a = \sqrt{r_1^2 + r_2^2 - 2r_1 r_2 \cos\alpha}. \tag{3.589}$$

Damit wird

$$M = \frac{\mu_0 r_1 r_2}{2} \int_0^{2\pi} \frac{\cos\alpha \, d\alpha}{\sqrt{h^2 + r_1^2 + r_2^2 - 2r_1 r_2 \cos\alpha}}. \tag{3.590}$$

Es wird folgende Substitution vorgenommen:

$$\alpha = \pi - 2\Theta. \tag{3.591}$$

Dann ist

$$d\alpha = -2 \, d\Theta, \tag{3.592}$$

$$\cos\alpha = \cos(\pi - 2\Theta) = -\cos 2\Theta = 2\sin^2\Theta - 1. \tag{3.593}$$

Geht man damit in (3.590) ein, dann erhält man

$$\begin{aligned} M &= \frac{\mu_0 r_1 r_2}{2} \int_{\pi/2}^{-(\pi/2)} \frac{(2\sin^2\Theta - 1)(-2\, d\Theta)}{\sqrt{h^2 + r_1^2 + r_2^2 - 2r_1 r_2 (2\sin^2\Theta - 1)}} \\ &= \mu_0 r_1 r_2 \int_{-(\pi/2)}^{+(\pi/2)} \frac{(2\sin^2\Theta - 1)\, d\Theta}{\sqrt{h^2 + r_1^2 + r_2^2 - 4r_1 r_2 \sin^2\Theta + 2r_1 r_2}} \\ &= \frac{2\mu_0 r_1 r_2}{2\sqrt{2r_1 r_2 + h^2 + r_1^2 + r_2^2}} \int_{-(\pi/2)}^{+(\pi/2)} \frac{(2\sin^2\Theta - 1)\, d\Theta}{\sqrt{1 - \dfrac{4r_1 r_2}{2r_1 r_2 + h^2 + r_1^2 + r_2^2} \sin^2\Theta}}. \end{aligned} \tag{3.594}$$

Führt man die Abkürzung

$$\lambda^2 = \frac{4r_1 r_2}{2r_1 r_2 + h^2 + r_1^2 + r_2^2} \tag{3.595}$$

ein, dann wird, da der Integrand eine gerade Funktion ist,

$$M = \frac{\sqrt{r_1 r_2}\, \mu_0 \lambda}{2} \int_{-(\pi/2)}^{+(\pi/2)} \frac{(2\sin^2\Theta - 1)\, d\Theta}{\sqrt{1 - \lambda^2 \sin^2\Theta}} = \sqrt{r_1 r_2}\, \mu_0 \lambda \int_0^{\pi/2} \frac{(2\sin^2\Theta - 1)\, d\Theta}{\sqrt{1 - \lambda^2 \sin^2\Theta}}. \tag{3.596}$$

Nun ist aber

$$\frac{2\sin^2\Theta - 1}{\sqrt{1 - \lambda^2 \sin^2\Theta}} = \frac{2 - \lambda^2}{\lambda^2} \frac{1}{\sqrt{1 - \lambda^2 \sin^2\Theta}} - \frac{2}{\lambda^2} \sqrt{1 - \lambda^2 \sin^2\Theta}. \tag{3.597}$$

Geht man damit in (3.596) ein, dann erhält man

$$M = \sqrt{r_1 r_2}\,\mu_0 \left[\left(\frac{2}{\lambda} - \lambda\right)\int_0^{\pi/2} \frac{d\Theta}{\sqrt{1 - \lambda^2 \sin^2 \Theta}} - \frac{2}{\lambda}\int_0^{\pi/2} \sqrt{1 - \lambda^2 \sin^2 \Theta}\, d\Theta\right]$$

$$= \mu_0 \sqrt{r_1 r_2}\left[\left(\frac{2}{\lambda} - \lambda\right) K(\lambda) - \frac{2}{\lambda} E(\lambda)\right] = \mu_0 \sqrt{r_1 r_2}\, f(\lambda) \tag{3.598}$$

mit

$$f(\lambda) = \left(\frac{2}{\lambda} - \lambda\right) K(\lambda) - \frac{2}{\lambda} E(\lambda). \tag{3.599}$$

Hier bedeutet $K(\lambda)$ das vollständige elliptische Integral erster Gattung, $E(\lambda)$ das vollständige elliptische Integral zweiter Gattung. Sie sind tabelliert.
$f(\lambda)$ in Abhängigkeit von λ ist im Bild 3.117 dargestellt.

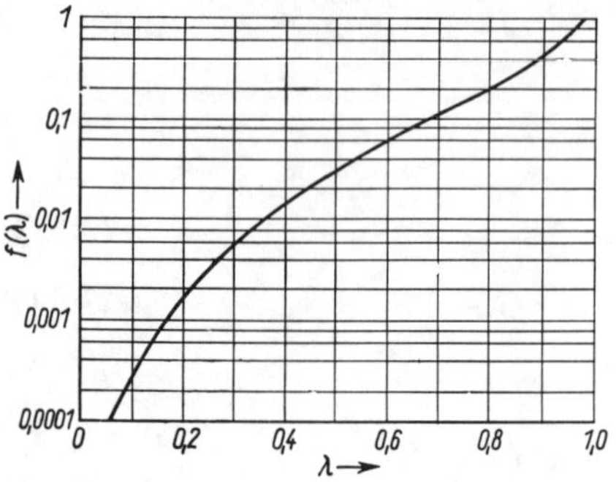

Bild 3.117

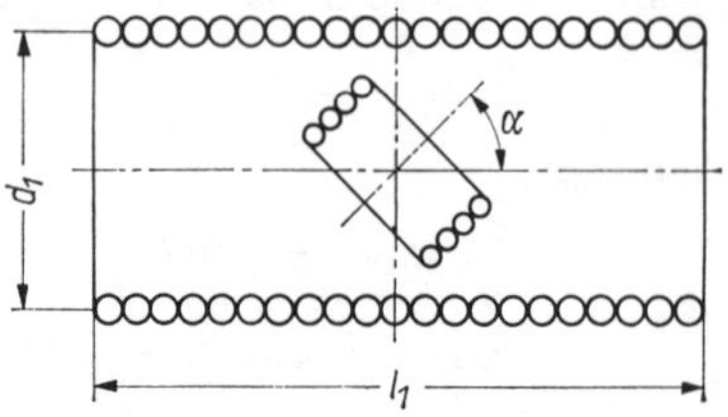

Bild 3.118

Gegeninduktivität zweier ineinanderliegender Spulen

Bild 3.118 zeigt zwei ineinanderliegende Spulen mit kreisförmigem Querschnitt, deren Achsen den Winkel α einschließen. Die zweite Spule liegt in der Mitte der ersten Spule. Die Feldstärke in der Mitte der äußeren, stromführenden Spule, die w_1 Windungen habe, ist durch (3.435) gegeben. Die Induktion an dieser Stelle beträgt

$$|\boldsymbol{B}| = \frac{\mu I w_1}{l_1 \sqrt{1 + \left(\dfrac{d_1}{l_1}\right)^2}}. \tag{3.600}$$

Unter der Annahme, daß die Induktion in der Mitte der ersten Spule über den Querschnitt konstant ist, bestimmen wir den Fluß, der die zweite Spule durchsetzt, zu

$$\Phi_{12} = \frac{\mu I w_1 A_2}{l_1 \sqrt{1 + \left(\dfrac{d_1}{l_1}\right)^2}} \cos\alpha. \tag{3.601}$$

Nimmt man weiter an, daß alle Windungen der zweiten Spule mit diesem Fluß verkettet sind, so ist der mit der zweiten Spule verkettete Fluß

$$\Psi_{12} = w_2 \Phi_{12} = \frac{\mu I w_1 w_2}{l_1 \sqrt{1 + \left(\dfrac{d_1}{l_1}\right)^2}} A_2 \cos\alpha. \tag{3.602}$$

Die Gegeninduktivität beträgt dann

$$M_{12} = \frac{\mu w_1 w_2}{l_1 \sqrt{1 + \left(\frac{d_1}{l_1}\right)^2}} A_2 \cos \alpha . \tag{3.603}$$

Ist $d_1 \ll l_1$, dann kann man die Näherung

$$\frac{1}{\sqrt{1 + \left(\frac{d_1}{l_1}\right)^2}} \approx 1 - \frac{1}{2}\left(\frac{d_1}{l_1}\right)^2 = \left(1 - \frac{2A_1}{\pi l_1^2}\right) \tag{3.604}$$

einführen und für die Gegeninduktivität den Ausdruck

$$M_{12} = \frac{\mu w_1 w_2}{l_1} A_2 \left(1 - \frac{2A_1}{\pi l_1^2}\right) \cos \alpha \tag{3.605}$$

angeben. A_1 und A_2 sind die Querschnitte der Spulen. Durch Ändern des Winkels α kann die Gegeninduktivität geändert werden (Variometer).

Gegeninduktivität zweier paralleler Doppelleitungen

Im folgenden wollen wir die Gegeninduktivität zweier paralleler Doppelleitungen (Bild 3.119) bestimmen. Wir wollen dabei annehmen, daß die Doppelleitung *ab* den Strom *I* führt, während die Doppelleitung *cd* stromlos ist. Der mit der Doppelleitung *cd* verkettete Induktionsfluß ist gleich der Summe der Teilflüsse, die in dem Zwischenraum $c-d$ infolge des Stromes *I* im Leiter *a* und $-I$ im Leiter *b* hervorgerufen werden. Die magnetische Induktion in einer Entfernung *r* von einem geraden stromdurchflossenen Leiter ist

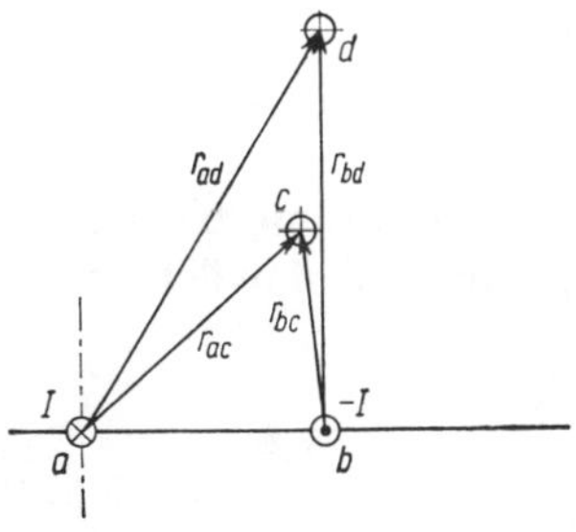

Bild 3.119

$$|\boldsymbol{B}| = \mu\,|\boldsymbol{H}| = \frac{\mu I}{2\pi r}. \tag{3.606}$$

Der Teilfluß durch die Fläche *c–d*, der von dem Strom *I* im Leiter *a* herrührt, ist

$$\Phi' = \int_{r_{ac}}^{r_{ad}} \frac{\mu I l}{2\pi r}\, \mathrm{d}r = \frac{I\mu l}{2\pi} \ln \frac{r_{ad}}{r_{ac}}. \tag{3.607}$$

Der Teilfluß durch dieselbe Fläche, der von dem Strom $-I$ im Leiter *b* verursacht wird, ist

$$\Phi'' = -\int_{r_{bc}}^{r_{bd}} \frac{\mu I l}{2\pi r}\, \mathrm{d}r = -\frac{I\mu l}{2\pi} \ln \frac{r_{bd}}{r_{bc}}. \tag{3.608}$$

Dabei bedeutet *l* die Länge der Doppelleitungen.
Der mit dem Kreis *c–d* verkettete Induktionsfluß ist

$$\Phi_{cd} = \Phi' + \Phi'' = I \frac{\mu l}{2\pi} \ln \frac{r_{ad}}{r_{ac}} \frac{r_{bc}}{r_{bd}}. \tag{3.609}$$

Die Gegeninduktivität der Doppelleitung beträgt

$$M = \frac{\Phi_{cd}}{I} = \frac{\mu l}{2\pi} \ln \frac{r_{ad}}{r_{ac}} \frac{r_{bc}}{r_{bd}}. \tag{3.610}$$

3.9. Selbstinduktion und Gegeninduktion

3.9.1. Selbstinduktion

Wenn sich der Strom in einem Stromkreis zeitlich ändert, ändert sich auch der mit ihm verkettete Induktionsfluß. Das hat zur Folge, daß in dem Stromleiter laut (3.51) eine elektromotorische Kraft induziert wird. In diesem Falle erscheint die Induktion der EMK im Leiter nicht infolge der Änderung eines fremden Feldes, sondern infolge der Änderung des eigenen Feldes. Aus diesem Grund führt die Erscheinung den Namen Selbstinduktion.
In Gebieten, in denen die Permeabilität unabhängig von der Stromstärke ist, ist der magnetische Fluß proportional der Stromstärke (3.543). Führt man den Fluß aus (3.543) in das Induktionsgesetz (3.51) ein, so erhält man

$$e = -\frac{\mathrm{d}\Psi}{\mathrm{d}t} = -L \frac{\mathrm{d}i}{\mathrm{d}t}. \tag{3.611}$$

Ist die Permeabilität nicht unabhängig von der magnetischen Feldstärke, so verliert (3.543) ihren Sinn. In solchen Fällen ist die Induktivität keine Konstante mehr, sondern eine Größe, die selbst von der Feldstärke und somit von dem Strom abhängt. Unter diesen Voraussetzungen geht (3.611) in

$$e = -\frac{\mathrm{d}}{\mathrm{d}t}(Li) = -\left(L \frac{\mathrm{d}i}{\mathrm{d}t} + i \frac{\mathrm{d}L}{\mathrm{d}i} \frac{\mathrm{d}i}{\mathrm{d}t}\right) = -\left(L + i \frac{\mathrm{d}L}{\mathrm{d}i}\right) \frac{\mathrm{d}i}{\mathrm{d}t} \tag{3.612}$$

über.

3.9.2. Gegeninduktion

Wenn ein Stromkreis mit dem Teilfluß Ψ_{21}, der von einem zweiten Stromkreis hervorgerufen wird, verkettet ist und wenn sich der Fluß Ψ_{21} zeitlich ändert, wird in dem ersten Kreis nach dem Induktionsgesetz eine EMK induziert.
Sie beträgt

$$e_1 = -\frac{\mathrm{d}\Psi_{21}}{\mathrm{d}t}. \tag{3.613}$$

Nun besteht zwischen dem Teilfluß Ψ_{21} und dem Strom, der ihn hervorruft, eine lineare Beziehung (3.575). Der Proportionalitätsfaktor stellt die Gegeninduktivität dar. Geht man mit (3.575) in (3.613) ein, so erhält man

$$e_1 = -M \frac{\mathrm{d}i_2}{\mathrm{d}t}. \tag{3.614}$$

Diese Erscheinung nennt man Gegeninduktion. Führen beide Kreise gleichzeitig zeitlich veränderliche Ströme, dann werden in ihnen die elektromotorischen Kräfte

$$e_1 = -\left(L_1 \frac{\mathrm{d}i_1}{\mathrm{d}t} + M \frac{\mathrm{d}i_2}{\mathrm{d}t}\right) \tag{3.615}$$

bzw.

$$e_2 = -\left(L_2 \frac{di_2}{dt} + M \frac{di_1}{dt}\right) \tag{3.616}$$

induziert.

3.9.3. Streufaktor und Kopplungsgrad

Wenn der ganze magnetische Fluß, der von dem ersten Stromkreis hervorgerufen wird, den zweiten Stromkreis durchsetzt, dann ist

$$\Phi_1 = \Phi_{12}, \tag{3.617}$$

$$\frac{\Psi_1}{\Psi_{12}} = \frac{w_1\Phi_1}{w_2\Phi_{12}} = \frac{L_1 i_1}{M i_1}, \tag{3.618}$$

d.h.

$$\frac{w_1}{w_2} = \frac{L_1}{M}. \tag{3.619}$$

Durchsetzt umgekehrt der ganze Fluß, der von dem zweiten Stromkreis herrührt, den ersten Kreis, dann ist

$$\Phi_2 = \Phi_{21}, \tag{3.620}$$

$$\frac{\Psi_2}{\Psi_{21}} = \frac{w_2\Phi_2}{w_1\Phi_{21}} = \frac{L_2 i_2}{M i_2}, \tag{3.621}$$

d.h.

$$\frac{w_2}{w_1} = \frac{L_2}{M}. \tag{3.622}$$

Es ist offensichtlich

$$\frac{M}{L_1} = \frac{L_2}{M}, \tag{3.623}$$

$$M = \sqrt{L_1 L_2}. \tag{3.624}$$

Nun durchsetzt aber im allgemeinen nur ein Teil des Flusses, der von dem einen Stromkreis herrührt, den anderen, so daß

$$M^2 < L_1 L_2 \tag{3.625}$$

ist. Die Größe

$$\sigma = \frac{L_1 L_2 - M^2}{L_1 L_2} = 1 - \frac{M^2}{L_1 L_2}, \tag{3.626}$$

die ein Maß für die Streuung darstellt, nennt man den Streugrad.
Als Kopplungsgrad wird die Größe

$$k = \sqrt{1 - \sigma} = \frac{M}{\sqrt{L_1 L_2}} \tag{3.627}$$

bezeichnet.

Den gesamten Fluß des ersten Kreises, d.h. den gesamten primären Fluß, kann man als Summe des primären Hauptflusses, der auch den zweiten Kreis durchsetzt, und des primären Streuflusses, der außerhalb des zweiten Kreises verläuft, darstellen:

$$\Phi_1 = \Phi_{12} + \Phi_{1\sigma}. \tag{3.628}$$

Wenn wir beide Seiten dieser Gleichung mit w_1/i_1 multiplizieren, erhalten wir

$$\frac{\Phi_1 w_1}{i_1} = \frac{\Phi_{12} w_1}{i_1} + \frac{\Phi_{1\sigma} w_1}{i_1}, \tag{3.629}$$

$$L_1 = L_{h1} + L_{\sigma 1}. \tag{3.630}$$

Die Induktivität des ersten Kreises, die primäre Induktivität L_1, ist also als Summe der primären Hauptinduktivität L_{h1} und der primären Streuinduktivität $L_{\sigma 1}$ darzustellen. Entsprechend kann man auch bei dem zweiten, sekundären Kreis vorgehen:

$$\frac{\Phi_2 w_2}{i_2} = \frac{\Phi_{21} w_2}{i_2} + \frac{\Phi_{2\sigma} w_2}{i_2}, \tag{3.631}$$

$$L_2 = L_{h2} + L_{\sigma 2}. \tag{3.632}$$

Φ_2 ist der gesamte sekundäre Fluß, Φ_{21} ist der sekundäre Hauptfluß und $\Phi_{2\sigma}$ der sekundäre Streufluß. L_2 ist die sekundäre Induktivität, L_{h2} die sekundäre Hauptinduktivität und $L_{\sigma 2}$ die sekundäre Streuinduktivität. Die Gegeninduktivität

$$M = \frac{w_2 \Phi_{12}}{i_1} = \frac{w_1 \Phi_{21}}{i_2} \tag{3.633}$$

kann man dann durch die Hauptinduktivitäten ausdrücken:

$$M = L_{h1} \frac{w_2}{w_1} = L_{h2} \frac{w_1}{w_2}, \tag{3.634}$$

$$M = \sqrt{L_{h1} L_{h2}}. \tag{3.635}$$

Aus (3.630), (3.632) und (3.634) folgt

$$L_{\sigma 1} = L_1 - L_{h1} = L_1 - M \frac{w_1}{w_2}, \tag{3.636}$$

$$L_{\sigma 2} = L_2 - L_{h2} = L_2 - M \frac{w_2}{w_1}, \tag{3.637}$$

$$\frac{L_{h1}}{L_{h2}} = \frac{w_1^2}{w_2^2}. \tag{3.638}$$

Geht man mit (3.630), (3.632) und (3.635) in (3.626) ein, so erhält man

$$\sigma = \frac{(L_{h1} + L_{\sigma 1})(L_{h2} + L_{\sigma 2}) - L_{h1} L_{h2}}{(L_{h1} + L_{\sigma 1})(L_{h2} + L_{\sigma 2})}. \tag{3.639}$$

Bei fester Kopplung beider Kreise sind die Streuflüsse klein gegenüber den Hauptflüssen; somit ist auch die Streuinduktivität klein gegenüber den Hauptinduktivitäten.

Unter dieser Voraussetzung gilt

$$\sigma \approx \frac{L_{\sigma 1}}{L_{h1}} + \frac{L_{\sigma 2}}{L_{h2}} \approx \frac{L_{\sigma 1}}{L_1} + \frac{L_{\sigma 2}}{L_2} \approx \sigma_1 + \sigma_2. \tag{3.640}$$

Die Größen

$$\sigma_1 = \frac{L_{\sigma 1}}{L_{h1}} \approx \frac{L_{\sigma 1}}{L_1} \tag{3.641}$$

und

$$\sigma_2 = \frac{L_{\sigma 2}}{L_{h2}} \approx \frac{L_{\sigma 2}}{L_2} \tag{3.642}$$

nennt man primären und sekundären Streugrad.

3.10. Energie und Kräfte im magnetischen Feld

3.10.1. Energie im magnetischen Feld

3.10.1.1. Magnetische Energie des Einzelstromkreises

Schließt man einen Stromkreis mit dem Widerstand R und der Induktivität L an eine Spannungsquelle mit der konstanten EMK E an, dann wächst der Strom allmählich an und strebt dem Endwert $I = E/R$ zu. Während dieses Vorgangs muß in jedem Augenblick der 2. Kirchhoffsche Satz

$$E = u_R + u_L = iR + L\frac{\mathrm{d}i}{\mathrm{d}t} \tag{3.643}$$

erfüllt sein. Der Strom kann sich nicht sprunghaft ändern und muß in jedem Augenblick einen endlichen Wert behalten (3.643). Er wächst langsam an, um im Endzustand ($\mathrm{d}i/\mathrm{d}t = 0$) den Wert $I = E/R$ zu erreichen. Aus (3.643) kann man die Energie W bestimmen, die dem Kreis von der Stromquelle vom Zeitpunkt des Einschaltens $t = 0$ an, in dem der Strom den Wert $i = 0$ gehabt hat, bis zum Zeitpunkt $t = t$, in dem der Strom den Wert $i = i$ erreicht hat, zugeführt worden ist:

$$W = \int_0^t Ei\,\mathrm{d}t = \int_0^t i^2 R\,\mathrm{d}t + \int_0^i Li\,\mathrm{d}i. \tag{3.644}$$

Das erste Glied der rechten Seite dieser Gleichung stellt offensichtlich die Energie dar, die als Wärme in dem Kreis frei geworden ist. Das zweite Glied

$$W_\mathrm{m} = \int_0^i Li\,\mathrm{d}i = \frac{Li^2}{2} = \frac{\Psi i}{2} \tag{3.645}$$

bedeutet die Energie des magnetischen Feldes; denn außer der Wärmeentwicklung und dem Aufbau des magnetischen Feldes finden in dem Kreis keine weiteren Erscheinungen statt. Bei der Integration in (3.645) wurde vorausesetzt, daß L konstant ist, d.h., daß die Permeabilität unabhängig von der magnetischen Feldstärke ist.

3.10.1.2. Magnetische Energie in dem Feld zweier induktiv gekoppelter Stromkreise

Bei zwei induktiv gekoppelten Stromkreisen mit den Induktivitäten L_1 und L_2, der Gegeninduktivität M und den Strömen i_1 und i_2 ist die Spannung an dem ersten Kreis

$$u_1 = i_1 R_1 + L_1 \frac{\mathrm{d}i_1}{\mathrm{d}t} + M \frac{\mathrm{d}i_2}{\mathrm{d}t}. \tag{3.646}$$

R_1 ist der elektrische Widerstand des ersten Kreises. Wenn der Strom in dem ersten Kreis konstant gehalten wird, ist

$$u_1 = i_1 R_1 + M \frac{\mathrm{d}i_2}{\mathrm{d}t}. \tag{3.647}$$

Die magnetische Energie, die von der ersten Stromquelle zusätzlich wegen der Kopplung mit dem zweiten Stromkreis in der Zeit von $t = 0$, bei der $i_2 = 0$ ist, bis zu der Zeit $t = t$, bei der $i_2 = i_2$ ist, geliefert wird, beträgt

$$\int_0^t (u_1 i_1 - i_1^2 R_1)\,\mathrm{d}t = \int_0^{i_2} i_1 M\,\mathrm{d}i_2 = i_1 i_2 M. \tag{3.648}$$

Die gesamte Energie des magnetischen Feldes zweier gekoppelter Stromkreise ist also

$$\begin{aligned} W_\mathrm{m} &= \tfrac{1}{2} i_1^2 L_1 + \tfrac{1}{2} i_2^2 L_2 + i_1 i_2 M \\ &= \tfrac{1}{2} i_1 \Psi_1 + \tfrac{1}{2} i_2 \Psi_2 + \tfrac{1}{2} i_1 \Psi_{21} + \tfrac{1}{2} i_2 \Psi_{12} \\ &= \tfrac{1}{2} i_1 (\Psi_1 + \Psi_{21}) + \tfrac{1}{2} i_2 (\Psi_2 + \Psi_{12}) \\ &= \tfrac{1}{2} i_1 \Psi_1^* + \tfrac{1}{2} i_2 \Psi_2^* \end{aligned} \tag{3.649}$$

mit

$$\begin{aligned} \Psi_1^* &= \Psi_1 + \Psi_{21}, \\ \Psi_2^* &= \Psi_2 + \Psi_{12}. \end{aligned} \tag{3.650}$$

3.10.1.3. Energie mehrerer gekoppelter Stromkreise

Besteht ein System aus n derartigen Stromkreisen, dann ist die Gesamtenergie, die von allen n Quellen zum Aufbau der jeweiligen Felder verwendet wird,

$$W_{\mathrm{m}_n} = \sum_{\lambda=1}^{n} \frac{i_\lambda \Psi_\lambda^*}{2}. \tag{3.651}$$

Der gesamte Fluß, der mit dem Kreis λ verkettet ist, ist

$$\Psi_\lambda^* = L_\lambda i_\lambda + \sum_{\nu=1}^{n} M_{\lambda\nu} i_\nu, \tag{3.652}$$

wobei $\lambda \neq \nu$ ist. Geht man mit (3.652) in (3.651) ein, dann erhält man

$$W_{\mathrm{m}_n} = \frac{1}{2} \sum_{\lambda=1}^{n} L_\lambda i_\lambda^2 + \frac{1}{2} \sum_{\lambda=1}^{n} \sum_{\nu=1}^{n} M_{\lambda\nu} i_\lambda i_\nu. \tag{3.653}$$

Die zweite Summe hängt von der gegenseitigen Lage der Stromkreise ab.

3.10.1.4. Energie des magnetischen Feldes und die Feldgrößen

Es ist

$$\Psi_\lambda = \int_{A_\lambda} \boldsymbol{B}\,\mathrm{d}\boldsymbol{A} = \int_{A_\lambda} \operatorname{rot} \boldsymbol{W}\,\mathrm{d}\boldsymbol{A} = \oint_{l_\lambda} \boldsymbol{W}\,\mathrm{d}\boldsymbol{l}, \tag{3.654}$$

$$I_\lambda \Psi_\lambda = I_\lambda \oint_{l_\lambda} \boldsymbol{W}_\lambda\,\mathrm{d}\boldsymbol{l} = \oint_{l_\lambda} \boldsymbol{W}_\lambda I_\lambda\,\mathrm{d}\boldsymbol{l} = \int_{V_\lambda} \boldsymbol{W}_\lambda \boldsymbol{G}_\lambda\,\mathrm{d}V_\lambda. \tag{3.655}$$

Damit folgt

$$W_{\mathrm{m}_n} = \frac{1}{2}\sum_{\lambda=1}^{n} I_\lambda \Psi_\lambda = \frac{1}{2}\sum_{\lambda=1}^{n}\int_{V_\lambda} \boldsymbol{W}_\lambda \boldsymbol{G}_\lambda\,\mathrm{d}V_\lambda. \tag{3.656}$$

Die Integration erstreckt man über das Volumen V_λ aller stromdurchflossenen Leiter. Da außerhalb der Leiter $\boldsymbol{G} = 0$ ist, kann man die Summe der Integrale als Integral über einen Raum V, der alle Stromkreise umfaßt, darstellen:

$$W_\mathrm{m} = \frac{1}{2}\int_V \boldsymbol{W}\boldsymbol{G}\,\mathrm{d}V. \tag{3.657}$$

Nun ist

$$\operatorname{div}(\boldsymbol{H} \times \boldsymbol{W}) = \boldsymbol{W} \operatorname{rot} \boldsymbol{H} - \boldsymbol{H} \operatorname{rot} \boldsymbol{W}, \tag{3.658}$$

$$\boldsymbol{W} \operatorname{rot} \boldsymbol{H} = \operatorname{div}(\boldsymbol{H} \times \boldsymbol{W}) + \boldsymbol{H} \operatorname{rot} \boldsymbol{W}, \tag{3.659}$$

$$\operatorname{rot} \boldsymbol{W} = \boldsymbol{B}, \tag{3.660}$$

$$\operatorname{rot} \boldsymbol{H} = \boldsymbol{G}, \tag{3.661}$$

$$\boldsymbol{W}\boldsymbol{G} = \operatorname{div}(\boldsymbol{H} \times \boldsymbol{W}) + \boldsymbol{H}\boldsymbol{B}. \tag{3.662}$$

Geht man mit (3.662) in (3.657) ein, dann wird

$$W_\mathrm{m} = \frac{1}{2}\int_V \boldsymbol{B}\boldsymbol{H}\,\mathrm{d}V + \frac{1}{2}\int_V \operatorname{div}(\boldsymbol{H} \times \boldsymbol{W})\,\mathrm{d}V$$

$$= \frac{1}{2}\int_V \boldsymbol{B}\boldsymbol{H}\,\mathrm{d}V + \frac{1}{2}\oint_A (\boldsymbol{H} \times \boldsymbol{W})\,\mathrm{d}\boldsymbol{A}. \tag{3.663}$$

Aus den Gleichungen

$$\boldsymbol{W} = \frac{\mu}{4\pi}\int_V \frac{\boldsymbol{G}}{r}\,\mathrm{d}V, \tag{3.664}$$

$$\boldsymbol{H} = \frac{1}{4\pi}\int_V \frac{(\boldsymbol{G} \times \boldsymbol{r})}{r^3}\,\mathrm{d}V \tag{3.665}$$

erkennt man, daß $\boldsymbol{H}$ umgekehrt proportional dem Quadrat von r, $\boldsymbol{W}$ umgekehrt proportional von r abnimmt. Das Produkt beider fällt also mit der dritten Potenz von r ab. Mit r^2 wächst die Oberfläche der Hüllfläche, die die Kreise umschließt. Läßt man $r \to \infty$ gehen, dann wird das zweite Integral Null, und es bleibt für den gesamten Raum ($r \to \infty$)

$$W_\mathrm{m} = \frac{1}{2}\int_V \boldsymbol{B}\boldsymbol{H}\,\mathrm{d}V = \int_V W'_\mathrm{m}\,\mathrm{d}V \tag{3.666}$$

mit

$$W'_{\mathrm{m}} = \frac{\boldsymbol{BH}}{2}. \tag{3.667}$$

W'_{m} ist dort Null, wo $\boldsymbol{H} = 0$ bzw. $\boldsymbol{B} = 0$ ist. W'_{m} gibt die Verteilung der Energie im magnetischen Feld an.

3.10.1.5. Bestimmung der Induktivität aus der Energie des magnetischen Feldes

(3.645) bringt die Induktivität einer Einrichtung in Beziehung zu der Energie ihres magnetischen Feldes. Sie wird häufig zur Ermittlung der Induktivität angewandt, wenn die Energie des magnetischen Feldes bekannt ist. Dies wollen wir anhand eines Beispiels zeigen, indem wir die innere Induktivität L_{i} eines zylindrischen Leiters bestimmen.

Zu diesem Zweck werden wir zuerst die magnetische Feldenergie eines zylindrischen Leiters bestimmen, der den Strom i führt (Bild 3.120).

Die in dem zylindrischen Raumelement mit der Länge l, dem Radius a und der Wandstärke da aufgespeicherte magnetische Energie ist

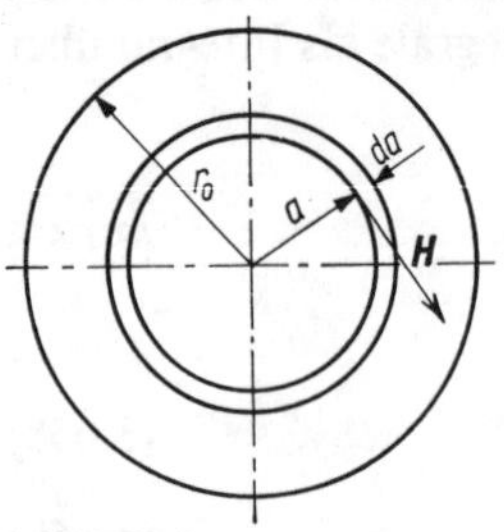

Bild 3.120

$$\mathrm{d}W_{\mathrm{m}} = \tfrac{1}{2}\mu\,|\boldsymbol{H}|^2\,\mathrm{d}V = \tfrac{1}{2}\mu\,|\boldsymbol{H}|^2\,2\pi a l\,\mathrm{d}a. \tag{3.668}$$

Wenn wir den Wert für die magnetische Feldstärke in einer Entfernung a vom Zentrum des Leiterquerschnitts aus (3.351) einführen, erhalten wir

$$\mathrm{d}W_{\mathrm{m}} = i^2\,\frac{\mu l a^3}{4\pi r_0^4}\,\mathrm{d}a. \tag{3.669}$$

Die gesamte Energie, die in dem Leiter gespeichert ist, beträgt

$$W_{\mathrm{m}} = \frac{\mu l}{4\pi r_0^4}\,i^2 \int_0^{a=r_0} a^3\,\mathrm{d}a = \frac{i^2 \mu l}{16\pi}. \tag{3.670}$$

Aus dem Vergleich von (3.645) und (3.670) folgt für die innere Induktivität des zylindrischen Leiters

$$L_{\mathrm{i}} = \frac{\mu l}{8\pi}. \tag{3.671}$$

Bei einer Doppelleitung von der Länge l ist sie zweimal so groß:

$$L_{\mathrm{id}} = \frac{\mu l}{4\pi}. \tag{3.672}$$

Mit diesem Ausdruck und (3.572) erhalten wir die gesamte Induktivität der Doppelleitung zu

$$L = \frac{\mu l}{\pi}\left(\ln\frac{d - r_0}{r_0} + \frac{1}{4}\right). \tag{3.673}$$

Für die Freileitung ($d \gg r_0$) gilt

$$L = \frac{\mu l}{\pi}\left(\ln\frac{d}{r_0} + \frac{1}{4}\right). \tag{3.674}$$

3.10.1.6. Energie magnetischer Felder in ferromagnetischen Stoffen

Die früher erhaltenen Beziehungen für die im magnetischen Feld gespeicherte Energie W_m (z.B. (3.645) und (3.666) bzw. für die Energiedichte W'_m (3.667) wurden unter der Voraussetzung hergeleitet, daß die Permeabilität unabhängig von der magnetischen Feldstärke ist. Sie sind daher bei ferromagnetischen Stoffen nicht gültig.

Wir wollen einen Ringkern aus einem ferromagnetischen Stoff betrachten, um den eine Wicklung mit w Windungen gewickelt ist. Die Abmessungen sollen so gewählt sein, daß das magnetische Feld in dem Ringkern mit ausreichender Genauigkeit als homogen betrachtet werden kann. Schließt man die Wicklung über einen Widerstand R an eine Spannungsquelle mit der EMK E an, so gilt

$$E = u_R + u_L = iR + \frac{d\psi}{dt} = iR + w\frac{d\Phi}{dt}. \tag{3.675}$$

Die Energie W_m, die vom Zeitpunkt $t = 0$ an, in dem der Strom $i = 0$ war, bis zu einem Zeitpunkt $t = t$, bei dem der Strom einen Wert i erreicht hat, dem magnetischen Feld zugeführt worden ist, beträgt anstelle von (3.645) jetzt

$$W_m = \int_0^{\Phi} w\frac{d\Phi}{dt}\, i\, dt = w\int_0^{\Phi} i\, d\Phi. \tag{3.676}$$

Mit den bekannten Beziehungen

$$i = \frac{Hl}{w}, \tag{3.677}$$

$$\Phi = BA \tag{3.678}$$

folgt aus (3.676)

$$W_m = \int_0^B w\frac{Hl}{w} A\, dB = V\int_0^B H\, dB = V\int_0^B \boldsymbol{H}\, d\boldsymbol{B}. \tag{3.679}$$

Die Energie, die in der Raumeinheit des magnetischen Feldes gespeichert ist, beträgt damit

$$W'_m = \int_0^B \boldsymbol{H}\, d\boldsymbol{B}. \tag{3.680}$$

Diese Gleichung geht für konstante Permeabilität μ mit $\boldsymbol{B} = \mu\boldsymbol{H}$ in

$$W'_m = \int_0^H \mu\boldsymbol{H}\, d\boldsymbol{H} = \frac{\mu\boldsymbol{H}^2}{2} = \frac{\boldsymbol{BH}}{2} = \frac{\boldsymbol{B}^2}{2\mu}, \tag{3.681}$$

also in (3.667), über.

Die Energie, die in einem magnetischen Feld gespeichert wird, das sich in ferromagnetischen Körpern ausbildet, hängt nicht nur von dem jeweiligen Wert der Feldstärke bzw.

der Induktion ab, sondern auch von der Vorgeschichte des Vorgangs. Die Beziehung zwischen $|\boldsymbol{B}|$ und $|\boldsymbol{H}|$ ist durch die Hysteresisschleife gegeben. Liegt die Magnetisierungskennlinie (Bild 3.121) vor, so liefert das Integral (3.680) die in der Raumeinheit aufgespeicherte Energie. Das Integral entspricht der schraffierten Fläche, die von der Magnetisierungskennlinie, der Ordinate und dem Endwert der Induktion begrenzt wird:

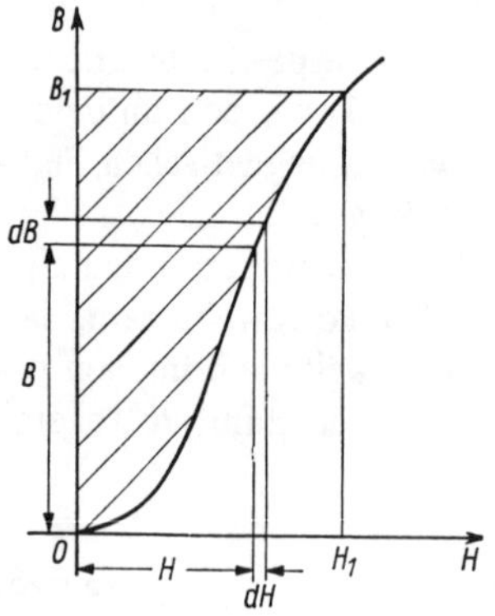

Bild 3.121

$$W'_1 = \int_0^{B_1} \boldsymbol{H}\,\mathrm{d}\boldsymbol{B}. \tag{3.682}$$

Im allgemeinen ist der Endwert der magnetischen Feldstärke an den verschiedenen Stellen des Raumes verschieden groß. Die Bestimmung der magnetischen Energie je Raumeinheit für alle Raumelemente und ihre Integration über den ganzen Raum ergeben die magnetische Energie des gesamten Feldes.
Hat das Integral (3.680) an allen Stellen des Raumes denselben Wert, dann ist die Energie des magnetischen Feldes in dem Volumen V

$$W_\mathrm{m} = V\int_0^{B_1} \boldsymbol{H}\,\mathrm{d}\boldsymbol{B}. \tag{3.683}$$

3.10.2. Kräfte im magnetischen Feld

3.10.2.1. Kraftwirkungen zwischen stromdurchflossenen Leitern

Befindet sich ein stromdurchflossener Leiter im magnetischen Feld eines zweiten stromdurchflossenen Leiters, so wird infolge der Wechselwirkung zwischen magnetischem Feld und Strom auf ihn eine Kraft ausgeübt. Diese Erscheinung äußert sich als Kraftwirkung zwischen den beiden stromdurchflossenen Leitern.
Die Kraft zwischen stromdurchflossenen Leitern kann mit Hilfe von (3.34) ermittelt werden. In dem Feld des stromführenden Leiters (1) soll sich ein Leiterelement $\mathrm{d}\boldsymbol{l}_2$ eines zweiten stromdurchflossenen Leiters (2) befinden. Die vom Leiter (1) bei $\mathrm{d}\boldsymbol{l}_2$ erzeugte Induktion sei $\boldsymbol{B}_1$. Die Kraftwirkung auf dieses Leiterelement beträgt

$$\mathrm{d}\boldsymbol{F} = i_2\,(\mathrm{d}\boldsymbol{l}_2 \times \boldsymbol{B}_1). \tag{3.684}$$

i_2 ist der Strom, der durch das Leiterelement $\mathrm{d}\boldsymbol{l}_2$ fließt. Wenn man die Größe der Induktion $\boldsymbol{B}_1$ über die ganze Länge des zweiten Leiters kennt, kann man die gesamte Kraft, die auf den zweiten Leiter ausgeübt wird, durch Integration der Teilkräfte nach (3.684) über die ganze Länge bestimmen.
Die Induktion $\boldsymbol{B}_1$ ermittelt man mit Hilfe des Biot-Savartschen Gesetzes. Nach (3.161) ist für einen beliebigen Punkt des Raumes der Induktionsanteil $\mathrm{d}\boldsymbol{B}_1$, der von dem Leiterelement $\mathrm{d}\boldsymbol{l}_1$, des ersten Leiters stammt:

$$\mathrm{d}\boldsymbol{B}_1 = \frac{\mu}{4\pi}\, i_1\, \frac{\mathrm{d}\boldsymbol{l}_1 \times \boldsymbol{r}}{r^3}. \tag{3.685}$$

Die Integration über die ganze Länge des ersten Leiters liefert die gesamte Induktion in dem betrachteten Punkt.

3.10.2.2. Kraftwirkung zwischen zwei parallelen langen Leitern

Wir wollen mit Hilfe des oben Gesagten die Kraft bestimmen, mit der zwei lange parallele Leiter, die die Ströme i_1 und i_2 führen, aufeinander wirken. Bild 3.122*a* zeigt den Fall, bei dem die Ströme in derselben Richtung fließen, Bild 3.122*b* den Fall, bei dem die Ströme in entgegengesetzter Richtung fließen. Aus der Richtung der Kraft, die auf das Leiterelement $\mathrm{d}l_2$ wirkt, kann man ersehen, daß sich in dem ersten Fall die Leiter anziehen, in dem zweiten Fall dagegen abstoßen.

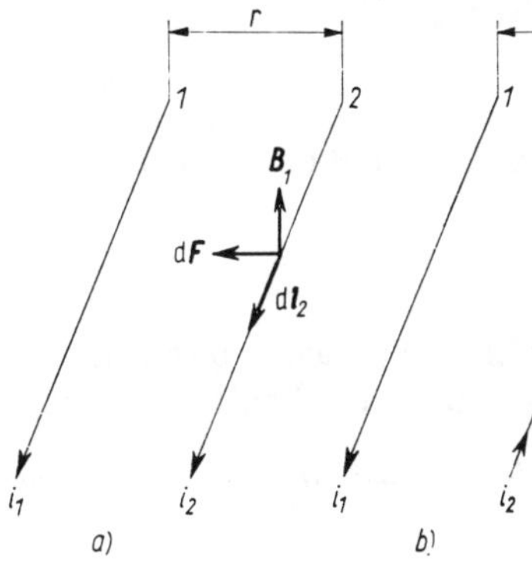

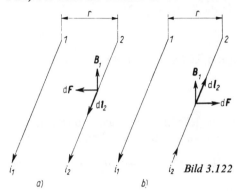

Bild 3.122

Die Induktion in einem beliebigen Punkt auf dem zweiten Leiter beträgt

$$|\boldsymbol{B}_1| = \mu\,|\boldsymbol{H}_1| = \frac{\mu i_1}{2\pi r}, \tag{3.686}$$

wenn r der Abstand beider Leiter ist.

Da der Vektor $\boldsymbol{B}_1$ senkrecht auf $\mathrm{d}\boldsymbol{l}_2$ steht, geht (3.684) über in

$$|\mathrm{d}\boldsymbol{F}| = i_2\,|\boldsymbol{B}_1|\,\mathrm{d}l_2 = \frac{\mu}{2\pi r}\,i_1 i_2\,\mathrm{d}l_2, \tag{3.687}$$

$$|\boldsymbol{F}| = \frac{\mu}{2\pi r}\,i_1 i_2 \int_{l_2} \mathrm{d}l_2 = \frac{\mu l}{2\pi r}\,i_1 i_2. \tag{3.688}$$

Haben die Ströme gleiche Größe ($i_1 = i_2 = i$), dann ist

$$|\boldsymbol{F}| = \frac{\mu l}{2\pi r}\,i^2. \tag{3.689}$$

Diese Gleichung bringt die Stromstärke in Zusammenhang mit einer mechanischen Größe, der Kraft. Sie liegt einer Definition der Einheit der Stromstärke zugrunde, die im Jahre 1933 folgendermaßen festgelegt wurde: Ein und derselbe Strom fließt durch zwei lange parallele dünne Drähte, die sich in 2 cm Achsenabstand im leeren Raum befinden. Die Stromstärke ist dann 1 A, wenn die Kraft, die zwischen den beiden Drähten wirkt, 1 dyn je m beträgt.

3.10.2.3. Ermittlung der mechanischen Kräfte aus energetischen Betrachtungen

Der einzelne Stromkreis

Wie bei den elektrostatischen Feldern können die mechanischen Kräfte in einem magnetischen Feld aus der Energiebilanz ermittelt werden. Wir wollen einen Stromkreis mit der Induktivität L betrachten. Die Induktivität soll als Funktion einer Abmessung x des Kreises gegeben sein. Ändert man nun x um $\mathrm{d}x$, dann ändert sich L um $\mathrm{d}L$. Ist dabei der Strom konstant, so ändert sich der verkettete Fluß um

$$\mathrm{d}\Psi = i\,\mathrm{d}L. \tag{3.690}$$

Wenn die Änderung von x um $\mathrm{d}x$ in der Zeit $\mathrm{d}t$ erfolgt, wird in dem Stromkreis eine EMK

$$e = -\frac{\mathrm{d}\Psi}{\mathrm{d}t} = -i\,\frac{\mathrm{d}L}{\mathrm{d}t} \tag{3.691}$$

induziert. Demzufolge wird von der Stromquelle die Energie

$$\mathrm{d}W = ui\,\mathrm{d}t = i^2\,\mathrm{d}L \tag{3.692}$$

geliefert. Infolge der Änderung der Induktivität um $\mathrm{d}L$ ändert sich die im magnetischen Feld aufgespeicherte Energie um

$$\mathrm{d}W_\mathrm{m} = \tfrac{1}{2}i^2\,\mathrm{d}L. \tag{3.693}$$

Der Unterschied zwischen der von der Stromquelle gelieferten Energie und der im magnetischen Feld aufgespeicherten Energie ist gleich der ausgeführten mechanischen Arbeit:

$$\mathrm{d}W_\mathrm{mech} = F_x\,\mathrm{d}x = \mathrm{d}W - \mathrm{d}W_\mathrm{m} = i^2\,\mathrm{d}L - \tfrac{1}{2}i^2\,\mathrm{d}L = \tfrac{1}{2}i^2\,\mathrm{d}L. \tag{3.694}$$

Dabei bedeutet F_x die Kraft in Richtung von x:

$$F_x = \frac{\mathrm{d}W_\mathrm{mech}}{\mathrm{d}x} = \frac{1}{2}\,i^2\,\frac{\mathrm{d}L}{\mathrm{d}x}. \tag{3.695}$$

Diese Kraft ist so gerichtet, daß sie die Induktivität zu vergrößern sucht.

Wir wollen die oben gemachten Ableitungen benutzen, um die Kraft zu bestimmen, mit der die Leiter einer sehr langen Doppelleitung aufeinander wirken. Als die veränderliche Abmessung x wollen wir die Entfernung der Leiterachsen einführen. Hierbei wollen wir annehmen, daß der Abstand der Leiter groß ist im Vergleich zu ihren Radien. (3.573) ergibt dann

$$L = \frac{\mu l}{\pi}\ln\frac{x}{r_0}. \tag{3.696}$$

Mit Hilfe von (3.695) erhalten wir die Kraft, die in der Verbindungslinie beider Leiter wirkt:

$$F_x = \frac{1}{2}\,i^2\,\frac{\mathrm{d}L}{\mathrm{d}x} = \frac{\mu l}{2\pi x}\,i^2. \tag{3.697}$$

Das Ergebnis ist identisch mit (3.689).

Zwei gekoppelte Stromkreise

Wir wollen zwei Kreise mit den Induktivitäten L_1, L_2 und der Gegeninduktivität M betrachten. L_1, L_2 und M sollen als Funktion einer Abmessung x dargestellt sein. Ändern sich bei einer Änderung von x um $\mathrm{d}x$ die Größen L_1 um $\mathrm{d}L_1$, L_2 um $\mathrm{d}L_2$ und M um $\mathrm{d}M$, dann ändert sich die Energie in dem magnetischen Feld der gekoppelten Kreise bei unveränderten Strömen laut (3.649) um

$$\mathrm{d}W_\mathrm{m} = \tfrac{1}{2}i_1^2\,\mathrm{d}L_1 + \tfrac{1}{2}i_2^2\,\mathrm{d}L_2 + i_1 i_2\,\mathrm{d}M. \tag{3.698}$$

Erfolgt die Änderung von L_1, L_2 und M in der Zeit $\mathrm{d}t$, so hat sie die Induktion einer EMK

$$e_1 = -\frac{\mathrm{d}\Psi_1}{\mathrm{d}t} = -\frac{\mathrm{d}}{\mathrm{d}t}\,(i_1 L_1 + i_2 M) \tag{3.699}$$

im ersten Kreis und einer EMK

$$e_2 = -\frac{d\Psi_2}{dt} = -\frac{d}{dt}(i_2L_2 + i_1M) \tag{3.700}$$

im zweiten zur Folge. Von den Stromquellen muß zusätzlich die Energie

$$\begin{aligned} dW &= u_1i_1\,dt + u_2i_2\,dt \\ &= i_1\frac{d}{dt}(i_1L_1 + i_2M)\,dt + i_2\frac{d}{dt}(i_2L_2 + i_1M)\,dt \\ &= i_1^2\,dL_1 + i_2^2\,dL_2 + 2i_1i_2\,dM \end{aligned} \tag{3.701}$$

geliefert werden.

Die Differenz zwischen der Energie dW und dem Zuwachs der im magnetischen Feld aufgespeicherten Energie dW_m muß gleich der mechanischen Arbeit dW_{mech} sein, die bei der Änderung von x um dx geleistet worden ist:

$$\begin{aligned} dW_{mech} &= F_x\,dx = dW - dW_m \\ &= \tfrac{1}{2}i_1^2\,dL_1 + \tfrac{1}{2}i_2^2\,dL_2 + i_1i_2\,dM = dW_m, \end{aligned} \tag{3.702}$$

$$F_x = \frac{1}{2}i_1^2\frac{dL_1}{dx} + \frac{1}{2}i_2^2\frac{dL_2}{dx} + i_1i_2\frac{dM}{dx}. \tag{3.703}$$

Wird durch die Änderung nur die Gegeninduktivität betroffen, d.h., bleiben die Induktivitäten L_1 und L_2 der einzelnen Stromkreise bei der Änderung konstant, dann beträgt die Kraft

$$F_x = i_1i_2\frac{dM}{dx}. \tag{3.704}$$

Diese Kraft ist bestrebt, die Gegeninduktivität zu vergrößern.

Drehmoment eines elektrodynamischen Meßsystems

Bild 3.123 zeigt den prinzipiellen Aufbau eines elektrodynamischen Meßwerks. Es besteht aus zwei ineinander liegenden Spulen mit unveränderlicher Form, wobei die innere

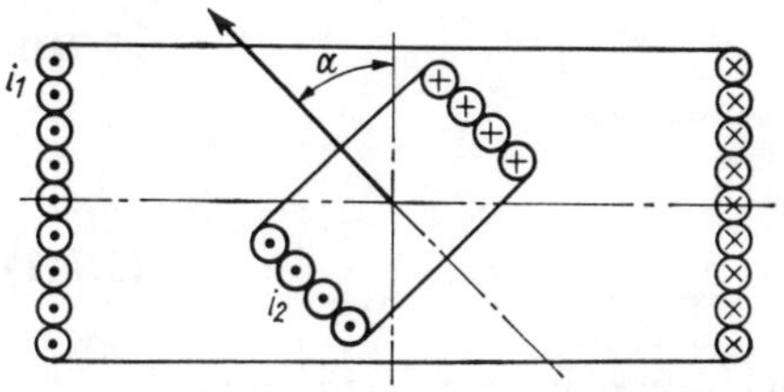

Bild 3.123

drehbar gelagert ist. Indem wir auf (3.605) zurückgreifen, können wir für die Gegeninduktivität einen Ausdruck von der Form

$$M = K\cos\alpha \tag{3.705}$$

angeben, in dem K eine Konstante bedeutet, die von den Abmessungen der Spulen und von ihren Windungszahlen abhängt. In diesem Fall erfolgt die Änderung der Gegeninduktivität infolge einer Drehbewegung. Die mechanische Arbeit ist

$$dW_{mech} = M_d\,d\alpha = i_1i_2\,dM. \tag{3.706}$$

M_α ist das Drehmoment und α der Ablenkwinkel. Hieraus folgt

$$M_\mathrm{d} = i_1 i_2 \frac{\mathrm{d}M}{\mathrm{d}\alpha} = K' i_1 i_2 \sin\alpha . \tag{3.707}$$

Anziehungskraft eines Elektromagneten

Bild 3.124 zeigt den schematischen Aufbau eines Elektromagneten. Seine wesentlichen Bestandteile sind die Erregerwicklung (1), der Kern (2) und der bewegliche Anker (3). Um die Kraft, mit der der Anker von dem Kern angezogen wird, bestimmen zu können, wenden wir (3.695) an, wobei wir die Induktivität über dén magnetischen Widerstand bestimmen:

$$F_x = \frac{1}{2} i^2 \frac{\mathrm{d}L}{\mathrm{d}x} = \frac{1}{2} i^2 \frac{\mathrm{d}}{\mathrm{d}x}\left(\frac{w^2}{R_\mathrm{M}}\right) = \frac{1}{2} i^2 w^2 \frac{\mathrm{d}}{\mathrm{d}x}\left(\frac{1}{R_\mathrm{M}}\right). \tag{3.708}$$

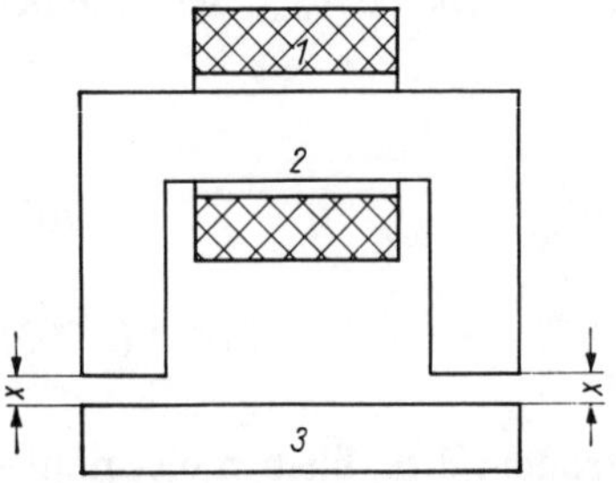

Bild 3.124

Als veränderliche Größe führen wir die Breite x des Luftspalts ein. Der magnetische Widerstand des Kreises besteht aus der Summe der magnetischen Widerstände des Eisenkerns und der Luftspalte:

$$F_x = \frac{1}{2} i^2 w^2 \frac{\mathrm{d}}{\mathrm{d}x}\left(\frac{1}{R_\mathrm{Mk} + R_\mathrm{Ml}}\right) = -\frac{1}{2} \frac{i^2 w^2}{(R_\mathrm{Mk} + R_\mathrm{Ml})^2} \frac{\mathrm{d}}{\mathrm{d}x} R_\mathrm{Ml}$$

$$= -\frac{1}{2} \frac{i^2 L^2}{w^2} \frac{\mathrm{d}}{\mathrm{d}x} R_\mathrm{Ml} = -\frac{1}{2} \Phi^2 \frac{\mathrm{d}}{\mathrm{d}x} R_\mathrm{Ml} . \tag{3.709}$$

Mit

$$R_\mathrm{Ml} = \frac{2x}{\mu_0 A} \tag{3.710}$$

erhalten wir

$$F_x = -\frac{\Phi^2}{\mu_0 A} = -\frac{B^2 A}{\mu_0}. \tag{3.711}$$

Dabei bedeuten A den Querschnitt eines Luftspalts und B die Luftspaltinduktion.
Wenn die Induktion nicht gleichmäßig über den Querschnitt verteilt ist, können wir den Querschnitt in Teile zerlegen, in denen das Feld als homogen angesehen werden kann, die Teilkräfte dieser Teilquerschnitte bestimmen und sie zu der Gesamtkraft addieren.
Das negative Vorzeichen der Kraft zeigt, daß sie bestrebt ist, die Länge des Luftspaltes und allgemein die Länge der Kraftlinien zu verkürzen.

4. Das elektromagnetische Feld

4.1. Grundgleichungen des elektromagnetischen Feldes

4.1.1. System der Maxwellschen Gleichungen

4.1.1.1. Satz von der Erhaltung der Elektrizitätsmenge

Im stationären elektrischen Strömungsfeld gilt der 1. Kirchhoffsche Satz:

$$\oint_A \boldsymbol{G}_\varkappa \, \mathrm{d}\boldsymbol{A} = 0 \tag{4.1}$$

bzw.

$$\operatorname{div} \boldsymbol{G}_\varkappa = 0. \tag{4.2}$$

Diese Gleichungen stellen die Integral- bzw. die Differentialform des Satzes von der Kontinuität des Stromes dar. Der Index $\varkappa$ bei der Stromdichte soll darauf hindeuten, daß sich die Stromdichte infolge der endlichen Leitfähigkeit des Stoffes einstellt.
Dieser Satz stellt einen Sonderfall des allgemeinen Satzes von der Erhaltung der Elektrizitätsmenge dar. Er besagt, daß der Strom, der aus einer Hüllfläche A herausfließt, gleich der Abnahmegeschwindigkeit der Ladung ΔQ in dem von der Hüllfläche A umschlossenen Raum ist:

$$\oint_A \boldsymbol{G}_\varkappa \, \mathrm{d}\boldsymbol{A} = -\frac{\partial}{\partial t} \Delta Q. \tag{4.3}$$

Die geschlossene Hüllfläche A möge das Volumen ΔV umschließen. Wenn wir den Grenzübergang

$$\lim_{\Delta V \to 0} \frac{\oint_A \boldsymbol{G}_\varkappa \, \mathrm{d}\boldsymbol{A}}{\Delta V} = \lim_{\Delta V \to 0} \left(-\frac{1}{\Delta V} \frac{\partial}{\partial t} \Delta Q \right) = -\frac{\partial}{\partial t} \lim_{\Delta V \to 0} \frac{\Delta Q}{\Delta V} \tag{4.4}$$

vornehmen, erhalten wir

$$\operatorname{div} \boldsymbol{G}_\varkappa = -\frac{\partial \varrho}{\partial t}. \tag{4.5}$$

Im stationären elektrischen Strömungsfeld geht (4.5) mit $\varrho(t) = \text{konst.}$ in (4.2) über.

4.1.1.2. Der verallgemeinerte Strombegriff

Der Satz von der Erhaltung der Elektrizitätsmenge (4.5) ist bei

$$\frac{\partial \varrho}{\partial t} \neq 0 \tag{4.6}$$

unvereinbar mit dem Durchflutungsgesetz (s. (3.90)). Da die Divergenz eines Rotors Null ist, verlangt das Durchflutungsgesetz, daß die Divergenz der Stromdichte verschwindet. Wenn beispielsweise ein Kondensator aufgeladen wird, ändert sich die Ladung auf seinen Elektroden (Bild 4.1), und in dem Stromkreis fließt ein Strom, obwohl der Kreis unterbrochen ist. Das Durchflutungsgesetz in der Form

$$\oint_l \boldsymbol{H}\,\mathrm{d}\boldsymbol{l} = \int_A \boldsymbol{G}_\varkappa\,\mathrm{d}\boldsymbol{A} \tag{4.7}$$

ist in diesem Fall nicht anwendbar; denn die im Bild 4.1 gewählte Fläche A wird nicht von einem Strom durchsetzt. Diesen Widerspruch können wir umgehen, indem wir von (4.3) ausgehen und die Ladung in dem von der Hüllfläche A eingeschlossenen Raum durch das Integral der Verschiebungsdichte über die Hüllfläche ausdrücken. Dann ist

$$\oint_A \boldsymbol{G}_\varkappa\,\mathrm{d}\boldsymbol{A} = -\frac{\partial}{\partial t}\oint_A \boldsymbol{D}\,\mathrm{d}\boldsymbol{A}. \tag{4.8}$$

Der Ausdruck auf der rechten Seite dieser Gleichung wird als Verschiebungsstrom bezeichnet. Diese Gleichung kann man auch folgendermaßen umformen:

$$\oint_A \left(\boldsymbol{G}_\varkappa + \frac{\partial \boldsymbol{D}}{\partial t}\right)\mathrm{d}\boldsymbol{A} = \oint_A \boldsymbol{G}\,\mathrm{d}\boldsymbol{A} = 0 \tag{4.9}$$

bzw.

$$\operatorname{div} \boldsymbol{G} \equiv \operatorname{div}\left(\boldsymbol{G}_\varkappa + \frac{\partial \boldsymbol{D}}{\partial t}\right) = 0. \tag{4.10}$$

Hierbei ist

$$\boldsymbol{G} = \boldsymbol{G}_\varkappa + \frac{\partial \boldsymbol{D}}{\partial t} = \boldsymbol{G}_\varkappa + \boldsymbol{G}_\varepsilon \tag{4.11}$$

mit

$$\boldsymbol{G}_\varkappa = \varkappa\,(\boldsymbol{E} + \boldsymbol{E}_\mathrm{n}), \tag{4.12}$$

$$\boldsymbol{G}_\varepsilon = \frac{\partial \boldsymbol{D}}{\partial t} = \varepsilon\,\frac{\partial \boldsymbol{E}}{\partial t}. \tag{4.13}$$

Die Größe $\boldsymbol{G}$ nennt man die Gesamtstromdichte. Der Gesamtstrom, der eine geschlossene Hüllfläche durchsetzt, setzt sich aus zwei Anteilen zusammen, und zwar dem Leitungsstrom mit der Dichte $\boldsymbol{G}_\varkappa$ und dem Verschiebungsstrom mit der Dichte $\boldsymbol{G}_\varepsilon$. Mit der Einführung der Gesamtstromdichte ist die Kontinuitätsgleichung (4.10) erfüllt, der Widerspruch zum Durchflutungsgesetz aufgehoben und die Übereinstimmung mit den Gleichungen des stationären Feldes erreicht.

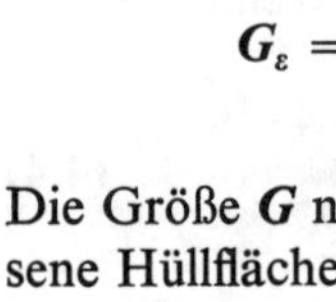

Bild 4.1

Der Verschiebungsstrom bedingt in derselben Weise und nach denselben Gesetzmäßigkeiten ein magnetisches Feld wie der Leitungsstrom. Diese Folgerung der theoretischen Überlegungen wird voll und ganz durch das Experiment bestätigt.

In einem Dielektrikum gilt

$$G_\varepsilon = \frac{\partial \boldsymbol{D}}{\partial t} = \frac{\partial}{\partial t}(\varepsilon_0 \boldsymbol{E} + \boldsymbol{P}) = \varepsilon_0 \frac{\partial \boldsymbol{E}}{\partial t} + \frac{\partial \boldsymbol{P}}{\partial t} = \varepsilon_0 \frac{\partial \boldsymbol{E}}{\partial t} + \varepsilon_0 (\varepsilon_r - 1) \frac{\partial \boldsymbol{E}}{\partial t}. \tag{4.14}$$

Der elektrische Strom wurde anfangs als gerichtete Bewegung von Ladungen definiert. Der Verschiebungsstrom ist durch die zeitliche Änderung des elektrischen Feldes bedingt. In seiner ersten Komponente (4.14), die auch im Vakuum auftritt, sind in keinerlei Weise Ladungen an der Ausbildung der Verschiebungsstromdichte beteiligt. Sie ist durch die zeitliche Änderung der elektrischen Feldstärke bestimmt. Die zweite Komponente des Verschiebungsstroms (4.14) erfaßt die Bewegung der gebundenen Ladungen des Dielektrikums bei der zeitlichen Änderung der Polarisation.
Dem ersten Anschein nach stellen der Leitungsstrom, der aus bewegten Ladungen gebildet ist, und der Verschiebungsstrom, bei dem im Vakuum überhaupt keine Ladungen beteiligt sind, zwei wesensverschiedene Erscheinungen dar. Die Erscheinungen, die den elektrischen Strom unter Umständen begleiten, wie z. B. die Wärmeentwicklung in stromdurchflossenen Leitern, die Elektrolyse in Leitern mit Ionenleitung (S. 429), Lichterscheinungen bei Stromdurchgang durch Gase (S. 442) usw., haben nur sekundäre Bedeutung. Dagegen begleitet die Ausbildung eines magnetischen Feldes unter allen Umständen jeden Strom. Hebt man das magnetische Feld als das primäre Kennzeichen eines elektrischen Stromes hervor, dann erscheinen der Leitungsstrom und der Verschiebungsstrom wesensgleich. Unter diesen Umständen ist auch die Bewegung der Ladung als Charakteristikum des elektrischen Stromes von sekundärer Bedeutung.
Die Dichte des gesamten Stromes ist mit (4.14)

$$\boldsymbol{G} = \varkappa (\boldsymbol{E} + \boldsymbol{E}_n) + \varepsilon_0 \frac{\partial \boldsymbol{E}}{\partial t} + \varepsilon_0 (\varepsilon_r - 1) \frac{\partial \boldsymbol{E}}{\partial t}. \tag{4.15}$$

4.1.1.3. Die Maxwellschen Gleichungen

Die Beschreibung des elektromagnetischen Feldes erfolgt mittels der Maxwellschen Gleichungen, die man durch den Gaußschen Satz in Differentialform und den Satz von der Quellenfreiheit des magnetischen Induktionsflusses zu einem Gleichungssystem ergänzt. Dieses Gleichungssystem stellt eine mathematische Formulierung der Axiome der klassischen Elektrodynamik dar. Als solche sind diese Gleichungen keine Ableitungen, sondern Ausdruck empirischer Erkenntnisse. Die bis jetzt betrachteten statischen und stationären Felder stellen Sonderfälle elektromagnetischer Felder dar.
Die Maxwellschen Gleichungen lauten

$$\operatorname{rot} \boldsymbol{H} = \boldsymbol{G}_\varkappa + \frac{\partial \boldsymbol{D}}{\partial t} = \varkappa (\boldsymbol{E} + \boldsymbol{E}_n) + \frac{\partial \boldsymbol{D}}{\partial t} = \boldsymbol{G}, \tag{4.16}$$

$$\operatorname{rot} \boldsymbol{E} = -\frac{\partial \boldsymbol{B}}{\partial t}, \tag{4.17}$$

$$\operatorname{div} \boldsymbol{B} = 0, \tag{4.18}$$

$$\operatorname{div} \boldsymbol{D} = \varrho. \tag{4.19}$$

Die Erste Maxwellsche Gleichung stellt eine Verallgemeinerung des Durchflutungsgesetzes dar. Die Verallgemeinerung besteht darin, daß man den Begriff der Stromdichte

über den Leitungsstrom bzw. die Bewegung freier Ladungsträger im allgemeinen hinaus auch auf die zeitliche Änderung der Verschiebungsdichte bzw. der elektrischen Feldstärke ausdehnt.
Die Zweite Maxwellsche Gleichung stellt eine Verallgemeinerung des Induktionsgesetzes dar. Die Verallgemeinerung bezieht sich auf die Aussage, daß bei einer Änderung des magnetischen Feldes ein elektrisches Feld nicht nur in Leitern, sondern in jedem beliebigen Medium induziert wird.
Die Dritte Maxwellsche Gleichung stellt den Satz von der Quellenfreiheit des magnetischen Induktionsflusses dar.
Die Vierte Maxwellsche Gleichung stellt den Gaußschen Satz der Elektrostatik dar.
Die Größen, die in diese Gleichungen eingehen, sind miteinander durch die Materialbeziehungen

$$\boldsymbol{D} = \varepsilon \boldsymbol{E}, \tag{4.20}$$

$$\boldsymbol{G}_\varkappa = \varkappa (\boldsymbol{E} + \boldsymbol{E}_\mathrm{n}) = \varrho \boldsymbol{v}, \tag{4.21}$$

$$\boldsymbol{B} = \mu \boldsymbol{H} \tag{4.22}$$

verknüpft.
Die ersten beiden Maxwellschen Gleichungen zeigen die innige Verknüpfung des elektrischen und magnetischen Feldes.

4.1.1.4. Satz von der Erhaltung der Elektrizitätsmenge und der ersten Maxwellschen Gleichung

Wenn wir auf beiden Seiten der ersten Maxwellschen Gleichung (4.16) die Divergenz bilden, geht sie in den Satz der Erhaltung der Elektrizitätsmenge über:

$$\operatorname{div} \boldsymbol{G}_\varkappa + \operatorname{div} \frac{\partial}{\partial t} \boldsymbol{D} = \operatorname{div} \operatorname{rot} \boldsymbol{H} \equiv 0, \tag{4.23}$$

d.h.

$$\operatorname{div} \boldsymbol{G}_\varkappa + \frac{\partial}{\partial t} \operatorname{div} \boldsymbol{D} = 0. \tag{4.24}$$

Wenn man nun bedenkt, daß $\operatorname{div} \boldsymbol{D} = \varrho$ ist, erhalten wir

$$\operatorname{div} \boldsymbol{G}_\varkappa + \frac{\partial \varrho}{\partial t} = 0. \tag{4.25}$$

Der Ausdruck ist mit dem Satz von der Erhaltung der Elektrizitätsmenge identisch (4.5).

4.1.1.5. Quellenfreiheit des magnetischen Induktionsflusses und die zweite Maxwellsche Gleichung

Wenn wir auf beiden Seiten der zweiten Maxwellschen Gleichung (4.17) die Divergenz bilden, erhalten wir

$$-\operatorname{div} \frac{\partial \boldsymbol{B}}{\partial t} = \operatorname{div} \operatorname{rot} \boldsymbol{E} \equiv 0, \tag{4.26}$$

d.h.

$$\frac{\partial}{\partial t} \operatorname{div} \boldsymbol{B} = 0, \tag{4.27}$$

$$\operatorname{div} \boldsymbol{B} = \text{konst.} \tag{4.28}$$

Erfahrungsgemäß ist (vgl. (3.29)) die Integrationskonstante gleich null, so daß

$$\operatorname{div} \boldsymbol{B} = 0 \tag{4.29}$$

gilt. Die dritte Maxwellsche Gleichung ist offensichtlich mit der zweiten verknüpft.

4.1.2. Gliederung der elektromagnetischen Felder

Statische Felder

In statischen Feldern sind erstens alle Feldgrößen zeitlich konstant und zweitens findet keine Bewegung elektrischer Ladungen statt.
Für elektrostatische Felder gilt

- in Nichtleitern

$$\begin{aligned} \operatorname{rot} \boldsymbol{E} &= \boldsymbol{0}, \\ \operatorname{div} \boldsymbol{D} &= \varrho, \\ \boldsymbol{D} &= \varepsilon \boldsymbol{E}; \end{aligned} \tag{4.30}$$

- in Leitern

$$\begin{aligned} \boldsymbol{E} &= \boldsymbol{0}, \\ \boldsymbol{D} &= \boldsymbol{0}. \end{aligned} \tag{4.31}$$

Für magnetostatische Felder gilt

$$\begin{aligned} \operatorname{rot} \boldsymbol{H} &= \boldsymbol{0}, \\ \operatorname{div} \boldsymbol{B} &= 0, \\ \boldsymbol{B} &= \mu \boldsymbol{H}. \end{aligned} \tag{4.32}$$

Man erkennt, daß in diesem Falle zwischen elektrostatischem und magnetostatischem Feld keinerlei Kopplung besteht.

Stationäre Felder

In stationären elektromagnetischen Feldern sind ebenfalls alle Feldgrößen konstant, aber es bewegen sich Ladungsträger mit konstanter Geschwindigkeit

$$\begin{aligned} \boldsymbol{D} &= \text{konst.}, \\ \boldsymbol{B} &= \text{konst.}, \\ \boldsymbol{v} &= \text{konst.} \end{aligned} \tag{4.33}$$

Für das stationäre elektrische Feld gilt

$$\begin{aligned} \operatorname{rot} \boldsymbol{E} &= \boldsymbol{0}, \\ \operatorname{div} \boldsymbol{D} &= \varrho, \\ \operatorname{div} \boldsymbol{G}_\varkappa &= 0, \\ \boldsymbol{G}_\varkappa &= \varkappa (\boldsymbol{E} + \boldsymbol{E}_\mathrm{n}), \\ \frac{\partial \boldsymbol{D}}{\partial t} &= 0. \end{aligned} \tag{4.34}$$

Für das stationäre magnetische Feld gilt

$$\begin{aligned} \operatorname{rot} \boldsymbol{H} &= \boldsymbol{G}_\varkappa = \varkappa \boldsymbol{E}, \\ \boldsymbol{B} &= \mu \boldsymbol{H}, \\ \frac{\partial \boldsymbol{B}}{\partial t} &= 0. \end{aligned} \tag{4.35}$$

Das stationäre magnetische Feld und das stationäre elektrische Strömungsfeld sind unidirektional verkoppelt. Das stationäre Strömungsfeld kann unabhängig von dem stationären Magnetfeld bestimmt werden. Das stationäre Magnetfeld wird dagegen von dem stationären Strömungsfeld hervorgerufen.
Wenn man auf beiden Seiten der ersten Gleichung der Gruppe (4.35) die Divergenz bildet, erhält man den 1. Kirchhoffschen Satz

$$\operatorname{div} \operatorname{rot} \boldsymbol{H} = \operatorname{div} \boldsymbol{G}_\varkappa = \boldsymbol{0}. \tag{4.36}$$

Langsam veränderliche Felder – quasistationäre Felder

Bereits bei dem langsam veränderlichen Feld müßte man eigentlich die Maxwellschen Gleichungen voll auswerten. Wenn aber

$$\boldsymbol{G}_\varkappa \gg \frac{\partial \boldsymbol{D}}{\partial t}, \tag{4.37}$$

dann kann man $\partial \boldsymbol{D}/\partial t$ gegenüber $\boldsymbol{G}_\varkappa$ vernachlässigen und das Feld bezüglich der ersten Maxwellschen Gleichung als stationär (quasistationäres Feld) behandeln. In diesem Falle gilt

$$\begin{aligned} \operatorname{rot} \boldsymbol{H} &= \boldsymbol{G}_\varkappa, \\ \operatorname{div} \boldsymbol{B} &= 0, \\ \boldsymbol{B} &= \mu \boldsymbol{H} \end{aligned} \tag{4.38}$$

und

$$\begin{aligned} \operatorname{rot} \boldsymbol{E} &= -\frac{\partial \boldsymbol{B}}{\partial t}, \\ \operatorname{div} \boldsymbol{D} &= \varrho, \\ \boldsymbol{D} &= \varepsilon \boldsymbol{E}. \end{aligned} \tag{4.39}$$

Bei den langsam veränderlichen Feldern kann man das magnetische Feld sowoh stromdurchflossenen als auch in stromfreien Gebieten zu jedem Zeitpunkt mit dem ... tionären magnetischen Feld gleichsetzen, das sich ausbilden würde, wenn statt der zeitlich veränderlichen Ströme Gleichströme mit den jeweiligen Momentenwerten der veränderlichen Ströme als stationären Werten fließen würden.
Das elektrische Feld ist dagegen durch die veränderliche Induktion beeinflußt.

Rasch veränderliche Felder

Bei schnell veränderlichen Feldern (nichtstationäre Felder), bei denen die Verschiebungsströme vergleichbar oder größer als die Leitungsströme sind

$$\frac{\partial \boldsymbol{D}}{\partial t} \geqq \boldsymbol{G}_{\varkappa} \tag{4.40}$$

sind die Maxwellschen Gleichungen in ihrer allgemeinen Form (4.16) bis (4.19) zu verwenden. Nichtstationäre Felder sind durch gegenseitige (bidirektionale) Verkopplung von dem elektrischen und dem magnetischen Feld gekennzeichnet. Keines von beiden kann unabhängig vom anderen bestimmt werden.

4.1.3. Energie im elektromagnetischen Feld. Energiegleichung

Die Maxwellschen Gleichungen ermöglichen es, wichtige Schlüsse über die Verteilung, die Umformung und die Strömung der Energie des elektromagnetischen Feldes im Raum zu ziehen. Zu diesem Zweck bilden wir den Ausdruck

$$-\operatorname{div}(\boldsymbol{E} \times \boldsymbol{H}) = \boldsymbol{E} \operatorname{rot} \boldsymbol{H} - \boldsymbol{H} \operatorname{rot} \boldsymbol{E}. \tag{4.41}$$

Wenn wir die erste Maxwellsche Gleichung mit $\boldsymbol{E}$ multiplizieren, erhalten wir

$$\boldsymbol{E} \operatorname{rot} \boldsymbol{H} = \boldsymbol{E}\boldsymbol{G}_{\varkappa} + \boldsymbol{E} \frac{\partial \boldsymbol{D}}{\partial t}. \tag{4.42}$$

Multiplizieren wir die zweite Maxwellsche Gleichung mit $\boldsymbol{H}$, ergibt sich

$$\boldsymbol{H} \operatorname{rot} \boldsymbol{E} = -\boldsymbol{H} \frac{\partial \boldsymbol{B}}{\partial t}. \tag{4.43}$$

Gehen wir nun mit (4.42) und (4.43) in (4.41) ein, so finden wir

$$-\operatorname{div}(\boldsymbol{E} \times \boldsymbol{H}) = \boldsymbol{E}\boldsymbol{G}_{\varkappa} + \boldsymbol{E} \frac{\partial \boldsymbol{D}}{\partial t} + \boldsymbol{H} \frac{\partial \boldsymbol{B}}{\partial t}. \tag{4.44}$$

Um den physikalischen Sinn dieser Gleichung zu erfassen, wollen wir sie über ein Volumen V, das von der Hüllfläche A umschlossen ist, integrieren:

$$-\int_V \operatorname{div}(\boldsymbol{E} \times \boldsymbol{H})\, \mathrm{d}V = \int_V \boldsymbol{E}\boldsymbol{G}_{\varkappa}\, \mathrm{d}V + \int_V \boldsymbol{E} \frac{\partial \boldsymbol{D}}{\partial t}\, \mathrm{d}V + \int_V \boldsymbol{H} \frac{\partial \boldsymbol{B}}{\partial t}\, \mathrm{d}V. \tag{4.45}$$

Nach dem Gaußschen Satz ist aber

$$\int_V \operatorname{div}(\boldsymbol{E} \times \boldsymbol{H})\, \mathrm{d}V = \oint_A (\boldsymbol{E} \times \boldsymbol{H})\, \mathrm{d}\boldsymbol{A}, \tag{4.46}$$

so daß

$$-\oint_A (\boldsymbol{E} \times \boldsymbol{H})\,\mathrm{d}\boldsymbol{A} = \int_V \boldsymbol{E}\boldsymbol{G}_\varkappa\,\mathrm{d}V + \int_V \boldsymbol{E}\frac{\partial \boldsymbol{D}}{\partial t}\,\mathrm{d}V + \int_V \boldsymbol{H}\frac{\partial \boldsymbol{B}}{\partial t}\,\mathrm{d}V \tag{4.47}$$

wird.
Wir wollen nun die einzelnen Glieder der rechten Seite dieser Gleichung betrachten. Die Größe

$$p = \boldsymbol{G}_\varkappa \boldsymbol{E} \tag{4.48}$$

hat die Dimension einer Leistung je Volumeneinheit. Wenn wir annehmen, daß im Feld auch Feldstärken nichtelektrischer Natur wirken, dann wird $\boldsymbol{G}_\varkappa$ durch (4.21) bestimmt. Löst man diese Gleichung nach $\boldsymbol{E}$ auf und setzt dies in (4.48) ein, dann erhält man

$$p = \boldsymbol{G}_\varkappa \boldsymbol{E} = \boldsymbol{G}_\varkappa \left(\frac{\boldsymbol{G}_\varkappa}{\varkappa} - \boldsymbol{E}_\mathrm{n}\right) = \frac{\boldsymbol{G}_\varkappa^2}{\varkappa} - \boldsymbol{G}_\varkappa \boldsymbol{E}_\mathrm{n} = p_\mathrm{w} + p_\mathrm{n}. \tag{4.49}$$

p_w stellt die Leistung dar, die in der Volumeneinheit in Wärme umgesetzt wird. p_n stellt die Leistung dar, die je Volumeneinheit durch die Wirkung von Feldstärken nichtelektrischer Natur umgesetzt wird.
Die Größe

$$p_\mathrm{e} = \boldsymbol{E}\frac{\partial \boldsymbol{D}}{\partial t} = \varepsilon \boldsymbol{E}\frac{\partial \boldsymbol{E}}{\partial t} = \frac{\partial W_\mathrm{e}}{\partial t} \tag{4.50}$$

hat auch die Dimension einer Leistung je Volumeneinheit. Sie hängt nur von den elektrischen Feldgrößen und von deren Änderungsgeschwindigkeit in dem betrachteten Raum ab. Das zweite Integral stellt somit die Leistung dar, die zur Erhöhung der Energie W_e des elektrischen Feldes aufgewandt wird. Es ist

$$W_\mathrm{e}(t) = W_\mathrm{e}(0) + \varepsilon \int_0^E \boldsymbol{E}\frac{\partial \boldsymbol{E}}{\partial t}\,\mathrm{d}t, \tag{4.51}$$

wenn $W_\mathrm{e}(0)$ die Energie des elektrischen Feldes im Zeitpunkt $t = 0$ ist. Ist $W_\mathrm{e}(0) = 0$, dann ist im Zeitpunkt t, in dem die Feldstärke $\boldsymbol{E}$ beträgt:

$$W_\mathrm{e}(t) = \varepsilon \int_0^E \boldsymbol{E}\,\mathrm{d}\boldsymbol{E} = \frac{\varepsilon E^2}{2} = \frac{\boldsymbol{D}\boldsymbol{E}}{2}. \tag{4.52}$$

Die Größe

$$p_\mathrm{m} = \boldsymbol{H}\frac{\partial \boldsymbol{B}}{\partial t} = \mu \boldsymbol{H}\frac{\partial \boldsymbol{H}}{\partial t} = \frac{\partial W_\mathrm{m}}{\partial t} \tag{4.53}$$

hat ebenfalls die Dimension einer Leistung je Volumeneinheit. Sie hängt nur von den magnetischen Feldgrößen und von deren Änderungsgeschwindigkeit ab. Das dritte Integral stellt also die Leistung dar, die zur Erhöhung der Energie W_m des magnetischen Feldes verwendet wird. Die gesamte Energie des magnetischen Feldes ist im Zeitpunkt t, in dem die magnetische Feldstärke $\boldsymbol{H}$ beträgt,

$$W_\mathrm{m}(t) = W_\mathrm{m}(0) + \mu \int_0^H \boldsymbol{H}\frac{\partial \boldsymbol{H}}{\partial t}\,\mathrm{d}t, \tag{4.54}$$

wenn $W_m(0)$ die Energie des magnetischen Feldes im Zeitpunkt $t = 0$ ist. Ist $W_m(0) = 0$, dann ist im Zeitpunkt t, in dem die magnetische Feldstärke $\boldsymbol{H}$ beträgt,

$$W_m(t) = \mu \int_0^H \boldsymbol{H}\,\mathrm{d}\boldsymbol{H} = \frac{\mu \boldsymbol{H}^2}{2} = \frac{\boldsymbol{BH}}{2}. \tag{4.55}$$

Die Ausdrücke für die Energie im elektrischen und im magnetischen Feld, die wir früher von speziellen Fällen abgeleitet haben, sind jetzt durch allgemeine Betrachtungen ermittelt worden.

(4.47) können wir nun folgendermaßen umschreiben:

$$-\oint_A (\boldsymbol{E} \times \boldsymbol{H})\,\mathrm{d}\boldsymbol{A} = -\oint_A \boldsymbol{S}\,\mathrm{d}\boldsymbol{A} = \int_V \frac{G_\varkappa^2}{\varkappa}\,\mathrm{d}V - \int_V \boldsymbol{G}_\varkappa \boldsymbol{E}_\mathrm{n}\,\mathrm{d}V + \frac{\partial}{\partial t}\int_V \left(\frac{\varepsilon \boldsymbol{E}^2}{2} + \frac{\mu \boldsymbol{H}^2}{2}\right)\mathrm{d}V \tag{4.56}$$

mit

$$\boldsymbol{S} = (\boldsymbol{E} \times \boldsymbol{H}). \tag{4.57}$$

(4.56) stellt den Satz von *Poynting* dar, der die Leistungsbilanz im Volumen V beschreibt. $\boldsymbol{S}$ ist der Poyntingsche Vektor. Das Integral auf der linken Seite von (4.56) stellt den Fluß des Vektors $\boldsymbol{S}$ dar, der die Hüllfläche A durchsetzt (Bild 4.2).

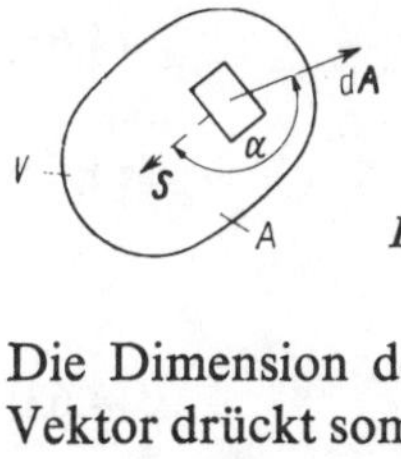

Bild 4.2

Die Dimension des Poyntingschen Vektors ist Leistung je Fläche. Der Poyntingsche Vektor drückt somit die Flächendichte des Leistungsflusses im elektromagnetischen Feld aus. Er kennzeichnet die Strömung der elektromagnetischen Energie im Raum.

Das negative Vorzeichen auf der linken Seite von (4.56) besagt, daß der Flußanteil des Flächenelements $\mathrm{d}A$ positiv gezählt wird, wenn er ins Innere des Volumens V gerichtet ist (der Winkel zwischen $\boldsymbol{S}$ und $\mathrm{d}\boldsymbol{A}$ ist größer als $\pi/2$), andernfalls negativ (der Winkel zwischen $\boldsymbol{S}$ und $\mathrm{d}\boldsymbol{A}$ ist kleiner als $\pi/2$).

Das erste Integral auf der rechten Seite von (4.56) stellt die Leistung dar, die im Volumen V in Wärme umgesetzt wird.

Das zweite Integral erfaßt den Leistungsanteil der Feldstärken nichtelektrischer Natur. Ist der Winkel zwischen $\boldsymbol{G}_\varkappa$ und $\boldsymbol{E}_\mathrm{n}$ kleiner als $\pi/2$, so bleibt das Integral negativ, d. h., die Feldstärken nichtelektrischer Natur verrichten Arbeit und führen je Zeiteinheit eine Energie in das Volumen ein, die zur Deckung von Wärmeverlusten, zur Erhöhung der Energie des elektromagnetischen Feldes in oder zum Leistungsfluß nach außen beiträgt (Quellen). Ist dagegen der Winkel zwischen $\boldsymbol{G}_\varkappa$ und $\boldsymbol{E}_\mathrm{n}$ größer als $\pi/2$, dann wird das Integral positiv, d.h., ein Teil der in das Volumen V einströmenden Energie wird benutzt, um den Stromfluß gegen die Feldstärken nichtelektrischer Natur zu erzwingen. In dem Volumen V findet in diesem Falle eine Wandlung elektromagnetischer Energie in Energieformen anderer Art (mechanische, chemische usw.) statt (z.B. Aufladung eines Akkumulators).

Das dritte Integral auf der rechten Seite von (4.56) stellt den Energiezuwachs des elektromagnetischen Feldes im Volumen V dar.

4.2. Lösung der Maxwellschen Gleichungen

4.2.1. Wellengleichungen für die Feldstärken

4.2.1.1. Auflösung der Maxwellschen Differentialgleichungen nach der elektrischen Feldstärke

Wenn man die erste Maxwellsche Gleichung nach der Zeit differenziert und mit μ multipliziert, dann erhält man

$$\mu \frac{\partial}{\partial t} \operatorname{rot} \boldsymbol{H} = \mu \frac{\partial \boldsymbol{G}_\varkappa}{\partial t} + \varepsilon\mu \frac{\partial^2 \boldsymbol{E}}{\partial t^2}. \tag{4.58}$$

Wenn man auf beiden Seiten der zweiten Maxwellschen Gleichung die Rotation bildet, erhält man (μ = konst.)

$$\operatorname{rot} \operatorname{rot} \boldsymbol{E} = -\mu \frac{\partial}{\partial t} \operatorname{rot} \boldsymbol{H}. \tag{4.59}$$

Aus (4.58) und (4.59) folgt

$$\operatorname{rot} \operatorname{rot} \boldsymbol{E} + \varepsilon\mu \frac{\partial^2 \boldsymbol{E}}{\partial t^2} = -\mu \frac{\partial \boldsymbol{G}_\varkappa}{\partial t} \tag{4.60}$$

oder mit

$$\operatorname{rot} \operatorname{rot} \boldsymbol{E} = \operatorname{grad} \operatorname{div} \boldsymbol{E} - \nabla^2 \boldsymbol{E} \tag{4.61}$$

$$\operatorname{grad} \operatorname{div} \boldsymbol{E} + \varepsilon\mu \frac{\partial^2 \boldsymbol{E}}{\partial t^2} - \nabla^2 \boldsymbol{E} = -\mu \frac{\partial \boldsymbol{G}_\varkappa}{\partial t}. \tag{4.62}$$

Setzt man

$$\operatorname{div} \boldsymbol{E} = \frac{1}{\varepsilon} \operatorname{div} \boldsymbol{D} = \frac{\varrho}{\varepsilon}, \tag{4.63}$$

dann wird

$$\frac{1}{\varepsilon} \operatorname{grad} \varrho + \mu \frac{\partial \boldsymbol{G}_\varkappa}{\partial t} = \nabla^2 \boldsymbol{E} - \varepsilon\mu \frac{\partial^2 \boldsymbol{E}}{\partial t^2}. \tag{4.64}$$

Diese Gleichung zerfällt in kartesischen Koordinaten in drei Gleichungen für die Komponenten von $\boldsymbol{E}$

$$\begin{aligned} \nabla^2 E_x - \varepsilon\mu \frac{\partial^2 E_x}{\partial t^2} &= \frac{1}{\varepsilon} \frac{\partial \varrho}{\partial x} + \mu \frac{\partial G_{\varkappa x}}{\partial t}, \\ \nabla^2 E_y - \varepsilon\mu \frac{\partial^2 E_y}{\partial t^2} &= \frac{1}{\varepsilon} \frac{\partial \varrho}{\partial y} + \mu \frac{\partial G_{\varkappa y}}{\partial t}, \\ \nabla^2 E_z - \varepsilon\mu \frac{\partial^2 E_z}{\partial t^2} &= \frac{1}{\varepsilon} \frac{\partial \varrho}{\partial z} + \mu \frac{\partial G_{\varkappa z}}{\partial t}. \end{aligned} \tag{4.65}$$

In Gebieten, in denen keine Ladungen existieren und auch keine Ströme fließen ($\varrho = 0$, $\boldsymbol{G}_\varkappa = \boldsymbol{0}$), geht (4.64) in

$$\nabla^2 \boldsymbol{E} - \varepsilon\mu \frac{\partial^2 \boldsymbol{E}}{\partial t^2} = \boldsymbol{0} \tag{4.66}$$

über. Diese Gleichung stellt eine homogene (vektorielle) Wellengleichung dar. (4.64) ist eine inhomogene (vektorielle) Wellengleichung oder (vektorielle) d'Alambertsche Gleichung.

Wenn man den vierdimensionalen Laplaceoperator $\Box^2$ einführt, für den

$$\Box^2 = \nabla^2 - \varepsilon\mu \frac{\partial^2}{\partial t^2} = \frac{\partial^2}{\partial x^2} + \frac{\partial^2}{\partial y^2} + \frac{\partial^2}{\partial z^2} + \frac{\partial^2}{\partial (\mathrm{j}vt)^2} \tag{4.67}$$

$$v = \frac{1}{\sqrt{\varepsilon\mu}} \tag{4.68}$$

gilt, wobei j vt die vierte Dimension ist, kann man (4.64) in der Form

$$\Box^2 \boldsymbol{E} = \mu \frac{\partial \boldsymbol{G}_\varkappa}{\partial t} + \frac{1}{\varepsilon} \operatorname{grad} \varrho \tag{4.69}$$

schreiben.

4.2.1.2. Auflösung der Maxwellschen Differentialgleichungen nach der magnetischen Feldstärke

Wenn man auf beiden Seiten der ersten Maxwellschen Gleichung die Rotation bildet, erhält man

$$\operatorname{rot} \operatorname{rot} \boldsymbol{H} = \operatorname{rot} \boldsymbol{G}_\varkappa + \varepsilon \frac{\partial}{\partial t} \operatorname{rot} \boldsymbol{E}. \tag{4.70}$$

Differenziert man nun beide Seiten der zweiten Maxwellschen Gleichung nach t und multipliziert sie mit ε, dann erhält man

$$\varepsilon \frac{\partial}{\partial t} \operatorname{rot} \boldsymbol{E} = -\varepsilon\mu \frac{\partial^2 \boldsymbol{H}}{\partial t^2}. \tag{4.71}$$

Geht man mit (4.71) in (4.70) ein, dann wird

$$\operatorname{rot} \operatorname{rot} \boldsymbol{H} + \varepsilon\mu \frac{\partial^2 \boldsymbol{H}}{\partial t^2} = \operatorname{rot} \boldsymbol{G}_\varkappa. \tag{4.72}$$

Mit

$$\operatorname{rot} \operatorname{rot} \boldsymbol{H} = \operatorname{grad} \operatorname{div} \boldsymbol{H} - \nabla^2 \boldsymbol{H} \tag{4.73}$$

geht (4.72) in

$$\nabla^2 \boldsymbol{H} - \operatorname{grad} \operatorname{div} \boldsymbol{H} - \varepsilon\mu \frac{\partial^2 \boldsymbol{H}}{\partial t^2} = -\operatorname{rot} \boldsymbol{G}_\varkappa \tag{4.74}$$

über. Nun ist aber bei $\mu = \text{konst.}$

$$\operatorname{div} \boldsymbol{H} = \frac{1}{\mu} \operatorname{div} \boldsymbol{B} = 0 \tag{4.75}$$

und daher

$$\nabla^2 \boldsymbol{H} - \varepsilon\mu \frac{\partial^2 \boldsymbol{H}}{\partial t^2} = -\operatorname{rot} \boldsymbol{G}_\varkappa. \tag{4.76}$$

Diese Gleichung zerfällt in kartesische Koordinaten in drei Gleichungen für die Komponenten von $\boldsymbol{H}$:

$$\nabla^2 H_x - \varepsilon\mu \frac{\partial^2 H_x}{\partial t^2} = -\mathrm{rot}_x\, \boldsymbol{G}_\varkappa, \tag{4.77}$$

$$\nabla^2 H_y - \varepsilon\mu \frac{\partial^2 H_y}{\partial t^2} = -\mathrm{rot}_y\, \boldsymbol{G}_\varkappa, \tag{4.78}$$

$$\nabla^2 H_z - \varepsilon\mu \frac{\partial^2 H_z}{\partial t^2} = -\mathrm{rot}_z\, \boldsymbol{G}_\varkappa. \tag{4.79}$$

Die magnetische Feldstärke wird also ebenfalls durch die d'Alembertsche Differentialgleichung beschrieben.
In Gebieten, in denen die Stromdichte $\boldsymbol{G}_\varkappa$ überall gleich Null ist, geht (4.76) in

$$\nabla^2 \boldsymbol{H} - \varepsilon\mu \frac{\partial^2 \boldsymbol{H}}{\partial t^2} = \boldsymbol{0} \tag{4.80}$$

über. Wir erkennen durch Vergleich mit (4.66), daß in Gebieten verschwindender Raumladungsdichte und Stromdichte die elektrische und die magnetische Feldstärke unabhängig voneinander der gleichen Wellengleichung genügen.

4.2.2. Allgemeine Lösung der eindimensionalen Wellengleichung

Die einfachste Lösung der Wellengleichungen (4.66) und (4.80) erhalten wir für den Fall, daß die Vektoren $\boldsymbol{E}$ und $\boldsymbol{H}$ nur von einer Koordinate x abhängen, d.h. $\partial/\partial y = \partial/\partial z = 0$ (ebene Wellen). Damit lauten die Wellengleichungen für $\boldsymbol{E}$ und $\boldsymbol{H}$

$$\frac{\partial^2 \boldsymbol{E}}{\partial x^2} = \varepsilon\mu \frac{\partial^2 \boldsymbol{E}}{\partial t^2} \tag{4.81}$$

und

$$\frac{\partial^2 \boldsymbol{H}}{\partial x^2} = \varepsilon\mu \frac{\partial^2 \boldsymbol{H}}{\partial t^2}. \tag{4.82}$$

Wir suchen also die Lösung einer Differentialgleichung der Form

$$\frac{\partial^2 f(x, t)}{\partial x^2} = \frac{1}{v^2} \frac{\partial^2 f(x, t)}{\partial t^2}. \tag{4.83}$$

Die allgemeine Lösung dieser Gleichung lautet

$$f(x, t) = f_1\left(t - \frac{x}{v}\right) + f_2\left(t + \frac{x}{v}\right), \tag{4.84}$$

wovon man sich leicht durch zweimalige Differentiation überzeugt. Jede der beiden partikulären Lösungen f_1 und f_2 wird Wellenfunktion genannt. Für einen Beobachter, der sich in Richtung von x mit der Geschwindigkeit v bewegt, behält die Wellenfunktion f_1 einen unveränderten Wert; denn mit

$$x = x_0 + vt \tag{4.85}$$

ist

$$f_1\left(t - \frac{x}{v}\right) = f_1\left(t - \frac{x_0 + vt}{v}\right) = f_1\left(-\frac{x_0}{v}\right) = \text{konst.} \tag{4.86}$$

Die Funktion $f_1(t - x/v)$ beschreibt eine Welle, die sich in Richtung von x mit der Geschwindigkeit v bewegt (einfallende Welle). Die Funktion $f_2(t + x/v)$ beschreibt eine Welle, die sich in entgegengesetzter Richtung mit derselben Geschwindigkeit bewegt. Sie entsteht bei Reflexionen an Grenzflächen (reflektierte Welle). Sind keine Grenzflächen vorhanden, dann ist

$$f_2\left(t + \frac{x}{v}\right) = 0. \tag{4.87}$$

Alle Komponenten von $\boldsymbol{E}$ und $\boldsymbol{H}$ stellen nun zunächst unabhängig voneinander Ausdrücke der Form (4.84) dar. Dabei liefert der Vergleich von (4.83) mit (4.81) und (4.82) für die Ausbreitungsgeschwindigkeit der Wellen

$$v = \frac{1}{\sqrt{\varepsilon\mu}}. \tag{4.88}$$

Im Vakuum wird

$$v = c = \frac{1}{\sqrt{\varepsilon_0\mu_0}} \tag{4.89}$$

gleich der Lichtgeschwindigkeit im Vakuum. Genaue Messungen ergaben für c den Wert

$$c = (2{,}9971 \pm 0{,}0003) \cdot 10^8 \text{ m/s}.$$

In einem beliebigen anderen Medium ist

$$v = \frac{c}{\sqrt{\varepsilon_r\mu_r}}. \tag{4.90}$$

4.2.3. Wellengleichungen für die elektrodynamischen Potentiale

4.2.3.1. Beziehung zwischen dem skalaren elektrischen Potential und dem Vektorpotential

Zur Behandlung des veränderlichen elektromagnetischen Feldes müssen zwischen den von den stationären Feldern bekannten Potentialen, dem skalaren elektrischen Potential φ und dem magnetischen Vektorpotential $\boldsymbol{W}$, zusätzlich Zusammenhänge festgelegt werden (elektromagnetische Potentiale). Um diese Zusammenhänge zu begründen, geht man wieder von den Maxwellschen Gleichungen aus.
Die magnetische Induktion wurde durch das Vektorpotential $\boldsymbol{W}$ ausgedrückt:

$$\boldsymbol{B} = \text{rot}\, \boldsymbol{W}. \tag{4.91}$$

Aus (4.16) folgt

$$\text{rot}\, \boldsymbol{B} = \mu\left(\boldsymbol{G}_\varkappa + \frac{\partial \boldsymbol{D}}{\partial t}\right) = \mu\boldsymbol{G}_\varkappa + \varepsilon\mu\,\frac{\partial \boldsymbol{E}}{\partial t}. \tag{4.92}$$

Mit (4.91) geht diese Gleichung in

$$\text{rot rot } \boldsymbol{W} = \mu \boldsymbol{G}_\varkappa + \varepsilon\mu \frac{\partial \boldsymbol{E}}{\partial t} \tag{4.93}$$

oder

$$\text{grad div } \boldsymbol{W} - \nabla^2 \boldsymbol{W} = \mu \boldsymbol{G}_\varkappa + \varepsilon\mu \frac{\partial \boldsymbol{E}}{\partial t} \tag{4.94}$$

über. Geht man mit (4.91) in (4.17) ein, dann erhält man

$$\text{rot } \boldsymbol{E} = -\frac{\partial}{\partial t} \text{ rot } \boldsymbol{W} = -\text{rot } \frac{\partial \boldsymbol{W}}{\partial t}. \tag{4.95}$$

Wenn die Rotationen zweier Funktionen gleich sind, so unterscheiden sich die Funktionen selbst nur um den Gradienten einer skalaren Funktion φ; denn es gilt

$$\text{rot grad } \varphi = 0. \tag{4.96}$$

Somit folgt aus (4.95)

$$\boldsymbol{E} = -\frac{\partial \boldsymbol{W}}{\partial t} - \text{grad } \varphi. \tag{4.97}$$

Die skalare Funktion φ entspricht dem skalaren elektrischen Potential; denn für statische bzw. stationäre Felder geht (4.97) in

$$\boldsymbol{E} = -\text{grad } \varphi \tag{4.98}$$

über. In veränderlichen elektromagnetischen Feldern hat die elektrische Feldstärke zwei Anteile (4.97). Der erste von ihnen ist durch das veränderliche magnetische Feld, der zweite durch die (im allgemeinen auch veränderlichen) verteilten Ladungen bestimmt. Aus (4.97) folgt

$$\frac{\partial \boldsymbol{E}}{\partial t} = -\frac{\partial^2 \boldsymbol{W}}{\partial t^2} - \text{grad } \frac{\partial \varphi}{\partial t}. \tag{4.99}$$

Geht man hiermit in (4.94) ein, dann erhält man

$$\text{grad div } \boldsymbol{W} - \nabla^2 \boldsymbol{W} = \mu \boldsymbol{G}_\varkappa - \varepsilon\mu \frac{\partial^2 \boldsymbol{W}}{\partial t^2} - \varepsilon\mu \text{ grad } \frac{\partial \varphi}{\partial t} \tag{4.100}$$

oder

$$\text{grad}\left(\text{div } \boldsymbol{W} + \varepsilon\mu \frac{\partial \varphi}{\partial t}\right) - \nabla^2 \boldsymbol{W} + \varepsilon\mu \frac{\partial^2 \boldsymbol{W}}{\partial t^2} = \mu \boldsymbol{G}_\varkappa. \tag{4.101}$$

Bei der Behandlung des stationären magnetischen Feldes wurde gezeigt, daß man dem Vektorpotential die Bedingung

$$\text{div } \boldsymbol{W} = 0 \tag{4.102}$$

auferlegen konnte. Ohne dem zu widersprechen, kann man nun hier die Forderung

$$\text{div } \boldsymbol{W} = -\varepsilon\mu \frac{\partial \varphi}{\partial t} = -\frac{1}{v^2} \frac{\partial \varphi}{\partial t} \tag{4.103}$$

mit v nach (4.88) stellen, die für stationäre Felder in (4.102) übergeht.

Mit (4.103) werden das Vektorpotential und das skalare Potential verknüpft (Lorentz-Eichung). Dieser Zusammenhang wird später erklärt (4.115).

4.2.3.2. Die d'Alembertschen Gleichungen für das Vektorpotential und das skalare Potential

Mit (4.103) geht (4.101) in

$$\nabla^2 \boldsymbol{W} - \varepsilon\mu \frac{\partial^2 \boldsymbol{W}}{\partial t^2} = \Box^2 \boldsymbol{W} = -\mu \boldsymbol{G}_\varkappa \tag{4.104}$$

über. Diese Bezeichnung stellt die (vektorielle) d'Alembertsche Gleichung dar. Im stationären Feld geht sie in die Poissonsche Gleichung über

$$\nabla^2 \boldsymbol{W} = -\mu \boldsymbol{G}_\varkappa . \tag{4.105}$$

Nun wollen wir unsere Aufmerksamkeit auf das skalare Potential φ im elektromagnetischen Feld richten. Aus (4.19) und (4.97) folgt

$$\operatorname{div} \boldsymbol{E} = \operatorname{div}\left(-\frac{\partial \boldsymbol{W}}{\partial t} - \operatorname{grad} \varphi\right) = \frac{\varrho}{\varepsilon} \tag{4.106}$$

oder

$$-\frac{\partial}{\partial t} \operatorname{div} \boldsymbol{W} - \operatorname{div} \operatorname{grad} \varphi = \frac{\varrho}{\varepsilon}. \tag{4.107}$$

Nun folgt aus (4.103)

$$\frac{\partial}{\partial t} \operatorname{div} \boldsymbol{W} = -\frac{1}{v^2} \frac{\partial^2 \varphi}{\partial t^2}. \tag{4.108}$$

Ferner ist

$$\operatorname{div} \operatorname{grad} \varphi = \nabla^2 \varphi, \tag{4.109}$$

so daß mit (4.107)

$$\nabla^2 \varphi - \frac{1}{v^2} \frac{\partial^2 \varphi}{\partial t^2} = \Box^2 \varphi = -\frac{\varrho}{\varepsilon} \tag{4.110}$$

wird.

In einem veränderlichen elektromagnetischen Feld wird das skalare Potential durch die inhomogene Wellengleichung beschrieben. Im statischen Feld geht diese in die Poissonsche Gleichung

$$\nabla^2 \varphi = -\frac{\varrho}{\varepsilon} \tag{4.111}$$

über.

Die durch (4.103) getroffene Festlegung hat einen tieferen Sinn. Wendet man den vierdimensionalen Laplaceschen Operator auf (4.103) an, dann erhält man

$$\Box^2 \operatorname{div} \boldsymbol{W} = -\Box^2 \frac{1}{v^2} \frac{\partial \varphi}{\partial t} \tag{4.112}$$

oder

$$\operatorname{div} \Box^2 \boldsymbol{W} = -\frac{1}{v^2} \frac{\partial}{\partial t} \Box^2 \varphi . \tag{4.113}$$

Geht man mit (4.104) und (4.110) in die letzte Gleichung ein, dann wird

$$-\mu \operatorname{div} \boldsymbol{G}_\varkappa = \frac{1}{v^2} \frac{\partial}{\partial t} \left(\frac{\varrho}{\varepsilon} \right) \tag{4.114}$$

oder

$$\operatorname{div} \boldsymbol{G}_\varkappa = -\frac{1}{v^2} \frac{1}{\varepsilon\mu} \frac{\partial \varrho}{\partial t} = -\frac{\partial \varrho}{\partial t}. \tag{4.115}$$

(4.103) bringt somit den Satz von der Erhaltung der Elektrizitätsmenge zum Ausdruck.

4.2.4. Allgemeine Lösung der Wellengleichung für die Potentiale

Die Lösung der Wellengleichung für φ wird für das Feld der zeitlich veränderlichen Punktladung $q(t)$ ermittelt. Es wird ein sphärisches Koordinatensystem (r, ϑ, α) verwendet. In Kugelkoordinaten lautet der Laplacesche Operator

$$\Delta\varphi = \frac{1}{r} \frac{\partial^2 (r\varphi)}{\partial r^2} + \frac{1}{r^2 \sin\vartheta} \frac{\partial}{\partial\vartheta} \left(\sin\vartheta \frac{\partial\varphi}{\partial\vartheta} \right) + \frac{1}{r^2 \sin^2\vartheta} \frac{\partial^2\varphi}{\partial\alpha^2}. \tag{4.116}$$

Wenn wir Kugelsymmetrie voraussetzen, gilt

$$\varphi = \varphi(r, t), \tag{4.117}$$

$$\frac{\partial\varphi}{\partial\alpha} = \frac{\partial\varphi}{\partial\vartheta} = 0, \tag{4.118}$$

$$\Delta\varphi = \frac{1}{r} \frac{\partial^2 (r\varphi)}{\partial r^2}. \tag{4.119}$$

Damit geht die Wellengleichung in

$$\frac{1}{r} \frac{\partial^2 (r\varphi)}{\partial r^2} = \varepsilon\mu \frac{\partial^2\varphi}{\partial t^2} = \frac{1}{v^2} \frac{\partial^2\varphi}{\partial t^2} \tag{4.120}$$

über. (4.120) kann man folgendermaßen umschreiben:

$$\frac{\partial^2 (r\varphi)}{\partial r^2} = \frac{1}{v^2} \frac{\partial^2 (r\varphi)}{\partial t^2}. \tag{4.121}$$

Die Lösung dieser Gleichung lautet entsprechend (4.84)

$$\varphi = \frac{1}{r} \left[f_1 \left(t - \frac{r}{v} \right) + f_2 \left(t + \frac{r}{v} \right) \right] = \frac{1}{r} f_1 \left(t - \frac{r}{v} \right) + \frac{1}{r} f_2 \left(t + \frac{r}{v} \right). \tag{4.122}$$

Der zweite Teil $f_2(t + r/v)$ verschwindet, wenn keine Grenzflächen vorhanden sind, an denen Reflexionen auftreten können. Ist das der Fall, dann ist

$$\varphi(r, t) = \frac{1}{r} f_1 \left(t - \frac{r}{v} \right). \tag{4.123}$$

In der Elektrostatik ist das Potential in der Umgebung einer punktförmigen Ladung

$$\varphi(r) = \frac{q}{4\pi\varepsilon r}. \tag{4.124}$$

Die Elektrostatik fordert die sofortige Einstellung eines Potentials beim Auftreten einer Ladung (formell $v \to \infty$). Damit (4.123) und (4.124) für den Grenzfall $v \to \infty$ ineinander übergehen, muß

$$f_1\left(t - \frac{r}{v}\right) = \frac{q\left(t - \frac{r}{v}\right)}{4\pi\varepsilon} \tag{4.125}$$

und

$$\varphi\,(r,\,t) = \frac{1}{r} f_1\left(t - \frac{r}{v}\right) = \frac{q\left(t - \frac{r}{v}\right)}{4\pi\varepsilon r} \tag{4.126}$$

sein. Die Deutung der letzten Gleichung besagt, daß das Potential auf der Oberfläche einer Kugel mit dem Radius r um die Punktladung zum Zeitpunkt t durch die Größe der Ladung zum Zeitpunkt $(t - r/v)$ bestimmt wird. Die Zeit

$$t' = \frac{r}{v} \tag{4.127}$$

ist die Zeit, in der sich die elektromagnetische Welle von der Ladung bis zu dem betrachteten Punkt fortgepflanzt hat. Die Änderung des Potentials wird gegenüber der Änderung der Ladung verzögert. $\varphi\,(r,\,t)$ nennt man aus diesem Grund verzögertes oder retardiertes Potential.

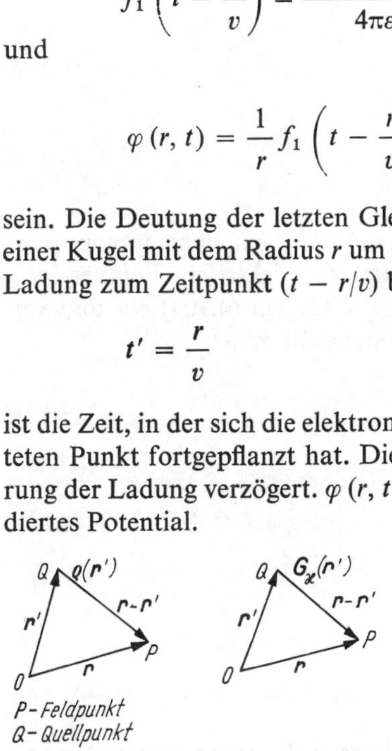

Bild 4.3

Bei beliebiger Ladungsverteilung gilt in der Elektrostatik (Bild 4.3a)

$$\varphi(\boldsymbol{r}) = \frac{1}{4\pi\varepsilon}\int_V \frac{\varrho(\boldsymbol{r}')\,\mathrm{d}V}{|\boldsymbol{r} - \boldsymbol{r}'|}. \tag{4.128}$$

Die Gegenüberstellung von (4.123) und (4.128) ergibt dann formal ($v \to \infty$) für das retardierte Potential

$$\varphi\,(\boldsymbol{r},\,t) = \frac{1}{4\pi\varepsilon}\int_V \frac{\varrho\left(\boldsymbol{r}',\,t - \frac{|\boldsymbol{r} - \boldsymbol{r}'|}{v}\right)}{|\boldsymbol{r} - \boldsymbol{r}'|}\,\mathrm{d}V. \tag{4.129}$$

Analog erhält man für das Vektorpotential (Bild 4.3b)

$$\boldsymbol{W}(\boldsymbol{r},\,t) = \frac{\mu}{4\pi}\int_V \frac{\boldsymbol{G}_\varkappa\left(\boldsymbol{r}',\,t - \frac{|\boldsymbol{r} - \boldsymbol{r}'|}{v}\right)}{|\boldsymbol{r} - \boldsymbol{r}'|}\,\mathrm{d}V. \tag{4.130}$$

4.2.5. Das elektrische Polarisationspotential. Der Hertzsche Vektor

4.2.5.1. Wellengleichung für den Hertzschen Vektor

Da die Potentiale $\boldsymbol{W}$ und φ durch (4.103), die man in der Form

$$\operatorname{div} \boldsymbol{W} + \varepsilon\mu \frac{\partial \varphi}{\partial t} = 0 \tag{4.131}$$

schreiben kann, verknüpft sind, kann man sie durch eine einzige vektorielle Funktion $\boldsymbol{Z}$ in folgender Weise ausdrücken:

$$\boldsymbol{W} = \mu \frac{\partial \boldsymbol{Z}}{\partial t}, \tag{4.132}$$

Z oder auch Π

$$\varphi = -\frac{1}{\varepsilon} \operatorname{div} \boldsymbol{Z}. \tag{4.133}$$

in Simonyi

Geht man nämlich mit den beiden letzten Gleichungen in (4.131) ein, dann erkennt man, daß diese identisch erfüllt wird. Den Vektor $\boldsymbol{Z}$ nennt man das elektrische Polarisationspotential oder den Hertzschen Vektor. Geht man mit (4.132) in (4.104) ein und vertauscht man die Reihenfolge der Differentiationen, dann erhält man

$$\mu \frac{\partial}{\partial t}\left(\nabla^2 \boldsymbol{Z} - \varepsilon\mu \frac{\partial^2 \boldsymbol{Z}}{\partial t^2}\right) = -\mu \boldsymbol{G}_\varkappa \tag{4.134}$$

oder

$$\frac{\partial}{\partial t}\left(\nabla^2 \boldsymbol{Z} - \varepsilon\mu \frac{\partial^2 \boldsymbol{Z}}{\partial t^2}\right) = -\boldsymbol{G}_\varkappa. \tag{4.135}$$

Bei $\varkappa = 0$ ist $\boldsymbol{G}_\varkappa = 0$ und

$$\frac{\partial}{\partial t}\left(\nabla^2 \boldsymbol{Z} - \varepsilon\mu \frac{\partial^2 \boldsymbol{Z}}{\partial t^2}\right) = \boldsymbol{0}. \tag{4.136}$$

Integriert man diese Gleichung über die Zeit und setzt man die Integrationskonstante gleich null, dann wird

$$\nabla^2 \boldsymbol{Z} - \varepsilon\mu \frac{\partial^2 \boldsymbol{Z}}{\partial t^2} = \Box^2 \boldsymbol{Z} = \boldsymbol{0}. \tag{4.137}$$

Für den Hertzschen Vektor gilt unter den genannten Bedingungen die Wellengleichung.

4.2.5.2. Berechnung der elektrischen und magnetischen Feldstärke aus dem Polarisationsvektor

Geht man mit (4.132) und (4.133) in (4.97) ein, dann erhält man

$$\boldsymbol{E} = -\mu \frac{\partial^2 \boldsymbol{Z}}{\partial t^2} + \frac{1}{\varepsilon} \operatorname{grad} \operatorname{div} \boldsymbol{Z}. \tag{4.138}$$

Da aber

$$\operatorname{grad} \operatorname{div} \boldsymbol{Z} = \operatorname{rot} \operatorname{rot} \boldsymbol{Z} + \nabla^2 \boldsymbol{Z} \tag{4.139}$$

ist, folgt

$$\boldsymbol{E} = \frac{1}{\varepsilon}\left(\operatorname{rot}\operatorname{rot}\boldsymbol{Z} + \nabla^2\boldsymbol{Z} - \varepsilon\mu\,\frac{\partial^2\boldsymbol{Z}}{\partial t^2}\right). \tag{4.140}$$

Für den Fall $\boldsymbol{G}_\varkappa = 0$ ist mit (4.137)

$$\boldsymbol{E} = \frac{1}{\varepsilon}\operatorname{rot}\operatorname{rot}\boldsymbol{Z}. \tag{4.141}$$

Die magnetische Feldstärke berechnet sich zu

$$\boldsymbol{H} = \frac{1}{\mu}\,\boldsymbol{B} = \frac{1}{\mu}\operatorname{rot}\boldsymbol{W} = \frac{\partial}{\partial t}\operatorname{rot}\boldsymbol{Z}. \tag{4.142}$$

5. Mechanismus der Stromleitung

5.1. Grundbegriffe

In den nächsten Abschnitten wird der Mechanismus des elektrischen Leitungsstroms beschrieben. Es wurde bereits erklärt, daß der elektrische Leitungsstrom aus bewegten Ladungsteilchen besteht. Auf ein freibewegliches Ladungsteilchen, das sich in einem elektrischen Feld befindet, wird nach (1.11) eine Kraft ausgeübt. Unter der Wirkung dieser Kraft setzt es sich in Bewegung und liefert so einen Anteil zum Strom in dem Stromkreis. Eine Voraussetzung für die Ausbildung eines elektrischen Leitungsstroms ist also das Vorhandensein freibeweglicher Ladungsträger. Die beweglichen Ladungsträger können Elektronen, positive Ionen (Kationen) oder negative Ionen (Anionen) sein. Die über den Raum verteilten positiven bzw. negativen Ladungen ergeben, getrennt betrachtet, in jedem Punkt des Raumes eine positive $(+\varrho_1)$ bzw. eine negative $(-\varrho_2)$ Raumladungsdichte. Die gesamte Raumladungsdichte in einem Punkt ergibt sich aus deren Summe:

$$\varrho = (+\varrho_1) + (-\varrho_2) = |\varrho_1| - |\varrho_2|. \tag{5.1}$$

Sind die negativen und positiven Raumladungsdichten einander gleich, so ist die Gesamtraumladungsdichte an der betreffenden Stelle Null. Diese Stelle erscheint dann raumladungsfrei.

Wir unterscheiden eine raumladungsfreie Strömung und eine raumladungsbehaftete Strömung. Bei der ersten Strömungsart ist in jedem Zeitpunkt die Summe beider Raumladungen in einem Volumenelement gleich Null. Bei der zweiten Strömungsart hat die Raumladungsdichte an der betrachteten Stelle einen endlichen Wert.

Bei der raumladungsfreien Strömung unterscheiden wir drei Fälle: Im ersten Fall sind die positiven und die negativen Ladungsträger von der gleichen Art (Ionen). Sie bewegen sich unter dem Einfluß der äußeren elektrischen Feldstärke in entgegengesetzter Richtung, wobei die Geschwindigkeiten beider Teilchen von gleicher Größenordnung sind. Wir sprechen dann von einem Ionenstrom.

Eine raumladungsfreie Strömung kann auch dann bestehen, wenn die positiven Ladungsträger positive Ionen, die negativen Ladungsträger Elektronen sind. In diesem Falle liegen ein Ionen- und ein Elektronenstrom vor. Die Geschwindigkeit der Ionen ist dabei, wie später gezeigt wird, viel kleiner als die der Elektronen.

Schließlich kann eine raumladungsfreie Strömung auch dann bestehen, wenn die positiven Ionen fest gebunden sind, d.h., wenn ihre Geschwindigkeit Null ist, und sich nur die Elektronen bewegen. In diesem Falle liefern die unbeweglichen positiven Ionen keinen Beitrag zum elektrischen Strom. Ihre Anwesenheit bewirkt lediglich die Raumladungsfreiheit. Es liegt ein reiner Elektronenstrom vor, und wir sprechen von einem raumladungsfreien Elektronenstrom.

Im Gegensatz zu den betrachteten Fällen steht der raumladungsbehaftete Strom. Ist dies ein Elektronenstrom, so fehlen die beweglichen oder unbeweglichen positiven Ladungsträger, die die Raumladungsfreiheit ermöglichen.

Es besteht ein wesentlicher Unterschied zwischen der raumladungsfreien Strömung und der Raumladungsströmung. Bei der raumladungsfreien Strömung ist das Eigenfeld der bewegten Ladungen im ganzen aufgehoben. Der einzelne Ladungsträger bewegt sich unter dem Einfluß der äußeren Feldstärke unbeeinflußt von den übrigen Ladungsträgern. Ist dagegen eine Raumladung vorhanden, so besteht eine gegenseitige Beeinflussung der einzelnen Ladungsträger. Demzufolge unterliegen die raumladungsfreie Strömung und die Raumladungsströmung verschiedenen Gesetzmäßigkeiten.

An dieser Stelle soll auch auf einen Unterschied zwischen einem Ionenstrom und einem Elektronenstrom hingewiesen werden. Bei der Elektronenströmung werden praktisch nur elektrische Ladungen bewegt. Im Ionenstrom jedoch ist die elektrische Ladung an Masseteilchen, d.h. an Atome oder Moleküle, gebunden. Bei einem Ionenstrom findet deswegen immer auch ein Stofftransport statt.

Ist ein freies Ladungsteilchen, das die Ladung Q und die Masse m hat, der Wirkung eines elektrischen Feldes ausgesetzt, so wird es bekanntlich durch die Wirkung der Feldkräfte in Bewegung gesetzt. Dabei wird von dem elektrischen Feld eine Arbeit ausgeführt, die in die kinetische Energie des Teilchens übergeht. Die Gleichheit beider Energien ergibt

$$\frac{m}{2} v^2 = UQ. \tag{5.2}$$

In dieser Beziehung bedeutet U den durchlaufenen Potentialunterschied und v die Geschwindigkeit des Teilchens. Aus der letzten Beziehung erhalten wir für die Geschwindigkeit den Ausdruck

$$v = \sqrt{\frac{2Q}{m} U}. \tag{5.3}$$

Aus dieser Gleichung folgt, daß entsprechend den unterschiedlichen Massen ein bedeutender Unterschied zwischen den Geschwindigkeiten der Ionen und der Elektronen bestehen muß.

Bei der raumladungsfreien Stromleitung sind die positive und die negative Raumladungsdichte überall gleich, und die Gesamtraumladungsdichte ist gleich Null:

$$\varrho_g = +\varrho - \varrho = 0. \tag{5.4}$$

Unter dem Einfluß der Feldkräfte bewegen sich die positiven und negativen Ladungen in entgegengesetzter Richtung mit den Geschwindigkeiten v_1 und v_2. Nach (2.29) ist die gesamte Stromdichte

$$G = \frac{dI}{dA} = \varrho v_1 + \varrho v_2 = G_1 + G_2. \tag{5.5}$$

Würden sich beide Ladungsarten in gleicher Richtung mit gleicher Geschwindigkeit bewegen – was der Bewegung elektrisch neutraler Körper als Ganzes entspricht –, so wäre

$$G_1 = \varrho v_1, \tag{5.6}$$

$$G_2 = -\varrho v_2, \tag{5.7}$$

$$v_1 = v_2, \tag{5.8}$$

$$G = G_1 + G_2 = 0. \tag{5.9}$$

5.2. Mechanismus der Stromleitung in Festkörpern

5.2.1. Grundlagen der Stromleitung in Festkörpern

5.2.1.1. Energieniveaus der Elektronen (Termschema)

Das Elektron weist eine Doppelnatur auf. Es verhält sich unter Umständen wie ein geladenes Teilchen mit der Masse m und der Ladung Q_e. In einem stationären elektrischen Feld wirkt auf das Elektron die Kraft

$$\boldsymbol{F} = Q_e\boldsymbol{E} = m\boldsymbol{a}, \tag{5.10}$$

durch die es gleichmäßig beschleunigt wird. Hierbei ist $\boldsymbol{a}$ die Beschleunigung. In dieser Hinsicht unterliegt das Elektron den Gesetzen der Dynamik von Teilchen.
Unter Umständen weisen aber Elektronen auch Eigenschaften auf, die für Wellen kennzeichnend sind. So beobachtet man z.B. Beugungserscheinungen, wenn Elektronenstrahlen auf Gitter mit Gitterkonstanten von atomarer Größenordnung auftreffen. Ähnliche Merkmale liegen beim Licht vor. Viele Erscheinungen lassen sich durch eine Wellennatur erklären, andere (z.B. der Photoeffekt) durch die Annahme, daß sich die elektromagnetische Energie in diskreten Portionen (Photonen) mit der Energie

$$W = hf = \frac{hc}{\lambda} \tag{5.11}$$

fortpflanzt. Hier ist f die Frequenz, λ die Wellenlänge, c die Lichtgeschwindigkeit und

$$h = 6{,}624 \cdot 10^{-34}\ \mathrm{W{\cdot}s^2} \tag{5.12}$$

das Plancksche Wirkungsquantum. Die Photonen haben Teilchennatur.
Diese Doppelnatur *(de Broglie)* ist nicht nur den Elektronen und Photonen, sondern allen Teilchen der Mikrowelt eigen. Nach der speziellen Relativitätstheorie besteht zwischen Energie, Masse und Lichtgeschwindigkeit folgende Beziehung:

$$W = \frac{hc}{\lambda} = mc^2. \tag{5.13}$$

Für den Impuls gilt dann

$$p = mc = \frac{h}{\lambda}. \tag{5.14}$$

Die Wellenlänge, die einem Teilchen mit dem Impuls p zugeordnet wird, ist

$$\lambda = \frac{h}{p}. \tag{5.15}$$

Im Mikrokosmos unterliegen die Beziehungen zwischen den Elementarteilchen eigenen spezifischen Gesetzmäßigkeiten, die vor allem auf dem Prinzip der Quantelung und dem Paulischen Prinzip begründet sind. Entsprechend der klassischen Mechanik müßte ein Elektron, das den Kern umkreist, beliebige Energien haben und demzufolge auf Bahnen mit beliebigen Radien kreisen können. Die Radien der Bahnen werden dabei durch die Betragsgleichheit von elektrischer Anziehungskraft und Zentrifugalkraft bestimmt. Das negativ geladene Elektron, das sich auf einer Kreisbahn um den positiven Kern bewegt, strahlt Energie aus, so daß es nicht ständig auf dieser Bahn verweilen könnte und auf den Kern stürzen müßte. Die Elektronenbewegung innerhalb des Atoms ist den Gesetzen der Quantenmechanik unterworfen, nach denen das Elektron im Atom ohne Energieverlust diskrete Energiebeträge haben kann, die sich voneinander um endliche Größen unterscheiden. Aus diesem Grund kann sich das Elektron um den Kern nur auf ganz bestimmten Bahnen bewegen, die durch diese Energien bestimmt werden. Die Quantenmechanik verlangt, daß nicht nur die Energie, sondern auch einige andere Parameter des Elektrons innerhalb des Atoms gequantelt sind. Hierzu gehören der Drehimpuls und seine Projektion in einer Richtung sowie das eigene mechanische Drehmoment des Elektrons (Spin).

Die andere spezifische Gesetzmäßigkeit stellt das Paulische Prinzip dar, das die Möglichkeit ausschließt, daß sich in einem bestimmten Energiezustand mehr als zwei Elektronen befinden – und diese auch nur unter der Bedingung, daß ihre Drehmomente (Spins) entgegengesetzt gerichtet sind.

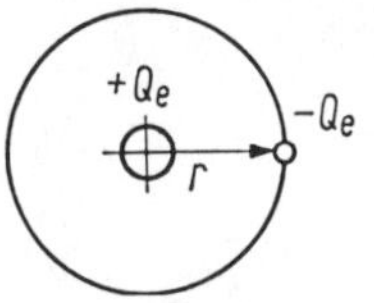

Bild 5.1

Unter der Annahme kreisförmiger Bahnen erhält man bei dem Wasserstoffatom (ein Elektron) für die möglichen Radien (Bild 5.1)

$$r_n = \frac{n^2 \varepsilon_0 h^2}{\pi m Q_e^2}. \tag{5.16}$$

Hierbei ist $n = 1, 2, 3, \ldots$ Die Zahl n nennt man die Hauptquantenzahl. Für $n = 1$ ergibt sich

$$r_1 = \frac{\varepsilon_0 h^2}{\pi m Q_e^2}. \tag{5.17}$$

Die Bahn mit $r = r_1$ nennt man die Grundbahn des Atoms.

Die potentielle Energie des Elektrons in dem Feld des Wasserstoffkerns ist

$$W_p = -\frac{Q_e^2}{4\pi\varepsilon_0 r_n}. \tag{5.18}$$

Seine kinetische Energie beträgt

$$W_k = \frac{1}{2} m v^2 = \frac{Q_e^2}{8\pi\varepsilon_0 r_n}. \tag{5.19}$$

Seine Gesamtenergie ist dann

$$W = W_p + W_k = -\frac{Q_e^2}{8\pi\varepsilon_0 r_n} = -\frac{m Q_e^4}{8\varepsilon_0^2 h^2 n^2} = \frac{W_1}{n^2}. \tag{5.20}$$

W_1 ist die Gesamtenergie bei $n = 1$. Mit $r_n \to \infty$ geht $W \to 0$. Das negative Vorzeichen zeigt, daß die Gesamtenergie mit kleiner werdendem Radius kleiner wird. Die kleinste Energie hat das Elektron auf der Bahn mit der Hauptquantenzahl $n = 1$, d.h., wenn es dem Kern am nächsten ist. Im normalen Zustand befindet sich das Elektron auf dem niedrigsten Energieniveau. Das Elektron kann sich nur auf diskreten Energieniveaus befinden, wobei energetische Zwischenstufen unzulässig sind. Bild 5.2 zeigt das Diagramm der Energieniveaus des auf einer Kreisbahn befindlichen Elektrons (5.20). Mit wachsendem n werden die verbotenen Energiebereiche immer kleiner.

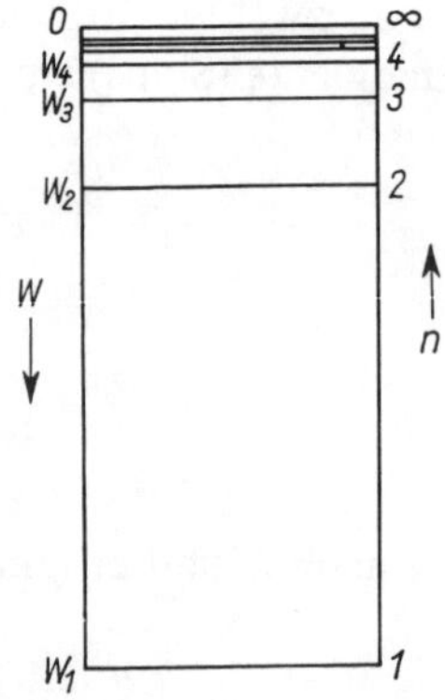

Bild 5.2

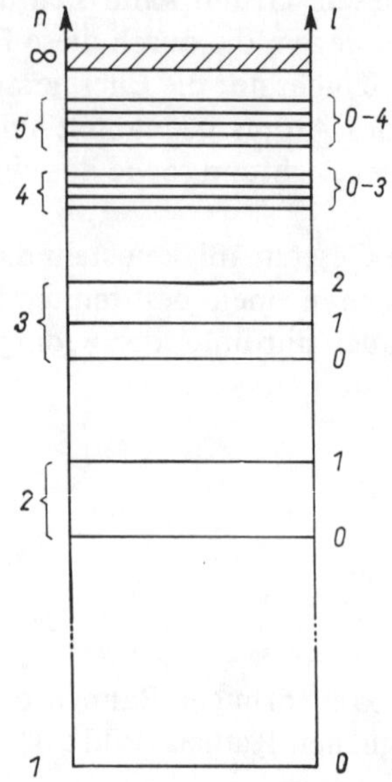

Bild 5.3

Die Berücksichtigung der Tatsache, daß wegen der endlichen Masse des Elektrons der Kern und das Elektron um einen gemeinsamen Massenschwerpunkt rotieren, verändert etwas die Energiezustände.

Wenn das Elektron von dem Niveau $n = n$ auf das Niveau $n = x\ (x < n)$ übergeht, ändert sich seine Energie um den Betrag

$$hf = W_n - W_x, \tag{5.21}$$

die in Form von Licht mit der Frequenz

$$f = \frac{W_n - W_x}{h} \tag{5.22}$$

ausgestrahlt wird.

Die Bahn eines Teilchens im Feld von Kräften, die dem reziproken Quadrat der Entfernung proportional sind, ist im allgemeinen eine Ellipse. Die Kreisbahn stellt einen Sonderfall dar. Zur Bestimmung der Ellipsenbahn sind zwei Quantenzahlen notwendig (zwei Achsen!). Sie werden so eingeführt, daß die eine – die Hauptquantenzahl n – die Energie des Elektrons (5.20) auf der betreffenden Bahn, die andere – die Nebenquantenzahl l – die Form der Bahn bestimmt. Die Quantenzahlen nehmen die Werte

$$n = 1, 2, 3, \ldots; \qquad l = 0, 1, 2, \ldots, (n - 1)$$

an. Die große Achse der Ellipse ist

$$a_n = r_n = \frac{\varepsilon_0 h^2 n^2}{\pi m Q_e^2}, \tag{5.23}$$

die kleine Achse

$$b_{n,l} = \frac{l+1}{n} a_n. \tag{5.24}$$

Die Energie hängt sowohl von der Quantenzahl n als auch von der Quantenzahl l ab. Das Energieniveau der Hauptquantenzahl n spaltet sich entsprechend dem Zahlenwert l in Unterniveaus (Bild 5.3). Dem Atom ist eine diskrete Folge von Energieinhalten zugeordnet. Werden die diskreten Energieniveaus auf $-W_0 = -hc$ bezogen, so spricht man von Termen, und die Darstellung im Bild 5.3 wird dann Termschema des Atoms genannt. Es besteht auch eine andere Bezeichnungsweise, bei der die Zahlenwerte von l in folgender Weise durch Buchstaben ersetzt werden:

0 1 2 3 4 5 6 ...

s p d f g h i ...

Die größtmögliche Zahl von Elektronen, die sich auf einer Bahn mit einer gegebenen l-Zahl befinden können, ist

$$N = 2\,(2l + 1).$$

Das Diagramm der energetischen Niveaus der Elektronen, ergänzt durch das Paulische Prinzip, erklärt den Aufbau des Periodischen Systems. Jedes Element des Periodischen Systems unterscheidet sich von dem vorhergehenden dadurch, daß seine Elektronenhülle ein Elektron mehr hat. Das erste Element, der Wasserstoff, hat ein Elektron, das sich normalerweise auf dem niedrigsten energetischen Niveau $1s$ (d.h. $n = 1$, $l = 0 = s$) befindet. Die Elektronenhülle des nächsten Elements, des Heliums, enthält zwei Elektronen, die sich auf demselben Niveau befinden, jedoch verschiedene Orientierung ihrer Spins haben. Im Lithium, dessen Hülle drei Elektronen hat, können nur zwei Elektronen im Zustand kleinster Energie auf dem Niveau $1s$ liegen. Das dritte Elektron kann sich entsprechend dem Paulischen Prinzip nicht auf demselben Niveau befinden und nimmt aus diesem Grund das Niveau $2s$ ein. In dieser Weise erfolgt in Übereinstimmung mit dem Paulischen Prinzip die Besetzung der Energieniveaus des Atoms durch Elektronen, die die Periodizität der chemischen Eigenschaften der Elemente bestimmt.

Das Diagramm Bild 5.3 zeigt eine Reihe eng aufeinanderliegender Energieniveaus, die eine Gruppe, eine sogenannte Schale, bilden und die von den anderen durch breitere Abstände getrennt sind. Jede Periode des Periodischen Systems entspricht einer bestimmten Schale in der Elektronenhülle. Die Zahl der Elemente in dieser Gruppe wird durch die maximal mögliche Zahl der Elektronen der gegebenen Schale bestimmt.

Die erste Gruppe erfaßt die Elemente, die nur einen Niveauzustand ($1s$) haben. Das ist der Wasserstoff mit einem Elektron und das Helium mit zwei Elektronen, die dieses Niveau ausfüllen.

Die zweite Periode enthält die Niveaugruppe $2s$ und $2p$, auf die nicht mehr als acht Elektronen verteilt werden können. Demzufolge kann diese Periode nur acht Elemente enthalten.

An dieser Stelle soll erwähnt werden, daß für Elemente mit mehreren Elektronen infolge der gegenseitigen Beeinflussung (Abschirmung usw.) nicht mehr das einfache Termschema des Wasserstoffatommodells gilt. Die Energieniveaus sind anders gelagert; ihre Ermittlung ist nur angenähert möglich.

Die Elektronen, die sich in Zuständen befinden, die zu vollbesetzten Niveaugruppen ge-

hören, sind besonders fest mit dem Kern des Atoms verbunden. Elektronen, die sich auf Niveaus unvollkommen besetzter Gruppen befinden, liegen weiter von dem Kern entfernt, so daß die Wechselwirkung mit diesem geringer ist als bei den inneren Elektronen. Die Valenz des Elements wird durch die Zahl der Elektronen auf der äußeren, nicht vollbesetzten Schale bestimmt (Valenzelektronen).
Beim Zusammentreffen zweier Atome ändern die elektrischen Felder den Bewegungscharakter der äußeren Elektronen wesentlich. Demzufolge kann unter bestimmten Bedingungen eine chemische Verbindung (ein Molekül) entstehen. Hierbei ist das Element bestrebt, entweder seine Valenzelektronen ganz abzugeben oder sie bis zu der Zahl der vollen Besetzung der Schale zu ergänzen. Die Quantenmechanik erlaubt die Bestimmung der möglichen chemischen Verbindungen. So kann z.B. das Molekül des Wasserstoffs nur H_2 sein, wobei eine volle Besetzung der Hülle mit zwei Elektronen entgegengesetzten Spins erfolgt.
Der Abstand zweier Atomkerne, die ein Molekül bilden, stellt sich auf einen solchen Wert ein, dem ein Minimum der potentiellen Energie entspricht. Die Bindungsenergie, die bei der Molekülbildung frei wird und zur Trennung als Dissoziationsarbeit wieder geleistet werden muß, ist durch den Wert dieses Minimums gegeben. Ein Molekül hat somit eine kleinere Energie als die Gesamtenergie der getrennten Atome. Deswegen erfordert ihre Auftrennung einen Arbeitsaufwand. Eine Bindung gleichwertiger Atome nennt man eine kovalente Bindung. Der Bewegungscharakter der Elektronen in Molekülen unterscheidet sich stark von dem Bewegungscharakter der Elektronen in isolierten Atomen.

5.2.1.2. Anregung und Ionisation

Normalerweise erfolgt die Verteilung der Elektronen auf den Energieniveaus im Atom derart, daß das Atom von allen möglichen Energiewerten den kleinsten hat. Demzufolge sind die Elektronen bestrebt, möglichst dem Kern nahe gelegene Bahnen einzunehmen. In diesem unerregten Zustand befindet sich das Atom, bis ihm durch irgendeine äußere Einwirkung eine zusätzliche Energie erteilt wird.
Bei Aufnahme von Energie (Auftreffen eines Lichtquants, Zusammenprall zweier Atome usw.) kann ein Elektron von dem Niveau, auf dem es sich normalerweise befindet, auf ein höheres nichtbesetztes Niveau gehoben werden. Ein derartiges Atom nennt man angeregt. In diesem Zustand kann sich das Elektron nur kurze Zeit befinden; es geht dann z.B. unter Lichtausstrahlung in den Grundzustand zurück.
Wird einem Elektron eine sehr große Energie erteilt, so kann es vom Atom getrennt werden. Dann spricht man von einer Ionisation. Ist ein derartiger Fall eingetreten, so befindet sich das Elektron nicht mehr in Wechselwirkung mit dem Atomrest und beginnt sich wie ein freier Ladungsträger zu verhalten. Wegen des Fehlens der Wechselwirkung zwischen dem freien Elektron und dem Atomkern sind für das frei gewordene Elektron keine Niveauvorschriften gültig. In dem Zustand der Ionisation ist das Elektron frei. Da es nicht an ein Atom gebunden ist, kann es sich unabhängig von dem Atom mit jeder beliebigen Geschwindigkeit bewegen und jede beliebige Energie haben.

5.2.1.3. Der feste Körper. Bändermodell

Bei dem Einzelatom sind die Energieniveaus sehr scharf getrennt. Im festen Körper befinden sich die benachbarten Atome so dicht aneinander, daß sich die äußeren Elektronenhüllen berühren, ja sogar überschneiden. In solchen Fällen wirkt auf die Elektronen nicht nur der Kern des eigenen Atoms, sondern auch die Kerne der benachbarten Atome. Die Wechselwirkung des Elektrons mit einer Vielzahl von Atomen hat als erstes eine Verschiebung, als zweites eine Spaltung des energetischen Niveaus in energetische Bänder zur Folge. Anstelle des scharfen Niveaus des Einzelatoms, in dem nicht mehr als zwei Elektronen auftreten können, werden in festen Körpern breite energetische Bänder ausgebildet, in denen so viele Niveaulinien enthalten sind, wie der feste Körper Atome hat. Hierbei ist die Reihenfolge der Niveaulinien in dem energetischen Diagramm des festen Körpers nicht dieselbe wie die Reihenfolge der Linien in dem Diagramm des Einzelatoms. Die Aufspaltung ist um so stärker, je näher die Atome aneinanderrücken. Bild 5.4 zeigt die Aufspaltung der Energieniveaus zu Energiebändern bei Verkleinerung des Abstands *a* der Atome.

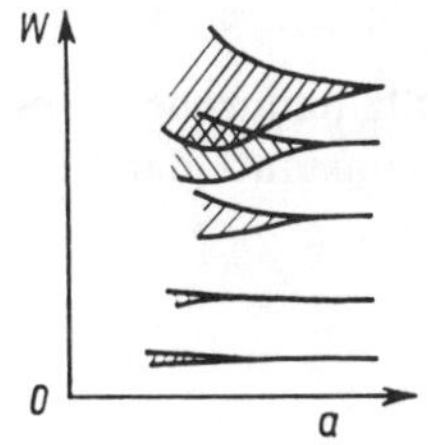

Bild 5.4

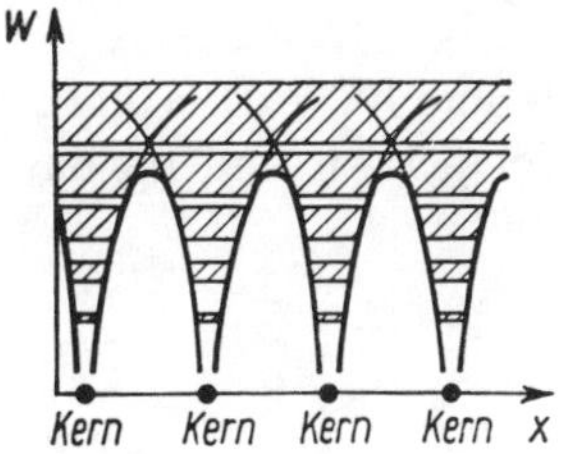

Bild 5.5

Bild 5.5 zeigt eine Anordnung von Atomen, die längs einer Geraden dicht aneinanderliegen (linearer Kristall). Über die Entfernung x ist auch das Potential, dünn gezeichnet für das Einzelatom und dick ausgezogen für den Kristall, dargestellt. Der Potentialverlauf längs des Kristalls ist periodisch. In derselben Abbildung sind auch die Energiebänder eingetragen. Die höheren Bänder dehnen sich ohne Unterbrechung durch den Potentialverlauf über den ganzen Kristall aus. Die Elektronen dieser Bänder sind offensichtlich nicht einem Atom eindeutig zugeordnet, sondern gehören gewissermaßen dem ganzen Kristall an. Bis zu einem gewissen Grade gilt das auch für die Elektronen der Bänder, die durch kleine Potentialwellen unterbrochen sind. Sie können ihren Platz untereinander austauschen und sind in eingeschränktem Sinne frei beweglich, soweit in einem Band im Bereich eines Atoms die Anzahl der Elektronen die vorgeschriebene Maximalzahl nicht überschreitet. Die genannte Austauschbarkeit der Elektronen nimmt jedoch schnell mit der Tiefe der Energiebänder, denen sie angehören, ab. Hier sind die Elektronen an das entsprechende Atom fest gebunden.
Die Atome tauschen die Elektronen ihrer leeren Bänder im schnellen Wechsel aus, so daß sich diese durch den ganzen Kristall bewegen können. Bei Untersuchungen über die Bewegung von Elektronen innerhalb eines festen Körpers betrachtet man die Energiebänder als durch den ganzen Kristall durchgehend und läßt den Potentialverlauf unbeachtet (Bändermodell).

Besetzung der Bänder

Die Elektronen sind bestrebt, die untersten vorhandenen Energieniveaus zu besetzen. Am absoluten Nullpunkt der Temperatur, d.h., wenn die thermische Energie Null ist, sind deswegen alle Niveaus von unten her bis zu einem bestimmten Niveau besetzt. Alle, die darüber liegen, sind dagegen leer. Bei endlichen Temperaturen hat eine Anzahl Elektronen höhere Energien als die, die den niedrigsten verfügbaren Niveaus entsprechen, so daß ein Teil der niedrigen Niveaus leer ist. In dem Bändermodell ist es wahrscheinlicher, ein besetztes niedrigeres als ein besetztes höheres Energieniveau zu finden. Mit

Erhöhung der Temperatur steigt die Wahrscheinlichkeit, Elektronen auf höheren Niveaus anzutreffen.

Die mathematische Darstellung der Besetzungswahrscheinlichkeit erfolgt durch die Fermi-Diracsche Verteilungsfunktion, die sich aus quantenmechanischen Überlegungen ergibt. Sie lautet

$$F = \frac{1}{1 + e^{(W - W_F)/kT}}, \tag{5.25}$$

d.h., von N Elektronen haben

$$dN = N \frac{1}{1 + e^{(W - W_F)/kT}} \, dW \tag{5.26}$$

eine Energie zwischen W und $W + dW$ (Bild 5.6). Dabei ist k die Boltzmannsche Konstante, T die absolute Temperatur und W_F das Fermi-Niveau (eine Konstante der Verteilungsfunktion).

Ist

$$W = W_F, \tag{5.27}$$

dann gilt

$$F = \tfrac{1}{2}. \tag{5.28}$$

Für Energieniveaus, die sehr hoch über dem Fermi-Niveau liegen, d.h. für

$$W \gg W_F, \tag{5.29}$$

ist

$$F \approx 0. \tag{5.30}$$

Für Energieniveaus, die tief gegenüber dem Fermi-Niveau liegen, ist

$$W \ll W_F \tag{5.31}$$

und

$$F \approx 1. \tag{5.32}$$

Die Energieniveaus unter dem Fermi-Niveau W_F sind weitgehend besetzt, die darüberliegenden überwiegend leer. Der Übergang von fast ganz besetzten Zonen in fast ganz leere Zonen erfolgt innerhalb weniger kT-Werte auf beiden Seiten des Fermi-Niveaus.

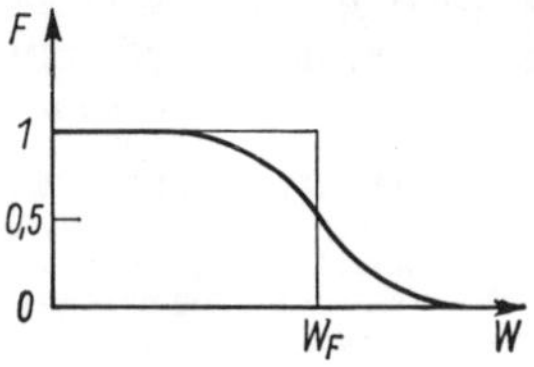

Bild 5.6

Das oberste noch Elektronen enthaltende Energieband (ohne äußere Anregung) wird „Valenzband" genannt, da sich in ihm die Valenzelektronen befinden. Das über dem Valenzband liegende leere Band oder ein nicht vollbesetztes Valenzband wird aus später erläuterten Gründen „Leitungsband" genannt. In einem fast gefüllten Valenzband werden die Elektronenlücken auch als Löcher oder Defektelektronen bezeichnet. Sie ver-

halten sich wie Elektronen, jedoch mit positiver Ladung und etwas kleinerer Beweglichkeit.
Die Verteilung der Elektronen im Leitungsband und der Defektelektronen im Valenzband wird durch die Boltzmann-Verteilung beschrieben, sofern die untere Grenze des Leitungsbands um einige kT-Werte oberhalb des Fermi-Niveaus,

$$W_L - W_F > kT, \tag{5.33}$$

bzw. die obere Valenzbandgrenze W_V um einige kT-Werte unterhalb des Fermi-Niveaus liegt:

$$W_V - W_F < -kT. \tag{5.34}$$

Die Bedingungen (5.33) und (5.34) sind bei den Nichtleitern erfüllt.
Für die Besetzungswahrscheinlichkeit der Elektronen im Leitungsband gilt in diesem Falle unter Berücksichtigung von (5.33) anstelle von (5.25)

$$F_e = F = \frac{1}{1 + e^{(W - W_F)/kT}} \approx e^{-(W - W_F)/kT} = e^{-(\Delta W/kT)}. \tag{5.35}$$

Für die Besetzungswahrscheinlichkeit der Defektelektronen im Valenzband gilt dann unter Berücksichtigung von (5.34)

$$F_d = 1 - F = \frac{e^{(W - W_F)/kT}}{1 + e^{(W - W_F)/kT}} \approx e^{(W - W_F)/kT} = e^{-(|\Delta W|/kT)}. \tag{5.36}$$

(5.35) und (5.36) stellen eine Boltzmann-Verteilung dar.
Die Bestimmung der Lage des Fermi-Niveaus ist gewöhnlich schwierig. Bei einem eigenleitenden Halbleiterkristall liegt es etwa in der Mitte zwischen Valenz- und Leitungsband, da gleich viele freie Ladungsträger im Leitungsband und im Valenzband existieren. Beim Einbau von fünfwertigen Fremdatomen in das Kristallgitter eines vierwertigen Elements (z.B. Ge) ist, wie später gezeigt wird, ein Überschuß an Elektronen vorhanden (n-Leitung). Dann ist der Abstand des Leitungsbands von dem Fermi-Niveau kleiner als der des Valenzbands vom Fermi-Niveau. Bei Einbau von dreiwertigen Fremdatomen in dasselbe Kristallgitter (p-Leitung) sind dagegen die Verhältnisse umgekehrt.

5.2.1.4. Einteilung der Körper in Leiter, Halbleiter und Nichtleiter

Bei N Atomen in dem festen Körper entspricht eine Linie des energetischen Diagramms des Einzelatoms einem Band mit N Niveaulinien, die dicht nebeneinander liegen. In einem festen Körper verteilen sich die Elektronen derart, daß in Übereinstimmung mit dem Paulischen Prinzip entsprechend den vorhandenen Elektronen die Niveaus des energetischen Spektrums von unten her nach oben besetzt werden.
Ein s-Niveau des Einzelatoms z.B., das entsprechend dem Paulischen Prinzip von zwei Elektronen besetzt werden kann, wird im Band in N Niveaus aufgespaltet, wobei jedes von zwei Elektronen eingenommen werden kann. Befindet sich auf dem s-Niveau des betrachteten Einzelatoms nur ein Elektron, dann stehen im Kristall im ganzen N Elektronen zur Besetzung dieses Bandes zur Verfügung. Diese Elektronen füllen das Band von unten nach oben, indem entsprechend dem Paulischen Prinzip jeder Niveaulinie jeweils zwei Elektronen zugeordnet sind. In diesem Fall wird das Band nur bis zur Hälfte mit Elektronen ausgefüllt, und an die besetzten Niveaus grenzen unmittelbar unbesetzte

an. Sind dagegen auf dem *s*-Niveau des Einzelatoms zwei Elektronen vorhanden, dann stehen zur Füllung des entsprechenden Bandes mit N Linien $2N$ Elektronen zur Verfügung. In diesem Band können entsprechend dem Pauli-Verbot keine Elektronen mehr untergebracht werden. Das oberste Band, das ohne äußere Anregung noch Elektronen enthält, ist das Valenzband.
Für das elektrische Verhalten eines Stoffes ist die Besetzung des Valenzbands und die Lage der nächstfolgenden Bänder von Bedeutung. Man kann die folgenden im Bild 5.7 veranschaulichten Fälle antreffen. Hierbei sind in den doppelt schraffierten Bereichen die energetischen Niveaus von Elektronen besetzt, in den einfach schraffierten dagegen nicht besetzt. Dazwischenliegende weiße Flächen stellen die für Elektronen verbotenen Zonen dar. Folgende Fälle sind möglich:

1. Das Valenzband ist nicht vollbesetzt (Bild 5.7a), oder das Valenzband ist vollbesetzt, überschneidet sich jedoch mit dem nächsten Band (Bild 5.7b) – Leiter.
2. Das Valenzband ist vollbesetzt, das nächste Band befindet sich jedoch energetisch in der Nähe des Valenzbands (Bild 5.7c) – Halbleiter.
3. Das Valenzband ist vollbesetzt, das nächste Band liegt weit davon entfernt (Bild 5.7d) – Nichtleiter.

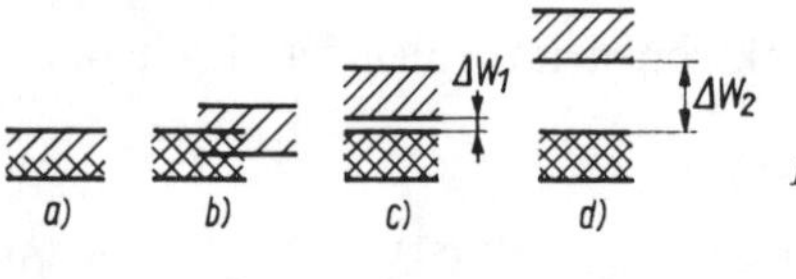

Bild 5.7

Die Valenzelektronen bewegen sich regellos im Kristall. Ihre Bewegung ist nicht ausgerichtet und stellt deswegen keinen Strom dar. Damit ein Strom, d.h. eine gerichtete Bewegung, eintreten kann, muß ein elektrisches Feld vorhanden sein, das mit seiner Kraftwirkung auf die Ladungen die Bewegung der negativen Elektronen innerhalb des Kristalls in einer Richtung (entgegengesetzt der Feldstärke) beschleunigt und in der entgegengesetzten Richtung verzögert. Eine Beschleunigung oder Verzögerung der Elektronen ist jedoch mit einer Änderung ihrer Energie, d.h. mit dem Übergang von einem energetischen Niveau auf ein anderes, verbunden. In den Fällen Bild 5.7a und b ist dieser Vorgang möglich; denn ein Teil der benachbarten Energieniveaus ist frei. Unter der Kraftwirkung des elektrischen Feldes tritt eine Umordnung der Elektronen über die Energieterme ein, und es stellt sich eine gerichtete Bewegung der Elektronen ein, die sich als elektrischer Strom äußert (Leiter).
Anders liegt der Sachverhalt in dem Fall Bild 5.7c bzw. d. Hier ist das Valenzband vollbesetzt. Das nicht vollbesetzte Valenzband oder das nächstfolgende Band mit unbesetzten energetischen Niveaus, in denen eine Energieaufnahme der Elektronen und somit die Ausbildung eines Stromes möglich ist, nennt man, wie bereits erwähnt, ein Leitungsband. Das Leitungsband ist durch eine mehr oder weniger breite verbotene Zone von dem vollbesetzten Band getrennt. Da in dem vollbesetzten Valenzband keine freien Energieterme vorhanden sind, können die Elektronen auch keine Energie von dem Feld aufnehmen. Unter der Feldwirkung kann sich somit keine gerichtete Bewegung der Ladungsträger, d.h. kein elektrischer Strom ausbilden.
Bei den Halbleitern ist die verbotene Zone schmal (bei Germanium z.B. etwa 0,75 eV), so daß mit wachsender Temperatur entsprechend der Fermi-Verteilung eine größere Wahrscheinlichkeit besteht, daß sich ein gewisser Teil von Elektronen in dem energetisch höheren Leitungsband befindet. Daher zeigen Halbleiter eine mit der Temperatur stärker anwachsende Eigenleitfähigkeit, die etwa bei Raumtemperatur einsetzt. Bei den Nicht-

leitern ist die verbotene Zone so breit bzw. ΔW so groß, daß nach (5.35) eine sehr kleine Wahrscheinlichkeit dafür besteht, daß sich Elektronen im Leitungsband aufhalten können. Eine Elektronenleitfähigkeit kann hier erst bei sehr hohen Temperaturen eintreten, die in den meisten Fällen nicht erreichbar sind bzw. bei denen der Stoff bereits zerstört ist.

5.2.2. Stromleitung durch Metalle

Man spricht von metallischen Leitern, wenn der im Bild 5.7a bzw. b dargestellte Zustand von Valenz- und Leitungsband vorliegt. Hier schließen sich an besetzte Terme unmittelbar unbesetzte an, so daß die Elektronen des Valenzbands dem Feld Energie entnehmen können, von einem Energieniveau auf ein höheres gebracht werden und so beschleunigt werden können. Die Elektronen, die an der Ausbildung des Stromes teilnehmen können, nennt man freie Elektronen. Die Dichte der freien Elektronen in Metallen ist sehr groß (etwa $10^{22}/\text{cm}^3$).

5.2.2.1. Klassische Theorie der Stromleitung

Bremsversuch

Daß die freien Elektronen beschleunigt werden können, wird durch den Bremsversuch bestätigt. Wird nämlich ein in seiner Längsrichtung schnell bewegter Leiter plötzlich abgebremst, so tritt infolge der Trägheit der freien Elektronen eine Trennung der Ladungen in ihm ein. Diese äußert sich im Erscheinen einer elektrischen Feldstärke bzw. einer elektromotorischen Kraft. Es tritt ein Gleichgewicht zwischen mechanischer und elektrischer Kraft ein, so daß

$$Q_e \boldsymbol{E} = m\boldsymbol{a} \tag{5.37}$$

gilt. Hier bedeutet $\boldsymbol{E}$ die elektrische Feldstärke, die sich einstellt, $\boldsymbol{a}$ die Bremsbeschleunigung, m die Masse und Q_e die Ladung des Elektrons. Die Spannung, die man feststellt, ist bei konstant angenommener Feldstärke

$$U = |\boldsymbol{E}|\, l = \frac{m}{Q_e}\, al. \tag{5.38}$$

l ist die Länge des Leiters.

Modell von Drude

Ohne äußeres Feld werden die Elektronen des Leitungsbands in raschem Wechsel unter den Atomen des Kristallgitters ausgetauscht und bewegen sich im Kristall ähnlich den Molekülen eines Gases (Elektronengas) (Bild 5.8a). Ihre Geschwindigkeit hängt von der Temperatur ab. Sie bewegen sich ungeordnet in allen Richtungen mit verschiedensten Geschwindigkeiten. Die Geschwindigkeiten gruppieren sich um einen mittleren Wert v_m, der von der Temperatur des Metalls abhängt (Temperaturgeschwindigkeit).

Wirkt nun im Leiter ein elektrisches Feld, so überlagert sich der ungeordneten Temperaturbewegung dieses Elektronengases eine Bewegungskomponente entgegengesetzt der Richtung des Vektors der elektrischen Feldstärke (Drift) (Bild 5.8b, c).

In der klassischen Theorie der Leitfähigkeit wird angenommen, daß das Elektron nach einer freien Flugzeit t mit atomaren Gitterbausteinen zusammenstößt und hierbei praktisch seine gesamte, während des freien Fluges mit der Länge l aufgenommene Energie an das gestoßene Atom oder Ion abgibt. Im Bändermodell, in dem längs der Abszisse eine Ortskoordinate (x) und längs der Ordinate die Energie W aufgetragen sind, bedeutet dies, daß ein Elektron schräg nach oben wandert (Bild 5.9). Bei einem solchen Stoß wird es seine Energie abgeben und an den unteren Rand des Leitungsbands gebracht. Von hier aus wiederholt sich der Vorgang der Energieaufnahme des Elektrons aus dem Feld erneut. Bei der Berechnung wird eine mittlere freie Weglänge l_m und eine mittlere freie Flugzeit t_m angenommen.

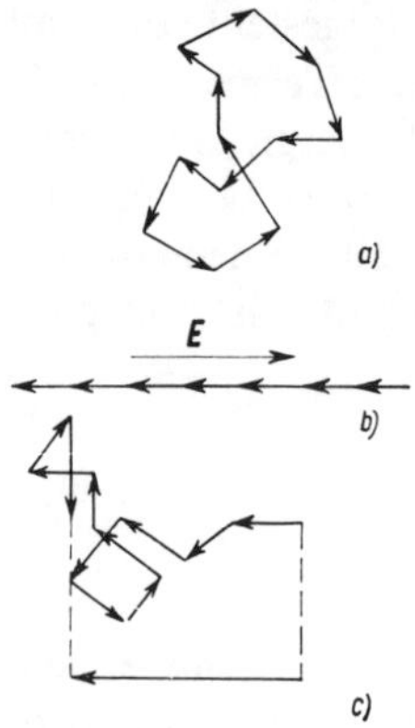

Bild 5.8

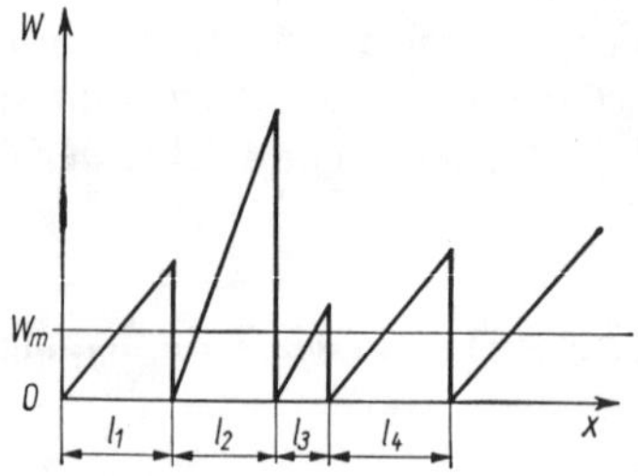

Bild 5.9

Infolge der Zusammenstöße und der Energieabgabe erreicht die Driftgeschwindigkeit der Elektronen einen stationären Wert v, bei dem das Elektron dem Kristallgitter die Energie überträgt, die es vom Feld erhält. Die Driftgeschwindigkeit ist sehr klein im Vergleich zu der mittleren Temperaturgeschwindigkeit des Elektronengases. Bei den in der Technik üblichen Stromdichten erreicht sie selten Werte von einigen Zentimetern in der Sekunde. Die kinetische Energie, die vom Feld den freien Elektronen übermittelt wird, wird, wie gesagt, bei den Zusammenstößen, die sie infolge der ungeordneten Temperaturbewegung mit den Ionen des Gerüstes haben, auf die letzteren übertragen. Auf diese Weise werden die Wärmeschwingungen der Ionen des Ionengerüstes vergrößert, was zu einer Erhöhung der Temperatur des Leiters führt. Die kinetische Energie, die die freien Elektronen von dem elektrischen Feld (Spannungsquelle) erhalten, wird in Wärme umgesetzt. So wird die Erwärmung stromdurchflossener Leiter, die sogenannte Joulesche Wärme, erklärt.

Wir wollen von (5.5) ausgehen, die die Stromdichte in Beziehung zu der Geschwindigkeit der Ladungsträger setzt. In dem Falle der Stromleitung durch Metalle ist, wie wir festgestellt haben, die Geschwindigkeit der positiven Ladungsträger gleich Null. Wenn wir die Geschwindigkeit der Elektronen entgegen der Richtung des Feldes mit v bezeichnen, erhalten wir

$$|\boldsymbol{G}| = \varrho v, \tag{5.39}$$

d.h.

$$|\boldsymbol{E}| = \frac{|\boldsymbol{G}|}{\varkappa} = \frac{\varrho v}{\varkappa}. \tag{5.40}$$

Hier bedeutet $\varkappa$ die spezifische Leitfähigkeit:

$$\varkappa = \frac{\varrho v}{|\boldsymbol{E}|}. \tag{5.41}$$

Wenn wir mit n die Anzahl der Elektronen (mit der Ladung Q_e) in der Raumeinheit bezeichnen, so ist die Raumladungsdichte

$$\varrho = nQ_e. \tag{5.42}$$

Hiermit erhalten wir für die spezifische Leitfähigkeit

$$\varkappa = \frac{nQ_e v}{|\boldsymbol{E}|}. \tag{5.43}$$

In dieser Gleichung erscheint die Leitfähigkeit als eine Größe, die von der Feldstärke abhängt. Dies widerspricht aber der Erfahrung, daß die spezifische Leitfähigkeit eine von der Feldstärke unabhängige Konstante ist. Die Konstanz der Leitfähigkeit fordert, daß sowohl die Ladung je Raumeinheit als auch das Verhältnis

$$b = \frac{v}{|\boldsymbol{E}|} \tag{5.44}$$

konstant bleiben. Die Größe b, die einen Proportionalitätsfaktor zwischen der Geschwindigkeit und der Feldstärke darstellt, nennt man die Beweglichkeit des Ladungsträgers. Wenn wir nun die Beweglichkeit in (5.43) einführen, erhalten wir für die spezifische Leitfähigkeit den Ausdruck

$$\varkappa = nQ_e b. \tag{5.45}$$

Im folgenden wollen wir die Beziehungen zwischen der Geschwindigkeit und der Feldstärke etwas näher untersuchen. Die Beweglichkeit der Elektronen muß offensichtlich von der mittleren freien Weglänge l_m abhängen, die sie zwischen zwei aufeinanderfolgenden Zusammenstößen mit den Ionen des Metallgerüstes durchlaufen.
Unter der Wirkung der angelegten Feldstärke erhält das Elektron die Beschleunigung

$$|\boldsymbol{a}| = \frac{|\boldsymbol{F}|}{m} = \frac{Q_e\,|\boldsymbol{E}|}{m}. \tag{5.46}$$

Die mittlere Geschwindigkeit in entgegengesetzter Richtung zur Feldstärke beträgt

$$v = \tfrac{1}{2} a t_m. \tag{5.47}$$

Dabei bedeutet t_m die mittlere Laufzeit, die das Elektron zum Zurücklegen der freien Weglänge braucht. Der Geschwindigkeitszuwachs infolge des äußeren Feldes ist gegenüber der mittleren Temperaturgeschwindigkeit v_{tm} im Elektronengas sehr klein, so daß man

$$t_m = \frac{l_m}{v_{tm}} \tag{5.48}$$

ansetzen kann. Hiermit erhalten wir für die Geschwindigkeit den Ausdruck

$$v = \frac{1}{2} a \frac{l_m}{v_{tm}} = \frac{1}{2} Q_e \frac{|\boldsymbol{E}|}{m} \frac{l_m}{v_{tm}}. \tag{5.49}$$

Offensichtlich besteht bei konstanter Temperatur eine Proportionalität zwischen Geschwindigkeit und Feldstärke, wie sie die Konstanz der spezifischen Leitfähigkeit, d.h. das Ohmsche Gesetz, verlangt. Für die Beweglichkeit folgt

$$b = \frac{v}{|\boldsymbol{E}|} = \frac{1}{2} \frac{Q_e}{m} \frac{l_m}{v_{tm}}. \tag{5.50}$$

Wenn wir diesen Wert für die Beweglichkeit in (5.45) einsetzen, erhalten wir für die spezifische Leitfähigkeit den Ausdruck

$$\varkappa = \frac{1}{2} n \frac{Q_e^2}{m} \frac{l_m}{v_{tm}}. \tag{5.51}$$

Unter Anwendung der Fermi-Statistik, bei der näherungsweise für die mittlere kinetische Energie der Elektronen im Metall

$$\frac{1}{2} m v_{tm}^2 = \frac{3h^2}{40m} \left(\frac{3n}{\pi}\right)^{2/3}, \tag{5.52}$$

d.h.

$$v_{tm} = \frac{h}{m} \sqrt{\frac{3}{20}} \left(\frac{3n}{\pi}\right)^{1/3} \tag{5.53}$$

gilt, erhält man für die Leitfähigkeit aus (5.51)

$$\varkappa = \sqrt{\frac{5}{3}} \left(\frac{\pi}{3}\right)^{1/3} \frac{Q_e^2 n^{2/3} l_m}{h}. \tag{5.54}$$

5.2.2.2. Einfluß der Temperatur und der Beimengungen

In allen Metallen ist die Anzahl der freien Elektronen je Volumeneinheit angenähert gleich. Die spezifische Leitfähigkeit (5.45) wird deswegen in erster Linie von der Beweglichkeit bestimmt. Je größer die mittlere freie Weglänge ist, desto weniger werden die Elektronen in ihrer Bewegung gehindert und desto größer ist ihre Beweglichkeit (5.50). Bei sonst gleichen Bedingungen ist die mittlere freie Weglänge l_m bei verschiedenen Metallen verschieden. Sie hängt von der jeweiligen Kristallstruktur ab. Mit wachsender Temperatur wachsen die Wärmeschwingungen der Kristallgitterbausteine, was zu einer Verkleinerung der mittleren freien Weglänge und somit der Leitfähigkeit führt.
In reinen Metallen ist bei mittleren und hohen Temperaturen die mittlere freie Weglänge proportional dem reziproken Wert der Temperatur T:

$$l'_m \sim \frac{1}{T}, \tag{5.55}$$

bei niedrigen Temperaturen gilt

$$l'_m \sim \frac{1}{T^5}. \tag{5.56}$$

Der entsprechende Temperaturverlauf von $\varkappa$ (5.54) stimmt gut mit dem experimentell ermittelten überein.
Neben einer Erhöhung der Temperatur führen auch Beimengungen und Verunreinigungen des Metalls, die eine Störung des regulären Kristallgitteraufbaus bewirken, zu einer Verkleinerung der mittleren freien Weglänge. So ist es zu erklären, daß die Leitfähigkeit von Legierungen immer kleiner ist als die Leitfähigkeiten der jeweiligen reinen Grundbestandteile.
Bei starker Verunreinigung der Metalle ist der Temperatureinfluß klein. Überwiegend

ist hier der Einfluß von Fremdatomen. Ist N' die Anzahl der Fremdatome in der Raumeinheit, so kann man für die mittlere freie Weglänge

$$l''_m \sim \frac{1}{N'} \tag{5.57}$$

angeben. Die Anzahl der Zusammenstöße eines Teilchens je Längeneinheit ist in dem ersten Fall (reines Metall)

$$\zeta' = \frac{1}{l'_m} \tag{5.58}$$

und in dem zweiten Fall

$$\zeta'' = \frac{1}{l''_m}. \tag{5.59}$$

Bei gleichzeitigem Auftreten beider Faktoren ist die Anzahl der Zusammenstöße je Längeneinheit

$$\zeta = \zeta' + \zeta'' \tag{5.60}$$

oder

$$\frac{1}{l_m} = \frac{1}{l'_m} + \frac{1}{l''_m}. \tag{5.61}$$

Daraus erhält man die mittlere freie Weglänge

$$l_m = \frac{l'_m\, l''_m}{l'_m + l''_m}. \tag{5.62}$$

Materialien mit verhältnismäßig temperaturunabhängiger spezifischer Leitfähigkeit stellen bestimmte Legierungen dar. Bei niedrigen Temperaturen ist die Hemmung der Bewegung der Elektronen durch die Schwingungen des Kristallgitters vernachlässigbar klein. Die spezifische Leitfähigkeit wird daher nur durch Störungen der Struktur bedingt. Legierungen behalten daher endliche Leitfähigkeitswerte sogar bei sehr tiefen Temperaturen (Bild 5.10). Thermisches Abschrecken sowie mechanische Beanspruchungen führen zu Kristallgitterstörungen und somit zur Senkung der Leitfähigkeit.

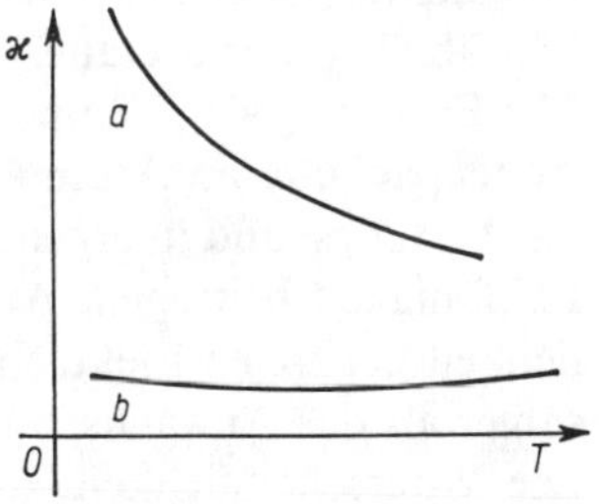

Bild 5.10

a reine Metalle b Legierungen

5.2.2.3. Das Joulesche Gesetz

Am Ende der freien Weglänge hat ein Elektron entsprechend (5.46), (5.47) und (5.48) die kinetische Energie

$$\frac{1}{2}\, m v_{max}^2 = \frac{1}{2}\, m a^2 t_m^2 = \frac{1}{2}\, \frac{m Q_e^2\, |\boldsymbol{E}|^2\, l_m^2}{m^2 v_{tm}^2} = \frac{Q_e^2\, |\boldsymbol{E}|^2\, l_m^2}{2 m v_{tm}^2}, \tag{5.63}$$

die es von dem elektrischen Feld aufgenommen hat.

Jedes Elektron erfährt im Mittel in der Zeiteinheit $1/t_m$ Zusammenstöße mit Ionen des Kristallgitters. Demzufolge überträgt es in der Zeiteinheit dem Kristallgitter die Energie

$$W'_1 = \frac{Q_e^2\, |\boldsymbol{E}|^2\, l_m^2}{2 t_m m v_{tm}^2} = \frac{Q_e^2 l_m |\boldsymbol{E}|^2}{2 m v_{tm}}. \tag{5.64}$$

Da sich in jeder Volumeneinheit n Elektronen befinden, ist die Wärmemenge, die je Zeiteinheit in der Volumeneinheit dem Kristallgitter übertragen wird,

$$W_1 = \frac{n}{2} \frac{Q_e^2}{m} \frac{l_m}{v_{tm}} |\boldsymbol{E}|^2 = \varkappa |\boldsymbol{E}|^2. \tag{5.65}$$

Die letzte Gleichung stellt das Joulesche Gesetz (2.39) in Differentialform dar.

5.2.3. Stromdurchgang durch Nichtleiter (Dielektrika)

5.2.3.1. Physikalische Vorgänge der Stromleitung in Dielektrika

Am absoluten Nullpunkt der Temperatur sind die Valenzbänder bei Nichtleitern vollständig besetzt, und ein elektrisches Feld kann in ihnen keinen Strom hervorrufen. Bei Temperaturen über dem absoluten Nullpunkt können jedoch, wie oben gezeigt, Elektronen aus der vollbesetzten Valenzzone in die nächstfolgende Leitungszone übergehen und sich somit an einer Stromleitung in Form von freien Elektronen beteiligen. Die Dichte der freien Elektronen in guten Nichtleitern beträgt bei Raumtemperatur etwa 1 bis 100 je Kubikzentimeter, während sie bei Leitern in der Größenordnung von 10^{22} je Kubikzentimeter liegt. Die Beweglichkeit der Elektronen in Nichtleitern unterscheidet sich nicht wesentlich von der Beweglichkeit der freien Elektronen in Metallen. Bei Raumtemperatur beträgt sie etwa ein Hundertstel bis ein Zehntel von derjenigen in Metallen. Bildet man das Verhältnis aus den Leitfähigkeiten $\varkappa_m$ in Metallen und $\varkappa_d$ in Nichtleitern (Dielektrika), so erhält man (s. (5.45))

$$\frac{\varkappa_m}{\varkappa_d} = \frac{n_m b_m}{n_d b_d} \approx 10^{21} \dots 10^{24}. \tag{5.66}$$

Die Leitfähigkeit der Dielektrika beträgt somit etwa das 10^{-21}- bis 10^{-24}-fache der Leitfähigkeit der Metalle.

Mit Erhöhung der Temperatur tritt eine immer größer werdende Lockerung der Elektronenpackung im Atom ein. Immer mehr Elektronen können aus dem Valenzband in das Leitungsband übergehen, sich an der Stromleitung beteiligen und zur Erhöhung der Leitfähigkeit beitragen. Aus denselben Gründen wie bei den Metallen fällt die Beweglichkeit der freien Elektronen mit wachsender Temperatur ab. Das erfolgt jedoch langsamer als das Anwachsen der freien Elektronen.

Die Wahrscheinlichkeit, daß ein Elektron die verbotene Zone mit der Energiespanne ΔW überschreitet, um von dem Valenzband in das Leitungsband überzugehen, beträgt

$$F = e^{-(\Delta W/kT)}. \tag{5.67}$$

Die Zahl n der Elektronen, die bei einer bestimmten Temperatur in das Leitungsband übergehen, ist somit gleich dem Produkt aus der Zahl n_v der Elektronen, die sich in der vollbesetzten Valenzzone befinden, und der Wahrscheinlichkeit F:

$$n = n_v \, e^{-(\Delta W/kT)}. \tag{5.68}$$

Die Zahl der Elektronen, die zur Ausbildung eines Stromes beitragen, ist um so größer, je kleiner die Breite der verbotenen Zone ΔW und je höher die Temperatur T ist. Je breiter die verbotene Zone ist, desto unwahrscheinlicher ist es, daß Elektronen sie überschreiten können, und desto geringer wird die Leitfähigkeit des Dielektrikums. Mit anwachsender Temperatur steigt die Leitfähigkeit des Nichtleiters an.

Ionenleitung

Bei Dielektrika mit geringer Elektronenkonzentration können sich in starken elektrischen Feldern in beträchtlichem Maße Ionen an der Stromleitung beteiligen. Dies ist besonders dann der Fall, wenn sich die Ionen nicht in dem Gitterknotenpunkt, sondern im Zwischenraum befinden, wo ihre Bindung viel schwächer ist. In diesem Falle können unter Umständen starke elektrische Felder Ionenbewegungen, d.h. Ionenströme, hervorrufen. Die Stromleitung ist dann mit einem Stofftransport verbunden. Diese Art von Stromleitung tritt bei hohen Temperaturen in stärkerem Maße in Erscheinung.

5.2.3.2. Durchschlag fester Isolierstoffe

Im folgenden werden einige empirisch gewonnene Erkenntnisse angegeben, die den Durchschlag fester Isolierstoffe kennzeichnen und die im Sinne der oben angeführten physikalischen Theorien der Stromleitung in Dielektrika verständlich erscheinen.

1. Die Durchschlagsfeldstärke steigt mit der Reinheit des untersuchten Stoffes. Beimengungen und Verunreinigungen setzen die Durchschlagsfeldstärke wesentlich herab. Die Eigenleitfähigkeit des Dielektrikums, die den Durchschlag, wie unten gezeigt wird, begünstigt, wird bei Verunreinigungen infolge des Auftretens von zusätzlichen Niveaus in der Sperrzone erhöht. Ferner kann durch den Einbau von lockeren Fremdionen in ein Gitter eine Ionenleitfähigkeit einsetzen.
2. Die Durchschlagsfeldstärke sinkt mit der Dicke des Stoffes. Bei dicken Werkstücken ist die Abfuhr der Wärme, die durch die – wenn auch geringe – elektrische Leitfähigkeit bedingt ist, erschwert. Der Körper erwärmt sich, was zu einer Vergrößerung der Leitfähigkeit, des Stromes und der Erwärmung führt.
3. Die Isolierstoffe haben einen negativen Temperaturkoeffizienten des spezifischen Widerstands. Ihre Leitfähigkeit steigt mit der Erhöhung der Temperatur.
4. Die Isolierstoffe haben eine schlechte Wärmeleitfähigkeit.
5. Steigert man langsam die Feldstärke, so wächst zunächst die Stromdichte langsam an. Bei einem bestimmten Wert der Feldstärke setzt plötzlich ein rasches Wachsen der Stromdichte ein.

Wärmedurchschlag

Die Punkte 2, 3 und 4 begründen die Auffassung von dem Wärmedurchschlag. Infolge der endlichen Leitfähigkeit setzt zuerst ein kleiner Strom ein. Wegen der schlechten Wärmeleitfähigkeit kann die Joulesche Wärme nicht abgeführt werden. Demzufolge erwärmt sich der Isolierstoff. Seine Leitfähigkeit steigt an. Damit wächst auch der Strom an usw., bis eine Zerstörung des Isolierstoffs eintritt. Die Zerstörung setzt meist an Stellen ein, wo Verunreinigungen auftreten (erhöhte Leitfähigkeit), und schreitet in Richtung der Feldstärke fort, bis sich ein Kanal zwischen den Elektroden ausgebildet hat. Bei großen Dicken des Isolierstoffs ist die Wärmeableitung erschwert und der Wärmedurchschlag begünstigt. Bei Verringerung der Dicke verschwinden die Voraussetzungen für den Wärmedurchschlag, und die Durchschlagsfestigkeit steigt an. Bei sehr kleinen Dicken steigt die Durchschlagsfestigkeit bis zu sehr hohen Werten an. In diesem Fall ist der Mechanismus des Durchschlags auf Begünstigung der Überwindung der Sperrzone durch das äußere elektrische Feld zurückzuführen.

5.2.3.3. Durchschlag flüssiger Isolierstoffe

Der Mechanismus des elektrischen Durchschlags flüssiger Isolierstoffe, zu denen auch die sehr wichtigen Transformatorenöle gehören, ist noch nicht genügend geklärt. Reine flüssige Isolierstoffe lassen sich sehr schwer herstellen. In den meisten Fällen liegen Verunreinigungen fester, flüssiger oder gasförmiger Natur vor. Ihre Anwesenheit äußert sich in mannigfaltiger Weise und erschwert die Erfassung der Erscheinungen und die getrennte Betrachtung ihrer Wirkungen im elektrischen Feld. Grundsätzlich wird die Durchschlagsfestigkeit durch die Anwesenheit der Verunreinigungen stark herabgesetzt. Bei extrem reinen flüssigen Isolierstoffen versucht man den Durchschlag ähnlich wie bei Gasen zu erklären (Ionisationsdurchschlag). Bei den technischen Isolierstoffen, in denen Verunreinigungen vorkommen, nimmt man an, daß sich die Fremdkörper mit größerem ε an den Stellen größter Feldstärke sammeln und Brücken zwischen den Elektroden ausbilden. An diesen Stellen kommt es wahrscheinlich zur lokalen Überhitzung und Verdampfung der Flüssigkeit, so daß der Elektrodenabstand durch Dampfkanäle überbrückt wird.

Die Durchschlagsspannung von Transformatorenöl ist in starkem Maße von dem Feuchtigkeitsgehalt abhängig. Bild 5.11 zeigt diese Abhängigkeit, die zwischen Standardelektroden (Abstand 2,5 mm) aufgenommen worden ist. Die Abmessungen der Standardelektrode sind ebenfalls im Bild 5.11 angegeben.

In Tafel 5.1 werden die Durchschlagsfeldstärken E_d einiger fester, flüssiger und gas- bzw. dampfförmiger Isolierstoffe angeführt.

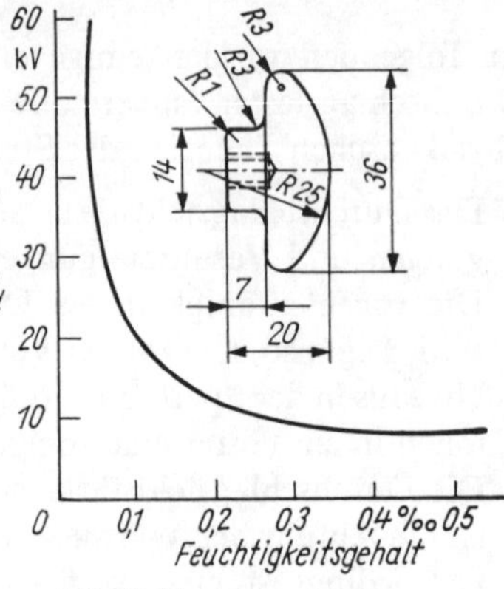

Bild 5.11

Tafel 5.1. Durchschlagsfeldstärke einiger Isolierstoffe

Feste Isolierstoffe	E_d in kV/cm	Flüssige und gasförmige Isolierstoffe	E_d in kV/cm
Anilin-Formaldehydharze	100	Clophene	>100
Glas	400	Kabelöl	100
Glimmer	400 ... 600	Silikonöle	150 ... 200
Hartgummi	100 ... 360	Transformatorenöl	
Hartpapier	20 ... 100	in Betrieb	40 ... 50
Hartporzellan	340 ... 380	gereinigt	200 ... 300
Mikafolium	150 ... 260		
Mikalex	100 ... 150		
Mikanit	250 ... 350	Freon 12 (CCl_2F_2)	75
Papier		Luft	30
Hadernpapier, ölgetränkt	1400	Schwefelhexafluorid	70
Kabelpapier, ölgetränkt	500 ... 600	Stickstoff	30
Phenoplaste, Aminoplaste			
mit Füllstoffen	100 ... 150		
Porzellan	150 ... 200		
Preßspan	150 ... 300		
Quarzglas	350 ... 400		
Rutilhaltige Keramik	100 ... 200		
Steatite	200 ... 450		

5.2.4. Halbleiter

5.2.4.1. Eigenleitfähigkeit

Mit steigender Temperatur wächst bei den Halbleitern entsprechend der Wahrscheinlichkeit des Überschreitens der Sperrzone die Zahl der Elektronen, die in das Leitungsband übergegangen sind, und die gleich große Zahl der Löcher, die sie in dem Valenzband hinterlassen haben.
Gleichzeitig mit der Entstehung von Ladungsträgerpaaren findet jedoch eine ständige Wiedervereinigung (Rekombination) von Überschußelektronen mit Löchern statt. Das Zusammentreffen und somit die Rekombination von Ladungsträgerpaaren ist um so wahrscheinlicher, je größer ihre Zahl ist; sie wächst also ebenfalls mit der Temperatur an.
Im thermischen Gleichgewicht stellt sich bei der jeweilig neuen, der Temperatur entsprechenden Zahl von Ladungsträgerpaaren ein Gleichgewicht zwischen den in der Zeiteinheit neu gebildeten und wiedervereinigten Ladungsträgerpaaren ein.
Mit zunehmender Temperatur wächst die Zahl der Elektronen, die in das Leitungsband übergegangen sind, exponentiell an. Genauso nimmt auch die Zahl der Löcher in der Valenzzone zu. Mit der Temperatur wächst somit die Leitfähigkeit des Halbleiters stark an. In den Metallen ist die Konzentration der freien Elektronen konstant, so daß die Leitfähigkeit vollkommen durch die Beweglichkeit der Elektronen bestimmt wird. Bei Halbleitern ist die Konzentration der Elektronen stark temperaturabhängig, während sich ihre Beweglichkeit nur unbedeutend mit der Temperatur ändert und für die Leitfähigkeit ohne Bedeutung ist. Da die Zahl der Elektronen, die infolge der Wärmeenergie in das Leitungsband übergegangen sind und die somit die Konzentration der freien Ladungsträger bestimmen, mit der Temperatur exponentiell anwächst, nimmt auch die Leitfähigkeit mit der Temperatur exponentiell zu:

$$\varkappa = \varkappa_0 \, e^{-(\Delta W/2kT)}. \tag{5.69}$$

Im Gegensatz zu den Metallen steigt also die Leitfähigkeit der Halbleiter wie die Leitfähigkeit der Dielektrika mit wachsender Temperatur an. Aus (5.69) folgt

$$\ln \varkappa = \ln \varkappa_0 - \frac{\Delta W}{2k} \frac{1}{T}. \tag{5.70}$$

In $\varkappa$ ergibt in Abhängigkeit von $1/T$ eine Gerade mit der Neigung

$$\zeta = -\frac{\Delta W}{2k}. \tag{5.71}$$

Diese Gleichung erlaubt durch Konstruktion der Geraden aus der experimentellen Aufnahme der Temperaturabhängigkeit der Leitfähigkeit die Breite der verbotenen Zone zu ermitteln.

5.2.4.2. Einbau von Fremdatomen. Donatoren und Akzeptoren

Eine interessante Eigenart der Halbleiter stellt das ausgeprägte Anwachsen der Leitfähigkeit bei Anwesenheit von Fremdatomen im Kristall dar. Bei der Einführung von Elementen anderer Wertigkeit in das Kristallgitter des Halbleiters erscheinen in der energetischen Skala zusätzliche Energieniveaus. Sie liegen in der verbotenen Zone, wenn

Fremdatome von im Periodischen System benachbarten Elementen in den Kristall substitutionell eingebaut werden. Das hat seinen Grund in der bedeutend niedrigeren Ionisierungsenergie der Störstellenatome im Vergleich zu der Aktivierungsenergie ΔW des Halbleiters selbst.

Wird ein fünfwertiges Fremdatom (z.B. As, Sb) in ein vierwertiges Grundmaterial (Ge, Si) eingebaut, dann ist das fünfte Valenzelektron des Fremdatoms nur lose an den Kern gebunden. Sein Energieniveau liegt knapp unterhalb des Leitungsbands (Bild 5.12a). Bei $T = 0$ K ist es besetzt, bei Raumtemperatur dagegen unbesetzt, da das Elektron in das Leitungsband übergetreten ist. Stoffe, die an das Leitungsband Elektronen abgeben, werden Donatoren genannt.

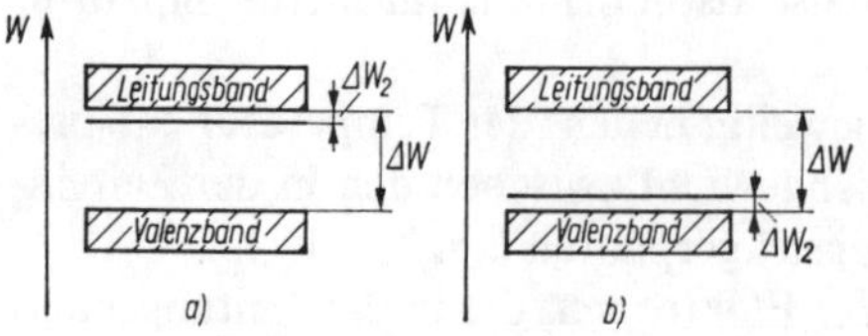

Bild 5.12

Ähnlich liegen die Verhältnisse beim Einbau eines dreiwertigen Stoffes (z.B. Ga, In) in ein vierwertiges Grundmaterial. Hier nehmen die Störstellenatome ein viertes Elektron zur Valenzabsättigung auf. Im Bändermodell äußert sich das in einem knapp oberhalb des Valenzbands liegenden, bei $T = 0$ K unbesetzten Energieniveau (Bild 5.12b). Bei Raumtemperatur ist es durch ein aus dem Valenzband stammendes Elektron besetzt. Diese Stoffe heißen Akzeptoren, da sie aus dem Valenzband Elektronen aufnehmen.

Liegt der Fall eines Donators vor, dann ist offensichtlich die Konzentration der freien Elektronen im Leitungsband größer. Die Leitfähigkeit wird durch einen Mechanismus beschrieben, der analog dem Leitungsmechanismus bei Metallen ist. Eine derartige Leitfähigkeit bei Halbleitern, bei denen mehr freie Elektronen als Löcher (Defektelektronen) vorhanden sind, wird als *n*-Leitung oder Überschußleitung bezeichnet.

Der Einbau von Akzeptoren in das Gitter des Halbleiters vergrößert die Zahl der Defektelektronen und ruft einen Leitungsmechanismus hervor, der praktisch nur durch die unbesetzten Stellen des Valenzbands bestimmt wird. Es ist zweckmäßig, bei der Betrachtung des Leitungsmechanismus in diesem Fall im Valenzband nicht die Bewegung der Elektronen, sondern die Bewegung der Lücken (Defektelektronen) zu betrachten. Eine derartige Leitung nennt man *p*-Leitung oder Löcherleitung.

Die durch die Einführung von Fremdatomen bedingte Leitung nennt man Störstellenleitung.

Bei der *n*-Leitung überwiegen die Überschußelektronen, bei der *p*-Leitung die Defektelektronen. Der Leitungsmechanismus wird jeweils von der überwiegenden Ladungsträgerart bestimmt. In einem derart dotierten Halbleiter ist immer auch die Eigenleitung vorhanden. Die überwiegenden Ladungsträger werden Majoritätsträger, die anderen Minoritätsträger genannt.

Darstellung durch kovalente Bindungen in einer Ebene

Bild 5.13 zeigt den kristallinen Aufbau des Germaniums. Germanium ist vierwertig. Die Bindung zwischen zwei Atomen wird durch je zwei Valenzelektronen (kovalente Bindung) hergestellt. Zur Veranschaulichung kann man ein solches System in der Ebene darstellen und die Valenzelektronen in üblicher Weise durch Striche, die die Atome verbinden, kennzeichnen (Bild 5.14). Man kann jetzt schematisch anhand dieser Darstellung die Eigenleitung sowie die Störstellenleitung veranschaulichen. Bild 5.15 zeigt den Mechanismus der Eigenleitung. Durch die Zufuhr der Energie ΔW von außen wird ein Elektron von seiner Bindung befreit (freies Elektron). Es entsteht ein Ladungsträgerpaar (Elektron, Loch), das die Stromleitung ermöglicht. Bild 5.16 zeigt schematisch den Donator, Bild 5.17 den Akzeptor.

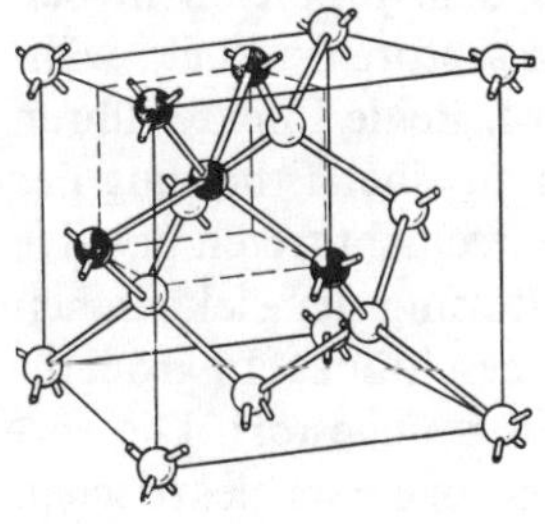

Bild 5.13

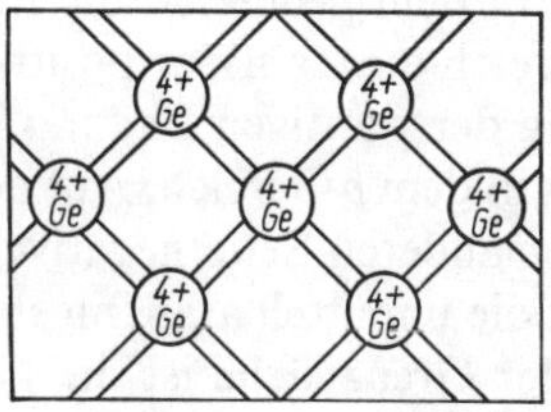

Bild 5.14

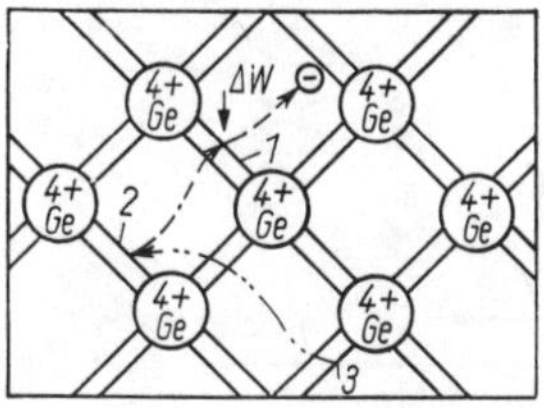

Bild 5.15

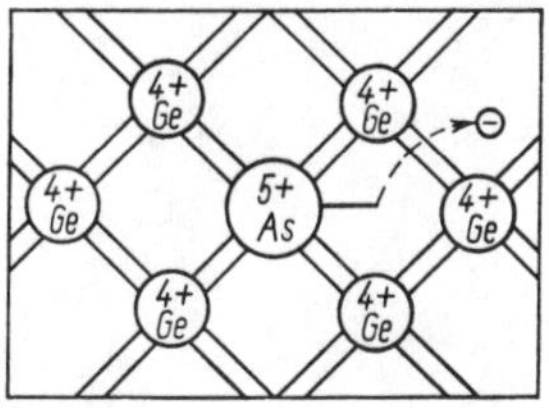

Bild 5.16

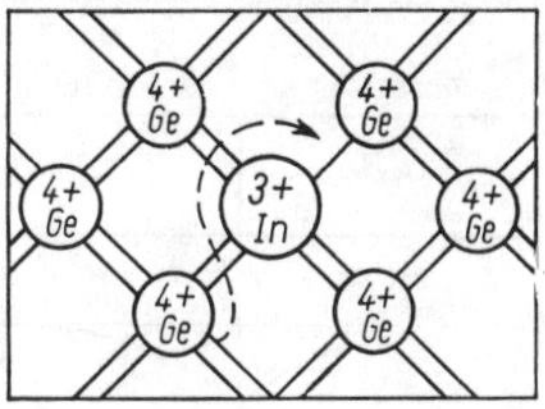

Bild 5.17

5.2.4.3. *pn*-Übergang

Der stromlose *pn*-Übergang

In einem Halbleiter seien durch eine Ebene zwei Bereiche getrennt, von denen der eine n-Leitung (Donatorenbeimengungen), der andere p-Leitung (Akzeptorenbeimengungen) aufweist. Bei Raumtemperatur sind im allgemeinen alle Atome der Donatoren und Akzeptoren voll ionisiert, so daß die Konzentration der Elektronen in dem n-Bereich gleich der Konzentration der Donatoren und die Konzentration der Löcher in dem p-Bereich gleich der Konzentration der Akzeptoren ist. In dem n-Bereich sei die Konzentration der Donatoren N_d, die Konzentration der Majoritätsträger (Elektronen) n_n und die Konzentration der Minoritätsträger (Löcher) p_n. In dem p-Bereich sei die Konzentration der Akzeptoren N_a, die Konzentration der Majoritätsträger (Löcher) p_p und die Konzentration der Minoritätsträger (Elektronen) n_p.

Die Konzentration der Elektronen und die Konzentration der Löcher unterscheiden sich auf beiden Seiten des Grenzübergangs beträchtlich. Die Elektronen sind bestrebt, in den Löcherbereich überzugehen, wo ihre Konzentration bedeutend kleiner ist. Die Löcher dagegen sind bestrebt, aus dem Löcherbereich in den Elektronenbereich überzugehen. Dieser Übergang ist durch die Wärmebewegung der freien Ladungsträger bedingt (Diffusion). Die Konzentration der Elektronen und der Löcher geht stetig von n_n in n_p bzw. von p_n in p_p über. Bild 5.18 zeigt den Verlauf der Konzentration über einer Achse (logarithmischer Maßstab), die senkrecht zu der Grenzfläche verläuft, für a) $N_d = N_a$ und für b) $N_d + N_a$. An der Grenze des Übergangs entsteht eine Schicht von der Breite d, die ärmer an den jeweiligen Majoritätsträgern als im übrigen Bereich des Halbleiters ist. Diese Schicht nennt man einen pn-Übergang.

Der genannten Diffusion beider Ladungsträgerarten zufolge bewegen sich positive und negative Ladungsträger in entgegengesetzter Richtung. Sie sind einem Strom gleichbedeutend, der über die Grenzfläche von dem p-Bereich in den n-Bereich fließt. Man bezeichnet ihn als Diffusionsstrom.

Bei dem Übergang von Elektronen aus dem n-Bereich in den p-Bereich bleiben in dem n-Bereich die positiven Ionen der Donatoren zurück, während in dem p-Bereich die Zahl der Elektronen anwächst. Bei dem Übergang der Löcher aus dem p-Bereich in den n-Bereich bleiben in dem p-Bereich die negativen Ionen der Akzeptoren zurück, während in dem n-Bereich die Zahl der positiven Löcher erhöht wird. Beide Effekte führen zu einer Erhöhung der positiven Ladung in dem n-Bereich und zu einer Erhöhung der negativen Ladung in dem p-Bereich. Auf der einen Seite der Grenzschicht treten positive Ladungen, auf der anderen Seite negative Ladungen auf. Die Störung der elektrischen Neutralität ist auf die unmittelbare Umgebung der Grenzschicht beschränkt. In größerer Entfernung von der Grenzfläche ist die Neutralität des Halbleiters ungestört. Die entgegengesetzten Ladungen auf beiden Seiten der Grenzfläche führen zu einem elektrischen Feld in der Grenzschicht, dessen Feldstärke von dem n- zu dem p-Bereich zeigt.

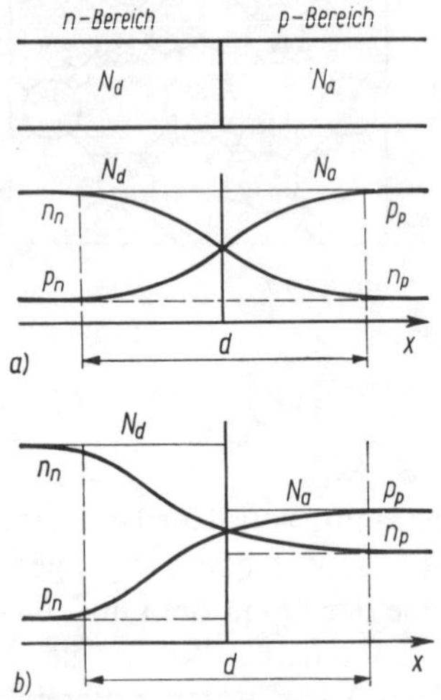

Bild 5.18

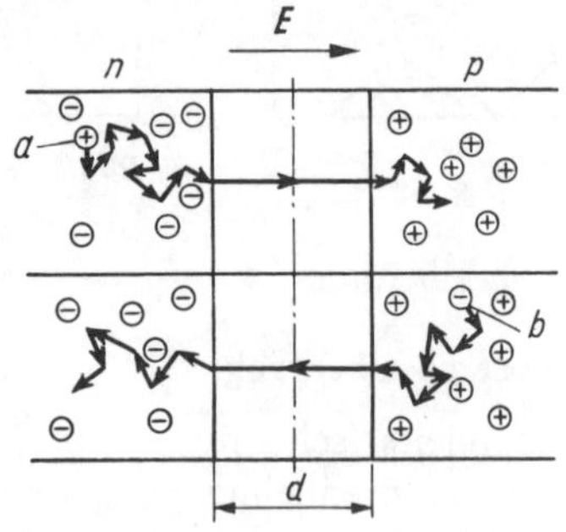

Bild 5.19

Jedes Elektron, das jetzt aus dem n-Bereich in den p-Bereich überzugehen versucht, verfällt der Wirkung des elektrischen Feldes, das bestrebt ist, es in den n-Bereich zurückzudrängen. Nur Elektronen, die eine genügend große kinetische Energie haben, sind in der Lage, die Kräfte des elektrischen Feldes zu überwinden, um in den p-Bereich überzugehen. Auch ein Loch, das von dem p-Bereich in den n-Bereich übergehen will, wird durch das elektrische Feld in den p-Bereich zurückgetrieben. Nur Löcher, die eine genügend große kinetische Energie haben, können gegen das Feld anlaufen und in den n-Bereich übergehen.

Andererseits werden Löcher des n-Bereiches (Bild 5.19a), die bei ihrer Wärmebewegung zufälligerweise in den Bereich des inneren elektrischen Feldes gelangen, von dem elektrischen Feld ergriffen und in den p-Bereich übergeführt. Genauso werden Elektronen des p-Bereiches (Bild 5.19b), die infolge ihrer Temperaturbewegung zufälligerweise in den Bereich des elektrischen Feldes gelangen, von dem Feld ergriffen und in den n-Bereich übergeführt.

Infolge des elektrischen Feldes bildet sich somit ein Strom aus, der aus den Elektronen und Löchern besteht, die in entgegengesetzter Richtung zum Diffusionsstrom fließen. Diesen Strom nennt man den Leitungsstrom. Da in einem isolierten Halbleiter der

Strom Null sein muß, stellt sich ein Gleichgewicht ein, bei dem gerade der Diffusionsstrom von dem entgegengesetzten Leitungsstrom aufgehoben wird. Die Diffusionsströme sind durch den Übergang der Majoritätsträger über die Grenzfläche bedingt. Die Leitungsströme sind durch den Übergang der Minoritätsträger über die Grenzfläche bedingt. Über die Grenzfläche fließen folgende vier Stromkomponenten:

a) der Diffusionsstrom der Elektronen mit der Dichte $\boldsymbol{G}_{dn}$,
b) der Diffusionsstrom der Löcher mit der Dichte $\boldsymbol{G}_{dp}$,
c) der Leitungsstrom der Elektronen mit der Dichte $\boldsymbol{G}_{ln}$,
d) der Leitungsstrom der Löcher mit der Dichte $\boldsymbol{G}_{lp}$.

Bild 5.20 zeigt die Richtung der Stromdichtekomponenten in der Grenzschicht.

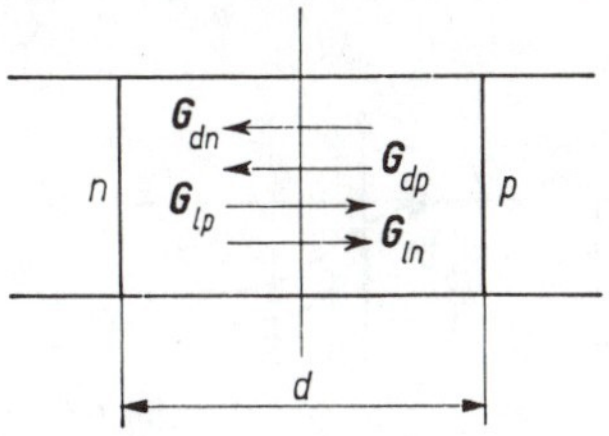

Bild 5.20

Die Summe dieser vier Stromkomponenten muß in einem isolierten Halbleiter Null ergeben. Es gilt somit

$$\boldsymbol{G}_{lp} = -\boldsymbol{G}_{dp}, \tag{5.72}$$

$$\boldsymbol{G}_{ln} = -\boldsymbol{G}_{dn}. \tag{5.73}$$

Bild 5.21 zeigt die Verteilung der Raumladung, der Feldstärke und des Potentials längs einer Achse, die senkrecht zu der Grenzfläche steht.

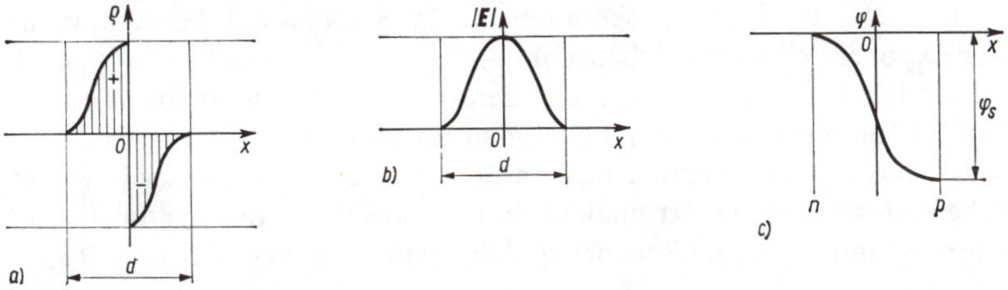

Bild 5.21

Der stromdurchflossene *pn*-Übergang

Strom-Spannungs-Kennlinie

Der *n*-Bereich und der *p*-Bereich des Halbleiters werden durch zwei Raumladungsbereiche entgegengesetzten Vorzeichens voneinander getrennt. Dieser Bereich – die Grenzschicht – ist ärmer an der jeweils im betreffenden Bereich überwiegenden Ladungsträgerart (Eigenleitung des Halbleiters) und hat aus diesem Grund einen erhöhten Widerstand gegenüber dem neutralen Bereich des Halbleiters. Schließt man den Halbleiter in einem Stromkreis an eine Spannungsquelle an, dann entfällt aus diesem Grund der überwiegende Teil des Spannungsabfalls auf die Grenzschicht. Der Spannungsabfall in den Bereichen des Halbleiters, die keine Raumladungen enthalten, ist normalerweise gegenüber dem Spannungsabfall in der Grenzschicht zu vernachlässigen. Die äußere Spannung addiert sich zu der Potentialdifferenz, die an der Grenzschicht infolge der Diffusion besteht (Bild 5.22a). Die Höhe der Potentialdifferenz ändert sich um den Betrag der äußeren angelegten Spannung.

Eine Erhöhung der Potentialbarriere an der Grenzschicht wirkt sich nicht auf die Größe des Leitungsstroms durch die Grenzschicht aus. Die Minoritätsträger erreichen wie vorher infolge ihrer Wärmebewegung den Bereich des elektrischen Feldes, werden von ihm erfaßt und über die Grenzschicht gebracht. Die Größe dieser Stromkomponente wird durch die Anzahl der Minoritätsträger bestimmt, die an der Grenzschicht je Zeiteinheit erscheinen. Diese Anzahl wird nur durch die Geschwindigkeit der Entstehung der Minoritätsträger und ihre Konzentration in dem Halbleiter bestimmt. Die Wärmeenergie und die Konzentration der Minoritätsträger des Halbleiters sind bei gegebener Temperatur konstant. Die Spannung an der Grenzschicht und die dadurch bedingte Feldstärke wirken sich nur auf die Geschwindigkeit der Überführung der Ladungsträger aus dem einen in den anderen Bereich aus und nicht auf die Zahl der Ladungsträger, die über die Grenzschicht in der Zeiteinheit gehen.

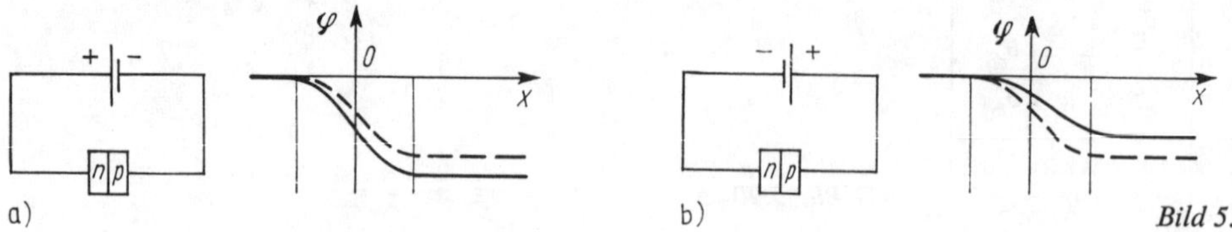

Bild 5.22

Von der Potentialbarriere hängt jedoch sehr stark der Diffusionsstrom ab. Die Verteilung der Anzahl der Ladungsträger entsprechend ihrer Energien wird durch die Fermi-Funktion beschrieben, die für große Energien durch die Boltzmannsche Funktion (5.35) angenähert wird. Diese Näherung gilt sowohl für die Elektronen in dem Leitungsband (5.35) als auch für die Löcher in dem Valenzband (5.36). Sowohl die Anzahl der Elektronen des *n*-Bereiches als auch die Anzahl der Löcher des *p*-Bereiches, die die Potentialbarriere zu überwinden in der Lage sind, fällt mit wachsender Potentialbarriere exponentiell ab. Somit fällt auch die Diffusionskomponente des Stromes mit Anwachsen der äußeren Spannung exponentiell ab (Sperrbetrieb).
Ändert man die Polarität der äußeren Spannung derart, daß die Potentialbarriere verkleinert wird (Bild 5.22b), dann bleibt der Leitungsstrom wiederum unverändert, während der Diffusionsstrom jetzt exponentiell anwächst (Durchlaßbetrieb). Bezeichnet man die unveränderliche Komponente der Stromdichte mit G_s, so kann man den analytischen Ausdruck der Strom-Spannungs-Kennlinie des *pn*-Übergangs erhalten. Bei $U = 0$ ist

$$G_d = G_l = G_s. \tag{5.74}$$

Nun ist aber

$$G_d = G_{d0}\,e^{\Delta W/kT} = G_s\,e^{Q_e U/kT} \tag{5.75}$$

mit

$$G_{d0} = G_s \tag{5.76}$$

und

$$\Delta W = Q_e U. \tag{5.77}$$

Bei $U \neq 0$ ist

$$G = G_d - G_l = G_s\,e^{Q_e U/kT} - G_s = G_s\,(e^{Q_e U/kT} - 1), \tag{5.78}$$

oder mit

$$a = \frac{Q_e}{kT} \tag{5.79}$$

wird

$$I = I_s\,(e^{aU} - 1). \tag{5.80}$$

Bild 5.23 zeigt die Strom-Spannungs-Kennlinie des *pn*-Übergangs.
Die experimentellen Untersuchungen haben gezeigt, daß bei hohen negativen Spannungen der Kennlinienverlauf durch neue Erscheinungen gestört wird. Bei einer bestimmten Spannung beginnt der Sperrstrom zuerst langsam, dann immer schneller zu wachsen (Zener-Effekt, Bild 5.24). Wenn man keine besonderen Maßnahmen trifft, führt das zu einer Zerstörung des Grenzübergangs. Man kann diese Erscheinungen durch die unmittelbare Einwirkung des starken elektrischen Feldes auf das Kristallgitter des Halbleiters erklären. Unter der Einwirkung eines starken elektrischen Feldes können Valenzelektronen aus dem Valenzband gehoben werden. Hierbei entstehen Ladungsträgerpaare, die die eintretende Erhöhung des Stromes ermöglichen. Es ist jedoch festgestellt worden, daß das Anwachsen des Stromes bereits bei kleineren Spannungen eintritt, als sie für die Loslösung der Elektronen aus dem Valenzband benötigt werden. Dies kann nur durch eine Stoßionisation erklärt werden. Die Minoritätsträger, die in das elektrische Feld gelangt sind, werden beschleunigt und erfahren Energien, die sie befähigen, Elektronen aus dem Valenzband zu heben. Beim Zusammentreffen mit dem Kristallgitter lösen sie Valenzelektronen ab, wobei Ladungsträgerpaare entstehen, die die Stromerhöhung ermöglichen. Die Stoßionisation kann jedoch nur in verhältnismäßig dicken Grenzschichten (lange Beschleunigungswege) erfolgen. Sowohl bei dem ersten als auch bei dem zweiten Mechanismus der Stromerhöhung wird der Widerstand des Übergangs stark verkleinert.

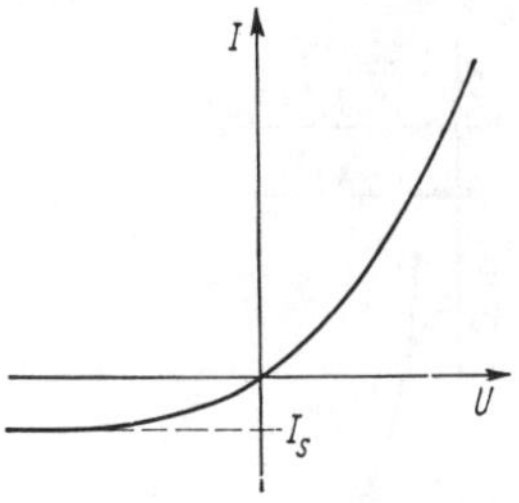

Bild 5.23

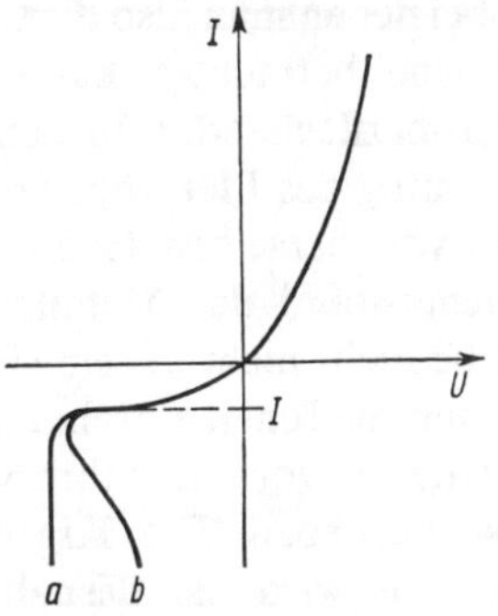

Bild 5.24

In dünnen Übergangsbereichen können die Ladungsträger sogar bei großen Feldstärken infolge ihrer kurzen Verweilzeit in dem Beschleunigungsfeld nicht genügend große Energien erreichen, um Elektronen aus dem Valenzband zu lösen. In diesem Falle ist der erste Mechanismus wirksam.

5.3. Austritt von Elektronen aus Metallen

5.3.1. Austrittsarbeit

Wir nehmen an, ein Elektron aus dem Elektronengas im Inneren eines Metalls habe das Metall verlassen und befinde sich in einer Entfernung x von seiner ebenen Oberfläche. Ist die Entfernung des Elektrons von der Metalloberfläche groß im Vergleich zu den Ionenabständen des Metallgitters, so kann man die Oberfläche des Metalls als eine Ebene betrachten. Es bildet sich ein elektrisches Feld zwischen der Punktladung des Elektrons

$(-Q_e)$ und der ebenen Flächenelektrode aus, das man mit Hilfe des Spiegelbilds untersuchen kann (Bild 5.25). Der Abstand der Punktladung von ihrem Spiegelbild beträgt $2x$.

Die Kraft, die auf das Elektron wirkt, ist nach dem Coulombschen Gesetz

$$|\boldsymbol{F}| = \frac{Q_e^2}{16\pi\varepsilon_0 x^2}. \tag{5.81}$$

Die Kraftwirkung der Elektrode auf das emittierte Elektron kann man durch ein elektrisches Feld beschreiben. Damit (5.81) erfüllt ist, muß die Feldstärke dieses Hilfsfelds

$$|\boldsymbol{E}| = \frac{|\boldsymbol{F}|}{Q_e} = \frac{Q_e}{16\pi\varepsilon_0 x^2} \tag{5.82}$$

betragen. Diesem Feld entspricht das Potential

$$\varphi = \int_x^\infty |\boldsymbol{E}|\, dx = \frac{Q_e}{16\pi\varepsilon_0 x}. \tag{5.83}$$

Der Verlauf des Potentials in Abhängigkeit von der Entfernung des betrachteten Punktes von der Oberfläche der Elektrode ist durch eine Hyperbel gegeben. Diese Hyperbel wird ebenfalls im Bild 5.25 gezeigt. Der durch (5.83) gegebene Potentialverlauf gilt aber nach Voraussetzung nur für Entfernungen x, die groß im Vergleich zu den Ionenabständen des Metallgitters sind, bei denen man also die Leiteroberfläche als eine Ebene betrachten kann. Unmittelbar vor der Leiteroberfläche, d.h. in dem Bereich, in dem die Entfernung des Elektrons von der Oberfläche des Leiters von derselben Größenordnung ist wie der Ionenabstand des Metallgitters, kann man die Oberfläche nicht mehr als eine Ebene betrachten. Hier beginnen die Ionen einzeln auf das emittierte Elektron zu wirken, wobei sich ihre Kraftkomponenten teilweise aufheben. Die Kraft, die auf das Elektron ausgeübt wird, ist deshalb beträchtlich geringer als der Wert, der durch (5.81) gegeben ist. Das Potential wächst in der Nähe der Leiteroberfläche langsamer an und erreicht an der Oberfläche den konstanten Wert φ_0.

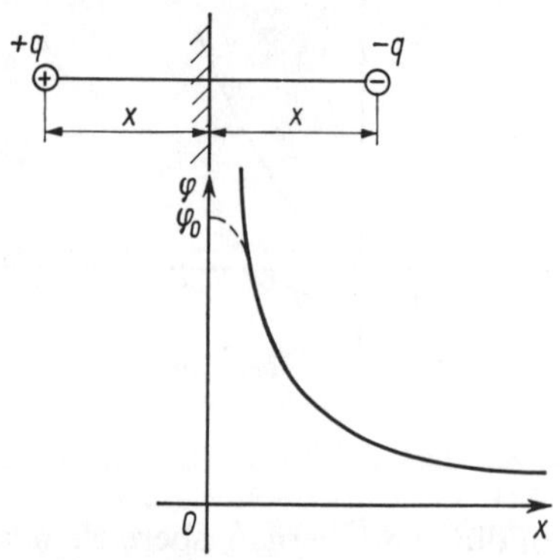

Bild 5.25

Ein Elektron kann nur dann vollständig die Umrisse des Leiters verlassen, wenn seine kinetische Energie, die der Geschwindigkeitskomponente v_x senkrecht zur Metalloberfläche entspricht, groß genug ist, um die Austrittsarbeit A_0, die durch das Potential φ_0 bestimmt wird, ausführen zu können:

$$\frac{mv_x^2}{2} \geqq A_0 = Q_e\varphi_0. \tag{5.84}$$

Die kleinste Geschwindigkeit, bei der eine Befreiung möglich ist, beträgt

$$v_{x0} = \sqrt{\frac{2Q_e\varphi_0}{m}}. \tag{5.85}$$

Bei Geschwindigkeiten, die klein sind im Vergleich zur Lichtgeschwindigkeit, beträgt die Masse des Elektrons (Ruhemasse)

$$m = 9{,}11 \cdot 10^{-28}\ \text{g}. \tag{5.86}$$

Das Austrittspotential ist eine Materialkonstante. Tafel 5.2 gibt die Werte des Austrittspotentials einiger Werkstoffe an.

Werkstoff	φ_0 in V	Werkstoff	φ_0 in V
Barium	1,5	Tantal	4,1
Bariumoxid	1,0	Thorium	3,0
Kalzium	2,2	Wolfram	4,6
Molybdän	4,3	Zirkon	3,3

Tafel 5.2
Austrittspotential einiger Werkstoffe

5.3.1.1. Aktivierte Katoden

Eine beträchtliche Verminderung der Austrittsarbeit kann man erzielen, wenn man die Oberfläche des Metalls mit einer dünnen monomolekularen Schicht eines anderen elektropositiven Metalls belegt. Die adsorbierten Atome des elektropositiven Metalls geben eines der Valenzelektronen dem Grundmetall ab und bilden so eine Oberflächenschicht aus positiven Ionen. Die Zwischenschicht ist sehr dünn, so daß ein elektrisches Feld mit sehr großer Feldstärke entsteht. Dieses Feld unterstützt den Elektronenaustritt aus dem Grundmetall und verkleinert die Austrittsarbeit und das Austrittspotential. Versieht man auf diese Art beispielsweise Wolfram mit einem Überzug von Thorium, so wird das Austrittspotential des Wolframs von 4,6 V auf 2,63 V herabgesetzt. Das Auftragen einer monomolekularen Schicht aus Barium auf Wolfram senkt das Austrittspotential von 4,6 V auf 1,44 V. Katoden, die derartig behandelt sind, nennt man aktivierte Katoden.

5.3.1.2. Das Schottkysche Napfmodell

Ausgehend vom Energiebändermodell für den Kristall und von der Fermi-Dirac-Verteilung kommt man zu der Aussage, daß bei $T = 0$ alle Energieniveaus unter einem für das Material charakteristischen Energieniveau, dem sogenannten Fermi-Niveau, vollbesetzt und alle darüberliegenden leer sind. Durch thermische Anregung erhalten einige Elektronen eine höhere Energie und können somit höhere Energieniveaus besetzen. Es kommt also zu einer Auflockerung der Elektronenpackung. Die Elektronen des Elektronengases bewegen sich zwar frei im Inneren des Metalls, können jedoch infolge der elektrostatischen Anziehungskräfte der Gitterionen das Metall nicht verlassen. Ein Verlassen ist nur durch Überwindung einer Barriere – der Austrittsarbeit – möglich.
Überträgt man die elektrischen Verhältnisse auf ein mechanisches Modell, so erhält man das sogenannte Schottkysche Napfmodell (Bild 5.26). Die Umrandung des Napfes ergibt sich aus dem Verlauf des Potentials entsprechend Bild 5.25.
Bei $T = 0$ füllen die Elektronen wie schwere Kugeln den Napf bis zum Fermi-Niveau. Der Napfrand liegt höher, und die Elektronen können nicht aus dem Napf heraus.
Bei $T > 0$ tritt eine Lockerung der Elektronenpackung ein, und es existieren Elektronen, die sich auf Energiestufen befinden, die über der Fermi-Kante liegen.
Sollen die Elektronen das Metall verlassen, so muß die Austrittsarbeit

$$W_a = Q_e \varphi_0 \tag{5.87}$$

verrichtet werden. Beim Napfmodell heißt das, daß Hubarbeit gegen die Schwerkraft der Kugeln geleistet werden muß, um diese bis zum Napfrand bzw. bis auf das außerhalb des Metalls herrschende Potential, dem man den Wert Null gibt, anzuheben. Dividiert man die Energiewerte auf der Ordinate durch die Elektronenladung, so erhält man als Napfumrandung das Potential (Potentialnapf).

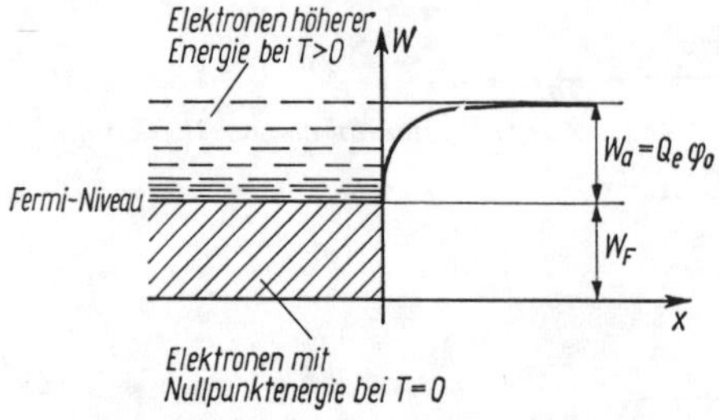

Bild 5.26

Die Ursache für die Befähigung der Elektronen, den Leiter zu verlassen, kann folgende sein:

1. Erhöhung des Energieniveaus der Elektronen durch
   a) Erhitzen des Leiters (Thermoelektronen oder Glühemission),
   b) Anprall von Teilchen auf die Oberfläche des Leiters (Sekundäremission),
   c) Eindringen von Strahlungsenergiequanten in den Leiter (Photoemission);
2. Senkung des Napfrands durch Einwirkung hoher Feldstärken auf die Oberfläche des Leiters (kalte Emission – Tunneleffekt);
3. Durchtunnelung.

5.3.2. Glühemission. Emissionsstromdichte

Bei thermischer Anregung besetzen Elektronen Energieniveaus, die höher sind als die Fermi-Kante (Schottkysches Napfmodell). Über die Fermi-Verteilung (5.25) erhält man die Anzahl der Elektronen mit einem bestimmten Energieniveau, d.h. die Anzahl derjenigen Elektronen, die bei der Temperatur T infolge ihrer kinetischen Energie den Rand des Potentialnapfs überwinden können. Die Elektronen mit einer Geschwindigkeitskomponente in x-Richtung (senkrecht zur Metalloberfläche) von

$$v_x \geqq v_{x0} = \sqrt{\frac{2Q_e\varphi_0}{m}} \tag{5.88}$$

liefern die Emissionsstromdichte, die man zu

$$G_x = \frac{4\pi Q_e m}{h^3}\, k^2T^2\, e^{-(Q_e\varphi_0 - W_F)/kT} = \frac{4\pi Q_e m}{h^3}\, k^2T^2\, e^{-(Q_eU_a/kT)} \tag{5.89}$$

erhält. Die Energie

$$W_a = Q_eU_a = Q_e\varphi_0 - W_F \tag{5.90}$$

ist dabei die effektive Austrittsarbeit des Einzelelektrons.
Vergleicht man diese Beziehung mit der von *Richardson* aufgestellten Emissionsformel

$$|\boldsymbol{G}_s| = AT^2\, e^{-(b/t)}, \tag{5.91}$$

so findet man für die Konstanten

$$A = \frac{4\pi Q_e m k^2}{h^3} = 120 \frac{\mathrm{A}}{\mathrm{cm^2\,K^2}} \tag{5.92}$$

und

$$b = \frac{Q_e}{k} U_a = 1{,}16 \cdot 10^4 \frac{\mathrm{K}}{\mathrm{V}} U_a . \tag{5.93}$$

Das Richardsonsche Gesetz kann nicht als Beweis für die Richtigkeit der Fermi-Verteilung angesehen werden. Die auf der Basis der Maxwell-Verteilung abgeleitete Emissionsformel zeigt zwar andersartige Konstanten, es ist aber infolge meßtechnischer Schwierigkeiten nicht möglich, sich für die eine oder die andere Verteilung zu entscheiden. Man verwendet daher die auf sicherer theoretischer Basis fußende Gleichung (5.91).

5.3.3. Senkung des Napfrands. Schottky-Effekt

Bei großen äußeren Feldstärken an der Oberfläche des Metalls, die den Elektronenaustritt begünstigen, tritt ein Ansteigen des Emissionsstroms auf. Dieser sogenannte Schottky-Effekt läßt sich anhand des Napfmodells anschaulich erklären. Durch ein starkes Feld vor der Katode wird der Napfrand so sehr verbogen, daß die Elektronen bei ihrem Austritt nicht mehr die gesamte Austrittsarbeit zu leisten haben (Bild 5.27). Im Bild 5.27 zeigt Kurve *1* das Potential der Napfumrandung ohne äußeres Feld, Kurve *2* den Potentialverlauf des äußeren Feldes und Kurve *3* das resultierende Potential. Durch Überlagerung des Elektrodenfeldes (konstante Feldstärke E_k vor der Katode) mit dem Bildpotential des Elektrons berechnet man die Erniedrigung des Austrittspotentials zu

$$\Delta\varphi = \sqrt{\frac{Q_e E_k}{4\pi\varepsilon_0}} \tag{5.94}$$

bzw. die Erniedrigung der Austrittsarbeit zu

$$\Delta W_a = Q_e\, \Delta U_a = Q_e \sqrt{\frac{Q_e E_k}{4\pi\varepsilon_0}} . \tag{5.95}$$

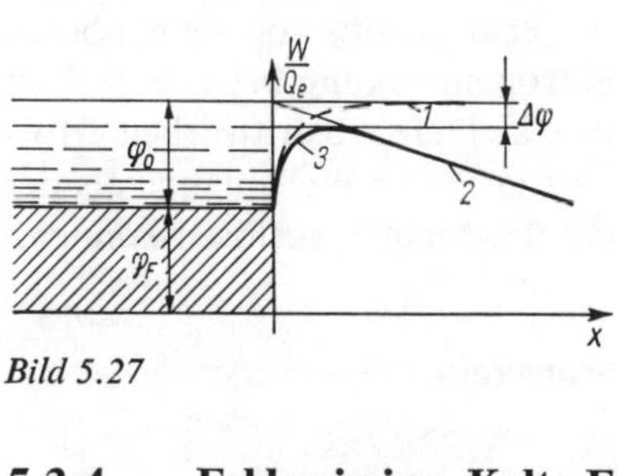

Bild 5.27

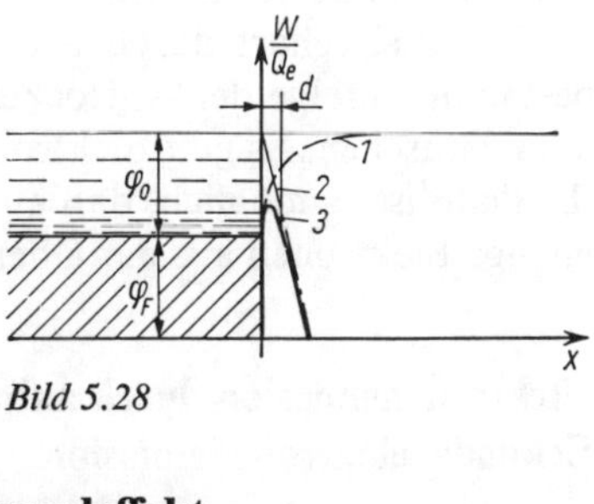

Bild 5.28

5.3.4. Feldemission. Kalte Emission. Tunneleffekt

Bei noch weiterer Erhöhung der Feldstärke beobachtet man plötzlich einen derart steilen Stromanstieg, daß er quantitativ in keiner Weise als Schottky-Effekt gedeutet werden kann. Man bezeichnet diese Erscheinung als Feldemission bzw. auch als kalte Elektronenemission.

Durch die extrem hohe Feldstärke ist der Rand des Napfmodells scharf nach unten umgebogen (Bild 5.28). Die Breite des Potentialwalls in der Höhe des Fermi-Niveaus ist so

klein geworden, daß sie mit der Materiewellenlänge $\lambda = h/mv$ der Elektronen vergleichbar wird. Dadurch kommt aber den Metallelektronen eine endliche Wahrscheinlichkeit zu, sich auch auf der Außenseite des Potentialwalls aufzuhalten. Da sich die Elektronen sowohl außen als auch innen auf dem gleichen Potential befinden, ist keine Arbeit zu leisten. Man stellt sich daher vor, daß der Potentialwall durchtunnelt worden ist (Tunneleffekt).
Die Feldelektronen unterscheiden sich wesentlich von den thermisch ausgelösten Elektronen, da sie eine geringere Energie haben. Ihre Niveaulage entspricht der Fermi-Kante, da sie den Potentialwall nicht übersteigen müssen. Der Feldstrom steigt mit der Temperatur der Katode an, weil dann die Fermi-Verteilung aufgelockert wird und die Elektronen zunehmend höhere Energiewerte erreichen. Diese Elektronen haben aber eine größere Durchtrittswahrscheinlichkeit, da der Tunnel nach oben immer schmaler wird.

5.3.5. Photoemission

Fällt auf die Metalloberfläche kurzwelliges Licht, so können aus ihr Elektronen ausgelöst werden. Die Austrittsarbeit wird in diesem Falle dem Energieinhalt der Photonen entnommen. Damit die Elektronen aus dem Metall gelöst werden, muß die Bedingung

$$hf = \frac{ch}{\lambda} \geqq Q_e \varphi_0 \tag{5.96}$$

erfüllt sein. Damit werden ein unterer Grenzwert der Frequenz

$$f_g = \frac{Q_e \varphi_0}{h} \tag{5.97}$$

bzw. ein oberer Grenzwert der Wellenlänge

$$\lambda_g = \frac{hc}{Q_e \varphi_0} \tag{5.98}$$

bestimmt. Diese Grenzwerte werden durch das Austrittspotential festgelegt. Dieses ist aber nur bei $T = 0$ K scharf durch den Abstand der Fermi-Kante von dem oberen Napfrand bestimmt. Infolge der Auflockerung der Elektronenpackung bei $T > 0$ K ist dieses Niveau verwaschen. Es gibt Elektronen, für die eine kleinere Austrittsarbeit erforderlich ist. Deshalb ist es möglich, daß auch Strahlen mit größerer Wellenlänge als der Grenzwellenlänge Elektronen aus der Oberflächenschicht des Metalls auslösen können.

5.3.6. Elektronenemission durch aufprallende Korpuskeln. Sekundärelektronenemission

Beschleunigte Teilchen, die auf eine Metalloberfläche aufprallen, können ihre kinetische Energie an Elektronen des Metalls übertragen, so daß diese die Austrittsarbeit vollführen können. Die primären Korpuskeln, die beim Aufprall ihre kinetische Energie abgeben, können Elektronen, positive Ionen, metastabil angeregte oder neutrale Atome sein. Die von der Metalloberfläche durch die primären Teilchen ausgelösten Elektronen nennt man Sekundärelektronen. Im engeren Sinne versteht man unter Sekundärelektronenemission das Auslösen von Sekundärelektronen aus Metalloberflächen durch aufprallende Primärelektronen. Die Austrittsarbeit wird durch die kinetische Energie der Primärelektronen aufgebracht. Es gilt

$$\frac{mv^2}{2} = Q_e U \geqq Q_e \varphi_0 . \tag{5.99}$$

m ist die Masse des Elektrons, Q_e seine Ladung, U die durchlaufene Potentialdifferenz bis zum Aufprall und φ_0 das Austrittspotential.

5.4. Stromleitung durch elektrolytische Flüssigkeiten

5.4.1. Stromleitung durch schwache Elektrolyte

Im folgenden wird zuerst der Leitungsmechanismus in schwachen Elektrolyten, zu denen in erster Linie organische Säuren und Salze gehören, erklärt.
Die chemischen Bindungskräfte können, wie gesagt, durch das Bestreben der Atome zur Zusammenlagerung zu Molekülen erklärt werden, wobei die Energie gegenüber der Gesamtenergie der getrennten Atome geringer ist. Unter Umständen können die Bindungskräfte gelöst und die Moleküle in positive und negative Ionen aufgespaltet werden. Diese Erscheinung ist unter der Bezeichnung Dissoziation bekannt.
Die Dissoziation ist immer mit einem Energieaufwand verbunden. Sie kann z.B. beim Zusammenstoß zweier Moleküle eintreten, wenn die kinetische Energie infolge der Wärmebewegung ausreicht, die Spaltungsarbeit zu verrichten. In diesem Falle spricht man von einer Wärmedissoziation. Die Anziehungskraft zwischen zwei ungleichnamigen Punktladungen nimmt entsprechend dem Coulombschen Gesetz mit wachsender Dielektrizitätskonstante des Stoffes, in dem sie sich befinden, ab. Die Dielektrizitätskonstante des Wassers ist verhältnismäßig hoch ($\varepsilon_r = 80$). In wäßrigen Lösungen von Salzen, Säuren oder Basen sind deswegen die Anziehungskräfte zwischen den Ionen relativ klein, so daß sich die Ionen dissoziierter Moleküle in geringerem Maße anziehen und zu neutralen Teilchen wiedervereinigen können. Die Dissoziation des gelösten Stoffes erstreckt sich im Mittel infolge des Gleichgewichts zwischen Dissoziations- und Wiedervereinigungsprozessen nicht über alle gelösten Moleküle, sondern nur über einen Teil davon. Das Verhältnis der Zahl der in Ionen gespaltenen Moleküle zu der Gesamtzahl der Moleküle nennt man den Dissoziationsgrad.
Bei der sogenannten elektrolytischen Dissoziation ist ein beträchtlicher Teil der Moleküle bereits bei Raumtemperatur in Ionen zerfallen. Der Dissoziationsgrad hängt von der Konzentration und von der Temperatur ab und steigt mit der Verdünnung der Lösung und mit ihrer Temperatur an. Bei sehr geringen Konzentrationen kann es zu einem Zerfall aller Moleküle kommen, so daß man den Dissoziationsgrad 1 erhält.
Die Dissoziation, d.h. der Zerfall in geladene Teilchen, erfolgt unabhängig von der Wirkung eines äußeren elektrischen Feldes. Das wird auch durch die Tatsache bestätigt, daß die Elektrolyse schon bei geringsten Stromstärken einsetzt, was nicht möglich wäre, wenn zur Spaltung der Moleküle elektrische Energie notwendig wäre.
Bringt man in eine Flüssigkeit, in der eine elektrolytische Dissoziation stattgefunden hat, zwei unter Spannung stehende Elektroden, so beginnen sich die Anionen und die Kationen zu den entsprechenden Elektroden zu bewegen und liefern gemäß ihrer Ladungen einen Beitrag zu der Ausbildung des elektrischen Stromes durch den Elektrolyten. Das Wesentliche bei der soeben beschriebenen Stromleitung durch Elektrolyte ist, daß der

Transport der elektrischen Ladungen nicht mehr durch freie Elektronen, sondern durch geladene materielle Teilchen erfolgt. Diese geladenen materiellen Teilchen können die Größe von Atomen, Molekülen oder sogar Gruppen von Molekülen haben. Jedes Ion trägt eine Ladung, die seiner Wertigkeit entspricht. Hieraus ergibt sich, daß die transportierten Mengen der ausgeschiedenen Stoffe proportional den durchflossenen Elektrizitätsmengen sind. Ferner gilt, daß gleiche Elektrizitätsmengen bei ihrem Durchgang durch beliebige elektrolytische Lösungen stets chemisch gleichwertige Mengen der Zersetzungsprodukte ausscheiden. Das ist der Inhalt des Faradayschen Gesetzes.
Im folgenden wollen wir kurz den Mechanismus der Stromleitung durch elektrolytische Lösungen besprechen. Unter der Wirkung des äußeren Feldes werden auf die Ionen mechanische Kräfte ausgeübt, die diese in Bewegung setzen und so den elektrischen Strom durch die elektrolytische Lösung hervorrufen.
Jedes Ion trägt eine seiner chemischen Wertigkeit entsprechende Zahl von Elementarladungen. Die Ladung eines z-wertigen Anions ist

$$Q_a = zQ_e. \tag{5.100}$$

Die Ladung eines z-wertigen Kations ist

$$Q_k = -zQ_e. \tag{5.101}$$

Wir wollen nun annehmen, daß sich in der Volumeneinheit n Anionen und n Kationen befinden. Dann ist die Raumladungsdichte der Kationen

$$\varrho_k = -nzQ_e \tag{5.102}$$

und die Raumladungsdichte der Anionen

$$\varrho_a = nzQ_e. \tag{5.103}$$

Wenn wir nun mit v_k bzw. mit v_a die Geschwindigkeit der Kationen bzw. der Anionen bezeichnen, können wir gemäß (5.5) für die Stromdichte den Ausdruck

$$|\boldsymbol{G}| = \varrho_k v_k + \varrho_a v_a = nzQ_e\,(v_a + v_k) \tag{5.104}$$

angeben. Die Loschmidtsche Zahl

$$L = 6 \cdot 10^{23} \tag{5.105}$$

gibt uns die Zahl der Atome in einem Grammatom eines gegebenen Stoffes an. Wenn wir die Zahl der Anionen bzw. die Zahl der Kationen in der Volumeneinheit durch die Loschmidtsche Zahl dividieren, so erhalten wir die Zahl der Grammatome des Anions bzw. des Kations in der Volumeneinheit. Wenn wir nun diese Zahl mit der Wertigkeit multiplizieren, so ergibt sich die Zahl Y der Grammäquivalente des Anions bzw. des Kations in der Volumeneinheit:

$$Y = \frac{n}{L}\,z. \tag{5.106}$$

Führen wir diesen Ausdruck in die Gleichung für die Stromdichte ein, so geht sie in

$$|\boldsymbol{G}| = LYQ_e\,(v_a + v_k) \tag{5.107}$$

über. Die universelle Konstante

$$Z = LQ_e \tag{5.108}$$

trägt den Namen Faradaysche Konstante. Sie gibt uns die gesamte Ladung der Anionen bzw. der Kationen in dem Grammäquivalent an. Sie beträgt

$$Z = 96494\ \mathrm{A{\cdot}s}. \tag{5.109}$$

Infolge der Reibung kann man in dem betrachteten Falle mit großer Genauigkeit annehmen, daß die Geschwindigkeit der Ionen proportional der auf sie wirkenden Kraft ist:

$$v_a = C_a F = C_a Q_e z\,|\boldsymbol{E}|, \tag{5.110}$$

$$v_k = C_k F = C_k Q_e z\,|\boldsymbol{E}|. \tag{5.111}$$

C_a und C_k sind Proportionalitätsfaktoren. Es besteht also Proportionalität zwischen Geschwindigkeit und Feldstärke, was dic Voraussctzung für die Linearität der Strom-Spannungs-Kennlinie ist. Für die Beweglichkeit der Anionen bzw. der Kationen ergibt sich

$$b_a = C_a Q_e z, \tag{5.112}$$

$$b_k = C_k Q_e z. \tag{5.113}$$

Wenn wir die Beweglichkeit in (5.107) für die Stromdichte einführen, erhalten wir

$$|\boldsymbol{G}| = YZ\,(b_a + b_k)\,|\boldsymbol{E}| = \varkappa\,|\boldsymbol{E}|. \tag{5.114}$$

Hieraus folgt für die Leitfähigkeit der Ausdruck

$$\varkappa = YZ\,(b_a + b_k). \tag{5.115}$$

(5.114) gibt das Ohmsche Gesetz in der Form an, in der es für elektrolytische Lösungen gilt. In dieser Gleichung ist die Leitfähigkeit in Abhängigkeit von der Beweglichkeit der Ionen und von der Zahl der Grammäquivalente in der Volumeneinheit, die gleichbedeutend der Konzentration ist, dargestellt. Diese Gleichung gibt uns eine anschauliche mechanistische Deutung der Leitfähigkeit bei Elektrolyten. Solange die Lösung sehr verdünnt ist, so daß die Ionen nicht aufeinander einwirken können, ist die Leitfähigkeit proportional der Konzentration. Da die Dissoziation mit der Temperatur steigt, steigt die Leitfähigkeit ebenfalls mit der Temperatur. Elektrolytische Lösungen haben aus diesem Grund einen negativen Temperaturkoeffizienten des spezifischen Widerstands. Bild 5.29 zeigt den typischen Verlauf der Abhängigkeit der Leitfähigkeit einer elektrolytischen Lösung von der Konzentration.

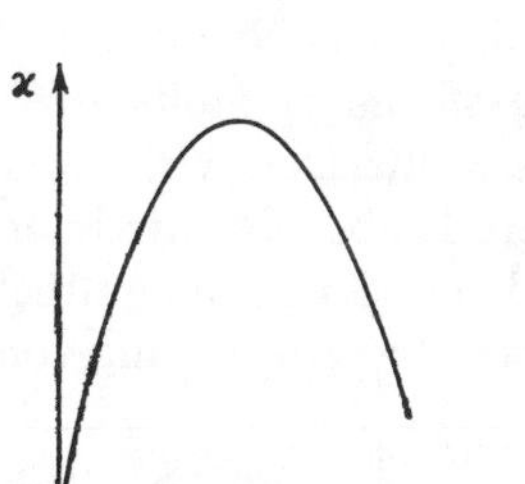

Bild 5.29

5.4.2. Stromleitung durch starke Elektrolyte

Bei starken Elektrolyten, zu denen die technisch wichtigen anorganischen Säuren und Salze gehören, liegen die Verhältnisse gänzlich anders. Hier muß man annehmen, daß immer ein vollständiger Zerfall der Ionen vorliegt. Die Ionendichte ist dabei sehr groß. Zwischen den entgegengesetzt geladenen Ionen wirken elektrostatische Kräfte, so daß sie nicht als vollkommen frei betrachtet werden können. Die interionischen Kräfte hängen von der Konzentration ab. Sie bestimmen die Leitfähigkeit und ihre Abhängigkeit von der Konzentration.

Die Verhältnisse bei vollkommen dissoziierten Elektrolyten sind nur im Falle sehr starker Verdünnung überschaubar *(Debye–Hückel)*.
Die Leitfähigkeit nimmt bei starken Elektrolyten mit der Wurzel der Konzentration ab. Da die Elektrolyte vollständig dissoziiert sind, ist die Verminderung der Leitfähigkeit durch Verminderung der Beweglichkeit der Ionen zu erklären.
Infolge der Coulombschen Kräfte sind im Mittel um jedes Ion mehr Ionen entgegengesetzten Vorzeichens vorhanden. Jedes Ion ist somit von einer Ionenwolke entgegengesetzten Vorzeichens umgeben, die es bei seiner Bewegung mitschleppen muß. Der Durchmesser dieser Wolke ist umgekehrt proportional der Konzentration.
Die Anwesenheit einer Ionenwolke entgegengesetzten Vorzeichens um jedes Ion hemmt seine Bewegung und verkleinert seine Beweglichkeit auf mehrere Weisen. Für ihren Aufbau benötigt die Ionenwolke eine endliche Zeit. Hier liegt auch einer der wesentlichen Gründe für die Verminderung der Beweglichkeit des Ions durch die Wolke.
Bewegt sich das Ion unter der Wirkung eines äußeren Feldes, so wird infolge der endlichen Aufbauzeit die Ionenwolke vor dem Ion noch nicht vollständig aufgebaut, nach dem Ion noch nicht vollständig abgebaut sein. Die Ladungsverteilung der Wolke wird unsymmetrisch, und auf das Ion wird eine bremsende Kraft (Relaxationskraft) ausgeübt.
Bis zu einer oberen Grenzfeldstärke ist die Bremskraft proportional der Geschwindigkeit ($\varkappa$ = konst.), und es gilt das Ohmsche Gesetz.
Oberhalb dieser Grenzfeldstärke kann sich die bremsende Ionenwolke nicht mehr ausbilden, und die Geschwindigkeit wächst schneller als proportional der Feldstärke, d.h., die Leitfähigkeit wächst an *(M. Wien)*.

5.5. Stromleitung durch Gase

5.5.1. Unselbständige Entladung

Bei den Gasen fehlen normalerweise Ladungsträger, die für die Ausbildung eines elektrischen Stromes notwendig sind. Die Gase sind aus diesem Grunde unter normalen Bedingungen Nichtleiter. Wenn sich gegebenenfalls zwischen den Elektroden, die in einen gasförmigen Stoff eingebracht sind, irgendwelche Ladungen befunden hätten, so würden sie unter der Wirkung der elektrischen Feldstärke zu der einen oder der anderen Elektrode abfließen, und der Strom würde abklingen. Damit in einem gasförmigen Stoff ein dauernder Strom aufrechterhalten wird, ist es also notwendig, daß man von außen eine ständige Ausbildung von Ladungsträgern in dem Zwischenelektrodenraum hervorruft.

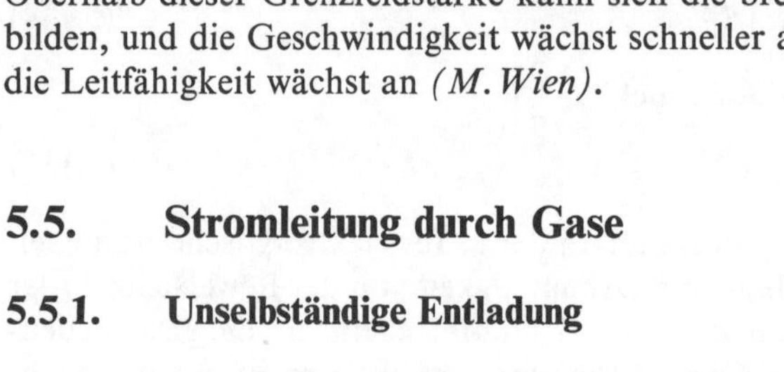

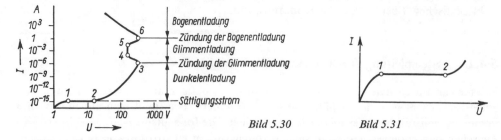

Bild 5.30

Bild 5.31

Das kann erreicht werden, indem das Gas der Wirkung eines sogenannten Ionisators, beispielsweise Röntgenstrahlen, ausgesetzt wird. In diesem Falle ist der Strom von einer äußeren Ursache abhängig, und wir sprechen von einem unselbständigen Strom.

Unter der Einwirkung des Ionisators zerfällt ein Teil der Gasmoleküle in positive und negative Ionen. Infolge der Feldkräfte bewegen sie sich zur Anode bzw. zur Katode, wo sie ihre Ladungen abgeben. So entsteht ein elektrischer Strom. Es ist zu beachten, daß der Strom in den Zuleitungen sofort mit dem Beginn der Bewegung der Ladungsträger infolge Influenzwirkung auf den Elektroden einsetzt. Der Mechanismus des Stromes ist in diesem Fall ähnlich dem Mechanismus der Stromleitung durch Flüssigkeiten.
Bild 5.30 zeigt die Strom-Spannungs-Kennlinie, die man bei der Stromleitung durch Gase feststellt. Der Anfangsbereich ist vergrößert im Bild 5.31 herausgezeichnet. Wir wollen die einzelnen Abschnitte dieses Diagramms betrachten und versuchen, für jeden Abschnitt den Mechanismus der Stromleitung zu erklären.

5.5.1.1. Anfangsbereich

Es sei angenommen, daß unter der Wirkung des Ionisators in der Volumeneinheit eine gleiche Zahl, und zwar n positive und n negative Gasionen gebildet werden. Jedes dieser Ionen soll die Elementarladung Q_e tragen. Wenn man (5.5) benutzt, findet man für die Stromdichte den Ausdruck

$$|\boldsymbol{G}| = nQ_e\,(v_a + v_k). \tag{5.116}$$

Auch in diesem Falle kann man annehmen, daß die Geschwindigkeiten proportional der Feldstärke sind. Der Proportionalitätsfaktor ist wiederum die Beweglichkeit. Führt man diese in die letzte Gleichung ein, so erhält man für die Stromdichte den Ausdruck

$$|\boldsymbol{G}| = nQ_e\,(b_a + b_k)\,|\boldsymbol{E}|. \tag{5.117}$$

Die Strom-Spannungs-Kennlinie ist also bei homogenen Feldern durch einen Ausdruck von der Form

$$I = \frac{nAQ_e}{l}\,(b_a + b_k)\,U = nk_1U \tag{5.118}$$

gegeben. In dieser Beziehung bezeichnet A die gegenüberstehenden Flächen der Elektroden und l ihren Abstand.
Die Zahl der Ionenpaare, die durch die Wirkung des Ionisators in der Volumeneinheit und in der Zeiteinheit erzeugt werden, sei n_i. Diese Größe hängt einerseits von der Intensität des Ionisators, andererseits von der Art des Gases ab. Die Anzahl der in der Zeit $\mathrm{d}t$ in dem Zwischenelektrodenraum mit dem Volumen V durch die Wirkung des Ionisators gebildeten Ionenpaare beträgt dann

$$\xi_0 = n_iV\,\mathrm{d}t. \tag{5.119}$$

Durch Abwanderung der Ionen zu den Elektroden, an denen sie ihre Ladung abgeben, wird die Zahl der Ionen in dem Zwischenelektrodenraum verkleinert. Wenn die Stromstärke I beträgt, verkleinert sich die Anzahl der Ionenpaare in der Zeit $\mathrm{d}t$ um

$$\xi_1 = \frac{I}{Q_e}\,\mathrm{d}t. \tag{5.120}$$

Außer durch Ableitung zu den Elektroden geht eine Anzahl der positiven und negativen Ionen dadurch verloren, daß sie sich bei zufälligen Zusammenstößen zu neutralen Einheiten verbinden (Rekombination).

Die Wahrscheinlichkeit, daß sich Ionenpaare treffen, ist einerseits proportional der Anzahl der Anionen (n) und der Anzahl der Kationen (n), andererseits aber auch proportional der Zeit. Die Zahl der Ionenpaare, die infolge der Rekombination in dem Zwischenelektrodenraum in der Zeit $\mathrm{d}t$ verlorengehen, ist somit

$$\xi_2 = k_2 n^2 \,\mathrm{d}t. \tag{5.121}$$

Die Rekombination ist also dem Quadrat der Zahl der Ionenpaare proportional. Zwischen den unter der Wirkung des Ionisators gebildeten Ionen und den abströmenden und rekombinierenden Ionen stellt sich ein Gleichgewicht ein. Das Gleichgewicht der neugebildeten und der verlorengegangenen Ionenpaare fordert

$$\xi_0 = \xi_1 + \xi_2 \tag{5.122}$$

oder mit (5.119), (5.120) und (5.121)

$$n_i V \,\mathrm{d}t = \frac{I}{Q_e} \,\mathrm{d}t + k_2 n^2 \,\mathrm{d}t. \tag{5.123}$$

Indem man aus (5.118) und (5.123) n eliminiert, findet man als Beziehung zwischen Strom und Spannung

$$n_i V \,\mathrm{d}t = \frac{I}{Q_e} \,\mathrm{d}t + \frac{k_2 I^2}{k_1^2 U^2} \,\mathrm{d}t \tag{5.124}$$

oder

$$U^2 = \frac{k_2}{k_1^2} \frac{I^2}{\left(n_i V - \dfrac{I}{Q_e}\right)}. \tag{5.125}$$

$n_i V$ ist gleich der Zahl der in der Zeiteinheit im Zwischenelektrodenraum unter der Wirkung des Ionisators gebildeten Ladungsträgerpaare. I/Q_e ist die Zahl der in der Zeiteinheit abfließenden Ladungsträgerpaare. Bei sehr kleinen Strömen

$$\frac{I}{Q_e} \ll n_i V \tag{5.126}$$

kann man I/Q_e im Nenner von (5.125) vernachlässigen. Dann erhalten wir

$$U = \frac{1}{k_1} \sqrt{\frac{k_2}{n_i V}}\, I, \tag{5.127}$$

$$I = GU. \tag{5.128}$$

Die Stromstärke ist bei sehr kleinen Strömen proportional der Spannung. In dem Anfangsbereich der Kurve (0 bis 1, s. Bild 5.31) besteht eine lineare Beziehung zwischen Strom und Spannung, was dem Ohmschen Gesetz entspricht. Diesen Teil der Strom-Spannungs-Kennlinie nennt man den Bereich der ohmschen Abhängigkeit oder den Bereich der linearen Strom-Spannungs-Kennlinie. Die Anzahl der abfließenden Ladungen kann nicht größer sein als die Anzahl der gebildeten Ladungen. Offensichtlich kann der Strom den Wert

$$I = n_i V Q_e = I_{\text{sätt}} \tag{5.129}$$

nicht überschreiten. (5.125) ist auf den Geltungsbereich der Ungleichheit

$$\frac{I}{Q_e} < nV_i \tag{5.130}$$

beschränkt. Nähert sich I/Q_e dem angegebenen Grenzwert, so biegt die Kurve um (Bild 5.31), dem Verlauf von (5.125) entsprechend, um für größere Spannungen den Wert, der durch (5.129) gegeben ist, zu erreichen.

Hat der Strom diesen Wert erreicht, so bleibt er trotz weiterer Steigerung der Spannung konstant. Den Teil des Diagramms, der sich zwischen den Punkten 1 und 2 erstreckt, nennt man den Sättigungsbereich. Den entsprechenden Strom nennt man den Sättigungsstrom. Wie man aus (5.129) ersehen kann, hängt der Sättigungsstrom von der Zahl der Ionenpaare, die sich durch die Wirkung des Ionisators in der Zeiteinheit und in der Raumeinheit ausbilden, ab. Das heißt, er hängt von der Intensität des Ionisators ab. In dem beschriebenen Bereich erfordert, wie bereits gesagt, die Existenz eines elektrischen Stromes die Anwesenheit des äußeren Ionisators. Wird der Ionisator entfernt, so wird auch der Strom unterbrochen. In einem solchen Fall spricht man daher von einer unselbständigen Stromleitung durch Gase.

Wenn man die Spannung über den Wert, der dem Punkt 2 (Bild 5.30) entspricht, erhöht, treten grundsätzlich neue Erscheinungen auf. Die Elektronen werden mehr und mehr beschleunigt. Ihre Geschwindigkeit und damit ihre kinetische Energie wachsen stark an, bis sie Werte erreichen, bei denen sie befähigt sind, beim Zusammenstoß mit einem neutralen Gasatom aus dessen Elektronenhülle ein Elektron herauszuschleudern. So entsteht ein neues Ladungspaar, bestehend aus einem Elektron und einem positiven Ion, das an der Ausbildung des Stromes teilnimmt. Die Bildung von Ladungsträgern auf die beschriebene Art nennt man Stoßionisation. Es können sich grundsätzlich folgende Vorgänge abspielen:

1. Das neugebildete Elektron wird in dem Feld beschleunigt und erreicht bald eine solche Geschwindigkeit, daß seine kinetische Energie es befähigt, eine neue Stoßionisation auszuführen. Jedes weitere befreite Elektron nimmt in der beschriebenen Weise an der Erzeugung von Ladungsträgern teil.
2. Das positive Ion kann auf seinem Wege zur Katode so stark beschleunigt werden, daß es infolge seiner kinetischen Energie beim Aufprall auf die Katode aus ihrem Bereich Elektronen herausschleudern kann. Diese Elektronen können nun in dem elektrischen Feld auf dem Wege zu der Anode so weit beschleunigt werden, daß sie befähigt sind, durch Stoßionisation neue Ladungspaare zu erzeugen, die sich in der beschriebenen Art der Versorgung der Entladungsstrecke mit Ladungsträgern anschließen.
3. Der positive Atomrest, d.h. das positive Ion, kann so sehr beschleunigt werden, daß seine kinetische Energie ausreicht, in dem Zwischenelektrodenraum beim Zusammenstoß mit einem neutralen Gasatom aus dessen Elektronenhülle ein Elektron herauszuschleudern. So entsteht ebenfalls ein Trägerpaar, wobei sich sowohl das neue Elektron als auch das neue Ion in der beschriebenen Art dem Vorgang anschließen. Dieser Vorgang tritt jedoch erst bei sehr hohen Energien auf.

Die Stoßionisation im Zwischenelektrodenraum bzw. die Auslösung von Ladungsträgern aus der Katode kann solche Ausmaße annehmen, daß der Verlust an Ladungsträgern, der von der Abführung an die Elektroden oder von der Rekombination herrührt, gedeckt wird. In diesem Falle ist der äußere Ionisator nicht mehr notwendig. Der elektrische Strom wird unabhängig von ihm. Liegt dieser Zustand vor, so spricht man von einer selbständigen Stromleitung durch Gase.

Um zu der selbständigen Stromleitung durch Gase gelangen zu können, ist zu Beginn auf jeden Fall die Anwesenheit eines fremden Ionisators notwendig.
Ein gasförmiger Stoff ist aber immer einer äußeren Ionisation ausgesetzt. Diese äußere Ionisation kann von Bestrahlung mit elektromagnetischen Wellen hoher Frequenz (Photoionisation), von der Anwesenheit radioaktiver Stoffe usw. herrühren. Diese – wenn auch ganz schwache – äußere Ionisation erzeugt in dem gasförmigen Stoff die nötigen Voraussetzungen für die selbständige Stromleitung.
Die ionisierende Wirkung des Elektrons wird durch die Ionisationszahl α gekennzeichnet. Diese Zahl gibt die Anzahl der Ionenpaare an, die das Elektron beim Durchfliegen der Längeneinheit zwischen den Elektroden erzeugt.
Die Auslösung der Elektronen aus der Katode wird durch die Zahl γ gekennzeichnet. Das ist die Zahl der Elektronen, die ein Ion beim Aufprall auf die Katode aus ihr löst.
Die ionisierende Wirkung des positiven Ions in dem Zwischenelektrodenraum wird durch die Zahl β charakterisiert, die die Zahl der Ionenpaare angibt, die ein positives Ion über der Längeneinheit auf dem Wege zu der Katode erzeugt (normalerweise ist $\alpha \gg \beta$).

5.5.1.2. Elektronenlawine. Townsend-Entladung

Bei kleineren Werten der Spannung in dem Anfangsbereich der Stoßionisation kann man annehmen, daß nur die Elektronen zu Stoßionisationen befähigt sind und zu der Versorgung der Entladungsstrecke mit Ladungsträgern beitragen.
Wenn in einer Entfernung x von der Katode n Elektronen in der Sekunde durch die Flächeneinheit fliegen, so erhöht sich in dem Wegelement $\mathrm{d}x$ ihre Zahl um

$$\mathrm{d}n = n\alpha\,\mathrm{d}x \tag{5.131}$$

oder, von der Katode ab integriert,

$$\int_{n_0}^{n} \frac{\mathrm{d}n}{n} = \ln\frac{n}{n_0} = \int_0^x \alpha(x)\,\mathrm{d}x. \tag{5.132}$$

Die Ionisationszahl α hängt von der Feldstärke und von dem Gasdruck ab. Wenn wir annehmen, daß die Feldstärke über die Länge konstant ist, dann ist

$$\ln\frac{n}{n_0} = \alpha x \tag{5.133}$$

oder

$$n = n_0\,\mathrm{e}^{\alpha x}. \tag{5.134}$$

Bis zu der Anode gelangen somit

$$n_d = n_0\,\mathrm{e}^{\alpha d} \tag{5.135}$$

Elektronen je Flächeneinheit. In diesem Ausdruck bedeutet d die Entfernung zwischen den Elektroden. Aus der letzten Gleichung erhalten wir die Dichte des Stromes an der Anode:

$$|\boldsymbol{G}_\mathrm{a}| = n_d Q_\mathrm{e} = n_0 Q_\mathrm{e}\,\mathrm{e}^{\alpha d} = |\boldsymbol{G}_0|\,\mathrm{e}^{\alpha d}. \tag{5.136}$$

$|\boldsymbol{G}_0|$ ist die Stromdichte vor Einsetzen der Stoßionisation, d.h. die Stromdichte, die dem Sättigungszustand (Bild 5.30, Bereich 1 bis 2) entspricht. Die Dichte des Stromes an der Anode hängt von der Ionisationszahl α und von dem Abstand d der Elektroden ab.

Beim Durchlaufen der Strecke x wächst die Zahl der Elektronen auf das $e^{\alpha x}$-fache an. Dieses äußerst starke Anwachsen der Elektronenzahl ist unter der Bezeichnung Elektronenlawine bekannt. Die Strom-Spannungs-Kennlinie in dem Bereich 2 bis kurz vor 3 ist im wesentlichen durch diese Erscheinung bestimmt, wobei die infolge der Stoßionisation verursachte Vermehrung der Ladungsträger noch nicht ausreicht, den Verlust an Ladungsträgern in der Entladungsstrecke zu decken und die Entladung von der unselbständigen in die selbständige überzuleiten.

5.5.1.3. Trägervermehrung durch Aufprall positiver Teilchen auf die Katode

Wenn man die Spannung über den Punkt 2 der Strom-Spannungs-Kennlinie immer mehr steigert, gelangt man zu dem Punkt 3, bei dem die selbständige Entladung einsetzt. Die starke Erhöhung der Ladungsträger, die nun einsetzt, wird durch Emission infolge Anpralls positiver Ionen auf die Katode ($\alpha\gamma$-Hypothese) erklärt.
Bei der $\alpha\gamma$-Hypothese wird angenommen, daß an der Versorgung der Entladungsstrecke mit Ladungsträgern die Auslösung von Elektronen aus der Oberfläche der Katode beim Aufprall der Ionen auf die Katode maßgebend beteiligt ist. Hierbei wird die Stoßionisation der positiven Ionen in der Entladungsstrecke selbst vernachlässigt.
Jedes positive Ion, das auf die Katode aufprallt, löst γ Elektronen von ihr ab. Es wird angenommen, daß auf diese Weise in der Zeiteinheit n_a Elektronen je Flächeneinheit entstehen. Die Zahl der Elektronen, die durch die Wirkung des äußeren Ionisators in dem gasförmigen Stoff befreit werden, wird somit um die Zahl n_a der Elektronen, die aus der Flächeneinheit infolge der Oberflächenionisation ausgelöst werden, vermehrt. Hiermit geht (5.135) in

$$n_d = (n_0 + n_a)\, e^{\alpha d} \tag{5.137}$$

über. Die Zahl der positiven Ionen, die zwischen den Elektroden entstehen, ist

$$n' = n_d - (n_0 + n_a). \tag{5.138}$$

Sie prallen auf die Katode und lösen von ihr n_a sekundäre Elektronen aus, wobei

$$n_a = \gamma n' = \gamma\,(n_d - n_0 - n_a) \tag{5.139}$$

ist. Aus (5.137) und (5.139) folgt

$$n_d = \frac{n_0\, e^{\alpha d}}{1 - \gamma\,(e^{\alpha d} - 1)}. \tag{5.140}$$

Die Stromdichte an der Anode beträgt dann

$$|\boldsymbol{G}_a| = \frac{|\boldsymbol{G}_0|\, e^{\alpha d}}{1 - \gamma\,(e^{\alpha d} - 1)}. \tag{5.141}$$

Die Ionisationszahl wächst mit der Feldstärke. Mit zunehmender Feldstärke wächst das zweite Glied des Nenners in (5.141) sehr schnell an, bis es den Wert des ersten Gliedes erreicht hat. In diesem Falle genügt schon die kleinste äußere Anfangsionisation, um große Ströme einzuleiten. Dann besteht kein stabiler Zustand mehr. Der Strom wächst bis zu der Größe an, die die Stromquelle zuläßt. Diese Erscheinung nennen wir Durchschlag.

Bei dem vorausgesetzten homogenen Feld lautet die Bedingung für das Einsetzen der selbständigen Entladung

$$\gamma\,(e^{\alpha d} - 1) = 1 \tag{5.142}$$

oder

$$\alpha d = \ln\left(1 + \frac{1}{\gamma}\right). \tag{5.143}$$

Die selbständige Entladung setzt ein, wenn das Elektron während seines Fluges von der Katode bis zur Anode $\ln(1 + 1/\gamma)$ Ionenpaare erzeugt. In einem inhomogenen Feld ändert sich die Feldstärke längs des Weges von der Katode bis zur Anode. Aus diesem Grund verändert sich auch die Ionisierungszahl α. Beim Durchlaufen des Linienelements $\mathrm{d}x$ werden $\alpha\,\mathrm{d}x$ Ionenpaare gebildet. Auf dem ganzen Weg entstehen dann

$$n = \int_0^d \alpha\,\mathrm{d}x \tag{5.144}$$

Ionenpaare. Wenn die Zahl der so gebildeten Ionenpaare den Wert, der durch (5.143) gegeben ist, also den Wert $\ln(1 + 1/\gamma)$, erreicht, setzt die selbständige Entladung ein. Auf diese Weise erhalten wir für den Beginn der selbständigen Entladung die verallgemeinerte Gleichung von *Schumann*:

$$\int_0^d \alpha\,\mathrm{d}x = \ln\left(1 + \frac{1}{\gamma}\right). \tag{5.145}$$

5.5.1.4. Ionisierungszahl und Stoßfunktion

Im folgenden werden die Vorgänge bei der Stoßionisation näher untersucht. Wenn ein beliebiges Teilchen mit der Masse m, das sich mit der Geschwindigkeit v bewegt, mit einem neutralen Gasatom zusammenstößt, kann eine Abtrennung eines Elektrons von der Hülle des Atoms eintreten. Als erstes soll die Ionisation mittels Elektron untersucht werden. Hierbei soll zur Vereinfachung angenommen werden, daß jedes Elektron, dessen kinetische Energie kleiner als die Ionisationsenergie ist, keinen Beitrag zur Ionisation liefert, während jedes Elektron, dessen kinetische Energie größer als die Ionisationsenergie ist, bei dem Zusammenstoß unbedingt zur Ablösung eines Elektrons aus dem Bereich des neutralen Atoms führt. Damit lautet die Bedingung

$$\frac{mv^2}{2} \geqq W_i. \tag{5.146}$$

W_i ist die Energie, die man zur Abtrennung des Elektrons aus dem Verband des Atoms benötigt. Beide Annahmen treffen nicht genau zu. Die erste vernachlässigt die Möglichkeit der sukzessiven Übertragung schnell aufeinanderfolgender Energieportionen (Stufenionisation), die zweite vernachlässigt die genaue Abhängigkeit der Ionisation von der Geschwindigkeit.

Ferner wollen wir annehmen, daß sich das Elektron genau in Richtung des Feldes bewegt und beim Zusammenstoß mit dem neutralen Atom diesem seine gesamte kinetische Energie abgibt. Die kinetische Energie ist dann

$$\frac{mv^2}{2} = Q_e U. \tag{5.147}$$

Man kann die Ionisationsenergie W_i durch die Potentialdifferenz U_i ausdrücken, die das Elektron durchlaufen muß, um die Ionisationsenergie aufzubringen. Diese Potentialdifferenz nennt man die Ionisierungsspannung. Sie ist eine für jedes Gas charakteristische Größe.

Während des Durchlaufens der Strecke l_i zwischen zwei aufeinanderfolgenden Stößen muß mindestens

$$|\boldsymbol{E}|\, l_i = U_i \tag{5.148}$$

sein, damit die Ionisation erfolgen kann. $\boldsymbol{E}$ ist die Feldstärke. Hieraus folgt die Mindestgröße von l_i, nämlich

$$l_i = \frac{U_i}{|\boldsymbol{E}|}. \tag{5.149}$$

Bei einer mittleren freien Weglänge l_m erfolgen $1/l_m$ Zusammenstöße je Längeneinheit. Die Wahrscheinlichkeit, daß unter diesen Zusammenstößen solche sind, bei denen die freie Weglänge gleich oder größer l_i ist, d.h., bei denen eine Ionisation eintritt, ist

$$w = \mathrm{e}^{-(l_i/l_m)}. \tag{5.150}$$

Von insgesamt $1/l_m$ Stößen je Längeneinheit wird nur bei

$$\alpha = \frac{1}{l_m}\, \mathrm{e}^{-(l_i/l_m)} \tag{5.151}$$

ein Elektron infolge der Stoßionisation aus dem Verband eines neutralen Atoms abgelöst. Auf diese Weise ist es gelungen, die Ionisationszahl α des Elektrons zu bestimmen. Nun ist aber die mittlere freie Weglänge des Elektrons umgekehrt proportional dem Gasdruck p:

$$\frac{1}{p} = k l_m. \tag{5.152}$$

Wenn man (5.149) und (5.152) in (5.151) einführt, erhält man

$$\alpha = kp\, \mathrm{e}^{-(kU_i p/|\boldsymbol{E}|)} = kp\, \mathrm{e}^{(-Kp/|\boldsymbol{E}|)} \tag{5.153}$$

mit

$$K = kU_i. \tag{5.154}$$

In (5.153) sind K und k Konstanten, die von dem Gas und von der Temperatur abhängen. Gewöhnlich schreibt man (5.153) in der Form

$$\frac{\alpha}{p} = k\, \mathrm{e}^{-\left(K/\left(\frac{|\boldsymbol{E}|}{p}\right)\right)} = f\left(\frac{|\boldsymbol{E}|}{p}\right) \tag{5.155}$$

bzw.

$$\alpha = pf\left(\frac{|\boldsymbol{E}|}{p}\right). \tag{5.156}$$

Diese Gleichung stellt das sogenannte Townsendsche Gesetz dar. Offensichtlich hängt α von dem Druck und von der Feldstärke ab.

Wenn man nun (5.153) nach p differenziert und das Ergebnis gleich Null setzt, erhält man eine interessante Eigenschaft der Beziehung $\alpha = f(p)$:

$$\frac{\partial \alpha}{\partial p} = f\left(\frac{|\boldsymbol{E}|}{p}\right) + p \frac{\partial f\left(\frac{|\boldsymbol{E}|}{p}\right)}{\partial p} = \frac{\alpha}{p} - \frac{\partial\left(\frac{\alpha}{p}\right)}{\partial\left(\frac{|\boldsymbol{E}|}{p}\right)} \frac{|\boldsymbol{E}|}{p} = 0. \tag{5.157}$$

Die Funktion $\alpha = f(p)$ hat ein Maximum, wenn

$$\frac{\frac{\alpha}{p}}{\frac{|\boldsymbol{E}|}{p}} = \frac{\partial\left(\frac{\alpha}{p}\right)}{\partial\left(\frac{|\boldsymbol{E}|}{p}\right)} \tag{5.158}$$

gilt. Dieses Maximum p tritt an der Stelle auf, an der die Gerade durch den Koordinatenursprung die Kurve nach (5.155) tangiert.

Für jede Feldstärke existiert ein bestimmter Druck, bei dem die Ionisationszahl α einen maximalen Wert erreicht.

(5.136) gibt uns die Möglichkeit, α experimentell zu bestimmen. Hierzu braucht man nur die Stromdichten bei gleichem Druck und gleicher Feldstärke bei zwei verschiedenen Elektrodenabständen zu bestimmen und das Verhältnis

$$\frac{|\boldsymbol{G}_{a2}|}{|\boldsymbol{G}_{a1}|} = \mathrm{e}^{\alpha(d_2 - d_1)} \tag{5.159}$$

zu bilden. Dann ist

$$\alpha = \frac{1}{d_2 - d_1} \ln \frac{|\boldsymbol{G}_{a2}|}{|\boldsymbol{G}_{a1}|}. \tag{5.160}$$

Die experimentell aufgenommenen Beziehungen

$$\frac{\alpha}{p} = f\left(\frac{|\boldsymbol{E}|}{p}\right) \tag{5.161}$$

entsprechen nur angenähert dem Verlauf, der durch (5.155) gegeben ist. Die Voraussetzungen, die bei der Ableitung von (5.155) gemacht wurden, treffen nämlich nur angenähert zu. In Wirklichkeit sind k und K keine Konstanten, sondern hängen selbst von $p/|\boldsymbol{E}|$ ab. Bei Anwendung des Townsendschen Gesetzes setzt man gewöhnlich für k und K Mittelwerte ein.

Die Funktion (5.155) nennt man die Stoßfunktion.

5.5.1.5. Gesetz von Paschen

Innerhalb des Gültigkeitsbereichs von (5.153) erhält man aus (5.143)

$$\alpha d = pdk\,\mathrm{e}^{-\left(K/\left(\frac{U_d}{pd}\right)\right)} = \ln\left(1 + \frac{1}{\gamma}\right). \tag{5.162}$$

Damit ergibt sich für die Durchschlagsspannung U_d folgender Ausdruck:

$$U_d = f(pd) = \frac{Kpd}{\ln pd + \ln k - \ln\left[\ln\left(1 + \frac{1}{\gamma}\right)\right]}. \quad (5.163)$$

Die Durchschlagsspannung ist nur von dem Produkt aus Druck und Elektrodenabstand abhängig. Wenn wir den Druck vergrößern und in gleichem Verhältnis den Elektrodenabstand verkleinern, bleibt die Durchschlagsspannung unverändert (Gesetz von *Paschen*).

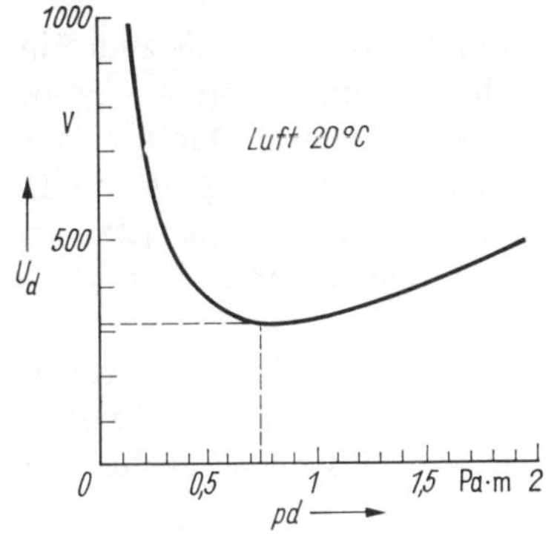

Bild 5.32

Da in diesem Ausdruck das Produkt pd sowohl im Zähler als auch im Nenner auftritt, weist $U_d = f(pd)$ ein Minimum auf.

Bild 5.32 zeigt die experimentell ermittelte Abhängigkeit für Luft bei 20 °C. Das Minimum liegt in diesem Falle bei

$$pd = 0{,}7355 \text{ Pa·m}. \quad (5.164)$$

Die minimale Durchschlagsspannung beträgt

$$U_{d\,min} = 327 \text{ V}. \quad (5.165)$$

In ähnlicher Weise verläuft die Abhängigkeit der Durchschlagsspannung von dem Produkt aus Druck und Elektrodenabstand auch bei den anderen Gasen. In Tafel 5.3 sind die minimalen Durchschlagsspannungen und die entsprechenden Werte pd_{min} für einige Gase angegeben.

Gas	$U_{d\,min}$ in V	pd_{min} in Pa·m
Luft	327	0,735499
H_2	273	1,85836
O_2	439	0,93163
N_2	251	0,86298
CO_2	420	0,65705
He	156	5,15830
Ar	233	0,97576

Tafel 5.3
Minimale Durchschlagsspannung und pd_{min}-Wert einiger Gase

5.5.2. Selbständige Entladung

Legt man plötzlich eine so hohe Spannung an die Elektroden, daß gemäß Kennlinie eine selbständige Entladung einsetzen müßte, so macht man die Feststellung, daß sich die Entladung erst nach Ablauf einer gewissen Zeit – des Entladeverzugs – ausbildet. Der Entladeverzug ist dadurch zu erklären, daß ein erstes Elektron in einer entsprechenden Entfernung von der Anode befreit werden muß, um die Entladung auszulösen. Ferner braucht der Aufbau der Entladung bis zu ihrem stationären Zustand eine gewisse Zeit. Der Entladeverzug hängt von der Intensität und von der Art des Ionisators, von den geometrischen Abmessungen der Anordnung, von dem Gas und von der Feldstärke ab. Er kann unter Umständen sogar einige Minuten betragen. Die selbständige Entladung, der das Gebiet über dem Punkt 3 der Kennlinie (Bild 5.30) entspricht, kann mannigfaltige Formen annehmen. Dieses Gebiet wird durch die wesentlich größeren Stromstärken und durch die Lichterscheinungen, die die Entladung begleiten, gekennzeichnet. Zwei Hauptformen der selbständigen Entladung sind von technischem Interesse: die Glimmentladung und die Bogenentladung.

5.5.2.1. Glimmentladung

Äußere Kennzeichen der Glimmentladung

Im Abschnitt 5.5.1. wurde der Mechanismus der Stromleitung durch Gase bis zum Einsetzen der selbständigen Entladung (Punkt 3, s. Bild 5.30) betrachtet. Die Spannung, bei der die unselbständige Entladung in die selbständige übergeht, wurde Durchschlagsspannung genannt. Ungefähr bei derselben Spannung findet auch der Übergang von der Dunkelentladung in die Glimmentladung statt. Die Leuchterscheinung, die jetzt den Stromdurchgang durch das Gas begleitet, entsteht durch Anregung der Gasatome bei dem Zusammenstoß mit beschleunigten Ladungsträgern.

Sowohl für die Anregung als auch für die Ionisation bestehen optimale Energiewerte der bewegten Teilchen, bei denen sich die betreffenden Vorgänge am günstigsten vollziehen. Sie erfolgen am stärksten bei bestimmten, nicht sehr großen Geschwindigkeiten der Teilchen.

Bild 5.33 zeigt schematisch das charakteristische äußere Bild der Glimmentladung. Diese Erscheinung beobachtet man beispielsweise in einer Glimmröhre mit eingeschmolzenen ebenen Elektroden, deren Gasdruck man variieren kann. Legt man die Elektroden an eine bestimmte Spannung, so zeigen sich für einen gewissen Bereich des Produkts *pd* Leuchterscheinungen, die über die Röhre in bestimmter Weise verteilt sind. In unmittelbarer Nähe der Katode bildet sich eine dünne leuchtende Glimmhaut (*2*) aus, die von der Katode durch eine schmale Schicht (*1*), den sogenannten Astonschen Dunkelraum, getrennt ist. Der Astonsche Dunkelraum wird nur unter bestimmten Bedingungen beobachtet (s. weiter unten). Auf die Glimmhaut folgt ein dunkler Raum, genannt der Crookesche oder Hittorfsche Dunkelraum (*3*). An den Hittorfschen Dunkelraum schließt sich scharf abgegrenzt ein erleuchteter Raum (*4*) an, das sogenannte negative Glimmlicht, welches allmählich in einen Dunkelraum – den Faradayschen Dunkelraum (*5*) – übergeht. Auf den Faradayschen Dunkelraum folgt eine leuchtende Säule, die sogenannte positive Säule (*6*), die sich bis zur Anode erstreckt. Die positive Säule kann unter Umständen eine geschichtete Struktur aufweisen. Im Bild 5.33 ist auch die Potentialverteilung sowie die Verteilung der elektrischen Feldstärke und der Raumladung über den Elektrodenabstand in der Röhre gezeigt.

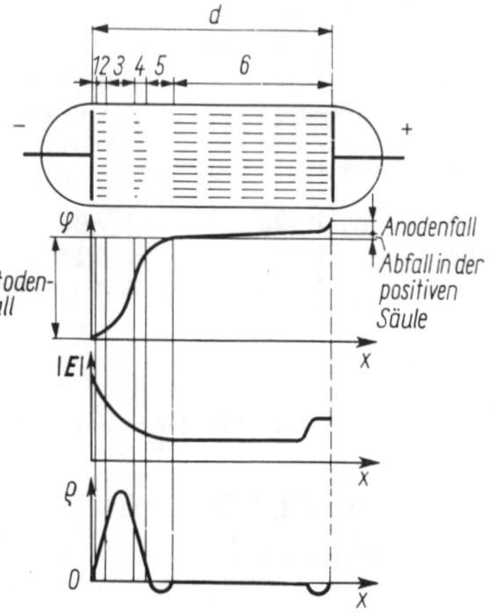

Bild 5.33

Die grundsätzliche Veränderung des Charakters der Strom-Spannungs-Kennlinie der Gasentladung an der Stelle der Zündspannung (Punkt 3, s. Bild 5.30) zeigt, daß hier ein neuer Mechanismus der Versorgung der Entladungsstrecke mit Ladungsträgern wirkt.

Während in dem Gebiet der Townsend-Entladung (Bereich 2 bis 3, s. Bild 5.30) vorwiegend Ionisationsvorgänge der Elektronen stattfinden, setzt wahrscheinlich in der Um-

gebung der Zündspannung in verstärktem Maße eine Auslösung von Elektronen aus der Katodenoberfläche ein.
Beim Aufprallen der positiven Ionen auf die Katode werden aus dieser Elektronen ausgelöst. Elektronen können aus der Katode auch noch durch metastabil angeregte Atome sowie durch Photonen ausgelöst werden. Diese Elektronen haben beim Austritt aus der Katode eine Energie, die unter der Anregungsenergie des Gases liegt. Im Feld erreichen sie nach einer sehr kurzen Strecke die Anregungsenergie und regen das Gas zum Leuchten an. So ist der zwischen Katode und Glimmhaut unter Umständen entstehende Astonsche Dunkelraum zu erklären. Er ist in den meisten Fällen sehr klein und daher nicht sichtbar. Der Astonsche Dunkelraum ist mit Sicherheit bei Edelgasen beobachtbar. Bei den Molekulargasen (Wasserstoff, Stickstoff usw.) ist er nur unsicher oder gar nicht zu erkennen. Die von der Katode ausgehenden Elcktronen werden in dem Feld vor der Katode weiter beschleunigt. Nach Durchlaufen einer kurzen Strecke wird ihre Energie sehr groß und ihr Anregungsvermögen sehr klein. Die Leuchterscheinung verschwindet. Es beginnt das Gebiet des Hittorfschen Dunkelraums. Hier werden nur wenige Sekundärelektronen gebildet, die sich in dem elektrischen Feld wie die Primärelektronen verhalten, so daß es kaum zur Bildung von Tertiärelektronen kommt. Am Ende des Hittorfschen Dunkelraums ist das Potentialgefälle bereits sehr klein. Die hier entstehenden Sekundärelektronen erhalten Energien, bei denen das Anregungs- bzw. Ionisationsvermögen ein Optimum erreicht. Es beginnt das Gebiet des negativen Glimmlichts. Bei diesen Energien tritt weiterhin eine starke Streuung der Elektronen auf. Sie diffundieren hier längere Zeit, bis sie sich schließlich an der Wand des Entladungsrohrs mit dort ebenfalls ankommenden positiven Teilchen wieder vereinigen (rekombinieren). Das Gebiet des negativen Glimmlichts stellt ein quasineutrales Plasma dar ($\varrho = 0$), aus dem nach beiden Seiten sowohl Elektronen als auch positive Teilchen herausdiffundieren. Die auf der Katodenseite heraustretenden Elektronen werden vom Feld zurückgetrieben, die positiven Teilchen dagegen vom Feld erfaßt und zur Katode hin beschleunigt. Ihre Geschwindigkeit reicht anfangs weder zur Ionisation noch zur Anregung aus, so daß das Gas in dem Raum unterhalb der Glimmsaumgrenze (dem Hittorfschen Dunkelraum) auch von ihnen nicht angeregt wird und relativ dunkel bleibt. Der Hittorfsche Dunkelraum ist für die Ionen, die aus dem Gebiet des Glimmlichts herausdiffundieren, von gleicher Bedeutung wie der Astonsche Dunkelraum für die Elektronen, die aus der Katode herausgeschleudert werden.
Auf ihrem weiteren Weg zur Katode kann (bei niedrigem Druck) die kinetische Energie der Ionen so große Werte erreichen, daß sie das Gas zum Leuchten anregen und auch ionisieren können. Diese Ionisationsprozesse führen zu einer Verstärkung des Ionenstrahls. Die ionisierten Gasteilchen werden ebenfalls vom Feld erfaßt und fliegen in Richtung zur Katode.
Es können ferner auch Umladungsprozesse eintreten. Das ankommende Ion kann unter Umständen das Leuchtelektron eines „ruhenden“ Gasteilchens übernehmen. Dieses Gasteilchen wird dann vom Feld erfaßt. Das neutral gewordene Teilchen fliegt aber ebenfalls infolge seiner großen Energie weiter und kann bei einem nächsten Zusammenstoß sein Elektron wieder verlieren. Von da ab nimmt es wieder Energie auf, bleibt also dem Ionenstrahl, allerdings mit einer etwas geringeren Energie, erhalten.
Die aus dem Glimmlicht nach der Anodenseite austretenden Elektronen erhalten wegen des dort recht niedrigen Potentialabfalls nur geringe Energien, so daß sie nicht in der Lage sind, das Gas zum Leuchten anzuregen oder gar zu ionisieren.
Da die Elektronendichte längs des Weges infolge der Verluste an der Wand immer geringer wird, der Strom aber in allen Querschnitten des Rohres derselbe bleiben muß,

wird die Geschwindigkeit der Elektronen in dem Maße heraufgesetzt, in dem die Dichte der Elektronen durch Verluste an der Wand herabgesetzt wird, so daß die Entladung nicht abreißt. Die Elektronen müssen zur Anode beschleunigt werden. Das geschieht in dem Potentialabfall, der in diesem Raum besteht. Nach einer gewissen Laufstrecke haben sie die notwendige Energie erhalten, um das Gas sowohl anregen als auch ionisieren zu können. An dieser Stelle beginnt die positive Säule. Sobald durch diese Ionisation neue Elektronen entstanden sind, kann der Potentialabfall wieder geringer werden. Er wird aber wieder in dem Maße, wie nun Sekundärelektronen durch Verluste an den Wänden aus dem Strom ausscheiden, ansteigen müssen (gegebenenfalls Schichtung in der positiven Säule).

Die aus dem anodenseitigen Ende des Glimmlichts herausdiffundierenden positiven Teilchen sind für die Entladungsvorgänge unwichtig. Ihre Energie reicht weder zur Anregung noch zur Ionisation aus. Sie werden sofort durch das Feld in das Gebiet des Glimmlichts zurückgetrieben.

Das Gebiet vor der Katode hat eine positive Raumladung. Zu der Katode strömen nämlich alle positiven Ionen, die in der Entladungsstrecke gebildet werden. Hingegen ist die Zahl der Elektronen, die beim Aufprall positiver Ionen auf die Katode ausgelöst werden, verhältnismäßig gering. Die positive Raumladung verursacht einen starken Potentialabfall in diesem Gebiet, den sogenannten Katodenfall.

In dem negativen Glimmlicht ist, wie bereits gesagt, die Raumladung Null. Unmittelbar hinter dem negativen Glimmlicht überwiegt die Zahl der Elektronen, so daß sich hier eine negative Raumladung einstellt. Diese negative Raumladung wird bald durch die Raumladung infolge der gebildeten positiven Ionen aufgehoben.

Die positive Säule besteht aus einem Gemisch von positiven Ionen, Elektronen, nichtangeregten und angeregten Atomen. Die Ladungen sind in dem gleichen Verhältnis vorhanden, so daß hier die Raumladungsdichte Null beträgt. Die Elektronen sind viel beweglicher als die Ionen, so daß man die Ionen gegenüber den Elektronen als ruhend betrachten kann. Es herrschen Verhältnisse wie in einem metallischen Leiter. Das Plasma verhält sich somit wie ein guter Leiter und verlängert als solcher gewissermaßen die Anode so weit in Richtung zur Katode, bis sich in dem vorliegenden Raum das für die Entladung notwendige Feldbild einstellt. Da sich das Plasma wie ein metallischer Leiter verhält, wächst der Potentialabfall bei gleichem Querschnitt der Säule proportional ihrer Länge.

In dem Bereich unmittelbar vor der Anode ist der homogene Aufbau der positiven Säule gestört. Infolge der wenigen neugebildeten Ionen überwiegt in diesem Bereich die negative Raumladung der Elektronen. Dies führt zu einem Anstieg der Feldstärke und zu der Ausbildung des Anodenfalls. Dieser ist bedeutend kleiner als der Katodenfall.

Das Gebiet von der Katode bis zu dem Faradayschen Dunkelraum stellt den sogenannten Katodenteil der Gasentladung dar. Ihm kommt der größte Teil des Potentialabfalls – der Katodenfall – zu. Das schwache elektrische Feld an der Glimmsaumgrenze kann nur eine begrenzte Zahl Ionen aus dem Gebiet des Glimmlichts herausholen. Diese Ionenzahl reicht nicht aus, um beim Aufprall auf die Katode die für den Entladungsmechanismus erforderliche Zahl der Elektronen frei zu machen. Deshalb ist für diese Ionen eine bestimmte Laufstrecke erforderlich, damit sie sich hier durch die oben erwähnten Prozesse der Ionisierung und der Umladung so weit vermehren können, daß sie nun beim Aufprall auf die Katode die für den Entladungsmechanismus erforderliche Elektronenzahl befreien. Die Ausbildung des Katodenteils ist für die Entladung von ausschlaggebender Bedeutung.

Vor der Katode besteht, wie gesagt, ein Gebiet positiver Raumladung, die die Potentialverteilung in dem Katodenteil der Entladung bestimmt. Beim Einsatz der selbständigen Entladung wächst die Trägerbildung. Hiermit wächst die positive Raumladung vor der Katode und rückt an sie heran. Gleichzeitig nehmen die Feldstärke, die Ionisation, die Trägerbildung und die Stromstärke zu. Mit wachsender Trägerbildung erhöht sich aber die Raumladung und rückt weiter an die Katode heran. Das hat ein lawinenartiges Anwachsen des Stromes zur Folge. Bei der beschriebenen Verkürzung des Bereiches des Katodenteils der Entladung wächst die Stoßfunktion schneller als die Feldstärke, so daß die gesamte Spannung zwischen den Elektroden fällt, während der Strom steigt. Auf diese Weise kann man die fallende Kennlinie der Gasentladung in dem Bereich 3 bis 4 (Bild 5.30) erklären.

Das Katodengebiet verkürzt sich so lange, bis eine Länge der Laufstrecke erreicht wird, bei der vom Glimmsaum bis zur Katode diese Zahl von positiven Ladungsträgern gebildet wird, die beim Aufprall auf die Katode die anfängliche Elektronenzahl auslöst. (Bei noch kürzeren Laufstrecken ist dieser Vorgang nicht mehr gewährleistet.) Diesem Zustand entspricht eine bestimmte Raumladungsdichte bzw. eine bestimmte Stromdichte. Wird dieser Zustand erreicht, so wird der Strom unabhängig von der Spannung. Jeder Stromstärke entspricht bei konstanter Stromdichte ein bestimmter Teil der Katodenoberfläche, die an der Entladung teilnimmt und vom Glimmlicht bedeckt wird. Die Stromstärke, die sich einstellt, wird bei einer bestimmten EMK der Spannungsquelle von dem Widerstand in dem Entladungskreis bestimmt. Der beschriebene Vorgang spielt sich in dem Bereich 4 bis 5 der Entladungskennlinie ab. In diesem Fall spricht man von einem normalen Katodenfall und von einer normalen Stromdichte der Entladung.

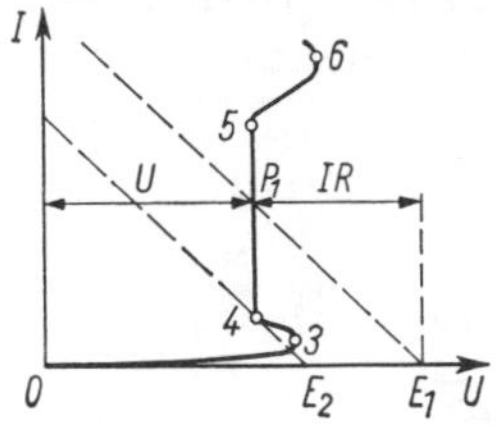

Bild 5.34

Bild 5.34 zeigt die Konstruktion des Arbeitspunktes auf der Kennlinie der Entladungsstrecke. Der Arbeitspunkt ergibt sich aus dem Schnittpunkt der Kennlinie der Entladungsstrecke mit der äußeren Strom-Spannungs-Geraden der Spannungsquelle. Durch Einbau eines veränderlichen Vorwiderstands in den Stromkreis oder durch Verändern der EMK kann man den Ausgangspunkt und die Neigung der Geraden

$$U = E - IR \tag{5.166}$$

weitgehend verändern und einen gewünschten Arbeitspunkt einstellen. Im Bereich 4 bis 5 entspricht die Spannung an der Entladungsstrecke dem Katodenfall, der für die Aufrechterhaltung der Entladung erforderlich ist. Verkleinert man die Spannung an der Entladungsstrecke unter den Wert, der dem normalen Katodenfall entspricht, so reißt die Entladung ab. In dem Bereich des normalen Katodenfalls ist, wie gesagt, eine Verkleinerung oder Vergrößerung der Stromstärke mit einer Verkleinerung oder Vergrößerung der Teilfläche der Katode, die an der Entladung teilnimmt und mit Glimmhaut bedeckt ist, verbunden.

Normaler Katodenfall und normale Stromdichte hängen einerseits von den betreffenden Gasen und von ihrer Reinheit, andererseits von dem Katodenmaterial und von der Beschaffenheit der Katodenoberfläche ab.

Wenn bei der Stromvergrößerung die ganze Oberfläche der Katode mit dem Katodenlicht bedeckt ist, so ist eine weitere Vergrößerung des Stromes nur durch eine Vergrößerung der Stromdichte möglich. Das ist aber nur auf dem Wege der Erhöhung der Feldstärke, der Erhöhung des Katodenfalls bzw. der Erhöhung der Spannung zwischen den Elektroden zu erreichen. Den Katodenfall, der sich mit wachsender Stromstärke vergrößert, nennt man den anomalen Katodenfall. Den anomalen Katodenfall erklärt man folgendermaßen:

Bei einer Vergrößerung der Stromdichte würde die positive Raumladung wachsen und sich zu der Katode hin ausbreiten. Die Verkleinerung der Laufstrecke wird aber zu einer Verkleinerung der Zahl der gebildeten Ionen führen, die die Ablösung der primären Elektronen von der Katode bewirken. Um die selbständige Entladung aufrechtzuerhalten, ist es notwendig, den Mangel an Ionen zu ersetzen, indem man den Katodenfall bzw. die Spannung zwischen den Elektroden erhöht.

Die wesentlichen Merkmale der Glimmentladung sind die verhältnismäßig kleinen Ströme und die schwachen Leuchterscheinungen. Hierbei ist die Erwärmung sowohl des Gases als auch der Elektroden vernachlässigbar und unwesentlich.

Wird die Stromvergrößerung in der soeben beschriebenen Weise fortgesetzt, so gelangen wir zu dem Punkt 6 der Kennlinie der Gasentladung (Bild 5.30). Hier beginnt die Bogenentladung, bei der neue Faktoren in Erscheinung treten, die den Mechanismus der Stromleitung wesentlich ändern.

Technische Anwendungen der Glimmentladung

Die technischen Anwendungen der Glimmentladung sind mannigfaltig. Erwähnt seien die Glimmstabilisatoren und die stabilisierten Spannungsteiler. Die Stabilisatorschaltung der Glimmstrecke wird im Bild 5.35 gezeigt.

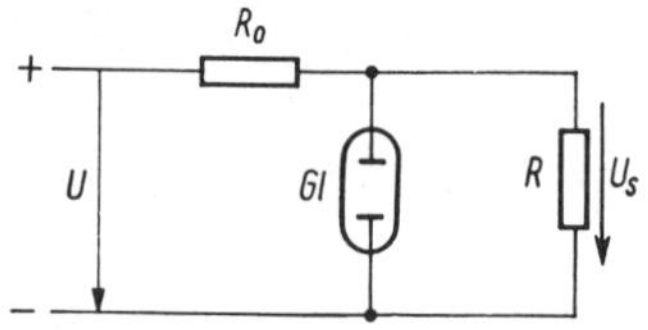

Bild 5.35

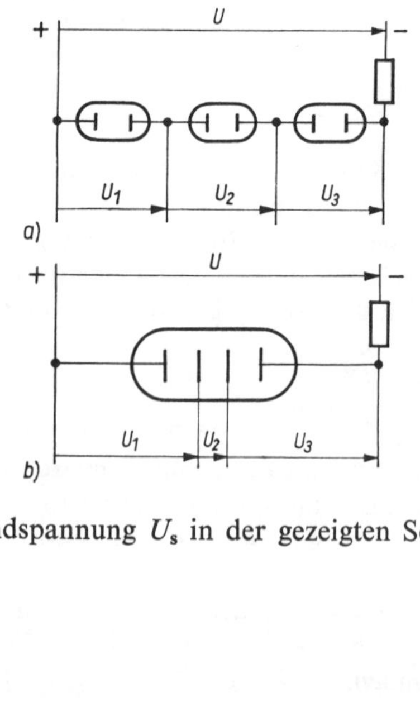

Bild 5.36

Wird eine Glimmröhre mit der Zündspannung U_s in der gezeigten Schaltung an eine Spannung U gelegt, wobei

$$U_s \leqq U \frac{R}{R + R_0} \tag{5.167}$$

erfüllt ist, so erfolgt die Zündung. Wenn der Arbeitspunkt sich in dem Bereich 4 bis 5 (Bild 5.34) einstellt, ist die Spannung an der Glimmstrecke und somit am Verbraucher R weitgehend von den Schwankungen der angelegten Spannung unabhängig.

Glimmstrecken können in Reihe geschaltet werden. Mehrere hintereinandergeschaltete Glimmstrecken (Bild 5.36a) kann man als einen stabilisierten Spannungsteiler benutzen. Hierbei sind die Teilspannungen weitgehend von der angelegten Spannung unabhängig. Der Glimmstreckenspannungsteiler kann auch in einem Glaskolben eingebaut sein (Bild 5.36b).
Eine weitere technische Anwendung findet die Glimmentladung bei der Erzeugung von Kippschwingungen.

5.5.2.2. Bogenentladung

Charakteristik der Bogenentladung

Vergrößert man die Stromdichte über den Punkt 5 der Glimmentladung hinaus, so gelangt man zum Punkt 6 (Bild 5.30), bei dem eine grundsätzliche Änderung in dem Kennlinienverlauf eintritt. Hier setzt nämlich die Bogenentladung ein. Gegenüber der Glimmentladung treten wesentliche Unterschiede auf. Die Katode ist jetzt bedeutend heißer. Der Katodenfall ist um eine Größenordnung kleiner geworden, und die Entladung schrumpft an der Oberfläche der Katode zu einem kleinen Brennfleck zusammen, wobei die Stromdichte stark anwächst. Der kleine Katodenfall läßt darauf schließen, daß neue Prozesse stattfinden, die die Zufuhr von Ladungsträgern in der Entladungsstrecke stark vergrößern.
Es sind verschiedene Theorien aufgestellt worden, um in diesem Fall den Entladungsmechanismus zu erklären. Benannt werden sie nach dem Phänomen, das als Ursache für die erhöhte Ladungsträgerversorgung im Katodenbereich angesehen wird:

a) Glühemission. Die Energie, die die positiven Ionen beim Aufprall auf die Katode übertragen, reicht aus, um diese zu erhitzen. Außer den Sekundärelektronen, die von der Katode durch Anprall der Ionen ausgelöst werden, beginnt die Katode Elektronen infolge einer Glühemission (s. Abschn. 5.3.2.) auszusenden. Mit der Annahme, daß die Glühemission die Hauptquelle der Versorgung der Entladungsstrecke mit Elektronen sei, kann man die Erscheinungen bei Lichtbögen an hochschmelzenden Katoden, wie Kohle oder Wolfram, sehr gut erklären. Hier ist sie höchstwahrscheinlich von Hauptbedeutung. Sie vermag jedoch nicht die Vorgänge bei leicht verdampfenden Katodenmaterialien, wie Quecksilber, Kupfer, Silber u.a., zu deuten; denn in diesen Fällen reicht die Katodentemperatur nicht aus, um die auftretenden starken Stromdichten hervorzurufen (s. (5.91)).
b) Feldemission. Eine weitere Möglichkeit der Versorgung mit Elektronen ist in den starken elektrischen Feldern, die sich vor der Katode ausbilden können, begründet. Die großen Feldstärken treten trotz des jetzt kleineren Katodenfalls auf, wenn die Ausdehnung des Katodenfalls selbst sehr klein ist. Bei leicht verdampfenden Katoden ist die Feldemission höchstwahrscheinlich von Hauptbedeutung.
c) Thermische Ionisation (Theorie der Gaskatode, Kontraktionstheorie). Eine weitere Möglichkeit der Versorgung der Entladungsstrecke mit Elektronen stellt die dichte, thermisch hochionisierte Dampfwolke aus dem Katodenmaterial, die in der Nähe der Katode entsteht, dar, aus der positive Ionen in Richtung zur Katode und Elektronen in Richtung zur Anode austreten.
d) Auslösung durch metastabil angeregte Atome (Anregungstheorie). Eine weitere Möglichkeit zur Auslösung von Elektronen aus der Katode liefern metastabil angeregte Atome. Wenn ihre Anregungsenergie größer als die Austrittsarbeit ist, dann werden beim Aufprall Elektronen aus der Katode ausgelöst.

Es ist durchaus wahrscheinlich, daß die beschriebenen Effekte auch gleichzeitig zur Wirkung kommen. So kann z.B. eine hohe Feldstärke, die zwar nicht dazu ausreicht, eine genügende Feldemission hervorzurufen, eine Herabsetzung der Austrittsarbeit (Schottky-Effekt) bewirken und eine Steigerung der Glühemission zur Folge haben.

Zündung des Lichtbogens

Die Bogenentladung kann außer über die Glimmentladung durch ständige Steigerung der Stromstärke auch dadurch hervorgerufen werden, daß man die Elektroden kurzzeitig berührt und dann auseinanderzieht. Die Unebenheiten der Oberfläche (kleine Flächen) erhitzen sich bei Berührung stark und leiten die Glühemission ein.

Brennfleck

Es wurde bereits gesagt, daß sich an der Katode ein Brennfleck ausbildet. Dieser stark leuchtende Teil der Katodenoberfläche wird als Katodenfleck bezeichnet. Bei Kohleelektroden steht der Brennfleck verhältnismäßig ruhig. Bei anderen Elektrodenmaterialien bewegt er sich schnell und unruhig auf der Katodenoberfläche. Unter Umständen können sich mehrere Katodenflecke ausbilden.

Künstlich erhitzte Katoden

Man kann die Glühemission auch künstlich herbeiführen, indem man die Katode von außen erhitzt (beispielsweise durch elektrischen Strom zum Glühen bringt).
Bei der Bogenentladung mit fremdgeheizter Katode ist der Strom gleichmäßig über die Katodenoberfläche verteilt. Auch hier können sich jedoch Stellen größerer Stromdichte und höherer Temperatur ausbilden.

Potentialverlauf längs der Entladungsstrecke

Bild 5.37 zeigt den typischen Verlauf der Potentialverteilung über dem Elektrodenabstand. Auch hier ist die Unterteilung in Katodenfall (*0A*), Abfall über der positiven Säule (*AB*) und Anodenfall (*BC*) offensichtlich.

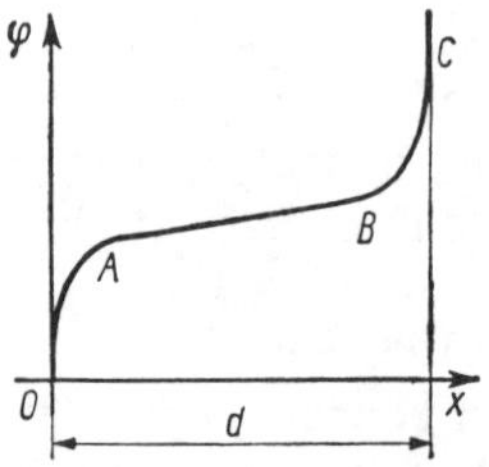

Bild 5.37

Die erhöhte Anzahl der Elektronen führt zur weitgehenden Kompensation der Wirkung der positiven Ionen vor der Katode und zur Verkleinerung der positiven Raumladung. Dadurch wird der Katodenfall herabgesetzt. Eine Besonderheit, die die Bogenentladung von der Glimmentladung unterscheidet, ist somit der kleine Katodenfall, der sich als Folge der erhöhten Elektronenversorgung ergibt.
Auf dieselbe Weise wie bei der Glimmentladung entsteht auch bei der Bogenentladung der Anodenfall. Unter seiner Wirkung werden die Elektronen sehr stark beschleunigt; sie prallen auf die Anode, geben dabei ihre kinetische Energie ab und bringen die Anode unter Umständen zum Glühen. In einigen Fällen (Kohlelichtbogen) kann das Glühen der Anode zu einem Materialabbrand führen und den sogenannten Anodenkrater ausbilden.

Bogenkennlinie

Bei Erhöhung des Stromes wächst der Bogendurchmesser an. Mit dem Durchmesserzuwachs nimmt der Bogenwiderstand so stark ab, daß die Spannung sinkt. Das bedeutet, daß die Bogenkennlinien einen fallenden Verlauf aufweisen. Infolge der fallenden Kennlinie schließt der brennende Lichtbogen die Stromquelle kurz. Um das zu vermeiden, muß der Stromkreis immer einen Vorwiderstand enthalten.
Ayrton gab eine empirische Formel für die Kennlinie der Bogenentladung an. Sie lautet

$$U = a + bl + \frac{c + dl}{I} = a + \frac{c}{I} + \left(b + \frac{d}{I}\right) l. \tag{5.168}$$

Bei unverändertem Elektrodenabstand l geht diese Formel in

$$U = A + \frac{B}{I} \tag{5.169}$$

über. Die Ayrtonsche Gleichung wurde aus Versuchen an Kohlelichtbogen empirisch ermittelt. Sie gilt aber auch für Metallelektroden.
Die Koeffizienten der Ayrtonschen Gleichung hängen sowohl vom Elektrodenmaterial als auch von einer Reihe anderer Faktoren ab, wie von der Abkühlung der Elektroden, von dem Gaszustand und den Gasen, in denen die Bogenentladung stattfindet, vom Druck usw.
Die Ayrtonsche Gleichung stellt eine Hyperbel dar. Bei größeren Bogenlängen verläuft diese bei sonst gleichen Bedingungen höher als bei kleineren Bogenlängen (Bild 5.38).

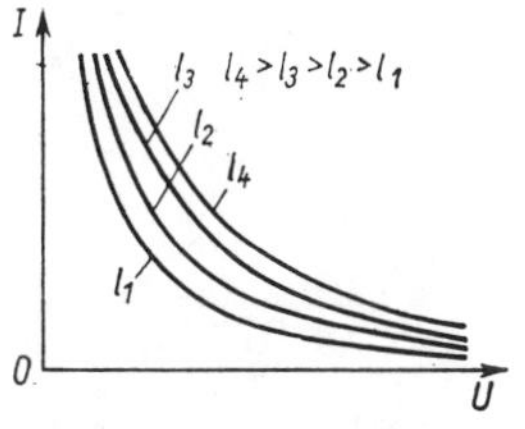

Bild 5.38

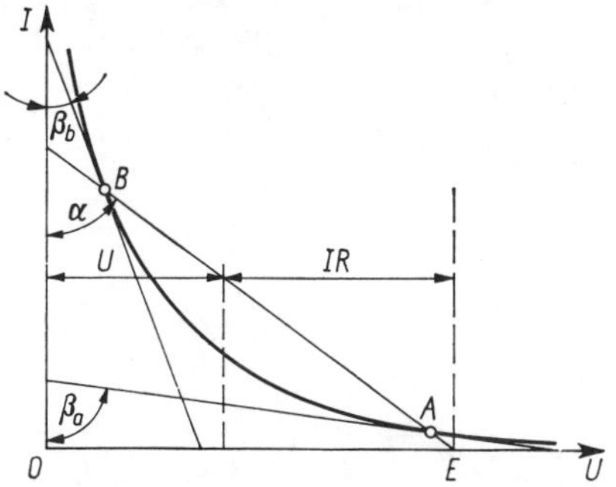

Bild 5.39

Der stabile Arbeitspunkt

Wir wollen annehmen, daß uns die EMK der Spannungsquelle, die Bogenkennlinie und der Außenwiderstand in dem Bogenkreis bekannt sind. Den Arbeitspunkt der Bogenentladung bestimmen wir aus dem Schnittpunkt der Bogenkennlinie und der Geraden, die die Abhängigkeit des Spannungsabfalls am äußeren Widerstand von der Stromstärke angibt. Aus Bild 5.39 ersieht man, daß es im allgemeinen Fall zwei Schnittpunkte der Geraden mit der Bogenkennlinie gibt. Von diesen zwei Schnittpunkten ist nur der eine, und zwar *B*, stabil. Zum Beweis dieser Behauptung nehmen wir zunächst an, daß sich der Arbeitspunkt *A* eingestellt hat. Wir wollen ferner annehmen, daß sich aus irgendeinem Grunde der Strom etwas vergrößert hat. Dann wird die Spannung, die für die Aufrechterhaltung der Bogenentladung notwendig ist, kleiner als die zur Verfügung stehende Spannung

$$U = E - IR, \tag{5.170}$$

so daß der Strom weiterhin anwächst, bis er den stabilen Punkt B erreicht. An dieser Stelle führt eine Vergrößerung des Stromes zu einer Spannung, die kleiner ist, und eine Verkleinerung des Stromes zu einer Spannung, die größer ist als die, die zur Aufrechterhaltung der Entladung notwendig ist. Das Kriterium für den stabilen Arbeitspunkt finden wir, indem wir von Bild 5.39 ausgehen. Es gilt die notwendige Bedingung

$$\tan\alpha \geqq \tan\beta \quad \text{oder} \quad R \geqq -\frac{\mathrm{d}U}{\mathrm{d}I}.$$

Die Größe $\mathrm{d}U/\mathrm{d}I$ hängt von der Form der Kennlinie ab. Wir nennen sie den differentiellen Widerstand der Kennlinie. Die letzte Ungleichung können wir auch in der Form

$$R + \frac{\mathrm{d}U}{\mathrm{d}I} \geqq 0 \tag{5.171}$$

schreiben. Das ist das Kaufmannsche Kriterium für den stabilen Arbeitspunkt der Bogenentladung. Am Arbeitspunkt stellt sich der stabile Zustand ein, wenn die Summe der Widerstände im Stromkreis und des differentiellen Widerstands der Bogenkennlinie gleich oder größer als Null ist. Durch die Wahl des äußeren Widerstands (Neigung der Geraden) oder durch Ändern des Elektrodenabstands (Änderung der Bogenkennlinie) können wir den Arbeitspunkt ändern. Wenn die Gerade keinen Schnittpunkt mit der Bogenkennlinie hat, ist ein Bestehen der Bogenentladung unmöglich. Wenn wir bei gegebenem Außenwiderstand des Kreises den Elektrodenabstand vergrößern, wird die Bogenkennlinie gehoben. Die zwei Arbeitspunkte rücken näher aneinander, bis die Gerade zur Tangente der Kennlinie wird. Dieser Grenzfall bestimmt die größtmögliche Länge des Bogens bei gegebenem Außenwiderstand. Bei einer weiteren Vergrößerung der Elektrodenentfernung reißt der Bogen ab.

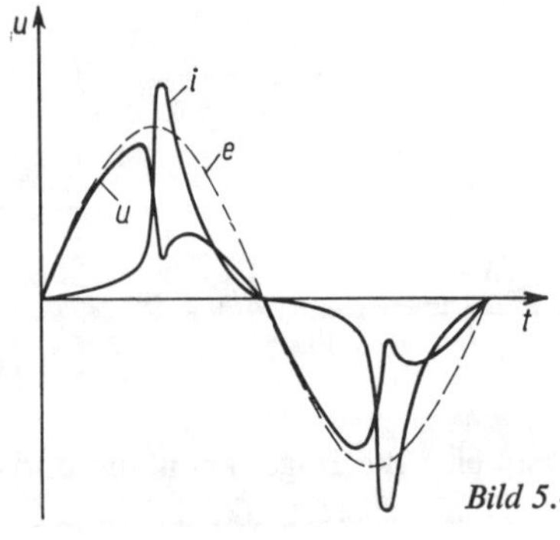

Bild 5.40

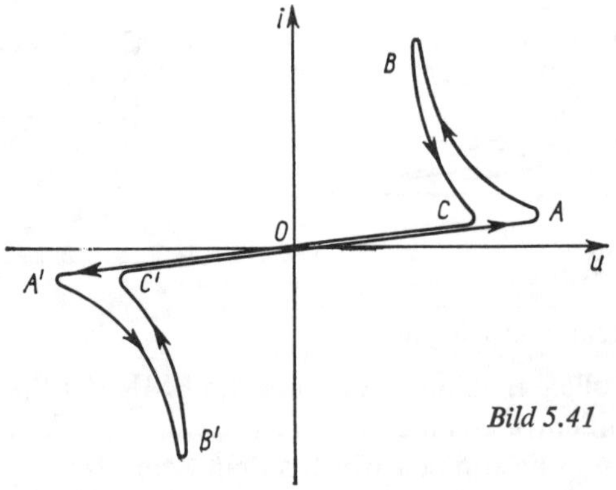

Bild 5.41

Dynamische Kennlinie

Die Temperaturabhängigkeit der Vorgänge bei der Bogenentladung (Kohle, Wolfram) sowie die Wärmeträgheit der Elektroden und des Plasmas haben zur Folge, daß die Kennlinien beim schnellen Anwachsen und Abfallen des Stroms nicht mehr gleich sind. Die dynamische Kennlinie des Lichtbogens, die beim Wechselstrombetrieb periodisch durchlaufen wird, weist einen Hysteresisverlauf auf.

Bild 5.40 zeigt den oszillografisch aufgenommenen Verlauf der Bogenspannung und des Bogenstroms, während Bild 5.41 die hieraus konstruierte dynamische Kennlinie des Bogens darstellt.

Vom Punkt *0* bis zum Punkt *A* verläuft der Vorgang als eine unselbständige Entladung, bei der die Elektronen durch Emission der immer noch heißen Katode geliefert werden. Bei *A* setzt die selbständige Entladung ein. Der Strom wächst an. Obwohl die Spannung der Quelle sinusförmig wächst, sinkt infolge des Spannungsabfalls am Vorwiderstand die Spannung an der Entladungsstrecke (Punkt *B*). Mit der Abnahme des Bogenstroms kann die Spannung wieder anwachsen. Mit abfallendem Strom ist endlich die Temperatur und die Emission erreicht, bei der die Spannung nicht mehr ausreicht, die selbständige Entladung aufrechtzuerhalten (*C*). Der Bogen erlischt. Nach Punkt *C* nimmt der Strom mit der Spannung wie bei einer unselbständigen Entladungsform ab. Nach dem Nulldurchgang der Spannung vertauschen die Anode und die Katode ihre Funktion. Der Verlauf des Abschnitts *BC* hängt von den Parametern des Bogens und des Kreises ab.

Technische Anwendungen des Lichtbogens

Zu den technischen Anwendungen des Lichtbogens gehören in erster Linie die Ausbildung sehr starker Lichtquellen, die Quecksilbergleichrichter, die Lichtbogenschmelzöfen, das Schweißen und Schneiden von Metallen usw.

5.5.2.3. Besondere Formen der Entladung

Die Glimmentladung und die Bogenentladung stellen die zwei Hauptformen der Gasentladung dar. Außer diesen zwei Hauptformen treten noch weitere Zwischenformen auf. Zu diesen gehören in erster Linie die Korona, die Büschelentladung und der Funke.

Koronaentladung

Die Koronaentladung beobachtet man bei Entladungsstrecken, bei denen das Feld der Elektroden sehr inhomogen ist (kleine Krümmungsradien der Elektroden). Beispiele solcher Felder sind das Feld zwischen zwei konzentrischen Zylinderelektroden (Bild 1.50) und das Feld zwischen zwei parallelen zylindrischen Elektroden (Bild 1.56). Ein Durchschlag, der die ganze Entladungsstrecke erfaßt, kann nur bei annähernd homogenen Feldern eintreten. Bei stark gekrümmten Elektroden liegt der größte Teil des Potentialabfalls in der unmittelbaren Nähe der Elektroden. In dem restlichen Feld ist der Potentialgradient relativ klein. Wenn an der Oberfläche der stark gekrümmten Elektrode die Zündfeldstärke erreicht ist, so setzt hier eine Glimmentladung ein. Die Entladung kann sich jedoch nicht über den feldschwachen Raum ausdehnen; denn hier sind nicht die Bedingungen für die Trägervermehrung gegeben. In Reihe mit der Entladungsstrecke liegt der hohe Widerstand des von der Entladung nicht erfaßten feldschwachen Raumes. Dieser Widerstand verhindert das unbegrenzte Anwachsen des Stromes und den Zusammenbruch der Spannung über der Entladungsstrecke. Die Entladung wird bei einem hohen Wert der Spannung und einer verhältnismäßig kleinen Stromstärke stabilisiert. Der hohe Reihenwiderstand ermöglicht den Übergang der Ladungsträger aus dem Glimmraum um die Elektrode mit dem kleinen Krümmungsradius zu der Gegenelektrode. In dem von der Ionisation erfaßten Raum sind sowohl positive als auch negative Ladungsträger vorhanden. Weiter davon entfernt treten nur Ladungen von der Polarität der Elektrode auf, in deren Umgebung die Ionisation stattfindet.

Die Ionisation und die Anregung beschränken sich also in solchen Fällen auf eine verhältnismäßig dünne Schicht um die Elektrode mit dem kleinen Krümmungsradius. In dieser Schicht treten Leuchterscheinungen auf, die man mit dem Namen Korona bezeichnet.

Die Koronaentladung ist eine selbständige Entladung, deren Ausbildung von der Elektrodenkonfiguration und von dem Gas abhängt. Hierbei wird, wie gesagt, die Stromstärke, die sich einstellt, nicht durch den Widerstand des äußeren Stromkreises, sondern durch die Entladungsstrecke selbst bestimmt.
Die Koronaentladung bildet sich dann aus, wenn das Verhältnis des Elektrodenabstands zum Krümmungsradius der Elektroden größer ist als ein bestimmter Wert, der von der Elektrodenkonfiguration abhängt.
Die Aufrechterhaltung der Ionisation ist mit einer dauernden Energieaufnahme verbunden. Die Ausbildung der Korona ist also von Verlusten begleitet. Diese Verluste sind maßgebend bei der Festlegung der Durchmesser von Hochspannungsleitungen über 80 kV und erfordern in bestimmten Fällen die Anwendung von Hohl- bzw. Bündelleitern zwecks Vergrößerung der Leiterdurchmesser. Die Bestimmung der Koronaverluste erfolgt nach empirischen Formeln *(Peek, Prince)*.

Büschelentladung

Die Büschelentladung ist eine weitere Zwischenform der Gasentladung. Sie ist eine selbständige Entladung, die in mehreren fadenförmigen Bahnen erfolgt. Die Büschelentladung stellt ein dichtes Büschel von dauernd entstehenden und verschwindenden geradlinigen feinen Lichtfäden von fast gleicher Länge, die nicht bis zur Gegenelektrode reichen, dar. Die Entladung beschränkt sich – wie bei der Korona – auf die Stellen größter Feldstärke. Die Büschelentladung setzt sich in erster Linie an Spitzen an. Sie ist als Koronaentladung einer Spitze zu betrachten und gehört als solche zu den Glimmentladungen.

Funkenentladung

Überschreitet die Spannung zwischen zwei Elektroden, die sich in Luft bei normalem Druck befinden (wobei das Feld keine starken Inhomogenitäten aufweist), einen bestimmten Wert, dann erfolgt ein elektrischer Funkenüberschlag. Dem Äußeren nach stellt er einen dünnen, grell leuchtenden, vielfach verzweigten Kanal dar, der von der einen Elektrode bis zur anderen reicht. Der Funkenüberschlag erfolgt bei einer bestimmten vom Druck abhängigen Durchschlagsfeldstärke.

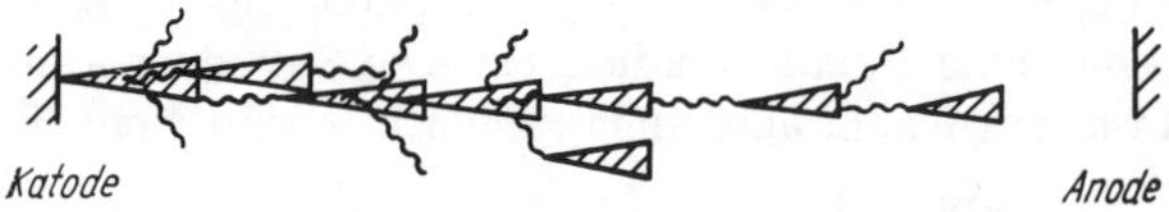

Bild 5.42

Mit der Annahme, daß der Vorgang allein als Folge einer Stoßionisation mittels Elektronen bzw. Ionen im Zwischenelektrodenraum oder als Folge einer Sekundärelektronenauslösung aus der Katode durch aufprallende positive Ionen stattfindet, kann vor allem die bedeutend größere Geschwindigkeit der Entwicklung des Durchschlags nicht erklärt werden. In qualitativ ausreichend begründeter Weise kann man annehmen, daß sich als Vorläufer der Hauptentladung schwach leuchtende zusammenhängende Bereiche ionisierter Teilchen ausbilden, die den Elektrodenabstand auf einem Wege überbrücken, auf dem sich kurz darauf die ladungsstarke Hauptentladung entfaltet. Die genannte Vorentladung ist nicht nur die Folge einer Stoßladung, sondern einer Photoionisation durch Strahlung, die in der Entladung selbst entsteht. Bild 5.42 zeigt den Vorgang schematisch. Die schraffierten Dreiecke stellen schematisch Elektronenlawinen dar, die wellenförmigen Linien bedeuten Strahlen. Eine Elektronenlawine, die ihren Ursprung an der Katodenoberfläche hat, entwickelt sich nach dem bereits bekannten Mechanismus. Außer ihr entstehen viele andere, zum Teil erheblich weiter voraus beginnende Elektronenlawinen. Ihren Ausgangspunkt stellen Elektronen dar, die infolge einer Photoionisation durch Strahlen, welche von früher gebildeten Elektronenlawinen ausgehen, entstehen. Im Laufe der Entwicklung holen die Lawinen einander ein und bilden einen leitenden Kanal aus. Es ist offensichtlich, daß auf diese Weise das Vordringen des Kanals schneller als das Fortschreiten der primären Lawine erfolgt. Die Elektronen fließen aus der Lawine, die die Anode erreicht hat, schneller zur Anode ab und lassen die positiven Ionen, die sich langsam bewegen, als positive Raumladung in dem Bereich vor der Anode zurück (Bild 5.43a). Infolge der Photoionisation der Strahlen aus diesem Bereich entstehen in ihrer Umgebung neue Ladungsträgerpaare. Die Photoelektronen gelangen in den Bereich der positiven Raumladung. Hierdurch entsteht die Voraussetzung für die erhöhte Leitfähigkeit des Kanals. So rückt die positive Raumladung immer mehr zur Katode vor, bis der Abstand zwischen den Elektroden überbrückt wird (Bild 5.43b bis d). Über diese leitende Brücke kann sich nun die Hauptentladung ausbilden. Dabei wird in dem Kanal eine sehr große Wärme entwickelt, die so hohe Temperaturen zur Folge hat, daß sie nunmehr im weiteren Verlauf des Vorgangs zum Hauptgrund der Gasionisation wird.

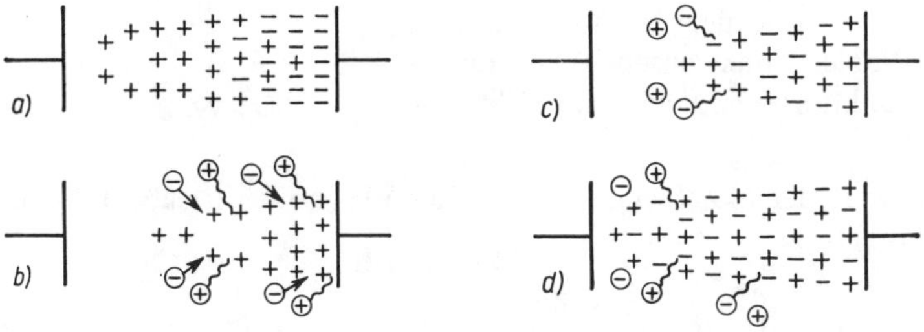

Bild 5.43

5.6. Stromleitung im Vakuum

5.6.1. Physikalische Grundlagen der Stromleitung im Vakuum

5.6.1.1. Allgemeines

Im idealen Vakuum sind keine Gasatome vorhanden, also können auch keine Ionisationserscheinungen auftreten. Der elektrische Strom kann (beim Fehlen besonderer Ionenquellen) nur als Elektronenstrom gebildet werden, indem man den Zwischenelektrodenraum mit der nötigen Elektronenzahl versorgt. Das Fehlen von Gasteilchen und der mit ihnen verbundenen Anregungserscheinungen ist der Grund, warum in diesem Falle sogar bei sehr hohen Feldstärken keine Leuchterscheinungen auftreten.

Die Elektronen durchlaufen ungehindert den Weg von der Katode zur Anode. Dieser Fall tritt praktisch bereits bei Drücken unter 10^{-2} Pa auf.

Die Versorgung mit Elektronen erfolgt gewöhnlich an der Katode, aus der auf irgendeine Weise (Thermoemission, Photoemission usw.) Elektronen herausgelöst werden.

5.6.1.2. Verteilung der Temperaturgeschwindigkeiten der Elektronen im Vakuum

Im Vakuum zeigt das Elektronengas ein vollkommen klassisches Verhalten. Die Elektronen haben verschiedene Geschwindigkeiten, angefangen von Null bis zu extrem hohen Werten. Die Geschwindigkeiten verteilen sich dabei nicht gleichmäßig auf die einzelnen

Elektronengruppen. Die Geschwindigkeitsverteilung erfolgt nach dem Maxwellschen Verteilungsgesetz:

$$\frac{\mathrm{d}n}{n_0} = \frac{4}{\sqrt{\pi}} \frac{v^2}{v_0^2} \mathrm{e}^{-(v/v_0)^2} \frac{\mathrm{d}v}{v_0} = F\left(\frac{v}{v_0}\right) \frac{\mathrm{d}v}{v_0}. \tag{5.172}$$

Hier bedeutet

- v die betrachtete Geschwindigkeit,
- $\mathrm{d}v$ die Breite des betrachteten Geschwindigkeitsintervalls,
- v_0 die wahrscheinlichste Geschwindigkeit, d.h., von allen Geschwindigkeitsintervallen $(v, v + \mathrm{d}v)$ enthält das Intervall $(v_0, v_0 + \mathrm{d}v)$ die meisten Elektronen,
- n_0 die Anzahl der Elektronen in der Volumeneinheit,
- $\mathrm{d}n$ die Anzahl der Elektronen je Volumeneinheit, deren Geschwindigkeit in dem Intervall $(v, v + \mathrm{d}v)$ liegt,
- $\mathrm{d}v/v_0$ das auf die wahrscheinlichste Geschwindigkeit bezogene Geschwindigkeitsintervall,
- $F(v/v_0)$ kennzeichnet die Verteilung der Geschwindigkeiten und trägt den Namen Maxwellsche Verteilungsfunktion; die Funktion $F(v_0)$ wird im Bild 5.44 gezeigt.

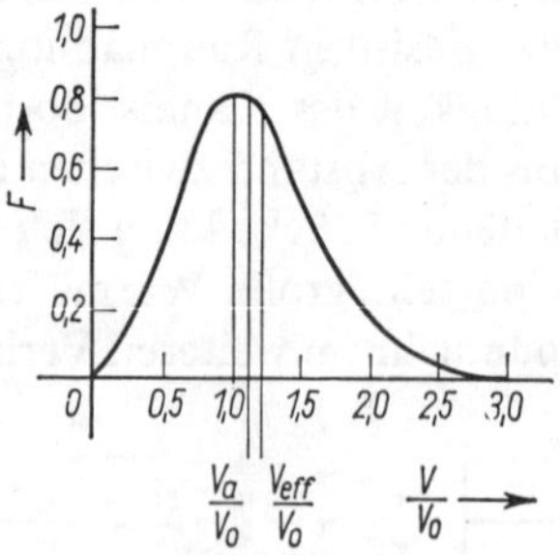

Bild 5.44

Der arithmetische Mittelwert der Geschwindigkeiten aller Elektronen ist ebenfalls im Bild 5.44 eingetragen und beträgt:

$$v_\mathrm{a} = \frac{1}{n_0} \int_{v=0}^{v=\infty} v\,\mathrm{d}n = \int_0^\infty vF\left(\frac{v}{v_0}\right) \frac{\mathrm{d}v}{v_0}$$

$$= \frac{4}{\sqrt{\pi}} v_0 \int_0^\infty \left(\frac{v}{v_0}\right)^3 \mathrm{e}^{-(v/v_0)^2} \,\mathrm{d}\left(\frac{v}{v_0}\right), \tag{5.173}$$

$$v_\mathrm{a} = \frac{2}{\sqrt{\pi}} v_0 = 1{,}128 v_0. \tag{5.174}$$

Der quadratische Mittelwert oder Effektivwert der Geschwindigkeit ist

$$v_\mathrm{eff} = \sqrt{\frac{1}{n_0} \int_{v=0}^{v=\infty} v^2 \,\mathrm{d}n} = \sqrt{\int_0^\infty v^2 F\left(\frac{v}{v_0}\right) \mathrm{d}\left(\frac{v}{v_0}\right)}$$

$$= \sqrt{\frac{4v_0^2}{\sqrt{\pi}} \int_0^\infty \left(\frac{v}{v_0}\right)^4 \mathrm{e}^{-(v/v_0)^2} \,\mathrm{d}\left(\frac{v}{v_0}\right)}, \tag{5.175}$$

$$v_\mathrm{eff} = \sqrt{\frac{3}{2}}\, v_0. \tag{5.176}$$

Für die mittlere kinetische Energie der Elektronen gilt die Beziehung

$$\frac{m v_\mathrm{eff}^2}{2} = \frac{3}{2} kT. \tag{5.177}$$

Unter Verwendung von (5.176) kann man damit die wahrscheinlichste Geschwindigkeit v_0 erhalten:

$$\frac{mv_0^2}{2} = kT = Q_e U_T, \tag{5.178}$$

$$v_0 = \sqrt{\frac{2kT}{m}}. \tag{5.179}$$

Diese Beziehung erlaubt uns, bei jeder Temperatur die wahrscheinlichste Geschwindigkeit v_0 zu bestimmen und die Verteilungskurve nicht als Funktion der bezogenen, sondern der absoluten Geschwindigkeiten darzustellen. Das ist im Bild 5.45 für zwei Temperaturen ausgeführt.

Aus dieser Kurve kann man bei jeder Temperatur für jedes Geschwindigkeitsintervall (beispielsweise zwischen v_1 und v_2) den Anteil der Elektronen, deren Geschwindigkeiten in diesem Intervall liegen, bestimmen. Er entspricht der gestrichelten Fläche (Bild 5.45).

Die Geschwindigkeiten haben die verschiedensten Richtungen im Raum. Alle Richtungen sind gleich wahrscheinlich. Für eine Geschwindigkeitskomponente, beispielsweise v_x, ergibt die Maxwellsche Verteilungsfunktion den Ausdruck

$$\frac{dn}{n_0} = \frac{1}{\sqrt{\pi}} e^{-(v/v_0)^2} \frac{dv_x}{v_0}. \tag{5.180}$$

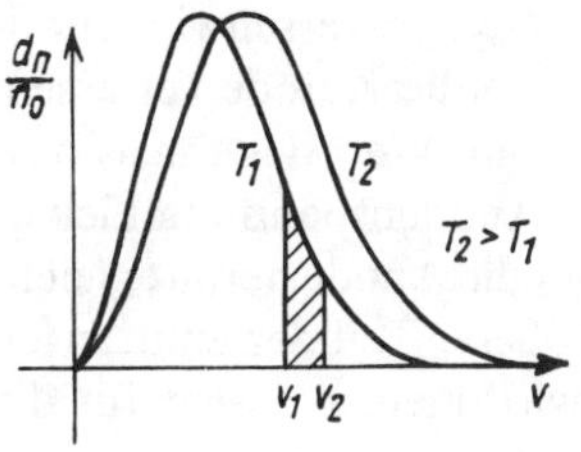

Bild 5.45

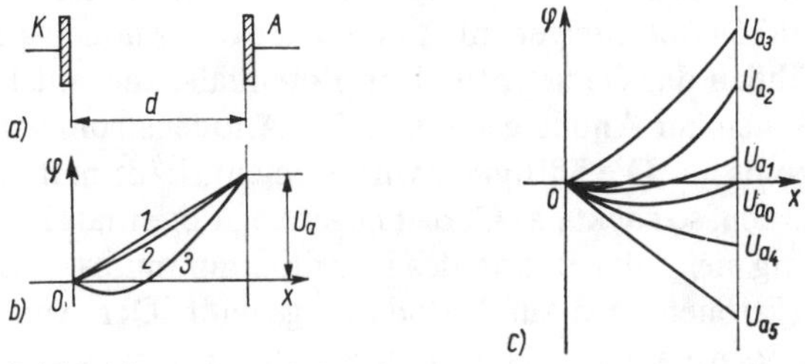

Bild 5.46

5.6.2. Hochvakuumdiode

5.6.1.2. Potentialverteilung bei ebenen parallelen Elektroden

Die Hochvakuumdiode ist eine Elektronenröhre, bei der die Katode als Glühelektrode ausgebildet ist. Die Anode ist dagegen eine kalte Elektrode. Beide sind in ein Vakuumgefäß eingebaut. Der Einfachheit halber wollen wir zuerst eine Einrichtung dieser Art mit parallelen ebenen Elektroden (Bild 5.46) betrachten.

Zwischen Katode *K* und Anode *A* soll eine Potentialdifferenz U_a bestehen. Es wird zuerst der Fall konstanter Anodenspannung U_a und veränderlichen Emissionsstroms I_e und dann der Fall konstanten Emissionsstroms und veränderlicher Anodenspannung betrachtet.

Solange die Katode nicht geheizt ist und keine Elektronenemission stattfindet, sind in dem Zwischenelektrodenraum keine Raumladungen vorhanden. Die Potentialverteilung zwischen Anode und Katode verläuft entsprechend dem raumladungsfreien Feld (von Randverzerrungen abgesehen) linear (s. Bild 5.46b, Kurve 1). Wird die Katode erhitzt, so werden von ihr Elektronen emittiert, die den Zwischenelektrodenraum ausfüllen und in ihm eine negative Raumladung hervorrufen. Diese Raumladung verursacht eine Verzerrung des Feldes, die von der Größe und von der Verteilung der Raumladungen abhängt. Die negativen Teilchen erfahren in Richtung zur Anode eine Beschleunigung. Ihre Geschwindigkeit steigt auf dem Weg zu der Anode ständig an. Bei konstanter Anodenstromdichte $\boldsymbol{G}_\mathrm{a}$ ist die Raumladung

$$\varrho = \frac{|\boldsymbol{G}_\mathrm{a}|}{v_x}. \tag{5.181}$$

Die Raumladungsdichte nimmt also längs des Weges zur Anode ab. Wenn der Emissionsstrom und der Anodenstrom klein sind, ist die Raumladungsdichte sogar in der Umgebung der Katode sehr klein, und die Potentialverteilung (Kurve 2) unterscheidet sich wenig von der Verteilung im raumladungsfreien Feld. Die Potentiale haben längs der ganzen Strecke positive Werte. Alle Elektronen, die die Katode verlassen haben, gelangen zu der Anode. Der Anodenstrom ist gleich dem Emissionsstrom.
Bei Steigerung des Emissionsstroms wächst die Raumladungsdichte, und man gelangt zu einer Potentialverteilung, die durch Kurve 3 gegeben ist. In der Nähe der Katode bildet sich ein Bereich negativen Potentials aus (s. Bild 1.67), so daß nicht alle Elektronen, die die Katode verlassen, zur Anode gelangen können. Die langsameren Elektronen kehren zur Katode zurück. Der Anodenstrom ist deswegen kleiner als der Emissionsstrom.
Bild 5.46c zeigt die Potentialverteilung bei konstantem Emissionsstrom für verschiedene Anodenspannungen.
Wir wollen von der Kurve 3 (Bild 5.46b) ausgehen. Sie entspricht der Kurve U_{a2} (Bild 5.46c). Steigert man den Wert der Anodenspannung bis U_{a3}, so verschwindet allmählich das Gebiet negativen Potentials, und alle Elektronen, die die Katode verlassen, können zur Anode gelangen. Der Anodenstrom wächst bis zu dem Wert des Emissionsstroms an. Die Sättigung wird erreicht. Läßt man dagegen die Anodenspannung kleiner werden, so rückt das Gebiet negativen Potentials immer mehr an die Anode heran; gleichzeitig steigt der Betrag des Potentialminimums. Ein immer größerer Teil der emittierten Elektronen wird zur Katode umgelenkt. Der Anodenstrom wird kleiner. Sogar für die Anodenspannung Null ändert sich an dem Mechanismus nichts; denn zwischen dem Potentialminimum und der Anode besteht immer noch ein beschleunigendes Feld. Eine weitere Verkleinerung der Anodenspannung im negativen Bereich führt zu einem weiteren Heranrücken des Potentialminimums zur Anode hin, bis es endlich diese selbst erreicht. Für noch größere negative Spannungen besteht in dem Zwischenelektrodenraum kein Bereich, in dem sich ein beschleunigendes Feld ausbildet. Über die ganze Entfernung werden die emittierten Elektronen gebremst.

5.6.2.2. Anlaufstromgesetz

Wenn über die ganze Strecke von der Anode zur Katode ein abbremsendes Feld besteht, dann gelangen nur die Elektronen zur Anode, für die

$$\frac{mv_x^2}{2} \geqq \frac{mv_\mathrm{a}^2}{2} = Q_\mathrm{e}U_\mathrm{a} \tag{5.182}$$

erfüllt ist. Diese bilden den Anodenstrom. Die Anzahl dn der Elektronen, deren Geschwindigkeit v zwischen v_x und $v_x + \mathrm{d}v_x$ liegt, ist nach (5.180)

$$\mathrm{d}n = \frac{n_0}{\sqrt{\pi}}\,\mathrm{e}^{-(v_x/v_0)^2}\,\mathrm{d}\left(\frac{v_x}{v_0}\right). \tag{5.183}$$

Die Stromdichte, die diese Elektronen ergeben, ist

$$|\mathrm{d}\boldsymbol{G}_\mathrm{a}| = \mathrm{d}\varrho\, v_x = Q_\mathrm{e}\, \mathrm{d}n v_x = Q_\mathrm{e} \frac{n_0 v_x}{\sqrt{\pi}}\, \mathrm{e}^{-(v_x/v_0)^2}\, \mathrm{d}\left(\frac{v_x}{v_0}\right). \tag{5.184}$$

Nun gelangen aber alle Elektronen mit $v_\mathrm{a} < v_x < \infty$ zur Anode, so daß die Gesamtstromdichte

$$|\boldsymbol{G}_\mathrm{a}| = \frac{Q_\mathrm{e} n_0 v_0}{\sqrt{\pi}} \int_{v_\mathrm{a}}^{\infty} \frac{v_x}{v_0}\, \mathrm{e}^{-(v_x/v_0)^2}\, \mathrm{d}\left(\frac{v_x}{v_0}\right) \tag{5.185}$$

wird.
Zur Integration führen wir die Substitution

$$\left(\frac{v_x}{v_0}\right)^2 = x, \qquad 2\frac{v_x}{v_0}\, \mathrm{d}\left(\frac{v_x}{v_0}\right) = \mathrm{d}x \tag{5.186}$$

ein und erhalten

$$|\boldsymbol{G}_\mathrm{a}| = \frac{Q_\mathrm{e} n_0 v_0}{2\sqrt{\pi}} \int_{(v_\mathrm{a}/v_0)^2}^{\infty} \mathrm{e}^{-x}\, \mathrm{d}x = \frac{Q_\mathrm{e} n_0 v_0}{2\sqrt{\pi}}\, \mathrm{e}^{-(v_\mathrm{a}/v_0)^2} = |\boldsymbol{G}_\mathrm{s}|\, \mathrm{e}^{-(v_\mathrm{a}/v_0)^2}. \tag{5.187}$$

Mit (5.178) und (5.182) ergibt sich

$$|\boldsymbol{G}_\mathrm{a}| = |\boldsymbol{G}_\mathrm{s}|\, \mathrm{e}^{-(U_\mathrm{a}/U_T)} \tag{5.188}$$

bzw.

$$I_\mathrm{a} = I_\mathrm{s}\, \mathrm{e}^{-(U_\mathrm{a}/U_T)}. \tag{5.189}$$

I_a ist der Anodenstrom, I_s der Sättigungsstrom.
Bei $U_\mathrm{a} = 0$ müßten laut (5.188) alle Elektronen, die von der Katode emittiert werden, die Anode erreichen. Die Stromdichte wäre dann

$$|\boldsymbol{G}_\mathrm{a}|_{U_\mathrm{a}=0} = \frac{Q_\mathrm{e} n_0 v_0}{2\sqrt{\pi}} = |\boldsymbol{G}_\mathrm{s}|. \tag{5.190}$$

$|\boldsymbol{G}_\mathrm{s}|$ entspricht somit der Sättigungsstromdichte nach (5.91). U_T in (5.188) und (5.189) ist die Spannung, gegen die das Elektron bei einer Geschwindigkeit v_0 anlaufen kann (Temperaturspannung). Diese Spannung wird aus (5.178) zu

$$U_T = \frac{kT}{Q_\mathrm{e}} \tag{5.191}$$

bestimmt. (5.189) stellt das sogenannte Anlaufstromgesetz dar. Bild 5.47 zeigt die experimentell aufgenommenen Kennlinien einer Hochvakuumdiode bei zwei verschiedenen Temperaturen der Katode (in halblogarithmischem Maßstab).

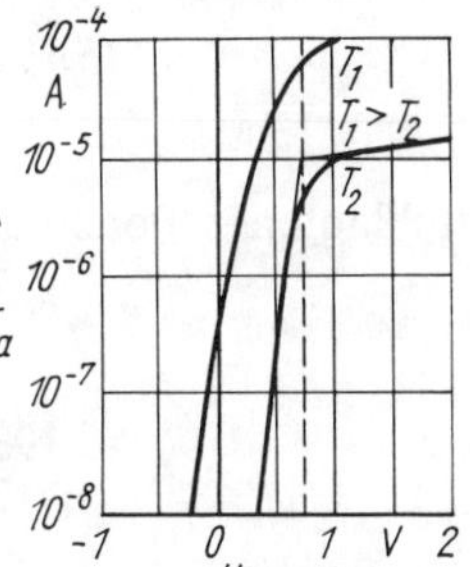

Bild 5.47

Entsprechend dem Anlaufstromgesetz müßte bei $U_\mathrm{a} = 0$ die Sättigungsstromdichte erreicht sein. Die Kennlinie müßte an dieser Stelle mit einem scharf ausgeprägten Knick in die Parallele zur U_a-Achse übergehen. Dies kann wegen des Vorhandenseins der Raumladungen nicht eintreten. Angenähert knickartig erfolgt der Übergang nur bei sehr kleinen Katodentemperaturen; denn in diesem Fall sind der Emissionsstrom und die Raum-

ladungen sehr klein. Wie das Experiment zeigt, stellt sich jedoch auch dann der Knick nicht bei $U_a = 0$ ein, sondern bei einer kleinen positiven Anodenspannung. Diese Erscheinung ist auf das Kontaktpotential, d.h. auf den Unterschied der Austrittsarbeiten des Katoden- und des Anodenmaterials, zurückzuführen. Dieser Potentialunterschied erscheint zwischen Anode und Katode, wenn sie aus Materialien mit verschiedenen Austrittsarbeiten hergestellt sind. Die Anode hat – entsprechend ihrer Funktion – eine bedeutend größere Austrittsarbeit als die meistens aktivierte Katode. Bei dem Anlegen der Diode an eine Spannung tritt in dem Stromkreis außer der angelegten Spannung noch der Unterschied der Austrittspotentiale als Spannungsabfall auf, um den das Anodenpotential verkleinert erscheint. Dieser Effekt erklärt die Verschiebung des Knickes der Kurven (Bild 5.47) zu positiven Anodenspannungen.
Das Anlaufstromgesetz gilt, solange das Potential auf dem Weg von der Katode zur Anode stetig abnimmt. Seine Gültigkeit endet, sobald sich in dem Potentialverlauf zwischen der Katode und der Anode das Minimum ausbildet. Erscheint das Minimum, so kehren zur Katode nicht nur die Elektronen zurück, die gegen die Anodenspannung nicht anlaufen können, sondern eine weitaus größere Zahl von Elektronen; denn zwischen Katode und Anode liegt das höhere negative Potential des Potentialminimums. Der Anodenstrom wird kleiner, als es dem Anlaufstromgesetz entspricht. Erst wenn das Potentialminimum, das mit wachsender Anodenspannung von der Anode zur Katode wandert, die Katode erreicht hat, gelangen alle Elektronen, die von der Katode emittiert werden, zur Anode, und der Sättigungsstrom ist erreicht. Hiermit wird erklärt, warum der Übergang des Anlaufstroms in den Sättigungsstrom nicht mit einem scharfen Knick, sondern allmählich erfolgt.

5.6.2.3. Raumladungsgesetz

Allgemeine Form des Raumladungsgesetzes

Bei der Ableitung der Beziehung, die die Abhängigkeit des Anodenstroms von der Anodenspannung im Raumladungsgebiet beschreibt, gehen wir von einigen vereinfachenden Voraussetzungen aus. Wir wollen erstens annehmen, daß das Potentialminimum in der unmittelbaren Nähe der Katode liegt. Weiterhin wollen wir annehmen, daß die Elektronen, die das Minimum überwinden können, dort die Geschwindigkeit Null haben. In dem Raumladungsgebiet gilt die Poissonsche Gleichung:

$$\Delta\varphi = -\frac{\varrho}{\varepsilon} = \frac{|G_a|}{v\varepsilon_0}. \tag{5.192}$$

Wenn wir in dieser Gleichung die Geschwindigkeit durch den durchlaufenen Potentialunterschied ausdrücken, erhalten wir

$$\Delta\varphi = \frac{|G_a|}{\varepsilon_0 \sqrt{\frac{2Q_e}{m}} \sqrt{\varphi}}. \tag{5.193}$$

Hieraus ergibt sich für die Anodenstromdichte

$$|G_a| \sim \Delta\varphi \sqrt{\varphi}. \tag{5.194}$$

Raumladungsgesetz bei parallelen ebenen Elektroden

Wenn man die Feldverzerrung an den Rändern der ebenen Elektroden vernachlässigt, kann man das Feld als eindimensionales Feld betrachten. Dann geht die Poissonsche Gleichung unter denselben Voraussetzungen wie oben in

$$\frac{\mathrm{d}^2\varphi}{\mathrm{d}x^2} = -\frac{\varrho}{\varepsilon_0} = \frac{|\boldsymbol{G}_\mathrm{a}|}{\varepsilon_0 \sqrt{\frac{2Q_\mathrm{e}}{m}} \sqrt{\varphi}} \tag{5.195}$$

über. Beide Seiten dieser Gleichung werden mit $2\,\partial\varphi/\partial x$ multipliziert. Beachtet man ferner, daß

$$\frac{\mathrm{d}\varphi}{\mathrm{d}x}\frac{\mathrm{d}^2\varphi}{\mathrm{d}x^2} = \frac{1}{2}\frac{\mathrm{d}}{\mathrm{d}x}\left(\frac{\mathrm{d}\varphi}{\mathrm{d}x}\right)^2 \tag{5.196}$$

ist, dann wird

$$\frac{\mathrm{d}}{\mathrm{d}x}\left(\frac{\mathrm{d}\varphi}{\mathrm{d}x}\right)^2 = \frac{2}{\varepsilon_0\sqrt{\frac{2Q_\mathrm{e}}{m}}}\frac{|\boldsymbol{G}_\mathrm{a}|}{\sqrt{\varphi}}\frac{\mathrm{d}\varphi}{\mathrm{d}x}. \tag{5.197}$$

Die Integration über den Bereich $x = 0$ bis $x = x$ ergibt $[\varphi(0) = 0,\ \varphi(x) = \varphi]$

$$\left(\frac{\mathrm{d}\varphi}{\mathrm{d}x}\right)^2 - \left(\frac{\mathrm{d}\varphi}{\mathrm{d}x}\right)^2\Bigg|_{x=0} = \frac{4}{\varepsilon_0\sqrt{\frac{2Q_\mathrm{e}}{m}}}|\boldsymbol{G}_\mathrm{a}|\sqrt{\varphi}. \tag{5.198}$$

Die Integration dieser Gleichung wird unter der Annahme vorgenommen, daß das Potentialminimum an der Katode liegt, d.h., daß

$$|\boldsymbol{E}_\mathrm{k}| = \frac{\mathrm{d}\varphi}{\mathrm{d}x}\Bigg|_{x=0} = 0 \tag{5.199}$$

ist. Damit wird

$$\frac{\mathrm{d}\varphi}{\mathrm{d}x} = \frac{2}{\sqrt{\varepsilon_0}}\sqrt[4]{\frac{m}{2Q_\mathrm{e}}}\sqrt[4]{\varphi}\sqrt{|\boldsymbol{G}_\mathrm{a}|}. \tag{5.200}$$

Die Ausführung der Integration in dem Bereich von $x = 0$ bis $x = d$ ergibt mit den Randbedingungen

$$\begin{aligned} \varphi &= 0 \quad \text{bei} \quad x = 0, \\ \varphi &= U_\mathrm{a} \quad \text{bei} \quad x = d \end{aligned} \tag{5.201}$$

für $|\boldsymbol{G}_\mathrm{a}|$

$$|\boldsymbol{G}_\mathrm{a}| = \frac{4}{9}\varepsilon_0\sqrt{\frac{2Q_\mathrm{e}}{m}}\frac{U_\mathrm{a}^{3/2}}{d^2} = \frac{k}{d^2}U_\mathrm{a}^{3/2}, \tag{5.202}$$

wobei

$$k = \frac{4}{9}\varepsilon_0\sqrt{\frac{2Q_\mathrm{e}}{m}} \tag{5.203}$$

beträgt. Für die Anodenstromstärke im Raumladungsgebiet erhalten wir mit der wirksamen Anodenfläche A den Ausdruck

$$I_a = k \frac{A}{d^2} U_a^{3/2}. \tag{5.204}$$

Wenn die Katode aus Drähten oder Bändern aufgebaut ist, nimmt nur ein Teil der Anodenoberfläche die Elektronen auf, d.h., die wirksame Oberfläche der Anode ist kleiner als die geometrische.

Eine Korrektur von (5.204) kann man vornehmen, wenn man den Abstand der Elektroden um die Entfernung d_m des Potentialminimums von der Katode verkleinert und die Anodenspannung um den Betrag U_m des Potentialminimums vergrößert. Dann erhalten wir

$$I_a = k \frac{A}{(d - d_m)^2} (U_a + U_m)^{3/2}. \tag{5.205}$$

Die Tatsache, daß die Elektronen das Potentialminimum nicht mit der Anfangsgeschwindigkeit Null verlassen, wirkt sich in stärkerem Maße bei kleineren Werten der Anodenspannung aus, da man dann die Anfangsgeschwindigkeit nicht mehr vernachlässigen kann.

Raumladungsgesetz bei koaxialen zylindrischen Elektroden

Eine sehr häufig verwendete Elektrodenanordnung ist die koaxial-zylindrische (Bild 5.48). Sie besteht aus einer elektrisch geheizten, dünnen zylinderförmigen Katode, die koaxial von einer zylindrischen Anode umschlossen ist. Die Länge l der Anordnung sei so groß, daß man die Störungen an den Rändern vernachlässigen kann. Dann ist es möglich, die vereinfachte Form der Poissonschen Gleichung in Zylinderkoordinaten zu verwenden (wegen Zylindersymmetrie $\partial/\partial\alpha = 0$; $\partial/\partial z \approx 0$)

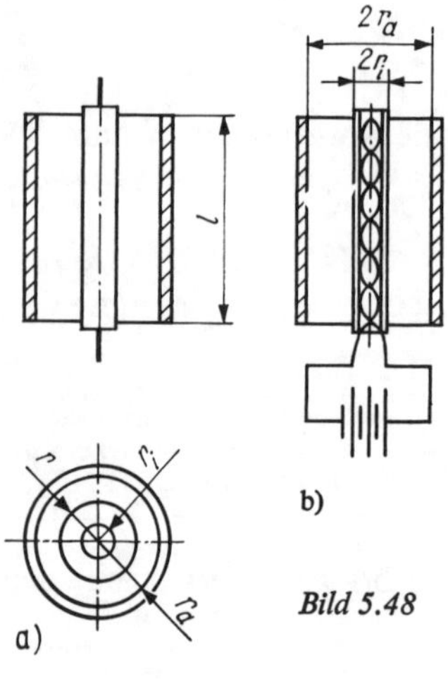

Bild 5.48

$$\frac{d^2\varphi}{dr^2} + \frac{1}{r}\frac{d\varphi}{dr} = -\frac{\varrho}{\varepsilon_0} = \frac{|G|}{v\varepsilon_0}. \tag{5.206}$$

Wenn wir mit G_k die Stromdichte an der Katode bezeichnen, so ist in einer Entfernung r von der Zylinderachse

$$|G| = |G_k| \frac{r_i}{r}, \tag{5.207}$$

und es wird nach (5.193)

$$\frac{d^2\varphi}{dr^2} + \frac{1}{r}\frac{d\varphi}{dr} = \frac{|G_k|\, r_i}{\varepsilon_0 r \sqrt{\frac{2Q_e}{m}}\sqrt{\varphi}} = \frac{k_1}{r\sqrt{\varphi}} \tag{5.208}$$

mit

$$k_1 = \frac{|G_k|\, r_i}{\varepsilon_0 \sqrt{\frac{2Q_e}{m}}}. \tag{5.209}$$

Eine Lösung dieser Differentialgleichung erhält man mit dem Ansatz

$$\varphi = k_2 r^n. \tag{5.210}$$

Es ergibt sich mit (5.208)

$$n(n-1)\,k_2 r^{n-2} + n k_2 r^{n-2} = \frac{k_1}{\sqrt{k_2}}\, r^{-(1+(n/2))}. \tag{5.211}$$

Aus der letzten Gleichung findet man

$$n = \tfrac{2}{3}, \qquad k_1 = \tfrac{4}{9} k_2^{3/2} \tag{5.212}$$

unter der Annahme, daß das Katodenpotential vernachlässigbar ist, wird das Anodenpotential $\varphi_a = U_a$. Aus

$$U_a = k_2 r_a^{2/3}, \tag{5.213}$$

folgt

$$k_2 = \frac{U_a}{r_a^{2/3}}. \tag{5.214}$$

Hieraus ergibt sich für die Konstante k_1

$$k_1 = \frac{|G_k|\, r_i}{\varepsilon_0 \sqrt{\dfrac{2Q_e}{m}}} = \frac{4}{9} \frac{U_a^{3/2}}{r_a} \tag{5.215}$$

und für die Stromdichte an der Oberfläche der Katode

$$|G_k| = \frac{4}{9}\, \varepsilon_0 \sqrt{\frac{2Q_e}{m}}\, \frac{1}{r_i r_a}\, U_a^{3/2}. \tag{5.216}$$

Der Anodenstrom I_a beträgt dann

$$I_a = |G_k|\, 2\pi r_i l, \tag{5.217}$$

$$I_a = \frac{4}{9}\, \varepsilon_0\, \frac{2\pi l}{r_a} \sqrt{\frac{2Q_e}{m}}\, U_a^{3/2} = k\, \frac{l}{r_a}\, U_a^{3/2} \tag{5.218}$$

mit der Konstanten

$$k = \frac{8\sqrt{2}}{9}\, \varepsilon_0 \pi \sqrt{\frac{Q_e}{m}}. \tag{5.219}$$

Diese Lösung entspricht nicht der Annahme, daß die Feldstärke bei $r = r_i$ Null beträgt. Die Feldstärke ist Null an der Stelle des Potentialminimums. Die Lösung (5.218) kann durch das Einführen eines Koeffizienten ζ, der eine Funktion des Verhältnisses r_a/r_i darstellt, korrigiert werden, so daß sie die Form

$$I_a = k\, \frac{l}{r_a \zeta}\, U_a^{3/2} \tag{5.220}$$

erhält. Bild 5.49 gibt den Verlauf von ζ in Abhängigkeit von r_a/r_i an. Je dünner die Katode ist, desto mehr nähert sich ζ dem Werte 1. Für $r_a/r_i > 8$ schwankt der Wert von ζ zwischen 0,9 und 1,1.

Bei Katoden mit indirekter Heizung fließt der Heizstrom nicht über die Katode, sondern diese wird mittels eines in ihrem Innern eingebrachten, getrennten Heizfadens erhitzt (Bild 5.48 b). In diesem Fall liegt das Verhältnis der Radien r_a/r_i meist unter 2. Bei kleinen Werten des Verhältnisses der Radien $r_a/r_i < 2$, kann man den Korrekturfaktor durch den Ausdruck

$$\zeta = \left(\frac{r_a - r_i}{r_a}\right)^2 \tag{5.221}$$

annähern. Wenn wir diesen Ausdruck für ζ in (5.220) einführen, erhalten wir

$$\begin{aligned} I_a &= \frac{4}{9}\sqrt{2}\varepsilon_0 \sqrt{\frac{Q_e}{m}} \frac{2\pi l r_a}{(r_a - r)^2} U_a^{3/2} \\ &= \frac{4}{9}\sqrt{2}\varepsilon_0 \sqrt{\frac{Q_e}{m}} \frac{A_a}{d^2} U_a^{3/2}. \end{aligned} \tag{5.222}$$

Hier ist A_a die Oberfläche der Anode und

$$d = r_a - r_i \tag{5.223}$$

der Abstand zwischen Anode und Katode. Das ist dieselbe Gleichung, die wir für den Fall der parallelen ebenen Elektroden abgeleitet haben.

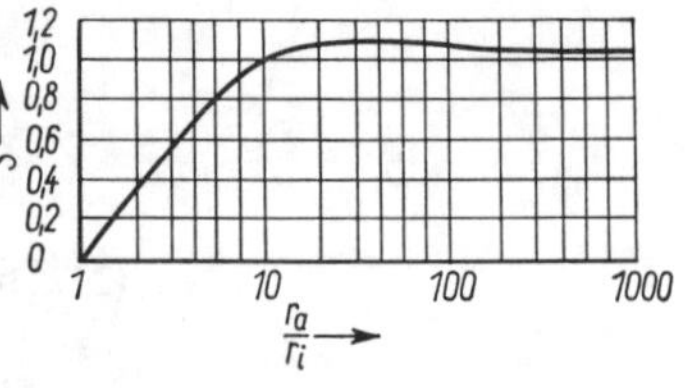

Bild 5.49

Das $U^{3/2}$-Gesetz ((5.204), (5.222)) gilt näherungsweise in dem Bereich $(0 < U_a < U_s)$ unabhängig von der Geometrie der Elektrodenanordnung.

5.6.2.4. Kennlinie der Diode

Die Kennlinie der Diode gibt die Abhängigkeit des Anodenstroms von der Anodenspannung bei konstanter Katodentemperatur an. Die gesamte Kennlinie wird im Bild 5.50 in linearem Maßstab gezeigt. Sie enthält die drei gekennzeichneten Bereiche, die theoretisch behandelt wurden. In dem Bereich des Anlaufstroms (I) wird der Anodenstrom, wie gesagt, durch die Temperaturgeschwindigkeit, mit der die Elektronen die Katode verlassen, bestimmt. Dieser Bereich liegt bei negativen Anodenspannungen und wird durch (5.189) beschrieben. In dem Bereich des Raumladungsgesetzes (II) wird der Anodenstrom durch die negative Raumladung zwischen Katode und Anode bestimmt. Der Verlauf der Kurve wird in diesem Falle durch $I_a \sim U^{3/2}$ beschrieben. Der Übergang vom Anlaufstromgebiet in das Raumladungsgebiet erfolgt stetig. In dem Sättigungsbereich (III) wird der Anodenstrom durch die Elektronenemission aus der glühenden Katode bestimmt; denn alle von der Katode emittierten Elektronen gelangen zur Anode. Dieser Bereich wird durch (5.91) beschrieben.

Je höher die Temperatur der Katode ist, desto deutlicher ist das Anlaufstromgebiet ausgeprägt. Die Abweichung der experimentell aufgenommenen Kurven in diesem Gebiet von den theoretisch berechneten ist, wie bereits erwähnt, auf das Kontaktpotential zurückzuführen. Ferner kann unter der Wirkung des magnetischen Feldes des Heizstroms, wie später gezeigt wird, die Bahn der emittierten Elektronen gekrümmt werden, so daß ein Teil von ihnen wieder zur Katode zurückkehrt und an der Ausbildung des Anodenstroms nicht teilnimmt. Diese Vorgänge treten stärker bei direkt geheizten Katoden in Erscheinung. Bei indirekt geheizten Katoden kann das magnetische Feld des Heizstromes durch Anwendung bifilar gewickelter Heizdrähte geschwächt werden.

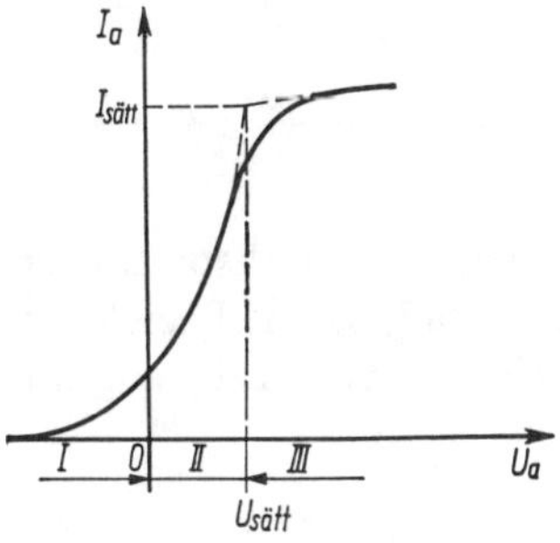

Bild 5.50

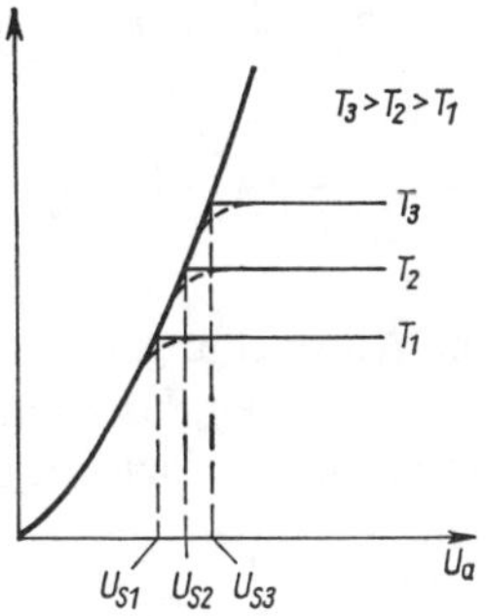

Bild 5.51

Die Abweichung der experimentell aufgenommenen Kennlinien im Raumladungsgebiet von den theoretisch berechneten ist bei niedrigen Anodenspannungen, wie angeführt, auf die endlichen Geschwindigkeiten, mit denen die Elektronen das Potentialminimum überschreiten, zurückzuführen. Der Übergang von dem Raumladungsgebiet in das Sättigungsgebiet müßte theoretisch mit einem scharfen Knick (Bild 5.51) bei der Sättigungsspannung erfolgen. Die Sättigungsspannung ist die Spannung, bei der der Anodenstrom entsprechend dem Raumladungsgesetz so stark angewachsen ist, daß alle emittierten Elektronen zur Anode abgeführt werden. Eine weitere Steigerung des Anodenstroms kann bei der herrschenden Katodentemperatur nicht mehr erfolgen. Der Anodenstrom im Sättigungsgebiet hängt gemäß (5.91) von der Katodentemperatur ab und steigt bzw. fällt mit ihr. Die experimentell aufgenommenen Kennlinien zeigen einen stetigen Übergang von dem Raumladungsgebiet in das Sättigungsgebiet. Dies wird folgendermaßen erklärt: Die Katodenenden stehen wegen der Wärmeabgabe durch die Katodenhalterungen auf einer niedrigeren Temperatur als die Mitte. Deswegen erfolgt an den Katodenenden eine schwächere Elektronenemission als in der Mitte der Katode. Der Unterschied in der Emission ist um so größer, je tiefer die Katodentemperatur ist. Das äußert sich in der Weise, daß die einzelnen Partien der Katode zu verschiedener Zeit in den Sättigungsbereich gelangen. Zuerst gelangen bei noch verhältnismäßig kleinen Anodenspannungen die kälteren Teile der Katode in die Sättigung. Mit Steigerung der Anodenspannung dehnt sich der von der Sättigung erfaßte Teil immer mehr aus, bis endlich die ganze Katode in den gesättigten Zustand gerät. In gleicher Weise wirkt sich der Spannungsabfall längs direkt geheizter Katoden aus. Auch in diesem Falle erreichen wegen des Potentialunterschieds längs der Katode die verschiedenen Partien bei verschiedenen Spannungen den Sättigungszustand, so daß der Übergang vom Raumladungsgebiet in das Gebiet der Sättigung auch hier stetig vor sich geht.

Die Abweichung der experimentell aufgenommenen Kennlinien von den theoretisch ermittelten in dem Gebiet der Sättigung ist auf den Schottky-Effekt und die Feldemission zurückzuführen. Mit wachsender Anodenspannung wächst die elektrische Feldstärke an der Katode. Sie unterstützt den Austritt der Elektronen aus der Katodenoberfläche, wie

früher gezeigt wurde. So ist der Emissionsstrom nicht mehr konstant und spannungsunabhängig, sondern wächst in bestimmtem Maße mit der Spannung an.
Das Maß, in dem dieser Effekt auftritt, ist vom Katodenmaterial abhängig. Besonders ausgeprägt ist es bei Oxidkatoden. Bild 5.52 zeigt die Kennlinien einer Wolframkatode (a), einer Bariumkatode (b) und einer Oxidkatode (c). An Oxidkatoden beobachtet man fast keine Sättigungserscheinungen. Bei Bariumkatoden ist die Feldemission schwächer ausgeprägt, während sie bei Wolframkatoden kaum in Erscheinung tritt.

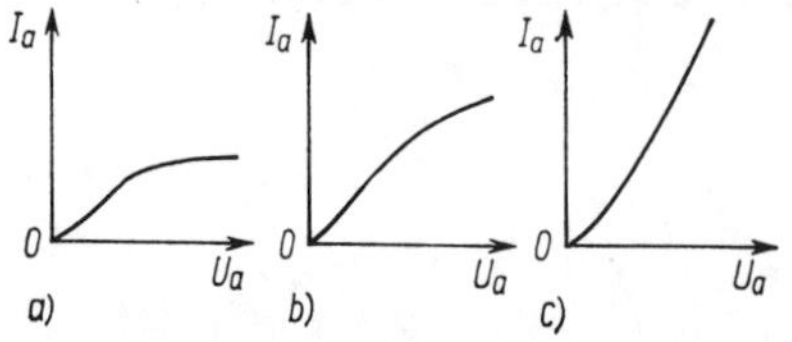

Bild 5.52

Die beschriebenen Abweichungen der experimentellen Kennlinien von den theoretischen wirken sich so aus, daß man das Anlaufstromgebiet durch eine quadratische Beziehung, das Raumladungsgebiet in einem begrenzten Bereich durch eine lineare Beziehung approximieren kann.

5.6.2.5. Kenngrößen der Diode

Zwei wichtige Größen kennzeichnen die Diode und bestimmen ihr Verhalten. Das sind die Steilheit und der innere Widerstand. Die Steilheit ist durch den Ausdruck

$$S = \frac{dI_a}{dU_a}, \tag{5.224}$$

der innere Widerstand durch den Ausdruck

$$R_i = \frac{dU_a}{dI_a} \tag{5.225}$$

gegeben. Zwischen beiden besteht die Beziehung

$$R_i = \frac{1}{S}. \tag{5.226}$$

In dem Raumladungsgebiet gilt

$$S = \frac{dI_a}{dU_a} = \frac{3}{2} k U_a^{1/2}. \tag{5.227}$$

5.6.2.6. Anodenverlustleistung

In dem Raum zwischen Katode und Anode werden die Elektronen beschleunigt. Wenn sie auf die Anode auftreffen, geben sie ihre kinetische Energie

$$\frac{mv^2}{2} = Q_e U_a \tag{5.228}$$

ab. Außer der kinetischen Energie wird der Anode beim Eintritt eines Elektrons auch eine Energie, die der Eintrittsarbeit entspricht, erteilt. Die Eintrittsarbeit ist gleich der Austrittsarbeit und entspricht dem Abfall der potentiellen Energie des Elektrons bei seinem Eintritt in das Metall.

Die gesamte Energie, die die Anode von einem Elektron aufnimmt, ist

$$W = \frac{mv^2}{2} + Q_e \varphi_0 = Q_e (U_a + \varphi_0). \tag{5.229}$$

Wenn *n* Elektronen in der Sekunde auf die Anode treffen, ist die in Wärme umgesetzte Leistung in der Anode, d.h. die Verlustleistung,

$$P = nQ_e (U_a + \varphi_0) = I_a (U_a + \varphi_0). \tag{5.230}$$

Die Wärmeabgabe von der Anode erfolgt wegen des Vakuums, in das die Elektroden eingebracht sind, und wegen der sehr dünnen Halterungen in erster Linie durch Wärmestrahlung. Hierbei stellt sich eine erhöhte Anodentemperatur ein, bei der die volle Verlustleistung ausgestrahlt wird. Die je Flächeneinheit abgestrahlte Leistung hängt von der Temperatur und vom Anodenmaterial ab. Graphit- oder Nickelanoden ergeben verhältnismäßig große spezifische Strahlungsleistungen bei noch verhältnismäßig niedrigen Temperaturen und finden deswegen häufig als Anodenmaterialien Verwendung. Aus der Verlustleistung und der zulässigen Anodentemperatur kann die notwendige Anodenoberfläche bestimmt werden.

6. Wechselstromtechnik

6.1. Wechselgrößen

Eine besonders wichtige Rolle in der Elektrotechnik spielen veränderliche Vorgänge, bei denen die betrachteten Größen (die Wechselgrößen) zeitlich nicht nur ihre Beträge, sondern auch ihre Richtungen (bei Vektoren) bzw. ihr Vorzeichen (bei Skalaren) wechseln. Den Wert, den eine Wechselgröße in einem gegebenen Zeitpunkt hat, nennt man ihren Augenblickswert.

Den Augenblickswert einer Wechselgröße v kann man durch die zeitliche Abhängigkeit

$$v = f(t) \tag{6.1}$$

angeben. Im folgenden werden skalare elektrische und magnetische Größen (Ströme, Spannungen, Flüsse) untersucht.

6.1.1. Periodische Wechselgrößen

Unter periodischen Wechselgrößen versteht man solche, bei denen die Bedingung

$$v = f(t_0) = f(t_0 + kT) \tag{6.2}$$

erfüllt ist, wobei k eine beliebige ganze Zahl und T eine konstante Zeit bedeuten. Die Bedingung (6.2) besagt, daß die Wechselgröße in bestimmten aufeinanderfolgenden Zeitabschnitten, d.h. periodisch, wieder denselben Wert wie im Zeitpunkt t_0 annimmt. Die Größe T, die die kürzeste Zeit zwischen zwei Wiederholungen des Vorgangs darstellt, nennt man die Periode des Wechselvorgangs. Der reziproke Wert der Periode,

$$f = \frac{1}{T}, \tag{6.3}$$

heißt die Frequenz des Wechselvorgangs. Die Dimension der Frequenz ist

$$[f] = [t]^{-1}. \tag{6.4}$$

Die Einheit der Frequenz ist 1 Hz. Ein Wechselvorgang mit der Periode $T = 1$ s hat die Frequenz 1 Hz (Hertz):

$$1\ \text{Hz} = \frac{1}{\text{s}}. \tag{6.5}$$

Die Angabe der zeitlichen Abhängigkeit ist für die Bestimmung der Wechselgröße unzureichend, solange keine Aussage über die positive Richtung der Wechselgröße besteht. Zu diesem Zweck wird eine der zwei möglichen Richtungen als positiv festgelegt und durch einen Pfeil gekennzeichnet. Stimmt dann die Richtung der betrachteten Wechselgröße mit der als positiv gewählten Richtung überein, dann wird sie als positiv betrachtet. Durch diese Festsetzung ist die Darstellung des zeitlichen Verlaufs der Wechselgrößen ermöglicht. Bild 6.1 zeigt den zeitlichen Verlauf einer Wechselgröße (6.1). In den Zeitspannen t_1 bis t_2 und t_3 bis t_4 stimmt die Richtung der betrachteten Wechselgröße

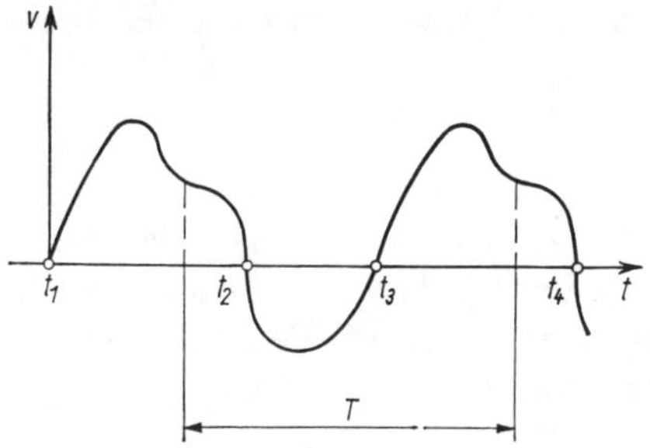

Bild 6.1

mit der als positiv gewählten Richtung überein, d.h., sie ist positiv. In der Zeitspanne von t_2 bis t_3 hat sie entgegengesetzte Richtung, d.h., sie hat negative Werte.

6.1.2. Spezielle Wechselgrößen

In der Elektrotechnik ist die Bezeichnung Wechselgröße speziell auf solche Größen beschränkt, bei denen die zusätzliche Bedingung

$$\frac{1}{T}\int_0^T v \, \mathrm{d}t = 0 \tag{6.6}$$

erfüllt ist.
Durch die Angabe des zeitlichen Verlaufs der Wechselgröße und der Richtung ist die Wechselgröße eindeutig bestimmt.

6.1.2.1. Beurteilung der Wechselgrößen

Bei den getroffenen Festsetzungen bleibt noch die Frage über die Angabe eines Zahlenwerts, der die Wechselgröße größenmäßig kennzeichnet, offen. Hierzu könnte man den Maximalwert $V_{\max}$, den die Wechselgröße während einer Periode erreicht, benutzen. Eine solche Aussage charakterisiert jedoch das Gesamtverhalten der Wechselgröße während einer Periode nicht.

6.1.2.2. Arithmetischer Mittelwert

Eine Größe, die unter Umständen das Gesamtverhalten während einer halben Periode beschreiben kann, stellt der arithmetische Mittelwert dar:

$$V_a = \frac{2}{T}\int_0^{T/2} v \, \mathrm{d}t. \tag{6.7}$$

6.1.2.3. Geometrischer Mittelwert oder Effektivwert

Eine weitaus größere Bedeutung hat der quadratische Mittelwert der Wechselgröße über die Periode:

$$V = \sqrt{\frac{1}{T}\int_0^T v^2 \, \mathrm{d}t}. \tag{6.8}$$

Er wird der Effektivwert der Wechselgröße genannt.

6.1.3. Sinusförmige Wechselgrößen

Eine sehr große Bedeutung haben in der Elektrotechnik die Wechselgrößen, die sich sinusförmig mit der Zeit ändern. Im allgemeinen Fall ist der Momentanwert einer sinusförmigen Wechselgröße durch den Ausdruck

$$v = \hat{V} \sin (\omega t + \varphi) \tag{6.9}$$

gegeben. $\hat{V}$ stellt den Maximalwert der Wechselgröße – die Amplitude – dar. Das Argument des Sinus bestimmt den Zustand, d.h. die Phase der Wechselgröße; man nennt es den Phasenwinkel. Die Größe φ bestimmt den Wert der Wechselgröße zu Beginn der Zeitzählung ($t = 0$). Man nennt sie den Anfangsphasenwinkel. Die Größe

$$\omega = 2\pi f = \frac{2\pi}{T} \tag{6.10}$$

trägt den Namen Kreisfrequenz. Amplitude, Kreisfrequenz und Anfangsphase kennzeichnen die sinusförmige Wechselgröße. Die Dimension der Kreisfrequenz ist eine reziproke Zeit $[\omega] = [t^{-1}]$; ihre Einheit ist s^{-1}.

6.1.3.1. Arithmetischer Mittelwert und Effektivwert einer sinusförmigen Wechselgröße

Der arithmetische Mittelwert der Halbwelle über eine Periode einer sinusförmigen Wechselgröße beträgt

$$V_a = \frac{2}{T} \hat{V} \int_0^{T/2} \sin \omega t \, dt = \frac{2}{\pi} \hat{V}. \tag{6.11}$$

Der Effektivwert einer sinusförmigen Wechselgröße beträgt

$$V = \sqrt{\frac{1}{T} \int_0^T v^2 \, dt} = \hat{V} \sqrt{\frac{1}{T} \int_0^\tau \sin^2 \omega t \, dt}. \tag{6.12}$$

Mit

$$\sin^2 \omega t = \frac{1 - \cos 2\omega t}{2} \tag{6.13}$$

erhält man

$$V = \frac{\hat{V}}{\sqrt{2}}. \tag{6.14}$$

6.1.3.2. Beziehungen zwischen zwei sinusförmigen Wechselgrößen

Im Bild 6.2 sind zwei sinusförmige Wechselgrößen

$$v_1 = \hat{V}_1 \sin (\omega t + \varphi_1), \tag{6.15}$$

$$v_2 = \hat{V}_2 \sin (\omega t + \varphi_2) \tag{6.16}$$

als Funktion von ωt grafisch dargestellt. Sie haben verschiedene Amplituden $\hat{V}_1$ und $\hat{V}_2$ und verschiedene Anfangsphasen φ_1 bzw. φ_2. Man sagt, die zwei sinusförmigen Wechselgrößen sind gegeneinander phasenverschoben. Die Phasenverschiebung entspricht dem

Unterschied der Phasenwinkel, was dasselbe wie der Unterschied der Anfangsphasen ist. Sie beträgt in dem betrachteten Fall

$$\varphi = \varphi_1 - \varphi_2. \tag{6.17}$$

Wenn $\varphi > 0$ ist, dann sagt man, daß die Wechselgröße v_1 der Wechselgröße v_2 um φ voreilt bzw. die Wechselgröße v_2 der Wechselgröße v_1 um φ nacheilt.

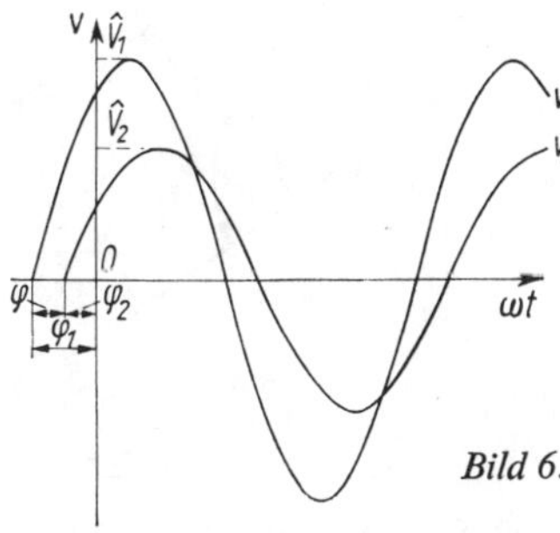

Bild 6.2

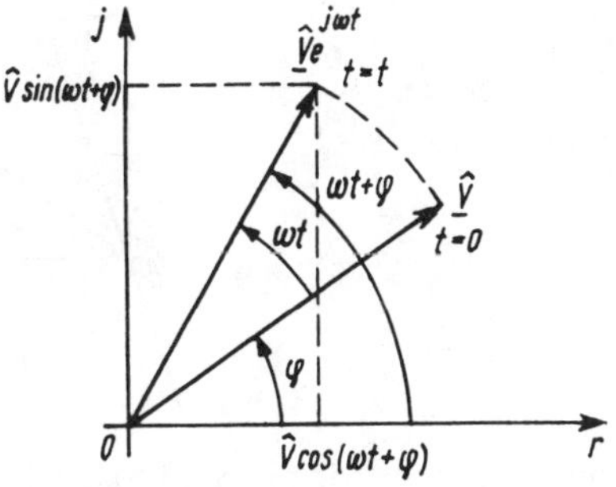

Bild 6.3

6.1.4. Darstellung sinusförmiger Wechselgrößen mittels Zeiger und komplexer Funktionen

6.1.4.1. Zeigerdiagramm

Es soll die Wechselgröße

$$v = \hat{V} \sin(\omega t + \varphi) \tag{6.18}$$

betrachtet werden. In die komplexe Ebene (Bild 6.3) tragen wir einen Zeiger $\underline{\hat{V}}$ ein, der mit der reellen Achse den Winkel φ einschließt und dessen Länge in einem beliebig gewählten Maßstab gleich der Amplitude der betrachteten, sinusförmig veränderlichen Wechselgröße ist. Die zur Darstellung sinusförmiger Wechselgrößen verwendeten Zeiger und komplexen Größen werden im folgenden durch unterstrichene Buchstaben bezeichnet.

Nun wollen wir annehmen, daß von einem Zeitpunkt $t = 0$ an sich der Zeiger um den Nullpunkt entgegengesetzt dem Uhrzeigersinn mit der Winkelgeschwindigkeit ω zu drehen beginnt. In einem beliebigen Zeitpunkt t schließt dann der Zeiger mit der reellen Achse den Winkel

$$\alpha = \omega t + \varphi \tag{6.19}$$

ein. Die Projektion des rotierenden Zeigers auf die imaginäre Achse beträgt

$$v = \hat{V} \sin(\omega t + \varphi). \tag{6.20}$$

Sie gibt also in dem gewählten Maßstab den jeweiligen Augenblickswert der betrachteten sinusförmig veränderlichen Wechselgröße an. Den Augenblickswert der sinusförmig veränderlichen Wechselgröße kann man auch erhalten, wenn man den Zeiger unbeweglich läßt und ihn auf eine um den Nullpunkt mit der Winkelgeschwindigkeit ω rotierende Gerade *0S*, die sogenannte Zeitlinie, die im Zeitpunkt $t = 0$ mit der imaginären Achse zusammenfällt, projiziert (Bild 6.4).

Zwischen dem genannten Zeiger und dem Augenblickswert der sinusförmigen Wechselgröße besteht somit eine eindeutige Beziehung. Man kann also sinusförmig veränderliche Wechselgrößen durch Zeiger der beschriebenen Art darstellen. In diesem Sinne spricht man vom Zeiger der EMK, Stromzeiger, Spannungszeiger, Flußzeiger usw.

Dem Wesen nach sind die Zeiger der beschriebenen Art grundverschieden von den Vektoren, die Betrag, Richtung und Richtungssinn physikalischer Größen im Raum angeben.

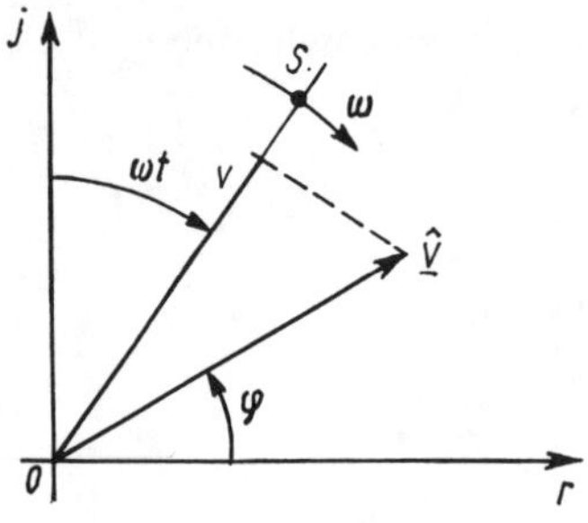

Bild 6.4

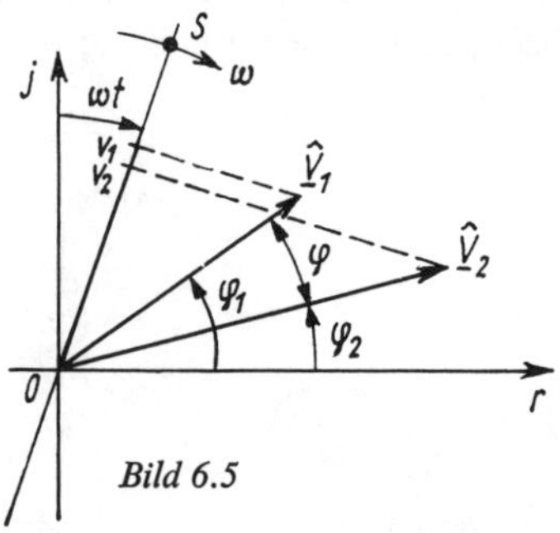

Bild 6.5

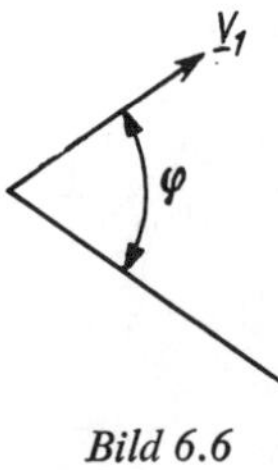

Bild 6.6

Man kann mehrere sinusförmig veränderliche Größen gleicher Frequenz in der komplexen Ebene darstellen. Aus der Abbildung können alle gegenseitigen Beziehungen und alle Größen abgelesen werden. Aus der Projektion auf die Zeitlinie können alle Augenblickswerte ermittelt werden. Eine solche Darstellung der Beziehungen mehrerer sinusförmig veränderlicher Größen mittels Zeiger nennt man ein Zeigerdiagramm. Bild 6.5 zeigt das Zeigerdiagramm der Wechselgrößen v_1 und v_2 (s. (6.15) und (6.16)). Für die Beurteilung der Wechselgrößen und ihrer gegenseitigen Phasenverschiebung sind weder die Achsen noch die Zeitlinie nötig. Es genügen die Zeiger $\underline{\hat{V}}_1$ und $\underline{\hat{V}}_2$ und ihre gegenseitige Lage, bestimmt durch den Phasenunterschied φ. Ferner ist es unter Umständen günstig, in das Zeigerdiagramm nicht die Amplitudenwerte, sondern die Effektivwerte der Wechselgrößen einzutragen. So entsteht das vereinfachte Zeigerdiagramm Bild 6.6, das alle Aussagen über die Wechselgrößen v_1 und v_2 und ihre gegenseitigen Verhältnisse zu machen gestattet.

Will man zu den Augenblickswerten übergehen, so kann man die rotierende Zeitlinie einführen, durch Multiplikation der Längen von $\underline{V}_1$ und $\underline{V}_2$ mit $\sqrt{2}$ zu den Amplitudenwerten $\underline{\hat{V}}_1$ und $\underline{\hat{V}}_2$ übergehen und aus ihrer Projektion auf die Zeitlinie die jeweiligen Augenblickswerte ermitteln.

6.1.4.2. Darstellung sinusförmiger Wechselgrößen durch komplexe Zeitfunktionen

Die zeitlich sinusförmig veränderliche Größe

$$v = \hat{V} \sin(\omega t + \varphi) \tag{6.21}$$

läßt sich, wie gezeigt, durch einen rotierenden Zeiger mit der Länge $\hat{V}$ darstellen, der in dem Zeitpunkt t den Winkel $\alpha = \omega t + \varphi$ mit der reellen Achse einschließt. Dieser rotierende Zeiger entspricht einer komplexen Zeitfunktion mit dem Augenblickswert

$$\underline{v}(t) = \hat{V} e^{j\alpha} = \hat{V} e^{j(\omega t + \varphi)} = \hat{V} \cos(\omega t + \varphi) + j\hat{V} \sin(\omega t + \varphi). \tag{6.22}$$

Der Vergleich von (6.21) mit (6.22) zeigt, daß die zeitlich sinusförmig veränderliche Größe gleich dem Imaginärteil der komplexen Zeitfunktion ist, die diese abbildet:

$$v = \text{Im}\,[\hat{V} e^{j(\omega t + \varphi)}] = \text{Im}\,[\hat{V} e^{j\varphi} e^{j\omega t}] = \text{Im}\,[\underline{\hat{V}} e^{j\omega t}]. \tag{6.23}$$

Die Größe

$$\underline{\hat{V}} = \hat{V}\,e^{j\varphi} \tag{6.24}$$

nenn man die komplexe Amplitude. Sie entspricht dem Zeiger der sinusförmig veränderlichen Größe in dem Zeigerdiagramm.
Zwischen der komplexen Amplitude, die die Wechselgröße abbildet, und der Wechselgröße selbst besteht laut (6.23) eine eindeutige Beziehung. Wenn wir beide Seiten von (6.24) durch $\sqrt{2}$ dividieren, erhalten wir den komplexen Effektivwert der Wechselgröße:

$$\underline{V} = V\,e^{j\varphi}. \tag{6.25}$$

Der Augenblickswert der komplexen Zeitfunktion ist

$$\underline{v}(t) = \sqrt{2}\,\underline{V}\,e^{j\omega t}. \tag{6.26}$$

Die Darstellung zeitlich sinusförmig veränderlicher Größen mittels komplexer Größen und die Ermittlung der Beziehungen zwischen zeitlich sinusförmig veränderlichen Größen durch Rechenoperationen mit komplexen Größen nennt man symbolische Methode.
Der Beginn der Zeitrechnung bei einer sinusförmigen Wechselgröße ist willkürlich und kann aus Zweckmäßigkeitsgründen gewählt werden. Wählt man den Beginn der Zeitrechnung bei der Wechselgröße gemäß (6.21) um $\pi/2$ später, dann ist

$$v = \hat{V}\sin\left(\omega t + \varphi + \frac{\pi}{2}\right) = \hat{V}\cos(\omega t + \varphi). \tag{6.27}$$

Der Vergleich von (6.27) mit (6.22) läßt erkennen, daß in diesem Fall die sinusförmig veränderliche Wechselgröße v durch den Realteil der komplexen Zeitfunktion abgebildet wird:

$$v = \mathrm{Re}\,[\hat{V}\,e^{j(\omega t+\varphi)}] = \mathrm{Re}\,[\hat{V}\,e^{j\varphi}\,e^{j\omega t}] = \mathrm{Re}\,[\underline{\hat{V}}\,e^{j\omega t}]. \tag{6.28}$$

Je nach Wahl des Beginns der Zeitrechnung kann eine sinusförmig veränderliche Wechselgröße entweder durch den Realteil oder durch den Imaginärteil einer komplexen Zeitfunktion entsprechend (6.23) bzw. (6.28) dargestellt werden.

6.1.5. Darstellung sinusförmiger veränderlicher Vektoren durch komplexe Größen

Analog der Darstellung skalarer sinusförmig veränderlicher Wechselgrößen durch komplexe Größen kann man auch sinusförmig veränderliche Vektoren durch komplexe Größen darstellen. Zum Unterschied von den Vektoren soll ihre Darstellung durch komplexe Größen durch einen unterstrichenen halbfett gedruckten Buchstaben bezeichnet werden.
Der Augenblickswert eines sinusförmig veränderlichen Vektors $\boldsymbol{V}$ ist

$$\boldsymbol{V}(t) = \boldsymbol{i}\hat{V}_x\sin(\omega t + \varphi_x) + \boldsymbol{j}\hat{V}_y\sin(\omega t + \varphi_y) + \boldsymbol{k}\hat{V}_z\sin(\omega t + \varphi_z). \tag{6.29}$$

Die zeitlich sinusförmig veränderlichen Komponenten v_x, v_y und v_z kann man durch komplexe Größen darstellen:

$$\underline{\hat{V}}_x = \hat{V}_x\,e^{j\varphi_x}, \tag{6.30}$$

$$\underline{\hat{V}}_y = \hat{V}_y\,e^{j\varphi_y}, \tag{6.31}$$

$$\underline{\hat{V}}_z = \hat{V}_z\,e^{j\varphi_z}. \tag{6.32}$$

Den Vektor $\boldsymbol{V}$ kann man durch die komplexe Größe

$$\underline{\hat{V}} = \boldsymbol{i}\hat{V}_x\,\mathrm{e}^{\mathrm{j}\varphi_x} + \boldsymbol{j}\hat{V}_y\,\mathrm{e}^{\mathrm{j}\varphi_y} + \boldsymbol{k}\hat{V}_z\,\mathrm{e}^{\mathrm{j}\varphi_z} = \boldsymbol{i}\underline{\hat{V}}_x + \boldsymbol{j}\underline{\hat{V}}_y + \boldsymbol{k}\underline{\hat{V}}_z \tag{6.33}$$

abbilden, wobei sich der physikalische Vektor aus der Abbildung analog (6.23) aus der Beziehung

$$\boldsymbol{V} = \mathrm{Im}\,[\underline{\hat{\boldsymbol{V}}}\,\mathrm{e}^{\mathrm{j}\omega t}] = \mathrm{Im}\,[\sqrt{2}\,\underline{\boldsymbol{V}}\,\mathrm{e}^{\mathrm{j}\omega t}] \tag{6.34}$$

bzw. analog (6.28) durch die Beziehung

$$\boldsymbol{V} = \mathrm{Re}\,[\underline{\hat{\boldsymbol{V}}}\,\mathrm{e}^{\mathrm{j}\omega t}] = \mathrm{Re}\,[\sqrt{2}\,\underline{\boldsymbol{V}}\,\mathrm{e}^{\mathrm{j}\omega t}] \tag{6.35}$$

ergibt.
Wenn $\varphi_x = \varphi_y = \varphi_z$ ist, dann ändert der Vektor $\boldsymbol{V}$ seine Richtung nicht mit der Zeit. Wenn $\varphi_x \neq \varphi_y \neq \varphi_z$ ist, dann beschreibt die Spitze des Vektors $\boldsymbol{V}$ im Raum eine mehr oder weniger komplizierte Kurve. In diesem Fall ist die Darstellung des Feldes durch Feld- bzw. Äquipotentiallinien nur für einen bestimmten Augenblick möglich.

6.2. Berechnung von Wechselstromnetzwerken

6.2.1. Grundlagen

Im folgenden werden Wechselstromkreise näher untersucht. Die elektromotorischen Kräfte, Spannungen und Ströme sind in diesem Falle Wechselgrößen, deren Augenblickswerte durch die Zeitfunktionen

$$e = e(t), \tag{6.36}$$

$$u = u(t), \tag{6.37}$$

$$i = i(t) \tag{6.38}$$

bestimmt werden.
Die Augenblickswerte der Wechselgrößen werden mit den entsprechenden kleinen Buchstaben gekennzeichnet. Eine der zwei möglichen Stromrichtungen durch den Querschnitt eines Leiters wird durch einen Pfeil versehen und als positive Richtung festgelegt. Die EMK und die Spannung werden dementsprechend ebenfalls mit einer positiven Richtung versehen. Diejenigen Augenblickswerte der Wechselgrößen, beschrieben durch die Zeitfunktionen von (6.36) bis (6.38), werden als positiv gerechnet, die mit der festgelegten Pfeilrichtung übereinstimmen.

6.2.1.1. Arithmetischer Mittelwert und Effektivwert des Wechselstroms

Die Kennzeichnung der Wechselstromgrößen kann, wie bereits gezeigt, durch den arithmetischen Mittelwert oder den Effektivwert erfolgen.
Der arithmetische Mittelwert des Wechselstroms ist gemäß (6.7)

$$I_\mathrm{a} = \frac{2}{T}\int_0^{T/2} i\,\mathrm{d}t\,. \tag{6.39}$$

Der arithmetische Mittelwert bestimmt die Elektrizitätsmenge, die während einer halben Periode in einer Richtung fließt, was beispielsweise bei Gleichrichterschaltungen bzw. für elektrolytische Vorgänge von Bedeutung ist.

Der Effektivwert eines Wechselstroms ist gemäß (6.8)

$$I = \sqrt{\frac{1}{T}\int_0^T i^2\,\mathrm{d}t}. \tag{6.40}$$

Viele Erscheinungen, wie z.B. die mechanische Kraft, die zwischen zwei Leitern wirkt, die denselben Wechselstrom führen, oder die Wärmewirkung eines Stromes, sind proportional dem Quadrat der Stromstärke. Der Vergleich des Wechselstroms mit dem Gleichstrom erfolgt in solchen Fällen zweckmäßiger über den quadratischen Mittelwert. So wird in einer Periode eines Wechselstroms, der einen Leiter mit dem Widerstand R durchfließt, die Wärme

$$\int_0^T Ri^2\,\mathrm{d}t = RT\frac{1}{T}\int_0^T i^2\,\mathrm{d}t = RI^2T \tag{6.41}$$

frei. Der Effektivwert eines Wechselstroms ist somit zahlenmäßig einem Gleichstrom gleich, der in der Periodendauer in dem Widerstand R dieselbe Wärmemenge erzeugt.

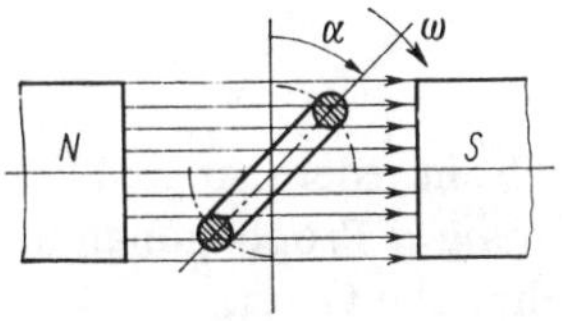

Bild 6.7

6.2.1.2. Erzeugung sinusförmiger elektromotorischer Kräfte

Eine sehr große Bedeutung haben in der Elektrotechnik die Wechselgrößen, die sich sinusförmig mit der Zeit ändern. In der Starkstromtechnik werden sinusförmige elektromotorische Kräfte mittels elektrischer Maschinen erzeugt. Das einfachste Beispiel eines Generators mit sinusförmigen elektromotorischen Kräften stellt eine Schleife dar (Bild 6.7), die sich mit konstanter Winkelgeschwindigkeit in einem konstanten homogenen Magnetfeld dreht. Der Fluß, der die Schleife durchsetzt, ist

$$\Phi = BA\cos\alpha = \hat{\Phi}\cos\alpha, \tag{6.42}$$

wenn B die Induktion und A die Fläche der Schleife bedeuten. Nun ist

$$\alpha = \omega t, \tag{6.43}$$

so daß

$$\Phi = \hat{\Phi}\cos\omega t \tag{6.44}$$

gilt. Die in der rotierenden Schleife induzierte elektromotorische Kraft ist

$$e = -w\frac{\mathrm{d}\Phi}{\mathrm{d}t} = w\omega\hat{\Phi}\sin\omega t = \hat{E}\sin\omega t, \tag{6.45}$$

$$\hat{E} = w\omega\hat{\Phi} = w\omega BA. \tag{6.46}$$

Hierbei bedeutet w die Zahl der Windungen, die die Schleife enthält.

Bild 6.8 zeigt den prinzipiellen Aufbau eines technischen Wechselstromgenerators. Die induzierte elektromotorische Kraft in einem Leiter der Statorwicklung beträgt

$$e = Blv. \tag{6.47}$$

Die Länge des Wicklungsleiters l und die Geschwindigkeit v sind konstant, so daß der zeitliche Verlauf von e nur durch B bestimmt wird. Um eine sinusförmige elektromoto-

rische Kraft zu erhalten, muß die Induktion längs des Rotorbogens eine sinusförmige Verteilung haben.
Wenn p die Polpaarzahl des Rotors ist, so wickeln sich während einer Umdrehung des Rotors p volle Perioden der EMK ab. Wenn nun der Rotor n Umdrehungen in der Zeiteinheit vollführt, dann wickeln sich pn Perioden in der Zeiteinheit ab.
Die Frequenz der EMK beträgt

$$f = pn. \tag{6.48}$$

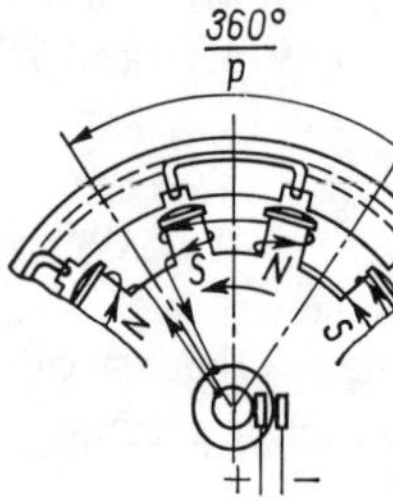

Bild 6.8

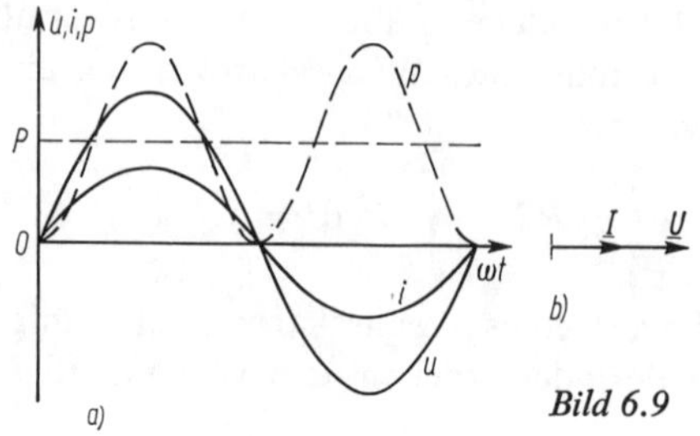

Bild 6.9

6.2.1.3. Der sinusförmige Wechselstrom in Widerständen

Fließt ein Wechselstrom durch einen Widerstand R, dann besteht in jedem Augenblick zwischen den Augenblickswerten des Stromes i und der Spannung u Proportionalität. Für die Augenblickswerte von Strom und Spannung gilt das Ohmsche Gesetz

$$i = \frac{u}{R}. \tag{6.49}$$

Liegt an den Klemmen des Widerstands die sinusförmige Wechselspannung

$$u = \hat{U} \sin(\omega t + \varphi), \tag{6.50}$$

dann ist der Augenblickswert des Stromes

$$i = \frac{u}{R} = \frac{\hat{U}}{R} \sin(\omega t + \varphi) = \hat{I} \sin(\omega t + \varphi) \tag{6.51}$$

mit

$$\hat{I} = \frac{\hat{U}}{R}. \tag{6.52}$$

Hierbei ist

$$\varphi_u = \varphi_i = \varphi. \tag{6.53}$$

Die zeitlichen Verläufe von u und i werden im Bild 6.9a gezeigt. Hierbei ist der Beginn der Zeitzählung so gelegt, daß $\varphi = 0$ ist. Dividiert man beide Seiten von (6.52) durch $\sqrt{2}$, dann erhält man für die Effektivwerte die Beziehung

$$I = \frac{U}{R}. \tag{6.54}$$

Zwischen Strom und Spannung besteht keine Phasenverschiebung. Stellt man den Strom und die Spannung durch Zeiger dar, so haben beide Zeiger gleiche Richtung. Die komplexen Amplituden der Spannung und des Stromes sind

$$\underline{\hat{U}} = \hat{U} e^{j\varphi}, \tag{6.55}$$

$$\underline{\hat{I}} = \hat{I} e^{j\varphi}. \tag{6.56}$$

Die komplexen Effektivwerte der Spannung und des Stromes betragen

$$\underline{U} = U e^{j\varphi}, \tag{6.57}$$

$$\underline{I} = I e^{j\varphi}. \tag{6.58}$$

Es ist

$$\underline{U} = R\underline{I}. \tag{6.59}$$

Bild 6.9b stellt das Zeigerdiagramm für diesen Fall dar. Der Augenblickswert der Leistung beträgt

$$p = ui = \hat{U} \sin(\omega t + \varphi)\, \hat{I} \sin(\omega t + \varphi)$$

$$= \frac{\hat{U}\hat{I}}{2} [1 - \cos 2(\omega t + \varphi)] = UI [1 - \cos 2(\omega t + \varphi)]. \tag{6.60}$$

Im Bild 6.9a ist auch der zeitliche Verlauf von p dargestellt. Der Augenblickswert der Leistung schwankt mit der doppelten Kreisfrequenz zwischen den Werten 0 und $2UI$. Den Mittelwert der Leistung über die Periode,

$$P = \frac{1}{T} \int_0^T p \, dt = UI = RI^2, \tag{6.61}$$

nennt man die Wirkleistung.

6.2.1.4. Der sinusförmige Wechselstrom in Kondensatoren

Der Strom, der durch die Zuleitung zu einem Kondensator fließt, ist

$$i = \frac{dq}{dt} = C \frac{du}{dt}. \tag{6.62}$$

Liegt an den Klemmen des Kondensators eine sinusförmige Wechselspannung

$$u = \hat{U} \sin \omega t, \tag{6.63}$$

dann ist

$$i = C \frac{du}{dt} = \omega C \hat{U} \cos \omega t = \hat{I} \sin\left(\omega t + \frac{\pi}{2}\right) \tag{6.64}$$

mit

$$\hat{I} = \omega C \hat{U}. \tag{6.65}$$

Wenn wir beide Seiten dieser Gleichung durch $\sqrt{2}$ dividieren, erhalten wir für den Effektivwert des Stromes

$$I = \omega C U. \tag{6.66}$$

Der Strom i eilt der Spannung u um $\pi/2$, d.h. um eine Viertelperiode voraus. Die zeitlichen Verläufe von Strom und Spannung sind im Bild 6.10a dargestellt. Den Zeiger des Stromes in dem Zeigerdiagramm erhält man aus dem Zeiger der Spannung, wenn man ihn laut (6.64) mit ωC multipliziert und um $\pi/2$ entgegengesetzt dem Drehsinn des Uhrzeigers dreht. Eine solche Drehung des Zeigers erzielt man durch Multiplikation mit

$$j = e^{j(\pi/2)}. \tag{6.67}$$

Es gilt also

$$\underline{I} = \omega C \underline{U}\, e^{j(\pi/2)} = j\omega C \underline{U}. \qquad (6.68)$$

Das Zeigerdiagramm für diesen Fall wird im Bild 6.10b gezeigt. Der Augenblickswert der Leistung ist

$$p = ui = \hat{U} \sin \omega t\, \hat{I} \sin \left(\omega t + \frac{\pi}{2}\right) = UI \sin 2\omega t. \qquad (6.69)$$

Der zeitliche Verlauf des Augenblickswerts der Leistung ist ebenfalls im Bild 6.10a dargestellt.
Der Mittelwert der Leistung über eine Periode ist

$$P = \frac{1}{T} \int_0^T p\, dt = 0. \qquad (6.70)$$

Der Augenblickswert der Leistung schwankt mit der Kreisfrequenz 2ω um den Wert 0 zwischen $-UI$ und $+UI$.
Die Energie in dem elektrischen Feld des Kondensators ist

$$w_e = \frac{Cu^2}{2} = \frac{C\hat{U}^2}{2} \sin^2 \omega t = \frac{CU^2}{2} (1 - \cos 2\omega t). \qquad (6.71)$$

Sie schwankt mit der Kreisfrequenz 2ω zwischen 0 und CU^2. In der Viertelperiode, in der Strom und Spannung gleiche Richtung haben, erfolgt eine Aufladung des Kondensators. In dem elektrischen Feld wird Energie aufgespeichert. In der Viertelperiode, in der Strom und Spannung entgegengesetzte Richtung haben, wird der Kondensator entladen, und die aufgespeicherte Energie fließt zu der Spannungsquelle zurück. Es erfolgt ein dauernder Energieaustausch zwischen der Spannungsquelle und dem elektrischen Feld des Kondensators.

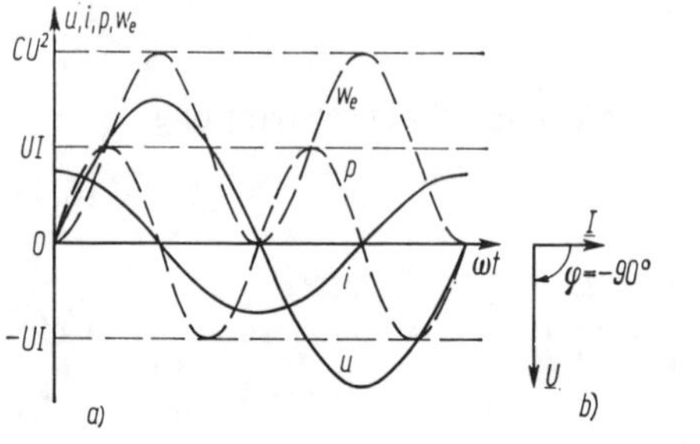

Bild 6.10

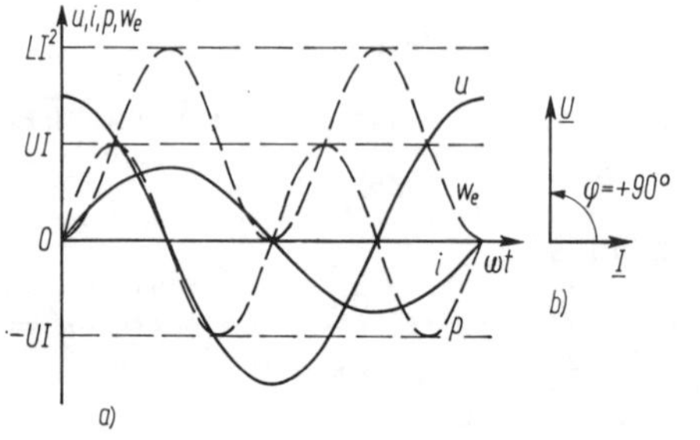

Bild 6.11

6.2.1.5. Der sinusförmige Wechselstrom durch Induktivitäten

Fließt durch eine Induktivität ein veränderlicher Strom, so wird in ihr die EMK

$$e = -L \frac{di}{dt} \qquad (6.72)$$

induziert. Damit durch die Induktivität der angegebene Strom fließen kann, muß an ihren Klemmen die Spannung

$$u = -e = L \frac{di}{dt} \qquad (6.73)$$

anliegen. Ist der Strom ein sinusförmiger Wechselstrom

$$i = \hat{I} \sin \omega t, \tag{6.74}$$

dann ist

$$u = L \frac{\mathrm{d}i}{\mathrm{d}t} = \omega L \hat{I} \cos \omega t = \hat{U} \sin \left(\omega t + \frac{\pi}{2} \right) \tag{6.75}$$

mit

$$\hat{U} = \omega L \hat{I}. \tag{6.76}$$

Für die Effektivwerte gilt

$$U = \omega L I. \tag{6.77}$$

Die Spannung an den Klemmen der Induktivität eilt dem Strom um $\pi/2$, also um eine Viertelperiode, voraus. Die zeitlichen Verläufe der Spannung und des Stromes werden im Bild 6.11 a gezeigt.
Stellt man den sinusförmigen Wechselstrom und die sinusförmige Wechselspannung durch Zeiger dar, so eilt der Spannungszeiger $\underline{U}$ dem Stromzeiger $\underline{I}$ um $\pi/2$ voraus. Der Zeiger der Spannung und der Zeiger der EMK sind gleich groß, aber entgegengesetzt gerichtet.
Den Zeiger der Wechselspannung erhält man aus dem Zeiger des Wechselstroms, indem man ihn mit ωL multipliziert und entgegengesetzt dem Uhrzeigersinn um $\pi/2$ dreht. Bild 6.11 b zeigt das Zeigerdiagramm für diesen Fall.
Die komplexe Spannung beträgt

$$\underline{U} = \omega L \underline{I} \, \mathrm{e}^{\mathrm{j}(\pi/2)} = \mathrm{j}\omega L \underline{I}. \tag{6.78}$$

Der Augenblickswert der Leistung ist

$$p = ui = \hat{U} \sin \left(\omega t + \frac{\pi}{2} \right) \hat{I} \sin \omega t$$

$$= \frac{\hat{U}\hat{I}}{2} \sin 2\omega t = UI \sin 2\omega t. \tag{6.79}$$

Ihr Mittelwert über eine Periode ist

$$P = \frac{1}{T} \int_0^T p \, \mathrm{d}t = 0. \tag{6.80}$$

Der Momentanwert der Leistung ändert sich sinusförmig mit der Kreisfrequenz 2ω und schwankt zwischen den Werten $-UI$ und $+UI$. Hierbei ist die mittlere Leistung Null.
Die Energie des magnetischen Feldes ist

$$w_m = \frac{Li^2}{2} = \frac{L\hat{I}^2}{2} \sin^2 \omega t = \frac{LI^2}{2} (1 - \cos 2\omega t). \tag{6.81}$$

Sie ändert sich sinusförmig mit der Kreisfrequenz 2ω zwischen den Werten 0 und LI^2.
In der Viertelperiode, in der Strom und Spannung gleiche Richtung haben, wächst die Energie des magnetischen Feldes; sie wird im magnetischen Feld aufgespeichert. In der Viertelperiode, in der Strom und Spannung entgegengesetzte Richtung haben, wird die aufgespeicherte Energie der Stromquelle zurückgeliefert.

6.2.1.6. Das Ohmsche Gesetz in komplexer Darstellung

Unter dem komplexen Widerstand eines Kreisabschnitts versteht man das Verhältnis zwischen den komplexen Momentanwerten von Spannung und Strom in diesem Kreisabschnitt:

$$\underline{Z} = \frac{\underline{u}}{\underline{i}} = \frac{\underline{\hat{U}}\,e^{j\omega t}}{\underline{\hat{I}}\,e^{j\omega t}} = \frac{\underline{\hat{U}}}{\underline{\hat{I}}} = \frac{\underline{U}}{\underline{I}}. \tag{6.82}$$

Er ist gleich dem Verhältnis der komplexen Amplituden bzw. der komplexen Effektivwerte von Spannung und Strom. (6.82) kann man in folgende Form umschreiben:

$$\underline{Z} = \frac{U\,e^{j\varphi_u}}{I\,e^{j\varphi_i}} = \frac{U}{I}\,e^{j(\varphi_u-\varphi_i)} = Z\,e^{j\varphi}. \tag{6.83}$$

Der komplexe Widerstand hat den Betrag

$$Z = \frac{U}{I} \tag{6.84}$$

und den Winkel

$$\varphi = \varphi_u - \varphi_i. \tag{6.85}$$

Den komplexen Widerstand kann man auch in der Form

$$\underline{Z} = Z\cos\varphi + jZ\sin\varphi = R + jX \tag{6.86}$$

mit dem Realteil

$$R = Z\cos\varphi \tag{6.87}$$

und dem Imaginärteil

$$X = Z\sin\varphi \tag{6.88}$$

schreiben.
X ist positiv, wenn die Spannung dem Strom voreilt,

$$\varphi = \varphi_u - \varphi_i > 0, \tag{6.89}$$

d.h. $\varphi_u > \varphi_i$ ist, und negativ, wenn die Spannung dem Strom nacheilt,

$$\varphi = \varphi_u - \varphi_i < 0, \tag{6.90}$$

d.h. $\varphi_u < \varphi_i$ ist.
Den Betrag Z des komplexen Widerstands nennt man Scheinwiderstand oder Impedanz. Es gilt

$$Z = \sqrt{R^2 + X^2}, \tag{6.91}$$

$$\varphi = \arctan\frac{X}{R}. \tag{6.92}$$

Der Ausdruck

$$\underline{U} = \underline{Z}\,\underline{I} \tag{6.93}$$

stellt das Ohmsche Gesetz in komplexer Form dar. Es ist zu bemerken, daß $\underline{Z}$ kein Proportionalitätsfaktor zwischen den zeitlichen Augenblickswerten von Strom und Span-

nung ist. Er stellt einen Operator dar, der den Stromzeiger in den Spannungszeiger oder den komplexen Strom in die komplexe Spannung überführt.
Aus (6.93) folgt

$$\underline{U} = (R + \mathrm{j}X)\,\underline{I} = R\underline{I} + \mathrm{j}X\underline{I}. \tag{6.94}$$

Das Produkt des Stromes mit dem Realteil des Widerstands ergibt einen Spannungsanteil, der in Phase mit dem Strom ist. Dieser Spannungsanteil wird Wirkspannung genannt. In jedem Augenblick ist der Wert der Wirkspannung proportional dem jeweiligen Augenblickswert des Stromes. Der Proportionalitätsfaktor beträgt R. Einen Widerstand, der sich so verhält, nennt man einen Wirkwiderstand. R ist der Wirkanteil des komplexen Widerstands.
Das Produkt des Stromes mit dem Imaginärteil des komplexen Widerstands ergibt einen Spannungsanteil, der dem Strom, je nach dem Vorzeichen von X, um $\pi/2$ vor- bzw. nacheilt. In diesem Falle besteht offensichtlich keine Proportionalität zwischen den Augenblickswerten von Strom und Spannung. Widerstände, die sich so verhalten, nennt man Blindwiderstände. X stellt den Blindanteil des komplexen Widerstands dar. Bild 6.12a

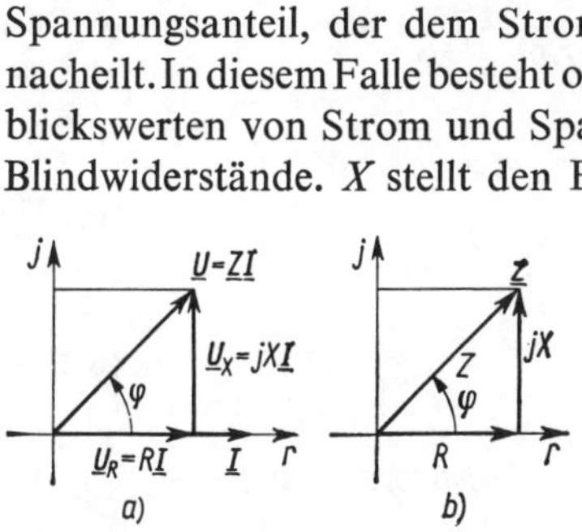

Bild 6.12

zeigt die beschriebenen Verhältnisse. $\underline{U}_R$, $\underline{U}_X$ und $\underline{U}$ bilden ein Dreieck – das Spannungsdreieck. Wenn wir alle Seiten des Spannungsdreiecks (Bild 6.12a) durch $\underline{I}$ dividieren, erhalten wir das Widerstandsdreieck. Die Hypotenuse des Widerstandsdreiecks gibt unter Berücksichtigung des Maßstabs den Scheinwiderstand des Kreises an, während die Katheten den Wirk- bzw. Blindwiderstand darstellen.
Bild 6.12b zeigt das Widerstandsdreieck.

6.2.1.7. Der komplexe Leitwert

Unter dem komplexen Leitwert $\underline{Y}$ eines Stromkreisabschnitts versteht man das Verhältnis des komplexen Augenblicks- oder Effektivwerts des Stromes, der durch diesen Abschnitt fließt, zu dem komplexen Augenblicks- oder Effektivwert der Spannung an den Klemmen desselben Abschnitts:

$$\underline{Y} = \frac{\underline{i}}{\underline{u}} = \frac{\underline{I}}{\underline{U}} = \frac{1}{\underline{Z}} = \frac{1}{Z\,\mathrm{e}^{\mathrm{j}\varphi}} = Y\,\mathrm{e}^{-\mathrm{j}\varphi}. \tag{6.95}$$

Es ist

$$\underline{I} = \underline{Y}\,\underline{U}. \tag{6.96}$$

(6.96) stellt eine andere Schreibweise des Ohmschen Gesetzes in komplexer Form dar. Es ist

$$\underline{Y} = Y\,\mathrm{e}^{-\mathrm{j}\varphi} = Y\cos\varphi - \mathrm{j}Y\sin\varphi = G + \mathrm{j}B \tag{6.97}$$

mit

$$G = Y\cos\varphi, \tag{6.98}$$

$$B = -Y\sin\varphi. \tag{6.99}$$

Y nennt man den Scheinleitwert, G den Wirkleitwert und B den Blindleitwert. Es gilt

$$Y = \sqrt{G^2 + B^2}, \tag{6.100}$$

$$\varphi = -\arctan \frac{B}{G}. \tag{6.101}$$

Im folgenden werden einige weitere Beziehungen zwischen komplexem Widerstand und komplexem Leitwert ermittelt. Es ist

$$\underline{Y} = \frac{1}{\underline{Z}} = \frac{1}{R + \mathrm{j}X} = \frac{R - \mathrm{j}X}{R^2 + X^2}$$

$$= \frac{R}{R^2 + X^2} - \mathrm{j}\,\frac{X}{R^2 + X^2} = \frac{R}{Z^2} - \mathrm{j}\,\frac{X}{Z^2} = G + \mathrm{j}B. \tag{6.102}$$

Hieraus folgt

$$G = \frac{R}{Z^2}, \tag{6.103}$$

$$B = -\frac{X}{Z^2}. \tag{6.104}$$

Wenn man die zwei letzten Gleichungen nach R und X auflöst, ergibt sich

$$R = Z^2 G = \frac{G}{Y^2}, \tag{6.105}$$

$$X = -Z^2 B = -\frac{B}{Y^2}. \tag{6.106}$$

Geht man in (6.96) mit Y in Komponentenform ein, dann ist

$$\underline{I} = G\underline{U} + \mathrm{j}B\underline{U} = \underline{I}_w + \mathrm{j}\underline{I}_B. \tag{6.107}$$

Das Produkt der Spannung mit dem Wirkleitwert ergibt einen Strom, der in Phase mit der Spannung ist. Man nennt ihn den Wirkstrom. Das Produkt der Spannung mit dem Blindleitwert ergibt einen Strom, der je nach dem Vorzeichen von B der Spannung um $\pi/2$ vor- bzw. nacheilt. Man nennt ihn den Blindstrom. Diese Ströme bilden ein Stromdreieck (Bild 6.13a).

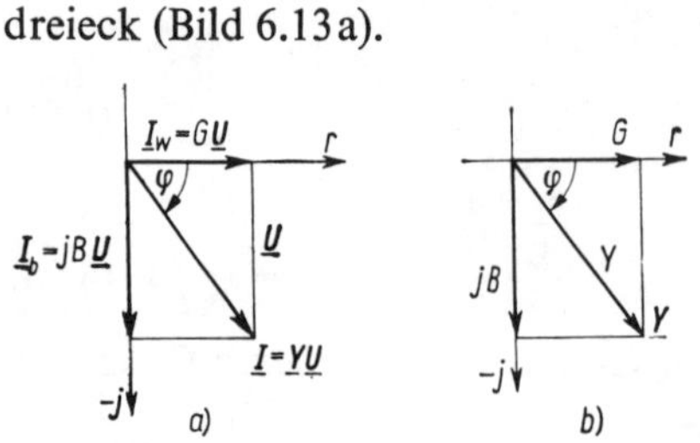

Bild 6.13

Die Hypotenuse dieses Dreiecks ergibt unter Berücksichtigung des Maßstabs den Betrag des Gesamtstroms des Kreises, während die Kateten den Wirk- bzw. Blindstrom darstellen. Dividiert man alle Seiten des Stromdreiecks durch $\underline{U}$, dann erhält man das Leitwertdreieck (Bild 6.13b).

6.2.2. Grundgesetze verzweigter Wechselstromnetzwerke

6.2.2.1. Der 1. Kirchhoffsche Satz in komplexer Form

In einem Knotenpunkt eines verzweigten Wechselstromkreises gilt für die Summe der Momentanwerte der Ströme nach dem 1. Kirchhoffschen Satz

$$\sum_n i_n = 0. \tag{6.108}$$

Für die Augenblickswerte sinusförmiger Wechselströme gilt bei bestimmter Wahl des Beginns der Zeitrechnung

$$i_n = \hat{I}_n \sin(\omega t + \varphi_n). \tag{6.109}$$

Diese Augenblickswerte sind den Imaginärteilen der entsprechenden komplexen Zeitfunktionen, die die Wechselströme darstellen, gleich:

$$\begin{aligned} \underline{i}_n &= \underline{\hat{I}}_n \, \mathrm{e}^{\mathrm{j}\omega t} = \hat{I}_n \, \mathrm{e}^{\mathrm{j}\varphi_n} \, \mathrm{e}^{\mathrm{j}\omega t} = \hat{I}_n \, \mathrm{e}^{\mathrm{j}(\omega t + \varphi_n)} \\ &= \hat{I}_n \cos(\omega t + \varphi_n) + \mathrm{j} \hat{I}_n \sin(\omega t + \varphi_n) \end{aligned} \tag{6.110}$$

oder

$$i_n = \mathrm{Im}\,[\underline{\hat{I}}_n \, \mathrm{e}^{\mathrm{j}\omega t}]. \tag{6.111}$$

Geht man mit (6.111) in (6.108) ein, dann erhält man

$$\sum_n \mathrm{Im}\,[\underline{\hat{I}}_n \, \mathrm{e}^{\mathrm{j}\omega t}] = 0. \tag{6.112}$$

Wenn man in demselben Fall die Zeitzählung um $T/4$ später beginnt, wird

$$\begin{aligned} i_n &= \hat{I}_n \sin\left[\omega\left(t + \frac{T}{4}\right) + \varphi_n\right] \\ &= \hat{I}_n \sin\left(\omega t + \varphi_n + \frac{\pi}{2}\right) = \hat{I}_n \cos(\omega t + \varphi_n). \end{aligned} \tag{6.113}$$

Die Gegenüberstellung von (6.110) und (6.113) zeigt, daß jetzt derselbe Strom durch den Realteil der komplexen Zeitfunktion darstellbar ist:

$$i_n = \mathrm{Re}\,[\underline{\hat{I}}_n \, \mathrm{e}^{\mathrm{j}\omega t}]. \tag{6.114}$$

Es gilt offensichtlich auch

$$\sum_n \mathrm{Re}\,[\underline{\hat{I}}_n \, \mathrm{e}^{\mathrm{j}\omega t}] = 0. \tag{6.115}$$

Wenn man (6.112) mit j multipliziert und mit (6.115) addiert, erhält man

$$\begin{aligned} \sum_n \mathrm{Re}\,[\underline{\hat{I}}_n \, \mathrm{e}^{\mathrm{j}\omega t}] + \mathrm{j} \sum_n \mathrm{Im}\,[\underline{\hat{I}} \, \mathrm{e}^{\mathrm{j}\omega t}] &= \sum_n \{\mathrm{Re}\,[\underline{\hat{I}}_n \, \mathrm{e}^{\mathrm{j}\omega t}] + \mathrm{j}\,\mathrm{Im}\,[\underline{\hat{I}}_n \, \mathrm{e}^{\mathrm{j}\omega t}]\} \\ &= \sum_n \underline{\hat{I}}_n \, \mathrm{e}^{\mathrm{j}\omega t} = 0. \end{aligned} \tag{6.116}$$

Nach Division durch $\sqrt{2}\,\mathrm{e}^{\mathrm{j}\omega t}$ folgt

$$\sum_n \underline{I}_n = 0. \tag{6.117}$$

6.2.2.2. Der 2. Kirchhoffsche Satz in komplexer Form

Für die Summe der Zweigspannungen einer Masche gilt für jeden Augenblickswert der 2. Kirchhoffsche Satz in der Form

$$\sum_{\lambda} u_{\lambda} = 0. \tag{6.118}$$

Analog der Herleitung des 1. Kirchhoffschen Satzes in komplexer Form folgt daraus bei Darstellung der sinusförmigen Spannungen durch komplexe Effektivwerte

$$\sum_{\lambda} \underline{U}_{\lambda} = 0. \tag{6.119}$$

Bild 6.14 zeigt eine derartige Masche eines Wechselstromnetzes. In dem Bild sind auch die als positiv angenommenen Richtungen der Ströme und der elektromotorischen Kräfte eingetragen. Die Spannung zwischen den Knotenpunkten a und b ist

$$\underline{U}_{ba} = \underline{U}_1 = \underline{E}_1 - \underline{Z}_1 \underline{I}_1. \tag{6.120}$$

Im allgemeinen kann der Zweig zwischen den Punkten a und b mehrere EMKs und mehrere Wirk- und Blindwiderstände enthalten. Dann ist

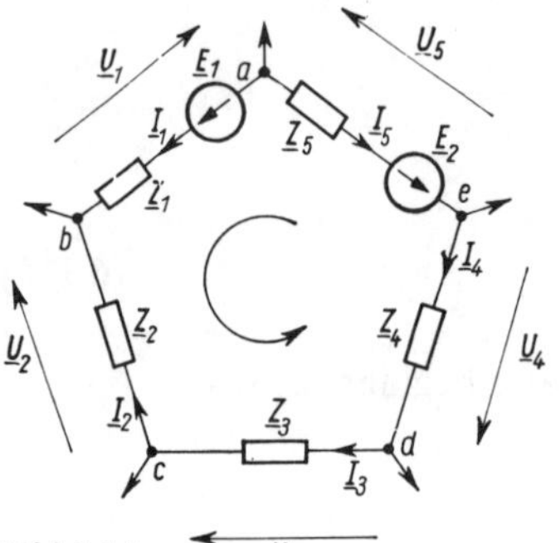

Bild 6.14

$$\underline{E}_1 = \sum_{n} \underline{E}_{1n} \tag{6.121}$$

und

$$\underline{Z}_1 = \sum_{n} R_{1n} + \sum_{n} \mathrm{j}\omega L_{1n} + \sum_{n} \frac{1}{\mathrm{j}\omega C_{1n}}. \tag{6.122}$$

Geht man mit (6.120) in (6.119) ein, so ergibt sich

$$\sum_{\lambda} \underline{E}_{\lambda} = \sum_{n} \underline{Z}_n \underline{I}_n. \tag{6.123}$$

(6.123) stellt den bekannten 2. Kirchhoffschen Satz in komplexer Form dar.

Wenn die positiv angenommene Richtung der Ströme und der elektromotorischen Kräfte mit der Umlaufrichtung zusammenfällt, sind die komplexen Ströme und die komplexen EMKs in dem 2. Kirchhoffschen Satz mit positivem Vorzeichen einzusetzen, im umgekehrten Fall mit negativem Vorzeichen.

6.2.3. Allgemeines über die Berechnung von Wechselstromnetzen

Das Ohmsche Gesetz in der komplexen Form,

$$\underline{U} = \underline{Z}\underline{I}, \tag{6.124}$$

der 1. Kirchhoffsche Satz in komplexer Form,

$$\sum_{n} \underline{I}_n = 0, \tag{6.125}$$

und der 2. Kirchhoffsche Satz in komplexer Form,

$$\sum_{\lambda} \underline{E}_{\lambda} = \sum_{n} \underline{Z}_n \underline{I}_n, \tag{6.126}$$

beschreiben die Beziehungen in Netzen, in denen sinusförmige Wechselströme fließen. Sie sind formal genauso aufgebaut wie die entsprechenden Ausdrücke, die für die Gleichstromnetze Gültigkeit haben. Aus diesem Grund können formal sämtliche Hilfssätze zur Berechnung der Gleichstromnetze, die wir früher begründet haben, sinngemäß auf die Wechselstromnetze übertragen werden. Hierzu gehören beispielsweise das Superpositionsprinzip, das Austauschprinzip, der Satz von der Ersatzquelle, die Umwandlung elektrischer Netze usw.

Eine volle Analogie der Behandlung von Gleichstrom- und Wechselstromnetzen besteht, wenn zwischen den einzelnen Zweigen des Netzes keine Gegeninduktion auftritt. Die Besonderheiten des anderen Falles wollen wir später behandeln (6.2.6.4.).

Bei der Behandlung der Gleichstromnetze können die Ströme und die Spannungen negativ erscheinen. Das ist dann der Fall, wenn die wirkliche Richtung mit der gewählten nicht übereinstimmt. Bei den Wechselstromnetzen ändern die Ströme und Spannungen periodisch ihre Richtungen. Die Willkür bei der Auswahl der positiven Richtungen kann sich deswegen nur auf ihre Phase auswirken. Dies findet in der Änderung der Richtung des entsprechenden Zeigers im Zeigerdiagramm seinen Ausdruck.

6.2.4. Grafische Methoden zur Behandlung von Wechselstromnetzwerken

6.2.4.1. Das topologische Zeigerdiagramm

Das topologische Zeigerdiagramm erlaubt uns, die Spannung zwischen beliebigen Punkten eines Netzes nach Größe und Phase zu ermitteln. Das Prinzip besteht darin, daß die Zeiger der Spannungsabfälle an den einzelnen Gliedern des Netzes in dem topologischen Zeigerdiagramm in der Reihenfolge aneinanderzureihen sind, in der die entsprechenden Elemente in dem behandelten Netz aufeinanderfolgen. Der Spannungszeiger von einem Punkt des Netzes bis zum anderen Ende eines anliegenden Netzelements ist gleich dem positiven bzw. dem negativen Spannungsabfall über diese Strecke, je nachdem, ob der Strom von dem Ausgangspunkt weg- oder zu ihm hinfließt. So entspricht jedem Punkt des Netzes ein bestimmter Punkt des Zeigerdiagramms. Die Konstruktion des topologischen Zeigerdiagramms wollen wir anhand von Bild 6.15 erklären.

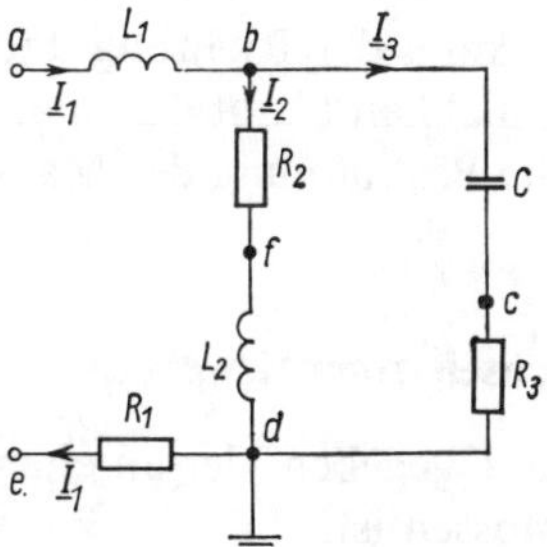

Bild 6.15

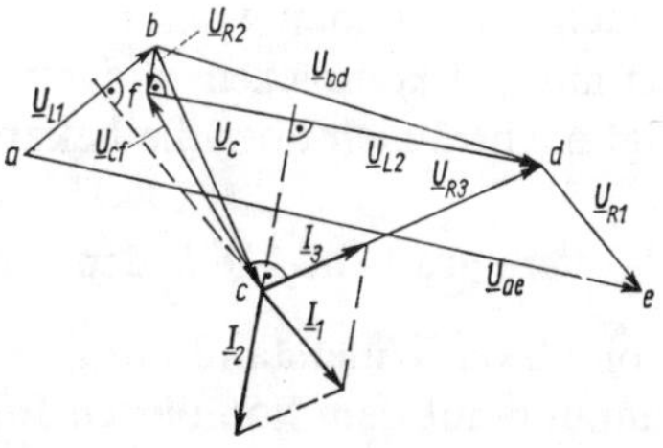

Bild 6.16

Wir wollen annehmen, daß die Elemente des Netzes und die Spannung am Eingang bekannt sind. Als Bezugspunkt wählen wir den Punkt *d* und zeichnen willkürlich nach Größe und Richtung den Strom $\underline{I}_3$ ein (Bild 6.16), der zum Punkt *d* fließt. Mit Hilfe von $\underline{I}_3$ können wir den Zeiger

$$\underline{U}_{R_3} = \underline{I}_3 R_3 \tag{6.127}$$

ermitteln und in das Diagramm einzeichnen, der dem Spannungszeiger $\underline{U}_{cd}$ entspricht. Jetzt ermitteln wir den Zeiger

$$\underline{U}_C = \frac{1}{j\omega C} \underline{I}_3 \tag{6.128}$$

und tragen ihn mit seiner Spitze am Punkt c an. Auf diese Weise gelangen wir zum Punkt b. Die Verbindungslinie b–d gibt nach Größe und Richtung den Spannungszeiger $\underline{U}_{bd}$ an. Nun können wir den Strom $\underline{I}_2$ ermitteln:

$$\underline{I}_2 = \frac{\underline{U}_{bd}}{R_2 + j\omega L_2} = \underline{U}_{bd}\left(\frac{R_2}{Z_2^2} - j\,\frac{\omega L_2}{Z_2^2}\right). \tag{6.129}$$

Hiermit läßt sich auch der Strom $\underline{I}_1$ bestimmen:

$$\underline{I}_1 = \underline{I}_2 + \underline{I}_3 . \tag{6.130}$$

Der Spannungsabfall an der Induktivität L_1 beträgt

$$\underline{U}_{L_1} = j\omega L_1 \underline{I}_1 . \tag{6.131}$$

Wenn wir ihn zu $\underline{U}_{bd}$ addieren, gelangen wir zu dem Punkt a. Die Verbindungslinie a–d gibt nach Größe und Richtung die Spannung $\underline{U}_{ad}$ zwischen den Punkten a und d an. Der Spannungsabfall an dem Widerstand R_1 beträgt

$$\underline{U}_{R_1} = \underline{I}_1 R_1 . \tag{6.132}$$

Wenn wir ihn im Punkt d ansetzen, gelangen wir zu dem Punkt e. Die Verbindungslinie a–e gibt nach Größe und Richtung die gegebene Eingangsspannung an. Durch maßstäblichen Vergleich dieser Spannung mit den übrigen Spannungen lassen sich die jeweiligen Spannungswerte zahlenmäßig angeben.
Die Lage des Punktes f ermitteln wir, indem wir in b in Richtung von $\underline{I}_2$

$$\underline{U}_{R_2} = \underline{I}_2 R_2 \tag{6.133}$$

ansetzen. Nun kann man aus dem so aufgestellten Diagramm den Betrag und die Phase aller auftretenden Spannungen ablesen. So z.B. gibt die Verbindungslinie c–f der Größe und der Phase nach die Spannung $\underline{U}_{cf}$ an.
Die Wahl des ersten Stromes (in unserem Falle des Stromes $\underline{I}_3$) kann der Richtung und der Größe nach vollkommen willkürlich erfolgen; denn die Ähnlichkeit bleibt durch die Operationen mit den komplexen Widerständen erhalten, und die Bestimmung des Maßstabes erfolgt nachträglich über die bekannte Spannung.

6.2.4.2. Weitere grafische Methoden zur Behandlung von Wechselstromnetzwerken

Es sei ein komplexer Widerstand mit den Komponenten R und X gegeben, der an einer Wechselspannung mit dem komplexen Effektivwert $\underline{U}$ angeschlossen ist.
Wir zeichnen (Bild 6.17) senkrecht aufeinander zwei Abschnitte mit den Längen

$$\overline{0A} = \frac{U}{R} \quad \text{und} \quad \overline{0B} = \frac{U}{X}.$$

Von 0 fällen wir auf $\overline{AB}$ das Lot, das $\overline{AB}$ in C schneidet. Es gilt

$$\overline{0C} = \frac{U}{R}\cos\varphi = I, \tag{6.134}$$

$$\overline{0C} = \frac{U}{X}\sin\varphi = I. \tag{6.135}$$

Der Beweis für die Richtigkeit der nachfolgenden Konstruktionsmethode kann aus diesen Gleichungen ((6.134) und (6.135)) gegeben werden. Es ist

$$U \cos \varphi = IR, \tag{6.136}$$

$$U \sin \varphi = IX. \tag{6.137}$$

Quadriert man nun (6.136) und (6.137) und addiert sie miteinander, so erhält man

$$I^2 (R^2 + X^2) = U^2 \tag{6.138}$$

bzw.

$$I = \frac{U}{\sqrt{R^2 + X^2}}. \tag{6.139}$$

Dieser Strom entspricht dem der angegebenen Schaltung (Bild 6.17). Den Größen $\overline{0A}$, $\overline{0B}$ und $\overline{0C}$ ist keine physikalische Bedeutung beizumessen.

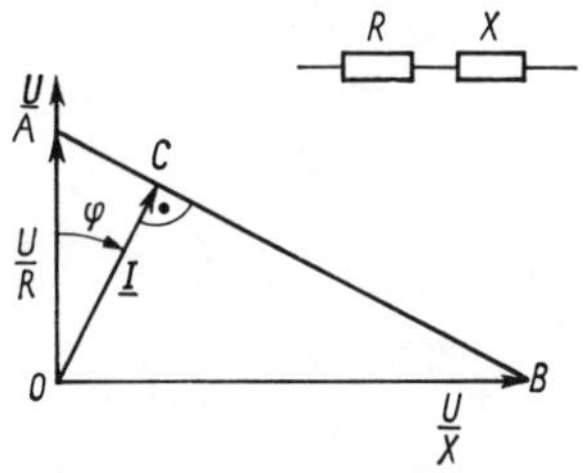

Bild 6.17

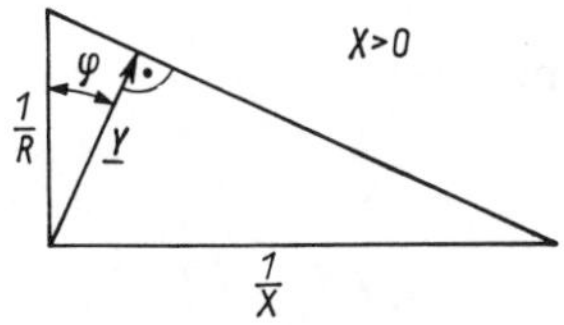

Bild 6.18

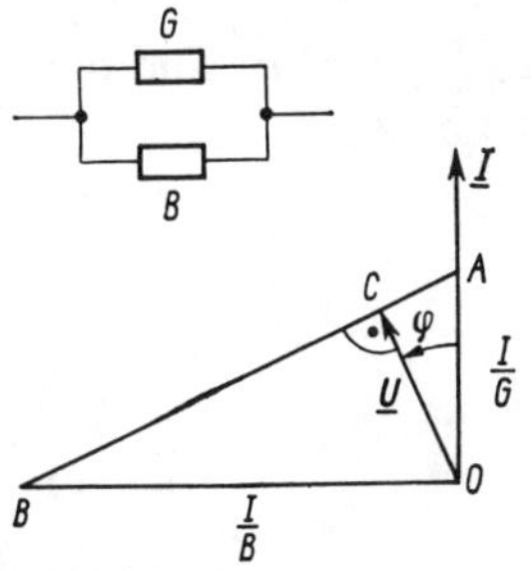

Bild 6.19

Legt man U in Richtung von $\overline{0A}$, so kann man mit den angeführten Konstruktionen sofort I und φ angeben.
Wenn wir nun alle Längen durch U dividieren, erhalten wir die Konstruktion, die im Bild 6.18 gezeigt wird. Diese Konstruktion ermöglicht es, Y und φ aus R und X zu ermitteln. Wenn wir zwei senkrecht zueinander stehende Abschnitte $\overline{0A} = I/G$ und $\overline{0B} = I/B$ zeichnen (Bild 6.19) und auf die Verbindungslinie $\overline{AB}$ von 0 das Lot fällen, dann finden wir

$$\overline{0C} = \frac{I}{G} \cos \varphi = U, \tag{6.140}$$

$$\overline{0C} = \frac{I}{B} \sin \varphi = U. \tag{6.141}$$

Der Beweis der Methode kann analog dem ersten geführt werden.

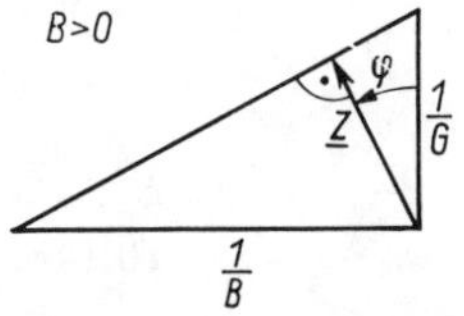

Bild 6.20

Liegt $\underline{I}$ in Richtung von $\overline{0A}$, dann gibt $\overline{0C}$ nach Größe und Richtung die Spannung $\underline{U}$ an. Wenn wir alle Längen in der letzten Abbildung durch I dividieren, erhalten wir Bild 6.20. Es zeigt uns, wie man aus gegebenem Wirk- und Blindleitwert den komplexen Widerstand nach Größe und Richtung bestimmen kann.

6.2.5. Einfache Beispiele zur Behandlung von Wechselstromschaltungen

6.2.5.1. Reihenschaltung von Widerständen, Induktivitäten und Kapazitäten

Ein allgemeiner unverzweigter Wechselstromkreis besteht aus in Reihe geschalteten Widerständen, Induktivitäten und Kapazitäten. Die gleichartigen Elemente des Stromkreises kann man zusammenfassen, so daß man für den Stromkreis ein einfaches Ersatzschaltbild (Bild 6.21) aufstellen kann. Wir wollen annehmen, daß durch den Stromkreis ein sinusförmiger Wechselstrom

$$i = \hat{I} \sin(\omega t + \varphi_i) \tag{6.142}$$

fließt. Nach dem Kirchhoffschen Satz ist der Augenblickswert der Spannung an den Klemmen der Reihenschaltung von R, L und C

$$u = u_R + u_L + u_C. \tag{6.143}$$

u_R, u_L und u_C sind die jeweiligen Augenblickswerte der Teilspannungen an R, L und C. Nun ist

$$u_R = Ri = R\hat{I} \sin(\omega t + \varphi_i) = \hat{U}_R \sin(\omega t + \varphi_i), \tag{6.144}$$

$$\begin{aligned} u_L &= L\frac{\mathrm{d}i}{\mathrm{d}t} = \omega L\hat{I} \sin\left(\omega t + \varphi_i + \frac{\pi}{2}\right) \\ &= \hat{U}_L \sin\left(\omega t + \varphi_i + \frac{\pi}{2}\right), \end{aligned} \tag{6.145}$$

$$\begin{aligned} u_C &= \frac{1}{C}\int i\,\mathrm{d}t = \frac{1}{\omega C}\hat{I} \sin\left(\omega t + \varphi_i - \frac{\pi}{2}\right) \\ &= \hat{U}_C \sin\left(\omega t + \varphi_i - \frac{\pi}{2}\right). \end{aligned} \tag{6.146}$$

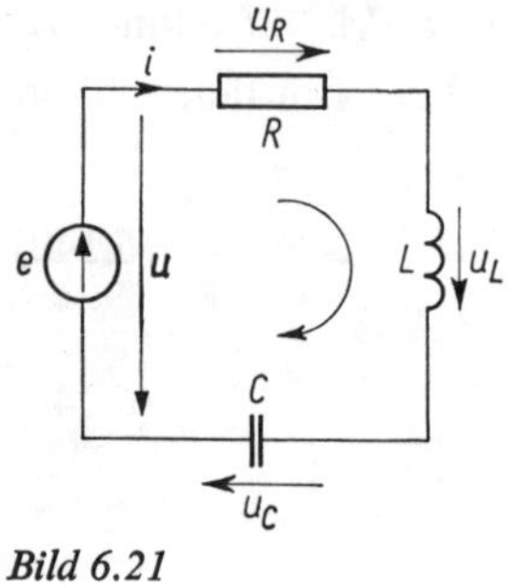

Bild 6.21

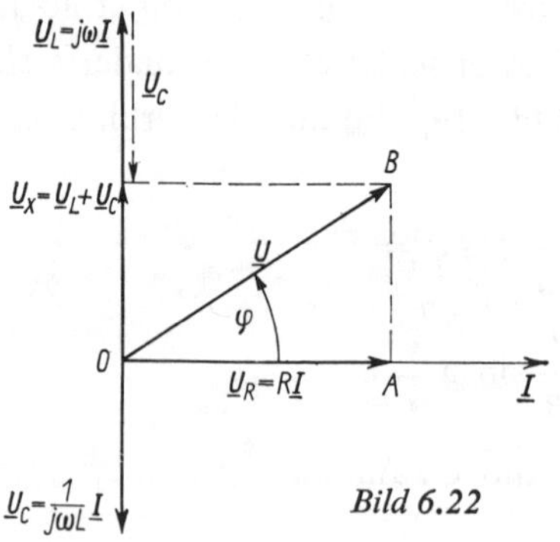

Bild 6.22

Die komplexen Teilspannungen sind dann

$$\underline{u}_R = \hat{U}_R\,\mathrm{e}^{\mathrm{j}\varphi_i}\,\mathrm{e}^{\mathrm{j}\omega t} = \hat{\underline{U}}_R\,\mathrm{e}^{\mathrm{j}\omega t}, \tag{6.147}$$

$$\underline{u}_L = \hat{U}_L\,\mathrm{e}^{\mathrm{j}(\varphi_i + (\pi/2))}\,\mathrm{e}^{\mathrm{j}\omega t} = \hat{\underline{U}}_L\,\mathrm{e}^{\mathrm{j}\omega t}, \tag{6.148}$$

$$\underline{u}_C = \hat{U}_C\,\mathrm{e}^{\mathrm{j}(\varphi_i - (\pi/2))}\,\mathrm{e}^{\mathrm{j}\omega t} = \hat{\underline{U}}_C\,\mathrm{e}^{\mathrm{j}\omega t}. \tag{6.149}$$

Die Augenblickswerte der Teilspannungen sind gleich den Imaginärteilen ihrer komplexen Spannungen. Setzt man sie in (6.143) ein, dann erhält man

$$u = \mathrm{Im}\,[\hat{\underline{U}}_R\,\mathrm{e}^{\mathrm{j}\omega t}] + \mathrm{Im}\,[\hat{\underline{U}}_L\,\mathrm{e}^{\mathrm{j}\omega t}] + \mathrm{Im}\,[\hat{\underline{U}}_C\,\mathrm{e}^{\mathrm{j}\omega t}]. \tag{6.150}$$

Die Summe der Imaginärteile komplexer Zahlen ist gleich dem Imaginärteil der Summe der komplexen Zahlen:

$$u = \text{Im}\left[(\hat{\underline{U}}_R + \hat{\underline{U}}_L + \hat{\underline{U}}_C)\, e^{j\omega t}\right] = \text{Im}\left[\hat{\underline{U}}\, e^{j\omega t}\right]. \tag{6.151}$$

Die letzte Gleichung zeigt, daß die Spannung an den Klemmen einer Reihenschaltung von Widerständen, Induktivitäten und Kapazitäten bei sinusförmigem Strom ebenfalls eine sinusförmige Zeitfunktion mit derselben Kreisfrequenz ist. Die komplexe Amplitude der Spannung an der Reihenschaltung ist gleich der Summe der komplexen Amplituden der Teilspannungen:

$$\hat{\underline{U}} = \hat{\underline{U}}_R + \hat{\underline{U}}_L + \hat{\underline{U}}_C. \tag{6.152}$$

Der komplexe Effektivwert der Spannung an der Reihenschaltung ist gleich der Summe der komplexen Effektivwerte der Teilspannungen,

$$\underline{U} = \underline{U}_R + \underline{U}_L + \underline{U}_C, \tag{6.153}$$

d.h.

$$\begin{aligned} \underline{U} &= RI\, e^{j\varphi_i} + \omega LI\, e^{j(\varphi_i + (\pi/2))} + \frac{1}{\omega C} I\, e^{j(\varphi_i - (\pi/2))} \\ &= R\underline{I} + j\omega L\underline{I} + \frac{1}{j\omega C}\underline{I} \\ &= R\underline{I} + j\left(\omega L - \frac{1}{\omega C}\right)\underline{I} = R\underline{I} + jX\underline{I} = \underline{U}_R + \underline{U}_X. \end{aligned} \tag{6.154}$$

Bild 6.22 zeigt die Konstruktion des Zeigers der Spannung $\underline{U}$. Der Stromzeiger und der Spannungszeiger schließen den Winkel φ ein. Der Winkel φ läßt sich aus

$$\varphi = \arctan \frac{\omega L - \dfrac{1}{\omega C}}{R} \tag{6.155}$$

bestimmen. Die Spannungskomponente $\underline{U}_R$ ist mit dem Strom in Phase. Die Spannungskomponente $\underline{U}_X$ eilt dem Strom, je nachdem, ob X ein positives oder ein negatives Vorzeichen besitzt, um $\pi/2$ vor bzw. nach. $\underline{U}_R$ nennt man die Wirkkomponente der Spannung, $\underline{U}_X$ die Blindkomponente der Spannung.

Die Zeiger der Gesamtspannung $\underline{U}$, der Wirkspannung $\underline{U}_R$ und der Blindspannung $\underline{U}_X$ bilden ein rechtwinkliges Dreieck *0AB*, das sogenannte Spannungsdreieck.

Aus dem Spannungsdreieck folgt unmittelbar

$$U^2 = U_R^2 + U_X^2 = R^2 I^2 + \left(\omega L - \frac{1}{\omega C}\right)^2 I^2, \tag{6.156}$$

$$I = \frac{U}{\sqrt{R^2 + \left(\omega L - \dfrac{1}{\omega C}\right)^2}}. \tag{6.157}$$

6.2.5.2. Parallelschaltung von Widerständen, Induktivitäten und Kapazitäten

Bild 6.23 zeigt die Parallelschaltung eines Widerstands, einer Induktivität und einer Kapazität. Wenn an den Klemmen dieser Parallelschaltung eine sinusförmige Wechselspannung wirkt, dann sind die Ströme in den einzelnen Schaltelementen ebenfalls sinusförmig. Nach dem Kirchhoffschen Gesetz gilt für die komplexen Wechselgrößen

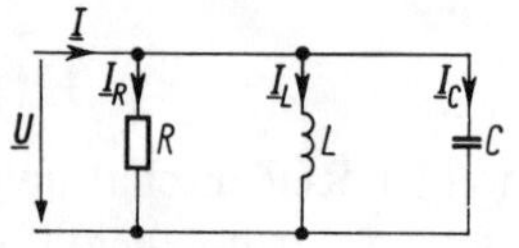

Bild 6.23

$$\underline{I} = \underline{I}_R + \underline{I}_L + \underline{I}_C, \tag{6.158}$$

$$\underline{I} = \frac{\underline{U}}{R} + \frac{\underline{U}}{\mathrm{j}\omega L} + \mathrm{j}\omega C\underline{U}. \tag{6.159}$$

Dabei bedeuten $\underline{I}_R$, $\underline{I}_L$ und $\underline{I}_C$ die komplexen Effektivwerte der Teilströme, $\underline{I}$ den komplexen Effektivwert des Gesamtstroms und $\underline{U}$ den komplexen Effektivwert der angelegten Wechselspannung:

$$\underline{I} = \left(\frac{1}{R} + \frac{1}{\mathrm{j}\omega L} + \mathrm{j}\omega C\right)\underline{U} = \underline{Y}\underline{U}, \tag{6.160}$$

$$\underline{Y} = \frac{1}{R} - \mathrm{j}\left(\frac{1}{\omega L} - \omega C\right) = G + \mathrm{j}B \tag{6.161}$$

mit

$$G = \frac{1}{R}, \tag{6.162}$$

$$B = \omega C - \frac{1}{\omega L} = B_C + B_L, \tag{6.163}$$

wobei

$$B_L = -\frac{1}{\omega L} = -\frac{1}{X_L} \tag{6.164}$$

und

$$B_C = \omega C = -\frac{1}{X_C} \tag{6.165}$$

bedeuten. Bild 6.24 zeigt die Konstruktion des Zeigers des gesamten Stromes aus dem Zeiger der Spannung. Strom und Spannung schließen einen Winkel φ ein. Der Betrag dieses Winkels ist

$$\varphi = \arctan\frac{B}{G}. \tag{6.166}$$

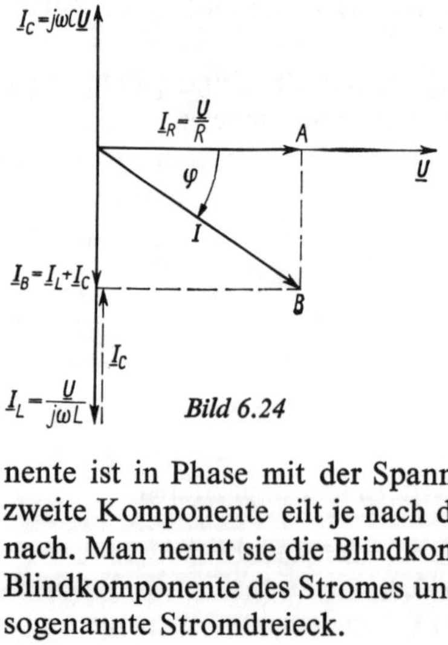

Bild 6.24

Ist $B_L + B_C < 0$, dann ist $\varphi < 0$; der Kreis verhält sich wie eine Induktivität. Ist $B_L + B_C > 0$, dann ist $\varphi > 0$, und der Kreis verhält sich wie eine Kapazität. Ist zuletzt $B_L + B_C = 0$, dann ist $\varphi = 0$; der Kreis verhält sich wie ein Wirkleitwert.

Der Zeiger des Gesamtstroms ist im Bild 6.24 in zwei Komponenten zerlegt, von denen die eine die gleiche Richtung wie der Spannungszeiger hat, die andere dagegen senkrecht zu ihr steht. Die erste Komponente ist in Phase mit der Spannung. Man nennt sie die Wirkstromkomponente. Die zweite Komponente eilt je nach dem Vorzeichen von B der Spannung um $\pi/2$ vor bzw. nach. Man nennt sie die Blindkomponente des Stromes. Wirkkomponente des Stromes, Blindkomponente des Stromes und Gesamtstrom bilden ein rechtwinkliges Dreieck, das sogenannte Stromdreieck.

Aus dem Stromdreieck folgt

$$I = \sqrt{I_R^2 + I_B^2}, \tag{6.167}$$

$$I_R = I \cos \varphi, \tag{6.168}$$

$$I_B = I \sin \varphi. \tag{6.169}$$

Wenn wir alle Seiten des Stromdreiecks durch $\underline{U}$ dividieren, erhalten wir das Leitwertdreieck. Es stellt ein rechtwinkliges Dreieck dar, dessen Hypotenuse in irgendeinem Maßstab den Scheinleitwert angibt und dessen Katheten in demselben Maßstab den Wirk- bzw. den Blindleitwert bedeuten.

6.2.5.3. Allgemeine Reihenschaltung

Wir wollen n beliebige, in Reihe geschaltete komplexe Widerstände (Bild 6.25) betrachten. Wenn wir im folgenden von einer Wechselgröße, beispielsweise der Wechselspannung, sprechen, so meinen wir damit eine zeitlich sinusförmig veränderliche Wechselgröße, die durch den entsprechenden komplexen Effektivwert gekennzeichnet ist.

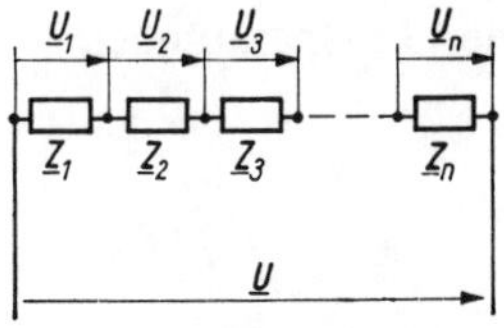

Bild 6.25

Wird die gezeigte Schaltung an eine Wechselspannung $\underline{U}$ angeschlossen, so beginnt ein Wechselstrom $\underline{I}$ zu fließen, und an den Klemmen der komplexen Widerstände stellen sich bestimmte Spannungsabfälle ein. Es gilt entsprechend (6.119)

$$\underline{U} = \underline{U}_1 + \underline{U}_2 + \dots + \underline{U}_\lambda + \dots + \underline{U}_n. \tag{6.170}$$

Die Spannungsabfälle kann man in ihre Wirk- und Blindanteile zerlegen:

$$\underline{U} = \sum_\lambda \underline{U}_{\lambda R} + \sum_\lambda \underline{U}_{\lambda X}. \tag{6.171}$$

Nun ist aber

$$\underline{U}_{\lambda R} = R_\lambda \underline{I}, \tag{6.172}$$

$$\underline{U}_{\lambda X} = \mathrm{j} X_\lambda \underline{I}. \tag{6.173}$$

Damit geht (6.171) in

$$\underline{U} = \underline{I} \sum_\lambda R_\lambda + \underline{I} \sum_\lambda \mathrm{j} X_\lambda = \underline{I} \left(\sum_\lambda R_\lambda + \sum_\lambda \mathrm{j} X_\lambda\right) = \underline{I} \sum_\lambda \underline{Z}_\lambda \tag{6.174}$$

über. Hieraus folgt

$$\underline{Z} = \frac{\underline{U}}{\underline{I}} = \sum_\lambda \underline{Z}_\lambda, \tag{6.175}$$

$$\underline{Z} = R + \mathrm{j}X = \sum_\lambda R_\lambda + \mathrm{j} \sum_\lambda X_\lambda. \tag{6.176}$$

Die Phasenverschiebung zwischen Strom und Spannung beträgt

$$\varphi = \arctan \frac{\sum_\lambda X_\lambda}{\sum_\lambda R_\lambda}, \tag{6.177}$$

der Scheinwiderstand

$$Z = \sqrt{\left(\sum_\lambda R_\lambda\right)^2 + \left(\sum_\lambda X_\lambda\right)^2}. \tag{6.178}$$

Für die Leistungen gilt 6.2.7. Die Wirkleistung ist

$$P = UI \cos \varphi = RI^2 = I^2 \sum_\lambda R_\lambda = \sum_\lambda P_\lambda, \tag{6.179}$$

die Blindleistung

$$N = UI \sin \varphi = XI^2 = I^2 \sum_\lambda X_\lambda = \sum_\lambda N_\lambda. \tag{6.180}$$

Die gesamte Scheinleistung an den Eingangsklemmen der Schaltung ist nicht gleich der Summe der Scheinleistungen der einzelnen Kreiselemente; denn der Effektivwert der gesamten Spannung ist nicht gleich der Summe der Effektivwerte der Teilspannungen.

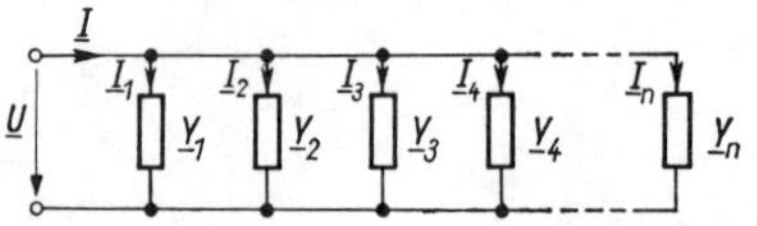

Bild 6.26

6.2.5.4. Allgemeine Parallelschaltung

Bild 6.26 zeigt die Parallelschaltung von beliebig vielen Elementen mit bekannten komplexen Leitwerten. Nach dem 1. Kirchhoffschen Satz gilt

$$\underline{I} = \underline{I}_1 + \underline{I}_2 + \dots + \underline{I}_n. \tag{6.181}$$

Die Teilströme kann man in Wirk- und Blindströme zusammenfassen:

$$\underline{I} = \sum_\lambda \underline{I}_{\lambda R} + \sum_\lambda \underline{I}_{\lambda B}. \tag{6.182}$$

Mit

$$\underline{I}_{\lambda R} = G_\lambda \underline{U}, \tag{6.183}$$

$$\underline{I}_{\lambda B} = \mathrm{j} B_\lambda \underline{U} \tag{6.184}$$

geht (6.182) in

$$\underline{I} = \underline{U} \sum_\lambda G_\lambda + \underline{U} \sum_\lambda \mathrm{j} B_\lambda = \underline{U} \left(\sum_\lambda G_\lambda + \mathrm{j} \sum_\lambda B_\lambda\right) = \underline{U} \sum_\lambda \underline{Y}_\lambda = \underline{U}\underline{Y} \tag{6.185}$$

über. Y stellt den gesamten komplexen Leitwert dar. Es ist

$$\underline{Y} = G + \mathrm{j}B = \sum_\lambda \underline{Y}_\lambda, \tag{6.186}$$

$$G = \sum_\lambda G_\lambda, \tag{6.187}$$

$$B = \sum_\lambda B_\lambda. \tag{6.188}$$

Die Phasenverschiebung zwischen Strom und Spannung beträgt

$$\varphi = \arctan \frac{\sum_\lambda B_\lambda}{\sum_\lambda G_\lambda}. \tag{6.189}$$

Die Wirkleistung ist

$$P = UI\cos\varphi = GU^2 = U^2 \sum_\lambda G_\lambda = \sum_\lambda P_\lambda. \tag{6.190}$$

Die Blindleistung beträgt

$$N = UI\sin\varphi = BU^2 = U^2 \sum_\lambda B_\lambda = \sum_\lambda N_\lambda. \tag{6.191}$$

Die gesamte Scheinleistung der Schaltung ist nicht gleich der Summe der Scheinleistungen der einzelnen Elemente; denn der Effektivwert des gesamten Stromes ist nicht gleich der Summe der Effektivwerte der Teilströme.

6.2.5.5. Der passive Zweipol

In der Wechselstromtechnik versteht man unter einem passiven Zweipol ein beliebig gestaltetes Netzwerk, das Widerstände, Spulen und Kondensatoren, aber keine Energiequellen enthält und zwei Anschlußklemmen besitzt.
Der Strom und die Spannung am Eingang des passiven Zweipols sind durch das Ohmsche Gesetz in komplexer Form verbunden. Wenn Strom und Spannung gegeben sind, so kann man den komplexen Widerstand bzw. den komplexen Leitwert ermitteln.
Der komplexe Widerstand läßt sich in Real- und Imaginärteil zerlegen. Auf diese Weise kann man für jeden beliebigen passiven Zweipol eine Reihenschaltung eines Wirk- und eines Blindwiderstands als Ersatzschaltbild aufstellen. Der komplexe Leitwert läßt sich ebenfalls in den Realteil und den Imaginärteil zerlegen, die die Darstellung jedes beliebigen Zweipols durch eine Parallelschaltung eines Wirk- und eines Blindleitwerts ermöglichen.

6.2.6. Behandlung von Netzwerken mit induktiver Kopplung zwischen einzelnen Netzzweigen

6.2.6.1. Kennzeichnung der Spulenanschlüsse

Wir wollen zwei Spulen betrachten, zwischen denen eine induktive Kopplung besteht. Die Spulenströme seien i_1 und i_2. Hinsichtlich der Stromrichtungen durch die Spulen muß man zwei Fälle unterscheiden. Im ersten Fall sind in jeder der zwei Spulen der Induktionsfluß (Ψ_{11} bzw. Ψ_{22}) und der Fluß infolge der Gegeninduktivität (Ψ_{12} bzw. Ψ_{21}) gleich gerichtet, so daß sie sich addieren. Im zweiten Fall sind in jeder der zwei Spulen der Induktionsfluß (Ψ_{11} bzw. Ψ_{22}) und der Fluß infolge der Gegeninduktivität (Ψ_{12} bzw. Ψ_{21}) entgegengesetzt gerichtet, d.h., sie subtrahieren sich. Wenn die Stromrichtung in bezug auf die Klemmen bei der einen Spule festgelegt ist, dann stellt sich der erste oder der zweite Fall ein, je nachdem, wie die Stromrichtung in bezug auf die Klemmen der zweiten Spule und wie der Wickelsinn der zweiten Spule ist. Es ist zweckmäßig, bei der Behandlung solcher Fälle die eine der beiden Spulenklemmen mit einem Punkt (•) zu kennzeichnen. Die Bezeichnung führt man so durch, daß bei gleicher Stromrichtung in bezug auf die gekennzeichneten Spulenklemmen die Induktionsflüsse der Spulen und die Flüsse infolge der Gegeninduktivität gleich gerichtet sind und sich in jeder der beiden Spulen addieren.

6.2.6.2. Reihenschaltung zweier Spulen mit induktiver Kopplung

Bild 6.27a zeigt zwei Spulen mit den komplexen Widerständen

$$\underline{Z}_1 = R_1 + j\omega L_1 \tag{6.192}$$

und

$$\underline{Z}_2 = R_2 + j\omega L_2, \tag{6.193}$$

zwischen denen die Gegeninduktivität M besteht. Ein Spulenende jeder Spule wurde entsprechend der obengenannten Festlegung mit einem Punkt gekennzeichnet. Diese zwei Spulen kann man auf zwei Arten in Reihe schalten. Bei der ersten Art (Bild 6.27b) verbindet man das gekennzeichnete Ende der ersten Spule mit dem nicht gekennzeichneten Ende der zweiten Spule. In diesem Fall hat der Strom in beiden Spulen dieselbe Richtung in bezug auf ihre gleichnamigen Klemmen.

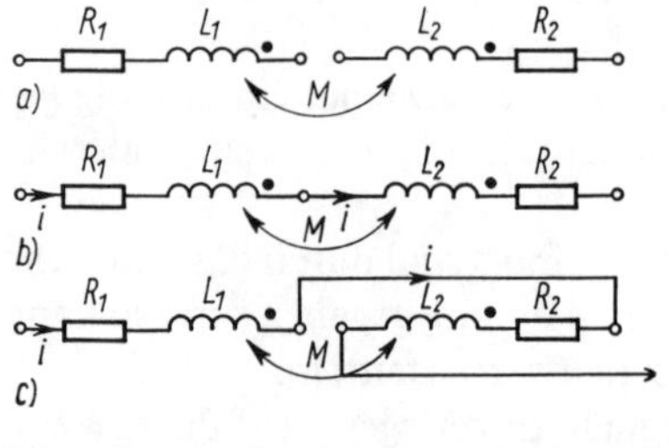

Bild 6.27

Man kann aber auch das mit einem Punkt gekennzeichnete Ende der ersten Spule mit dem gleichen Ende der zweiten Spule verbinden (Bild 6.27c). Dann hat der Strom in beiden Spulen in bezug auf ihre gleichnamigen Klemmen verschiedene Richtung. Im ersten Fall addieren sich die Induktionsflüsse und die Flüsse infolge der Gegeninduktivität, im zweiten werden sie voneinander subtrahiert.
Im ersten Fall ist

$$\Psi_1 = \Psi_{11} + \Psi_{12} = L_1 i + Mi, \tag{6.194}$$

$$\Psi_2 = \Psi_{22} + \Psi_{21} = L_2 i + Mi. \tag{6.195}$$

Die Gesamtinduktivität beträgt

$$L = \frac{\Psi}{i} = \frac{\Psi_1 + \Psi_2}{i} = L_1 + L_2 + 2M. \tag{6.196}$$

Bei der zweiten Schaltungsart ist

$$\Psi_1 = \Psi_{11} - \Psi_{12} = L_1 i - Mi, \tag{6.197}$$

$$\Psi_2 = \Psi_{22} - \Psi_{21} = L_2 i - Mi \tag{6.198}$$

und die Gesamtinduktivität

$$L = \frac{\Psi}{i} = \frac{\Psi_1 + \Psi_2}{i} = L_1 + L_2 - 2M. \tag{6.199}$$

Allgemein ist also

$$L = L_1 + L_2 \pm 2M, \tag{6.200}$$

wobei sich das Pluszeichen auf die erste, das Minuszeichen auf die zweite Schaltungsart der Spulen bezieht.
Wenn der Kopplungsfaktor $k = 1$ ist, so wird laut (3.624)

$$L = L_1 + L_2 \pm 2\sqrt{L_1 L_2}. \tag{6.201}$$

Wenn außerdem noch $L_1 = L_2$ ist, so ist im ersten Fall die Gesamtinduktivität

$$L = 4L_1, \tag{6.202}$$

im zweiten Fall dagegen

$$L = 0. \tag{6.203}$$

Bei $k < 1$ ist immer $L > 0$.
In dem ersten Fall ist der Scheinwiderstand des Kreises größer als in dem zweiten. Diese Tatsache kann man dazu benutzen, durch Messung des Scheinwiderstands die Schaltungsart zu ermitteln.
Die Spannung an den Klemmen der ersten Spule beträgt

$$u_1 = R_1 i + L_1 \frac{di}{dt} \pm M \frac{di}{dt}. \tag{6.204}$$

Die Spannung an der zweiten Spule beträgt

$$u_2 = R_2 i + L_2 \frac{di}{dt} \pm M \frac{di}{dt}. \tag{6.205}$$

In komplexer Form lauten diese Gleichungen

$$\underline{U}_1 = R_1 \underline{I} + j\omega L_1 \underline{I} \pm j\omega M \underline{I}, \tag{6.206}$$

$$\underline{U}_2 = R_2 \underline{I} + j\omega L_2 \underline{I} \pm j\omega M \underline{I}. \tag{6.207}$$

Wir wollen nun annehmen, daß die Induktivität einer der zwei Spulen (beispielsweise L_2) kleiner als ihre Gegeninduktivität M ist und daß die zweite Schaltungsart vorliegt. Dann ist

$$L_2 < M, \tag{6.208}$$

$$\underline{U}_2 = R_2 \underline{I} + j\omega (L_2 - M) \underline{I} = R_2 \underline{I} - j\omega (M - L_2) \underline{I}, \tag{6.209}$$

$$M - L_2 > 0. \tag{6.210}$$

Folglich eilt die Spannung $\underline{U}_2$ dem Strom $\underline{I}_2$ in der Phase nach. Die zweite Spule verhält sich also wie eine Kapazität. Die gesamte Induktivität der Reihenschaltung ist jedoch größer als Null, so daß sich die Reihenschaltung von zwei Spulen immer wie eine Induktivität verhält. Der gesamte komplexe Widerstand beträgt

$$\underline{Z} = \frac{\underline{U}}{\underline{I}} = \frac{\underline{U}_1 + \underline{U}_2}{\underline{I}} = R_1 + j\omega L_1 + R_2 + j\omega L_2 \pm 2\,j\omega M$$

$$= R_1 + R_2 + j\omega (L_1 + L_2 \pm 2M). \tag{6.211}$$

6.2.6.3. Parallelschaltung zweier Spulen mit induktiver Kopplung

Wir wollen nun die Parallelschaltung zweier induktiver Widerstände

$$\underline{Z}_1 = R_1 + j\omega L_1 \tag{6.212}$$

und

$$\underline{Z}_2 = R_2 + j\omega L_2 \tag{6.213}$$

betrachten (Bild 6.28). Bei der Parallelschaltung bestehen ebenfalls die zwei besprochenen Fälle (Bild 6.28a bzw. b).

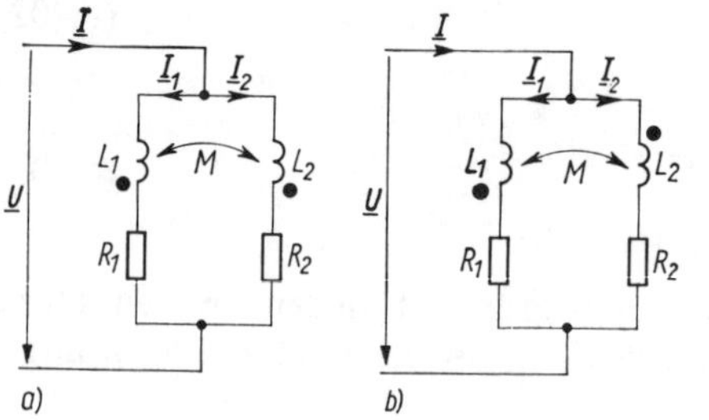

Bild 6.28

Es soll zunächst die erste Schaltungsart untersucht werden. Der Gesamtstrom beträgt

$$\underline{I}_1 = \underline{I}_1 + \underline{I}_2. \tag{6.214}$$

Es gilt ferner

$$\underline{U} = (R_1 + j\omega L_1)\,\underline{I}_1 + j\omega M \underline{I}_2, \tag{6.215}$$

$$\underline{U} = (R_2 + j\omega L_2)\,\underline{I}_2 + j\omega M \underline{I}_1. \tag{6.216}$$

Aus den beiden Gleichungen folgt

$$\underline{I}_1 = \frac{(R_2 + j\omega L_2) - j\omega M}{(R_1 + j\omega L_1)(R_2 + j\omega L_2) - (j\omega M)^2}\,\underline{U}, \tag{6.217}$$

$$\underline{I}_2 = \frac{(R_1 + j\omega L_1) - j\omega M}{(R_1 + j\omega L_1)(R_2 + j\omega L_2) - (j\omega M)^2}\,\underline{U}. \tag{6.218}$$

Der Gesamtstrom ist

$$\underline{I} = \underline{I}_1 + \underline{I}_2 = \frac{(R_1 + j\omega L_1) + (R_2 + j\omega L_2) - (j\omega 2M)}{(R_1 + j\omega L_1)(R_2 + j\omega L_2) - (j\omega M)^2}\,\underline{U}. \tag{6.219}$$

Der gesamte Widerstand beträgt

$$\underline{Z} = \frac{\underline{U}}{\underline{I}} = \frac{(R_1 + j\omega L_1)(R_2 + j\omega L_2) - (j\omega M)^2}{(R_1 + j\omega L_1) + (R_2 + j\omega L_2) - j\omega 2M}. \tag{6.220}$$

Für den Fall $M = 0$ ist, wie bereits bekannt,

$$\underline{Z} = \frac{(R_1 + j\omega L_1)(R_2 + j\omega L_2)}{(R_1 + j\omega L_1) + (R_2 + j\omega L_2)}. \tag{6.221}$$

Bei der zweiten Schaltungsart (Bild 6.28b) gilt ebenfalls

$$\underline{I} = \underline{I}_1 + \underline{I}_2, \tag{6.222}$$

und für die Spannung ergeben sich folgende Beziehungen:

$$\underline{U} = (R_1 + j\omega L_1)\,\underline{I}_1 - j\omega M \underline{I}_2, \tag{6.223}$$

$$\underline{U} = (R_2 + j\omega L_2)\,\underline{I}_2 - j\omega M \underline{I}_1. \tag{6.224}$$

Damit ist

$$\underline{I}_1 = \frac{(R_2 + j\omega L_2) + j\omega M}{(R_1 + j\omega L_1)(R_2 + j\omega L_2) - (j\omega M)^2}\,\underline{U} \tag{6.225}$$

und

$$\underline{I}_2 = \frac{(R_1 + j\omega L_1) + j\omega M}{(R_1 + j\omega L_1)(R_2 + j\omega L_2) - (j\omega M)^2}\,\underline{U}. \tag{6.226}$$

Der Gesamtstrom beträgt

$$\underline{I} = \underline{I}_1 + \underline{I}_2 = \frac{(R_1 + j\omega L_1) + (R_2 + j\omega L_2) + j\omega 2M}{(R_1 + j\omega L_1)(R_2 + j\omega L_2) - (j\omega M)^2}\,\underline{U} \tag{6.227}$$

und der Gesamtwiderstand

$$\underline{Z} = \frac{\underline{U}}{\underline{I}} = \frac{(R_1 + j\omega L_1)(R_2 + j\omega L_2) - (j\omega M)^2}{(R_1 + j\omega L_1) + (R_2 + j\omega L_2) + j\omega 2M}. \tag{6.228}$$

6.2.6.4. Behandlung von Netzwerken mit Gegeninduktivitäten zwischen den Zweigen

Wir wollen anhand eines Beispiels (Bild 6.29) zeigen, wie man Netzwerke behandelt, wenn zwischen einzelnen Zweigen des Netzes Gegeninduktivitäten bestehen.

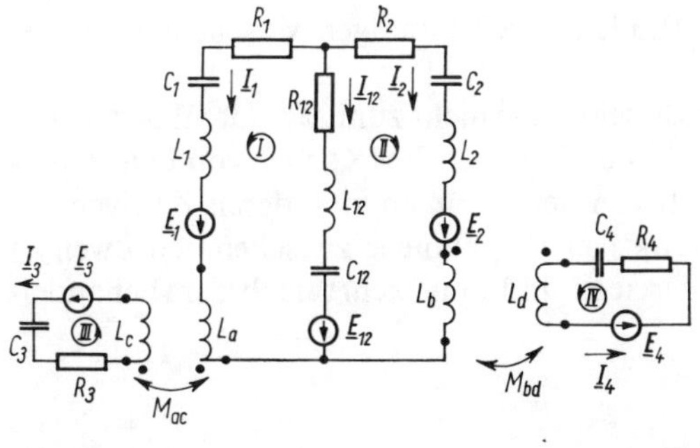

Bild 6.29

Die Behandlung erfolgt durch Anwendung der Kirchhoffschen Sätze. Es ist zweckmäßig, die Enden der Spulen, zwischen denen eine Gegeninduktivität besteht, in der bekannten Art zu kennzeichnen.

Bei der Aufstellung der Gleichung nach dem 2. Kirchhoffschen Satz müssen die elektromotorischen Kräfte, die infolge der Gegeninduktion entstehen, als Spannungsabfälle betrachtet werden.

Eine solche Spannung, die beispielsweise in dem Zweig λ durch den Zweig ν hervorgerufen wird, ist

$$\underline{U}_\lambda = \pm j\omega M_{\lambda\nu} \underline{I}_\nu, \tag{6.229}$$

wenn $M_{\lambda\nu}$ die Gegeninduktivität zwischen den Zweigen λ und ν ist.
Die Spulen in den Zweigen λ und ν, zwischen denen die Gegeninduktivität $M_{\lambda\nu}$ besteht, seien L_λ und L_ν. Wenn die Umlaufsrichtung in der betrachteten Masche in bezug auf die gekennzeichneten Klemmen der Spule L_λ dieselbe ist wie die der positiv gewählten Richtung des Stromes $\underline{I}_\nu$ in bezug auf die Klemmen von L_ν, dann ist $\underline{U}_\lambda$ als positiv anzusehen. Im entgegengesetzten Fall ist $\underline{U}_\lambda$ mit negativem Vorzeichen einzusetzen. In dem im Bild 6.29 gezeigten Netzwerk gilt

$$\underline{I}_1 + \underline{I}_2 + \underline{I}_{12} = 0, \tag{6.230}$$

$$R_1\underline{I}_1 + \frac{\underline{I}_1}{j\omega C_1} + j\omega L_1\underline{I}_1 + j\omega L_a\underline{I}_1 - j\omega M_{ac}\underline{I}_3 - \frac{\underline{I}_{12}}{j\omega C_{12}} - j\omega L_{12}\underline{I}_{12} - R_{12}\underline{I}_{12} = \underline{E}_1 - \underline{E}_{12}, \tag{6.231}$$

$$R_2\underline{I}_2 + \frac{\underline{I}_2}{j\omega C_2} + j\omega L_2\underline{I}_2 + j\omega L_b\underline{I}_2 + j\omega M_{bd}\underline{I}_4 - \frac{\underline{I}_{12}}{j\omega C_{12}} - j\omega L_{12}\underline{I}_{12} - R_{12}\underline{I}_{12} = \underline{E}_2 - \underline{E}_{12}, \tag{6.232}$$

$$\frac{\underline{I}_3}{j\omega C_3} + R_3\underline{I}_3 + j\omega L_c\underline{I}_3 - j\omega M_{ac}\underline{I}_1 = \underline{E}_3, \tag{6.233}$$

$$\frac{\underline{I}_4}{j\omega C_4} + R_4\underline{I}_4 + j\omega L_d\underline{I}_4 + j\omega M_{bd}\underline{I}_2 = \underline{E}_4. \tag{6.234}$$

Hieraus kann man die gesuchten Ströme ermitteln.
Dieses Beispiel kann auch mit Hilfe der Methode der selbständigen Maschenströme gelöst werden.
Die Methode der Knotenpotentiale führt in diesem Falle nicht zum Ziel; denn der Strom in einem Zweig hängt nicht nur von den in ihm enthaltenen EMKs und von den Potentialen seiner Knotenpunkte ab, sondern auch von den Strömen in anderen Zweigen.
Offensichtlich darf man bei Anwesenheit induktiver Kopplungen zwischen den Zweigen eines Netzes auch die Umwandlung Stern–Dreieck und umgekehrt nach dem behandelten Verfahren vornehmen.

6.2.7. Leistung in Wechselstromkreisen

6.2.7.1. Scheinleistung, Wirkleistung, Blindleistung

Meist sind Spannung und Strom in einem Wechselstromkreis phasenverschoben. Wir wollen den allgemeinen Fall betrachten, daß die Augenblickswerte der Spannung und des Stromes durch die Ausdrücke

$$u = \sqrt{2}\, U \sin \omega t \tag{6.235}$$

und

$$i = \sqrt{2}\, I \sin (\omega t - \varphi) \tag{6.236}$$

gegeben sind. Der Augenblickswert der Leistung beträgt dann

$$p = ui = \sqrt{2}\, U \sin \omega t \sqrt{2}\, I \sin(\omega t - \varphi) = UI [\cos \varphi - \cos(2\omega t - \varphi)]$$

$$= UI \cos \varphi - UI \cos(2\omega t - \varphi). \tag{6.237}$$

Die zeitlichen Verläufe von Spannung, Strom und Leistung werden im Bild 6.30 gezeigt. Der Mittelwert der Leistung über eine Periode beträgt

$$P = \frac{1}{T} \int_0^T p \, \mathrm{d}t = UI \cos \varphi. \tag{6.238}$$

Diesen Mittelwert nennt man, wie gesagt, die Wirkleistung. Um diesen Mittelwert schwankt der Augenblickswert nach einer sinusförmigen Zeitfunktion mit der Kreisfrequenz 2ω.

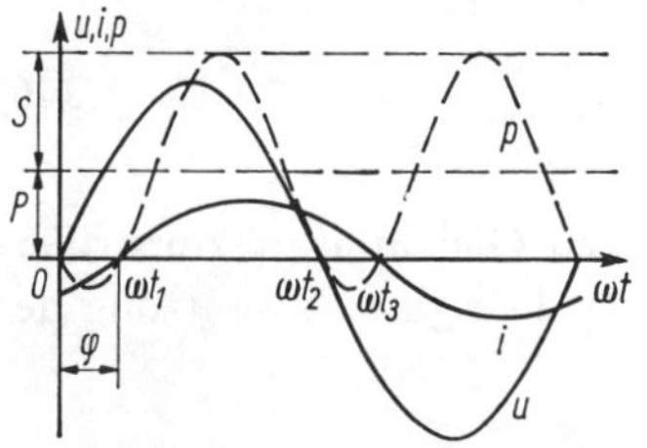

Bild 6.30

Wenn zwischen Strom und Spannung eine Phasenverschiebung besteht, dann gehen beide nicht gleichzeitig durch Null. Der Augenblickswert der Leistung ist Null, wenn entweder der Strom oder die Spannung Null ist. Innerhalb einer Periode gibt es Zeitabschnitte (0 bis t_1, t_2 bis t_3 usw.), in denen die Spannung und der Strom entgegengesetzte Richtung haben. In diesen Zeitabschnitten ist der Augenblickswert der Leistung negativ, d.h., es findet ein Energierückfluß vom Stromkreis zur Spannungsquelle statt. Eine solche Rückgabe von Energie ist deswegen möglich, weil eine Aufspeicherung von Energie in den elektrischen bzw. magnetischen Feldern des Stromkreises stattfindet.
Die elektrischen Maschinen und Apparate sind belastungsmäßig für bestimmte Ströme bzw. Spannungen bemessen. Aus diesem Grund können sie nicht durch die Wirkleistung, die von dem Phasenwinkel abhängt, gekennzeichnet werden. Geeigneter hierzu ist die Scheinleistung

$$S = UI, \tag{6.239}$$

das Produkt aus den Effektivwerten des Stromes und der Spannung. Die Scheinleistung entspricht dem größtmöglichen Wert der Wirkleistung ($\cos \varphi = 1$), wenn die zulässigen Werte von Strom und Spannung vorgegeben sind. Die Amplitude des sinusförmig veränderlichen Anteils der Leistung ist gleich der Scheinleistung. Das Verhältnis zwischen Wirkleistung und Scheinleistung trägt den Namen Leistungsfaktor:

$$\frac{P}{S} = \cos \varphi. \tag{6.240}$$

Mit (6.239) kann der Augenblickswert der Leistung folgendermaßen dargestellt werden:

$$p = S \cos \varphi - S \cos(2\omega t - \varphi). \tag{6.241}$$

Die Wechselkomponente der Leistung beträgt

$$p_w = -S \cos(2\omega t - \varphi). \tag{6.242}$$

Man kann sie formal in zwei additive Bestandteile zerlegen:

$$p_w = -S\cos(2\omega t - \varphi) = -S\cos\varphi\cos 2\omega t - S\sin\varphi\sin 2\omega t$$

$$= -P\cos 2\omega t - N\sin 2\omega t \tag{6.243}$$

mit

$$N = S\sin\varphi. \tag{6.244}$$

N nennt man Blindleistung. Sie ist positiv, wenn $\varphi > 0$, und negativ, wenn $\varphi < 0$ ist. Durch diese Darstellung erscheint die Wirkleistung P als die Amplitude der einen Wechselkomponente der Leistung, während die Blindleistung N die Amplitude der anderen Wechselkomponente darstellt. Aus (6.240) und (6.244) folgt

$$P^2 + N^2 = S^2, \tag{6.245}$$

$$\frac{N}{P} = \tan\varphi. \tag{6.246}$$

Das Leistungsdreieck (Bild 6.31), das auf Grund der letzten Gleichungen konstruiert werden kann, veranschaulicht die abgeleiteten Beziehungen. Die gute Ausnutzung der

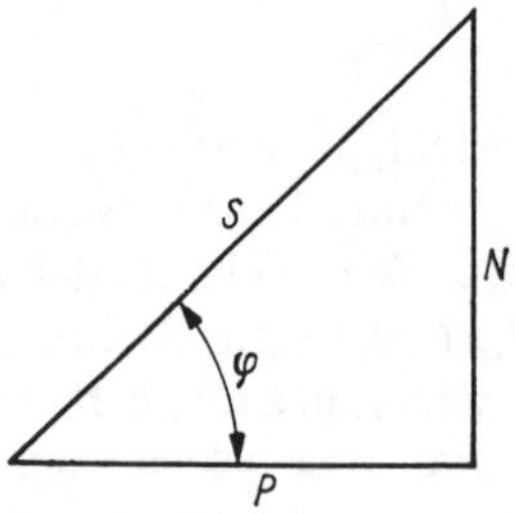

Bild 6.31

elektrischen Einrichtungen verlangt einen möglichst hohen Leistungsfaktor, d.h. eine möglichst kleine Phasenverschiebung zwischen Spannung und Strom.
Es gilt ferner

$$P = UI\cos\varphi = UI_R = IU_R = I^2R = U^2G, \tag{6.247}$$

$$N = UI\sin\varphi = UI_B = IU_X = I^2X = U^2B, \tag{6.248}$$

$$S = UI = I^2Z = U^2Y. \tag{6.249}$$

Um den Unterschied zwischen Wirk-, Schein- und Blindleistung zu unterstreichen, bezeichnet man die Einheit der Wirkleistung mit 1 W (Watt), die Einheit der Scheinleistung mit 1 VA (Voltampere), die Einheit der Blindleistung mit 1 var (Var).

6.2.7.2. Komplexe Leistung

Im folgenden wollen wir ein Verfahren kennenlernen, mit dem man die Wirk- und die Blindleistung aus den komplexen Effektivwerten des Stromes und der Spannung bestimmen kann. Zu diesem Zweck bildet man das Produkt aus dem komplexen Effektivwert der Spannung $\underline{U}$ und dem konjugiert komplexen Wert des Stromes $\underline{I}^*$. Dieses Produkt trägt den Namen komplexe Leistung $\underline{S}$. Bildet man das Produkt aus den komplexen

Effektivwerten von Strom und Spannung, so stimmen die Ergebnisse für die Wirk- und Blindleistung nicht mit den bekannten Definitionen für diese Größen überein.
Es sind

$$\underline{U} = U\,e^{j\varphi_u} \tag{6.250}$$

und

$$\underline{I} = I\,e^{j\varphi_i} \tag{6.251}$$

die komplexen Effektivwerte der Spannung und des Stromes. Der konjugiert komplexe Effektivwert des Stromes beträgt dann

$$\underline{I}^* = I\,e^{-j\varphi_i}. \tag{6.252}$$

Die komplexe Leistung ist damit

$$\underline{S} = \underline{U}\underline{I}^* = U\,e^{j\varphi_u} I\,e^{-j\varphi_i} = UI\,e^{j(\varphi_u - \varphi_i)}$$

$$= UI\,e^{j\varphi} = UI\cos\varphi + jUI\sin\varphi = P + jN, \tag{6.253}$$

wobei

$$\varphi = \varphi_u - \varphi_i \tag{6.254}$$

ist. Der Realteil der komplexen Leistung entspricht der Wirkleistung, der Imaginärteil entspricht der Blindleistung, und der Betrag der komplexen Leistung entspricht der Scheinleistung:

$$P = \mathrm{Re}\,[\underline{S}], \tag{6.255}$$

$$N = \mathrm{Im}\,[\underline{S}], \tag{6.256}$$

$$|\underline{S}| = UI = S. \tag{6.257}$$

Man kann die komplexe Leistung auch als Produkt aus dem konjugiert komplexen Effektivwert der Spannung und dem komplexen Effektivwert des Stromes bilden:

$$\underline{S} = \underline{U}^*\underline{I} = U\,e^{-j\varphi_u} I\,e^{-j\varphi_i} = UI\,e^{-j(\varphi_u - \varphi_i)} = UI\,e^{-j\varphi}$$

$$= UI\cos\varphi - jUI\sin\varphi = P - jN. \tag{6.258}$$

In diesem Falle ist wieder die Scheinleistung gleich dem Betrag der komplexen Leistung und die Wirkleistung gleich dem Realteil der komplexen Leistung. Die Blindleistung ist dagegen gleich dem negativen Imaginärteil der komplexen Leistung.

6.3. Resonanz

Eine wichtige Rolle in der Elektrotechnik spielt die Resonanz. Unter Resonanz versteht man jenen Zustand eines passiven Zweipols, der Wirkwiderstände, Induktivitäten und Kapazitäten enthält, bei dem Eingangsstrom und Eingangsspannung in Phase sind. Damit diese Bedingung erfüllt ist, müssen sich die Blindwiderstände bzw. die Blindleitwerte des Zweipols bei bestimmten Frequenzen, den Resonanzfrequenzen, aufheben.

6.3.1. Reihenresonanz oder Spannungsresonanz

6.3.1.1. Resonanzfrequenz

Wir wollen auf den Fall der Reihenschaltung eines Widerstands, einer Induktivität und einer Kapazität (Bild 6.21) zurückgreifen. Das Zeigerdiagramm für diesen Fall wird im Bild 6.22 gezeigt. Der komplexe Widerstand $\underline{Z}$ beträgt

$$\underline{Z} = R + \mathrm{j}\left(\omega L - \frac{1}{\omega C}\right) = R + \mathrm{j}X. \tag{6.259}$$

Der Phasenunterschied zwischen Strom und Spannung beträgt

$$\varphi = \arctan \frac{\omega L - \dfrac{1}{\omega C}}{R}. \tag{6.260}$$

Der Zustand der Resonanz ist erreicht, wenn

$$X = X_L + X_C = 0, \tag{6.261}$$

d.h.

$$\omega L = \frac{1}{\omega C} \tag{6.262}$$

wird. Das Zeigerdiagramm dazu wird im Bild 6.32 gezeigt. Hierfür gilt

$$\underline{U}_L + \underline{U}_C = \mathrm{j}\omega L\underline{I} + \frac{1}{\mathrm{j}\omega C}\underline{I} = \mathrm{j}\left(\omega L - \frac{1}{\omega C}\right)\underline{I} = 0, \tag{6.263}$$

$$\underline{U} = \underline{U}_R = R\underline{I}. \tag{6.264}$$

Strom und Spannung sind in Phase. Der gesamte Stromkreis verhält sich so, als ob er nur den Wirkwiderstand R enthielte.
Der Zustand der Resonanz tritt bei Gleichheit des kapazitiven und des induktiven Blindwiderstands ein. Er kann durch eine entsprechende Wahl der Induktivität L, der Kapazität C und der Kreisfrequenz ω erreicht werden. Bei gegebenen Werten von L

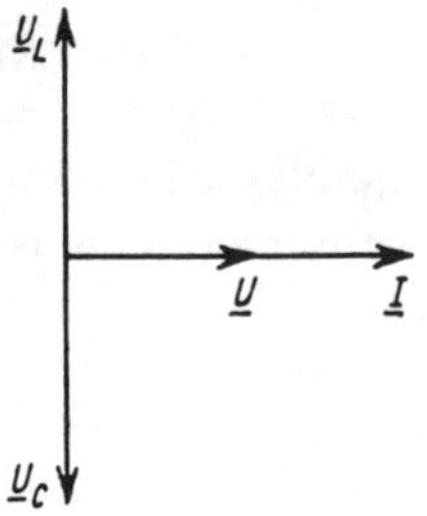

Bild 6.32

und C kann der Resonanzzustand nur mit einer bestimmten Kreisfrequenz erzielt werden. Aus der Bedingung (6.262) folgt der Wert der Kreisfrequenz ω_0, bei der dann die Resonanz eintritt. Die Resonanzkreisfrequenz beträgt

$$\omega_0 = \frac{1}{\sqrt{LC}}. \tag{6.265}$$

Wenn in einem Stromkreis, der sich im Resonanzzustand oder in dessen Nähe befindet, der Wirkwiderstand sehr klein ist, kann bei einer gegebenen Eingangsspannung trotz Anwesenheit der Blindwiderstände ein sehr großer Strom auftreten. Dieser kann sehr hohe Spannungen an den Klemmen der Blindwiderstände zur Folge haben, die die angelegte Spannung mehrfach überschreiten und die Einrichtungen und das bedienende Personal gefährden können.
Im Resonanzfall betragen der induktive und der kapazitive Widerstand

$$\omega_0 L = \frac{1}{\omega_0 C} = \frac{1}{\sqrt{LC}} L = \frac{\sqrt{LC}}{C} = \sqrt{\frac{L}{C}} = \varrho. \tag{6.266}$$

Die Größe ϱ hat die Dimension eines Widerstands. Sie hängt nicht von der Kreisfrequenz ab.

6.3.1.2. Gütefaktor des Kreises

Im Falle der Resonanz ist die Spannung am ohmschen Widerstand gleich der Klemmspannung des gesamten Stromkreises:

$$U = IR. \tag{6.267}$$

Die Spannung an der Induktivität und an der Kapazität beträgt

$$U_L = U_C = I\varrho = U\frac{\varrho}{R}. \tag{6.268}$$

Das Verhältnis der Spannung an der Induktivität bzw. an der Kapazität zur Gesamtspannung ist

$$\frac{U_L}{U} = \frac{U_C}{U} = \frac{\varrho}{R} = Q. \tag{6.269}$$

Man nennt die Größe Q den Gütefaktor oder die Resonanzschärfe des Kreises.
Die Spannungsüberhöhung an der Induktivität bzw. an der Kapazität hängt vom Gütefaktor des Kreises ab. Sie ist um so größer, je kleiner der Wirkwiderstand des Kreises ist. Den reziproken Wert der Güte,

$$d = \frac{1}{Q}, \tag{6.270}$$

nennt man die Dämpfung des Kreises.

6.3.1.3. Energieverhältnisse im Kreis

Wenn wir im Falle der Resonanz die Summe der Augenblickswerte der Energien im magnetischen und elektrischen Feld bilden, erhalten wir

$$w = w_m + w_e = \frac{Li^2}{2} + \frac{Cu_C^2}{2}. \tag{6.271}$$

Wir wollen annehmen, daß der Augenblickswert des Stromes

$$i = \hat{I} \sin \omega_0 t \tag{6.272}$$

beträgt. Dann ist die Spannung am Kondensator

$$u_C = \hat{U}_C \sin\left(\omega_0 t - \frac{\pi}{2}\right) = -\hat{U}_C \cos \omega_0 t$$

$$= -\hat{I}\varrho \cos \omega_0 t = -\hat{I}\sqrt{\frac{L}{C}} \cos \omega_0 t, \qquad (6.273)$$

so daß

$$w = \frac{L\hat{I}^2}{2} \sin^2 \omega_0 t + \frac{L\hat{I}^2}{2} \cos^2 \omega_0 t = \frac{L\hat{I}^2}{2} \qquad (6.274)$$

ist. Hierbei ist

$$\frac{L\hat{I}^2}{2} = \frac{L\hat{U}_C^2}{2\varrho^2} = \frac{C\hat{U}_C^2}{2}. \qquad (6.275)$$

Aus (6.274) folgt, daß die Summe der Energien des elektrischen und des magnetischen Feldes zeitlich konstant bleibt. Die Energie des magnetischen Feldes schwankt mit der Stromstärke und die Energie des elektrischen Feldes mit der Spannung an den Klemmen des Kondensators. Der Strom durch die Spule und die Spannung am Kondensator sind um $\pi/2$ phasenverschoben. Deswegen findet ein dauernder Übergang der Energie vom elektrischen Feld ins magnetische Feld und umgekehrt statt. Der elektrischen Energiequelle wird nur die Energie zur Deckung der Wärmeverluste im Wirkwiderstand entzogen.

6.3.1.4. Frequenzabhängigkeit der Blindwiderstände

Bei Änderung der Frequenz ändern sich die Blindkomponenten des komplexen Widerstands (Bild 6.33). Bei der Resonanzkreisfrequenz ist die Blindkomponente des kom-

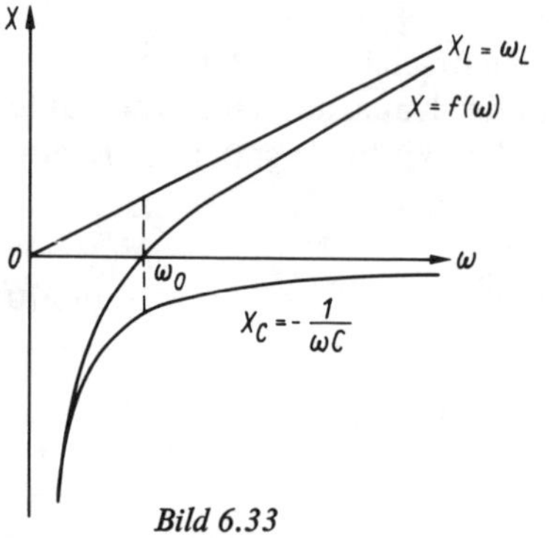

Bild 6.33

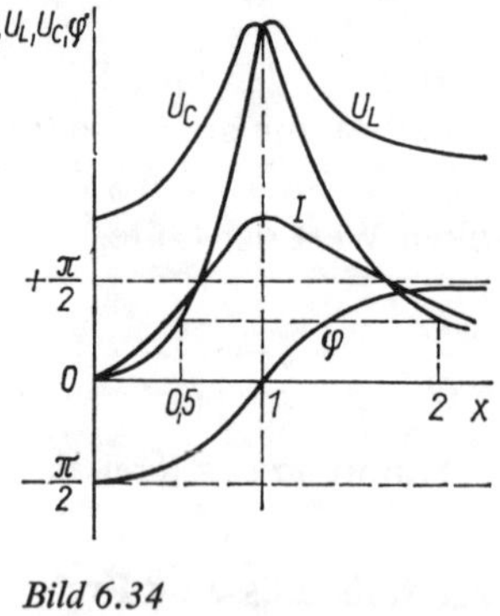

Bild 6.34

plexen Widerstands gleich Null. Bei $\omega < \omega_0$ hat der Blindwiderstand einen kapazitiven Charakter, bei $\omega > \omega_0$ dagegen einen induktiven.

6.3.1.5. Resonanzkurven

Die Resonanzkurven geben den Strom im Stromkreis, die Spannung an dem ohmschen Widerstand, an der Induktivität und an der Kapazität und den Phasenwinkel zwischen Spannung und Strom in Abhängigkeit von der Frequenz an. In unseren weiteren Betrachtungen über die Resonanzkurven wollen wir die jeweilige Kreisfrequenz als ein Vielfaches der Resonanzkreisfrequenz ausdrücken:

$$\omega = x\omega_0 . \tag{6.276}$$

Die Verhältniszahl x kann alle Werte zwischen 0 und ∞ annehmen. Damit ist der Strom bei einer beliebigen Kreisfrequenz durch den Ausdruck

$$I = \frac{U}{\sqrt{R^2 + \left(x\omega_0 L - \dfrac{1}{x\omega_0 C}\right)^2}} = \frac{U}{\varrho\sqrt{\dfrac{1}{Q^2} + \left(x - \dfrac{1}{x}\right)^2}} \tag{6.277}$$

gegeben. Die Spannung am Kondensator beträgt

$$U_C = \frac{I}{x\omega_0 C} = \frac{\varrho I}{x} = \frac{U}{x\sqrt{\dfrac{1}{Q^2} + \left(x - \dfrac{1}{x}\right)^2}} . \tag{6.278}$$

Die Spannung an der Induktivität ist

$$U_L = x\omega_0 L I = x\varrho I = \frac{xU}{\sqrt{\dfrac{1}{Q^2} + \left(x - \dfrac{1}{x}\right)^2}} . \tag{6.279}$$

Der Phasenwinkel zwischen Spannung und Strom ergibt sich zu

$$\varphi = \arctan \frac{x\omega_0 L - \dfrac{1}{x\omega_0 C}}{R} = \arctan \frac{x\varrho - \dfrac{1}{x}\varrho}{R} = \arctan Q\left(x - \frac{1}{x}\right). \tag{6.280}$$

Bild 6.34 zeigt den Verlauf von I, U_C, U_L und φ in Abhängigkeit von x für einen festen Wert von Q. In dem Bereich $0 < x < 1$ nimmt der Blindwiderstand Werte zwischen $-\infty$ und 0 an; er hat kapazitiven Charakter. Der Phasenwinkel zwischen Spannung und Strom nimmt hier Werte zwischen $-\pi/2$ und 0 an. In diesem Bereich wächst ferner der Strom mit wachsendem x von 0 auf U/R an. In dem Bereich $1 < x < \infty$ nimmt der Blindwiderstand Werte zwischen 0 und ∞ an; er hat induktiven Charakter. Der Phasenwinkel zwischen Spannung und Strom nimmt hier Werte zwischen 0 und $\pi/2$ an. In diesem Bereich fällt der Strom mit wachsendem x von U/R auf 0.

Wenn man auf der Abszisse bis $x = 1$ einen linearen Maßstab und oberhalb $x = 1$ einen reziproken Maßstab wählt, so erhält man symmetrische Kurven. Bild 6.35 zeigt den Verlauf von U_C/U, U_L/U und IR/U in Abhängigkeit von x für drei Fälle, und zwar für $Q = 2$, $Q = 1$ und $Q = 0{,}5$.

In Abhängigkeit von der Frequenz hat die Spannung am Kondensator ein Maximum. Es liegt gemäß

$$\frac{\mathrm{d}U_C}{\mathrm{d}x} = \frac{\mathrm{d}}{\mathrm{d}x}\left[\frac{U}{x\sqrt{\dfrac{1}{Q^2} + \left(x - \dfrac{1}{x}\right)^2}}\right] = 0 \tag{6.281}$$

bei

$$x_c = \sqrt{1 - \frac{1}{2Q^2}} = \sqrt{\frac{2Q^2 - 1}{2Q^2}}. \tag{6.282}$$

Die maximale Kondensatorspannung beträgt

$$U_{C\,\max} = \frac{U}{x_c\sqrt{\dfrac{1}{Q^2} + \left(x_c - \dfrac{1}{x_c}\right)^2}} = \frac{2Q}{\sqrt{4 - \dfrac{1}{Q^2}}}\,U. \tag{6.283}$$

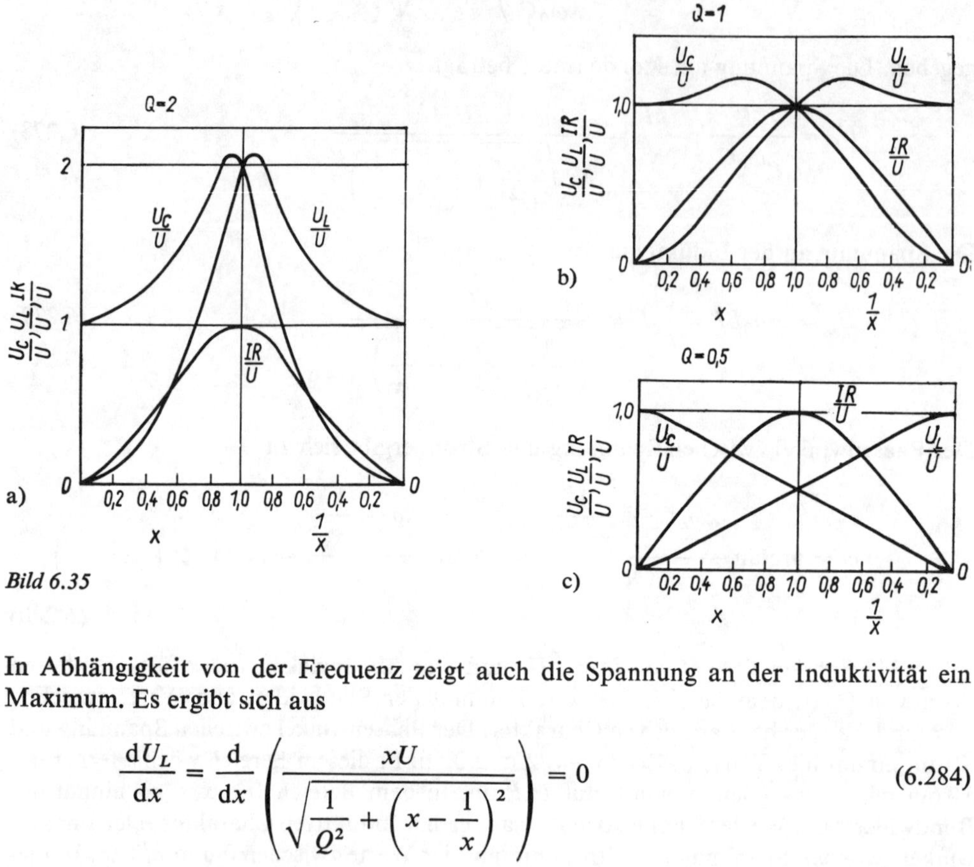

Bild 6.35

In Abhängigkeit von der Frequenz zeigt auch die Spannung an der Induktivität ein Maximum. Es ergibt sich aus

$$\frac{\mathrm{d}U_L}{\mathrm{d}x} = \frac{\mathrm{d}}{\mathrm{d}x}\left(\frac{xU}{\sqrt{\dfrac{1}{Q^2} + \left(x - \dfrac{1}{x}\right)^2}}\right) = 0 \tag{6.284}$$

zu

$$x_L = \sqrt{\frac{2Q^2}{2Q^2 - 1}}. \tag{6.285}$$

Der Vergleich von (6.282) und (6.285) zeigt, daß

$$x_L x_c = 1 \tag{6.286}$$

ist. Es gilt immer

$$x_c < 1 \tag{6.287}$$

und

$$x_L > 1\,. \tag{6.288}$$

Je größer der Gütefaktor Q des Kreises ist, desto höher werden die Maxima U_C/U und U_L/U, und desto näher rücken sie aneinander. Aus (6.283) bzw. (6.284) folgt die Bedingung für die Überhöhung der Spannung am Kondensator bzw. an der Spule. Damit ein Maximum in der Kurve entsteht, muß die Bedingung

$$Q > \frac{1}{\sqrt{2}} \tag{6.289}$$

erfüllt sein.

Wenn wir R im Nenner von (6.277) vor die Wurzel ziehen, erhalten wir

$$I = \frac{U}{R\sqrt{1 + Q^2\left(x - \frac{1}{x}\right)^2}} = \frac{I_0}{\sqrt{1 + Q^2\left(x - \frac{1}{x}\right)^2}} \tag{6.290}$$

oder

$$\frac{I}{I_0} = \frac{1}{\sqrt{1 + Q^2\left(x - \frac{1}{x}\right)^2}}. \tag{6.291}$$

Aus diesem letzten Ausdruck ersieht man, daß die Resonanzkurve allein von dem Gütefaktor bestimmt wird. Bild 6.36 zeigt den Verlauf von (6.291) für einige Werte des Gütefaktors Q.

Der Verlauf der Resonanzkurven weist auf Selektionseigenschaften des betrachteten Kreises hin. Je größer der Gütefaktor Q ist, desto schmaler ist die Resonanzkurve, und desto besser sind die Selektionseigenschaften des Kreises.

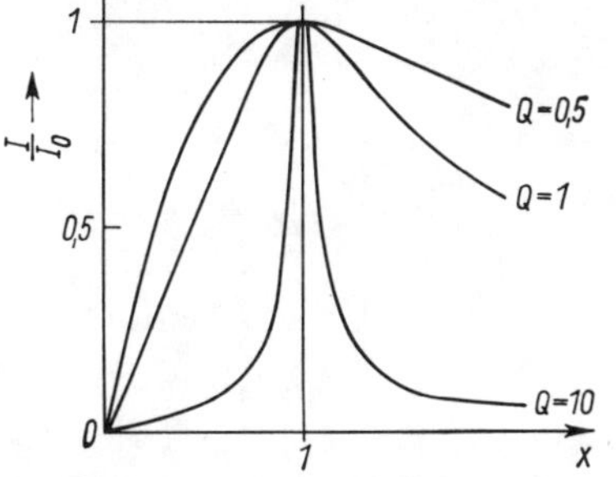

Bild 6.36

6.3.1.6. Bestimmung des Gütefaktors aus dem Verlauf der Resonanzkurve

Wenn man bedenkt, daß $x = \omega/\omega_0$ ist, kann man (6.291) folgendermaßen umschreiben:

$$\sqrt{\left(\frac{I_0}{I}\right)^2 - 1} = Q\left(\frac{\omega}{\omega_0} - \frac{\omega_0}{\omega}\right) = Q\,\frac{\omega^2 - \omega_0^2}{\omega_0\omega} = Q\,\frac{(\omega + \omega_0)(\omega - \omega_0)}{\omega_0\omega}. \tag{6.292}$$

Nun wollen wir den Fall betrachten, bei dem wegen einer Abweichung der Frequenz von der Resonanzfrequenz die Stromstärke I von I_0 auf $I_0/\sqrt{2}$ abgesunken ist. Dann gilt

$$\frac{I_0}{I} = \sqrt{2}. \tag{6.293}$$

In normalen technischen Fällen sind die Resonanzkurven so schmal, daß diese Abnahme der Stromstärke bereits bei sehr kleinen Abweichungen der Frequenz von der Resonanzfrequenz auftritt. Deswegen gilt

$$\omega + \omega_0 \approx 2\omega \approx 2\omega_0 . \tag{6.294}$$

Der Unterschied der Frequenz von der Resonanzfrequenz beträgt

$$\Delta\omega = \omega - \omega_0 . \tag{6.295}$$

(6.292) geht mit (6.293), (6.294) und (6.295) in

$$1 = \frac{Q\,\Delta\omega 2\omega}{\omega\omega_0} = \frac{Q 2\,\Delta\omega}{\omega_0} \tag{6.296}$$

oder

$$Q = \frac{\omega_0}{2\,\Delta\omega} \tag{6.297}$$

über. Diese Beziehung erlaubt es, aus der Resonanzkurve den Gütefaktor zu ermitteln (Bild 6.37).
Die entsprechenden Größen sind aus der Abbildung zu entnehmen.

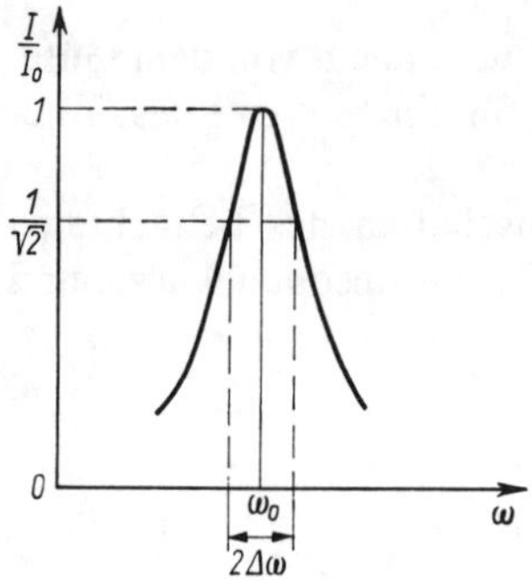

Bild 6.37

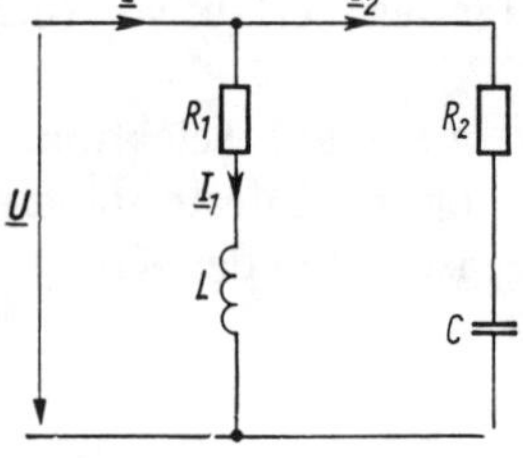

Bild 6.38

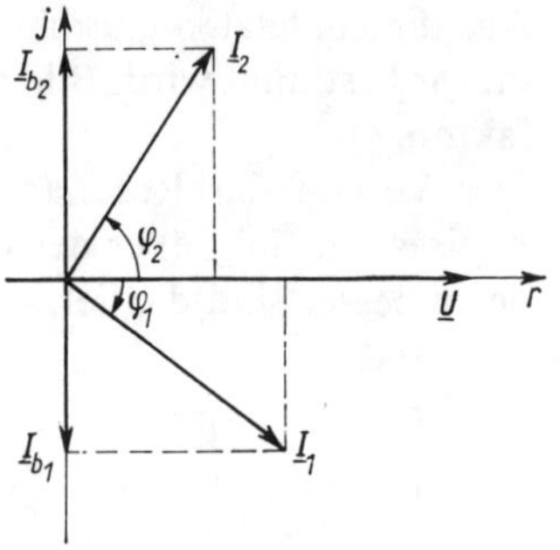

Bild 6.39

6.3.2. Parallelresonanz oder Stromresonanz

6.3.2.1. Resonanzfrequenz

Bild 6.38 zeigt die Parallelschaltung zweier Zweige, die einen Wirkwiderstand R_1 und eine Induktivität L bzw. einen Wirkwiderstand R_2 und eine Kapazität C enthalten.
Die Bedingung für die Resonanz lautet

$$B = B_1 + B_2 = 0, \tag{6.298}$$

d.h.

$$B_1 = -B_2 . \tag{6.299}$$

In diesem Falle sind die Blindkomponenten der Ströme gleich groß und haben entgegengesetzte Phasenlage (Bild 6.39).
Nun ist der Blindleitwert des ersten Zweiges

$$B_1 = -\frac{\omega L}{R_1^2 + \omega^2 L^2} \tag{6.300}$$

und der Blindleitwert des zweiten Zweiges

$$B_2 = \frac{1/\omega C}{R_2^2 + \dfrac{1}{\omega^2 C^2}}. \tag{6.301}$$

Im Resonanzfall $\omega = \omega_0$ ist

$$\frac{\omega_0 L}{R_1^2 + \omega_0^2 L^2} = \frac{1/\omega_0 C}{R_2^2 + \dfrac{1}{\omega_0^2 C^2}}. \tag{6.302}$$

Die Auflösung dieser Gleichung nach ω_0 ergibt

$$\omega_0^2 LC \left(R_2^2 + \frac{1}{\omega_0^2 C^2} \right) = R_1^2 + \omega_0^2 L^2,$$

$$\omega_0^2 LCR_2^2 + \frac{L}{C} = R_1^2 + \omega_0^2 L^2, \tag{6.303}$$

$$\omega_0^2 LC \left(R_2^2 - \frac{L}{C} \right) = R_1^2 - \frac{L}{C},$$

$$\omega_0 = \frac{1}{\sqrt{LC}} \sqrt{\frac{R_1^2 - \dfrac{L}{C}}{R_2^2 - \dfrac{L}{C}}}. \tag{6.304}$$

Für den Fall $R_1 \neq R_2$ ist die Resonanz nur dann möglich, wenn sowohl R_1^2 als auch R_2^2 entweder größer oder kleiner als L/C sind. Ist das nicht der Fall, so erscheint unter dem Wurzelzeichen ein negatives Vorzeichen, das einen imaginären Wert der Frequenz zur Folge hat. Für den Fall $R_1 = R_2 \neq \sqrt{L/C}$ befindet sich der betrachtete Stromkreis in Resonanz, wenn die Bedingung

$$\omega_0 = \frac{1}{\sqrt{LC}} \tag{6.305}$$

erfüllt ist. Das ist derselbe Ausdruck, den wir für die Reihenresonanz erhalten hatten. Ein interessanter Sonderfall ergibt sich bei $R_1 = R_2 = \sqrt{L/C} = R$. In diesem Fall ergibt die Resonanzgleichung den unbestimmten Ausdruck

$$\omega_0 = \frac{0}{0}. \tag{6.306}$$

Wir wollen für diesen Fall die Resonanzbedingung (6.299) näher betrachten:

$$\frac{\omega L}{R^2 + \omega^2 L^2} = \frac{1/\omega C}{R^2 + \dfrac{1}{\omega^2 C^2}}. \tag{6.307}$$

Führen wir nun in (6.307)

$$R^2 = \frac{L}{C} \tag{6.308}$$

ein, so erhalten wir die Identität

$$\frac{\omega L^2}{C} + \frac{L}{\omega C^2} \equiv \frac{L}{\omega C^2} + \frac{\omega L^2}{C}. \tag{6.309}$$

Die Resonanzbedingung (6.307) ist also in diesem Falle für alle Frequenzen erfüllt (ewige Resonanz). Bei jeder Frequenz sind Strom und Spannung an den Klemmen der Parallelschaltung in Phase. Die Parallelschaltung verhält sich wie ein ohmscher Widerstand. Dieser ohmsche Widerstand ergibt sich aus

$$\underline{Z} = \frac{\underline{Z}_1 \underline{Z}_2}{\underline{Z}_1 + \underline{Z}_2} = \frac{(R + \mathrm{j}\omega L)\left(R - \mathrm{j}\dfrac{1}{\omega C}\right)}{2R + \mathrm{j}\left(\omega L - \dfrac{1}{\omega C}\right)}. \tag{6.310}$$

Mit (6.308) erhalten wir

$$\underline{Z} = \frac{2R^2 + \mathrm{j}R\left(\omega L - \dfrac{1}{\omega C}\right)}{2R + \mathrm{j}\left(\omega L - \dfrac{1}{\omega C}\right)} = R. \tag{6.311}$$

Der Strom beträgt

$$\underline{I} = \frac{\underline{U}}{R}. \tag{6.312}$$

Der Strom in dem ersten Zweig ist

$$\underline{I}_1 = \underline{Y}_1 \underline{U} = (G_1 + \mathrm{j}B_1)\,\underline{U}. \tag{6.313}$$

Der Strom in dem zweiten Zweig beträgt

$$\underline{I}_2 = \underline{Y}_2 \underline{U} = (G_2 + \mathrm{j}B_2)\,\underline{U}. \tag{6.314}$$

Bild 6.40 zeigt das Zeigerdiagramm für den betrachteten Fall. Es gilt

$$\tan\varphi_1 = \frac{B_1}{G_1} = \frac{-\dfrac{\omega L}{Z^2}}{\dfrac{R}{Z^2}} = -\frac{\omega L}{R}, \tag{6.315}$$

$$\tan\varphi_2 = \frac{B_2}{G_2} = \frac{\dfrac{1/\omega C}{Z^2}}{\dfrac{R}{Z^2}} = \frac{\dfrac{1}{\omega C}}{R}. \tag{6.316}$$

Hieraus folgt

$$\tan\varphi_1 \tan\varphi_2 = -\frac{L/C}{R^2} = -1, \tag{6.317}$$

d.h.

$$|\varphi_1| + |\varphi_2| = \frac{\pi}{2}. \tag{6.318}$$

Die letzte Gleichung besagt, daß die Zeiger der Ströme $\underline{I}_1$ und $\underline{I}_2$ um $\pi/2$ gegeneinander phasenverschoben sind.
Gewöhnlich ist bei Parallelresonanzkreisen der Widerstand R_2 im Zweig mit der Kapazität bedeutend kleiner als der Ausdruck $\sqrt{L/C}$. Deswegen kann man schreiben:

$$\omega_0 = \frac{1}{\sqrt{LC}}\sqrt{1 - \frac{R_1^2 C}{L}} = \sqrt{\frac{1}{LC} - \left(\frac{R_1}{L}\right)^2}. \tag{6.319}$$

Der Wirkwiderstand des Spulenzweigs verändert somit die Resonanzkreisfrequenz.

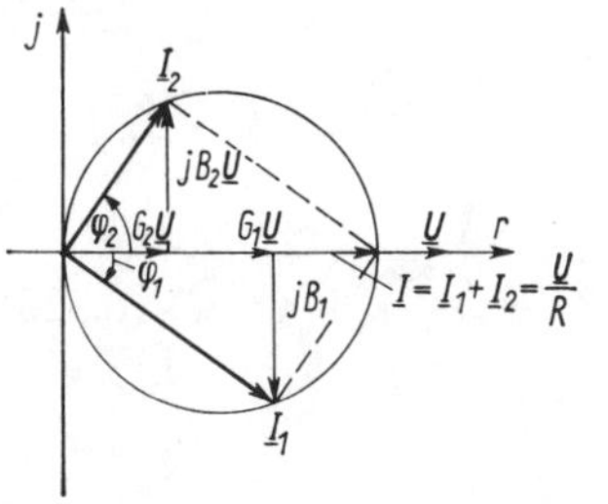

Bild 6.40

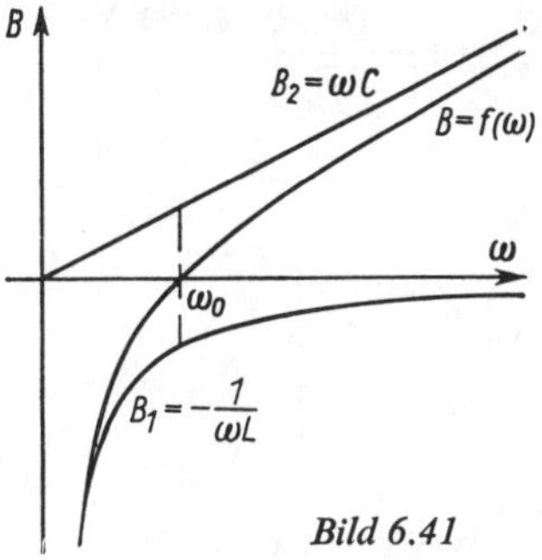

Bild 6.41

6.3.2.2. Frequenzgang der Blindleitwerte

Theoretisches Interesse hat der Fall $R_1 = R_2 = 0$. Hierbei enthalten die Zweige nur Blindleitwerte, deren Frequenzverlauf im Bild 6.41 gezeigt wird. Der Gesamtleitwert ist

$$B = B_1 + B_2 = -\frac{1}{\omega L} + \omega C. \tag{6.320}$$

Bei $\omega = \omega_0 = 1/\sqrt{LC}$ ist

$$B = 0, \qquad \underline{Z} = \infty. \tag{6.321}$$

Läßt man die Kreisfrequenz von 0 bis ω_0 anwachsen, so fällt der Blindleitwert von $-\infty$ auf 0. In diesem Bereich verhält sich die Schaltung wie eine Induktivität. Wächst nun die Kreisfrequenz über ω_0 hinaus, dann wächst der Blindleitwert und nimmt Werte zwischen 0 und $+\infty$ an. In diesem Bereich verhält sich die Schaltung wie eine Kapazität.

6.3.2.3. Resonanzkurve

Wir wollen die Resonanzkurve für den Fall $R_1 = R_2 = 0$ bestimmen. Die Resonanzfrequenz ω_0 ist durch (6.305) gegeben. Auch in diesem Falle wollen wir die Kreisfrequenz als Vielfaches der Resonanzfrequenz angeben:

$$\omega = x\omega_0 = \frac{x}{\sqrt{LC}}. \tag{6.322}$$

Hierbei kann x alle Werte zwischen 0 und ∞ annehmen. Der Strom in der Kapazität beträgt

$$\underline{I}_C = \underline{U}\,\mathrm{j}\omega C = \mathrm{j}\underline{U}\,\frac{xC}{\sqrt{LC}} = \mathrm{j}\,\frac{\underline{U}x}{\sqrt{\dfrac{L}{C}}}, \tag{6.323}$$

der Strom in der Induktivität

$$\underline{I}_L = \frac{\underline{U}}{\mathrm{j}\omega L} = -\mathrm{j}\,\frac{\underline{U}}{\sqrt{\dfrac{L}{C}}}\,\frac{1}{x} \tag{6.324}$$

und der Gesamtstrom

$$\underline{I} = \underline{I}_L + \underline{I}_C = \mathrm{j}\,\frac{\underline{U}}{\sqrt{\dfrac{L}{C}}}\left(x - \frac{1}{x}\right) \tag{6.325}$$

oder

$$|\underline{I}| = \left|\frac{\underline{U}}{\sqrt{\dfrac{L}{C}}}\left(x - \frac{1}{x}\right)\right|. \tag{6.326}$$

Die Resonanzkurve ist durch den Ausdruck

$$f(x) = \frac{|\underline{I}|}{|\underline{U}|}\sqrt{\frac{L}{C}} = \left|x - \frac{1}{x}\right| \tag{6.327}$$

gegeben. Ihr Frequenzverlauf wird im Bild 6.42 gezeigt.

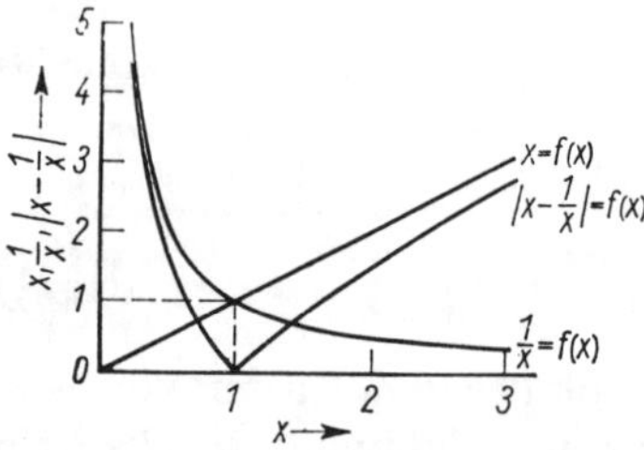

Bild 6.42

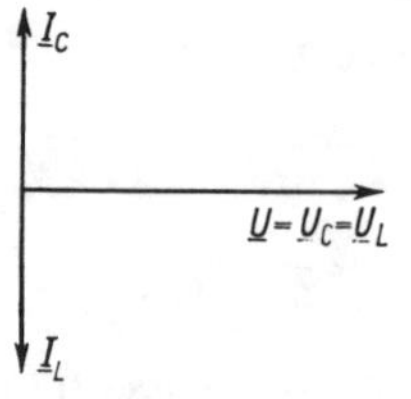

Bild 6.43

6.3.2.4. Die energetischen Verhältnisse

Wenn in der Parallelschaltung kein Wirkwiderstand enthalten ist ($R_1 = R_2 = 0$), dann ist im Resonanzfall $\underline{Y} = 0$, d.h. $\underline{Z} = \infty$ und $\underline{I} = 0$. Von der Stromquelle wird keine Energie entnommen. Bild 6.43 zeigt das Zeigerdiagramm für diesen Fall.
Die Spannung am Kondensator eilt dem Strom durch die Induktivität um $\pi/2$ voraus. Es gilt

$$u_C = \hat{U}\sin\omega t, \tag{6.328}$$

$$i_L = \frac{\hat{U}}{\omega_0 L}\sin\left(\omega t - \frac{\pi}{2}\right) = -\frac{\hat{U}}{\omega_0 L}\cos\omega t. \tag{6.329}$$

Die Gesamtenergie beträgt

$$w = w_m + w_e = \frac{L}{2} i_L^2 + \frac{C}{2} u_C^2$$

$$= \frac{L\hat{U}^2}{2\omega_0^2 L^2} \cos^2 \omega t + \frac{C}{2} \hat{U}^2 \sin^2 \omega t$$

$$= \frac{C}{2} \hat{U}^2 (\cos^2 \omega t + \sin^2 \omega t) = \frac{C\hat{U}^2}{2}. \tag{6.330}$$

Die Energie bleibt konstant. Es findet nur ein Energieaustausch zwischen dem elektrischen und dem magnetischen Feld statt.

Wenn in einem der beiden Zweige ein Wirkwiderstand R enthalten ist, dann ist $\underline{I} \neq 0$. Zum Unterschied von dem Fall der Reihenresonanz ist jetzt die Summe der Energien des elektrischen und des magnetischen Feldes nicht konstant.

Es bestehen Zeitabschnitte, in denen von der Stromquelle dem elektrischen bzw. dem magnetischen Feld Energie zugeführt wird. Umgekehrt bestehen Zeitabschnitte, in denen ein Teil der Energie des magnetischen bzw. elektrischen Feldes im Wirkwiderstand in Wärme umgewandelt wird. Aber es kann keine Energie zur Stromquelle zurückgeführt werden; denn der Strom und die Spannung sind immer in Phase.

Energetisch interessant ist der Fall der ewigen Resonanz:

$$R_1 = R_2 = \sqrt{\frac{L}{C}}. \tag{6.331}$$

Das Zeigerdiagramm hierfür wird im Bild 6.40 gezeigt. Die Spannung $\underline{U}_C$ am Kondensator eilt dem Strom $\underline{I}_2$ um $\pi/2$ nach und fällt somit phasenmäßig mit $\underline{I}_1$ zusammen. Aus diesem Grund gehen die Energien des magnetischen und des elektrischen Feldes gleichzeitig durch Null und durch das Maximum. Ein Austausch der Energien kann offensichtlich nicht stattfinden. Wenn die Kondensatorspannung und der Spulenstrom steigen, wächst die Energie des elektrischen bzw. des magnetischen Feldes. Die Energie wird der Stromquelle entzogen. Wenn sie dagegen fallen, gehen die Energien des elektrischen und des magnetischen Feldes in Wärme über.

6.4. Ortskurven

Bei der Untersuchung von Wechselstromkreisen ist es häufig erforderlich, nicht nur einen bestimmten Betriebszustand, wie ihn das Zeigerdiagramm wiedergibt, sondern den Verlauf der Abhängigkeit einer Wechselgröße – dargestellt durch ihren Zeiger – von einer anderen parametrischen Größe des Netzes (z.B. Frequenz, Spannung, Strom, Widerstand) zu kennzeichnen. Für diesen Zweck eignen sich die Kurven, die die Spitzen des betrachteten veränderlichen Zeigers verbinden. Diese Kurven stellen also den geometrischen Ort der Spitzen der Zeiger einer Wechselgröße bei Veränderung einer Zustandsgröße in dem Wechselstromkreis dar. Man nennt sie Ortskurven. Die Größe, die den veränderlichen Zustand kennzeichnet, nennt man den Parameter der Ortskurve. Die allgemeinste Form einer Ortskurve mit einem reellen Parameter p ist

$$\underline{V} = \frac{\underline{A} + p\underline{B} + p^2\underline{C} + \ldots}{\underline{A}' + p\underline{B}' + p^2 C' + \ldots}. \tag{6.332}$$

Im folgenden sollen einige einfache Ortskurven untersucht werden.

6.4.1. Die Gerade

6.4.1.1. Gerade in allgemeiner Lage

Ein einfacher Spezialfall, der sich aus der allgemeinen Form der Ortskurve (6.332) ableitet, ist die Gleichung

$$\underline{G} = \underline{A} + p\underline{B}. \tag{6.333}$$

Dabei soll p Werte zwischen $+\infty$ und $-\infty$ annehmen. Die Konstruktion der Ortskurve wird im Bild 6.44 gezeigt. Man gibt p konkrete Werte und bestimmt den jeweiligen Wert von $\underline{G}$. Die Verbindungslinie aller Spitzen von $\underline{G}$ ergibt den Verlauf der Ortskurve. In dem betrachteten Falle stellt die Ortskurve eine Gerade in allgemeiner Lage dar. Sie geht durch die Spitze von $\underline{A}$ und verläuft parallel zu $\underline{B}$. In der Abbildung ist die Gerade nach den Werten des Parameters beziffert. An der Spitze von $\underline{A}$ ist $p = 0$. Für einen bestimmten Parameterwert erhält man den entsprechenden Zeiger, indem man den Nullpunkt der komplexen Zahlenebene mit dem Punkt der Ortskurve verbindet, der dem betreffenden Parameterwert entspricht.
Die Spitze des Zeigers liegt auf der Ortskurve. In dem Bild sind die Zeiger für $p = 4$ und $p = -3$ eingetragen.
Im folgenden sollen einige spezielle Geraden betrachtet werden.

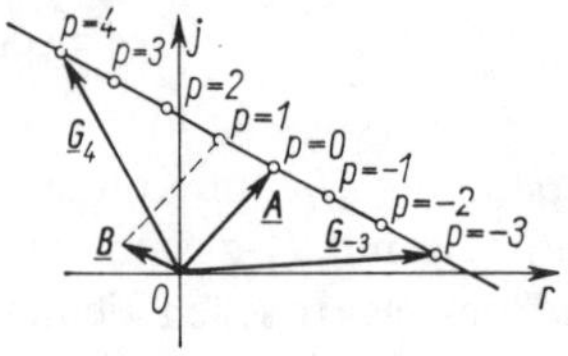

Bild 6.44

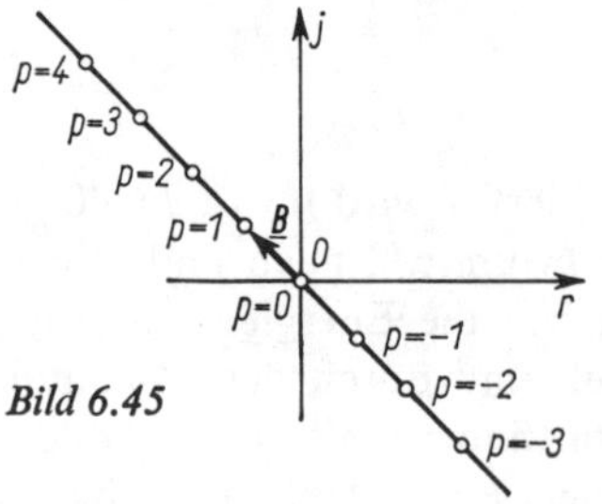

Bild 6.45

6.4.1.2. Gerade durch den Nullpunkt

Für die Gerade durch den Koordinatenursprung gilt die Gleichung

$$\underline{G} = p\underline{B}. \tag{6.334}$$

Diese Beziehung ist ableitbar aus der Gleichung der Geraden in allgemeiner Lage. Für den Fall

$$\underline{A} = 0 \tag{6.335}$$

reduziert sich (6.333) auf (6.334). Der Punkt $p = 0$ fällt mit dem Nullpunkt der Zahlenebene zusammen. Dieser Fall wird im Bild 6.45 gezeigt.
Gleichfalls eine Gerade durch den Nullpunkt erhält man mit der Bedingung

$$\underline{A} = m\underline{B}, \tag{6.336}$$

d.h., daß $\underline{A}$ und $\underline{B}$ die gleiche Wirkungsgerade haben. Die Geradengleichung für diesen Fall lautet

$$\underline{G} = \underline{A} + p\underline{B} = m\underline{B} + p\underline{B} = (m + p)\,\underline{B} = q\underline{B} \tag{6.337}$$

mit dem neuen Parameter

$$q = m + p. \tag{6.338}$$

Im Nullpunkt der Zahlenebene ist $q = 0$, und der Wert des Parameters p ergibt sich zu

$$p = -m. \tag{6.339}$$

Wenn man die Ortskurve nach p beziffert, liegt der Nullpunkt der Parameterteilung ($p = 0$) bei

$$\underline{G}_0 = m\underline{B} = \underline{A}. \tag{6.340}$$

6.4.1.3. Parallelen zu den Achsen

Einen Sonderfall stellt auch die Gerade dar, bei der der Zeiger $\underline{B}$ in Richtung der reellen Achse verläuft, d.h.

$$\underline{B} = \pm B. \tag{6.341}$$

Die Gleichung der Geraden lautet dann

$$\underline{G} = \underline{A} \pm pB. \tag{6.342}$$

Das ist eine Gerade, die durch die Spitze von $\underline{A}$ geht und parallel zu der reellen Achse verläuft (Bild 6.46).
Ein weiterer Spezialfall liegt vor, wenn

$$\underline{B} = \pm \mathrm{j}B \tag{6.343}$$

ist, d.h., wenn $\underline{B}$ in die imaginäre Achse fällt. Die Gleichung der Geraden lautet dann

$$\underline{G} = \underline{A} \pm \mathrm{j}pB. \tag{6.344}$$

Der Verlauf dieser Geraden wird im Bild 6.47 gezeigt.
(6.344) stellt eine Gerade dar, die parallel zur imaginären Achse verläuft.

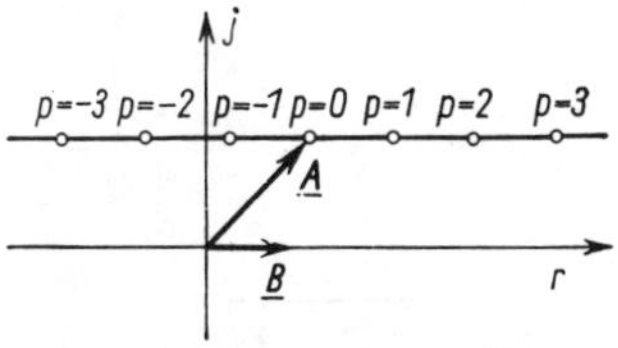

Bild 6.46

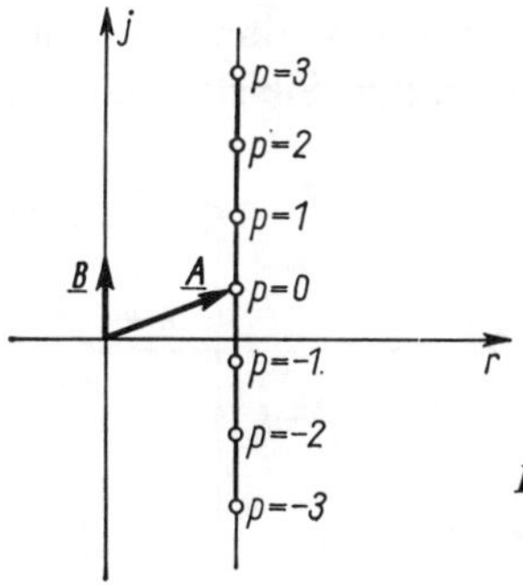

Bild 6.47

6.4.1.4. Rolle des Parameters

Der Parameter p der Ortskurve kann wiederum eine Funktion einer anderen Größe ξ sein:

$$p = f(\xi), \tag{6.345}$$

und es wird dabei nach einer Bezifferung in ξ gefragt. Unter diesen Umständen ergibt sich zwar keine Änderung des allgemeinen Verlaufes der Geraden, aber eine besondere Bezifferung. Wir wollen nur den Fall der reziproken Bezifferung behandeln. Er liegt vor bei

$$p = \frac{1}{\xi}. \tag{6.346}$$

Die Gleichung der Geraden lautet damit

$$\underline{G} = \underline{A} + \frac{1}{\xi}\,\underline{B}. \tag{6.347}$$

Die Gerade hat denselben Verlauf wie diejenige, die im Bild 6.44 dargestellt ist. Die Bezifferung in ξ erhält man, wenn man an jeder Stelle für p den Wert von $1/p$ einträgt. Der Spitze von $\underline{A}$ entspricht der Wert $\xi = \pm\infty$.

6.4.1.5. Beispiele einer Geraden als Ortskurve

Als Beispiel einer Geraden als Ortskurve soll der komplexe Widerstand einer Spule mit der Induktivität L und dem Wirkwiderstand R in Abhängigkeit von der Kreisfrequenz ω dargestellt werden. Der komplexe Widerstand beträgt

$$\underline{Z} = R + \mathrm{j}\omega L = R + \mathrm{j}\,\frac{\omega}{\omega_0}\,\omega_0 L. \tag{6.348}$$

Dabei ist ω_0 eine sinnvoll gewählte Bezugsfrequenz (z. B. Nennfrequenz). In diesem Beispiel ist

$$\underline{A} = R, \tag{6.349}$$

$$\underline{B} = \mathrm{j}\omega_0 L \tag{6.350}$$

und

$$p = \omega/\omega_0. \tag{6.351}$$

Vorteilhaft ist hierbei die Verwendung des dimensionslosen Parameters p. Die Ortskurve wird im Bild 6.48 gezeigt. Sie stellt eine Gerade dar, die parallel zur imaginären Achse verläuft.

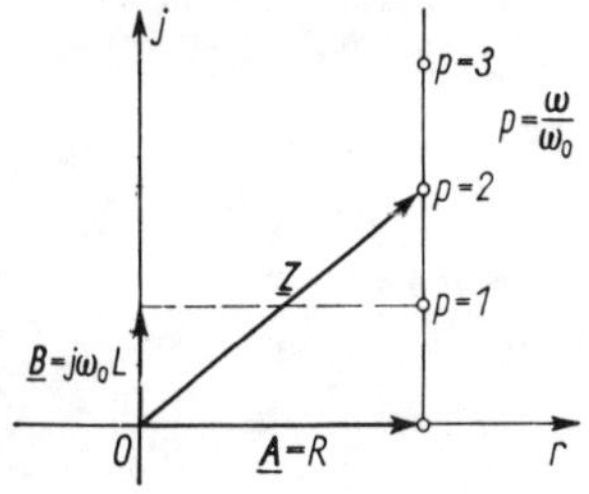

Bild 6.48

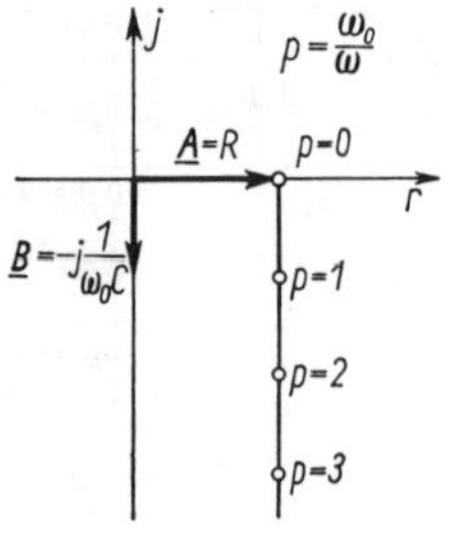

Bild 6.49

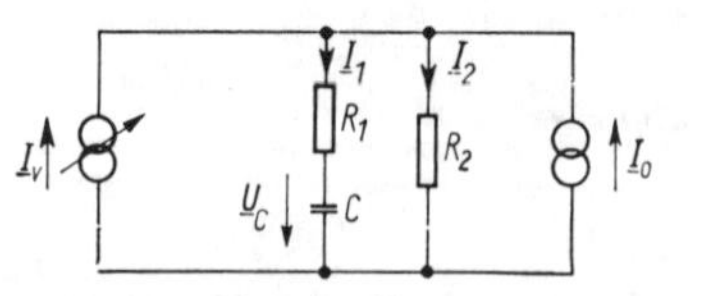

Bild 6.50

Ein Beispiel für eine Gerade mit reziproker Bezifferung stellt die Ortskurve des komplexen Widerstands der Reihenschaltung eines Wirkwiderstands R und einer Kapazität C dar:

$$\underline{Z} = R + \frac{1}{\mathrm{j}\omega C} = R + \frac{\omega_0}{\omega}\,\frac{1}{\mathrm{j}\omega_0 C}. \tag{6.352}$$

In dieser Gleichung der Ortskurve ist

$$\underline{A} = R, \tag{6.353}$$

$$\underline{B} = \frac{1}{j\omega_0 C} = -j\,\frac{1}{\omega_0 C}, \tag{6.354}$$

$$p = \frac{\omega_0}{\omega}. \tag{6.355}$$

Die Gerade ist im Bild 6.49 dargestellt.
Ein Beispiel für eine Gerade in allgemeiner Lage stellt die Ortskurve der Spannung $\underline{U}_C$ in Abhängigkeit von der Amplitude der Stromquelle $\underline{I}_v$ in der Schaltung Bild 6.50 dar. Bei Anwendung der Kirchhoffschen Sätze auf diese Schaltung erhält man folgende Gleichungen:

$$\underline{I}_v + \underline{I}_0 = \underline{I}_1 + \underline{I}_2, \tag{6.356}$$

$$\underline{I}_1 \left(R_1 + \frac{1}{j\omega C}\right) - \underline{I}_2 R_2 = 0. \tag{6.357}$$

Die Spannung an der Kapazität ist

$$\underline{U}_C = \underline{I}_1 \frac{1}{j\omega C}. \tag{6.358}$$

Aus den letzten drei Gleichungen erhält man

$$\underline{U}_C = \frac{(\underline{I}_v + \underline{I}_0)\, R_2}{1 + (R_1 + R_2)^2\, \omega^2 C^2}\, [1 - j\omega C\,(R_1 + R_2)]. \tag{6.359}$$

Mit den Abkürzungen

$$N = 1 + \omega^2 C^2\,(R_1 + R_2)^2, \tag{6.360}$$

$$M = \omega C R_2\,(R_1 + R_2) \tag{6.361}$$

folgt aus (6.359)

$$\underline{U}_C = \underline{I}_0 \left(\frac{R_2}{N} - j\,\frac{M}{N}\right) + \underline{I}_v \left(\frac{R_2}{N} - j\,\frac{M}{N}\right). \tag{6.362}$$

Besteht zwischen $\underline{I}_v$ und $\underline{I}_0$ eine Phasenverschiebung von 90° und wird der Zeiger $\underline{I}_v$ in die reelle Achse gelegt, so gilt

$$\underline{I}_v = I_v \tag{6.363}$$

und

$$\underline{I}_0 = I_0\, e^{j(\pi/2)} = jI_0. \tag{6.364}$$

Damit ist die Spannung an der Kapazität

$$\underline{U}_C = I_0 \left(\frac{M}{N} + j\,\frac{R_2}{N}\right) + I_v \left(\frac{R_2}{N} - j\,\frac{M}{N}\right). \tag{6.365}$$

Diese Gleichung entspricht der Gleichung einer Geraden in allgemeiner Lage (s. (6.333)) mit

$$\underline{A} = I_0 \left(\frac{M}{N} + \mathrm{j}\, \frac{R_2}{N} \right), \tag{6.366}$$

$$\underline{B} = \frac{R_2}{N} - \mathrm{j}\, \frac{M}{N}, \tag{6.367}$$

$$p = I_\nu . \tag{6.368}$$

6.4.2. Der Kreis

6.4.2.1. Kreis durch den Nullpunkt

Im folgenden wird die Ortskurve

$$\underline{K} = \frac{1}{\underline{A} + p\underline{B}} = \frac{1}{\underline{G}} \tag{6.369}$$

untersucht. Die Zeiger $\underline{A}$ und $\underline{B}$ werden in Polarform dargestellt:

$$\underline{A} = A\, \mathrm{e}^{\mathrm{j}\alpha}, \tag{6.370}$$

$$\underline{B} = B\, \mathrm{e}^{\mathrm{j}\beta}. \tag{6.371}$$

Werden Zähler und Nenner der rechten Seite von (6.369) durch $\underline{A}$ dividiert, so erhält man

$$\underline{K} = \frac{1/\underline{A}}{1 + p\, \dfrac{B}{A}\, \mathrm{e}^{\mathrm{j}(\beta - \alpha)}} = \frac{\underline{K}_0}{1 + p\underline{C}} \tag{6.372}$$

mit

$$\underline{K}_0 = \frac{1}{\underline{A}}, \tag{6.373}$$

$$\underline{C} = \frac{B}{A}\, \mathrm{e}^{\mathrm{j}(\beta - \alpha)} = C\, \mathrm{e}^{\mathrm{j}\gamma}, \tag{6.374}$$

wobei

$$\gamma = \beta - \alpha, \tag{6.375}$$

$$C = \frac{B}{A} \tag{6.376}$$

ist. Der Zeiger $\underline{K}_0$ gibt den Wert der Ortskurve bei $p = 0$ an. (6.372) kann man folgendermaßen schreiben:

$$\underline{K} + p\underline{C}\underline{K} = \underline{K}_0 \tag{6.377}$$

oder

$$\underline{K} + \underline{R} = \underline{K}_0 \tag{6.378}$$

mit

$$\underline{R} = p\underline{C}\underline{K}. \tag{6.379}$$

$\underline{K}$ und $\underline{R}$ ändern zwar bei Änderungen des Parameters p Größe und Richtung, ihre Summe bleibt jedoch gemäß (6.378) konstant gleich $\underline{K}_0$. Das aus den Zeigern $\underline{K}$, $\underline{K}_0$ und $\underline{R}$ gebildete Dreieck hat somit die vom Parameter p unabhängige Seite $\underline{K}_0$ (Bild 6.51). Außerdem bleibt der Winkel γ zwischen $\underline{K}$ und $\underline{R}$ unverändert (6.375). Das bedeutet, daß die Zeiger $\underline{K}$ und $\underline{R}$ die Schenkel des Peripheriewinkels π–γ über der Sehne $\underline{K}_0$ eines Kreises bilden. Die Spitze des Zeigers $\underline{K}$ bewegt sich damit bei Variation des Parameters p auf einem Kreis, der durch die Sehne $\underline{K}_0$ und den Peripheriewinkel π–γ gegeben ist.

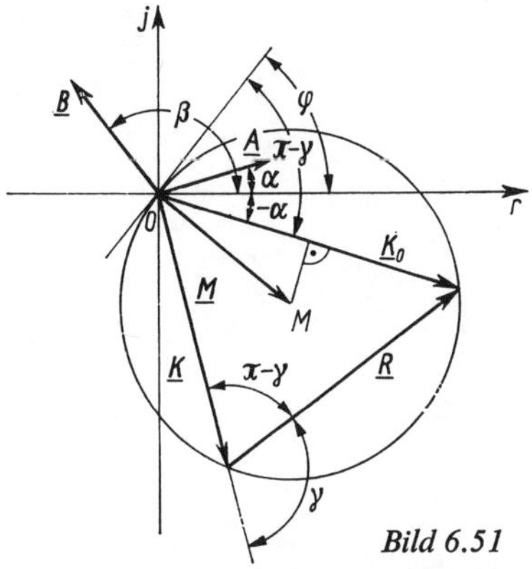

Bild 6.51

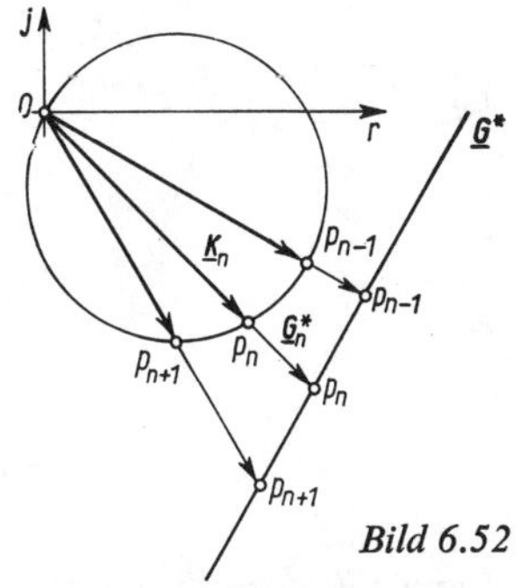

Bild 6.52

Der Mittelpunkt des Kreises ist durch den Schnittpunkt der Mittelsenkrechten auf der Sehne $\underline{K}_0$ und des Lotes auf der Tangente an den Kreis im Punkt 0 bestimmt. Da bei einem Kreis der Peripheriewinkel gleich dem Sehnen-Tangenten-Winkel ist, beträgt der Winkel zwischen der Tangente im Punkt 0 und der Sehne $\underline{K}_0$ ebenfalls π–γ. Der Winkel der Tangente gegen die positive reelle Achse ist gleich der Summe aus dem Winkel $-\alpha$ der Sehne $\underline{K}_0$ (s. (6.373)) und π–γ (s. Bild 6.51):

$$(\pi - \gamma) - \alpha = \pi - (\gamma + \alpha) = \pi - \beta = \varphi. \tag{6.380}$$

Das ist aber der Winkel des negativen konjugiert komplexen Zeigers von $\underline{B}$:

$$-\underline{B}^* = -B\,\mathrm{e}^{-\mathrm{j}\beta} = B\,\mathrm{e}^{\mathrm{j}(\pi-\beta)}. \tag{6.381}$$

Dieser Zeiger $\underline{B}^*$ tangiert im Punkt 0 an den Kreis.
Wird (6.369) in Polarform geschrieben, und zwar

$$\underline{K} = \frac{1}{G\,\mathrm{e}^{\mathrm{j}\alpha G}} = \frac{G}{G^2}\,\mathrm{e}^{-\mathrm{j}\alpha G} = \frac{\underline{G}^*}{G^2}, \tag{6.382}$$

so erkennt man, daß die Zeiger $\underline{K}$ und $\underline{G}^*$, die zu dem gleichen Wert p gehören, gleiche Richtung haben, d.h., der Punkt p auf dem Kreis und der Punkt p auf der Geraden $\underline{G}^*$ liegen auf einer Geraden, die durch den Ursprung 0 geht (Bild 6.52). Die Gerade durch die Punkte p_{n-1} und p_{n+1} ist die Ortskurve des Zeigers $\underline{G}^*$. Man erhält somit folgende Konstruktionsvorschrift für die Ortskurve des Zeigers $\underline{K}$ (deren Konstruktion im Bild 6.53 durchgeführt ist):

1. Vom Ursprung 0 der komplexen Ebene werden die konjugiert komplexen Zeiger $\underline{A}^*$ und $\underline{B}^*$ gezeichnet.
2. Aus A^* und B^* wird die Gerade $\underline{G}^* = \underline{A}^* + p\underline{B}^*$ konstruiert und beziffert.

3. $\underline{A}^*$ und $\underline{K}_0$ haben die gleiche Richtung. Deshalb werden auf $\underline{A}^*$ im Abstand $K_0/2 = A/2$ vom Ursprung 0 und auf $\underline{B}^*$ im Ursprung 0 die Senkrechten errichtet.
4. Um den Schnittpunkt M beider Senkrechten wird ein Kreis durch den Punkt 0 geschlagen. Dies ist die gesuchte Ortskurve.
5. Die Schnittpunkte der Strahlen vom Ursprung zu den bezifferten Punkten der Geraden $\underline{G}^*$ mit dem Kreis werden ermittelt und mit dem gleichen Wert p wie auf der Geraden beziffert.

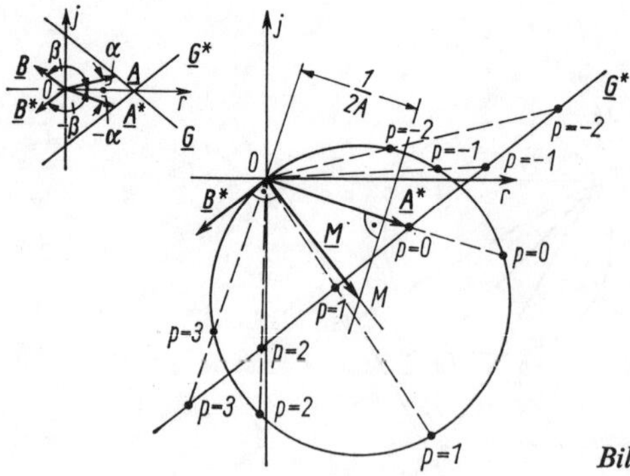

Bild 6.53

6.4.2.2. Beispiel eines Kreises durch den Ursprung als Ortskurve

Wir wollen die Parallelschaltung zweier komplexer Widerstände

$$\underline{Z}_1 = Z_1\,e^{j\varphi_1}, \tag{6.383}$$

$$\underline{Z}_2 = Z_2\,e^{j\varphi_2} \tag{6.384}$$

betrachten. Der Widerstand $\underline{Z}_1$ soll konstant bleiben, während der Widerstand $\underline{Z}_2$ zwar seinen Winkel behält, aber seine Größe ändert, so daß

$$\underline{Z}_2 = pZ_{20}\,e^{j\varphi_2} \tag{6.385}$$

geschrieben werden kann. Der auf $\underline{Z}_1$ normierte Gesamtwiderstand ist

$$\frac{\underline{Z}}{\underline{Z}_1} = \frac{\underline{Z}_2}{\underline{Z}_1 + \underline{Z}_2} = \frac{1}{1 + \dfrac{\underline{Z}_1}{\underline{Z}_2}} = \frac{1}{1 + \dfrac{1}{p}\,\dfrac{Z_1}{Z_{20}}\,e^{j(\varphi_1 - \varphi_2)}}. \tag{6.386}$$

Wenn wir nun

$$\xi = \frac{1}{p} \tag{6.387}$$

und

$$\frac{Z_1}{Z_{20}}\,e^{j(\varphi_1 - \varphi_2)} = \underline{Z}_0 \tag{6.388}$$

setzen, erhalten wir

$$\frac{\underline{Z}}{\underline{Z}_1} = \frac{1}{1 + \xi \underline{Z}_0}. \tag{6.389}$$

(6.389) besagt, daß die Ortskurve des normierten Gesamtwiderstands der Parallelschaltung unter diesen Umständen einen Kreis durch den Nullpunkt darstellt.

6.4.2.3. Kreis in allgemeiner Lage

Es soll die Gleichung

$$\underline{K} = \frac{\underline{A} + p\underline{B}}{\underline{C} + p\underline{D}} \tag{6.390}$$

untersucht werden. Führt man die angegebene Division aus, so erhält man

$$\underline{K} = (p\underline{B} + \underline{A}) : (p\underline{D} + \underline{C}) = \frac{\underline{B}}{\underline{D}} + \left(\underline{A} - \frac{\underline{B}\underline{C}}{\underline{D}}\right) \frac{1}{\underline{C} + p\underline{D}}. \tag{6.391}$$

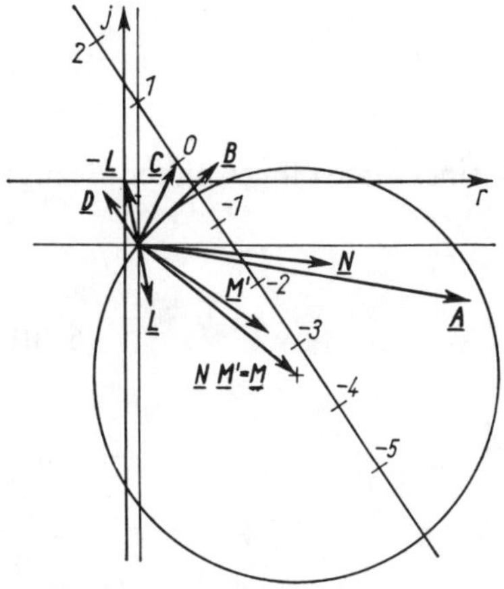

Bild 6.54

Mit den Abkürzungen

$$\underline{K}' = \frac{1}{\underline{C} + p\underline{D}}, \tag{6.392}$$

$$\underline{N} = \underline{A} - \frac{\underline{B}\underline{C}}{\underline{D}} \tag{6.393}$$

und

$$\underline{L} = \frac{\underline{B}}{\underline{D}} \tag{6.394}$$

geht (6.391) in

$$\underline{K} = \underline{L} + \underline{N}\underline{K}' \tag{6.395}$$

über.

Die Auswertung dieser Gleichung ist sehr einfach. Offensichtlich stellt $\underline{K}'$ einen Kreis durch den Nullpunkt von der bereits behandelten Art dar. Alle Zeiger, die zu $\underline{K}'$ gehören, werden laut (6.395) mit dem Zeiger

$$\underline{N} = N\,\mathrm{e}^{\mathrm{j}\nu} \tag{6.396}$$

multipliziert, d.h., die Länge jedes zu $\underline{K}'$ gehörenden Zeigers wird N-fach gestreckt und um ν gedreht. $\underline{K}$ stellt also wieder einen Kreis dar, der aus $\underline{K}'$ durch Drehstreckung entstanden ist. Für die Ermittlung des neuen Kreises genügt die Drehstreckung des Mittelpunktzeigers $\underline{M}'$ des Kreises $\underline{K}'$. Nun ist laut (6.395) zu allen Punkten des drehgestreckten Kreises der konstante Zeiger $\underline{L}$ hinzuzufügen. Das entspricht einer Verschiebung des Kreisdiagramms. Dasselbe erreicht man, wenn man den Koordinatenursprung um $-\underline{L}$ verlegt. (6.390) stellt also einen Kreis in allgemeiner Lage dar.

Die Konstruktion dieses Kreises wird im Bild 6.54 gezeigt: Man führt in bekannter Weise die Konstruktion des Kreises $\underline{K}'$ bis zur Ermittlung des Mittelpunktzeigers $\underline{M}'$ durch. Dann bestimmt man nach (6.393) den Zeiger $\underline{N}$ und ermittelt das Produkt $\underline{M} = \underline{M}'\underline{N}$. Nun kann der Kreis durch den Nullpunkt um die Zeigerspitze M geschlagen werden. Die Bezifferung des Kreises erfolgt, indem man die Gerade $\underline{G}^*$ um den Winkel ν verdreht und dann die Bezifferung in bekannter Weise durchführt. Jetzt bestimmt man nach (6.394) den Zeiger $\underline{L}$, bzw. $-\underline{L}$ und verschiebt die Achsen der Zahlenebene so, daß ihr Ursprung bei der Spitze von $-\underline{L}$ liegt.

Als Beispiel für einen Kreis in allgemeiner Lage soll das im Bild 6.55 gezeigte Ersatzschaltbild einer Eisendrossel untersucht werden. Es ist die Ortskurve des Stromes $\underline{I}$ in Abhängigkeit von der Frequenz ω gesucht. Aus Bild 6.55 folgt

$$\underline{I} = \frac{\underline{U}}{\underline{Z}}. \tag{6.397}$$

Mit

$$\underline{U} = U\,\mathrm{e}^{\mathrm{j}\omega t} \tag{6.398}$$

und

$$\underline{Z} = R_1 + \frac{\mathrm{j}\omega L R_{\mathrm{Fe}}}{R_{\mathrm{Fe}} + \mathrm{j}\omega L} \tag{6.399}$$

erhält man

$$\underline{i} = \frac{(R_{\mathrm{Fe}} U + \mathrm{j}\omega L U)\,\mathrm{e}^{\mathrm{j}\omega t}}{R_1 R_{\mathrm{Fe}} + \mathrm{j}\omega L\,(R_1 + R_{\mathrm{Fe}})} = I\,\mathrm{e}^{\mathrm{j}(\omega t + \varphi)}. \tag{6.400}$$

Zum Zeitpunkt $t = 0$ ist der Strom unter Einführung einer sinnvoll gewählten Bezugsfrequenz ω_0

$$I\,\mathrm{e}^{\mathrm{j}\varphi} = \frac{\dfrac{U}{R_1} + \dfrac{\mathrm{j}\omega}{\omega_0}\,\dfrac{\omega_0 L U}{R_1 R_{\mathrm{Fe}}}}{1 + \mathrm{j}\,\dfrac{\omega}{\omega_0}\,\omega_0 L\left(\dfrac{1}{R_{\mathrm{Fe}}} + \dfrac{1}{R_1}\right)}. \tag{6.401}$$

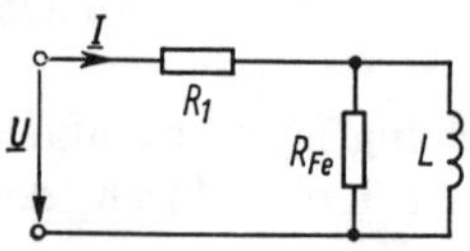

Bild 6.55

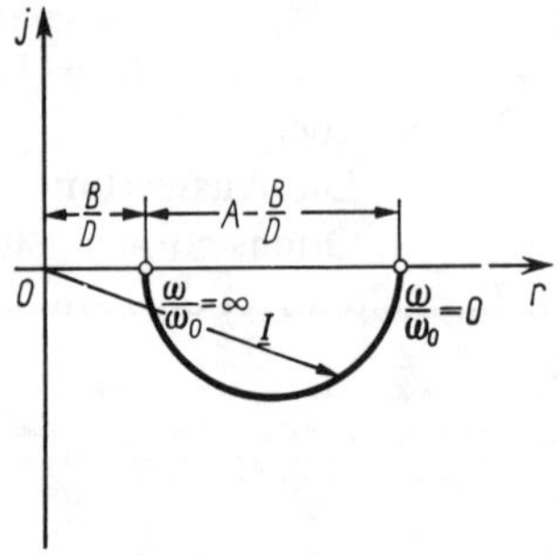

Bild 6.56

Aus dieser Gleichung erkennt man, daß die gesuchte Ortskurve einen Kreis in allgemeiner Lage darstellt, wobei

$$\underline{A} = A = \frac{U}{R_1}, \tag{6.402}$$

$$\underline{B} = \mathrm{j}B = \mathrm{j}\omega_0 L U \frac{1}{R_1 R_{\mathrm{Fe}}}, \tag{6.403}$$

$$\underline{C} = C = 1, \tag{6.404}$$

$$\underline{D} = \mathrm{j}D = \mathrm{j}\omega_0 L \left(\frac{1}{R_{\mathrm{Fe}}} + \frac{1}{R_1}\right) \tag{6.405}$$

und

$$p = \omega/\omega_0 \tag{6.406}$$

ist.
Da die Frequenz ω nur Werte zwischen 0 und ∞ annehmen kann, durchläuft der Zeiger $\underline{I}$ nur den im Bild 6.56 gezeigten Halbkreis.

6.4.2.4. Polarform der Kreisgleichung

Es ist noch eine weitere Form der Kreisgleichung möglich. Sie lautet

$$\underline{K} = \underline{A} + \underline{B}\, \mathrm{e}^{\mathrm{j}p\varphi}. \tag{6.407}$$

Die Konstruktion des Kreises in diesem Falle wird im Bild 6.57 gezeigt. Um den Endpunkt des Zeigers $\underline{A}$ schlägt man einen Kreis mit dem Radius

$$r = |\underline{B}|. \tag{6.408}$$

Der Kreis erhält eine Winkelteilung mit der Einheit φ. Der Beginn der Winkelteilung liegt bei

$$\underline{K}_0 = \underline{A} + \underline{B}. \tag{6.409}$$

Der positive Richtungssinn der Teilung ist entgegengesetzt dem Uhrzeigersinn. In dieser Darstellungsform ergeben sich einige Sonderfälle. Der Sonderfall

$$\underline{A} = 0 \tag{6.410}$$

ergibt einen Kreis mit dem Zentrum im Nullpunkt der Zahlenebene. Der Sonderfall

$$|\underline{A}| = |\underline{B}| \tag{6.411}$$

ergibt einen Kreis durch den Nullpunkt der Zahlenebene.

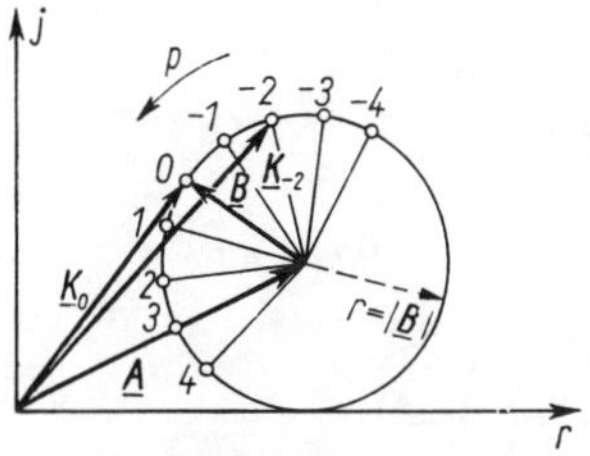

Bild 6.57

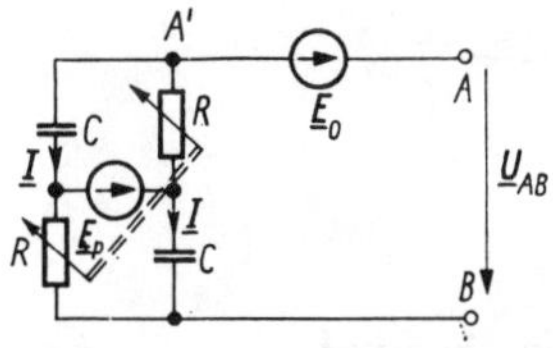

Bild 6.58

Als Beispiel für einen Kreis in Polarform werde die Abhängigkeit der Leerlaufspannung $\underline{U}_{AB}$ im Bild 6.58 von den beiden Widerständen R untersucht. Wegen der Symmetrie der Schaltung gilt

$$\underline{I} = \frac{\underline{E}_p}{R + \dfrac{1}{\mathrm{j}\omega C}}. \tag{6.412}$$

Die Spannung zwischen den Punkten B und A' ist

$$\underline{U}_{BA'} = \underline{U}_R - \underline{U}_C = \underline{I}\left(R - \frac{1}{\mathrm{j}\omega C}\right). \tag{6.413}$$

Wird in diese Gleichung $\underline{I}$ aus (6.412) eingesetzt, so erhält man

$$\underline{U}_{BA'} = \underline{E}_p \frac{R + \mathrm{j}\dfrac{1}{\omega C}}{R - \mathrm{j}\dfrac{1}{\omega C}} \tag{6.414}$$

oder in Polarschreibweise (komplexe Größe dividiert durch ihre konjugiert komplexe Größe)

$$\underline{U}_{BA'} = \underline{E}_p \, \mathrm{e}^{\mathrm{j}2 \arctan(1/\omega CR)} = |\underline{E}_p| \, \mathrm{e}^{\mathrm{j}\varphi_p} \, \mathrm{e}^{\mathrm{j}2 \arctan(1/\omega CR)} \tag{6.415}$$

bzw.

$$\underline{U}_{BA'} = \underline{E}_p \, \mathrm{e}^{\mathrm{j}\varphi(R)}. \tag{6.416}$$

Die Ortskurve der Spannung zwischen den Punkten B und A' stellt also einen Kreis mit dem Radius E_p um den Ursprung mit ungleichmäßiger Teilung dar, da im Exponenten eine Funktion des Parameters $p = \varphi(R)$ steht. Die Spannung zwischen den Punkten A und B,

$$\underline{U}_{AB} = \underline{E}_0 - \underline{E}_p \, \mathrm{e}^{\mathrm{j}\varphi(R)}, \tag{6.417}$$

ergibt somit einen Kreis in allgemeiner Lage mit dem Mittelpunktzeiger $\underline{E}_0$ und dem Radius E_p. Die Ortskurve von $\underline{U}_{AB}$ ist im Bild 6.59 dargestellt.

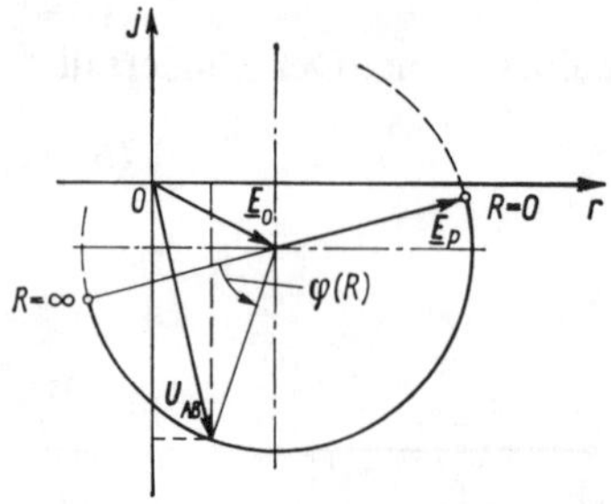

Bild 6.59

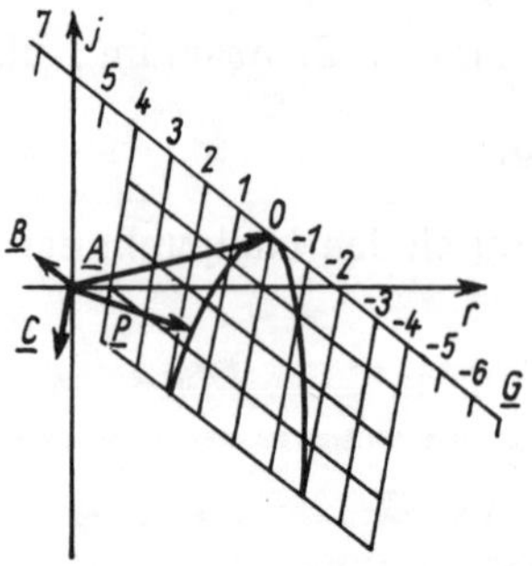

Bild 6.60

6.4.3. Die Parabel

Im folgenden wollen wir die Gleichung

$$\underline{P} = \underline{A} + p\underline{B} + p^2\underline{C} \tag{6.418}$$

behandeln. Die Konstruktion dieser Kurve wird im Bild 6.60 gezeigt. Die zwei ersten Glieder dieser Kurve stellen eine Gerade dar, die im Bild gezeigt wird. Zu jedem Zeiger der Geraden

$$\underline{G} = \underline{A} + p\underline{B} \tag{6.419}$$

wird der Zeiger $p^2\underline{C}$ addiert. So erhält man den entsprechenden Wert von $\underline{P}$. Offensichtlich stellt die Kurve $\underline{P}$ eine Parabel dar.

Beispiele für eine Parabel als Ortskurve

Bild 6.61 zeigt eine Induktivität und eine Kapazität, die in Reihe geschaltet und an eine Spannungsquelle mit der EMK $\underline{E}$ und dem inneren Widerstand R_i angeschlossen sind. Die Spannung am Kondensator beträgt

$$\underline{U}_C = \underline{E}\,\frac{1/\mathrm{j}\omega C}{R_i + \mathrm{j}\omega L + \dfrac{1}{\mathrm{j}\omega C}} = \frac{\underline{E}}{1 + \mathrm{j}\omega C R_i - \omega^2 L C}. \tag{6.420}$$

Das Verhältnis der EMK $\underline{E}$ zu der Spannung am Kondensator $\underline{U}_C$ beträgt bei Wahl einer geeigneten Bezugsfrequenz ω_0 (z.B. die Resonanzfrequenz)

$$\underline{P} = \frac{\underline{E}}{\underline{U}_C} = 1 + \mathrm{j}\,\frac{\omega}{\omega_0}\,\omega_0 C R_i - \left(\frac{\omega}{\omega_0}\right)^2 \omega_0^2 L C. \tag{6.421}$$

Mit der Frequenz als Parameter stellt die Ortskurve $\underline{P}$ eine Parabel dar, bei der $\underline{A} = 1$, $\underline{B} = \mathrm{j}\omega_0 C R_i$, $\underline{C} = -\omega_0^2\, LC$ und $p = \omega/\omega_0$ ist. Der Verlauf dieser Parabel wird im Bild 6.62 gezeigt.

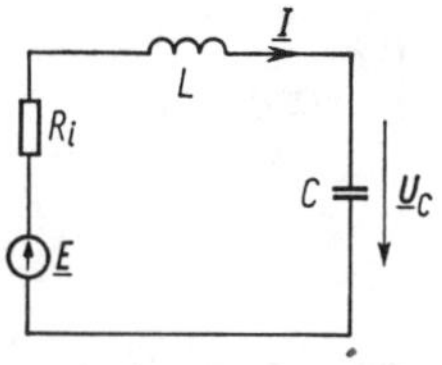

Bild 6.61

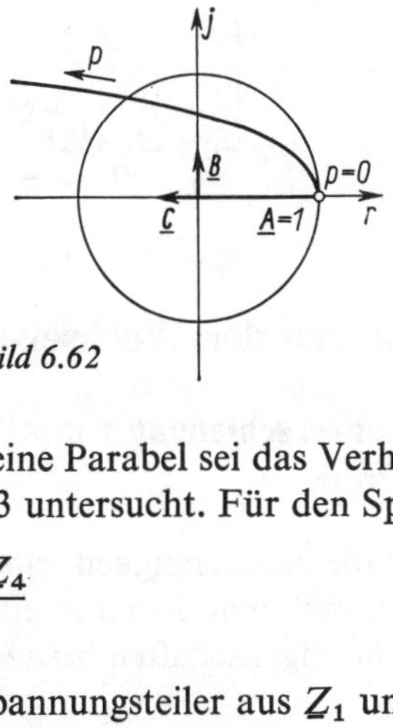

Bild 6.62

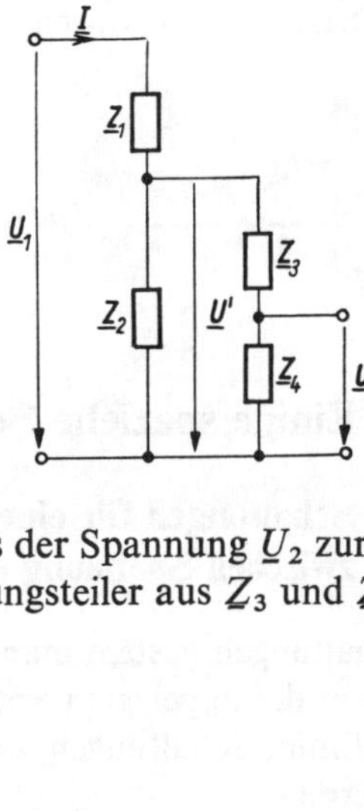

Bild 6.63

Als weiteres Beispiel für eine Parabel sei das Verhältnis der Spannung $\underline{U}_2$ zur Eingangsspannung $\underline{U}_1$ im Bild 6.63 untersucht. Für den Spannungsteiler aus $\underline{Z}_3$ und $\underline{Z}_4$ gilt

$$\frac{\underline{U}'}{\underline{U}_2} = \frac{\underline{Z}_3 + \underline{Z}_4}{\underline{Z}_4} \tag{6.422}$$

und für den belasteten Spannungsteiler aus $\underline{Z}_1$ und $\underline{Z}_2$

$$\frac{\underline{U}_1}{\underline{U}'} = \frac{\underline{Z}_1 + \dfrac{\underline{Z}_2(\underline{Z}_3 + \underline{Z}_4)}{\underline{Z}_2 + \underline{Z}_3 + \underline{Z}_4}}{\dfrac{\underline{Z}_2(\underline{Z}_3 + \underline{Z}_4)}{\underline{Z}_2 + \underline{Z}_3 + \underline{Z}_4}} = \frac{\underline{Z}_1(\underline{Z}_2 + \underline{Z}_3 + \underline{Z}_4) + \underline{Z}_2(\underline{Z}_3 + \underline{Z}_4)}{\underline{Z}_2(\underline{Z}_3 + \underline{Z}_4)}. \tag{6.423}$$

Das Produkt aus (6.422) und (6.423) liefert

$$\frac{\underline{U}_1}{\underline{U}_2} = \frac{\underline{Z}_1\underline{Z}_2 + \underline{Z}_1\underline{Z}_3 + \underline{Z}_1\underline{Z}_4 + \underline{Z}_2\underline{Z}_3 + \underline{Z}_2\underline{Z}_4}{\underline{Z}_2\underline{Z}_4}. \tag{6.424}$$

Mit

$$\underline{Z}_1 = \mathrm{j}\omega L_1, \tag{6.425}$$

$$\underline{Z}_2 = R_2, \tag{6.426}$$

$$\underline{Z}_3 = \mathrm{j}\omega L_3 \tag{6.427}$$

und

$$\underline{Z}_4 = R_4 \tag{6.428}$$

erhält man

$$\frac{\underline{U}_1}{\underline{U}_2} = 1 + \mathrm{j}\omega \left(\frac{L_1}{R_4} + \frac{L_1}{R_2} + \frac{L_3}{R_4} \right) - \omega^2 \frac{L_1 L_3}{R_2 R_4}. \tag{6.429}$$

Diese Gleichung stellt in Abhängigkeit von der auf eine geeignete Bezugsfrequenz ω_0 bezogenen Frequenz $\omega/\omega_0 = p$ eine Parabel mit

$$\underline{A} = 1, \tag{6.430}$$

$$\underline{B} = \mathrm{j}\omega_0 \left(\frac{L_1 + L_3}{R_4} + \frac{L_1}{R_2} \right) \tag{6.431}$$

und

$$\underline{C} = -\frac{\omega_0^2 L_1 L_3}{R_2 R_4} \tag{6.432}$$

dar. Die Ortskurve, die durch (6.429) beschrieben wird, ist im Bild 6.64 dargestellt.

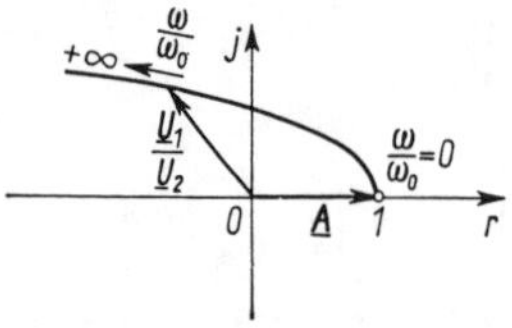

Bild 6.64

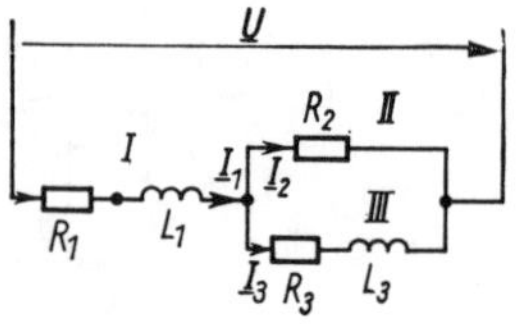

Bild 6.65

6.5. Einige spezielle Schaltungen der Wechselstromtechnik

6.5.1. Schaltungen für eine Phasenverschiebung von $\pi/2$ zwischen Spannung und Strom

In Meßschaltungen besteht manchmal die Notwendigkeit, eine Phasenverschiebung von $\pi/2$ zwischen der angelegten Spannung und dem Strom in einem bestimmten Zweig zu erzeugen. Einige Schaltungen, die solche Eigenschaften besitzen, sollen nachfolgend behandelt werden.

6.5.1.1. Hummel-Schaltung

Die Hummel-Schaltung wird im Bild 6.65 gezeigt. Sie ermöglicht, mit verlustbehafteten Spulen eine Phasenverschiebung von $\pi/2$ zwischen der Gesamtspannung $\underline{U}$ und dem Strom $\underline{I}_3$ in dem Zweig III zu erzielen. In dem Zweig I ist eine verlustbehaftete Spule mit der Induktivität L_1 und dem Widerstand R_1, in dem Zweig II ist ein Widerstand R_2 und in dem Zweig III eine verlustbehaftete Spule mit dem Widerstand R_3 und der Induktivität L_3 enthalten.
Aus Bild 6.65 sind folgende Beziehungen abzulesen:

$$\underline{I}_1 = \underline{I}_2 + \underline{I}_3, \tag{6.433}$$

$$\underline{U} = \underline{I}_1 (R_1 + \mathrm{j}\omega L_1) + \underline{I}_3 (R_3 + \mathrm{j}\omega L_3), \tag{6.434}$$

$$\underline{I}_2 R_2 = \underline{I}_3 (R_3 + \mathrm{j}\omega L_3). \tag{6.435}$$

Aus (6.433) und (6.434) erhalten wir

$$\underline{U} = (\underline{I}_2 + \underline{I}_3)(R_1 + j\omega L_1) + \underline{I}_3(R_3 + j\omega L_3). \tag{6.436}$$

Aus (6.435) können wir $\underline{I}_2$ ermitteln und in (6.436) einsetzen. So erhalten wir eine Beziehung zwischen $\underline{U}$ und $\underline{I}_3$:

$$\begin{aligned}\underline{U} &= \left[\frac{\underline{I}_3}{R_2}(R_3 + j\omega L_3) + \underline{I}_3\right](R_1 + j\omega L_1) + \underline{I}_3(R_3 + j\omega L_3)\\ &= \underline{I}_3\left[\left(\frac{R_3 + j\omega L_3}{R_2} + 1\right)(R_1 + j\omega L_1) + (R_3 + j\omega L_3)\right]\\ &= \underline{I}_3\left[\left(\frac{R_1R_3}{R_2} + R_1 + R_3 - \frac{\omega^2 L_1 L_3}{R_2}\right) + j\omega\left(\frac{L_3R_1}{R_2} + \frac{L_1R_3}{R_2} + L_1 + L_3\right)\right].\end{aligned} \tag{6.437}$$

Wenn die komplexe Größe in der Klammer um $\pi/2$ drehen soll, darf sie keine Wirkkomponente enthalten. Hieraus ergibt sich die Bedingungsgleichung für das Bestehen eines Phasenwinkels von $\pi/2$ zwischen der Spannung $\underline{U}$ und dem Strom $\underline{I}_3$:

$$\frac{R_1R_3}{R_2} + R_1 + R_3 - \frac{\omega^2 L_1 L_3}{R_2} = 0 \tag{6.438}$$

oder

$$R_1R_3 + R_1R_2 + R_2R_3 - \omega^2 L_1 L_3 = 0. \tag{6.439}$$

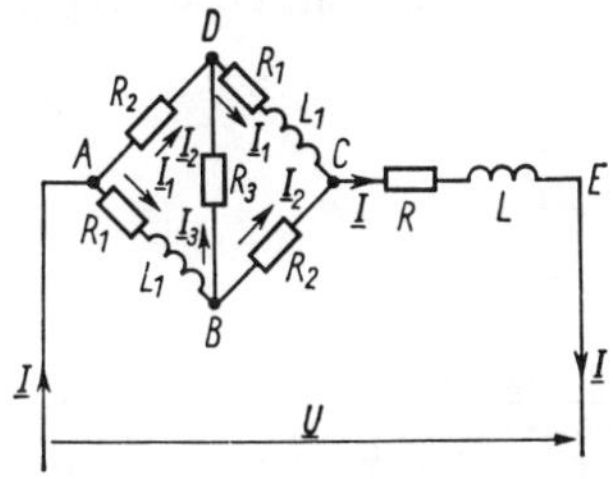

Bild 6.66

6.5.1.2. Eine Brückenschaltung zur Erzeugung eines Phasenunterschieds von $\pi/2$

Im Bild 6.66 wird eine Brückenschaltung gezeigt, mit deren Hilfe man eine Phasenverschiebung von $\pi/2$ erzielen kann.
In den Zweigen *AB* und *DC* sind die gleichen Widerstände

$$\underline{Z}_1 = R_1 + jX_1 \tag{6.440}$$

eingeschaltet. In den Zweigen *AD* und *BC* sind die gleichen Widerstände

$$\underline{Z}_2 = R_2 \tag{6.441}$$

eingeschaltet. In dem Diagonalzweig liegt der Widerstand

$$\underline{Z}_3 = R_3 \tag{6.442}$$

und in der Speiseleitung der Widerstand

$$\underline{Z} = R + jX. \tag{6.443}$$

Es gilt

$$\underline{I}_1 = \underline{I}_2 + \underline{I}_3, \tag{6.444}$$

$$\underline{I} = \underline{I}_1 + \underline{I}_2. \tag{6.445}$$

Für die Masche *ABCEA* gilt

$$\begin{aligned}\underline{U} &= \underline{Z}_1\underline{I}_1 + R_2\underline{I}_2 + \underline{Z}\underline{I} = \underline{Z}_1\underline{I}_1 + R_2\underline{I}_2 + \underline{Z}(\underline{I}_1 + \underline{I}_2)\\ &= (\underline{Z} + \underline{Z}_1)\,\underline{I}_1 + (R_2 + \underline{Z})\,\underline{I}_2.\end{aligned} \tag{6.446}$$

Für die Masche *ABDA* gilt

$$\underline{Z}_1\underline{I}_1 + R_3\underline{I}_3 - R_2\underline{I}_2 = 0, \tag{6.447}$$

$$\underline{Z}_1\underline{I}_1 + R_3(\underline{I}_1 - \underline{I}_2) - R_2\underline{I}_2 = 0. \tag{6.448}$$

Aus dieser Gleichung bestimmen wir $\underline{I}_2$ zu

$$\underline{I}_2 = \underline{I}_1\,\frac{\underline{Z}_1 + R_3}{R_2 + R_3} \tag{6.449}$$

und setzen diesen Wert in (6.446) ein:

$$\underline{U} = \underline{I}_1\left[\underline{Z} + \underline{Z}_1 + \frac{(R_2 + \underline{Z})(\underline{Z}_1 + R_3)}{R_2 + R_3}\right]. \tag{6.450}$$

Wenn wir für $\underline{Z}_1$ und $\underline{Z}$ die Werte entsprechend (6.440) und (6.443) einführen und den Realteil vom Imaginärteil trennen, erhalten wir

$$\begin{aligned}\underline{U} = \underline{I}_1\Bigg\{&\left[R + R_1 + \frac{(R_1 + R_3)(R + R_2) - XX_1}{R_2 + R_3}\right]\\ &+ \mathrm{j}\left[X + X_1 + \frac{(R_1 + R_3)\,X + (R + R_2)\,X_1}{R_2 + R_3}\right]\Bigg\}.\end{aligned} \tag{6.451}$$

Damit durch die Multiplikation mit dem Klammerausdruck eine Drehung um $\pi/2$ erreicht wird, muß sein Realteil verschwinden. Dies ergibt die Bedingung

$$R + R_1 + \frac{(R_1 + R_3)(R + R_2)}{R_2 + R_3} - \frac{XX_1}{R_2 + R_3} = 0. \tag{6.452}$$

6.5.2. Schaltungen zur automatischen Konstanthaltung des Stromes (Boucherot-Schaltung)

6.5.1.2. Spannungsteilerschaltung

Es bestehen einige Wechselstromschaltungen, die es ermöglichen, den Strom in einem Kreis eines verzweigten Stromkreises unabhängig von der Größe und der Art des Widerstands des Zweiges zu machen, vorausgesetzt, daß die Spannung, an der der Stromkreis angeschlossen ist, konstant bleibt. Wir wollen die Schaltung, die im Bild 6.67 gezeigt wird, betrachten.

Der Eingangswiderstand beträgt

$$\underline{Z} = \underline{Z}_1 + \frac{\underline{Z}_2\underline{Z}_3}{\underline{Z}_2 + \underline{Z}_3} = \frac{\underline{Z}_1\underline{Z}_2 + \underline{Z}_1\underline{Z}_3 + \underline{Z}_2\underline{Z}_3}{\underline{Z}_2 + \underline{Z}_3}. \tag{6.453}$$

Der Eingangsstrom ist dann

$$\underline{I}_1 = \frac{\underline{U}}{\underline{Z}} = \frac{\underline{U}(\underline{Z}_2 + \underline{Z}_3)}{\underline{Z}_1\underline{Z}_2 + \underline{Z}_1\underline{Z}_3 + \underline{Z}_2\underline{Z}_3}. \tag{6.454}$$

Es gilt ferner

$$\underline{I}_1 = \underline{I}_2 + \underline{I}_3, \tag{6.455}$$

$$\frac{\underline{I}_2}{\underline{I}_3} = \frac{\underline{Z}_3}{\underline{Z}_2}, \tag{6.456}$$

$$\underline{I}_1 = \underline{I}_3\left(1 + \frac{\underline{Z}_3}{\underline{Z}_2}\right) = \underline{I}_3\,\frac{\underline{Z}_2 + \underline{Z}_3}{\underline{Z}_2}. \tag{6.457}$$

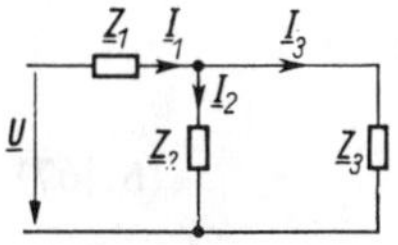

Bild 6.67

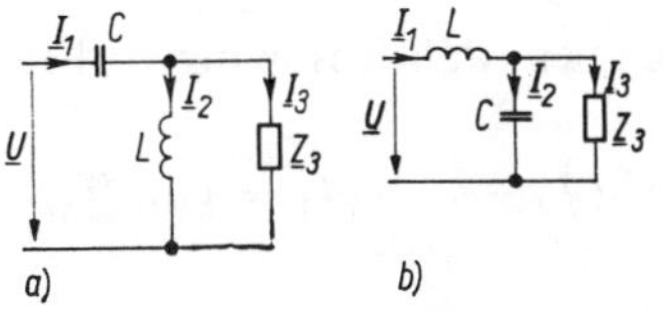

Bild 6.68

Aus (6.454) und (6.457) ermitteln wir den Strom $\underline{I}_3$. Er beträgt

$$\underline{I}_3 = \frac{\underline{U}\underline{Z}_2}{\underline{Z}_1\underline{Z}_2 + \underline{Z}_3(\underline{Z}_1 + \underline{Z}_2)}. \tag{6.458}$$

Damit der Strom $\underline{I}_3$ unabhängig von $\underline{Z}_3$ ist, muß im Nenner von (6.458) der Faktor bei $\underline{Z}_3$ Null sein, d.h.

$$\underline{Z}_1 + \underline{Z}_2 = 0. \tag{6.459}$$

Wenn wir $\underline{Z}_1$ und $\underline{Z}_2$ allgemein als komplexe Widerstände mit Real- und Imaginärteil darstellen, geht die Bedingung (6.459) in

$$R_1 + \mathrm{j}X_1 + R_2 + \mathrm{j}X_2 = 0 \tag{6.460}$$

über, woraus

$$R_1 + R_2 = 0, \tag{6.461}$$

$$X_1 + X_2 = 0 \tag{6.462}$$

folgt. Die Doppelbedingung von (6.461) und (6.462) besagt folgendes: Der Strom $\underline{I}_3$ in dem Zweig mit dem Widerstand $\underline{Z}_3$ wird unabhängig von dem Widerstand des Zweiges, wenn $\underline{Z}_1$ eine verlustlose Induktivität und $\underline{Z}_2$ eine verlustlose Kapazität (oder umgekehrt) ist, die sich in Resonanz befinden:

$$\underline{Z}_1 + \underline{Z}_2 = \mathrm{j}\omega L + \frac{1}{\mathrm{j}\omega C} = 0. \tag{6.463}$$

Bild 6.68 a und b zeigt die zwei Möglichkeiten zur Erzeugung eines konstanten Stromes, der unabhängig von der Größe und der Art des Zweigwiderstands ist.

Ist (6.463) erfüllt, so beträgt die Größe des Stromes

$$\underline{I}_3 = \frac{\underline{U}}{\underline{Z}_1} = \frac{\underline{U}}{\mathrm{j}\omega L} = -\mathrm{j}\,\frac{\underline{U}}{\omega L} = -\mathrm{j}\,\frac{\underline{U}}{\sqrt{\frac{L}{C}}}. \tag{6.464}$$

Dieser hängt nicht von $\underline{Z}_3$ ab und eilt der äußeren Spannung $\underline{U}$ um $\pi/2$ nach.

6.5.2.2. Eine Brückenschaltung zur Konstanthaltung des Stromes

Bild 6.69 zeigt eine Brückenschaltung zur Konstanthaltung des Stromes. Aus dem Bild sind die folgenden Beziehungen abzulesen:

$$\underline{I}_2 = \underline{I}_1 + \underline{I}_3, \tag{6.465}$$

$$\underline{U} = \mathrm{j}\omega L\underline{I}_2 + \frac{1}{\mathrm{j}\omega C}\,\underline{I}_1. \tag{6.466}$$

Wir wollen annehmen, daß Resonanz vorliegt ($\omega L = 1/\omega C$). Dann ist

$$\underline{U} = \mathrm{j}\omega L\underline{I}_2 - \frac{\mathrm{j}}{\omega C}\,\underline{I}_1 = \mathrm{j}\omega L\,(\underline{I}_2 - \underline{I}_1) = \mathrm{j}\omega L\underline{I}_3. \tag{6.467}$$

Hieraus folgt

$$\underline{I}_3 = \frac{\underline{U}}{\mathrm{j}\omega L} = -\mathrm{j}\,\frac{\underline{U}}{\sqrt{\frac{L}{C}}}. \tag{6.468}$$

Hieraus folgt, daß der Strom $\underline{I}_3$, der in dem Diagonalzweig fließt, unabhängig von dem Diagonalwiderstand $\underline{Z}_3$ ist. Er bleibt hinter der angelegten Spannung um $\pi/2$ zurück.

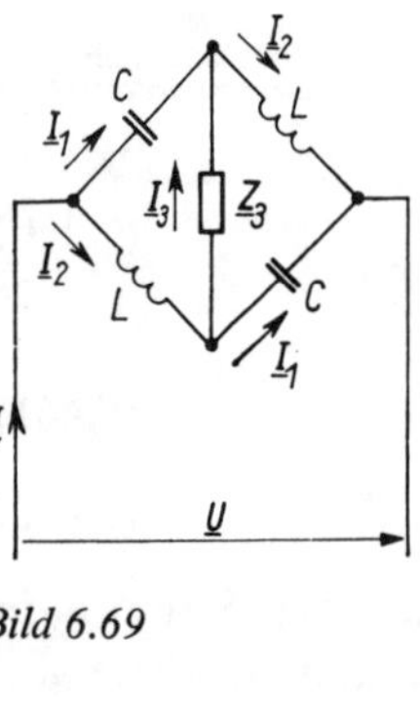

Bild 6.69

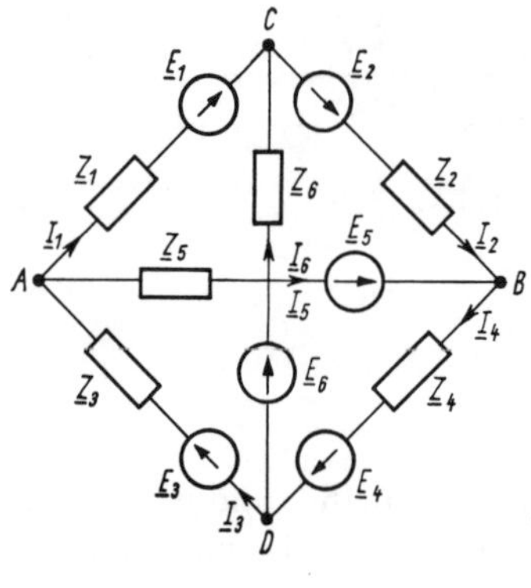

Bild 6.70

6.5.3. Wechselstrombrücken

6.5.3.1. Bedingung für die Unabhängigkeit der Diagonalzweige

Bild 6.70 stellt eine Brücke dar. In jedem ihrer Zweige ist ein komplexer Widerstand und eine EMK. Es wird nach der Bedingung gefragt, unter der der Strom in dem einen Diagonalzweig unabhängig ist von der EMK in dem anderen Diagonalzweig. Der 2. Kirchhoffsche Satz ergibt für die Maschen *ACBA* und *ABDA*:

$$\underline{E}_1 + \underline{E}_2 - \underline{E}_5 = \underline{I}_1\underline{Z}_1 + \underline{I}_2\underline{Z}_2 - \underline{I}_5\underline{Z}_5, \tag{6.469}$$

$$\underline{E}_3 + \underline{E}_4 + \underline{E}_5 = \underline{I}_3\underline{Z}_3 + \underline{I}_4\underline{Z}_4 + \underline{I}_5\underline{Z}_5. \tag{6.470}$$

Die Ströme $\underline{I}_2$, $\underline{I}_3$ und $\underline{I}_4$ werden mit Hilfe des 1. Kirchhoffschen Satzes durch die Diagonalströme $\underline{I}_5$, $\underline{I}_6$ und den Strom $\underline{I}_1$ ausgedrückt

$$\underline{I}_2 = \underline{I}_1 + \underline{I}_6, \tag{6.471}$$

$$\underline{I}_3 = \underline{I}_1 + \underline{I}_5, \tag{6.472}$$

$$\underline{I}_4 = \underline{I}_5 + \underline{I}_2 = \underline{I}_1 + \underline{I}_5 + \underline{I}_6. \tag{6.473}$$

Geht man damit in (6.469) und (6.470) ein, dann erhält man

$$\begin{aligned}\underline{E}_1 + \underline{E}_2 - \underline{E}_5 &= \underline{I}_1\underline{Z}_1 + (\underline{I}_1 + \underline{I}_6)\,\underline{Z}_2 - \underline{I}_5\underline{Z}_5\\ &= \underline{I}_1(\underline{Z}_1 + \underline{Z}_2) - \underline{I}_5\underline{Z}_5 + \underline{I}_6\underline{Z}_2,\end{aligned} \tag{6.474}$$

$$\begin{aligned}\underline{E}_3 + \underline{E}_4 + \underline{E}_5 &= (\underline{I}_1 + \underline{I}_5)\,\underline{Z}_3 + (\underline{I}_1 + \underline{I}_5 + \underline{I}_6)\,\underline{Z}_4 + \underline{I}_5\underline{Z}_5\\ &= \underline{I}_1(\underline{Z}_3 + \underline{Z}_4) + \underline{I}_5(\underline{Z}_3 + \underline{Z}_4 + \underline{Z}_5) + \underline{I}_6\underline{Z}_4.\end{aligned} \tag{6.475}$$

Unterbricht man die Diagonale *CD*, dann ist

$$\underline{I}_6 = 0. \tag{6.476}$$

Der Zustand in der zweiten Diagonale, also $\underline{I}_5$, soll dabei unverändert bleiben. Der Strom durch $\underline{I}_1$ nimmt dann einen neuen Wert $\underline{I}_1'$ an.
Da die linken Seiten von (6.474) und (6.475) unverändert bleiben, bleiben auch die rechten Seiten unverändert, also:

$$\underline{I}_1(\underline{Z}_1 + \underline{Z}_2) - \underline{I}_5\underline{Z}_5 + \underline{I}_6\underline{Z}_2 = \underline{I}_1'(\underline{Z}_1 + \underline{Z}_2) - \underline{I}_5\underline{Z}_5 + 0, \tag{6.477}$$

$$\begin{aligned}&\underline{I}_1(\underline{Z}_3 + \underline{Z}_4) + \underline{I}_5(\underline{Z}_3 + \underline{Z}_4 + \underline{Z}_5) + \underline{I}_6\underline{Z}_4\\ &\quad = \underline{I}_1'(\underline{Z}_3 + \underline{Z}_4) + \underline{I}_5(\underline{Z}_3 + \underline{Z}_4 + \underline{Z}_5) + 0,\end{aligned} \tag{6.478}$$

$$(\underline{I}_1 - \underline{I}_1')(\underline{Z}_1 + \underline{Z}_2) = -\underline{I}_6\underline{Z}_2, \tag{6.479}$$

$$(\underline{I}_1 - \underline{I}_1')(\underline{Z}_3 + \underline{Z}_4) = -\underline{I}_6\underline{Z}_4, \tag{6.480}$$

$$\frac{\underline{Z}_2}{\underline{Z}_4} = \frac{\underline{Z}_1 + \underline{Z}_2}{\underline{Z}_3 + \underline{Z}_4}, \tag{6.481}$$

$$\underline{Z}_1\underline{Z}_4 + \underline{Z}_2\underline{Z}_4 = \underline{Z}_2\underline{Z}_3 + \underline{Z}_2\underline{Z}_4, \tag{6.482}$$

$$\frac{\underline{Z}_1}{\underline{Z}_3} = \frac{\underline{Z}_2}{\underline{Z}_4}. \tag{6.483}$$

Der Strom in der einen Diagonale hängt unter diesen Bedingungen nicht vom Strom in der anderen, sondern nur von den elektromotorischen Kräften in den Seitenzweigen der Brücke ab. Wenn alle EMKs bis auf die EMK in dem einen Diagonalzweig Null sind, ist der Strom in dem anderen Diagonalzweig Null. In diesem Falle stellt die Bedingung für die Unabhängigkeit der Diagonalzweige die Abgleichsbedingung der gewöhnlichen Brücke dar.

6.5.3.2. Wechselstrom-Meßbrückenschaltungen

Wir wollen die Wheatstonesche Brücke (Bild 6.71), die aus den komplexen Widerständen $\underline{Z}_1$, $\underline{Z}_2$, $\underline{Z}_3$ und $\underline{Z}_4$ besteht, betrachten. Sie entsteht, wenn man in Bild 6.70 alle elektromotorischen Kräfte bis auf die in dem einen Diagonalzweig kurzschließt und in den zweiten Diagonalzweig ein Meßgerät einführt.
Die Abgleichbedingung (6.483) kann in der Form

$$\frac{Z_1\,\mathrm{e}^{\mathrm{j}\varphi_1}}{Z_2\,\mathrm{e}^{\mathrm{j}\varphi_2}} = \frac{Z_3\,\mathrm{e}^{\mathrm{j}\varphi_3}}{Z_4\,\mathrm{e}^{\mathrm{j}\varphi_4}} \tag{6.484}$$

bzw.

$$\frac{Z_1}{Z_2}\,\mathrm{e}^{\mathrm{j}(\varphi_1-\varphi_2)} = \frac{Z_3}{Z_4}\,\mathrm{e}^{\mathrm{j}(\varphi_3-\varphi_4)}, \tag{6.485}$$

geschrieben werden.
Sie zerfällt in zwei Einzelbedingungen:

$$\frac{Z_1}{Z_2} = \frac{Z_3}{Z_4} \tag{6.486}$$

und

$$\varphi_1 - \varphi_2 = \varphi_3 - \varphi_4. \tag{6.487}$$

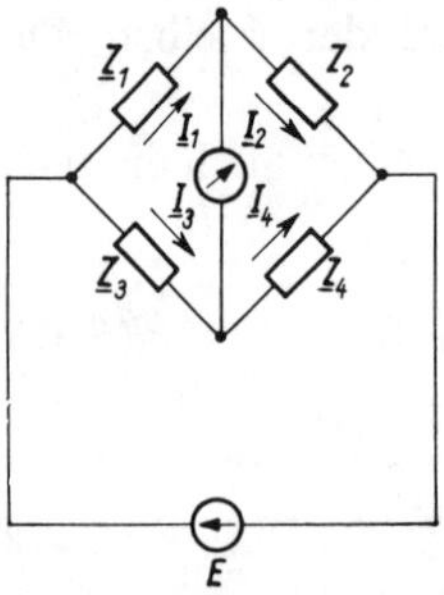

Bild 6.71

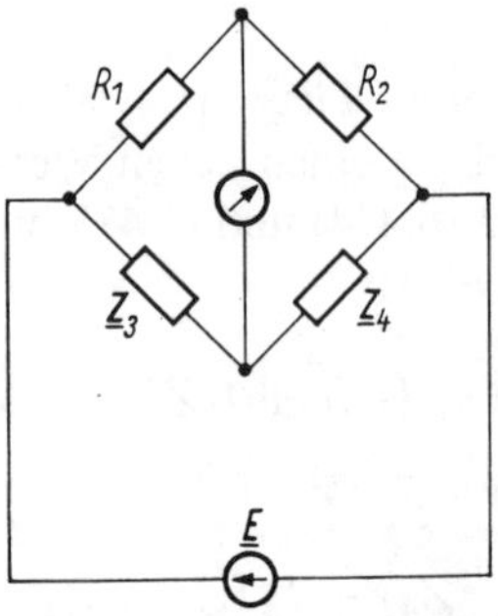

Bild 6.72

Brückenschaltungen zum Vergleich gleichartiger Blindelemente

Wir wollen eine Brückenschaltung betrachten, die in zwei benachbarten Zweigen zwei ohmsche Widerstände R_1 und R_2 enthält (Bild 6.72). Dann gilt: $Z_1 = R_1$, $Z_2 = R_2$, $\varphi_1 = 0$, $\varphi_2 = 0$.
Die Abgleichbedingung lautet somit

$$\frac{R_1}{R_2} = \frac{Z_3}{Z_4} \tag{6.488}$$

und

$$\varphi_3 = \varphi_4. \tag{6.489}$$

φ_3 und φ_4 müssen gleiche Vorzeichen haben.
Die Phasenabgleichbedingung (6.489) verlangt, daß in diesem Fall die zwei anderen nebeneinanderliegenden Wechselstromwiderstände ($\underline{Z}_3$ und $\underline{Z}_4$) von gleicher Art, also

beispielsweise zwei Wirkwiderstände ($\varphi_3 = \varphi_4 = 0$), zwei induktive Widerstände ($\varphi_3 > 0$, $\varphi_4 > 0$) oder zwei kapazitive Widerstände ($\varphi_3 < 0$, $\varphi_4 < 0$), sein müssen, damit ein Brückenabgleich stattfinden kann.

Wenn wir nun eine unbekannte Kapazität mit einer Normalkapazität vergleichen wollen, müssen wir eine Schaltung nach Bild 6.72 aufbauen und die Wirkwiderstände in zwei benachbarten Zweigen, die Kapazitäten in den anderen Zweigen einbauen. Nach dem Brückenabgleich wird mit

$$\underline{Z}_1 = R_1, \qquad \underline{Z}_3 = -\mathrm{j}\,\frac{1}{\omega C_3},$$

$$\underline{Z}_2 = R_2, \qquad \underline{Z}_4 = -\mathrm{j}\,\frac{1}{\omega C_4}, \tag{6.490}$$

$$\frac{R_1}{R_2} = \frac{C_4}{C_3}. \tag{6.491}$$

Wenn wir eine unbekannte Induktivität mit einer Normalinduktivität vergleichen wollen, müssen wir ebenfalls eine Schaltung nach Bild 6.72 anwenden:

$$\underline{Z}_1 = R_1, \qquad \underline{Z}_3 = R_3 + \mathrm{j}\omega L_3, \tag{6.492}$$

$$\underline{Z}_2 = R_2, \qquad \underline{Z}_4 = R_4 + \mathrm{j}\omega L_4.$$

R_3 und R_4 sind die ohmschen Widerstände der Induktivitäten.
Nach Brückenabgleich ist

$$\frac{R_1}{R_2} = \frac{R_3 + \mathrm{j}\omega L_3}{R_4 + \mathrm{j}\omega L_4} \tag{6.493}$$

oder

$$R_1 R_4 + \mathrm{j}\omega L_4 R_1 = R_2 R_3 + \mathrm{j}\omega L_3 R_2. \tag{6.494}$$

Diese Bedingung enthält die Einzelbedingungen

$$R_1 R_4 = R_2 R_3, \tag{6.495}$$

d.h.

$$\frac{R_1}{R_2} = \frac{R_3}{R_4}, \tag{6.496}$$

und

$$\mathrm{j}\omega L_4 R_1 = \mathrm{j}\omega L_3 R_2, \tag{6.497}$$

d.h.

$$\frac{R_1}{R_2} = \frac{L_3}{L_4}. \tag{6.498}$$

(6.496) und (6.498) stellen die Abgleichbedingungen der Brücke für den betrachteten Fall dar. Die Brücke wird zuerst mit Gleichstrom abgeglichen, so daß (6.496) erfüllt wird. Dann wird sie auf Wechselstrom umgeschaltet. Bei unveränderten Widerständen R_1 und R_3 ändert man gleichzeitig R_2 und R_4, und zwar so, daß einerseits (6.496) erhalten bleibt, andererseits (6.498) erfüllt wird. Ist das erreicht, dann läßt sich die unbekannte Induktivität nach (6.498) ermitteln.

Brückenschaltungen zum Vergleich ungleichartiger Blindelemente

Nun wollen wir eine Brückenschaltung betrachten, bei der in zwei gegenüberliegenden Zweigen zwei Wirkwiderstände eingebaut sind (Bild 6.73). Dann gilt: $Z_1 = R_1$, $Z_4 = R_4$, $\varphi_1 = 0$, $\varphi_4 = 0$.
Die Abgleichbedingung verlangt, daß

$$\frac{R_1}{Z_2} = \frac{Z_3}{R_4} \tag{6.499}$$

und

$$-\varphi_2 = \varphi_3 \tag{6.500}$$

ist. φ_2 und φ_3 müssen verschiedene Vorzeichen haben. Die Phasenabgleichbedingung (6.500) fordert, daß die zwei gegenüberliegenden Wechselstromwiderstände, falls sie nicht Wirkwiderstände mit

$$\varphi_3 = \varphi_2 = 0 \tag{6.501}$$

sind, verschiedener Natur sein müssen, damit ein Brückenabgleich stattfinden kann. So kann z.B. in dem einen Zweig ein induktiver Widerstand ($\varphi_2 > 0$), in dem anderen Zweig ein kapazitiver Widerstand ($\varphi_3 < 0$) eingeschaltet sein.

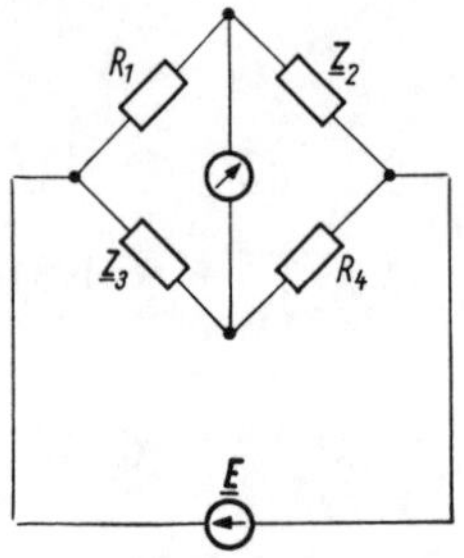

Bild 6.73

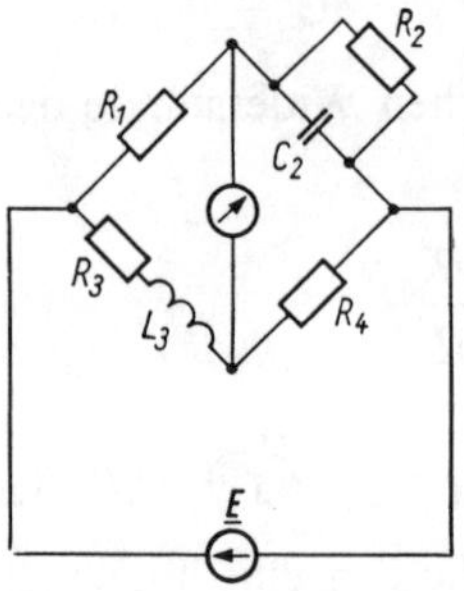

Bild 6.74

Ein Beispiel für den Vergleich einer Induktivität mit einer Kapazität wird im Bild 6.74 gezeigt.
Es ist

$$Z_1 = R_1, \tag{6.502}$$

$$Z_2 = \frac{R_2 \dfrac{1}{j\omega C_2}}{R_2 + \dfrac{1}{j\omega C_2}} = \frac{R_x}{1 + j\omega C_2 R_2}, \tag{6.503}$$

$$Z_3 = R_3 + j\omega L_3, \tag{6.504}$$

$$Z_4 = R_4. \tag{6.505}$$

Die Brückenabgleichbedingung (6.499) liefert

$$\frac{R_1 (1 + j\omega C_2 R_2)}{R_2} = \frac{R_3 + j\omega L_3}{R_4} \tag{6.506}$$

bzw.

$$R_1R_4 + j\omega C_2R_1R_2R_4 = R_2R_3 + j\omega L_3R_2, \tag{6.507}$$

$$R_1R_4 = R_2R_3 \tag{6.508}$$

und

$$R_1R_4 = \frac{L_3}{C_2}. \tag{6.509}$$

Der Abgleich der Brücke erfolgt zunächst mit Gleichstrom, so daß die Bedingung (6.508) erfüllt wird. Dann schaltet man die Brücke auf Wechselstrom um, behält R_1 und R_3 unverändert bei und ändert gleichzeitig R_2 und R_4 so, daß das Verhältnis R_2/R_4 unverändert bleibt, bis auch die zweite Bedingung (6.509) erfüllt ist. Sie erlaubt uns, die Bestimmung einer Größe der rechten Seite vorzunehmen, wenn die andere bekannt ist.

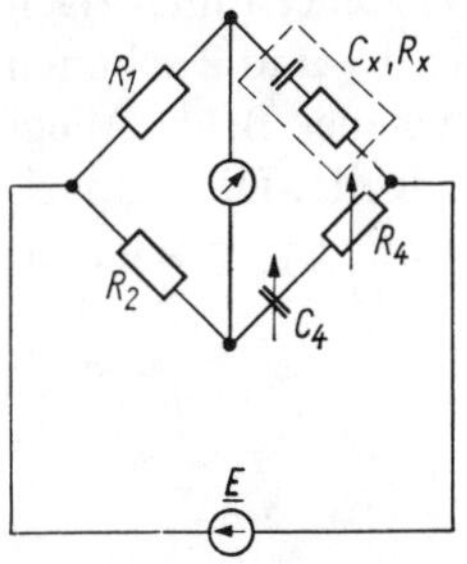

Bild 6.75

Messung des komplexen Widerstands verlustbehafteter Kondensatoren

Die Messung des komplexen Widerstands eines verlustbehafteten Kondensators kann durch einen Vergleich mit einem bekannten Kondensator durchgeführt werden. Den verlustbehafteten Kondensator kann man durch die Reihenschaltung eines Wirkwiderstands R_x und eines kapazitiven Blindwiderstands $1/j\omega C_x$ darstellen (Verlustwinkel δ_x, vgl. Abschnitt 6.5.4.1.):

$$\underline{Z}_x = R_x + \frac{1}{j\omega C_x} = \frac{\tan\delta_x}{\omega C_x} + \frac{1}{j\omega C_x}. \tag{6.510}$$

Den Vergleich führt man mit der Reihenschaltung einer veränderlichen Normalkapazität C_4 und eines veränderlichen Normalwiderstands R_4 (Bild 6.75) durch. R_1 und R_2 sind ebenfalls Normalwiderstände.
Es gilt nach Abgleich

$$\frac{R_1}{R_2} = \frac{\underline{Z}_x}{\underline{Z}_4} = n. \tag{6.511}$$

Wenn der Abgleich mit $R_1 = R_2$ durchgeführt wird, dann ist

$$\underline{Z}_x = \underline{Z}_4, \tag{6.512}$$

$$C_x = C_4, \tag{6.513}$$

$$R_x = \frac{\tan\delta_x}{\omega C_x} = R_4. \tag{6.514}$$

Die Brücke nach K. W. Wagner

Während des Brückenabgleichs spielen bei der Bestimmung des komplexen Widerstands unvorhergesehene kapazitive Einflüsse – sei es unter den Leitern selbst, sei es zwischen Leitern und Erde – eine Rolle. Sie können das Ergebnis verfälschen. Um diese Einflüsse zu beheben, schlug *K. W. Wagner* eine zusätzliche Brückenanordnung (Bild 6.76) vor.
Die Hauptbrücke *a*, *b*, *c* und *d* ist die bereits besprochene Anordnung von Bild 6.75. Daneben besteht die Nebenbrücke *a*, *d*, *c* und *e*. Es werden gleichzeitig Haupt- und Nebenbrücke abgeglichen. Dann liegen die Punkte *b*, *d* und *e* auf gleichem Potential, und zwar auf Erdpotential. Um die Wirkungsweise der Einrichtung zu erklären, sind ferner noch die Kapazitäten C_a, C_b, C_c und C_d zwischen den Eckpunkten der Hauptbrücke und Erde eingezeichnet. Die Klemmen der Kapazitäten C_b und C_d liegen auf gleichem Potential. Ihre Anwesenheit ist deswegen belanglos. Die Kapazitäten C_a und C_c gehen nicht in den Abgleich ein. Die Wagnersche Brücke wird beispielsweise für die Bestimmung der Teilkapazität zwischen den Adern 1 und 2 (Bild 6.77) eines fünfadrigen Kabels benutzt. Alle anderen Adern sind geerdet (Punkt 3). Die Adern 1 und 2 schalten wir an der Stelle des unbekannten Widerstands R_x an. Bei abgeglichener Brücke liegt C_{13} nicht unter Spannung und spielt bei der Stromverteilung keine Rolle. Die Kapazität C_{23} ist R_{w2} parallelgeschaltet. In den Zweig der Hauptbrücke ist nur C_{12} geschaltet, das wir bestimmen wollen.

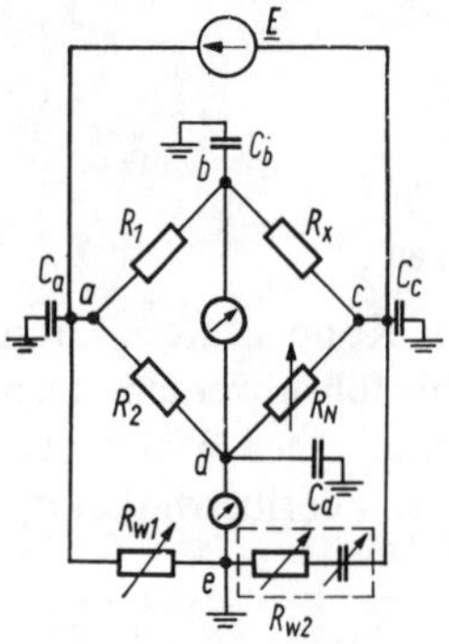

Bild 6.76

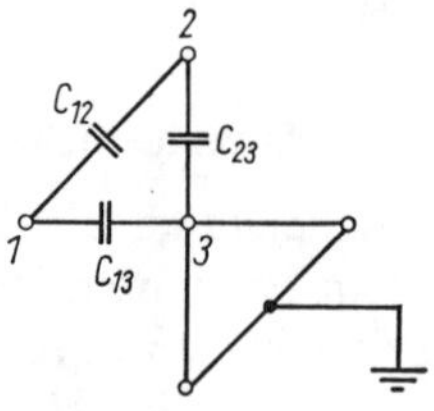

Bild 6.77

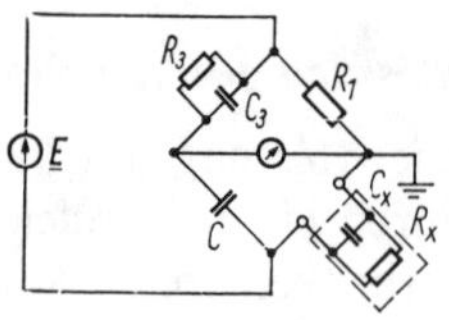

Bild 6.78

Scheringsche Brücke

An dieser Stelle wollen wir noch die Scheringsche Brücke behandeln, die sowohl die Kapazität als auch die dielektrischen Verluste von Kondensatoren zu ermitteln gestattet. Die Scheringsche Brücke wird im Bild 6.78 gezeigt.
Der erste Zweig enthält einen Wirkwiderstand

$$\underline{Z}_1 = R_1. \tag{6.515}$$

Den unbekannten Kondensator schaltet man beispielsweise in den zweiten Zweig. Er kann als Parallelschaltung eines verlustlosen Kondensators C_x und eines Wirkwiderstands R_x dargestellt werden.
Der Gesamtwiderstand des zweiten Zweiges beträgt dann

$$\underline{Z}_2 = \underline{Z}_x = \frac{R_x \dfrac{1}{\mathrm{j}\omega C_x}}{R_x + \dfrac{1}{\mathrm{j}\omega C_x}} = \frac{R_x}{1 + \mathrm{j}\omega C_x R_x}. \tag{6.516}$$

In dem dritten Zweig schaltet man einen geeichten Kondensator und einen geeichten ohmschen Widerstand parallel. Der Gesamtwiderstand des dritten Zweiges beträgt

$$\underline{Z}_3 = \frac{R_3}{1 + j\omega C_3 R_3}. \tag{6.517}$$

In dem vierten Zweig liegt schließlich ein verlustloser Kondensator C:

$$\underline{Z}_4 = \frac{1}{j\omega C}. \tag{6.518}$$

Die Abgleichbedingung ergibt

$$\frac{R_1 (1 + j\omega C_x R_x)}{R_x} = \frac{j\omega C R_3}{1 + j\omega C_3 R_3}. \tag{6.519}$$

Daraus folgt

$$j\omega C R_x R_3 = R_1 - \omega^2 C_x C_3 R_x R_3 R_1 + j\omega (C_x R_x R_1 + C_3 R_3 R_1). \tag{6.520}$$

Diese Bedingung ergibt die zwei Einzelbedingungen

$$C R_3 R_x = C_x R_x R_1 + C_3 R_3 R_1, \tag{6.521}$$

$$1 = \omega^2 C_x C_3 R_x R_3. \tag{6.522}$$

Aus den beiden Gleichungen kann man den unbekannten Widerstand R_x ermitteln:

$$R_x = \frac{R_1 [1 + (\omega C_3 R_3)^2]}{\omega^2 C_3 C R_3^2}. \tag{6.523}$$

In den meisten Fällen ist

$$(\omega C_3 R_3)^2 \ll 1, \tag{6.524}$$

so daß angenähert

$$R_x \approx \frac{R_1}{\omega^2 C_3 C R_3^2} \tag{6.525}$$

gilt. Aus (6.521) und (6.522) kann man auch die unbekannte Kapazität ermitteln:

$$C_x = \frac{C R_3}{R_1 [1 + (\omega C_3 R_3)^2]} \tag{6.526}$$

oder mit (6.524)

$$C_x \approx \frac{C R_3}{R_1}. \tag{6.527}$$

Der Tangens des Verlustwinkels ergibt sich zu

$$\tan \delta_x = \frac{1}{\omega C_x R_x} = \omega C_3 R_3. \tag{6.528}$$

6.5.4. Ersatzschaltbilder des verlustbehafteten Kondensators

6.5.4.1. Verlustwinkel

Das Umladen von Kondensatoren erfolgt meist nicht verlustlos. Die bei diesem Vorgang entstehende Wärmeenergie verringert die elektrische Energie. Dies bedeutet somit einen Verlust von Energie für den elektrischen Kreis. Kondensatoren, bei denen diese Erscheinung beobachtet wird, nennt man unvollkommene Kondensatoren. Die hierbei auftretenden Verluste nennt man dielektrische Verluste.
Wegen der dielektrischen Verluste ist der Phasenwinkel φ zwischen dem Strom und der an die Klemmen des Kondensators angelegten Spannung kleiner als $\pi/2$. Den Unterschied

$$\delta = \frac{\pi}{2} - \varphi \tag{6.529}$$

nennt man den Verlustwinkel.

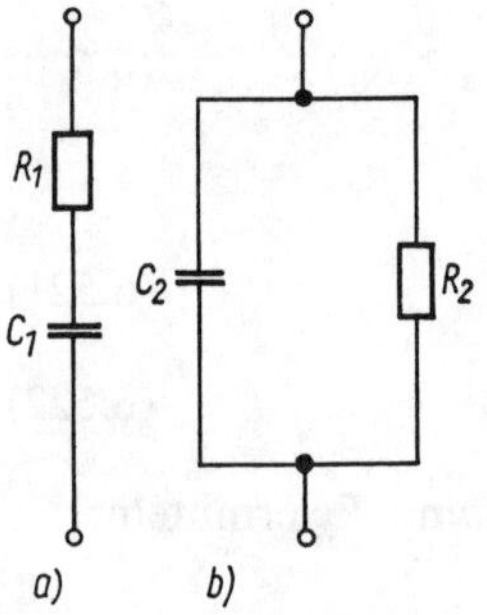

Bild 6.79

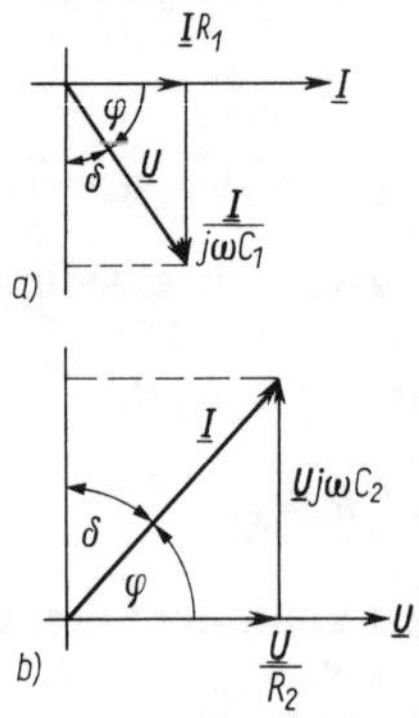

Bild 6.80

6.5.4.2. Ersatzschaltbilder

Den unvollkommenen Kondensator kann man durch zwei Ersatzschaltbilder (Bild 6.79a und b) darstellen. Bild 6.80 zeigt die entsprechenden Zeigerdiagramme. Es gilt im Falle a

$$\tan \delta = R_1 \omega C_1 \tag{6.530}$$

und im Fall b

$$\tan \delta = \frac{1}{R_2 \omega C_2}. \tag{6.531}$$

Aus den Diagrammen sind folgende Beziehungen abzulesen:

$$\frac{IR_1}{U} = \frac{R_1}{Z} = \sin \delta, \tag{6.532}$$

$$\frac{I}{\omega C_1 U} = \frac{1}{Z \omega C_1} = \cos \delta. \tag{6.533}$$

$$\frac{U}{R_2 I} = \frac{Z}{R_2} = \sin \delta, \tag{6.534}$$

$$\frac{U \omega C_2}{I} = Z \omega C_2 = \cos \delta. \tag{6.535}$$

Aus (6.532) und (6.534) folgt

$$\sin^2 \delta = \frac{R_1}{R_2}. \tag{6.536}$$

Aus (6.533) und (6.535) folgt

$$\cos^2 \delta = \frac{C_2}{C_1}. \tag{6.537}$$

Im allgemeinen ist δ sehr klein. $\tan \delta$ schwankt bei verschiedenen Frequenzen und verschiedenen Dielektrika in dem Bereich zwischen 10^{-4} und 10^{-1}. Deswegen kann man $\cos^2 \delta \approx 1$ und $\sin^2 \delta \ll 1$ ansetzen. Hiermit folgt

$$R_1 \ll R_2, \tag{6.538}$$

$$C_1 \approx C_2 = C. \tag{6.539}$$

6.5.4.3. Beziehungen zwischen komplexem Widerstand, komplexem Leitwert und Verlustwinkel

Der unvollkommene Kondensator wird durch den Verlustwinkel und durch die Kapazität beschrieben. Für das Ersatzschaltbild Bild 6.79a ist laut (6.530)

$$R_1 = \frac{\tan \delta}{\omega C_1}. \tag{6.540}$$

Da für kleine δ die Näherung $\tan \delta \approx \delta$ gilt, kann man schreiben:

$$R_1 \approx \frac{\delta}{\omega C_1}. \tag{6.541}$$

Der komplexe Widerstand des Kondensators beträgt

$$\underline{Z} = R_1 + \frac{1}{\mathrm{j}\omega C_1} \approx \frac{\delta}{\omega C_1} + \frac{1}{\mathrm{j}\omega C_1} = \frac{1}{\mathrm{j}\omega C_1}(1 + \mathrm{j}\delta). \tag{6.542}$$

Für das Ersatzschaltbild Bild 6.79b ist laut (6.531)

$$G_2 = \frac{1}{R_2} = \tan \delta \omega C_2 \approx \delta \omega C_2. \tag{6.543}$$

Der komplexe Leitwert beträgt

$$\underline{Y} = G_2 + \mathrm{j}\omega C_2 \approx \delta\omega C_2 + \mathrm{j}\omega C_2 = \mathrm{j}\omega C_2 (1 - \mathrm{j}\delta). \tag{6.544}$$

Da bei $\delta \ll 1$

$$\frac{1}{1 + \mathrm{j}\delta} \approx 1 - \mathrm{j}\delta$$

ist, kann man schreiben:

$$\underline{Y} = \frac{\mathrm{j}\omega C_2}{1 + \mathrm{j}\delta}. \tag{6.545}$$

Das Verhältnis des Blindleitwerts zum Wirkleitwert des Kondensators nennt man die Güte des Kondensators:

$$Q = \frac{\omega C_2}{G_2} = R_2 \omega C_2 = \frac{1}{\tan \delta} \approx \frac{1}{\delta}. \tag{6.546}$$

In einer ganzen Reihe von Fällen kann man die Größen R_1 und G_2 vernachlässigen und den unvollkommenen Kondensator als reine Kapazität betrachten.

6.6. Mehrphasensysteme

6.6.1. Grundbegriffe

6.6.1.1. Entstehung von Mehrphasensystemen

Wir können die Prinzipdarstellung des Wechselstromgenerators im Bild 6.8 erweitern, indem wir annehmen, daß längs der Peripherie des Stators mehrere selbständige, gleichgestaltete Wicklungen in gleichmäßigen Abständen angebracht sind. Der Winkel, um den die Wicklungen versetzt sind, sei α. Wenn die Zahl der Wicklungen m beträgt, dann ist der Winkel

$$\alpha = \frac{2\pi}{m}. \tag{6.547}$$

Dreht sich der Rotor, dann werden in den Wicklungen elektromotorische Kräfte induziert. Die zeitliche Änderung dieser elektromotorischen Kräfte ist sinusförmig. Sie haben zwar dieselbe Frequenz, sind jedoch zeitlich gegeneinander phasenverschoben. Der Phasenwinkel muß offensichtlich gleich dem Winkel α sein, um den die entsprechenden Wicklungen längs der Peripherie des Stators versetzt sind. Ist der Anfangspunkt der Zeitzählung so gewählt, daß die EMK der ersten Wicklung

$$e_1 = \hat{E} \sin \omega t \tag{6.548}$$

beträgt, dann ist die EMK der zweiten Wicklung

$$e_2 = \hat{E} \sin \left(\omega t - \frac{2\pi}{m} \right) \tag{6.549}$$

und die der λ-ten Wicklung

$$e_\lambda = \hat{E} \sin \left[\omega t - (\lambda - 1) \frac{2\pi}{m} \right]; \qquad \lambda = 1, \ldots, m. \tag{6.550}$$

Die entsprechenden komplexen EMKs betragen

$$\begin{aligned} \underline{E}_1 &= \underline{E}, \\ \underline{E}_2 &= \underline{E}\, \mathrm{e}^{-\mathrm{j}(2\pi/m)} \\ &\vdots \\ \underline{E}_m &= \underline{E}\, \mathrm{e}^{-\mathrm{j}(m-1)(2\pi/m)}. \end{aligned} \tag{6.551}$$

Generatoren, die mehrere Wicklungen der beschriebenen Art enthalten, in denen sinusförmig veränderliche elektromotorische Kräfte gleicher Frequenz, jedoch verschiedener Phasenlage induziert werden, nennt man Mehrphasengeneratoren. Die Gesamtheit der Stromkreise, die von einem Mehrphasengenerator gespeist wird, nennt man ein elektrisches Mehrphasensystem. Ein Mehrphasensystem besteht im einfachsten Fall aus m unverkoppelten Stromkreisen, die von je einer der Wicklungen des Mehrphasengenerators gespeist werden. Man spricht dann vom unverketteten Mehrphasensystem. Komplexere, aber auch vorteilhaftere Mehrphasensysteme entstehen durch Verkettung, d.h. galvanische Verkopplung der von den Generatorwicklungen gespeisten Stromkreise. Unabhängig von diesen beiden Fällen wird ein Zweig oder eine Gesamtheit von Zweigen des Mehrphasensystems, die Ströme gleicher Phasenlage führen, als Strang bezeichnet. In einem unverketteten Mehrphasensystem ist selbstverständlich jeder der Stromkreise ein Strang. Da in verketteten Mehrphasensystemen eine Zuordnung von bestimmten Verbraucherzweigen zu bestimmten Generatorwicklungen nicht mehr in jedem Falle vorzunehmen ist, spricht man im Sinne dieser Definition außerdem von Generator- und Verbrauchersträngen. Die Ströme bzw. Spannungen in den Strängen heißen Strangströme oder -spannungen. In dem eingangs behandelten Mehrphasensystem gilt

$$|\underline{E}_1| = |\underline{E}_2| = \ldots = |\underline{E}_m|, \qquad (6.552)$$

$$\frac{\underline{E}_n}{\underline{E}_{n-1}} = \mathrm{e}^{-\mathrm{j}(2\pi/m)}. \qquad (6.553)$$

Mehrphasensysteme, bei denen die zwei letzten Gleichungen erfüllt sind, nennt man symmetrische Mehrphasensysteme. Ist (6.552) oder (6.553) nicht erfüllt, dann liegt der Fall eines unsymmetrischen Mehrphasensystems vor.

Bild 6.81a zeigt den zeitlichen Verlauf der EMKs der einzelnen Wicklungen eines Sechsphasengenerators, während Bild 6.81b das entsprechende Zeigerdiagramm darstellt.

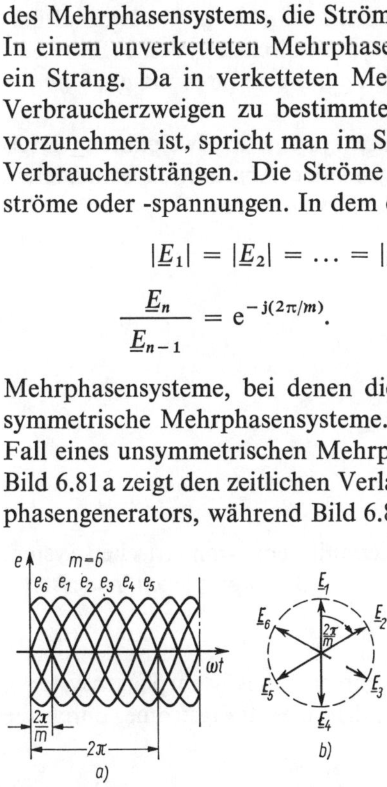

Bild 6.81

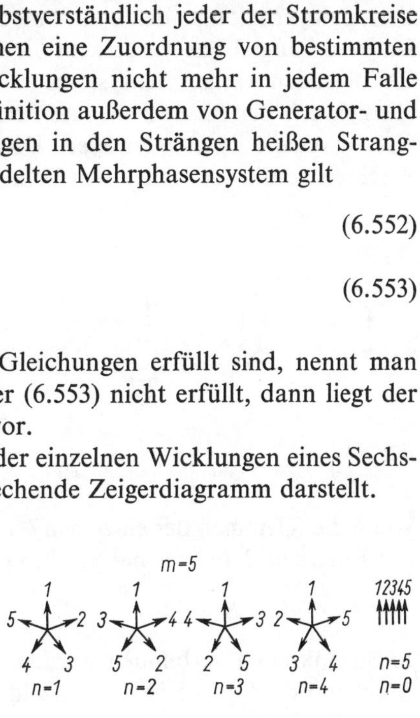

Bild 6.82

Bei m Phasen kann man im allgemeinen m verschiedene symmetrische Systeme entsprechend der Phasendifferenz

$$\alpha = n\,\frac{2\pi}{m} \qquad (6.554)$$

erhalten ($n = 0, 1, \ldots, m-1$). Bild 6.82 zeigt den Fall für $m = 5$.

Bei einem symmetrischen System mit $n = 1$ sind die Zeiger im Uhrzeigersinn in der Reihenfolge ihrer Bezifferung angeordnet. Derartige Systeme werden Mitsysteme genannt. Bei einem symmetrischen System mit $n = m - 1$ sind die Zeiger in entgegengesetzter Reihenfolge ihrer Bezifferung angeordnet. Derartige Systeme nennt man Gegensysteme. Bei $n = m$ oder $n = 0$ fallen alle Zeiger aufeinander. Ein derartiges System wird Nullsystem genannt. Bei den übrigen Werten von n erhält man gemischte symmetrische Systeme.

Im wichtigsten technischen Fall des Dreiphasensystems sind nur drei symmetrische Systeme, und zwar das Mit-, das Gegen- und das Nullsystem, möglich (Bild 6.83). Eine Gruppe von Strängen (alle Stränge des Generators, des Verbrauchers bzw. des gesamten Mehrphasensystems) nennt man symmetrisch, wenn deren komplexe Widerstände gleich sind, andernfalls wird sie unsymmetrisch genannt.
Die komplexe Zahl

$$\underline{a} = e^{j(2\pi/m)} = \cos\frac{2\pi}{m} + j\sin\frac{2\pi}{m} \tag{6.555}$$

nennt man den Operator des m-Phasen-Systems. Wenn man einen der Zeiger des m-Phasen-Systems herausgreift und ihn der Reihe nach mit $\underline{a}^{-n}$, $\underline{a}^{-2n}$, $\underline{a}^{-3n}$ usw. multipliziert, dann erhält man den n-ten Fall der m möglichen symmetrischen Systeme (Bild 6.82). Da $\underline{a}$ die Länge 1 hat, verursacht die Multiplikation mit $\underline{a}$ nur eine Drehung um $2\pi/m$.
Im folgenden werden Mitsysteme ($n = 1$) untersucht.
Hinsichtlich der Phasenzahl kann man die Mehrphasensysteme in Zweiphasen-, Dreiphasensysteme usw. unterteilen. Die in den vorhergehenden Abschnitten behandelten Wechselstromkreise stellen den Sonderfall des Einphasensystems dar.

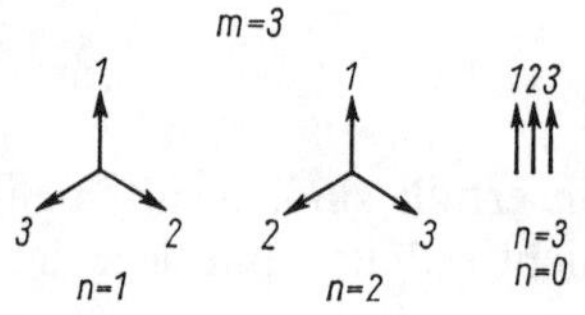

Bild 6.83

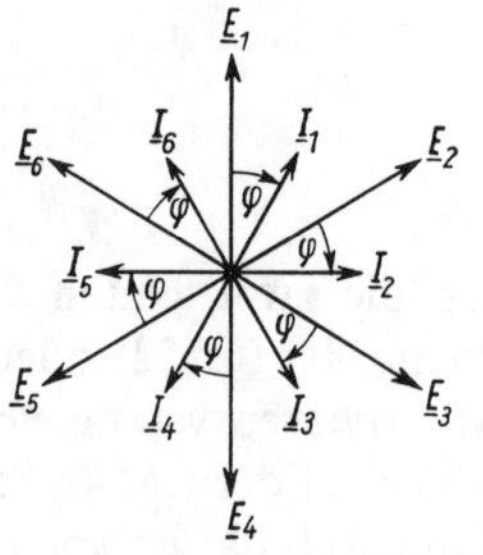

Bild 6.84

Wenn die Klemmen der einzelnen Generatorwicklungen mit dem symmetrischen System von EMKs nach (6.551) nach außen geführt und jeweils mit dem komplexen Widerstand

$$\underline{Z} = R + jX = Z\,e^{j\varphi} \tag{6.556}$$

zu Stromkreisen verbunden werden (unverkettetes symmetrisches Mehrphasensystem), dann sind die Ströme in den einzelnen Stromkreisen, d. h. die Strangströme, durch die folgenden Beziehungen gegeben:

$$\underline{I}_1 = \frac{E}{Z}\,e^{-j\varphi} = \underline{I}\,e^{-j\varphi},$$

$$\underline{I}_2 = \frac{E}{Z}\,e^{-j((2\pi/m)+\varphi)} = \underline{I}\,e^{-j((2\pi/m)+\varphi)},$$

$$\vdots$$

$$\underline{I}_m = \frac{E}{Z}\,e^{-j[(m-1)(2\pi/m)+\varphi]} = \underline{I}\,e^{-j[(m-1)(2\pi/m)+\varphi]}. \tag{6.557}$$

Sie bilden offensichtlich ein symmetrisches Stromsystem, das im Bild 6.84 für den Fall eines induktiven Belastungswiderstands ($\varphi > 0$) bei $m = 6$ gezeigt wird.
Im folgenden wollen wir ein beliebiges symmetrisches m-Phasen-System mit den Zeigern $\underline{V}_1$ bis $\underline{V}_m$ und $n \neq m$ (d. h. kein Nullsystem) näher betrachten. Sie bilden einen symme-

trischen m-Stern, wobei der Betrag der Systemzeiger V und der Phasenwinkel zwischen je zwei aufeinanderfolgenden Zeigern $2\pi/m$ ist. Die Summe aller Zeiger beträgt

$$\underline{S} = \underline{V}_1 + \underline{V}_2 + \underline{V}_3 + \dots + \underline{V}_m$$
$$= \underline{V}_1 + \underline{a}^{-1}\underline{V}_1 + \underline{a}^{-2}\underline{V}_1 + \dots + \underline{a}^{-(m-1)}\underline{V}_1$$
$$= \underline{V}_1 (1 + \underline{a}^{-1} + \underline{a}^{-2} + \dots + \underline{a}^{-(m-1)}). \quad (6.558)$$

Mit

$$\underline{a}^{-m} = e^{-jm(2\pi/m)} = 1 \quad (6.559)$$

erhält man

$$\underline{S} = \underline{V}_1 (\underline{a}^{-1} + \underline{a}^{-2} + \dots + \underline{a}^{-(m-1)} + \underline{a}^{-m})$$
$$= \underline{a}^{-1}\underline{V}_1 (1 + \underline{a}^{-1} + \underline{a}^{-2} + \dots + \underline{a}^{-(m-1)}) = \underline{a}^{-1}\underline{S}. \quad (6.560)$$

Da aber

$$\underline{a}^{-1} \neq 1 \quad (6.561)$$

ist, muß

$$\underline{S} = 0 \quad (6.562)$$

sein. Hieraus folgt, daß die Summe der komplexen EMKs eines symmetrischen Mehrphasensystems gleich Null ist. Ebenso ist auch die Summe der Augenblickswerte der EMKs gleich Null:

$$\sum_{\lambda=1}^{m} \underline{E}_\lambda = 0, \quad (6.563)$$

$$\sum_{\lambda=1}^{m} e_\lambda = 0. \quad (6.564)$$

Analog finden wir für das entsprechende symmetrische Stromsystem

$$\sum_{\lambda=1}^{m} \underline{I}_\lambda = 0, \quad (6.565)$$

$$\sum_{\lambda=1}^{m} i_\lambda = 0. \quad (6.566)$$

6.6.1.2. Balancierte uud unbalancierte Mehrphasensysteme

Wie wir bereits gesehen haben (6.237), schwankt die Leistung im Einphasensystem in Abhängigkeit von der Zeit um einen Mittelwert. Bei den Mehrphasensystemen kann es unter Umständen vorkommen, daß die im System umgesetzte Gesamtleistung zeitlich konstant bleibt, obwohl die in den einzelnen Strängen umgesetzten Leistungen mit der Zeit schwanken. Mehrphasensysteme, bei denen die Gesamtleistung zeitlich konstant ist, nennt man balancierte oder abgeglichene Systeme. Im anderen Fall spricht man von unbalancierten oder unabgeglichenen Mehrphasensystemen.

Wenn der Nullpunkt der Zeitrechnung so gewählt ist, daß die erste Strangspannung eines symmetrischen Spannungssystems

$$u_1 = \hat{U} \sin \omega t \quad (6.567)$$

beträgt, dann ist die λ-te Spannung

$$u_\lambda = \hat{U} \sin \left[\omega t - (\lambda - 1) \frac{2\pi}{m} \right]. \tag{6.568}$$

Analog finden wir für die Ströme des entsprechenden symmetrischen Stromsystems im unverketteten Mehrphasensystem

$$i_1 = \hat{I} \sin (\omega t - \varphi) \tag{6.569}$$

und

$$i_\lambda = \hat{I} \sin \left[\omega t - \varphi - (\lambda - 1) \frac{2\pi}{m} \right]. \tag{6.570}$$

Der Augenblickswert der Leistung im Strang λ ist

$$p_\lambda = u_\lambda i_\lambda = 2UI \sin \left[\omega t - (\lambda - 1) \frac{2\pi}{m} \right] \sin \left[\omega t - \varphi - (\lambda - 1) \frac{2\pi}{m} \right]. \tag{6.571}$$

Mit

$$\sin \alpha \sin \beta = \tfrac{1}{2} \cos (\alpha - \beta) - \tfrac{1}{2} \cos (\alpha + \beta) \tag{6.572}$$

folgt

$$p_\lambda = UI \cos \varphi - UI \cos \left[2\omega t - \varphi - 2 (\lambda - 1) \frac{2\pi}{m} \right]. \tag{6.573}$$

Der Augenblickswert der gesamten Leistung des betrachteten Systems ist

$$p = mUI \cos \varphi - UI \sum_{\lambda = 1}^{m} \cos \left[2\omega t - \varphi - 2 (\lambda - 1) \frac{2\pi}{m} \right]. \tag{6.574}$$

Für die Summe auf der rechten Seite dieser Gleichung kann man schreiben:

$$\sum_{\lambda=1}^{m} \cos \left[2\omega t - \varphi - 2 (\lambda - 1) \frac{2\pi}{m} \right] = \sum_{\lambda=1}^{m} \mathrm{Re} \left[\mathrm{e}^{\mathrm{j}[2\omega t - \varphi - 2(\lambda - 1)\, 2\pi/m]} \right]$$

$$= \mathrm{Re} \left[\mathrm{e}^{\mathrm{j}(2\omega t - \varphi)} \sum_{\lambda=1}^{m} \mathrm{e}^{-\mathrm{j}(\lambda - 1)\, 4\pi/m} \right]. \tag{6.575}$$

Für alle Fälle

$$m \geqq 3 \tag{6.576}$$

stellen die Zeiger, die summiert werden, ein symmetrisches System mit $n \neq m$ dar. Die Summe muß dann laut (6.562) Null betragen. Demzufolge ist

$$p = mUI \cos \varphi = \text{konst.} \tag{6.577}$$

Aus der Unsymmetrie eines Systems folgt jedoch noch nicht, daß das betrachtete System unbalanciert ist. Dies erkennt man z.B. an dem unsymmetrischen Zweiphasensystem, bei dem die zwei Generatorspannungen zwar gleich groß, aber um $\pi/2$ phasenverschoben sind (Bild 6.85).

Die Leistungen im ersten und zweiten Stromkreis eines unverketteten Systems mit symmetrischem Verbraucher sind

$$p_1 = u_1 i_1 = UI\,[\cos\varphi - \cos(2\omega t - \varphi)], \tag{6.578}$$

$$p_2 = u_2 i_2 = UI\,[\cos\varphi - \cos(2\omega t - \varphi - \pi)]. \tag{6.579}$$

Die Gesamtleistung des Systems beträgt

$$p = p_1 + p_2 = 2UI\cos\varphi = \text{konst.} \tag{6.580}$$

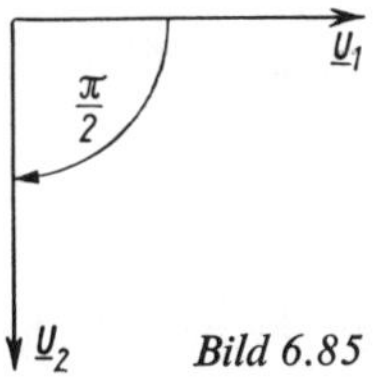

Bild 6.85

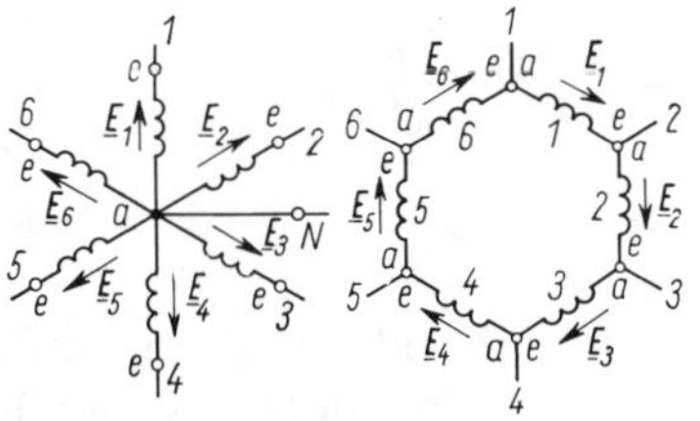

Bild 6.86

6.6.1.3. Stern- und Polygonschaltung verketteter Mehrphasensysteme

Es bestehen prinzipiell zwei Möglichkeiten der Verkettung von Mehrphasensystemen, die Sternschaltung und die Polygonschaltung. Diese beiden Schaltungen werden im Bild 6.86 am Beispiel eines Sechsphasensystems gezeigt. Um zu ihnen zu gelangen, ist es zweckmäßig, die Klemmen der einzelnen Generatorwicklungen mit Anfang (a) und Ende (e) zu bezeichnen. Diese Benennung der Klemmen soll so vorgenommen werden, daß die elektromotorischen Kräfte symmetrisch gegeneinander phasenverschoben sind, wenn man als positive Richtung der EMK der einzelnen Wicklungen die Richtung vom Anfang zum Ende wählt.

Die Sternschaltung erhält man, wenn man die Anfangsklemmen aller Wicklungen im Neutral- oder Sternpunkt miteinander verbindet, die Ring- oder Polygonschaltung dagegen, wenn man das Ende jeder Wicklung mit dem Anfang der nächsten zusammenschaltet. Die Leiter, die von den freien Enden eines in Stern verketteten Mehrphasengenerators bzw. von den Verbindungsstellen zweier benachbarter Wicklungen, den Außenpunkten eines in Polygonschaltung verketteten Mehrphasengenerators, nach außen zum Mehrphasenverbraucher führen, nennt man Außenleiter. Der Leiter, der vom Neutralpunkt eines in Stern geschalteten Mehrphasengenerators zum entsprechenden Punkt des Mehrphasenverbrauchers führt, heißt Neutralleiter. Die Spannungen zwischen den Außenleitern und dem Sternpunkt heißen Sternspannungen. Die Spannungen, die zwischen zwei Außenleitern eines verketteten Mehrphasensystems bestehen, bzw. die Ströme, die in den Außenleitern fließen, nennt man Außenleiterspannungen bzw. -ströme.

Die Verbraucher eines verketteten Mehrphasensystems können selbst entweder in Stern oder in Polygon geschaltet werden. Hierbei bestimmt die Schaltung des Generators keineswegs die Schaltung des Verbrauchers.

Bild 6.87 zeigt ein Sechsphasensystem mit Generator und Verbraucher, bei dem beide in Stern geschaltet sind.

Offensichtlich sind bei der Sternschaltung die Ströme in den Außenleitern gleich den Strangströmen (des Verbrauchers bzw. Generators):

$$\underline{I}_\lambda = \underline{I}_{\mathrm{st}\,\lambda}; \qquad \lambda = 1, \ldots, m. \tag{6.581}$$

Im symmetrischen Mehrphasensystem haben alle Strang- bzw. Außenleiterströme den Betrag I_{st} bzw. I_a, und es gilt

$$I_\lambda = I_a = I_{st}; \qquad \lambda = 1, \ldots, m. \tag{6.582}$$

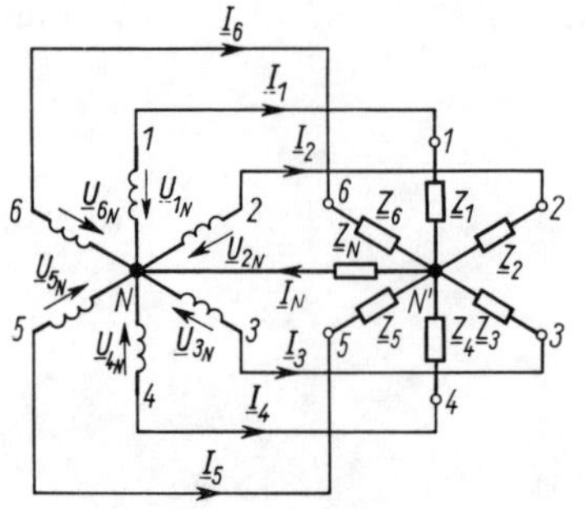

Bild 6.87

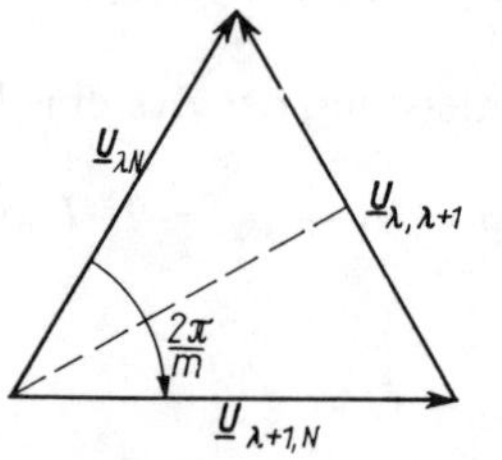

Bild 6.88

Die Spannung zwischen den Leitern λ und ν ist gleich der Differenz der entsprechenden Sternspannungen (bzw. Strangspannungen des Generators)

$$\underline{U}_{\lambda\nu} = \underline{U}_{\lambda N} - U_{\nu N}. \tag{6.583}$$

Bild 6.88 zeigt die Zeiger zweier benachbarter Sternspannungen eines symmetrischen m-Phasen-Systems. Die Beträge der Zeiger sind gleich groß, während die Zeiger selbst um $2\pi/m$ phasenverschoben sind. Die Spannung zwischen den Außenleitern λ und $\lambda + 1$ ist

$$\underline{U}_{\lambda,\lambda+1} = \underline{U}_{\lambda N} - \underline{U}_{\lambda+1,N}. \tag{6.584}$$

Da im symmetrischen System $U_{\lambda N} = U_{st}$; $\lambda = 1, \ldots, m$ gilt, ergibt sich der Betrag der Außenleiterspannungen aus der trigonometrischen Beziehung

$$U_a = U_{\lambda,\lambda+1} = 2U_{\lambda N} \sin\frac{\pi}{m} = 2U_{st} \sin\frac{\pi}{m}. \tag{6.585}$$

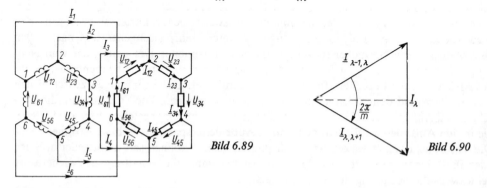

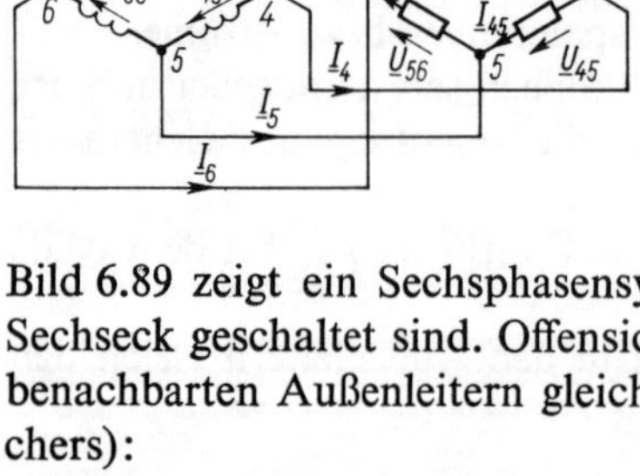

Bild 6.89

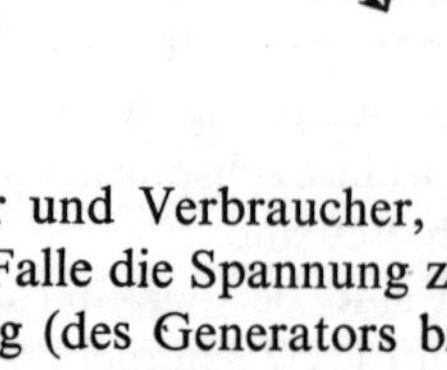

Bild 6.90

Bild 6.89 zeigt ein Sechsphasensystem aus Generator und Verbraucher, die beide als Sechseck geschaltet sind. Offensichtlich ist in diesem Falle die Spannung zwischen zwei benachbarten Außenleitern gleich der Strangspannung (des Generators bzw. Verbrauchers):

$$\underline{U}_{\lambda,\lambda+1} = \underline{U}_{st\,\lambda}; \qquad \lambda = 1, \ldots, m. \tag{6.586}$$

Im symmetrischen Fall ist

$$\underline{U}_{\lambda,\lambda+1} = \underline{U}_a = \underline{U}_{st}. \tag{6.587}$$

Für die Außenleiterströme folgt nach dem 1. Kirchhoffschen Satz aus den Strangströmen $\underline{I}_{\lambda,\lambda+1}$

$$\begin{aligned}
\underline{I}_1 &= \underline{I}_{12} - \underline{I}_{m1},\\
\underline{I}_2 &= \underline{I}_{23} - \underline{I}_{12},\\
&\vdots\\
\underline{I}_\lambda &= \underline{I}_{\lambda,\lambda+1} - \underline{I}_{\lambda-1,\lambda},\\
&\vdots\\
\underline{I}_m &= \underline{I}_{m1} - \underline{I}_{m-1,m}.
\end{aligned} \tag{6.588}$$

Wenn wir beide Seiten dieses Gleichungssystems addieren, erhalten wir

$$\sum_{\lambda=1}^{m} \underline{I}_\lambda = 0. \tag{6.589}$$

Bild 6.90 zeigt das Zeigerdiagramm der Ströme zweier benachbarter Stränge. Aus diesem Diagramm folgt sofort die allgemeine Beziehung zwischen Außenleiterstrom und Strangstrom für die Polygonschaltung im symmetrischen System

$$I_a = I_\lambda = 2I_{\lambda,\lambda+1} \sin\frac{\pi}{m} = 2I_{st} \sin\frac{\pi}{m}; \qquad \lambda = 1, \ldots, m, \tag{6.590}$$

da die Beträge der Strangströme alle gleich I_{st} sind.
Die Leistung des symmetrischen m-Phasen-Systems ist

$$p = mU_{st}I_{st}\cos\varphi. \tag{6.591}$$

Wenn man die Außenleiterströme und Außenleiterspannungen einführt, erhält man sowohl für die Sternschaltung als auch für die Polygonschaltung den Ausdruck

$$P = \frac{m}{2\sin\frac{\pi}{m}} I_a U_a \cos\varphi. \tag{6.592}$$

Die Verkettung der Mehrphasensysteme ist mit einer beträchtlichen Ersparnis von Leitermaterial verbunden. Bei der Sternschaltung tritt an die Stelle der Rückleiter der einzelnen Stromkreise, die für die Strangströme bemessen sein müssen, der Neutralleiter. Bei einem symmetrischen, in Stern geschalteten Verbraucher ist der Strom im Neutralleiter gleich Null, so daß er ganz entfallen kann. Ist der Verbraucher unsymmetrisch, so fließt im Neutralleiter ein Strom, der gleich der geometrischen Summe der Außenleiterströme ist. Sie ist aber immer kleiner als die algebraische Summe, so daß ein Neutralleiter mit kleinerem Querschnitt ausreicht. Bei der Polygonschaltung ist der Außenleiterstrom (6.590) gleich dem doppelten Strangstrom, multipliziert mit $\sin \pi/m$, also kleiner als $2I_{st}$. Das führt ebenfalls zu einer Materialersparnis.

6.6.2. Das verkettete Zweiphasensystem

Bei der Behandlung der verketteten Zweiphasensysteme wollen wir uns auf den bereits erwähnten Fall beschränken, bei dem die Phasen-EMKs bzw. die Phasenspannungen dem Betrag nach gleich groß, jedoch um $\pi/2$ phasenverschoben sind (Bild 6.85). Wenn wir zwei Enden der Generatorwicklungen miteinander verbinden, erhalten wir das Schaltbild Bild 6.91. Hierbei gilt

$$|\underline{U}_{1N}| = |\underline{U}_{2N}| = \underline{U}_a. \tag{6.593}$$

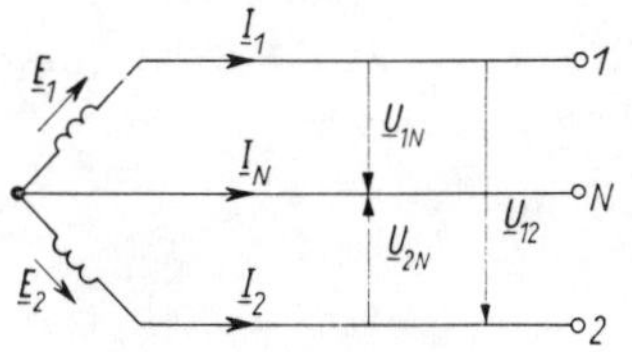

Bild 6.91

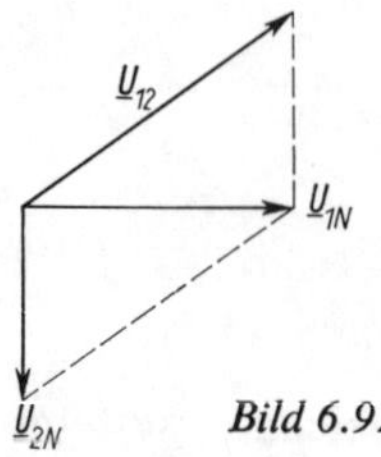

Bild 6.92

Der Augenblickswert der Spannung zwischen den zwei Außenleitern ist

$$u_{12} = u_{1N} - u_{2N} = \sqrt{2}\, U_a \left[\sin \omega t - \sin\left(\omega t - \frac{\pi}{2}\right)\right]. \tag{6.594}$$

Mit

$$\sin \alpha - \sin \beta = 2 \cos \frac{\alpha + \beta}{2} \sin \frac{\alpha - \beta}{2} \tag{6.595}$$

folgt

$$u_{12} = 2\sqrt{2}\, U_a \cos\left(\omega t - \frac{\pi}{4}\right) \sin \frac{\pi}{4}$$

$$= 2U_a \cos\left(\omega t - \frac{\pi}{4}\right) = 2U_a \sin\left(\omega t + \frac{\pi}{4}\right), \tag{6.596}$$

$$U_{12} = \frac{2U_a}{\sqrt{2}} = \sqrt{2}\, U_a. \tag{6.597}$$

Das Zeigerdiagramm für diesen Fall wird im Bild 6.92 gezeigt. Der Ausdruck für die gesamte Leistung in dem betrachteten unsymmetrischen Zweiphasensystem (6.580) geht mit (6.597) in

$$P = \sqrt{2}\, U_{12} I \cos \varphi \tag{6.598}$$

über.

6.6.3. Das verkettete Dreiphasensystem

Das Dreiphasensystem stellt den wichtigsten Vertreter der Mehrphasensysteme dar. Der Dreiphasengenerator enthält drei gleiche Generatorwicklungen, die gegeneinander um $2\pi/3$ versetzt sind. Dabei ist die Bedingung $m \geqq 3$ erfüllt, d.h., das System ist balancierbar.

6.6.3.1. Das symmetrische Dreiphasensystem

Die Sternschaltung und die Dreieckschaltung

Bild 6.93 zeigt die Sternschaltung des Generators (a) und des Verbrauchers (b) in einem Dreiphasensystem. Wir bezeichnen die Außenleiter des Dreiphasensystems mit $L1$, $L2$ und $L3$ bzw. 1, 2 und 3. Da das System der Sternspannungen symmetrisch ist, gilt

$$|\underline{U}_{1N}| = |\underline{U}_{2N}| = |\underline{U}_{3N}| = U, \tag{6.599}$$

$$\alpha = \frac{2\pi}{3}. \tag{6.600}$$

Bild 6.94 stellt das Zeigerdiagramm der Sternspannungen dar. Laut (6.562) ist

$$\underline{U}_{1N} + \underline{U}_{2N} + \underline{U}_{3N} = 0, \tag{6.601}$$

was man auch sofort aus dem Zeigerdiagramm (Bild 6.94) entnehmen kann. Nach (6.581) und (6.585) erhalten wir für die Sternschaltung

$$I_a = I_{st}, \tag{6.602}$$

$$U_a = 2U_{st} \sin\frac{\pi}{3} = \sqrt{3}\, U_{st}. \tag{6.603}$$

Wenn man den 1. Kirchhoffschen Satz auf den Sternpunkt anwendet, ergibt sich

$$\underline{I}_1 + \underline{I}_2 + \underline{I}_3 = \underline{I}_N. \tag{6.604}$$

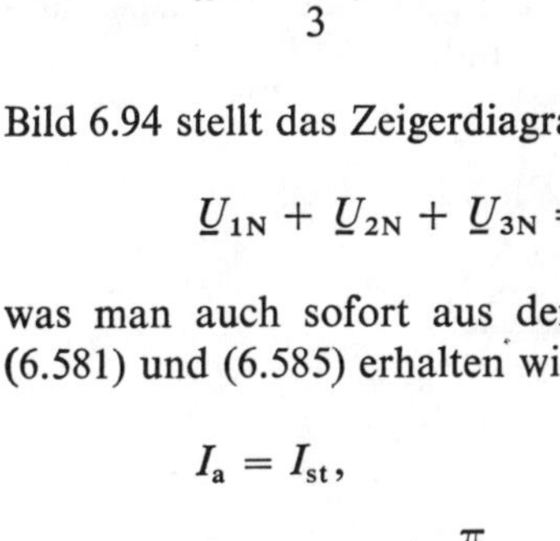

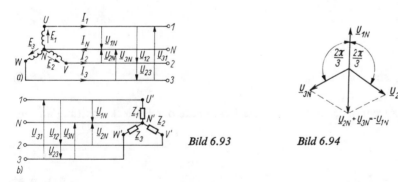

Bild 6.93

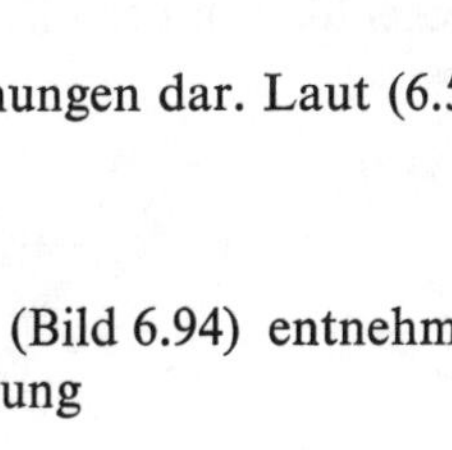

Bild 6.94

Wenn die Strangwiderstände des Verbrauchers gleich sind,

$$\underline{Z}_1 = \underline{Z}_2 = \underline{Z}_3 = \underline{Z}, \tag{6.605}$$

dann bilden die Außenleiterströme ebenfalls ein symmetrisches System, und ihre Summe ist gleich Null:

$$\underline{I}_1 + \underline{I}_2 + \underline{I}_3 = 0, \tag{6.606}$$

d.h.

$$\underline{I}_N = 0. \tag{6.607}$$

In solchen Fällen kann man, wie gesagt, den Neutralleiter weglassen. Die Zeiger der Außenleiterspannungen erhält man aus den Beziehungen

$$\underline{U}_{12} = \underline{U}_{1N} - U_{2N}, \tag{6.608}$$

$$\underline{U}_{23} = \underline{U}_{2N} - U_{3N}, \tag{6.609}$$

$$\underline{U}_{31} = \underline{U}_{3N} - U_{1N}. \tag{6.610}$$

Ihre Konstruktion aus den Zeigern der Sternspannungen wird im Bild 6.95 gezeigt. Die Außenleiterspannungen $\underline{U}_{12}$, $\underline{U}_{23}$ und $\underline{U}_{31}$ stellen ebenfalls ein symmetrisches Dreiphasensystem dar, bei dem die Zeiger $\sqrt{3}$-mal größer als die Zeiger der Sternspannungen und ihnen gegenüber in der Phase um $\pi/6$ verschoben sind.

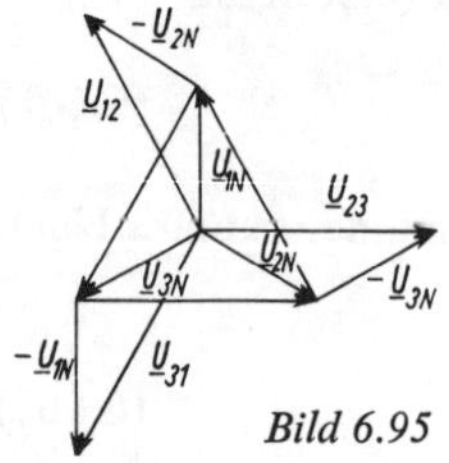

Bild 6.95

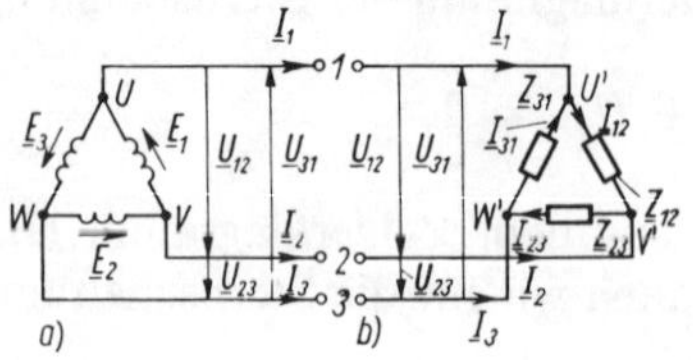

Bild 6.96

Im Bild 6.96 wird die Polygonschaltung, in diesem Fall also die Dreieckschaltung des Generators (a) und des Verbrauchers (b), gezeigt. Auf den ersten Blick könnte man annehmen, daß die Dreieckschaltung der Generatorwicklungen zu einem Kurzschluß der Strang-EMKs führen muß. Wenn man aber bedenkt, daß sie ein symmetrisches System bilden und ihre Summe gleich Null ist, sieht man, daß das nicht der Fall ist.
Dann ist nach (6.586)

$$\underline{U}_a = U_{st} \tag{6.611}$$

und nach (6.590)

$$I_a = 2I_{st} \sin \frac{\pi}{3} = \sqrt{3}\, I_{st}. \tag{6.612}$$

Wenn man den 1. Kirchhoffschen Satz auf die Eckpunkte der Dreieckschaltung anwendet, erhält man

$$\underline{I}_1 = \underline{I}_{12} - \underline{I}_{31}, \tag{6.613}$$

$$\underline{I}_2 = \underline{I}_{23} - \underline{I}_{12}, \tag{6.614}$$

$$\underline{I}_3 = \underline{I}_{31} - \underline{I}_{23}. \tag{6.615}$$

An den Strangwiderständen des Verbrauchers $\underline{Z}_{12}$, $\underline{Z}_{23}$ und $\underline{Z}_{31}$ ist ein symmetrisches Spannungssystem $\underline{U}_{12}$, $\underline{U}_{23}$ und $\underline{U}_{31}$ angelegt. Sind die Strangwiderstände alle gleich,

$$\underline{Z}_{12} = \underline{Z}_{23} = \underline{Z}_{31} = \underline{Z}, \tag{6.616}$$

dann bilden die Strangströme $\underline{I}_{12}$, $\underline{I}_{23}$ und $\underline{I}_{31}$ ein symmetrisches System. Bild 6.97 zeigt die Konstruktion der Außenleiterströme $\underline{I}_1$, $\underline{I}_2$ und $\underline{I}_3$ aus den Strangströmen $\underline{I}_{12}$, $\underline{I}_{23}$ und $\underline{I}_{31}$.

Die Zeiger der Außenleiterströme sind $\sqrt{3}$-mal länger als die Zeiger der Strangströme in Generator und Verbraucher und gegen diese um $\pi/6$ phasenverschoben.

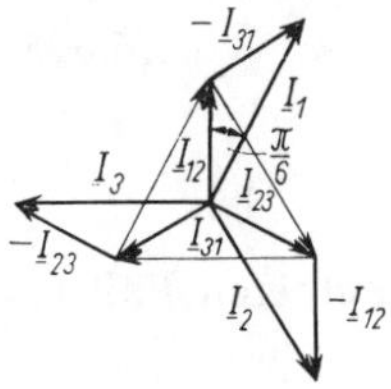

Bild 6.97

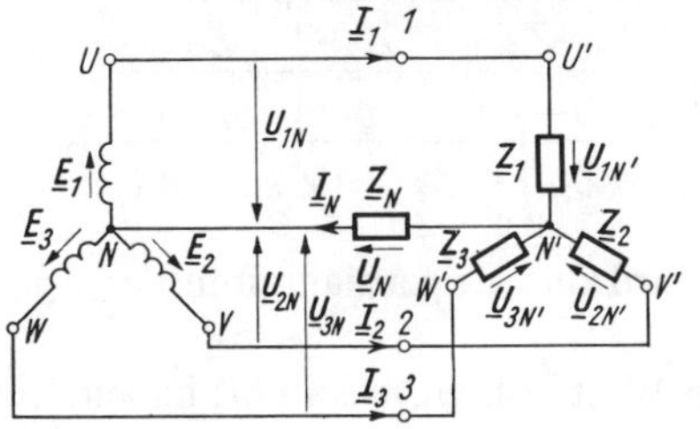

Bild 6.98

6.6.3.2. Das unsymmetrische Dreiphasensystem

Im folgenden wollen wir den Fall eines unsymmetrischen, in Stern geschalteten Dreiphasengenerators behandeln, an dessen Klemmen drei ungleiche, ebenfalls in Stern geschaltete Verbraucher angeschlossen sind (Bild 6.98).
Die Sternwiderstände des Verbrauchers seien $\underline{Z}_1$, $\underline{Z}_2$ und $\underline{Z}_3$. Die Sternpunkte des Generators (N) und des Verbrauchers (N′) sollen über einen Widerstand $\underline{Z}_N$ verbunden sein. Wir wollen weiterhin annehmen, daß der innere Widerstand des Generators vernachlässigbar klein ist, so daß sich zwischen den Außenleitern 1, 2 und 3 und dem Neutralleiter ein vom Verbraucher unbeeinflußtes Spannungssystem $\underline{U}_{1N}$, $\underline{U}_{2N}$ und $\underline{U}_{3N}$ einstellt. Der 1. Kirchhoffsche Satz ergibt, angewandt auf den Sternpunkt N′ des Verbrauchers,

$$\underline{I}_1 + \underline{I}_2 + \underline{I}_3 = \underline{I}_N. \tag{6.617}$$

Der Strom $\underline{I}_N$ fließt durch den Neutralleiter zu dem Sternpunkt des Generators. Zwischen den Punkten N und N′ stellt sich der Spannungsabfall $\underline{U}_N$ ein. An dem Verbraucher liegen die Sternspannungen $\underline{U}_{1N'}$, $\underline{U}_{2N'}$ und $\underline{U}_{3N'}$. Es gilt

$$\underline{U}_{1N'} = \underline{U}_{1N} - \underline{U}_N, \tag{6.618}$$

$$\underline{U}_{2N'} = \underline{U}_{2N} - \underline{U}_N, \tag{6.619}$$

$$\underline{U}_{3N'} = \underline{U}_{3N} - \underline{U}_N. \tag{6.620}$$

Die Strangströme des Verbrauchers sind gleich den Außenleiterströmen. Es bestehen offensichtlich folgende Beziehungen:

$$\underline{I}_1 = \frac{\underline{U}_{1N'}}{\underline{Z}_1} = \frac{\underline{U}_{1N} - \underline{U}_N}{\underline{Z}_1}, \tag{6.621}$$

$$\underline{I}_2 = \frac{\underline{U}_{2N'}}{\underline{Z}_2} = \frac{\underline{U}_{2N} - \underline{U}_N}{\underline{Z}_2}, \tag{6.622}$$

$$\underline{I}_3 = \frac{\underline{U}_{3N'}}{\underline{Z}_3} = \frac{\underline{U}_{3N} - \underline{U}_N}{\underline{Z}_3}, \tag{6.623}$$

$$\underline{I}_N = \frac{\underline{U}_N}{\underline{Z}_N}. \tag{6.624}$$

Indem wir diese Werte in (6.617) einführen, erhalten wir

$$\underline{U}_{N} = \frac{\dfrac{\underline{U}_{1N}}{\underline{Z}_1} + \dfrac{\underline{U}_{2N}}{\underline{Z}_2} + \dfrac{\underline{U}_{3N}}{\underline{Z}_3}}{\dfrac{1}{\underline{Z}_N} + \dfrac{1}{\underline{Z}_1} + \dfrac{1}{\underline{Z}_2} + \dfrac{1}{\underline{Z}_3}}. \tag{6.625}$$

Im Bild 6.99 wird das Zeigerdiagramm der Spannungen für den betrachteten Fall gezeigt.

Wenn wir den Wert von $\underline{U}_N$ bestimmt haben, können wir ihn in (6.621) bis (6.624) einführen und die Außenleiterströme bzw. den Neutralleiterstrom ermitteln. Hieraus kann man auch leicht die Beziehungen erhalten, die im Falle eines Systems ohne Neutralleiter gelten, indem man in (6.624) und (6.625) $\underline{Z}_N$ gegen Unendlich gehen läßt.

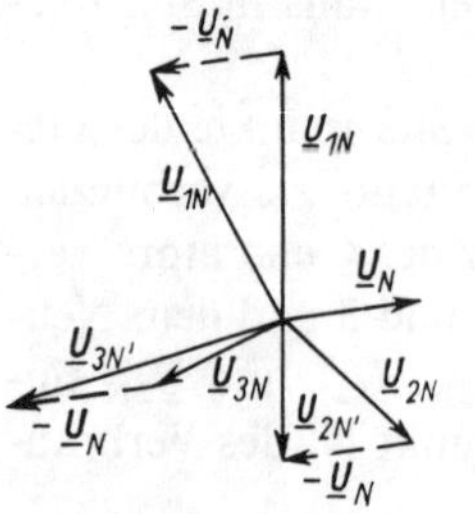

Bild 6.99

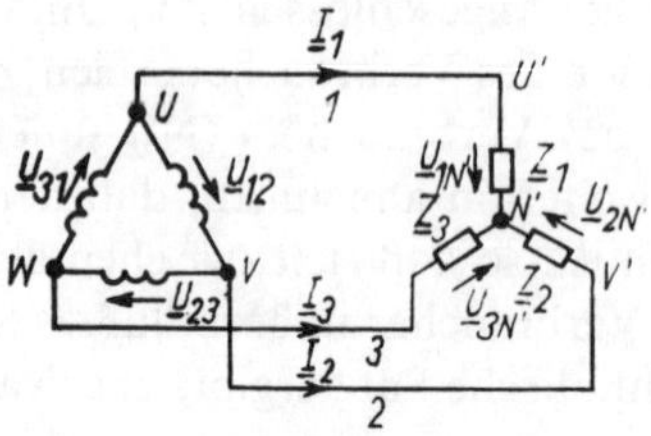

Bild 6.100

Als nächstes Beispiel wollen wir den Fall eines unsymmetrischen, in Dreieck geschalteten Generators behandeln, der mit einem unsymmetrischen, in Stern geschalteten Verbraucher belastet ist (Bild 6.100). Das Erste Kirchhoffsche Gesetz ergibt, angewandt auf den Punkt N',

$$\underline{I}_1 + \underline{I}_2 + \underline{I}_3 = 0. \tag{6.626}$$

Diese Gleichung können wir folgendermaßen schreiben:

$$\frac{\underline{U}_{1N'}}{\underline{Z}_1} + \frac{\underline{U}_{2N'}}{\underline{Z}_2} + \frac{\underline{U}_{3N'}}{\underline{Z}_3} = 0. \tag{6.627}$$

Ferner gilt

$$\underline{U}_{12} = \underline{U}_{1N'} - \underline{U}_{2N'}, \tag{6.628}$$

$$\underline{U}_{31} = \underline{U}_{3N'} - \underline{U}_{1N'} \tag{6.629}$$

oder

$$\underline{U}_{2N'} = \underline{U}_{1N'} - \underline{U}_{12}, \tag{6.630}$$

$$\underline{U}_{3N'} = \underline{U}_{1N'} + \underline{U}_{31}. \tag{6.631}$$

Wenn wir die zwei letzten Gleichungen in (6.627) einführen, erhalten wir

$$\frac{\underline{U}_{1N'}}{\underline{Z}_1} + \frac{\underline{U}_{1N'} - \underline{U}_{12}}{\underline{Z}_2} + \frac{\underline{U}_{1N} + \underline{U}_{31}}{\underline{Z}_3} = 0. \tag{6.632}$$

Die Auflösung nach $\underline{U}_{1N'}$ ergibt

$$\underline{U}_{1N'} = \frac{\dfrac{\underline{U}_{12}}{\underline{Z}_2} - \dfrac{\underline{U}_{31}}{\underline{Z}_3}}{\dfrac{1}{\underline{Z}_1} + \dfrac{1}{\underline{Z}_2} + \dfrac{1}{\underline{Z}_3}}. \tag{6.633}$$

Auf dieselbe Weise finden wir

$$\underline{U}_{2N'} = \frac{\dfrac{\underline{U}_{23}}{\underline{Z}_3} - \dfrac{\underline{U}_{12}}{\underline{Z}_1}}{\dfrac{1}{\underline{Z}_1} + \dfrac{1}{\underline{Z}_2} + \dfrac{1}{\underline{Z}_3}} \tag{6.634}$$

und

$$\underline{U}_{3N'} = \frac{\dfrac{\underline{U}_{31}}{\underline{Z}_1} - \dfrac{\underline{U}_{23}}{\underline{Z}_2}}{\dfrac{1}{\underline{Z}_1} + \dfrac{1}{\underline{Z}_2} + \dfrac{1}{\underline{Z}_3}}. \tag{6.635}$$

Wenn die Sternspannungen, d.h. die Strangspannungen des Verbrauchers, bekannt sind, dann kann man leicht dessen Strangströme und damit die Außenleiterströme ermitteln.

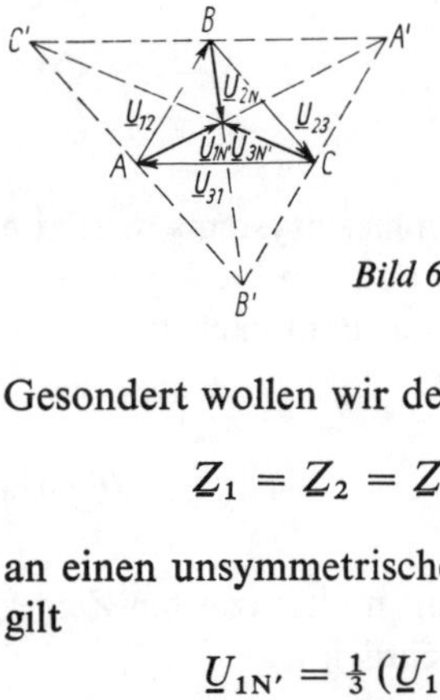

Bild 6.101

Gesondert wollen wir den Fall erwähnen, bei dem ein symmetrischer Verbraucher

$$\underline{Z}_1 = \underline{Z}_2 = \underline{Z}_3 = \underline{Z} \tag{6.636}$$

an einen unsymmetrischen, in Dreieck geschalteten Generator angeschlossen ist. Dann gilt

$$\underline{U}_{1N'} = \tfrac{1}{3}(\underline{U}_{12} - \underline{U}_{31}), \tag{6.637}$$

$$\underline{U}_{2N'} = \tfrac{1}{3}(\underline{U}_{23} - \underline{U}_{12}), \tag{6.638}$$

$$\underline{U}_{3N'} = \tfrac{1}{3}(\underline{U}_{31} - \underline{U}_{23}). \tag{6.639}$$

Das Zeigerdiagramm hierfür wird im Bild 6.101 gezeigt. Die Diagonale *AA'* des Parallelogramms *ABA'C* teilt die Seite *BC* des Dreiecks *ABC* in zwei gleiche Teile. Das gleiche gilt für die Diagonalen *BB'* und *CC'* in bezug auf *AC* und *AB*. Der Schnittpunkt der Diagonalen liegt im Schwerpunkt des Dreiecks *ABC*. Einfache Überlegungen zeigen, daß $\underline{U}_{1N'}$, $\underline{U}_{2N'}$ bzw. $\underline{U}_{3N'}$ jeweils von dem Eckpunkt *A*, *B* bzw. *C* bis zu dem Schwerpunkt des Dreiecks *ABC* (Schnittpunkt der Diagonalen) führen.
Den Fall des in Dreieck geschalteten unsymmetrischen Verbrauchers können wir durch eine Dreieck-Stern-Umwandlung auf das bereits besprochene Beispiel zurückführen.

Im Falle mehrerer unsymmetrischer Verbraucher, die verschieden geschaltet sind, ist es zweckmäßig, erst alle Sternschaltungen in Dreieckschaltungen umzuwandeln, dann alle Dreieckschaltungen in eine zusammenzufassen und diese durch eine Umwandlung in Stern auf den bereits besprochenen Fall zurückzuführen.

6.6.4. Methode der symmetrischen Komponenten

6.6.4.1. Einführung der symmetrischen Komponenten

Die Methode der symmetrischen Komponenten ermöglicht unter Anwendung der komplexen Rechnung, ein unsymmetrisches Mehrphasensystem in Komponentensysteme zu zerlegen. Bei dieser Zerlegung stellen die Komponentensysteme jedes für sich ein symmetrisches System besonderer Art dar. Diese Methode wurde von *Fortescue* angegeben. Eine solche Zerlegung und getrennte Behandlung der Systeme ist natürlich nur dann zulässig, wenn zwischen den einzelnen Größen lineare Beziehungen bestehen, so daß eine Superposition der einzelnen Komponenten möglich ist. Im folgenden wollen wir unsere Betrachtungen auf das Dreiphasensystem beschränken.
Die Augenblickswerte der Wechselgrößen in einem symmetrischen Dreiphasensystem können bei entsprechender Wahl des Beginns der Zeitzählung durch die Gleichungen

$$\begin{aligned} v_1 &= \sqrt{2}\, V \sin \omega t, \\ v_2 &= \sqrt{2}\, V \sin \left(\omega t - \frac{2\pi}{3}\right), \\ v_3 &= \sqrt{2}\, V \sin \left(\omega t - \frac{4\pi}{3}\right) \end{aligned} \tag{6.640}$$

beschrieben werden. Das Zeigerdiagramm eines solchen Dreiphasensystems wird im Bild 6.102 gezeigt. Die Zeiger $\underline{V}_1$, $\underline{V}_2$ und $\underline{V}_3$ sind gleich lang und um $2\pi/3$ gegeneinander verdreht. Jeder Zeiger in der Folge $\underline{V}_1$, $\underline{V}_2$ und $\underline{V}_3$ kann aus dem nächsten durch Multiplikation mit der komplexen Zahl

$$\underline{a} = e^{j(2\pi/3)} = \cos \frac{2\pi}{3} + j \sin \frac{2\pi}{3} = -\frac{1}{2} + j\frac{\sqrt{3}}{2} \tag{6.641}$$

erhalten werden, denn diese Zahl hat die Eigenschaft, den damit multiplizierten Zeiger um $2\pi/3$ entgegengesetzt zum Uhrzeigersinn zu drehen. Offensichtlich ist

$$\underline{a}^2 = \left(-\frac{1}{2} + j\frac{\sqrt{3}}{2}\right)^2 = -\frac{1}{2} - j\frac{\sqrt{3}}{2}, \tag{6.642}$$

$$\underline{a}^3 = \left(-\frac{1}{2} - j\frac{\sqrt{3}}{2}\right)\left(-\frac{1}{2} + j\frac{\sqrt{3}}{2}\right) = 1, \tag{6.643}$$

$$\underline{a}^4 = \underline{a}, \tag{6.644}$$

$$\underline{a}^5 = \underline{a}^2 \quad \text{usw.} \tag{6.645}$$

Ferner gilt

$$1 + \underline{a} + \underline{a}^2 = 0. \tag{6.646}$$

Im folgenden soll ein unsymmetrisches System mit den Zeigern $\underline{V}_1$, $\underline{V}_2$ und $\underline{V}_3$ betrachtet werden. Jeden dieser Zeiger zerlegen wir in drei Komponenten:

$$\begin{aligned} \underline{V}_1 &= \underline{V}_{10} + \underline{V}_{11} + \underline{V}_{12}, \\ \underline{V}_2 &= \underline{V}_{20} + \underline{V}_{21} + \underline{V}_{22}, \\ \underline{V}_3 &= \underline{V}_{30} + \underline{V}_{31} + \underline{V}_{32}. \end{aligned} \tag{6.647}$$

Die rechte Seite dieser Gleichungsgruppe enthält neun Zeiger, die nur durch drei Bedingungen bestimmt sind. Wir schreiben noch sechs zusätzliche Bedingungen für die Komponenten vor, und zwar

$$\underline{V}_{20} = \underline{V}_{10}, \qquad \underline{V}_{21} = \underline{a}^2 \underline{V}_{11}, \qquad \underline{V}_{22} = \underline{a} \underline{V}_{12}, \tag{6.648}$$

$$\underline{V}_{30} = \underline{V}_{10}, \qquad \underline{V}_{31} = \underline{a} \underline{V}_{11}, \qquad \underline{V}_{32} = \underline{a}^2 \underline{V}_{12}. \tag{6.649}$$

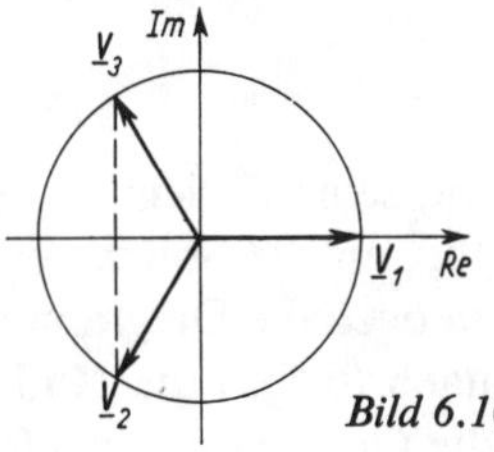

Bild 6.102

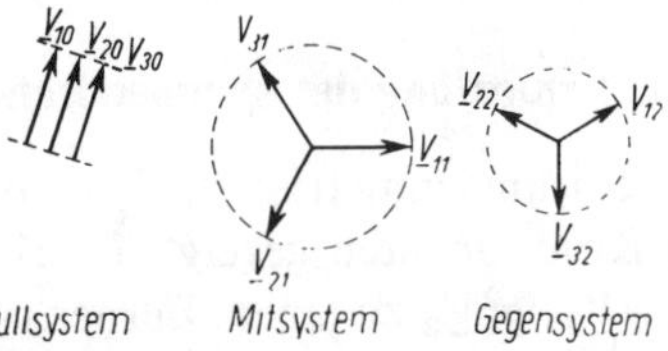

Bild 6.103

Diese Gleichungen können wir folgendermaßen anordnen:

$$\begin{aligned} \underline{V}_{10} &= \underline{V}_{10}, & \underline{V}_{11} &= \underline{V}_{11}, & \underline{V}_{12} &= \underline{V}_{12}, \\ \underline{V}_{20} &= \underline{V}_{10}, & \underline{V}_{21} &= \underline{a}^2 \underline{V}_{11}, & \underline{V}_{22} &= \underline{a} \underline{V}_{12}, \\ \underline{V}_{30} &= \underline{V}_{10}, & \underline{V}_{31} &= \underline{a} \underline{V}_{11}, & \underline{V}_{32} &= \underline{a}^2 \underline{V}_{12}. \end{aligned} \tag{6.650}$$

Die Komponenten mit dem 2. Index 0 stellen drei gleich lange, gleich gerichtete Zeiger dar. Die Komponenten mit dem 2. Index 1 stellen ein normales symmetrisches Dreiphasensystem dar. Die Komponenten mit dem 2. Index 2 stellen ein symmetrisches Dreiphasensystem mit umgekehrter Reihenfolge dar. Die Komponenten gleicher Indizes werden zusammengefaßt im Bild 6.103 gezeigt.

Das unsymmetrische System $\underline{V}_1$, $\underline{V}_2$, $\underline{V}_3$ ist offensichtlich in drei symmetrische Systeme zerlegt worden: das erste (2. Index 0) ist das Nullsystem $\underline{V}_0$, das zweite (2. Index 1) das Mitsystem $\underline{V}_m$ und das dritte (2. Index 2) das Gegensystem $\underline{V}_g$. Wenn wir nun mit (6.650) in (6.647) eingehen, erhalten wir

$$\begin{aligned} \underline{V}_1 &= \underline{V}_0 + \underline{V}_m + \underline{V}_g, \\ \underline{V}_2 &= \underline{V}_0 + \underline{a}^2 \underline{V}_m + \underline{a} \underline{V}_g, \\ \underline{V}_3 &= \underline{V}_0 + \underline{a} \underline{V}_m + \underline{a}^2 \underline{V}_g. \end{aligned} \tag{6.651}$$

Diese Gleichungsgruppe stellt die Bildungsvorschrift dar, nach der man die drei unsymmetrischen Zeiger aus den symmetrischen Komponenten konstruiert.

Wenn wir beide Seiten der Gleichungsgruppe (6.651) addieren und (6.646) berücksichtigen, erhalten wir

$$\underline{V}_0 = \tfrac{1}{3} (\underline{V}_1 + \underline{V}_2 + \underline{V}_3). \tag{6.652}$$

Diese Gleichung ergibt die Bildungsvorschrift für die Nullkomponente, wenn das unsymmetrische System gegeben ist.
Die Bildungsregel für die Mitkomponente $\underline{V}_{\mathrm{m}}$ aus dem unsymmetrischen System erhalten wir, indem wir ebenfalls von der Gleichungsgruppe (6.651) ausgehen und die zweite Gleichung mit $\underline{a}$, die dritte Gleichung mit $\underline{a}^2$ multiplizieren sowie die rechten und linken Seiten addieren. Unter Anwendung von (6.646) bekommen wir

$$\underline{V}_{\mathrm{m}} = \tfrac{1}{3}(\underline{V}_1 + \underline{a}\underline{V}_2 + \underline{a}^2\underline{V}_3). \tag{6.653}$$

Die Bildungsregel für die Gegenkomponente $\underline{V}_{\mathrm{g}}$ aus dem unsymmetrischen System erhalten wir schließlich, indem wir in der Gleichungsgruppe (6.651) die zweite Gleichung mit $\underline{a}^2$, die dritte Gleichung mit $\underline{a}$ multiplizieren und beide Seiten addieren. Dann ergibt sich mit (6.646)

$$\underline{V}_{\mathrm{g}} = \tfrac{1}{3}(\underline{V}_1 + \underline{a}^2\underline{V}_2 + \underline{a}\underline{V}_3). \tag{6.654}$$

6.6.4.2. Grafische Ermittlung der symmetrischen Komponenten

Im Bild 6.104 wird ein unsymmetrisches System $\underline{V}_1$, $\underline{V}_2$ und $\underline{V}_3$ und seine Zerlegung in die symmetrischen Komponenten gezeigt. Hierbei ist es zweckmäßig, an der Spitze von $\underline{V}_1$ das System $\underline{V}_2$, $\underline{a}\underline{V}_2$, $\underline{a}^2\underline{V}_2$ zu legen. Ferner ist es zweckmäßig, in dasselbe Diagramm auch das System $\underline{V}_3$, $\underline{a}\underline{V}_3$, $\underline{a}^2\underline{V}_3$ zu zeichnen. Nun ist es leicht, nach (6.652) die Nullkomponente, nach (6.653) die Mitkomponente und nach (6.654) die Gegenkomponente zu ermitteln.

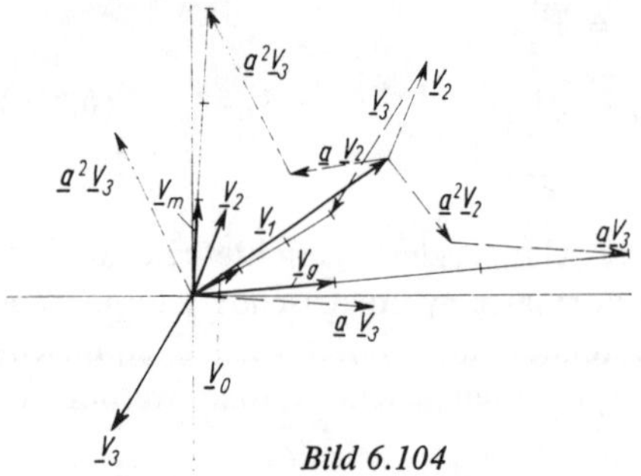

Bild 6.104

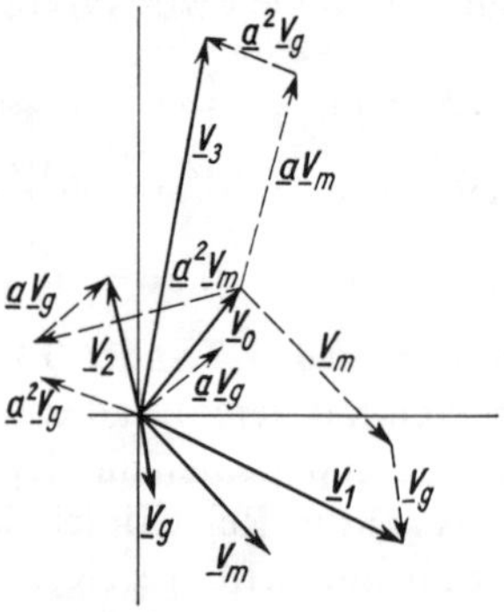

Bild 6.105

6.6.4.3. Grafische Zusammensetzung der symmetrischen Komponenten

Im Bild 6.105 wird die Zusammensetzung der symmetrischen Komponenten zu dem unsymmetrischen System gezeigt. Es ist in diesem Falle zweckmäßig, an der Spitze des Zeigers $\underline{V}_0$ das symmetrische System $\underline{V}_{\mathrm{m}}$, $\underline{a}\underline{V}_{\mathrm{m}}$, $\underline{a}^2\underline{V}_{\mathrm{m}}$ anzulegen. Ferner ist es notwendig, in dasselbe Diagramm auch das symmetrische System $\underline{V}_{\mathrm{g}}$, $\underline{a}\underline{V}_{\mathrm{g}}$ und $\underline{a}^2\underline{V}_{\mathrm{g}}$ zu zeichnen. Nun kann man leicht unter Anwendung der Gleichungsgruppe (6.651) das unsymmetrische System $\underline{V}_1$, $\underline{V}_2$ und $\underline{V}_3$ konstruieren.

6.6.4.4. Besondere Fälle grafischer Konstruktionen

Aus der oben angeführten Konstruktion geht hervor, daß die Nullkomponente verschwindet, wenn die geometrische Summe der drei Zeiger, die das unsymmetrische Dreiphasensystem bilden, gleich Null ist, d.h., wenn die Zeiger ein geschlossenes Dreieck bilden. In diesem Fall ist es zweckmäßig, die Mitkomponente und die Gegenkomponente nach der Konstruktion, die im Bild 6.106 gezeigt wird, zu ermitteln. Die Zeiger $\underline{V}_1$, $\underline{V}_2$ und $\underline{V}_3$ bilden das geschlossene Dreieck *ABC*. Ferner sind noch in demselben Bild die Zeiger $\underline{a}\underline{V}_2$ und $\underline{a}^2\underline{V}_2$ bzw. $\underline{a}\underline{V}_3$ und $\underline{a}^2\underline{V}_3$ gezeichnet. Die Spitze von $\underline{a}\underline{V}_2$ liegt bei *D'*, die Spitze von $\underline{a}^2\underline{V}_2$ bei *D''*. Der Anfang von $\underline{a}^2\underline{V}_3$ liegt bei *E'*, der Anfang von $\underline{a}\underline{V}_3$ bei *E''*. Es gilt

$$\overline{E'D'} = \underline{a}^2\underline{V}_3 + \underline{V}_1 + \underline{a}\,\underline{V}_2 = 3\underline{V}_\mathrm{m}, \tag{6.655}$$

$$\underline{V}_\mathrm{m} = \tfrac{1}{3}\overline{E'D'}, \tag{6.656}$$

$$\overline{E''D''} = \underline{a}\underline{V}_3 + \underline{V}_1 + \underline{a}^2\underline{V}_2 = 3\underline{V}_\mathrm{g}, \tag{6.657}$$

$$\underline{V}_\mathrm{g} = \tfrac{1}{3}\overline{E''D''}. \tag{6.658}$$

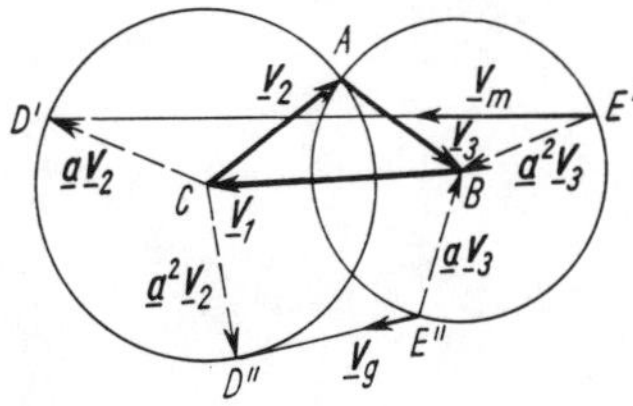

Bild 6.106

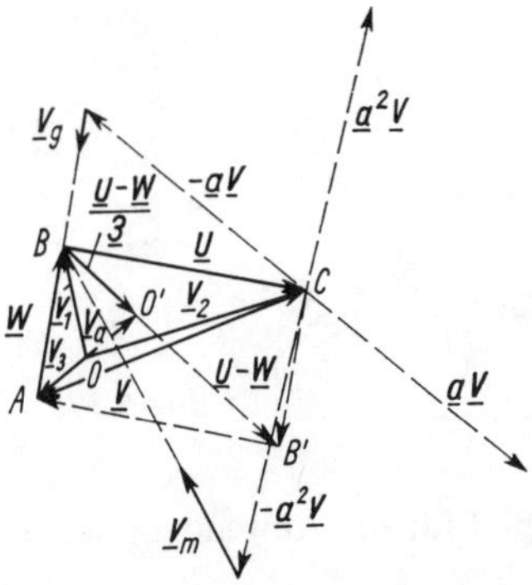

Bild 6.107

Unter Umständen kann nach der Zerlegung eines unsymmetrischen Systems gefragt sein, wenn nicht die Zeiger $\underline{V}_1$, $\underline{V}_2$, $\underline{V}_3$, sondern die sogenannten verketteten Zeiger $\underline{U} = \underline{V}_2 - \underline{V}_1$, $\underline{V} = \underline{V}_3 - \underline{V}_2$ und $\underline{W} = \underline{V}_1 - \underline{V}_3$ gegeben sind (Bild 6.107). In diesem Falle gilt

$$\begin{aligned}\underline{V}_0 &= \frac{1}{3}(\underline{V}_1 + \underline{V}_2 + \underline{V}_3) = \frac{1}{3}[\underline{V}_1 + (\underline{V}_1 + \underline{U}) + (\underline{V}_1 - \underline{W})]\\ &= \underline{V}_1 + \frac{\underline{U} - \underline{W}}{3},\end{aligned} \tag{6.659}$$

$$\begin{aligned}\underline{V}_\mathrm{m} &= \frac{1}{3}(\underline{V}_1 + \underline{a}\underline{V}_2 + \underline{a}^2\underline{V}_3) = \frac{1}{3}[(\underline{V}_2 - \underline{U}) + \underline{a}\underline{V}_2 + \underline{a}^2(\underline{V}_2 + \underline{V})]\\ &= -\frac{\underline{U} - \underline{a}^2\underline{V}}{3},\end{aligned} \tag{6.660}$$

$$\begin{aligned}\underline{V}_\mathrm{g} &= \frac{1}{3}(\underline{V}_1 + \underline{a}^2\underline{V}_2 + \underline{a}\underline{V}_3) = \frac{1}{3}[(\underline{V}_2 - \underline{U}) + \underline{a}^2\underline{V}_2 + \underline{a}(\underline{V}_2 + \underline{V})]\\ &= -\frac{\underline{U} - \underline{a}\underline{V}}{3}.\end{aligned} \tag{6.661}$$

Anhand von (6.659) erkennt man, daß die Vorgabe der verketteten Zeiger zur Bestimmung der Nullkomponente nicht ausreichend ist. Die grafische Konstruktion der symmetrischen Komponenten ist aus Bild 6.107 zu ersehen.

Wenn das System der verketteten Zeiger unverändert bleibt, dann bleibt auch das Mit- und das Gegensystem unverändert, wie auch die Phasenzeiger beschaffen sein mögen, denn jene sind vollständig durch das Systemdreieck *ABC* bestimmt. Hieraus ersieht man, daß zwei Dreiphasensysteme, deren verkettete Systeme gleich sind, sich höchstens im Nullsystem unterscheiden können. Aus Bild 6.107 ersieht man ferner, daß die Gegenkomponente verschwindet, wenn Symmetrie der verketteten Zeiger besteht.
Der Punkt 0′ liegt auf einem Drittel der Länge der Diagonale des Parallelogramms *ABCB′*. Er fällt mit dem Schwerpunkt des Dreiecks *ABC* zusammen. Der Zeiger

$$\underline{00'} = \underline{V}_1 + \frac{\underline{U} - \underline{W}}{3} = \underline{V}_0 \tag{6.662}$$

wird Null, wenn 0 mit 0′ zusammenfällt, also wenn 0 im Schwerpunkt des Dreiecks *ABC*, das von den verketteten Zeigern gebildet wird, liegt.

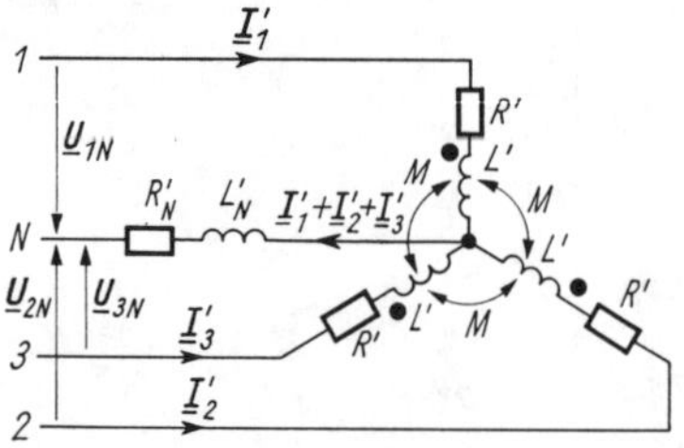

Bild 6.108

6.6.4.5. Ein Beispiel für die Anwendung der symmetrischen Komponenten

Als Beispiel für die Anwendung der symmetrischen Komponenten wollen wir die Berechnung der Stromverteilung für den Fall anführen, daß ein unsymmetrisches System von Sternspannungen $\underline{U}_{1N}$, $\underline{U}_{2N}$ und $\underline{U}_{3N}$ auf einen symmetrischen Verbraucher mit dem Strangwiderstand $\underline{Z}'$ wirkt (Bild 6.108). Dabei sei der Strangwiderstand

$$\underline{Z}' = R' + j\omega L'. \tag{6.663}$$

Im Neutralleiter sei der Widerstand

$$\underline{Z}'_N = R'_N + j\omega L'_N \tag{6.664}$$

enthalten. Es sollen ferner drei gleiche Gegeninduktivitäten M zwischen den Spulen des symmetrischen Verbrauchers bestehen. Es sei dann

$$\underline{Z}_M = j\omega M. \tag{6.665}$$

Wir zerlegen das unsymmetrische Spannungssystem in seine symmetrischen Komponenten $\underline{U}_0$, $\underline{U}_m$, $\underline{U}_g$. Die Nullkomponente ruft in jedem Strang des Verbrauchers den Strom $\underline{I}_0$ hervor. Durch den Neutralleiter fließt demzufolge der Strom $3\underline{I}_0$. Nach dem Kirchhoffschen Maschensatz ist

$$\underline{U}_0 = \underline{Z}'\underline{I}_0 + \underline{Z}_M\underline{I}_0 + \underline{Z}_M\underline{I}_0 + 3\underline{I}_0\underline{Z}'_N \tag{6.666}$$

$$= (\underline{Z}' + 2\underline{Z}_M + 3\underline{Z}'_N)\,\underline{I}_0 = \underline{Z}_0\underline{I}_0 \tag{6.667}$$

bzw.

$$\underline{I}_0 = \frac{\underline{U}_0}{\underline{Z}_0}. \tag{6.668}$$

Das Mit- und das Gegensystem sind symmetrisch und ergeben keinen Strom durch den Neutralleiter. Die Komponente $\underline{U}_m$ in einem der Stränge, beispielsweise dem Strang 1, ist gleich der Summe der Spannung am Widerstand $\underline{Z}'$ infolge des Stromes $\underline{I}_m$ im Strang 1, der Gegeninduktionsspannung infolge des Stromes $\underline{a}^2\underline{I}_m$ im Strang 2 und der Gegeninduktionsspannung infolge des Stromes $\underline{a}\underline{I}_m$ im Strang 3:

$$\begin{aligned}\underline{U}_m &= \underline{Z}'\underline{I}_m + \underline{Z}_M\underline{a}^2\underline{I}_m + \underline{Z}_M\underline{a}\underline{I}_m \\ &= \underline{Z}'\underline{I}_m - \underline{Z}_M\underline{I}_m + \underline{Z}_M\underline{I}_m(1 + \underline{a} + \underline{a}^2)\end{aligned} \tag{6.669}$$

oder mit (6.646)

$$\underline{U}_m = (\underline{Z}' - \underline{Z}_M)\,\underline{I}_m = \underline{Z}\underline{I}_m \tag{6.670}$$

bzw.

$$\underline{I}_m = \frac{\underline{U}_m}{\underline{Z}}. \tag{6.671}$$

Analog finden wir

$$\begin{aligned}\underline{U}_g &= \underline{Z}'\underline{I}_g + \underline{Z}_M\underline{a}\underline{I}_g + \underline{Z}_M\underline{a}^2\underline{I}_g \\ &= \underline{Z}'\underline{I}_g - \underline{Z}_M\underline{I}_g + \underline{Z}_M\underline{I}_g(1 + \underline{a} + \underline{a}^2) \\ &= (\underline{Z}' - \underline{Z}_M)\,\underline{I}_g = \underline{Z}\underline{I}_g,\end{aligned} \tag{6.672}$$

$$\underline{I}_g = \frac{\underline{U}_g}{\underline{Z}}. \tag{6.673}$$

Die Außenleiterströme und damit die Strangströme ergeben sich aus (6.651):

$$\underline{I}_1 = \underline{I}_0 + \underline{I}_m + \underline{I}_g, \tag{6.674}$$

$$\underline{I}_2 = \underline{I}_0 + \underline{a}^2\underline{I}_m + \underline{a}\underline{I}_g, \tag{6.675}$$

$$\underline{I}_3 = \underline{I}_0 + \underline{a}\underline{I}_m + \underline{a}^2\underline{I}_g. \tag{6.676}$$

6.6.5. Umwandlung der Phasenzahl bei Mehrphasensystemen

Die Betrachtungen über die Umwandlung der Phasenzahl wollen wir auf die Umwandlung von Einphasen- und Dreiphasensysteme beschränken. Eine solche Umwandlung ist beispielsweise notwendig, wenn ein Dreiphasenverbraucher symmetrisch gespeist werden soll, aber nur ein Einphasengenerator zur Verfügung steht. Bild 6.109 stellt einen

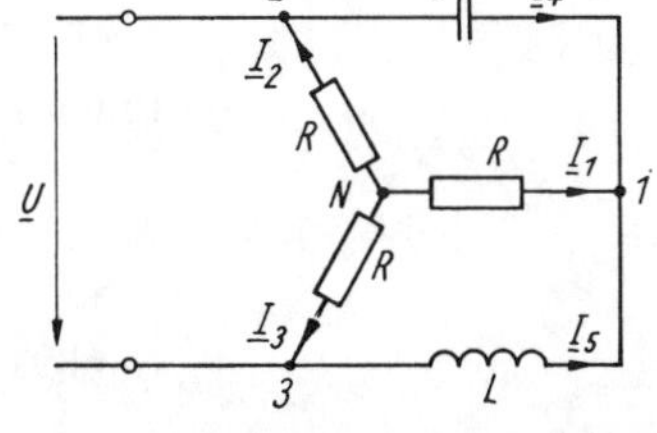

Bild 6.109

solchen Fall dar *(Zeitlin, Kalantaroff)*. Es liegt ein symmetrischer Verbraucher vor, der aus drei gleich großen Wirkwiderständen R besteht. An den Klemmen 2 und 3 ist eine Wechselspannung $\underline{U}$ angelegt. Zwischen die Klemmen 1 und 2 ist eine Induktivität, zwischen den Klemmen 1 und 2 eine Kapazität geschaltet. Es sollen folgende Bedingungen erfüllt sein:

$$\omega L = \frac{1}{\omega C} = X, \tag{6.677}$$

$$X = \sqrt{3}\, R. \tag{6.678}$$

Nach dem 1. Kirchhoffschen Satz gilt

$$\underline{I}_1 = -(\underline{I}_4 + \underline{I}_5), \tag{6.679}$$

$$\underline{I}_1 = -(\underline{I}_3 + \underline{I}_2). \tag{6.680}$$

Nach dem 2. Kirchhoffschen Satz gilt

$$\underline{U} = -\mathrm{j}X\underline{I}_4 - \mathrm{j}X\underline{I}_5 = -\mathrm{j}X(\underline{I}_4 + \underline{I}_5) = \mathrm{j}X\underline{I}_1, \tag{6.681}$$

$$\underline{U} = R\underline{I}_3 - R\underline{I}_2 = R(\underline{I}_3 - \underline{I}_2), \tag{6.682}$$

d.h.

$$\underline{I}_3 - \underline{I}_2 = \mathrm{j}\frac{X}{R}\underline{I}_1 = \mathrm{j}\sqrt{3}\,\underline{I}_1. \tag{6.683}$$

Wenn wir $\underline{I}_3$ durch $\underline{I}_1$ und $\underline{I}_2$ (6.680) ausdrücken, erhalten wir

$$-\underline{I}_1 - 2\underline{I}_2 = \mathrm{j}\sqrt{3}\,\underline{I}_1 \tag{6.684}$$

oder

$$\underline{I}_2 = \left(-\frac{1}{2} - \mathrm{j}\frac{\sqrt{3}}{2}\right)\underline{I}_1 = \underline{a}^2\underline{I}_1. \tag{6.685}$$

Wenn wir nun $\underline{I}_2$ in (6.683) durch $\underline{I}_1$ und $\underline{I}_3$ (6.680) ausdrücken, erhalten wir

$$2\underline{I}_3 + \underline{I}_1 = \mathrm{j}\sqrt{3}\,\underline{I}_1, \tag{6.686}$$

$$\underline{I}_3 = \left(-\frac{1}{2} + \mathrm{j}\frac{\sqrt{3}}{2}\right)\underline{I}_1 = \underline{a}\underline{I}_1. \tag{6.687}$$

Offensichtlich bilden die Ströme $\underline{I}_1$, $\underline{I}_2$ und $\underline{I}_3$ unter den genannten Bedingungen ein symmetrisches Dreiphasensystem.

Ist der Verbraucher in Dreieck geschaltet, dann kann man eine Dreieck-Stern-Umwandlung vornehmen und so auf den bereits behandelten Fall übergehen. Wenn der Strangwiderstand des in Dreieck geschalteten symmetrischen Verbrauchers R' beträgt, dann ist der gesuchte Sternwiderstand

$$R = \frac{R'^2}{3R'} = \frac{R'}{3}. \tag{6.688}$$

Der Blindwiderstand von Spule und Kondensator ist dann

$$X = \sqrt{3}\, R = \frac{R'}{\sqrt{3}}. \tag{6.689}$$

Es sei noch erwähnt, daß der Vorgang umkehrbar ist, und die Schaltung gestattet, das symmetrische balancierte Dreiphasensystem in ein (unbalanciertes) Einphasensystem umzuwandeln. In beiden Fällen haben die ein- und ausgangsseitigen Leistungsflüsse der

Schaltung unterschiedliche Zeitabhängigkeiten. Für den Ausgleich der Energiebilanz zu jedem Zeitpunkt sorgen die – zeitweilig Energie speichernden – Blindelemente. Die Umwandlung eines balancierten in ein anderes, ebenfalls balanciertes System kann man auch ohne Blindelemente, die Energie speichern, vornehmen. Mit diesem Fall wollen wir uns in einem späteren Abschnitt befassen (Scott-Schaltung von Transformatoren).

6.6.6. Messung der Leistung im Dreiphasensystem

6.6.6.1. Allgemeines

In einem Mehrphasensystem ist, wie angeführt, die Gesamtleistung gleich der Summe der einzelnen Phasenleistungen. Bei symmetrischer Belastung eines symmetrischen Mehrphasensystems genügt daher für die Ermittlung der Gesamtleistung die Messung der Leistung in einem einzigen Strang des Verbrauchers bzw. Generators. Die Gesamtleistung erhält man dann durch Multiplikation dieser Leistung mit der Anzahl der Phasen. Bild 6.110a zeigt den Anschluß des Leistungsmessers bei der Messung der Leistung in einem Strang eines symmetrischen Dreiphasenverbrauchers, der in Stern geschaltet ist, während Bild 6.110b den Anschluß des Leistungsmessers für den Fall darstellt, daß der symmetrische Verbraucher in Dreieck geschaltet ist.
Wenn der Neutralpunkt der Sternschaltung unzugänglich ist bzw. wenn Umschaltungen an der Einrichtung im Falle der Dreieckschaltung nicht vorgenommen werden können, kann die Leistung in einem gleichmäßig belasteten Dreiphasensystem mit einem Leistungsmesser bestimmt werden, indem man den Neutralpunkt künstlich nachbildet (Bild 6.111). Bei dieser Schaltung fällt der künstliche Neutralpunkt mit dem Schwerpunkt des gleichseitigen Außenleiterspannungsdreiecks zusammen.

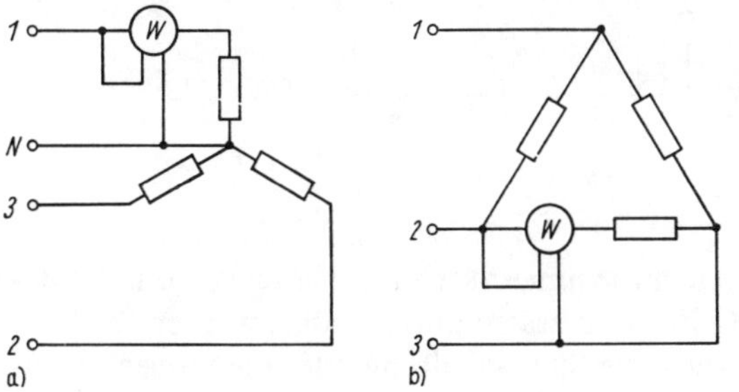

Bild 6.110

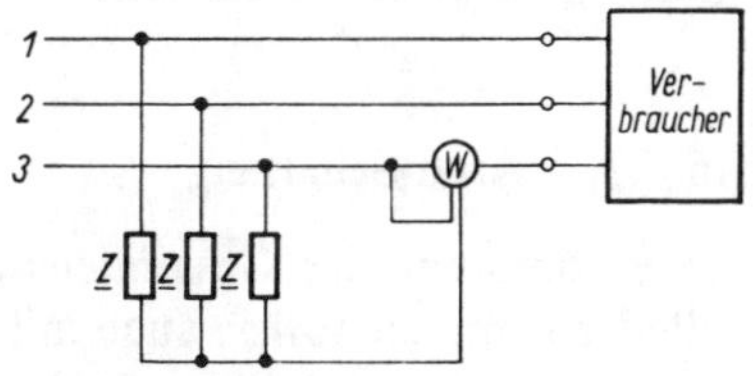

Bild 6.111

Bei unsymmetrischer Belastung kann man die Leistung durch drei Leistungsmesser bestimmen. Durch ihre Strompfade fließen die Außenleiterströme, während ihre Spannungspfade zwischen je einem Außenleiter und dem Sternpunkt angeschlossen sind. Wenn der Sternpunkt nicht zugänglich ist, kann man wie im Bild 6.111 durch drei gleiche Widerstände einen künstlichen Sternpunkt ausbilden. Anstelle besonderer Widerstände lassen sich zu diesem Zweck auch die Widerstände der Spannungspfade der Leistungsmesser selbst verwenden. Bei unsymmetrischer Belastung entsteht zwischen dem künstlichen Sternpunkt N′ und dem Sternpunkt des Verbrauchers eine Spannungsdifferenz mit dem Augenblickswert u_N. Die Summe der Momentanwerte der Leistungen, die von den Leistungsmessern angezeigt werden, ist

$$p = p_1 + p_2 + p_3 = u_{1N} i_1 + u_{2N} i_2 + u_{3N} i_3, \qquad (6.690)$$

wenn i_1, i_2 und i_3 die Augenblickswerte der Außenleiterströme und u_{1N}, u_{2N} und u_{3N} die Augenblickswerte der symmetrischen Sternspannungen darstellen. Die Augenblickswerte der Strangleistungen in dem unsymmetrischen Verbraucher sind

$$p_1' = u_{1N'} i_1 = (u_{1N} - u_N)\, i_1 = u_{1N} i_1 - u_N i_1, \tag{6.691}$$

$$p_2' = u_{2N'} i_2 = (u_{2N} - u_N)\, i_2 = u_{2N} i_2 - u_N i_2, \tag{6.692}$$

$$p_3' = u_{3N'} i_3 = (u_{3N} - u_N)\, i_3 = u_{3N} i_3 - u_N i_3. \tag{6.693}$$

Ihre Summe beträgt

$$p' = p_1' + p_2' + p_3' = u_{1N} i_1 + u_{2N} i_2 + u_{3N} i_3 - u_N (i_1 + i_2 + i_3). \tag{6.694}$$

Da nun

$$i_1 + i_2 + i_3 = 0 \tag{6.695}$$

ist, folgt

$$p' = p_1 + p_2 + p_3 = p. \tag{6.696}$$

Die Leistungen, die die Leistungsmesser anzeigen, sind zwar nicht gleich den Leistungen in den entsprechenden Phasen, die Summe der angezeigten Leistungen ist aber gleich der Summe der Leistungen in den drei Phasen.

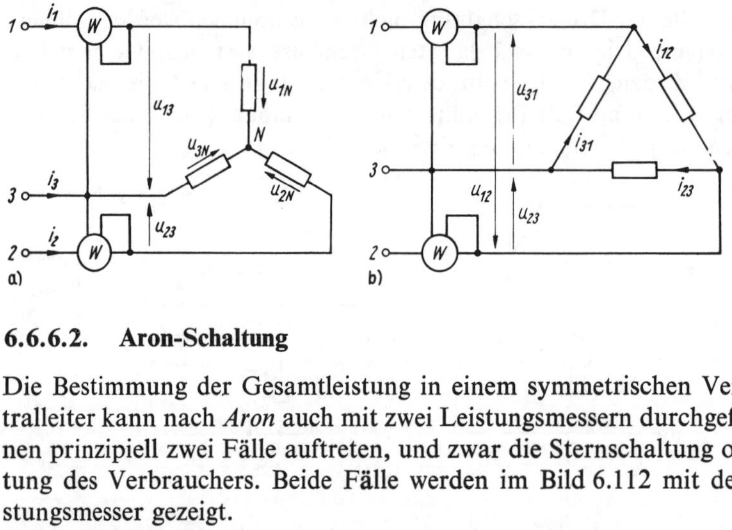

Bild 6.112

6.6.6.2. Aron-Schaltung

Die Bestimmung der Gesamtleistung in einem symmetrischen Verbraucher ohne Neutralleiter kann nach *Aron* auch mit zwei Leistungsmessern durchgeführt werden. Es können prinzipiell zwei Fälle auftreten, und zwar die Sternschaltung oder die Dreieckschaltung des Verbrauchers. Beide Fälle werden im Bild 6.112 mit der Schaltung der Leistungsmesser gezeigt.

Wir wollen zunächst die Sternschaltung des Verbrauchers untersuchen (Bild 6.112a). Der Augenblickswert der gesamten Leistung beträgt

$$p = u_{1N} i_1 + u_{2N} i_2 + u_{3N} i_3. \tag{6.697}$$

Ferner gilt

$$i_1 + i_2 + i_3 = 0, \tag{6.698}$$

$$i_3 = -(i_1 + i_2), \tag{6.699}$$

so daß

$$p = u_{1N} i_1 + u_{2N} i_2 - u_{3N} (i_1 + i_2)$$
$$= i_1 (u_{1N} - u_{3N}) + i_2 (u_{2N} - u_{3N}) = i_1 u_{13} + i_2 u_{23} \tag{6.700}$$

wird. Das erste Glied der rechten Seite dieser Gleichung stellt die Leistung dar, die von dem Leistungsmesser, dessen Strompfad in den Außenleiter 1 eingeschaltet ist, angezeigt wird. Das zweite Glied gibt die Leistung an, die von dem Leistungsmesser gemessen wird, dessen Strompfad in den Außenleiter 2 eingeschaltet ist. Die Summe beider Anzeigen ergibt die Gesamtleistung.

Nun wollen wir den Fall des in Dreieck geschalteten Verbrauchers (Bild 6.112b) untersuchen. Für den Augenblickswert der Gesamtleistung erhalten wir

$$p = u_{12}i_{12} + u_{23}i_{23} + u_{31}i_{31}. \tag{6.701}$$

Es ist weiterhin

$$i_{23} = i_{12} + i_2, \tag{6.702}$$

$$i_{31} = i_{12} - i_1, \tag{6.703}$$

so daß

$$p = u_{12}i_{12} + u_{23}(i_{12} + i_2) + u_{31}(i_{12} - i_1)$$

$$= u_{23}i_2 - u_{31}i_1 + i_{12}(u_{12} + u_{23} + u_{31}) \tag{6.704}$$

ist. Nun ist aber

$$u_{12} + u_{23} + u_{31} = 0, \tag{6.705}$$

so daß

$$p = i_1u_{13} + i_2u_{23} \tag{6.706}$$

wird. Die Aron-Schaltung gibt die Möglichkeit, unabhängig von der Schaltung des Verbrauchers und von der Verteilung der Belastung die Gesamtleistung in einem Dreiphasensystem zu bestimmen.

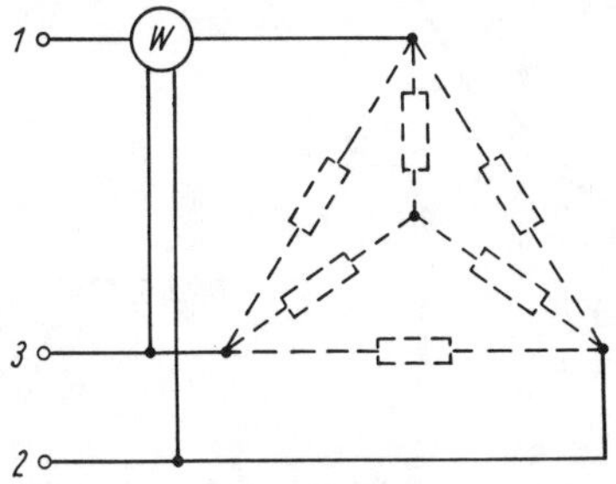

Bild 6.113

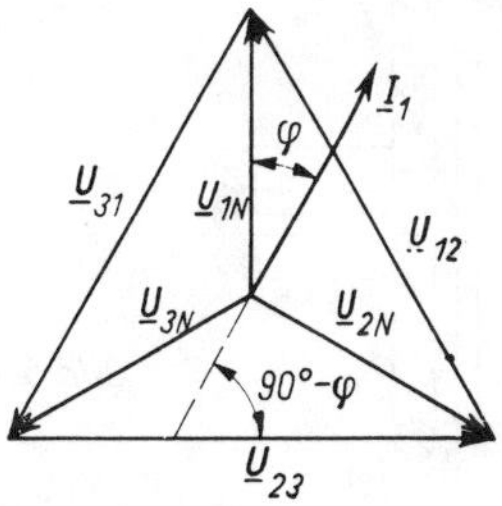

Bild 6.114

6.6.6.3. Messung der Blindleistung

Im Bild 6.113 wird die Schaltung eines Leistungsmessers in einem symmetrisch belasteten symmetrischen Dreiphasensystem gezeigt, die die Messung der Blindleistung gestattet. Der Strompfad liegt in dem einen Außenleiter, während der Spannungspfad an den zwei anderen Außenleitern angeschlossen ist. Das Zeigerdiagramm wird im Bild 6.114 gezeigt.

Der so geschaltete Leistungsmesser zeigt die Leistung

$$N = U_{23}I_1 \cos\left(\frac{\pi}{2} - \varphi\right) = \sqrt{3}\, UI \sin\varphi \tag{6.707}$$

an.

6.6.7. Das Drehfeld

6.6.7.1. Entstehung eines magnetischen Drehfelds

Große Bedeutung im Elektromaschinenbau haben die magnetischen Drehfelder. Das magnetische Drehfeld entsteht durch Überlagerung magnetischer Felder von Mehrphasensystemen. In diesem Abschnitt wollen wir die Ausbildung des Zweiphasendrehfelds behandeln. Bild 6.115 zeigt schematisch zwei Spulen, deren Achsen senkrecht aufeinanderstehen. Die Spulen I und II seien an ein Zweiphasensystem angeschlossen (Bild 6.85), dessen Ströme i_1 und i_2 zwar gleich groß, aber um $\pi/2$ gegeneinander phasenverschoben sind:

$$i_1 = \hat{I} \sin \omega t, \tag{6.708}$$

$$i_2 = \hat{I} \sin \left(\omega t - \frac{\pi}{2} \right) = -\hat{I} \cos \omega t. \tag{6.709}$$

Die Augenblickswerte der magnetischen Induktion in den Achsen der Spulen können damit folgendermaßen angegeben werden:

$$b_1 = \hat{B} \sin \omega t, \tag{6.710}$$

$$b_2 = -\hat{B} \cos \omega t. \tag{6.711}$$

Der Betrag der resultierenden magnetischen Induktion ist

$$b = \sqrt{b_1^2 + b_2^2} = \hat{B} \sqrt{\sin^2 \omega t + \cos^2 \omega t} = \hat{B}. \tag{6.712}$$

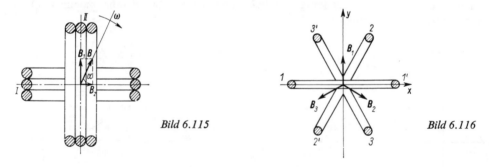

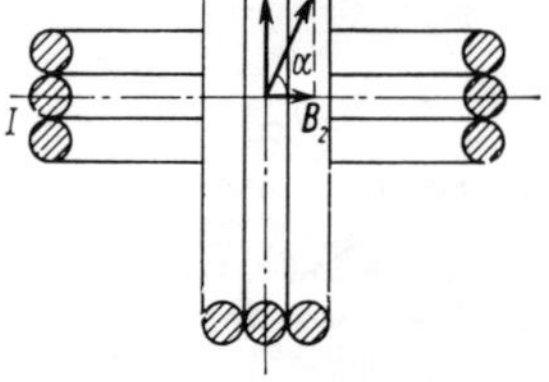

Bild 6.115

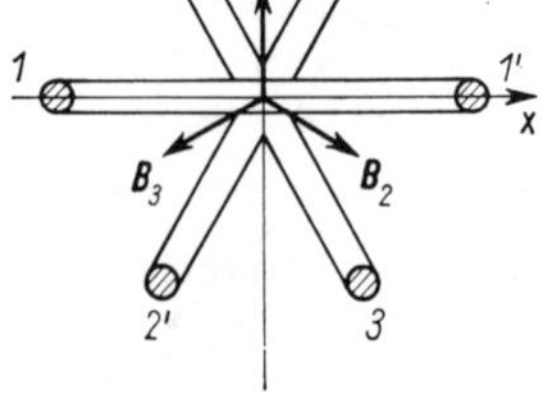

Bild 6.116

In den Spulenebenen zeigen die magnetischen Induktionen in Richtung der Spulenachsen. Die resultierende Induktion ist um den Winkel α gegen die Achse der zweiten Spule geneigt. Es gilt

$$\tan \alpha = -\frac{\hat{B} \sin \omega t}{\hat{B} \cos \omega t} = -\tan \omega t = \tan (\pi - \omega t), \tag{6.713}$$

d.h.

$$\alpha = \pi - \omega t. \tag{6.714}$$

Aus (6.712) folgt, daß die resultierende magnetische Induktion einen zeitlich konstanten Betrag hat. Der Winkel, den die magnetische Induktion mit der Achse der zweiten Spule einschließt, wächst laut (6.714) proportional mit der Zeit; das magnetische Feld rotiert also mit der Winkelgeschwindigkeit ω in der gezeigten Richtung.

Wir wollen jetzt das resultierende magnetische Feld bei einer symmetrischen Anordnung von drei gleichen Spulen, deren Achsen um $2\pi/3$ gegeneinander im Raum versetzt sind (Bild 6.116), untersuchen.
Hierbei sollen durch die Spulen die Ströme eines symmetrischen Dreiphasensystems fließen. Die Momentanwerte der magnetischen Induktion in Richtung der drei Spulenachsen können durch die folgenden Ansätze beschrieben werden:

$$b_1 = \hat{B} \sin \omega t, \tag{6.715}$$

$$b_2 = \hat{B} \sin \left(\omega t - \frac{2\pi}{3} \right), \tag{6.716}$$

$$b_3 = \hat{B} \sin \left(\omega t - \frac{4\pi}{3} \right). \tag{6.717}$$

Wir wählen das Koordinatensystem in der im Bild 6.116 gezeigten Weise.
Die Komponenten der Induktion der einzelnen Spulen in Richtung der x-Achse betragen

$$b_{1x} = 0, \tag{6.718}$$

$$b_{2x} = \hat{B} \sin \left(\omega t - \frac{2\pi}{3} \right) \cos \frac{\pi}{6}, \tag{6.719}$$

$$b_{3x} = -\hat{B} \sin \left(\omega t - \frac{4\pi}{3} \right) \cos \frac{\pi}{6}. \tag{6.720}$$

Die Komponenten in Richtung der y-Achse sind

$$b_{1y} = \hat{B} \sin \omega t, \tag{6.721}$$

$$b_{2y} = -\hat{B} \sin \left(\omega t - \frac{2\pi}{3} \right) \sin \frac{\pi}{6}, \tag{6.722}$$

$$b_{3y} = -\hat{B} \sin \left(\omega t - \frac{4\pi}{3} \right) \sin \frac{\pi}{6}. \tag{6.723}$$

Die Summe der Komponenten in Richtung der x-Achse beträgt

$$b_x = \hat{B} \left[\sin \left(\omega t - \frac{2\pi}{3} \right) - \sin \left(\omega t - \frac{4\pi}{3} \right) \right] \cos \frac{\pi}{6}$$

$$= -2\hat{B} \cos \omega t \sin \frac{\pi}{3} \cos \frac{\pi}{6} = -\frac{3}{2} \hat{B} \cos \omega t \tag{6.724}$$

und in Richtung der y-Achse

$$b_y = \hat{B} \sin \omega t - \hat{B} \left[\sin \left(\omega t - \frac{2\pi}{3} \right) + \sin \left(\omega t - \frac{4\pi}{3} \right) \right] \sin \frac{\pi}{6}$$

$$= \hat{B} \sin \omega t + \frac{\hat{B}}{2} \sin \omega t = \frac{3}{2} \hat{B} \sin \omega t. \tag{6.725}$$

Der Betrag der resultierenden Induktion ist

$$B_r = \sqrt{b_x^2 + b_y^2} = \tfrac{3}{2}\hat{B}. \qquad (6.726)$$

Er ist unabhängig von der Zeit. Den Winkel α, den die resultierende Induktion mit der x-Achse einschließt, erhalten wir aus

$$\tan\alpha = \frac{b_y}{b_x} = -\frac{\sin\omega t}{\cos\omega t} = -\tan\omega t = \tan(\pi - \omega t), \qquad (6.727)$$

d.h.

$$\alpha = \pi - \omega t. \qquad (6.728)$$

Die magnetische Induktion hat einen konstanten Betrag und schließt mit der x-Achse den Winkel α ein, der proportional der Zeit wächst; das Feld dreht sich also mit der Winkelgeschwindigkeit ω.

6.6.7.2. Prinzipien des Asynchron- und des Synchronmotors

Bringen wir in den Raum, in dem ein magnetisches Drehfeld umläuft (Bild 6.117), eine drehbar gelagerte metallische Trommel, so wird wegen der Bewegung des magnetischen Feldes in bezug auf die Trommel in dieser eine elektrische Feldstärke induziert, der zufolge ein Strom in der gezeigten Richtung zu fließen beginnt. Auf die stromdurchflossene, gegenüber dem Drehfeld stillstehende Trommel wird eine Kraft ausgeübt, die die Trommel in Richtung des Feldes dreht. Die Winkelgeschwindigkeit der Trommel ist kleiner als die Winkelgeschwindigkeit des Drehfelds; denn bei gleicher Winkelgeschwindigkeit würden die induzierten Ströme und damit das Drehmoment verschwinden. Auf dieser Erscheinung beruht das Prinzip des Asynchronmotors.

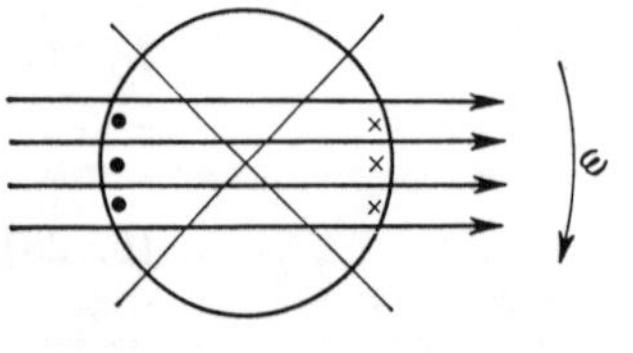

Bild 6.117

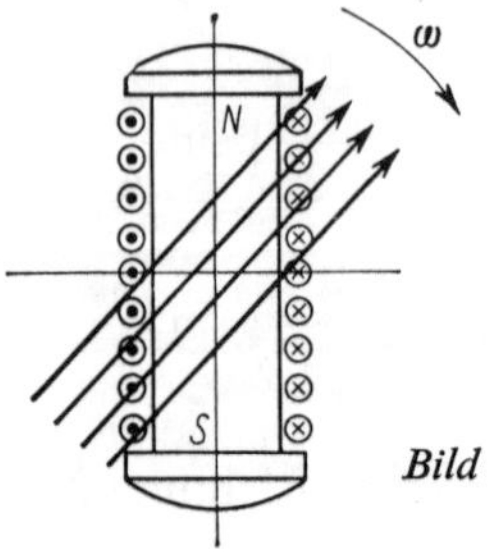

Bild 6.118

Wenn wir anstelle der metallischen Trommel in dem vom Drehfeld eingenommenen Raum einen drehbar gelagerten Elektromagneten anbringen (Bild 6.118), so wird auf ihn ein Drehmoment ausgeübt, das zweimal während einer Umdrehung des Feldes die Richtung ändert. Wegen der Trägheit kann der drehbare Elektromagnet der Bewegung nicht folgen und bleibt unbeweglich.
Wenn wir jedoch von außen den Elektromagneten mit einer Winkelgeschwindigkeit in Drehung versetzen, die angenähert der des Feldes ist, so setzt er die Drehung mit der Winkelgeschwindigkeit des Feldes fort. Auf dieser Erscheinung beruht das Prinzip des Synchronmotors.

6.7. Nichtsinusförmige periodische Wechselgrößen

6.7.1. Darstellung nichtsinusförmiger periodischer Wechselgrößen durch Fouriersche Reihen

Bisher haben wir nur Vorgänge, die sich unter der Wirkung von zeitlich sinusförmig veränderlichen EMKs in elektrischen Netzen mit konstanten Parametern abspielen, untersucht. Die Ströme, die sich hierbei einstellen, sind ebenfalls sinusförmig und haben dieselbe Frequenz wie die EMKs.
Der zeitliche Verlauf der Wechselgrößen, die in der Elektrotechnik in Wirklichkeit auftreten, weicht meist mehr oder weniger von der Sinusform ab. In der Starkstromtechnik liegen die Gründe dafür einerseits in der Konstruktion der Generatoren (die Verteilung der Induktion längs des Luftspalts ist nicht exakt sinusförmig, so daß die EMK selbst keinen exakt sinusförmigen zeitlichen Verlauf hat), andererseits in der Abhängigkeit der Netzparameter (Widerstände, Induktivitäten mit Eisenkern usw.) von der Stromstärke bzw. von der Spannung.
In der Schwachstromtechnik haben die Wechselgrößen ebenfalls oft keinen sinusförmigen Verlauf.
Die Fälle, bei denen nichtsinusförmige periodische Wechselgrößen auftreten, behandelt man mit Vorteil, indem man sie nach Fourier in sinusförmige Komponenten zerlegt.

6.7.1.1. Ermittlung der Fourier-Koeffizienten

Die nichtsinusförmige periodische Funktion

$$f(t) = f(t + T) \tag{6.729}$$

mit der Grundfrequenz

$$\omega_1 = \frac{2\pi}{T} \tag{6.730}$$

kann, wenn sie den Bedingungen von *Dirichlet* genügt, nach *Fourier* in eine trigonometrische Reihe zerlegt werden.
Die nichtsinusförmige periodische Funktion darf dabei in einer Periode T eine endliche Anzahl Extremwerte (Minima und Maxima) sowie eine endliche Anzahl von Unstetigkeitsstellen haben.

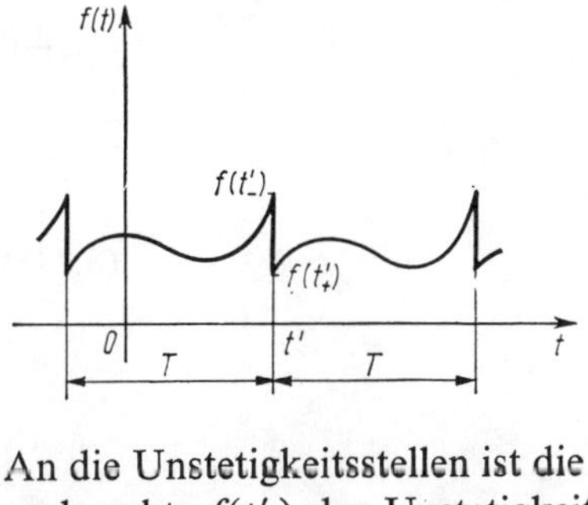

Bild 6.119

An die Unstetigkeitsstellen ist die Bedingung gestellt, daß die Funktionswerte links $f(t'_-)$ und rechts $f(t'_+)$ der Unstetigkeitsstelle, die bei $t = t'$ liegt, endliche Werte darstellen (Bild 6.119).
Die trigonometrische Summe hat an den Unstetigkeitsstellen den entsprechenden Wert von

$f(t)$, an den Unstetigkeitsstellen dagegen den arithmetischen Mittelwert von $f(t'_-)$ und $f(t'_+)$.
Die Fourier-Zerlegung ergibt dann

$$f(t) = \frac{A_0}{2} + \sum_{n=1}^{\infty} (A_n \cos n\omega_1 t + B_n \sin n\omega_1 t). \tag{6.731}$$

Für die Fourier-Koeffizienten gilt

$$A_0 = \frac{2}{T} \int_{t_0}^{t_0+T} f(t)\,\mathrm{d}t, \tag{6.732}$$

$$A_n = \frac{2}{T} \int_{t_0}^{t_0+T} f(t) \cos n\omega_1 t\,\mathrm{d}t, \tag{6.733}$$

$$B_n = \frac{2}{T} \int_{t_0}^{t_0+T} f(t) \sin n\omega_1 t\,\mathrm{d}t. \tag{6.734}$$

(6.732) folgt aus (6.733) für $n = 0$. Die Ausdrücke für A_0, A_n und B_n sind unabhängig von der Wahl von t_0. Mit $t_0 = -(T/2)$ erhält man beispielsweise anstelle (6.732) bis (6.734)

$$A_0 = \frac{2}{T} \int_{-(T/2)}^{+(T/2)} f(t)\,\mathrm{d}t, \tag{6.735}$$

$$A_n = \frac{2}{T} \int_{-(T/2)}^{+(T/2)} f(t) \cos n\omega_1 t\,\mathrm{d}t, \tag{6.736}$$

$$B_n = \frac{2}{T} \int_{-(T/2)}^{+(T/2)} f(t) \sin n\omega_1 t\,\mathrm{d}t. \tag{6.737}$$

Die Fourier-Koeffizienten A_n und B_n sind von der Frequenz der betrachteten Schwingungskomponente ($n\omega_1$) abhängig.
In der Fourier-Zerlegung (6.731) gilt

$$A_n \cos n\omega_1 t + B_n \sin n\omega_1 t = C_n \cos (n\omega_1 t + \Theta_n) \tag{6.738}$$

mit

$$C_n = \sqrt{A_n^2 + B_n^2},\ C_0 = A_0 \tag{6.739}$$

$$\Theta_n = -\arctan \frac{B_n}{A_n}, \tag{6.740}$$

so daß man die Reihe auch in der Form

$$f(t) = \frac{C_0}{2} + \sum_{n=1}^{\infty} C_n \cos (n\omega_1 t + \Theta_n) \tag{6.741}$$

schreiben kann.

Beispiele

Einige Beispiele der Zerlegung von in der Elektrotechnik häufig vorkommenden nichtsinusförmigen periodischen Funktionen mit der Angabe ihrer Entwicklung in Fourier-Reihen sind in Tafel 6.1 dargestellt.

Tafel 6.1. Fourier-Zerlegung einiger technisch wichtiger Schwingungsformen

Bild der Funktion	Formel	Fourier-Entwicklung
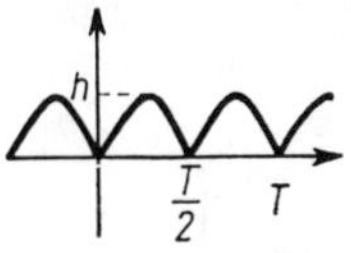	$f(t) = h\,\lvert\sin\omega_1 t\rvert \quad \text{für} \quad 0 \leqq t \leqq T$	$f(t) = \frac{4h}{\pi}\left(\frac{1}{2} - \frac{1}{1\cdot 3}\cos 2\omega_1 t - \frac{1}{3\cdot 5}\cos 4\omega_1 t - \ldots\right)$
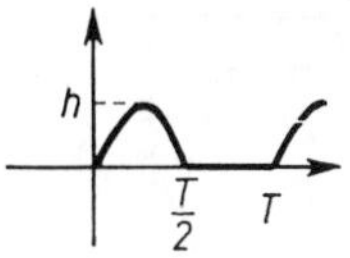	$f(t) = \begin{cases} h\sin\omega_1 t & \text{für} \quad 0 \leqq t \leqq \frac{T}{2} \\ 0 & \text{für} \quad \frac{T}{2} \leqq t \leqq T \end{cases}$	$f(t) = \frac{h}{\pi} + \frac{h}{\pi}\sin\omega_1 t - \frac{2h}{\pi}\left(\frac{1}{1\cdot 3}\cos 2\omega_1 t + \frac{1}{3\cdot 5}\cos 4\omega_1 t + \ldots\right)$
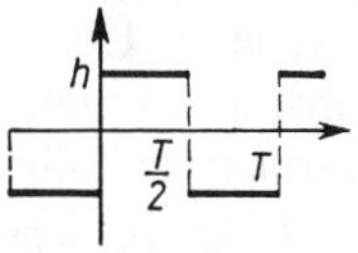	$f(t) = \begin{cases} h & \text{für} \quad 0 < t < \frac{T}{2} \\ -h & \text{für} \quad \frac{T}{2} < t < T \end{cases}$	$f(t) = \frac{4h}{\pi}\left(\sin\omega_1 t + \frac{1}{3}\sin 3\omega_1 t + \frac{1}{5}\sin 5\omega_1 t + \ldots\right)$
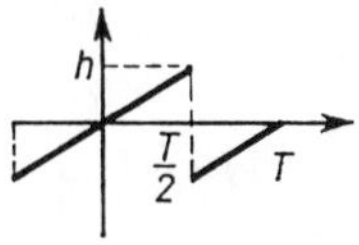	$f(t) = \frac{2h}{T}t \quad \text{für} \quad -\frac{T}{2} < t < \frac{T}{2}$	$f(t) = \frac{2h}{\pi}\left(\sin\omega_1 t - \frac{1}{2}\sin 2\omega_1 t + \frac{1}{3}\sin 3\omega_1 t - + \ldots\right)$
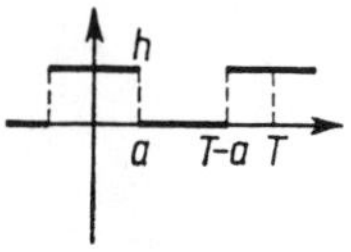	$f(t) = \begin{cases} 0 & \text{für} \quad -\frac{T}{2} \leqq t < -a \\ h & \text{für} \quad -a < t < a \\ 0 & \text{für} \quad a < t \leqq \frac{T}{2} \end{cases}$	$f(t) = \frac{2h}{\pi}\left(\frac{a}{2} + \frac{\sin a}{1}\cos\omega_1 t + \frac{\sin 2a}{2}\cos 2\omega_1 t + \ldots\right)$

6.7.1.2. Amplituden- und Phasenspektrum

Wie gezeigt, kann eine periodische Wechselgröße hinsichtlich ihres Informationsgehalts auf zwei Arten dargestellt werden:

1. im Zeitbereich: Darstellung der Wechselgröße als Funktion der Zeit,
2. im Frequenzbereich: Darstellung der Amplituden und Phasen der Harmonischen in Abhängigkeit von der Frequenz.

Die Darstellung der Zeitfunktion in dem Frequenzbereich erfolgt auf der Grundlage der Fourier-Zerlegung. Eine derartige Darstellung, die die Größe der Zerlegungskoeffizienten C_n in Abhängigkeit von diskreten Frequenzen $n\omega_1$ darstellt, nennt man Amplitudenspektrum der Zeitfunktion. Die Darstellung der Phasen Θ_n der diskreten Harmonischen in Abhängigkeit von den diskreten Frequenzen $n\omega_1$ nennt man das Phasenspektrum. Das Signal kann somit gleichwertig entweder im Frequenzbereich oder im Zeitbereich dargestellt werden.

Bild 6.120 zeigt das Frequenzspektrum der Amplituden für die Rechteckwelle mit der Amplitude eins. Bild 6.121 zeigt das entsprechende Phasenspektrum.

Auf Grund des Amplitudenspektrums lassen sich wichtige Aussagen über die Verarbeitung eines Signals machen. Bild 6.120 zeigt, daß die Amplituden der Oberwellen der rechteckigen Welle schnell mit der Frequenz abnehmen.

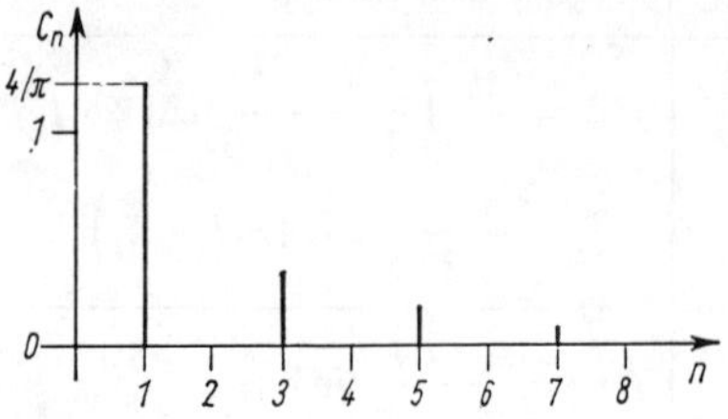

Bild 6.120

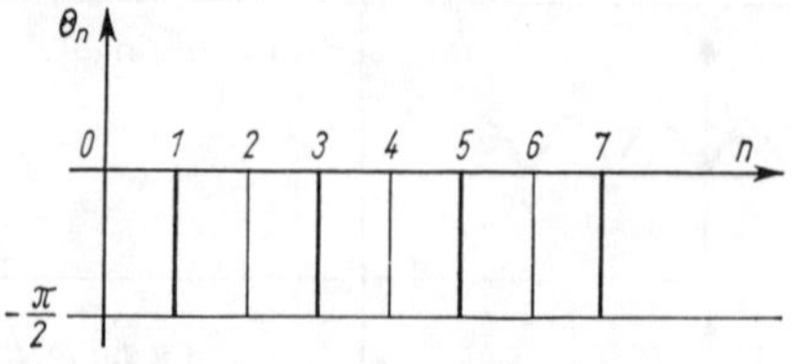

Bild 6.121

Bild 6.122 zeigt die Abweichung der Welle von der Rechteckform in Abhängigkeit von der Zahl der bei der Zerlegung berücksichtigten Oberwellen. Schon bei wenigen Oberwellen ist bereits die rechteckige Impulsform im wesentlichen ausgeprägt. Daraus kann man die Schlußfolgerung ziehen, daß bei der Übertragung einer Rechteckwelle die Übertragung der höheren Harmonischen ab einem bestimmten Wert unter Umständen nicht unbedingt notwendig ist. Bricht man die Fourier-Reihen nach einer bestimmten Zahl der Terme ab, so ist die Darstellung mit einem bestimmten Fehler behaftet, der im Bereich des Zulässigen liegen muß.

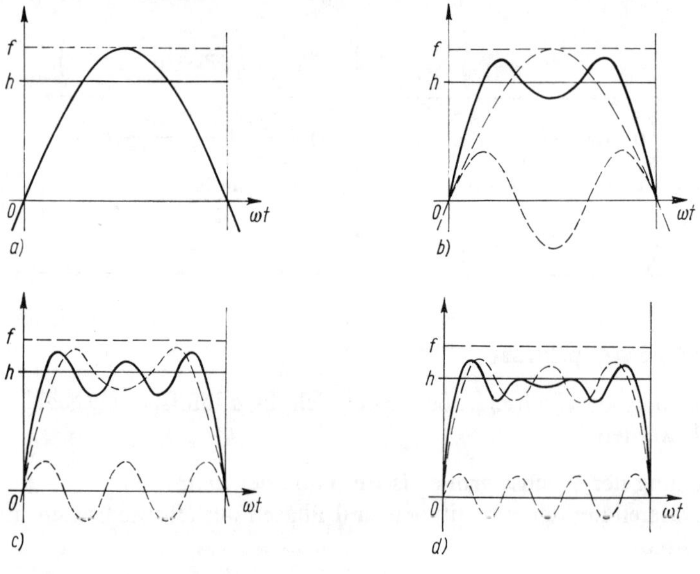

Bild 6.122

6.7.1.3. Symmetrie bezüglich der Abszisse

Aus (6.732) folgt, daß die Gleichkomponente verschwindet, wenn der Mittelwert der untersuchten Funktion über eine Periode Null ist. Das ist immer der Fall, wenn die Flächen der positiven und der negativen Halbwelle gleich groß sind.
Eine Symmetrie in bezug auf die Abszisse liegt vor, wenn die Bedingung

$$f(t) = -f\left(t + \frac{T}{2}\right) \tag{6.742}$$

erfüllt ist. Ein Beispiel dafür wird im Bild 6.123 gezeigt.

Ist die Bedingung (6.742) erfüllt, dann ist offensichtlich ebenfalls $A_0 = 0$. Es gilt

$$f\left(t + \frac{T}{2}\right) = \sum_{n=1}^{\infty} A_n \cos n\,(\omega_1 t + \pi) + \sum_{n=1}^{\infty} B_n \sin n\,(\omega_1 t + \pi), \tag{6.743}$$

$$f\left(t + \frac{T}{2}\right) = \sum_{n=1}^{\infty} (-1)^n A_n \cos n\omega_1 t + \sum_{n=1}^{\infty} (-1)^n B_n \sin n\omega_1 t. \tag{6.744}$$

Ferner ist

$$f(t) = \sum_{n=1}^{\infty} A_n \cos n\omega_1 t + \sum_{n=1}^{\infty} B_n \sin n\omega_1 t. \tag{6.745}$$

Wenn wir die beiden letzten Gleichungen gegenüberstellen, sehen wir, daß die Bedingung (6.742) nur dann erfüllt sein kann, wenn nur ungerade Harmonische auftreten. Eine nichtsinusförmige periodische Funktion, bei der eine Symmetrie bezüglich der Abszisse besteht, enthält also nur ungerade harmonische Schwingungen.

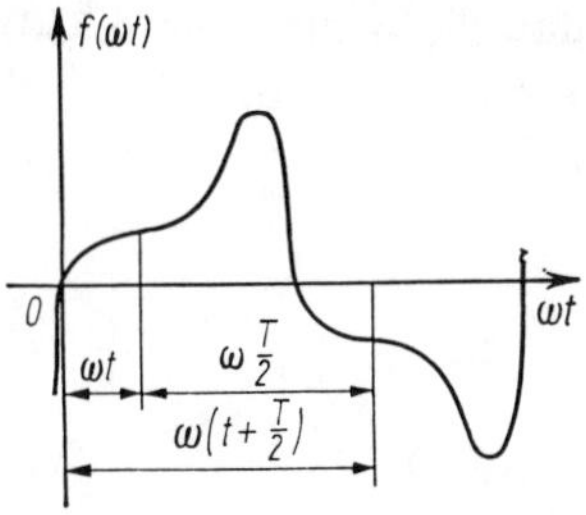

Bild 6.123

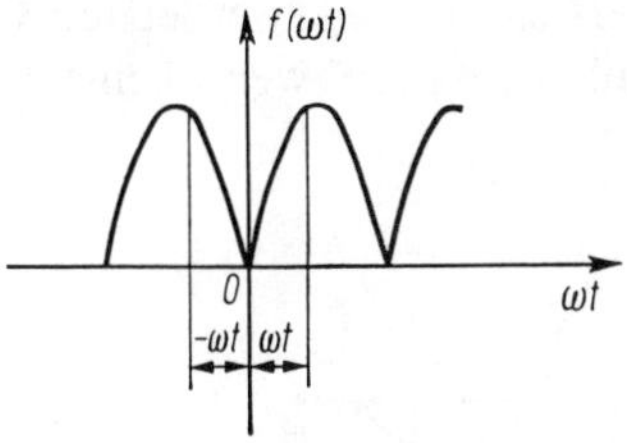

Bild 6.124

6.7.1.4. Symmetrie bezüglich der Ordinate

Bei der Gleichrichtung von Wechselströmen stößt man auf Funktionen, die bei entsprechender Wahl des Koordinatenursprungs eine Symmetrie bezüglich der Ordinate aufweisen.
In diesem Falle gilt

$$f(t) = f(-t). \tag{6.746}$$

Eine solche Funktion wird im Bild 6.124 gezeigt.
Es gilt

$$f(t) = \frac{A_0}{2} + \sum_{n=1}^{\infty} A_n \cos n\omega_1 t + \sum_{n=1}^{\infty} B_n \sin n\omega_1 t \tag{6.747}$$

und

$$f(-t) = \frac{A_0}{2} + \sum_{n=1}^{\infty} A_n \cos n\omega_1 t + \sum_{n=1}^{\infty} (-B_n \sin n\omega_1 t). \tag{6.748}$$

Die Gegenüberstellung der letzten zwei Gleichungen ergibt, daß die Bedingung (6.746) nur dann erfüllt sein kann, wenn keine Sinusglieder vorkommen ($B_n = 0$).

6.7.1.5. Symmetrie bezüglich des Koordinatenursprungs

Bei der Frequenzvervielfachung treten Funktionen auf, bei denen eine Symmetrie in bezug auf den Koordinatenursprung besteht, wenn man den Koordinatenursprung in eine Nullstelle der Funktion legt. In diesem Falle gilt

$$f(t) = -f(-t) \tag{6.749}$$

bzw.

$$f(T - t) = -f(t). \tag{6.750}$$

Eine derartige Funktion wird im Bild 6.125 gezeigt.
Hier gilt

$$f(T - t) = \sum_{n=1}^{\infty} A_n \cos n\,(2\pi - \omega t) + \sum_{n=1}^{\infty} B_n \sin n\,(2\pi - \omega t), \tag{6.751}$$

$$f(T - t) = \sum_{n=1}^{\infty} A_n \cos n\omega t + \sum_{n=1}^{\infty} - B_n \sin n\omega t \tag{6.752}$$

und andererseits

$$f(t) = \sum_{n=1}^{\infty} A_n \cos n\omega t + \sum_{n=1}^{\infty} B_n \sin n\omega t. \tag{6.753}$$

Die Gegenüberstellung der zwei letzten Gleichungen ergibt, daß die Bedingung (6.750) nur dann erfüllt sein kann, wenn keine Kosinusglieder vorkommen ($A_n = 0$).

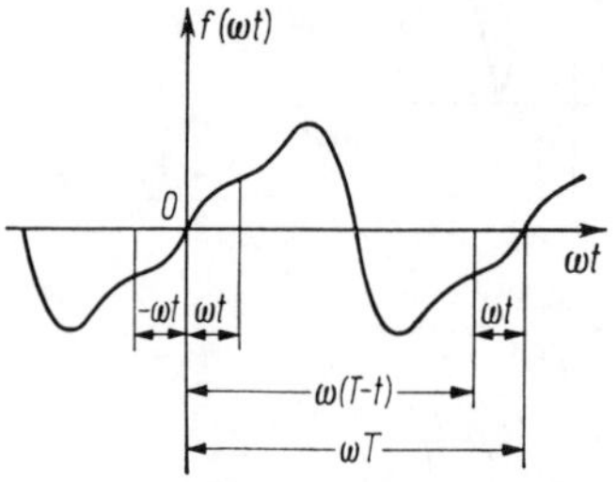

Bild 6.125

6.7.1.6. Verschiebung des Koordinatenursprungs

Wenn man bei der Darstellung einer nichtsinusförmigen periodischen Funktion, deren Reihenzerlegung (6.731) bekannt ist, den Koordinatenursprung (Beginn der Zeitrechnung) um $\pm\Delta t$ verschiebt, dann ist mit

$$t = t' \pm \Delta t, \tag{6.754}$$

$$g(t') = f(t' \pm \Delta t) = \frac{A_0}{2} + \sum_{n=1}^{\infty} [A_n \cos n\omega_1 (t' \pm \Delta t) + B_n \sin n\omega_1 (t' \pm \Delta t)]. \tag{6.755}$$

Dieser Ausdruck ermöglicht es, schnell die Fourier-Zerlegung für den neuen Koordinatenursprung zu ermitteln.
Bei bestimmten nichtsinusförmigen periodischen Zeitfunktionen ist es möglich, durch geeignete Wahl des Koordinatenursprungs, d.h. des Beginns der Zeitzählung, eine Vereinfachung der Fourier-Reihen zu erreichen. Das ist dann der Fall, wenn sich durch die Wahl des Ursprungs eine Symmetrie bezüglich der Ordinate oder bezüglich des Koordinatenursprungs ergibt. Dann erhält die Reihe nur Kosinus- bzw. nur Sinusglieder.

6.7.2. Effektivwert und Leistung bei nichtsinusförmigen periodischen Wechselgrößen ohne Gleichanteil

6.7.2.1. Effektivwert einer nichtsinusförmigen periodischen Wechselgröße

Als Effektivwert einer nichtsinusförmigen periodischen Wechselgröße $f(t)$ definiert man

$$F = \sqrt{\frac{1}{T}\int_0^T f^2 \, dt} \,. \tag{6.756}$$

In diesem Ausdruck bedeutet f den Momentanwert der nichtsinusförmigen periodischen Wechselgröße, die wir nach *Fourier* durch die Summe der Momentanwerte der Harmonischen ausdrücken können:

$$f = f_1 + f_2 + f_3 + \dots + f_n + \dots = \sum_{n=1}^{\infty} f_n . \tag{6.757}$$

Wenn wir diesen Ausdruck quadrieren und in (6.756) einführen, erhalten wir

$$F = \sqrt{\sum_{n=1}^{\infty} \frac{1}{T}\int_0^T f_n^2 \, dt + \sum_{p \neq q} \frac{1}{T}\int_0^T 2 f_p f_q \, dt} \,. \tag{6.758}$$

Mit

$$f_p = \sqrt{2}\, F_p \sin(p\omega t + \varphi_p), \tag{6.759}$$

$$f_q = \sqrt{2}\, F_q \sin(q\omega t + \varphi_q) \tag{6.760}$$

wird das Produkt unter dem zweiten Integral

$$\begin{aligned} 2 f_p f_q &= 4 F_p F_q \sin(p\omega t + \varphi_p) \sin(q\omega t + \varphi_q) \\ &= 2 F_p F_q \{\cos[(p - q)\,\omega t + (\varphi_p - \varphi_q)] \\ &\quad - \cos[(p + q)\,\omega t + (\varphi_p + \varphi_q)]\} . \end{aligned} \tag{6.761}$$

Da nun für $p \neq q$

$$\frac{1}{T}\int_0^T 2 f_p f_q \, dt = \frac{2 F_p F_q}{T}\left[\int_0^T \cos[(p - q)\,\omega t + (\varphi_p - \varphi_q)] \, dt - \int_0^T \cos[(p + q)\,\omega t + (\varphi_p + \varphi_q)] \, dt\right] = 0 \tag{6.762}$$

ist, folgt für den Effektivwert der nichtsinusförmigen periodischen Wechselgröße

$$F = \sqrt{\sum_{n=1}^{\infty} \frac{1}{T}\int_0^T f_n^2 \, dt}, \tag{6.763}$$

$$F = \sqrt{\sum_{n=1}^{\infty} F_n^2} . \tag{6.764}$$

6.7.2.2. Leistung bei nichtsinusförmigen periodischen Strömen und Spannungen

Die Wirkleistung ist durch den Mittelwert der Leistung während einer Periode bestimmt:

$$P = \frac{1}{T} \int_0^T ui \, \mathrm{d}t. \tag{6.765}$$

Wenn die Spannung und der Strom nichtsinusförmige periodische Zeitfunktionen sind und durch Fouriersche Reihen dargestellt werden, geht (6.765) in

$$P = \frac{1}{T} \int_0^T \sum_{n=1}^{\infty} u_n \sum_{n=1}^{\infty} i_n \, \mathrm{d}t \tag{6.766}$$

oder

$$P = \sum_{n=1}^{\infty} \frac{1}{T} \int_0^T u_n i_n \, \mathrm{d}t + \sum_{p \neq q} \frac{1}{T} \int_0^T u_p i_q \, \mathrm{d}t \tag{6.767}$$

über. Mit

$$u_p = \hat{U}_p \sin (p\omega t + \varphi_p), \tag{6.768}$$

$$i_q = \hat{I}_q \sin (q\omega t + \psi_q) \tag{6.769}$$

ergibt sich für das zweite Integral für $p \neq q$

$$\frac{1}{T} \int_0^T u_p i_q \, \mathrm{d}t = \frac{\hat{U}_p \hat{I}_q}{T} \int_0^T \sin (p\omega t + \varphi_p) \sin (q\omega t + \psi_q) \, \mathrm{d}t = 0. \tag{6.770}$$

Die Wirkleistung ist damit

$$P = \sum_{n=1}^{\infty} \frac{1}{T} \int_0^T u_n i_n \, \mathrm{d}t, \tag{6.771}$$

$$P = \sum_{n=1}^{\infty} P_n = \sum_{n=1}^{\infty} U_n I_n \cos (\varphi_n - \psi_n). \tag{6.772}$$

Unter der Blindleistung versteht man entsprechend den analogen Ausdruck

$$N = \sum_{n=1}^{\infty} U_n I_n \sin (\varphi_n - \psi_n). \tag{6.773}$$

Die Scheinleistung ist durch

$$S = UI \tag{6.774}$$

definiert, wobei U und I nach (6.764) zu bilden sind.
Wie man aus (6.772), (6.773) und (6.774) sieht, ist bei nichtsinusförmigen Strömen und Spannungen

$$S \neq \sqrt{P^2 + N^2}. \tag{6.775}$$

6.7.2.3. Leistungsfaktor

Bei sinusförmigen Strömen und Spannungen haben wir den Leistungsfaktor $\cos\varphi$ durch die folgenden drei Ausdrücke angeben können:

$$\cos\varphi = \cos(\varphi_1 - \psi_1), \tag{6.776}$$

$$\cos\varphi = \frac{P}{S}, \tag{6.777}$$

$$\cos\varphi = \frac{P}{\sqrt{P^2 + N^2}}. \tag{6.778}$$

Bei nichtsinusförmigen Strömen und Spannungen ergeben alle drei Ausdrücke für den Leistungsfaktor verschiedene Werte.

6.7.3. Beurteilung der Abweichung vom sinusförmigen Verlauf

Die Abweichung einer periodischen Funktion von der Sinusform kann durch den Grundwellenfaktor angegeben werden. Darunter versteht man das Verhältnis vom Effektivwert der Grundwelle zum Effektivwert der nichtsinusförmigen Funktion:

$$K_g = \frac{F_1}{F} = \frac{F_1}{\sqrt{\frac{1}{T}\int_0^T f^2\,dt}}. \tag{6.779}$$

Eine weitere Beurteilung des Abweichungsgrads der Kurve von der Sinusform erfolgt über den Klirrfaktor, der durch den Ausdruck

$$K_k = \sqrt{\frac{\sum\limits_{n=2}^{\infty} F_n^2}{F^2}} \tag{6.780}$$

gegeben ist.

Die Wechselgrößen, die in der Starkstromtechnik auftreten, weichen immer von der Sinusform ab. Praktisch kann man den Verlauf einer Wechselgröße als sinusförmig betrachten, wenn die Abweichung der entsprechenden Ordinaten der wirklichen Kurve von ihrer Grundwelle weniger als 5 % der Grundwelle beträgt.

Wir wollen noch zwei Begriffe erläutern, die zur Beurteilung der Kurvenform dienen. Das sind der Formfaktor und der Scheitelfaktor.

Der Formfaktor ist durch den Ausdruck

$$K_f = \frac{F}{F_a} \tag{6.781}$$

definiert, wobei

$$F_a = \frac{2}{T}\int_0^{T/2} f(t)\,dt \tag{6.782}$$

den arithmetischen Mittelwert über die halbe Periode darstellt.
Der Scheitelfaktor ist durch

$$K_a = \frac{F_{max}}{F} \tag{6.783}$$

gegeben. F_{max} bedeutet den Maximalwert der Wechselgröße.
Bei rein sinusförmigem Kurvenverlauf ist

$$\begin{aligned} K_g &= 1, \\ K_k &= 0, \\ K_f &= \frac{\pi}{2\sqrt{2}} = 1{,}11, \\ K_a &= \sqrt{2} = 1{,}41. \end{aligned} \tag{6.784}$$

Es ist allgemein

$$K_g^2 + K_k^2 = \frac{F_1^2}{F^2} + \frac{\sum\limits_{n=2}^{\infty} F_n^2}{F^2} = 1. \tag{6.785}$$

6.7.4. Komplexe Form der Fourier-Reihe und ihr Zusammenhang mit den Fourier-Integralen

6.7.4.1. Komplexe Form der Fourier-Reihe

Sehr zweckmäßig für viele Berechnungen ist die komplexe Form der Fourier-Reihe. Mit

$$\cos n\omega_1 t = \frac{e^{jn\omega_1 t} + e^{-jn\omega_1 t}}{2}, \tag{6.786}$$

$$\sin n\omega_1 t = \frac{e^{jn\omega_1 t} - e^{-jn\omega_1 t}}{2j} \tag{6.787}$$

wird

$$A_n \cos n\omega_1 t + B_n \sin n\omega_1 t = \frac{A_n - jB_n}{2} e^{jn\omega_1 t} + \frac{A_n + jB_n}{2} e^{-jn\omega_1 t}. \tag{6.788}$$

Geht man hiermit in (6.731) ein, dann erhält man

$$f(t) = \frac{A_0}{2} + \sum_{n=1}^{\infty} \left[\frac{A_n - jB_n}{2} e^{jn\omega_1 t} + \frac{A_n + jB_n}{2} e^{-jn\omega_1 t}\right]. \tag{6.789}$$

Aus (6.736) und (6.737) erkennt man, daß, wenn n das Vorzeichen ändert, A_n das Vorzeichen beibehält, während B_n das Vorzeichen ändert

$$A_n = A_{-n}, \tag{6.790}$$

$$B_n = -B_{-n}. \tag{6.791}$$

Damit kann man (6.789) folgendermaßen umformen:

$$f(t) = \frac{A_0}{2} + \sum_{n=1}^{\infty} \frac{A_n - jB_n}{2} e^{jn\omega_1 t} + \sum_{n=-1}^{-\infty} \frac{A_n - jB_n}{2} e^{jn\omega_1 t}. \tag{6.792}$$

Führt man weiterhin

$$\frac{A_0}{2} = \left[\frac{A_n - jB_n}{2} e^{jn\omega_1 t}\right]_{n=0} \tag{6.793}$$

ein, kann man für (6.789)

$$f(t) = \sum_{n=-\infty}^{\infty} \frac{(A_n - jB_n)}{2} e^{jn\omega_1 t} = \sum_{n=-\infty}^{+\infty} \underline{F}_n e^{jn\omega_1 t} \tag{6.794}$$

schreiben. Hierbei ist

$$\underline{F}_n = \frac{A_n}{2} - \frac{jB_n}{2} = \frac{1}{T} \int_{-(T/2)}^{+(T/2)} f(t) \cos n\omega_1 t \, dt - j \frac{1}{T} \int_{-(T/2)}^{+(T/2)} f(t) \sin n\omega_1 t \, dt, \tag{6.795}$$

$$\underline{F}_n = \frac{1}{T} \int_{-(T/2)}^{+(T/2)} f(t) \left[\cos n\omega_1 t - j \sin n\omega_1 t\right] dt = \frac{1}{T} \int_{-(T/2)}^{+(T/2)} f(t) e^{-jn\omega_1 t} \, dt \tag{6.796}$$

mit $n = 0, \pm 1, \pm 2, \pm \ldots$
(6.796) kann in der Form

$$\underline{F}_n = \frac{1}{T} \underline{F}(jn\omega_1) = \frac{\omega_1}{2\pi} \underline{F}(jn\omega_1) \tag{6.797}$$

mit

$$\underline{F}(jn\omega_1) = \int_{-(T/2)}^{+(T/2)} f(t) e^{-jn\omega_1 t} dt \tag{6.798}$$

umgeschrieben werden. Zwischen dem Betrag des komplexen Fourier-Koeffizienten F_n und dem Zerlegungskoeffizienten C_n (s. (6.739)) besteht die Beziehung

$$C_n = 2F_n. \tag{6.799}$$

Mit (6.797) geht (6.794) in die Form

$$f(t) = \sum_{n=-\infty}^{+\infty} \frac{\omega_1}{2\pi} \underline{F}(jn\omega_1) e^{jn\omega_1 t} \tag{6.800}$$

über.

6.7.4.2. Spektralfunktion

Sehr aufschlußreich ist die Betrachtung der stetigen komplexen Funktion

$$\underline{F}(j\omega) = F(\omega) e^{+j\Theta(\omega)} = \int_{-(T/2)}^{+(T/2)} f(t) e^{-j\omega t} \, dt. \tag{6.801}$$

Der Betrag $F(\omega)$ dieser Funktion stellt in Abhängigkeit von ω die umhüllende Kurve der mit T multiplizierten diskreten Amplituden der Harmonischen $n\omega_1$ des Amplitudenspektrums von $f(t)$ dar. $\Theta(\omega)$ ist die umhüllende Kurve der diskreten Winkel Θ_n der Harmonischen $n\omega_1$ in dem Phasenspektrum.
Hierbei ist für die jeweilige Harmonische

$$\omega_1 = 2\pi/T, \tag{6.802}$$

$$\omega = n\omega_1, \tag{6.803}$$

$$F_n = \frac{1}{T} F(\omega) = \frac{\omega_1}{2\pi} F(n\omega_1), \tag{6.804}$$

$$\Theta_n = \Theta(n\omega_1). \tag{6.805}$$

Da

$$F(\omega) = F(-\omega), \tag{6.806}$$

$$\Theta(\omega) = -\Theta(-\omega), \tag{6.807}$$

genügt die Darstellung von $F(\omega)$ und $\Theta(\omega)$ für $\omega \geqq 0$.
Die Funktion $F(\mathrm{j}\omega)$ gibt vollkommen die Eigenschaften von $f(t)$ wieder. Sie stellt ihre Spektraldarstellung dar.

6.7.4.3. Spektrale Darstellung der periodischen Impulsfolge

Bild 6.126 stellt eine periodische Impulsfolge dar. Für $f(t)$ gilt

$$f(t) = \begin{cases} U & \text{für} \quad 0 < t < \tau, \\ 0 & \text{für} \quad \tau < t < T. \end{cases} \tag{6.808}$$

Dann ist

$$\underline{F}(\mathrm{j}\omega) = \int_{-(T/2)}^{+(T/2)} f(t)\, \mathrm{e}^{-\mathrm{j}\omega t}\, \mathrm{d}t = \int_0^T f(t)\, \mathrm{e}^{-\mathrm{j}\omega t}\, \mathrm{d}t, \tag{6.809}$$

$$\underline{F}(\mathrm{j}\omega) = U \int_0^\tau \mathrm{e}^{-\mathrm{j}\omega t}\, \mathrm{d}t = \frac{U}{\mathrm{j}\omega} (1 - \mathrm{e}^{-\mathrm{j}\omega\tau}), \tag{6.810}$$

$$\underline{F}(\mathrm{j}\omega) = \frac{U}{\mathrm{j}\omega} \frac{\mathrm{e}^{\mathrm{j}\omega(\tau/2)} - \mathrm{e}^{-\mathrm{j}(\omega\tau/2)}}{\mathrm{e}^{\mathrm{j}\omega(\tau/2)}} = \frac{U}{\mathrm{j}\omega} 2\mathrm{j} \sin\frac{\omega\tau}{2}\, \mathrm{e}^{-\mathrm{j}\omega(\tau/2)}, \tag{6.811}$$

$$\underline{F}(\mathrm{j}\omega) = U\tau \frac{\sin\dfrac{\omega\tau}{2}}{\omega\tau/2}\, \mathrm{e}^{-\mathrm{j}(\omega\tau/2)}, \tag{6.812}$$

$$F(\omega) = \frac{U\tau \left|\sin\dfrac{\omega\tau}{2}\right|}{\omega\tau/2}, \tag{6.813}$$

$$\Theta(\omega) = -\frac{\omega\tau}{2} + \operatorname{arc} \frac{\sin\left(\dfrac{\omega\tau}{2}\right)}{\left|\sin\dfrac{\omega\tau}{2}\right|}. \tag{6.814}$$

Bei sin $(\omega\tau/2) < 0$ kommt ein konstanter Winkel von $\pm\pi$ zu $\omega\tau/2$ hinzu. (Er kann bei der Darstellung unberücksichtigt bleiben.) Bild 6.127 zeigt $F(\omega)$ und $\Theta(\omega)$.

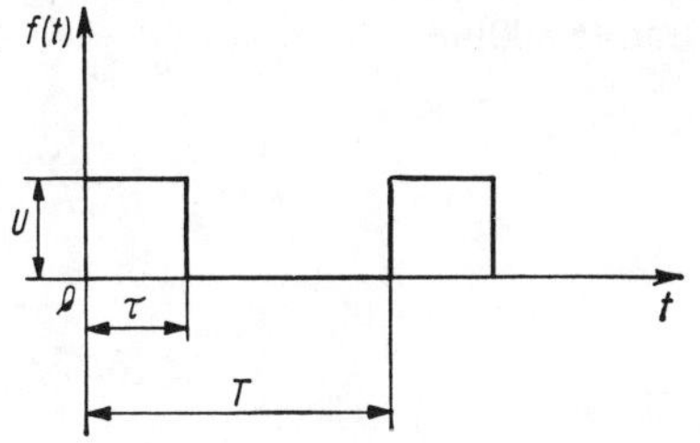

Bild 6.126

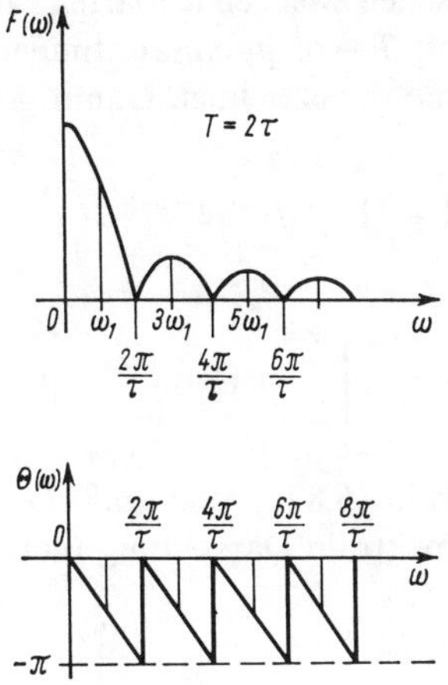

Bild 6.127

Aus

$$\lim_{x \to 0} \frac{\sin x}{x} = 1 \tag{6.815}$$

folgt

$$F(0) = U\tau. \tag{6.816}$$

Geht man mit

$$n\omega_1 = \frac{n \cdot 2\pi}{T} \tag{6.817}$$

für $n = 1, 2, \ldots$ in Bild 6.127 ein, so erhält man die diskreten Werte $\underline{F}\,(n\omega_1)$ und $\Theta\,(n\omega_1)$. Für den konkreten Fall

$$T = 2\tau \tag{6.818}$$

sind die Werte im Bild 6.127 eingetragen.
Den Betrag des komplexen Fourier-Koeffizienten $\underline{F}_n$ erhält man mit (6.804) zu

$$F_n = |\underline{F}_n| = \frac{1}{T}\, F\,(n\omega_1) \tag{6.819}$$

und damit

$$C_n = 2F_n = \frac{2}{T}\, F(n\omega_1). \tag{6.820}$$

Ferner gilt

$$\Theta_n = \Theta\,(n\omega_1). \tag{6.821}$$

6.7.4.4. Spektrum aperiodischer Funktionen

Bild 6.128a zeigt eine aperiodische Zeitfunktion $f(t)$. Wenn für $t \geqq \tau$ die aperiodische Funktion $f(t) = 0$ ist, kann man eine periodische Funktion durch Wiederholung der aperiodischen (Bild 6.128b) angeben, wobei der Übergang zur aperiodischen Ausgangsfunktion durch den Grenzübergang $T \to \infty$ erreicht wird.
Mit wachsendem T erscheinen in der Hüllkurve $F(\omega)$ des Frequenzspektrums immer

mehr Linien. Bei $T \to \infty$ werden sie unendlich dicht. Hierbei wird ω_1 unendlich klein, und es wird mit $d\omega$ bezeichnet, weil es das Intervall zwischen zwei benachbarten Linien bestimmt. Das Intervall zwischen zwei benachbarten Frequenzen wird durch $d\omega$ bestimmt. Das diskrete Spektrum geht mit $T \to \infty$ in ein kontinuierliches über. Die Frequenz der n-ten Harmonischen $n\omega_1$ wird mit ω bezeichnet. Damit gehen (6.801) und (6.800) in

$$\underline{F}(j\omega) = \int_{-\infty}^{+\infty} f(t)\, e^{-j\omega t}\, dt \tag{6.822}$$

und

$$f(t) = \frac{1}{2\pi} \int_{-\infty}^{+\infty} \underline{F}(j\omega)\, e^{j\omega t}\, d\omega \tag{6.823}$$

über. Die Integrale (6.822) und (6.823) stellen die Fourier-Transformation dar, mit deren Hilfe die spektrale Darstellung nichtperiodischer Funktionen ermöglicht wird.

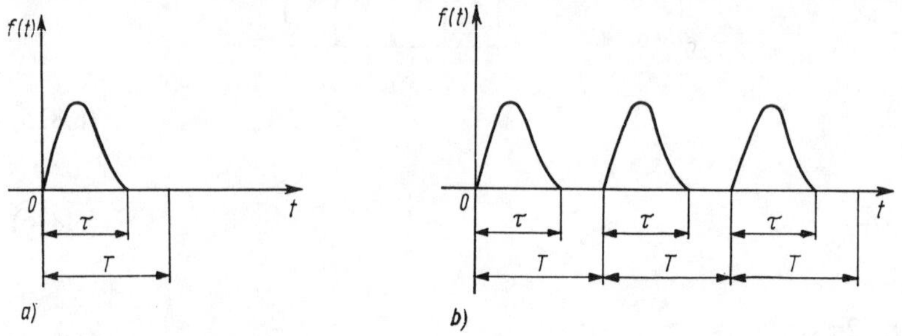

Bild 6.128

6.7.4.5. Frequenzspektrum des einzelnen Rechteckimpulses

Bild 6.129 zeigt einen Rechteckimpuls. Hierbei gilt

$$f(t) = \begin{cases} U & \text{für} \quad 0 < t < \tau, \\ 0 & \text{für} \quad -\infty < t < 0 \quad \text{und} \quad \tau < t < \infty. \end{cases} \tag{6.824}$$

Damit wird nach (6.822)

$$\underline{F}(j\omega) = F(\omega)\, e^{j\Theta(\omega)} = \int_{-\infty}^{+\infty} f(t)\, e^{-j\omega t}\, dt = \int_0^{\tau} U\, e^{-j\omega t}\, dt$$

$$= U\tau \frac{\sin \frac{\omega\tau}{2}}{\omega\tau/2}\, e^{-j(\omega\tau/2)}. \tag{6.825}$$

Die Umrandungskurve des Amplitudenspektrums ist die gleiche wie bei der periodischen Rechteckschwingung (Bild 6.127).

Bild 6.130 zeigt den Verlauf des Amplitudenspektrums des einzelnen Rechtecksignals. Wir erkennen, daß alle Frequenzen von 0 bis ∞ notwendig sind, um den Einzelimpuls in dem Frequenzbereich exakt wiederzugeben. Jedoch den wesentlichen Beitrag für die Formung des Impulses bilden die Frequenzen, die zwischen 0 und $2\pi/\tau$ liegen.

Von einer Einrichtung zur Impulsverarbeitung, die diesen Bereich einwandfrei überträgt, kann man erwarten, daß der einzelne Impuls verhältnismäßig formgetreu weiterübertragen werden kann. Ein Impuls von der Breite τ benötigt offensichtlich eine Bandbreite der übertragenden Einrichtung von mindestens $2\pi/\tau$.

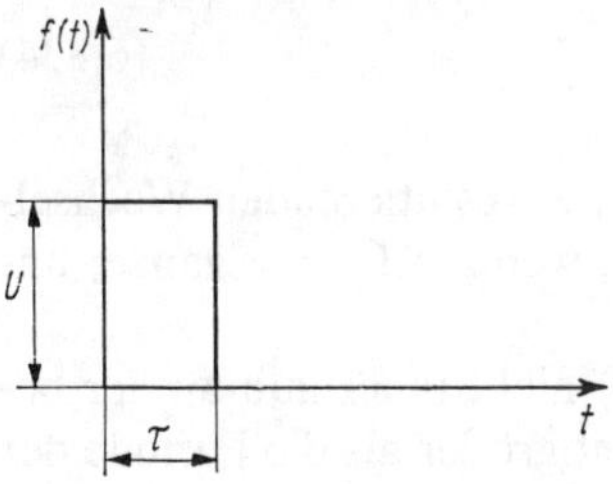

Bild 6.129

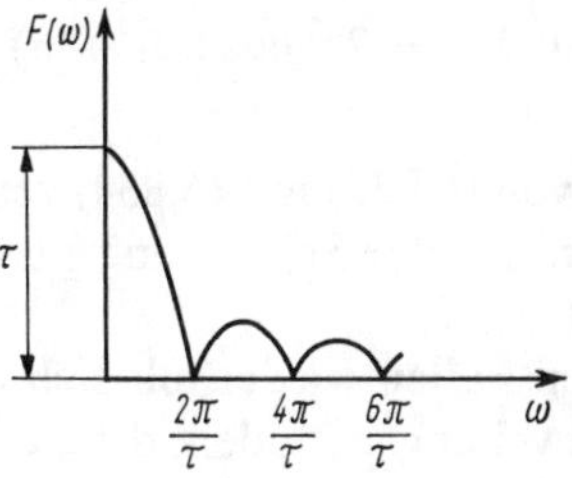

Bild 6.130

6.7.5. Schwebung

Eine Schwebung entsteht durch additive Überlagerung zweier sinusförmiger Wechselgrößen mit verschiedenen Frequenzen. In diesem Falle hängt das Schwingungsbild stark von dem Verhältnis beider Frequenzen ab. Im speziellen versteht man unter einer Schwebung die Überlagerung zweier Wechselgrößen, deren Frequenzen sich wenig voneinander unterscheiden. Wir wollen die Wechselspannungen

$$u_1 = \hat{U}_1 \sin \omega_1 t \tag{6.826}$$

und

$$u_2 = \hat{U}_2 \sin \omega_2 t \tag{6.827}$$

überlagern. Die resultierende Spannung ist

$$\begin{aligned} u(t) &= u_1 + u_2 = \hat{U}_1 \sin \omega_1 t + \hat{U}_2 \sin \omega_2 t \\ &= \hat{U}_1 (\sin \omega_1 t + \sin \omega_2 t) + (\hat{U}_2 - \hat{U}_1) \sin \omega_2 t \\ &= \hat{U}_1 (\sin \omega_1 t + \sin \omega_2 t) + \Delta\hat{U} \sin \omega_2 t \end{aligned} \tag{6.828}$$

mit

$$\Delta\hat{U} = \hat{U}_2 - \hat{U}_1 . \tag{6.829}$$

Für den Sonderfall $\hat{U}_1 = \hat{U}_2 = \hat{U}$ erhalten wir aus (6.828) mit

$$\frac{\omega_1 - \omega_2}{2} = \Omega \tag{6.830}$$

und

$$\frac{\omega_1 + \omega_2}{2} = \omega , \tag{6.831}$$

$$u(t) = 2\hat{U} \cos \Omega t \sin \omega t . \tag{6.832}$$

Der Verlauf der Funktion $u(t)$ wird im Bild 6.131 gezeigt. Sie stellt eine Schwingung mit der Kreisfrequenz ω dar, deren Amplitude sich nach einer Kosinusfunktion mit der kleineren Kreisfrequenz Ω ändert. Da in jedem Schwebungsknotenpunkt eine Änderung des Vorzeichens von $\cos \Omega t$ erfolgt, findet dort ein Phasensprung der Schwingung mit der Kreisfrequenz ω statt. Das bedeutet aber, daß diese Schwingung nur scheinbar eine sinusförmige Schwingung mit der Kreisfrequenz ω ist.
Unter der Periode der Schwebung versteht man die Zeit (Bild 6.131)

$$T_S = \frac{\pi}{\Omega} . \tag{6.833}$$

Im allgemeinen ist die Periode der Schwebung verschieden von der Periode der resultierenden Wechselgröße. Aus (6.832) folgt

$$u(t + T_S) = 2\hat{U} \cos(\Omega t + \pi) \sin\left(\omega t + \pi \frac{\omega}{\Omega}\right). \tag{6.834}$$

Der Vergleich von (6.832) mit (6.834) zeigt, daß die Periode der resultierenden Wechselgröße nur dann mit der Schwebungsperiode zusammenfällt, wenn ω/Ω eine ganze, ungerade Zahl ist.

In allen anderen Fällen wiederholt sich der Verlauf von $u(t)$ nicht innerhalb zweier benachbarter Schwebungsperioden, d.h., die Periode von $u(t)$ ist größer als die Periode der

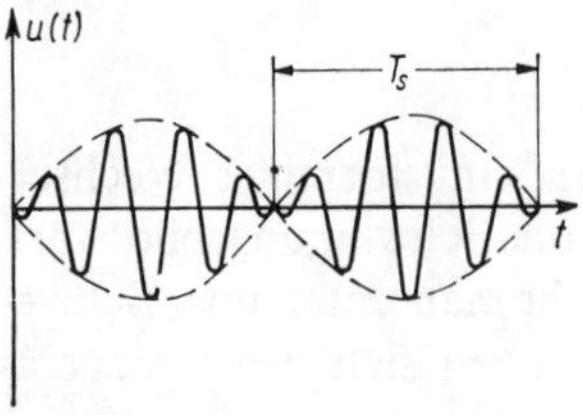

Bild 6.131

Schwebung. Ergibt das Verhältnis ω/Ω eine irrationale Zahl, dann ist die resultierende Schwingung keine periodische Funktion, obwohl sie sich aus zwei periodischen sinusförmigen Schwingungen zusammensetzt.

Im allgemeinen ist $\hat{U}_1 \neq \hat{U}_2$. Dann gilt

$$u(t) = u_1 + u_2 = \hat{U}_1 \left(\sin \omega_1 t + \frac{\hat{U}_2}{\hat{U}_1} \sin \omega_2 t\right) = \hat{U}_1 (\sin \omega_1 t + n \sin \omega_2 t), \tag{6.835}$$

wobei

$$n = \frac{\hat{U}_2}{\hat{U}_1} \tag{6.836}$$

st. (6.835) kann man folgendermaßen umformen:

$$\begin{aligned} u(t) &= \hat{U}_1 \{\sin \omega_1 t + n \sin [\omega_1 - (\omega_1 - \omega_2)]\, t\} \\ &= \hat{U}_1 [\sin \omega_1 t + n \sin \omega_1 t \cos(\omega_1 - \omega_2)\, t - n \cos \omega_1 t \sin(\omega_1 - \omega_2)\, t] \\ &= \hat{U}_1 [\sin \omega_1 t + n \cos 2\Omega t \sin \omega_1 t - n \sin 2\Omega t \cos \omega_1 t] \\ &= \hat{U}_1 [\sin \omega_1 t\, (1 + n \cos 2\Omega t) - n \sin 2\Omega t \cos \omega_1 t] \\ &= \hat{A}(t) \sin(\omega_1 t + \varphi(t)) \end{aligned} \tag{6.837}$$

mit

$$\hat{A} = \hat{U}_1 \sqrt{(1 + n \cos 2\Omega t)^2 + n^2 \sin^2 2\Omega t} \tag{6.838}$$

und

$$\tan \varphi = -\frac{n \sin 2\Omega t}{1 + n \cos 2\Omega t}. \tag{6.839}$$

Die Hüllkurve $\hat{A}$ hängt von dem Verhältnis n der Amplituden ab. Sie schwankt zwischen den Werten

$$\hat{A}_1 = \hat{U}_1 (1 + n) \tag{6.840}$$

und

$$\hat{A}_2 = \hat{U}_1 \, |1 - n| \,. \tag{6.841}$$

Für $n \ll 1$ folgt aus (6.838)

$$\hat{A} \approx \hat{U}_1 + \hat{U}_2 \cos 2\Omega t \,. \tag{6.842}$$

Die Amplitude schwankt um den Mittelwert $\hat{U}_1$ nach einer Kosinusschwingung mit der Amplitude $\hat{U}_2$ und der Kreisfrequenz

$$2\Omega = \omega_1 - \omega_2 \,, \tag{6.843}$$

d.h. mit der Differenzfrequenz der beiden Schwingungen.

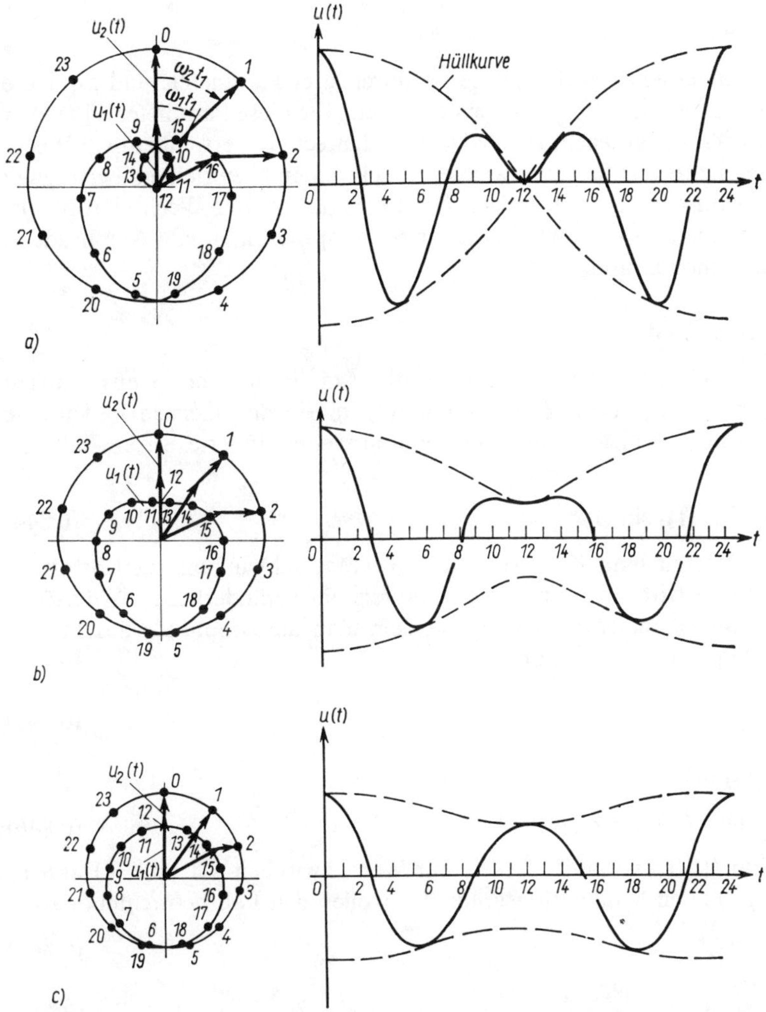

Bild 6.132

Im Bild 6.132a wird die Konstruktion gezeigt, mit der man aus den Einzelzeigern $\hat{U}_1 \, e^{j\omega_1 t}$ und $\hat{U}_2 \, e^{j\omega_2 t}$ die resultierende Schwingung erhält. Im Zeitpunkt $t = 0$ sollen beide Zeiger die gleiche Lage haben. Ihre Amplituden seien gleich. Nach der Zeit t_1 hat sich der eine Zeiger um $\omega_1 t_1$ gedreht, der andere um $\omega_2 t_1$. Die Spitze des resultierenden Zeigers liegt im Punkt 1. Analog erfolgt die Konstruktion für die weiteren Zeitpunkte 2 bis

23. Aus der Projektion des Zeigers in das Zeitdiagramm erhält man auf bekanntem Wege die Abhängigkeit des Momentanwerts der resultierenden Schwingung von der Zeit. Die Hüllkurve entspricht einer kommutierten Sinuskurve. Bild 6.132b zeigt dasselbe Verfahren für ein von 1 verschiedenes Amplitudenverhältnis ($n = \frac{1}{2}$). Für wenig unterschiedliche Amplituden ist die Hüllkurve einer Sinuskurve ähnlich, wobei die Minima spitzer als die Maxima sind.
Bild 6.132c zeigt den Fall für $n = \frac{1}{4}$. Hier ist die Hüllkurve schon fast sinusförmig, d.h., es gilt näherungsweise (6.842). Das Frequenzverhältnis beträgt in allen drei Beispielen $\omega_1/\omega_2 = \frac{2}{3}$. Die Hüllkurven werden mit (6.838) bzw. im ersten Fall mit (6.842) berechnet.

6.7.6. Modulation

Eine sinusförmig veränderliche Wechselgröße ist durch drei Parameter, und zwar die Amplitude, die Frequenz und die Phase, gekennzeichnet. Alle diese Parameter haben wir bisher als zeitlich konstant angesehen. In der Nachrichtentechnik verwendet man Wechselgrößen, bei denen sich einer dieser Parameter zwecks einer Nachrichtenübertragung verhältnismäßig langsam mit der Zeit ändert. Die Erzeugung dieser Wechselgrößen ist unter dem Namen Modulation bekannt. In diesem Sinne spricht man von Amplituden-, Frequenz- oder Phasenmodulation.

6.7.6.1. Amplitudenmodulation

Bei der Amplitudenmodulation verändert man die Amplitude einer sinusförmigen Wechselgröße nach einer gegebenen Zeitfunktion $f(t)$, die in den meisten Fällen eine Nachricht der Fernmeldetechnik darstellt. Der amplitudenmodulierte Strom hat z.B. folgende Form:

$$i = [\hat{I}_T + \hat{I}_M f(t)] \sin \omega_T t. \tag{6.844}$$

Die Kreisfrequenz ω_T nennt man Kreisfrequenz der Trägerschwingung, den Strom $\hat{I}_T$ Trägerstrom. Dieser Fall tritt ein, wenn im Stromkreis ein veränderlicher Widerstand (beispielsweise ein Mikrophon) enthalten ist, mit dem man die Amplitude des Trägerstroms beeinflußt. Wenn wir das Verhältnis

$$m = \frac{\hat{I}_M}{\hat{I}_T} \tag{6.845}$$

einführen, geht (6.844) in

$$i = \hat{I}_T [1 + m f(t)] \sin \omega_T t \tag{6.846}$$

über. Ist die Funktion $f(t)$ so gewählt, daß sie nur Werte zwischen $+1$ und -1 annehmen kann, nennt man m den Modulationsgrad. Wir wollen den Fall betrachten, daß

$$f(t) = \sin \omega_M t \tag{6.847}$$

ist. Dann ist

$$\begin{aligned} i &= \hat{I}_T (1 + m \sin \omega_M t) \sin \omega_T t \\ &= \hat{I}_T \sin \omega_T t + m\hat{I}_T \sin \omega_M t \sin \omega_T t \\ &= \hat{I}_T \sin \omega_T t - \frac{m\hat{I}_T}{2} \cos (\omega_T + \omega_M) t + \frac{m\hat{I}_T}{2} \cos (\omega_T - \omega_M) t. \end{aligned} \tag{6.848}$$

Durch diese Umformung ist es gelungen, den amplitudenmodulierten Strom in eine Summe von drei Teilschwingungen mit den Frequenzen ω_T, $\omega_T - \omega_M$ und $\omega_T + \omega_M$ zu zerlegen.
Die Amplitude der Trägerfrequenz ist

$$\hat{A}_T = \hat{I}_T, \tag{6.849}$$

die Amplituden der Komponenten mit den Frequenzen $\omega_T - \omega_M$ bzw. $\omega_T + \omega_M$ betragen

$$\hat{A}_{S1} = \hat{A}_{S2} = \frac{m\hat{I}_T}{2}. \tag{6.850}$$

Die Anfangsphasen aller drei Komponenten sind Null. Die Frequenzen

$$\omega_{S1} = \omega_T - \omega_M \tag{6.851}$$

und

$$\omega_{S2} = \omega_T + \omega_M \tag{6.852}$$

nennt man die Seitenfrequenzen.
Im allgemeinen ist der Modulationsgrad $m < 1$. Für $m = 1$ ist

$$\hat{A}_{S1} = \hat{A}_{S2} = \frac{\hat{A}_T}{2}. \tag{6.853}$$

Die amplitudenmodulierte Schwingung läßt sich durch ein diskretes Spektrum (Bild 6.133) darstellen. Enthält die Modulationsfunktion Schwingungen aller Frequenzen zwischen ω_1 und ω_2, so kann man mit jeder einzelnen Schwingung in diesem Bereich auf dieselbe Weise verfahren und erhält statt der zwei diskreten Seitenfrequenzen ω_{S1} und ω_{S2} zwei Seitenbänder (Bild 6.134).

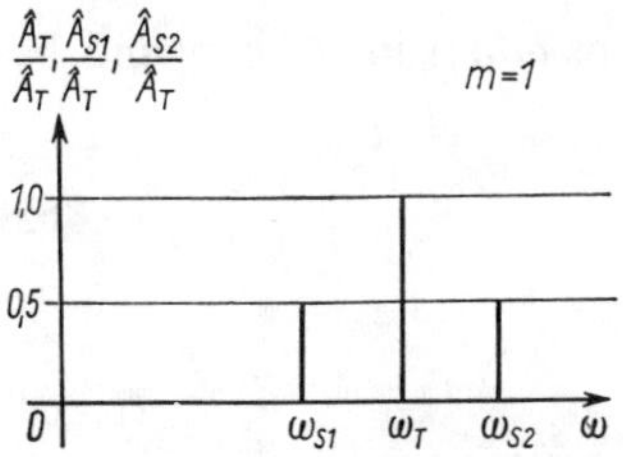

Bild 6.133

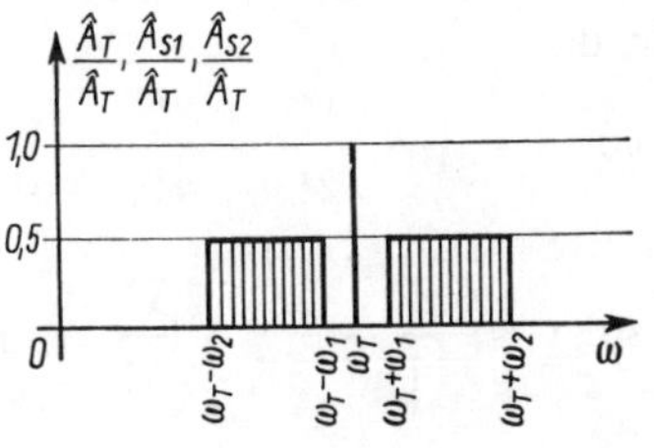

Bild 6.134

6.7.6.2. Frequenzmodulation

Bei der Frequenzmodulation werden die Amplitude und die Phase einer Wechselgröße zeitlich konstant gehalten und die Frequenz nach der Modulationsfunktion verändert. Der frequenzmodulierte Strom kann durch den Ausdruck

$$i = \hat{I} \sin \Omega(t) \tag{6.854}$$

dargestellt werden. Der Augenblickswert der Kreisfrequenz ist

$$\omega = \frac{d\Omega(t)}{dt}. \tag{6.855}$$

Wir setzen dafür allgemein an

$$\omega = \omega_0 + f(t). \tag{6.856}$$

Weiterhin wollen wir für die Modulationsfunktion den Ausdruck

$$f(t) = \Delta\omega \sin \omega_M t \tag{6.857}$$

annehmen. Der Momentanwert der Frequenz beträgt dann

$$\omega = \omega_0 + \Delta\omega \sin \omega_M t. \tag{6.858}$$

$\Delta\omega$ stellt die maximale Abweichung der Frequenz, den sogenannten Frequenzhub, dar. Mit (6.855) finden wir

$$\Omega(t) = \int_0^t \omega \, dt = \int_0^t (\omega_0 + \Delta\omega \sin \omega_M t) \, dt = \omega_0 t - \frac{\Delta\omega}{\omega_M} \cos \omega_M t. \tag{6.859}$$

Wenn wir nun diesen Ausdruck für $\Omega(t)$ in (6.854) einsetzen, erhalten wir

$$i = \hat{I} \sin \left(\omega_0 t - \frac{\Delta\omega}{\omega_M} \cos \omega_M t \right). \tag{6.860}$$

Mit

$$\sin (\alpha - \beta) = \sin \alpha \cos \beta - \cos \alpha \sin \beta \tag{6.861}$$

können wir (6.860) folgendermaßen umformen:

$$i = \hat{I} \left[\sin \omega_0 t \cos \left(\frac{\Delta\omega}{\omega_M} \cos \omega_M t \right) - \cos \omega_0 t \sin \left(\frac{\Delta\omega}{\omega_M} \cos \omega_M t \right) \right]. \tag{6.862}$$

Entwickeln wir cos $[(\Delta\omega/\omega_M \cos \omega_M t)]$ und sin $[(\Delta\omega/\omega_M \cos \omega_M t)]$ in Reihen und bedenken wir, daß

$$\cos x = 1 - \frac{x^2}{2!} + \frac{x^4}{4!} - \frac{x^6}{6!} + - \ldots, \tag{6.863}$$

$$\sin x = \frac{x}{1!} - \frac{x^3}{3!} + \frac{x^5}{5!} - + \ldots \tag{6.864}$$

ist, so sehen wir, daß die frequenzmodulierte Schwingung eine unendliche Reihe von Teilschwingungen mit Frequenzen darstellt, die aus Summen oder Differenzen der Grundfrequenz und Vielfachen der Modulationsfrequenz gebildet sind. Wenn $\Delta\omega/\omega_M < 1$ ist, dann können wir mit guter Näherung die Reihen (6.863) und (6.864) durch ihre ersten Glieder ersetzen:

$$\cos \left(\frac{\Delta\omega}{\omega_M} \cos \omega_M t \right) \approx 1, \tag{6.865}$$

$$\sin \left(\frac{\Delta\omega}{\omega_M} \cos \omega_M t \right) \approx \frac{\Delta\omega}{\omega_M} \cos \omega_M t. \tag{6.866}$$

Dann ist

$$i = \hat{I}\left[\sin \omega_0 t - \frac{\Delta\omega}{\omega_M} \cos \omega_0 \cos \omega_M t\right], \tag{6.867}$$

$$i = \hat{I} \sin \omega_0 t - \frac{\hat{I}\,\Delta\omega}{2\omega_M} \cos (\omega_0 - \omega_M)\, t - \frac{\hat{I}\,\Delta\omega}{2\omega_M} \sin (\omega_0 + \omega_M)\, t. \tag{6.868}$$

Diese Gleichung besagt, daß bei kleinen Werten von $\Delta\omega/\omega_M$ die frequenzmodulierte Wechselgröße näherungsweise in drei Wechselgrößen, und zwar eine mit der Trägerfrequenz ω_0 und zwei mit den Seitenfrequenzen $\omega_0 - \omega_M$ bzw. $\omega_0 + \omega_M$, zerlegt werden kann.

6.7.6.3. Phasenmodulation

Zwischen Frequenz- und Phasenmodulation besteht kein prinzipieller Unterschied. Den phasenmodulierten Strom können wir ebenfalls durch einen Ausdruck der Art

$$i = \hat{I} \sin \Omega(t) \tag{6.869}$$

darstellen. Wir wollen den Fall

$$\Omega(t) = \omega_0 t - \varphi \cos \omega_M t \tag{6.870}$$

untersuchen. Hierbei bedeutet φ die maximale Phasenabweichung, den Phasenhub. Aus (6.869) und (6.870) folgt

$$\begin{aligned} i &= \hat{I} \sin (\omega_0 t - \varphi \cos \omega_M t) \\ &= \hat{I}\,[\sin \omega_0 t \cos (\varphi \cos \omega_M t) - \cos \omega_0 t \sin (\varphi \cos \omega_M t)]. \end{aligned} \tag{6.871}$$

Wenn wir (6.871) und (6.862) gegenüberstellen, wird ersichtlich, daß sich in beiden Fällen hinsichtlich des Frequenzspektrums Übereinstimmung ergibt. Daß zwischen der Phasenmodulation und der Frequenzmodulation kein prinzipieller Unterschied besteht, erkennt man auch, wenn man den Augenblickswert der Kreisfrequenz bei der Phasenmodulation betrachtet:

$$\omega = \frac{\mathrm{d}\Omega\,(t)}{\mathrm{d}t} = \omega_0 + \varphi\omega_M \sin \omega_M t. \tag{6.872}$$

Der Augenblickswert der Kreisfrequenz bei der Phasenmodulation stimmt mit dem Augenblickswert der Kreisfrequenz bei der Frequenzmodulation (6.858) überein.

6.7.7. Berechnung elektrischer Netze mit konstanten Parametern, in denen nichtsinusförmige periodische EMKs wirken

Liegt ein elektrisches Netz mit konstanten Parametern vor, in dem mehrere nichtsinusförmige periodische EMKs wirken, so kann man jede von ihnen durch eine Fourier-Reihe darstellen. Nun lassen sich mit Hilfe der Kirchhoffschen Sätze die Ströme unter der Annahme bestimmen, daß im Netz nur Komponenten gleicher Frequenzen wirken. Wenn dies für alle Komponenten, angefangen beim Gleichstromglied bis zu der höchsten Harmonischen, durchgeführt ist und für jeden Netzzweig die entsprechenden Stromkomponenten bestimmt sind, kann auf Grund des Superpositionsprinzips in einem ge-

wählten Stromzweig der Augenblickswert des Stromes bestimmt werden, indem man die Augenblickswerte der berechneten Stromkomponenten addiert.
Der große Vorteil der Zerlegung in Fouriersche Reihen liegt darin, daß man auf diese Weise die Aufgabe auf die einfache Form von Wechselstromaufgaben zurückführt, die man unter Anwendung der komplexen Rechnung lösen kann.

6.8. Strom- und Flußverdrängung

6.8.1. Stromverteilung in einem zylindrischen Leiter

6.8.1.1. Grundlagen

Fließt durch einen Leiter ein Wechselstrom, so bildet sich in ihm stets ein magnetisches Wechselfeld aus. Infolge der elektromagnetischen Induktion entstehen im Leiter Ströme, die sogenannten Wirbelströme, die mit dem magnetischen Feld verkettet sind. Die Wirbelströme überlagern sich dem ursprünglichen Strom und bewirken eine ungleichmäßige Verteilung. Diese Erscheinung ist unter dem Namen Stromverdrängung bekannt. Im folgenden wollen wir die Stromverteilung in einem zylindrischen stromdurchflossenen Leiter (Bild 6.135) untersuchen.

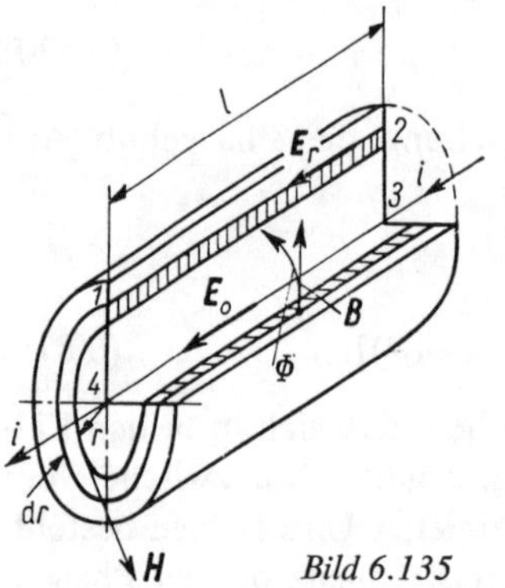

Bild 6.135

Es wurde bereits festgestellt, daß die Stromdichte ungleichmäßig über den Leiterquerschnitt verteilt ist. Wegen der Rotationssymmetrie ist sie aber in gleichen Abständen von der Achse des Leiters gleich groß. Wenn wir von dem Durchflutungsgesetz ausgehen, finden wir

$$\oint \boldsymbol{H}\,\mathrm{d}\boldsymbol{l} = \int \boldsymbol{G}\,\mathrm{d}\boldsymbol{A} \tag{6.873}$$

bzw.

$$2\pi r\,|\boldsymbol{H}| = \int_0^r |\boldsymbol{G}|\,2\pi r\,\mathrm{d}r. \tag{6.874}$$

Wir wollen diese Gleichung nach r differenzieren und beide Seiten durch $2\pi r$ dividieren:

$$\frac{\partial\,|\boldsymbol{H}|}{\partial r} + \frac{|\boldsymbol{H}|}{r} = |\boldsymbol{G}|. \tag{6.875}$$

Die letzte Gleichung ergibt, nach t differenziert,

$$\frac{\partial^2\,|\boldsymbol{H}|}{\partial r\,\partial t} + \frac{1}{r}\,\frac{\partial\,|\boldsymbol{H}|}{\partial t} = \frac{\partial\,|\boldsymbol{G}|}{\partial t}. \tag{6.876}$$

Wenn wir nun das Induktionsgesetz (3.49) auf das Rechteck 1–2–3–4 (Bild 6.135) anwenden, erhalten wir, da der Vektor der elektrischen Feldstärke $\boldsymbol{E}$ senkrecht auf dem Leiterquerschnitt steht und keine Komponente in Richtung von r aufweist,

$$\oint \boldsymbol{E}\,\mathrm{d}\boldsymbol{l} = |\boldsymbol{E}(0)|\,l - |\boldsymbol{E}(r)|\,l = -\frac{\partial \Phi}{\partial t} = -\frac{\partial}{\partial t}\int_0^r |\boldsymbol{B}|\,l\,\mathrm{d}r = -\mu l\,\frac{\partial}{\partial t}\int_0^s |\boldsymbol{H}|\,\mathrm{d}r. \tag{6.877}$$

Hierbei nehmen wir an, daß die Permeabilität konstant ist.
Diese Gleichung gibt, nach r differenziert,

$$\frac{\partial |\boldsymbol{E}|}{\partial r} = \mu \frac{\partial |\boldsymbol{H}|}{\partial t}. \tag{6.878}$$

Da aber

$$|\boldsymbol{E}| = \frac{1}{\varkappa} |\boldsymbol{G}| \tag{6.879}$$

ist, folgt

$$\frac{\partial |\boldsymbol{G}|}{\partial r} = \mu\varkappa \frac{\partial |\boldsymbol{H}|}{\partial t}. \tag{6.880}$$

Mit einer zweiten Differentiation nach r erhält man

$$\frac{\partial^2 |\boldsymbol{G}|}{\partial r^2} = \mu\varkappa \frac{\partial^2 |\boldsymbol{H}|}{\partial r\, \partial t}. \tag{6.881}$$

Aus (6.876), (6.880) und (6.881) folgt

$$\frac{\partial^2 |\boldsymbol{G}|}{\partial r^2} + \frac{1}{r} \frac{\partial |\boldsymbol{G}|}{\partial r} = \mu\varkappa \frac{\partial |\boldsymbol{G}|}{\partial t}. \tag{6.882}$$

Wenn wir jetzt annehmen, daß die Stromdichte eine sinusförmige Zeitfunktion ist, und dafür

$$\underline{\boldsymbol{G}}(t) = \underline{\boldsymbol{G}} \sqrt{2}\, \mathrm{e}^{\mathrm{j}\omega t} \tag{6.883}$$

einführen, erhalten wir

$$\frac{\partial \underline{\boldsymbol{G}}(t)}{\partial t} = \mathrm{j}\omega \underline{\boldsymbol{G}} \sqrt{2}\, \mathrm{e}^{\mathrm{j}\omega t} = \mathrm{j}\omega \underline{\boldsymbol{G}}(t). \tag{6.884}$$

$\underline{\boldsymbol{G}}$ ist der komplexe Zeiger, der den sinusförmig veränderlichen Vektor der Stromdichte abbildet.
Hiermit geht (6.882) in

$$\frac{\mathrm{d}^2 \underline{\boldsymbol{G}}}{\mathrm{d}r^2} + \frac{1}{r} \frac{\mathrm{d}\underline{\boldsymbol{G}}}{\mathrm{d}r} = \mathrm{j}\omega\varkappa\mu \underline{\boldsymbol{G}} \tag{6.885}$$

über.
Mit der Abkürzung

$$k^2 = -\omega\varkappa\mu \tag{6.886}$$

geht (6.885) in

$$\frac{\mathrm{d}^2 \underline{\boldsymbol{G}}}{\mathrm{d}r^2} + \frac{1}{r} \frac{\mathrm{d}\underline{\boldsymbol{G}}}{\mathrm{d}r} + \mathrm{j}k^2 \underline{\boldsymbol{G}} = 0 \tag{6.887}$$

über. Nun führen wir eine neue Veränderliche

$$x = kr\sqrt{\mathrm{j}} \tag{6.888}$$

ein. Mit

$$\mathrm{d}r = \frac{1}{k\sqrt{\mathrm{j}}}\,\mathrm{d}x \tag{6.889}$$

und

$$(\mathrm{d}r)^2 = \frac{1}{\mathrm{j}k^2}(\mathrm{d}x)^2 \tag{6.890}$$

erhalten wir

$$\frac{\mathrm{d}^2\underline{\boldsymbol{G}}}{\mathrm{d}x^2} + \frac{1}{x}\frac{\mathrm{d}\underline{\boldsymbol{G}}}{\mathrm{d}x} + \underline{\boldsymbol{G}} = 0. \tag{6.891}$$

Diese Gleichung ist die Besselsche Differentialgleichung nullter Ordnung, deren Lösung

$$\underline{\boldsymbol{G}} = AJ_0(x) + BY_0(x) \tag{6.892}$$

lautet. Hierbei bedeutet J_0 die Besselsche Funktion nullter Ordnung, erster Gattung und Y_0 die Besselsche Funktion nullter Ordnung, zweiter Gattung.
Da die Dichte des Stromes an jeder Stelle des Leiterquerschnitts eine endliche Größe haben muß, folgt wegen

$$J_0(0) = 1 \tag{6.893}$$

und

$$Y_0(0) = -\infty \tag{6.894}$$

offensichtlich

$$\boldsymbol{B} = 0, \tag{6.895}$$

d.h. aber, daß

$$\underline{\boldsymbol{G}} = AJ_0(x) \tag{6.896}$$

wird, wobei

$$J_0(x) = 1 - \frac{1}{1!^2}\left(\frac{x}{2}\right)^2 + \frac{1}{2!^2}\left(\frac{x}{2}\right)^4 - \frac{1}{3!^2}\left(\frac{x}{2}\right)^6 + - \ldots \tag{6.897}$$

ist.
Wenn wir annehmen, daß die magnetische Feldstärke eine sinusförmige Zeitfunktion ist, erhalten wir mit

$$\underline{\boldsymbol{H}}(t) = \underline{\boldsymbol{H}}\sqrt{2}\,\mathrm{e}^{\mathrm{j}\omega t}, \tag{6.898}$$

$$\frac{\partial\underline{\boldsymbol{H}}(t)}{\partial t} = \mathrm{j}\omega\underline{\boldsymbol{H}}\sqrt{2}\,\mathrm{e}^{\mathrm{j}\omega t} = \mathrm{j}\omega\underline{\boldsymbol{H}}(t). \tag{6.899}$$

(6.880) geht dann über in

$$\underline{\boldsymbol{H}} = \frac{k\sqrt{\mathrm{j}}}{\mathrm{j}\omega\mu\varkappa}\frac{\mathrm{d}\underline{\boldsymbol{G}}}{\mathrm{d}x} = \frac{Ak\sqrt{\mathrm{j}}}{\mathrm{j}\omega\mu\varkappa}\frac{\mathrm{d}}{\mathrm{d}x}J_0(x). \tag{6.900}$$

Da aber

$$\frac{\mathrm{d}J_0(x)}{\mathrm{d}x} = -J_1(x) \tag{6.901}$$

mit

$$J_1(x) = \frac{x}{2}\left[1 - \frac{\left(\frac{x}{2}\right)^2}{1!2!} + \frac{\left(\frac{x}{2}\right)^4}{2!3!} - \frac{\left(\frac{x}{2}\right)^6}{3!4!} + - \dots\right] \tag{6.902}$$

ist, gilt

$$\underline{H} = -\frac{Ak\sqrt{j}}{j\omega\mu\varkappa} J_1(x). \tag{6.903}$$

Wenn wir das Durchflutungsgesetz auf den Umfang des zylindrischen Leiters anwenden, erhalten wir

$$\underline{H}(r_0) = \frac{I}{2\pi r_0} \tag{6.904}$$

oder mit (6.903)

$$A = -\frac{j\omega\mu\varkappa I}{2\pi r_0 k\sqrt{j}} \frac{1}{J_1(k\sqrt{j}\, r_0)}. \tag{6.905}$$

Damit ergibt sich schließlich die Stromdichte in Abhängigkeit von r zu

$$\underline{G} = -\frac{j\omega\mu\varkappa I}{2\pi r_0 k\sqrt{j}} \frac{J_0(k\sqrt{j}\, r)}{J_1(k\sqrt{j}\, r_0)} = \frac{I\sqrt{j}\, k}{2\pi r_0} \frac{J_0(k\sqrt{j}\, r)}{J_1(k\sqrt{j}\, r_0)}. \tag{6.906}$$

Für die elektrische Feldstärke im Abstand r erhalten wir

$$\underline{E} = \frac{I\sqrt{j}\, k}{2\pi r_0 \varkappa} \frac{J_0(k\sqrt{j}\, r)}{J_1(k\sqrt{j}\, r_0)}. \tag{6.907}$$

Bei sehr kleinen Frequenzen oder bei sehr kleinem Querschnitt des zylindrischen Leiters ist das Argument der Besselschen Funktion klein. Dann können wir laut (6.897) und (6.902) die Näherungen

$$J_0(k\sqrt{j}\, r) \approx 1 \tag{6.908}$$

und

$$J_1(k\sqrt{j}\, r_0) \approx \frac{k\sqrt{j}\, r_0}{2} \tag{6.909}$$

benutzen. Damit geht (6.906) in die uns bekannte Form

$$\underline{G} = \frac{I}{\pi r_0^2} \tag{6.910}$$

über. Das bedeutet, daß bei tiefen Frequenzen oder bei kleinen Querschnitten des Leiters die Verteilung des Stromes über den Leiter gleichmäßig ist. Für große Werte des Arguments können wir die Näherungen

$$J_0(z\sqrt{\pm j}) \approx \frac{e^{(z/\sqrt{2})}}{\sqrt{2\pi z}}\left[\cos\left(\frac{z}{\sqrt{2}} - \frac{\pi}{8}\right) \mp j \sin\left(\frac{z}{\sqrt{2}} - \frac{\pi}{8}\right)\right], \tag{6.911}$$

$$J_1(z\sqrt{\pm j}) \approx \frac{e^{(z/\sqrt{2})}}{\sqrt{2\pi z}}\left[\sin\left(\frac{z}{\sqrt{2}} - \frac{\pi}{8}\right) \pm j \cos\left(\frac{z}{\sqrt{2}} - \frac{\pi}{8}\right)\right] \tag{6.912}$$

anwenden. Es gilt dann offensichtlich

$$|J_0(z\sqrt{\pm j})| \approx |J_1(z\sqrt{\pm j})| \approx \frac{e^{(z/\sqrt{2})}}{\sqrt{2\pi z}}. \tag{6.913}$$

Für das Argument der Besselschen Funktion ergibt sich aus (6.886)

$$\sqrt{\pm j}\, rk = \sqrt{\pm j}\, r\sqrt{-\omega\mu\varkappa} = \sqrt{\mp j}\, r\sqrt{\omega\mu\varkappa}. \tag{6.914}$$

Damit wird nach (6.913)

$$|J_0(\sqrt{j}\, kr)| = |J_0(\sqrt{-j}\, r\sqrt{\omega\mu\varkappa})| = \frac{e^{r\sqrt{\omega\mu\varkappa/2}}}{\sqrt{2\pi r\sqrt{\omega\mu\varkappa}}}, \tag{6.915}$$

$$|J_1(\sqrt{j}\, kr_0)| = |J_1(\sqrt{-j}\, r_0\sqrt{\omega\mu\varkappa})| = \frac{e^{r_0\sqrt{\omega\mu\varkappa/2}}}{\sqrt{2\pi r_0\sqrt{\omega\mu\varkappa}}}. \tag{6.916}$$

Hiermit erhalten wir aus (6.906) den Betrag der Stromdichte zu

$$|\underline{G}| = \frac{I}{2\pi r_0}\sqrt{\omega\mu\varkappa}\sqrt{\frac{r_0}{r}}\, e^{-\sqrt{\omega\mu\varkappa/2}\,(r_0-r)}. \tag{6.917}$$

Bei großen Argumenten der Besselschen Funktion nimmt die Dichte des Stromes nach einer exponentiellen Funktion von der Oberfläche des Leiters nach seinem Innern hin ab. Bei sehr hohen Frequenzen fließt der Strom nur in einer sehr dünnen Schicht unterhalb der Oberfläche des Leiters. Diese Erscheinung trägt den Namen „Skin-“ oder „Hauteffekt“.

6.8.1.2. Widerstand eines zylindrischen Leiters bei hohen Frequenzen

Der Widerstand des betrachteten zylindrischen Leiters ist

$$\underline{Z} = \frac{\underline{U}}{\underline{I}} = \frac{\underline{E}_{r_0} l}{\underline{I}} = R + j\omega L. \tag{6.918}$$

$\underline{E}_{r_0}$ bedeutet die elektrische Feldstärke an der Oberfläche des Leiters; l ist die Länge des Leiters. Unter Anwendung von (6.907) erhalten wir

$$\underline{Z} = R + j\omega L = \frac{\sqrt{j}\, klJ_0(k\sqrt{j}\, r_0)}{2\pi r_0\varkappa J_1(k\sqrt{j}\, r_0)}. \tag{6.919}$$

Der Gleichstromwiderstand beträgt

$$R_0 = \frac{l}{\varkappa\pi r_0^2}. \tag{6.920}$$

Auf diesen Gleichstromwiderstand beziehen wir den Widerstand $\underline{Z}$:

$$\frac{\underline{Z}}{R_0} = \frac{R + j\omega L}{R_0} = \frac{\sqrt{j}\, kr_0}{2}\frac{J_0(k\sqrt{j}\, r_0)}{J_1(k\sqrt{j}\, r_0)}. \tag{6.921}$$

Wenn wir in dieser Gleichung die Besselschen Funktionen als Reihen darstellen und die Division durchführen, ergibt sich

$$\frac{R + \mathrm{j}\omega L}{R_0} = 1 - \frac{1}{2}\left(\frac{\sqrt{\mathrm{j}}\,kr_0}{2}\right)^2 - \frac{1}{12}\left(\frac{\sqrt{\mathrm{j}}\,kr_0}{2}\right)^4 - \frac{1}{48}\left(\frac{\sqrt{\mathrm{j}}\,kr_0}{2}\right)^6 - \dots \tag{6.922}$$

Bei kleinem Argument kann diese Reihe näherungsweise bereits nach dem vierten Glied abgebrochen werden. Wenn wir außerdem für k den Wert aus (6.886) einführen, ergibt sich

$$\frac{R + \mathrm{j}\omega L}{R_0} \approx 1 + \mathrm{j}\frac{1}{2}\left(\frac{r_0}{2}\sqrt{\omega\mu\varkappa}\right)^2 + \frac{1}{12}\left(\frac{r_0}{2}\sqrt{\omega\mu\varkappa}\right)^4 - \mathrm{j}\frac{1}{48}\left(\frac{r_0}{2}\sqrt{\omega\mu\varkappa}\right)^6 \tag{6.923}$$

oder

$$\frac{R}{R_0} \approx 1 + \frac{1}{12}\left(\frac{r_0}{2}\sqrt{\omega\mu\varkappa}\right)^4, \tag{6.924}$$

$$\frac{\omega L}{R_0} \approx \frac{1}{2}\left(\frac{r_0}{2}\sqrt{\omega\mu\varkappa}\right)^2 - \frac{1}{48}\left(\frac{r_0}{2}\sqrt{\omega\mu\varkappa}\right)^6. \tag{6.925}$$

Aus (6.911) und (6.912) kann man ersehen, daß bei großen Argumenten

$$J_0(k\sqrt{\mathrm{j}}\,r_0) = -\mathrm{j}J_1(k\sqrt{\mathrm{j}}\,r_0) \tag{6.926}$$

ist. Für diesen Fall ist

$$\frac{R + \mathrm{j}\omega L}{R_0} = \frac{\sqrt{\mathrm{j}}\sqrt{\omega\mu\varkappa}\,r_0}{2} = \frac{r_0}{2}\sqrt{\omega\mu\varkappa}\left(\frac{1}{\sqrt{2}} + \mathrm{j}\frac{1}{\sqrt{2}}\right), \tag{6.927}$$

woraus folgt

$$\frac{R}{R_0} = \frac{r_0}{2\sqrt{2}}\sqrt{\omega\mu\varkappa}, \tag{6.928}$$

$$\frac{\omega L}{R_0} = \frac{r_0}{2\sqrt{2}}\sqrt{\omega\mu\varkappa}. \tag{6.929}$$

Mit der Abkürzung

$$\eta = \frac{r_0}{2\sqrt{2}}\sqrt{\omega\mu\varkappa} \tag{6.930}$$

erhält man laut (6.924) und (6.925) für kleine Argumente die Ausdrücke

$$\frac{R}{R_0} = 1 + \frac{1}{3}\eta^4, \tag{6.931}$$

$$\frac{\omega L}{R_0} = \eta^2 - \frac{1}{6}\eta^6 = \eta^2\left(1 - \frac{1}{6}\eta^4\right) \tag{6.932}$$

bzw. laut (6.928) und (6.929) für große Argumente die Ausdrücke

$$\frac{R}{R_0} = \eta, \tag{6.933}$$

$$\frac{\omega L}{R_0} = \eta. \tag{6.934}$$

Im Bild 6.136 wird der Verlauf von $R/R_0 = f(\eta)$ und $\omega L/R_0 = g(\eta)$ gezeigt.

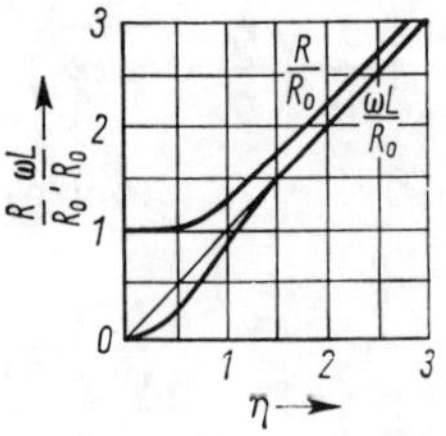

Bild 6.136

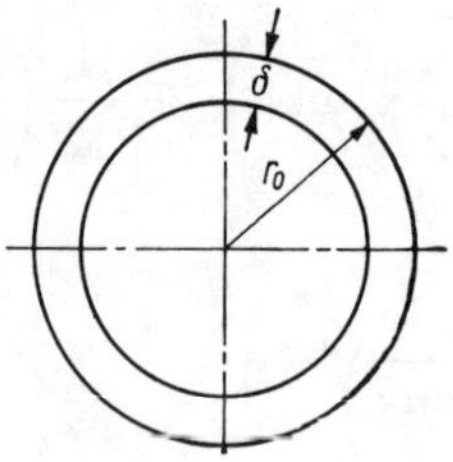

Bild 6.137

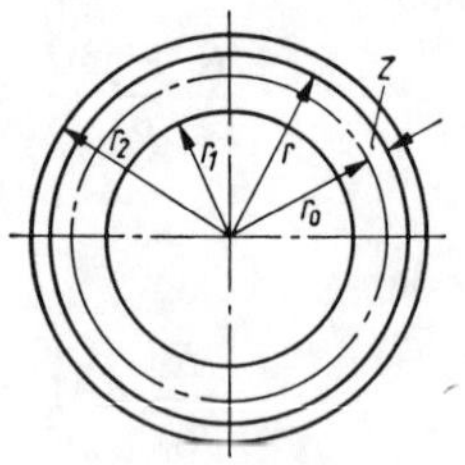

Bild 6.138

6.8.1.3. Eindringtiefe

Infolge der Stromverdrängung fließt der Strom bei großem Argument η praktisch nur in der unmittelbaren Umgebung der Leiteroberfläche und dringt nicht in das Innere ein. Aus diesem Grund erscheint der Wirkwiderstand des Leiters vergrößert. Aus diesem Widerstand errechnet man einen Hohlzylinder mit dem Radius r_0 und der Wanddicke δ (Bild 6.137), indem man annimmt, daß sich der Strom gleichmäßig über den Querschnitt verteilt. δ nennt man die Eindringtiefe des Stromes. Es gilt

$$\frac{R}{R_0} = \frac{\dfrac{l}{\varkappa\,[\pi r_0^2 - \pi\,(r_0 - \delta)^2]}}{\dfrac{l}{\varkappa \pi r_0^2}} = \eta. \tag{6.935}$$

Da $\delta \ll r_0$ ist, folgt

$$\frac{r_0}{2\delta} = \frac{r_0}{2\sqrt{2}}\sqrt{\omega\mu\varkappa} \tag{6.936}$$

bzw.

$$\delta = \sqrt{\frac{2}{\omega\mu\varkappa}}. \tag{6.937}$$

6.8.2. Stromverteilung über den Querschnitt eines dünnen Bleches

Im folgenden soll die Stromverteilung über den Querschnitt eines dünnen stromdurchflossenen Bleches behandelt werden. Zu diesem Zweck gehen wir von (6.887) aus. Es ist offensichtlich, daß sie sowohl für den vollen als auch für den hohlen zylindrischen Leiter (Bild 6.138) gilt.

Wir wollen den Abstand längs des Radius nicht vom Zentrum des hohlen Zylinders, sondern vom mittleren Radius r_0 an rechnen. Es ist

$$r_0 = \tfrac{1}{2}(r_1 + r_2), \tag{6.938}$$

$$r = r_0 + z, \tag{6.939}$$

$$\mathrm{d}r = \mathrm{d}z, \qquad \mathrm{d}r^2 = \mathrm{d}z^2. \tag{6.940}$$

Hiermit geht (6.887) in

$$\frac{\mathrm{d}^2\underline{\boldsymbol{G}}}{\mathrm{d}z^2} + \frac{1}{r_0 + z}\frac{\mathrm{d}\underline{\boldsymbol{G}}}{\mathrm{d}z} + \mathrm{j}k^2\underline{\boldsymbol{G}} = 0 \tag{9.941}$$

über.

Wenn wir nun den mittleren Radius r_0 immer mehr wachsen lassen, so geht offensichtlich der Hohlzylinder in einen flachen Leiter über, bei dem die Länge und die Breite sehr groß im Vergleich zu der Dicke sind. Für den Fall $r_0 \to \infty$ vereinfacht sich (6.941) zu

$$\frac{\mathrm{d}^2\underline{\boldsymbol{G}}}{\mathrm{d}z^2} = -\mathrm{j}k^2\underline{\boldsymbol{G}}. \tag{6.942}$$

Diese Differentialgleichung löst man mit dem Ansatz

$$\underline{\boldsymbol{G}} = C\,\mathrm{e}^{\alpha z}. \tag{6.943}$$

Durch Einsetzen in (6.942) erhalten wir die charakteristische Gleichung

$$\alpha^2\,\mathrm{e}^{\alpha z} = -\mathrm{j}k^2\,\mathrm{e}^{\alpha z} \tag{6.944}$$

bzw.

$$\alpha^2 = -\mathrm{j}k^2. \tag{6.945}$$

Daraus folgt

$$\alpha_1 = +\sqrt{-\mathrm{j}}\,k = \sqrt{\frac{\omega\mu\varkappa}{2}} + \mathrm{j}\sqrt{\frac{\omega\mu\varkappa}{2}} = \alpha, \tag{6.946}$$

$$\alpha_2 = -\sqrt{-\mathrm{j}}\,k = -\sqrt{\frac{\omega\mu\varkappa}{2}} - \mathrm{j}\sqrt{\frac{\omega\mu\varkappa}{2}} = -\alpha. \tag{6.947}$$

Mit diesem Wert für α ergibt sich die allgemeine Lösung

$$\underline{\boldsymbol{G}} = C_1\,\mathrm{e}^{\alpha z} + C_2\,\mathrm{e}^{-\alpha z}. \tag{6.948}$$

Wegen der symmetrischen Verteilung des Stromes in bezug auf die Mittelebene ist die Dichte für z und $-z$ gleich groß, so daß

$$C_1\,\mathrm{e}^{\alpha z} + C_2\,\mathrm{e}^{-\alpha z} = C_1\,\mathrm{e}^{-\alpha z} + C_2\,\mathrm{e}^{\alpha z} \tag{6.949}$$

ist. Hieraus folgt

$$C_1 = C_2 = C$$

oder

$$\underline{\boldsymbol{G}} = C\,(\mathrm{e}^{\alpha z} + \mathrm{e}^{-\alpha z}) = 2C\cosh\alpha z. \tag{6.950}$$

Die Integrationskonstante bestimmen wir aus den Randbedingungen. In der Mittelebene ($z = 0$) ist die Stromdichte $\underline{G} = \underline{G}_0$, an der Oberfläche ($z = d/2$) ist sie $\underline{G} = \underline{G}_n$. Hiermit wird für $z = 0$

$$\underline{G}_0 = 2C,$$

$$C = \frac{\underline{G}_0}{2} \tag{6.951}$$

bzw. für $z = d/2$

$$\underline{G}_n = 2C \cosh \alpha \frac{d}{2},$$

$$C = \frac{|\underline{G}_n|}{2 \cosh \frac{\alpha d}{2}}. \tag{6.952}$$

Mit (6.951) und (6.952) erhalten wir die endgültige Gleichung für die Stromdichte:

$$\underline{G} = \underline{G}_0 \cosh \alpha z = \frac{\underline{G}_n}{\cosh \frac{\alpha d}{2}} \cosh \alpha z. \tag{6.953}$$

α ist eine komplexe Zahl mit gleichem Real- und Imaginärteil:

$$\alpha = a + \mathrm{j}a. \tag{6.954}$$

Bekanntlich ist

$$\cosh (a + \mathrm{j}a)\, z = \cosh az \cos az + \mathrm{j} \sinh az \sin az \tag{6.955}$$

mit dem Betrag

$$|\cosh (a + \mathrm{j}a)\, z| = \sqrt{\cosh^2 az \cos^2 az + \sinh^2 az \sin^2 az}$$
$$= \sqrt{\tfrac{1}{2} (\cosh 2az + \cos 2az)} \tag{6.956}$$

und der Richtung

$$\tan \varphi = \frac{\sinh az \sin az}{\cosh az \cos az} = \tanh az \tan az. \tag{6.957}$$

Für große Werte des Arguments ist

$$\tanh az \approx 1, \tag{6.958}$$

so daß

$$\tan \varphi \approx \tan az,$$
$$\varphi \approx az \tag{6.959}$$

gilt.
(6.953) können wir somit folgendermaßen schreiben:

$$\underline{G} = \underline{G}_0 \, |\cosh \alpha z| \, \mathrm{e}^{\mathrm{j}az}. \tag{6.960}$$

Die Dichte des Stromes wächst nach der Oberfläche des Bleches hin entsprechend dem absoluten Betrag von cosh αz, während der Winkel des Zeigers gegenüber dem von $\underline{G}_0$ linear mit der Entfernung des betrachteten Punktes von der Mitte ansteigt.

6.8.3. Verteilung des Wechselflusses und der Wirbelströme über den Querschnitt eines dünnen magnetischen Kernblechs

Bild 6.139 stellt ein dünnes Kernblech dar, das sich in einem magnetischen Wechselfeld befindet.

Länge und Breite des Blechs sollen groß im Vergleich zu seiner Dicke sein. Außerdem soll der magnetische Wechselfluß parallel zur Achse verlaufen. Aus Symmetriegründen ist die Dichte des magnetischen Induktionsflusses und die Dichte der Wirbelströme gleich in allen Punkten des Blechs, die auf einer zur Oberfläche parallelen Ebene liegen. Eine solche Ebene ist die durch die gestrichelte Linie umrissene, schraffierte Fläche im Bild 6.139. Ihre Entfernung von der Mittellinie AA' beträgt x. Die magnetische Induktion und die Dichte des Wirbelstroms in dem Punkt P dieser Ebene seien $\boldsymbol{B}$ bzw. $\boldsymbol{G}$.

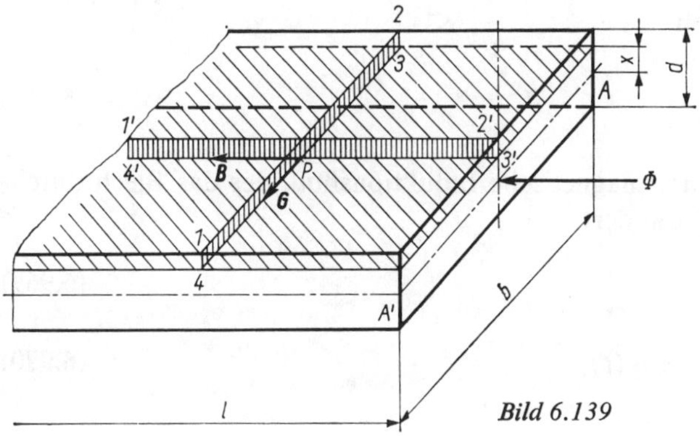

Bild 6.139

Der magnetische Fluß zwischen der Ebene durch P und der Oberfläche des Blechs ist

$$\Phi = \int_x^{d/2} |\boldsymbol{B}|\, b\, \mathrm{d}x. \tag{6.961}$$

Die Induktion $\boldsymbol{B}$ wird durch die äußere Erregung und durch die Erregung der Wirbelströme bestimmt. Infolge der zeitlichen Änderung dieses Flusses wird längs der Begrenzungslinie 1–2–3–4 die EMK

$$e = -\frac{\partial \Phi}{\partial t} = -\frac{\partial}{\partial t} \int_x^{d/2} |\boldsymbol{B}|\, b\, \mathrm{d}x \tag{6.962}$$

induziert. Diese EMK muß die Spannungsabfälle längs des Weges 1–2–3–4 decken:

$$e = -\frac{\partial}{\partial t} \int_x^{d/2} |\boldsymbol{B}|\, b\, \mathrm{d}x = iR - i_{d/2}R$$

$$= |\boldsymbol{G}| \frac{l\, \mathrm{d}x b}{\varkappa l\, \mathrm{d}x} - |\boldsymbol{G}_{d/2}| \frac{l\, \mathrm{d}x b}{\varkappa l\, \mathrm{d}x} = \frac{b}{\varkappa} (|\boldsymbol{G}| - |\boldsymbol{G}_{d/2}|). \tag{6.963}$$

Hierbei bedeutet $|G_{d/2}|$ die Dichte des Wirbelstroms an der Oberfläche des Bleches. Aus dieser Gleichung folgt durch Differentiation

$$\frac{\partial |\boldsymbol{B}|}{\partial t} = \frac{1}{\varkappa} \frac{\partial |\boldsymbol{G}|}{\partial x}. \tag{6.964}$$

Wenn wir nun das Durchflutungsgesetz längs des Weges 1′–2′–3′–4′ anwenden, finden wir

$$(|\boldsymbol{H}_{d/2}| - |\boldsymbol{H}|)\, l = \frac{l}{\mu} (|\boldsymbol{B}_{d/2}| - |\boldsymbol{B}|) = \int_x^{d/2} |\boldsymbol{G}|\, l \,\mathrm{d}x. \tag{6.965}$$

Die partielle Ableitung nach x liefert

$$-\frac{|\partial \boldsymbol{H}|}{\partial x} = -|\boldsymbol{G}| = -\frac{1}{\mu} \frac{\partial |\boldsymbol{B}|}{\partial x}, \tag{6.966}$$

$$\frac{\partial^2 |\boldsymbol{B}|}{\partial x^2} = \mu \frac{\partial |\boldsymbol{G}|}{\partial x}. \tag{6.967}$$

Aus (6.964) und (6.967) ergibt sich

$$\frac{\partial^2 |\boldsymbol{B}|}{\partial x^2} = \mu\varkappa \frac{\partial |\boldsymbol{B}|}{\partial t}. \tag{6.968}$$

Wir wollen nun annehmen, daß der magnetische Induktionsfluß, der das Blech durchsetzt, sich sinusförmig mit der Zeit ändert:

$$\underline{\boldsymbol{B}}(t) = \underline{\boldsymbol{B}} \sqrt{2}\, \mathrm{e}^{\mathrm{j}\omega t}, \tag{6.969}$$

$$\frac{\partial \underline{\boldsymbol{B}}}{\partial t} = \mathrm{j}\omega \underline{\boldsymbol{B}} \sqrt{2}\, \mathrm{e}^{\mathrm{j}\omega t} = \mathrm{j}\omega \underline{\boldsymbol{B}}(t). \tag{6.970}$$

Dann ist

$$\frac{\partial^2 \underline{\boldsymbol{B}}}{\partial x^2} = \mathrm{j}\omega\mu\varkappa \underline{\boldsymbol{B}} = -\mathrm{j}k^2 \underline{\boldsymbol{B}}. \tag{6.971}$$

Diese Differentialgleichung ist wie (6.942) aufgebaut. Ihre Lösung lautet dementsprechend

$$\underline{\boldsymbol{B}} = \underline{\boldsymbol{B}}_0 \cosh \alpha x = \frac{\underline{\boldsymbol{B}}_\mathrm{n}}{\cosh \frac{\alpha d}{2}} \cosh \alpha x. \tag{6.972}$$

Die Dichte des Wirbelstroms finden wir, wenn wir dieses Ergebnis in (6.966) einführen:

$$\underline{\boldsymbol{G}} = \frac{1}{\mu} \frac{\partial \underline{\boldsymbol{B}}}{\partial x} = \frac{\alpha}{\mu} \frac{|\underline{\boldsymbol{B}}_\mathrm{n}|}{\cosh \frac{\alpha d}{2}} \sinh \alpha x = a(1 + \mathrm{j}) \frac{\underline{\boldsymbol{B}}_\mathrm{n}}{\mu} \frac{\sinh a(1+\mathrm{j})\, x}{\cosh a(1+\mathrm{j}) \frac{d}{2}}. \tag{6.973}$$

Wenn wir bedenken, daß

$$|\cosh (a + \mathrm{j}a)\, x| = \sqrt{\tfrac{1}{2} (\cosh 2ax + \cos 2ax)}, \tag{6.974}$$

$$|\sinh (a + \mathrm{j}a)\, x| = \sqrt{\tfrac{1}{2} (\cosh 2ax - \cos 2ax)} \tag{6.975}$$

ist, finden wir für den Betrag der Dichte des Wirbelstroms

$$|\underline{G}| = \sqrt{2}\, a \frac{|\underline{B}_n|}{\mu} \sqrt{\frac{\cosh 2ax - \cos 2ax}{\cosh ad + \cos ad}}. \tag{6.976}$$

Die mittlere Dichte des magnetischen Induktionsflusses über den Querschnitt des Bleches ist

$$\underline{B}_{am} = \frac{\Phi}{bd} = \frac{1}{bd} \int_{-(d/2)}^{+(d/2)} \underline{B} b \, dx = \frac{\underline{B}_n}{d \cosh \frac{\alpha d}{2}} \int_{-(d/2)}^{+(d/2)} \cosh \alpha x \, dx, \tag{6.977}$$

$$\underline{B}_{am} = \frac{\underline{B}_n}{\alpha d \cosh \frac{\alpha d}{2}} [\sinh \alpha x]_{-(d/2)}^{+(d/2)} = \frac{2\underline{B}_n}{\alpha d} \tanh \frac{\alpha d}{2}. \tag{6.978}$$

Der Betrag des Maximalwerts dieser mittleren Induktion ist mit

$$|\alpha| = |a\,(1 + j)| = \sqrt{2}\, a \tag{6.979}$$

$$|\underline{B}_{max}| = |\underline{B}_{am}| \sqrt{2} = \frac{2\,|\underline{B}_n|}{ad} \sqrt{\frac{\cosh ad - \cos ad}{\cosh ad + \cos ad}} \tag{6.980}$$

oder

$$|\underline{B}_n| = \frac{ad\,|\underline{B}_{max}|}{2} \sqrt{\frac{\cosh ad + \cos ad}{\cosh ad - \cos ad}}. \tag{6.981}$$

Wenn wir nun dieses Ergebnis in (6.976) einführen, erhalten wir schließlich

$$|\underline{G}| = \frac{a^2 d\,|\underline{B}_{max}|}{\sqrt{2}\,\mu} \sqrt{\frac{\cosh 2ax - \cos 2ax}{\cosh ad - \cos ad}}. \tag{6.982}$$

6.8.4. Wirbelstromverluste

Die Wärmeverluste infolge der Wirbelströme betragen je Raumelement

$$p' = \frac{i^2 R}{dxbl} = \frac{|\underline{G}|^2 (dxl)^2 \dfrac{b}{\varkappa\, dxl}}{dxbl} = \frac{|\underline{G}|^2}{\varkappa}. \tag{6.983}$$

Die mittleren Wärmeverluste in der Raumeinheit für das gesamte Blech sind dann

$$p'' = \frac{1}{\varkappa d} \int_{-(d/2)}^{+(d/2)} |\underline{G}|^2 \, dx \tag{6.984}$$

oder mit (6.982)

$$p'' = \frac{|\underline{B}_{max}|^2 a^4 d}{2\varkappa\mu^2} \int_{-(d/2)}^{+(d/2)} \frac{\cosh 2ax - \cos 2ax}{\cosh ad - \cos ad} \, dx$$

$$= \frac{|\underline{B}_{max}|^2 a^3 d}{2\varkappa\mu^2} \, \frac{\sinh ad - \sin ad}{\cosh ad - \cos ad}. \tag{6.985}$$

Diese Gleichung kann auch in der Form

$$p'' = \frac{|\mathbf{B}_{max}|^2\, a^4 d^2}{6\varkappa\mu^2}\,\frac{3}{ad}\,\frac{\sinh ad - \sin ad}{\cosh ad - \cos ad} \tag{6.986}$$

geschrieben werden.
Wenn wir nun

$$\varphi\,(ad) = \frac{3}{ad}\,\frac{\sinh ad - \sin ad}{\cosh ad - \cos ad} \tag{6.987}$$

und

$$a = \sqrt{\frac{\varkappa\mu\omega}{2}} \tag{6.988}$$

einführen, erhalten wir

$$p'' = \frac{|\boldsymbol{B}_{max}|^2\,\omega^2\varkappa d^2}{24}\,\varphi\,(ad). \tag{6.989}$$

Der Verlauf der Funktion $\varphi\,(ad)$ ist im Bild 6.140 dargestellt.

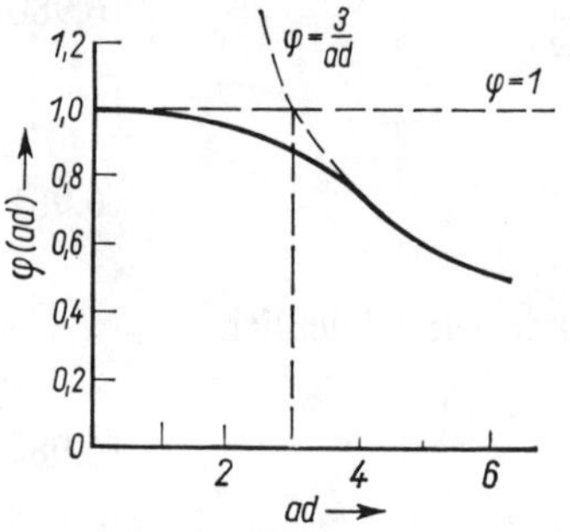

Bild 6.140

Die Entwicklung der einzelnen Glieder in Reihen und die Vernachlässigung der Glieder mit Potenzen höher als 3 ergibt, daß bei kleinen Argumenten

$$\varphi\,(ad) \approx 1 \tag{6.990}$$

ist. Wenn wir dagegen Zähler und Nenner von (6.987) durch sinh *ad* dividieren und *ad* gegen Unendlich wachsen lassen, wird

$$\varphi\,(ad) = \frac{3}{ad}. \tag{6.991}$$

Für kleinere Werte des Arguments gilt daher

$$p'' = \frac{\omega^2\varkappa d^2}{24}\,|\underline{\boldsymbol{B}}_{max}|^2. \tag{6.992}$$

Beträgt das Volumen des Kernes V, so sind die Gesamtverluste infolge der Wirbelströme bei kleinen Werten von *ad*

$$P_W = \frac{1}{24}\,\omega^2\varkappa d^2 B_{max}^2 V. \tag{6.993}$$

Bei tiefen Frequenzen wachsen die Wirbelstromverluste proportional dem Quadrat der Dicke d. Man kann offensichtlich in diesem Falle die Wirbelstromverluste durch eine Einteilung des Kernes in dünne Bleche verkleinern.
Der Übergang von massiven Kernen zu Kernen, die aus dünnen Blechen aufgebaut sind, stellte einen wichtigen Schritt in der Entwicklung des Elektromaschinenbaus dar. Um die Wirbelstromverluste zu verkleinern, verringert man auch die Leitfähigkeit des Kernmaterials, indem man beispielsweise dem Eisen Silizium hinzulegiert.
Für große Werte des Arguments, also beispielsweise bei hohen Frequenzen, ist

$$p'' = \omega^{3/2} d \sqrt{\frac{\varkappa}{32\mu}}\, |\underline{B}_{\max}|^2 \tag{6.994}$$

und

$$P_W = \omega^{3/2} d \sqrt{\frac{\varkappa}{32\mu}}\, |\underline{B}_{\max}|^2 V. \tag{6.995}$$

In diesem Fall wachsen die Verluste proportional $\omega^{3/2} d$.

6.8.5. Stromverdrängung in Leitern, die in Nuten eingebettet sind

Oben wurde die symmetrische Stromverdrängung in Leitern unter der Wirkung ihres eigenen Feldes betrachtet. Ähnliche Vorgänge finden bei Leitern statt, die dicht nebeneinander, beispielsweise in den Nuten elektrischer Maschinen, verlegt sind. In diesem Fall ist jedoch die Stromverdrängung nicht symmetrisch.
Bild 6.141 zeigt schematisch die Leiter einer elektrischen Maschine, die in eine Nut eingebettet sind.
Wir setzen voraus, daß in allen Leitern, die einen rechteckigen Querschnitt haben sollen, der Strom I in der gezeichneten Richtung fließt. Die Länge der Leiter in der Nut sei l.

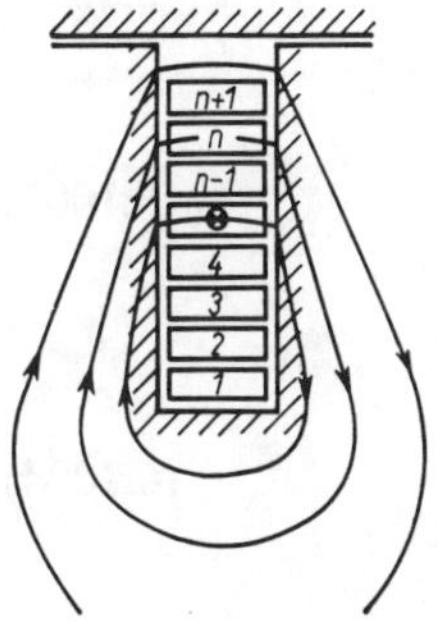

Bild 6.141

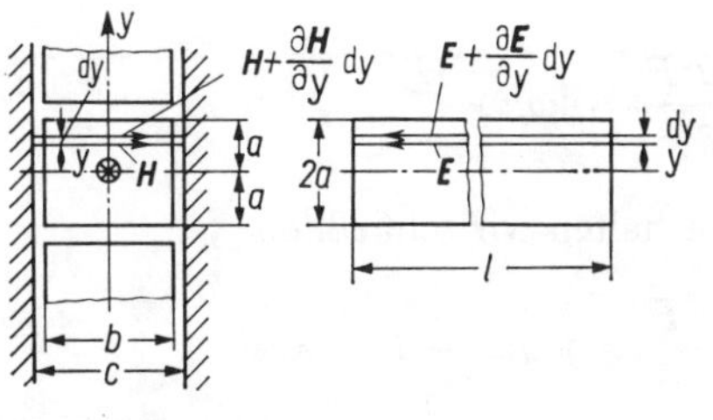

Bild 6.142

Die magnetischen Streufeldlinien verlaufen teilweise im Eisen, teilweise durch die Nut in der Luft. Wir können annehmen, daß die Kraftlinien in der Luft senkrecht auf den seitlichen Flächen der Nut stehen. Infolge der ungleichen Verkettung des Streuflusses mit den Stromfäden wirken in verschiedenen Teilen des Leiters verschiedene EMKs der Streuung. Hierbei entsteht eine ungleichmäßige Verteilung des Stromes über den Querschnitt des Leiters.
Wir wollen die Leiter (Bild 6.141) von unten nach oben durchnumerieren und den n-ten Leiter (Bild 6.142) betrachten.
In seine Mitte legen wir in der gezeigten Weise ein Koordinatensystem.

Nach dem Durchflutungsgesetz ist

$$\left(|\boldsymbol{H}| + \frac{\partial |\boldsymbol{H}|}{\partial y}\, dy\right) c - |\boldsymbol{H}|\, c = dI = \varkappa\, |\boldsymbol{E}|\, b\, \mathrm{d}y, \tag{6.996}$$

$$\frac{\partial |\boldsymbol{H}|}{\partial y} = \frac{b}{c}\, \varkappa\, |\boldsymbol{E}|. \tag{6.997}$$

Nach dem Induktionsgesetz gilt (Bild 6.142)

$$|\boldsymbol{E}|\, l - \left(|\boldsymbol{E}| + \frac{\partial |\boldsymbol{E}|}{\partial y}\, dy\right) l = -\frac{\partial \Phi}{\partial t} = -\frac{\partial}{\partial t}\,(l\, \mathrm{d}y\, |\boldsymbol{B}|)$$

$$= -\frac{\partial}{\partial t}\,(\mu l\, \mathrm{d}y\, |\boldsymbol{H}|) = -\mu l\, \mathrm{d}y\, \frac{\partial |\boldsymbol{H}|}{\partial t}, \tag{6.998}$$

$$\frac{\partial |\boldsymbol{E}|}{\partial y} = \mu\, \frac{\partial |\boldsymbol{H}|}{\partial t}. \tag{6.999}$$

Wenn wir nun für den Strom einen zeitlich sinusförmigen Verlauf annehmen, können wir für $\boldsymbol{H}$ und für $\boldsymbol{E}$ die komplexen Werte einführen. Die magnetische Feldstärke ist dann

$$\underline{\boldsymbol{H}}(t) = \underline{\hat{\boldsymbol{H}}}\, \sqrt{2}\, \mathrm{e}^{\mathrm{j}\omega t}. \tag{6.1000}$$

Ihre Ableitung nach der Zeit beträgt

$$\frac{\partial \underline{\boldsymbol{H}}\,(t)}{\partial t} = \mathrm{j}\omega \underline{\hat{\boldsymbol{H}}}\,(t)\, \mathrm{e}^{\mathrm{j}\omega t} = \mathrm{j}\omega \underline{\boldsymbol{H}}\, \sqrt{2}. \tag{6.1001}$$

(6.999) lautet dann

$$\frac{\partial \underline{\boldsymbol{E}}}{\partial y} = \mathrm{j}\omega\mu \underline{\boldsymbol{H}} \tag{6.1002}$$

bzw.

$$\frac{\partial^2 \underline{\boldsymbol{E}}}{\partial y^2} = \mathrm{j}\omega\mu\, \frac{\partial \underline{\boldsymbol{H}}}{\partial y}. \tag{6.1003}$$

Mit (6.997) erhalten wir schließlich

$$\frac{\partial^2 \underline{\boldsymbol{E}}}{\partial y^2} = \mathrm{j}\omega\mu\varkappa\, \frac{b}{c}\, \underline{\boldsymbol{E}} = k^2 \underline{\boldsymbol{E}}, \tag{6.1004}$$

wobei

$$k = \sqrt{\mathrm{j}\omega\mu\varkappa\, \frac{b}{c}} = \sqrt{\frac{b}{c}\, \omega\mu\varkappa}\left(\frac{1}{\sqrt{2}} + \mathrm{j}\, \frac{1}{\sqrt{2}}\right)$$

$$= \sqrt{\frac{b\omega\mu\varkappa}{2c}}\, (1 + \mathrm{j}) = \xi\, (1 + \mathrm{j}) \tag{6.1005}$$

ist. Auf dieselbe Weise finden wir aus (6.997) und (6.1002)

$$\frac{\partial^2 \underline{\boldsymbol{H}}}{\partial y^2} = \frac{b}{c}\, \varkappa\, \frac{\partial \underline{\boldsymbol{E}}}{\partial y} = \mathrm{j}\omega\mu\varkappa\, \frac{b}{c}\, \underline{\boldsymbol{H}} = k^2 \underline{\boldsymbol{H}}. \tag{6.1006}$$

Die allgemeine Lösung von (6.1004) ist

$$\underline{E} = A\,\mathrm{e}^{-ky} + B\,\mathrm{e}^{ky}. \tag{6.1007}$$

Setzen wir diese in (6.1002) ein, so erhalten wir

$$\underline{H} = \frac{1}{\mathrm{j}\omega\mu}\frac{\partial \underline{E}}{\partial y} = \frac{k}{\mathrm{j}\omega\mu}\left[-A\,\mathrm{e}^{-ky} + B\,\mathrm{e}^{ky}\right]. \tag{6.1008}$$

Die Integrationskonstanten A und B können aus den Werten der magnetischen Feldstärke an dem oberen bzw. an dem unteren Rand des n-ten Leiters bestimmt werden. Hier gilt

$$y_1 = a,$$

$$y_2 = -a. \tag{6.1009}$$

Der magnetische Widerstand des Eisenwegs kann gegenüber dem magnetischen Widerstand des Luftwegs vernachlässigt werden. Mit dieser Vereinfachung ist

$$\underline{H}_a = \frac{nI}{c} = \frac{k}{\mathrm{j}\omega\mu}\left[-A\,\mathrm{e}^{-ka} + B\,\mathrm{e}^{ka}\right], \tag{6.1010}$$

$$\underline{H}_{-a} = \frac{(n-1)\,I}{c} = \frac{k}{\mathrm{j}\omega\mu}\left[-A\,\mathrm{e}^{ka} + B\,\mathrm{e}^{-ka}\right]. \tag{6.1011}$$

Zur Bestimmung von A werden (6.1010) mit e^{-ka} und (6.1011) mit e^{ka} multipliziert und beide voneinander subtrahiert. Damit erhalten wir

$$\frac{nI\,\mathrm{e}^{-ka}}{c} = \frac{k}{\mathrm{j}\omega\mu}\left[-A\,\mathrm{e}^{-2ka} + B\right], \tag{6.1012}$$

$$\frac{(n-1)\,I\,\mathrm{e}^{ka}}{c} = \frac{k}{\mathrm{j}\omega\mu}\left[-A\,\mathrm{e}^{2ka} + B\right], \tag{6.1013}$$

$$\frac{I}{c}\left[n\,\mathrm{e}^{-ka} - (n-1)\,\mathrm{e}^{ka}\right] = \frac{kA}{\mathrm{j}\omega\mu}\left[\mathrm{e}^{2ka} - \mathrm{e}^{-2ka}\right], \tag{6.1014}$$

$$A = \frac{\mathrm{j}\omega\mu I}{ck}\,\frac{n\,\mathrm{e}^{-ka} - (n-1)\,\mathrm{e}^{ka}}{2\sinh 2ka}. \tag{6.1015}$$

In entsprechender Weise finden wir

$$B = \frac{\mathrm{j}\omega\mu I}{ck}\,\frac{n\,\mathrm{e}^{ka} - (n-1)\,\mathrm{e}^{-ka}}{2\sinh 2ka}. \tag{6.1016}$$

Wenn wir nun diese Werte in (6.1007) und (6.1008) einführen, erhalten wir

$$\underline{E} = \frac{\mathrm{j}\omega\mu I}{ck}\,\frac{n\,\mathrm{e}^{-k(a+y)} - (n-1)\,\mathrm{e}^{k(a-y)} + n\,\mathrm{e}^{k(a+y)} - (n-1)\,\mathrm{e}^{-k(a-y)}}{2\sinh 2ka}$$

$$= \frac{\mathrm{j}\omega\mu I}{ck}\,\frac{n\cosh k(a+y) - (n-1)\cosh k(a-y)}{\sinh 2ka}, \tag{6.1017}$$

$$\underline{H} = \frac{1}{\mathrm{j}\omega\mu}\frac{\partial \underline{E}}{\partial y} = \frac{I}{c}\,\frac{n\sinh k(a+y) - (n-1)\sinh k(a-y)}{\sinh 2ka}. \tag{6.1018}$$

Die Stromdichte beträgt damit

$$\underline{G} = \varkappa \underline{E} = \frac{j\omega\mu\varkappa}{ck} I \frac{n \cosh k(a+y) - (n-1)\cosh k(a-y)}{\sinh 2ka}. \tag{6.1019}$$

Bild 6.143 zeigt den Verlauf des Betrages der Stromdichte über dem Querschnitt des Leiters für den Fall (*a*) eines einzigen Leiters bzw. (*b*) von zwei Leitern.
Wegen dieser ungleichmäßigen Verteilung der Stromdichte über dem Querschnitt des Leiters sind die Wärmeverluste größer als im Falle der gleichmäßigen Verteilung. Wenn bei großen Maschinen ein einziger Leiter in der Nut eingebettet wäre, würden diese Zusatzverluste um ein vielfaches die Wärmeverluste bei einer gleichmäßigen Verteilung übertreffen.
Eine gleichmäßige Verteilung der Stromdichte kann man erzielen, indem man den Leiter aus einzelnen Schienen halber Breite ausführt und sie, wie im Bild 6.144 gezeigt, biegt und aneinanderfügt. Die so gebogenen Schienen drehen sich längs der Nut einmal um sich selbst. Bei einer solchen Unterteilung des Leiters bilden je zwei Schienen zwei verdrillte Schleifen, die von entgegengesetzten Flüssen durchsetzt werden. Auf diese Weise wird die Wirkung des Streufeldes aufgehoben.

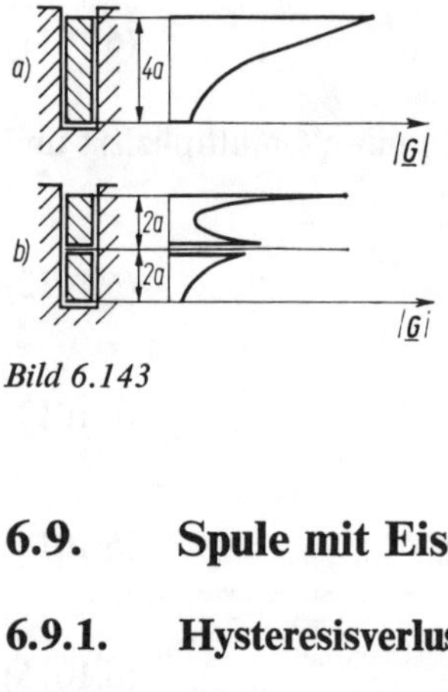

Bild 6.143

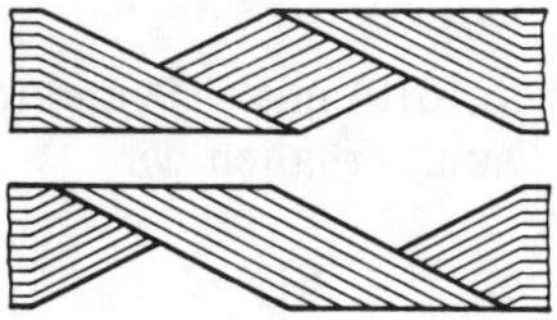

Bild 6.144

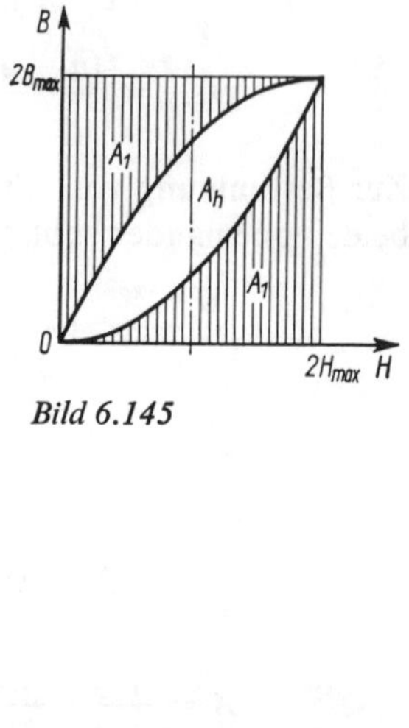

Bild 6.145

6.9. Spule mit Eisenkern

6.9.1. Hysteresisverluste

Die Ummagnetisierung eines Eisenkerns ist mit einer Umrichtung der einzelnen Moleküle verbunden. Dieser Vorgang erfordert einen Aufwand an Energie, die in Wärme umgesetzt wird. Wird beispielsweise unter Vernachlässigung der ohmschen und der Wirbelstromverluste eine Ringspule mit einem Eisenkern an eine Wechselspannung angeschlossen, so wird die mittlere Leistung, die infolge der Hysteresis in Wärme umgesetzt wird,

$$P_h = \frac{1}{T}\int_0^T ui\,dt = \frac{1}{T}\int_0^T w\frac{d\Phi}{dt}i\,dt = \frac{1}{T}\int_0^T wA\frac{dB}{dt}\frac{Hl}{w}\,dt$$

$$= fAl\int_0^{2B_{max}} H\,dB = fV\int_0^{2B_{max}} H\,dB = fVA_h. \tag{6.1020}$$

In diesem Ausdruck ist

$$V = Al \tag{6.1021}$$

das Volumen des Kernes. Das Integral

$$A_h = \int_0^{2B_{max}} H \, dB \tag{6.1022}$$

ergibt die Fläche (Bild 6.145), die von der Hysteresisschleife eingeschlossen ist. Die Hysteresisverluste hängen also von der Fläche der Hysteresisschleife, d.h. von den Eigenschaften des Kernmaterials, von dem Volumen des Kernes und von der Frequenz ab.
Den Verlauf der Äste der Hysteresisschleife kann man analytisch durch ein Polynom darstellen. In einem bestimmten Bereich kann man nach *Rayleigh* die Zweige der Hysteresisschleife durch die zwei ersten Glieder der geometrischen Reihe, also durch eine Parabel, darstellen. Diese Näherung gilt in dem Bereich oberhalb der reversiblen Vorgänge und unterhalb der Sättigung. Mit Hilfe eines solchen Ansatzes können die Verluste, die durch die Hysteresis bedingt sind, ermittelt werden. Zu diesem Zweck wollen wir ein Koordinatensystem in den unteren Umkehrpunkt der Hysteresisschleife legen (Bild 6.145).
Für den unteren Hysteresisast gilt die Näherung

$$B = aH + bH^2, \tag{6.1023}$$

$$2B_{max} = 2aH_{max} + 4bH_{max}^2. \tag{6.1024}$$

Dabei bedeuten a und b Materialkonstanten. Die Fläche unterhalb des unteren Astes ist

$$A_1 = \int_0^{2H_{max}} B \, dH = \int_0^{2H_{max}} (aH + bH^2) \, dH, \tag{6.1025}$$

$$A_1 = 2aH_{max}^2 + \tfrac{8}{3} bH_{max}^3. \tag{6.1026}$$

Das gezeichnete Rechteck hat die Fläche

$$A = 2B_{max} 2H_{max} \tag{6.1027}$$

oder mit (6.1024)

$$A = 4aH_{max}^2 + 8bH_{max}^3. \tag{6.1028}$$

Die Fläche, die von der Hysteresisschleife eingeschlossen wird, ist

$$A_h = W'_h = A - 2A_1 = \tfrac{8}{3} bH_{max}^3. \tag{6.1029}$$

Mit (6.1020) erhalten wir für die Hysteresisverluste den Ausdruck

$$P_h = \tfrac{8}{3} bfVH_{max}^3. \tag{6.1030}$$

In dem angegebenen Bereich wachsen sie mit der dritten Potenz der maximalen magnetischen Feldstärke.
Die Hysteresisverluste äußern sich dadurch, daß der Strom der Spannung um einen Winkel nacheilt, der kleiner als $\pi/2$ ist. Im Bild 6.146 wird die Konstruktion der Stromkurve bei sinusförmigem Spannungsverlauf gezeigt.
Bild 6.146a zeigt die Hysteresiskurve $\Phi = f(i)$. Bei sinusförmiger Spannung verläuft der Fluß ebenfalls sinusförmig, jedoch der Spannung um $\pi/2$ nacheilend.
Im Bild 6.146b wird der Verlauf der Spannung u und des Flusses Φ gezeigt. Für jeden Wert von Φ ist der entsprechende Wert von i abgelesen und in demselben Diagramm aufgetragen. Während die Sättigung nur eine Zuspitzung der Stromkurve verursacht,

ruft die Hysteresis eine Störung der Symmetrie der Stromkurve hervor. Die Maximalwerte von Fluß und Strom fallen zeitlich zusammen; ihre Nulldurchgänge jedoch sind phasenverschoben.

Die Hysteresisverluste bewirken offensichtlich eine Wirkkomponente des Stromes. Man kann die Stromkurve in zwei Komponenten zerlegen. Die erste, i_μ, ergibt eine symmetrische nichtsinusförmige Kurve (Bild 6.146b). Man würde sie erhalten, wenn der Kern keine Verluste besitzen würde und die Beziehung zwischen Strom und Fluß durch eine eindeutige Magnetisierungskurve bestimmt wäre. Die zweite Komponente, i_h, hat einen sinusförmigen Verlauf und ist mit der angelegten Spannung in Phase. Den Strom i_μ nennt man den Magnetisierungsstrom. Er hat, wie angeführt, keinen sinusförmigen Verlauf.

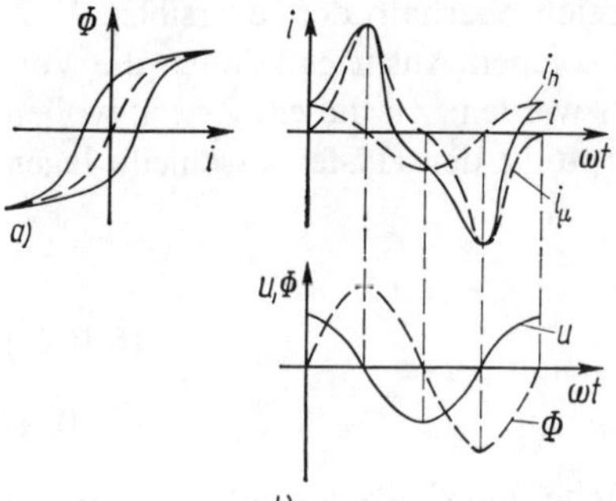

Bild 6.146

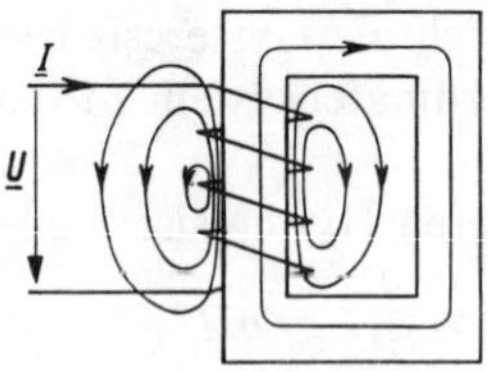

Bild 6.147

Sein Effektivwert läßt sich aus seinem Maximalwert und dem Scheitelfaktor nach (6.783) berechnen:

$$I_\mu = \frac{I_{\mu_{\max}}}{K_a}. \tag{6.1031}$$

Je weiter man in das Sättigungsgebiet eindringt, desto mehr unterscheidet sich die Kurve des Magnetisierungsstroms vom sinusförmigen Verlauf, und desto größere Werte nimmt K_a an. Wenn der Kern keinen Luftspalt enthält und über die ganze Länge den gleichen Querschnitt hat, dann hängt K_a nur vom Maximalwert der Induktion ab.

Wenn man diesen nichtsinusförmigen Magnetisierungsstrom durch einen sinusförmigen Strom mit demselben Effektivwert (6.1031) näherungsweise ersetzt, kann man Zeigerdiagramme verwenden und erreicht damit eine bedeutend einfachere Darstellung. Der Effektivwert des Wirkstroms infolge der Hysteresisverluste ergibt sich zu

$$I_h = \frac{P_h}{U}. \tag{6.1032}$$

6.9.2. Zeigerdiagramm und Ersatzschaltbild der Spule mit Eisenkern

Wir wollen nun die Spule mit Eisenkern (Bild 6.147) behandeln. Die Wicklung der Spule besitze den ohmschen Widerstand R. Der größte Teil des magnetischen Flusses verläuft im Eisen; ein kleiner Teil jedoch schließt sich über die parallelen Luftwege.

Wir wollen zunächst sowohl den ohmschen Widerstand der Wicklung als auch die Streuung vernachlässigen und unter diesen Umständen das Zeigerdiagramm konstruieren. Jede Windung der idealisierten Spule mit Eisenkern ist mit demselben magnetischen Fluß Φ verkettet.

Wenn wir nun für den magnetischen Fluß einen sinusförmigen Verlauf voraussetzen und das Induktionsgesetz anwenden, erhalten wir die komplexe Amplitude der EMK:

$$\hat{\underline{E}} = -\mathrm{j}\omega\hat{\underline{\Psi}}. \tag{6.1033}$$

Ihr Effektivwert beträgt

$$\underline{E} = -\mathrm{j}\frac{\omega}{\sqrt{2}}\,\hat{\underline{\Psi}} = -\mathrm{j}\,4{,}44 f w \hat{\underline{\Phi}}. \tag{6.1034}$$

Bild 6.148 zeigt das Zeigerdiagramm für diesen Fall.
Die EMK $\underline{E}$ eilt dem Fluß um $\pi/2$ nach, die angelegte Spannung $\underline{U}$ (bei Vernachlässigung des Wicklungswiderstands und der Streuinduktivität gleich der Spannung $\underline{U}'$ an der Spule) eilt dem Fluß um $\pi/2$ voraus.
Aus dem maximalen Wert des Flusses und dem Querschnitt des Kernes können wir die maximale Induktion $|\boldsymbol{B}_{\max}|$ bestimmen und aus der Magnetisierungskennlinie den maximalen Wert der magnetischen Feldstärke $|\boldsymbol{H}_{\max}|$ ablesen. Nun läßt sich aus $|\boldsymbol{H}_{\max}|$ mit der Windungszahl und der mittleren Länge des Kernes $I_{\mu_{\max}}$ bestimmen. Daraus berechnen wir mit (6.1031) den Effektivwert des äquivalenten sinusförmigen Stromes I_μ.

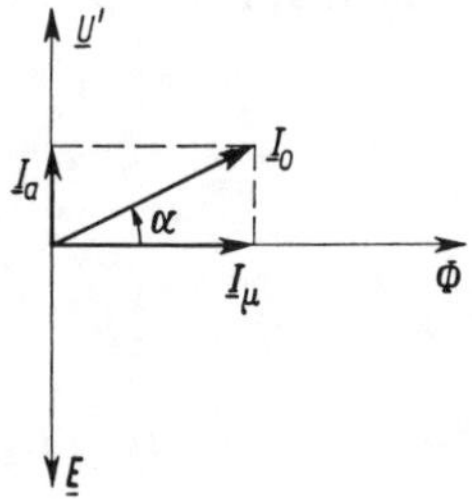

Bild 6.148

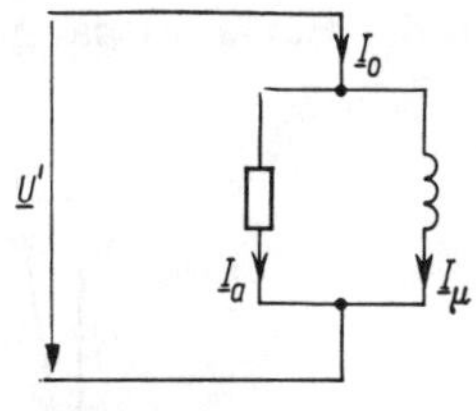

Bild 6.149

Sein Zeiger $\underline{I}_\mu$ liegt in Richtung des Flußzeigers $\underline{\Phi}$. Die Wirkkomponente des Stromes bestimmen wir aus

$$|\underline{I}_a| = \frac{P_g}{|\underline{U}|}. \tag{6.1035}$$

P_g enthält die Gesamtverluste, d.h. die Wirbelstromverluste und die Hysteresisverluste:

$$P_g = P_w + P_h. \tag{6.1036}$$

Der Zeiger des Wirkstroms $\underline{I}_a$ fällt in die Richtung der angelegten Spannung $\underline{U}$. Den Betrag des Gesamtstroms $\underline{I}_0$ erhalten wir aus

$$I_0 = \sqrt{I_\mu^2 + I_a^2}. \tag{6.1037}$$

Er eilt dem Fluß um den Winkel

$$\alpha = \arctan\frac{I_a}{I_\mu} = \arcsin\frac{I_a}{I_0} = \arccos\frac{I_\mu}{I_0} \tag{6.1038}$$

voraus (Bild 6.148).
Mit Hilfe der Gleichung

$$\underline{I}_0 = \underline{I}_\mu + \underline{I}_a \tag{6.1039}$$

kann man ein Ersatzschaltbild (Bild 6.149) angeben, das die Parallelschaltung einer Induktivität und eines Wirkwiderstands enthält.

Nun soll der ohmsche Widerstand der Spule berücksichtigt werden. Dieser wirkt sich, ob konzentriert oder verteilt angebracht, in gleicher Weise aus. Deshalb können wir die Spule als widerstandslos betrachten und uns in den Stromkreis einen Widerstand von der Größe des ohmschen Widerstands der Spule eingeschaltet denken (Bild 6.150).

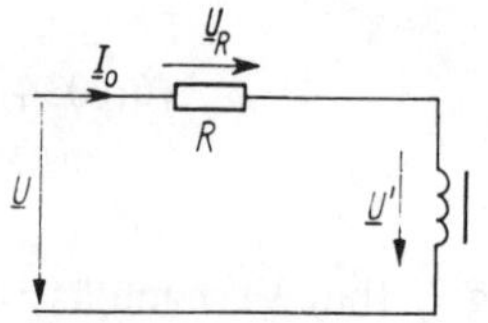

Bild 6.150

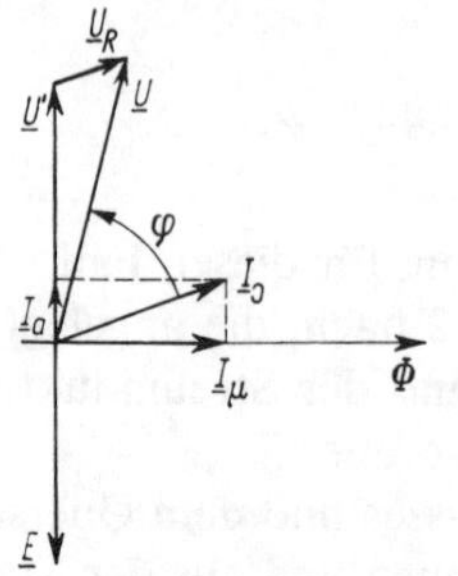

Bild 6.151

Für die Spannung $\underline{U}'$, die an die widerstandslose Spule angelegt ist, gilt die bereits betrachtete Zeigerkonstruktion. Um die Eingangsspannung zu erhalten, muß zu $\underline{U}'$ der Spannungsabfall an dem ohmschen Widerstand, $\underline{U}_R = R\underline{I}_0$, geometrisch addiert werden. Die Richtung von $\underline{U}_R$ fällt mit der Richtung des Stromes $\underline{I}_0$ zusammen. Im Bild 6.151 wird die Konstruktion der Eingangsspannung $\underline{U}$ gezeigt.

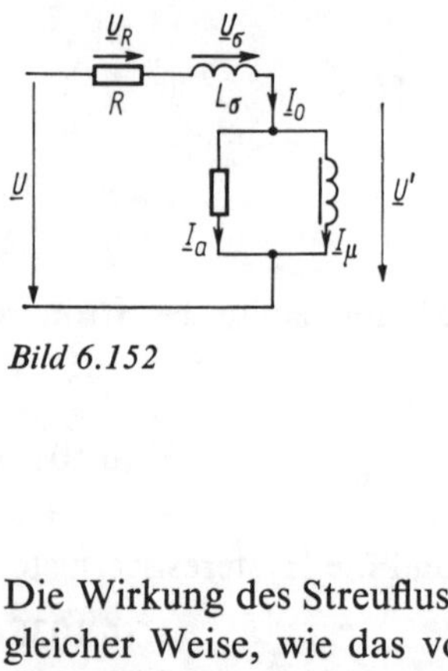

Bild 6.152

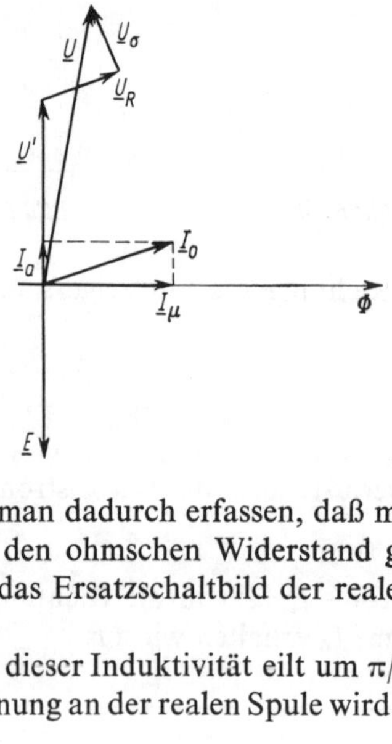

Bild 6.153

Die Wirkung des Streuflusses kann man dadurch erfassen, daß man eine Induktivität in gleicher Weise, wie das vorher für den ohmschen Widerstand gemacht wurde, in den Stromkreis einschaltet. So entsteht das Ersatzschaltbild der realen Spule mit Eisenkern (Bild 6.152).

Der Zeiger des Spannungsabfalls an dieser Induktivität eilt um $\pi/2$ den Strom $\underline{I}_0$ voraus. Die Konstruktion der Eingangsspannung an der realen Spule wird im Bild 6.153 gezeigt. Es gilt

$$\underline{U} = \underline{U}' + R\underline{I}_0 + j\omega L_\sigma \underline{I}_0. \tag{6.1040}$$

6.9.3. Reihenschaltung und Parallelschaltung einer Spule mit Eisenkern und eines Kondensators

Im folgenden wollen wir einige besondere Erscheinungen erwähnen, die man bei der Reihenschaltung und bei der Parallelschaltung von Spulen mit Eisenkern und Kondensatoren beobachtet.

Zur Vereinfachung werden alle Verluste vernachlässigt und, um das Zeigerdiagramm anwenden zu können, alle nichtsinusförmigen Wechselgrößen durch sinusförmige von demselben Effektivwert ersetzt.

6.9.3.1. Reihenschaltung

Bild 6.154 zeigt die Reihenschaltung einer Spule mit Eisenkern und einer Kapazität. Bild 6.155 zeigt das Zeigerdiagramm, das sich unter den gemachten Voraussetzungen ergibt.

Um die Strom-Spannungs-Kennlinie für diesen Fall konstruieren zu können, bestimmen wir zuerst die Abhängigkeit der Spulenspannung $|\underline{U}_L|$ vom Strom. Sie ergibt sich aus der Magnetisierungskennlinie des Kernes, seinen Abmessungen und der Windungszahl der Spule und hat einen Verlauf, wie er im Bild 6.156 gezeigt wird.

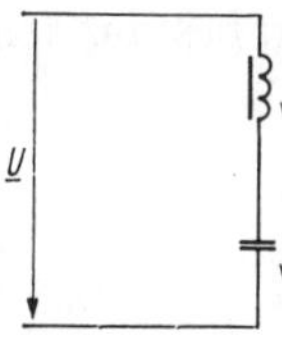

Bild 6.154

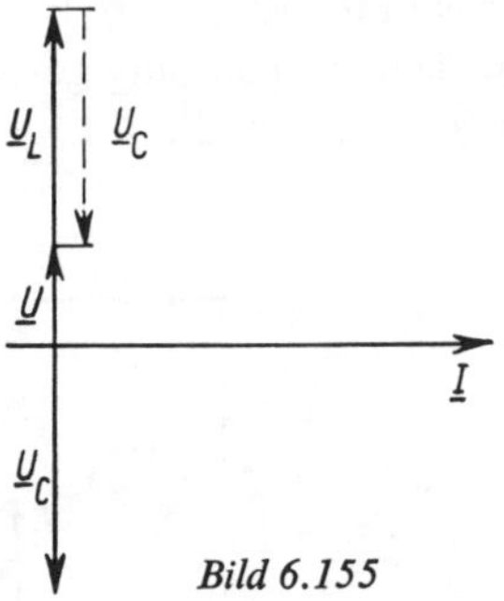

Bild 6.155

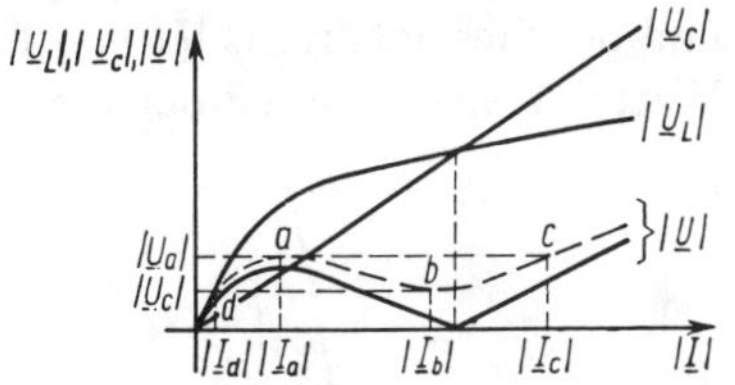

Bild 6.156

Die Strom-Spannungs-Kennlinie des Kondensators ist eine Gerade. Sie ist ebenfalls in dem Diagramm aufgetragen. Die Gesamtspannung ergibt sich als Differenz der Spannungen am Kondensator und an der Spule. Ihr Betrag wird ebenfalls in Abhängigkeit vom Strom im Bild 6.156 gezeigt. Bei einem bestimmten Wert des Stromes ist die Spannung am Kondensator gleich groß, aber entgegengesetzt der Spannung an der Spule, so daß die Gesamtspannung Null wird. Ist im Stromkreis noch ein Wirkwiderstand enthalten, dann ergibt die Konstruktion für die Strom-Spannungs-Kennlinie $|\underline{U}| = f|\underline{I}|$ die gestrichelt gezeichnete Kurve. Wird an einer solchen Reihenschaltung die Spannung langsam erhöht, so wächst der Strom erst allmählich an, bis er den Wert $|\underline{I}_a|$ erreicht hat. Eine weitere Steigerung der Spannung über *a* führt zu einem Sprung des Stromes von dem Wert $|\underline{I}_a|$ auf den Wert $|\underline{I}_c|$. Läßt man die Spannung weiter wachsen, so wächst auch der Strom monoton an. Für $|\underline{U}| < |\underline{U}_a|$ eilt die Spannung dem Strom voraus; für $|\underline{U}| > |\underline{U}_a|$ eilt die Spannung dem Strom nach. Der Stromsprung ist also mit einem Phasensprung verbunden. Läßt man jetzt die Spannung wieder sinken, dann nimmt auch der Strom stetig ab, bis der Wert $|\underline{I}_b|$ erreicht ist. Sinkt die Spannung weiter ab, so geht der Strom sprunghaft von dem Wert $|\underline{I}_b|$ auf den Wert $|\underline{I}_d|$ zurück. Hierbei vollzieht sich ebenfalls ein Phasensprung.

Ist in dem Stromkreis ein Widerstand mit starker Temperaturabhängigkeit enthalten, dann ändert sich je nach seiner Erwärmung der Verlauf der gestrichelten Strom-Spannungs-Kennlinie. Bei einer passenden Wahl der Eingangsspannung können dann entsprechend der Verschiebung der Strom-Spannungs-Kennlinie, die durch die Erwärmung bzw. Abkühlung des Widerstands bedingt ist, periodische Stromsprünge eintreten (Blinklichterzeugung).

6.9.3.2. Parallelschaltung

Bild 6.157 zeigt die Parallelschaltung einer Spule mit Eisenkern und eines Kondensators. Das Zeigerdiagramm, das sich unter den angeführten Voraussetzungen ergibt, wird im Bild 6.158 gezeigt.

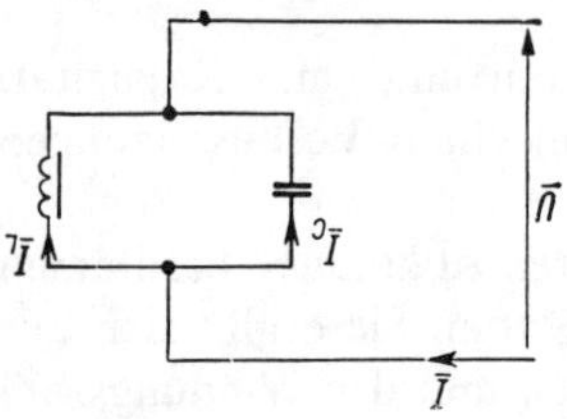

Bild 6.157

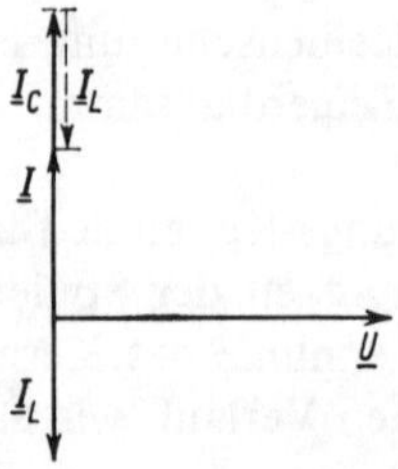

Bild 6.158

Im Bild 6.159 wird die Abhängigkeit des Spulenstroms $|\underline{I}_L|$, des Kondensatorstroms $|\underline{I}_C|$ und des Gesamtstroms $|\underline{I}|$ von der angelegten Spannung gezeigt. Bei einem bestimmten Wert der Spannung ist der Gesamtstrom gleich Null.

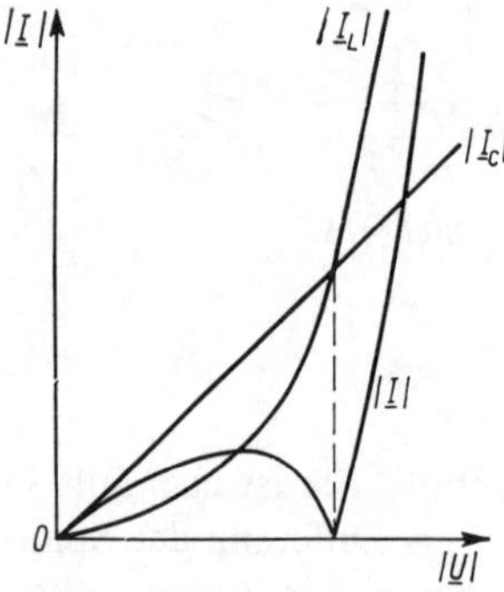

Bild 6.159

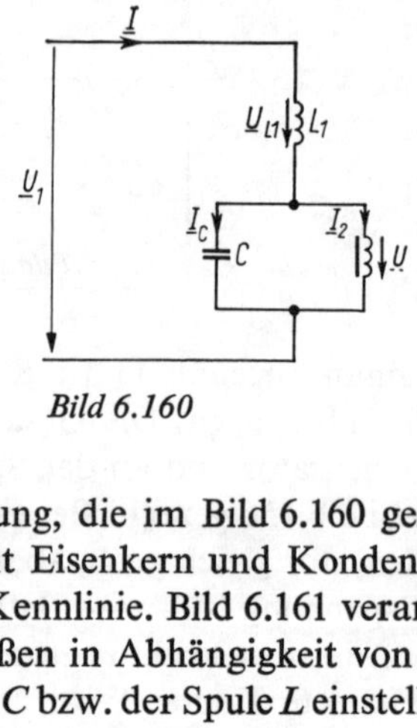

Bild 6.160

Sehr interessante Eigenschaften hat die Schaltung, die im Bild 6.160 gezeigt wird. Sie besteht aus der Parallelschaltung von Spule mit Eisenkern und Kondensator in Reihe mit einer Spule mit linearer Strom-Spannungs-Kennlinie. Bild 6.161 veranschaulicht die Verhältnisse in diesem Falle. Hier sind alle Größen in Abhängigkeit von der Spannung $|\underline{U}|$, die sich an den Klemmen des Kondensators C bzw. der Spule L einstellt, dargestellt.

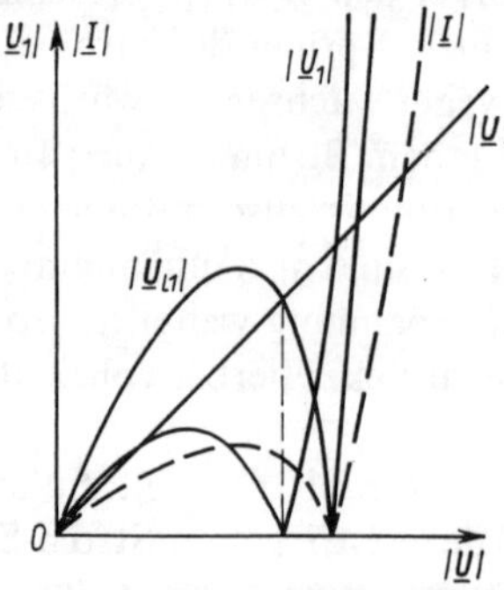

Bild 6.161

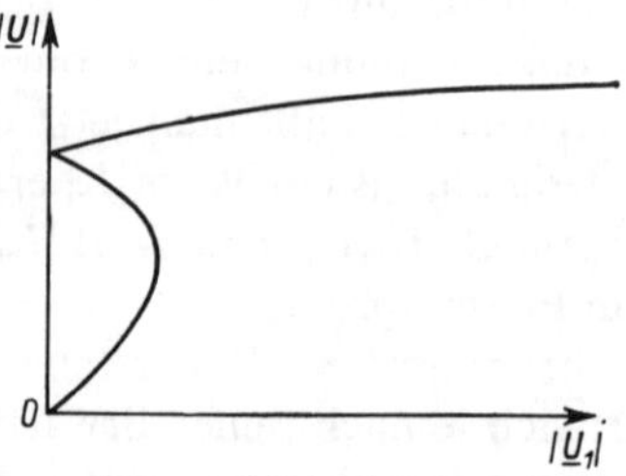

Bild 6.162

Als Grundlage wurde die Beziehung $|\underline{I}| = f(|\underline{U}|)$ (Bild 6.159) genommen. Wenn man für jeden Wert der Spannung $|\underline{U}|$ den zugehörigen Strom mit $X = \omega L_1$ multipliziert, dann erhält man die Abhängigkeit der Spannung $|\underline{U}_{L1}|$ an der Induktivität L_1 von der

Spannung $|\underline{U}|$. In demselben Diagramm wird auch $|\underline{U}| = g(|\underline{U}|)$ gezeigt. Sie stellt offensichtlich eine Gerade dar, die unter 45° zur Abszisse geneigt verläuft. Nun ergibt sich die Eingangsspannung als Summe der Spannungen $\underline{U}$ und $\underline{U}_{L1}$:

$$|\underline{U}_1| = |\underline{U}_{L1} + \underline{U}|. \tag{6.1041}$$

Das Diagramm zeigt auch die Abhängigkeit $|\underline{U}_1| = f(|\underline{U}|)$. Diese Kurve ist im Bild 6.162 in der Form $|\underline{U}| = h(|\underline{U}_1|)$ besonders herausgezeichnet.
Man ersieht aus ihr, daß in einem bestimmten Bereich bei ziemlich großen Schwankungen der Eingangsspannung $|\underline{U}_1|$ die Ausgangsspannung $|\underline{U}|$ verhältnismäßig konstant bleibt. Diese Schaltung kann man aus diesem Grund zur Stabilisierung von Wechselspannungen benutzen.

6.10. Transformator

6.10.1. Grundlagen

Der Transformator stellt eine elektromagnetische Einrichtung ohne bewegliche Teile dar, die eine Wechselspannung von einer gegebenen Frequenz in eine andere von derselben Frequenz umformt. Seine Wirkung beruht auf der Gegeninduktion. Im Prinzip besteht der Transformator aus zwei Wicklungen, die von demselben magnetischen Fluß durchsetzt werden. In der Starkstromtechnik und bei niederen Frequenzen führt man die Transformatoren so aus, daß beide Wicklungen auf einem geschlossenen magnetischen Kern angebracht sind. Der magnetische Kern ist aus legierten Stahlblechen zusammengesetzt. Solche Transformatoren nennt man Transformatoren mit Eisenkern, zum Unterschied von den kernlosen Transformatoren, die meist in der Hochfrequenztechnik Anwendung finden. Bild 6.163 zeigt den prinzipiellen Aufbau eines Transformators, Bild 6.164 seine schematische Darstellung.

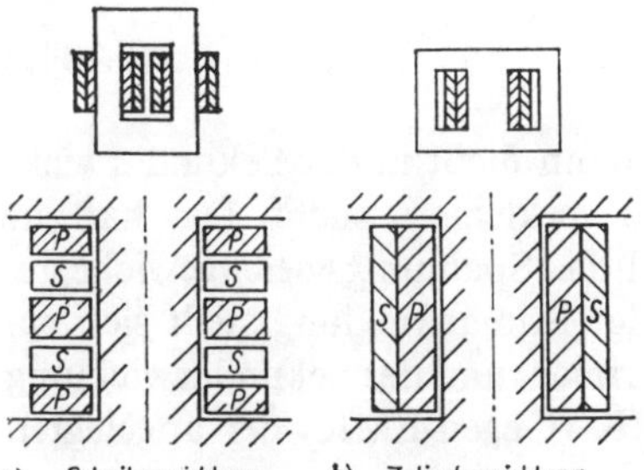

a) Scheibenwicklung b) Zylinderwicklung

Bild 6.163

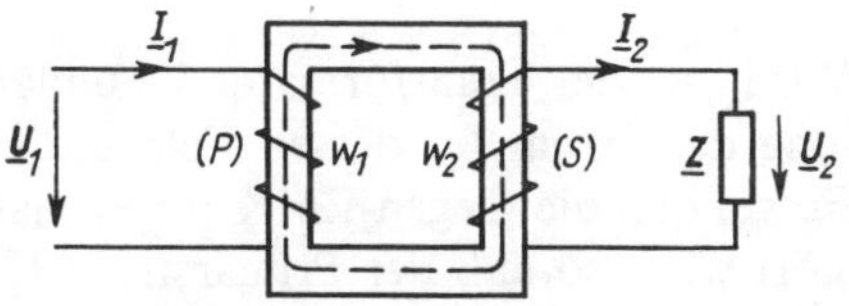

Bild 6.164

Die eine Wicklung des Transformators, die an der Wechselstromquelle angeschlossen ist, nennt man Primärwicklung (*P*), die zweite, an die der Verbraucher angeschlossen ist, nennt man Sekundärwicklung (*S*). w_1 bzw. w_2 bedeuten die Windungszahlen der primären bzw. der sekundären Wicklung.
Wir wollen annehmen, daß die ohmschen Widerstände beider Wicklungen vernachlässigbar klein sind und daß beide Wicklungen mit demselben Fluß verkettet sind.
Dann ist

$$u_1 = -e_1 = \frac{d\Psi}{dt} = w_1 \frac{d\Phi}{dt}. \tag{6.1042}$$

Wenn Φ sich zeitlich sinusförmig ändert, ist

$$\underline{U}_1 = -\underline{E}_1 = \mathrm{j}\,\frac{\omega}{\sqrt{2}}\,w_1\hat{\Phi} = \mathrm{j}\,4{,}44 f w_1 \hat{\Phi}. \tag{6.1043}$$

Die Spannung an den Klemmen der Sekundärwicklung ist unter diesen Voraussetzungen

$$u_2 = e_2 = -\frac{\mathrm{d}\Psi}{\mathrm{d}t} = -w_2\,\frac{\mathrm{d}\Phi}{\mathrm{d}t}, \tag{6.1044}$$

$$\underline{U}_2 = \underline{E}_2 = -\mathrm{j}\,\frac{\omega}{\sqrt{2}}\,w_2\hat{\Phi} \approx -\mathrm{j}\,4{,}44 f w_2 \hat{\Phi}. \tag{6.1045}$$

Die primäre und die sekundäre Spannung sind um π gegeneinander phasenverschoben. Ihre Beträge verhalten sich wie

$$\frac{U_1}{U_2} = \frac{w_1}{w_2} = \ddot{u}. \tag{6.1046}$$

Dieses Verhältnis nennt man das Übersetzungsverhältnis des Transformators. Offensichtlich ist entsprechend dem Übersetzungsverhältnis die Sekundärspannung höher oder niedriger als die Primärspannung. Je nachdem, wie der Transformator an die Spannungsquelle angeschlossen ist, kann er eine Spannung hoch- oder heruntertransformieren. Man gibt das Übersetzungsverhältnis allgemein als das Verhältnis der höheren zur niedrigeren Spannung an.

Im Leerlauf, d.h., wenn die Sekundärklemmen offen sind ($\underline{I}_2 = 0$), verhält sich der Transformator wie die Spule mit Eisenkern. In diesem Fall fließt der Leerlaufstrom $\underline{I}_0$, dessen Blindkomponente $\underline{I}_\mu$ die Ausbildung des magnetischen Flusses zur Folge hat. Die Durchflutung der Primärwicklung beträgt dann

$$\underline{\Theta}_0 = \underline{I}_0 w_1. \tag{6.1047}$$

Wird nun der Transformator sekundärseitig belastet, dann fließt in der Sekundärwicklung der Strom $\underline{I}_2$, dessen Feld die Flußänderung zu verkleinern sucht. Das hat zur Folge, daß die Gegen-EMK im Primärkreis sinkt und das Spannungsgleichgewicht gestört wird, so daß der Primärstrom $\underline{I}_1$ anwächst. In der Primärwicklung stellt sich ein solcher Strom ein, daß die gesamte Durchflutung der Primär- und der Sekundärwicklung gerade den Fluß erzeugt, bei dem die induzierte EMK (Gegen-EMK) der angelegten Spannung das Gleichgewicht hält. Folglich ist

$$\underline{\Theta}_1 + \underline{\Theta}_2 = \underline{\Theta}_0, \tag{6.1048}$$

$$\underline{I}_1 w_1 + \underline{I}_2 w_2 = \underline{I}_0 w_1. \tag{6.1049}$$

Gleichzeitig mit dem Sekundärstrom wächst also der Primärstrom an, und zwar so weit, bis gerade die entmagnetisierende Wirkung des Sekundärstroms kompensiert wird. Auf diese Weise wird das elektrische Gleichgewicht aufrechterhalten. Jeder Änderung des Sekundärstroms entspricht eine Änderung des Primärstroms.

6.10.2. Zeigerdiagramme und Ersatzschaltbilder

6.10.2.1. Zeigerdiagramm der Ströme

Im Bild 6.165 wird das Zeigerdiagramm des Transformators gezeigt. Anstelle der Ströme sind die ihnen proportionalen Durchflutungen aufgetragen. Der Sekundärstrom und somit die Sekundärdurchflutung werden von der Spannung $\underline{U}_2$ und dem Belastungswiderstand $\underline{Z}$ bestimmt. In dem betrachteten Fall ist ein induktiver Belastungswiderstand angenommen, d.h., $\underline{I}_2$ eilt $\underline{U}_2$ um einen bestimmten Winkel φ nach. Mit Hilfe von (6.1049) ist die primäre Durchflutung

$$\underline{I}_1 w_1 = \underline{I}_0 w_1 - \underline{I}_2 w_2 \tag{6.1050}$$

konstruiert. Diese Gleichung kann man folgendermaßen umformen:

$$\underline{I}_1 = \underline{I}_0 - \underline{I}_2 \frac{w_2}{w_1} = \underline{I}_0 + \underline{I}'_2 \tag{6.1051}$$

mit

$$\underline{I}'_2 = -\frac{w_2}{w_1} \underline{I}_2 = -\frac{\underline{I}_2}{ü}. \tag{6.1052}$$

$\underline{I}'_2$ nennt man den übersetzten Sekundärstrom. Bild 6.166 zeigt das Zeigerdiagramm der Ströme. Der Primärstrom ist gleich der geometrischen Summe aus dem Leerlaufstrom und dem übersetzten Sekundärstrom.
Ist der Sekundärstrom Null, dann hat der Primärstrom seinen Kleinstwert $\underline{I}_0$.

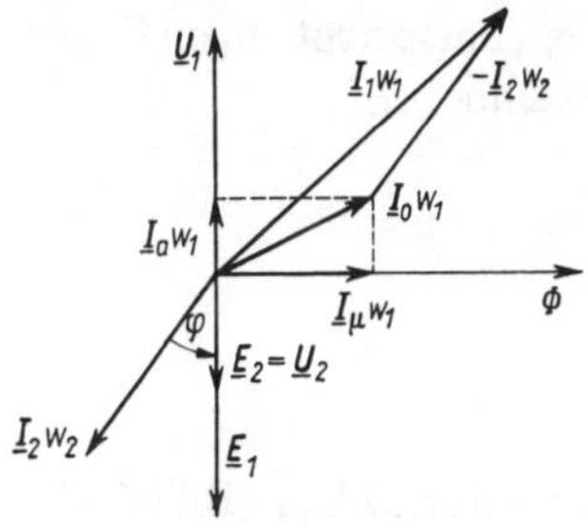

Bild 6.165

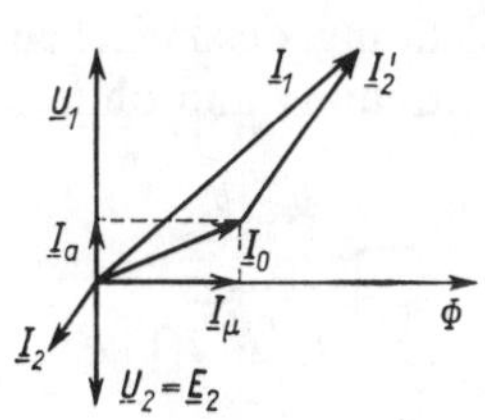

Bild 6.166

Der Transformator ist für einen primären ($\underline{I}_{1n}$) und einen sekundären ($\underline{I}_{2n}$) Nennstrom bemessen, die dem normalen Betrieb entsprechen. Der Leerlaufstrom beträgt gewöhnlich nur einen kleinen Bruchteil des Nennstroms ($I_0 \approx I_{1n}/20$), so daß man angenähert

$$\underline{I}_1 \approx -\frac{w_2}{w_1} \underline{I}_2 \tag{6.1053}$$

setzen kann, d.h.

$$\frac{I_1}{I_2} \approx \frac{w_2}{w_1}. \tag{6.1054}$$

6.10.2.2. Das vollständige Zeigerdiagramm des Transformators

Bei unseren bisherigen Betrachtungen haben wir sowohl die ohmschen Widerstände der Primär- und der Sekundärwicklung als auch die magnetische Streuung unberücksichtigt gelassen. Wir nahmen an, daß im Kern des Transformators ein magnetischer Fluß Φ

besteht, der durch das gemeinsame Wirken der Erregungen beider Wicklungen zustande kommt und mit beiden Wicklungen verkettet ist.

In Wirklichkeit besteht aber, ähnlich wie bei der Spule mit Eisenkern, noch ein Streufluß $\Phi_{\sigma 1}$, der von der Erregung der ersten Spule erzeugt wird, aber mit der zweiten Spule nicht verkettet ist. Ferner besteht noch ein zweiter Streufluß $\Phi_{\sigma 2}$, der durch die Erregung der zweiten Wicklung hervorgerufen wird und mit der ersten nicht verkettet ist. Die Streuflüsse haben zur Folge, daß in den Wicklungen des Transformators zusätzliche elektromotorische Kräfte $\underline{E}_{\sigma 1}$ und $\underline{E}_{\sigma 2}$ induziert werden, die um $\pi/2$ den Streuflüssen, die mit den Strömen $\underline{I}_1$ bzw. $\underline{I}_2$ in Phase sind, nacheilen. Da die Streuflüsse auf dem größten Teil ihres Weges in Luft verlaufen, kann man annehmen, daß ihre magnetischen Widerstände nicht von der Induktion abhängen; die Streuflüsse und damit auch die EMKs $\underline{E}_{\sigma 1}$ und $\underline{E}_{\sigma 2}$ der Streuung sind den Strömen $\underline{I}_1$ und $\underline{I}_2$ proportional.

Für die Berechnung des Transformators ist es vollkommen gleichgültig, ob die genannten EMKs in den Wicklungen selbst oder in getrennten Spulen ohne Eisenkern entstehen. Die Induktivität dieser gedachten Spulen bestimmt man aus

$$\mathrm{j}\omega L_{\sigma 1} = \mathrm{j}X_{\sigma 1} = \frac{\underline{E}_{\sigma 1}}{\underline{I}_1}, \tag{6.1055}$$

$$\mathrm{j}\omega L_{\sigma 2} = \mathrm{j}X_{\sigma 2} = \frac{\underline{E}_{\sigma 2}}{\underline{I}_2}. \tag{6.1056}$$

Wenn man diese gedachten Induktivitäten und die ohmschen Widerstände der Wicklungen von dem Transformator getrennt in das Schaltbild einzeichnet, erhält man Bild 6.167.

Der Teil der Schaltung, der zwischen den Punkten *a*, *b*, *c*, *d* liegt, entspricht einem Transformator ohne Streuung und ohne ohmsche Wicklungswiderstände.

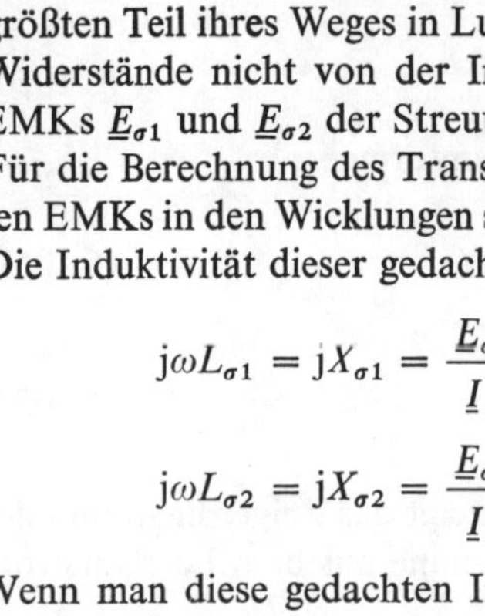

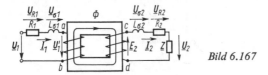

Bild 6.167

Bei der Aufstellung des Zeigerdiagramms des wirklichen Transformators (Bild 6.167) geht man am zweckmäßigsten vom Sekundärstrom $\underline{I}_2$ aus.

Den Zeiger der Spannung erhält man aus

$$\underline{U}_2 = \underline{Z}\underline{I}_2. \tag{6.1057}$$

$\underline{Z}$ wurde induktiv (Bild 6.168), kapazitiv (Bild 6.169) und ohmisch (Bild 6.170) angenommen. Die EMK $\underline{E}_2$ erhält man, indem man zu $\underline{U}_2$ geometrisch den Spannungsabfall an dem sekundären ohmschen Widerstand,

$$\underline{U}_{R2} = R_2\underline{I}_2, \tag{6.1058}$$

der in Phase mit $\underline{I}_2$ ist, und den Spannungsabfall an der sekundären Streuinduktivität,

$$\underline{U}_{\sigma 2} = \mathrm{j}\omega L_{\sigma 2}\underline{I}_2 = \mathrm{j}X_{\sigma 2}\underline{I}_2. \tag{6.1059}$$

der dem Strom $\underline{I}_2$ um $\pi/2$ voreilt, addiert:

$$\underline{E}_2 = \underline{U}_2 + \underline{U}_{R2} + \underline{U}_{\sigma 2}. \tag{6.1060}$$

Mit $\underline{E}_2$ kann man aus (6.1045) den Maximalwert $\hat{\Phi}$ des Flusses bestimmen. Dieser eilt $\underline{E}_2$ um $\pi/2$ voraus. In Richtung von $\hat{\Phi}$ verläuft $\underline{I}_\mu$ (Bild 6.148). Der Zeiger des Verluststroms $\underline{I}_a$

eilt $\underline{I}_\mu$ um $\pi/2$ voraus (Bild 6.148). Die geometrische Summe von $\underline{I}_\mu$ und $\underline{I}_a$ ergibt den Leerlaufstrom $\underline{I}_0$. Den Primärstrom erhalten wir entsprechend Bild 6.166 und (6.1051).

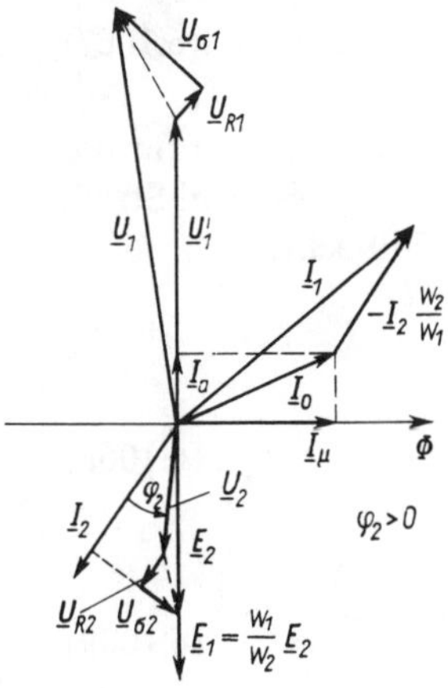

Bild 6.168

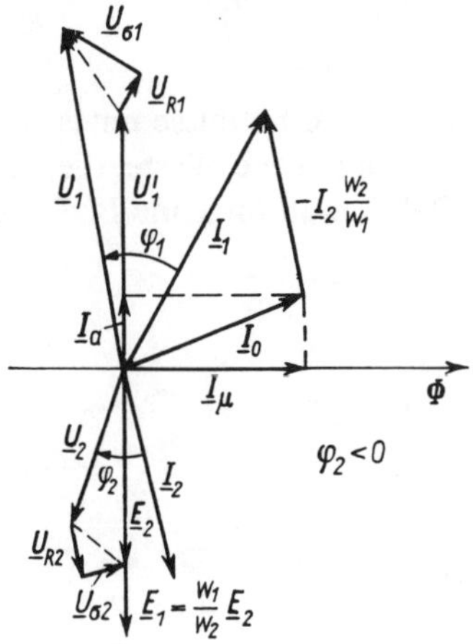

Bild 6.169

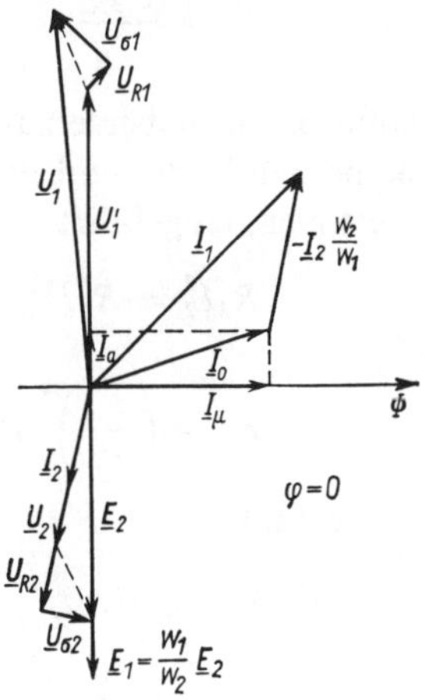

Bild 6.170

Die Spannung zwischen den Punkten *a* und *b* ist

$$\underline{U}'_1 = -\underline{E}_1 = -\frac{w_1}{w_2}\,\underline{E}_2. \tag{6.1061}$$

Um zu der Eingangsspannung zu gelangen, muß man zu $\underline{U}'_1$ den Spannungsabfall am primären ohmschen Widerstand,

$$\underline{U}_{R1} = R_1\underline{I}_1, \tag{6.1062}$$

der in Phase mit $\underline{I}_1$ ist, und den Spannungsabfall an der primären Streuinduktivität,

$$\underline{U}_{\sigma 1} = \mathrm{j}\omega L_{\sigma 1}\underline{I}_1 = \mathrm{j}X_{\sigma 1}\underline{I}_1, \tag{6.1063}$$

der dem primären Strom $\underline{I}_1$ um $\pi/2$ voreilt, addieren:

$$\underline{U}_1 = \underline{U}'_1 + \underline{U}_{R1} + \underline{U}_{\sigma 1}. \tag{6.1064}$$

6.10.2.3. Ersatzschaltbild des Transformators

Wir wollen das Zeigerdiagramm des Transformators zeichnen, wobei wir aber die Zeiger der sekundären elektromotorischen Kräfte, Spannungen und Spannungsabfälle mit

$$\ddot{u} = \frac{w_1}{w_2} \tag{6.1065}$$

multiplizieren und die neuen Zeiger um π verdrehen. Sie ergeben sich damit zu

$$\begin{aligned} \underline{U}'_2 &= -\ddot{u}\underline{U}_2, \\ \underline{U}'_{R2} &= -\ddot{u}\underline{U}_{R2} = -\ddot{u}R_2\underline{I}_2, \\ \underline{U}'_{\sigma 2} &= -\ddot{u}\underline{U}_{\sigma 2} = -\mathrm{j}\ddot{u}X_{\sigma 2}\underline{I}_2, \\ \underline{E}'_2 &= -\ddot{u}\underline{E}_2 = \underline{U}'_1. \end{aligned} \tag{6.1066}$$

Diese Größen würden sich einstellen, wenn der Transformator das Übersetzungsverhältnis $ü = 1$ hätte. Der übersetzte Sekundärstrom ist

$$\underline{I}_2' = -\frac{\underline{I}_2}{ü}. \tag{6.1067}$$

Damit bei der Übersetzung die Energieverhältnisse unverändert bleiben, müssen für die sekundären Wirk- und Blindwiderstände neue Werte, die wir ebenfalls mit einem Strich bezeichnen, eingeführt werden. Dabei muß folgende Bedingung erfüllt sein:

$$R_2 \underline{I}_2^2 = R_2' \underline{I}_2'^2,$$

d.h.

$$R_2' = \left(\frac{\underline{I}_2}{\underline{I}_2'}\right)^2 R_2 = ü^2 R_2. \tag{6.1068}$$

Ferner muß

$$\underline{U}_{\sigma 2}' = -ü\underline{U}_{\sigma 2} = \mathrm{j}X_{\sigma 2}'\underline{I}_2' = -\mathrm{j}X_{\sigma 2}'\frac{\underline{I}_2}{ü} \tag{6.1069}$$

sein, so daß

$$X_{\sigma 2}' = \frac{ü^2}{\mathrm{j}}\frac{\underline{U}_{\sigma 2}}{\underline{I}_2} = ü^2 X_{\sigma 2} \tag{6.1070}$$

ist, und schließlich gilt

$$\underline{Z}_2' = \frac{\underline{U}_2'}{\underline{I}_2'} = \frac{ü^2 \underline{U}_2}{\underline{I}_2} = ü^2 \underline{Z}_2. \tag{6.1071}$$

(6.1068), (6.1070) und (6.1071) geben die Vorschriften für die Übersetzung der Widerstände an.

Bild 6.171 zeigt das Zeigerdiagramm, das wir unter den getroffenen Voraussetzungen erhalten.

Den Ausdruck

$$\underline{I}_1 = \underline{I}_0 + \underline{I}_2' \tag{6.1072}$$

kann man so deuten, als ob ein Knotenpunkt vorliegt, an dem der Strom $\underline{I}_1$ zufließt und die Ströme $\underline{I}_0$ und $\underline{I}_2'$ abfließen. Mit dieser Auffassung kann man eine Schaltung (Bild 6.172) angeben, für die dasselbe Zeigerdiagramm (Bild 6.171) gilt und die dieselben Eigenschaften wie der betrachtete Transformator aufweist.

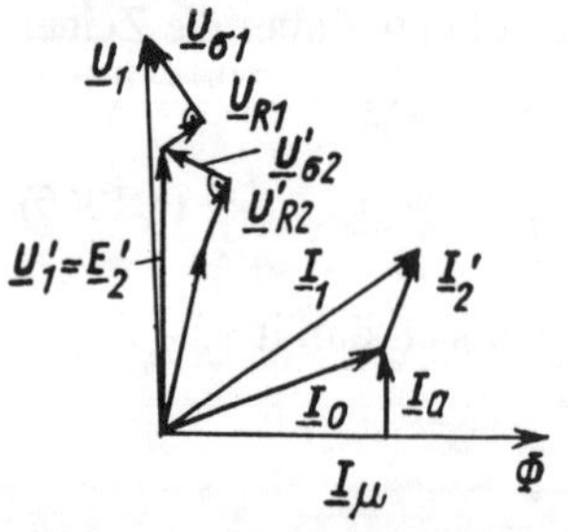

Bild 6.171

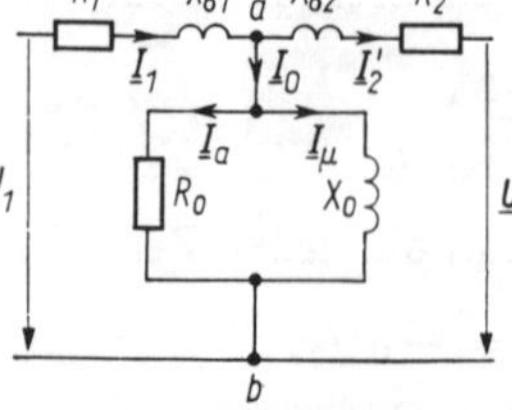

Bild 6.172

Bild 6.172 stellt somit das Ersatzschaltbild des realen Transformators dar.

Wie bereits angeführt, ist der Leerlaufstrom $\underline{I}_0$ in den meisten Fällen sehr klein gegen den Nennstrom. Bei angenäherten Betrachtungen kann man ihn vernachlässigen, d.h.

den Querzweig $a - b$ weglassen. Damit wird das Ersatzschaltbild des Transformators beträchtlich vereinfacht (Bild 6.173a).
In diesem Fall ist

$$\underline{I}_1 = \underline{I}'_2. \tag{6.1073}$$

Faßt man noch die Wirk- und Blindwiderstände zusammen, dann erhält man das weiter vereinfachte Ersatzschaltbild (Bild 6.173b). Darin ist

$$R = R_1 + R'_2, \tag{6.1074}$$

$$X = X_{\sigma 1} + X'_{\sigma 2}. \tag{6.1075}$$

Das Zeigerdiagramm dafür wird im Bild 6.174 gezeigt.

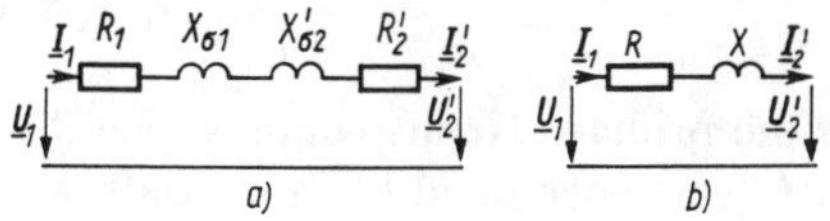

Bild 6.173

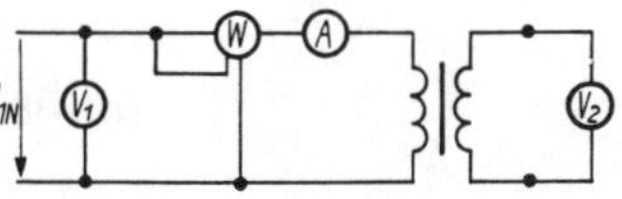

Bild 6.175

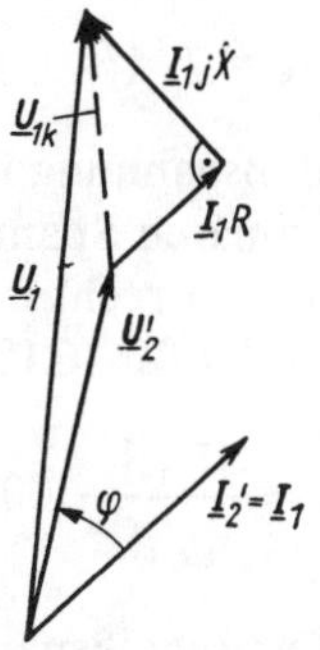

Bild 6.174

6.10.3. Grenzfälle der Belastung, Wirkungsgrad und besondere Schaltungen des Transformators

6.10.3.1. Leerlauf

Bei Änderung der Belastung in dem Bereich vom Leerlauf bis zur Nennbelastung bleibt der magnetische Fluß und damit die Induktion praktisch konstant. Die Verluste im Eisen hängen deswegen nicht von der Belastung ab. Im Leerlauf ist außerdem der Strom so klein, daß man ohne weiteres die Kupferverluste vernachlässigen kann. Aus diesem Grund ergibt die Messung der Verluste im Leerlauf bei primärer Nennspannung praktisch die Eisenverluste (Bild 6.175).
Infolge des kleinen Wertes des Leerlaufstroms kann man den primären Spannungsabfall vernachlässigen. Die Anzeige der Spannungsmesser ergibt ziemlich genau das Übersetzungsverhältnis

$$\frac{U_{10}}{U_{20}} \approx \frac{E_1}{E_2} = \frac{w_1}{w_2} = \ddot{u}. \tag{6.1076}$$

6.10.3.2. Kurzschluß

Der Spannungsabfall im Transformator beträgt

$$\Delta U = \underline{U}_1 - \underline{U}'_2. \tag{6.1077}$$

Der relative Spannungsabfall ist

$$\varepsilon_r = \left|\frac{\Delta \underline{U}}{\underline{U}_1}\right| \cdot 100\,\% = \left|\frac{\underline{U}_1 - \underline{U}'_2}{\underline{U}_1}\right| \cdot 100\,\%. \tag{6.1078}$$

Den relativen Spannungsabfall kann man leicht durch die Kurzschlußmessung ermitteln. Wir wollen die Sekundärklemmen des Transformators (Bild 6.176) über einen Strommesser kurzschließen und die Spannung an den Eingangsklemmen so weit steigern, bis der Sekundärstrom den Nennwert erreicht. Die Spannung, die dann an den Eingangsklemmen liegt bzw. vom Spannungsmesser V_1 angezeigt wird, nennt man die Kurzschlußspannung.

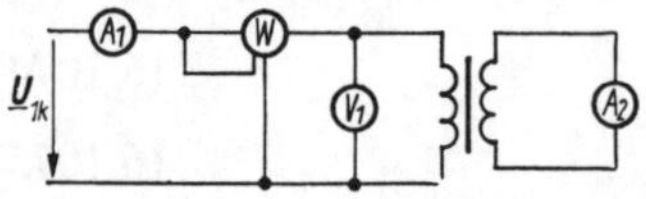

Bild 6.176

Da $\underline{U}_2' = 0$ ist, folgt aus dem Zeigerdiagramm (Bild 6.174)

$$\underline{U}_{1k} = \underline{I}_1 (R + jX) = \Delta \underline{U}. \tag{6.1079}$$

Die Kurzschlußspannung ist bedeutend kleiner als die primäre Nennspannung. Bei dieser kleinen primären Spannung ist aber der Strom $\underline{I}_0$ verschwindend klein, so daß man in diesem Fall erst recht mit dem vereinfachten Ersatzschaltbild arbeiten kann.
Mit (6.1079) folgt für (6.1078)

$$\varepsilon_r = \frac{|\underline{U}_{1k}|}{|\underline{U}_1|} \cdot 100\%. \tag{6.1080}$$

Die kleine Kurzschlußspannung hat zur Folge, daß die Induktion im Kern und damit auch die Eisenverluste verschwindend klein sind. Der Leistungsmesser, der primärseitig angeschlossen ist (Bild 6.176), zeigt praktisch die Leistung

$$P_k = I_1^2 (R_1 + R_2') = I_1^2 R_1 + I_2^2 R_2, \tag{6.1081}$$

also die Kupferverluste, an.
Erfolgt ein Kurzschluß bei der primären Nennspannung, dann ist offensichtlich der Kurzschlußstrom

$$\underline{I}_{1k} = \frac{\underline{U}_{1n}}{R + jX}, \tag{6.1082}$$

$$\frac{I_{1k}}{I_{1n}} = \frac{U_{1n}}{U_{1k}} = \frac{1}{\varepsilon_r}. \tag{6.1083}$$

Die Anforderungen hinsichtlich des zulässigen Kurzschlußstroms bestimmen die Kurzschlußspannung des Transformators und den Spannungsabfall im Transformator.

6.10.3.3. Wirkungsgrad

Der Wirkungsgrad des Transformators ist wie üblich definiert als das Verhältnis der abgegebenen zur aufgenommenen Leistung. Der Unterschied dieser Leistungen ist gleich den Verlusten im Transformator. Es gilt also

$$\Delta P = P_1 - P_2, \tag{6.1084}$$

$$\eta = \frac{P_2}{P_1} = \frac{P_2}{P_2 + \Delta P}. \tag{6.1085}$$

Die Verluste im Transformator teilen sich auf in Eisen- und Kupferverluste:

$$\Delta P = P_e + P_k. \tag{6.1086}$$

Da

$$P_2 = U_2' I_2' \cos \varphi_2 \tag{6.1087}$$

ist, folgt

$$\eta = \frac{U_2' I_2' \cos \varphi_2}{U_2' I_2' \cos \varphi_2 + P_e + P_k} = \frac{U_2' \cos \varphi_2}{U_2' \cos \varphi_2 + \frac{P_e}{I_2'} + I_2' R}. \tag{6.1088}$$

Bei einer Änderung des Sekundärstroms ändert sich U_2 sehr wenig. Deswegen kann man U_2' bei der Untersuchung des Wirkungsgrads als konstant ansehen. Wenn wir auch $\cos \varphi_2$ konstant halten, so wird der Wirkungsgrad ein Maximum aufweisen, und zwar dann, wenn der veränderliche Teil des Nenners ein Minimum hat, d.h. bei

$$\frac{d}{dI_2'} \left(\frac{P_e}{I_2'} + I_2' R \right) = -\frac{P_e}{I_2'^2} + R = 0 \tag{6.1089}$$

oder

$$P_e = I_2'^2 R = P_k. \tag{6.1090}$$

Der Transformator hat den größten Wirkungsgrad bei einer solchen Belastung, bei der die Eisenverluste gleich den Kupferverlusten sind.

6.10.3.4. Spartransformator

Für die Lösung der Grundaufgabe des Transformators, nämlich die Übersetzung der Spannung, sind zwei getrennte Wicklungen nicht notwendig. Zu diesem Zweck genügt eine Wicklungsausführung nach Bild 6.177.

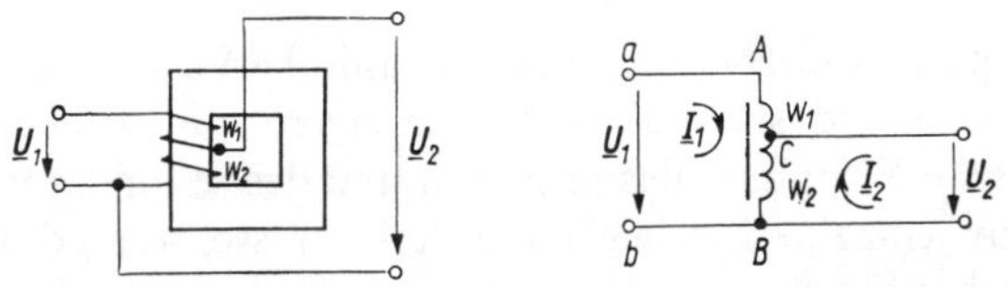

Bild 6.177

Schaltet man zwischen den Punkten A und B eine Spannung an, so erscheint offensichtlich zwischen den Punkten $C-B$ eine kleinere Spannung, und umgekehrt. Es gilt unter Vernachlässigung der Streuung und der ohmschen Spannungsabfälle

$$\frac{U_2}{U_1} = \frac{w_2}{w_1 + w_2}. \tag{6.1091}$$

Diese Beziehung erlaubt, die Lage der Anzapfung C zu bestimmen, damit die gewünschte Spannungsübersetzung erzielt wird. Solche Transformatoren, die nur eine Wicklung haben, nennt man Spartransformatoren. Die Ströme im primären und im sekundären Stromkreis sind unter Vernachlässigung des Leerlaufstroms (wie bei den Zweiwicklungstransformatoren) der Phase nach entgegengesetzt gerichtet. Im Spulenteil $C-B$ überlagern sich beide Ströme, so daß hier der Strom

$$I_{BC} = I_2 - I_1 \tag{6.1092}$$

fließt.

Wenn wir den Leerlaufstrom vernachlässigen, können wir also die Gleichung aufstellen:

$$I_1 (w_1 + w_2) = I_2 w_2 . \tag{6.1093}$$

Hieraus ergibt sich zusammen mit (6.1091)

$$\frac{I_1}{I_2} = \frac{U_2}{U_1} = \frac{w_2}{w_1 + w_2} = \frac{1}{\ddot{u}}. \tag{6.1094}$$

Die Bemessung des Transformators ist nicht für die primäre bzw. sekundäre Leistung, sondern für die Leistung, die transformatorisch von dem einen Wicklungsteil auf den anderen übertragen wird, durchzuführen.
Diese beträgt

$$P' = (U_1 - U_2) I_1 = I_1 U_1 \left(1 - \frac{U_2}{U_1}\right) = P_1 \frac{w_1}{w_1 + w_2}. \tag{6.1095}$$

Wenn sich der Übersetzungsfaktor

$$\ddot{u} = \frac{w_1 + w_2}{w_2} \tag{6.1096}$$

nicht viel von 1 unterscheidet, sind die Ströme I_1 und I_2 fast gleich, und ihr Unterschied $I_{BC} = I_1 - I_2$ ist im Vergleich dazu sehr klein. Aus diesem Grund kann man den Wicklungsteil $C-B$ zwar mit der geforderten Windungszahl, aber mit einem bedeutend kleineren Querschnitt ausführen. Das hat zur Folge, daß die Wicklung des Spartransformators leichter als die Wicklungen eines Zweiwicklungstransformators gleicher Leistung ist. Gleichzeitig benötigt die Wicklung aber auch einen kleineren Wicklungsraum, so daß man aus diesem Grund auch die Abmessungen des Kernes kleiner halten kann. Deswegen ist in wirtschaftlicher Beziehung der Spartransformator dem Zweiwicklungstransformator vorzuziehen. Mit der Vergrößerung des Übersetzungsverhältnisses verschwinden diese Vorteile.
Eine unangenehme Erscheinung beim Spartransformator ist die galvanische Verbindung beider Stromkreise. Solange die primären und sekundären Spannungen von gleicher Größenordnung sind, stellt die galvanische Kopplung des primären und des sekundären Stromkreises keinen großen Nachteil dar. Ganz anders liegen die Verhältnisse, wenn das Übersetzungsverhältnis groß ist. Dann besteht die Gefahr, daß die Einrichtungen und das Bedienungspersonal an der Niederspannungsseite mit der hohen Spannung in Berührung kommen können. Dies hat zur Folge, daß man verstärkte Isolationsmaßnahmen treffen muß, was die genannten Vorteile des Spartransformators zunichte macht.
Aus diesen Gründen verwendet man Spartransformatoren nur dann, wenn es sich um kleine Spannungsübersetzungen handelt.

6.10.3.5. Parallelbetrieb von Transformatoren

Unter Umständen müssen zwei oder mehrere Transformatoren im Parallelbetrieb (Bild 6.178) arbeiten. Bei dieser Schaltung muß man anstreben, daß sich der Belastungsstrom auf die zwei im Parallelbetrieb arbeitenden Transformatoren proportional ihrer Nennleistung verteilt. Die Bedingungen hierzu wollen wir näher untersuchen.
Die Sekundärspannungen beider Transformatoren sind gleich groß. Bei dem ersten Transformator ist sie

$$\underline{U}_2 = \underline{E}_{21} - \underline{I}_{21} \underline{Z}_{21} \tag{6.1097}$$

und bei dem zweiten

$$\underline{U}_2 = \underline{E}_{22} - \underline{I}_{22}\underline{Z}_{22}. \tag{6.1098}$$

$\underline{Z}_{21}$ bzw. $\underline{Z}_{22}$ sind die Scheinwiderstände der sekundären Wicklungen. Wenn wir die rechten Seiten dieser beiden Beziehungen gleichsetzen und mit *ü* multiplizieren, erhalten wir

$$ü\underline{E}_{21} - \underline{I}_{21}ü\underline{Z}_{21} = ü\underline{E}_{22} - \underline{I}_{22}ü\underline{Z}_{22}. \tag{6.1099}$$

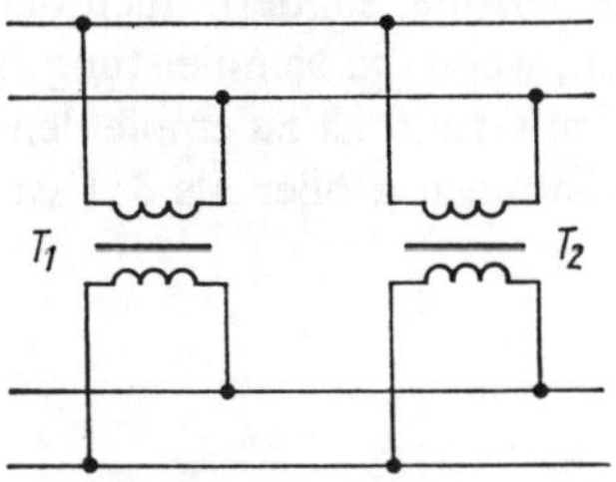

Bild 6.178

Nun gilt aber

$$ü\underline{E}_2 = \underline{E}_1 = -(\underline{U}_1 - \underline{I}_1\underline{Z}_1), \tag{6.1100}$$

$$\underline{I}_2 = -\underline{I}_2'ü, \tag{6.1101}$$

so daß

$$-\underline{U}_1 + \underline{I}_{11}\underline{Z}_{11} - \underline{I}_{21}ü\underline{Z}_{21} = -\underline{U}_1 + \underline{I}_{12}\underline{Z}_{12} - \underline{I}_{22}ü\underline{Z}_{22}, \tag{6.1102}$$

$$-\underline{U}_1 + \underline{I}_{11}\underline{Z}_{11} + \underline{I}_{21}'ü^2\underline{Z}_{21} = -\underline{U}_1 + \underline{I}_{12}\underline{Z}_{12} + \underline{I}_{22}'ü^2\underline{Z}_{22}, \tag{6.1103}$$

$$\underline{Z}_2' = \underline{Z}_2ü^2, \tag{6.1104}$$

$$-\underline{U}_1 + \underline{I}_{11}\underline{Z}_{11} + \underline{I}_{21}'\underline{Z}_{21}' = -\underline{U}_1 + \underline{I}_{12}\underline{Z}_{12} + \underline{I}_{22}'\underline{Z}_{22}' \tag{6.1105}$$

ist. Ferner gilt

$$\underline{U}_\mathrm{k} = \underline{I}_1\underline{Z}_1 + \underline{I}_2'\underline{Z}_2', \tag{6.1106}$$

$$\underline{U}_\mathrm{k} = \underline{I}_1\underline{Z}_\mathrm{k}, \tag{6.1107}$$

d. h., es muß sein

$$\underline{I}_{11}\underline{Z}_{\mathrm{k}1} = \underline{I}_{12}\underline{Z}_{\mathrm{k}2}, \tag{6.1108}$$

$$\frac{\underline{I}_{11}}{\underline{I}_{12}} = \frac{\underline{Z}_{\mathrm{k}2}}{\underline{Z}_{\mathrm{k}1}}. \tag{6.1109}$$

Das bedeutet, daß sich die Ströme bei parallel arbeitenden Transformatoren umgekehrt wie die Kurzschlußwiderstände verteilen. Wir wollen aber erreichen, daß sich die Ströme proportional der Nennleistung der Transformatoren aufteilen. Hieraus geht hervor, daß die gewünschte Stromverteilung dann stattfindet, wenn die Kurzschlußspannungen bei den Nennströmen einander gleich sind. Dann ist

$$\underline{I}_{\mathrm{n}11}\underline{Z}_{\mathrm{k}1} = \underline{I}_{\mathrm{n}12}\underline{Z}_{\mathrm{k}2}, \tag{6.1110}$$

$$\frac{\underline{I}_{11}}{\underline{I}_{12}} = \frac{\underline{Z}_{\mathrm{k}2}}{\underline{Z}_{\mathrm{k}1}} = \frac{\underline{I}_{\mathrm{n}11}}{\underline{I}_{\mathrm{n}12}} = \frac{P_1}{P_2}. \tag{6.1111}$$

Auf diese Weise ergeben sich für einen normalen Betrieb parallelgeschalteter Transformatoren folgende Bedingungen:

1. Die Nennspannungen (Effektivwerte) müssen gleich sein.
2. Die Kurzschlußspannungen (Zeiger) müssen gleich sein.

Die erste Bedingung deckt sich offensichtlich mit der Bedingung der Gleichheit des Übersetzungsfaktors.
Die Gleichheit der Kurzschlußspannungen soll nicht nur der Größe, sondern auch der Phase nach erfüllt sein. Diese Bedingung ist schwer zu erfüllen, wenn die Nennleistungen der Transformatoren sehr voneinander abweichen. Aus diesem Grund ist zu empfehlen, daß Transformatoren, bei denen das Verhältnis der Nennleistungen größer als 3:1 ist, nicht im Parallelbetrieb eingesetzt werden.

6.10.4. Dreiphasentransformator

Zur Umspannung von Dreiphasensystemen kann man drei Einphasentransformatoren verwenden. Diese arbeiten dann als ein einheitliches Aggregat. Es liegt der Gedanke nahe, die drei Einphasentransformatoren zu einem Dreiphasentransformator zusammenzubauen. Wir wollen die drei Einphasentransformatoren, die im Bild 6.179 gezeigt werden, näher betrachten.

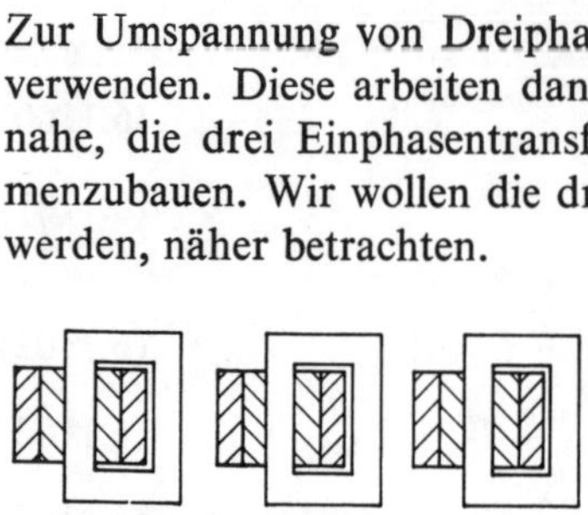

Bild 6.179

Die primäre und die sekundäre Wicklung bringen wir auf demselben Schenkel des Transformators an. Offensichtlich können wir diese drei Einphasentransformatoren so zusammenlegen, wie es im Bild 6.180 gezeigt wird, d.h., wir können die drei unbewickelten Schenkel der Einphasentransformatoren zu einem zusammenfassen.

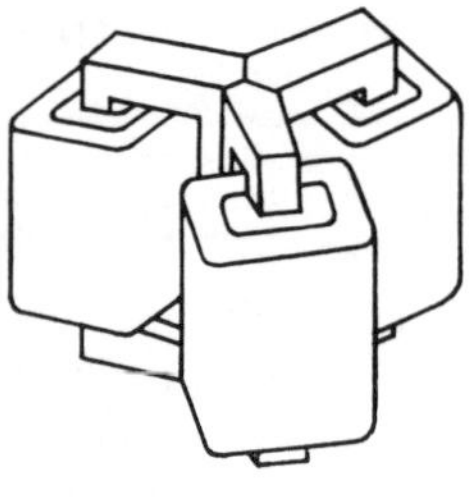

Bild 6.180

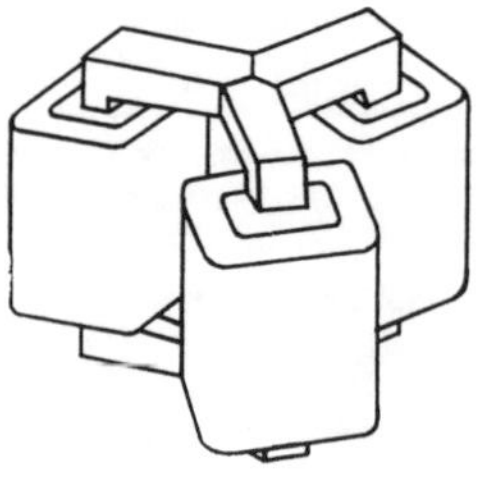

Bild 6.181

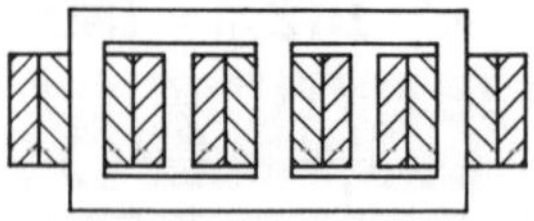

Bild 6.182

Die drei Primärspannungen des Dreiphasensystems haben drei Flüsse zur Folge, die gleiche Amplituden haben und um $2\pi/3$ gegeneinander phasenverschoben sind. In dem gemeinsamen Schenkel des Dreiphasentransformators stellt sich die Summe der drei Flüsse ein. Sie ist aber Null, so daß der vierte gemeinsame Schenkel des Dreiphasentransformators entbehrlich ist. Physikalisch schließt sich in jedem Augenblick der Fluß der einzelnen Schenkel über die zwei anderen Schenkel. Auf diese Weise entsteht der symmetrische Kern, der im Bild 6.181 gezeigt wird. Die Ausführung dieses symmetrischen Dreiphasentransformators ist mit vielen Schwierigkeiten verbunden. Aus konstruktiven Gründen bringt man deshalb die drei Schenkel in eine Ebene, so daß man auf diese Weise den unsymmetrischen Dreiphasenkern (Bild 6.182) erhält.

6.10.4.1. Schaltung der Wicklungen beim Dreiphasentransformator

Stern-Stern-Schaltung

Man kann sowohl die primären als auch die sekundären Wicklungen eines Dreiphasentransformators in Stern schalten. Die Prinzipschaltung wird im Bild 6.183 gezeigt.

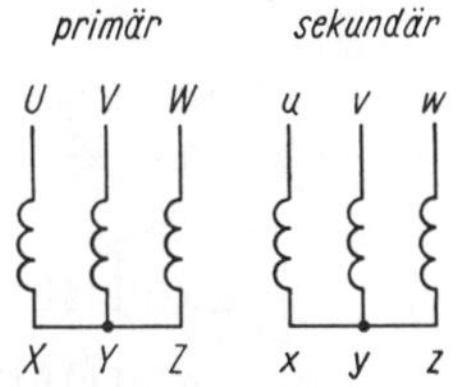

Bild 6.183

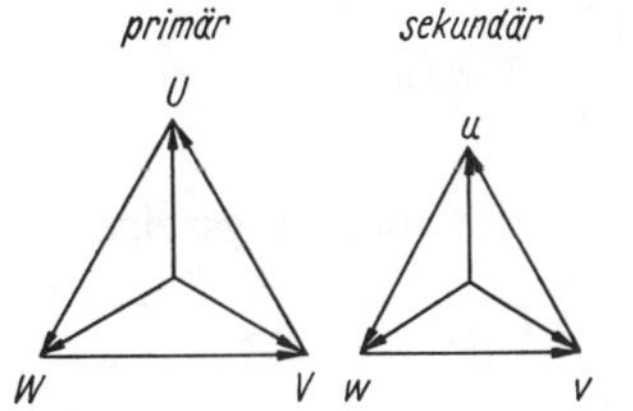

Bild 6.184

Im Bild 6.184 sind die Spannungszeiger für die Stern-Stern-Schaltung (⅄/⅄) dargestellt. Die Spannungen zwischen den Primärklemmen sind mit den Spannungen zwischen den entsprechenden Sekundärklemmen in Phase. Es gilt

$$U'_a = \sqrt{3}\, U'_{st}, \tag{6.1112}$$

$$U''_a = \sqrt{3}\, U''_{st}, \tag{6.1113}$$

$$\frac{U'_a}{U''_a} = \frac{U'_{st}}{U''_{st}} = \frac{w_1}{w_2} \quad \text{(Primärgrößen mit einem Strich, Sekundärgrößen mit zwei Strichen).} \tag{6.1114}$$

Dreieck-Dreieck-Schaltung

Außerdem kann man sowohl die primären als auch die sekundären Wicklungen des Dreiphasentransformators in Dreieck schalten. Dies wird im Bild 6.185 gezeigt.

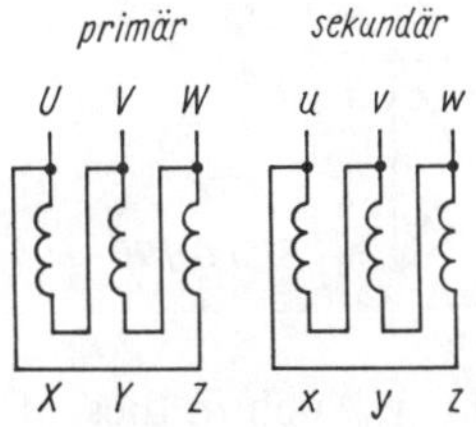

Bild 6.185

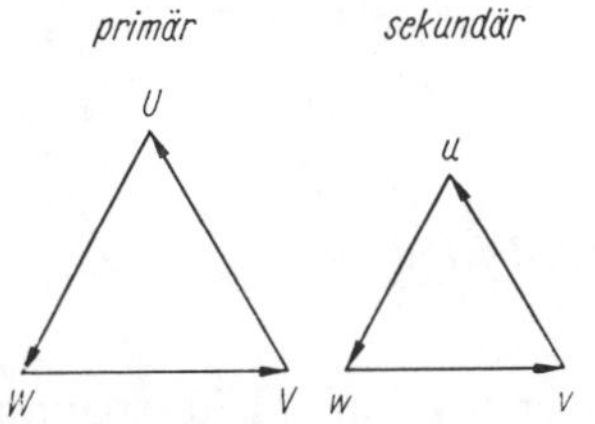

Bild 6.186

Im Bild 6.186 sind die Spannungszeiger für die Dreieck-Dreieck-Schaltung (△/△) zu sehen.

Die Spannungen zwischen den Primärklemmen sind mit den Spannungen zwischen den entsprechenden Sekundärklemmen in Phase. Es gilt

$$U'_a = U'_{st}, \tag{6.1115}$$

$$U''_a = U''_{st}, \tag{6.1116}$$

$$\frac{U'_a}{U''_a} = \frac{U'_{st}}{U''_{st}} = \frac{w_1}{w_2}. \tag{6.1117}$$

Stern-Dreieck-Schaltung

Bei der Stern-Dreieck-Schaltung ($\curlywedge/\Delta$), die im Bild 6.187 gezeigt wird, sind die Primärwicklungen in Stern, die Sekundärwicklungen dagegen in Dreieck geschaltet.

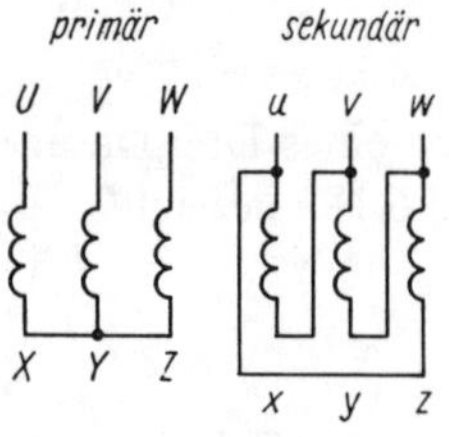

Bild 6.187

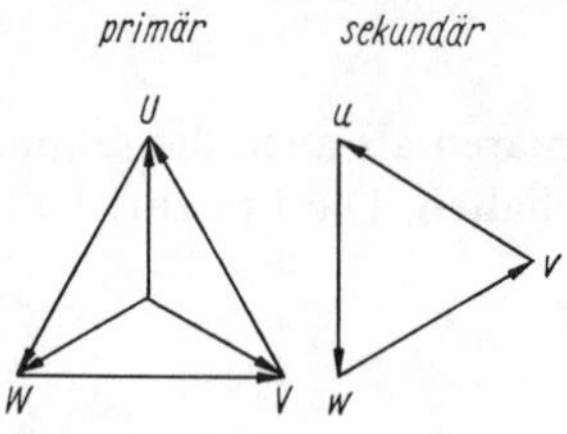

Bild 6.188

Im Bild 6.188 werden die Spannungszeiger dafür gezeigt. Es gilt

$$U'_a = \sqrt{3}\, U'_{st}, \tag{6.1118}$$

$$U''_a = U''_{st}, \tag{6.1119}$$

$$\frac{U'_{st}}{U''_{st}} = \frac{w_1}{w_2}, \tag{6.1120}$$

$$\frac{U'_a}{U''_a} = \sqrt{3}\, \frac{w_1}{w_2}. \tag{6.1121}$$

Die Spannungen zwischen den primären Klemmen sind gegenüber den Spannungen zwischen den entsprechenden Sekundärklemmen um $\pi/6$ phasenverschoben (Bild 6.188).

Dreieck-Stern-Schaltung

Bei der Dreieck-Stern-Schaltung ($\Delta/\curlywedge$), die im Bild 6.189 gezeigt wird, sind die Primärwicklungen in Dreieck, die Sekundärwicklungen dagegen in Stern geschaltet.

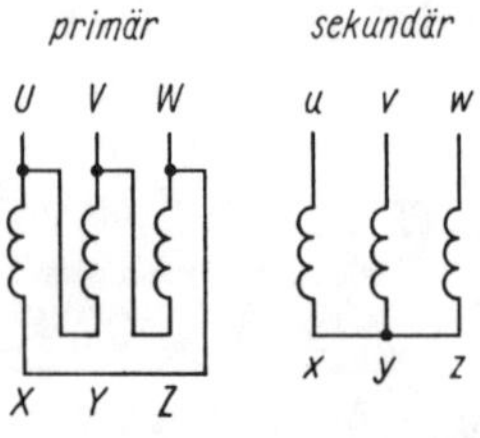

Bild 6.189

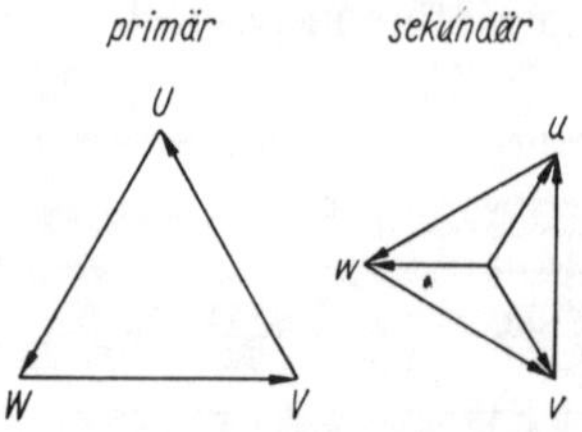

Bild 6.190

Im Bild 6.190 sind die Zeiger der Außenleiterspannungen eingezeichnet. Auch in diesem Falle sind die Zeiger der Spannungen zwischen den primären Klemmen und den entsprechenden sekundären Klemmen um $\pi/6$ phasenverschoben. Es gilt hierbei

$$U'_a = U'_{st}, \tag{6.1122}$$

$$U''_a = \sqrt{3}\, U''_{st}, \tag{6.1123}$$

$$\frac{U'_{st}}{U''_{st}} = \frac{w_1}{w_2}, \tag{6.1124}$$

$$\frac{U'_a}{U''_a} = \frac{1}{\sqrt{3}}\, \frac{w_1}{w_2}. \tag{6.1125}$$

Zickzackschaltung

Auf der sekundären Seite von Dreiphasentransformatoren findet häufig die Zickzackschaltung Anwendung. Hierbei werden die Wicklungen jeweils in zwei gleiche Teile unterteilt. Die sechs Wicklungshälften werden entsprechend Bild 6.191 miteinander verschaltet.

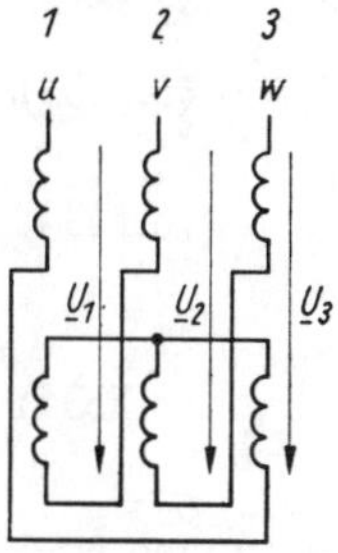

Bild 6.191

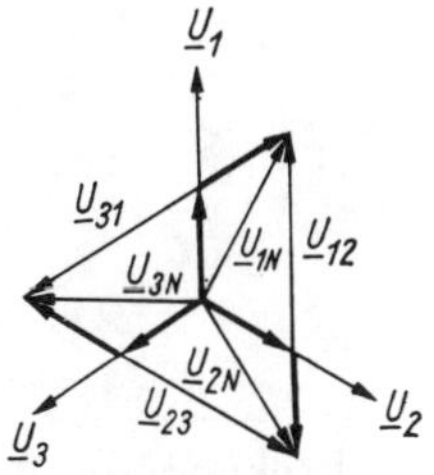

Bild 6.192

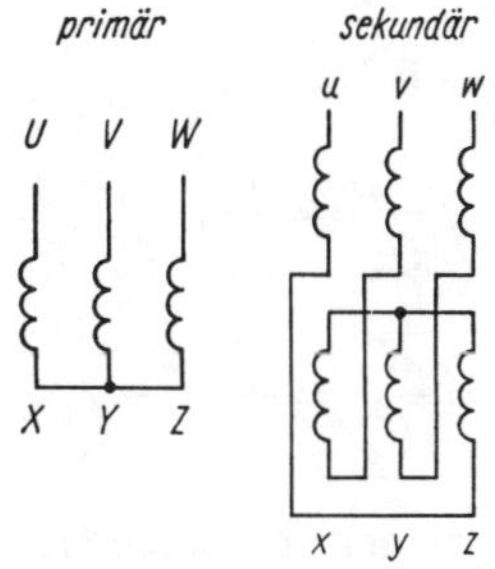

Bild 6.193

Bild 6.192 zeigt das Zeigerbild der Phasenspannungen und der Leiterspannungen. Offensichtlich gilt für diese

$$U_{\text{stz}} = \frac{\sqrt{3}}{2}\, U_{\text{st}} = \frac{\sqrt{3}}{2}\, U_1 = U_{1\text{N}}, \tag{6.1126}$$

$$U_{\text{az}} = \sqrt{3}\,\frac{\sqrt{3}}{2}\, U_{\text{st}} = \frac{3}{2}\, U_{\text{st}} = U_{12}. \tag{6.1127}$$

Stern-Zickzack-Schaltung

Die Stern-Zickzack-Schaltung wird im Bild 6.193 gezeigt. Die Primärwicklung ist in Stern, die Sekundärwicklung in Zickzack geschaltet.

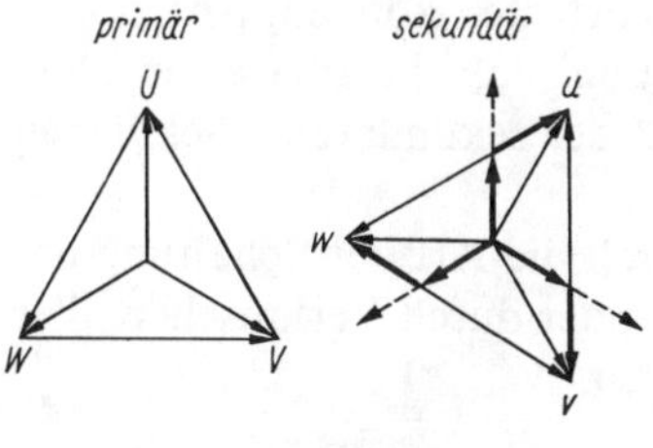

Bild 6.194

Bild 6.194 zeigt das Spannungszeigerdiagramm. Die Zeiger der entsprechenden Außenleiterspannungen auf der primären und auf der sekundären Seite sind um $\pi/6$ phasenverschoben. Es gilt

$$U'_{\text{a}} = \sqrt{3}\, U'_{\text{st}}, \tag{6.1128}$$

$$U''_{\text{a}} = \tfrac{3}{2} U''_{\text{st}}, \tag{6.1129}$$

$$\frac{U'_{\text{st}}}{U''_{\text{st}}} = \frac{w_1}{w_2}, \tag{6.1130}$$

$$\frac{U'_{\text{a}}}{U''_{\text{a}}} = \frac{2}{\sqrt{3}}\,\frac{w_1}{w_2}. \tag{6.1131}$$

Dreieck-Zickzack-Schaltung

Die Dreieck-Zickzack-Schaltung wird im Bild 6.195 gezeigt. Dabei ist die Primärwicklung in Dreieck und die Sekundärwicklung in Zickzack geschaltet.
Bild 6.196 zeigt das entsprechende Spannungszeigerdiagramm. Es gilt

$$U'_a = U'_{st}, \tag{6.1132}$$

$$U''_a = \tfrac{3}{2} U''_{st}, \tag{6.1133}$$

$$\frac{U'_{st}}{U''_{st}} = \frac{w_1}{w_2}, \tag{6.1134}$$

$$\frac{U'_a}{U''_a} = \frac{2}{3}\,\frac{w_1}{w_2}. \tag{6.1135}$$

Die Zeiger der entsprechenden primären und sekundären Außenleiterspannungen sind in Phase.

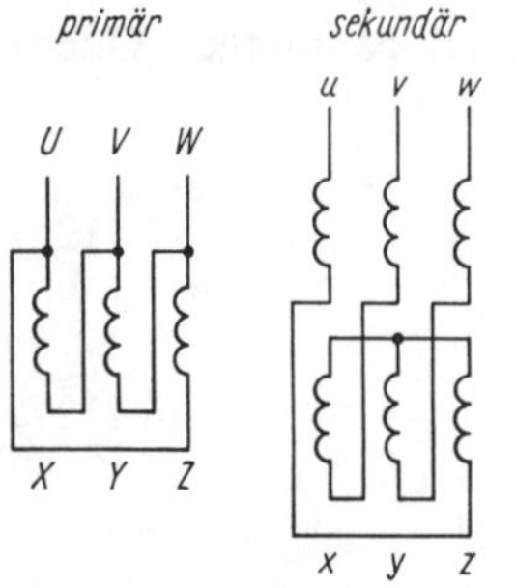

Bild 6.195

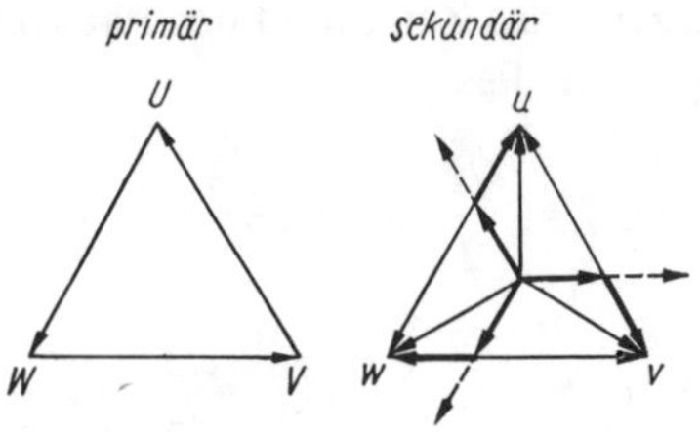

Bild 6.196

6.10.4.2. Parallelbetrieb von Dreiphasentransformatoren

Damit zwei Dreiphasentransformatoren im Parallelbetrieb arbeiten können, tritt zu den bereits bekannten Bedingungen noch die weitere Bedingung, daß die Phasenverschiebung zwischen den Spannungsdreiecken der primären und der sekundären Wicklungen bei beiden Transformatoren dieselbe ist.
Verschiedene Phasenverschiebungen kann man, außer durch die Art der Schaltung der Wicklungen, noch durch ein Vertauschen der Strangfolge oder durch Vertauschen aller Strangenden auf der einen Seite des Transformators erzielen.

6.10.5. Spezielle Schaltungen mit Transformatoren

6.10.5.1. Umwandlung der Phasenzahl mittels Transformatoren

Mit Hilfe von Transformatoren kann man sowohl balancierte Systeme einer Phasenzahl in balancierte Systeme anderer Phasenzahl als auch unbalancierte Systeme einer Phasenzahl in unbalancierte Systeme einer anderen Phasenzahl überführen.
Das einfachste Beispiel stellt die Umwandlung des unbalancierten Einphasensystems in ein unbalanciertes Zweiphasensystem (Bild 6.197) dar. Sie erfolgt mit Hilfe eines Transformators, dessen Sekundärseite eine Mittelanzapfung hat (Bild 6.197a).
Das Zeigerdiagramm der primären und der sekundären Spannungen wird im Bild 6.197b gezeigt. Eine Anwendung findet diese Schaltung bei einphasigen Vollweggleichrichtern.

Im nächsten Beispiel soll die Umwandlung des balancierten Dreiphasensystems in das balancierte Zweiphasensystem behandelt werden. Dabei wollen wir von den vielen Möglichkeiten nur die Scott-Schaltung behandeln. Sie enthält zwei Transformatoren T_1 und T_2, die entsprechend Bild 6.198 geschaltet sind. Die Primärwicklung des ersten Transformators ist in der Mitte angezapft und mit einem Ende der Primärwicklung des zweiten Transformators verbunden. Die Sekundärwicklungen beider Transformatoren haben die

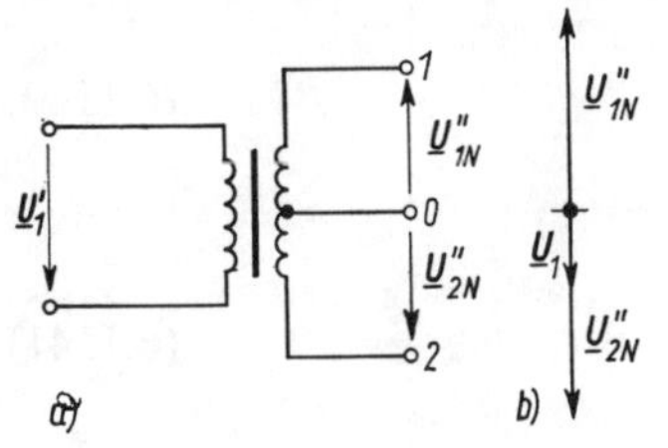

Bild 6.197

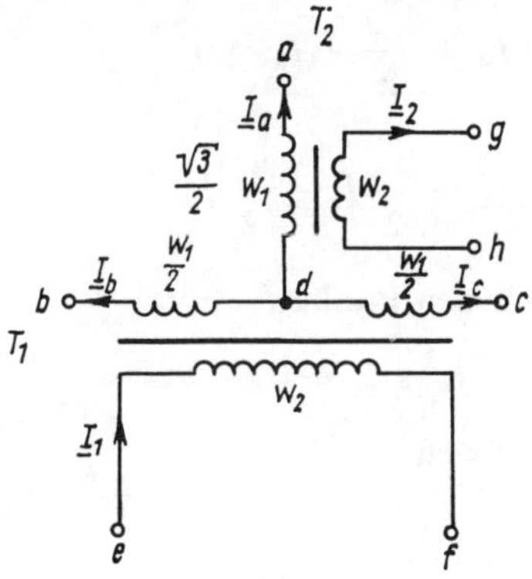

Bild 6.198

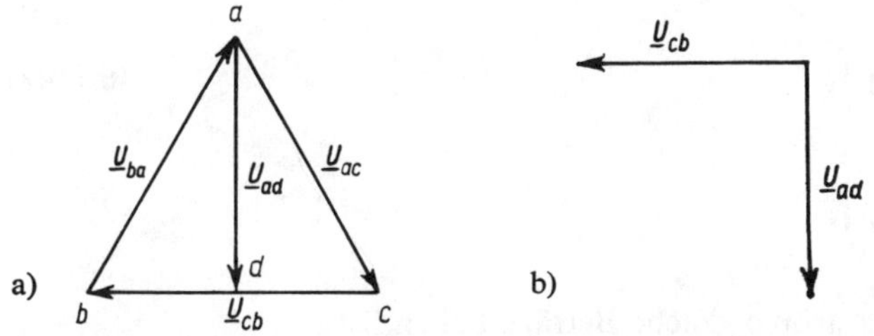

Bild 6.199

gleichen Windungszahlen w_2. Die Primärwicklung des ersten Transformators hat w_1 Windungen, so daß auf beide Hälften je $w_1/2$ Windungen entfallen. Die Primärwicklung des zweiten Transformators hat $\sqrt{3}w_1/2$ Windungen. Wenn wir nun an die Klemmen a, b und c die Leiter eines symmetrischen Dreiphasennetzes anschließen, dann ergibt sich das Zeigerdiagramm der Spannungen, das im Bild 6.199 gezeigt wird. Die Spannung zwischen den Punkten a–d eilt der Spannung zwischen den Punkten c–b um $\pi/2$ voraus; ihr Betrag ist

$$U_{ad} = \frac{\sqrt{3}}{2} U_{cb}. \tag{6.1136}$$

Die Spannung zwischen den Punkten e–f beträgt

$$U_{ef} = \frac{w_2}{w_1} U_{cb}, \tag{6.1137}$$

und die Spannung zwischen den Punkten g–h ist

$$U_{gh} = \frac{w_2}{\dfrac{\sqrt{3}}{2} w_1} U_{ad} = \frac{2}{\sqrt{3}} \frac{w_2}{w_1} \frac{\sqrt{3}}{2} U_{cb} = \frac{w_2}{w_1} U_{cb} = U_{ef}. \tag{6.1138}$$

Offensichtlich haben die Spannungen U_{ef} und U_{gh} gleiche Beträge und schließen einen Phasenwinkel von $\pi/2$ ein. Sie stellen ein Zweiphasensystem von der im Bild 6.92 dargestellten Art dar.
Wir bezeichnen die Ströme auf der dreiphasigen Primärseite mit $\underline{I}_a$, $\underline{I}_b$ und $\underline{I}_c$ und die auf der zweiphasigen Sekundärseite mit $\underline{I}_1$ und $\underline{I}_2$. Wenn wir die Leerlaufströme vernachlässigen, ergibt die Durchflutungsbedingung

$$w_2\underline{I}_2 + \frac{\sqrt{3}}{2} w_1\underline{I}_a = 0, \tag{6.1139}$$

$$w_2\underline{I}_1 + \frac{w_1}{2}\underline{I}_c - \frac{w_1}{2}\underline{I}_b = 0. \tag{6.1140}$$

Ferner gilt für den Punkt d

$$\underline{I}_a + \underline{I}_b + \underline{I}_c = 0. \tag{6.1141}$$

Hieraus ergibt sich

$$\begin{aligned} \underline{I}_a &= -\frac{w_2}{w_1}\frac{2}{\sqrt{3}}\underline{I}_2, \\ \underline{I}_b &= \frac{w_2}{w_1}\left(\frac{1}{\sqrt{3}}\underline{I}_2 + \underline{I}_1\right), \\ \underline{I}_c &= \frac{w_2}{w_1}\left(\frac{1}{\sqrt{3}}\underline{I}_2 - \underline{I}_1\right). \end{aligned} \tag{6.1142}$$

Wenn die sekundären Belastungsströme gleiche Beträge haben, ist

$$\underline{I}_1 = -\mathrm{j}\underline{I}_2, \tag{6.1143}$$

$$\underline{I}_a = -\frac{2}{\sqrt{3}}\frac{w_2}{w_1}\underline{I}_2 = \underline{I}, \tag{6.1144}$$

$$\underline{I}_b = -\frac{2}{\sqrt{3}}\frac{w_2}{w_1}\underline{I}_2\left(-\frac{1}{2} + \mathrm{j}\frac{\sqrt{3}}{2}\right) = a\underline{I}, \tag{6.1145}$$

$$\underline{I}_c - -\frac{2}{\sqrt{3}}\frac{w_2}{w_1}\underline{I}_2\left(-\frac{1}{2} - \mathrm{j}\frac{\sqrt{3}}{2}\right) = a^2\underline{I}. \tag{6.1146}$$

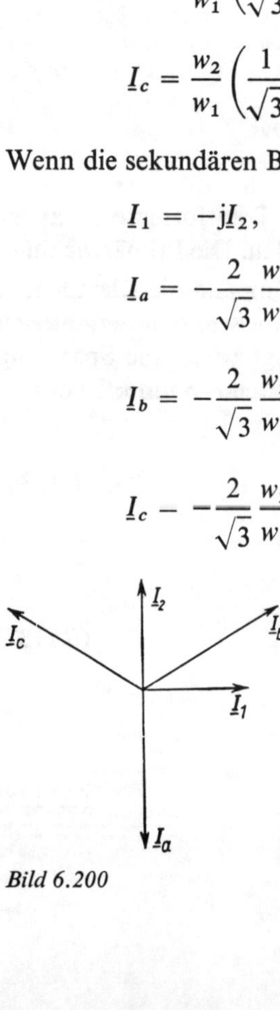

Bild 6.200

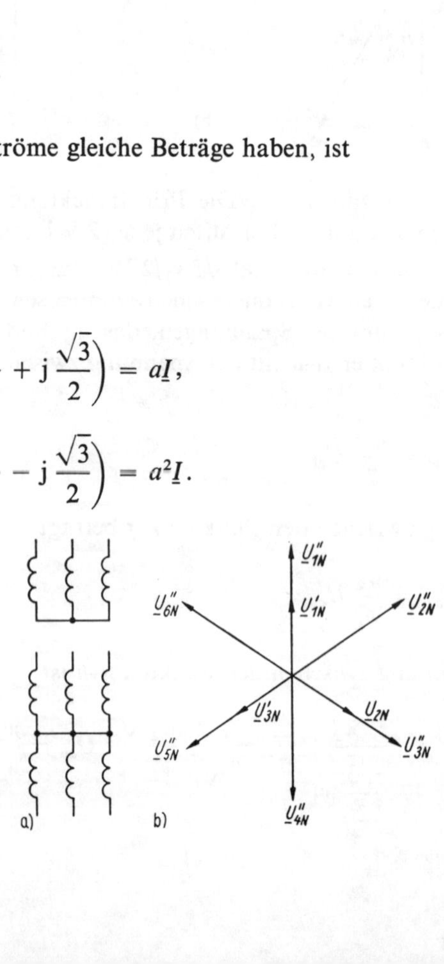

Bild 6.201

Die drei Ströme $\underline{I}_a$, $\underline{I}_b$ und $\underline{I}_c$ bilden offensichtlich unter diesen Voraussetzungen ein symmetrisches Stromsystem (Bild 6.200).
Die Umwandlung des Dreiphasensystems in ein Sechsphasensystem mit Transformatoren veranschaulicht Bild 6.201 a. Hier ist das Prinzip, das im Bild 6.197 zu erkennen ist, auf jede der drei Phasen angewandt.
Das Zeigerdiagramm der Spannungen wird im Bild 6.201 b gezeigt. Diese Schaltung wird bei sechsphasigen Gleichrichtern mit Neutralleiter angewandt.

6.10.5.2. Filter für symmetrische Komponenten

Die symmetrischen Komponenten eines unsymmetrischen Systems können auch experimentell nachgewiesen und ermittelt werden. Im folgenden wollen wir einige Schaltungen, die das ermöglichen, behandeln.

Ermittlung der Nullkomponente

Im Bild 6.202 wird eine Schaltung gezeigt, die die Bestimmung der Nullkomponente in einem System von Strangspannungen ermöglicht. Die Primärwicklungen von drei Transformatoren sind an den Strangspannungen angeschlossen. Die Sekundärwicklungen sind hintereinander geschaltet. Wenn das Übersetzungsverhältnis der Transformatoren $ü = 1$ ist, dann ergibt die Anzeige des Spannungsmessers die Summe der Strangspannungen. Sie ist gleich der dreifachen Nullkomponente des unsymmetrischen Systems der Strangspannungen (6.652).

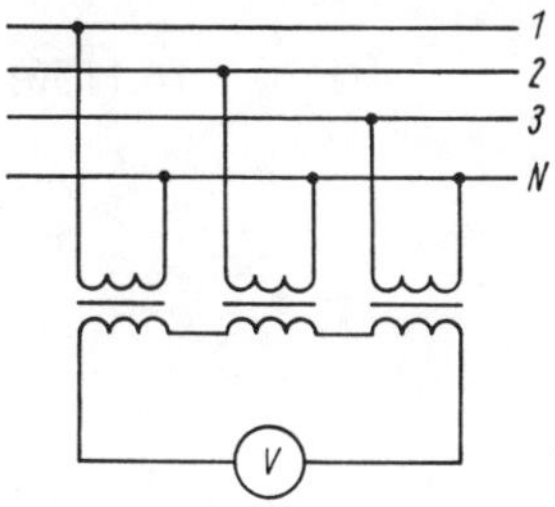

Bild 6.202

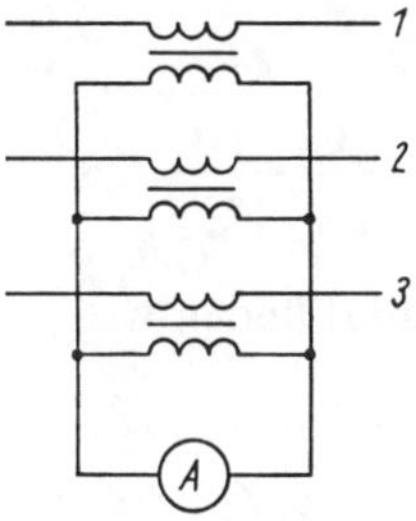

Bild 6.203

Bild 6.203 zeigt eine Schaltung, die man zur Ermittlung der Nullkomponente bei einem unsymmetrischen System von Außenleiterströmen anwendet. Durch die Primärwicklungen der Transformatoren fließen die Außenleiterströme. Die Sekundärwicklungen der Transformatoren sind parallelgeschaltet. Wenn das Übersetzungsverhältnis der Transformatoren $ü = 1$ ist, dann zeigt der Strommesser die Summe der Leiterströme an. Entsprechend (6.652) ist sie gleich der dreifachen Nullkomponente des unsymmetrischen Systems der Leiterströme.

Ermittlung der Mitkomponente und der Gegenkomponente

Im folgenden soll die Mitkomponente eines unsymmetrischen Systems von Leiterspannungen $\underline{U}_{12}$, $\underline{U}_{23}$ und $\underline{U}_{31}$ unter der Voraussetzung, daß keine Nullkomponente besteht, ermittelt werden. Wenn man die Leiterspannungen (für $\underline{U}_0 = 0$) durch die Mit- und Gegenkomponente darstellt, wird (6.651)

$$\underline{U}_{12} = \underline{U}_\text{m} + \underline{U}_\text{g}, \tag{6.1147}$$

$$\underline{U}_{23} = \underline{a}^2\underline{U}_\text{m} + \underline{a}\underline{U}_\text{g}, \tag{6.1148}$$

$$\underline{U}_{31} = \underline{a}\underline{U}_\text{m} + \underline{a}^2\underline{U}_\text{g}. \tag{6.1149}$$

Nun wollen wir eine Schaltung nach Bild 6.204 aufbauen. Das Übersetzungsverhältnis der Transformatoren I und II soll $\ddot{u} = 1$ betragen. Es gilt für den Punkt b

$$\underline{I}_x + \underline{I}_y + \underline{I}_z = \frac{\underline{U}_x}{\underline{Z}_x} + \frac{\underline{U}_y}{\underline{Z}_y} + \frac{\underline{U}_z}{\underline{Z}_z} = 0. \tag{6.1150}$$

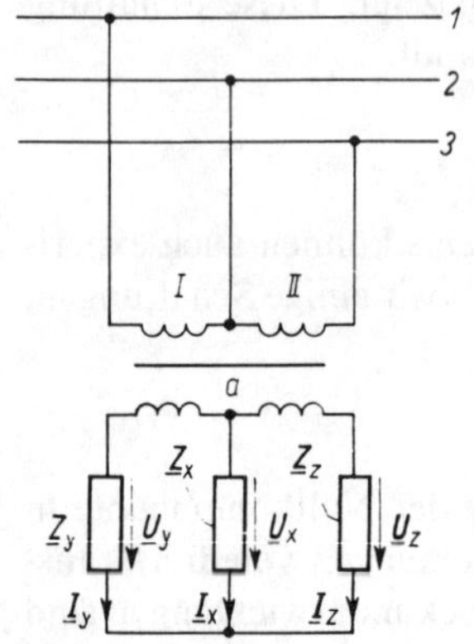

Bild 6.204

Ferner ist

$$\underline{U}_{12} = \underline{U}_y - \underline{U}_x, \tag{6.1151}$$

$$\underline{U}_{23} = \underline{U}_x - \underline{U}_z. \tag{6.1152}$$

Daraus folgt

$$\underline{U}_y = \underline{U}_{12} + \underline{U}_x, \tag{6.1153}$$

$$\underline{U}_z = \underline{U}_x - \underline{U}_{23} \tag{6.1154}$$

oder mit (6.1150)

$$\frac{\underline{U}_x}{\underline{Z}_x} + \frac{\underline{U}_{12}}{\underline{Z}_y} + \frac{\underline{U}_x}{\underline{Z}_y} + \frac{\underline{U}_x}{\underline{Z}_z} - \frac{\underline{U}_{23}}{\underline{Z}_z} = 0. \tag{6.1155}$$

Also ist

$$\underline{U}_x = \frac{\dfrac{\underline{U}_{23}}{\underline{Z}_z} - \dfrac{\underline{U}_{12}}{\underline{Z}_y}}{\dfrac{1}{\underline{Z}_x} + \dfrac{1}{\underline{Z}_y} + \dfrac{1}{\underline{Z}_z}} = \frac{\underline{U}_{23}\underline{Z}_x\underline{Z}_y - \underline{U}_{12}\underline{Z}_x\underline{Z}_z}{\underline{Z}_x\underline{Z}_y + \underline{Z}_x\underline{Z}_z + \underline{Z}_y\underline{Z}_z}. \tag{6.1156}$$

Mit (6.1147) und (6.1148) finden wir

$$\underline{U}_x = \frac{(\underline{a}^2\underline{U}_\mathrm{m} + \underline{a}\underline{U}_\mathrm{g})\,\underline{Z}_x\underline{Z}_y - (\underline{U}_\mathrm{m} + \underline{U}_\mathrm{g})\,\underline{Z}_x\underline{Z}_z}{\underline{Z}_x\underline{Z}_y + \underline{Z}_x\underline{Z}_z + \underline{Z}_y\underline{Z}_z}$$

$$= \frac{\underline{U}_\mathrm{m}\underline{Z}_x\,(\underline{a}^2\underline{Z}_y - \underline{Z}_z) + \underline{U}_\mathrm{g}\underline{Z}_x\,(\underline{a}\underline{Z}_y - \underline{Z}_z)}{\underline{Z}_x\underline{Z}_y + \underline{Z}_x\underline{Z}_z + \underline{Z}_y\underline{Z}_z}. \tag{6.1157}$$

Wenn $\underline{Z}_y$ ein Kondensator mit der Kapazität C ist, während $\underline{Z}_z$ eine Reihenschaltung von einem ohmschen Widerstand R und einer Induktivität L darstellt, wobei

$$X_C = \frac{1}{\omega C} = \frac{2}{\sqrt{3}}\,R \tag{6.1158}$$

und

$$X_L = \omega L = \frac{R}{\sqrt{3}} \tag{6.1159}$$

sein soll, dann ist

$$\underline{a}\underline{Z}_y - \underline{Z}_z = \left(-\frac{1}{2} + \mathrm{j}\,\frac{\sqrt{3}}{2}\right)\frac{2}{\mathrm{j}\sqrt{3}}\,R - \left(R + \mathrm{j}\,\frac{R}{\sqrt{3}}\right) = 0, \tag{6.1160}$$

$$\underline{a}^2\underline{Z}_y - \underline{Z}_z = \left(-\frac{1}{2} - \mathrm{j}\,\frac{\sqrt{3}}{2}\right)\frac{2}{\mathrm{j}\sqrt{3}}\,R - \left(R + \mathrm{j}\,\frac{R}{\sqrt{3}}\right) = -2R. \tag{6.1161}$$

Das zweite Glied im Zähler von (6.1157) verschwindet dann, so daß die Spannung, die man zwischen den Punkten *a* und *b* (Bild 6.204) mißt, proportional der Mitkomponente ist. Wenn wir dagegen die Zweige *y* und *z* vertauschen, so daß

$$\underline{Z}_z = \frac{1}{\mathrm{j}\omega C} = \frac{2}{\mathrm{j}\sqrt{3}} R \tag{6.1162}$$

und

$$\underline{Z}_y = R + \mathrm{j}\omega L = R + \mathrm{j}\frac{R}{\sqrt{3}} \tag{6.1163}$$

wird, dann ist

$$\underline{a}\underline{Z}_y - \underline{Z}_z = \left(-\frac{1}{2} + \mathrm{j}\frac{\sqrt{3}}{2}\right)\left(R + \mathrm{j}\frac{R}{\sqrt{3}}\right) - \frac{2}{\mathrm{j}\sqrt{3}} R = -R + \mathrm{j}\sqrt{3}\,R$$

und (6.1164)

$$\underline{a}^2\underline{Z}_y - \underline{Z}_z = \left(-\frac{1}{2} - \mathrm{j}\frac{\sqrt{3}}{2}\right)\left(R + \mathrm{j}\frac{R}{\sqrt{3}}\right) - \frac{2}{\mathrm{j}\sqrt{3}} R = 0. \tag{6.1165}$$

Damit verschwindet in diesem Fall das erste Glied im Zähler von (6.1157), so daß die Spannung $\underline{U}_x$, die man jetzt zwischen den Punkten *a* und *b* mißt, proportional der Gegenkomponente ist.

Bei der Übertragung und bei der Verteilung der elektrischen Energie ist die Symmetrie ein Kriterium für den ungestörten Betrieb. Störungen äußern sich im Auftreten einer Asymmetrie, die das Erscheinen einer unzulässig großen Null- oder Gegenkomponente bewirkt. Die in der gezeigten Weise getrennten Komponenten können zur Betätigung von Schutz- oder Sicherungseinrichtungen angewandt werden.

6.11. Theorie der Vierpole

6.11.1. Grundlagen

Unter einem Vierpol verstehen wir ein Netzwerk zur Übertragung elektrischer Energie, das zwei Eingangsklemmen (1–2) und zwei Ausgangsklemmen (3–4) hat. Solche Vierpole sind z.B. Transformatoren, Leitungen, Siebketten, Verstärker usw. Sie werden meistens zwischen einem Generator und einem Verbraucher eingeschaltet. Wenn der Vierpol

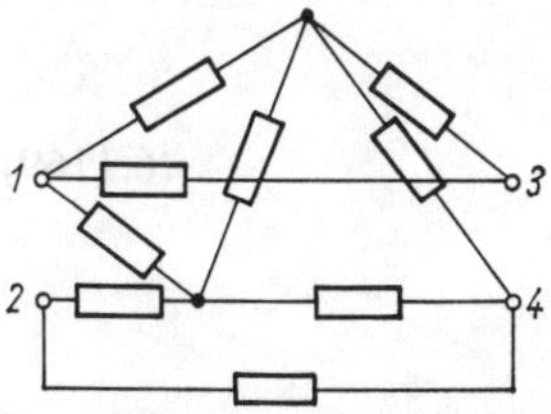

Bild 6.205

keine Energiequellen enthält, nennen wir ihn einen passiven Vierpol, im entgegengesetzten Fall trägt er den Namen aktiver Vierpol. Wenn ferner die Ströme und die Spannungen bei einem Vierpol in linearer Beziehung zueinander stehen, nennt man ihn einen linearen Vierpol. Bild 6.205 zeigt einen beliebigen passiven Vierpol mit den Eingangsklemmen 1 und 2 und den Ausgangsklemmen 3 und 4. Die Zweige des Vierpols können ganz allgemein ohmsche, kapazitive oder induktive Widerstände enthalten. Im folgenden wollen wir uns mit den linearen passiven Vierpolen befassen. Der lineare passive Vierpol stellt somit ein beliebig aufgebautes Netzwerk mit zwei Eingangs- und zwei Ausgangsklemmen dar.

Bild 6.206 zeigt die symbolische Darstellung eines solchen Vierpols durch ein Rechteck. Gewöhnlich ist an seinen Eingangsklemmen eine Spannungsquelle mit der EMK $\underline{E}_1$ und dem inneren Widerstand R_i angelegt, während an seinen Ausgangsklemmen ein Verbraucher mit dem Widerstand $\underline{Z}_2$ angeschlossen ist.

Anhand des Kompensationssatzes läßt sich in einem beliebigen Netzwerk ein stromdurchflossener Widerstand durch eine EMK ersetzen. Statt des Abschlußwiderstands $\underline{Z}_2$ können wir somit die EMK

$$\underline{E}_2 = \underline{U}_2 = \underline{Z}_2\underline{I}_2 \tag{6.1166}$$

einführen. Dasselbe kann man auch im Eingangskreis vornehmen und sich zwischen den Klemmen 1–2 die EMK $\underline{E}_1$ wirkend denken. Unter Berücksichtigung der vorgegebenen positiven Richtungen wird

$$\underline{E}_1 = \underline{E} - R_i\underline{I}_1 = \underline{U}_1. \tag{6.1167}$$

Damit geht Bild 6.206 in Bild 6.207 über. Da der Vierpol laut Voraussetzung passiv ist, sind nur diese zwei EMKs vorhanden.

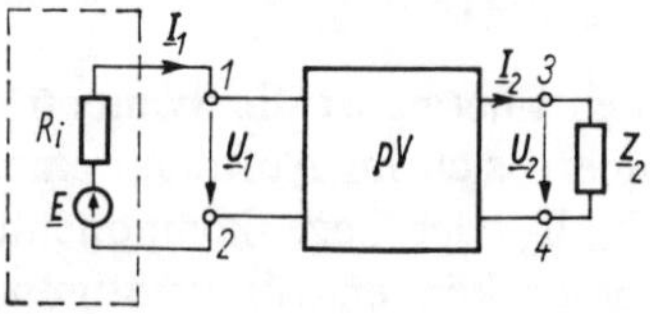

Bild 6.206

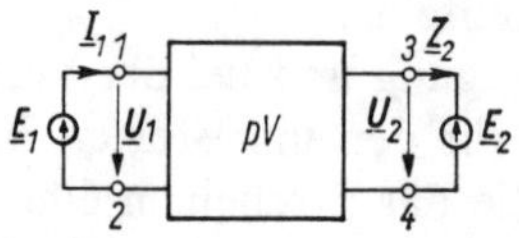

Bild 6.207

Durch passende Wahl der Maschen kann man $\underline{I}_1$ und $\underline{I}_2$ zu selbständigen Strömen machen. Dann ist

$$\underline{I}_1 \begin{vmatrix} \underline{Z}_{11} & \underline{Z}_{12} \ldots & \underline{Z}_{1k} \\ \underline{Z}_{21} & \underline{Z}_{22} \ldots & \underline{Z}_{2k} \\ \vdots & & \vdots \\ \vdots & & \vdots \\ \underline{Z}_{k1} & \underline{Z}_{k2} \ldots & \underline{Z}_{kk} \end{vmatrix} = \begin{vmatrix} \underline{E}_1 & \underline{Z}_{12} \ldots & \underline{Z}_{1k} \\ -\underline{E}_2 & \underline{Z}_{22} \ldots & \underline{Z}_{2k} \\ 0 & & \vdots \\ \vdots & & \vdots \\ 0 & \underline{Z}_{k2} \ldots & \underline{Z}_{kk} \end{vmatrix} \tag{6.1168}$$

und

$$\underline{I}_2 \begin{vmatrix} \underline{Z}_{11} & \underline{Z}_{12} \ldots & \underline{Z}_{1k} \\ \underline{Z}_{21} & \underline{Z}_{22} \ldots & \underline{Z}_{2k} \\ \vdots & & \vdots \\ \vdots & & \vdots \\ \underline{Z}_{k1} & \underline{Z}_{k2} \ldots & \underline{Z}_{kk} \end{vmatrix} = \begin{vmatrix} \underline{Z}_{11} & \underline{E}_1 & \underline{Z}_{13} \ldots & \underline{Z}_{1k} \\ \underline{Z}_{21} & -\underline{E}_2 & \underline{Z}_{23} \ldots & \underline{Z}_{2k} \\ \vdots & 0 & & \vdots \\ \vdots & \vdots & & \vdots \\ \underline{Z}_{k1} & 0 & \underline{Z}_{k3} \ldots & \underline{Z}_{kk} \end{vmatrix}. \tag{6.1169}$$

Eine einfache Umformung ergibt

$$\underline{I}_1 = \underline{E}_1 \frac{\Delta_{11}}{D} - \underline{E}_2 \frac{\Delta_{21}}{D}, \tag{6.1170}$$

$$\underline{I}_2 = \underline{E}_1 \frac{\Delta_{12}}{D} - \underline{E}_2 \frac{\Delta_{22}}{D}. \tag{6.1171}$$

Hierbei ist D die Haupt- bzw. Koeffizientendeterminante. $\Delta_{\lambda\nu}$ ($\nu, \lambda = 1, 2$) ist die Unterdeterminante, die man erhält, wenn man in der Hauptdeterminante die Reihe λ und die Spalte ν streicht und das Ergebnis mit $(-1)^{\lambda+\nu}$ multipliziert.
Nun ist aber

$$\underline{Z}_{\lambda\nu} = \underline{Z}_{\nu\lambda}. \tag{6.1172}$$

Aus diesem Grund sind Δ_{12} und Δ_{21} zwei Determinanten, bei denen die Glieder der Reihen der ersten Determinante gleich den Gliedern der Spalten der zweiten sind. Bekanntlich sind zwei solche Determinanten gleich:

$$\Delta_{12} = \Delta_{21}. \tag{6.1173}$$

Die Ordnung der Determinanten ist gleich der Zahl der unabhängigen Maschen des eingangs- und ausgangsseitig geschlossenen Vierpols.

6.11.2. Vierpolgleichungen

6.11.2.1. Leitwertform der Vierpolgleichungen

Unter Berücksichtigung von (6.1166) und (6.1167) gehen (6.1170) und (6.1171) in

$$\underline{I}_1 = \frac{\Delta_{11}}{D}\underline{U}_1 - \frac{\Delta_{21}}{D}\underline{U}_2, \tag{6.1174}$$

$$\underline{I}_2 = \frac{\Delta_{12}}{D}\underline{U}_1 - \frac{\Delta_{22}}{D}\underline{U}_2 \tag{6.1175}$$

oder

$$\underline{I}_1 = \underline{Y}_{11}\underline{U}_1 + \underline{Y}_{12}\underline{U}_2, \tag{6.1176}$$

$$\underline{I}_2 = \underline{Y}_{21}\underline{U}_1 + \underline{Y}_{22}\underline{U}_2 \tag{6.1177}$$

über mit

$$\underline{Y}_{11} = \frac{\Delta_{11}}{D}, \tag{6.1178}$$

$$\underline{Y}_{12} = -\frac{\Delta_{21}}{D}, \tag{6.1179}$$

$$\underline{Y}_{21} = \frac{\Delta_{12}}{D}, \tag{6.1180}$$

$$\underline{Y}_{22} = -\frac{\Delta_{22}}{D}. \tag{6.1181}$$

Die Koeffizienten $Y_{\lambda\nu}$ haben die Dimensionen von Leitwerten. Mit dem gewonnenen Gleichungssystem kann man die Ein- und Ausgangsströme ermitteln, wenn die EMKs $\underline{E}_1$ und $\underline{E}_2$ bzw. die Spannungen $\underline{U}_1$ und $\underline{U}_2$ bekannt sind. (6.1176) und (6.1177) stellen die Leitwertform der Vierpolgleichungen dar. Aus (6.1174) und (6.1175) folgt unter Berücksichtigung von (6.1173)

$$\underline{Y}_{12} = -\underline{Y}_{21}. \tag{6.1182}$$

6.11.2.2. Kettenform der Vierpolgleichungen

Die Auflösung von (6.1177) nach $\underline{U}_1$ führt zu

$$\underline{U}_1 = -\frac{\underline{Y}_{22}}{\underline{Y}_{21}}\,\underline{U}_2 + \frac{1}{\underline{Y}_{21}}\,\underline{I}_2. \tag{6.1183}$$

In (6.1176) setzen wir den Wert für $\underline{U}_1$ aus (6.1183) ein und erhalten

$$\underline{I}_1 = \underline{Y}_{11}\left(\frac{\underline{I}_2 - \underline{Y}_{22}\underline{U}_2}{\underline{Y}_{21}}\right) + \underline{Y}_{12}\underline{U}_2 = \frac{\underline{Y}_{11}}{\underline{Y}_{21}}\,\underline{I}_2 + \frac{\underline{Y}_{12}\underline{Y}_{21} - \underline{Y}_{11}\underline{Y}_{22}}{\underline{Y}_{21}}\,\underline{U}_2. \tag{6.1184}$$

(6.1183) und (6.1184) schreiben wir in der Form

$$\underline{U}_1 = \underline{A}_{11}\underline{U}_2 + \underline{A}_{12}\underline{I}_2, \tag{6.1185}$$

$$\underline{I}_1 = \underline{A}_{21}\underline{U}_2 + \underline{A}_{22}\underline{I}_2, \tag{6.1186}$$

woraus durch Koeffizientenvergleich

$$\underline{A}_{11} = -\frac{\underline{Y}_{22}}{\underline{Y}_{21}}, \tag{6.1187}$$

$$\underline{A}_{12} = \frac{1}{\underline{Y}_{21}}, \tag{6.1188}$$

$$\underline{A}_{21} = \frac{\underline{Y}_{12}\underline{Y}_{21} - \underline{Y}_{11}\underline{Y}_{22}}{\underline{Y}_{21}} = -\frac{\Delta \underline{Y}}{\underline{Y}_{21}}, \tag{6.1189}$$

$$\underline{A}_{22} = \frac{\underline{Y}_{11}}{\underline{Y}_{21}} \tag{6.1190}$$

folgen. Die Koeffizienten $\underline{A}_{11}$, $\underline{A}_{12}$, $\underline{A}_{21}$ und $\underline{A}_{22}$ nennt man die Vierpolkonstanten. Ihr Wert hängt von den Widerständen bzw. den Leitwerten, aus denen der betrachtete Vierpol aufgebaut ist, und von ihrer Anordnung im Inneren des Vierpols ab. $\underline{A}_{11}$ und $\underline{A}_{22}$ sind dimensionslos. $\underline{A}_{12}$ hat die Dimension eines Widerstands, $\underline{A}_{21}$ die Dimension eines Leitwerts.

(6.1185) und (6.1186) stellen die Kettenform der Vierpolgleichungen dar. Sie geben für jede beliebige Belastung am Ausgang des Vierpols die Beziehungen zwischen Eingangsspannung und Eingangsstrom einerseits und Ausgangsspannung und Ausgangsstrom andererseits an.

Stellt man (6.1185) und (6.1186) nach $\underline{I}_1$ und $\underline{I}_2$ um, kann man durch Vergleich mit (6.1176) und (6.1177) die Leitwertkoeffizienten aus den Vierpolkoeffizienten bestimmen. Man erhält

$$\underline{Y}_{11} = \frac{\underline{A}_{22}}{\underline{A}_{12}}, \tag{6.1191}$$

$$\underline{Y}_{12} = -\frac{\Delta \underline{A}}{\underline{A}_{12}}, \tag{6.1192}$$

$$\underline{Y}_{21} = \frac{1}{\underline{A}_{12}}, \tag{6.1193}$$

$$\underline{Y}_{22} = -\frac{\underline{A}_{11}}{\underline{A}_{12}}. \tag{6.1194}$$

Wenn man die Determinante des Gleichungssystems (6.1185) und (6.1186) bildet, sieht man, daß sich unter Berücksichtigung von (6.1182) für $\Delta \underline{A}$

$$\Delta \underline{A} = \underline{A}_{11}\underline{A}_{22} - \underline{A}_{12}\underline{A}_{21} = \frac{-\underline{Y}_{11}\underline{Y}_{22}}{\underline{Y}_{21}^2} + \frac{\underline{Y}_{21}^2 + \underline{Y}_{11}\underline{Y}_{22}}{\underline{Y}_{21}^2} = 1 \qquad (6.1195)$$

ergibt.
Nun wollen wir die Plätze der Spannungsquelle und des Verbrauchers vertauschen, indem wir die Spannungsquelle an die Klemmen 3–4 des Vierpols und den Verbraucher an die Klemmen 1–2 anschließen. Nimmt man diese Schaltungsänderung vor, so ändert sich die Richtung der Ströme. (6.1185) und (6.1186) gehen in

$$\underline{U}_1 = \underline{A}_{11}\underline{U}_2 - \underline{A}_{12}\underline{I}_2, \qquad (6.1196)$$

$$-\underline{I}_1 = \underline{A}_{21}\underline{U}_2 - \underline{A}_{22}\underline{I}_2 \qquad (6.1197)$$

über.
In diesen Gleichungen wollen wir $\underline{U}_2$ und $\underline{I}_2$ durch $\underline{U}_1$ und $\underline{I}_1$ ausdrücken. Zu diesem Zweck multiplizieren wir (6.1196) mit $\underline{A}_{22}$ und (6.1197) mit $\underline{A}_{12}$ und subtrahieren beide voneinander:

$$\underline{A}_{22}\underline{U}_1 + \underline{A}_{12}\underline{I}_1 = \underline{U}_2(\underline{A}_{11}\underline{A}_{22} - \underline{A}_{12}\underline{A}_{21}). \qquad (6.1198)$$

Mit (6.1195) wird

$$\underline{U}_2 = \underline{A}_{22}\underline{U}_1 + \underline{A}_{12}\underline{I}_1. \qquad (6.1199)$$

Wenn wir aber (6.1196) mit $\underline{A}_{21}$ und (6.1197) mit $\underline{A}_{11}$ multiplizieren und wieder voneinander subtrahieren, ergibt sich

$$\underline{A}_{21}\underline{U}_1 + \underline{A}_{11}\underline{I}_1 = \underline{I}_2(\underline{A}_{11}\underline{A}_{22} - \underline{A}_{12}\underline{A}_{21}). \qquad (6.1200)$$

Mit (6.1195) geht sie in

$$\underline{I}_2 = \underline{A}_{21}\underline{U}_1 + \underline{A}_{11}\underline{I}_1 \qquad (6.1201)$$

über.
Aus der Gegenüberstellung der Gleichungspaare (6.1199)/(6.1201) und (6.1185)/(6.1186) ersieht man, daß die Koeffizienten $\underline{A}_{11}$ und $\underline{A}_{22}$ ihre Plätze vertauscht haben. Damit sich ein Vierpol von beiden Seiten gleich verhält, muß also

$$\underline{A}_{11} = \underline{A}_{22} \qquad (6.1202)$$

sein. Einen Vierpol, der die Bedingung (6.1202) erfüllt, nennt man einen symmetrischen Vierpol. Bei einem symmetrischen Vierpol ruft das Vertauschen der Plätze der Spannungsquelle und des Verbrauchers keine Änderung der Ströme in der Spannungsquelle und im Verbraucher hervor. Alle Vierpole, bei denen diese Bedingung nicht erfüllt ist, nennt man unsymmetrische Vierpole.

6.11.2.3. Widerstandsform der Vierpolgleichungen

Die Vierpolgleichungen (6.1185) und (6.1186) können wir so auflösen, daß wir die Eingangsspannung und die Ausgangsspannung als Funktion von Eingangsstrom und Ausgangsstrom erhalten.

Nach einer einfachen Umformung der Vierpolgleichungen ergibt sich

$$\underline{U}_1 = \frac{\underline{A}_{11}}{\underline{A}_{21}} \underline{I}_1 + \frac{\underline{A}_{12}\underline{A}_{21} - \underline{A}_{11}\underline{A}_{22}}{\underline{A}_{21}} \underline{I}_2 = \frac{\underline{A}_{11}}{\underline{A}_{21}} \underline{I}_1 - \frac{\Delta \underline{A}}{\underline{A}_{21}} \underline{I}_2, \qquad (6.1203)$$

$$\underline{U}_2 = \frac{1}{\underline{A}_{21}} \underline{I}_1 - \frac{\underline{A}_{22}}{\underline{A}_{21}} \underline{I}_2. \qquad (6.1204)$$

Wenn wir nun die Bezeichnungen

$$\underline{Z}_{11} = \frac{\underline{A}_{11}}{\underline{A}_{21}}, \qquad (6.1205)$$

$$\underline{Z}_{12} = -\frac{\Delta \underline{A}}{\underline{A}_{21}}, \qquad (6.1206)$$

$$\underline{Z}_{21} = \frac{1}{\underline{A}_{21}}, \qquad (6.1207)$$

$$\underline{Z}_{22} = -\frac{\underline{A}_{22}}{\underline{A}_{21}} \qquad (6.1208)$$

einführen, erhalten wir

$$\underline{U}_1 = \underline{Z}_{11}\underline{I}_1 + \underline{Z}_{12}\underline{I}_2, \qquad (6.1209)$$

$$\underline{U}_2 = \underline{Z}_{21}\underline{I}_1 + \underline{Z}_{22}\underline{I}_2. \qquad (6.1210)$$

Dieses Gleichungspaar ist die Widerstandsform der Vierpolgleichungen, und die Koeffizienten $\underline{Z}_{11}$, $\underline{Z}_{12}$, $\underline{Z}_{21}$, $\underline{Z}_{22}$ haben die Dimensionen von Widerständen.

6.11.2.4. Hybridform der Vierpolgleichungen

Die erste Hybridform der Vierpolgleichungen ($\underline{H}$-Form)

Auch in diesem Falle gehen wir von der Kettenform der Vierpolgleichungen aus, die umgeformt ergeben:

$$\underline{U}_1 = \frac{\underline{A}_{12}}{\underline{A}_{22}} \underline{I}_1 + \frac{\Delta \underline{A}}{\underline{A}_{22}} \underline{U}_2, \qquad (6.1211)$$

$$\underline{I}_2 = \frac{1}{\underline{A}_{22}} \underline{I}_1 - \frac{\underline{A}_{21}}{\underline{A}_{22}} \underline{U}_2 \qquad (6.1212)$$

oder

$$\underline{U}_1 = \underline{H}_{11}\underline{I}_1 + \underline{H}_{12}\underline{U}_2, \qquad (6.1213)$$

$$\underline{I}_2 = \underline{H}_{21}\underline{I}_1 + \underline{H}_{22}\underline{U}_2, \qquad (6.1214)$$

wobei

$$\underline{H}_{11} = \frac{\underline{A}_{12}}{\underline{A}_{22}}, \tag{6.1215}$$

$$\underline{H}_{12} = \frac{\Delta \underline{A}}{\underline{A}_{22}}, \tag{6.1216}$$

$$\underline{H}_{21} = \frac{1}{\underline{A}_{22}}, \tag{6.1217}$$

$$\underline{H}_{22} = -\frac{\underline{A}_{21}}{\underline{A}_{22}} \tag{6.1218}$$

sind.
(6.1213) und (6.1214) nennt man die erste Hybridform der Vierpolgleichungen.

Die zweite Hybridform der Vierpolgleichungen ($\underline{H}^{-1}$- bzw. $\underline{D}$-Form)

Ausgehend von der Kettenform der Vierpolgleichungen erhält man

$$\underline{I}_1 = \frac{\underline{A}_{21}}{\underline{A}_{11}} \underline{U}_1 + \frac{\Delta \underline{A}}{\underline{A}_{11}} \underline{I}_2 \tag{6.1219}$$

und

$$\underline{U}_2 = \frac{1}{\underline{A}_{11}} \underline{U}_1 - \frac{\underline{A}_{12}}{\underline{A}_{11}} \underline{I}_2. \tag{6.1220}$$

Mit den Abkürzungen

$$\underline{D}_{11} = \frac{\underline{A}_{21}}{\underline{A}_{11}}, \tag{6.1221}$$

$$\underline{D}_{12} = \frac{\Delta \underline{A}}{\underline{A}_{11}}, \tag{6.1222}$$

$$\underline{D}_{21} = \frac{1}{\underline{A}_{11}}, \tag{6.1223}$$

$$\underline{D}_{22} = -\frac{\underline{A}_{12}}{\underline{A}_{11}} \tag{6.1224}$$

erhalten wir

$$\underline{I}_1 = \underline{D}_{11}\underline{U}_1 + \underline{D}_{12}\underline{I}_2, \tag{6.1225}$$

$$\underline{U}_2 = \underline{D}_{21}\underline{U}_1 + \underline{D}_{22}\underline{I}_2. \tag{6.1226}$$

Die beiden letzten Gleichungen stellen die zweite Hybridform der Vierpolgleichungen dar.
Die aufgeführten Vierpolformen und die Umrechnungsbeziehungen zwischen den einzelnen Formen sind in den Tafeln 6.2 und 6.3 angegeben.

Tafel 6.2. Beziehungen zwischen den Vierpolkonstanten und verschiedenen Formen und Vierpolgleichungen
(Die Elemente auf den entsprechenden Plätzen einer Zeile sind identisch.)

Form	$\underline{A}$		$\underline{Z}$		$\underline{Y}$		$\underline{H}$	
$\underline{A}$	$\underline{A}_{11}$	$\underline{A}_{12}$	$\frac{\underline{Z}_{11}}{\underline{Z}_{21}}$	$-\frac{\Delta\underline{Z}}{\underline{Z}_{21}}$	$-\frac{\underline{Y}_{22}}{\underline{Y}_{21}}$	$\frac{1}{\underline{Y}_{21}}$	$-\frac{\Delta\underline{H}}{\underline{H}_{21}}$	$\frac{\underline{H}_{21}}{\underline{H}_{11}}$
	$\underline{A}_{21}$	$\underline{A}_{22}$	$\frac{1}{\underline{Z}_{21}}$	$-\frac{\underline{Z}_{22}}{\underline{Z}_{21}}$	$-\frac{\Delta\underline{Y}}{\underline{Y}_{21}}$	$\frac{\underline{Y}_{11}}{\underline{Y}_{21}}$	$-\frac{\underline{H}_{22}}{\underline{H}_{21}}$	$\frac{1}{\underline{H}_{21}}$
$\underline{Z}$	$\frac{\underline{A}_{11}}{\underline{A}_{21}}$	$-\frac{\Delta\underline{A}}{\underline{A}_{21}}$	$\underline{Z}_{11}$	$\underline{Z}_{12}$	$\frac{\underline{Y}_{22}}{\Delta\underline{Y}}$	$-\frac{\underline{Y}_{12}}{\Delta\underline{Y}}$	$\frac{\Delta\underline{H}}{\underline{H}_{22}}$	$\frac{\underline{H}_{12}}{\underline{H}_{22}}$
	$\frac{1}{\underline{A}_{21}}$	$-\frac{\underline{A}_{22}}{\underline{A}_{21}}$	$\underline{Z}_{21}$	$\underline{Z}_{22}$	$-\frac{\underline{Y}_{21}}{\Delta\underline{Y}}$	$\frac{\underline{Y}_{11}}{\Delta\underline{Y}}$	$-\frac{\underline{H}_{21}}{\underline{H}_{22}}$	$\frac{1}{\underline{H}_{22}}$
$\underline{Y}$	$\frac{\underline{A}_{22}}{\underline{A}_{12}}$	$-\frac{\Delta\underline{A}}{\underline{A}_{12}}$	$\frac{\underline{Z}_{22}}{\Delta\underline{Z}}$	$-\frac{\underline{Z}_{12}}{\Delta\underline{Z}}$	$\underline{Y}_{11}$	$\underline{Y}_{12}$	$\frac{1}{\underline{H}_{11}}$	$-\frac{\underline{H}_{12}}{\underline{H}_{11}}$
	$\frac{1}{\underline{A}_{12}}$	$-\frac{\underline{A}_{11}}{\underline{A}_{12}}$	$-\frac{\underline{Z}_{21}}{\Delta\underline{Z}}$	$\frac{\underline{Z}_{11}}{\Delta\underline{Z}}$	$\underline{Y}_{21}$	$\underline{Y}_{22}$	$\frac{\underline{H}_{21}}{\underline{H}_{11}}$	$\frac{\Delta\underline{H}}{\underline{H}_{11}}$
$\underline{H}$	$\frac{\underline{A}_{12}}{\underline{A}_{22}}$	$\frac{\Delta\underline{A}}{\underline{A}_{22}}$	$\frac{\Delta\underline{Z}}{\underline{Z}_{22}}$	$\frac{\underline{Z}_{12}}{\underline{Z}_{22}}$	$\frac{1}{\underline{Y}_{11}}$	$-\frac{\underline{Y}_{12}}{\underline{Y}_{11}}$	$\underline{H}_{11}$	$\underline{H}_{12}$
	$\frac{1}{\underline{A}_{22}}$	$-\frac{\underline{A}_{21}}{\underline{A}_{22}}$	$-\frac{\underline{Z}_{21}}{\underline{Z}_{22}}$	$\frac{1}{\underline{Z}_{22}}$	$\frac{\underline{Y}_{21}}{\underline{Y}_{11}}$	$\frac{\Delta\underline{Y}}{\underline{Y}_{11}}$	$\underline{H}_{21}$	$\underline{H}_{22}$
$\underline{D}$	$\frac{\underline{A}_{21}}{\underline{A}_{11}}$	$\frac{\Delta\underline{A}}{\underline{A}_{11}}$	$\frac{1}{\underline{Z}_{11}}$	$-\frac{\underline{Z}_{12}}{\underline{Z}_{11}}$	$\frac{\Delta\underline{Y}}{\underline{Y}_{22}}$	$\frac{\underline{Y}_{12}}{\underline{Y}_{22}}$	$\frac{\underline{H}_{22}}{\Delta\underline{H}}$	$-\frac{\underline{H}_{12}}{\Delta\underline{H}}$
	$\frac{1}{\underline{A}_{11}}$	$-\frac{\underline{A}_{12}}{\underline{A}_{11}}$	$\frac{\underline{Z}_{21}}{\underline{Z}_{11}}$	$\frac{\Delta\underline{Z}}{\underline{Z}_{11}}$	$-\frac{\underline{Y}_{21}}{\underline{Y}_{22}}$	$\frac{1}{\underline{Y}_{22}}$	$-\frac{\underline{H}_{21}}{\Delta\underline{H}}$	$\frac{\underline{H}_{11}}{\Delta\underline{H}}$

Tafel 6.3. Beziehungen zwischen den Vierpolkoeffizienten und den Vierpoldeterminanten

Koeffizient / Determinante	$\underline{A}$	$\underline{Z}$	$\underline{Y}$	$\underline{H}$
$\Delta\underline{A}$	$\underline{A}_{11}\underline{A}_{22} - \underline{A}_{12}\underline{A}_{21}$	$-\frac{\underline{Z}_{12}}{\underline{Z}_{21}}$	$-\frac{\underline{Y}_{12}}{\underline{Y}_{21}}$	$\frac{\underline{H}_{12}}{\underline{H}_{21}}$
$\Delta\underline{Z}$	$-\frac{\underline{A}_{12}}{\underline{A}_{21}}$	$\underline{Z}_{11}\underline{Z}_{22} - \underline{Z}_{12}\underline{Z}_{21}$	$\frac{1}{\Delta\underline{Y}}$	$\frac{\underline{H}_{11}}{\underline{H}_{22}}$
$\Delta\underline{Y}$	$-\frac{\underline{A}_{21}}{\underline{A}_{12}}$	$\frac{1}{\Delta\underline{Z}}$	$\underline{Y}_{11}\underline{Y}_{22} - \underline{Y}_{12}\underline{Y}_{21}$	$\frac{\underline{H}_{22}}{\underline{H}_{11}}$
$\Delta\underline{H}$	$-\frac{\underline{A}_{11}}{\underline{A}_{22}}$	$\frac{\underline{Z}_{11}}{\underline{Z}_{22}}$	$\frac{\underline{Y}_{22}}{\underline{Y}_{11}}$	$\underline{H}_{11}\underline{H}_{22} - \underline{H}_{12}\underline{H}_{21}$

6.11.3. Ersatzschaltbilder für Vierpole

Jeder passive Vierpol wird durch die drei Größen $\underline{Y}_{11}$, $\underline{Y}_{22}$ und $\underline{Y}_{12}$ vollkommen beschrieben. Hieraus folgt, daß sich jeder Vierpol durch ein Schaltbild, das aus drei Elementen besteht, darstellen läßt. Es sind prinzipiell zwei solche einfachste Ersatzschaltbilder der Vierpole möglich, und zwar die T-Schaltung und die Π-Schaltung. Diese zwei Schaltungen werden im Bild 6.208 und Bild 6.209 gezeigt.

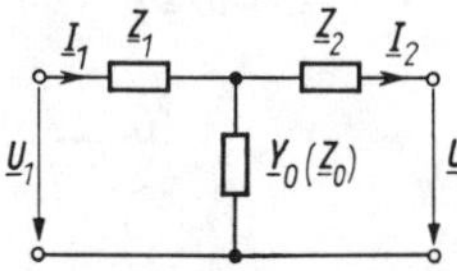

Bild 6.208

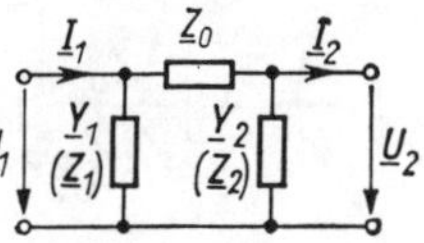

Bild 6.209

Wir wollen nun die Beziehungen zwischen den Vierpolkoeffizienten und den Elementen der Ersatzschaltbilder ableiten.

6.11.3.1. T-Schaltung

Für den Eingangsstrom und die Eingangsspannung bei der T-Schaltung finden wir

$$\underline{U}_1 = \underline{I}_1\underline{Z}_1 + \underline{I}_2\underline{Z}_2 + \underline{U}_2, \tag{6.1227}$$

$$\begin{aligned}\underline{U}_1 &= \underline{Z}_1\,[\underline{I}_2 + \underline{Y}_0\,(\underline{U}_2 + \underline{I}_2\underline{Z}_2)] + \underline{I}_2\underline{Z}_2 + \underline{U}_2\\ &= \underline{U}_2\,(1 + \underline{Z}_1\underline{Y}_0) + \underline{I}_2\,(\underline{Z}_1 + \underline{Z}_2 + \underline{Z}_1\underline{Z}_2\underline{Y}_0)\\ &= \underline{U}_2\left(1 + \frac{\underline{Z}_1}{\underline{Z}_0}\right) + \underline{I}_2\left(\underline{Z}_1 + \underline{Z}_2 + \frac{\underline{Z}_1\underline{Z}_2}{\underline{Z}_0}\right),\end{aligned} \tag{6.1228}$$

$$\underline{I}_1 = \underline{I}_2 + \underline{I}_0 = \underline{I}_2 + \underline{Y}_0\,(\underline{U}_2 + \underline{I}_2\underline{Z}_2), \tag{6.1229}$$

$$\underline{I}_1 = \underline{Y}_0\underline{U}_2 + \underline{I}_2\,(1 + \underline{Z}_2\underline{Y}_0) = \frac{\underline{U}_2}{\underline{Z}_0} + \underline{I}_2\left(1 + \frac{\underline{Z}_2}{\underline{Z}_0}\right). \tag{6.1230}$$

Aus der Gegenüberstellung von (6.1228) bzw. (6.1230) mit (6.1185) bzw. (6.1186) sieht man, daß für die T-Schaltung gilt:

$$\underline{A}_{11} = 1 + \underline{Z}_1\underline{Y}_0 = 1 + \frac{\underline{Z}_1}{\underline{Z}_0}, \tag{6.1231}$$

$$\underline{A}_{12} = \underline{Z}_1 + \underline{Z}_2 + \underline{Z}_1\underline{Z}_2\underline{Y}_0 = \underline{Z}_1 + \underline{Z}_2 + \frac{\underline{Z}_1\underline{Z}_2}{\underline{Z}_0}, \tag{6.1232}$$

$$\underline{A}_{21} = \underline{Y}_0 = \frac{1}{\underline{Z}_0}, \tag{6.1233}$$

$$\underline{A}_{22} = 1 + \underline{Z}_2\underline{Y}_0 = 1 + \frac{\underline{Z}_2}{\underline{Z}_0}. \tag{6.1234}$$

6.11.3.2. Π-Schaltung

Für die Π-Schaltung kann man aus Bild 6.209 ablesen:

$$\underline{U}_1 = \underline{Z}_0 (\underline{I}_2 + \underline{Y}_2 \underline{U}_2) + \underline{U}_2 = (1 + \underline{Y}_2 \underline{Z}_0)\, \underline{U}_2 + \underline{Z}_0 \underline{I}_2$$

$$= \left(1 + \frac{\underline{Z}_0}{\underline{Z}_2}\right) \underline{U}_2 + \underline{Z}_0 \underline{I}_2, \tag{6.1235}$$

$$\underline{I}_1 = \underline{Y}_1 \underline{U}_1 + \underline{U}_2 \underline{Y}_2 + \underline{I}_2 = (\underline{Y}_1 + \underline{Y}_2 + \underline{Y}_1 \underline{Y}_2 \underline{Z}_0)\, \underline{U}_2 + (1 + \underline{Y}_1 \underline{Z}_0)\, \underline{I}_2$$

$$= \left(\frac{1}{\underline{Z}_1} + \frac{1}{\underline{Z}_2} + \frac{\underline{Z}_0}{\underline{Z}_1 \underline{Z}_2}\right) \underline{U}_2 + \left(1 + \frac{\underline{Z}_0}{\underline{Z}_1}\right) \underline{I}_2. \tag{6.1236}$$

Damit ist

$$\underline{A}_{11} = 1 + \underline{Y}_2 \underline{Z}_0 = 1 + \frac{\underline{Z}_0}{\underline{Z}_2}, \tag{6.1237}$$

$$\underline{A}_{12} = \underline{Z}_0, \tag{6.1238}$$

$$\underline{A}_{21} = \underline{Y}_1 + \underline{Y}_2 + \underline{Y}_1 \underline{Y}_2 \underline{Z}_0 = \frac{1}{\underline{Z}_1} + \frac{1}{\underline{Z}_2} + \frac{\underline{Z}_0}{\underline{Z}_1 \underline{Z}_2}, \tag{6.1239}$$

$$\underline{A}_{22} = 1 + \underline{Y}_1 \underline{Z}_0 = 1 + \frac{\underline{Z}_0}{\underline{Z}_1}. \tag{6.1240}$$

Die Erfüllung der Symmetriebedingung $\underline{A}_{11} = \underline{A}_{22}$ setzt einen symmetrischen Aufbau der vereinfachten Ersatzschaltbilder voraus. Diese verlangt für die T-Schaltung

$$1 + \frac{\underline{Z}_1}{\underline{Z}_0} = 1 + \frac{\underline{Z}_2}{\underline{Z}_0}, \tag{6.1241}$$

d.h.

$$\underline{Z}_1 = \underline{Z}_2, \tag{6.1242}$$

und für die Π-Schaltung

$$1 + \frac{\underline{Z}_0}{\underline{Z}_2} = 1 + \frac{\underline{Z}_0}{\underline{Z}_1}, \tag{6.1243}$$

also ebenfalls

$$\underline{Z}_1 = \underline{Z}_2. \tag{6.1244}$$

Bei Vierpolen, die aus reinen Blindwiderständen aufgebaut sind, sind die Vierpolkoeffizienten $\underline{A}_{11}$ und $\underline{A}_{22}$ reelle Größen, die Vierpolkoeffizienten $\underline{A}_{12}$ und $\underline{A}_{21}$ dagegen imaginär.

6.11.3.3. Unvollkommene Vierpole

Vierpole, die weniger als drei Elemente besitzen, nennt man unvollkommene Vierpole. Es soll der unvollkommene Vierpol erster Art (Bild 6.210) betrachtet werden.
Die Kirchhoffschen Sätze ergeben

$$\underline{U}_1 = \underline{U}_2 + \underline{Z}_1 \underline{I}_1, \tag{6.1245}$$

$$\underline{I}_1 = \underline{I}_2. \tag{6.1246}$$

Aus dem Vergleich mit der Kettenform, (6.1185) und (6.1186), folgt

$$\underline{A}_{11} = 1, \qquad \underline{A}_{12} = \underline{Z}_1,$$
$$\underline{A}_{21} = 0, \qquad \underline{A}_{22} = 1. \tag{6.1247}$$

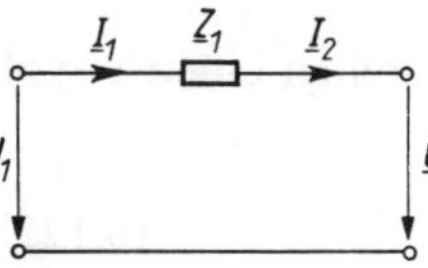

Bild 6.210

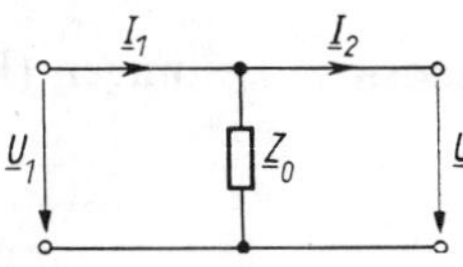

Bild 2.211

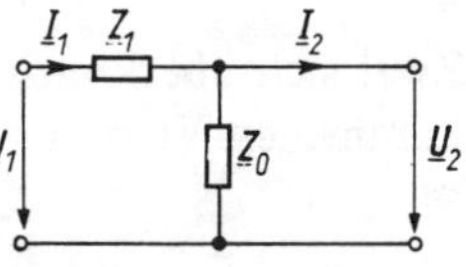

Bild 6.212

Für den unvollkommenen Vierpol zweiter Art (Bild 6.211) gilt

$$\underline{U}_1 = \underline{U}_2, \tag{6.1248}$$

$$\underline{I}_1 = \frac{1}{\underline{Z}_0}\,\underline{U}_2 + \underline{I}_2. \tag{6.1249}$$

In diesem Falle ergibt der Vergleich mit der Kettenform der Vierpolgleichungen für die Vierpolkoeffizienten die Werte

$$\underline{A}_{11} = 1, \qquad \underline{A}_{12} = 0,$$
$$\underline{A}_{21} = \frac{1}{\underline{Z}_0}, \qquad \underline{A}_{22} = 1. \tag{6.1250}$$

Bild 6.212 zeigt den unvollkommenen Γ-Vierpol. Hierfür ergeben die Kirchhoffschen Sätze folgende Beziehungen:

$$\underline{U}_1 = \left(1 + \frac{\underline{Z}_1}{\underline{Z}_0}\right)\underline{U}_2 + \underline{Z}_1\underline{I}_2, \tag{6.1251}$$

$$\underline{I}_1 = \frac{1}{\underline{Z}_0}\,\underline{U}_2 + \underline{I}_2. \tag{6.1252}$$

Aus dem Vergleich mit der Kettenform der Vierpolgleichungen folgt

$$\underline{A}_{11} = 1 + \frac{\underline{Z}_1}{\underline{Z}_0}, \qquad \underline{A}_{12} = \underline{Z}_1,$$
$$\underline{A}_{21} = \frac{1}{\underline{Z}_0}, \qquad \underline{A}_{22} = 1, \tag{6.1253}$$

a) b) *Bild 6.213*

Eine widerstandslose Leitung (Bild 6.213a) stellt einen unvollkommenen Vierpol dar. Hierfür ergeben sich folgende Bedingungen:

$$\underline{U}_1 = \underline{U}_2, \tag{6.1254}$$

$$\underline{I}_1 = \underline{I}_2. \tag{6.1255}$$

Die Gegenüberstellung dieser Gleichungen mit der Kettenform der Vierpolgleichungen ergibt

$$\underline{A}_{11} = 1, \quad \underline{A}_{12} = 0,$$

$$\underline{A}_{21} = 0, \quad \underline{A}_{22} = 1. \tag{6.1256}$$

Zwei sich überkreuzende widerstandslose Leitungen (Bild 6.213b) stellen einen unvollkommenen Vierpol dar, bei dem

$$\underline{U}_1 = -\underline{U}_2, \tag{6.1257}$$

$$\underline{I}_1 = -\underline{I}_2 \tag{6.1258}$$

gilt.
Damit sind die Vierpolkoeffizienten, die man aus dem Vergleich von (6.1257) und (6.1258) mit der Kettenform der Vierpolgleichungen erhält,

$$\underline{A}_{11} = -1, \quad \underline{A}_{12} = 0,$$

$$\underline{A}_{21} = 0, \quad \underline{A}_{22} = -1. \tag{6.1259}$$

6.11.4. Umkehrungssatz

Wir gehen von (6.1170) und (6.1171) unter Verwendung von (6.1176) und (6.1177) aus. Schließt man die EMK $\underline{E}_1$ kurz, dann ist

$$\underline{I}_1|_{\underline{E}_1=0} = \underline{Y}_{12}\underline{E}_2, \tag{6.1260}$$

und bei $\underline{E}_2 = 0$ ist

$$\underline{I}_2|_{\underline{E}_2=0} = \underline{Y}_{21}\underline{E}_1. \tag{6.1261}$$

Mit (6.1182) folgt für $\underline{E}_1 = \underline{E}_2$

$$\underline{I}_1 = -\underline{I}_2, \tag{6.1262}$$

$$|\underline{I}_1| = |\underline{I}_2|. \tag{6.1263}$$

Hieraus ergibt sich: Die Spannung $\underline{U}_1$, die man am Eingang eines beliebigen passiven Vierpols wirken läßt, ruft in dem kurzgeschlossenen Ausgang des Vierpols denselben Strom hervor, den die gleiche Spannung in dem kurzgeschlossenen Eingang des Vierpols hervorruft, wenn man sie an den Ausgangsklemmen des Vierpols wirken läßt. Diese Aussage ist in dem bekannten Austauschprinzip (s. 2.7.2.4) enthalten.

6.11.5. Spezielle Belastungsfälle des Vierpols

6.11.5.1. Leerlauf und Kurzschluß

Leerlauf und Kurzschluß stellen Grenzfälle des Betriebes von Vierpolen dar. Beim Leerlauf ist der Belastungswiderstand

$$\underline{Z}_2 = \infty \tag{6.1264}$$

und beim Kurzschluß

$$\underline{Z}_2 = 0. \tag{6.1265}$$

Im Leerlauf ist wegen $\underline{Z}_2 = \infty$ der Strom $\underline{I}_2 = 0$, d.h.

$$\underline{U}_1 = \underline{A}_{11}\underline{U}_2, \tag{6.1266}$$

$$\underline{I}_1 = \underline{A}_{21}\underline{U}_2. \tag{6.1267}$$

Diejenige Spannung, die wir im Leerlauf an den Eingang des Vierpols anlegen müssen, damit sich am Ausgang die Betriebsausgangsspannung $\underline{U}_{2b}$ einstellt, bezeichnen wir mit $\underline{U}_{10}$. Es ist also

$$\underline{U}_{10} = \underline{A}_{11}\underline{U}_{2b} \tag{6.1268}$$

und analog

$$\underline{I}_{10} = \underline{A}_{21}\underline{U}_{2b}. \tag{6.1269}$$

Beim Kurzschluß des Vierpols ist $\underline{Z}_2 = 0$ und damit $\underline{U}_2 = 0$. Dann gilt

$$\underline{U}_1 = \underline{A}_{12}\underline{I}_2, \tag{6.1270}$$

$$\underline{I}_1 = \underline{A}_{22}\underline{I}_2. \tag{6.1271}$$

Wir wollen diejenige Spannung, die im kurzgeschlossenen Ausgang den Betriebsausgangsstrom $\underline{I}_{2b}$ hervorruft, mit $\underline{U}_{1k}$ bezeichnen. Es gilt

$$\underline{U}_{1k} = \underline{A}_{12}\underline{I}_{2b}, \tag{6.1272}$$

$$\underline{I}_{1k} = \underline{A}_{22}\underline{I}_{2b}. \tag{6.1273}$$

Wenn wir mit diesen Werten in die Vierpolgleichungen eingehen, erhalten wir

$$\underline{U}_{1b} = \underline{A}_{11}\underline{U}_{2b} + \underline{A}_{12}\underline{I}_{2b} = \underline{U}_{10} + \underline{U}_{1k}, \tag{6.1274}$$

$$\underline{I}_{1b} = \underline{A}_{21}\underline{U}_{2b} + \underline{A}_{22}\underline{I}_{2b} = \underline{I}_{10} + \underline{I}_{1k}. \tag{6.1275}$$

Bei einem beliebigen Betriebszustand, der durch die vorgeschriebenen Werte von Ausgangsspannungen $\underline{U}_{2b}$ und Ausgangsstrom $\underline{I}_{2b}$ gegeben ist, kann man die Eingangsspannung $\underline{U}_{1b}$ und den Eingangsstrom $\underline{I}_{1b}$ durch Superposition der Spannungen $\underline{U}_{10}$ und $\underline{U}_{1k}$ bzw. der Ströme $\underline{I}_{10}$ und $\underline{I}_{1k}$ gewinnen.

6.11.5.2. Bestimmung der Parameter der Ersatzschaltbilder aus der Leerlauf- und Kurzschlußmessung

Wir wollen einen unbekannten Vierpol durch ein vereinfachtes Ersatzschaltbild darstellen. Als Ersatzschaltbild wollen wir die T-Schaltung (Bild 6.208) annehmen. Der Widerstand, den wir zwischen den Eingangsklemmen beim Leerlauf des Vierpols messen, ist

$$\underline{Z}_{10} = \underline{Z}_1 + \underline{Z}_0. \tag{6.1276}$$

Der Widerstand, den wir zwischen den Ausgangsklemmen des Vierpols bei offenen Eingangsklemmen messen, beträgt

$$\underline{Z}_{20} = \underline{Z}_2 + \underline{Z}_0. \tag{6.1277}$$

Der Widerstand zwischen den Eingangsklemmen bei kurzgeschlossenen Ausgangsklemmen ist

$$\underline{Z}_{1k} = \underline{Z}_1 + \frac{\underline{Z}_2\underline{Z}_0}{\underline{Z}_2 + \underline{Z}_0}. \tag{6.1278}$$

Schließlich ist der Widerstand, den wir zwischen den Ausgangsklemmen bei kurzgeschlossenen Eingangsklemmen messen,

$$\underline{Z}_{2k} = \underline{Z}_2 + \frac{\underline{Z}_1\underline{Z}_0}{\underline{Z}_1 + \underline{Z}_0}. \tag{6.1279}$$

Es sind drei unbekannte Widerstände, jedoch vier Gleichungen zu deren Bestimmung vorhanden. (6.1276) bis (6.1279) können nicht unabhängig voneinander sein. Wenn wir (6.1276) durch (6.1277) dividieren, erhalten wir

$$\frac{\underline{Z}_{10}}{\underline{Z}_{20}} = \frac{\underline{Z}_1 + \underline{Z}_0}{\underline{Z}_2 + \underline{Z}_0}. \tag{6.1280}$$

Wenn wir weiter (6.1278) durch (6.1279) dividieren, ergibt sich

$$\frac{\underline{Z}_{1k}}{\underline{Z}_{2k}} = \frac{\underline{Z}_1 + \underline{Z}_0}{\underline{Z}_2 + \underline{Z}_0}. \tag{6.1281}$$

Es ist also

$$\frac{\underline{Z}_{1k}}{\underline{Z}_{2k}} = \frac{\underline{Z}_{10}}{\underline{Z}_{20}}. \tag{6.1282}$$

Die Ermittlung der Elemente der Π-Schaltung kann einfach durch die Umwandlung Stern–Dreieck vorgenommen werden.

6.11.5.3. Eingangswiderstand und Wellenwiderstand des symmetrischen Vierpols

Wir wollen annehmen, daß an den Ausgangsklemmen des Vierpols der Widerstand $\underline{Z}_a$ angeschlossen ist. Dann ist

$$\underline{U}_2 = \underline{Z}_a\underline{I}_2. \tag{6.1283}$$

Ist der Vierpol symmetrisch ($\underline{A}_{11} = \underline{A}_{22}$), dann gehen die Vierpolgleichungen in

$$\underline{U}_1 = \underline{A}_{11}\underline{U}_2 + \underline{A}_{12}\underline{I}_2 = \underline{U}_2\left(\underline{A}_{11} + \frac{\underline{A}_{12}}{\underline{Z}_a}\right) \tag{6.1284}$$

und

$$\underline{I}_1 = \underline{A}_{21}\underline{U}_2 + \underline{A}_{11}\underline{I}_2 = \underline{I}_2\left(\underline{A}_{21}\underline{Z}_a + \underline{A}_{11}\right) \tag{6.1285}$$

über. Wenn wir die erste Gleichung durch die zweite dividieren, erhalten wir den Eingangswiderstand

$$\underline{Z}_e = \frac{\underline{U}_1}{\underline{I}_1} = \underline{Z}_a\frac{\underline{A}_{11} + \dfrac{\underline{A}_{12}}{\underline{Z}_a}}{\underline{A}_{21}\underline{Z}_a + \underline{A}_{11}}. \tag{6.1286}$$

Die Bedingung

$$\underline{Z}_e = \underline{Z}_a \tag{6.1287}$$

ist für

$$\frac{\underline{A}_{11} + \dfrac{\underline{A}_{12}}{\underline{Z}_a}}{\underline{A}_{21}\underline{Z}_a + \underline{A}_{11}} = 1 \tag{6.1288}$$

oder

$$\underline{Z}_a = \underline{Z}_w = \sqrt{\frac{\underline{A}_{12}}{\underline{A}_{21}}} \tag{6.1289}$$

erfüllt.

Ist also die Bedingung (6.1289) erfüllt, so ist der Eingangswiderstand des Vierpols gleich seinem Abschlußwiderstand. Den Widerstand $\underline{Z}_a = \underline{Z}_w$ nennt man den Wellenwiderstand des Vierpols.

Ist bei einem symmetrischen Vierpol

$$\underline{A}_{12} = \underline{A}_{21} = 0, \tag{6.1290}$$

so ist

$$\underline{U}_1 = \underline{A}_{11}\underline{U}_2, \tag{6.1291}$$

$$\underline{I}_1 = \underline{A}_{11}\underline{I}_2 \tag{6.1292}$$

und

$$\underline{Z}_e = \frac{\underline{U}_1}{\underline{I}_1} = \frac{\underline{U}_2}{\underline{I}_2} = \underline{Z}_a. \tag{6.1293}$$

In diesem speziellen Fall ist jeder Abschlußwiderstand gleich dem Eingangswiderstand. (6.1290) ergibt für das T-Ersatzschaltbild die Bedingungen

$$2\underline{Z}_1 + \frac{\underline{Z}_1^2}{\underline{Z}_0} = 0, \tag{6.1294}$$

$$\frac{1}{\underline{Z}_0} = 0 \tag{6.1295}$$

und für die Π-Schaltung die Bedingungen

$$\underline{Z}_0 = 0, \tag{6.1296}$$

$$\frac{2}{\underline{Z}_1} + \frac{\underline{Z}_0}{\underline{Z}_1^2} = 0. \tag{6.1297}$$

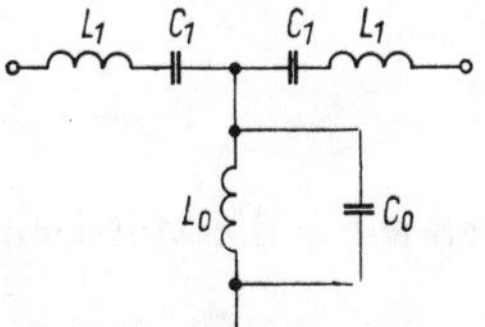

Bild 6.214

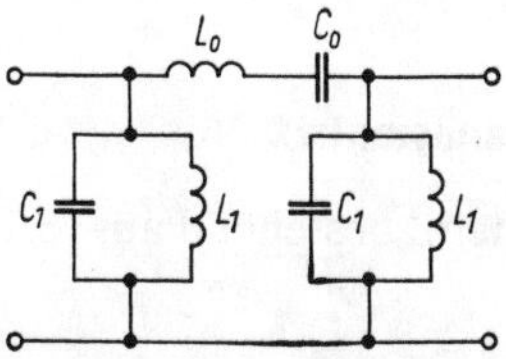

Bild 6.215

Diese Bedingungen können mit Vierpolen erfüllt werden, bei denen die Elemente aus reinen Blindwiderständen zusammengesetzt sind. Bild 6.214 und Bild 6.215 zeigen zwei Beispiele dafür.

6.11.6. Anwendung der Matrizenrechnung bei der Behandlung von Vierpolaufgaben

Eine beträchtliche Erleichterung der Behandlung von Vierpolaufgaben erzielt man durch Anwendung der Matrizenrechnung.

6.11.6.1. Kettenmatrix

Das Gleichungssystem der Kettenform des Vierpols in Matrizenform lautet

$$\begin{Vmatrix} \underline{U}_1 \\ \underline{I}_1 \end{Vmatrix} = \begin{Vmatrix} \underline{A}_{11} \underline{A}_{12} \\ \underline{A}_{21} \underline{A}_{22} \end{Vmatrix} \begin{Vmatrix} \underline{U}_2 \\ \underline{I}_2 \end{Vmatrix}. \tag{6.1298}$$

Daß diese Gleichung zwei Vierpolgleichungen enthält, können wir leicht zeigen, indem wir sie mit Hilfe der uns bereits bekannten Rechenregeln für Matrizen auswerten. Wir wollen dies schrittweise tun:
Zuerst führen wir die Ergänzung zu quadratischen Matrizen durch:

$$\begin{Vmatrix} \underline{U}_1 & 0 \\ \underline{I}_1 & 0 \end{Vmatrix} = \begin{Vmatrix} \underline{A}_{11} & \underline{A}_{12} \\ \underline{A}_{21} & \underline{A}_{22} \end{Vmatrix} \begin{Vmatrix} \underline{U}_2 & 0 \\ \underline{I}_2 & 0 \end{Vmatrix}. \tag{6.1299}$$

Nun erfolgt die Multiplikation:

$$\begin{Vmatrix} \underline{U}_1 & 0 \\ \underline{I}_1 & 0 \end{Vmatrix} = \begin{Vmatrix} \underline{A}_{11} \; \underline{U}_2 + \underline{A}_{12} \; \underline{I}_2 & \underline{A}_{11} \cdot 0 + \underline{A}_{12} \cdot 0 \\ \underline{A}_{21} \; \underline{U}_2 + \underline{A}_{22} \; \underline{I}_2 & \underline{A}_{21} \cdot 0 + \underline{A}_{22} \cdot 0 \end{Vmatrix}. \tag{6.1300}$$

Zwei Matrizen sind gleich, wenn die entsprechenden Elemente einander gleich sind, also

$$\underline{U}_1 = \underline{A}_{11}\underline{U}_2 + \underline{A}_{12}\underline{I}_2, \qquad 0 = 0,$$

$$\underline{I}_1 = \underline{A}_{21}\underline{U}_2 + \underline{A}_{22}\underline{I}_2, \qquad 0 = 0. \tag{6.1301}$$

Das sind, wie erwartet, die zwei Vierpolgleichungen.
Die Matrix

$$\|\underline{A}\| = \begin{Vmatrix} \underline{A}_{11} & \underline{A}_{12} \\ \underline{A}_{21} & \underline{A}_{22} \end{Vmatrix} \tag{6.1302}$$

nennt man die Kettenmatrix des Vierpols.

6.11.6.2. Widerstandsmatrix

Das Gleichungssystem, bestehend aus (6.1209) und (6.1210), können wir in die Matrizenform

$$\begin{Vmatrix} \underline{U}_1 \\ \underline{U}_2 \end{Vmatrix} = \begin{Vmatrix} \underline{Z}_{11} & \underline{Z}_{12} \\ \underline{Z}_{21} & \underline{Z}_{22} \end{Vmatrix} \begin{Vmatrix} \underline{I}_1 \\ \underline{I}_2 \end{Vmatrix}, \tag{6.1303}$$

$$\|\underline{U}\| = \|\underline{Z}\| \; \|\underline{I}\| \tag{6.1304}$$

umschreiben. Die Matrix

$$\|\underline{Z}\| = \begin{Vmatrix} \underline{Z}_{11} & \underline{Z}_{12} \\ \underline{Z}_{21} & \underline{Z}_{22} \end{Vmatrix} \tag{6.1305}$$

nennt man die Widerstandsmatrix.
(6.1304) hat formale Ähnlichkeit mit dem Ohmschen Gesetz. Das gibt Anlaß, in diesem Falle die Anwendung der Matrizenrechnung als Rechnung mit Schaltungen zu bezeichnen.

6.11.6.3. Leitwertmatrix

Die Leitwertmatrix erhält man aus (6.1176) und (6.1177). Die Leitwertform der Vierpolgleichungen in Matrizendarstellung lautet

$$\begin{Vmatrix} \underline{I}_1 \\ \underline{I}_2 \end{Vmatrix} = \begin{Vmatrix} \underline{Y}_{11} & \underline{Y}_{12} \\ \underline{Y}_{21} & \underline{Y}_{22} \end{Vmatrix} \begin{Vmatrix} \underline{U}_1 \\ \underline{U}_2 \end{Vmatrix}, \tag{6.1306}$$

$$\|\underline{I}\| = \|\underline{Y}\| \, \|\underline{U}\|. \tag{6.1307}$$

Die Matrix

$$\|\underline{Y}\| = \begin{Vmatrix} \underline{Y}_{11} & \underline{Y}_{12} \\ \underline{Y}_{21} & \underline{Y}_{22} \end{Vmatrix} \tag{6.1308}$$

nennt man Leitwertmatrix. (6.1307) entspricht formal dem nach $\underline{I}$ aufgelösten Ohmschen Gesetz.

6.11.6.4. Matrix der ersten Hybridform

(6.1213) und (6.1214) können in Matrizenform umgeschrieben werden:

$$\begin{Vmatrix} \underline{U}_1 \\ \underline{I}_2 \end{Vmatrix} = \begin{Vmatrix} \underline{H}_{11} & \underline{H}_{12} \\ \underline{H}_{21} & \underline{H}_{22} \end{Vmatrix} \begin{Vmatrix} \underline{I}_1 \\ \underline{U}_2 \end{Vmatrix}. \tag{6.1309}$$

Hierbei ist

$$\|\underline{H}\| = \begin{Vmatrix} \underline{H}_{11} & \underline{H}_{12} \\ \underline{H}_{21} & \underline{H}_{22} \end{Vmatrix} \tag{6.1310}$$

die Matrix der ersten Hybridform der Vierpolgleichungen.
Die Koeffizienten $\underline{H}_{11}$ bzw. $\underline{H}_{22}$ haben die Dimensionen eines Widerstands bzw. eines Leitwerts; dagegen sind $\underline{H}_{12}$ und $\underline{H}_{21}$ dimensionslos.

6.11.6.5. Matrix der zweiten Hybridform

Analog der Matrizenform der ersten Hybridform erhält man aus (6.1225) und (6.1226)

$$\begin{Vmatrix} \underline{I}_1 \\ \underline{U}_2 \end{Vmatrix} = \begin{Vmatrix} \underline{D}_{11} & \underline{D}_{12} \\ \underline{D}_{21} & \underline{D}_{22} \end{Vmatrix} \begin{Vmatrix} \underline{U}_1 \\ \underline{I}_2 \end{Vmatrix}. \tag{6.1311}$$

Die Matrix

$$\|\underline{D}\| = \begin{Vmatrix} \underline{D}_{11} & \underline{D}_{12} \\ \underline{D}_{21} & \underline{D}_{22} \end{Vmatrix} \qquad (6.1312)$$

ist die Matrix der zweiten Hybridform der Vierpolgleichungen.
Die Koeffizienten $\underline{D}_{11}$ bzw. $\underline{D}_{22}$ haben die Dimensionen eines Leitwerts bzw. eines Widerstands, und $\underline{D}_{12}$, $\underline{D}_{21}$ sind dimensionslos.

6.11.6.6. Matrizen der einfachen Vierpole

Die Matrizenform der T-Schaltung ergibt sich aus (6.1231), (6.1232), (6.1233) und (6.1234). Es ist

$$\|\underline{A}_{\mathrm{T}}\| = \begin{Vmatrix} 1 + \dfrac{\underline{Z}_1}{\underline{Z}_0} & \underline{Z}_1 + \underline{Z}_2 + \dfrac{\underline{Z}_1\underline{Z}_2}{\underline{Z}_0} \\ \dfrac{1}{\underline{Z}_0} & 1 + \dfrac{\underline{Z}_2}{\underline{Z}_0} \end{Vmatrix}. \qquad (6.1313)$$

Aus (6.1237), (6.1238), (6.1239) und (6.1240) folgt die Matrix der Π-Schaltung:

$$\|\underline{A}_{\Pi}\| = \begin{Vmatrix} 1 + \dfrac{\underline{Z}_0}{\underline{Z}_2} & \underline{Z}_0 \\ \dfrac{1}{\underline{Z}_1} + \dfrac{1}{\underline{Z}_2} + \dfrac{\underline{Z}_0}{\underline{Z}_1\underline{Z}_2} & 1 + \dfrac{\underline{Z}_0}{\underline{Z}_1} \end{Vmatrix}. \qquad (6.1314)$$

6.11.6.7. Matrizen der unvollkommenen Vierpole

Für den unvollkommenen Vierpol erster Art erhält man aus (6.1247) die Koeffizientenmatrix

$$\|\underline{A}\| = \begin{Vmatrix} 1 & \underline{Z}_1 \\ 0 & 1 \end{Vmatrix}. \qquad (6.1315)$$

Für den unvollkommenen Vierpol zweiter Art erhält man aus (6.1250) die Matrix

$$\|\underline{A}\| = \begin{Vmatrix} 1 & 0 \\ \dfrac{1}{\underline{Z}_0} & 1 \end{Vmatrix}. \qquad (6.1316)$$

Für den Γ-Vierpol ergibt sich aus (6.1253) die Matrix

$$\|\underline{A}\| = \begin{Vmatrix} 1 + \dfrac{\underline{Z}_1}{\underline{Z}_0} & \underline{Z}_1 \\ \dfrac{1}{\underline{Z}_0} & 1 \end{Vmatrix}. \qquad (6.1317)$$

Für eine widerstandslose Leitung (Bild 6.213a) erhält man aus (6.1256) die Matrix

$$\|\underline{A}\| = \begin{Vmatrix} 1 & 0 \\ 0 & 1 \end{Vmatrix}. \qquad (6.1318)$$

Für zwei sich überkreuzende widerstandslose Leitungen (Bild 6.213 b) ergibt (6.1259) die Matrix

$$\|\underline{A}\| = \left\| \begin{matrix} -1 & 0 \\ 0 & -1 \end{matrix} \right\|. \tag{6.1319}$$

6.11.7. Berechnung komplizierter Vierpole

6.11.7.1. Kettenschaltung von Vierpolen

Wir wollen zunächst die Kettenschaltung (Bild 6.216) betrachten und uns auf die Ermittlung der Vierpolkoeffizienten der Kettenschaltung zweier Vierpole beschränken. Ihre Koeffizienten seien $\underline{A}'_{11}$, $\underline{A}'_{12}$, $\underline{A}'_{21}$ und $\underline{A}'_{22}$ bzw. $\underline{A}''_{11}$, $\underline{A}''_{12}$, $\underline{A}''_{21}$ und $\underline{A}''_{22}$.

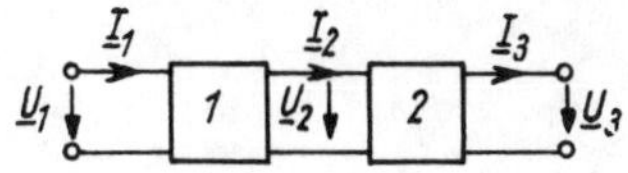

Bild 6.216

Die Gleichungen der zwei Vierpole lauten in Matrizenform

$$\left\| \begin{matrix} \underline{U}_1 \\ \underline{I}_1 \end{matrix} \right\| = \left\| \begin{matrix} \underline{A}'_{11} & \underline{A}'_{12} \\ \underline{A}'_{21} & \underline{A}'_{22} \end{matrix} \right\| \left\| \begin{matrix} \underline{U}_2 \\ \underline{I}_2 \end{matrix} \right\| \tag{6.1320}$$

und

$$\left\| \begin{matrix} \underline{U}_2 \\ \underline{I}_2 \end{matrix} \right\| = \left\| \begin{matrix} \underline{A}''_{11} & \underline{A}''_{12} \\ \underline{A}''_{21} & \underline{A}''_{22} \end{matrix} \right\| \left\| \begin{matrix} \underline{U}_3 \\ \underline{I}_3 \end{matrix} \right\|. \tag{6.1321}$$

Wenn wir nun die zweite Matrix auf der rechten Seite von (6.1320) durch die Matrix (6.1321) ersetzen, wird

$$\left\| \begin{matrix} \underline{U}_1 \\ \underline{I}_1 \end{matrix} \right\| = \left\| \begin{matrix} \underline{A}'_{11} & \underline{A}'_{12} \\ \underline{A}'_{21} & \underline{A}'_{22} \end{matrix} \right\| \left\| \begin{matrix} \underline{A}''_{11} & \underline{A}''_{12} \\ \underline{A}''_{21} & \underline{A}''_{22} \end{matrix} \right\| \left\| \begin{matrix} \underline{U}_3 \\ \underline{I}_3 \end{matrix} \right\|. \tag{6.1322}$$

Nach Ausführung der Multiplikation erhalten wir

$$\left\| \begin{matrix} \underline{U}_1 \\ \underline{I}_1 \end{matrix} \right\| = \left\| \begin{matrix} \underline{A}'_{11}\underline{A}''_{11} + \underline{A}'_{12}\underline{A}''_{21} & \underline{A}'_{11}\underline{A}''_{12} + \underline{A}'_{12}\underline{A}''_{22} \\ \underline{A}'_{21}\underline{A}''_{11} + \underline{A}'_{22}\underline{A}''_{21} & \underline{A}'_{21}\underline{A}''_{12} + \underline{A}'_{22}\underline{A}''_{22} \end{matrix} \right\| \left\| \begin{matrix} \underline{U}_3 \\ \underline{I}_3 \end{matrix} \right\| \tag{6.1323}$$

oder

$$\left\| \begin{matrix} \underline{U}_1 \\ \underline{I}_1 \end{matrix} \right\| = \left\| \begin{matrix} \underline{A}_{11}\underline{A}_{12} \\ \underline{A}_{21}\underline{A}_{22} \end{matrix} \right\| \left\| \begin{matrix} \underline{U}_3 \\ \underline{I}_3 \end{matrix} \right\|. \tag{6.1324}$$

Die Elemente der $\underline{A}$-Matrix ergeben die Vierpolkoeffizienten der Kettenschaltung beider Vierpole:

$$\begin{aligned} \underline{A}_{11} &= \underline{A}'_{11}\underline{A}''_{11} + \underline{A}'_{12}\underline{A}''_{21}, \\ \underline{A}_{12} &= \underline{A}'_{11}\underline{A}''_{12} + \underline{A}'_{12}\underline{A}''_{22}, \\ \underline{A}_{21} &= \underline{A}'_{21}\underline{A}''_{11} + \underline{A}'_{22}\underline{A}''_{21}, \\ \underline{A}_{22} &= \underline{A}'_{21}\underline{A}''_{12} + \underline{A}'_{22}\underline{A}''_{22}. \end{aligned} \tag{6.1325}$$

Auf diese Weise ist es uns gelungen, die Kettenschaltung von zwei Vierpolen auf einen äquivalenten Vierpol zurückzuführen.

Als Beispiel wird der Γ-förmige Vierpol (Bild 6.212) behandelt, und seine Koeffizienten werden bestimmt. Diesen Vierpol können wir als Kettenschaltung von zwei unvollständigen Vierpolen nach Bild 6.210 bzw. Bild 6.211 betrachten. Es ist also

$$\begin{Vmatrix} \underline{U}_1 \\ \underline{I}_1 \end{Vmatrix} = \|\underline{A}_1\| \, \|\underline{A}_2\| \begin{Vmatrix} \underline{U}_2 \\ \underline{I}_2 \end{Vmatrix} \tag{6.1326}$$

oder mit (6.1315) und (6.1316)

$$\begin{Vmatrix} \underline{U}_1 \\ \underline{I}_1 \end{Vmatrix} = \begin{Vmatrix} 1 & \underline{Z}_1 \\ 0 & 1 \end{Vmatrix} \begin{Vmatrix} 1 & 0 \\ \dfrac{1}{\underline{Z}_0} & 1 \end{Vmatrix} \begin{Vmatrix} \underline{U}_2 \\ \underline{I}_2 \end{Vmatrix}. \tag{6.1327}$$

Dies ergibt

$$\begin{Vmatrix} \underline{U}_1 \\ \underline{I}_1 \end{Vmatrix} = \begin{Vmatrix} \left(1 + \dfrac{\underline{Z}_1}{\underline{Z}_0}\right) & \underline{Z}_1 \\ \dfrac{1}{\underline{Z}_0} & 1 \end{Vmatrix} \begin{Vmatrix} \underline{U}_2 \\ \underline{I}_2 \end{Vmatrix} \tag{6.1328}$$

oder

$$\underline{A}_{11} = 1 + \frac{\underline{Z}_1}{\underline{Z}_0}, \qquad \underline{A}_{12} = \underline{Z}_1,$$

$$\underline{A}_{21} = \frac{1}{\underline{Z}_0}, \qquad \underline{A}_{22} = 1. \tag{6.1329}$$

Wir wollen noch ein Beispiel der Kettenschaltung behandeln, und zwar den T-förmigen Vierpol (Bild 6.208). Diesen Vierpol können wir als Kettenschaltung eines Γ-Vierpols (Bild 6.212) und eines unvollkommenen Vierpols nach Bild 6.210 betrachten.

Es gilt

$$\begin{Vmatrix} \underline{U}_1 \\ \underline{I}_1 \end{Vmatrix} = \| \quad \| = \|\underline{A}_\Gamma\| \, \|\underline{A}_1\| \begin{Vmatrix} \underline{U}_2 \\ \underline{I}_2 \end{Vmatrix} \tag{6.1330}$$

oder mit (6.1329) und (6.1315)

$$\begin{Vmatrix} \underline{U}_1 \\ \underline{I}_1 \end{Vmatrix} = \begin{Vmatrix} \dfrac{\underline{Z}_1 + \underline{Z}_0}{\underline{Z}_0} & \underline{Z}_1 \\ \dfrac{1}{\underline{Z}_0} & 1 \end{Vmatrix} \begin{Vmatrix} 1 & \underline{Z}_2 \\ 0 & 1 \end{Vmatrix} \begin{Vmatrix} \underline{U}_2 \\ \underline{I}_2 \end{Vmatrix}. \tag{6.1331}$$

Nach der Multiplikation erhalten wir

$$\begin{Vmatrix} \underline{A}_{11} \underline{A}_{12} \\ \underline{A}_{21} \underline{A}_{22} \end{Vmatrix} = \begin{Vmatrix} \left(1 + \dfrac{\underline{Z}_1}{\underline{Z}_0}\right) & \left(\underline{Z}_1 + \underline{Z}_2 + \dfrac{\underline{Z}_1 \underline{Z}_2}{\underline{Z}_0}\right) \\ \dfrac{1}{\underline{Z}_0} & 1 + \dfrac{\underline{Z}_2}{\underline{Z}_0} \end{Vmatrix} \tag{6.1332}$$

oder

$$\underline{A}_{11} = 1 + \frac{\underline{Z}_1}{\underline{Z}_0}, \qquad \underline{A}_{12} = \underline{Z}_1 + \underline{Z}_2 + \frac{\underline{Z}_1\underline{Z}_2}{\underline{Z}_0},$$

$$\underline{A}_{21} = \frac{1}{\underline{Z}_0}, \qquad \underline{A}_{22} = 1 + \frac{\underline{Z}_2}{\underline{Z}_0}. \tag{6.1333}$$

Das sind die Vierpolkoeffizienten des T-Vierpols, wie sie uns bereits bekannt sind, diesmal jedoch mit Hilfe der Matrizenrechnung ermittelt.

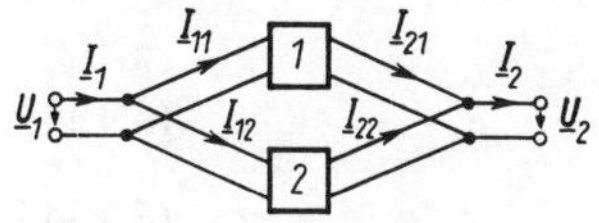

Bild 6.217

6.11.7.2. Parallelschaltung von Vierpolen

Im folgenden wollen wir uns mit der Parallelschaltung von Vierpolen (Bild 6.217) befassen. Bei der Parallelschaltung von Vierpolen werden am Eingang und am Ausgang die Ströme addiert. In diesem Fall ist es zweckmäßig, von der Leitwertform der Vierpolgleichungen auszugehen. Es ist

$$\begin{Vmatrix} \underline{I}_{11} \\ \underline{I}_{21} \end{Vmatrix} = \begin{Vmatrix} \underline{Y}'_{11} \underline{Y}'_{12} \\ \underline{Y}'_{21} \underline{Y}'_{22} \end{Vmatrix} \begin{Vmatrix} \underline{U}_1 \\ \underline{U}_2 \end{Vmatrix}, \tag{6.1334}$$

$$\begin{Vmatrix} \underline{I}_{12} \\ \underline{I}_{22} \end{Vmatrix} = \begin{Vmatrix} \underline{Y}''_{11} \underline{Y}''_{12} \\ \underline{Y}''_{21} \underline{Y}''_{22} \end{Vmatrix} \begin{Vmatrix} \underline{U}_1 \\ \underline{U}_2 \end{Vmatrix}. \tag{6.1335}$$

Der Gesamtstrom am Eingang des Vierpols beträgt

$$\underline{I}_1 = \underline{I}_{11} + \underline{I}_{12} \tag{6.1336}$$

und der Gesamtstrom am Ausgang des Vierpols

$$\underline{I}_2 = \underline{I}_{21} + \underline{I}_{22}. \tag{6.1337}$$

Es gilt offensichtlich die Matrizengleichung

$$\begin{Vmatrix} \underline{I}_1 \\ \underline{I}_2 \end{Vmatrix} = \begin{Vmatrix} \underline{I}_{11} \\ \underline{I}_{21} \end{Vmatrix} + \begin{Vmatrix} \underline{I}_{12} \\ \underline{I}_{22} \end{Vmatrix}. \tag{6.1338}$$

Wenn wir nun (6.1334) und (6.1335) einsetzen, erhalten wir

$$\begin{Vmatrix} \underline{I}_1 \\ \underline{I}_2 \end{Vmatrix} = \begin{Vmatrix} \underline{Y}'_{11} \underline{Y}'_{12} \\ \underline{Y}'_{21} \underline{Y}'_{22} \end{Vmatrix} \begin{Vmatrix} \underline{U}_1 \\ \underline{U}_2 \end{Vmatrix} + \begin{Vmatrix} \underline{Y}''_{11} \underline{Y}''_{12} \\ \underline{Y}''_{21} \underline{Y}''_{22} \end{Vmatrix} \begin{Vmatrix} \underline{U}_1 \\ \underline{U}_2 \end{Vmatrix}$$

$$= \left(\begin{Vmatrix} \underline{Y}'_{11} \underline{Y}'_{12} \\ \underline{Y}'_{21} \underline{Y}'_{22} \end{Vmatrix} + \begin{Vmatrix} \underline{Y}''_{11} \underline{Y}''_{12} \\ \underline{Y}''_{21} \underline{Y}''_{22} \end{Vmatrix} \right) \begin{Vmatrix} \underline{U}_1 \\ \underline{U}_2 \end{Vmatrix}$$

$$= \begin{Vmatrix} \underline{Y}'_{11} + \underline{Y}''_{11} & \underline{Y}'_{12} + \underline{Y}''_{12} \\ \underline{Y}'_{21} + \underline{Y}''_{21} & \underline{Y}'_{22} + \underline{Y}''_{22} \end{Vmatrix} \begin{Vmatrix} \underline{U}_1 \\ \underline{U}_2 \end{Vmatrix}. \tag{6.1339}$$

Die Auflösung des Produkts und der Vergleich der Elemente ergibt

$$\underline{I}_1 = (\underline{Y}'_{11} + \underline{Y}''_{11})\,\underline{U}_1 + (\underline{Y}'_{12} + \underline{Y}''_{12})\,\underline{U}_2, \tag{6.1340}$$

$$\underline{I}_2 = (\underline{Y}'_{21} + \underline{Y}'_{21})\,\underline{U}_1 + (\underline{Y}'_{22} + \underline{Y}''_{22})\,\underline{U}_2. \tag{6.1341}$$

Nach Einführung der Abkürzungen

$$\underline{Y}_{11} = \underline{Y}'_{11} + \underline{Y}''_{11}, \qquad \underline{Y}_{12} = \underline{Y}'_{12} + \underline{Y}''_{12},$$

$$\underline{Y}_{21} = \underline{Y}'_{21} + \underline{Y}''_{21}, \qquad \underline{Y}_{22} = \underline{Y}'_{22} + \underline{Y}''_{22} \tag{6.1342}$$

erhalten wir das Gleichungspaar des äquivalenten Vierpols:

$$\underline{I}_1 = \underline{Y}_{11}\underline{U}_1 + \underline{Y}_{12}\underline{U}_2, \tag{6.1343}$$

$$\underline{I}_2 = \underline{Y}_{21}\underline{U}_1 + \underline{Y}_{22}\underline{U}_2. \tag{6.1344}$$

Bei der Parallelschaltung von Vierpolen ergibt sich die Leitwertmatrix des äquivalenten Vierpols aus der Summe der Leitwertmatrizen der Einzelvierpole.

Beispiel

Es sei nach den Kenngrößen eines überbrückten T-Vierpols (Bild 6.218) gefragt. Im Bild 6.218 wird auch gezeigt, wie man diesen Vierpol als Parallelschaltung von einem T-Vierpol und einem unvollkommenen Vierpol der ersten Art darstellen kann. Die Vierpolkoeffizienten des T-Vierpols sind durch (6.1333) gegeben. Wenn wir nun damit in (6.1191) bis (6.1194) eingehen, erhalten wir die Elemente der Leitwertmatrix des T-Vierpols:

$$\begin{aligned}
\underline{Y}'_{11} &= \frac{\underline{A}_{22}}{\underline{A}_{12}} = \frac{\underline{Z}_0 + \underline{Z}_2}{\underline{Z}_0\underline{Z}_1 + \underline{Z}_1\underline{Z}_2 + \underline{Z}_0\underline{Z}_2},\\
\underline{Y}'_{12} &= -\frac{\Delta\underline{A}}{\underline{A}_{12}} = -\frac{\underline{Z}_0}{\underline{Z}_0\underline{Z}_1 + \underline{Z}_1\underline{Z}_2 + \underline{Z}_0\underline{Z}_2},\\
\underline{Y}'_{21} &= \frac{1}{\underline{A}_{12}} = \frac{\underline{Z}_0}{\underline{Z}_0\underline{Z}_1 + \underline{Z}_1\underline{Z}_2 + \underline{Z}_0\underline{Z}_2},\\
\underline{Y}'_{22} &= -\frac{\underline{A}_{11}}{\underline{A}_{12}} = -\frac{\underline{Z}_0 + \underline{Z}_1}{\underline{Z}_0\underline{Z}_1 + \underline{Z}_1\underline{Z}_2 + \underline{Z}_0\underline{Z}_2},
\end{aligned} \tag{6.1345}$$

Die Koeffizienten des unvollständigen Vierpols sind durch (6.1247) gegeben. Für die Elemente der Leitwertmatrix findet man

$$\begin{aligned}
\underline{Y}''_{11} &= \frac{\underline{A}_{22}}{\underline{A}_{12}} = \frac{1}{\underline{Z}_3},\\
\underline{Y}''_{22} &= -\frac{\Delta\underline{A}}{\underline{A}_{12}} = -\frac{1}{\underline{Z}_3},\\
\underline{Y}''_{21} &= \frac{1}{\underline{A}_{12}} = -\frac{1}{\underline{Z}_3},\\
\underline{Y}''_{22} &= -\frac{\underline{A}_{11}}{\underline{A}_{12}} = -\frac{1}{\underline{Z}_3}.
\end{aligned} \tag{6.1346}$$

Hiermit erhalten wir

$$\begin{aligned}
\underline{Y}_{11} &= \underline{Y}'_{11} + \underline{Y}''_{11} = \frac{\underline{Z}_2(\underline{Z}_1 + \underline{Z}_3) + \underline{Z}_0(\underline{Z}_1 + \underline{Z}_2 + \underline{Z}_3)}{\underline{Z}_3(\underline{Z}_0\underline{Z}_1 + \underline{Z}_0\underline{Z}_2 + \underline{Z}_1\underline{Z}_2)},\\
\underline{Y}_{12} &= \underline{Y}'_{12} + \underline{Y}''_{12} = -\frac{\underline{Z}_1\underline{Z}_2 + \underline{Z}_0(\underline{Z}_1 + \underline{Z}_2 + \underline{Z}_3)}{\underline{Z}_3(\underline{Z}_0\underline{Z}_1 + \underline{Z}_0\underline{Z}_2 + \underline{Z}_1\underline{Z}_2)},\\
\underline{Y}_{21} &= \underline{Y}'_{21} + \underline{Y}''_{21} = \frac{\underline{Z}_1\underline{Z}_2 + \underline{Z}_0(\underline{Z}_1 + \underline{Z}_2 + \underline{Z}_3)}{\underline{Z}_3(\underline{Z}_0\underline{Z}_1 + \underline{Z}_0\underline{Z}_2 + \underline{Z}_1\underline{Z}_2)},\\
\underline{Y}_{22} &= \underline{Y}'_{22} + \underline{Y}''_{22} = -\frac{\underline{Z}_1(\underline{Z}_2 + \underline{Z}_3) + \underline{Z}_0(\underline{Z}_1 + \underline{Z}_2 + \underline{Z}_3)}{\underline{Z}_3(\underline{Z}_0\underline{Z}_1 + \underline{Z}_0\underline{Z}_2 + \underline{Z}_1\underline{Z}_2)}.
\end{aligned} \tag{6.1347}$$

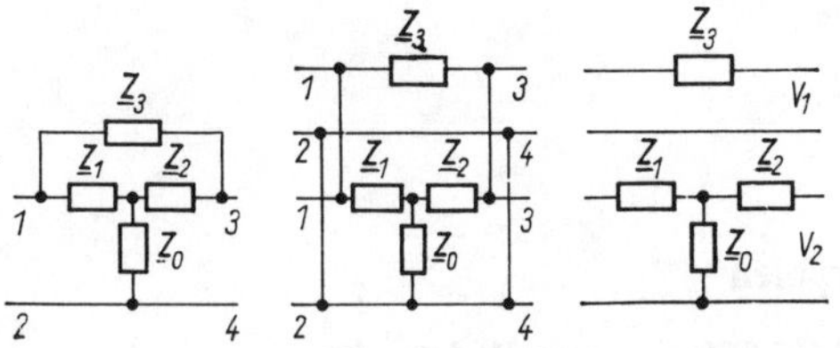

Bild 6.218

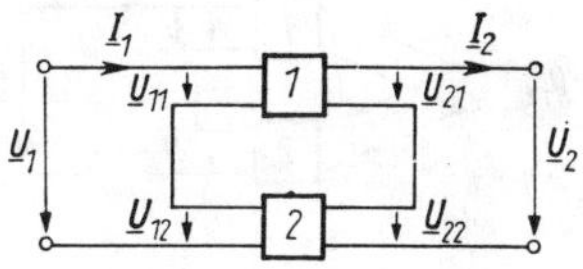

Bild 6.219

6.11.7.3. Reihenschaltung von Vierpolen

Bei der Reihenschaltung von Vierpolen, die im Bild 6.219 gezeigt wird, gilt

$$\underline{U}_1 = \underline{U}_{11} + \underline{U}_{12}, \tag{6.1348}$$

$$\underline{U}_2 = \underline{U}_{21} + \underline{U}_{22} \tag{6.1349}$$

und

$$\underline{I}_1 = \underline{I}_{11} = \underline{I}_{12}, \tag{6.1350}$$

$$\underline{I}_2 = \underline{I}_{21} = \underline{I}_{22}. \tag{6.1351}$$

In diesem Falle ist es zweckmäßig, von den Widerstandsmatrizen auszugehen. Es gilt

$$\begin{Vmatrix} \underline{U}_{11} \\ \underline{U}_{21} \end{Vmatrix} = \begin{Vmatrix} \underline{Z}'_{11} & \underline{Z}'_{12} \\ \underline{Z}'_{21} & \underline{Z}'_{22} \end{Vmatrix} \begin{Vmatrix} \underline{I}_1 \\ \underline{I}_2 \end{Vmatrix} \tag{6.1352}$$

bzw.

$$\begin{Vmatrix} \underline{U}_{12} \\ \underline{U}_{22} \end{Vmatrix} = \begin{Vmatrix} \underline{Z}''_{11} & \underline{Z}''_{12} \\ \underline{Z}''_{21} & \underline{Z}''_{22} \end{Vmatrix} \begin{Vmatrix} \underline{I}_1 \\ \underline{I}_2 \end{Vmatrix}. \tag{6.1353}$$

Außerdem ist

$$\begin{Vmatrix} \underline{U}_1 \\ \underline{U}_2 \end{Vmatrix} = \begin{Vmatrix} \underline{U}_{11} \\ \underline{U}_{21} \end{Vmatrix} + \begin{Vmatrix} \underline{U}_{12} \\ \underline{U}_{22} \end{Vmatrix} \tag{6.1354}$$

oder mit (6.1352) und (6.1353)

$$\begin{aligned}
\begin{Vmatrix} \underline{U}_1 \\ \underline{U}_2 \end{Vmatrix} &= \left(\begin{Vmatrix} \underline{Z}'_{11} & \underline{Z}'_{12} \\ \underline{Z}'_{21} & \underline{Z}'_{22} \end{Vmatrix} + \begin{Vmatrix} \underline{Z}''_{11} & \underline{Z}''_{12} \\ \underline{Z}''_{21} & \underline{Z}''_{22} \end{Vmatrix} \right) \begin{Vmatrix} \underline{I}_1 \\ \underline{I}_2 \end{Vmatrix} \\
&= \begin{Vmatrix} \underline{Z}'_{11} + \underline{Z}''_{11} & \underline{Z}'_{12} + \underline{Z}''_{12} \\ \underline{Z}'_{21} + \underline{Z}''_{21} & \underline{Z}'_{22} + \underline{Z}''_{22} \end{Vmatrix} \begin{Vmatrix} \underline{I}_1 \\ \underline{I}_2 \end{Vmatrix}.
\end{aligned} \tag{6.1355}$$

Nach Ausführung der Multiplikation erhalten wir

$$\begin{Vmatrix} \underline{U}_1 \\ \underline{U}_2 \end{Vmatrix} = \begin{Vmatrix} (\underline{Z}'_{11} + \underline{Z}''_{11})\underline{I}_1 + (\underline{Z}'_{12} + \underline{Z}''_{12})\underline{I}_2 \\ (\underline{Z}'_{21} + \underline{Z}''_{21})\underline{I}_1 + (\underline{Z}'_{22} + \underline{Z}''_{22})\underline{I}_2 \end{Vmatrix}, \tag{6.1356}$$

d.h.

$$\underline{U}_1 = (\underline{Z}'_{11} + \underline{Z}''_{11})\underline{I}_1 + (\underline{Z}'_{12} + \underline{Z}''_{12})\underline{I}_2, \tag{6.1357}$$

$$\underline{U}_2 = (\underline{Z}'_{21} + \underline{Z}''_{21})\underline{I}_1 + (\underline{Z}'_{22} + \underline{Z}''_{22})\underline{I}_2. \tag{6.1358}$$

Aus dieser Form kann man die $\underline{A}$- oder die $\underline{Y}$-Form der Gleichungen ableiten und die Vierpolkoeffizienten bestimmen.

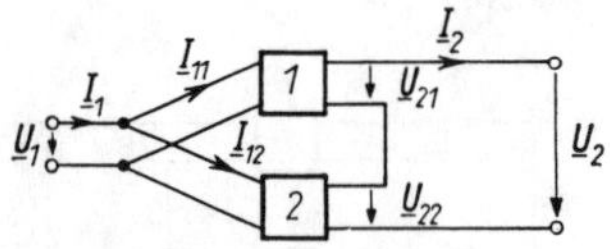

Bild 6.220

6.11.7.4. Parallel-Reihen-Schaltung von Vierpolen

Bei der Parallel-Reihen-Schaltung, die im Bild 6.220 dargestellt ist, gilt

$$\underline{I}_1 = \underline{I}_{11} + \underline{I}_{12}, \tag{6.1359}$$

$$\underline{U}_2 = \underline{U}_{21} + \underline{U}_{22}. \tag{6.1360}$$

Dies kann man in Matrizenform schreiben:

$$\begin{Vmatrix} \underline{I}_1 \\ \underline{U}_2 \end{Vmatrix} = \begin{Vmatrix} \underline{I}_{11} \\ \underline{U}_{21} \end{Vmatrix} + \begin{Vmatrix} \underline{I}_{12} \\ \underline{U}_{22} \end{Vmatrix}. \tag{6.1361}$$

Für die Behandlung dieser Schaltungen ist es günstig, die Vierpolgleichungen so umzugestalten, daß $\underline{U}_2$ und $\underline{I}_1$ als Funktionen von $\underline{U}_1$ und $\underline{I}_2$ erscheinen. Wir gehen wiederum von der Kettenform der Vierpolgleichungen aus:

$$\underline{I}_1 = \frac{\underline{A}_{21}}{\underline{A}_{11}} \underline{U}_1 + \frac{\Delta \underline{A}}{\underline{A}_{11}} \underline{I}_2, \tag{6.1362}$$

$$\underline{U}_2 = \frac{1}{\underline{A}_{11}} \underline{U}_1 - \frac{\underline{A}_{12}}{\underline{A}_{11}} \underline{I}_2. \tag{6.1363}$$

Mit den Abkürzungen

$$\underline{D}_{11} = \frac{\underline{A}_{21}}{\underline{A}_{11}}, \qquad \underline{D}_{12} = \frac{\Delta \underline{A}}{\underline{A}_{11}},$$

$$\underline{D}_{21} = \frac{1}{\underline{A}_{11}}, \qquad \underline{D}_{22} = -\frac{\underline{A}_{12}}{\underline{A}_{11}} \tag{6.1364}$$

erhalten wir

$$\underline{I}_1 = \underline{D}_{11}\underline{U}_1 + \underline{D}_{12}\underline{I}_2, \tag{6.1365}$$

$$\underline{U}_2 = \underline{D}_{21}\underline{U}_1 + \underline{D}_{22}\underline{I}_2 \tag{6.1366}$$

oder in Matrizenform

$$\begin{Vmatrix} \underline{I}_1 \\ \underline{U}_2 \end{Vmatrix} = \begin{Vmatrix} \underline{D}_{11} \underline{D}_{12} \\ \underline{D}_{21} \underline{D}_{22} \end{Vmatrix} \begin{Vmatrix} \underline{U}_1 \\ \underline{I}_2 \end{Vmatrix}. \tag{6.1367}$$

Damit ergibt sich für die Parallel-Reihen-Schaltung

$$\begin{Vmatrix} \underline{I}_{11} \\ \underline{U}_{21} \end{Vmatrix} = \begin{Vmatrix} \underline{D}'_{11} \underline{D}'_{12} \\ \underline{D}'_{21} \underline{D}'_{22} \end{Vmatrix} \begin{Vmatrix} \underline{U}_{11} \\ \underline{I}_{21} \end{Vmatrix}, \tag{6.1368}$$

$$\begin{Vmatrix} \underline{I}_{12} \\ \underline{U}_{22} \end{Vmatrix} = \begin{Vmatrix} \underline{D}''_{11} \underline{D}''_{12} \\ \underline{D}''_{21} \underline{D}''_{22} \end{Vmatrix} \begin{Vmatrix} \underline{U}_{12} \\ \underline{I}_{22} \end{Vmatrix}. \tag{6.1369}$$

Mit (6.1368) und (6.1369) geht (6.1361) in

$$\begin{Vmatrix} \underline{I}_1 \\ \underline{U}_2 \end{Vmatrix} = \left(\begin{Vmatrix} \underline{D}'_{11} \underline{D}'_{12} \\ \underline{D}'_{21} \underline{D}'_{22} \end{Vmatrix} + \begin{Vmatrix} \underline{D}''_{11} \underline{D}''_{12} \\ \underline{D}''_{21} \underline{D}''_{22} \end{Vmatrix} \right) \begin{Vmatrix} \underline{U}_1 \\ \underline{I}_2 \end{Vmatrix} \tag{6.1370}$$

über. Das ergibt

$$\begin{Vmatrix} \underline{I}_1 \\ \underline{U}_2 \end{Vmatrix} = \begin{Vmatrix} \underline{D}'_{11} + \underline{D}''_{11} & \underline{D}'_{12} + \underline{D}''_{12} \\ \underline{D}'_{21} + \underline{D}''_{21} & \underline{D}'_{22} + \underline{D}''_{22} \end{Vmatrix} \begin{Vmatrix} \underline{U}_1 \\ \underline{I}_2 \end{Vmatrix} \tag{6.1371}$$

oder mit

$$\underline{D}_{11} = \underline{D}'_{11} + \underline{D}''_{11}, \qquad \underline{D}_{12} = \underline{D}'_{12} + \underline{D}''_{12},$$

$$\underline{D}_{21} = \underline{D}'_{21} + \underline{D}''_{21}, \qquad \underline{D}_{22} = \underline{D}'_{22} + \underline{D}''_{22} \tag{6.1372}$$

$$\underline{I}_1 = \underline{D}_{11} \underline{U}_1 + \underline{D}_{12} \underline{I}_2, \tag{6.1373}$$

$$\underline{U}_2 = \underline{D}_{21} \underline{U}_1 + \underline{D}_{22} \underline{I}_2. \tag{6.1374}$$

Das ist die $\underline{D}$-Form der Gleichungen des neuen zusammengesetzten Vierpols. Diese Gleichungen können wir nach Belieben in die $\underline{A}$-, $\underline{Z}$- oder $\underline{Y}$-Form überführen und so sämtliche Größen, die uns interessieren, bestimmen.

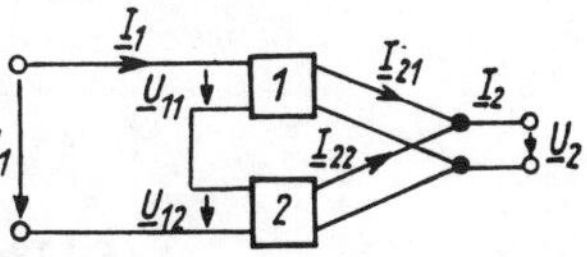

Bild 2.221

6.11.7.5. Reihen-Parallel-Schaltung von Vierpolen

Bei der Reihen-Parallel-Schaltung, die im Bild 6.221 gezeigt wird, gilt

$$\underline{U}_1 = \underline{U}_{11} + \underline{U}_{12} \tag{6.1375}$$

und

$$\underline{I}_2 = \underline{I}_{21} + \underline{I}_{22}. \tag{6.1376}$$

Diese beiden Gleichungen können wir in der Matrix

$$\begin{Vmatrix} \underline{U}_1 \\ \underline{I}_2 \end{Vmatrix} = \begin{Vmatrix} \underline{U}_{11} \\ \underline{I}_{21} \end{Vmatrix} + \begin{Vmatrix} \underline{U}_{12} \\ \underline{I}_{22} \end{Vmatrix} \tag{6.1377}$$

zusammenfassen. Für die Betrachtung dieser Schaltung ist es günstig, die Vierpolgleichungen so umzugestalten, daß $\underline{U}_1$ bzw. $\underline{I}_2$ als Funktion von $\underline{U}_2$ und $\underline{I}_1$ erscheinen. Auch in diesem Falle gehen wir von der Kettenform der Vierpolgleichungen aus, die umgeformt ergibt:

$$\underline{U}_1 = \frac{\underline{A}_{12}}{\underline{A}_{22}} \underline{I}_1 + \frac{\Delta \underline{A}}{\underline{A}_{22}} \underline{U}_2, \tag{6.1378}$$

$$\underline{I}_2 = \frac{1}{\underline{A}_{22}} \underline{I}_1 - \frac{\underline{A}_{21}}{\underline{A}_{22}} \underline{U}_2 \tag{6.1379}$$

oder

$$\underline{U}_1 = \underline{H}_{11}\underline{I}_1 + \underline{H}_{12}\underline{U}_2, \tag{6.1380}$$

$$\underline{I}_2 = \underline{H}_{21}\underline{I}_1 + \underline{H}_{22}\underline{U}_2, \tag{6.1381}$$

wobei

$$\underline{H}_{11} = \frac{\underline{A}_{12}}{\underline{A}_{22}}, \qquad \underline{H}_{12} = \frac{\Delta \underline{A}}{\underline{A}_{22}},$$

$$\underline{H}_{21} = \frac{1}{\underline{A}_{22}}, \qquad \underline{H}_{22} = -\frac{\underline{A}_{21}}{\underline{A}_{22}} \tag{6.1382}$$

ist.

(6.1380) und (6.1381), die $\underline{H}$-Form der Vierpolgleichungen, kann man in Matrizenform schreiben:

$$\begin{Vmatrix} \underline{U}_1 \\ \underline{I}_2 \end{Vmatrix} = \begin{Vmatrix} \underline{H}_{11} \underline{H}_{12} \\ \underline{H}_{21} \underline{H}_{22} \end{Vmatrix} \begin{Vmatrix} \underline{I}_1 \\ \underline{U}_2 \end{Vmatrix}. \tag{6.1383}$$

Für die Reihen-Parallel-Schaltung erhalten wir dann

$$\begin{Vmatrix} \underline{U}_{11} \\ \underline{I}_{21} \end{Vmatrix} = \begin{Vmatrix} \underline{H}'_{11} \underline{H}'_{12} \\ \underline{H}'_{21} \underline{H}'_{22} \end{Vmatrix} \begin{Vmatrix} \underline{I}_{11} \\ \underline{U}_{21} \end{Vmatrix} \tag{6.1384}$$

bzw.

$$\begin{Vmatrix} \underline{U}_{12} \\ \underline{I}_{22} \end{Vmatrix} = \begin{Vmatrix} \underline{H}''_{11} \underline{H}''_{12} \\ \underline{H}''_{21} \underline{H}''_{22} \end{Vmatrix} \begin{Vmatrix} \underline{I}_{12} \\ \underline{U}_{22} \end{Vmatrix}. \tag{6.1385}$$

Nun ist in diesem Falle

$$\underline{U}_{21} = \underline{U}_{22} = \underline{U}_2, \tag{6.1386}$$

$$\underline{I}_{11} = \underline{I}_{12} = \underline{I}_1. \tag{6.1387}$$

Hiermit geht (6.1383) in

$$\begin{Vmatrix} \underline{U}_1 \\ \underline{I}_2 \end{Vmatrix} = \left(\begin{Vmatrix} \underline{H}'_{11} \underline{H}'_{12} \\ \underline{H}'_{21} \underline{H}'_{22} \end{Vmatrix} + \begin{Vmatrix} \underline{H}''_{11} \underline{H}''_{12} \\ \underline{H}''_{21} \underline{H}''_{22} \end{Vmatrix} \right) \begin{Vmatrix} \underline{I}_1 \\ \underline{U}_2 \end{Vmatrix} \tag{6.1388}$$

oder

$$\begin{Vmatrix} \underline{U}_1 \\ \underline{I}_2 \end{Vmatrix} = \begin{Vmatrix} \underline{H}'_{11} + \underline{H}''_{11} & \underline{H}'_{12} + \underline{H}''_{12} \\ \underline{H}'_{21} + \underline{H}''_{21} & \underline{H}'_{22} + \underline{H}''_{22} \end{Vmatrix} \begin{Vmatrix} \underline{I}_1 \\ \underline{U}_2 \end{Vmatrix} \tag{6.1389}$$

über.

Nach Ausführung der Multiplikation und Vergleich der Elemente ergibt sich

$$\underline{U}_1 = (\underline{H}'_{11} + \underline{H}''_{11})\,\underline{I}_1 + (\underline{H}'_{12} + \underline{H}''_{12})\,\underline{U}_2, \tag{6.1390}$$

$$\underline{I}_2 = (\underline{H}'_{21} + \underline{H}''_{21})\,\underline{I}_1 + (\underline{H}'_{22} + \underline{H}''_{22})\,\underline{A}_2. \tag{6.1391}$$

Mit den Abkürzungen

$$\underline{H}_{11} = \underline{H}'_{11} + \underline{H}''_{11}, \qquad \underline{H}_{12} = \underline{H}'_{12} + \underline{H}''_{12},$$

$$\underline{H}_{21} = \underline{H}'_{21} + \underline{H}''_{21}, \qquad \underline{H}_{22} = \underline{H}'_{22} + \underline{H}''_{22} \tag{6.1392}$$

erhält man (6.1380) und (6.1381). Diese Gleichungen kann man in die $\underline{A}$-, $\underline{Z}$-, $\underline{Y}$- oder $\underline{D}$-Form überführen und nach Bedarf auswerten.

6.11.8. Vierpolketten

Wenn eine Anzahl von Vierpolen hintereinandergeschaltet wird, entsteht eine Vierpolkette. Sind die einzelnen Vierpole der Kette gleich, so nennt man die Kette homogen. Wenn sie außerdem symmetrisch sind, haben wir eine symmetrische homogene Vierpolkette vor uns. Für jeden einzelnen Vierpol sind die Vierpolgleichungen in Kraft. Man kann alle Zwischenströme und Zwischenspannungen eliminieren und die Abhängigkeit zwischen den Eingangsgrößen des ersten Vierpols und den Ausgangsgrößen des letzten Vierpols darstellen. So kann man die ganze Vierpolkette auf einen einzigen Vierpol zurückführen. Die Aufstellung der Gleichungen der symmetrischen homogenen Vierpolkette mit n Gliedern (Bild 6.222) soll unsere nächste Aufgabe sein. Die Spannungen und die Ströme tragen als Index die laufende Nummer des Vierpols, hinter dem sie erscheinen. Der Eingangsstrom und die Eingangsspannung haben den Index 0.

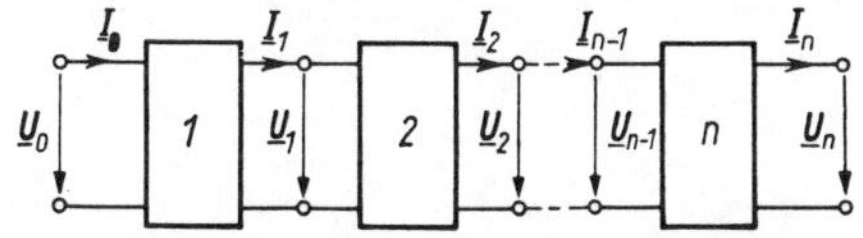

Bild 6.222

Wir wollen annehmen, daß die Vierpolkette mit dem Widerstand $\underline{Z}_n = \underline{Z}_a$ abgeschlossen ist

$$\frac{\underline{U}_n}{\underline{I}_n} = \underline{Z}_a. \tag{6.1393}$$

Für jeden Vierpol der symmetrischen homogenen Vierpolkette gilt

$$\begin{aligned}\underline{U}_{n-1} &= \underline{A}_{11}\underline{U}_n + \underline{A}_{12}\underline{I}_n,\\ \underline{I}_{n-1} &= \underline{A}_{21}\underline{U}_n + \underline{A}_{22}\underline{I}_n.\end{aligned} \tag{6.1394}$$

Da der Einzelvierpol der homogenen Vierpolkette symmetrisch ist, ist

$$\underline{A}_{11} = \underline{A}_{22}. \tag{6.1395}$$

Für die weiteren Betrachtungen ist es zweckmäßig, die Größe

$$e^{\underline{g}} = \underline{A}_{11} + \sqrt{\underline{A}_{12}\underline{A}_{21}} \tag{6.1396}$$

einzuführen. Dann ist mit (6.1195)

$$\underline{e}^{-\underline{g}} = \frac{1}{\underline{A}_{11} + \sqrt{\underline{A}_{12}\underline{A}_{21}}} = \frac{\underline{A}_{11} - \sqrt{\underline{A}_{12}\underline{A}_{21}}}{\underline{A}_{11}^2 - \underline{A}_{12}\underline{A}_{21}}$$

$$= \frac{\underline{A}_{11} - \sqrt{\underline{A}_{12}\underline{A}_{21}}}{\Delta\underline{A}} = \underline{A}_{11} - \sqrt{\underline{A}_{12}\underline{A}_{21}}\,. \tag{6.1397}$$

Mit (6.1396) und (6.1397) lassen sich folgende Beziehungen für die Vierpolkoeffizienten des Kettenvierpols ableiten:

$$\frac{e^{\underline{g}} + e^{-\underline{g}}}{2} = \cosh \underline{g} = \underline{A}_{11}, \tag{6.1398}$$

$$\frac{e^{\underline{g}} - e^{-\underline{g}}}{2} = \sinh \underline{g} = \sqrt{\underline{A}_{21}\underline{A}_{12}}. \tag{6.1399}$$

Führt man außerdem den Wellenwiderstand (6.1289) ein, dann erhält man

$$\underline{A}_{12} = \underline{Z}_w \sinh \underline{g}, \tag{6.1400}$$

$$\underline{A}_{21} = \frac{\sinh \underline{g}}{\underline{Z}_w}. \tag{6.1401}$$

Für den letzten Vierpol der Vierpolkette gilt dann

$$\begin{aligned} \underline{U}_{n-1} &= \underline{U}_n \cosh \underline{g} + \underline{I}_n \underline{Z}_w \sinh \underline{g}, \\ \underline{I}_{n-1} &= \frac{\underline{U}_n}{\underline{Z}_w} \sinh \underline{g} + \underline{I}_n \cosh \underline{g} \end{aligned} \tag{6.1402}$$

oder in Matrizenschreibweise

$$\begin{Vmatrix} \underline{U}_{n-1} \\ \underline{I}_{n-1} \end{Vmatrix} = \begin{Vmatrix} \cosh \underline{g} & \underline{Z}_w \sinh \underline{g} \\ \dfrac{\sinh \underline{g}}{\underline{Z}_w} & \cosh \underline{g} \end{Vmatrix} \begin{Vmatrix} \underline{U}_n \\ \underline{I}_n \end{Vmatrix}. \tag{6.1403}$$

Offensichtlich gilt dann für die Spannung am Eingang des vorletzten Vierpols der Kette

$$\begin{Vmatrix} \underline{U}_{n-2} \\ \underline{I}_{n-2} \end{Vmatrix} = \begin{Vmatrix} \cosh \underline{g} & \underline{Z}_w \sinh \underline{g} \\ \dfrac{\sinh \underline{g}}{\underline{Z}_w} & \cosh \underline{g} \end{Vmatrix} \begin{Vmatrix} \cosh \underline{g} & \underline{Z}_w \sinh \underline{g} \\ \dfrac{\sinh \underline{g}}{\underline{Z}_w} & \cosh \underline{g} \end{Vmatrix} \begin{Vmatrix} \underline{U}_n \\ \underline{I}_n \end{Vmatrix} \tag{6.1404}$$

bzw.

$$\begin{Vmatrix} \underline{U}_{n-2} \\ \underline{I}_{n-2} \end{Vmatrix} = \begin{Vmatrix} \cosh \underline{g} \cosh \underline{g} + \sinh \underline{g} \sinh \underline{g} & \underline{Z}_w (\cosh \underline{g} \sinh \underline{g} + \sinh \underline{g} \cosh \underline{g} \\ \dfrac{1}{\underline{Z}_w} (\sinh \underline{g} \cosh \underline{g} + \cosh \underline{g} \sinh \underline{g}) & \cosh \underline{g} \sinh \underline{g} + \cosh \underline{g} \sinh \underline{g} \end{Vmatrix} \begin{Vmatrix} \underline{U}_n \\ \underline{I}_n \end{Vmatrix}. \tag{6.1405}$$

Unter Anwendung des Additionssatzes

$$\cosh(\delta + \vartheta) = \cosh\delta\cosh\vartheta + \sinh\delta\sinh\vartheta,$$
$$\sinh(\delta + \vartheta) = \sinh\delta\cosh\vartheta + \cosh\delta\sinh\vartheta \tag{6.1406}$$

erhält man

$$\begin{Vmatrix} \underline{U}_{n-2} \\ \underline{I}_{n-2} \end{Vmatrix} = \begin{Vmatrix} \cosh 2\underline{g} & \underline{Z}_w \sinh 2\underline{g} \\ \dfrac{1}{\underline{Z}_w}\sinh 2\underline{g} & \cosh 2\underline{g} \end{Vmatrix} \begin{Vmatrix} \underline{U}_n \\ \underline{I}_n \end{Vmatrix}. \tag{6.1407}$$

Setzt man den Vorgang bis zum ersten Vierpol fort, dann erhält man

$$\begin{Vmatrix} \underline{U}_0 \\ \underline{I}_0 \end{Vmatrix} = \begin{Vmatrix} \cosh n\underline{g} & \underline{Z}_w \sinh n\underline{g} \\ \dfrac{1}{\underline{Z}_w}\sinh n\underline{g} & \cosh n\underline{g} \end{Vmatrix} \begin{Vmatrix} \underline{U}_n \\ \underline{I}_n \end{Vmatrix}. \tag{6.1408}$$

Die Gleichungen, die den Strom bzw. die Spannung am Anfang der Kette in Abhängigkeit von Strom bzw. Spannung nach dem n-ten Glied der Kette ergeben, lauten somit

$$\underline{U}_0 = \underline{U}_n \cosh n\underline{g} + \underline{I}_n \underline{Z}_w \sinh n\underline{g}, \tag{6.1409}$$

$$\underline{I}_0 = \frac{\underline{U}_n}{\underline{Z}_w}\sinh n\underline{g} + \underline{I}_n \cosh n\underline{g}. \tag{6.1410}$$

Die Koeffizienten der Vierpolkette sind

$$\underline{A}_{11} = \cosh n\underline{g}, \tag{6.1411}$$

$$\underline{A}_{12} = \underline{Z}_w \sinh n\underline{g}, \tag{6.1412}$$

$$\underline{A}_{21} = \frac{\sinh n\underline{g}}{\underline{Z}_w}, \tag{6.1413}$$

$$\underline{A}_{22} = \cosh n\underline{g}. \tag{6.1414}$$

Die Beziehungen vereinfachen sich sehr, wenn die Kette mit dem Wellenwiderstand abgeschlossen ist. Dann ist

$$\underline{U}_0 = \underline{U}_n(\cosh n\underline{g} + \sinh n\underline{g}) = \underline{U}_n\,e^{n\underline{g}},$$
$$\underline{I}_0 = \underline{I}_n(\sinh n\underline{g} + \cosh n\underline{g}) = \underline{I}_n\,e^{n\underline{g}} \tag{6.1415}$$

oder

$$\underline{U}_n = \underline{U}_0\,e^{-n\underline{g}},$$
$$\underline{I}_n = \underline{I}_0\,e^{-n\underline{g}}. \tag{6.1416}$$

Im allgemeinen ist $\underline{g}$ eine komplexe Zahl

$$\underline{g} = \alpha + j\beta. \tag{6.1417}$$

Damit ist

$$\underline{U}_n = \underline{U}_0\,e^{-n\underline{g}} = \underline{U}_0\,e^{-n(\alpha+j\beta)} = \underline{U}_0\,e^{-n\alpha}\,e^{-jn\beta},$$
$$\underline{I}_n = \underline{I}_0\,e^{-n\underline{g}} = \underline{I}_0\,e^{-n(\alpha+j\beta)} = \underline{I}_0\,e^{-n\alpha}\,e^{-jn\beta}. \tag{6.1418}$$

Nach dem n-ten Glied sind die Amplituden der Spannung und des Stromes auf den $e^{n\alpha}$-ten Teil abgesunken. Dabei eilt an dieser Stelle der Strom bzw. die Spannung um $n\beta$ hinter dem Strom bzw. der Spannung am Anfang der Kette nach.

Die Größe $\underline{g}$ bestimmt die Übertragungseigenschaften der Kette. Man nennt sie Übertragungsmaß.
Die Größe α bestimmt die Dämpfung eines Vierpols. Man nennt sie Dämpfungsmaß.
Die gesamte Dämpfung der Kette ist

$$a = n\alpha. \tag{6.1419}$$

Die Größe β bestimmt die Phasenverschiebung zwischen den Strömen bzw. Spannungen am Eingang und Ausgang eines Vierpols. Man nennt sie Phasenmaß. Die gesamte Phasenverschiebung zwischen den Spannungen bzw. den Strömen am Eingang und Ausgang der Kette ist

$$b = n\beta. \tag{6.1420}$$

Die Vierpolkette verhält sich wie ein Vierpol mit dem Übertragungsmaß

$$n\underline{g} = n\alpha + \mathrm{j}n\beta = a + \mathrm{j}b. \tag{6.1421}$$

6.11.9. Phasendrehende Vierpole

Bevor wir die phasendrehenden Vierpole besprechen, wollen wir noch eine andere Art, das Übertragungsmaß zu ermitteln, kennenlernen. Dazu sollen die Kettengleichungen auf einen einzelnen Vierpol angewandt werden. Beim Leerlauf des Vierpols ($\underline{I}_1 = 0$) gehen (6.1419) und (6.1420) in

$$\underline{U}_0 = \underline{U}_1 \cosh \underline{g}, \tag{6.1422}$$

$$\underline{I}_0 = \frac{\underline{U}_1}{\underline{Z}_\mathrm{w}} \sinh \underline{g} \tag{6.1423}$$

über. Der Eingangswiderstand im Leerlauf ist demzufolge

$$\underline{Z}_{\mathrm{e}0} = \left(\frac{\underline{U}_0}{\underline{I}_0}\right)_{I_1=0} = \underline{Z}_\mathrm{w} \coth \underline{g}. \tag{6.1424}$$

Analog finden wir beim Kurzschluß der Ausgangsklemmen des Vierpols ($\underline{U}_1 = 0$)

$$\underline{U}_0 = \underline{I}_1 \underline{Z}_\mathrm{w} \sinh \underline{g}, \tag{6.1425}$$

$$\underline{I}_0 = \underline{I}_1 \cosh \underline{g}. \tag{6.1426}$$

Der Eingangswiderstand des Vierpols bei kurzgeschlossenem Ausgang ist

$$\underline{Z}_{\mathrm{ek}} = \left(\frac{\underline{U}_0}{\underline{I}_0}\right)_{\underline{U}_1=0} = \underline{Z}_\mathrm{w} \tanh \underline{g}. \tag{6.1427}$$

Aus (6.1424) und (6.1427) folgt die Gleichung

$$\underline{Z}_\mathrm{w} = \sqrt{\underline{Z}_{\mathrm{e}0} \underline{Z}_{\mathrm{ek}}}. \tag{6.1428}$$

Das Übertragungsmaß kann man unmittelbar aus (6.1422) bestimmen:

$$\cosh \underline{g} = \left.\frac{\underline{U}_0}{\underline{U}_1}\right|_{I_1=0} \tag{6.1429}$$

Mit diesen Beziehungen wollen wir nun das Verhalten des X-Vierpols (Bild 6.223) untersuchen. Im Leerlauf beträgt die Spannung zwischen den Punkten 3 und 2

$$\underline{U}_{32} = \underline{U}_0 \frac{\underline{Z}_2}{\underline{Z}_1 + \underline{Z}_2}, \tag{6.1430}$$

die Spannung zwischen den Punkten 4 und 2

$$\underline{U}_{42} = \underline{U}_0 \frac{\underline{Z}_1}{\underline{Z}_1 + \underline{Z}_2}. \tag{6.1431}$$

Die Ausgangsspannung im Leerlauf ist dann

$$\underline{U}_1 = \underline{U}_{32} - \underline{U}_{42} = \underline{U}_0 \frac{\underline{Z}_2 - \underline{Z}_1}{\underline{Z}_2 + \underline{Z}_1} \tag{6.1432}$$

oder nach (6.1429)

$$\cosh \underline{g} = \frac{\underline{U}_0}{\underline{U}_1} = \frac{\underline{Z}_2 + \underline{Z}_1}{\underline{Z}_2 - \underline{Z}_1}. \tag{6.1433}$$

Der Eingangswiderstand bei Leerlauf ergibt sich zu

$$\underline{Z}_{e0} = \frac{\underline{Z}_1 + \underline{Z}_2}{2} \tag{6.1434}$$

und der Eingangswiderstand bei Kurzschluß zu

$$\underline{Z}_{ek} = 2 \frac{\underline{Z}_1 \underline{Z}_2}{\underline{Z}_1 + \underline{Z}_2}. \tag{6.1435}$$

Der Wellenwiderstand des betrachteten Vierpols ist damit (6.1428)

$$\underline{Z}_w = \sqrt{\underline{Z}_{e0} \underline{Z}_{ek}} = \sqrt{\underline{Z}_1 \underline{Z}_2}. \tag{6.1436}$$

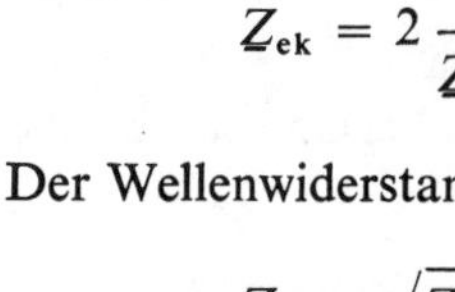

Bild 6.223

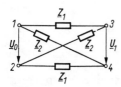

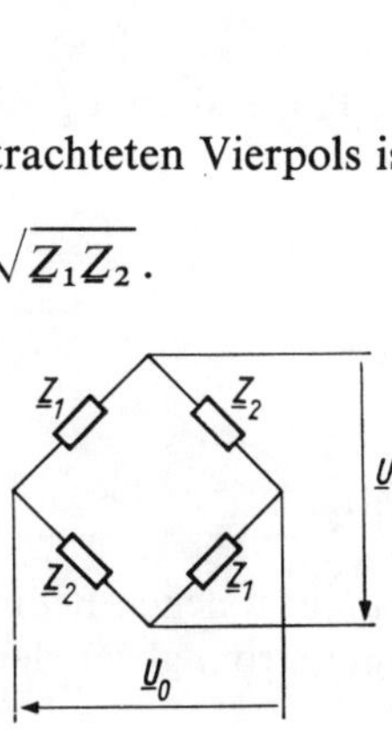

Bild 6.224

Den im Bild 6.223 gezeigten Vierpol kann man entsprechend Bild 6.224 umzeichnen; er stellt eine Brückenschaltung dar.
Es gilt bekanntlich

$$\sinh \underline{g} = \sqrt{\cosh^2 \underline{g} - 1}, \tag{6.1437}$$

$$e^{\underline{g}} = \sinh \underline{g} + \cosh \underline{g}, \tag{6.1438}$$

$$e^{\underline{g}} = \cosh \underline{g} + \sqrt{\cosh^2 \underline{g} - 1}. \tag{6.1439}$$

Führen wir in diesen Ausdruck den Wert für cosh $\underline{g}$ aus (6.1433) ein, so erhalten wir

$$e^{\underline{g}} = \frac{\underline{Z}_2 + \underline{Z}_1}{\underline{Z}_2 - \underline{Z}_1} + \sqrt{\left(\frac{\underline{Z}_2 + \underline{Z}_1}{\underline{Z}_2 - \underline{Z}_1}\right)^2 - 1} = \frac{\underline{Z}_2 + \underline{Z}_1 + 2\sqrt{\underline{Z}_1\underline{Z}_2}}{\underline{Z}_2 - \underline{Z}_1}$$

$$= \frac{\sqrt{\underline{Z}_2} + \sqrt{\underline{Z}_1}}{\sqrt{\underline{Z}_2} - \sqrt{\underline{Z}_1}} = \frac{1 + \sqrt{\frac{\underline{Z}_1}{\underline{Z}_2}}}{1 - \sqrt{\frac{\underline{Z}_1}{\underline{Z}_2}}}. \tag{6.1440}$$

Wenn $\underline{Z}_1$ eine reine Kapazität und $\underline{Z}_2$ eine reine Induktivität ist, so ist der Radikand reell und negativ, d. h., (6.1440) geht in

$$e^{\underline{g}} = e^{\alpha + j\beta} = e^{\alpha} e^{j\beta} = \frac{1 + j\sqrt{\left|\frac{\underline{Z}_1}{\underline{Z}_2}\right|}}{1 - j\sqrt{\left|\frac{\underline{Z}_1}{\underline{Z}_2}\right|}} \tag{6.1441}$$

über. Darin sind Zähler und Nenner konjugiert komplex. Deswegen ist

$$e^{\alpha} e^{j\beta} = e^{j2 \arctan \sqrt{|\underline{Z}_1|/|\underline{Z}_2|}} \tag{6.1442}$$

und

$$e^{\alpha} = 1. \tag{6.1443}$$

Das Dämpfungsmaß α ist also gleich Null. Das Winkelmaß ergibt sich zu

$$\beta = 2 \arctan \sqrt{\left|\frac{\underline{Z}_1}{\underline{Z}_2}\right|}. \tag{6.1444}$$

Der behandelte Vierpol ermöglicht eine Phasendrehung, ohne daß dabei eine zusätzliche Dämpfung entsteht.

6.12. Elektrische Filter

6.12.1. Grundlagen

6.12.1.1. Eigenschaften elektrischer Filter

Im folgenden wollen wir untersuchen, unter welchen Bedingungen bei einer Vierpolkette die Ausgangsspannung bzw. der Ausgangsstrom gleich der Eingangsspannung bzw. dem Eingangsstrom ist.

Wir gehen von (6.1409) bzw. von (6.1410) aus und finden für einen symmetrischen Vierpol bzw. für eine symmetrische Vierpolkette, die mit dem Widerstand $\underline{Z}$ abgeschlossen ist:

$$\underline{U}_n = \underline{I}_n \underline{Z}, \tag{6.1445}$$

$$\underline{U}_0 = \underline{U}_n \left[\cosh (a + jb) + \frac{\underline{Z}_w}{\underline{Z}} \sinh (a + jb)\right], \tag{6.1446}$$

$$\underline{I}_0 = \underline{I}_n \left[\cosh (a + jb) + \frac{\underline{Z}}{\underline{Z}_w} \sinh (a + jb)\right]. \tag{6.1447}$$

Es soll untersucht werden, ob bei Dämpfungsfreiheit ($a = 0$) die Beträge der entsprechenden Eingangs- und Ausgangsgrößen gleich sind. Für $a = 0$ gilt

$$\underline{U}_0 = \underline{U}_n \left[\cosh jb + \frac{\underline{Z}_w}{\underline{Z}} \sinh jb \right] = \underline{U}_n \left[\cos b + j \frac{\underline{Z}_w}{\underline{Z}} \sinh b \right], \tag{6.1448}$$

$$\underline{I}_0 = \underline{I}_n \left[\cosh jb + \frac{\underline{Z}}{\underline{Z}_w} \sinh jb \right] = \underline{I}_n \left[\cos b + j \frac{\underline{Z}}{\underline{Z}_w} \sin b \right]. \tag{6.1449}$$

Die Bedingung $a = 0$ ist somit nicht hinreichend für die Gleichheit der Beträge der Eingangs- und der entsprechenden Ausgangsgrößen. Zu diesem Zweck muß außerdem noch

$$\underline{Z} = \underline{Z}_w \tag{6.1450}$$

sein. Dann ist nämlich

$$\underline{U}_0 = \underline{U}_n (\cos b + j \sin b) = \underline{U}_n \, e^{jb}, \tag{6.1451}$$

$$\underline{I}_0 = \underline{I}_n (\cos b + j \sin b) = \underline{I}_n \, e^{jb}. \tag{6.1452}$$

Sind die genannten Bedingungen erfüllt, dann ist

$$|\underline{U}_0| = |\underline{U}_n|, \tag{6.1453}$$

$$|\underline{I}_0| = |\underline{I}_n|. \tag{6.1454}$$

Einen Vierpol oder eine Vierpolkette, bei denen in einem bestimmten Frequenzbereich das Dämpfungsmaß

$$a = 0 \tag{6.1455}$$

ist, nennt man ein elektrisches Filter. Den Frequenzbereich, in dem $a = 0$ ist, bezeichnet man als Durchlaßbereich des Filters. Man muß hierbei beachten, daß die Gleichheit der Eingangsgrößen und der Ausgangsgrößen nur bei $\underline{Z} = \underline{Z}_w$ erreicht ist. Diese Bedingung kann im allgemeinen nur bei diskreten Frequenzen erfüllt sein. Ist sie eingehalten, dann spricht man von einer Anpassung der Belastung an das Filter.
Die geforderten Eigenschaften besitzen Vierpole, die aus möglichst verlustarmen Blindelementen aufgebaut sind.

6.12.1.2. Elementarvierpole der Kette

Wir wollen eine homogene symmetrische Vierpolkette (Bild 6.225a) betrachten. Man kann sich vorstellen, daß sie entweder aus einer Anzahl T-Vierpolen (Bild 6.225b) aufgebaut ist, wobei

$$\underline{Z}_1 = \underline{Z}_2 = \frac{\underline{Z}_l}{2} \tag{6.1456}$$

und

$$\underline{Z}_0 = \underline{Z}_q \tag{6.1457}$$

ist, oder aus einer Anzahl von Π-Vierpolen (Bild 6.225c), wobei

$$\underline{Z}_1 = \underline{Z}_2 = 2\underline{Z}_q \tag{6.1458}$$

und

$$\underline{Z}_0 = \underline{Z}_l \tag{6.1459}$$

ist.

6.12.2. Ermittlung des Durchlaßbereichs

6.12.2.1. Ermittlung der Durchlaßbedingungen aus der $\underline{A}_{11}$-Konstanten

Beide Darstellungsarten (Bild 6.225b, c) ergeben laut (6.1231) und (6.1237) denselben Wert für die Vierpolkonstante $\underline{A}_{11}$:

$$\underline{A}_{11} = \cosh \underline{g} = 1 + \frac{\underline{Z}_l}{2\underline{Z}_q}. \tag{6.1460}$$

Wenn nun sowohl $\underline{Z}_l$ als auch $\underline{Z}_q$ reine Blindwiderstände, also imaginäre Größen, sind, dann ist ihr Quotient reell. Damit ist auch die Vierpolkonstante $\underline{A}_{11}$ eine reelle Größe A_{11}, die aber eine Funktion der Frequenz ist. Da

$$\cosh \underline{g} = \cosh(\alpha + j\beta) = \cosh\alpha\cos\beta + j\sinh\alpha\sin\beta = A_{11} \tag{6.1461}$$

reell ist, muß der Imaginärteil Null betragen. Somit wird

$$\cosh\alpha\cos\beta = A_{11}, \tag{6.1462}$$

$$\sinh\alpha\sin\beta = 0. \tag{6.1463}$$

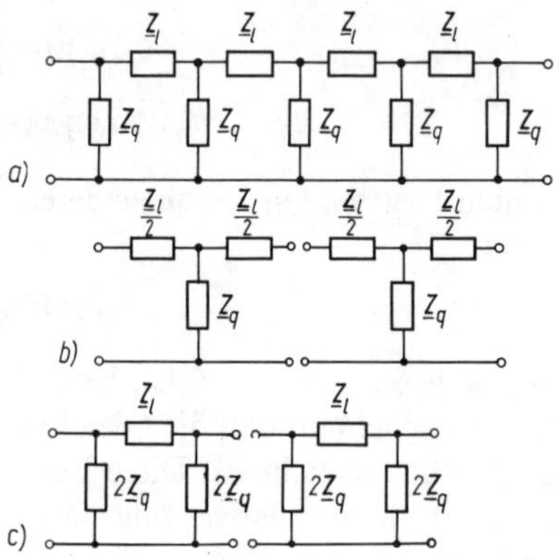

Bild 6.225

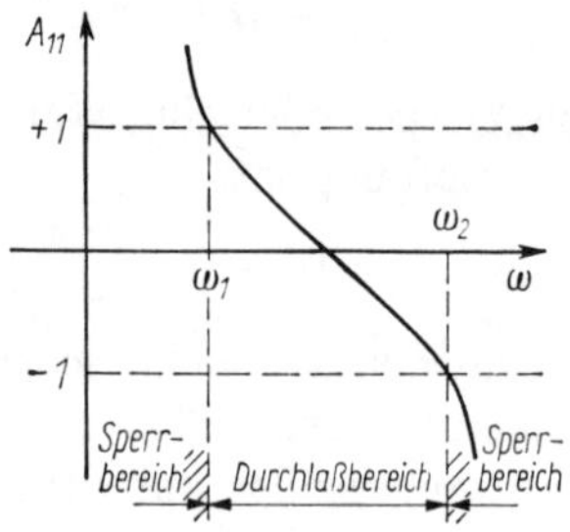

Bild 6.226

Das ist in zwei Fällen möglich, und zwar, wenn entweder

$$\alpha = 0 \quad \text{und} \quad \cos\beta = A_{11} \tag{6.1464}$$

oder

$$\beta = m\pi \quad \text{und} \quad \pm\cosh\alpha = A_{11} \tag{6.1465}$$

ist ($m = 1, 2, \ldots$).

Der erste Fall befriedigt die Forderung für den Durchlaßbereich. Der trigonometrische Kosinus kann nur Werte zwischen +1 und −1, der hyperbolische Kosinus dagegen nur Werte größer als eins annehmen. Für den Fall

$$-1 \leqq A_{11} \leqq +1 \tag{6.1466}$$

gilt (6.1464); die Bedingung (6.1466) begrenzt also den Durchlaßbereich. Für den Fall

$$|A_{11}| > 1 \tag{6.1467}$$

gilt (6.1465), d.h., die Bedingung (6.1467) ist dem Sperrbereich zugeordnet.

Um den Durchlaßbereich zu ermitteln, müssen wir die Funktion $A_{11} = f(\omega)$ aufstellen. Die Grenzfrequenzen ω_1 und ω_2, zwischen denen $A_{11} = f(\omega)$ innerhalb der Werte +1 und -1 liegt, bestimmen den Durchlaßbereich. Außerhalb davon liegt der Sperrbereich des Filters (Bild 6.226).

6.12.2.2. Ermittlung des Durchlaßbereichs aus den Vierpolwiderständen

Eine weitere Möglichkeit, den Durchlaßbereich zu bestimmen, ergibt sich aus (6.1460) und (6.1466):

$$-1 \leqq 1 + \frac{\underline{Z}_l}{2\underline{Z}_q} \leqq +1. \tag{6.1468}$$

Hieraus folgt

$$-1 \leqq \frac{\underline{Z}_l}{4\underline{Z}_q} \leqq 0. \tag{6.1469}$$

Die Grenzfrequenzen bestimmt man analytisch aus den Ausdrücken

$$\underline{Z}_l = -4\underline{Z}_q, \tag{6.1470}$$

$$\underline{Z}_l = 0 \tag{6.1471}$$

oder grafisch aus dem Schnittpunkt der Frequenzkennlinien von $\underline{Z}_l(\omega)$ und $4\underline{Z}_q(\omega)$. Bild 6.227 zeigt die Konstruktion für den Fall, daß der Widerstand $\underline{Z}_l$ induktiv und $\underline{Z}_q$ kapazitiv ist (Tiefpaß).

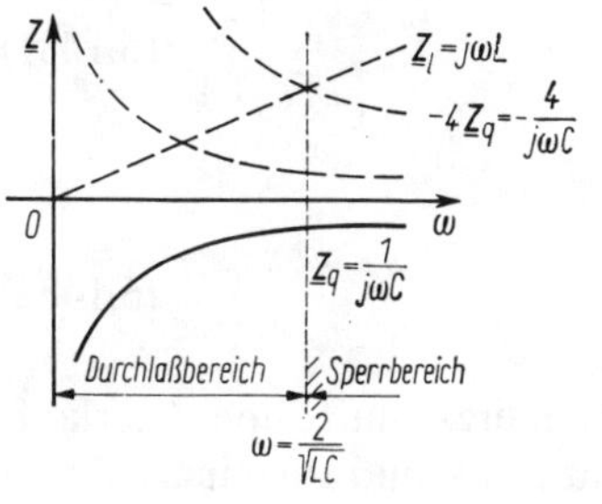

Bild 6.227

6.12.2.3. Ermittlung des Durchlaßbereichs aus dem Wellenwiderstand des Filters

Der Wellenwiderstand des symmetrischen elementaren T-Vierpols der Kette ist

$$\underline{Z}_w = \sqrt{\frac{\underline{A}_{12}}{\underline{A}_{21}}} = \sqrt{\left(2\underline{Z}_1 + \frac{\underline{Z}_1^2}{\underline{Z}_0}\right)\underline{Z}_0} = \sqrt{2\underline{Z}_1\underline{Z}_0 + \underline{Z}_1^2}. \tag{6.1472}$$

Nun wird mit

$$\underline{Z}_1 = \tfrac{1}{2}\underline{Z}_l \tag{6.1473}$$

und

$$\underline{Z}_0 = \underline{Z}_q \tag{6.1474}$$

$$\underline{Z}_w = \sqrt{\underline{Z}_l\underline{Z}_q + \frac{\underline{Z}_l^2}{4}} = \sqrt{\underline{Z}_l\underline{Z}_q\left(1 + \frac{\underline{Z}_l}{4\underline{Z}_q}\right)}. \tag{6.1475}$$

Da $a = 0$ nur dann erfüllt sein kann, wenn $\underline{Z}_l$ und $\underline{Z}_q$ verschiedenen Charakters (d.h. kapazitiv bzw. induktiv) sind, so muß

$$\frac{\underline{Z}_l}{4\underline{Z}_q} \leqq 0 \tag{6.1476}$$

sein. Der Quotient $\underline{Z}_l/\underline{Z}_q$ hat ein negatives Vorzeichen, während das Produkt unter allen Umständen reell und positiv ist.
Der Wellenwiderstand $\underline{Z}_w$ (6.1475) ist reell, wenn

$$1 + \frac{\underline{Z}_l}{4\underline{Z}_q} \geqq 0 \tag{6.1477}$$

ist, d.h., wenn

$$\frac{\underline{Z}_l}{4\underline{Z}_q} \geqq -1 . \tag{6.1478}$$

Wenn man (6.1477) und (6.1478) zusammenfaßt, erhält man

$$-1 \leqq \frac{\underline{Z}_l}{4\underline{Z}_q} \leqq 0 . \tag{6.1479}$$

Das ist die Bedingung, daß der Wellenwiderstand des Kettenvierpols reell ist. Diese Bedingung stimmt aber mit der Bedingung für den Durchlaßbereich überein (6.1469). Der Durchlaßbereich liegt dann vor, wenn der Wellenwiderstand reell ist.
Der Eingangswiderstand im Leerlauf des elementaren Kettenvierpols beträgt

$$\underline{Z}_{e0} = \tfrac{1}{2}\underline{Z}_l + \underline{Z}_q . \tag{6.1480}$$

Der Eingangswiderstand des kurzgeschlossenen Elementarvierpols der Kette ist

$$\underline{Z}_{ek} = \tfrac{1}{2}\underline{Z}_l + \frac{\tfrac{1}{2}\underline{Z}_l\underline{Z}_q}{\tfrac{1}{2}\underline{Z}_l + \underline{Z}_q} = \frac{\tfrac{1}{4}\underline{Z}_l^2 + \underline{Z}_l\underline{Z}_q}{\tfrac{1}{2}\underline{Z}_l + \underline{Z}_q} . \tag{6.1481}$$

Aus (6.1480) und (6.1481) folgt

$$\sqrt{\underline{Z}_{e0}\underline{Z}_{ek}} = \sqrt{\underline{Z}_l\underline{Z}_q\left(1 + \frac{\underline{Z}_l}{4\underline{Z}_q}\right)} = \underline{Z}_w . \tag{6.1482}$$

Zur Ermittlung des Durchlaßbereichs bestimmt man aus Kurzschluß- und Leerlaufwiderstand des Kettenvierpols den Wellenwiderstand, trennt Real- und Imaginärteil und untersucht die Bedingung, wann der Imaginärteil verschwindet. Der Frequenzbereich, in dem der Wellenwiderstand reell ist, ist der Durchlaßbereich.

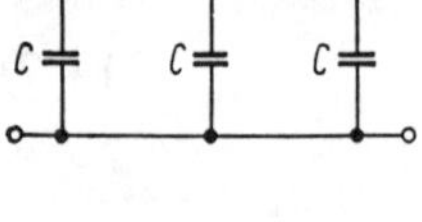

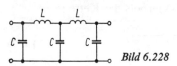

Bild 6.228

6.12.3. Spezielle Filterschaltungen

6.12.3.1. Tiefpaß

Es soll die Kette Bild 6.228 unter der Voraussetzung, daß die Elemente verlustlos sind, betrachtet werden. Hierbei ist

$$\underline{Z}_l = j\omega L , \tag{6.1483}$$

$$\underline{Z}_q = \frac{1}{j\omega C} , \tag{6.1484}$$

$$A_{11} = \cosh g = 1 - \tfrac{1}{2}\omega^2 LC . \tag{6.1485}$$

Die Funktion $A_{11} = f(\omega)$ wird im Bild 6.229 gezeigt. Die Dämpfung α ist Null, wenn $A_{11} = f(\omega)$ in dem Bereich zwischen $+1$ und -1 liegt. Die Grenzfrequenzen ω_1 und ω_2 erhalten wir aus den Bedingungen

$$1 = 1 - \tfrac{1}{2}\omega_1^2 LC, \tag{6.1486}$$

d.h.

$$\omega_1 = 0, \tag{6.1487}$$

bzw.

$$-1 = 1 - \tfrac{1}{2}\omega_2^2 LC, \tag{6.1488}$$

also

$$\omega_2 = \frac{2}{\sqrt{LC}}. \tag{6.1489}$$

Zu demselben Ergebnis gelangt man auch mit Hilfe der Frequenzkennlinien der Vierpolwiderstände (Bild 6.227). Die Grenzfrequenzen folgen aus

$$\underline{Z}_1(\omega_1) = j\omega_1 L = 0,$$

$$\omega_1 = 0 \tag{6.1490}$$

bzw.

$$\underline{Z}_1(\omega_2) = j\omega_2 L = -4\underline{Z}_q(\omega_2) = -\frac{4}{j\omega_2 C}, \tag{6.1491}$$

$$\omega_2 = \frac{2}{\sqrt{LC}}. \tag{6.1492}$$

Im Durchlaßbereich ist laut (6.1464)

$$\cos\beta = A_{11} = 1 - \tfrac{1}{2}\omega^2 LC, \tag{6.1493}$$

$$\beta = \arccos\left(1 - \tfrac{1}{2}\omega^2 LC\right). \tag{6.1494}$$

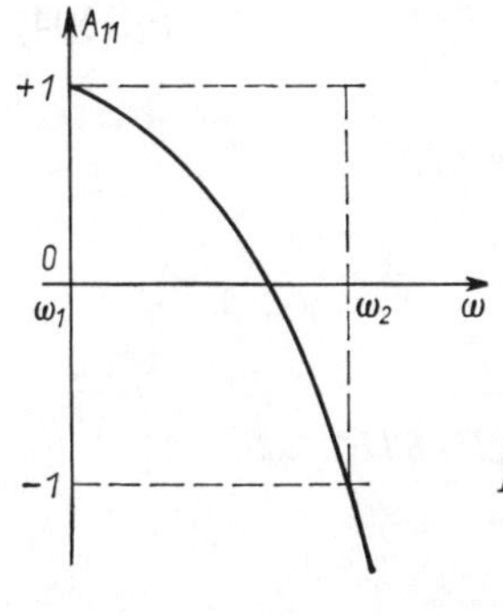

Bild 6.229

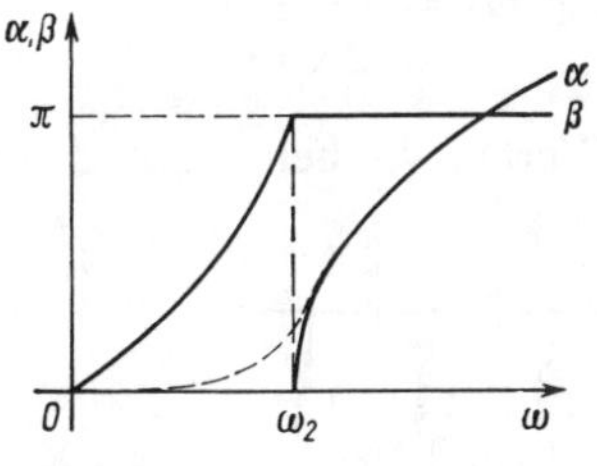

Bild 6.230

Für Frequenzen oberhalb ω_2 gilt

$$\beta = \pi \tag{6.1495}$$

und laut (6.1465)

$$\cosh\alpha = -A_{11} = \tfrac{1}{2}\omega^2 LC - 1. \tag{6.1496}$$

Oberhalb ω_2 wächst also die Dämpfung mit der Frequenz.

Das Dämpfungsmaß und das Phasenmaß sind in Abhängigkeit von der Kreisfrequenz im Bild 6.230 aufgetragen.

6.12.3.2. Hochpaß

Nun wollen wir die Kette behandeln, die im Bild 6.231 dargestellt ist, indem wir wiederum voraussetzen, daß die Elemente verlustlos sind. In diesem Falle ist

$$Z_1 = \frac{1}{j\omega C}, \tag{6.1497}$$

$$Z_q = j\omega L. \tag{6.1498}$$

Durch Einsetzen in (6.1460) erhalten wir

$$A_{11} = 1 - \frac{1}{2\omega^2 LC}. \tag{6.1499}$$

Die Grenzfrequenzen erhalten wir aus

$$1 = 1 - \frac{1}{2\omega_1^2 LC} \tag{6.1500}$$

zu

$$\omega_1 = \infty \tag{6.1501}$$

und aus

$$-1 = 1 - \frac{1}{2\omega_2^2 LC} \tag{6.1502}$$

zu

$$\omega_2 = \frac{1}{2\sqrt{LC}}. \tag{6.1503}$$

Für Frequenzen

$$\omega \geqq \omega_2 = \frac{1}{2\sqrt{LC}} \tag{6.1504}$$

nimmt A_{11} Werte zwischen -1 und $+1$ an, d.h. $\alpha = 0$ (Bild 6.232).

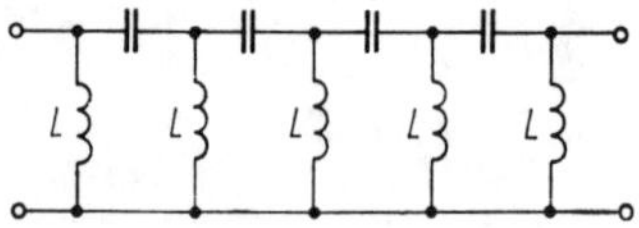

Bild 6.231

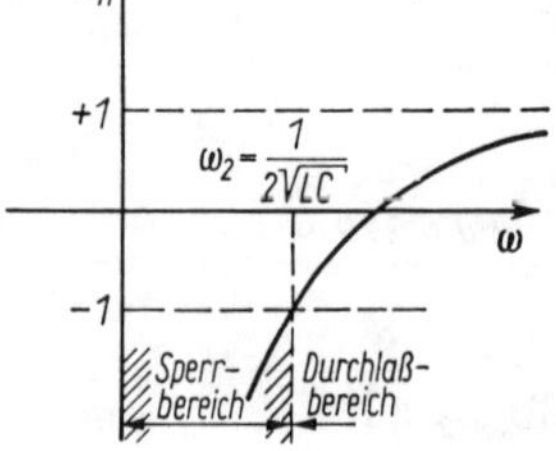

Bild 6.232

Die Grenzfrequenz ermittelt man auch leicht aus dem Frequenzgang der Vierpolwiderstände. Die obere Grenzfrequenz ergibt sich aus (6.1497),

$$Z_1(\omega_1) = \frac{1}{j\omega_1 C} = 0, \tag{6.1505}$$

zu

$$\omega_1 = \infty. \tag{6.1506}$$

Die untere Grenzfrequenz ermittelt man aus (6.1497) und (6.1498):

$$\underline{Z}_l(\omega_2) = \frac{1}{j\omega_2 C} = -4\underline{Z}_q(\omega_2) = -4\,j\omega_2 L, \tag{6.1507}$$

zu

$$\omega_2 = \frac{1}{2\sqrt{LC}}. \tag{6.1508}$$

Im Durchlaßbereich ändert sich das Phasenmaß entsprechend (6.1464):

$$\cos\beta = A_{11} = 1 - \frac{1}{2\omega^2 LC}. \tag{6.1509}$$

Im Sperrbereich ist

$$\beta = -\pi, \tag{6.1510}$$

$$\cosh\alpha = -A_{11} = \frac{1}{2\omega^2 LC} - 1. \tag{6.1511}$$

Dämpfungsmaß und Phasenmaß werden in Abhängigkeit von der Kreisfrequenz im Bild 6.233 gezeigt.

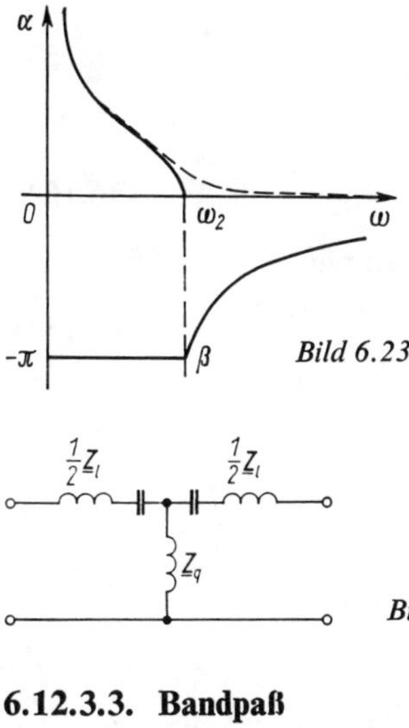

Bild 6.233

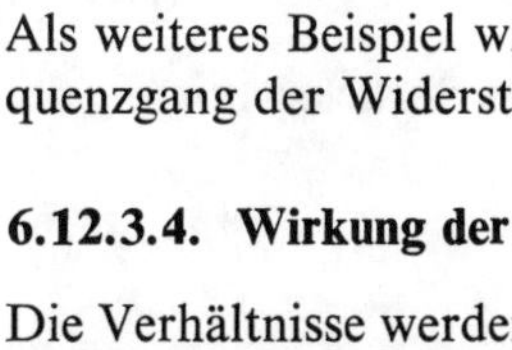

Bild 6.234

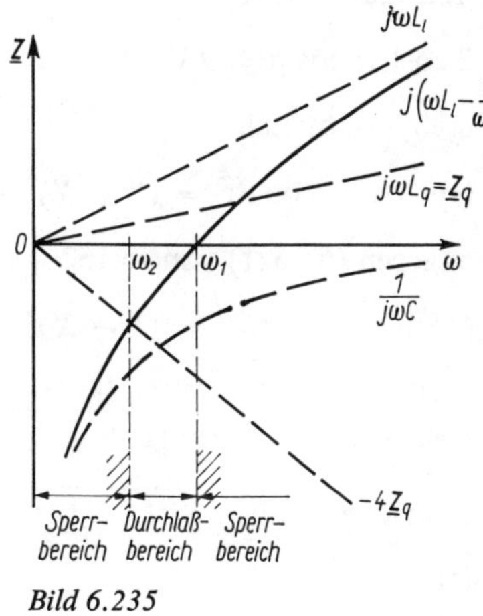

Bild 6.235

6.12.3.3. Bandpaß

Als weiteres Beispiel wird im Bild 6.234 der Bandpaß gezeigt. Bild 6.235 zeigt den Frequenzgang der Widerstände und die Ermittlung der Grenzfrequenzen.

6.12.3.4. Wirkung der Verluste

Die Verhältnisse werden komplizierter, wenn man die Verluste der Spulen und Kondensatoren berücksichtigen will. Dann erscheint auch in dem Durchlaßbereich eine gewisse Dämpfung (gestrichelte Linien in den Bildern 6.230 und 6.233). In diesem Fall ist $\underline{A}_{11}$ eine komplexe Zahl:

$$\underline{A}_{11} = \cosh(\alpha + j\beta) = X + jY, \tag{6.1512}$$

$$X = \cosh\alpha\cos\beta, \tag{6.1513}$$

$$Y = \sinh\alpha\sin\beta. \tag{6.1514}$$

Wenn wir diese Gleichungen quadrieren, erhalten wir

$$\cosh^2 \alpha \cos^2 \beta = X^2, \tag{6.1515}$$

$$\sinh^2 \alpha \sin^2 \beta = Y^2. \tag{6.1516}$$

Nun ist aber

$$\sinh^2 \alpha = \cosh^2 \alpha - 1, \tag{6.1517}$$

$$\sin^2 \beta = 1 - \cos^2 \beta, \tag{6.1518}$$

so daß

$$Y^2 = (\cosh^2 \alpha - 1)(1 - \cos^2 \beta) = \cosh^2 \alpha - 1 - \cosh^2 \alpha \cos^2 \beta + \cos^2 \beta$$

$$= \cosh^2 \alpha - 1 - X^2 + \cos^2 \beta \tag{6.1519}$$

ist, d.h., daß

$$\cosh^2 \alpha + \cos^2 \beta = 1 + X^2 + Y^2 \tag{6.1520}$$

wird.

Wenn wir nun laut (6.1513)

$$2 \cosh \alpha \cos \beta = 2X \tag{6.1521}$$

hinzu addieren, ergibt sich

$$(\cosh \alpha + \cos \beta)^2 = (1 + X)^2 + Y^2. \tag{6.1522}$$

Wenn wir dagegen (6.1521) von (6.1520) subtrahieren, erhalten wir

$$(\cosh \alpha - \cos \beta)^2 = (1 - X)^2 + Y^2 \tag{6.1523}$$

oder

$$\cosh \alpha + \cos \beta = \sqrt{(1 + X)^2 + Y^2}, \tag{6.1524}$$

$$\cosh \alpha - \cos \beta = \sqrt{(1 - X)^2 + Y^2}. \tag{6.1525}$$

Hieraus folgt

$$\cosh \alpha = \tfrac{1}{2} \left[\sqrt{(1 + X)^2 + Y^2} + \sqrt{(1 - X)^2 + Y^2}\right], \tag{6.1526}$$

$$\cos \beta = \tfrac{1}{2} \left[\sqrt{(1 + X)^2 + Y^2} - \sqrt{(1 - X)^2 + Y^2}\right]. \tag{6.1527}$$

Damit kann man α und β in Abhängigkeit von der Frequenz unter Berücksichtigung der Verluste ermitteln.

6.12.3.5. Ketten mit Elementen gleicher Art

Bei Kettenelementen gleicher Art (nur Induktivitäten oder nur Kapazitäten) gilt

$$\underline{A}_{11} = 1 + \frac{jX_1}{2jX_2} = A_{11} > 1. \tag{6.1528}$$

A_{11} ist reell und immer größer als 1:

$$A_{11} = \cosh \alpha \cos \beta > 1. \tag{6.1529}$$

Da $\cos\beta \leqq 1$ ist, muß

$$\cosh\alpha > 1 \tag{6.1530}$$

sein, d.h. aber

$$\alpha > 0. \tag{6.1531}$$

In diesem Fall ist α immer größer als Null. Hieraus erkennt man: Damit Filtereigenschaften auftreten ($\alpha = 0$), müssen die Elemente $\underline{Z}_l$ und $\underline{Z}_q$ verschiedenen Charakter besitzen.

6.13. Theorie der Leitungen

6.13.1. Grundlagen

6.13.1.1. Homogene Leitung

Im folgenden wollen wir uns mit den Vorgängen befassen, die sich bei Leitungen abspielen. Infolge des ohmschen Widerstands entsteht längs einer stromdurchflossenen Leitung ein Spannungsabfall. Ferner ist der Strom mit einem magnetischen Wechselfeld verkettet, das längs der Leitung eine EMK induziert. Aus diesen Gründen ist die Spannung längs der Leitung nicht konstant. Bei hohen Spannungen bzw. bei hohen Frequenzen darf man sowohl den Verschiebungsstrom im Dielektrikum als auch den Leitungsstrom infolge der endlichen Leitfähigkeit des Dielektrikums (unvollkommene Isolation, Entladungsströme usw.) nicht vernachlässigen. Daher ändert auch der Strom längs der Leitung seinen Wert.

Um den Verlauf von Spannung und Strom längs der Leitung zu erfassen, gehen wir von einem kleinen Längenelement der Leitung aus und summieren die Wirkungen aller dieser Elemente. Wir wollen dabei annehmen, daß der Widerstand, die Induktivität, die Kapazität und der Leitwert der Leitung gleichmäßig über ihre Länge verteilt sind. Auf die Längeneinheit entfällt dann immer der gleiche Widerstand R', die gleiche Induktivität L', die gleiche Kapazität C' und der gleiche Leitwert G'. Daß das nur eine Näherung des tatsächlichen Zustands ist, ersieht man sofort, wenn man bedenkt, daß bei einer Freileitung beispielsweise die Ableitung zum größten Teil an den Isolierstützpunkten konzentriert ist und daß der Durchhang der Leitung die gleichmäßige Kapazitätsverteilung stört.

Eine Leitung, bei der die gemachte Annahme über die gleichmäßige Verteilung der Parameter in praktisch ausreichendem Maße zutrifft, nennt man homogene Leitung.

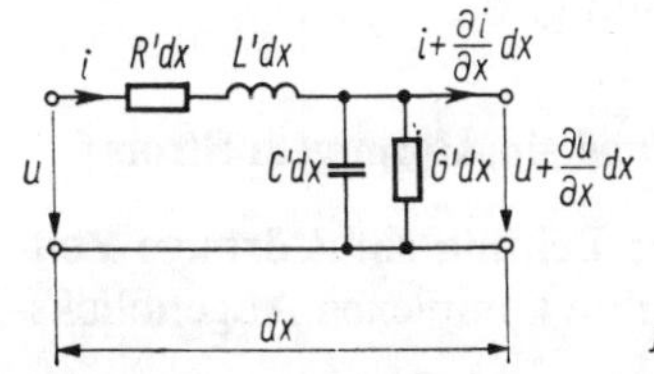

Bild 6.236

Auf das Leitungselement einer homogenen Leitung, dessen Länge $\mathrm{d}x$ beträgt, entfallen der ohmsche Widerstand $R'\,\mathrm{d}x$, die Induktivität $L'\,\mathrm{d}x$, die Kapazität $C'\,\mathrm{d}x$ und der Leitwert $G'\,\mathrm{d}x$. Ein solches Leitungselement wird im Bild 6.236 gezeigt.

6.13.1.2. Gleichungen der homogenen Leitung

Die homogene Leitung kann man als eine Vielzahl von Elementen entsprechend Bild 6.236, die hintereinandergeschaltet sind, darstellen.
Die Augenblickswerte der Spannung und des Stromes am Eingang eines Leitungselements von der Länge dx (Bild 6.236) wollen wir mit u bzw. i bezeichnen. Dann sind die Augenblickswerte der Spannung und des Stromes am Ausgang des betreffenden Elements bzw. am Eingang des nächsten Elements $u + (\partial u/\partial x)\,\mathrm{d}x$ bzw. $i + (\partial i/\partial x)\,\mathrm{d}x$. Auf Grund der Kirchhoffschen Sätze erhält man

$$u - \left(u + \frac{\partial u}{\partial x}\,\mathrm{d}x\right) = R'\,\mathrm{d}x\,i + L'\,\mathrm{d}x\,\frac{\partial i}{\partial t}, \tag{6.1532}$$

$$i = \left(i + \frac{\partial i}{\partial x}\,\mathrm{d}x\right) + \left(u + \frac{\partial u}{\partial x}\,\mathrm{d}x\right) G'\,\mathrm{d}x + C'\,\mathrm{d}x\,\frac{\partial}{\partial t}\left(u + \frac{\partial u}{\partial x}\,\mathrm{d}x\right). \tag{6.1533}$$

Wenn wir die Klammern auflösen, die Glieder höherer Ordnung vernachlässigen und durch dx dividieren, erhalten wir

$$-\frac{\partial u}{\partial x} = R'i + L'\frac{\partial i}{\partial t}, \tag{6.1534}$$

$$-\frac{\partial i}{\partial x} = G'u + C'\,\frac{\partial u}{\partial t}. \tag{6.1535}$$

Differenzieren wir nun (6.1534) nach x und (6.1535) nach t, so ergibt sich

$$-\frac{\partial^2 u}{\partial x^2} = R'\,\frac{\partial i}{\partial x} + L'\,\frac{\partial}{\partial x}\left(\frac{\partial i}{\partial t}\right), \tag{6.1536}$$

$$-\frac{\partial}{\partial t}\left(\frac{\partial i}{\partial x}\right) = G'\,\frac{\partial u}{\partial t} + C'\,\frac{\partial^2 u}{\partial t^2}. \tag{6.1537}$$

Aus (6.1534) bis (6.1537) folgt

$$\frac{\partial^2 u}{\partial x^2} = R'C'u + (R'C' + L'G')\,\frac{\partial u}{\partial t} + L'C'\,\frac{\partial^2 u}{\partial t^2}. \tag{6.1538}$$

Diese Gleichung ist unter dem Namen *Telegraphengleichung* bekannt. Sie ist bei beliebigem zeitlichem Verlauf der Spannung und des Stromes gültig.

6.13.1.3. Leitungsgleichungen bei sinusförmiger Spannung und sinusförmigem Strom

Wenn die Spannung an der Leitung und der Strom in der Leitung sinusförmige Zeitfunktionen sind, gilt an einer Stelle x längs der Leitung für ihre komplexen Augenblickswerte

$$\underline{u} = \sqrt{2}\,\underline{U}_x\,\mathrm{e}^{\mathrm{j}\omega t}, \tag{6.1539}$$

$$\underline{i} = \sqrt{2}\,\underline{I}_x\,\mathrm{e}^{\mathrm{j}\omega t}. \tag{6.1540}$$

Wenn wir hiermit in (6.1534) und (6.1535) eingehen, erhalten wir

$$-\frac{\partial \underline{U}_x}{\partial x} = (R' + j\omega L')\,\underline{I}_x = \underline{Z}'\underline{I}_x, \tag{6.1541}$$

$$-\frac{\partial \underline{I}_x}{\partial x} = (G' + j\omega C')\,\underline{U}_x = \underline{Y}'\underline{U}_x. \tag{6.1542}$$

Die Differentiation von (6.1541) nach x ergibt

$$-\frac{\partial^2 \underline{U}_x}{\partial x^2} = \underline{Z}'\,\frac{\partial \underline{I}_x}{\partial x} \tag{6.1543}$$

oder mit (6.1542)

$$\frac{\partial^2 \underline{U}_x}{\partial x^2} = \underline{Z}'\underline{Y}'\underline{U}_x = \gamma^2 \underline{U}_x, \tag{6.1544}$$

wobei

$$\gamma = \sqrt{\underline{Z}'\underline{Y}'} \tag{6.1545}$$

ist. Die Größe γ wird als Fortpflanzungskonstante bezeichnet.
Die Differentialgleichung (6.1544) wird mit Hilfe des Ansatzes

$$\underline{U}_x = \underline{U}\,e^{cx} \tag{6.1546}$$

integriert. Es ist

$$\frac{\partial^2 \underline{U}_x}{\partial x^2} = \underline{U}c^2\,e^{cx} = c^2\underline{U}_x = \gamma^2\underline{U}_x \tag{6.1547}$$

oder

$$c = \pm\gamma. \tag{6.1548}$$

Hiermit lautet die vollständige Lösung der Differentialgleichung

$$\underline{U}_x = \underline{U}_1\,e^{-\gamma x} + \underline{U}_2\,e^{+\gamma x}. \tag{6.1549}$$

Aus (6.1541) folgt für den Strom

$$\underline{I}_x = -\frac{1}{\underline{Z}'}\,\frac{\partial \underline{U}_x}{\partial x}. \tag{6.1550}$$

Mit (6.1549) ergibt sich

$$\underline{I}_x = \frac{\gamma}{\underline{Z}'}\,\underline{U}_1\,e^{-\gamma x} - \frac{\gamma}{\underline{Z}'}\,\underline{U}_2\,e^{\gamma x}. \tag{6.1551}$$

Wir führen die Größe

$$\underline{Z}_w = \frac{\underline{Z}'}{\gamma} = \frac{R' + j\omega L'}{\sqrt{(R' + j\omega L')\,(G' + j\omega C')}} = \sqrt{\frac{R' + j\omega L'}{G' + j\omega C'}} \tag{6.1552}$$

ein und erhalten

$$\underline{I}_x = \frac{\underline{U}_1}{\underline{Z}_w}\,e^{-\gamma x} - \frac{\underline{U}_2}{\underline{Z}_w}\,e^{\gamma x}. \tag{6.1553}$$

Die neueingeführte Größe $\underline{Z}_w$ hat die Dimension eines Widerstands. Wir nennen sie den Wellenwiderstand der Leitung. Offensichtlich bestehen laut (6.1549) bzw. (6.1553) Spannung und Strom aus zwei Komponenten. Die genannten Gleichungen kann man folgendermaßen umschreiben:

$$\underline{U}_x = \underline{U}_1 \, e^{-\gamma x} + \underline{U}_2 \, e^{\gamma x} = \underline{U}_{1x} + \underline{U}_{2x}, \tag{6.1554}$$

$$\underline{I}_x = \frac{\underline{U}_1}{\underline{Z}_w} e^{-\gamma x} - \frac{\underline{U}_2}{\underline{Z}_w} e^{\gamma x} = \frac{\underline{U}_{1x}}{\underline{Z}_w} - \frac{\underline{U}_{2x}}{\underline{Z}_w}. \tag{6.1555}$$

Am Anfang der Leitung ($x = 0$) ist

$$\underline{U}_x = \underline{U}_0 = \underline{U}_1 + \underline{U}_2, \tag{6.1556}$$

$$\underline{I}_x \underline{Z}_w = \underline{I}_0 \underline{Z}_w = \underline{U}_1 - \underline{U}_2. \tag{6.1557}$$

Hieraus folgt

$$\underline{U}_1 = \frac{\underline{U}_0 + \underline{Z}_w \underline{I}_0}{2}, \tag{6.1558}$$

$$\underline{U}_2 = \frac{\underline{U}_0 - \underline{Z}_w \underline{I}_0}{2}. \tag{6.1559}$$

Dies in (6.1554) und (6.1555) eingesetzt, ergibt

$$\underline{U}_x = \underline{U}_0 \frac{e^{\gamma x} + e^{-\gamma x}}{2} - \underline{Z}_w \underline{I}_0 \frac{e^{\gamma x} - e^{-\gamma x}}{2}, \tag{6.1560}$$

$$\underline{I}_x = \underline{I}_0 \frac{e^{\gamma x} + e^{-\gamma x}}{2} - \frac{\underline{U}_0}{\underline{Z}_w} \frac{e^{\gamma x} - e^{-\gamma x}}{2} \tag{6.1561}$$

oder

$$\underline{U}_x = \underline{U}_0 \cosh \gamma x - \underline{Z}_w \underline{I}_0 \sinh \gamma x, \tag{6.1562}$$

$$\underline{I}_x = \underline{I}_0 \cosh \gamma x - \frac{\underline{U}_0}{\underline{Z}_w} \sinh \gamma x. \tag{6.1563}$$

Diese Gleichungen kann man nach den Eingangsgrößen auflösen. Dann ist

$$\underline{U}_0 = \underline{U}_x \cosh \gamma x + \underline{Z}_w \underline{I}_x \sinh \gamma x, \tag{6.1564}$$

$$\underline{I}_0 = \underline{I}_x \cosh \gamma x + \frac{\underline{U}_x}{\underline{Z}_w} \sinh \gamma x. \tag{6.1565}$$

Diese beiden Gleichungen stellen den Zusammenhang dar, der zwischen der Spannung bzw. dem Strom am Eingang der Leitung und der Spannung bzw. dem Strom in einer Entfernung x vom Anfang der Leitung besteht. Sie werden als Leitungsgleichungen bezeichnet.

Die Ähnlichkeit dieser Gleichungen mit den Gleichungen der Vierpolkette ist offensichtlich. Die Erklärung hierzu ist in der Tatsache zu suchen, daß die Leitung als eine Vierpolkette aus unzählig vielen Vierpolen der Art, wie sie im Bild 6.236 gezeigt wird, betrachtet werden kann.

Das Gleichungspaar (6.1564) und (6.1565) stellt die Abhängigkeit der Eingangsgrößen von den Ausgangsgrößen bei einem Leitungsabschnitt von der Länge x dar. Rechnet man x vom Ende der Leitung an, dann kann man

$$\underline{U}_x = \underline{U}_a \cosh \gamma x + \underline{Z}_w \underline{I}_a \sinh \gamma x, \tag{6.1566}$$

$$\underline{I}_x = \underline{I}_a \cosh \gamma x + \frac{\underline{U}_a}{\underline{Z}_w} \sinh \gamma x \tag{6.1567}$$

schreiben. Dabei bedeuten $\underline{U}_a$ bzw. $\underline{I}_a$ die Spannung bzw. den Strom am Ausgang der Leitung, während $\underline{U}_x$ bzw. $\underline{I}_x$ die Spannung bzw. der Strom in einer Entfernung x vom Ende der Leitung sind.

In dieser Form sind die Leitungsgleichungen für Betrachtungen mit gegebenem Abschlußwiderstand $\underline{Z}_a$ der Leitung, d.h. für Fälle, in denen der Zusammenhang zwischen Ausgangsspannung und Ausgangsstrom,

$$\underline{U}_a = \underline{Z}_a \underline{I}_a, \tag{6.1568}$$

bekannt ist, geeignet.

6.13.1.4. Wellenwiderstand, Fortpflanzungskonstante, Dämpfungskonstante und Phasenkonstante

Im folgenden wollen wir uns noch einmal kurz mit dem Wellenwiderstand und der Fortpflanzungskonstanten befassen.

Wellenwiderstand

Der Wellenwiderstand ist durch (6.1552) definiert. Im allgemeinen stellt er eine komplexe Größe dar:

$$\underline{Z}_w = \sqrt{\frac{R' + j\omega L'}{G' + j\omega C'}} = R_w + jX_w = Z_w e^{j\vartheta}. \tag{6.1569}$$

Eine einfache Rechnung zeigt, daß der Betrag des Wellenwiderstandes

$$|\underline{Z}_w| = Z_w = \sqrt[4]{\frac{R'^2 + \omega^2 L'^2}{G'^2 + \omega^2 C'^2}} \tag{6.1570}$$

ist. Der Winkel ϑ des komplexen Wellenwiderstandes beträgt

$$\vartheta = \frac{1}{2} \arctan \frac{\omega (G'L' - R'C')}{R'G' + \omega^2 L'C'}. \tag{6.1571}$$

Näherungsausdrücke für den Wellenwiderstand

Wenn man Zähler und Nenner unter der Wurzel in (6.1569) durch $j\omega$ dividiert, erkennt man, daß bei hohen Frequenzen

$$\underline{Z}_w = \sqrt{\frac{-j\dfrac{R'}{\omega} + L'}{-j\dfrac{G'}{\omega} + C'}} \approx \sqrt{\frac{L'}{C'}} \tag{6.1572}$$

gilt. Bei hohen Frequenzen strebt somit der Wellenwiderstand dem reellen Wert $\sqrt{L'/C'}$ zu. Normalerweise ist bei Kabeln L' verhältnismäßig klein und C' verhältnismäßig groß.

Bei Freileitungen ist dagegen L' verhältnismäßig groß und C' verhältnismäßig klein (s. (1.368) und (3.573)). Deswegen kann man unter Umständen bei Kabeln bei tiefen Frequenzen $\omega L'$ gegenüber R' und G' gegenüber $\omega C'$ vernachlässigen. Dann ist

$$\underline{Z}_w \approx \sqrt{\frac{R'}{j\omega C'}} = \sqrt{\frac{R'}{2\omega C'}}\,(1 - j) = \sqrt{\frac{R'}{2\omega C'}} - j\sqrt{\frac{R'}{2\omega C'}}. \tag{6.1573}$$

Unter den genannten Bedingungen gilt angenähert

$$R_w = -X_w = \sqrt{\frac{R'}{2\omega C'}}. \tag{6.1574}$$

Bei mittleren Frequenzen kann man unter Umständen nur G' vernachlässigen. Dann ist

$$\underline{Z}_w \approx \sqrt{\frac{j\omega L' + R'}{j\omega C'}} = \sqrt{\frac{L'}{C'}\left(1 + \frac{R'}{j\omega L'}\right)} = \sqrt{\frac{L'}{C'}}\sqrt{1 - j\frac{R'}{\omega L'}}. \tag{6.1575}$$

Mit der Näherung ($x \ll 1$)

$$\sqrt{1 - x} \approx 1 - \tfrac{1}{2}x \tag{6.1576}$$

erhalten wir

$$\underline{Z}_w \approx \sqrt{\frac{L'}{C'}}\left(1 - \frac{1}{2}\,j\,\frac{R'}{\omega L'}\right), \tag{6.1577}$$

$$R_w \approx \sqrt{\frac{L'}{C'}}, \tag{6.1578}$$

$$X_w \approx -\frac{1}{2}\,\frac{R'}{\omega\sqrt{L'C'}}. \tag{6.1579}$$

Bild 6.237 zeigt den Verlauf von Z_w und ϑ als Funktion von ω.

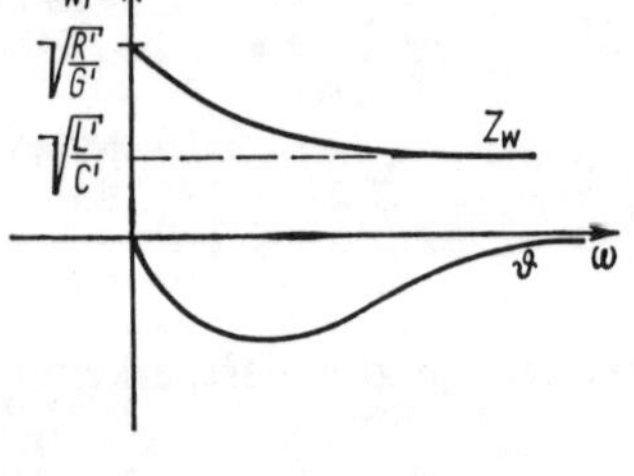

Bild 6.237

Fortpflanzungskonstante

Wenn wir in (6.1545) die Werte für $\underline{Z}'$ und $\underline{Y}'$ einsetzen, erhalten wir

$$\gamma = \sqrt{\underline{Z}'\underline{Y}'} = \sqrt{(R' + j\omega L)(G' + j\omega C')}. \tag{6.1580}$$

Die Fortpflanzungskonstante ist im allgemeinen ebenfalls komplex:

$$\gamma = \alpha + j\beta. \tag{6.1581}$$

Ihren Realteil α nennt man die Dämpfungskonstante, ihren Imaginärteil β die Phasenkonstante der Leitung. Offensichtlich ist

$$\gamma^2 = \alpha^2 + \mathrm{j}2\alpha\beta - \beta^2 = (R' + \mathrm{j}\omega L')(G' + \mathrm{j}\omega C')$$

$$= R'G' + \mathrm{j}\omega(L'G' + R'C') - \omega^2 L'C', \tag{6.1582}$$

d.h.

$$\alpha^2 - \beta^2 = R'G' - \omega^2 L'C' \tag{6.1583}$$

und

$$2\alpha\beta = \omega(L'G' + R'C'). \tag{6.1584}$$

Es ist ferner

$$\alpha^2 + \beta^2 = |\gamma|^2 = \sqrt{(R'^2 + \omega^2 L'^2)(G'^2 + \omega^2 C'^2)}. \tag{6.1585}$$

Aus (6.1583) und (6.1585) folgt

$$\alpha = \sqrt{\tfrac{1}{2}(R'G' - \omega^2 L'C') + \tfrac{1}{2}\sqrt{(R'^2 + \omega^2 L'^2)(G'^2 + \omega^2 C'^2)}}, \tag{6.1586}$$

$$\beta = \sqrt{\tfrac{1}{2}(\omega^2 L'C' - R'G') + \tfrac{1}{2}\sqrt{(R'^2 + \omega^2 L'^2)(G'^2 + \omega^2 C'^2)}}. \tag{6.1587}$$

Die Ausdrücke für die Fortpflanzungskonstante, die Dämpfungskonstante und die Phasenkonstante sind übersichtlich und durchaus für die praktische Anwendung geeignet. In vielen Fällen lassen sich darüber hinaus bedeutende Vereinfachungen erzielen, bei denen einerseits die Genauigkeit nicht allzusehr leidet, andererseits die mathematische Behandlung sehr erleichtert wird. Dabei kann man außerdem wichtige Erkenntnisse erwerben, die unter anderen Bedingungen nicht klar zum Vorschein kommen.
Ein solch vereinfachter Fall ergibt sich beispielsweise dann, wenn man den bezogenen Leitwert G' gegenüber $\omega C'$ und $\omega L'$ gegenüber R' vernachlässigen kann.
Das gilt insbesondere bei tieferen Frequenzen. Unter diesen Umständen geht der Ausdruck für die Fortpflanzungskonstante (6.1580) in

$$\gamma \approx \sqrt{\mathrm{j}\omega R'C'} = \frac{1}{\sqrt{2}}(1 + \mathrm{j})\sqrt{\omega R'C'} \tag{6.1588}$$

über, wobei

$$\alpha = \beta = \sqrt{\tfrac{1}{2}\omega R'C'} \tag{6.1589}$$

ist. Bei Kabeln haben diese Ausdrücke sogar bis zu verhältnismäßig hohen Frequenzen Gültigkeit. Bei höheren Frequenzen kann man dagegen meist R' gegenüber $\omega L'$ vernachlässigen. Da in diesem Falle erst recht G' klein gegenüber $\omega C'$ bleibt, erhalten wir für (6.1587)

$$\beta = \omega\sqrt{L'C'}, \tag{6.1590}$$

und aus (6.1584) folgt

$$\alpha \approx \frac{\omega L'G' + \omega R'C'}{2\omega\sqrt{L'C'}} = \frac{G'}{2}\sqrt{\frac{L'}{C'}} + \frac{R'}{2}\sqrt{\frac{C'}{L'}}. \tag{6.1591}$$

Die Abhängigkeit der Dämpfungskonstanten und der Phasenkonstanten von der Frequenz wird im Bild 6.238 gezeigt. Aus (6.1586) folgt für $\omega = 0$

$$\alpha = \sqrt{R'G'}. \tag{6.1592}$$

In dem Bereich tieferer Frequenzen verlaufen sowohl α als auch β entsprechend der Parabel (6.1589). Bei wachsender Frequenz nähert sich α einem konstanten, frequenzunabhängigen Wert (6.1591), während β der Geraden, die durch (6.1590) gegeben ist, zustrebt.

Der erste Teil der rechten Seite von (6.1591) kann als Dämpfung infolge des Leitwerts G', der zweite Teil dagegen als Dämpfung infolge des ohmschen Widerstands R' aufgefaßt werden. In Abhängigkeit von L' weist die Dämpfung ein Minimum auf. Es ist bestimmt durch die Bedingung

$$\frac{\mathrm{d}\alpha}{\mathrm{d}L'} = \frac{G'}{4\sqrt{C'}} L'^{-(1/2)} - \frac{R'\sqrt{C'}}{4} L'^{-(3/2)} = 0. \tag{6.1593}$$

Hieraus ergibt sich für das Minimum der Dämpfungskonstanten die Bedingung

$$R'C' = L'G'. \tag{6.1594}$$

Ist diese erfüllt, dann erhält man die Dämpfungskonstante gemäß (6.1592).

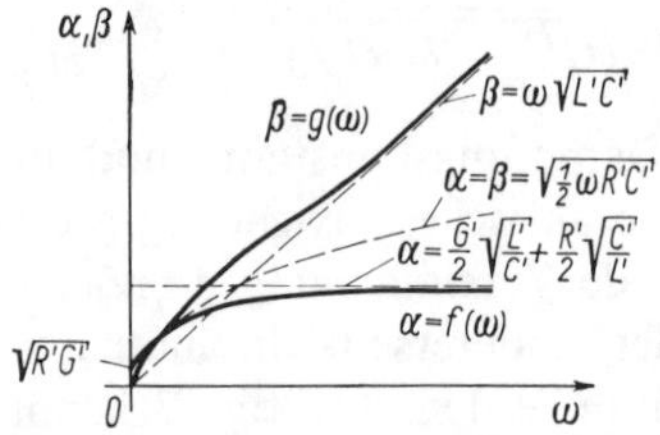

Bild 6.238

6.13.1.5. Komponenten der Spannung und des Stromes

Wir gehen von (6.1556) und (6.1557) aus und stellen die Spannung $\underline{U}_x$ und den Strom $\underline{I}_x$ an einer Stelle der Leitung, die in einer Entfernung x von deren Anfang liegt, als sinusförmige Zeitfunktionen dar. Schreibt man (6.1556) und (6.1557) für die Augenblickswerte der komplexen Spannung bzw. des komplexen Stromes um, dann erhält man

$$\underline{u}_x = \underline{u}_{1x} + \underline{u}_{2x}, \tag{6.1595}$$

$$\underline{i}_x = \underline{i}_{1x} - \underline{i}_{2x}. \tag{6.1596}$$

Nun ist aber

$$\underline{u}_{1x} = \hat{\underline{U}}_1 \, \mathrm{e}^{-\gamma x} \, \mathrm{e}^{\mathrm{j}\omega t} = \hat{U}_1 \, \mathrm{e}^{\mathrm{j}\varphi_1} \, \mathrm{e}^{-(\alpha x + \mathrm{j}\beta x)} \, \mathrm{e}^{\mathrm{j}\omega t} = \hat{U}_1 \, \mathrm{e}^{-\alpha x} \, \mathrm{e}^{\mathrm{j}(\omega t - \beta x + \varphi_1)}, \tag{6.1597}$$

$$\underline{u}_{2x} = \underline{U}_2 \, \mathrm{e}^{\gamma x} \, \mathrm{e}^{\mathrm{j}\omega t} = \hat{U}_2 \, \mathrm{e}^{\mathrm{j}\varphi_2} \, \mathrm{e}^{(\alpha x + \mathrm{j}\beta x)} \, \mathrm{e}^{\mathrm{j}\omega t} = \hat{U}_2 \, \mathrm{e}^{\alpha x} \, \mathrm{e}^{\mathrm{j}(\omega t + \beta x + \varphi_2)}, \tag{6.1598}$$

$$\underline{i}_{1x} = \frac{\underline{u}_{1x}}{\underline{Z}_\mathrm{w}} = \frac{\hat{U}_1}{Z_\mathrm{w} \, \mathrm{e}^{\mathrm{j}\vartheta}} \, \mathrm{e}^{-\alpha x} \, \mathrm{e}^{\mathrm{j}(\omega t - \beta x + \varphi_1)} = \frac{\hat{U}_1}{Z_\mathrm{w}} \, \mathrm{e}^{-\alpha x} \, \mathrm{e}^{\mathrm{j}(\omega t - \beta x + \varphi_1 - \vartheta)}, \tag{6.1599}$$

$$\underline{i}_{2x} = \frac{\underline{u}_{2x}}{\underline{Z}_\mathrm{w}} = \frac{\hat{U}_2}{Z_\mathrm{w} \, \mathrm{e}^{\mathrm{j}\vartheta}} \, \mathrm{e}^{\alpha x} \, \mathrm{e}^{\mathrm{j}(\omega t + \beta x + \varphi_2)} = \frac{\hat{U}_2}{Z_\mathrm{w}} \, \mathrm{e}^{\alpha x} \, \mathrm{e}^{\mathrm{j}(\omega t + \beta x + \varphi_2 - \vartheta)}. \tag{6.1600}$$

Die Augenblickswerte der Spannung und des Stromes erhält man aus

$$u_x = \mathrm{Im}\,[\underline{u}_x], \tag{6.1601}$$

$$i_x = \mathrm{Im}\,[\underline{i}_x] \tag{6.1602}$$

zu

$$u_x = \hat{U}_1\,e^{-\alpha x}\sin(\omega t - \beta x + \varphi_1) + \hat{U}_2\,e^{\alpha x}\sin(\omega t + \beta x + \varphi_2)$$

$$= u_{1x} + u_{2x}, \qquad (6.1603)$$

$$i_x = \frac{\hat{U}_1}{Z_w}\,e^{-\alpha x}\sin(\omega t - \beta x + \varphi_1 - \vartheta) - \frac{\hat{U}_2}{Z_w}\,e^{\alpha x}\sin(\omega t + \beta x + \varphi_2 - \vartheta)$$

$$= i_{1x} - i_{2x}. \qquad (6.1604)$$

Die Augenblickswerte von Strom und Spannung bestehen aus je zwei Komponenten. Wir wollen sie einzeln betrachten. Die erste Komponente der Spannung ist

$$u_{1x} = \hat{U}_1\,e^{-\alpha x}\sin(\omega t - \beta x + \varphi_1). \qquad (6.1605)$$

Ihre Amplitude beträgt

$$\hat{A}_1 = \hat{U}_1\,e^{-\alpha x}. \qquad (6.1606)$$

Offensichtlich fällt sie mit wachsender Entfernung vom Anfang der Leitung nach einer Exponentialfunktion ab. Die gestrichelte Kurve im Bild 6.239 gibt den Abfall der Amplitude längs der Leitung an. Aus (6.1605) ersieht man, daß sich in einem Punkt der Leitung (x = konst.) der Augenblickswert der ersten Komponente der Spannung nach einer sinusförmigen Zeitfunktion ändert.

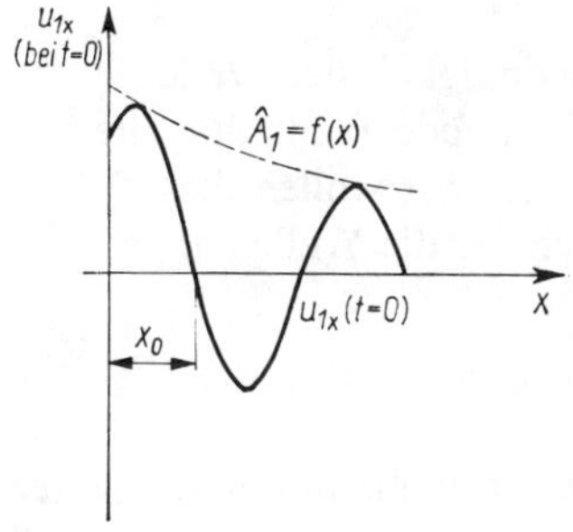

Bild 6.239

Nun soll in einem bestimmten Augenblick die Verteilung der ersten Komponente der Spannung über die Länge der Leitung ermittelt werden. Als Zeitpunkt können wir, der Einfachheit halber, beispielsweise $t = 0$ wählen. Dann ist

$$u_{1x} = \hat{U}_1\,e^{-\alpha x}\sin(-\beta x + \varphi_1). \qquad (6.1607)$$

Über die Leitungslänge verteilt sich die erste Komponente der Spannung nach einer exponentiell gedämpften Sinuskurve. Über der Leitung liegt somit eine Spannungswelle. Unter der Wellenlänge λ dieser Welle versteht man die Entfernung zweier benachbarter Punkte, zwischen denen ein Phasenunterschied von 2π besteht. Es ist also

$$-\beta(x + \lambda) + \varphi_1 = -\beta x + \varphi_1 - 2\pi, \qquad (6.1608)$$

d.h.

$$\lambda = \frac{2\pi}{\beta}. \qquad (6.1609)$$

Bei $t = 0$ liege der erste Nulldurchgang der Spannungswelle bei $x = x_0$. Mit der Zeit verändert sich an dieser Stelle die Spannung laut

$$u_{1x_0} = \hat{U}_1\,e^{-\alpha x_0}\sin(\omega t - \beta x_0 + \varphi_1). \qquad (6.1610)$$

Wenn wir für

$$x = x_0 + \frac{\omega}{\beta} t \tag{6.1611}$$

einsetzen, d.h., wenn sich der betrachtete Punkt, ausgehend von $x = x_0$ bei $t = t_0$, längs der Leitung mit der Geschwindigkeit

$$v_1 = \frac{\omega}{\beta} \tag{6.1612}$$

bewegt, dann ist in ihm immer derselbe Spannungszustand $u_{1x} = 0$ festzustellen. Das Gesagte gilt offensichtlich auch für jeden anderen Phasenzustand der Spannung, der durch die Bedingung

$$\omega t - \beta x + \varphi_1 = \text{konst.}, \tag{6.1613}$$

also durch

$$x = \frac{\omega}{\beta} t + K, \tag{6.1614}$$

gegeben ist, aus der sich derselbe Wert für v_1, nämlich

$$v_1 = \frac{\mathrm{d}x}{\mathrm{d}t} = \frac{\omega}{\beta}, \tag{6.1615}$$

ergibt. Die Geschwindigkeit v_1 nennen wir die Phasengeschwindigkeit der Welle.
Die erste Komponente der Spannung stellt also eine fortschreitende Welle dar, die mit wachsender Zeit vom Anfang der Leitung zu ihrem Ende läuft. Wir wollen diese Welle als die hinlaufende Welle bezeichnen. Mit (6.1612) ergibt sich für die Wellenlänge

$$\lambda = \frac{2\pi}{\beta} = \frac{2\pi}{\omega} v_1 = \frac{v_1}{f} = v_1 T. \tag{6.1616}$$

Die Wellenlänge ist offensichtlich gleich der Entfernung, die die Welle in der Zeit einer Periode zurücklegt.
Der Augenblickswert der zweiten Komponente der Spannung ist

$$u_{2x} = \hat{U}_2\, \mathrm{e}^{\alpha x} \sin(\omega t + \beta x + \varphi_2). \tag{6.1617}$$

Ihre Amplitude ist

$$A_2 = \hat{U}_2\, \mathrm{e}^{\alpha x}. \tag{6.1618}$$

Bei dieser Komponente der Spannung wächst die Amplitude mit wachsender Entfernung vom Anfang der Leitung nach einer Exponentialfunktion an. Die Ermittlung der Phasengeschwindigkeit ergibt in diesem Fall

$$v_2 = -\frac{\omega}{\beta} = -v_1. \tag{6.1619}$$

(6.1617) stellt ebenfalls eine Welle dar. Ihre Fortpflanzung erfolgt in Richtung vom Ende zum Anfang der Leitung. Diese Welle wollen wir als rücklaufende Welle bezeichnen.
Ähnliche Überlegungen führen zu der Darstellung des Stromes durch die Summe zweier Stromwellen:

$$i_{1x} = \hat{I}_1\, \mathrm{e}^{-\alpha x} \sin(\omega t - \beta x + \varphi_1 - \vartheta) \tag{6.1620}$$

und

$$i_{2x} = \hat{I}_2 \, e^{\alpha x} \sin(\omega t + \beta x + \varphi_2 - \vartheta), \tag{6.1621}$$

wobei

$$\hat{I}_1 = \frac{\hat{U}_1}{Z_w}, \tag{6.1622}$$

$$\hat{I}_2 = \frac{\hat{U}_2}{Z_w} \tag{6.1623}$$

ist.

Um das Zeigerdiagramm der Spannungen längs der Leitung zu konstruieren, gehen wir von den Gleichungen für die komplexen Effektivwerte der hin- bzw. rücklaufenden Welle aus:

$$\underline{U}_{1x} = \underline{U}_1 \, e^{-\gamma x} = \underline{U}_1 \, e^{-\alpha x} \, e^{-j\beta x}, \tag{6.1624}$$

$$\underline{U}_{2x} = \underline{U}_2 \, e^{\gamma x} = \underline{U}_2 \, e^{\alpha x} \, e^{j\beta x}. \tag{6.1625}$$

Bild 6.240 zeigt die Zeiger der Spannungen der hinlaufenden Welle, die man in Abständen von $\lambda/6$, über eine Wellenlänge vom Anfang der Leitung gerechnet, feststellt. Der Zeiger der Spannung am Anfang der Leitung sei $\underline{U}_{10}$. Der Betrag jedes nachfolgenden Zeigers ergibt sich aus dem Betrag des vorhergehenden durch Multiplikation mit $e^{-\alpha\lambda/6}$.

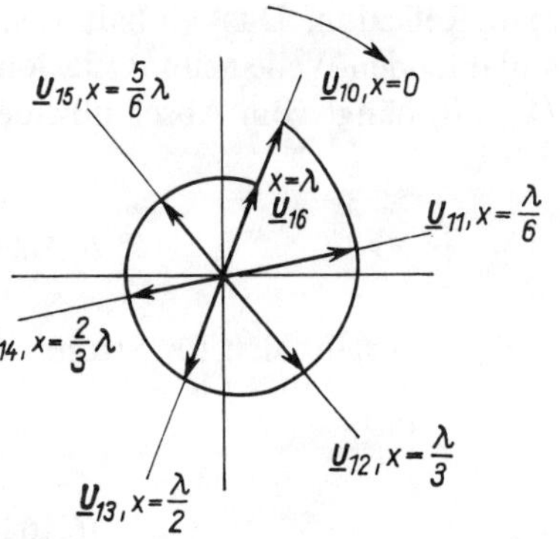

Bild 6.240

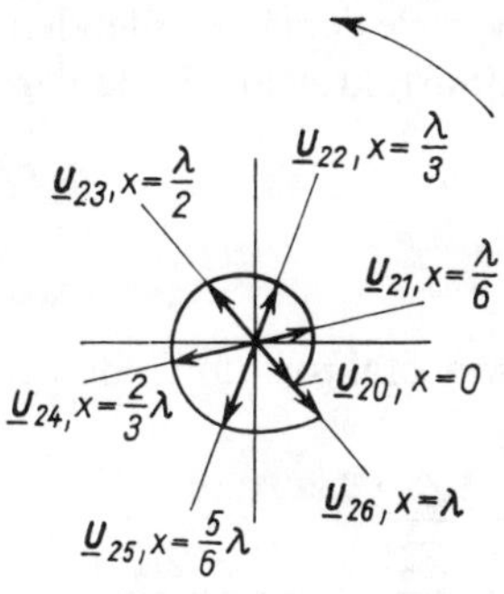

Bild 6.241

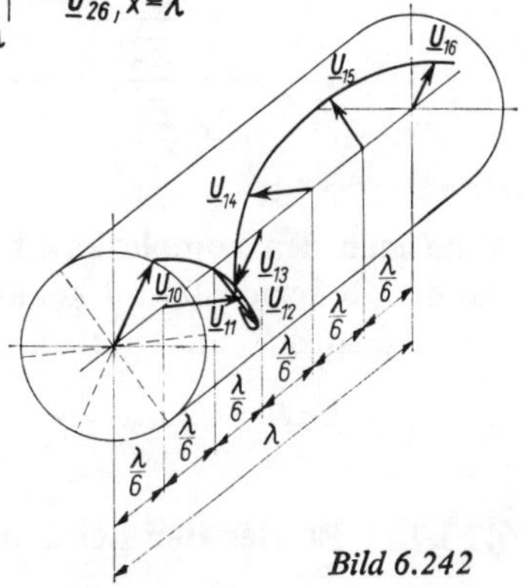

Bild 6.242

Jeder Zeiger ist gegenüber dem vorhergehenden um den Winkel $\beta\lambda/6 = 2\pi/6$ im Drehsinn des Uhrzeigers verdreht. Die Spitzen der Zeiger der hinlaufenden Welle liegen auf einer logarithmischen Spirale. Im Bild 6.241 sind die Spannungszeiger der rücklaufenden Welle an denselben Stellen der Leitung in entsprechender Weise konstruiert.

Den Augenblickswert der Spannung an einer bestimmten Stelle x der Leitung erhält man, wenn man die entsprechenden Zeiger $\underline{U}_{1x}$ und $\underline{U}_{2x}$ addiert, die Summe mit $\sqrt{2}\, e^{j\omega t}$ multipliziert und davon den Imaginärteil bildet. In der Leitung stellen sich die resultierende Spannung bzw. der resultierende Strom ein. Bild 6.242 zeigt noch einmal die Zeiger der hinlaufenden Welle über die Länge der Leitung aufgetragen.

6.13.1.6. Reflexion

Wir wollen nun die Verhältnisse am Ende der Leitung betrachten. Es ist zweckmäßig, in diesem Falle von (6.1564) und (6.1565) auszugehen und die komplexen Effektivwerte der Spannungs- bzw. Stromwellen in Abhängigkeit von der Spannung bzw. vom Strom am Ende der Leitung darzustellen.
Wir schreiben die genannten Gleichungen folgendermaßen um:

$$\underline{U}_x = \underline{U}_a \frac{e^{\gamma x} + e^{-\gamma x}}{2} + \underline{Z}_w \underline{I}_a \frac{e^{\gamma x} - e^{-\gamma x}}{2}$$

$$= \underline{U}_a \frac{e^{\gamma x}}{2}\left(1 + \frac{\underline{Z}_w}{\underline{Z}_a}\right) + \underline{U}_a \frac{e^{-\gamma x}}{2}\left(1 - \frac{\underline{Z}_w}{\underline{Z}_a}\right), \tag{6.1626}$$

$$\underline{I}_x = \underline{I}_a \frac{e^{\gamma x} + e^{-\gamma x}}{2} + \frac{\underline{U}_a}{\underline{Z}_w} \frac{e^{\gamma x} - e^{-\gamma x}}{2}$$

$$= \frac{\underline{U}_a}{\underline{Z}_w} \frac{e^{\gamma x}}{2}\left(1 + \frac{\underline{Z}_w}{\underline{Z}_a}\right) - \frac{\underline{U}_a}{\underline{Z}_w} \frac{e^{-\gamma x}}{2}\left(1 - \frac{\underline{Z}_w}{\underline{Z}_a}\right) \tag{6.1627}$$

Da jetzt x vom Ende der Leitung gezählt wird, stellen offensichtlich die zweiten Glieder der rechten Seite dieser Gleichungen die komplexen Effektivwerte der rücklaufenden Welle, die ersten Glieder dagegen die der hinlaufenden Welle dar.
Die Ausbildung einer rücklaufenden Welle nennt man Reflexion. Das Verhältnis der komplexen Effektivwerte der rücklaufenden und der hinlaufenden Welle heißt Reflexionsfaktor. Der Reflexionsfaktor am Ende der Leitung ($x = 0$) hängt vom Abschlußwiderstand der Leitung

$$\underline{Z}_a = \frac{\underline{U}_a}{\underline{I}_a} \tag{6.1628}$$

ab. Für den Reflexionsfaktor am Ende der Leitung ($x = 0$) ergibt sich für Strom und Spannung

$$\underline{n} = \frac{1 - \frac{\underline{Z}_w}{\underline{Z}_a}}{1 + \frac{\underline{Z}_w}{\underline{Z}_a}} = \frac{\underline{Z}_a - \underline{Z}_w}{\underline{Z}_a + \underline{Z}_w}. \tag{6.1629}$$

Wenn man den komplexen Effektivwert der hinlaufenden Welle am Ende der Leitung und den Reflexionsfaktor kennt, kann man sofort auch den komplexen Effektivwert der rücklaufenden Welle angeben. Im Falle der Spannungswellen beträgt er

$$\underline{U}_{2x} = (\underline{U}_{2x})_{x=0}\, e^{-\gamma x} = \underline{n}(\underline{U}_{1x})_{x=0}\, e^{-\gamma x}. \tag{6.1630}$$

6.13.2. Betrieb der Leitungen

6.13.2.1. Die mit dem Wellenwiderstand abgeschlossene Leitung

Liegt eine Leitung vor, bei der der Abschlußwiderstand gleich dem Wellenwiderstand ist, dann ist der Reflexionsfaktor gleich Null:

$$\underline{n} = 0. \tag{6.1631}$$

In diesem Falle entsteht keine Reflexion der hinlaufenden Welle am Ausgang der Leitung, und die rücklaufende Welle verschwindet. Man spricht dann von einer Anpassung des Abschlußwiderstandes an den Wellenwiderstand der Leitung. Die gesamte Leistung, die von der hinlaufenden Welle zum Ende der Leitung transportiert wird, wird im Abschlußwiderstand verbraucht. Bei einer Leitung, die mit ihrem Wellenwiderstand $\underline{Z}_w$ abgeschlossen ist, gehen die Leitungsgleichungen (6.1560) und (6.1561) bzw. (6.1626) und (6.1627) in

$$\underline{U}_x = \underline{U}_a \, e^{\gamma x}, \tag{6.1632}$$

$$\underline{I}_x = \underline{I}_a \, e^{\gamma x} \tag{6.1633}$$

über, woraus folgt

$$\frac{\underline{U}_x}{\underline{I}_x} = \frac{\underline{U}_a}{\underline{I}_a} = \underline{Z}_a = \underline{Z}_w. \tag{6.1634}$$

An jeder Stelle der Leitung ist das Verhältnis des komplexen Effektivwerts der Spannung zum komplexen Effektivwert des Stromes konstant und gleich dem Wellenwiderstand der Leitung, d.h., der Eingangswiderstand der Leitung ist gleich dem Ausgangswiderstand und dem Wellenwiderstand der Leitung.
Aus (6.1632) und (6.1633) ergeben sich die Augenblickswerte der Spannung und des Stromes längs der Leitung zu

$$u_x = \text{Im}\,[\hat{U}_a \, e^{j\varphi_a} \, e^{(\alpha + j\beta)x} \, e^{j\omega t}] = \hat{U}_a \, e^{\alpha x} \sin(\omega t + \beta x + \varphi_a), \tag{6.1635}$$

$$i_x = \text{Im}\left[\frac{\hat{U}_a}{\underline{Z}_w} \, e^{j(\varphi_a - \vartheta)} \, e^{(\alpha + j\beta)x} \, e^{j\omega t}\right] = \frac{\hat{U}_a}{Z_w} \, e^{\alpha x} \sin(\omega t + \beta x + \varphi_a - \vartheta). \tag{6.1636}$$

An jeder Stelle der Leitung (x = konst.) eilt die Spannung dem Strom zeitlich um ϑ voraus. Die Leistung, die durch einen beliebigen Querschnitt der Leitung hindurchgeht, ist

$$P = UI \cos\vartheta = \frac{U_a^2}{Z_w} \, e^{2\alpha x} \cos\vartheta. \tag{6.1637}$$

Die Leistung, die je Längenelement der Leitung in Wärme umgesetzt wird, beträgt

$$\frac{dP}{dx} = 2\alpha \frac{U_a^2}{Z_w} \, e^{2\alpha x} \cos\vartheta. \tag{6.1638}$$

Die von der Leitung aufgenommene Leistung ist

$$P_0 = U_0 I_0 \cos\vartheta, \tag{6.1639}$$

und die Leistung, die vom Verbraucherwiderstand aufgenommen wird, beträgt

$$P_a = U_a I_a \cos\vartheta. \tag{6.1640}$$

Der Wirkungsgrad der angepaßten Leitung ist

$$\eta = \frac{P_a}{P_0} = \frac{U_a I_a}{U_0 I_0}. \tag{6.1641}$$

Da aber

$$\frac{U_a}{U_0} = e^{-\alpha l} \tag{6.1642}$$

und

$$\frac{I_a}{I_0} = e^{-\alpha l} \tag{6.1643}$$

gilt, ist

$$\eta = \frac{P_a}{P_0} = e^{-2\alpha l}. \tag{6.1644}$$

Die gesamte Dämpfung längs der Leitung ergibt sich zu

$$a = \alpha l = \frac{1}{2} \ln \frac{P_0}{P_a} = \ln \frac{U_0}{U_a} = \ln \frac{I_0}{I_a}. \tag{6.1645}$$

Die Einheit der Dämpfung ist 1 Neper (Np). Sie liegt vor, wenn

$$\alpha l = 1 \tag{6.1646}$$

ist.

6.13.2.2. Leerlauf- und Kurzschlußbetrieb der Leitung

Im Leerlauf der Leitung ist $\underline{Z}_a = \infty$, $\underline{I}_a = 0$. In diesem Falle ist der Reflexionsfaktor (6.1629)

$$\underline{n} = \frac{1 - \frac{\underline{Z}_w}{\underline{Z}_a}}{1 + \frac{\underline{Z}_w}{\underline{Z}_a}} = 1. \tag{6.1647}$$

Am Ende der Leitung hat die rücklaufende Welle dieselbe Amplitude wie die hinlaufende Welle. Die Spannungen beider Wellen ergeben am Ende der Leitung entsprechend (6.1626) den doppelten Wert der hinlaufenden Welle. Die Amplitude der rücklaufenden Stromwelle ist am Ende der Leitung gleich der Amplitude der hinlaufenden Stromwelle. Beide subtrahieren sich laut (6.1627) und ergeben am Ende der Leitung den Stromwert Null.

Bei Kurzschluß des Leitungsendes ist $\underline{Z}_a = 0$ und $\underline{U}_a = 0$. In diesem Falle bekommt der Reflexionsfaktor den Wert

$$\underline{n} = \frac{\underline{Z}_a - \underline{Z}_w}{\underline{Z}_a + \underline{Z}_w} = -1. \tag{6.1648}$$

Die beiden Spannungswellen haben in diesem Falle am Ende der Leitung gleiche Amplituden, aber entgegengesetzte Vorzeichen. Sie addieren sich hier zu Null. Für den Strom am Ende der Leitung ergibt sich der doppelte Wert des Stromes der hinlaufenden Welle.

Wir wollen einen bestimmten Betriebszustand einer Leitung, der durch

$$\underline{U}_a = \underline{U}_{ab}, \tag{6.1649}$$

$$\underline{I}_a = \underline{I}_{ab}, \tag{6.1650}$$

$$\underline{U}_{ab} = \underline{Z}_a \underline{I}_{ab} \tag{6.1651}$$

gegeben ist, betrachten. Wenn wir den Belastungswiderstand abschalten ($\underline{I}_a = 0$) und die Eingangsspannung so regeln, daß sich am Ausgang wiederum die Betriebsausgangsspannung $\underline{U}_{ab}$ einstellt, dann entspricht die Spannungsverteilung der Gleichung

$$\underline{U}_{x0} = \underline{U}_{ab} \cosh \gamma x \tag{6.1652}$$

und die Stromverteilung der Gleichung

$$\underline{I}_{x0} = \frac{\underline{U}_{ab}}{\underline{Z}_w} \sinh \gamma x. \tag{6.1653}$$

Wenn wir aber das Leitungsende kurzschließen und die Eingangsspannung so einstellen, daß in dem kurzgeschlossenen Ende der Leitung der Betriebsstrom $\underline{I}_{ab}$ fließt, dann gehorcht offensichtlich die Verteilung der Spannung über der Leitungslänge der Gleichung

$$\underline{U}_{xk} = \underline{I}_{ab}\underline{Z}_w \sinh \gamma x \tag{6.1654}$$

und die Stromverteilung der Gleichung

$$\underline{I}_{xk} = \underline{I}_{ab} \cosh \gamma x. \tag{6.1655}$$

Wenn wir nun (6.1652) und (6.1654) bzw. (6.1653) und (6.1655) addieren, erhalten wir

$$\underline{U}_{x0} + \underline{U}_{xk} = \underline{U}_{ab} \cosh \gamma x + \underline{I}_{ab}\underline{Z}_w \sinh \gamma x = \underline{U}_{xb}, \tag{6.1656}$$

$$\underline{I}_{x0} + \underline{I}_{xk} = \underline{I}_{ab} \cosh \gamma x + \frac{\underline{U}_{ab}}{\underline{Z}_w} \sinh \gamma x = \underline{I}_{xb}. \tag{6.1657}$$

Dieses Gleichungspaar zeigt, daß man jeden Betriebszustand als Überlagerung des Leerlaufzustands und des Kurzschlußzustands der Leitung betrachten kann.

6.13.3. Leitungen mit besonderen Eigenschaften

6.13.3.1. Lange Leitung

Unter langen Leitungen wollen wir solche Leitungen verstehen, bei denen der Ausdruck γl so große Werte annimmt, daß die Näherung

$$\cosh \gamma l \approx \sinh \gamma l \approx \tfrac{1}{2}\, e^{\gamma l} \tag{6.1658}$$

angewandt werden kann. In diesem Falle erhalten die Gleichungen, die die Eingangsgrößen als Funktion der Ausgangsgrößen angeben, die äußerst einfache Form

$$\underline{U}_0 = \tfrac{1}{2}\,(\underline{U}_a + \underline{I}_a\underline{Z}_w)\, e^{\gamma l}, \tag{6.1659}$$

$$\underline{I}_0 = \frac{1}{2\underline{Z}_w}\,(\underline{U}_a + \underline{I}_a\underline{Z}_w)\, e^{\gamma l}. \tag{6.1660}$$

Wenn wir (6.1659) durch (6.1660) dividieren, erhalten wir den Eingangswiderstand

$$\underline{Z}_e = \frac{\underline{U}_0}{\underline{I}_0} = \underline{Z}_w. \tag{6.1661}$$

Der Eingangswiderstand der sehr langen Leitung ist gleich dem Wellenwiderstand.

6.13.3.2. Verzerrungsfreie Leitung

In der Schwachstromtechnik besteht die Aufgabe, auf elektromagnetischem Wege Nachrichten unverzerrt längs der Leitungen zu übertragen. Diese treten meist auf in Form von elektrischen Spannungen mit nichtsinusförmigem (häufig sogar mit nichtperiodischem) zeitlichem Verlauf, die in eine Vielzahl harmonischer Schwingungen zerlegt werden können. Hierbei lassen sich auf jede einzelne Harmonische die obigen Gleichungen anwenden. Die Aufgabe der Zusammensetzung aller Teilschwingungen am Ende der Leitung zu einer Spannung, deren zeitlicher Verlauf eine getreue Wiedergabe der Eingangsspannung sein soll, stellt die Forderungen, daß alle Teilschwingungen gleichmäßig längs der Leitung gedämpft werden und daß für alle Schwingungen dieselbe Phasengeschwindigkeit besteht. Eine Leitung, bei der diese Bedingungen erfüllt sind, nennt man eine verzerrungsfreie Leitung. Abweichungen von der ersten Forderung ergeben Amplitudenverzerrungen, Abweichungen von der zweiten Forderung Phasenverzerrungen.

Die Bedingung für das Fehlen von Amplitudenverzerrungen ist

$$\alpha(\omega) = \text{konst.} \tag{6.1662}$$

Die Bedingung für das Fehlen von Phasenverzerrungen ist

$$v(\omega) = \text{konst.} \tag{6.1663}$$

(6.1662) und (6.1663) sind dann erfüllt, wenn bei der betrachteten Leitung die Bedingung für das Minimum der Dämpfung (6.1594) erfüllt ist. Um das zu zeigen, gehen wir von dem Ausdruck für die Fortpflanzungskonstante (6.1580) aus:

$$\gamma = \alpha + \mathrm{j}\beta = \sqrt{(R' + \mathrm{j}\omega L')(G' + \mathrm{j}\omega C')} = (G' + \mathrm{j}\omega C')\sqrt{\frac{R' + \mathrm{j}\omega L'}{G' + \mathrm{j}\omega C'}}$$

$$= (G' + \mathrm{j}\omega C')\sqrt{\frac{L'}{C'}}\sqrt{\frac{\dfrac{R'}{L'} + \mathrm{j}\omega}{\dfrac{G'}{C'} + \mathrm{j}\omega}}. \tag{6.1664}$$

Wenn die zweite Wurzel gleich 1 ist, dann wird

$$\gamma = \alpha + \mathrm{j}\beta = G'\sqrt{\frac{L'}{C'}} + \mathrm{j}\omega\sqrt{L'C'}, \tag{6.1665}$$

d.h.

$$\alpha = G'\sqrt{\frac{L'}{C'}}, \tag{6.1666}$$

$$\beta = \omega\sqrt{L'C'}, \tag{6.1667}$$

$$v = \sqrt{\frac{1}{L'C'}}. \tag{6.1668}$$

In diesem Falle sind sowohl α als auch v konstant und frequenzunabhängig. Die zweite Wurzel auf der rechten Seite von (6.1664) ist gleich 1, wenn

$$\frac{R'}{L'} + j\omega = \frac{G'}{C'} + j\omega, \tag{6.1669}$$

$$\frac{R'}{L'} = \frac{G'}{C'} \tag{6.1670}$$

gilt. Sie ist mit (6.1594) identisch.
Der Wellenwiderstand der verzerrungsfreien Leitung beträgt

$$Z_w = \sqrt{\frac{R' + j\omega L'}{G' + j\omega C'}} = \sqrt{\frac{L'}{C'}} \sqrt{\frac{\frac{R'}{L'} + j\omega}{\frac{G'}{C'} + j\omega}} = \sqrt{\frac{L'}{C'}}. \tag{6.1671}$$

Er ist frequenzunabhängig und reell.

6.13.3.3. Pupinisierte Leitung

Wir kehren zu dem Ausdruck für die Dämpfungskonstante der Leitung (6.1591) noch einmal zurück. Es wurde bereits angeführt, daß der erste Teil der rechten Seite dieser Gleichung als Dämpfung infolge der endlichen Größe des Leitwerts G', der zweite als Dämpfung infolge der endlichen Größe des ohmschen Widerstands R' aufgefaßt werden kann. Der zweite Teil ist gewöhnlich größer als der erste. Das gilt insbesondere für Kabel, bei denen die Kapazität C' je Längeneinheit verhältnismäßig groß, die Induktivität L' je Längeneinheit dagegen verhältnismäßig klein ist. Somit ist die Induktivität je Längeneinheit kleiner, als es dem Wert für die minimale Dämpfung (6.1594) entspricht. *Heaviside* schlug vor, die Dämpfungskonstante und somit die gesamte Dämpfung der Leitung dadurch zu verkleinern, daß man auf künstlichem Wege die Induktivität je Längeneinheit vergrößert. Der Vorschlag von *Heaviside* ist von *Pupin* verwirklicht worden, indem er in regelmäßigen Abständen die Leitung unterbrach und konzentrierte Induktivitäten (Pupin-Spulen) zwischenschaltete (Bild 6.243).

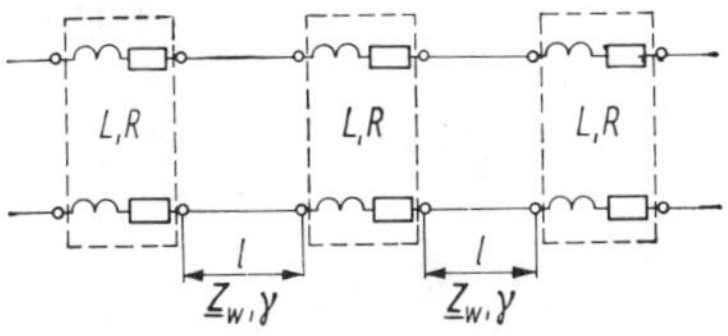

Bild 6.243

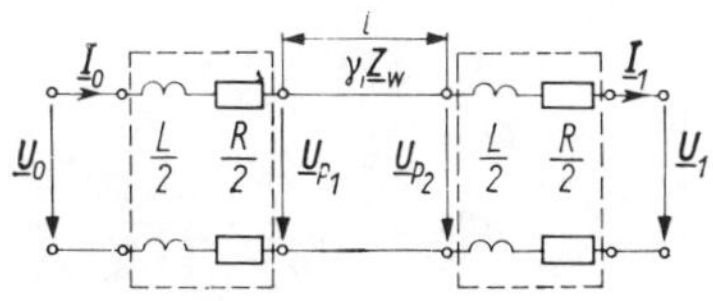

Bild 6.244

Solche Leitungen nennt man pupinisierte Leitungen. Die Entfernung zwischen zwei Pupin-Spulen sei l. Die Pupin-Spule, die die Induktivität L und den ohmschen Widerstand R hat, ist in zwei gleiche Teilspulen aufgeteilt, wovon die eine in den einen Leiter, die zweite in den anderen eingeschaltet wird.
Wir denken uns zwei benachbarte Pupin-Spulen durch je eine Mittellinie halbiert. Die Mittellinien grenzen von der pupinisierten Leitung einen Abschnitt ab (Bild 6.244), den man als Vierpol betrachten kann. Die ganze Pupin-Leitung stellt somit eine homogene Vierpolkette dar, wobei die einzelnen Vierpole jeweils aus einem Leitungsabschnitt von der Länge l mit der Fortpflanzungskonstanten γ und dem Wellenwiderstand Z_w be-

stehen, an deren Enden die Induktivitäten $L/2$ und die Widerstände $R/2$ konzentriert sind. Wenn wir am Eingang eines solchen Vierpols die Spannung $\underline{U}_0$ anlegen, so beträgt die Spannung unmittelbar nach der ersten halben Pupin-Spule $\underline{U}_{p1}$. Hierbei gilt

$$\underline{U}_0 = \underline{U}_{p1} + \underline{I}_0 \tfrac{1}{2} (R + j\omega L). \tag{6.1672}$$

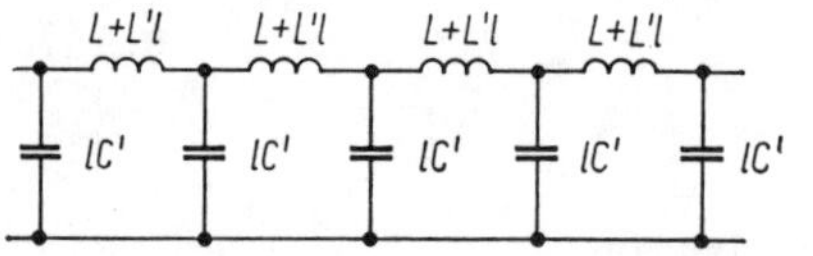

Bild 6.245

Mit den Bezeichnungen von Bild 6.245 finden wir bei offenem Ausgang des Vierpols

$$\underline{U}_{p1} = \underline{U}_1 \cosh \gamma l, \tag{6.1673}$$

$$\underline{I}_0 = \frac{\underline{U}_1}{\underline{Z}_w} \sinh \gamma l. \tag{6.1674}$$

Geht man damit in (6.1672) ein, dann wird

$$\underline{U}_0 = \underline{U}_1 \left[\cosh \gamma l + \frac{1}{2\underline{Z}_w} \sinh \gamma l \, (R + j\omega L) \right]. \tag{6.1675}$$

Beim Leerlauf des Vierpols gilt

$$\cosh \underline{g} = \frac{\underline{U}_0}{\underline{U}_1} = \cosh \gamma l + \frac{R + j\omega L}{2\underline{Z}_w} \sinh \gamma l. \tag{6.1676}$$

Wenn wir den Widerstand R der Spule, den der Leitung R', und den Leitwert G' der Leitung vernachlässigen, dann kann man die pupinisierte Leitung durch das Ersatzschaltbild, das im Bild 6.251 gezeigt wird, darstellen. Es ist eine Vierpolkette aus reinen Blindwiderständen, für die (6.1485)

$$\underline{A}_{11} = \cosh \underline{g} = 1 - \tfrac{1}{2}\omega^2 (L + lL') \, lC' \tag{6.1677}$$

gilt. Die pupinisierte Leitung verhält sich somit wie ein Tiefpaßfilter mit den Grenzfrequenzen

$$\omega_1 = 0 \tag{6.1678}$$

und

$$\omega_2 = \frac{2}{\sqrt{lC' \, (lL' + L)}} = \frac{2}{l \sqrt{C' \left(L' + \frac{L}{l} \right)}}. \tag{6.1679}$$

Der letzte Ausdruck ermöglicht die Berechnung der erforderlichen Induktivität der Pupin-Spulen, wenn die Kenngrößen der Leitung und der Frequenzbereich, der zu übertragen ist, bekannt sind. Der Wellenwiderstand der idealisierten Pupin-Leitung beträgt

$$\underline{Z}_w = \sqrt{\frac{lL' + L}{lC'}}. \tag{6.1680}$$

Krarup schlug vor, die auf die Längeneinheit bezogene Induktivität der Leitung dadurch zu vergrößern, daß man die Leiter mit dünnem Eisendraht umwickelt. In diesem Falle ist die Annäherung an die Leitung mit verteilter Induktivität besser.

6.13.3.4. Verlustlose Leitung

Bei einer verlustlosen Leitung ist $R' = 0$ und $G' = 0$. Da bei hohen Frequenzen

$$R' \ll \omega L', \tag{6.1681}$$

$$G' \ll \omega C' \tag{6.1682}$$

gilt, ist man in der Hochfrequenztechnik meist berechtigt, die Leitungen (Doppelleitung, Koaxialkabel) als verlustlos zu betrachten. In diesem Falle ergibt sich

$$\alpha = 0, \tag{6.1683}$$

$$\beta = \omega \sqrt{L'C'}, \tag{6.1684}$$

$$\underline{Z}_w = \sqrt{\frac{L'}{C'}} = Z_w, \tag{6.1685}$$

$$\vartheta = 0, \tag{6.1686}$$

$$v = \frac{\omega}{\beta} = \frac{1}{\sqrt{L'C'}}, \tag{6.1687}$$

$$\gamma = \mathrm{j}\beta. \tag{6.1688}$$

Bei der verlustlosen Leitung ist also die Dämpfung gleich Null; der Wellenwiderstand ist frequenzunabhängig und reell. Ferner ist die Phasengeschwindigkeit ebenfalls frequenzunabhängig. Phasenkonstante, Phasengeschwindigkeit und Wellenwiderstand sind in diesem Fall dieselben wie bei der verzerrungsfreien Leitung.

Bei der verlustlosen Leitung gehen die Leitungsgleichungen in

$$\underline{U}_x = \underline{U}_a \cosh \mathrm{j}\beta x + \underline{I}_a Z_w \sinh \mathrm{j}\beta x, \tag{6.1689}$$

$$\underline{I}_x = \underline{I}_a \cosh \mathrm{j}\beta x + \frac{\underline{U}_a}{Z_w} \sinh \mathrm{j}\beta x \tag{6.1690}$$

über. Mit

$$\cosh \mathrm{j}\beta x = \cos \beta x, \tag{6.1691}$$

$$\sinh \mathrm{j}\beta x = \mathrm{j} \sin \beta x \tag{6.1692}$$

erhalten wir in diesem Fall die Leitungsgleichungen in der endgültigen Form:

$$\underline{U}_x = \underline{U}_a \cos \beta x + \mathrm{j}\underline{I}_a Z_w \sin \beta x, \tag{6.1693}$$

$$\underline{I}_x = \underline{I}_a \cos \beta x + \mathrm{j} \frac{\underline{U}_a}{Z_w} \sin \beta x. \tag{6.1694}$$

Die verlustlose Leitung sei mit dem reellen Widerstand Z_a abgeschlossen. Dann ist

$$\underline{I}_a = \frac{\underline{U}_a}{Z_a}. \tag{6.1695}$$

Es sei

$$k = \frac{Z_w}{\underline{Z}_a}. \tag{6.1696}$$

Hiermit gehen (6.1693) und (6.1694) in

$$\underline{U}_x = \underline{U}_a (\cos \beta x + \mathrm{j}k \sin \beta x) \tag{6.1697}$$

und

$$\underline{I}_x = \frac{\underline{U}_a}{Z_w} (k \cos \beta x + j \sin \beta x) \tag{6.1698}$$

über.
Mit

$$\cos \beta x = k \cos \beta x + (1 - k) \cos \beta x, \tag{6.1699}$$

$$\sin \beta x = k \sin \beta x + (1 - k) \sin \beta x \tag{6.1700}$$

ergibt sich schließlich

$$\begin{aligned} \underline{U}_x &= \underline{U}_a [k (\cos \beta x + j \sin \beta x) + (1 - k) \cos \beta x] \\ &= \underline{U}_a [k\, e^{j\beta x} + (1 - k) \cos \beta x], \end{aligned} \tag{6.1701}$$

$$\begin{aligned} \underline{I}_x &= \frac{\underline{U}_a}{Z_w} [k (\cos \beta x + j \sin \beta x) + j (1 - k) \sin \beta x] \\ &= \frac{\underline{U}_a}{Z_w} [k\, e^{j\beta x} + j (1 - k) \sin \beta x]. \end{aligned} \tag{6.1702}$$

Geht man in diese Gleichungen mit dem komplexen Augenblickswert der Spannung,

$$\underline{u}_a = \underline{\hat{U}}_a\, e^{j\omega t} \tag{6.1703}$$

ein, dann erhält man die komplexen Augenblickswerte der Spannung und des Stromes an einer Stelle in der Entfernung x vom Ende der Leitung:

$$\underline{u}_x = \hat{U}_a k\, e^{j(\omega t + \beta x)} + \hat{U}_a (1 - k) \cos \beta x\, e^{j\omega t}, \tag{6.1704}$$

$$\underline{i}_x = \frac{\hat{U}_a}{Z_w} k\, e^{j(\omega t + \beta x)} + \frac{\hat{U}_a}{Z_w} j (1 - k) \sin \beta x\, e^{j\omega t}. \tag{6.1705}$$

Die Augenblickswerte der Spannung und des Stromes an einer beliebigen Stelle der Leitung, die in einer Entfernung x von ihrem Ende liegt, sind

$$u_x = \operatorname{Im} [\underline{u}_x] = \hat{U}_a k \sin (\omega t + \beta x) + \hat{U}_a (1 - k) \cos \beta x \sin \omega t, \tag{6.1706}$$

$$i_x = \operatorname{Im} [\underline{i}_x] = \frac{\hat{U}_a}{Z_w} k \sin (\omega t + \beta x) + \frac{\hat{U}_a}{Z_w} (1 - k) \sin \beta x \sin \left(\omega t + \frac{\pi}{2} \right). \tag{6.1707}$$

Leerlauf der verlustlosen Leitung

Beim Leerlauf der verlustlosen Leitung ist $Z_a = \infty$, $\underline{I}_a = 0$ und damit auch $k = 0$. In diesem Falle gehen (6.1706) und (6.1707) in

$$u_x = \hat{U}_a \cos \beta x \sin \omega t \tag{6.1708}$$

und

$$i_x = \frac{\hat{U}_a}{Z_w} \sin \beta x \sin \left(\omega t + \frac{\pi}{2} \right) = \frac{\hat{U}_a}{Z_w} \sin \beta x \cos \omega t \tag{6.1709}$$

über.
An jeder Stelle der Leitung (x = konst.) sind Spannung und Strom zeitlich sinusförmig veränderliche Größen. Es ist sowohl die Phase der Spannung als auch des Stromes über

die ganze Länge der Leitung gleich groß. Zwischen Strom und Spannung besteht jedoch eine Phasenverschiebung von $\pi/2$. Die Energie in der Leitung ist also reine Blindenergie. In der Leitung findet auch kein Energieverbrauch statt ($R' = 0$, $G' = 0$). Die Amplituden der Spannung und des Stromes,

$$\hat{A}_{ux0} = \hat{U}_a \cos \beta x, \tag{6.1710}$$

$$\hat{A}_{ix0} = \frac{\hat{U}_a}{Z_w} \sin \beta x, \tag{6.1711}$$

sind von der Lage des betrachteten Punktes auf der Leitung abhängig. Ihr Verlauf über die Leitungslänge wird im Bild 6.246 gezeigt.

Auf der Leitung sind Punkte vorhanden, an denen entweder die Amplitude der Spannung oder die des Stromes zu jeder Zeit Null ist. Einen solchen Punkt nennt man Knotenpunkt. In diesem Sinne spricht man von Knotenpunkten der Spannung bzw. des Stromes. Andererseits gibt es Punkte, wo zu jeder Zeit die Amplitude der Spannung bzw. des Stromes ein Maximum hat. Diese Maxima bezeichnet man als Bäuche und spricht sinngemäß vom Spannungsbauch bzw. vom Strombauch.

Dieser Zustand ist unter dem Namen stehende Welle bekannt. Das Kennzeichen der stehenden Welle ist die ortsabhängige Amplitude der Wechselgröße, verbunden mit deren Phasengleichheit über die ganze Länge der Leitung. Im Leerlauf der verlustlosen Leitung liegen die Spannungsbäuche bzw. die Stromknoten bei

$$x = n\frac{\pi}{\beta} = n\frac{\lambda}{2}, \tag{6.1712}$$

wobei n die Werte 0, 1, 2 usw. annehmen kann. Die Spannungsknoten bzw. die Strombäuche liegen bei

$$x = \frac{(2n + 1)\pi}{2\beta} = (2n + 1)\frac{\lambda}{4}. \tag{6.1713}$$

Am Ende der Leitung bilden sich ein Spannungsbauch und ein Stromknoten aus.

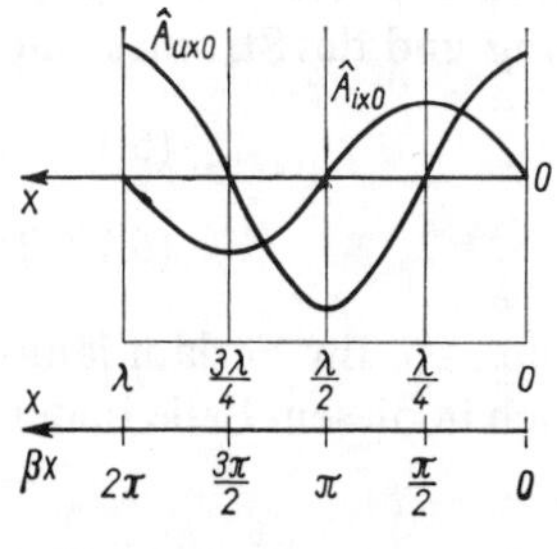

Bild 6.246

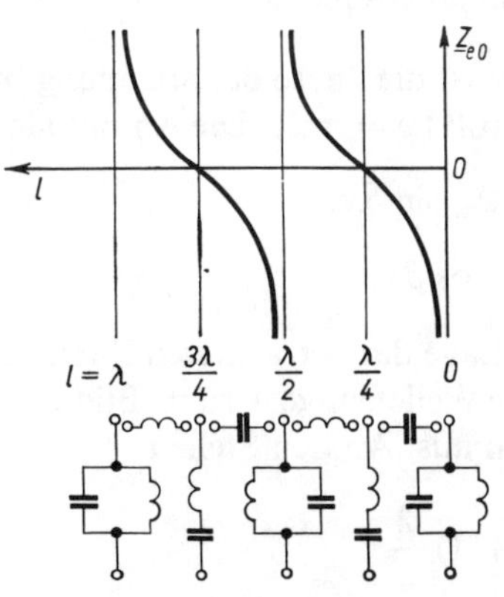

Bild 6.247

Der Eingangswiderstand einer verlustlosen Leitung beträgt im Leerlauf

$$\underline{Z}_{e0} = \frac{\underline{U}_0}{\underline{I}_0} = -jZ_w \cot \beta l = -jZ_w \cot \omega l \sqrt{L'C'}. \tag{6.1714}$$

Er stellt einen reinen Blindwiderstand dar. In Abhängigkeit von der Länge l und von der Kreisfrequenz ω kann sich die offene verlustlose Leitung wie ein Parallelschwingkreis, wie eine Kapazität, wie ein Reihenschwingkreis oder wie eine Induktivität verhalten. Bild 6.247 stellt den Eingangswiderstand in Abhängigkeit von der Leitungslänge dar.

Kurzschluß der verlustlosen Leitung

Um die Erscheinungen beim Kurzschluß der Enden der verlustlosen Leitung besser überblicken zu können, wollen wir (6.1706) und (6.1707) folgendermaßen umformen:

$$u_x = \hat{U}_a [k (\sin \omega t \cos \beta x + \cos \omega t \sin \beta x) + (1 - k) \cos \beta x \sin \omega t]$$

$$= \hat{U}_a k \left(\cos \omega t \sin \beta x + \frac{1}{k} \sin \omega t \cos \beta x \right), \tag{6.1715}$$

$$i_x = \frac{\hat{U}_a}{Z_w} [k (\sin \omega t \cos \beta x + \cos \omega t \sin \beta x) + (1 - k) \sin \beta x \cos \omega t]$$

$$= \frac{\hat{U}_a}{Z_w} k \left(\sin \omega t \cos \beta x + \frac{1}{k} \cos \omega t \sin \beta x \right). \tag{6.1716}$$

Mit (6.1695) und (6.1696) gehen sie in

$$u_x = I_a Z_w \left(\cos \omega t \sin \beta x + \frac{1}{k} \sin \omega t \cos \beta x \right), \tag{6.1717}$$

$$i_x = I_a \left(\sin \omega t \cos \beta x + \frac{1}{k} \cos \omega t \sin \beta x \right) \tag{6.1718}$$

über. Im Kurzschlußfall ist $Z_a = 0$ und $k = \infty$, d.h.

$$u_x = \hat{I}_a Z_w \cos \omega t \sin \beta x, \tag{6.1719}$$

$$i_x = \hat{I}_a \sin \omega t \cos \beta x. \tag{6.1720}$$

Auch in diesem Falle ist die Phase der Spannung bzw. des Stromes über die ganze Länge der Leitung gleich groß ($\varphi = \pi/2$). Die Amplituden der Spannung und des Stromes sind

$$A_{uxk} = \hat{I}_a Z_w \sin \beta x, \tag{6.1721}$$

$$A_{ixk} = \hat{I}_a \cos \beta x. \tag{6.1722}$$

Sie hängen von der Lage des betrachteten Punktes auf der Leitung ab. Ihr Verlauf längs der Leitung über eine Wellenlänge wird im Bild 6.248 gezeigt. Auch in diesem Falle bilden sich stehende Wellen aus. An den Stellen

$$x = (2n + 1) \frac{\lambda}{4} \tag{6.1723}$$

liegen Spannungsbäuche und Stromknoten, an den Stellen

$$x = n \frac{\lambda}{2} \tag{6.1724}$$

dagegen Spannungsknoten und Strombäuche. Am Ende der kurzgeschlossenen Leitung entstehen ein Spannungsknoten und ein Strombauch.
Der Eingangswiderstand der kurzgeschlossenen verlustlosen Leitung ist

$$\underline{Z}_{ek} = jZ_w \tan \beta l = jZ_w \tan \omega l \sqrt{L'C'}. \tag{6.1725}$$

Er ist ebenfalls ein reiner Blindwiderstand. In Abhängigkeit von der Länge der Leitung und von der Kreisfrequenz kann sich die kurzgeschlossene verlustlose Leitung wie ein Reihenschwingkreis, wie eine Induktivität, wie ein Parallelschwingkreis oder wie eine Kapazität verhalten. Bild 6.249 zeigt den Eingangswiderstand in Abhängigkeit von der Länge der Leitung.

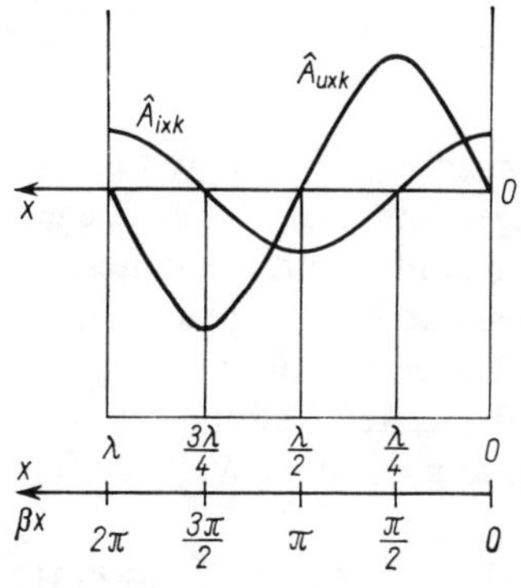

Bild 6.248

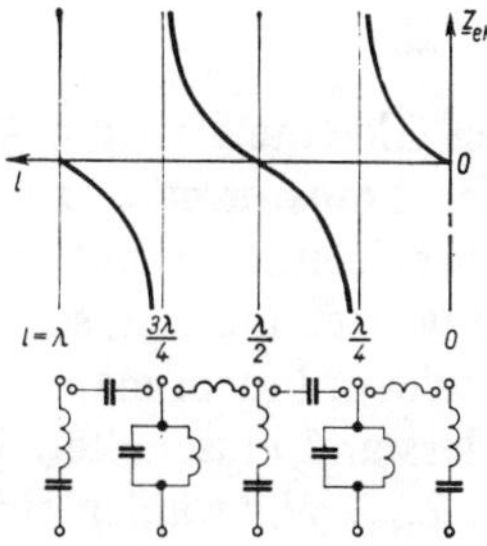

Bild 6.249

In einem Knotenpunkt ist entweder die Spannung oder der Strom zu jedem Zeitpunkt gleich Null. Durch die Knotenpunkte kann aus diesem Grund keine Energie strömen. Das bedeutet, daß eine Übertragung von Energie nur mittels fortschreitender Wellen vollführt werden kann. Im Falle der stehenden Wellen findet ein Energiefluß längs der Leitung nur zwischen zwei benachbarten Strom- und Spannungsknoten statt. Dieser Energiefluß ist durch den Austausch der Energien des elektrischen und magnetischen Feldes in diesem Leitungsbereich bedingt.

Anpassung der verlustlosen Leitung

Der Wellenwiderstand der verlustlosen Leitung ist eine reelle Größe. Schließt man die Leitung mit einem Wirkwiderstand $R_a = Z_w$ ab, dann ist $k = 1$, und die Gleichungen für die Augenblickswerte der Spannung und des Stromes gehen in

$$u_x = \hat{U}_a \sin (\omega t + \beta x), \tag{6.1726}$$

$$i_x = \frac{\hat{U}_a}{Z_w} \sin (\omega t + \beta x) \tag{6.1727}$$

über. Das sind offensichtlich zwei ungedämpfte fortschreitende Wellen. Die rechten Seiten von (6.1706) und (6.1707) setzen sich dagegen aus zwei Summanden zusammen, von denen der erste eine fortschreitende Welle darstellt, der zweite dagegen eine stehende.
Wenn also $Z_a \neq Z_w$ ist, dann bilden sich auf der Leitung sowohl fortschreitende als auch stehende Wellen aus. Je größer die Abweichung von der Anpassung ist, desto ausgeprägter ist die Ausbildung der stehenden Wellen.

6.13.3.5. Die $\lambda/4$-Leitung

Im folgenden wollen wir einige interessante Eigenschaften der $\lambda/4$-Leitung anführen. Wenn wir von (6.1697) und (6.1698) ausgehen, erhalten wir den Eingangswiderstand einer verlustlosen Leitung der Länge l zu

$$\underline{Z}_e = \frac{\underline{U}_e}{\underline{I}_e} = Z_w \frac{\cos \beta l + jk \sin \beta l}{k \cos \beta l + j \sin \beta l}. \tag{6.1728}$$

Bei $l = \lambda/4$, also $\beta l = \pi/2$, wird

$$\underline{Z}_e = Z_w k, \tag{6.1729}$$

$$\underline{Z}_e = \frac{Z_w^2}{\underline{Z}_a}. \tag{6.1730}$$

In dieser letzten Gleichung ist die Aussage enthalten, daß man eine $\lambda/4$ lange Leitung ähnlich wie einen Transformator zur Anpassung von Leitungen anwenden kann. Liegen beispielsweise zwei Leitungen mit verschiedenen Wellenwiderständen vor, die hintereinandergeschaltet werden müssen, so treten in der Verbindungsstelle Reflexionen auf. Das kann man vermeiden, indem man eine Zwischenleitung der Länge $\lambda/4$ mit entsprechendem Wellenwiderstand einschaltet. Der Wellenwiderstand der ersten Leitung sei Z_{w1}, der der zweiten Z_{w2}. Wir wählen eine $\lambda/4$ lange Zwischenleitung mit dem Wellenwiderstand

$$Z_{wz} = \sqrt{Z_{w1} Z_{w2}}. \tag{6.1731}$$

Die Zwischenleitung ist mit dem Wellenwiderstand Z_{w2} abgeschlossen. Ihr Eingangswiderstand ist demzufolge

$$Z_e = \frac{Z_{wz}^2}{Z_{w2}} = Z_{w1}, \tag{6.1732}$$

d.h. gleich dem Wellenwiderstand der ersten Leitung. Somit ist die erste Leitung mit ihrem Wellenwiderstand abgeschlossen, d.h., an der Verbindungsstelle entstehen keine Reflexionserscheinungen.

6.14. Der Hertzsche Dipol

6.14.1. Die Maxwellschen Gleichungen in komplexer Schreibweise

Geht man in die erste Maxwellsche Gleichung (4.16) mit

$$\underline{\boldsymbol{H}} = \operatorname{Im}[\hat{\underline{\boldsymbol{H}}}\, e^{j\omega t}], \tag{6.1733}$$

$$\underline{\boldsymbol{G}} = \operatorname{Im}[\hat{\underline{\boldsymbol{G}}}\, e^{j\omega t}], \tag{6.1734}$$

$$\underline{\boldsymbol{D}} = \operatorname{Im}[\hat{\underline{\boldsymbol{D}}}\, e^{j\omega t}] \tag{6.1735}$$

ein, dann ist

$$\operatorname{rot}\{\operatorname{Im}[\hat{\underline{\boldsymbol{H}}}\, e^{j\omega t}]\} = \operatorname{Im}[\hat{\underline{\boldsymbol{G}}}\, e^{j\omega t}] + \frac{\partial}{\partial t} \operatorname{Im}[\hat{\underline{\boldsymbol{D}}}\, e^{j\omega t}]. \tag{6.1736}$$

Setzt man die Zeitrechnung um $\pi/2$ später an, dann ist

$$\underline{\boldsymbol{H}} = \mathrm{Re}\,[\underline{\hat{\boldsymbol{H}}}\, \mathrm{e}^{\mathrm{j}\omega t}], \tag{6.1737}$$

$$\underline{\boldsymbol{G}} = \mathrm{Re}\,[\underline{\hat{\boldsymbol{G}}}\, \mathrm{e}^{\mathrm{j}\omega t}], \tag{6.1738}$$

$$\underline{\boldsymbol{D}} = \mathrm{Re}\,[\underline{\hat{\boldsymbol{D}}}\, \mathrm{e}^{\mathrm{j}\omega t}]. \tag{6.1739}$$

Geht man damit in die 1. Maxwellsche Gleichung ein, dann folgt

$$\mathrm{rot}\,\{\mathrm{Re}\,[\underline{\hat{\boldsymbol{H}}}\, \mathrm{e}^{\mathrm{j}\omega t}]\} = \mathrm{Re}\,[\underline{\hat{\boldsymbol{G}}}\, \mathrm{e}^{\mathrm{j}\omega t}] + \frac{\partial}{\partial t}\,\mathrm{Re}\,[\underline{\hat{\boldsymbol{D}}}\, \mathrm{e}^{\mathrm{j}\omega t}]. \tag{6.1740}$$

Multipliziert man (6.1736) mit j und addiert sie zu (6.1740), dann wird

$$\mathrm{rot}\,\{\mathrm{Re}\,[\boldsymbol{H}\, \mathrm{e}^{\mathrm{j}\omega t}] + \mathrm{j}\,\mathrm{Im}\,[\boldsymbol{H}\, \mathrm{e}^{\mathrm{j}\omega t}]\}$$

$$= \mathrm{Re}\,[\underline{\hat{\boldsymbol{G}}}\, \mathrm{e}^{\mathrm{j}\omega t}] + \mathrm{j}\,\mathrm{Im}\,[\underline{\hat{\boldsymbol{G}}}\, \mathrm{e}^{\mathrm{j}\omega t}] + \frac{\partial}{\partial t}\{\mathrm{Re}\,[\underline{\hat{\boldsymbol{D}}}\, \mathrm{e}^{\mathrm{j}\omega t}] + \mathrm{j}\,\mathrm{Im}\,[\underline{\hat{\boldsymbol{D}}}\, \mathrm{e}^{\mathrm{j}\omega t}]\}. \tag{6.1741}$$

Es ist allgemein

$$\mathrm{Re}\,[\underline{\hat{\boldsymbol{V}}}\, \mathrm{e}^{\mathrm{j}\omega t}] + \mathrm{j}\,\mathrm{Im}\,[\underline{\hat{\boldsymbol{V}}}\, \mathrm{e}^{\mathrm{j}\omega t}] = \underline{\hat{\boldsymbol{V}}}\, \mathrm{e}^{\mathrm{j}\omega t}, \tag{6.1742}$$

so daß

$$\mathrm{rot}\,[\underline{\hat{\boldsymbol{H}}}\, \mathrm{e}^{\mathrm{j}\omega t}] = \underline{\hat{\boldsymbol{G}}}\, \mathrm{e}^{\mathrm{j}\omega t} + \frac{\partial}{\partial t}\,\underline{\hat{\boldsymbol{D}}}\, \mathrm{e}^{\mathrm{j}\omega t} = \underline{\hat{\boldsymbol{G}}}\, \mathrm{e}^{\mathrm{j}\omega t} + \mathrm{j}\omega\,\underline{\hat{\boldsymbol{D}}}\, \mathrm{e}^{\mathrm{j}\omega t} \tag{6.1743}$$

ist. Dividiert man diese Gleichung durch $\sqrt{2}\,\mathrm{e}^{\mathrm{j}\omega t}$, dann ist

$$\mathrm{rot}\,\underline{\boldsymbol{H}} = \underline{\boldsymbol{G}} + \mathrm{j}\omega\underline{\boldsymbol{D}}. \tag{6.1744}$$

Analog findet man für die 2. Maxwellsche Gleichung in komplexer Form

$$\mathrm{rot}\,\underline{\boldsymbol{E}} = -\mathrm{j}\omega\underline{\boldsymbol{B}}. \tag{6.1745}$$

Die 3. Maxwellsche Gleichung geht in

$$\mathrm{div}\,\underline{\boldsymbol{D}} = \underline{\varrho} \tag{6.1746}$$

über, wobei $\underline{\varrho}$ die komplexe Darstellung einer sinusförmig veränderlichen Raumladung bedeutet.

Die 4. Maxwellsche Gleichung heißt in komplexer Form entsprechend

$$\mathrm{div}\,\underline{\boldsymbol{B}} = 0. \tag{6.1747}$$

6.14.2. Integration der Maxwellschen Gleichungen mit Hilfe des Hertzschen Vektors

In einem Leiterelement, das von einem Strom wechselnder Richtung durchflossen wird, schwingen die freien Elektronen um die unbeweglichen Ladungen des Ionengittergerüstes. Hierbei ergibt sich ein Elementarvorgang, der darin besteht, daß um eine feststehende Ladung eine andere gleich große, aber entgegengesetzte Ladung sinusförmige Schwingungen ausführt. Mit diesem Falle, der als Hertzscher Dipol bekannt ist, wollen wir uns im folgenden befassen.

Zu den folgenden Betrachtungen sei vorausgesetzt, daß der Vorgang in einem homogenen Medium abläuft, in dem

$$\varkappa = 0, \tag{6.1748}$$

$$\mu = \text{konst.}, \tag{6.1749}$$

$$\varepsilon = \text{konst.} \tag{6.1750}$$

sind. Die Lösung der Maxwellschen Gleichungen für diesen Elementarvorgang ist von *Heinrich Hertz* angegeben worden. Hierzu hat er den Vektor $\boldsymbol{Z}$ verwendet, der bereits im Abschnitt 4.2.5., S. 396, eingeführt wurde. Wie dort gezeigt wurde, genügt der Hertzsche Vektor $\boldsymbol{Z}$ für Medien mit $\varkappa = 0$ und $\boldsymbol{G} = 0$ der Wellengleichung

$$\nabla^2 \boldsymbol{Z} \equiv \Delta \boldsymbol{Z} = \varepsilon\mu \frac{\partial^2 \boldsymbol{Z}}{\partial t^2}. \tag{6.1751}$$

Bevor wir diese Gleichung integrieren, wollen wir den Laplaceschen Operator für sphärische Koordinaten angeben, wobei für $\boldsymbol{Z}$ Kugelsymmetrie angenommen wird. Entsprechend (4.119) gilt mit $\partial/\partial\alpha = \partial/\partial\vartheta = 0$

$$\Delta \boldsymbol{Z} = \frac{1}{r} \frac{\partial^2}{\partial r^2} (r\boldsymbol{Z}). \tag{6.1752}$$

Damit geht (6.1751) in

$$\frac{1}{r} \frac{\partial^2}{\partial r^2} (r\boldsymbol{Z}) = \varepsilon\mu \frac{\partial^2 \boldsymbol{Z}}{\partial t^2} \tag{6.1753}$$

über.

Eine Lösung dieser Gleichung ist eine Wellenfunktion der Gestalt

$$\boldsymbol{Z} = \frac{1}{r} f\left(t - \frac{r}{v}\right), \tag{6.1754}$$

wobei die Funktion f von der Schwingungserregung abhängt. Tatsächlich ist

$$\Delta \boldsymbol{Z} = \frac{1}{r} \frac{\partial^2}{\partial r^2} f\left(t - \frac{r}{v}\right) = \frac{1}{rv^2} f''\left(t - \frac{r}{v}\right) \tag{6.1755}$$

und

$$\varepsilon\mu \frac{\partial^2 \boldsymbol{Z}}{\partial t^2} = \frac{\varepsilon\mu}{r} f''\left(t - \frac{r}{v}\right). \tag{6.1756}$$

(6.1753) ist dann erfüllt, wenn

$$v = \frac{1}{\sqrt{\varepsilon\mu}} \tag{6.1757}$$

ist.

Die Deutung des Ergebnisses der Integration (6.1754) ist uns bereits bekannt. Der Wert der Funktion f bleibt unverändert, wenn der Klammerausdruck konstant bleibt, d.h., wenn

$$t - \frac{r}{v} = \text{konst.} \tag{6.1758}$$

bzw.

$$v = \frac{\mathrm{d}r}{\mathrm{d}t} \tag{6.1759}$$

gilt. Dies bedeutet, daß (6.1754) eine sphärische Welle darstellt, die sich mit der Geschwindigkeit v ausbreitet und deren Amplitude umgekehrt proportional der Entfernung r ist.

Um den Vektor der elektrischen Feldstärke zu ermitteln, gehen wir von (4.141) aus. Wir wollen die Achse des Dipols in die z-Achse des Koordinatensystems legen. Die Komponenten des Hertzschen Hilfsvektors sind dann (vgl. (4.132) u. (3.118))

$$Z_x = 0, \qquad Z_y = 0, \qquad Z_z = Z. \tag{6.1760}$$

Es gilt

$$\operatorname{rot} \boldsymbol{Z} = \begin{vmatrix} \boldsymbol{i} & \boldsymbol{j} & \boldsymbol{k} \\ \dfrac{\partial}{\partial x} & \dfrac{\partial}{\partial y} & \dfrac{\partial}{\partial z} \\ 0 & 0 & Z \end{vmatrix} = \boldsymbol{i}\frac{\partial Z}{\partial y} - \boldsymbol{j}\frac{\partial Z}{\partial x}, \tag{6.1761}$$

$$\operatorname{rot}\operatorname{rot} \boldsymbol{Z} = \begin{vmatrix} \boldsymbol{i} & \boldsymbol{j} & \boldsymbol{k} \\ \dfrac{\partial}{\partial x} & \dfrac{\partial}{\partial y} & \dfrac{\partial}{\partial z} \\ \dfrac{\partial Z}{\partial y} & -\dfrac{\partial Z}{\partial x} & 0 \end{vmatrix} = \boldsymbol{i}\frac{\partial^2 Z}{\partial x\,\partial z} + \boldsymbol{j}\frac{\partial^2 Z}{\partial y\,\partial z} - \boldsymbol{k}\left(\frac{\partial^2 Z}{\partial x^2} + \frac{\partial^2 Z}{\partial y^2}\right). \tag{6.1762}$$

Nun ist aber

$$\varepsilon \boldsymbol{E} = \varepsilon\,(\boldsymbol{i}E_x + \boldsymbol{j}E_y + \boldsymbol{k}E_z), \tag{6.1763}$$

so daß aus (4.141) folgt

$$E_x = \frac{1}{\varepsilon}\frac{\partial^2 Z}{\partial x\,\partial z}, \tag{6.1764}$$

$$E_y = \frac{1}{\varepsilon}\frac{\partial^2 Z}{\partial y\,\partial z}, \tag{6.1765}$$

$$E_z = -\frac{1}{\varepsilon}\left(\frac{\partial^2 Z}{\partial x^2} + \frac{\partial^2 Z}{\partial y^2}\right). \tag{6.1766}$$

Jetzt gehen wir mit dem Wert für $\boldsymbol{Z}$ aus (6.1754) in die letzten drei Gleichungen ein. Für die Komponente der elektrischen Feldstärke in Richtung der x-Achse erhalten wir mit $r^2 = x^2 + y^2 + z^2$

$$\begin{aligned} E_x &= \frac{1}{\varepsilon}\frac{\partial^2}{\partial x\,\partial z}\left[\frac{1}{r} f\left(t - \frac{r}{v}\right)\right] = \frac{1}{\varepsilon}\frac{\partial}{\partial x}\frac{z}{r}\frac{\partial}{\partial r}\left[\frac{1}{r} f\left(t - \frac{r}{v}\right)\right] \\ &= \frac{1}{\varepsilon}\frac{\partial}{\partial x}\frac{z}{r}\left[-\frac{1}{r^2} f\left(t - \frac{r}{v}\right) - \frac{1}{rv} f'\left(t - \frac{r}{v}\right)\right] \\ &= \frac{1}{\varepsilon}\frac{xz}{r^2}\left[\frac{3}{r^3} f\left(t - \frac{r}{v}\right) + \frac{3}{r^2 v} f'\left(t - \frac{r}{v}\right) + \frac{1}{rv^2} f''\left(t - \frac{r}{v}\right)\right]. \end{aligned} \tag{6.1767}$$

Analog finden wir auch

$$E_y = \frac{1}{\varepsilon}\frac{yz}{r^2}\left[\frac{3}{r^3} f\left(t - \frac{r}{v}\right) + \frac{3}{r^2 v} f'\left(t - \frac{r}{v}\right) + \frac{1}{rv^2} f''\left(t - \frac{r}{v}\right)\right]. \tag{6.1768}$$

Die Komponente der elektrischen Feldstärke in z-Richtung ergibt sich laut (6.1766) mit

$$\frac{\partial^2 Z}{\partial x^2} = \frac{3x^2 - r^2}{r^5} f\left(t - \frac{r}{v}\right) + \frac{3x^2 - r^2}{r^4 v} f'\left(t - \frac{r}{v}\right) + \frac{x^2}{r^3 v^2} f''\left(t - \frac{r}{v}\right), \tag{6.1769}$$

$$\frac{\partial^2 Z}{\partial y^2} = \frac{3y^2 - r^2}{r^5} f\left(t - \frac{r}{v}\right) + \frac{3y^2 - r^2}{r^4 v} f'\left(t - \frac{r}{v}\right) + \frac{y^2}{r^3 v^2} f''\left(t - \frac{r}{v}\right) \tag{6.1770}$$

zu

$$\begin{aligned} E_z &= -\frac{1}{\varepsilon}\left[\frac{\partial^2 Z}{\partial x^2} + \frac{\partial^2 Z}{\partial y^2}\right] = -\frac{1}{\varepsilon}\left[\frac{3(x^2 + y^2) - 2r^2}{r^5} f\left(t - \frac{r}{v}\right)\right. \\ &\quad \left. + \frac{3(x^2 + y^2) - 2r^2}{r^4 v} f'\left(t - \frac{r}{v}\right) + \frac{x^2 + y^2}{r^3 v^2} f''\left(t - \frac{r}{v}\right)\right] \\ &= -\frac{1}{\varepsilon}\left[\frac{r^2 - 3z^2}{r^5} f\left(t - \frac{r}{v}\right) + \frac{r^2 - 3z^2}{r^4 v} f'\left(t - \frac{r}{v}\right)\right. \\ &\quad \left. + \frac{r^2 - z^2}{r^3 v^2} f''\left(t - \frac{r}{v}\right)\right]. \end{aligned} \tag{6.1771}$$

Die magnetische Feldstärke können wir aus (4.142) und (6.1761) ermitteln:

$$\boldsymbol{H} = \frac{\partial}{\partial t} \operatorname{rot} \boldsymbol{Z} = \frac{\partial}{\partial t}\left[\boldsymbol{i}\frac{\partial Z}{\partial y} - \boldsymbol{j}\frac{\partial Z}{\partial x}\right]. \tag{6.1772}$$

Hieraus folgt

$$H_x = \frac{\partial}{\partial t}\frac{\partial Z}{\partial y}, \tag{6.1773}$$

$$H_y = -\frac{\partial}{\partial t}\frac{\partial Z}{\partial x}, \tag{6.1774}$$

$$H_z = 0. \tag{6.1775}$$

Mit dem Ausdruck für $\boldsymbol{Z}$ aus (6.1754) gehen diese Gleichungen in

$$\begin{aligned} H_x &= \frac{\partial}{\partial t}\frac{y}{r}\frac{\partial}{\partial r}\boldsymbol{Z} = \frac{\partial}{\partial t}\frac{y}{r}\frac{\partial}{\partial r}\left[\frac{1}{r} f\left(t - \frac{r}{v}\right)\right] \\ &= -\frac{y}{r}\left[\frac{1}{r^2} f'\left(t - \frac{r}{v}\right) + \frac{1}{rv} f''\left(t - \frac{r}{v}\right)\right], \end{aligned} \tag{6.1776}$$

$$H_y = \frac{x}{r}\left[\frac{1}{r^2} f'\left(t - \frac{r}{v}\right) + \frac{1}{rv} f''\left(t - \frac{r}{v}\right)\right], \tag{6.1777}$$

$$H_z = 0 \tag{6.1778}$$

über.

Wir unterscheiden zwei Bereiche des umgebenden Raumes. Der erste liegt in der Nähe der Quelle der elektromagnetischen Welle und trägt aus diesem Grund den Namen Nahzone. In diesem Bereich ist r/v eine sehr kleine Größe, so daß man sie gegen t vernachlässigen kann. Es gilt

$$f\left(t-\frac{r}{v}\right) \approx f(t). \tag{6.1779}$$

Wenn man auch die Glieder mit niederer Potenz des Radius vernachlässigt, gehen die Gleichungen der Feldstärken des elektrischen und des magnetischen Feldes in

$$E_x = \frac{1}{\varepsilon}\frac{3}{r^5} f(t)\, xz, \tag{6.1780}$$

$$E_y = \frac{1}{\varepsilon}\frac{3}{r^5} f(t)\, yz, \tag{6.1781}$$

$$E_z = \frac{1}{\varepsilon}\left[\frac{3z^2 - r^2}{r^5} f(t)\right], \tag{6.1782}$$

$$H_x = -\frac{1}{r^3} f'(t)\, y, \tag{6.1783}$$

$$H_y = \frac{1}{r^3} f'(t)\, x, \tag{6.1784}$$

$$H_z = 0 \tag{6.1785}$$

über.

Im zweiten Bereich, der weit von der Quelle der elektromagnetischen Welle entfernt liegt und den wir Fern- oder Strahlungszone nennen, ist r sehr groß. Wenn wir die Glieder mit höherer Potenz des Radius vernachlässigen, ergeben sich die Feldstärken des elektrischen und des magnetischen Feldes zu

$$E_x = \frac{xz}{\varepsilon r^3 v^2} f''\left(t-\frac{r}{v}\right), \tag{6.1786}$$

$$E_y = \frac{yz}{\varepsilon r^3 v^2} f''\left(t-\frac{r}{v}\right), \tag{6.1787}$$

$$E_z = -\frac{1}{\varepsilon}\frac{r^2 - z^2}{r^3 v^2} f''\left(t-\frac{r}{v}\right), \tag{6.1788}$$

$$H_x = -\frac{y}{r^2 v} f''\left(t-\frac{r}{v}\right), \tag{6.1789}$$

$$H_y = \frac{x}{r^2 v} f''\left(t-\frac{r}{v}\right), \tag{6.1790}$$

$$H_z = 0. \tag{6.1791}$$

Die Fernzone ist für die Hochfrequenztechnik die interessantere Zone. Aus Bild 6.250 können wir ablesen:

$$x = r \sin\vartheta \sin\varphi, \tag{6.1792}$$

$$y = r \sin\vartheta \cos\varphi, \tag{6.1793}$$

$$z = r \cos\vartheta. \tag{6.1794}$$

Hiermit gehen die Gleichungen für die Nahzone in

$$E_x = \frac{1}{\varepsilon}\frac{3}{r^3} f(t) \sin\vartheta \cos\vartheta \sin\varphi, \tag{6.1795}$$

$$E_y = \frac{1}{\varepsilon}\frac{3}{r^3} f(t) \sin\vartheta \cos\vartheta \cos\varphi, \tag{6.1796}$$

$$E_z = \frac{1}{\varepsilon r^3} f(t)\,[3\cos^2\vartheta - 1], \tag{6.1797}$$

$$H_x = -\frac{1}{r^2} f'(t) \sin\vartheta \cos\varphi, \tag{6.1798}$$

$$H_y = \frac{1}{r^2} f'(t) \sin\vartheta \sin\varphi, \tag{6.1799}$$

$$H_z = 0 \tag{6.1800}$$

über.

Die Gleichungen für die Strahlungszone werden dann

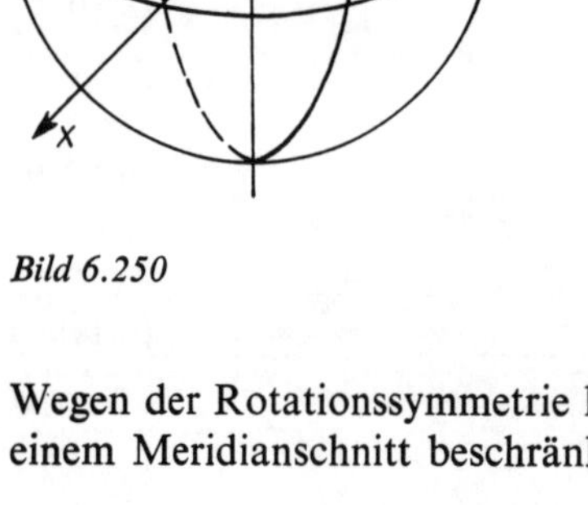

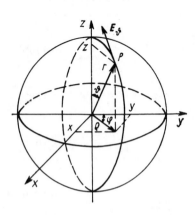

Bild 6.250

$$E_x = \frac{1}{\varepsilon}\frac{1}{rv^2} f''\left(t - \frac{r}{v}\right) \sin\vartheta \cos\vartheta \sin\varphi, \tag{6.1801}$$

$$E_y = \frac{1}{\varepsilon}\frac{1}{rv^2} f''\left(t - \frac{r}{v}\right) \sin\vartheta \cos\vartheta \cos\varphi, \tag{6.1802}$$

$$E_z = -\frac{1}{\varepsilon}\frac{1}{rv^2} f''\left(t - \frac{r}{v}\right) \sin^2\vartheta, \tag{6.1803}$$

$$H_x = -\frac{1}{rv} f''\left(t - \frac{r}{v}\right) \sin\vartheta \cos\varphi, \tag{6.1804}$$

$$H_y = \frac{1}{rv} f''\left(t - \frac{r}{v}\right) \sin\vartheta \sin\varphi, \tag{6.1805}$$

$$H_z = 0. \tag{6.1806}$$

Wegen der Rotationssymmetrie können wir uns auf die Betrachtung der Feldgrößen in einem Meridianschnitt beschränken. Als solchen wählen wir die y, z-Ebene. Für diese ist in der Strahlungszone

$$E_x = 0, \tag{6.1807}$$

$$E_y = \frac{1}{\varepsilon}\frac{1}{rv^2} f''\left(t - \frac{r}{v}\right) \sin\vartheta \cos\vartheta, \tag{6.1808}$$

$$E_z = -\frac{1}{\varepsilon}\frac{1}{rv^2} f''\left(t - \frac{r}{v}\right) \sin^2\vartheta, \tag{6.1809}$$

$$H_x = -\frac{1}{rv} f''\left(t - \frac{r}{v}\right) \sin\vartheta, \tag{6.1810}$$

$$H_y = 0, \tag{6.1811}$$

$$H_z = 0. \tag{6.1812}$$

Aus (6.1808) und (6.1809) folgt für den Betrag des Vektors der elektrischen Feldstärke

$$E = \sqrt{E_y^2 + E_z^2} = \frac{\sin\vartheta}{\varepsilon r v^2} f''\left(t - \frac{r}{v}\right). \tag{6.1813}$$

Seine Neigung gegen die x, y-Ebene ist

$$m_E = \frac{E_z}{E_y} = -\frac{\sin\vartheta}{\cos\vartheta} = -\tan\vartheta, \tag{6.1814}$$

d.h., er steht senkrecht auf dem Radius r. Der Betrag des Vektors der magnetischen Feldstärke in der Strahlungszone ist

$$H = \sqrt{H_x^2 + H_y^2} = \frac{1}{rv} f''\left(t - \frac{r}{v}\right) \sin\vartheta. \tag{6.1815}$$

Seine Neigung in der Ebene $z =$ konst. ist

$$m_H = \frac{H_y}{H_x} = -\tan\varphi. \tag{6.1816}$$

Der Vektor H steht also senkrecht auf den Radien ϱ und r.
Nun läßt sich die Funktion $f(t - (r/v))$ ermitteln. Der Betrag der magnetischen Feldstärke in der Nahzone folgt aus (6.1798) und (6.1799) zu

$$H = \sqrt{H_x^2 + H_y^2} = \frac{1}{r^2} f'(t) \sin\vartheta. \tag{6.1817}$$

Andererseits ist aber nach dem Gesetz von *Biot–Savart* (3.162) die magnetische Feldstärke, die von dem kurzen Leiterelement der Länge l erzeugt wird, durch das der Strom i fließt,

$$H = \frac{il}{4\pi r^2} \sin\vartheta. \tag{6.1818}$$

Die Gleichheit der zwei Ausdrucke fordert

$$f'(t) \approx f'\left(t - \frac{r}{v}\right) = \frac{il}{4\pi}. \tag{6.1819}$$

Wir wollen annehmen, daß der Strom *i* ein sinusförmiger Wechselstrom ist. Dann ist

$$f'\left(t-\frac{r}{v}\right)=\frac{I_0\sqrt{2}\,l}{4\pi}\sin\omega\left(t-\frac{r}{v}\right). \tag{6.1820}$$

Hieraus folgt

$$f''\left(t-\frac{r}{v}\right)=\frac{I_0\sqrt{2}\,l\omega}{4\pi}\cos\omega\left(t-\frac{r}{v}\right). \tag{6.1821}$$

Wenn wir mit diesem Ergebnis in (6.1813) und (6.1815) eingehen, erhalten wir für die elektrische und die magnetische Feldstärke die Ausdrücke

$$E=\frac{I_0\sqrt{2}\,l\omega}{4\pi rv^2\varepsilon}\sin\vartheta\cos\omega\left(t-\frac{r}{v}\right), \tag{6.1822}$$

$$H=\frac{I_0\sqrt{2}\,l\omega}{4\pi rv}\sin\vartheta\cos\omega\left(t-\frac{r}{v}\right). \tag{6.1823}$$

Diese Gleichungen stellen zwei sinusförmige fortschreitende Wellen dar. Für zwei Punkte, die in einer Entfernung

$$r_2-r_1=\frac{2\pi v}{\omega} \tag{6.1824}$$

voneinder liegen, hat die Funktion $f''\,(t-(r/v))$ denselben Wert. Deswegen stellt die Größe

$$\lambda=\frac{2\pi v}{\omega}=\frac{v}{f} \tag{6.1825}$$

die Wellenlänge der fortschreitenden Welle dar.
Wenn wir noch die Phasenkonstante

$$\beta=\frac{\omega}{v} \tag{6.1826}$$

einführen, gehen die Gleichungen für die elektrische und für die magnetische Feldstärke in

$$E=\frac{I_0\sqrt{2}\,l}{2\lambda rv\varepsilon}\sin\vartheta\cos(\omega t-\beta r), \tag{6.1827}$$

$$H=\frac{I_0\sqrt{2}\,l}{2\lambda r}\sin\vartheta\cos(\omega t-\beta r) \tag{6.1828}$$

über.
Bei genügend großen Entfernungen von der Quelle der elektromagnetischen Welle sind die elektrischen und die magnetischen Feldstärken sinusförmig veränderliche Wechselgrößen, deren Amplituden proportional dem reziproken Wert der Entfernung *r* von der Quelle sind und von dem Sinus des Winkels, der vom Radius *r* und der Dipolachse *z* eingeschlossen wird, abhängen. Die Vektoren ***E*** und ***H*** stehen im Raum senkrecht auf-

einander und stimmen zeitlich phasenmäßig überein. An jedem Ort und in jedem Augenblick ergibt das Verhältnis der elektrischen zur magnetischen Feldstärke den Wert

$$Z = \frac{1}{\varepsilon v} = \sqrt{\frac{\mu}{\varepsilon}}. \tag{6.1829}$$

Diese Größe hat die Dimension eines Widerstands. Im Vakuum beträgt sie

$$Z_0 = \sqrt{\frac{\mu_0}{\varepsilon_0}} = 377\,\Omega. \tag{6.1830}$$

6.14.3. Integration der Strahlungsdichte in der Strahlungszone

Wenn wir mit den Werten der elektrischen und der magnetischen Feldstärke in den Ausdruck für den Poyntingschen Vektor (4.57) eingehen, erhalten wir

$$|\boldsymbol{S}| = \frac{2I_0^2 l^2 \omega^2}{16\pi^2 \varepsilon r^2 v^3} \sin^2 \vartheta \cos^2 \omega \left(t - \frac{r}{v}\right). \tag{6.1831}$$

Er ändert periodisch seinen Betrag, ohne dabei seine Richtung zu ändern. Die Energie durchsetzt die Hüllfläche um die Quelle der elektromagnetischen Welle nur in einer Richtung. Wir wollen eine konzentrische Hüllfläche um die Quelle legen (Bild 6.251).

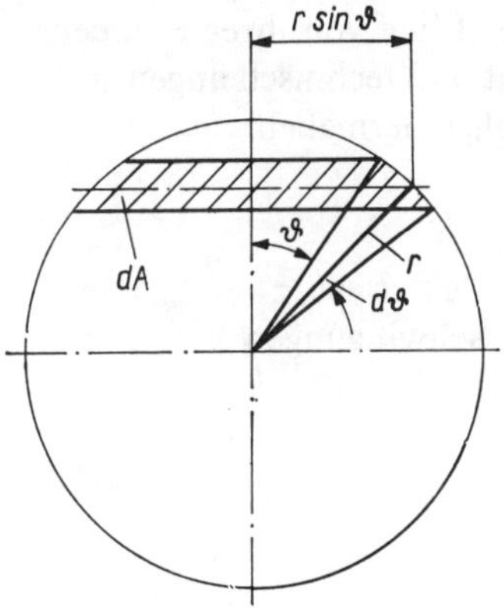

Bild 6.251

Der zeitliche Mittelwert des Poyntingschen Vektors ist

$$|\boldsymbol{S}|_m = \frac{1}{2}|\boldsymbol{S}|_{max} = \frac{I_0^2 l^2 \omega^2}{16\pi^2 \varepsilon r^2 v^3} \sin^2 \vartheta. \tag{6.1832}$$

In der Strahlungszone besitzen die Vektoren $\boldsymbol{S}$ und d$\boldsymbol{A}$ an jeder Stelle der Hüllfläche gleiche Richtung, so daß

$$\boldsymbol{S}\, d\boldsymbol{A} = |\boldsymbol{S}|\,|d\boldsymbol{A}| = S\, dA \tag{6.1833}$$

gilt.

Die Energie, die in der Zeiteinheit durch die schraffierte Teilfläche dA fließt, ist

$$dP = S\, dA = S 2\pi r \sin \vartheta\, r\, d\vartheta. \tag{6.1834}$$

Die Energie, die in der Zeiteinheit durch die Hüllfläche A fließt, beträgt

$$P = \oint_A S\, dA = \int_0^\pi \frac{I_0^2 l^2 \omega^2}{16\pi^2 \varepsilon r^2 v^3} \sin^2 \vartheta\, 2\pi r \sin \vartheta\, r\, d\vartheta$$

$$= \frac{I_0^2 l^2 \omega^2}{8\pi \varepsilon v^3} \int_0^\pi \sin^3 \vartheta\, d\vartheta = \frac{2}{3} \pi I_0^2 Z_0 \left[\frac{l}{\lambda}\right]^2. \tag{6.1835}$$

Diese Ableitungen können wir benutzen, um die Strahlungsleistung einer Vertikalantenne, wie sie in der drahtlosen Nachrichtentechnik angewandt wird, zu bestimmen. Wenn ihre Länge l klein im Vergleich zu der Wellenlänge λ ist, kann man sie als einen Dipol betrachten. Den Einfluß der Erde können wir durch das Spiegelbild erfassen. Dann ist die Länge des Dipols

$$l = 2h. \tag{6.1836}$$

Aus (6.1835) und (6.1836) finden wir die Energie, die in der Zeiteinheit durch die obere Halbsphäre strömt:

$$P_s = \frac{4}{3}\pi I_0^2 Z_0 \left[\frac{h}{\lambda}\right]^2. \tag{6.1837}$$

Ähnlich wie die Joulesche Wärme ist sie proportional dem Quadrat der Stromstärke. Um (6.1837) auf eine analoge Form zu bringen, führen wir den Ausdruck

$$R_s = \frac{4\pi}{3} Z_0 \left[\frac{h}{\lambda}\right]^2 = 1580 \left[\frac{h}{\lambda}\right]^2 \Omega \tag{6.1838}$$

ein. Dann wird

$$P = I_0^2 R_s. \tag{6.1839}$$

Die Größe R_s nennen wir den Strahlungswiderstand. Der Strahlungswiderstand wächst mit dem Quadrat der Antennenhöhe. Bei der Anwendung dieser Gleichung darf man nicht außer acht lassen, daß sie nur gilt, solange $h \ll \lambda$ ist. Bei einer Antennenlänge von der Größenordnung von einem Zehntel der Wellenlänge beträgt der Strahlungswiderstand bereits mehr als zehn Ohm, er ist also bedeutend größer als der ohmsche Widerstand.

Die elektromagnetischen Wellen nehmen einen wichtigen Platz in der heutigen Technik ein. Ihre Erzeugung und ihre Eigenschaften hängen in erster Linie von ihrer Frequenz ab. Der gesamte Bereich von 0 bis 10^{23} Hz ist bereits bekannt und technisch angewandt. Gewöhnlich gliedert man die elektromagnetischen Wellen folgendermaßen:

1. technische Ströme			
a) Gleichstrom	0	Hz	elektrische Schwingungen
b) Wechselstrom	15 … 60	Hz	
2. Tonfrequenzströme	16 … 16000	Hz	
3. Hochfrequenzströme	$1{,}6 \cdot 10^4 \ldots 10^{11}$	Hz	
4. Wärmestrahlen	$5 \cdot 10^{11} \ldots 5 \cdot 10^{14}$	Hz	
5. Lichtstrahlen	$5 \cdot 10^{11} \ldots 5 \cdot 10^{15}$	Hz	
6. Röntgenstrahlen	$10^{16} \ldots 10^{19}$	Hz	
7. γ-Strahlen	$10^{16} \ldots 10^{20}$	Hz	
8. kosmische Strahlung	$\approx 10^{23}$	Hz	

7. Differentialgleichungen beliebiger linearer Netzwerke

7.1. Das allgemeine Verfahren zur Aufstellung der Differentialgleichungen

Die Aufstellung der Differentialgleichungen für lineare Netzwerke, die Widerstände, Kapazitäten, Induktivitäten und Gegeninduktivitäten in beliebiger Anordnung sowie Spannungsquellen $e(t)$ oder Stromquellen $i(t)$ beliebigen zeitlichen Verlaufs enthalten, erfolgt auf Grund der Kirchhoffschen Gesetze. Diese lauten im allgemeinen Fall

$$\sum_{\mu} i_{\mu} = 0, \tag{7.1}$$

$$\sum_{\nu} e_{\nu} = \sum_{\nu} u_{\nu}. \tag{7.2}$$

In diesen Beziehungen stellen i_{μ}, e_{ν} und u_{ν} die Augenblickswerte der entsprechenden zeitlich veränderlichen Größen dar. (7.1) und (7.2) müssen in jedem Zeitpunkt erfüllt sein.

Der Spannungsabfall u_{ν} über einem allgemeinen Zweig ν (Bild 7.1) beträgt, sofern keine induktive Kopplung mit einem anderen Zweig besteht:

$$u_{\nu} = R_{\nu} i_{\nu} + L_{\nu} \frac{\mathrm{d}i_{\nu}}{\mathrm{d}t} + \frac{1}{C_{\nu}} \int_0^t i_{\nu}\,\mathrm{d}t + U_{C0\nu}. \tag{7.3}$$

Dabei ist $U_{C0\nu}$ die Anfangsspannung an der Kapazität C_{ν} im Zeitpunkt $t = 0$.

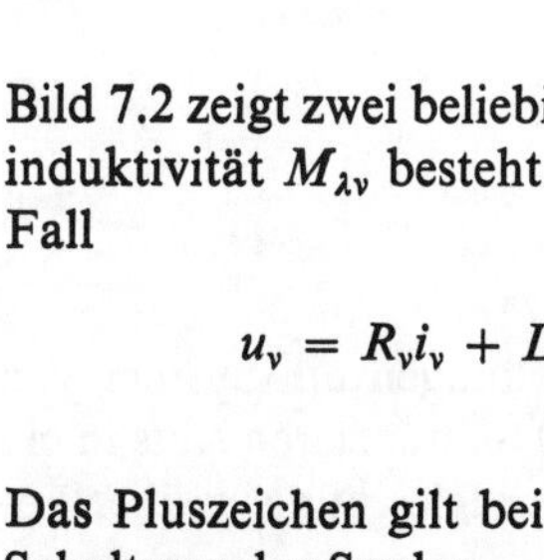

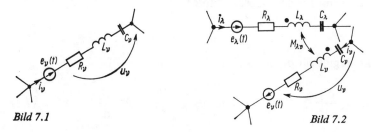

Bild 7.1

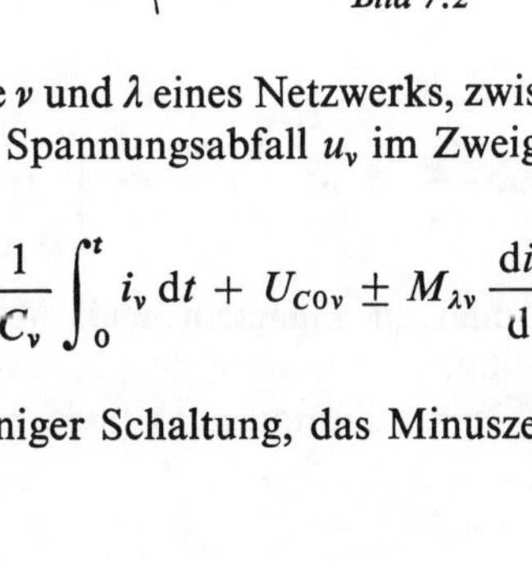

Bild 7.2

Bild 7.2 zeigt zwei beliebige Zweige ν und λ eines Netzwerks, zwischen denen eine Gegeninduktivität $M_{\lambda\nu}$ besteht. Für den Spannungsabfall u_{ν} im Zweig ν ergibt sich in diesem Fall

$$u_{\nu} = R_{\nu} i_{\nu} + L_{\nu} \frac{\mathrm{d}i_{\nu}}{\mathrm{d}t} + \frac{1}{C_{\nu}} \int_0^t i_{\nu}\,\mathrm{d}t + U_{C0\nu} \pm M_{\lambda\nu} \frac{\mathrm{d}i_{\lambda}}{\mathrm{d}t}. \tag{7.4}$$

Das Pluszeichen gilt bei gleichsinniger Schaltung, das Minuszeichen bei gegensinniger Schaltung der Spulen.

Mit den Kirchhoffschen Sätzen (7.1) und (7.2) können unter Zuhilfenahme der Beziehungen (7.3) und (7.4) genauso viele linear unabhängige Gleichungen aufgestellt werden, wie zur eindeutigen Lösung der gegebenen Netzwerkaufgabe erforderlich sind. Dabei ist die Zahl der linear unabhängigen Knotengleichungen wie in Gleichstromnetzwerken

$$k_1 = m - 1 \tag{7.5}$$

und die Anzahl der linear unabhängigen Maschengleichungen

$$k_2 = n - k_1 = n - m + 1. \tag{7.6}$$

Hierbei bedeuten m die Anzahl der Knoten und n die Anzahl der Zweige in dem betrachteten Netzwerk.
Das allgemeine Verfahren zur Aufstellung der Gleichungen ist folgendes:

1. Festlegung der Bezugsrichtungen der Zweige,
2. Festlegung der Maschen und der Maschenumlaufrichtungen,
3. Aufstellung der Gleichungen in der durch (7.5) und (7.6) vorgeschriebenen Anzahl.

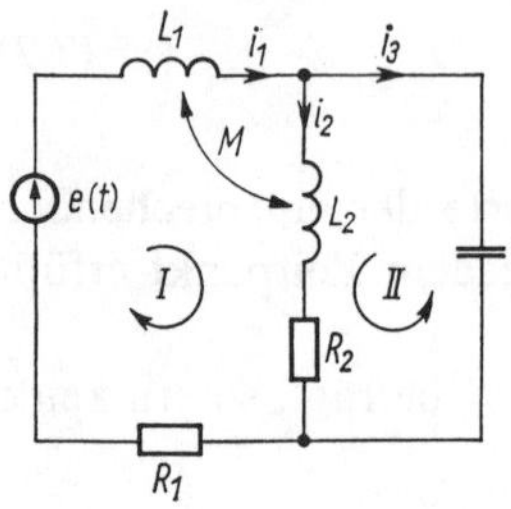

Bild 7.3

Die Aufstellung der Differentialgleichungen wird am Beispiel des im Bild 7.3 dargestellten Netzwerks gezeigt. Bezugsrichtungen für Zweigströme und Maschenumläufe sind bereits eingetragen. Da $m = 2$ und $n = 3$ ist, sind eine Knoten- und zwei Maschengleichungen aufzustellen.
Der 1. Kirchhoffsche Satz ergibt für den oberen Knoten

$$i_1 - i_2 - i_3 = 0. \tag{7.7}$$

Der 2. Kirchhoffsche Satz ergibt für die Masche 1

$$e(t) = i_1 R_1 + L_1 \frac{\mathrm{d}i_1}{\mathrm{d}t} \pm M \frac{\mathrm{d}i_2}{\mathrm{d}t} + i_2 R_2 + L_2 \frac{\mathrm{d}i_2}{\mathrm{d}t} \pm M \frac{\mathrm{d}i_1}{\mathrm{d}t} \tag{7.8}$$

und für die Masche 2

$$0 = i_2 R_2 + L_2 \frac{\mathrm{d}i_2}{\mathrm{d}t} \pm M \frac{\mathrm{d}i_1}{\mathrm{d}t} - \frac{1}{C} \int_0^t i_3 \,\mathrm{d}t - U_{C0}. \tag{7.9}$$

Auf diese Weise erhält man im allgemeinen als Maschengleichungen ein System von Integro-Differentialgleichungen. Dieses System läßt sich durch Differenzieren stets in ein System von (im allgemeinen inhomogenen) linearen Differentialgleichungen überführen.

Das Gleichungssystem für ein gegebenes Netzwerk enthält außer Differentialgleichungen auch eine Reihe von algebraischen Gleichungen. Zu den letzteren gehören die Knotengleichungen und die Gleichungen für Maschen, die nur Wirkwiderstände enthalten. Zur Lösung des Gleichungssystems ist es zweckmäßig, das System zunächst so zu reduzieren, daß nur noch Differentialgleichungen vorhanden sind. Die Aufgabe ist dann auf die Lösung eines linearen Differentialgleichungssystems zurückgeführt.
Für Netzwerke, die keine Gegeninduktivitäten enthalten, ist es möglich, die algebraischen Gleichungen von vornherein bei der Aufstellung des Gleichungssystems auszuschalten. Dazu dienen die im folgenden betrachteten abgekürzten Verfahren.

7.2. Abgekürzte Verfahren

7.2.1. Methode der selbständigen Maschenströme

Diese Methode ist dann geeignet, wenn in einem Netzwerk die Anzahl der unabhängigen Maschengleichungen kleiner oder gleich der Anzahl der unabhängigen Knotenpunktgleichungen ist. Wir wollen außerdem voraussetzen, daß das Netzwerk keine Gegeninduktivitäten enthält und die Anfangsspannungen $U_{C0\nu}$ der Kapazitäten zur Zeit $t = 0$ sämtlich gleich null sind.

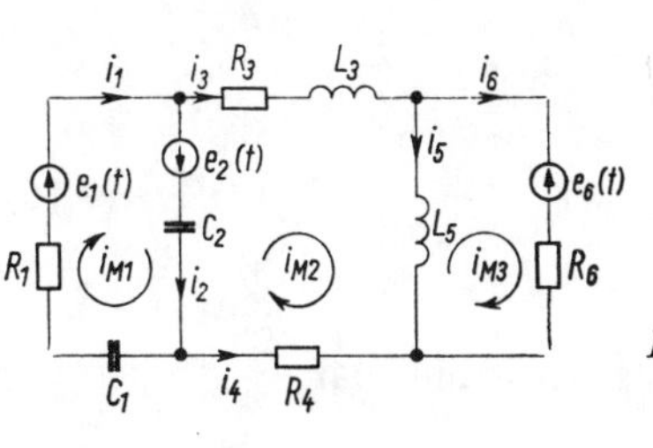

Bild 7.4

Für die Schaltung nach Bild 7.4 ($n = 6, m = 4, n - m + 1 = 3$) können beispielsweise nach der Methode der selbständigen Maschenströme (vgl. Abschn. 2.7.2.2.) folgende Differentialgleichungen für die drei Maschenströme aufgeschrieben werden:

$$e_1(t) + e_2(t) = R_1 i_{M1} + \left(\frac{1}{C_1} + \frac{1}{C_2}\right)\int_0^t i_{M1}\,dt - \frac{1}{C_2}\int_0^t i_{M2}\,dt, \tag{7.10}$$

$$-e_2(t) = -\frac{1}{C_2}\int_0^t i_{M1}\,dt + (R_3 + R_4)\,i_{M2} + (L_3 + L_5)\frac{di_{M2}}{dt} + \frac{1}{C_2}\int_0^t i_{M2}\,dt - L_5\frac{di_{M3}}{dt}, \tag{7.11}$$

$$-e_6(t) = -L_5\frac{di_{M2}}{dt} + R_6 i_{M3} + L_5\frac{di_{M3}}{dt}. \tag{7.12}$$

Die Gleichungen (7.10) bis (7.12) stellen eine Integro-Differentialgleichungssystem für die selbständigen Manschenströme i_{M1}, i_{M2} und i_{M3} dar. Dieses System enthält keine algebraischen Gleichungen mehr. Ist das daraus durch Differenzieren gewonnene Differentialgleichungssystem gelöst, erhält man die Ströme in den einzelnen Zweigen:

$$i_1 = i_{M1}(t), \qquad i_2 = i_{M1}(t) - i_{M2}(t),$$

$$i_3 = i_{M2}(t), \qquad i_4 = -i_{M2}(t),$$

$$i_5 = i_{M2}(t) - i_{M3}(t), \qquad i_6 = i_{M3}(t). \tag{7.13}$$

Im folgenden soll diese Methode verallgemeinert und in der übersichtlichen Matrizenschreibweise angegeben werden. Es möge ein Netzwerk mit k selbständigen Maschen mit festgelegtem Umlaufsinn vorliegen. Dann wird für die Maschengleichungen folgender symbolischer Ansatz gemacht:

$$\|e_M\| = \|z\| \circ \|i_M\|. \tag{7.14}$$

Hier bedeutet $\|e_M\|$ den Vektor der Umlauf-EMKs der einzelnen Maschen:

$$\|e_M\| = \begin{Vmatrix} e_{M1} \\ e_{M2} \\ \vdots \\ e_{Mk} \end{Vmatrix}. \tag{7.15}$$

Für das Beispiel nach Bild 7.4 ist diese Matrix

$$\|e_M\| = \begin{Vmatrix} e_1(t) + e_2(t) \\ -e_2(t) \\ -e_6(t) \end{Vmatrix}. \tag{7.16}$$

Außerdem stellt $\|i_M\|$ den Vektor der selbständigen Maschenströme dar:

$$\|i_M\| = \begin{Vmatrix} i_{M1} \\ i_{M2} \\ \vdots \\ i_{Mk} \end{Vmatrix}. \tag{7.17}$$

Die Matrix $\|z\|$ in (7.14) stellt eine symbolische Impedanzmatrix

$$\|z\| = \begin{Vmatrix} Z_{11} & Z_{12} \dots Z_{1l} \\ Z_{21} & Z_{22} \dots Z_{2l} \\ \dots & \dots \\ Z_{k1} & Z_{k2} \dots Z_{kl} \end{Vmatrix} \tag{7.18}$$

dar, deren Elemente sehr einfach aus der Schaltung abgelesen werden können. Die Elemente der Hauptdiagonalen sind

$$Z_{11} = R_{11} \dots + L_{11} \frac{\mathrm{d}}{\mathrm{d}t} \dots + \frac{1}{C_{11}} \int_0^t \dots \mathrm{d}t,$$

$$Z_{22} = R_{22} \dots + L_{22} \frac{\mathrm{d}}{\mathrm{d}t} \dots + \frac{1}{C_{22}} \int_0^t \dots \mathrm{d}t, \tag{7.19}$$

usw., wobei R_{11}, L_{11} und C_{11} Gesamtwiderstand, Gesamtinduktivität und Gesamtkapazität (Reihenschaltung!) der Masche 1 sind usw. Für das genannte Beispiel wäre somit

$$Z_{11} = R_1 \ldots + \left(\frac{1}{C_1} + \frac{1}{C_2}\right)\int_0 \ldots \mathrm{d}t,$$

$$Z_{22} = (R_3 + R_4)\ldots + (L_3 + L_5)\frac{\mathrm{d}}{\mathrm{d}t}\ldots + \frac{1}{C_2}\int_0^t \ldots \mathrm{d}t,$$

$$Z_{33} = R_6 \ldots + L_5 \frac{\mathrm{d}}{\mathrm{d}t}\ldots \qquad (7.20)$$

Die übrigen Elemente der Matrix $\|z\|$ sind

$$Z_{12} = \pm\left[R_{12}\ldots + L_{12}\frac{\mathrm{d}}{\mathrm{d}t}\ldots + \frac{1}{C_{12}}\int_0^t \ldots \mathrm{d}t\right],$$

$$Z_{13} = \pm\left[R_{13}\ldots + L_{13}\frac{\mathrm{d}}{\mathrm{d}t}\ldots + \frac{1}{C_{13}}\int_0^t \ldots \mathrm{d}t\right], \qquad (7.21)$$

usw.
Die Elemente $Z_{\mu\nu}$ $(\mu \neq \nu)$ enthalten die Schaltelemente, die jeweils zwei Maschen μ und ν gemeinsam sind. Dabei ist in (7.21) ein Pluszeichen zu setzen, wenn die verkoppelten Ströme die gleiche Richtung in den gemeinsamen Zweigen haben, andernfalls ein Minuszeichen. Es ist leicht einzusehen, daß

$$Z_{\mu\nu} = Z_{\nu\mu} \qquad (7.22)$$

ist, d.h., daß die Matrix $\|z\|$ symmetrisch ist. Für die Schaltung nach Bild 7.4 betragen die übrigen Elemente der $\|z\|$-Matrix entsprechend (7.21)

$$Z_{12} = Z_{21} = -\frac{1}{C_2}\int_0^t \ldots \mathrm{d}t,$$

$$Z_{13} = Z_{31} = 0,$$

$$Z_{23} = Z_{32} = -L_5 \frac{\mathrm{d}}{\mathrm{d}t}\ldots \qquad (7.23)$$

Das Symbol $\circ$ auf der rechten Seite von (7.14) soll andeuten, daß es sich hier um keine übliche, sondern um eine „symbolische" Multiplikation handelt. Dabei ist der zweite Faktor stets dort einzusetzen, wo in den Z-Elementen die Punkte stehen. Für das betrachtete Beispiel nimmt (7.14) die Form

$$\left\|\begin{matrix} e_1(t) + e_2(t) \\ -e_2(t) \\ -e_6(t) \end{matrix}\right\| = \left\|\begin{matrix} Z_{11} & Z_{12} & Z_{13} \\ Z_{21} & Z_{22} & Z_{23} \\ Z_{31} & Z_{32} & Z_{33} \end{matrix}\right\| \circ \left\|\begin{matrix} i_{M1} \\ i_{M2} \\ i_{M3} \end{matrix}\right\| \qquad (7.24)$$

an, wobei Z_{11}, Z_{22}, Z_{33} aus (7.20) und die restlichen Elemente aus (7.23) zu entnehmen sind. (7.24) stellt nur eine andere Schreibweise für das Gleichungssystem (7.10) bis (7.12) dar. Der Vorteil der Matrizenform der Gleichungen besteht darin, daß man den Vektor $\|e_M\|$ der Umlauf-EMKs und die symbolische Impedanzmatrix $\|z\|$ sofort aus der Schaltung ablesen kann.

Das in Matrizenform gefundene Integro-Differentialgleichungssystem kann durch Differenzieren sehr schnell in ein Differentialgleichungssystem übergeführt werden. Die Differentiation von (7.14) ergibt

$$\|\dot{e}_M\| = \|\dot{z}\| \circ \|i_M\|, \tag{7.25}$$

wobei für die Differentiation der einzelnen Matrizen gilt

$$\|\dot{e}_M\| = \begin{Vmatrix} \dot{e}_{M1} \\ \dot{e}_{M2} \\ \vdots \\ \dot{e}_{Mk} \end{Vmatrix}, \tag{7.26}$$

$$\|\dot{z}\| = \begin{Vmatrix} \dot{Z}_{11} & \dot{Z}_{12} \dots \dot{Z}_{1k} \\ \dot{Z}_{21} & \dot{Z}_{22} \dots \dot{Z}_{2k} \\ \dots & \dots \\ \dot{Z}_{k1} & \dot{Z}_{k2} \dots \dot{Z}_{kk} \end{Vmatrix}. \tag{7.27}$$

Für die einzelnen Elemente der Matrix $\|\dot{z}\|$ gilt (vgl. (7.19) und (7.21))

$$\dot{Z}_{11} = R_{11} \frac{\mathrm{d}}{\mathrm{d}t} \dots + L_{11} \frac{\mathrm{d}^2}{\mathrm{d}t^2} \dots + \frac{1}{C_{11}} \dots \tag{7.28}$$

usw.
Man erkennt, daß bei Anwendung der Methode in Form von (7.25) die zweite Voraussetzung, daß alle Anfangsspannungen an den Kondensatoren Null sind, nicht mehr erforderlich ist. Die Konstanten $U_{C0\nu}$ fallen bei der Differentiation heraus.

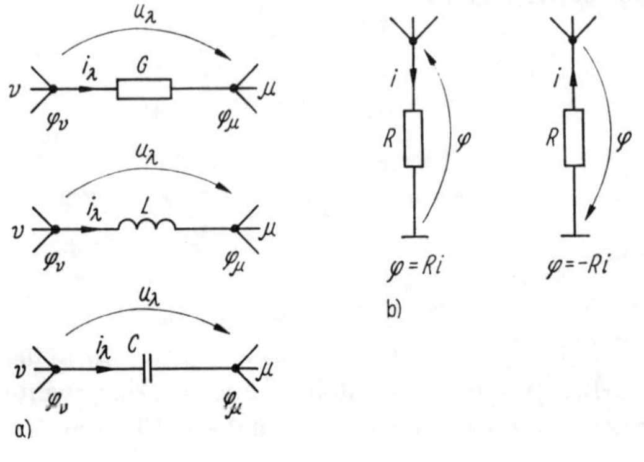

Bild 7.5

7.2.2. Methode der Knotenpunktpotentiale

Mit dieser Methode kann man ein Differentialgleichungssystem für die Knotenpunktpotentiale aufstellen, wobei ähnlich der Methode der Maschenströme die algebraischen Gleichungen von vornherein eliminiert werden. Diese Methode ist dann geeignet, wenn die Anzahl der unabhängigen Maschengleichungen größer als die Anzahl der unabhängigen Knotengleichungen ist. Knotenpunkte sind in diesem Falle alle Punkte, in denen zwei oder mehr Schaltelemente verbunden sind. Zwischen zwei Knotenpunkten liegen dann ein oder mehrere Zweige, die stets nur ein Schaltelement enthalten.
Für ein vorgelegtes Netzwerk ohne Gegeninduktivitäten wird zunächst ein Knoten

willkürlich herausgegriffen, der das Potential Null erhält. Die anderen Knoten werden durchnumeriert; ihnen entsprechen die Potentiale $\varphi_1, \varphi_2, \dots, \varphi_{m-1}$. Damit ergibt sich für die Spannung u_λ über den Zweig λ zwischen den Knoten ν und μ (Bild 7.5)

$$u_\lambda = \varphi_\nu - \varphi_\mu \tag{7.29}$$

und für den Zweigstrom i_λ

$$i_\lambda = G(\varphi_\nu - \varphi_\mu), \tag{7.30}$$

$$i_\lambda = \frac{1}{L}\int_0^t (\varphi_\nu - \varphi_\mu)\,\mathrm{d}t + I_{L0\lambda}, \tag{7.31}$$

$$i_\lambda = C\frac{\mathrm{d}}{\mathrm{d}t}(\varphi_\nu - \varphi_\mu), \tag{7.32}$$

wenn der Zweig λ einen Leitwert $G = 1/R$ oder eine Induktivität L oder eine Kapazität C enthält. Liegt der Zweig λ zwischen dem Knoten ν und dem Bezugsknoten, ist $\varphi_\mu = 0$ zu setzen.

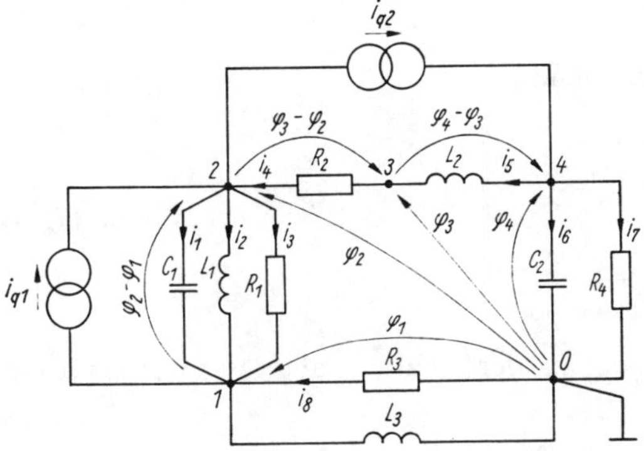

Bild 7.6

Nun kann für jeden Knotenpunkt eine Knotengleichung nach (7.1) aufgestellt werden, wobei die Ströme durch die einzelnen Potentiale ausgedrückt werden. Im Bild 7.6 gilt z.B. für den Knoten 4

$$i_{q2}(t) = \frac{1}{R_4}\varphi_4 + C_2\frac{\mathrm{d}\varphi_4}{\mathrm{d}t} + \frac{1}{L_2}\int_0^t (\varphi_4 - \varphi_3)\,\mathrm{d}t$$

$$= \frac{1}{R_4}\varphi_4 + C_2\frac{\mathrm{d}\varphi_4}{\mathrm{d}t} + \frac{1}{L_2}\int_0^t \varphi_4\,\mathrm{d}t - \frac{1}{L_2}\int_0^t \varphi_3\,\mathrm{d}t \tag{7.33}$$

und für den Knoten 3

$$0 = \frac{1}{R_2}(\varphi_3 - \varphi_2) - \frac{1}{L_2}\int_0^t (\varphi_4 - \varphi_3)\,\mathrm{d}t$$

$$= \frac{1}{R_2}\varphi_3 + \frac{1}{L_2}\int_0^t \varphi_3\,\mathrm{d}t - \frac{1}{R_2}\varphi_2 - \frac{1}{L_2}\int_0^t \varphi_4\,\mathrm{d}t. \tag{7.34}$$

Dabei wird zunächst wieder vorausgesetzt, daß die Anfangsströme I_{L0} gleich Null sind.

Man kann die so aufgestellten Gleichungen wieder sehr übersichtlich in Matrizenform darstellen. Dazu dient der symbolische Ansatz

$$\|i_q\| = \|y\| \circ \|\varphi\| . \tag{7.35}$$

Der Vektor

$$\|i_q\| = \begin{Vmatrix} i_{q1}(t) \\ i_{q2}(t) \\ \vdots \\ i_{q(m-1)}(t) \end{Vmatrix} \tag{7.36}$$

stellt den Vektor der eingespeisten Ströme dar, wobei $i_{q\nu}(t)$ die vorzeichenbehaftete Summe der in den Knoten ν eingespeisten Ströme ist.

$$\|\varphi\| = \begin{Vmatrix} \varphi_1 \\ \varphi_2 \\ \vdots \\ \varphi_{(m-1)} \end{Vmatrix} \tag{7.37}$$

stellt den Vektor der Knotenpunktpotentiale und

$$\|y\| = \begin{Vmatrix} Y_{11} & Y_{12} & \dots & Y_{1(m-1)} \\ Y_{21} & Y_{22} & \dots & Y_{2(m-1)} \\ \dots & \dots & \dots & \dots \\ Y_{(m-1)1} & Y_{(m-1)2} & \dots & Y_{(m-1)(m-1)} \end{Vmatrix} \tag{7.38}$$

eine symbolische Leitwertmatrix dar, die leicht aus der Schaltung abgelesen werden kann. Für ihre Elemente gilt

$$Y_{\nu\mu} = \pm\left[G_{\nu\mu} \dots + C_{\nu\mu} \frac{\mathrm{d}}{\mathrm{d}t} \dots + \frac{1}{L_{\nu\mu}} \int_0^t \dots \mathrm{d}t \right]. \tag{7.39}$$

In diese Beziehung ist einzusetzen

für $\nu = \mu$: positives Vorzeichen; in der Klammer die Summe der symbolischen Leitwerte aller am Knoten $\nu = \mu$ anliegenden Elemente;

für $\nu \neq \mu$: negatives Vorzeichen; in der Klammer die Summe der symbolischen Leitwerte der zwischen dem Knoten ν und dem Knoten μ liegenden Elemente.

Es gilt also auch hier

$$Y_{\nu\mu} = Y_{\mu\nu} . \tag{7.40}$$

Für die Schaltung nach Bild 7.6 lautet das System der Integro-Differentialgleichungen für die Knotenpunktpotentiale in symbolischer Matrizenschreibweise, das nach vorstehender Vorschrift aus der Schaltung abgelesen werden kann:

$$\begin{Vmatrix} -i_{q1}(t) \\ i_{q1}(t) - i_{q2}(t) \\ 0 \\ i_{q2}(t) \end{Vmatrix} = \begin{Vmatrix} Y_{11} & Y_{12} & Y_{13} & Y_{14} \\ Y_{21} & Y_{22} & Y_{23} & Y_{24} \\ Y_{31} & Y_{32} & Y_{33} & Y_{34} \\ Y_{41} & Y_{42} & Y_{43} & Y_{44} \end{Vmatrix} \circ \begin{Vmatrix} \varphi_1 \\ \varphi_2 \\ \varphi_3 \\ \varphi_4 \end{Vmatrix} . \tag{7.41}$$

Hier bedeuten

$$Y_{11} = \left(\frac{1}{R_1} + \frac{1}{R_3}\right) \dots + C_1 \frac{\mathrm{d}}{\mathrm{d}t} \dots + \left(\frac{1}{L_1} + \frac{1}{L_3}\right) \int_0^t \dots \mathrm{d}t,$$

$$Y_{12} = Y_{21} = -\left[\frac{1}{R_1} \dots + C_1 \frac{\mathrm{d}}{\mathrm{d}t} \dots + \frac{1}{L_1} \int_0^t \dots \mathrm{d}t\right],$$

$$Y_{13} = Y_{31} = Y_{14} = Y_{41} = Y_{24} = Y_{42} = 0,$$

$$Y_{22} = \left(\frac{1}{R_1} + \frac{1}{R_2}\right) \dots + C_1 \frac{\mathrm{d}}{\mathrm{d}t} \dots + \frac{1}{L_1} \int_0^t \dots \mathrm{d}t,$$

$$Y_{23} = Y_{32} = -\frac{1}{R_2} \dots, \tag{7.42}$$

$$Y_{33} = \frac{1}{R_2} \dots + \frac{1}{L_2} \int_0^t \dots \mathrm{d}t,$$

$$Y_{34} = Y_{43} = -\frac{1}{L_2} \int_0^t \dots \mathrm{d}t,$$

$$Y_{44} = \frac{1}{R_4} \dots + C \frac{\mathrm{d}}{\mathrm{d}t} \dots + \frac{1}{L} \int_0^t \dots \mathrm{d}t.$$

Durch Differentiation von (7.35) erhält man auch hier ein Gleichungssystem, das keine Integrale mehr enthält:

$$\|i_q\| = \|\dot{y}\| \circ \|\varphi\|. \tag{7.43}$$

Wie bei der Methode der Maschenströme kann bei Verwendung dieser Form die Voraussetzung $I_{L0} = 0$ fallengelassen werden, da die Konstanten bei der Differentiation verschwinden.

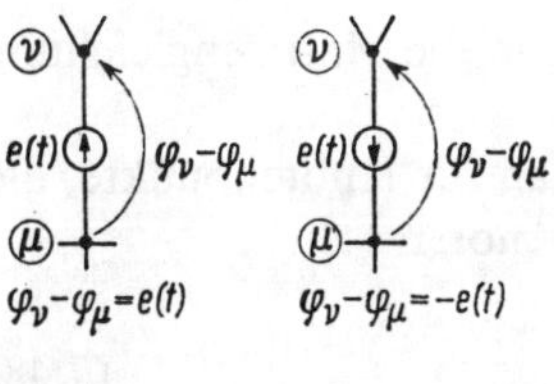

Bild 7.7

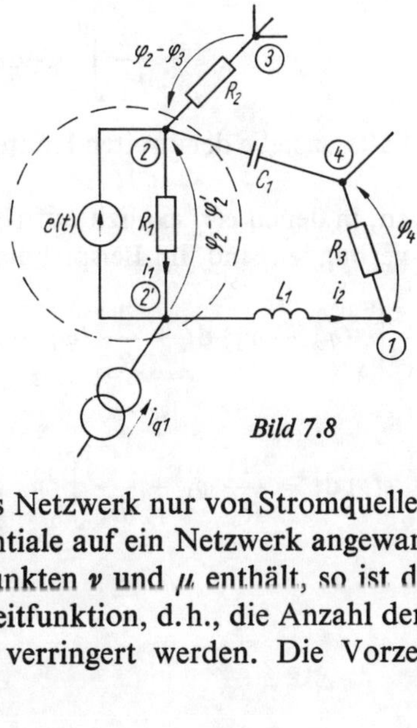

Bild 7.8

Bisher wurde angenommen, daß das Netzwerk nur von Stromquellen gespeist wird. Soll die Methode der Knotenpunktpotentiale auf ein Netzwerk angewandt werden, das eine EMK $e(t)$ zwischen zwei Knotenpunkten ν und μ enthält, so ist die Potentialdifferenz $\varphi_\nu - \varphi_\mu$ eine durch $e(t)$ gegebene Zeitfunktion, d.h., die Anzahl der unbekannten Knotenpunktpotentiale kann um eins verringert werden. Die Vorzeichendefinition gibt Bild 7.7.

Bei der Behandlung eines Netzwerks mit einer EMK $e(t)$ zwischen zwei Knoten ist es zweckmäßig, einem der anliegenden Knoten von vornherein keine Nummer zu geben. Als Beispiel soll der im Bild 7.8 dargestellte Ausschnitt aus einem derartigen Netzwerk betrachtet werden. Hier gilt

$$\varphi_2' = \varphi_2 - e(t). \tag{7.44}$$

Bei der Aufstellung der Knotengleichungen ist der Strom zwischen den Knoten 2 und 2′ nicht bekannt. Er ist jedoch auch uninteressant, weil der Strom durch R_1 sofort angegeben werden kann:

$$i_1 = \frac{e(t)}{R_1}. \tag{7.45}$$

Für alle Knotenpunkte außer 2 und 2′ können die Gleichungen ohne weiteres nach dem oben beschriebenen Schema ermittelt werden. Für die Knotenpunkte 2 und 2′ ist es zweckmäßig, die Kirchhoffsche Gleichung für eine geschlossene Hüllfläche, die diese zwei Punkte und die dazwischenliegenden Zweige umfaßt, aufzustellen. Für diese Hüllfläche (im Bild 7.8 gestrichelt eingetragen) gilt

$$\begin{aligned} i_{q1}(t) &= \frac{1}{R_2}(\varphi_2 - \varphi_3) + C_1 \frac{\mathrm{d}}{\mathrm{d}t}(\varphi_2 - \varphi_4) + \frac{1}{L_1}\int_0^t (\varphi_2 - \varphi_1)\,\mathrm{d}t \\ &= -\frac{1}{L_1}\int_0^t \varphi_1\,\mathrm{d}t + \frac{1}{R_2}\varphi_2 + C_1\frac{\mathrm{d}\varphi_2}{\mathrm{d}t} + \frac{1}{L_1}\int_0^t \varphi_2\,\mathrm{d}t \\ &\quad - \frac{1}{L_1}\int_0^t e(t)\,\mathrm{d}t - \frac{1}{R_2}\varphi_3 - C_1\frac{\mathrm{d}\varphi_4}{\mathrm{d}t} \end{aligned} \tag{7.46}$$

bzw.

$$\begin{aligned} i_{q1}(t) + \frac{1}{L_1}\int_0^t e(t)\,\mathrm{d}t &= -\frac{1}{L_1}\int_0^t \varphi_1\,\mathrm{d}t + \frac{1}{R_2}\varphi_2 + C_1\frac{\mathrm{d}\varphi_2}{\mathrm{d}t} \\ &\quad + \frac{1}{L_1}\int_0^t \varphi_2\,\mathrm{d}t - \frac{1}{R_2}\varphi_3 - C_1\frac{\mathrm{d}\varphi_4}{\mathrm{d}t}. \end{aligned} \tag{7.47}$$

(7.47) ist in diesem Falle anstelle der zweiten Knotengleichung in die Matrizengleichung (7.35) einzusetzen.

Ähnliche Gleichungen, in denen $e(t)$ explizit auftritt, erhält man für Knotenpunkte, die mit dem Knoten 2′ verbunden sind, im Beispiel also für den Knoten 1:

$$0 = -\frac{1}{L_1}\int_0^t (\varphi_2' - \varphi_1)\,\mathrm{d}t + \frac{1}{R_3}(\varphi_1 - \varphi_4) \tag{7.48}$$

oder mit (7.44)

$$-\frac{1}{L_1}\int_0^t e(t)\,\mathrm{d}t = \frac{1}{R_3}\varphi_1 + \frac{1}{L_1}\int_0^t \varphi_1\,\mathrm{d}t - \frac{1}{L_1}\int_0^t \varphi_2\,\mathrm{d}t - \frac{1}{R_3}\varphi_4. \tag{7.49}$$

8. Ausgleichsvorgänge in linearen Netzwerken

8.1 Grundlagen

Der Ausgleichsvorgang stellt den zeitlichen Ablauf des Übergangs von einem eingeschwungenen Zustand in einen anderen dar, wenn sich in einem Netzwerk Amplitude, Frequenz, Phase oder Form einer EMK, Parameter oder die Konfiguration des Netzwerks ändern. Die häufigste Ursache von Ausgleichsvorgängen stellen Schaltvorgänge dar. Dies sind Ausgleichsvorgänge, die nach dem Öffnen oder Schließen eines Schalters in einem Netzwerk auftreten. Die Zeitrechnung wird so gewählt, daß ihr Anfang ($t = 0$) mit dem Beginn des Schaltvorgangs zusammenfällt. Sehr wichtig sind unter Umständen die Werte einer Größe unmittelbar vor bzw. unmittelbar nach dem Schaltvorgang.

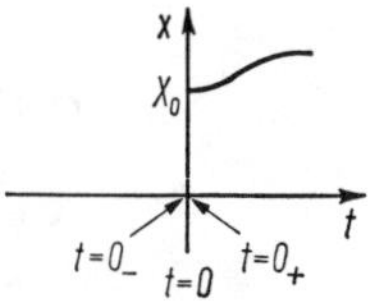

Bild 8.1

In der Berechnung wird die Zeit unmittelbar vor dem Beginn des Vorgangs mit $t = 0_-$ und die unmittelbar nach dem Beginn des Schaltvorgangs mit $t = 0_+$ bezeichnet. Bild 8.1 stellt den zeitlichen Verlauf $x(t)$ einer Größe x in der Umgebung von $t = 0$ dar. In diesem Falle ist

$$x(0_-) = 0, \tag{8.1}$$

$$x(0_+) = X_0. \tag{8.2}$$

In den Schaltbildern wird die Schalterstellung gezeichnet, die dem Zustand des Schalters vor Beginn des Schaltvorgangs ($t = 0$) entspricht. Ein Pfeil deutet die Bewegungsrichtung des Schalters zur Zeit $t = 0$ an. Dabei kann in einem Zweig, der einen Schalter in „Aus"-Stellung enthält, ein Strom i eingetragen sein, der in der gezeichneten Schalterstellung identisch Null ist. In diesem Fall ist

$$i \equiv 0 \quad \text{für} \quad t < 0, \tag{8.3}$$

$$i = i(t) \not\equiv 0 \quad \text{für} \quad t \geqq 0. \tag{8.4}$$

8.1.1. Schaltgesetze

Durch die Schaltgesetze werden die Anfangswerte der elektromagnetischen Größen beim Ausgleichsvorgang festgelegt.
Die Spannung an einer Induktivität ist

$$u = -e = w\frac{\mathrm{d}\Phi}{\mathrm{d}t} = L\frac{\mathrm{d}i}{\mathrm{d}t}. \tag{8.5}$$

Eine sprunghafte Änderung des Flusses oder des Stromes würde also eine unendlich hohe Spannung hervorrufen. Das aber widerspricht dem 2. Kirchhoffschen Satz für eine Masche, die die Induktivität enthält. Die Unmöglichkeit der sprunghaften Änderung des Flusses oder des Stromes in einer Induktivität folgt auch unmittelbar aus dem Ausdruck für die Energie des magnetischen Feldes:

$$W_m = \frac{w^2\Phi^2}{2L} = \frac{Li^2}{2}. \tag{8.6}$$

Eine sprunghafte Änderung des Flusses oder des Stromes würde eine sprunghafte Änderung der im magnetischen Feld gespeicherten Energie zur Folge haben, was einer unendlich großen Leistung

$$P = \lim_{\Delta t \to 0} \frac{\Delta W_m}{\Delta t} = \infty \tag{8.7}$$

entspricht. Dies setzt eine Stromquelle mit unendlich großer Leistung voraus und ist demzufolge nicht real. Daraus folgt: In jedem Zweig, der eine Induktivität enthält, haben der Strom und der Fluß unmittelbar nach Beginn des Schaltvorgangs dieselben Werte, die sie vor dem Schaltvorgang hatten:

$$i_L(0_-) = i_L(0_+), \tag{8.8}$$

$$\Psi(0_-) = \Psi(0_+). \tag{8.9}$$

Eine sprunghafte Änderung der Ladung oder der Spannung an einer Kapazität würde nach der Beziehung

$$i = \frac{dq}{dt} = C\frac{du}{dt} \tag{8.10}$$

einen unendlich großen Strom hervorrufen. In dem Zweig sind aber stets Widerstände enthalten, an denen bei unendlich großem Strom die Spannung unendlich groß sein müßte, was dem 2. Kirchhoffschen Satz widerspricht. Eine sprunghafte Änderung der Ladung oder der Spannung würde nach der Beziehung

$$W_e = \frac{q^2}{2C} = \frac{Cu^2}{2} \tag{8.11}$$

eine sprunghafte Änderung der im elektrischen Feld gespeicherten Energie hervorrufen. Das erfordert aber eine Spannungsquelle mit unendlich großer Leistung,

$$P = \lim_{\Delta t \to 0} \frac{\Delta W_e}{\Delta t} = \infty, \tag{8.12}$$

und ist daher nicht möglich. Daraus folgt: In jedem Zweig, der eine Kapazität enthält, haben die Ladung und die Spannung unmittelbar nach Beginn des Schaltvorgangs dieselben Werte wie vorher:

$$u_C(0_-) = u_C(0_+), \tag{8.13}$$

$$q(0_-) = q(0_+). \tag{8.14}$$

8.1.2. Zerlegung des Ausgleichsvorgangs in eingeschwungene und flüchtige Vorgänge

Der Ausgleichsvorgang stellt, wie bereits erwähnt, den Übergang zwischen zwei eingeschwungenen Zuständen dar. Bild 8.2 zeigt den allgemeinen Fall eines Wechselstromkreises. Die Spannung $u(t)$ möge sich nach einer beliebigen stetigen Zeitfunktion ändern.

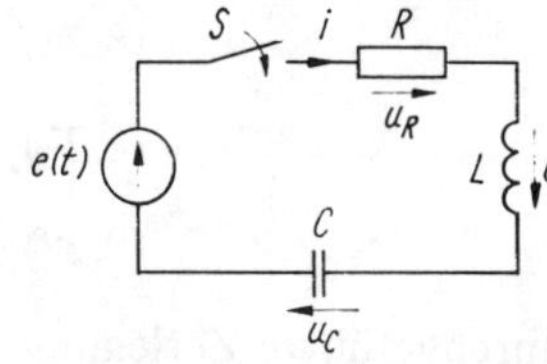

Bild 8.2

Auch während des Ausgleichsvorgangs haben die Kirchhoffschen Sätze Gültigkeit. Der 2. Kirchhoffsche Satz ergibt

$$u(t) = u_R + u_L + u_C = e(t), \tag{8.15}$$

$$Ri + L\frac{\mathrm{d}i}{\mathrm{d}t} + \frac{1}{C}\int i\,\mathrm{d}t = e(t). \tag{8.16}$$

Lange Zeit ($t \to \infty$) nach dem Schaltvorgang stellt sich der eingeschwungene Strom i_e ein. Auch für ihn gelten die Kirchhoffschen Sätze:

$$Ri_e + L\frac{\mathrm{d}i_e}{\mathrm{d}t} + \frac{1}{C}\int i_e\,\mathrm{d}t = e(t). \tag{8.17}$$

Wenn wir nun (8.17) von (8.16) abziehen, erhalten wir

$$R(i - i_e) + L\frac{\mathrm{d}(i - i_e)}{\mathrm{d}t} + \frac{1}{C}\int (i - i_e)\,\mathrm{d}t = 0, \tag{8.18}$$

$$Ri_f + L\frac{\mathrm{d}i_f}{\mathrm{d}t} + \frac{1}{C}\int i_f\,\mathrm{d}t = 0 \tag{8.19}$$

mit

$$i_f = i - i_e. \tag{8.20}$$

Die Differenz des Stromes während des Ausgleichsvorgangs (i) und des eingeschwungenen Stromes (i_e) wird flüchtiger Strom (i_f) genannt. Der flüchtige Strom geht mit Erreichen des eingeschwungenen Zustands gegen Null.
Während des Ausgleichsvorgangs setzt sich somit der Strom i aus dem eingeschwungenen Strom i_e und dem flüchtigen Strom i_f zusammen.
Die eingeschwungenen und flüchtigen Spannungen an den einzelnen Elementen sind

$$u_{Re} = Ri_e, \qquad u_{Rf} = Ri_f, \tag{8.21}$$

$$u_{Le} = L\frac{\mathrm{d}i_e}{\mathrm{d}t}, \qquad u_{Lf} = L\frac{\mathrm{d}i_f}{\mathrm{d}t}, \tag{8.22}$$

$$u_{Ce} = \frac{1}{C}\int i_e\,\mathrm{d}t, \qquad u_{Cf} = \frac{1}{C}\int i_f\,\mathrm{d}t. \tag{8.23}$$

Aus (8.19) folgt

$$u_{Rf} + u_{Lf} + u_{Cf} = 0. \tag{8.24}$$

Die Spannungen an den einzelnen Elementen infolge der flüchtigen Ströme heben sich gegenseitig auf.
Den Ausgleichsvorgang kann man als Überlagerung des eingeschwungenen und des flüchtigen Vorgangs betrachten. Infolge des flüchtigen Vorgangs wird während des Ausgleichsvorgangs der eingeschwungene Zustand stetig erreicht. Es gilt

$$i = i_e + i_f, \tag{8.25}$$

$$u_R = u_{Re} + u_{Rf}, \tag{8.26}$$

$$u_L = u_{Le} + u_{Lf}, \tag{8.27}$$

$$u_C = u_{Ce} + u_{Cf}. \tag{8.28}$$

Diese Überlagerung ist nur bei linearen Netzen möglich. Die durchgeführte Zerlegung in eingeschwungene und flüchtige Vorgänge entspricht der Lösung einer linearen inhomogenen Differentialgleichung. Dabei entspricht der eingeschwungene Vorgang einer partikulären Lösung der inhomogenen Differentialgleichung, der flüchtige Vorgang dagegen der Lösung der homogenen Differentialgleichung.

8.1.3. Anfangsbedingungen

Die Anfangsbedingungen zur Bestimmung der Integrationskonstanten ergeben sich aus den Schaltgesetzen (8.8) und (8.13).
Infolge der Schaltgesetze gilt für den Schaltzeitpunkt ($t = 0$)

$$i_L(0_+) = i_{Le}(0_+) + i_{Lf}(0_+) = i_L(0_-), \tag{8.29}$$

$$u_C(0_+) = u_{Ce}(0_+) + u_{Cf}(0_+) = u_C(0_-). \tag{8.30}$$

Hieraus folgt für die Anfangswerte des flüchtigen Vorgangs

$$i_{Lf}(0) = i_L(0) - i_{Le}(0), \tag{8.31}$$

$$u_{Cf}(0) = u_C(0) - u_{Ce}(0). \tag{8.32}$$

Für den Fall, daß der Strom durch die Induktivität und die Spannung am Kondensator vor dem Schaltvorgang Null sind, ergibt sich

$$i_{Lf}(0) = -i_{Le}(0), \tag{8.33}$$

$$u_{Cf}(0) = -u_{Ce}(0). \tag{8.34}$$

8.2. Untersuchung von Ausgleichsvorgängen in unverzweigten Stromkreisen nach der klassischen Methode

Die Behandlung von Ausgleichsvorgängen in unverzweigten Stromkreisen nach der klassischen Methode erfolgt in zwei Schritten:

1. Aufstellung der Differentialgleichung des Kreises,
2. Lösung dieser Differentialgleichung.

Die Lösung der Differentialgleichung erhält man durch Überlagerung der Lösung der homogenen Differentialgleichung (flüchtiger Vorgang) und der partikulären Lösung der

inhomogenen Differentialgleichung (eingeschwungener Vorgang). Zur Ermittlung der letzteren können alle uns bereits bekannten Methoden der Behandlung linearer Netzwerke und insbesondere bei Wechselstromnetzen auch die komplexe Rechnung angewandt werden. Die Integrationskonstanten werden aus den Anfangsbedingungen, die durch die Schaltgesetze festgelegt werden, bestimmt.
Wir wollen diese Methode an einigen einfachen, technisch wichtigen Beispielen kennenlernen.

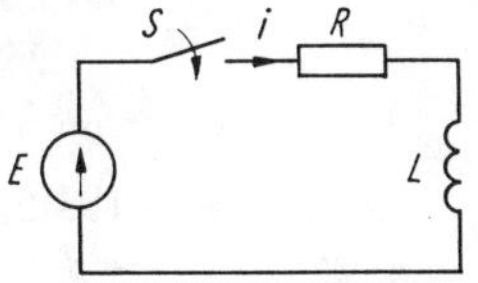

Bild 8.3

8.2.1. Ausgleichsvorgänge in einfachen Stromkreisen bei zeitlich konstanter EMK

8.2.1.1. Der einfache Stromkreis mit Induktivität und Widerstand

Einschaltvorgang

Bild 8.3 zeigt den Einschaltvorgang für den Fall, daß eine Induktivität über einen ohmschen Widerstand an eine Gleichspannung angeschlossen wird. Nach dem 2.Kirchhoffschen Satz gilt

$$iR + L\frac{\mathrm{d}i}{\mathrm{d}t} = E. \tag{8.35}$$

Dabei ist der Ausgleichsstrom

$$i = i_e + i_f. \tag{8.36}$$

Für den eingeschwungenen Zustand ($t \to \infty$), d.h.

$$i_e R + L\frac{\mathrm{d}i_e}{\mathrm{d}t} = E, \tag{8.37}$$

ergibt sich als partikuläre Lösung der Differentialgleichung (8.35) mit i_e = konst. und mit $\mathrm{d}i_e/\mathrm{d}t = 0$

$$i_e = \frac{E}{R}. \tag{8.38}$$

Der flüchtige Strom wird aus der homogenen Differentialgleichung

$$i_f R + L\frac{\mathrm{d}i_f}{\mathrm{d}t} = 0 \tag{8.39}$$

bestimmt. Durch Trennung der Variablen und anschließende Integration erhalten wir die Lösung dieser homogenen Differentialgleichung folgendermaßen:

$$\frac{\mathrm{d}i_f}{i_f} = -\frac{R}{L}\,\mathrm{d}t, \tag{8.40}$$

$$\ln i_f = -\frac{t}{\tau} + \ln K, \tag{8.41}$$

$$i_f = K\,\mathrm{e}^{-(t/\tau)}. \tag{8.42}$$

Dabei ist

$$\tau = \frac{L}{R} \tag{8.43}$$

die Zeitkonstante des Kreises.
Die Integrationskonstante wird aus der Anfangsbedingung

$$i(0_-) = 0 = i(0_+) = i_e(0) + i_f(0) \tag{8.44}$$

bestimmt. Damit wird

$$i_f(0) = K = -i_e(0), \tag{8.45}$$

$$K = -\frac{E}{R} \tag{8.46}$$

und

$$i_f = -\frac{E}{R}\,e^{-(t/\tau)}. \tag{8.47}$$

Für den Ausgleichsstrom erhalten wir

$$i = i_e + i_f = \frac{E}{R}\,(1 - e^{-(t/\tau)}). \tag{8.48}$$

Die Spannung an der Induktivität wird

$$u_L = L\,\frac{di}{dt} = E\,e^{-(t/\tau)}. \tag{8.49}$$

Im Bild 8.4 wird der zeitliche Verlauf der Ströme und der Spannung an der Induktivität gezeigt.

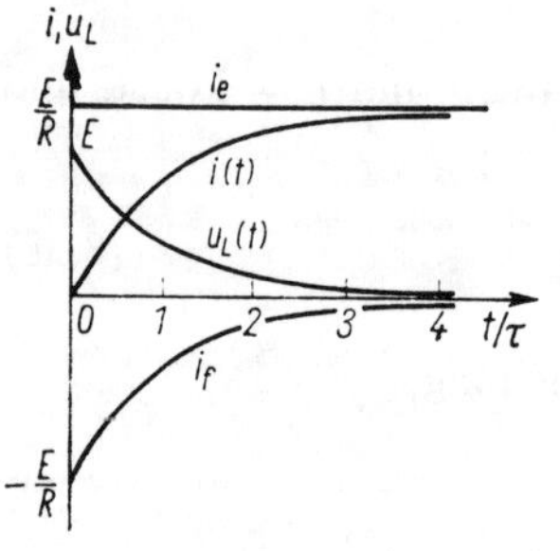

Bild 8.4

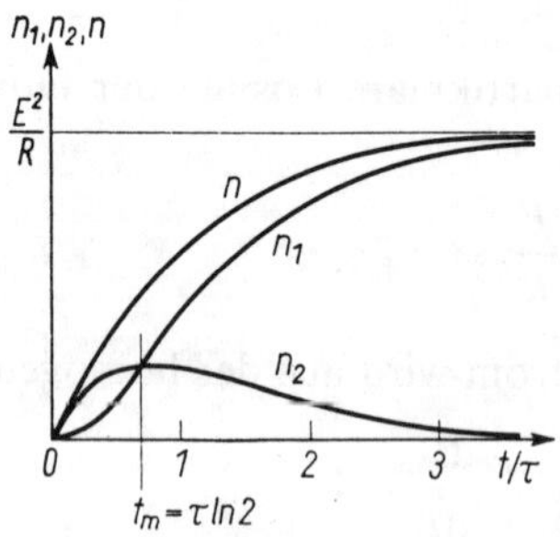

Bild 8.5

Wenn man beide Seiten von (8.35) mit i multipliziert, erhält man den zeitlichen Verlauf des Augenblickswerts der Leistung in dem Stromkreis während des Ausgleichsvorgangs:

$$n = Ei = i^2R + Li\,\frac{di}{dt} = n_1 + n_2 \tag{8.50}$$

mit

$$n_1 = i^2R = \frac{E^2}{R}\,(1 - e^{-(t/\tau)})^2 \tag{8.51}$$

und

$$n_2 = Li\frac{\mathrm{d}i}{\mathrm{d}t} = \frac{E^2}{R}\,\mathrm{e}^{-(t/\tau)}\,(1 - \mathrm{e}^{-(t/\tau)}). \tag{8.52}$$

Bild 8.5 zeigt den Verlauf von n_1, n_2 und n in Abhängigkeit von t. Die Funktion $n_2 = f(t)$ hat bei

$$t_\mathrm{m} = \tau \ln 2 \tag{8.53}$$

ein Maximum.

Kurzschluß einer stromdurchflossenen Induktivität über einen Widerstand

Bild 8.6 zeigt eine stromdurchflossene Induktivität, die im Zeitpunkt $t = 0$ mit dem Schalter S über den Widerstand R_1 kurzgeschlossen wird.

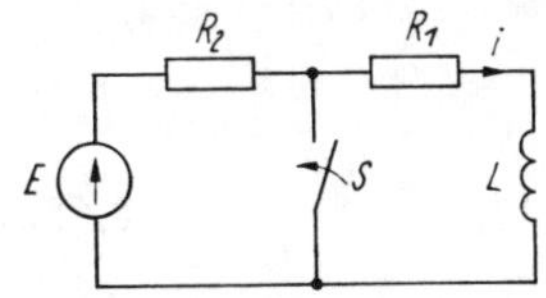

Bild 8.6

Nach dem Schaltvorgang gilt

$$iR_1 + L\frac{\mathrm{d}i}{\mathrm{d}t} = 0. \tag{8.54}$$

Der Strom im eingeschwungenen Zustand ($t \to \infty$) ist

$$i_\mathrm{e} = 0. \tag{8.55}$$

Der Ausgleichsstrom $i = i_\mathrm{e} + i_\mathrm{f}$ hat nur einen flüchtigen Anteil

$$i = i_\mathrm{f}. \tag{8.56}$$

Den flüchtigen Stromanteil i_f berechnet man aus

$$i_\mathrm{f}R_1 + L\frac{\mathrm{d}i_\mathrm{f}}{\mathrm{d}t} = 0. \tag{8.57}$$

Dieser beträgt mit $\tau = L/R_1$

$$i_\mathrm{f} = K\,\mathrm{e}^{-(t/\tau)}. \tag{8.58}$$

Die Anfangsbedingung lautet

$$i(0) = i_\mathrm{f}(0) = i(0_-), \tag{8.59}$$

$$i(0_-) = I_0 = \frac{E}{R_1 + R_2}, \tag{8.60}$$

woraus sich die Integrationskonstante

$$K = \frac{E}{R_1 + R_2} \tag{8.61}$$

ergibt. Damit wird der Ausgleichsstrom

$$i = i_f = \frac{E}{R_1 + R_2} e^{-(t/\tau)}. \tag{8.62}$$

Die Spannung an der Induktivität ist

$$u_L = L\frac{di}{dt} = -\frac{ER_1}{R_1 + R_2} e^{-(t/\tau)}. \tag{8.63}$$

Im Schaltmoment ($t = 0$) gilt

$$u_L = -\frac{ER_1}{R_1 + R_2}. \tag{8.64}$$

Im Bild 8.7 ist dieser Sachverhalt dargestellt.
Die Leistung am Widerstand R_1 beträgt

$$n = ui = -u_L i = \frac{E^2 R_1}{(R_1 + R_2)^2} e^{-(2t/\tau)}. \tag{8.65}$$

Die Energie, die während des Ausgleichsvorgangs in dem Widerstand R_1 in Wärme umgesetzt wird, ist

$$W = \frac{E^2 R_1}{(R_1 + R_2)^2} \int_0^\infty e^{-(2t/\tau)} dt = \frac{E^2 R_1}{(R_1 + R_2)^2} \frac{L}{2R_1} = \frac{L}{2} I_0^2. \tag{8.66}$$

Sie ist also gleich der Energie, die im Zeitpunkt $t = 0$ in dem magnetischen Feld der Spule aufgespeichert war.

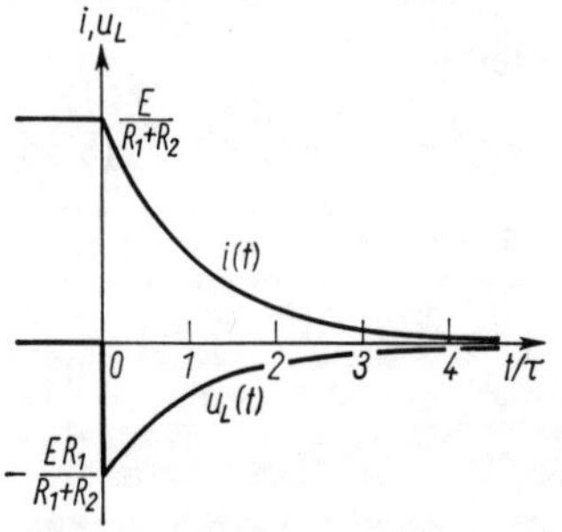

Bild 8.7

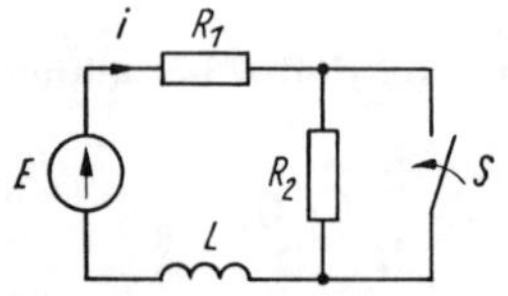

Bild 8.8

Überbrückung eines Teilwiderstandes

Es wird der Ausgleichsvorgang in dem im Bild 8.8 dargestellten Netzwerk untersucht, wenn der Widerstand R_2 über den Schalter S kurzgeschlossen wird. Für den Strom im eingeschwungenen Zustand gilt

$$i_e = \frac{E}{R_1}. \tag{8.67}$$

Der flüchtige Strom wird aus der Differentialgleichung

$$R_1 i_f + L\frac{di_f}{dt} = 0 \tag{8.68}$$

zu

$$i_f = K e^{-(t/\tau)} \tag{8.69}$$

mit $\tau = L/R_1$ berechnet.
Für den Ausgleichsstrom erhalten wir

$$i = i_e + i_f = \frac{E}{R_1} + K e^{-(t/\tau)}. \tag{8.70}$$

Aus der Anfangsbedingung

$$i(0_-) = \frac{E}{R_1 + R_2} = i(0_+) = \frac{E}{R_1} + K \tag{8.71}$$

ergibt sich die Integrationskonstante zu

$$K = -\frac{ER_2}{R_1 (R_1 + R_2)}. \tag{8.72}$$

Damit wird

$$i = i_e + i_f = \frac{E}{R_1} - \frac{ER_2}{R_1 (R_1 + R_2)} e^{-(t/\tau)}. \tag{8.73}$$

Der zeitliche Verlauf wird im Bild 8.9 gezeigt.

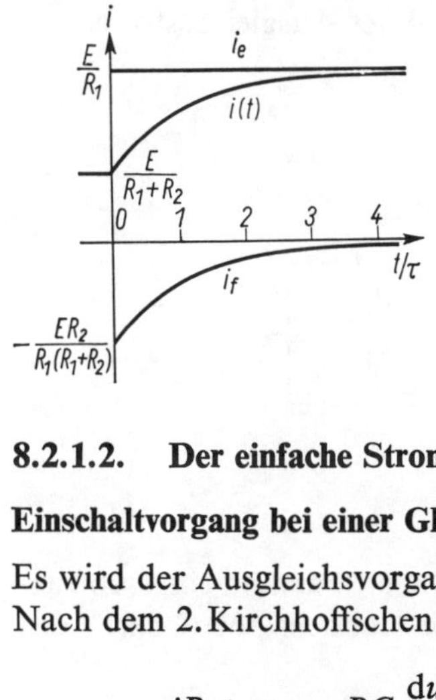

Bild 8.9

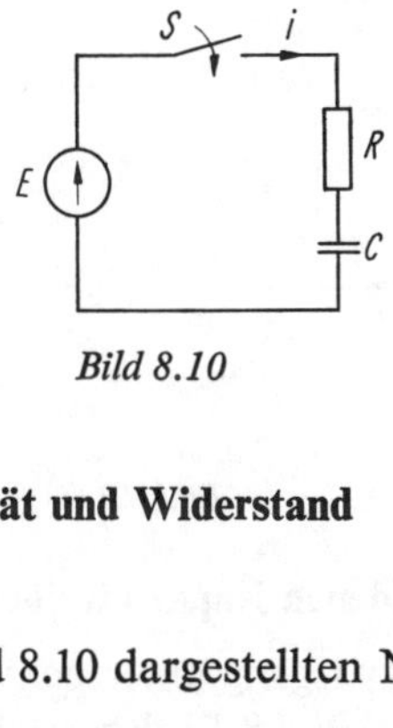

Bild 8.10

8.2.1.2. Der einfache Stromkreis mit Kapazität und Widerstand

Einschaltvorgang bei einer Gleichspannung

Es wird der Ausgleichsvorgang in dem im Bild 8.10 dargestellten Netzwerk untersucht. Nach dem 2. Kirchhoffschen Satz gilt

$$iR + u_C = RC \frac{du_C}{dt} + u_C = E. \tag{8.74}$$

Im eingeschwungenen Zustand ergibt sich für die Kondensatorspannung

$$u_{Ce} = E. \tag{8.75}$$

Aus der homogenen Differentialgleichung für den flüchtigen Anteil der Kondensatorspannung,

$$RC \frac{du_{Cf}}{dt} + u_{Cf} = 0, \tag{8.76}$$

erhalten wir als Lösung

$$u_{Cf} = K\,e^{-(t/\tau)} \tag{8.77}$$

mit

$$\tau = RC. \tag{8.78}$$

Für die Spannung am Kondensator während des Ausgleichsvorgangs gilt

$$u_C = u_{Ce} + u_{Cf} = E + K\,e^{-(t/\tau)}. \tag{8.79}$$

Aus der Anfangsbedingung

$$u_C(0_-) = u_C(0_+) = E + K = 0 \tag{8.80}$$

folgt

$$K = -E. \tag{8.81}$$

Damit wird

$$u_C(t) = E\,(1 - e^{-(t/\tau)}). \tag{8.82}$$

Der Ausgleichsstrom folgt aus dieser Beziehung zu

$$i = C\,\frac{du_C}{dt} = \frac{E}{R}\,e^{-(t/\tau)}. \tag{8.83}$$

Bild 8.11 zeigt den Verlauf der Kondensatorspannungen und des Ausgleichsstroms.

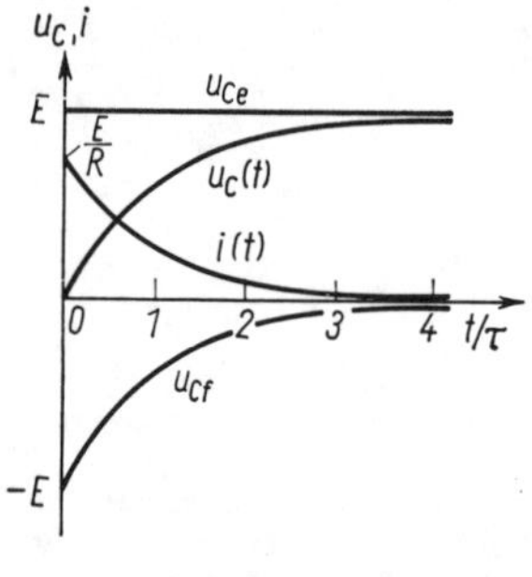

Bild 8.11

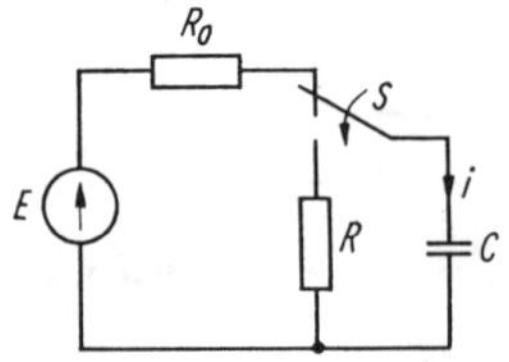

Bild 8.12

Kurzschluß einer geladenen Kapazität über einen Widerstand

Es soll der Ausgleichsvorgang untersucht werden, der stattfindet, wenn im eingeschwungenen Zustand des im Bild 8.12 dargestellten Netzwerks der Kondensator C durch den Schalter S über den Widerstand R kurzgeschlossen wird.
Im eingeschwungenen Zustand vor dem Schaltvorgang ist

$$u_{Ce} = E, \qquad i_e = 0. \tag{8.84}$$

Im eingeschwungenen Zustand nach dem Schaltvorgang gilt

$$u_{Ce} = 0, \qquad i_e = 0. \tag{8.85}$$

Während des Ausgleichsvorgangs ist also

$$u_C = u_{Ce} + u_{Cf} = u_{Cf}. \tag{8.86}$$

Der flüchtige Anteil der Kondensatorspannung wird durch die Differentialgleichung

$$RC\frac{\mathrm{d}u_{Cf}}{\mathrm{d}t} + u_{Cf} = 0 \tag{8.87}$$

beschrieben, deren Lösung

$$u_{Cf} = K\,\mathrm{e}^{-(t/\tau)} \tag{8.88}$$

mit $\tau = RC$ ist. Damit wird

$$u_C(t) = u_{Cf}(t) = K\,\mathrm{e}^{-(t/\tau)}. \tag{8.89}$$

Die Integrationskonstante K wird aus der Anfangsbedingung

$$u_C(0_+) = K = u_C(0_-) = E \tag{8.90}$$

ermittelt. Für die Kondensatorspannung ergibt sich dann

$$u_C = E\,\mathrm{e}^{-(t/\tau)}. \tag{8.91}$$

Der Ausgleichsstrom ist

$$i = C\frac{\mathrm{d}u_C}{\mathrm{d}t} = -\frac{E}{R}\,\mathrm{e}^{-(t/\tau)} \tag{8.92}$$

und hat nur einen flüchtigen Anteil. Diese Vorgänge werden im Bild 8.13 gezeigt.

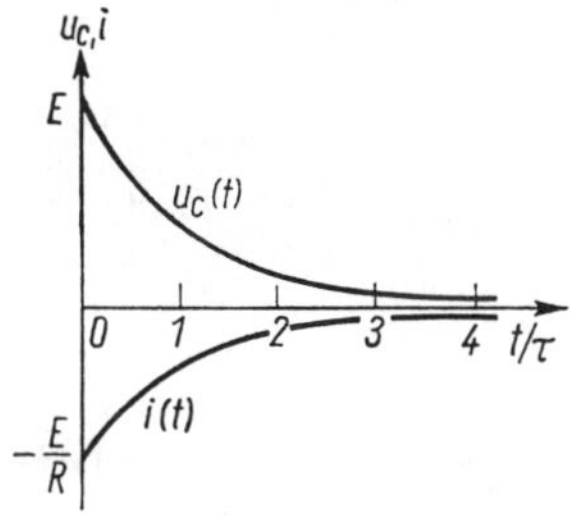

Bild 8.13

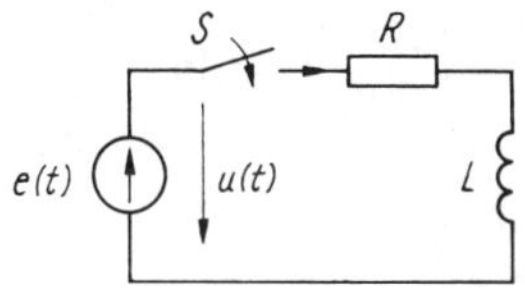

Bild 8.14

8.2.2. Ausgleichsvorgänge in einfachen Kreisen bei zeitlich sinusförmiger EMK

8.2.2.1. Einschalten einer sinusförmigen Wechselspannung über einen Widerstand an eine Induktivität

Es soll der Ausgleichsvorgang in dem im Bild 8.14 dargestellten Netzwerk untersucht werden. Die Spannung hat den zeitlichen Verlauf

$$u(t) = \hat{U}\sin(\omega t + \psi). \tag{8.93}$$

ψ ist der Phasenwinkel der Spannung im Einschaltmoment (Einschaltphase).
Es gilt die Differentialgleichung

$$Ri + L\frac{\mathrm{d}i}{\mathrm{d}t} = \hat{U}\sin(\omega t + \psi) \tag{8.94}$$

mit

$$i = i_e + i_f. \tag{8.95}$$

Im eingeschwungenen Zustand gilt bei Anwendung der komplexen Schreibweise

$$\underline{I}_e = \frac{\underline{U}}{R + j\omega L} = \frac{U\,e^{j\psi}}{\sqrt{R^2 + \omega^2 L^2}\,e^{j\varphi}}. \tag{8.96}$$

Daraus ergibt sich der Augenblickswert des Stromes zu

$$i_e = \frac{\hat{U}}{Z}\sin(\omega t + \psi - \varphi) = \hat{I}\sin(\omega t + \psi - \varphi) \tag{8.97}$$

mit

$$Z = \sqrt{R^2 + \omega^2 L^2}, \tag{8.98}$$

$$\varphi = \arctan\frac{\omega L}{R}. \tag{8.99}$$

Der flüchtige Strom ergibt sich aus der homogenen Differentialgleichung

$$Ri_f + L\frac{di_f}{dt} = 0 \tag{8.100}$$

zu

$$i_f = K\,e^{-(t/\tau)} \tag{8.101}$$

mit $\tau = L/R$.
Die Anfangsbedingung ergibt

$$i(0_-) = 0 = i(0_+) = i_e(0) + i_f(0). \tag{8.102}$$

Hieraus folgt mit (8.97) und (8.101)

$$\frac{\hat{U}}{Z}\sin(\psi - \varphi) + K = 0 \tag{8.103}$$

und für die Integrationskonstante

$$K = -\frac{\hat{U}}{Z}\sin(\psi - \varphi). \tag{8.104}$$

Der Ausgleichsstrom wird mit (8.95), (8.97) und (8.101)

$$i = \frac{\hat{U}}{Z}\left[\sin(\omega t + \psi - \varphi) - \sin(\psi - \varphi)\,e^{-(t/\tau)}\right]. \tag{8.105}$$

Diese Vorgänge sind im Bild 8.15 dargestellt.

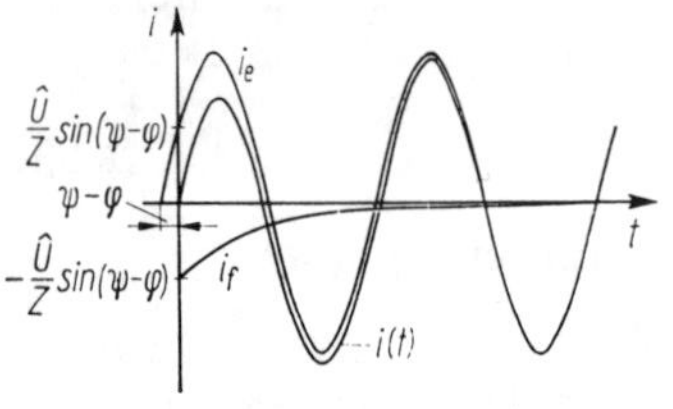

Bild 8.15

Mit dem Abklingen der flüchtigen Stromkomponente i_f strebt i dem eingeschwungenen Zustand i_e zu. In dem Bereich

$$\tfrac{1}{4}T < t < \tfrac{3}{4}T \tag{8.106}$$

nach dem Einschaltvorgang kann der Ausgleichsstrom i größer als der eingeschwungene Strom werden. Die Überschreitung hängt von ψ ab. Sie ist am größten, wenn

$$\psi - \varphi = \pi/2 \tag{8.107}$$

ist und wenn R sehr klein, d.h. τ sehr groß ist. Bild 8.16 zeigt einen derartigen Fall. Bei $t = T/2$ tritt dann der maximale Strom I_{max} auf. Bei großer Zeitkonstante beträgt er

$$I_{max} \approx 2\hat{I}. \tag{8.108}$$

In RL-Kreisen, die an eine Wechselspannung angeschlossen werden, kann offensichtlich der Augenblickswert des Ausgleichsstroms das Zweifache des Maximalwerts des eingeschwungenen Stromes nicht überschreiten. Der Anfangswert des flüchtigen Stromes ist entgegengesetzt gleich dem Anfangswert des eingeschwungenen Stromes. Wenn $i_e(0) = 0$ ist, dann ist auch $i_f(0) = 0$, und es besteht kein Ausgleichsvorgang. Das ist bei

$$\psi - \varphi = n\pi \qquad (n = 0, 1, 2 \ldots) \tag{8.109}$$

der Fall.

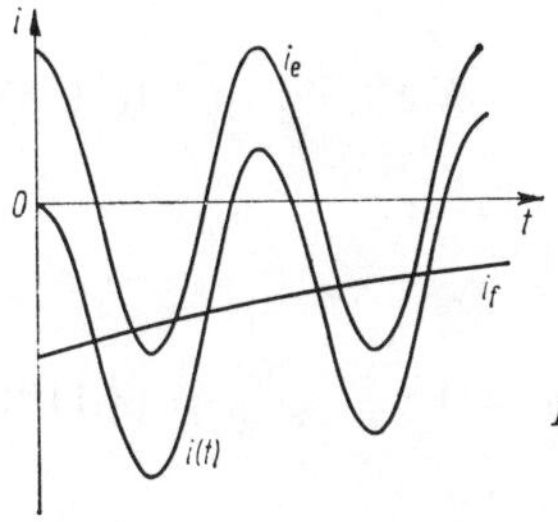

Bild 8.16

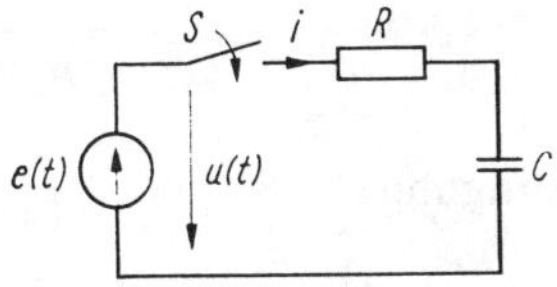

Bild 8.17

8.2.2.2. Einschalten einer sinusförmigen Wechselspannung über einen Widerstand an eine Kapazität

Es soll die im Bild 8.17 dargestellte Schaltung untersucht werden. Durch den Schalter S wird die Kapazität C im Zeitpunkt $t = 0$ an die sinusförmige Wechselspannung

$$u(t) = \hat{U} \sin (\omega t + \psi) \tag{8.110}$$

angeschlossen. Aus dem Maschensatz folgt die Differentialgleichung

$$u_C + iR = u_C + RC\frac{du_C}{dt} = \hat{U} \sin (\omega t + \psi). \tag{8.111}$$

Im eingeschwungenen Zustand beträgt die Spannung an der Kapazität nach der Spannungsteilerregel in komplexer Schreibweise

$$\underline{U}_{Ce} = \frac{\underline{U}}{j\omega C\left(R + \dfrac{1}{j\omega C}\right)} = \frac{\underline{U}}{1 + j\omega CR} = \frac{U\,e^{j\psi}}{\sqrt{1 + (\omega CR)^2}\,e^{j\varphi}}, \tag{8.112}$$

so daß für die Augenblickswerte gilt

$$u_{Ce} = \hat{U}_C \sin (\omega t + \psi - \varphi) \tag{8.113}$$

mit

$$\hat{U}_C = \frac{\hat{U}}{\sqrt{1 + (\omega CR)^2}}, \tag{8.114}$$

$$\varphi = \arctan \omega CR. \tag{8.115}$$

Den flüchtigen Anteil der Kondensatorspannung erhalten wir aus der homogenen Differentialgleichung

$$RC \frac{\mathrm{d}u_{Cf}}{\mathrm{d}t} + u_{Cf} = 0 \tag{8.116}$$

mit der Lösung

$$u_{Cf} = K \,\mathrm{e}^{-(t/\tau)}, \tag{8.117}$$

wobei $\tau = RC$ ist. Die Kondensatorspannung während des Ausgleichsvorgangs wird mit (8.113) und (8.117)

$$u_C = u_{Ce} + u_{Cf} = \frac{\hat{U}}{\sqrt{1 + (\omega CR)^2}} \sin(\omega t + \psi - \varphi) + K \,\mathrm{e}^{-(t/\tau)}. \tag{8.118}$$

Aus der Anfangsbedingung

$$u_C(0_+) = \frac{\hat{U}}{\sqrt{1 + (\omega CR)^2}} \sin(\psi - \varphi) + K = u_C(0_-) = 0 \tag{8.119}$$

folgt

$$K = -\frac{\hat{U}}{\sqrt{1 + (\omega CR)^2}} \sin(\psi - \varphi). \tag{8.120}$$

Damit ergibt sich

$$u_C = \frac{\hat{U}}{\sqrt{1 + (\omega RC)^2}} [\sin(\omega t + \psi - \varphi) - \sin(\psi - \varphi) \,\mathrm{e}^{-(t/\tau)}]. \tag{8.121}$$

Der Ausgleichsstrom ist

$$i = C \frac{\mathrm{d}u_C}{\mathrm{d}t} = \frac{\omega C \hat{U}}{\sqrt{1 + (\omega CR)^2}} \left[\cos(\omega t + \psi - \varphi) + \frac{1}{\omega RC} \sin(\psi - \varphi) \,\mathrm{e}^{-(t/\tau)}\right]. \tag{8.122}$$

Der Verlauf der Kondensatorspannung u_C während des Ausgleichsvorgangs entspricht dem des Stromes im Bild 8.15 und im Bild 8.16, da (8.121) und (8.105) einander vollkommen entsprechen.

Auch hier erfolgt der Übergang in den eingeschwungenen Zustand ohne Ausgleichsvorgang, wenn

$$\psi - \varphi = n\pi \quad (n = 0, 1, 2, \ldots) \tag{8.123}$$

ist.

8.2.3. Ausgleichsvorgänge in Schwingkreisen

8.2.3.1. Entladung eines Kondensators über Induktivität und Widerstand

Es sollen die Vorgänge in der im Bild 8.18 dargestellten Schaltung untersucht werden. Im Zeitpunkt $t = 0$ wird der auf die Spannung U_0 aufgeladene Kondensator durch den

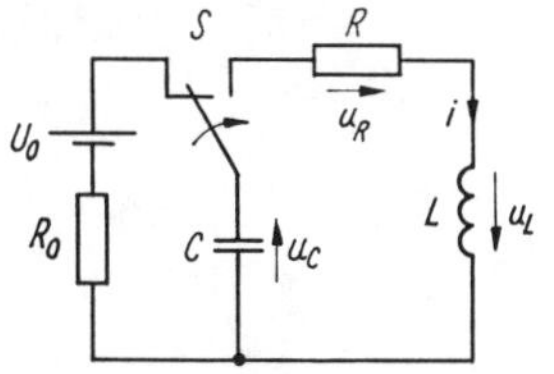

Bild 8.18

Schalter *S* über die Induktivität und den Widerstand entladen. Da in dem Kreis keine Spannungsquelle wirksam ist, ergibt der 2. Kirchhoffsche Satz

$$u_R + u_L + u_C = 0 \tag{8.124}$$

oder

$$iR + L\frac{\mathrm{d}i}{\mathrm{d}t} + u_C = 0. \tag{8.125}$$

Mit

$$i = C\frac{\mathrm{d}u_C}{\mathrm{d}t}, \tag{8.126}$$

$$\frac{\mathrm{d}i}{\mathrm{d}t} = C\frac{\mathrm{d}^2u_C}{\mathrm{d}t^2} \tag{8.127}$$

folgt für die Kondensatorspannung die Differentialgleichung

$$LC\frac{\mathrm{d}^2u_C}{\mathrm{d}t^2} + RC\frac{\mathrm{d}u_C}{\mathrm{d}t} + u_C = 0 \tag{8.128}$$

oder

$$\frac{\mathrm{d}^2u_C}{\mathrm{d}t^2} + \frac{R}{L}\frac{\mathrm{d}u_C}{\mathrm{d}t} + \frac{1}{LC}u_C = 0. \tag{8.129}$$

Da nach dem Schaltvorgang in dem Stromkreis keine EMK wirksam ist, muß nach genügend langer Zeit der Strom verschwinden. Dies ergibt für die eingeschwungenen Größen

$$i_e = 0 \tag{8.130}$$

sowie

$$u_{Re} = u_{Le} = u_{Ce} = 0, \tag{8.131}$$

so daß der Ausgleichsvorgang mit dem flüchtigen Vorgang identisch ist:

$$i = i_e + i_f = i_f, \tag{8.132}$$

$$u_R = u_{Re} + u_{Rf} = u_{Rf}, \tag{8.133}$$

$$u_L = u_{Le} + u_{Lf} = u_{Lf}, \tag{8.134}$$

$$u_C = u_{Ce} + u_{Cf} = u_{Cf}. \tag{8.135}$$

Dies ergibt

$$\frac{d^2u_{Cf}}{dt^2} + \frac{R}{L}\frac{du_{Cf}}{dt} + \frac{1}{LC}u_{Cf} = 0. \tag{8.136}$$

Setzt man

$$u_{Cf} = \frac{1}{C}\int i_f \, dt, \tag{8.137}$$

$$\frac{du_{Cf}}{dt} = \frac{1}{C}i_f, \tag{8.138}$$

$$\frac{d^2u_{Cf}}{dt^2} = \frac{1}{C}\frac{di_f}{dt} \tag{8.139}$$

in (8.136) ein und differenziert die Gleichung nach der Zeit, dann erhält man die Differentialgleichung für die flüchtige Komponente des Stromes und für den Ausgleichsstrom:

$$\frac{d^2i_f}{dt^2} + \frac{R}{L}\frac{di_f}{dt} + \frac{1}{LC}i_f = 0. \tag{8.140}$$

Die Differentialgleichungen für den Ausgleichsstrom und für die Ausgleichsspannung an der Kapazität sind von gleicher Form.
Die Lösung der Differentialgleichung (8.136) erfolgt mit einem Exponentialansatz für die Kondensatorspannung:

$$u_{Cf} = K\,e^{pt}. \tag{8.141}$$

Damit wird

$$\frac{du_{Cf}}{dt} = pK\,e^{pt}, \tag{8.142}$$

$$\frac{d^2u_{Cf}}{dt^2} = p^2K\,e^{pt}. \tag{8.143}$$

In (8.136) eingesetzt, ergibt dies

$$p^2K\,e^{pt} + \frac{R}{L}pK\,e^{pt} + \frac{1}{LC}K\,e^{pt} = 0. \tag{8.144}$$

Die charakteristische Gleichung des Systems wird nach Division der letzten Beziehung durch $K\,e^{pt}$

$$p^2 + \frac{R}{L}p + \frac{1}{LC} = 0. \tag{8.145}$$

Sie hat die Lösungen

$$p_{1,2} = -\frac{R}{2L} \pm \sqrt{\frac{R^2}{4L^2} - \frac{1}{LC}} = -\delta \pm \sqrt{\delta^2 - \omega_0^2} \tag{8.146}$$

bzw.

$$p_1 = -\delta + \varkappa, \tag{8.147}$$

$$p_2 = -\delta - \varkappa \tag{8.148}$$

mit

$$\delta = \frac{R}{2L}, \tag{8.149}$$

$$\omega_0 = \sqrt{\frac{1}{LC}}, \tag{8.150}$$

$$\varkappa = \sqrt{\delta^2 - \omega_0^2}. \tag{8.151}$$

Die allgemeine Lösung der Gleichung für die Kondensatorspannung lautet

$$u_C = u_{Cf} = K_1\,\mathrm{e}^{p_1 t} + K_2\,\mathrm{e}^{p_2 t}. \tag{8.152}$$

K_1 und K_2 sind zwei Integrationskonstanten. Der Strom ergibt sich aus der Beziehung

$$i = i_f = C\,\frac{\mathrm{d}u_{Cf}}{\mathrm{d}t} = C\,(K_1 p_1\,\mathrm{e}^{p_1 t} + K_2 p_2\,\mathrm{e}^{p_2 t}). \tag{8.153}$$

Die Integrationskonstanten K_1 und K_2 erhält man aus den Anfangsbedingungen für die Kondensatorspannung und den Strom. Es gilt

$$u_C(0_-) = u_C(0_+) = u_{Cf}(0_+) = -U_0 \tag{8.154}$$

oder

$$K_1 + K_2 = -U_0. \tag{8.155}$$

Ferner ist

$$i(0_-) = i(0_+) = i_f(0_+) = 0 \tag{8.156}$$

oder

$$p_1 K_1 + p_2 K_2 = 0. \tag{8.157}$$

Daraus ergibt sich für die Integrationskonstanten

$$K_1 = \frac{p_2 U_0}{p_1 - p_2}, \tag{8.158}$$

$$K_2 = -\frac{p_1 U_0}{p_1 - p_2}. \tag{8.159}$$

Durch Einsetzen dieser Werte in (8.152) und in (8.153) erhält man die folgenden Lösungen:

$$u_C = u_{Cf} = \frac{U_0}{p_1 - p_2}\,(p_2\,\mathrm{e}^{p_1 t} - p_1\,\mathrm{e}^{p_2 t}), \tag{8.160}$$

$$i = i_f = \frac{p_1 p_2}{p_1 - p_2}\,C U_0\,(\mathrm{e}^{p_1 t} - \mathrm{e}^{p_2 t}). \tag{8.161}$$

Entsprechend (8.146) ergeben sich die folgenden drei charakteristischen Zustände:

a) *Der aperiodische Fall.* Er stellt sich ein, wenn

$$\delta > \omega_0 \quad \text{bzw.} \quad R > 2\sqrt{\frac{L}{C}} \tag{8.162}$$

ist. Die beiden Wurzeln p_1 und p_2 der charakteristischen Gleichung sind in diesem Falle reell und voneinander verschieden.

b) *Der aperiodische Grenzfall.* Er stellt sich ein, wenn

$$\delta = \omega_0 \quad \text{bzw.} \quad R = 2\sqrt{\frac{L}{C}} \tag{8.163}$$

ist. Es existiert nur eine reelle Wurzel der charakteristischen Gleichung.

c) *Der periodische Fall.* Er stellt sich ein, wenn

$$\delta < \omega_0 \quad \text{bzw.} \quad R < 2\sqrt{\frac{L}{C}} \tag{8.164}$$

ist. Die beiden Wurzeln der charakteristischen Gleichung sind konjugiert komplex.

Im folgenden werden die drei Fälle getrennt untersucht.

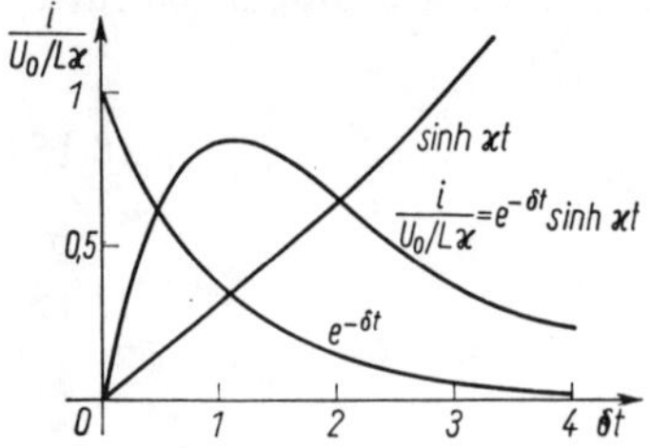

Bild 8.19

Der aperiodische Fall

Im aperiodischen Fall $\delta > \omega_0$ sind beide Wurzeln reell. Führt man

$$p_1 - p_2 = 2\varkappa \tag{8.165}$$

und

$$p_1 p_2 = \delta^2 - \varkappa^2 = \omega_0^2 \tag{8.166}$$

in (8.161) ein, dann erhält man

$$i = \frac{\omega_0^2 C U_0}{2\varkappa}\left(e^{(-\delta+\varkappa)t} - e^{(-\delta-\varkappa)t}\right)$$

$$= \frac{U_0}{L\varkappa}\, e^{-\delta t}\, \frac{e^{\varkappa t} - e^{-\varkappa t}}{2}, \tag{8.167}$$

$$i = \frac{U_0}{L\varkappa}\, e^{-\delta t} \sinh \varkappa t. \tag{8.168}$$

Der Verlauf des normierten Stromes bei einer aperiodischen Kondensatorentladung wird im Bild 8.19 gezeigt.

Der aperiodische Grenzfall

In diesem Falle ist

$$R = 2\sqrt{\frac{L}{C}} \tag{8.169}$$

und damit

$$p_1 = p_2 = p = -\delta = -\omega_0. \tag{8.170}$$

Für die Kondensatorspannung wird als Lösung angesetzt:

$$u_C = u_{Cf} = (K_1 + K_2 t)\,\mathrm{e}^{pt}. \tag{8.171}$$

Daraus ergibt sich für den Strom

$$i = i_f = C\frac{\mathrm{d}u_C}{\mathrm{d}t} = C(K_2 + pK_1 + pK_2 t)\,\mathrm{e}^{pt}. \tag{8.172}$$

Aus den Anfangsbedingungen

$$u_C(0_-) = u_C(0_+) = u_{Cf}(0_+) = -U_0 \tag{8.173}$$

und

$$i(0_+) = i_f(0_+) = i(0_-) = 0 \tag{8.174}$$

folgen die Integrationskonstanten

$$K_1 = -U_0, \tag{8.175}$$

$$K_2 = pU_0. \tag{8.176}$$

Damit erhalten wir als Lösungen

$$u_C = u_{Cf} = -U_0(1 - pt)\,\mathrm{e}^{pt} = -U_0(1 + \delta t)\,\mathrm{e}^{-\delta t}, \tag{8.177}$$

$$i = i_f = Cp^2 U_0 t\,\mathrm{e}^{pt} = \frac{U_0}{L}\,t\,\mathrm{e}^{-\delta t} = \frac{U_0}{R}\,2\,\delta t\,\mathrm{e}^{-\delta t}. \tag{8.178}$$

Bild 8.20 zeigt den Verlauf des normierten Stromes in Abhängigkeit von der Zeit.

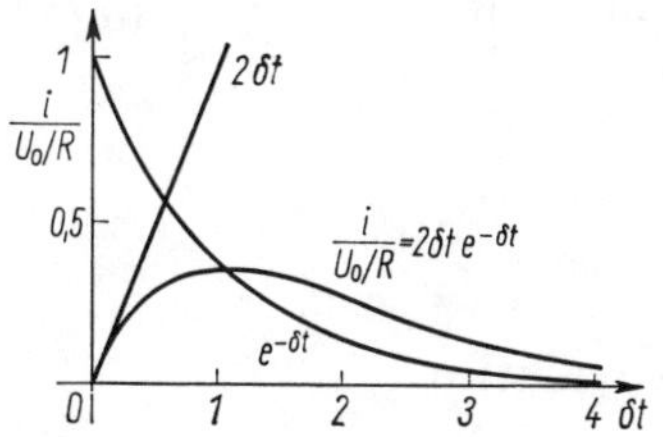

Bild 8.20

Der Strom weist ein Maximum auf. Aus

$$\frac{\mathrm{d}i}{\mathrm{d}t} = \frac{U_0}{L}(\mathrm{e}^{-\delta t} - \delta t\,\mathrm{e}^{-\delta t}) = 0 \tag{8.179}$$

kann die Zeit ermittelt werden, zu der sich der Maximalwert einstellt. Sie beträgt

$$t_{max} = \frac{1}{\delta}. \tag{8.180}$$

Der Maximalwert des Stromes ist

$$I_{max} = \frac{U_0}{\delta L} e^{-1}. \tag{8.181}$$

Mit (8.149) und $e^{-1} = 0{,}368$ erhalten wir

$$I_{max} = 0{,}736 \frac{U_0}{R}. \tag{8.182}$$

Der periodische Fall

Für $R < 2\sqrt{L/C}$ und $\delta < \omega_0$ sind die Wurzeln p_1 und p_2 konjugiert komplex:

$$p_{1,2} = -\delta \pm j\omega. \tag{8.183}$$

Dabei ist

$$\omega = \left|\sqrt{\omega_0^2 - \delta^2}\right| \tag{8.184}$$

und

$$\varkappa = j\omega. \tag{8.185}$$

Aus (8.167) ergibt sich dann für den Ausgleichsstrom

$$i = \frac{U_0}{\omega L} e^{-\delta t} \frac{e^{j\omega t} - e^{-j\omega t}}{2j} = \frac{U_0}{\omega L} e^{-\delta t} \sin \omega t. \tag{8.186}$$

Der zeitliche Verlauf des Ausgleichsstroms ergibt eine gedämpfte harmonische Schwingung.

Für die Kondensatorspannung erhalten wir aus (8.160)

$$\begin{aligned} u_C &= \frac{U_0 e^{-\delta t}}{2j\omega} [(-\delta - j\omega) e^{j\omega t} - (-\delta + j\omega) e^{-j\omega t}] \\ &= \frac{U_0 e^{-\delta t}}{\omega} \left[-\delta \frac{e^{j\omega t} - e^{-j\omega t}}{2j} - \omega \frac{e^{j\omega t} + e^{-j\omega t}}{2} \right] \\ &= -\frac{U_0 e^{-\delta t}}{\omega} [\delta \sin \omega t + \omega \cos \omega t]. \end{aligned} \tag{8.187}$$

Wenn wir die trigonometrischen Funktionen zusammenfassen, wird

$$u_C = A e^{-\delta t} \sin(\omega t + \psi). \tag{8.188}$$

Dabei ist

$$A = -U_0 \sqrt{\frac{\delta^2}{\omega^2} + 1}, \tag{8.189}$$

$$\psi = \arctan \frac{\omega}{\delta}. \tag{8.190}$$

Bei $\omega \gg \delta$ ergibt sich $\psi \approx \pi/2$, und wir erhalten für die Kondensatorspannung

$$u_C \approx -U_0\,e^{-\delta t}\sin\left(\omega t + \frac{\pi}{2}\right) = -U_0\,e^{-\delta t}\cos\omega t. \tag{8.191}$$

Die zeitlichen Verläufe des Stromes und der Kondensatorspannung werden im Bild 8.21 gezeigt.

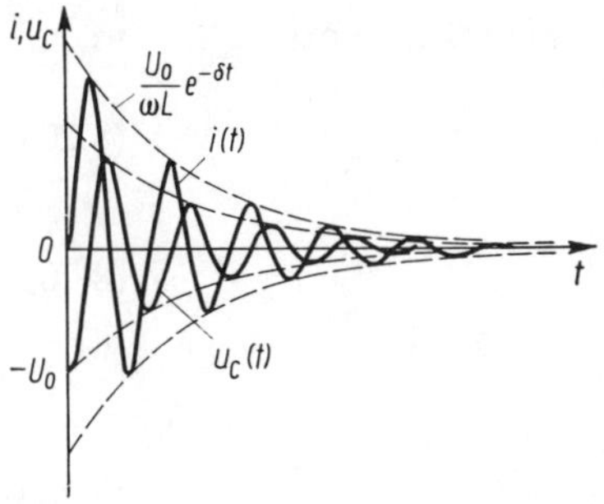

Bild 8.21

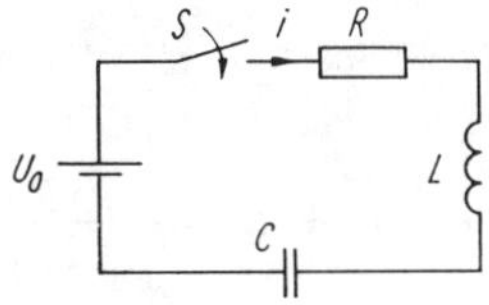

Bild 8.22

8.2.3.2. Einschalten einer Gleichspannung an einen Schwingkreis

In der im Bild 8.22 angegebenen Schaltung wird zum Zeitpunkt $t = 0$ der Schalter geschlossen und damit die Gleichspannung U_0 an den Kreis gelegt. Für den eingeschwungenen Zustand gilt

$$i_e = 0, \tag{8.192}$$

$$u_{Ce} = U_0. \tag{8.193}$$

Die Anfangsbedingungen sind

$$u_C(0_-) = u_C(0_+) = u_{Ce}(0_+) + u_{Cf}(0_+) = 0, \tag{8.194}$$

$$u_{Ce}(0_+) = -u_{Cf}(0_+) = U_0, \tag{8.195}$$

$$i(0_-) = i(0_+) = i_e(0_+) + i_f(0_+) = 0, \tag{8.196}$$

$$i_f(0_+) = 0. \tag{8.197}$$

Der aperiodische Fall

Die Lösungen der homogenen Differentialgleichungen ergeben entsprechend (8.152) und (8.153) für den flüchtigen Vorgang

$$u_{Cf} = K_1\,e^{p_1 t} + K_2\,e^{p_2 t}, \tag{8.198}$$

$$i_f = C\,(p_1 K_1\,e^{p_1 t} + p_2 K_2\,e^{p_2 t}). \tag{8.199}$$

Mit den Anfangsbedingungen

$$u_{Cf}(0_+) = K_1 + K_2 = -U_0 \tag{8.200}$$

und

$$i_f(0_+) = C\,(K_1 p_1 + K_2 p_2) = 0 \tag{8.201}$$

finden wir die Integrationskonstanten

$$K_1 = \frac{p_2 U_0}{p_1 - p_2}, \tag{8.202}$$

$$K_2 = -\frac{p_1 U_0}{p_1 - p_2}. \tag{8.203}$$

Unter Verwendung von (8.192) und (8.193) erhalten wir als Lösungen

$$u_C = u_{Ce} + u_{Cf} = U_0 + \frac{U_0}{p_1 - p_2}(p_2\,e^{p_1 t} - p_1\,e^{p_2 t}), \tag{8.204}$$

$$i = i_e + i_f = \frac{p_1 p_2}{p_1 - p_2}\,C U_0\,(e^{p_1 t} - e^{p_2 t}). \tag{8.205}$$

Mit $p_1 p_2 = 1/LC$ (vgl. (8.166)) folgt für den Strom

$$i = \frac{U_0}{L\,(p_1 - p_2)}(e^{p_1 t} - e^{p_2 t}). \tag{8.206}$$

Der Strom hat hier also den gleichen Verlauf wie beim Entladevorgang (8.161) und (8.168).

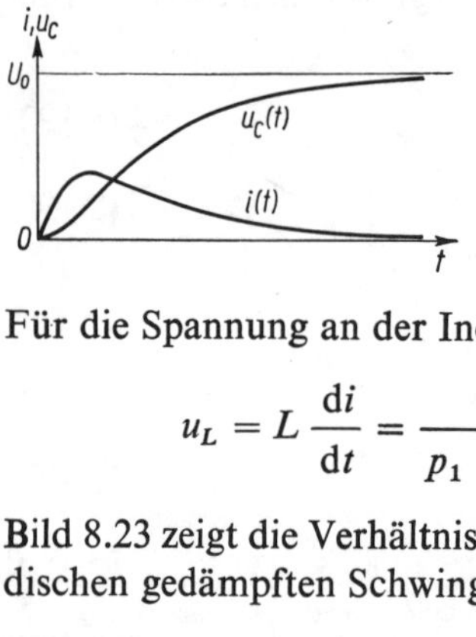

Bild 8.23

Für die Spannung an der Induktivität gilt

$$u_L = L\frac{di}{dt} = \frac{U_0}{p_1 - p_2}(p_1\,e^{p_1 t} - p_2\,e^{p_2 t}). \tag{8.207}$$

Bild 8.23 zeigt die Verhältnisse beim Einschalten einer Gleichspannung an einem aperiodischen gedämpften Schwingkreis.

Der periodische Fall

Mit

$$p_{1,2} = -\delta \pm j\omega, \tag{8.208}$$

$$p_1 - p_2 = 2\,j\omega \tag{8.209}$$

erhalten wir aus (8.204) die Lösung für den periodischen Fall:

$$u_{Cf} = \frac{U_0}{2\,j\omega}\left[(-\delta - j\omega)\,e^{(-\delta + j\omega)t} - (-\delta + j\omega)\,e^{(-\delta - j\omega)t}\right]$$

$$= -\frac{U_0\,e^{-\delta t}}{\omega}\left[\delta\,\frac{e^{j\omega t} - e^{-j\omega t}}{2j} + \omega\,\frac{e^{j\omega t} + e^{-j\omega t}}{2}\right], \tag{8.210}$$

$$u_{Cf} = -\frac{U_0\,e^{-\delta t}}{\omega}\left[\delta \sin \omega t + \omega \cos \omega t\right]. \tag{8.211}$$

Durch Zusammenfassen der trigonometrischen Funktionen folgt wiederum

$$u_{Cf} = A\,e^{-\delta t} \sin(\omega t + \psi) \tag{8.212}$$

mit

$$A = -U_0 \sqrt{\frac{\delta^2}{\omega^2} + 1}, \tag{8.213}$$

$$\psi = \arctan \frac{\omega}{\delta}. \tag{8.214}$$

Für $\omega \gg \delta$ ist $\psi \approx \pi/2$, und damit wird aus (8.212)

$$u_{Cf} \approx -U_0\,e^{-\delta t} \cos \omega t. \tag{8.215}$$

Für die Ausgleichsspannung am Kondensator ergibt sich für diesen Fall

$$u_C = u_{Ce} + u_{Cf} = U_0 (1 - e^{-\delta t} \cos \omega t) \tag{8.216}$$

und für den Strom

$$i = C \frac{du_C}{dt} = \omega C U_0\,e^{-\delta t} \left(\sin \omega t + \frac{\delta}{\omega} \cos \omega t \right), \tag{8.217}$$

$$i \approx \omega C U_0\,e^{-\delta t} \sin \omega t. \tag{8.218}$$

Die zeitlichen Verläufe der Kondensatorspannung und des Stromes werden für diesen Fall ($\omega \gg \delta$) im Bild 8.24 gezeigt.

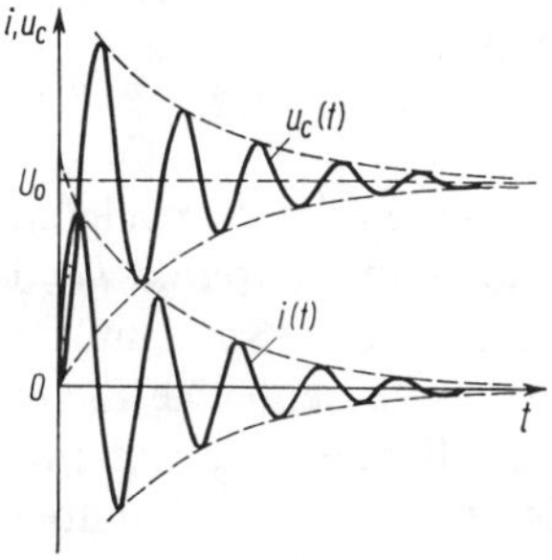

Bild 8.24

8.3. Klassische Methode zur Behandlung von Ausgleichsvorgängen in verzweigten linearen Netzwerken

8.3.1. Darstellung des allgemeinen Verfahrens

Das allgemeine Verfahren zur Behandlung von Ausgleichsvorgängen in verzweigten linearen Netzwerken besteht wiederum in der Aufstellung und Lösung der Differentialgleichungen. Im Gegensatz zu den unverzweigten Stromkreisen wird das untersuchte Netzwerk jedoch nicht durch eine einzige Differentialgleichung, sondern durch ein System von Differentialgleichungen beschrieben. Die Aufstellung dieses Systems erfolgt wiederum auf der Grundlage der Kirchhoffschen Gesetze, die auch während des Ausgleichsvorgangs in jedem Zeitpunkt gültig sind. Weitere Verfahren für die Aufstellung des Differentialgleichungssystems haben wir bereits im Abschnitt 7. kennengelernt.

Das Differentialgleichungssystem, das die Ausgleichsvorgänge in linearen Netzwerken beschreibt, ist stets linear und hat konstante Koeffizienten. Zu dessen Lösung kann man sich deshalb wiederum der Zerlegung in flüchtige und eingeschwungene Anteile bedienen. Die eingeschwungene Lösung kann für Gleich- und Wechselstromquellen mit Hilfe der üblichen Methoden der Netzwerkberechnung ermittelt werden, indem man den Zustand des Netzes für $t \to \infty$ untersucht, also wenn der flüchtige Vorgang praktisch abgeklungen ist.

Den flüchtigen Vorgang berechnet man wie für unverzweigte Stromkreise als Lösung des homogenen Differentialgleichungssystems, das man durch Nullsetzen der Störglieder aus dem ursprünglichen System erhält. Da es sich um ein lineares System mit konstanten Koeffizienten handelt, führt hier stets der Exponentialansatz zur Lösung, wobei in der Lösung selbst eine Reihe von Integrationskonstanten auftreten.

Die Überlagerung der eingeschwungenen Lösungen mit dem flüchtigen Vorgang für jeden Zweigstrom ergibt dann die allgemeine Lösung des inhomogenen Gleichungssystems. Durch Einsetzen der Anfangsbedingungen in die allgemeine Lösung können schließlich die Integrationskonstanten bestimmt und so die endgültige Lösung für das spezielle Problem ermittelt werden.

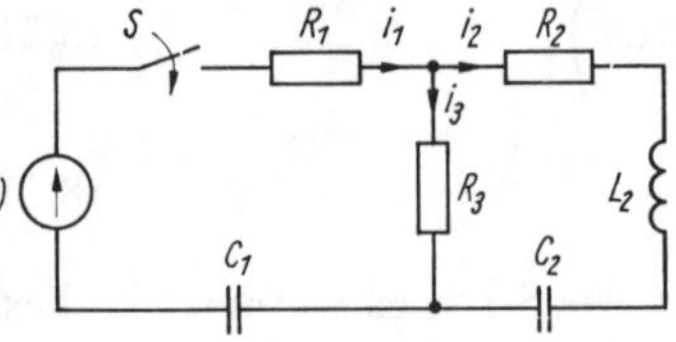

Bild 8.25

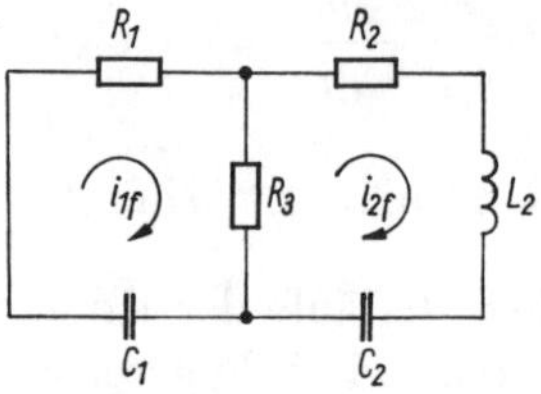

Bild 8.26

8.3.2. Beispiel für die Ermittlung eines Ausgleichsvorgangs in einem verzweigten Netzwerk

Die allgemeine Methode der Behandlung von Ausgleichsvorgängen in verzweigten Stromkreisen sei am Beispiel der Schaltung nach Bild 8.25 gezeigt. Zum Zeitpunkt $t = 0$ wird der Schalter geschlossen. Es werden die Ströme in allen Zweigen und die Spannungen an allen Elementen der Schaltung während des Ausgleichsvorgangs gesucht. Die EMK der Spannungsquelle sei konstant oder harmonisch, so daß die Berechnung der eingeschwungenen Größen vor und nach dem Schaltvorgang nach den bereits bekannten Methoden erfolgen kann. Die Bestimmung der flüchtigen Ströme und Spannungen erfolgt durch die Aufstellung der charakteristischen Gleichung des homogenen Differentialgleichungssystems. Zu diesem Zweck benutzen wir das Schaltbild für den Ausgleichszustand nach Bild 8.26 und stellen die Gleichungen der selbständigen Maschen für die Augenblickswerte der flüchtigen Stromkomponenten auf:

$$(R_1 + R_3)\, i_{1f} + \frac{1}{C_1} \int i_{1f}\, dt - i_{2f} R_3 = 0, \tag{8.219}$$

$$(R_2 + R_3)\, i_{2f} + L_2 \frac{di_{2f}}{dt} + \frac{1}{C_2} \int i_{2f}\, dt - i_{1f} R_3 = 0. \tag{8.220}$$

Wir führen die Bezeichnungen R_{11}, R_{22}, L_{22}, C_{11} und C_{22} für die Widerstände, die Induktivität und die Kapazitäten der selbständigen Maschen bzw. R_{12} für den gemeinsamen Widerstand der zwei benachbarten selbständigen Maschen ein. Hiermit gehen die oben angeführten Gleichungen in

$$R_{11}i_{1f} + \frac{1}{C_{11}}\int i_{1f}\,dt - R_{12}i_{2f} = 0, \tag{8.221}$$

$$-R_{12}i_{1f} + R_{22}i_{2f} + L_{22}\frac{di_{2f}}{dt} + \frac{1}{C_{22}}\int i_{2f}\,dt = 0 \tag{8.222}$$

über.

Die Lösung dieses Gleichungssystems für jeden der zwei Ströme i_{1f} und i_{2f} stellt im allgemeinen Fall eine Summe von Exponentialfunktionen dar, von denen jede gleiche Exponenten hat. Wir führen daher die Ansätze

$$i_{1f} = K_1\,e^{pt}, \tag{8.223}$$

$$i_{2f} = K_2\,e^{pt} \tag{8.224}$$

ein. Dann ist

$$\frac{di_{1f}}{dt} = pK_1\,e^{pt} = pi_{1f}, \tag{8.225}$$

$$\frac{di_{2f}}{dt} = pK_2\,e^{pt} = pi_{2f} \tag{8.226}$$

und

$$\int i_{1f}\,dt = \frac{1}{p}K_1\,e^{pt} = \frac{1}{p}i_{1f}, \tag{8.227}$$

$$\int i_{2f}\,dt = \frac{1}{p}K_2\,e^{pt} = \frac{1}{p}i_{2f}. \tag{8.223}$$

Wenn wir diese Werte in (8.221) und (8.222) einsetzen, erhalten wir

$$\left(R_{11} + \frac{1}{pC_{11}}\right)i_{1f} - R_{12}i_{2f} = 0, \tag{8.229}$$

$$-R_{12}i_{1f} + \left(R_{22} + pL_{22} + \frac{1}{pC_{22}}\right)i_{2f} = 0. \tag{8.230}$$

Die Differentialgleichungen (8.221) und (8.222) bezüglich der Funktionen i_{1f} und i_{2f} sind auf diese Weise in die algebraischen Gleichungen (8.229) und (8.230) hinsichtlich derselben Funktionen umgewandelt worden. Das letztgenannte Gleichungssystem mit den Unbekannten i_{1f} und i_{2f} hat nur dann eine von Null verschiedene Lösung, wenn die Determinante des Systems Null ist:

$$\Delta(p) = \begin{Vmatrix} R_{11} + \dfrac{1}{pC_{11}} & -R_{12} \\ -R_{12} & R_{22} + pL_{22} + \dfrac{1}{pC_{22}} \end{Vmatrix} = 0. \tag{8.231}$$

Ist $i_{1f} = i_{2f} = 0$, so bedeutet dies, daß kein flüchtiger Vorgang stattfindet.

Aus den Betrachtungen folgt, daß die Größe p in den Lösungsansätzen (8.223) und (8.224) eine Wurzel von (8.231) ist. (8.231) stellt die charakteristische Gleichung des Integro-Differentialgleichungssystems (8.221) und (8.222) dar. In dem betrachteten Fall ist sie eine Gleichung dritten Grades. Die Ermittlung der Lösungen von (8.231) erfolgt nach den Regeln der Algebra. Wir wollen im folgenden die Wurzeln p_1, p_2 und p_3 als bekannt voraussetzen.

Wenn wir die Koeffizienten der flüchtigen Maschenströme i_{1f} und i_{2f} in (8.229) und (8.230) betrachten, erkennen wir, daß sie wie der komplexe Widerstand bei der Behandlung eingeschwungener sinusförmiger Vorgänge aufgebaut sind, wobei anstelle von $j\omega$ jetzt p erscheint. So ist z. B. der komplexe Widerstand des zweiten Zweiges nach Bild 8.26

$$\underline{Z}_{22} = R_{22} + j\omega L_{22} + \frac{1}{j\omega C_{22}}. \tag{8.232}$$

Mit $j\omega \to p$ ergibt sich daraus

$$Z_{22}(p) = R_{22} + pL_{22} + \frac{1}{pC_{22}}. \tag{8.233}$$

Sind die Wurzeln der charakteristischen Gleichung bekannt, lassen sich die allgemeinen Ausdrücke für jeden der flüchtigen Maschenströme angeben. Dabei sind die folgenden drei Fälle zu unterscheiden:

1. Fall:

Die Wurzeln p_1, p_2 und p_3 sind reell und voneinander verschieden. Dann ist

$$i_{1f} = K_{11}\,e^{p_1 t} + K_{12}\,e^{p_2 t} + K_{13}\,e^{p_3 t}. \tag{8.234}$$

2. Fall:

Die Wurzeln p_1, p_2 und p_3 sind gleich. Dann ist

$$p_1 = p_2 = p_3 = p, \tag{8.235}$$

$$i_{1f} = (K_{11} + K_{12}t + K_{13}t^2)\,e^{pt}. \tag{8.236}$$

3. Fall:

Die Wurzeln p_1 und p_2 sind konjugiert komplex,

$$p_1 = -\delta + j\omega, \tag{8.237}$$

$$p_2 = -\delta - j\omega, \tag{8.238}$$

die Wurzel p_3 ist reell. In diesem Falle ergibt sich für den Strom

$$i_{1f} = (K_{11}\cos\omega t + K_{12}\sin\omega t)\,e^{-\delta t} + K_{13}\,e^{p_3 t}. \tag{8.239}$$

Es soll nun der erste Fall näher untersucht werden. Für den Ausgleichsstrom in der Masche 1 erhalten wir mit (8.234)

$$i_1 = i_{1e} + i_{1f} = i_{1e} + K_{11}\,e^{p_1 t} + K_{12}\,e^{p_2 t} + K_{13}\,e^{p_3 t}. \tag{8.240}$$

Die weitere Aufgabe besteht in der Ermittlung der Integrationskonstanten K_{11}, K_{12} und K_{13}. Zu diesem Zweck bilden wir die erste und die zweite Ableitung von (8.240) und setzen in dieser Gleichung und ihren Ableitungen $t = 0$:

$$i_1(0) = i_{1e}(0) = K_{11} + K_{12} + K_{13}, \tag{8.241}$$

$$\left(\frac{di_1}{dt}\right)_{t=0} = \left(\frac{di_{1e}}{dt}\right)_{t=0} + p_1K_{11} + p_2K_{12} + p_3K_{13}, \tag{8.242}$$

$$\left(\frac{d^2i_1}{dt^2}\right)_{t=0} = \left(\frac{d^2i_{1e}}{dt^2}\right)_{t=0} + p_1^2K_{11} + p_2^2K_{12} + p_3^2K_{13}. \tag{8.243}$$

Da der Wert des eingeschwungenen Stromes sowie seine Ableitungen bei $t = 0$ und die Wurzeln p_1, p_2 und p_3 der charakteristischen Gleichung bekannt sind, kann man aus den obenstehenden Gleichungen die Integrationskonstanten bestimmen, wenn der Wert des Ausgleichsstroms i_1 und seine Ableitungen bei $t = 0$ bekannt sind. Um $i_1(0)$, (di_1/dt) für $t = 0$ und (d^2i_1/dt^2) für $t = 0$ bestimmen zu können, wenden wir den 1. und 2. Kirchhoffschen Satz für die Ausgleichsströme an (Bild 8.25)

$$i_1 = i_2 + i_3, \tag{8.244}$$

$$e_1 = i_1R_1 + \frac{1}{C_1}\int i_1\,dt + R_3i_3, \tag{8.245}$$

$$0 = i_2R_2 + L_2\frac{dt_2}{dt} + \frac{1}{C_2}\int i_2\,dt - i_3R_3. \tag{8.246}$$

Entsprechend den Schaltgesetzen können sich die Ströme in Zweigen mit Induktivitäten und die Spannungen in Zweigen mit Kapazitäten im Schaltmoment nicht sprunghaft ändern. Es sind also die Größen $i_2(0)$, $u_{C1}(0)$ und $u_{C2}(0)$ bekannt. Damit lassen sich aus den letzten Gleichungen $i_1(0)$ und $i_2(0)$ bestimmen. Aus folgenden Gleichungen kann man für $t = 0$ die Ableitungen der Ausgleichsströme ermitteln:

$$\frac{di_1}{dt} = \frac{di_2}{dt} + \frac{di_3}{dt}, \tag{8.247}$$

$$\frac{de_1}{dt} = R_1\frac{di_1}{dt} + \frac{i_1}{C_1} + R_3\frac{di_3}{dt}, \tag{8.248}$$

$$0 = R_2i_2 + L_2\frac{di_2}{dt} + u_{C2} - R_3i_3. \tag{8.249}$$

Durch nochmaliges Differenzieren von (8.247), (8.248) und (8.249) erhalten wir

$$\frac{d^2i_1}{dt^2} = \frac{d^2i_2}{dt^2} + \frac{d^2i_3}{dt^2}, \tag{8.250}$$

$$\frac{d^2e_1}{dt^2} = R_1\frac{d^2i_1}{dt^2} + \frac{1}{C_1}\frac{di_1}{dt} + R_3\frac{d^2i_3}{dt^2}, \tag{8.251}$$

$$0 = R_2\frac{di_2}{dt} + L_2\frac{d^2i_2}{dt^2} + \frac{i_2}{C_2} - R_3\frac{di_3}{dt}. \tag{8.252}$$

Daraus lassen sich die Anfangswerte der zweiten Ableitung der Ausgleichsströme mit $t = 0$ bestimmen. Aus (8.241) bis (8.243) kann man nun die Integrationskonstanten K_{11}, K_{12} und K_{13} ermitteln. Damit ist der zeitliche Verlauf des Ausgleichsstroms $i_1(t)$ (8.240) bekannt. Eine entsprechende Beziehung kann auf Grund des Lösungsansatzes (8.224) für den Strom $i_2(t)$ angegeben und die darin auftretenden Integrationskonstanten in der gleichen Weise bestimmt werden. Sind $i_1(t)$ und $i_2(t)$ bekannt, so erhält man schließlich den Ausgleichsstrom $i_3(t)$ zu

$$i_3(t) = i_1(t) - i_2(t). \tag{8.253}$$

8.4. Behandlung von Ausgleichsvorgängen mittels der Operatorenrechnung

8.4.1. Laplace-Transformation

Die größte Schwierigkeit bei der Anwendung der klassischen Methode zur Lösung von linearen Differentialgleichungen, die Ausgleichsvorgänge beschreiben, besteht, wie leicht aus dem oben angeführten Beispiel erkennbar ist, in der Ermittlung der Integrationskonstanten aus den Anfangsbedingungen, die von den Schaltgesetzen vorgeschrieben werden. Diese Schwierigkeiten wachsen bei komplizierten Netzwerken, die von Systemen von Differentialgleichungen höherer Ordnung beschrieben werden, stark an.

Besondere Vorteile zur Lösung linearer Differentialgleichungen haben Operatorenmethoden. Die Laplace-Transformation stellt eine Operatorenmethode dar, die auf der Zuordnung einer gegebenen Funktion einer reellen Veränderlichen – in unserem Falle die Zeit t – zu einer anderen Funktion einer komplexen Veränderlichen p begründet ist.

Die Funktion der reellen Veränderlichen nennt man die Originalfunktion (Oberfunktion) oder kurz das Original, die Funktion der komplexen Veränderlichen nennt man die Bildfunktion (Unterfunktion) oder kurz die Abbildung. Diese Zuordnung ermöglicht es, ein System von Integro-Differentialgleichungen bezüglich der Originalfunktion durch ein System algebraischer Gleichungen hinsichtlich der Bildfunktion zu ersetzen. Die Lösung des so erhaltenen Systems algebraischer Gleichungen ergibt die Abbildung der gesuchten Funktion, die man durch eine Rücktransformation in die Originalfunktion umwandeln kann. Alle Anfangsbedingungen werden bei dem Übergang von dem System der Integro-Differentialgleichungen auf das System der algebraischen Gleichungen berücksichtigt, so daß die Ermittlung der Integrationskonstanten aus den Anfangsbedingungen nicht mehr nötig ist.

Die Transformation der Originalfunktion $f(t)$ der reellen Veränderlichen t in die Bildfunktion $F(p)$ der komplexen Veränderlichen

$$p = \sigma + j\omega \tag{8.254}$$

und die Rücktransformation werden durch die Beziehung

$$F(p) = \int_0^\infty e^{-pt} f(t)\, dt \tag{8.255}$$

festgelegt. Damit diese Transformation einen Sinn hat, muß das uneigentliche Integral einen endlichen Wert haben. Bezeichnet σ_0 die Abszisse der absoluten Konvergenz des

Laplace-Integrals (8.255), so stellt $F(p)$ eine analytische Funktion der komplexen Veränderlichen p in der Halbebene

$$\mathrm{Re}\,[p] = g > g_0 > 0 \tag{8.256}$$

dar.

An die Funktion $f(t)$ sind dabei folgende Bedingungen gestellt:

1. Sie muß eindeutig und im Intervall $0 \leqq t < \infty$ (mit Ausnahme endlich vieler isolierter Punkte) stetig sein.
2. Es wird gefordert, daß $f(t) = 0$ ist für $t < 0$.
3. Damit eine Konvergenzabszisse $\sigma_0 < \infty$ existiert, muß die Funktion $f(t)$ in ihrem Wachstum beschränkt sein. Es genügt z.B., wenn

   $$|f(t)| \leqq M\,\mathrm{e}^{\sigma_1 t} \tag{8.257}$$

   ist, denn dann ist $\sigma_0 \leqq \sigma_1$.

Diesen Bedingungen genügen praktisch alle Zeitfunktionen, die in der Elektrotechnik vorkommen.

Die Beziehung, die durch (8.255) festgelegt wird, stellt die Laplace-Transformation dar. Für die Transformation und für die Rücktransformation sind auch die Schreibweisen

$$F(p) = L\,\{f(t)\}, \tag{8.258}$$

$$f(t) = L^{-1}\,\{F(p)\} \tag{8.259}$$

üblich. Die Transformation in den Bildbereich wird durch das Symbol

$$F(p) \bullet\!\!-\!\!\circ f(t), \tag{8.260}$$

die Rücktransformation in den Zeitbereich durch

$$f(t) \bullet\!\!-\!\!\circ F(p) \tag{8.261}$$

gekennzeichnet.

8.4.2. Rechenregeln für die Anwendung der Laplace-Transformation

Im folgenden sind einige Regeln zusammengefaßt, die für die Anwendung der Operatorenmethode erforderlich sind.

8.4.2.1. Abbildung einer Summe mehrerer Originalfunktionen

Die Abbildungen der Funktionen $f_1(t)$ bis $f_n(t)$ seien

$$\begin{aligned} &f_1(t) \bullet\!\!-\!\!\circ F_1(p), \\ &f_2(t) \bullet\!\!-\!\!\circ F_2(p), \\ &\dots \\ &f_n(t) \bullet\!\!-\!\!\circ F_n(p). \end{aligned} \tag{8.262}$$

Offensichtlich ist

$$\sum_{\lambda=1}^{n} f_\lambda(t) \bullet\!\!-\!\!\circ \int_0^\infty \left[\mathrm{e}^{-pt} \sum_{\lambda=1}^{n} f_\lambda(t)\right] \mathrm{d}t = \sum_{\lambda=1}^{n} \int_0^\infty \mathrm{e}^{-pt} f_\lambda(t)\,\mathrm{d}t = \sum_{\lambda=1}^{n} F_\lambda(p) \tag{8.263}$$

oder

$$\sum_{\lambda=1}^{n} f_\lambda(t) \bullet\!\!-\!\!\circ \sum_{\lambda=1}^{n} F_\lambda(p). \tag{8.264}$$

Die Abbildung einer Summe von Funktionen ist gleich der Summe der Abbildungen der einzelnen Funktionen.

8.4.2.2. Abbildung einer Funktion, die mit einer Konstanten multipliziert ist

In diesem Falle gilt

$$A f(t) \bullet\!\!-\!\!\circ \int_0^\infty e^{-pt} A f(t)\, dt = A \int_0^\infty e^{-pt} f(t) = AF(p). \tag{8.265}$$

Die Multiplikation der Originalfunktion mit einem konstanten Faktor entspricht der Multiplikation der Bildfunktion mit demselben Faktor. Aus den zwei oben abgeleiteten Regeln folgt auch

$$\sum_{\lambda=1}^{n} A_\lambda f_\lambda(t) \bullet\!\!-\!\!\circ \sum_{\lambda=1}^{n} A_\lambda F_\lambda(p). \tag{8.266}$$

8.4.2.3. Abbildung der Ableitung im Zeitbereich

$F(p)$ sei die Abbildung von $f(t)$. Ferner sei der Anfangswert der Funktion

$$f(0) \neq 0 \tag{8.267}$$

gegeben. Gesucht sei die Abbildung der ersten Ableitung $f'(t)$. Aus (8.255) ergibt sich

$$f'(t) \bullet\!\!-\!\!\circ \int_0^\infty e^{-pt} f'(t)\, dt = [e^{-pt} f(t)]_0^\infty + p \int_0^\infty e^{-pt} f(t)\, dt \tag{8.268}$$

oder

$$f'(t) \bullet\!\!-\!\!\circ p\, F(p) - f(0). \tag{8.269}$$

Wenn

$$f'(0) \neq 0, \qquad f''(0) \neq 0, \qquad f'''(0) \neq 0 \tag{8.270}$$

ist, dann ist die Abbildung der n-ten Ableitung

$$f^{(n)}(t) \bullet\!\!-\!\!\circ p^n \left[F(p) - \frac{f(0)}{p} - \frac{f'(0)}{p^2} - \ldots - \frac{f^{(n-1)}(0)}{p^n} \right]. \tag{8.271}$$

Die Gültigkeit dieser Gleichung ist für den Fall $n = 1$ (erste Ableitung) bewiesen (8.269). Wenn sie allgemein gilt, dann folgt aus ihr für den Fall $(n - 1)$

$$f^{(n-1)}(t) \bullet\!\!-\!\!\circ p^{n-1} F(p) - f(0)\, p^{n-2} - f'(0)\, p^{n-3} - \ldots - f^{(n-2)}(0). \tag{8.272}$$

Wendet man (8.269) auf (8.272) an, dann erhält man

$$f^{(n)}(t) \bullet\!\!-\!\!\circ p^n F(p) - f(0)\, p^{n-1} - f'(0)\, p^{n-2} - \ldots - f^{n-1}(0), \tag{8.273}$$

was mit (8.271) übereinstimmt. Somit ist (8.271) mittels der vollständigen Induktion bewiesen.

Sind die Anfangswerte der Funktion und ihrer Ableitungen Null, so erhalten wir für die Abbildung der Ableitungen aus (8.271) die folgende einfache Beziehung:

$$f^{(n)}(t) \bullet\!\!-\!\!\circ\, p^n F(p). \tag{8.274}$$

8.4.2.4. Ableitung im Bildbereich

Es sei

$$f(t) \bullet\!\!-\!\!\circ\, F(p). \tag{8.275}$$

Die Abbildung der Funktion $-t f(t)$ ist mit (8.255)

$$-t f(t) \bullet\!\!-\!\!\circ \int_0^\infty -t f(t)\, e^{-pt}\, dt = \frac{d}{dp}\int_0^\infty f(t)\, e^{-pt}\, dt = F'(p). \tag{8.276}$$

Allgemein gilt

$$(-1)^n t^n f(t) \bullet\!\!-\!\!\circ\, F^{(n)}(p). \tag{8.277}$$

Die Gültigkeit dieses Satzes für $n = 1$ ist mit (8.276) bewiesen. Unter der Annahme, daß dieser für den Fall $(n - 1)$ gilt, ist

$$(-1)^{n-1} t^{n-1} f(t) \bullet\!\!-\!\!\circ\, F^{(n-1)}(p). \tag{8.278}$$

Wendet man nun auf (8.278) die Beziehung nach (8.276) an, dann folgt

$$(-1)^n t^n f(t) \bullet\!\!-\!\!\circ\, F^{(n)}(p). \tag{8.279}$$

Der letzte Ausdruck stimmt mit (8.277) überein. Hiermit ist (8.277) durch vollständige Induktion bewiesen.

8.4.2.5. Abbildung des Integrals der Originalfunktion

Die Abbildung des Integrals der Funktion $f(t)$ ist

$$\int_0^t f(t)\, dt \bullet\!\!-\!\!\circ \int_0^\infty e^{-pt}\left[\int_0^t f(t)\, dt\right] dt = \left[-\frac{e^{-pt}}{p}\int_0^t f(t)\, dt\right]_0^\infty + \frac{1}{p}\int_0^\infty e^{-pt} f(t)\, dt. \tag{8.280}$$

Da der Ausdruck in eckigen Klammern an der oberen und unteren Grenze verschwindet, ist

$$\int_0^t f(t)\, dt \bullet\!\!-\!\!\circ\, \frac{F(p)}{p}. \tag{8.281}$$

8.4.3. Abbildung einiger spezieller Funktionen

Im folgenden werden die Abbildungen einiger einfacher Funktionen ermittelt, die häufig auftreten.

1. $f(t) = A =$ konst.
   Die Bildfunktion von $f(t) = A$ ist

$$F(p) = \int_0^\infty e^{-pt} A\, dt = \left[-\frac{A}{p}\, e^{-\sigma t}\, e^{-j\omega t}\right]_0^\infty = \frac{A}{p}. \tag{8.282}$$

Da $\sigma > \sigma_0 > 0$ ist, wird $e^{-\sigma t}$ für $t = \infty$ gleich Null. Die Abbildung einer konstanten Größe ist diese Größe selbst, dividiert durch p. Mit $A = 1$ folgt für

$$f(t) = 1 \tag{8.283}$$

die Bildfunktion

$$F(p) = \frac{1}{p}. \tag{8.284}$$

2. $f(t) = e^{\alpha t}$.
In diesem Falle wird die Bildfunktion

$$F(p) = \int_0^\infty e^{-pt}\, e^{\alpha t}\, dt = \left[-\frac{1}{p-\alpha}\, e^{-j\omega t}\, e^{-(\sigma-\alpha)t}\right]_0^\infty = \frac{1}{p-\alpha}. \tag{8.285}$$

Bei $\alpha > 0$ kann man immer $\sigma_0 > \alpha$ wählen. Da $\sigma > \sigma_0$ ist, so ist immer $\sigma > \alpha$ und $e^{-(\sigma-\alpha)t}$ für $t = \infty$ gleich Null.

3. $f(t) = 1 - e^{-\alpha t}$.
Aus den oben abgeleiteten Bildfunktionen folgt

$$1 - e^{-\alpha t} \bullet\!\!-\!\!\circ \frac{1}{p} - \frac{1}{p+\alpha} = \frac{\alpha}{p\,(p+\alpha)}. \tag{8.286}$$

4. $f(t) = e^{j(\omega_0 t + \psi)}$.
Durch die Zerlegung der Originalfunktion in

$$f(t) = e^{j(\omega_0 t + \psi)} = e^{j\psi}\, e^{j\omega_0 t} = K\, e^{j\omega_0 t} \tag{8.287}$$

folgt

$$e^{j(\omega_0 t + \psi)} \bullet\!\!-\!\!\circ \frac{e^{j\psi}}{p - j\omega_0}. \tag{8.288}$$

5. $f(t) = \cos \omega_0 t$.
Indem man die trigonometrische Funktion durch Exponentialfunktionen ersetzt, kann man die Transformation auf (8.285) zurückführen:

$$f(t) = \cos \omega_0 t = \tfrac{1}{2}\left(e^{j\omega_0 t} + e^{-j\omega_0 t}\right). \tag{8.289}$$

Daraus erhält man die Bildfunktion

$$\cos \omega_0 t \bullet\!\!-\!\!\circ \frac{1}{2}\left(\frac{1}{p - j\omega_0} + \frac{1}{p + j\omega_0}\right) = \frac{p}{p^2 + \omega_0^2}. \tag{8.290}$$

6. $f(t) = \sin \omega_0 t$.
Aus

$$\sin \omega_0 t = \frac{1}{2j}\left(e^{j\omega_0 t} - e^{-j\omega_0 t}\right) \tag{8.291}$$

ergibt sich mit (8.285)

$$\sin \omega_0 t \bullet\!\!-\!\!\circ \frac{1}{2j}\left(\frac{1}{p - j\omega_0} - \frac{1}{p + j\omega_0}\right) = \frac{\omega_0}{p^2 + \omega_0^2}. \tag{8.292}$$

Weitere Transformationsbeziehungen sind den Korrespondenztafeln einschlägiger Handbücher zu entnehmen.

8.4.4. Rücktransformation. Methode der Aufspaltung

Zur Rücktransformation können Tabellen benutzt werden, in denen Originalfunktionen und entsprechende Bildfunktionen gegenübergestellt sind. Häufig erscheint die Bildfunktion in Form eines rationalen Bruches. Dann führt die Methode der Aufspaltung leicht zum Ziel.

Wir nehmen an, die Bildfunktion liege in Form eines rationalen Bruches

$$F(p) = \frac{F_1(p)}{F_2(p)} = \frac{a_m p^m + a_{m-1} p^{m-1} + \dots + a_1 p + a_0}{b_n p^n + b_{n-1} p^{n-1} + \dots + b_1 p + b_0} \tag{8.293}$$

vor und es sei $m < n$. Ferner sollen Zähler- und Nennerpolynom keine gemeinsame Wurzel haben, und alle Wurzeln des Nennerpolynoms sollen voneinander verschieden sein. Der rationale Bruch (8.293) kann dann folgendermaßen zerlegt werden:

$$\begin{aligned} F(p) &= \frac{A_1}{p - p_1} + \frac{A_2}{p - p_2} + \dots + \frac{A_\nu}{p - p_\nu} + \dots + \frac{A_n}{p - p_n} \\ &= \sum_{\lambda=1}^{n} \frac{A_\lambda}{p - p_\lambda}. \end{aligned} \tag{8.294}$$

Dabei sind die p_1 bis p_n die Wurzeln des Nennerpolynoms

$$F_2(p) = 0. \tag{8.295}$$

Um in (8.294) die Konstante A_ν zu ermitteln, multipliziert man die Gleichung mit $(p - p_\nu)$:

$$\begin{aligned} \frac{F_1(p)}{F_2(p)}(p - p_\nu) &= \frac{p - p_\nu}{p - p_1} A_1 + \frac{p - p_\nu}{p - p_2} A_2 + \dots + A_\nu \\ &\quad + \dots + \frac{p - p_\nu}{p - p_n} A_n = (p - p_\nu) \sum_{\substack{\lambda=1 \\ \lambda \neq \nu}}^{n} \frac{A_\lambda}{p - p_\lambda} + A_\nu. \end{aligned} \tag{8.296}$$

Wenn man den Grenzwert für $p \to p_\nu$ bildet, folgt

$$A_\nu = \lim_{p \to p_\nu} \frac{F_1(p)(p - p_\nu)}{F_2(p)}. \tag{8.297}$$

Da p_ν eine Wurzel von $F_2(p)$ ist, wird mit $p \to p_\nu$ die Funktion $F_2(p) \to F_2(p_\nu) = 0$, und der Grenzübergang (8.297) ergibt einen unbestimmten Ausdruck. Aus diesem Grund wird im Zähler und im Nenner auf der rechten Seite von (8.297) nach der Regel von *l'Hospital* die erste Ableitung gebildet:

$$\begin{aligned} A_\nu &= \lim_{p \to p_\nu} \frac{\frac{\mathrm{d}}{\mathrm{d}p}[(p - p_\nu) F_1(p)]}{\frac{\mathrm{d}}{\mathrm{d}p} F_2(p)} = \lim_{p \to p_\nu} \frac{F_1(p) + (p - p_\nu) F_1'(p)}{F_2'(p)} \\ &= \frac{F_1(p_\nu)}{F_2'(p_\nu)}. \end{aligned} \tag{8.298}$$

Geht man nun damit in (8.294) ein, dann erhält man

$$F(p) = \frac{F_1(p)}{F_2(p)} = \sum_{\lambda=1}^{n} \frac{A_\lambda}{p - p_\lambda} = \sum_{\lambda=1}^{n} \frac{F_1(p_\lambda)}{F_2'(p_\lambda)} \frac{1}{p - p_\lambda}. \tag{8.299}$$

Diesen Ausdruck nennt man den Satz von der Aufspaltung. Die Rücktransformation erfolgt dann unter Anwendung von (8.264) und (8.285). Es gilt

$$F(p) = \frac{F_1(p)}{F_2(p)} \bullet\!\!-\!\!\circ \sum_{\lambda=1}^{n} \frac{F_1(p_\lambda)}{F_2'(p_\lambda)} e^{p_\lambda t}. \tag{8.300}$$

Diese Gleichung stellt den Entwicklungssatz von *Heaviside* dar.
Für den speziellen Fall, daß eine der Wurzeln gleich Null ist, z.B. $p_n = 0$, kann man schreiben:

$$F_2(p) = pF_3(p). \tag{8.301}$$

Die Wurzeln p_1 bis p_{n-1} bestimmt man dann aus

$$F_3(p) = 0. \tag{8.302}$$

Aus (8.301) folgt

$$F_2'(p) = F_3(p) + pF_3'(p). \tag{8.303}$$

Die Wurzeln $p_\lambda = p_1$ bis $p_\lambda = p_{n-1}$ ergeben für den letzten Ausdruck

$$F_2'(p_\lambda) = p_\lambda F_3'(p_\lambda). \tag{8.304}$$

Damit geht (8.299) in

$$F(p) = \frac{F_1(p)}{F_2(p)} = \frac{F_1(p)}{pF_3(p)} = \frac{F_1(0)}{F_3(0)} \frac{1}{p} + \sum_{\lambda=1}^{n-1} \frac{F_1(p_\lambda)}{p_\lambda F_3'(p_\lambda)} \frac{1}{(p - p_\lambda)} \tag{8.305}$$

über, und die Rücktransformation lautet

$$F(p) = \frac{F_1(p)}{pF_3(p)} \bullet\!\!-\!\!\circ \frac{F_1(0)}{F_3(0)} + \sum_{\lambda=1}^{n-1} \frac{F_1(p_\lambda)}{p_\lambda F_3'(p_\lambda)} e^{p_\lambda t}. \tag{8.306}$$

8.4.5. Netzwerksätze in Operatorenform

8.4.5.1. Das Ohmsche Gesetz in Operatorenform

Zweige, die in passiven linearen Wechselstromnetzen enthalten sind, kann man zu Reihenschaltungen eines ohmschen Widerstands, einer Induktivität und einer Kapazität vereinfachen.
Schließt man einen solchen Zweig an eine Wechselspannung an, dann gilt

$$e = Ri + L\frac{di}{dt} + \frac{q}{C}. \tag{8.307}$$

Die Ladung des Kondensators, die sich nicht sprunghaft ändern kann, ist mit dem Strom durch die Beziehung

$$q(t) = q(0) + \int_0^t i\,dt = Cu_C(0) + \int_0^t i\,dt \tag{8.308}$$

verknüpft. $u_C(0)$ ist in dieser Beziehung die Spannung an der Kapazität im Schaltmoment. Mit (8.308) folgt aus (8.307)

$$e = Ri + L\frac{di}{dt} + \frac{1}{C}\int_0^t i\,dt + u_C(0). \tag{8.309}$$

Diese Gleichung erhalten wir in Operatorenform, wenn wir beide Seiten in den Bildbereich transformieren. Mit den Bildfunktionen

$$e(t) \bullet\!\!-\!\!\circ E(p), \tag{8.310}$$

$$Ri(t) \bullet\!\!-\!\!\circ RI(p), \tag{8.311}$$

$$L\frac{di}{dt} \bullet\!\!-\!\!\circ pLI(p) - Li(0), \tag{8.312}$$

$$\frac{1}{C}\int_0^t i\,dt + u_C(0) \bullet\!\!-\!\!\circ \frac{I(p)}{pC} + \frac{u_C(0)}{p} \tag{8.313}$$

erhalten wir folgende algebraische Gleichung hinsichtlich des Operators p:

$$E(p) = RI(p) + pLI(p) - Li(0) + \frac{I(p)}{pC} + \frac{u_C(0)}{p}. \tag{8.314}$$

Diese Gleichung läßt sich folgendermaßen umschreiben:

$$I(p) = \frac{E(p) + Li(0) - \dfrac{u_C(0)}{p}}{R + pL + \dfrac{1}{pC}}. \tag{8.315}$$

Sie stellt das Ohmsche Gesetz in Operatorenform dar. Der Nenner von (8.315) stellt den Operatorenwiderstand des Kreises dar:

$$Z(p) = R + pL + \frac{1}{pC}. \tag{8.316}$$

Der Operator für die EMK des Kreises enthält außer der Bildfunktion der EMK $e(t)$ noch die beiden Glieder $Li(0)$ und $-u_C(0)/p$, die sich aus den Anfangsbedingungen für den Strom und die Kondensatorspannung ergeben. Sie berücksichtigen die Energiespeicherung im magnetischen bzw. elektrischen Feld und stellen formal eine zusätzliche EMK in der Schaltung dar, die auch als innere EMK bezeichnet wird. Die positive Richtung der inneren EMK zeigt in die positive Stromrichtung des Zweiges.
Sind die Anfangswerte des Stromes und der Kondensatorspannung Null, so ergibt sich für den Strom im Bildbereich folgender einfacher Ausdruck:

$$I(p) = \frac{E(p)}{Z(p)}. \tag{8.317}$$

Der reziproke Wert des Operatorenwiderstands (8.316) wird als Operatorenleitwert bezeichnet:

$$Y(p) = \frac{1}{Z(p)}. \tag{8.318}$$

8.4.5.2. Der 1. Kirchhoffsche Satz in Operatorenform

In einem beliebigen Knotenpunkt, in den n Zweige münden, gilt

$$\sum_{\lambda=1}^{n} i_\lambda = 0. \tag{8.319}$$

Führen wir die Bildfunktion

$$I_\lambda(p) \bullet\!\!-\!\!\circ\, i_\lambda(t) \tag{8.320}$$

ein und beachten, daß die Abbildung einer Summe von Zeitfunktionen gleich der Summe der Abbildungen der einzelnen Funktionen ist (8.264), so erhalten wir

$$\sum_{\lambda=1}^{n} I_\lambda(p) = 0. \tag{8.321}$$

Diese Gleichung stellt den 1. Kirchhoffschen Satz in Operatorenform dar.

8.4.5.3. Der 2. Kirchhoffsche Satz in Operatorenform

Die erste Form des 2. Kirchhoffschen Satzes für eine beliebige Masche aus n Zweigen eines beliebigen Netzwerks lautet

$$\sum_{\nu=1}^{n} u_\nu = 0. \tag{8.322}$$

Führen wir die Bildfunktionen

$$U_\nu(p) \bullet\!\!-\!\!\circ\, u_\nu(t) \tag{8.323}$$

ein und beachten wiederum, daß die Abbildung der Summe mehrerer Zeitfunktionen gleich der Summe ihrer Abbildungen ist, so erhalten wir

$$\sum_{\nu=1}^{n} U_\nu(p) = 0. \tag{8.324}$$

Diese Gleichung stellt die erste Form des 2. Kirchhoffschen Satzes in Operatorenform dar. Die zweite Form des 2. Kirchhoffschen Satzes für eine Masche eines beliebigen Netzwerks lautet, wenn keine Gegeninduktivitäten zwischen den Zweigen des Netzes bestehen,

$$\sum_{\nu=1}^{n} e_\nu = \sum_{\nu=1}^{n} R_\nu i_\nu + \sum_{\nu=1}^{n} L_\nu \frac{\mathrm{d}i_\nu}{\mathrm{d}t} + \sum_{\nu=1}^{n} \left[\frac{1}{C_\nu}\int_0^t i_\nu\,\mathrm{d}t + u_{C\nu}(0)\right]. \tag{8.325}$$

Bedenkt man, daß

$$e_\nu(t) \bullet\!\!-\!\!\circ\, E_\nu(p), \tag{8.326}$$

$$i_\nu(t) \bullet\!\!-\!\!\circ\, I_\nu(p), \tag{8.327}$$

$$\frac{\mathrm{d}i_\nu}{\mathrm{d}t} \bullet\!\!-\!\!\circ\, pI_\nu(p) - i_\nu(0), \tag{8.328}$$

$$\int_0^t i_\nu\,\mathrm{d}t \bullet\!\!-\!\!\circ\, \frac{I_\nu(p)}{p} \tag{8.329}$$

ist, dann erhält man unter Anwendung des Satzes der Abbildung von Summen die zweite Form des 2. Kirchhoffschen Satzes in Operatorenform:

$$\sum_{\nu=1}^{n} E_\nu(p) = \sum_{\nu=1}^{n} R_\nu I_\nu(p) + \sum_{\nu=1}^{n} L_\nu [pI_\nu(p) - i_\nu(0)] + \sum_{\nu=1}^{n} \left[\frac{I_\nu(p)}{pC_\nu} + \frac{u_{C\nu}(0)}{p}\right]. \tag{8.330}$$

In dieser Beziehung sind $i_\nu(0)$ bzw. $u_{C\nu}(0)$ die Anfangswerte der Ströme in den Induktivitäten und der Spannungen an den Kapazitäten. (8.330) kann man auch folgendermaßen umschreiben:

$$\sum_{\nu=1}^{n} \left[E_\nu(p) + L_\nu i_\nu(0) - \frac{u_{C\nu}(0)}{p}\right] = \sum_{\nu=1}^{n} I_\nu(p) \left(R_\nu + pL_\nu + \frac{1}{pC_\nu}\right)$$

$$= \sum_{\nu=1}^{n} I_\nu(p)\, Z_\nu(p). \tag{8.331}$$

Sind die Anfangswerte der Ströme und der Kondensatorspannungen Null, so erhält man folgende einfache Gleichung:

$$\sum_{\nu=1}^{n} E_\nu(p) = \sum_{\nu=1}^{n} I_\nu(p)\, Z_\nu(p). \tag{8.332}$$

Wenn zwischen den Zweigen λ und ν auch eine Gegeninduktivität besteht, dann ist

$$\sum_{\nu=1}^{n} e_\nu = \sum_{\nu=1}^{n} R_\nu i_\nu + \sum_{\nu=1}^{n} L_\nu \frac{\mathrm{d}i_\nu}{\mathrm{d}t} + \sum_{\nu=1}^{n} \sum_{\lambda} (\pm M_{\nu\lambda}) \frac{\mathrm{d}i_\lambda}{\mathrm{d}t}$$

$$+ \sum_{\nu=1}^{n} \left[\frac{1}{C_\nu} \int_0^t i_\nu \,\mathrm{d}t + u_{C\nu}(0)\right]. \tag{8.333}$$

Die entsprechende Gleichung in Operatorenform lautet

$$\sum_{\nu=1}^{n} \left[E_\nu(p) + L_\nu i_\nu(0) - \frac{u_{C\nu}(0)}{p} \pm \sum_{\lambda} M_{\nu\lambda} i_\lambda(0)\right]$$

$$= \sum_{\nu=1}^{n} I_\nu(p) \left[R_\nu + pL_\nu + \frac{1}{pC_\nu}\right] \pm \sum_{\nu=1}^{n} \sum_{\lambda} pM_{\nu\lambda} I_\lambda(p). \tag{8.334}$$

$Li_\nu(0)$ und $M_{\nu\lambda} i_\lambda(0)$ sind die Abbildungen der Anfangsspannungen, die die EMKs an den Induktivitäten und Gegeninduktivitäten im Zeitpunkt $t = 0$ kompensieren; $u_{C\nu}(0)/p$ ist die Abbildung der Anfangsspannung an der Kapazität im Zweig ν und $\pm M_{\lambda\nu} pI_\lambda(p)$ die Abbildung der Spannung im Zweig ν infolge der Gegeninduktion durch den Strom im Zweig λ.

8.4.5.4. Operatorenschaltungen

Das Ohmsche Gesetz und die Kirchhoffschen Gesetze in Operatorenform sind vollkommen analog aufgebaut wie die entsprechenden Gesetze in komplexer Form für sinusförmige Ströme und Spannungen. Sind die Anfangsbedingungen von Null verschieden, so wirkt in dem betreffenden Zweig nicht nur die äußere EMK $E_\nu(p)$, sondern zusätzlich die innere EMK

$$E_i = L_\nu i_\nu(0) - \frac{u_{C\nu}(0)}{p}, \tag{8.335}$$

deren positive Richtung mit der positiven Richtung des Stromes in diesem Zweig übereinstimmt. Als Widerstand dieses Zweiges ist der Operatorenwiderstand einzuführen. Dies ermöglicht die Aufstellung von äquivalenten Netzwerken, die die Operatorenwiderstände enthalten.

Da alle Methoden zur Behandlung von elektrischen Netzen aus den Kirchhoffschen Gesetzen abgeleitet sind, kann man zur Berechnung der Ströme und Spannungen in der Operatorenschreibweise nach der äquivalenten Operatorenschaltung die Methoden der selbständigen Maschenströme, der Knotenpotentiale, der Umwandlung und der Ersatzspannungsquelle benutzen. Auf diese Weise kann man bei der Operatorenmethode alle Hilfssätze zur Behandlung der eingeschwungenen Zustände auch zur Ermittlung der Abbildungen von Strömen und Spannungen verwenden. Ist die Abbildung der gesuchten Größe ermittelt, so erhält man durch die Rücktransformation die Originalfunktion (Zeitfunktion) der gesuchten Größe.

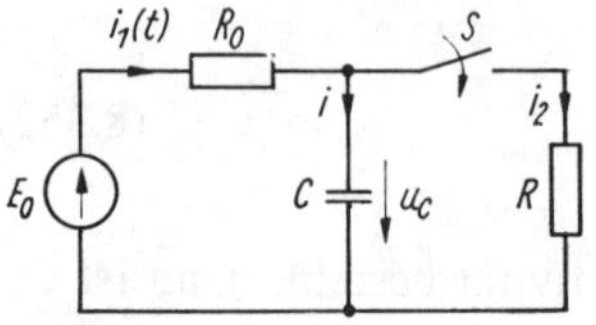

Bild 8.27

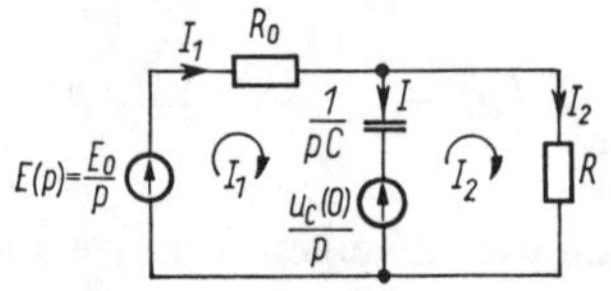

Bild 8.28

8.4.6. Beispiel für die Anwendung der Operatorenmethode

Als Beispiel für die Anwendung der Operatorenmethode soll der Ausgleichsstrom $i_1(t)$ in der im Bild 8.27 dargestellten Schaltung untersucht werden, wenn im eingeschwungenen Zustand zur Zeit $t = 0$ die Kapazität C durch den Widerstand R überbrückt wird. Die Anfangsbedingung lautet

$$u_C(0) = E_0. \tag{8.336}$$

Damit kann man die im Bild 8.28 dargestellte äquivalente Operatorenschaltung aufstellen. Nach der Methode der selbständigen Maschenströme erhält man für die beiden Ströme I_1 und I_2 die Gleichungen

$$\frac{E_0}{p} - \frac{u_c(0)}{p} = 0 = I_1\left(R_0 + \frac{1}{pC}\right) - \frac{1}{pC} I_2, \tag{8.337}$$

$$\frac{u_c(0)}{p} = \frac{E_0}{p} = -\frac{1}{pC} I_1 + \left(R + \frac{1}{pC}\right) I_2. \tag{8.338}$$

Stellt man (8.337) nach I_2 um, nämlich

$$I_2 = I_1(1 + pCR_0), \tag{8.339}$$

und geht damit in (8.338) ein, so folgt

$$\frac{E_0}{p} = -\frac{1}{pC} I_1 + \left(R + \frac{1}{pC}\right)(1 + pCR_0) I_1 = (R + R_0 + pCRR_0) I_1 \tag{8.340}$$

oder, nach I_1 umgestellt,

$$I_1(p) = \frac{E_0}{p\,(R + R_0 + pCRR_0)}. \tag{8.341}$$

Der gesuchte Strom $i_1(t)$ ergibt sich durch Rücktransformation dieser Beziehung. Mit der speziellen Form (8.306) des Satzes der Aufspaltung erhält man mit

$$p_1 = -\frac{R + R_0}{RR_0C}, \tag{8.342}$$

$$p_2 = 0 \tag{8.343}$$

für den Ausgleichsstrom

$$i_1(t) = \frac{E_0}{R + R_0} + \frac{E_0}{p_1CRR_0}\,e^{p_1t} = \frac{E_0}{R + R_0}\,(1 - e^{-(t/\tau)}). \tag{8.344}$$

Dabei ist die Zeitkonstante

$$\tau = -\frac{1}{p_1} = \frac{RR_0}{R + R_0}\,C. \tag{8.345}$$

8.5. Berechnung von Ausgleichsvorgängen mittels des Superpositionsprinzips

8.5.1. Wesen des Verfahrens

Wird ein lineares Netz an eine Spannung $u(t)$ beliebigen zeitlichen Verlaufs angeschlossen, dann kann man den Ausgleichsvorgang mit Hilfe des Superpositionsprinzips berechnen. Zu diesem Zweck ersetzt man $u(t)$ durch eine Treppenkurve, die aus einem Spannungssprung $u(0)$ im Zeitpunkt $t = 0$ und einer Folge von Spannungssprüngen Δu besteht, die zeitlich um $\Delta\zeta$ gegeneinander versetzt sind (Bild 8.29). Die jeweiligen Spannungssprünge haben entsprechend dem Verlauf von $u(t)$ ein positives oder ein negatives Vorzeichen. Der Grundgedanke des Verfahrens besteht darin, daß man den Strom in oder die Spannung an jedem Zweig des Netzwerks während des Ausgleichsvorgangs als Summe der Teilströme bzw. der Teilspannungen an dem betreffenden Zweig infolge der einzelnen Spannungssprünge der Eingangsspannung berechnen kann.

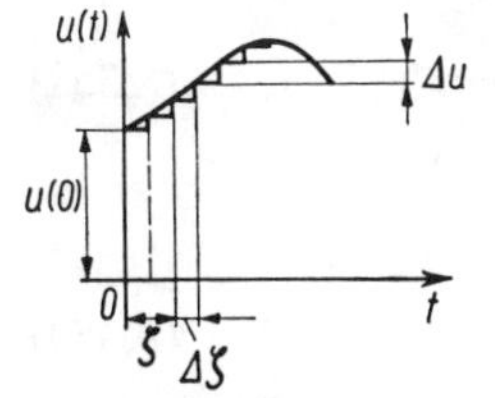

Bild 8.29

8.5.2. Übergangsfunktion

Die Anwendung des Verfahrens setzt die Kenntnis der Übergangsfunktion voraus. Diese Funktion ergibt sich, wenn man den Strom in bzw. die Spannung an dem betrachteten Zweig dann ermittelt, wenn am Eingang eine konstante Spannung U_0 oder ein konstanter Strom I_0 angelegt werden.

Für den Fall eines einfachen RL-Kreises, der an eine Gleichspannung U_0 angeschlossen wird, ist der Strom

$$i = \frac{U_0}{R} (1 - e^{-(t/\tau)}). \tag{8.346}$$

Diesen Ausdruck kann man folgendermaßen umschreiben:

$$i = Y(t)\, U_0. \tag{8.347}$$

Die Größe

$$Y(t) = \frac{1}{R} (1 - e^{-(t/\tau)}) \tag{8.348}$$

stellt die Übergangsfunktion dar. Je nach Aufgabenstellung ist die Übergangsfunktion dimensionsbehaftet oder dimensionslos. In diesem Fall stellt sie einen zeitlich veränderlichen Leitwert dar, mit dem man die Eingangsgleichspannung multiplizieren muß, damit man den Strom erhält.

Für einen Gleichspannungssprung, der mit einer Verspätung ζ folgt, lautet die Übergangsfunktion

$$Y(t - \zeta) = \frac{1}{R} (1 - e^{-(t-\zeta)/\tau}). \tag{8.349}$$

8.5.3. Integral von *Duhamel*

Wenn im Zeitpunkt $\zeta + \Delta\zeta$ der Spannungssprung Δu ist, beträgt der Strom entsprechend Bild 8.29 näherungsweise

$$i(t) \approx Y(t)\, u(0) + \sum_{\zeta=0}^{\zeta=t} Y(t - \zeta - \Delta\zeta)\, \Delta u. \tag{8.350}$$

Den genauen Wert von $i(t)$ erhält man, wenn man $\Delta\zeta$ sehr klein werden läßt. Mit $\Delta\zeta \to d\zeta$ und $\Delta u \to du$ erhält man

$$du = u'(\zeta)\, d\zeta, \tag{8.351}$$

wobei

$$u'(\zeta) = \left[\frac{du(t)}{d\zeta}\right]_{t=\zeta} \tag{8.352}$$

ist. Hiermit wird

$$i(t) = Y(t)\, u(0) + \int_0^t Y(t - \zeta)\, u'(\zeta)\, d\zeta. \tag{8.353}$$

(8.353) stellt das Duhamelsche Integral dar, mit dessen Hilfe der zeitliche Verlauf des Ausgleichsstroms bei Anschalten des Kreises an eine Spannung $u(t)$ aus der Übergangsfunktion berechnet werden kann.

Ein Vorteil der Berechnung von Ausgleichsvorgängen mit dem Duhamelschen Integral besteht darin, daß die Methode eine schnelle Lösung auch dann gestattet, wenn die Störfunktion $u(t)$ einen komplizierten zeitlichen Verlauf hat. Unter Umständen kann das Integral auch numerisch oder grafisch ausgewertet werden, wenn die Störfunktion sehr kompliziert ist oder sogar mathematisch nicht formulierbar ist.

8.5.4. Beispiel für die Anwendung des Duhamelschen Integrals

An einen *RL*-Kreis wird im Zeitpunkt $t = 0$ die Spannung

$$u(t) = U\,\mathrm{e}^{-(t/T)} \tag{8.354}$$

angelegt. Wir suchen den zeitlichen Verlauf des Ausgleichsstroms. Es gilt

$$u(0) = U, \tag{8.355}$$

$$u(\zeta) = U\,\mathrm{e}^{-(\zeta/T)}, \tag{8.356}$$

$$u'(\zeta) = \frac{\mathrm{d}u\,(\zeta)}{\mathrm{d}\zeta} = -\frac{U}{T}\,\mathrm{e}^{-(\zeta/T)}. \tag{8.357}$$

Geht man damit und mit der Übergangsfunktion nach (8.348) in das Integral von *Duhamel* ein, dann erhält man

$$\begin{aligned} i(t) &= \frac{1}{R}\,(1 - \mathrm{e}^{-(t/\tau)})\,U + \int_0^t \frac{1}{R}\,(1 - \mathrm{e}^{-(t-\zeta)/\tau})\left(-\frac{U}{T}\,\mathrm{e}^{-(\zeta/T)}\right)\mathrm{d}\zeta \\ &= \frac{U}{R}\,(1 - \mathrm{e}^{-(t/\tau)}) - \frac{U}{RT}\left[-T\,\mathrm{e}^{-(t/T)} + T - \frac{\mathrm{e}^{-(t/\tau)}}{\frac{1}{\tau} - \frac{1}{T}}\,(\mathrm{e}^{t/\tau - t/T} - 1)\right] \\ &= \frac{U}{R\left(1 - \frac{\tau}{T}\right)}\,(\mathrm{e}^{-(t/T)} - \mathrm{e}^{-(t/\tau)}). \end{aligned} \tag{8.358}$$

Für den Spezialfall $\tau = T$ ergibt (8.358) einen unbestimmten Ausdruck der Form 0/0. In diesem Falle kann der Grenzwert durch Differentiation von Zähler und Nenner nach τ gebildet werden:

$$i(t) = \lim_{\tau \to T} \frac{U}{R}\,\frac{\mathrm{e}^{-(t/T)} - \mathrm{e}^{-(t/\tau)}}{1 - \frac{\tau}{T}} = \lim_{\tau \to T} \frac{U}{R}\,\frac{-\frac{t}{\tau^2}\,\mathrm{e}^{-(t/\tau)}}{-\frac{1}{T}}. \tag{8.359}$$

Nach Ausführung des Grenzübergangs wird

$$i(t) = \frac{U}{R}\,\frac{t}{T}\,\mathrm{e}^{-(t/T)} = \frac{U}{R}\,\frac{t}{\tau}\,\mathrm{e}^{-(t/\tau)} \tag{8.360}$$

bzw. mit $\tau = L/R$

$$i(t) = \frac{U}{L}\,t\,\mathrm{e}^{-(t/\tau)}. \tag{8.361}$$

Der zeitliche Verlauf der Spannung und des Ausgleichsstroms ist für diesen Fall im Bild 8.30 dargestellt.

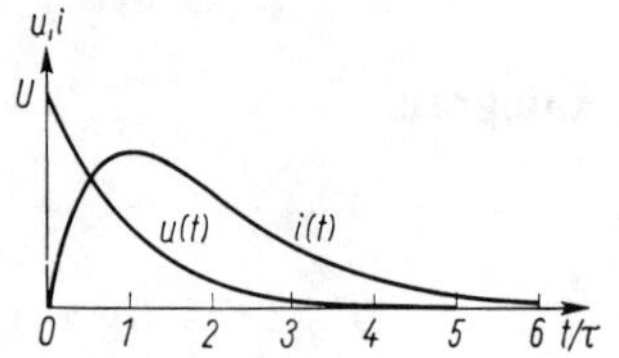

Bild 8.30

Die Dimension der Übergangsfunktion hängt von dem betrachteten Problem ab. Wird etwa in dem behandelten Beispiel nach der Spannung an der Induktivität gefragt, dann ist

$$u_L = U_0 \, e^{-(t/\tau)} = Y(t) \, U_0 . \tag{8.362}$$

Die Übergangsfunktion

$$Y(t) = e^{-(t/\tau)} \tag{8.363}$$

ist dann dimensionslos.

9. Topologische Methoden der Netzwerkanalyse

Die topologischen Methoden der Netzwerkanalyse unterscheiden sich von anderen durch ihr sehr systematisches, aber auch stark formales Herangehen. Sie eignen sich besonders zur Untersuchung großer Netzwerke. Ihre Anwendung schließt weitgehend Fehler aus und gestattet, die Aufgabenstellung und die Lösung der Netzwerkgleichungssysteme unkompliziert auf den Rechner zu übertragen.
Die Aufgabe besteht darin, die physikalischen Eigenschaften des Netzwerks, d.h. die Strom-Spannungs-Kennlinien der Netzwerkzweige und die topologischen Eigenschaften des Netzwerks, d.h. die Verknüpfung der Netzwerkelemente untereinander, analytisch zu erfassen. Geeignete mathematische Mittel hierzu liefern die Graphentheorie und die Matrizenrechnung.

9.1. Zuordnung von Graphen zu Netzwerken

Ein wesentlicher Schritt zur analytischen Erfassung der topologischen Beziehungen ist die Schaffung eines geometrischen Modells des Netzwerks – des Netzwerkgraphen. Geometrische Elemente des Netzwerks sind Knoten und Zweige.

9.1.1. Netzwerkgraph

Ersetzt man in einem Netzwerk jeden Zweig durch eine Linie, so erhält man den zugehörigen Netzwerkgraphen. Bei der Entwicklung des Netzwerkgraphen werden die Spannungsquellen überbrückt (kurzgeschlossen), die Stromquellen dagegen unterbrochen. Die Linien werden Zweige des Graphen (graphentheoretisch Kanten), die Punkte, in denen die Zweige enden, Knoten des Graphen genannt.
Die willkürliche Kennzeichnung aller Zweige mit einer Bezugsrichtung für Strom und Spannung führt zu einem gerichteten Graphen. Graphentheoretisch heißen die Zweige in diesem Falle Bögen. Ein gerichteter Graph ist ein Graph, in dem jedem Zweig ein Anfangs- und ein Endpunkt zugeordnet ist.
Zur analytischen Beschreibung des Graphen und seiner Eigenschaften ist eine (willkür-

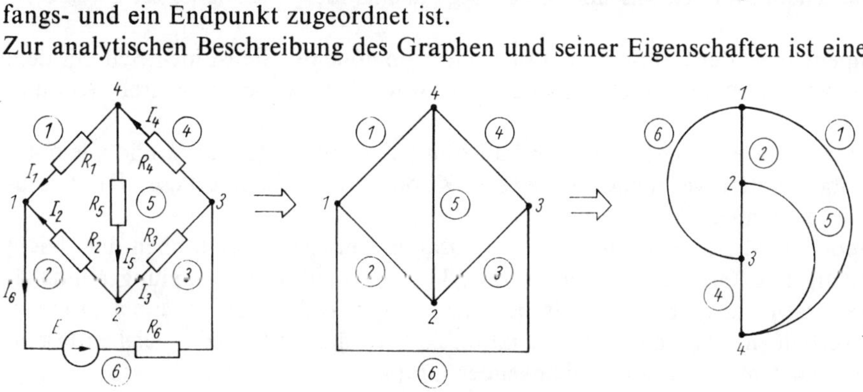

Bild 9.1

liche) Numerierung seiner Zweige (von 1 bis n) und seiner Knoten (von 1 bis m) erforderlich.
Bild 9.1 zeigt die unabgeglichene Wheatstonesche Brücke und zwei Darstellungen des (ungerichteten) Graphen des Netzwerks.
Bild 9.2 zeigt den entsprechenden gerichteten Graphen mit der Numerierung der Knoten und Zweige.
Ein Graph G wird durch die Angabe der Gesamtheit der Knotenpunkte und der Gesamtheit der Zweige sowie die Zuordnung von Knoten zu Zweigen eindeutig bestimmt.
Untergraph. Ein Graph G' heißt ein Untergraph oder Subgraph von G, wenn er einen Teil der Knoten und Zweige von G enthält. Spezielle Untergraphen von G sind dessen Teilgraphen, die alle Knotenpunkte von G, aber nur einen Teil seiner Zweige beinhalten.

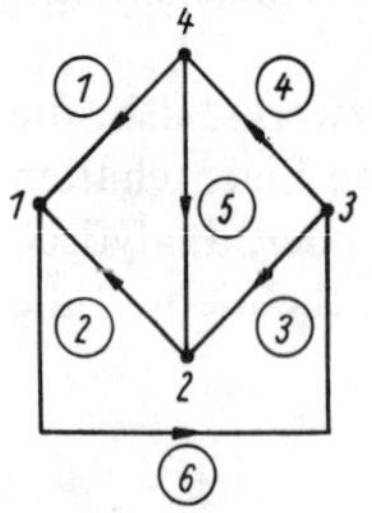

Bild 9.2

Maschen. Maschen sind Folgen von Zweigen mit der Eigenschaft, daß zwei aufeinanderfolgende Zweige in genau einem Knoten zusammenstoßen und der erste und letzte Zweig außerdem einen Knoten gemeinsam haben. Kein Zweig und kein Knoten darf dabei auf einem über die Zweige der Masche verlaufenden Weg mehr als einmal angetroffen werden, ausgenommen der Startknoten, der gleichzeitig Zielknoten ist. Graphentheoretisch heißt die Masche geschlossene elementare Kette. Der Masche wird ein willkürlicher Umlaufsinn erteilt. In dem Graphen Bild 9.1 bilden beispielsweise die Zweige 1, 5, 2, die Zweige 2, 6, 3, die Zweige 1, 2, 3, 4 und die Zweige 3, 4, 5 jeweils eine Masche.

9.1.2. Zusammenhängende Graphen. Komponenten des Graphen

Ein Graph heißt zusammenhängend (verbunden), wenn je zwei seiner Knotenpunkte durch eine elementare Kette verbunden sind, andernfalls heißt er nicht zusammenhängend (unverbunden). In einem zusammenhängenden Graphen ist somit jeder Knoten von jedem anderen aus über eine Folge aneinander anschließender Zweige erreichbar.
Ein zusammenhängender Graph besitzt nur eine Komponente. Sie ist identisch mit dem Graphen selbst. Ein nicht zusammenhängender Graph hat zwei oder mehrere Komponenten.
Eine Komponente K eines Graphen G enthält somit einen seiner Knoten k und alle mit k über elementare Ketten verbundenen weiteren Knoten sowie alle mit diesen Knoten inzidenten Zweige von G.
Jede Komponente stellt somit einen in sich zusammenhängenden Graphen dar. Nicht zusammenhängende Graphen weisen Netzwerke mit induktiver Kopplung (Bild 9.3) auf. Meistens ist es aus elektrotechnischer Sicht möglich, die Komponenten in einem Punkte zu verbinden, ohne dabei die Funktion zu beeinflussen (Punkte gleichen Potentials). Damit entsteht ein zusammenhängender Graph.

Baum. Ein (vollständiger) Baum *H* eines Netzwerkgraphen *G* ist ein zusammenhängender maschenfreier Untergraph, der alle Knoten von *G* enthält (auch Gerüst genannt).

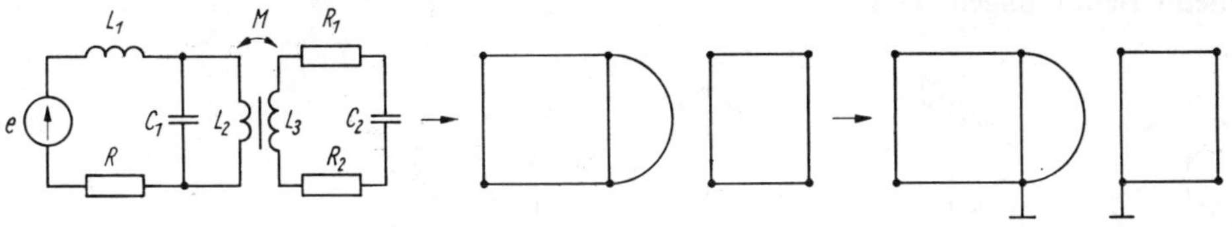

Bild 9.3

Die Zweige des Baumes werden Äste, die nicht zum Baum gehörenden Zweige des Netzwerkgraphen werden Sehnen genannt. Die Zahl der Äste von *G* ist

$$k(G) = m - 1, \tag{9.1}$$

die Zahl der Sehnen von *G* ist

$$l(G) = n - m + 1. \tag{9.2}$$

Der einem Baum *H* des Graphen *G* zugeordnete Untergraph, der alle Sehnen von *G* und die zugehörigen Knoten enthält, wird Baumkomplement von *H* genannt.

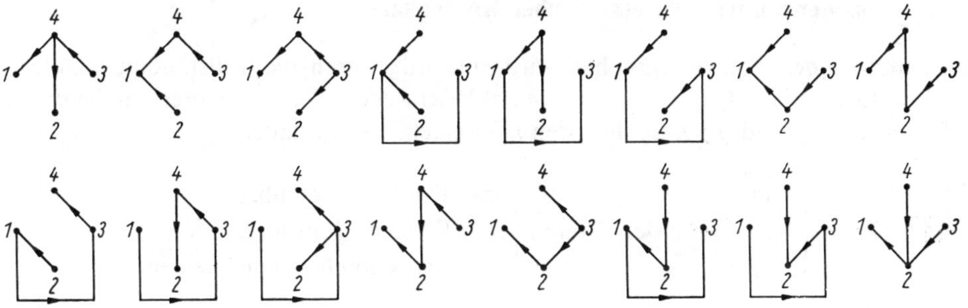

Bild 9.4

Der Umstand, daß ein Baum eines Graphen *G* unabhängig von der Zahl *n* der Zweige in *G* stets $m - 1$ Äste enthält, zeigt, daß im allgemeinen mehrere verschiedene Bäume zu einem Graphen angegeben werden können. Bild 9.4 zeigt die möglichen Bäume des Graphen Bild 9.1

$$m = 4,$$

$$k(G) = 3. \tag{9.3}$$

Schnitte. Ein Schnitt (Schnittmenge, Schnittbündel oder Trennbündel) eines Graphen ist eine Menge von Zweigen mit folgender Eigenschaft: Werden alle Zweige eines Schnittes eines zusammenhängenden Graphen *G* aus ihm gestrichen, so geht der Zusammenhang verloren. Der resultierende Graph besteht aus genau zwei Komponenten, die durch keinerlei Zweige verbunden sind. Fügt man aber einen Schnittzweig wieder ein, so wird der Zusammenhang wiederhergestellt. Trennlinie eines Schnittes ist eine geschlossene Linie, die alle Schnittzweige schneidet und eine der Komponenten umschließt. Sie wird mit einer willkürlichen Orientierung – zur umschlossenen Komponente hin oder von ihr weg – versehen.

Bild 9.5 zeigt alle möglichen Schnitte des Graphen 9.1 (die nicht zum Schnitt gehörenden Zweige sind gestrichelt gezeichnet) mit Hilfe ihrer Trennlinien und ihre angenommenen Orientierungen.

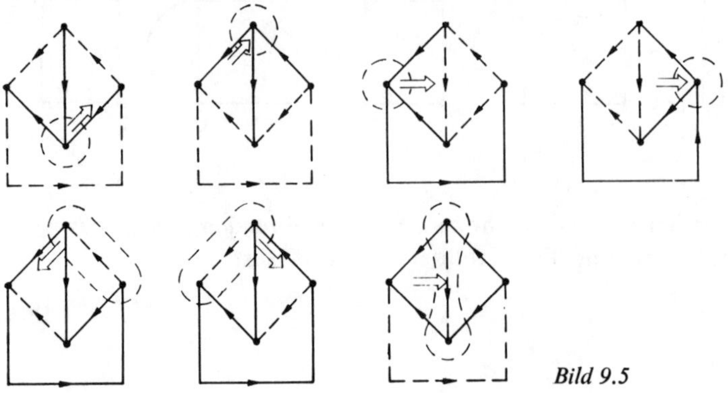

Bild 9.5

9.2. Matrixdarstellung der Kirchhoffschen Sätze

9.2.1. Inzidenzmatrix. Kirchhoffscher Knotensatz

Die Struktur eines Netzwerkgraphen wird eindeutig durch die vollständige Inzidenz- oder Strukturmatrix $\|H_v\|$ vom Format (m, n) beschrieben. Darin entsprechen die m Zeilen den m Knoten und die n Spalten den n Zweigen. Es gilt dabei:

$$h_{ij} = \begin{Bmatrix} 1 \\ -1 \\ 0 \end{Bmatrix}, \text{ wenn der Zweig } j \begin{cases} \text{vom Knoten } i \text{ wegführt,} \\ \text{zum Knoten } i \text{ hinführt,} \\ \text{mit dem Knoten } i \text{ nicht inzident ist;} \end{cases} \tag{9.4}$$

$$i = 1, \ldots, m,$$
$$j = 1, \ldots, n.$$

Beispiel

Die vollständige Inzidenzmatrix $\|H_v\|$ des Graphen nach Bild 9.1 lautet:

$$\begin{matrix} & \text{Zweige} & & & & & & \\ & 1 & 2 & 3 & 4 & 5 & 6 & \\ \|H_v\| = & \left\| \begin{matrix} -1 & -1 & 0 & 0 & 0 & 1 \\ 0 & 1 & -1 & 0 & -1 & 0 \\ 0 & 0 & 1 & 1 & 0 & -1 \\ 1 & 0 & 0 & -1 & 1 & 0 \end{matrix} \right\| & & & & & & \begin{matrix} 1 \\ 2 \\ 3 \\ 4 \end{matrix} \text{ Knoten} \end{matrix} \tag{9.5}$$

Jede Spalte einer vollständigen Inzidenzmatrix enthält genau zwei von Null verschiedene Elemente, einmal +1 und einmal −1. Damit sind sämtliche Spaltensummen von $\|H_v\|$ stets Null, d.h., die n Zeilenvektoren sind linear abhängig.

Information über die Struktur des Netzwerks geht deshalb nicht verloren, wenn eine beliebige Zeile gestrichen wird. Die reduzierte Inzidenzmatrix $\|H_r\|$ des Graphen nach Bild 9.1, die man durch Streichen z.B. der Zeile 4 von $\|H_v\|$ erhält, ist

$$\|H_r\| = \begin{Vmatrix} -1 & -1 & 0 & 0 & 0 & 1 \\ 0 & 1 & -1 & 0 & -1 & 0 \\ 0 & 0 & 1 & 1 & 0 & -1 \end{Vmatrix}. \tag{9.6}$$

Ist $\|i\| = \|i_1, i_2, \ldots, i_n\|^{\mathrm{T}}$ der Vektor der n Zweigströme, so folgt aus der Definition der h_{ij} sofort, daß

$$\|H_r\| \, \|i\| = \|0\| \tag{9.7}$$

ein System von $m - 1$ unabhängigen Knotengleichungen darstellt. Für das Netzwerk Bild 9.1 gilt somit

$$\begin{Vmatrix} -1 & -1 & 0 & 0 & 0 & 1 \\ 0 & 1 & -1 & 0 & -1 & 0 \\ 0 & 0 & 1 & 1 & 0 & -1 \end{Vmatrix} \begin{Vmatrix} i_1 \\ i_2 \\ i_3 \\ i_4 \\ i_5 \\ i_6 \end{Vmatrix} = \|0\|. \tag{9.8}$$

Dies ist das System der Knotengleichungen für die Knoten 1, 2 und 3 (der Knoten 4 ist gestrichen).

9.2.2. Schnittmatrix, Verallgemeinerter Kirchhoffscher Knotensatz

Nach dem 1. Kirchhoffschen Satz ist die Summe der vorzeichenbehafteten Ströme, die eine geschlossene Hüllfläche durchsetzen, Null.
Betrachtet man die Trennlinie eines Schnittes als die Spur einer solchen Hüllfläche, so muß die Summe der Ströme in den Schnittzweigen verschwinden. Diese verallgemeinerte Knotenpunktregel liefert für verschiedene, voneinander unabhängige Schnitte linear unabhängige Gleichungen.
In einem Netzwerkgraphen existieren genau $m - 1$ unabhängige Schnitte. Sie bilden eine sogenannte Schnittbasis.
Für die Netzwerkanalyse ist die in folgenden Schritten konstruierte spezielle Schnittbasis eines zusammenhängenden Graphen vorteilhaft.

1. Festlegung eines Baumes,
2. Numerierung der $m - 1$ Äste (Baumzweige) mit den Zahlen 1 bis $m - 1$,
3. Numerierung der $n - m + 1$ Sehnen mit den Zahlen m bis n,
4. Erzeugung der Schnitte durch die Äste: Zu jedem Ast werden Sehnen so hinzugenommen, daß sie jeweils zusammen einen Schnitt bilden,
5. Numerierung der Schnitte: Der Schnitt erhält die Nummer des zugehörigen Astes,
6. Festlegung der Richtung der jeweiligen Trennlinie: Die Richtung der Trennlinie entspricht der Richtung des erzeugenden Astes.

Zu einer Schnittbasis gehört eine Schnitt-Zweig-Inzidenzmatrix oder kurz Schnittmatrix $\|S\|$. Das Format von $\|S\|$ ist $(m - 1, n)$. Jeder der $m - 1$ Zeilen entspricht einer der $m - 1$ Schnitte, jeder der n Spalten einer der n Zweige. Hierbei ist

$$s_{ij} = \begin{Bmatrix} 1 \\ -1 \\ 0 \end{Bmatrix}, \ \text{wenn der Zweig } j \text{ zum Schnitt } i \ \begin{cases} \text{gehört und die Richtung der Trennlinie hat,} \\ \text{gehört und die entgegengesetzte Richtung hat,} \\ \text{nicht gehört;} \end{cases}$$

$$i = 1, \dots, m - 1,$$

$$j = 1, \dots, n.$$

Für die beschriebene spezielle Schnittbasis gilt somit

$$\begin{array}{c} \text{Zweige} \\ \overbrace{1 \ \ 2 \ \dots \ m-1}^{\text{Äste}} \quad \overbrace{m \dots n}^{\text{Sehnen}} \end{array}$$

$$\|S\| = \left\| \begin{array}{ccccc|c} 1 & 0 & 0 & \dots & 0 & \\ 0 & 1 & 0 & \dots & 0 & \\ 0 & 0 & 1 & \dots & . & \\ . & & & . & . & \|S_S\| \\ . & & & . & . & \\ . & & & . & . & \\ 0 & 0 & & \dots & 1 & \end{array} \right\| \begin{array}{l} 1 \\ 2 \\ . \\ . \\ . \\ . \\ m-1 \end{array} \ \text{Schnitte}$$

$$= \left\| \, \|E_{m-1}\| \,\vdots\, \|S_S\| \, \right\|. \tag{9.10}$$

Bild 9.6 zeigt eine Schnittbasis des Graphen für das Netzwerk Bild 9.1. Als Baum wurde die Kette, die aus den Zweigen 1, 2 und 3 besteht, gewählt.

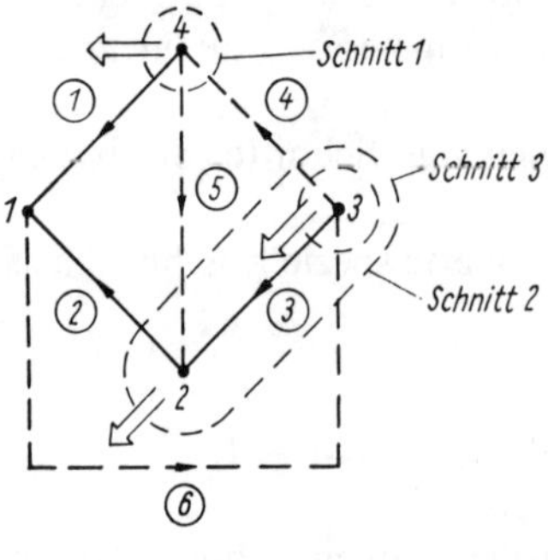

Bild 9.6

Der Schnitt 1 enthält den Ast 1 und die Sehnen 4 und 5. Der Schnitt 2 enthält den Ast 2 und die Sehnen 4, 5 und 6.
Der Schnitt 3 enthält den Ast 3 und die Sehnen 4 und 6.
Die Richtung der Schnitte stimmt mit der Richtung der entsprechenden Äste überein.

Die hierzu gehörende Schnittmatrix ist

$$\|S\| = \overset{\text{Zweige}}{\begin{array}{ccc:ccc} \multicolumn{3}{c}{\overbrace{\text{Äste}}} & \multicolumn{3}{c}{\overbrace{\text{Sehnen}}} \\ 1 & 2 & 3 & 4 & 5 & 6 \end{array}} \begin{Vmatrix} 1 & 0 & 0 & -1 & 1 & 0 \\ 0 & 1 & 0 & 1 & -1 & -1 \\ 0 & 0 & 1 & 1 & 0 & -1 \end{Vmatrix} \begin{matrix} 1 \\ 2 \\ 3 \end{matrix} \ \text{Schnitte} \tag{9.11}$$

Aus der Definition der S_{ij} und dem Knotenpunktsatz folgt

$$\|S\| \; \|i\| = \left\| \|E_{m-1}\| \; \vdots \; \|S_S\| \right\| \begin{Vmatrix} \|i_A\| \\ \|i_S\| \end{Vmatrix} = \|0\| . \tag{9.12}$$

$\|i_A\|$ ist hierbei der Vektor der Astströme. $\|i_S\|$ ist der Vektor der Sehnenströme. Aus (9.12) folgt

$$\|i_A\| = -\|S_S\| \; \|i_S\| . \tag{9.13}$$

Das System (9.13) ermöglicht somit, bei bekannten Sehnenströmen die Astströme zu ermitteln. Für den Fall Bild 9.6 folgt

$$\begin{Vmatrix} 1 & 0 & 0 & -1 & 1 & 0 \\ 0 & 1 & 0 & 1 & -1 & -1 \\ 0 & 0 & 1 & 1 & 0 & -1 \end{Vmatrix} \begin{Vmatrix} i_1 \\ i_2 \\ i_3 \\ i_4 \\ i_5 \\ i_6 \end{Vmatrix} = \|0\| , \tag{9.14}$$

$$\|i_A\| = \begin{Vmatrix} i_1 \\ i_2 \\ i_3 \end{Vmatrix} = -\begin{Vmatrix} -1 & 1 & 0 \\ 1 & -1 & -1 \\ 1 & 0 & -1 \end{Vmatrix} \begin{Vmatrix} i_4 \\ i_5 \\ i_6 \end{Vmatrix} = -\begin{Vmatrix} -1 & 1 & 0 \\ 1 & -1 & -1 \\ 1 & 0 & -1 \end{Vmatrix} \|i_S\| . \tag{9.15}$$

9.2.3. Maschenmatrix. Kirchhoffscher Maschensatz

Nach dem Kirchhoffschen Maschensatz ist die Summe der vorzeichenbehafteten Zweigspannungen längs jeder beliebigen Masche gleich Null. Die Maschengleichungen sind linear unabhängig, wenn die entsprechenden Maschen unabhängig sind. In einem Netzwerkgraphen existieren genau $n - m + 1$ unabhängige Maschen. Sie bilden eine Maschenbasis (graphentheoretisch ein System unabhängiger Zyklen).
Im folgenden werden die Schritte für die Entwicklung einer speziellen, für die Netzwerkanalyse sehr geeigneten Maschenbasis angeführt.

1. Festlegung des Baumes und der Zweignumerierung: Dies erfolgt wie bei der Entwicklung der Schnittbasis,

2. Erzeugung der Maschen durch die Sehnen: Die Sehne mit der Nummer m erzeugt die erste Masche, die mit der Nummer $m + 1$ die zweite Masche usw.; somit ist die Maschennummer die Nummer der erzeugenden Sehne minus $(m - 1)$,
3. Umlaufrichtung der Masche wird durch die Richtung der jeweiligen erzeugenden Sehne festgelegt.

Masche-Zweig-Inzidenzmatrix

Zu jeder Maschenbasis gehört eine Masche-Zweig-Inzidenzmatrix oder kurz Maschenmatrix $\|M\|$. Ihr Format ist $(n - m + 1, n)$. Jeder der $n - m + 1$ Zeilen entspricht eine der $n - m + 1$ Maschen; jeder der n Spalten entspricht einer der n Zweige. Es gilt dabei

$$m_{ij} = \begin{Bmatrix} 1 \\ -1 \\ 0 \end{Bmatrix}, \text{ wenn der Zweig } j \text{ zur Masche } i \begin{cases} \text{gehört und in seiner Richtung durchlaufen wird,} \\ \text{gehört und in entgegengesetzter Richtung durchlaufen wird,} \\ \text{nicht gehört;} \end{cases} \quad (9.16)$$

$$i = 1, \ldots, (n - m + 1),$$
$$j = 1, \ldots, n.$$

Für die oben angegebene spezielle Maschenbasis gilt

$$\|M\| = \left\| \begin{array}{c|ccccc} \overbrace{1 \; 2 \ldots m-1}^{\text{Äste}} & \overbrace{m \quad \ldots \quad n}^{\text{Sehnen}} & & & & \\ & 1 & 0 & 0 & \ldots & 0 \\ & 0 & 1 & 0 & \ldots & 0 \\ \|M_A\| & 0 & 0 & 1 & \ldots & 0 \\ & \cdot & & & & \cdot \\ & \cdot & & & & \cdot \\ & \cdot & & & & \cdot \\ & 0 & 0 & \ldots & & 1 \end{array} \right\| \begin{array}{l} \\ 1 \\ 2 \\ 3 \\ \cdot \\ \cdot \\ \cdot \\ n-m+1 \end{array} \text{Maschen} = \| \|M_A\| \; \|E_{n-m+1}\| \|. \quad (9.17)$$

Bild 9.7 zeigt eine Maschenbasis für den Graphen Bild 9.1. Die Zahl ihrer Maschen ist $n - m + 1 = 3$. Die Maschen werden folgendermaßen festgelegt: Die Masche 1 (M 1)

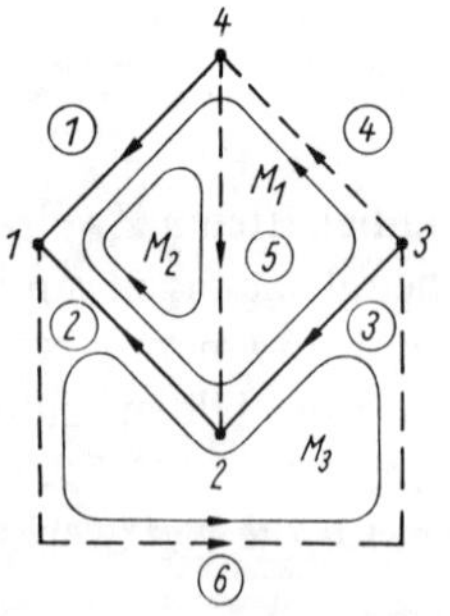

Bild 9.7

enthält die Zweige 4, 1, 2 und 3; die Masche 2 (M 2) enthält die Zweige 5, 2 und 1; die Masche 3 (M 3) enthält die Zweige 6, 3 und 2.

Die Maschenmatrix, die man nach der empfohlenen Bildungsregel erhält, lautet dann:

$$\begin{array}{c} \text{Zweige} \\ \begin{array}{cc} \overbrace{\quad\text{Äste}\quad}^{} & \overbrace{\text{Sehnen}}^{} \end{array} \end{array}$$

$$\|M\| = \begin{array}{c} \begin{array}{cccccc} 1 & 2 & 3 & 4 & 5 & 6 \end{array} \\ \left\| \begin{array}{ccc|ccc} 1 & -1 & -1 & 1 & 0 & 0 \\ -1 & 1 & 0 & 0 & 1 & 0 \\ 0 & 1 & 1 & 0 & 0 & 1 \end{array} \right\| \begin{array}{c} 1 \\ 2 \\ 3 \end{array} \text{Maschen} \end{array} \tag{9.18}$$

Aus der Definition der m_{ij} folgt

$$\|M\| \; \|u\| = \left\| \|M_A\| \;\vdots\; \|E_{n-m+1}\| \right\| \left\| \begin{array}{c} \|u_A\| \\ \|u_S\| \end{array} \right\| = \|0\| . \tag{9.19}$$

Hier bedeutet $\|u\|$ den Vektor der n Zweigspannungen, $\|u_A\|$ den Vektor der $m - 1$ Astspannungen, $\|u_S\|$ den Vektor der $n - m + 1$ Sehnenspannungen.
(9.19) stellt ein System von $n - m + 1$ unabhängigen Maschengleichungen dar. Aus (9.19) folgt

$$\|u_S\| = -\|M_A\| \; \|u_A\| . \tag{9.20}$$

Das System (9.20) erlaubt, bei bekannten Astspannungen die Sehnenspannungen zu ermitteln.
Für das Netzwerk im Bild 9.7 gilt

$$\|M\| \; \|u\| = \left\| \begin{array}{cccccc} 1 & -1 & -1 & 1 & 0 & 0 \\ -1 & 1 & 0 & 0 & 1 & 0 \\ 0 & 1 & 1 & 0 & 0 & 1 \end{array} \right\| \left\| \begin{array}{c} u_1 \\ u_2 \\ u_3 \\ u_4 \\ u_5 \\ u_6 \end{array} \right\| = \|0\| \tag{9.21}$$

oder

$$\|u_S\| = \left\| \begin{array}{c} u_4 \\ u_5 \\ u_6 \end{array} \right\| = -\left\| \begin{array}{ccc} 1 & -1 & -1 \\ -1 & 1 & 0 \\ 0 & 1 & 1 \end{array} \right\| \left\| \begin{array}{c} u_1 \\ u_2 \\ u_3 \end{array} \right\| = -\left\| \begin{array}{ccc} 1 & -1 & -1 \\ -1 & 1 & 0 \\ 0 & 1 & 1 \end{array} \right\| \|u_A\| . \tag{9.22}$$

9.3. Orthogonalität der Zeilenvektoren von $\|M\|$ und $\|S\|$

Ohne Beweis wird an dieser Stelle auf eine fundamentale graphentheoretische Aussage – die Orthogonalität der Zeilenvektoren von $\|M\|$ und $\|S\|$ – hingewiesen. Es ist

$$\|M\| \; \|S\|^{T} = \|0\| . \tag{9.23}$$

Damit folgt aus (9.10) und (9.17)

$$\left\| \|M_A\| \;\vdots\; \|E_{n-m+1}\| \right\| \left\| \|E_{m-1}\| \;\vdots\; \|S_S\| \right\|^{T} = \|M_A\| + \|S_S\|^{T} = \|0\| \tag{9.24}$$

oder

$$\|M_A\| = -\|S_S\|^T \quad \text{bzw.} \quad \|S_S\| = -\|M_A\|^T. \tag{9.25}$$

Diese Aussage ist für die folgenden Überlegungen grundlegend.

9.4. Satz von *Tellegen*

Der Satz von *Tellegen* ist ein sehr allgemeiner Satz der Netzwerktheorie. Er beruht nur auf den beiden Kirchhoffschen Sätzen und auf der Orthogonalitätsbeziehung (9.25). Aus dem Maschensatz (9.20) und (9.25) ergibt sich

$$\|u_S\| = \|S_S\|^T \, \|u_A\|. \tag{9.26}$$

Hieraus ergibt sich

$$\|u\| = \begin{Vmatrix} \|u_A\| \\ \|u_S\| \end{Vmatrix} = \begin{Vmatrix} \|E_{m-1}\| \\ \|S_S\|^T \end{Vmatrix} \|u_A\| = \|S\|^T \, \|u_A\|. \tag{9.27}$$

Aus dem verallgemeinerten Knotensatz in der Form (9.13) folgt mit (9.25)

$$\|i_A\| = \|M_A\|^T \, \|i_S\|. \tag{9.28}$$

Hieraus ergibt sich

$$\|i\| = \begin{Vmatrix} \|i_A\| \\ \|i_S\| \end{Vmatrix} = \begin{Vmatrix} \|M_A\|^T \\ \|E_{n-m+1}\| \end{Vmatrix} \|i_S\| = \|M\|^T \, \|i_S\|. \tag{9.29}$$

Für das skalare Produkt von Spannungs- und Stromvektor ergibt sich mit (9.27) und (9.29)

$$\|u\|^T \, \|i\| = \|u_A\|^T \, \|S\| \, \|M\|^T \, \|i_S\| \tag{9.30}$$

und unter Anwendung der Orthogonalitätsbeziehung (9.23)

$$\|u\|^T \, \|i\| = 0. \tag{9.31}$$

(9.31) stellt den Satz von *Tellegen* dar: Ein beliebiger Vektor der Zweigspannungen eines Netzwerks, der den Maschensatz erfüllt, und ein beliebiger Vektor der Zweigströme, der den Knotensatz erfüllt, sind zueinander orthogonal.

Der Vektor $\begin{Vmatrix} \|u\| \\ \|i\| \end{Vmatrix}$ braucht dabei nicht eine Lösung des betrachteten Netzwerks zu sein, d.h., die Ströme $\|i\|$ müssen nicht denen entsprechen, die sich beim Einwirken der Spannungen $\|u\|$ in den Zweigen einstellen. (9.31) muß somit auch für Strom- und Spannungsvektoren $\|i_1\|$, $\|i_2\|$ bzw. $\|u_1\|$, $\|u_2\|$ gelten, die zu zwei verschiedenen Netzwerken N_1 und N_2 gehören, sofern nur diese Netzwerke identische Graphen besitzen. Es gilt dann

$$\|u_1\|^T \, \|i_2\| = \|u_2\|^T \, \|i_1\| = 0 \tag{9.32}$$

oder ausführlich

$$\sum_{j=1}^{n} u_{2j} i_{1j} = \sum_{j=1}^{n} u_{1j} i_{2j} = 0; \tag{9.33}$$

n ist die Anzahl der Zweige in N_1 bzw. N_2.

Ist aber $\begin{Vmatrix} \|u\| \\ \|i\| \end{Vmatrix}$ die Lösung eines Netzwerks, so geht der Tellegensche Satz in den Energieerhaltungssatz über:

$$\|u\|^{\mathrm{T}} \|i\| = \sum_{j=1}^{n} u_j i_j = \sum_{j=1}^{n} p_j = p_{\mathrm{ges}} = 0. \tag{9.34}$$

Die Summe der Momentanwerte der Zweigleistungen in einem Netzwerk ist zu jedem Zeitpunkt gleich Null, d.h., die Summe aller Energien ist konstant.

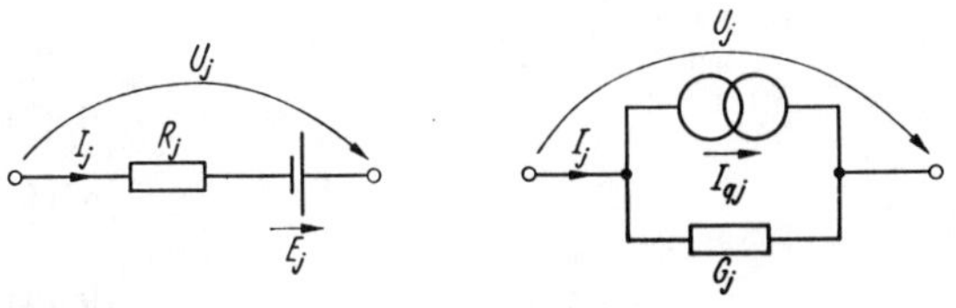

Bild 9.8

9.5. Netzwerkanalyse

9.5.1. Aufstellung des Gleichungssystems für lineare Gleichstromnetzwerke

9.5.1.1. Erfassung der physikalischen Eigenschaften der Zweige

Der Zweig j ($j = 1, \ldots, n$) eines Gleichstromnetzwerks ist vollständig durch die Angabe eines Zweigstromwiderstands R_j ($0 < R_j < \infty$) und einer Zweig-EMK E_j bzw. durch die Angabe eines Zweigleitwerts G_j ($0 < G_j < \infty$) und einer Zweigstromquelle I_{qj} beschrieben. Es gelten die Beziehungen (Bild 9.8):

$$U_j = R_j I_j - E_j, \tag{9.35}$$

$$I_j = G_j U_j + I_{qj}. \tag{9.36}$$

In Matrixform lautet das System der Gleichungen für die Zweigspannungen (9.35):

$$\begin{Vmatrix} U_1 \\ U_2 \\ \cdot \\ \cdot \\ \cdot \\ \\ U_n \end{Vmatrix} = \begin{Vmatrix} R_1 & 0 & 0 \ldots & & 0 \\ 0 & R_2 & 0 \ldots & & 0 \\ \cdot & & & & \\ \cdot & & & & \\ \cdot & & & & \\ 0 & \ldots & & R_{n-1} & 0 \\ 0 & \ldots & & 0 & R_n \end{Vmatrix} \begin{Vmatrix} I_1 \\ I_2 \\ \cdot \\ \cdot \\ \cdot \\ \\ I_n \end{Vmatrix} - \begin{Vmatrix} E_1 \\ E_2 \\ \cdot \\ \cdot \\ \cdot \\ \\ E_n \end{Vmatrix} \tag{9.37}$$

bzw.

$$\|U\| = \|R\| \, \|I\| - \|E\|, \tag{9.38}$$

$$\|R\| = \operatorname{diag} R_j; \qquad j = 1, \ldots, n, \tag{9.39}$$

$$\|E\| = \|E_1 E_2 \ldots E_n\|^{\mathrm{T}}. \tag{9.40}$$

In Matrixform lautet das System der Gleichungen für die Zweigströme (9.36) entsprechend:

$$\begin{Vmatrix} I_1 \\ I_2 \\ \cdot \\ \cdot \\ \cdot \\ \\ I_n \end{Vmatrix} = \begin{Vmatrix} G_1 & 0 & 0 \dots 0 & 0 \\ 0 & G_2 & 0 \dots 0 & 0 \\ & & & \\ & & & \\ & & & \\ 0 & 0 & \dots G_{n-1} & 0 \\ 0 & 0 & \dots 0 & G_n \end{Vmatrix} \begin{Vmatrix} U_1 \\ U_2 \\ \cdot \\ \cdot \\ \cdot \\ \\ U_n \end{Vmatrix} + \begin{Vmatrix} I_{q1} \\ I_{q2} \\ \cdot \\ \cdot \\ \cdot \\ \\ I_{qn} \end{Vmatrix} \tag{9.41}$$

bzw.

$$\|I\| = \|G\| \, \|U\| + \|I_q\|, \tag{9.42}$$

$$\|G\| = \operatorname{diag} G_j; \qquad j = 1, \dots, n, \tag{9.43}$$

$$\|I_q\| = \|I_{q1}, I_{q2}, \dots, I_{qn}\|^{\mathrm{T}}. \tag{9.44}$$

Mit (9.12), (9.19), (9.37) und (9.41) stehen insgesamt $2n$ Gleichungen für die Bestimmung der $2n$ Unbekannten U_j und I_j ($j = 1, \dots, n$) zur Verfügung.

9.5.1.2. Zweigstromanalyse

Zu lösen ist das Gleichungssystem

$$\|M\| \, \|U\| = \|0\|, \tag{9.45}$$

$$\|H\| \, \|I\| = \|0\| \quad \text{bzw.} \quad \|S\| \, \|I\| = \|0\| \tag{9.46}$$

nach den Unbekannten $\|U\|$ und $\|I\|$.
Als Beispiel soll das Netzwerk Bild 9.1 angeführt werden. Hierfür gelten die Gleichungen (9.8), (9.14) und (9.21) sowie

$$\begin{Vmatrix} U_1 \\ U_2 \\ U_3 \\ U_4 \\ U_5 \\ U_6 \end{Vmatrix} = \begin{Vmatrix} R_1 & 0 & 0 & 0 & 0 & 0 \\ 0 & R_2 & 0 & 0 & 0 & 0 \\ 0 & 0 & R_3 & 0 & 0 & 0 \\ 0 & 0 & 0 & R_4 & 0 & 0 \\ 0 & 0 & 0 & 0 & R_5 & 0 \\ 0 & 0 & 0 & 0 & 0 & R_6 \end{Vmatrix} \begin{Vmatrix} I_1 \\ I_2 \\ I_3 \\ I_4 \\ I_5 \\ I_6 \end{Vmatrix} - \begin{Vmatrix} 0 \\ 0 \\ 0 \\ 0 \\ 0 \\ E \end{Vmatrix} \tag{9.47}$$

bzw.

$$\begin{Vmatrix} I_1 \\ I_2 \\ I_3 \\ I_4 \\ I_5 \\ I_6 \end{Vmatrix} = \begin{Vmatrix} G_1 & 0 & 0 & 0 & 0 & 0 \\ 0 & G_2 & 0 & 0 & 0 & 0 \\ 0 & 0 & G_3 & 0 & 0 & 0 \\ 0 & 0 & 0 & G_4 & 0 & 0 \\ 0 & 0 & 0 & 0 & G_5 & 0 \\ 0 & 0 & 0 & 0 & 0 & G_6 \end{Vmatrix} \begin{Vmatrix} U_1 \\ U_2 \\ U_3 \\ U_4 \\ U_5 \\ U_6 \end{Vmatrix} + \begin{Vmatrix} 0 \\ 0 \\ 0 \\ 0 \\ 0 \\ I_q \end{Vmatrix} \tag{9.48}$$

mit

$$G_j = \frac{1}{R_j}; \qquad j = 1, \dots, n, \tag{9.49}$$

$$I_q = \frac{E}{R_3}. \tag{9.50}$$

Gleichungen mit einer reduzierten Zahl von Unbekannten liefern abgekürzte Verfahren (Maschenstromanalyse, Astspannungsanalyse), die unter Zuhilfenahme des Satzes von der Orthogonalität entwickelt werden.

9.5.1.3. Maschenstromanalyse

Für die Maschenstromanalyse werden die Ströme in den Sehnen (die Maschenströme) als Unbekannte beibehalten und die Astströme sowie alle Zweigspannungen eliminiert. Nach (9.29) ist

$$\|I\| = \|M\|^{\mathrm{T}} \|I_{\mathrm{S}}\|. \tag{9.51}$$

Aus (9.38) und (9.51) folgt

$$\|U\| = \|R\| \; \|M\|^{\mathrm{T}} \|I_{\mathrm{S}}\| - \|E\|. \tag{9.52}$$

Geht man mit dieser Gleichung in das System der Maschengleichungen (9.19) ein, dann erhält man

$$\|M\| \; \|U\| = \|M\| \; \|R\| \; \|M\|^{\mathrm{T}} \|I_{\mathrm{S}}\| - \|M\| \; \|E\| = \|0\| \tag{9.53}$$

oder

$$\|M\| \; \|R\| \; \|M\|^{\mathrm{T}} \|I_{\mathrm{S}}\| = \|M\| \; \|E\| \tag{9.54}$$

bzw.

$$\|R_{\mathrm{M}}\| \; \|I_{\mathrm{S}}\| = \|E_{\mathrm{M}}\| \tag{9.55}$$

mit

$$\|R_{\mathrm{M}}\| = \|M\| \; \|R\| \; \|M\|^{\mathrm{T}}, \tag{9.56}$$

$$\|E_{\mathrm{M}}\| = \|M\| \; \|E\|. \tag{9.57}$$

Hierbei ist $\|R_{\mathrm{M}}\|$ die sogenannte Maschenwiderstandsmatrix, $\|E_{\mathrm{M}}\|$ der Vektor der Umlauf-EMKs. Für $R_{\mathrm{M}ij}$ gilt

$$R_{\mathrm{M}ij} = \begin{cases} \text{Summe der Zweigwiderstände der Masche } i \text{ für } i = j, \\ \text{vorzeichenbehaftete Summe der Zweigwiderstände der den Maschen } i \text{ und } j \\ \text{gemeinsamen Zweige für } i \neq j. \end{cases}$$

Für $i \neq j$ wird dabei ein Widerstand positiv gezählt, wenn der betrachtete Zweig von beiden Maschen in der gleichen Richtung durchlaufen wird, andernfalls negativ.
$E_{\mathrm{M}j}$ ist die vorzeichenbehaftete Summe der in der Masche j liegenden EMKs. In Maschenumlaufrichtung orientierte EMKs werden positiv, entgegengesetzt orientierte negativ gezählt.

Nach Auflösung des Gleichungssystems (9.55) kann man mit Hilfe von (9.28) aus den Maschenströmen (Sehnenströmen) die Astströme berechnen:

$$\|I_A\| = \|M_A\|^T \, \|I_S\|. \tag{9.58}$$

Da man dann alle Ströme kennt, kann man schließlich mit Hilfe von (9.38) alle Zweigspannungen ermitteln. (9.55) stellt das System der Maschenspannungsanalyse dar.
Für das Netzwerk im Bild 9.1 lautet das Gleichungssystem für die Maschenströme I_4, I_5 und I_6 mit der Maschenbasis gemäß Bild 9.7:

$$\begin{Vmatrix} R_1 + R_2 + R_3 + R_4 & -R_1 - R_2 & -R_2 - R_3 \\ -R_1 - R_2 & R_1 + R_2 + R_5 & R_2 \\ -R_2 - R_3 & R_2 & R_2 + R_3 + R_6 \end{Vmatrix} \begin{Vmatrix} I_4 \\ I_5 \\ I_6 \end{Vmatrix} = \begin{Vmatrix} 0 \\ 0 \\ E \end{Vmatrix}. \tag{9.59}$$

9.5.1.4. Astspannungsanalyse

Ein anderes abgekürztes Gleichungssystem ergibt sich aus der Wahl der Astspannungen als Unbekannte und Elimination der Sehnenspannungen sowie aller Zweigströme. Geht man mit (9.27)

$$\|U\| = \|S\|^T \, \|U_A\|, \tag{9.60}$$

in (9.42) ein, dann erhält man

$$\|I\| = \|G\| \, \|S\|^T \, \|U_A\| + \|I_q\|. \tag{9.61}$$

Setzt man diesen Ausdruck in den verallgemeinerten Knotensatz (9.12) ein, dann erhält man

$$\|S\| \, \|G\| \, \|S\|^T \, \|U_A\| = -\|S\| \, \|I_q\| \tag{9.62}$$

bzw.

$$\|G_A\| \, \|U_A\| = \|I_{qA}\| \tag{9.63}$$

mit

$$\|G_A\| = \|S\| \, \|G\| \, \|S\|^T, \tag{9.64}$$

$$\|I_{qA}\| = -\|S\| \, \|I_q\|. \tag{9.65}$$

(9.63) stellt das System der Astspannungsanalyse dar.
Die Sehnenspannungen werden nach seiner Auflösung mit Hilfe von (9.26) in der Form

$$\|U_S\| = \|S_S\|^T \, \|U_A\| \tag{9.66}$$

ermittelt. Damit sind alle Spannungen bekannt, und man kann mit Hilfe von (9.42) alle Zweigströme ermitteln.

9.5.2. Aufstellung des Gleichungssystems für lineare *RLCM*-Netzwerke

Die Netzwerksätze in komplexer Schreibweise für Wechselstromnetzwerke (siehe Abschnitt 6.3.2.) und in Operatorenschreibweise (s. Abschn. 8.4.5.) für beliebigen zeitlichen Verlauf der Wechselgrößen sind formal mit den Netzwerksätzen für Gleichstromnetzwerke identisch. Die analytische Darstellung der Netzwerktopologie und der Matrixformulierungen der Netzwerksätze können somit unverändert übernommen werden. Dagegen muß man in die analytische Beschreibung der physikalischen Eigenschaften der Netzwerkzweige die Operatorimpedanzen einsetzen.

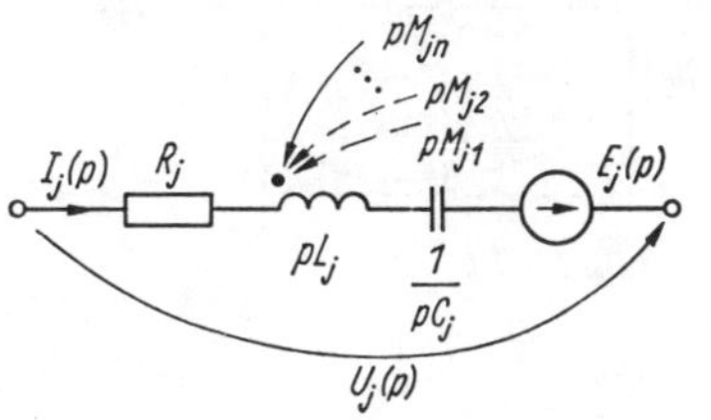

Bild 9.9

Für die Strom-Spannungs-Beziehung in dem Zweig j (Bild 9.9) gilt dann

$$U_j(p) = \left(R_j + pL_j + \frac{1}{pC_j}\right) I_j(p) \pm \sum_{\substack{k=1 \\ k \neq j}}^{n} pM_{jk} I_k(p) - E_j(p); \tag{9.67}$$

$j = 1, \ldots, n,$

$$U_j(p) = Z_j(p)\, I_j(p) \pm \sum_{\substack{k=1 \\ k \neq j}}^{n} pM_{jk} I_k(p) - E_j(p) \tag{9.68}$$

mit

$$Z_j(p) = R_j + pL_j + \frac{1}{pC_j}. \tag{9.69}$$

M_{jk} ist die (vorzeichenbehaftete) Gegeninduktivität zwischen den Zweigen j und k.
In Matrixform lautet das System (9.68):

$$\|U(p)\| = \|Z(p)\|\, \|I(p)\| - \|E(p)\|. \tag{9.70}$$

Hierbei ist

$$\|Z(p)\| = \begin{Vmatrix} Z_1(p) & pM_{12} & pM_{13} \ldots pM_{1n} \\ pM_{21} & Z_2(p) & pM_{23} \ldots pM_{2n} \\ \cdots & \cdots & \cdots \\ \cdots & \cdots & \cdots \\ \cdots & \cdots & \cdots \\ pM_{n1} & \ldots & Z_n(p) \end{Vmatrix}. \tag{9.71}$$

In linearen *RLCM*-Netzwerken ist die Matrix $\|Z(p)\|$ symmetrisch; denn es gilt

$$M_{ij} = M_{ji}. \tag{9.72}$$

Die Darstellung des Zweiges als Stromquelle läßt sich nicht anschaulich interpretieren.

Beispiel für die Anwendung der Netzwerkgleichungen im Bildbereich

Im folgenden wird das Netzwerk Bild 9.10 im Bildbereich mit Hilfe der Maschenstromanalyse untersucht.
Bild 9.11 zeigt den entsprechend gerichteten Graphen. Als Baum ist der Zweig 1 (dick

ausgezeichnet) gewählt. Die Sehnen (gestrichelt gezeichnet) sind die Zweige 2 und 3. Die Maschen M_1 und M_2 mit ihrer positiven Umlaufrichtung sind ebenfalls in der Abbildung gezeigt.

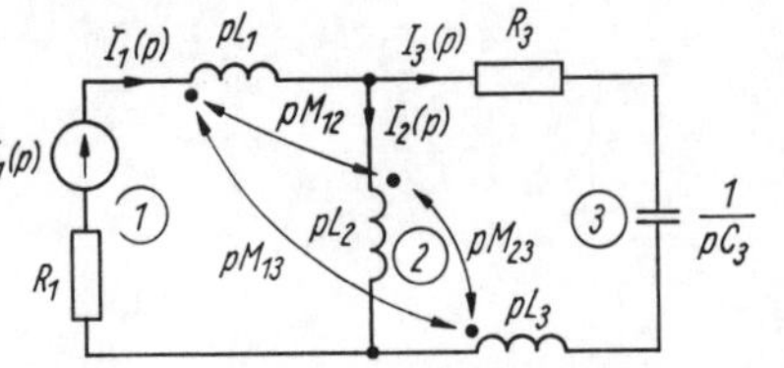

Bild 9.10

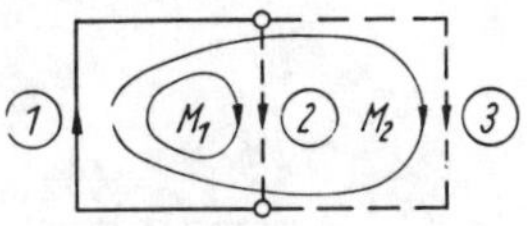

Bild 9.11

Es gilt

$$\|U(p)\| = \|Z(p)\| \, \|I(p)\| - \|E(p)\|. \tag{9.73}$$

Die Matrix der Zweigoperatorimpedanzen $\|Z(p)\|$ lautet:

$$\|Z(p)\| = \begin{Vmatrix} R_1 + pL_1 & pM_{12} & -pM_{13} \\ pM_{12} & pL_2 & -pM_{23} \\ -pM_{13} & -pM_{23} & R_3 + pL_3 + \dfrac{1}{pC_3} \end{Vmatrix}. \tag{9.74}$$

Der Vektor der Zweigoperator-EMKs $\|E(p)\|$ ist

$$\|E(p)\| = \begin{Vmatrix} E_1(p) \\ 0 \\ 0 \end{Vmatrix}. \tag{9.75}$$

Die Maschenmatrix $\|M\|$ ist

$$\|M\| = \begin{Vmatrix} 1 & 1 & 0 \\ 1 & 0 & 1 \end{Vmatrix}. \tag{9.76}$$

Die Maschenimpedanzmatrix $\|Z_M(p)\|$ lautet:

$$\|Z_M(p)\| = \|M\| \, \|Z(p)\| \, \|M\|^T, \tag{9.77}$$

$$\|Z_M(p)\| = \begin{Vmatrix} 1 & 1 & 0 \\ 1 & 0 & 1 \end{Vmatrix} \begin{Vmatrix} R_1 + pL_1 & pM_{12} & -pM_{13} \\ pM_{12} & pL_2 & -pM_{23} \\ -pM_{13} & -pM_{23} & R_3 + pL_3 + \dfrac{1}{pC_3} \end{Vmatrix} \begin{Vmatrix} 1 & 1 \\ 1 & 0 \\ 0 & 1 \end{Vmatrix}$$

$$= \begin{Vmatrix} R_1 + p(L_1 + L_2 + 2M_{12}) & R_1 + p(L_1 + M_{12} - M_{13} - M_{23}) \\ R_1 + p(L_1 + M_{12} - M_{13} - M_{23}) & R_1 + R_3 + \dfrac{1}{pC_3} + p(L_1 + L_3 - 2M_{13}) \end{Vmatrix}. \tag{9.78}$$

Der Vektor der Umlauf-EMKs $\|E_{\mathrm{M}}(p)\|$ ist

$$\|E_{\mathrm{M}}(p)\| = \|M\|\ \|E(p)\|$$

$$= \begin{Vmatrix} 1 & 1 & 0 \\ 1 & 0 & 1 \end{Vmatrix} \begin{Vmatrix} E_1(p) \\ 0 \\ 0 \end{Vmatrix} = \begin{Vmatrix} E_1(p) \\ E_1(p) \end{Vmatrix}. \tag{9.79}$$

Der Vektor der Sehnenströme $\|I_{\mathrm{S}}(p)\|$ ist

$$\|I_{\mathrm{S}}(p)\| = \begin{Vmatrix} I_2(p) \\ I_3(p) \end{Vmatrix}. \tag{9.80}$$

Das Gleichungssystem der Maschenstromanalyse lautet

$$\|Z_{\mathrm{M}}(p)\|\ \|I_{\mathrm{S}}(p)\| = \|E_{\mathrm{M}}(p)\|. \tag{9.81}$$

Hieraus werden die Sehnenströme $I_2(p)$ und $I_3(p)$ ermittelt. Der Aststrom $I_1(p)$ ergibt sich in diesem Falle einfach zu

$$I_1(p) = I_2(p) + I_3(p). \tag{9.82}$$

Hiermit ist die Matrix der Zweigströme $\|I(p)\|$ bekannt.
Nun kann man mit (9.73) die Zweigspannungen $\|U(p)\|$ ermitteln. Sind alle $U_j(p)$ und $I_j(p)$ berechnet, dann kann man über eine Laplace-Rücktransformation die Zweiggrößen im Zeitbereich ermitteln.
Für *RLCM*-Netzwerke mit sinusförmigen Wechselgrößen verläuft die Berechnung analog. Der Operator p wird durch $\mathrm{j}\omega$ ersetzt.

Literatur

Abraham, M.; Becker, R.: Theorie der Elektrizität. Leipzig: Teubner 1933

Allen, D.N. de G.: Relaxation methods in engineering and science. New York: McGraw-Hill 1954

Ames, W.F.: Numerical Methods for Partial Differential Equations. London: Nelson 1969

Anderson, B.D.; Vongpanitlerd: Network Analysis and Synthesis. A Modern System Theory Approach. Englewood Cliffs, New Jersey: Prentice-Hall 1973

Andronow, A.A.; Witt, A.A.; Chaikin, S.E.: Theorie der Schwingungen. Teil 1. Berlin: Akademie-Verlag 1965

Atabekov, G.I.: Garmoničeskij analiz i operatornyj metod. Moskau: Oborongiz 1956

Atabekov, G.I.: Teoretičeskie osnovy èlektrotehniki. Teil I: Lineare elektrische Netze. Moskau, Leningrad: Energiâ 1964.
Teil II: Nichtlineare Netze. Moskau, Leningrad: Gosenergoizdat 1962.
Teil III: *Kupalân, S.D.:* Elektromagnetisches Feld. Moskau, Leningrad: Gosenergoizdat 1963

Augot, A.: Compléments de mathematiques a l'usage de ingenieurs de l'elektrotechnique et des télécommunications, Paris 1957

Banerjee, P.K.; Butterfield, R.: Boundary Element Methods in Engineering Science. London: McGraw-Hill 1981

Becker, R.: Theorie der Elektrizität. Leipzig: Teubner 1949; Stuttgart: Teubner 1957

Belevitch, V.: Classical Network Theory. San Francisco: Holden-Day 1968

Berg, L.: Einführung in die Operatorenrechnung. Berlin: Verlag der Wissenschaften 1962

Bessonov, L.A.: Nelinejnye èlektričeskie cepi. Moskau: Vysšaâ Škola 1964

Bessonov, L.A.: Teoretičeskie osnovy èlektrotehniki. Moskau: Vysšaâ Škola 1964

Binns, K.J.; Lawrenson, P.J.: Analysis and computation of electric and magnetic field problems. Oxford: Pergamon Press 1973

Bjelow, K.P.: Erscheinungen an ferromagnetischen Metallen. Berlin: Verlag Technik 1953

Bladel, J. van: Electromagnetic Fields. New York, San Francisco, London 1964

Bodea, E.: Giorgis rationales MKS-Maß-System mit Dimensionskohärenz. Basel: Birkhäuser 1949

Boite, R.; Neirynck, J.: Théorie des réseaux de Kirchhoff. Traité d'électricité de EPEL. Vol. IV. St. Saphorm (CH): Editions Georgi 1978

Bozorth, R.M.: Ferromagnetism. New York: Van Nostrand 1951

Brebbia, C.A.: New Developments in Boundary Element Methods. London: Butterworths 1980

Brebbia, C.A.; Telles, J.C.F.; Wrobel, L.C.: Boundary Element Techniques-Theory and Applications in Engineering. Berlin, Heidelberg, New York: Springer 1984

Buchholz, H.: Elektrische und magnetische Potentialfelder. Wien, Berlin: Springer 1957

Buslenko, N.P.; Schreider, J.A.: Die Monte-Carlo-Methode. Leipzig: Teubner 1964

Cage, J.: Theory and Applicatons of Industrial Electronics. New York, Toronto, London: McGraw-Hill 1951

Calahan, D.A.: Computer Aided Network Design. New York: McGraw-Hill 1962

Carler, G.: The Electromagnetic field in its engineering aspects. Green, New York: Longmans 1954

Cauer, W.: Theorie der linearen Wechselstromschaltungen. Berlin: Akademie-Verlag 1954

Chari, M.V.K.; Silvester, P.P.: Finite Elements in Electrical and Magnetic Field Problems. Chichester, New York, Brisbane, Toronto, Wiley 1980

Chua, L.O.: Introduction to nonlinear network theory. New York: McGraw-Hill 1969

Chua, L.O.; Pen-Min-Lin: Computer Aided Analysis of Electronic circuits. Englewood Cliffs, New Jersey: Prentice-Hall 1975

Cohn, E.: Das elektromagnetische Feld. Berlin: Springer 1927

Dacos, F.: Electricité théorique. Paris: Dunod 1946

Desoer, C.A.; Kuh, E.S.: Basic circuit theory. New York: McGraw-Hill 1969

Döring, H.: Finite-Elemente-Methode. Berlin: Akademie-Verlag 1985

Doetsch, G.: Handbuch der Laplace-Transformation, Band III. Basel: Birkhäuser 1956

Dosse, J.; Mierdel, G.: Der elektrische Strom im Hochvakuum und in Gasen. Leipzig: Hirzel 1945

Eckardt, H.: Numerische Verfahren in der Energietechnik. Stuttgart: Teubner 1978
Elliot, R.S.: Electromagnetics. New York: McGraw-Hill 1966
Engel, A.; Steenbeck, M.: Elektrische Gasentladungen. Berlin: Springer 1932
Erdélyi, E.A., u.a.: Nonlinear magnetic field analysis of DC machines, Parts I, II, III. IEEE Transactions on PAS, vol. PAS-89 (1970) S.1546–1583
Fabrikant, V.L.: Filtry simmetričnyh sostavlâussih. 2. Aufl. Moskau: Gosenergoizdat 1962
Fano, R.M.; Chu, L.J.; Adler, R.B.: Electromagnetic Fields, Energy and Forces. New York, London: Wiley 1960
Fedorov, N.N.: Osnovy èlektrodinamiki. Moskau: Vysšaâ Škola 1965
Feldkeller, R.: Einführung in die Vierpoltheorie der elektrischen Nachrichtentechnik. Stuttgart: Hirzel 1962
Fischer, J.: Abriß der Dauermagnetkunde. Berlin: Springer 1949
Forsythe, G.E.; Wasow, W.R.: Finite-difference methods for partial differential equations. New York: Wiley 1960
Fröhlich, F.: Ferromagnetische Werkstoffe. Berlin: Verlag Technik 1952
Frühauf, H.; Trzeba, E.: Synthese und Analyse linearer Hochfrequenzschaltungen. Leipzig: Geest & Portig 1964
Frühauf, H.; Wiegmann, F.: Felder und Wellen in der modernen Funktechnik. Lösungen der Aufgaben. Berlin: Verlag Technik 1961
Gallagher, R.H.: Finite Element Analysis; Fundamentals. Englewood Cliffs, New Jersey: Prentice Hall 1975
Gänger, B.: Der elektrische Durchschlag von Gasen. Berlin: Springer 1953
Gantmacher, F.R.: Matrizenrechnung, Teil I. Berlin: Verlag der Wissenschaften 1958
Govorkov, W.A.; Kupalân, S.D.: Teoriâ èlektromagnitnogo polâ v upražneniâh i zadačah. 3. Aufl. Moskau: Vysšaâ Škola 1970
Granowski, W.L.: Der elektrische Strom im Gas. Berlin: Akademie-Verlag 1955
Hochrainer, A.: Symmetrische Komponenten in Drehstromsystemen. Berlin, Göttingen, Heidelberg: Springer 1957
Hofmann, H.: Das elektromagnetische Feld. Wien, New York: Springer 1974
Hofmann, H.: Die Laplace-Transformation und ihre Anwendung in der Elektrotechnik und Regelungstechnik. ÖZE 15 (2), (3), (4), (7) 1962
Hofmann, H.: Über die Deutung der Maxwellschen Gleichungen mit Hilfe elektrischer und magnetischer Mengen. Acta Phys. Austriaca 11 (2) 1957, S.241
Hofmann, H.: Energiesätze im elektromagnetischen Feld. E. u. M. 80 (7), 153, 1963
Huebner, K.H.; Thornton, E.A.: The Finite Element Method for Engineers. New York: Wiley 1982
Hund, R.: Theoretische Physik. Stuttgart: Teubner 1956
Jackson, J.D.: Classical electrodynamics, New York, London: Wiley 1962
Jaswon, M.A.; Symm, G.T.: Integral Equation Methods in Potential Theory and Elastostatics. New York: Academic Press 1977
Jeffreys, H.; Swirles, B.: Methods of mathematical Physics. 3. Ed. Cambridge: Cambridge University Press 1966
Jellinghaus, W.: Magnetische Messungen an ferromagnetischen Stoffen. Berlin: De Gruyter 1952
Jonkin, P.A.; Melnikov, N.A.; Darevskij, A.J.; Kucharkin, E.S.: Teoretičeskie osnovy èlektrotehniki, Band I und II. Moskau: Vysšaâ Škola 1965
Jonkin, P.A., u.a.: Osnovy inženernoj èlektrofiziki, Band I und II. Moskau: Vysšaâ Škola 1972
Kalantarow, P.L.; Neumann, L.R.: Theoretische Grundlagen der Elektrotechnik, Band I und II. Berlin: Verlag Technik 1952
Karandejev, K.B.: Metody èlektričeskih izmerenij. Moskau, Leningrad: Gosenergoizdat 1952
Kästner, S.: Vektoren, Tensoren, Spinoren. Berlin: Akademie-Verlag 1964
Kijatkin, R.P.: Rasčet statičeskih i stationarnyh elektromagnitnyh polej methodm setok. Lehrbrief, Leningrad 1982
Kraus, J.D.: Elektromagnetics. New York: McGraw-Hill 1953
Krug, K.A.: Osnovy èlektrotehniki. Moskau, Leningrad: Gosenergoizdat 1946
Kuh, E.S.; Rohrer, R.A.: Theory of linear active networks. San Francisco: Holden-Day 1967
Kuh, E.S.; Rohrer, R.A.: The state variable Approach to Network Analysis. Proc. IEEE vol. 53 Nr 7, 1965
Kuo, F.F.; Magnuson, W.G.: Computer oriented circuit design. Englewood Cliffs, New Jersey: Prentice-Hall, 1969
Kupaljan, S.D.: Teoretičeskie osnovy èlektrotehniki. 3. Aufl. Moskau: Energiâ 1970
Küpfmüller, K.: Einführung in die theoretische Elektrotechnik. Heidelberg, New York, Berlin: Springer 1973

Lagally, F.: Vorlesungen über Vektorrechnung. Leipzig: Geest & Portig 1959
Leblanc, M.: La décharge electrique dans le vide et dans le gaz. Paris: Bailliere 1929
Le Page, W.R.: Analysis of Alternating-Current Circuits. New York: McGraw-Hill 1952
Le Page, W.R.; Seely, S.: General Network Analysis. New York: McGraw-Hill 1952
Lohr, E.: Vektor- und Dyadenrechnung für Physiker und Techniker. Berlin: De Gruyter 1950
Macke, W.: Elektromagnetische Felder. 3. Aufl. Leipzig: Geest & Portig 1966
Marsal, D.: Die numerische Lösung partieller Differentialgleichungen in Wissenschaft und Technik. Mannheim, Wien, Zürich: Bibliographisches Institut 1976
Mathanov, P.N.: Osnovy analiza èlektričeskih cepej. Moskau: Vysšaâ Škola 1972
Matveev, A.N.: Èlektrodinamika i teoriâ otnositelnosti. Moskau: Vysšaâ Škola 1964
McCormik, J.M.; Salvadori, M.G.: Numerical Methods in Fortran. New Jersey, Englewood Cliffs; Prentice Hall 1964
McWirther, J.H.; Duffin, R.J.; Brehm, P.J.; Oravec, J.J.: Computational methods for solving static field and eddy current problems via Fredholm integral equations. IEEE Transactions on Magnetics, MAG-15 (1979) S.1075–1084
Meinhold, P.; Mitzlaff, G.: Feld- und Potentialtheorie. Leipzig: Fachbuchverlag 1977
Michael, W.: Ortskurvengeometrie in der komplexen Zahlenebene. Basel: Birkhäuser 1950
Michlin, S.G.; Smolizki, Ch.L.; Näherungsmethoden zur Lösung von Differential- und Integralgleichungen. Leipzig: Teubner 1969
Mierdel, G.; Wagner, S.: Aufgaben zur theoretischen Elektrotechnik. Berlin: Verlag Technik 1961
Miroljubov, N.N.; Kostenko, M.W.; Levinstein, M.L.; Tiholeev, N.N.: Metody rasčeta èlektrostatičeskih polej. Moskau: Vysšsaâ Škola 1963
Moon, P.; Spencer, D.E.: Field Theory Handbook. Berlin, Heidelberg, New York: Springer 1971
Moon, P.; Spencer, D.E.: Field theory for engineers. Princeton (N.J.): Van Nostrand 1961
Netušil, A.V.; Polyvanov, K.M.: Osnovy èlektrotehniki. Moskau, Leningrad: Gosenergoizdat 1956
Netušil, A.V.; Strachov, S.V.: Osnovy èlektrotehniki. Moskau, Leningrad: Gosenergoizdat 1955
Neumann, L.R.; Demirčân, K.S.: Teoretičeskie osnovy èlektrotehniki. Moskau: Energiâ 1966
Norrie, D.H.; de Vries, G.: Vvedenie v metod konečnyh elementov. Moskau 1981
Novobatzky, K.F.; Neugebauer, Th.: Theoretische Elektrizitätslehre und Wellenoptik. Berlin: Verlag der Wissenschaften 1957
Oberdorfer, G.: Die Ortskurventheorie der Wechselstromtechnik. Wien: Deuticke 1950
Oberdorfer, G.: Die Maßsysteme in Physik und Technik. Wien: Springer 1956
Oberdorfer, G.: Lehrbuch der Elektrotechnik. Band I, München: Oldenbourg 1961; Band II, München: Leibnitz 1949
Ollendorf, F.: Die Welt der Vektoren. Wien: Springer 1950
Ollendorf, F.: Berechnung der magnetischen Felder. Wien: Springer 1952
Ollendorf, F.: Elektronik des Einzelelektrons. Wien: Springer 1955
Page, L.: Electrodynamics. New York: Van Nostrand 1940
Panofsky, W.K.H.; Phillips, M.: Classical Electricity and Magnetism. Reading (Mass.): Addison-Wesley 1962
Pederson, D.O.; Studer, J.J.; Whinnery, J.R.: Introduction to Electronic Systems, Circuits and devices. New York: McGraw-Hill 1966
Pflier, P.M.: Elektrische Meßgeräte und Meßverfahren. Berlin: Springer 1957
Philippow, E.: Der ferromagnetische Spannungsstabilisator. Leipzig: Geest & Portig 1968
Philippow, E.: Nichtlineare Elektrotechnik. 2. Aufl. Leipzig: Geest & Portig 1971
Taschenbuch Elektrotechnik in 6 Bänden. Hrsg.: *Philippow, E.*, Band I: Allgemeine Grundlagen. Berlin: Verlag Technik 1976
Planck, M.: Theorie der Elektrizität und des Magnetismus. Leipzig: Hirzel 1928
Polivanov, K.M.: Teoretičeskie osnovy èlektrotehniki. Moskau: Energiâ 1972
Prinz, H.: Hochspannungsfelder. München, Wien: Oldenbourg 1969
Pupke, H.: Einführung in die Matrizenrechnung. Berlin: Verlag der Wissenschaften 1953
Ramo, S.; Whinnery, J.; Rand, T.; van Duizer: Fields and Waves in communication on electronics. New York: Wiley 1965
Richardson, O.W.: The emission of electricity from hot bodies. London: Longmans, Green & Co. 1921
Rocard, Y.: Elektrizität. Berlin: Verlag der Wissenschaften 1958
Rogers, W.E.: Introduction to Electric Fields. New York: McGraw-Hill 1954
Rožanskij: Fizika gazovogo razriâda. Moskau: Onti 1937
Sachse, H.: Ferroelektrika. Berlin: Springer 1956
Schmidt, H.: Einführung in die Vektor- und Tensorrechnung. Berlin: Verlag Technik 1955
Schönfeld, H.: Die wissenschaftlichen Grundlagen der Elektrotechnik. Leipzig: Hirzel 1951

Schönholzer, E.: Mathématique et technique de courants alternatifs. Paris: Dunond 1953
Schottky, W.: Halbleiterprobleme, Band I und II. Braunschweig: Vieweg 1954
Schröder, H.: Vierpoltheorie und erweiterte Zweipoltheorie. Leipzig: Fachbuchverlag 1954
Schwenkhagen, H.F.: Allgemeine Wechselstromlehre. Berlin: Springer 1951
Samarskij, A.A.: Theorie der Differenzenverfahren. Leipzig: Geest & Portig 1984
Seely, S.: Electron-Tube Circuits. New York: McGraw-Hill 1950
Seliger, R.: Einführung in die Physik der Gasentladungen. Leipzig: Barth 1934
Seshu, S.; Reed, M.B.: Linear Graphs and Electrical Networks. Reading (Mass.): Addison Wesley 1961
Seweke, G.V.; Jonkin, D.A.: Osnovy élektrotehniki. Moskau, Leningrad: Gosenergoizdat 1955
Seweke, G.V., u.a.: Osnovy teorii cenej. Moskau, Leningrad: Gosenergoizdat 1975
Shockley, W.: Electrons and Holes in Semiconductors. New York: Van Nostrand 1950
Sigorskii, V.P.; Petrenko, A.J.: Osnovy teorii élektronnyh shem. Kiew: Technika 1967
Silvester, P.: Modern Electromagnetic Fields. N.J., Englewood Cliffs: Prentice Hall, 1968
Silvester, P.; Chari, M.V.K.: Finite Element solution of saturable magnetic field problems. IEEE Transactions PAS 89 (1970) S.1642–1651
Simonyi, K.: Physikalische Elektronik. Budapest: Akadémiai kiadó 1972
Simonyi, K.: Theoretische Elektrotechnik. Berlin: Verlag der Wissenschaften 1971
Simonyi, K.: Grundgesetze des elektromagnetischen Feldes. Berlin: Verlag der Wissenschaften 1963
Sirotinski, L.J.: Hochspannungstechnik, Band I. Berlin: Verlag Technik 1955
Skilling, H.H.: Transient Electric Currents. New York: McGraw-Hill 1952
Smith, A.: Electrical Measurements in Theory and Applications. London: McGraw-Hill 1948
Smith, G.D.: Numerische Lösung von partiellen Differentialgleichungen. Berlin: Akademie-Verlag 1971
Snoek, J.L.: Neuentwicklungen von ferromagnetischen Werkstoffen. Berlin: Verlag Technik 1953
Sokolow, A.; Iwanenko, D.: Klassische Feldtheorie. Berlin: Akademie-Verlag 1953
Sommerfeld, A.: Vorlesungen über theoretische Physik, Band I bis IV. Leipzig: Geest & Portig 1955 bis 1957
Spenke, E.: Elektronische Halbleiter. Berlin: Springer 1955
Stammberger: Nomogramme zur Bestimmung der Äquipotentialflächen elektrischer Felder. Wissenschaftliche Zeitschrift der Hochschule für Elektrotechnik Ilmenau, (1958) Heft 2
Stewart, J.L.: Theorie und Entwurf elektrischer Netzwerke. Berlin: Verlag Technik 1957
Stratton, J.A.: Electromagnetic Theory. New York, Toronto: McGraw-Hill 1941
Striegel, R.: Elektrische Stoßfestigkeit. Berlin: Springer 1955
Tamm, I.E.: Fundamentals of the Theory of Electricity. Moskau: MIR Publishers 1979
Thom, A.; Apelt, C.J.: Field computation in engineering and physics. Princeton (New Jersey): Van Nostrand 1961
Tozoni, O.V.: Rasčet èlektromagnitnyh polej na vyčislitel'nyh mašinah. Kiew: Technika 1967
Tozoni, O.V.: Matematičeskie modeli dlâ rasčeta èlektričeskih i magnitnyh polej. Kiew: Naukova Dumka 1964
Tozoni, O.V.: Metod vtoričnyh istočnikov v èlektrotehnike. Moskau: Energiâ 1975
Tozoni, O.V.; Maiergois, I.D.: Rasčet trehmernyh èlektromagnitnyh polej. Kiew: Technika 1974
Tralli, N.: Classical electromagnetic theory. New York: Mc Graw-Hill 1963
Ugodtschikov, A.G.: Rešenie Kraevyh zadač ploskoj teorij uprugosti na cifrovyh i analogovyh mašinah. Moskau: Vysšaâ Škola 1970
Ulânov, S.A.: Èlektromagnitnye perehodnye processy v èlektričeskih sistemah. Moskau: Energiâ 1964
Vágó, I.: Graph Theory – Application to the Calculation of Electrical Networks. Budapest: Akadémiai kiadó 1985
van Valkenburg: Network Analysis, 2.Ed. N.J., Englewood Cliffs: Prentice Hall 1964
Varga, R.S.: Matrix Iterative Analysis. New Jersey, Englewood Cliffs: Prentice-Hall 1962
Vidmar, M.: Die Transformatoren. Basel: Birkhäuser 1956
Weens, W.L.: Electromagnetic theory for engineering applications. New York: Wiley 1964
v. Weiß, A.: Übersicht über die theoretische Elektrotechnik. Teil I: Die physikalisch-mathematischen Grundlagen. Leipzig: Geest & Portig 1957; Teil II: Ausgewählte Kapitel und Aufgaben, Leipzig: Geest & Portig 1956
v. Weiß, A.: Die elektromagnetischen Feldgrößen. Definition, Verknüpfung, Vektorcharakter und Deutung der elektromagnetischen Feldgrößen. München: Oldenbourg 1964
Wenikow, W.A.; Shukow, L.A.: Ausgleichsvorgänge in elektrischen Netzen. Berlin: Verlag Technik 1956
Wexler, A.: Computation of Electromagnetic Fields. IEEE Trans. MTT, vol. MTT-17, Nr. 8. August 1969, S.416–439
Volohova, V.A.; Ošer, I.N.: Mosty posto ânnogo i peremennoga toka. Moskau, Leningrad: Gosenergoizdat 1951

Wonsowski, S. W.: Moderne Lehre vom Magnetismus. Berlin: Verlag der Wissenschaften 1956
Wunsch, G.: Theorie und Anwendung linearer Netzwerke, Teil I und II. Leipzig: Geest & Portig 1961, 1964
Zadeh, L.; Desoer, C.: Linear System Theory. New York: McGraw-Hill 1963
Zienkiewicz, O. C.: The finite element method. New York: McGraw-Hill 1977
Zienkiewicz, O. C.; Morgan, K.: Finite Elements and Approximations. New York: Wiley 1983
Zinke, O.: Hochfrequenzmeßtechnik. 2. Aufl. Leipzig: Hirzel 1947
Zinke, O.; Brunswig, H.: Hochfrequenztechnik. Berlin, Heidelberg, New York: Springer 1965
Zurmühl, R.: Praktische Mathematik für Ingenieure und Physiker. Berlin, Göttingen, Heidelberg: Springer 1957
Zurmühl, R.: Matrizen. Berlin, Göttingen, Heidelberg: Springer 1958

Namens- und Sachwörterverzeichnis